湖北省公益学术著作出版专项资金
Hubei Special Funds for Academic and Public-interest Publications

水泥与混凝土科学技术5000问

（第5卷）

熟料煅烧设备

林宗寿　编著

武汉理工大学出版社
·武　汉·

内容提要

本书是《水泥与混凝土科学技术5000问》的第5卷，介绍了熟料煅烧设备的相关知识，具体内容包括：预热预分解系统、回转窑、冷却机与余热利用、燃烧器与火焰、煤粉及制备过程等。书中共有条目540条，以问答的形式解答了相应领域生产和科研中的多发和常见问题，内容丰富实用。

本书可供水泥行业的生产、科研、设计单位的管理人员、技术人员和岗位操作工阅读参考，也可作为高等学校无机非金属材料工程、硅酸盐工程专业的教学和参考用书。

图书在版编目(CIP)数据

熟料煅烧设备/林宗寿编著.—武汉：武汉理工大学出版社，2021.8

(水泥与混凝土科学技术5000问)

ISBN 978-7-5629-6388-2

Ⅰ.①熟…　Ⅱ.①林…　Ⅲ.①水泥—熟料烧结—问题解答　Ⅳ.①TQ172.6—44

中国版本图书馆CIP数据核字(2021)第138773号

项目负责人：余海燕　彭佳佳　　**责任编辑**：张　晨
责任校对：李正五　　**版面设计**：正风图文
出版发行：武汉理工大学出版社
社　　址：武汉市洪山区珞狮路122号
邮　　编：430070
网　　址：http://www.wutp.com.cn
经　　销：各地新华书店
印　　刷：武汉市金港彩印有限公司
开　　本：880×1230　1/16
印　　张：33.25
字　　数：1054千字
版　　次：2021年8月第1版
印　　次：2021年8月第1次印刷
印　　数：1000册
定　　价：199.00元

前　　言

水泥与混凝土工业是国民经济发展、生产建设和人民生活不可缺少的基础原材料工业。近20年来，我国水泥与混凝土工业取得了长足的进步：已从单纯的数量增长型转向质量效益增长型；从技术装备落后型转向技术装备先进型；从劳动密集型转向投资密集型；从管理粗放型转向管理集约型；从资源浪费型转向资源节约型；从满足国内市场需求型转向面向国内外两个市场需求型。但是，我国水泥与混凝土工业发展的同时也面临着产能过剩、企业竞争环境恶劣等挑战。在这一背景下，水泥与混凝土企业如何应对国内外市场的残酷竞争？毋庸置疑，最重要的是苦练内功，切实提高和稳定水泥与混凝土产品的质量，降低生产成本。

在水泥与混凝土的生产过程中，岗位工人和生产管理人员经常会遇到一些急需解决的疑难问题。大家普遍反映需要一套内容全面、简明实用、针对性强的水泥与混凝土技术参考书。“传道、授业、解惑”，自古以来就是教师的天职。20多年前，本人便开始搜集资料，潜心学习和整理国内外专家、学者的研究成果，特别是水泥厂生产过程中一些宝贵的实践经验，并结合自己在水泥科研、教学及水泥技术服务实践中的体会，汲取营养，已在10多年前编著出版了一套《水泥十万个为什么》技术丛书。由于近10多年来，我国水泥与混凝土工业又取得了显著的发展，一些新技术、新工艺、新设备、新标准不断涌现，因此其内容亟待更新和扩充。

《水泥与混凝土科学技术5000问》丛书，是在《水泥十万个为什么》的基础上扩充和改编而成：删除了原书中立窑、湿法回转窑等许多落后技术的内容；补充了近10年来水泥与混凝土工业的新技术、新设备、新工艺和新成果；对水泥与混凝土的相关标准和规范全部进行了更新修改，并大幅度扩充了混凝土和砂浆的内容。

本丛书共分10卷：第1卷《水泥品种、工艺设计及原燃料》，主要介绍水泥发展史、水泥品种、水泥厂工艺设计及水泥的原料和燃料等；第2卷《水泥与熟料化学》，主要介绍熟料率值、生料配料、熟料矿物、熟料岩相结构、熟料性能、水泥水化与硬化、水泥组成与性能、水泥细度与性能、水泥石结构与性能、石膏与混合材等；第3卷《破碎、烘干、均化、输送及环保》，主要介绍原料破碎、物料烘干、输送设备、原料预均化、生料均化库、各类除尘设备、噪声防治和废弃物协同处置等；第4卷《粉磨工艺与设备》，主要介绍粉磨工艺、球磨设备与操作、立磨、辊压机、选粉机等；第5卷《熟料煅烧设备》，主要介绍预热预分解系统、回转窑、冷却机、余热发电与利用、燃烧器与火焰、煤粉及制备过程等；第6卷《熟料煅烧操作及耐火材料》，主要介绍水泥熟料预分解窑系统的煅烧操作、煤粉制备与燃烧器的调节、熟料煅烧过程中异常情况的处理、烘窑点火及停窑的操作、耐火材料及其使用与维护等；第7卷《化验室基本知识及操作》，主要介绍化验室管理、化学分析、物理检验和生产控制等；第8卷《计量、包装、安全及其他》，主要介绍计量与给料、包装与散装、安全生产、风机、电机与设备安装等；第9卷《混凝土原料、配合比、性能及种类》，主要介绍混凝土基础知识、混凝土的组成材料、外加剂、配合比设计、混凝土的性能和特种混凝土等；第10卷《混凝土施工、病害处理及砂浆》，主要介绍混凝土施工与质量控制、混凝土病害预防与处理、砂浆品种与配比，砂浆性能、生产及施工等。

本丛书采用问答的形式，力求做到删繁就简、深入浅出、内容全面、突出实用，既可系统阅读，也可需要什么看什么，具有较强的指导性和可操作性，很好地解决了岗位操作工看得懂、用得上的问题。本丛书中共有条目5300余条，1000万余字，基本囊括了水泥与混凝土生产及研究工作中的多发问题、常见问题，同时，对水泥与混凝土领域的最新技术和理论研究成果也进行了介绍。本丛书可作为水泥与混凝土行业管理人员、技术人员和岗位操作工，高等院校、职业院校无机非金属材料工程专业、硅酸盐工程专业师生及水泥科研人员阅读和参考的系列工具书。

编写这样一部大型丛书，仅凭一己之力是很难完成的。在丛书编写过程中，我们参阅了部分专家学者的研究成果和国内大型水泥生产企业总结的生产实践经验，并与部分参考文献的作者取得了联系，得到了热情的鼓励和大力的支持；对于未能直接联系到的作者，我们在引用其成果时也都进行了明确的标注，希望与这部分同行、专家就推动水泥与混凝土科学技术的繁荣和发展进行直接的交流探讨。在此，我对原作者们的工作表示诚挚的谢意和崇高的敬意。

本丛书的编写过程中，得到了我妻子刘顺妮教授极大的鼓励和帮助，在此表示衷心的感谢。

由于本人水平有限，书中纰漏在所难免，恳请广大读者和专家提出批评并不吝赐教，以便再版时修正。

林宗寿

2019 年 3 月于武汉

目　　录

1 预热预分解系统

Preheating and pre-decomposition system

1.1 何为预分解技术

预分解(或称窑外分解)技术是指将经过悬浮预热的水泥生料,在达到分解温度前,喂入到分解炉内与进入炉内的燃料混合,使其在悬浮状态下迅速吸收燃料燃烧热,使生料中的碳酸钙迅速分解成氧化钙的技术。

预分解技术,是 20 世纪 70 年代以来发展起来的一种能显著提高水泥回转窑产量的煅烧新技术。它是在悬浮预热器和回转窑之间增设一个分解炉,把大量吸热的碳酸钙分解反应从窑内传热速率较低的区域移到单独燃烧的分解炉中进行。在分解炉中,加入熟料烧成所需热量 60%左右的燃煤,这部分燃煤的燃烧产生足够的热量来供生料的分解并维持炉内温度场。分解炉内,生料颗粒分散呈悬浮或沸腾状态,以最小的温度差,在燃料无焰燃烧的同时,进行高速传热、传质过程,使生料迅速完成分解反应。经分解炉内分解反应后,入窑生料的表观分解率可达到 90%~95%(悬浮预热器窑为 40%左右),从而大大地减轻了回转窑的热负荷,缩短了窑的长度,使窑的产量成倍地增加,同时延长了耐火衬料使用寿命,增大了窑的运转周期。目前,最大预分解窑的熟料日产量已达 12000 t。

预分解窑的熟料烧成热耗比一般悬浮预热器窑的要低,是由于窑产量大幅度提高,减少了单位熟料的窑体表面散热损失,在投资费用上也低于一般悬浮预热器窑。由于分解炉内的燃烧温度低,不但降低了回转窑内高温燃烧时所产生的 NO_x 有害气体含量,而且还可使用较低品位的燃料,因此,预分解技术是水泥工业发展史上的一次重大技术突破。但是,预分解窑和悬浮预热器窑,对原料有害组分有一定的适应性要求,为避免结皮和堵塞,要求生料中的碱(K_2O+Na_2O)含量小于 1%。当碱含量大于 1%时,则要求生料中的硫碱摩尔比[SO_3 摩尔数/(K_2O 摩尔数+1/2Na_2O 摩尔数)]为 0.5~1.0。生料中的氯离子含量应小于 0.015%,燃料中的 SO_3 含量应小于 3.0%。

分解炉是一个燃料燃烧、热量交换和分解反应同时进行的热工设备,其种类和形式繁多。基本原理是:在分解炉内同时喂入经预热后的生料、一定量的燃料以及适量的热气体,生料在炉内呈悬浮或沸腾状态;在 900 ℃以下,燃料进行无焰燃烧,同时高速完成传热和碳酸钙分解过程;燃料(如煤粉)的燃烧时间和碳酸钙分解所需要的时间为 2~4 s,这时生料中碳酸钙的分解率可达到 80%~90%,生料预热后的温度为 800~850 ℃。分解炉内可以使用固体、液体或气体燃料,我国主要用煤粉作燃料,加入分解炉的燃料占全部燃料的 55%~65%。

分解炉按作用原理可分为旋流式、喷腾式、紊流式、涡流燃烧式和沸腾式等多种。

1.2 何为新型干法水泥生产技术,有何特征

新型干法水泥生产技术,是以悬浮预热和预分解技术为核心,采用现代科学技术和工业生产最新成就,例如将原料矿山计算机控制网络化开采,原料预均化,生料均化,挤压粉磨,新型耐热、耐磨、耐火、隔热材料以及 IT 技术等广泛应用于水泥干法生产全过程,使水泥生产具有高效、优质、节约资源、清洁生产、符合环境保护要求和大型化、自动化、科学管理等特征的现代化水泥生产方法。其他的湿法回转窑、干法长窑、带余热锅炉的干法窑或带炉箅子加热机的立波尔窑等,由于热耗高等缺陷均属于落后窑型,已被淘汰。图 1.1 为预分解窑系统生产流程示意图。

新型干法水泥生产技术具有均化、节能、环保、自动控制、长期安全运转和科学管理六大保证体系,是当代高新技术在水泥工业的集成,其特征如下:

(1) 生料制备全过程广泛采用现代化均化技术。使矿山采运—原料预均化—生料粉磨—生料均化过程,成为生料制备过程中完整的“均化链”。

(2) 用悬浮预热及预分解技术改变传统回转窑内物料堆积态的预热和分解方法。

(3) 采用高效多功能挤压粉磨技术和新型机械粉体输送装置。据研究,空气输送的动力系数 μ(指单

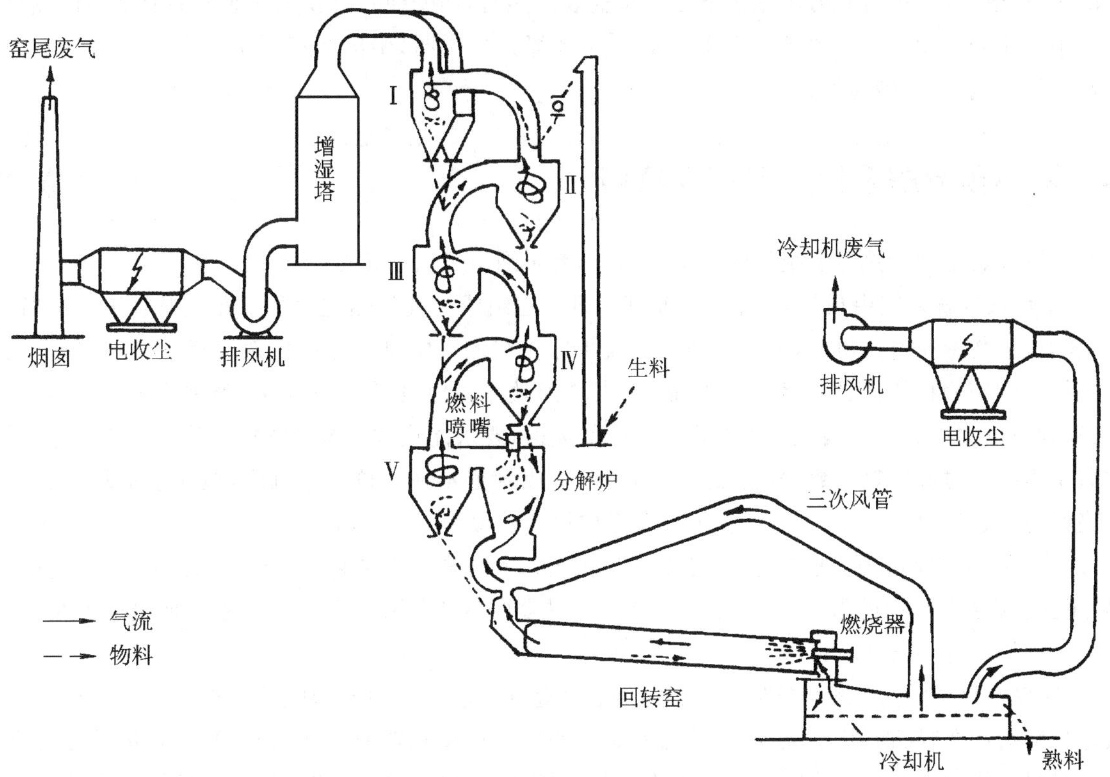

图 1.1 预分解窑系统生产流程示意图

位时间内输送单位质量物料至单位长度所需动力)是提升机的 2～4 倍,是皮带输送机的 15～40 倍。因此,采用新型机械输送粉体物料,节能是相当可观的。

(4) 工艺装备大型化,使水泥工业向集约化方向发展。

(5) 为清洁生产和广泛利用废渣、废料、再生燃料和降解有毒有害危险废弃物创造了有利条件。

(6) 生产控制自动化。

(7) 广泛采用新型耐热、耐磨、隔热和配套耐火材料。

(8) 应用 IT 技术,实行现代化科学管理等。

1.3 我国预分解技术的发展过程

中国预分解技术的研发从 20 世纪 70 年代开始,第一台烧油的预分解窑于 1976 年在四平市石岭水泥厂投产,以煤为燃料的预分解窑于 1980 年及 1981 年分别在邛县水泥厂及本溪水泥厂投产。这些预分解技术均是借鉴国外 SF 炉、RSP 炉及 KSV 炉经验研发。中国从国外成套引进的大型 4000 t/d 级预分解生产线分别于 1983 年在冀东水泥厂(NSF 型炉)及 1985 年在宁国水泥厂(MFC 型第二代炉型)投产。中国自行研发和建设的 2000 t/d 级预分解窑生产线(RSP 型炉)于 1986 年在江西水泥厂投产。随后,还从国外引进了 3200 t/d 级及 4000 t/d 级 SLC 型、2000 t/d 级 ILC 型、2000 t/d 级 Pyroclon-R 型预分解窑生产线。1984 年以来,从国外引进了 16 项单机设计、制造技术及 DD 型、RSP 型、NKSV 型预分解系统设计技术。此外,中外合资或独资企业,利用国外成套装备建设了 N-MFC 型、RSP 型、SLC-S 型、P-R-Low NO_x 型、P-AS-CC 型等大型预分解窑生产线。

由上可见,中国新型干法水泥企业拥有国际上各种主要类型预分解窑生产线。这些也为消化吸收国外引进技术,总结实践经验,研发拥有中国自主知识产权的新型预分解技术奠定了良好基础。

20 世纪 90 年代中期,中国天津、南京、成都、合肥的建材院等设计研究部门,创新研发出许多新型悬浮预热和预分解技术装备,并成功实现了生产大型化。例如 TDF 型、TSD 型、TWD 型、TFD 型、TSF

型、NC-SST 型、CDC 型等预分解系统就是典型代表。同时，西安建筑科技大学研发的交叉料流预分解法也已在山东 1000 t/d 级生产线投入工业试验。这些都充分说明，中国新型干法水泥工业已具有很高水平，步入了一个新的发展时期。

1.4 预热预分解系统用风有何特点

对于预分解窑的预热器系统的用风特点，有学者归纳出了以下几点：

1. 预热预分解系统由预热器、分解炉及其上升管道组成。其传热过程主要在上升管道内进行，以对流传热为主。物料通过撒料器，被上升烟气吹散并悬浮在烟气中迅速完成传热过程，而且预热器的悬浮效率直接影响到物料整体预热效果。据统计，当悬浮效率由 0.4 降到 0.1 时，物料的预热温度就下降 39.9%，即废气温度提高。因此对于上升管道中的风速，要求能吹散并携带物料上升进入预热器，同时风速的大小影响着对流传热系数，风速低达不到要求造成管道水平部位粉尘沉降，极易造成塌料、堵塞；风速过高又造成通风阻力过大。因此，在上升管道中风速一般为 16～20 m/s。

2. 预热器的主要作用是收聚物料，实现固气相分离，其分离效率和它的进出口风速及筒内截面风速相关，风速也影响着旋风筒的阻力损失。但不同形式预热器的风速范围是不同的，一般截面风速为 3～6 m/s，而入口最佳风速为 16～20 m/s。

3. 分解炉中，物料、燃料与气体必须充分混合和悬浮，完成边燃烧放热、边传热、边分解过程，达到温度及进分解炉的燃料、物料、空气、烟气动态平衡。其中物料及燃料的分散、悬浮和混合运动需要合适的风速。燃料燃烧和物料分解速度也受风速的影响，而物料在炉内的停留时间、煤粉燃尽率及分解炉通风阻力更受风速的直接影响。

4. 窑内用风主要是一次风与二次风。二次风量受一次风量和系统拉风等影响。一次风用于窑头煤粉的输送和供给煤粉中挥发分燃烧所需的氧，以满足煤粉的燃烧需要。低温的一次风量占入窑空气量也不宜过多，否则增加热耗。根据资料，当一次风量增加到总空气量的 10%时，废气温度将上升 4 ℃，相应热耗增加 58.5 kJ/kg。对于较难着火的煤粉，应采用较低的一次风量，但过低也会影响煤粉着火后的燃烧。对于易着火的煤，一次风量就不宜过小，否则可能使化学和机械不完全燃烧损失增加。

5. 当窑及三次风管通过的风量同时达到各自所需合理风量时，风量达到平衡。在正常生产状态下，保持窑尾排风的风量、风压基本不变，两气路不平衡时，将产生下列情况：

(1) 窑内通风量增大，三次风量减少。当喂入窑头和分解炉的煤量不变时，窑内通风量增加，拉长烧成带，将导致烧成带温度下降，同时影响窑尾温度。三次风量减少，使三次风速降低，易造成风管积灰，且影响炉内煤粉燃烧，C_5 筒出口温度与分解炉出口温度可能出现倒挂，产生不完全燃烧，极易造成结皮、堵塞。

(2) 窑内通风量偏少，三次风量增加。当喂入窑、炉煤量不变时，窑内通风量少，煤粉在窑内燃烧不完全，会造成烧成温度低，窑内出现还原气氛。同时，过量的空气进入分解炉将降低炉内温度，特别是三次风温度较低时，生料入窑的分解率降低，从而加重了窑的热负荷。

因此，在生产上可根据实际情况，及时调整各参数。一般当预热预分解系统内物料悬浮不好，出现塌料、窑头返火、C_1 筒出口温度偏低时，说明系统总风量不足，应适当增大系统排风；反之，当 C_1 筒出口温度偏高，系统负压增大时，说明系统总风量过大，应适当减小系统排风。在风量分配上，当入炉三次风量大，窑内用风量小时，一般表现为窑尾氧含量下降，此时应关小三次风阀门开度，使窑内风量相应增大；反之，入炉三次风量小，窑内用风量大的一般表现为窑尾温度和氧含量偏高，C_5 筒出口温度与分解炉出口温度可能倒挂，且窑内火焰长，窑头和窑尾负压较大，此时应开大三次风阀门开度，使窑内通风量相应减小。

1.5 悬浮预热器的构成及功能

悬浮预热器主要有旋风预热器及立筒预热器两种。现在立筒预热器已经被淘汰，预分解窑已基本上采用旋风预热器作为预热单元装备。

悬浮预热器的主要功能在于充分利用回转窑及分解炉内排出的炽热气流中所具有的热焓加热生料，使之进行预热及部分碳酸盐分解，然后生料进入分解炉或回转窑内继续加热分解，完成熟料烧成任务。因此它必须具备使气固两相能充分分散均布、迅速换热，并使气固两相高效分离等三个功能。只有兼备这三个功能，并且尽力使之高效化，方可最大限度地提高换热效率，为全窑系统优质、高效、低耗和稳定生产创造条件。

图 1.2 为五级旋风式悬浮预热器示意图，它由五个旋风筒串联组合。最上一级做成双筒，这是为了提高收尘效率，其余四级均为单旋风筒，旋风筒之间由气体管道连接，每个旋风筒和相连接的管道形成一级预热器，旋风筒的卸料口设有灰阀，主要起密封和卸料作用。生料首先喂入第Ⅱ级旋风筒的排风管道内，粉状颗粒被来自该级的热气流吹散，在管道内进行充分的热交换，然后由Ⅰ级旋风筒把气体和物料颗粒分离，剩下的生料经卸料管进入Ⅲ级旋风筒的上升管道内进行第二次热交换，再经Ⅱ级旋风筒分离，这样依次经过五级旋风预热器而进入回转窑内进行煅烧，预热器排出的废气经增湿塔、除尘器后由排风机排入大气。

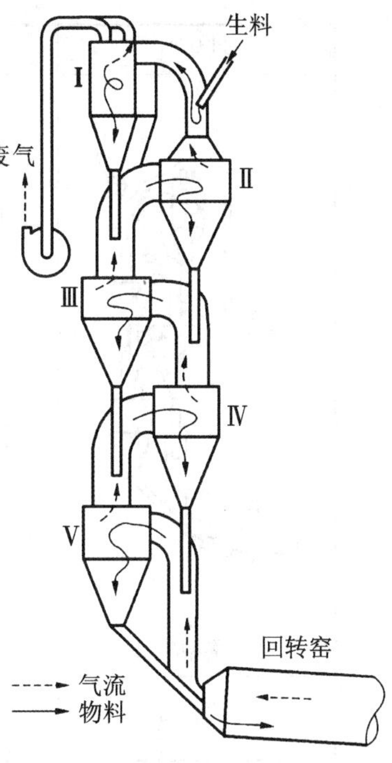

图 1.2 五级旋风式悬浮预热器

早期各种悬浮预热器结构如图 1.3 所示，这些悬浮预热器大多是 20 世纪五六十年代研制开发，在各种类型的悬浮预热器窑及 20 世纪 80 年代初期的各种预分解窑上广泛使用。

初期的旋风预热器系统一般为四级装置，自 20 世纪 70 年代以来，世界性能源危机促使研究者们对节能型的五级或六级旋风预热器系统进行研究开发，并已获得了成功。自 20 世纪 80 年代后期以来，世界各国建造的新型干法水泥厂，其预热器系统一般均采用五级，也有少数厂采用四级或六级。预热器型式都为低阻高效旋风筒式，大型窑的预热器一般为双列系统。

关于预热器系统的改进，主要着重于改进旋风筒和气体管道的形状、直径、高度等几何尺寸，未改变旋风筒各部位和气体风管内气体的流速和气料比例，使其中气流与物料的分布更加均匀，实现高温气体向生料的快速传热，气料的高效混合和分离，并有效降低预热器、系统的阻力，从而实现低阻高效的目的。经过五级旋风预热器的预热作用，入窑生料可以从室温升温到 900 ℃左右，而窑系统排出的高温气体可以从 950 ℃左右降低到 320 ℃左右排出预热器，很好地实现了生料的预热和气体中热量的回收。试验研究和生产实践都表明，五级预热器的废气温度可降至 300 ℃左右，比四级预热器约低 50 ℃，而六级预热器的废气温度可降至 260 ℃左右，比四级低 90 ℃左右。1 kg 熟料热耗分别比四级约降低 105 kJ 和 185 kJ。五级旋风预热器的流体阻力与原有四级旋风预热器系统的相近。

1.6 如何防止预热器各种形式的漏风

漏风是造成系统能耗增加的主要因素。在预热器上部漏风，离高压排风机越近，漏风所带来的电耗损失越高；在预热器下部漏风，离窑尾部位越近，漏风所带来的热量损失越大。

人们将预热器的漏风分为两大类：内漏风与外漏风。

所谓内漏风是指预热器系列内部的气流未按要求路线流动，走了短路，较多表现为各级预热器下的闪动阀锁风不好，不但易在旋风筒下锥部形成结皮或堵塞，而且削弱了在管道传热的效果。因此，选用锁风性能好的闪动阀是非常重要的。

外漏风是指系统外的冷空气漏入到系统内。这样的位置较多，如人孔门、捅灰孔、闪动阀支点轴承、仪表插入孔、冷风门等，在全系统有数十点之多。因为这些点需要经常进行操作，所以及时关闭与密封是非常重要的。密封虽然也有技术要求，但在管理上重视更显重要。

［摘自：谢克平．新型干法水泥生产问答千例(操作篇)[M]．北京：化学工业出版社，2009.］

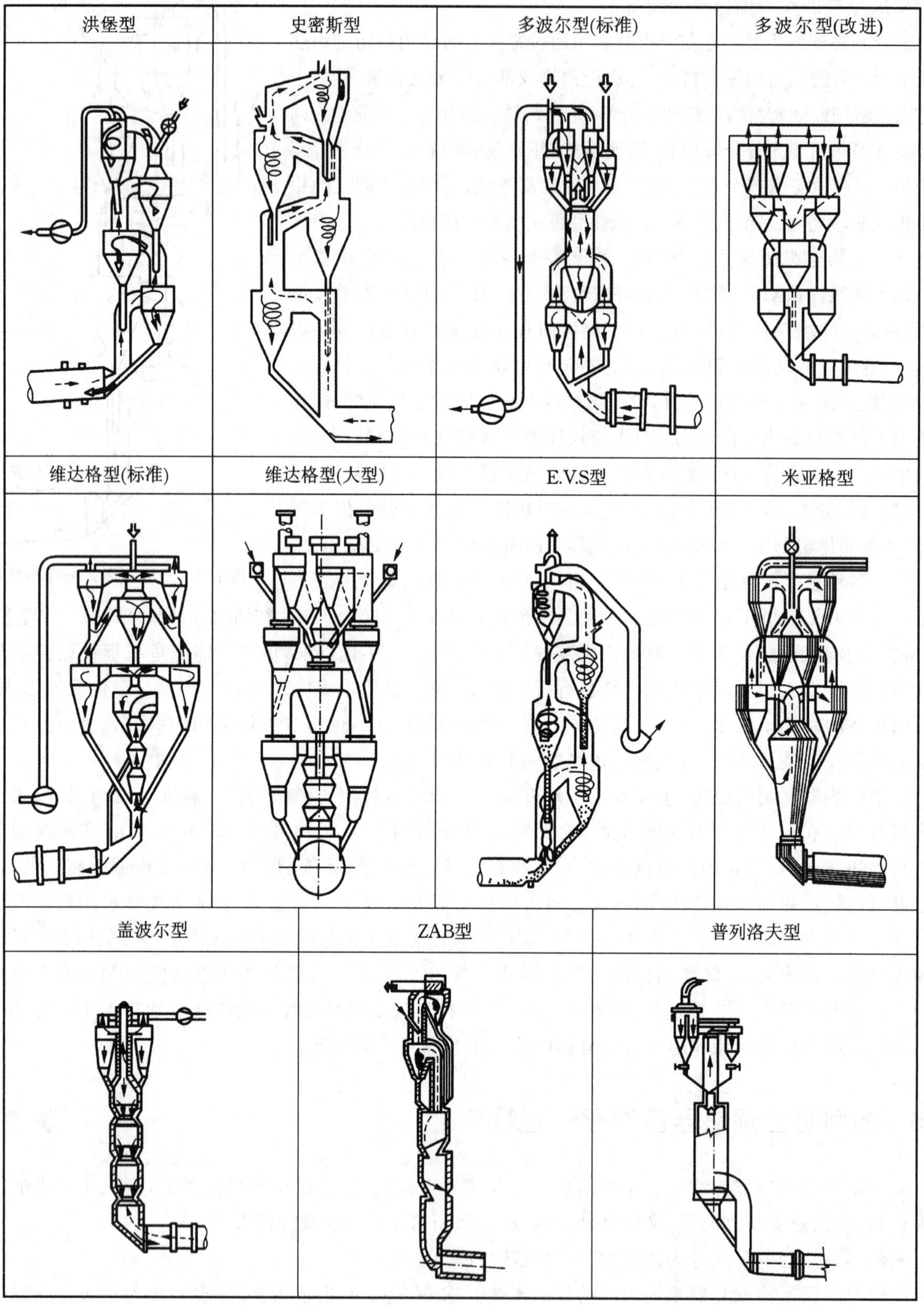

图 1.3　早期各种悬浮预热器示意图

1.7　悬浮预热技术有何优越性

利用传统的湿法、干法回转窑生产水泥熟料，生料的预热(包括湿法窑料浆的烘干)、分解和烧成过程均在窑内完成。由于回转窑能够提供断面温度分布比较均匀的温度场，并能保证物料在高温下有足够的停留时间，其作为烧成设备尚能满足要求。但回转窑作为传热、传质设备则不理想，对需要热量较大的预热、分解过程则更不适应。这主要是由于窑内物料堆积在窑的底部，气流从料层表面流过，气流与物料的接触面积小、传热效率低。同时，窑内分解带料粉处于层状堆积态，料层内部分解出的二氧化碳向气流扩散的面积小、阻力大、速度慢，并且料层内部颗粒被二氧化碳气膜包裹，二氧化碳分压大，分解温度要求高，这就增大了碳酸盐分解的困难，降低了分解速度。悬浮预热技术的突破，从根本上改变了物料预热过程的传热状态，将窑内物料堆积态的预热和分解过程，分别移到悬浮预热器和分解炉内在悬浮状态下进行。

由于物料悬浮在热气流中，与气流的接触面积大幅度增加，因此传热速度极快，传热效率很高。同时，生料粉与燃料在悬浮态下均匀混合，燃料燃烧热及时传给物料，使之迅速分解。因此，由于传热、传质迅速，悬浮预热技术大幅度提高了生产效率和热效率。

1.8 旋风预热器是如何工作的

以四级旋风预热器为例(图 1.4)，物料在旋风筒内以同流和逆流两种方式进行热交换。若同流为主，称为同流式旋风预热器；若逆流为主，称为逆流式旋风预热器。

当生料由下料管喂入 2 级旋风筒的风管中，被由窑内过来的高温废气吹散，均匀地分布在高温气流中，料与气同流进入 1 级旋风筒，多余的废气经烟囱排入大气。分离出的生料再经 1—2—3—4 级旋风筒入窑，在这个过程中，生料始终被高温气流悬浮在旋风筒内，颗粒细小的物料被高温气流包围着进行热交换(越向下废气温度越高)，短时间内，物料温度即可从常温升到 750 ℃以上，从而完成物料干燥预热及部分分解的过程。

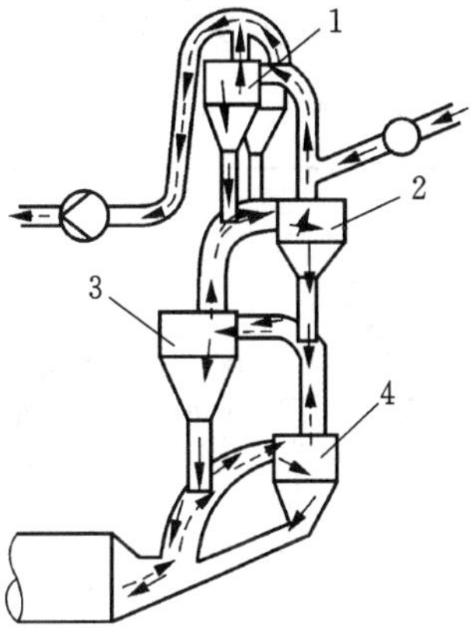

图 1.4　洪堡型旋风预热器

——►物料；-------►气流

1.9 旋风筒的主要功能及其作用机理

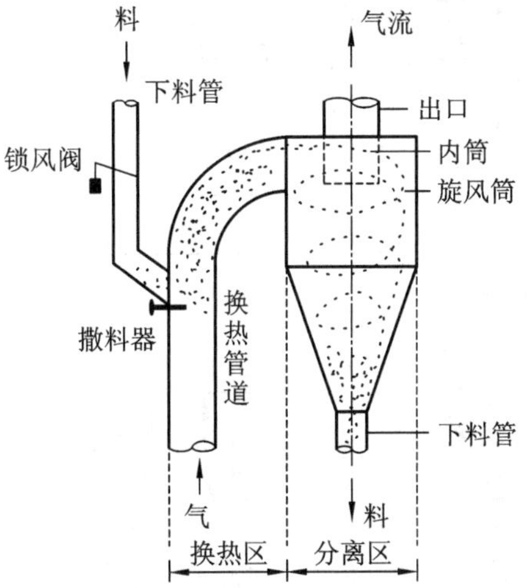

图 1.5　旋风筒换热单元功能结构示意图

旋风预热器每级换热单元都是由旋风筒和换热管道组成(图 1.5)，旋风筒的主要任务在于气固分离。这样，经过上一级预热单元加热后的生料，通过旋风筒分离后，才能进到下一级换热单元继续加热升温。因此，对旋风筒的设计，主要应该考虑如何获得较高的分离效率和较小的压力损失。

含尘气流在旋风筒内做旋转运动时，气流主要受离心力、器壁的摩擦力的作用；粉尘主要受离心力、器壁的摩擦力和气流的阻力作用。此外，两者还同时受到含尘气流从旋风筒上部连续挤压而产生的向下推力作用，这个推力则是含尘气流旋转向下运动的原因。由此可见，含尘气流中的气流和粉尘的受力状况基本相同。但是由于气流和粉尘的物理特性不同，一个是气态物质，质量较小，容易变形；另一个是固态物质，质量较大，不易变形。所以，当含尘气流受离心力作用，向旋风筒内壁浓缩时，它所受到的离心力较气体大，因此粉尘在力学上有条件将气流挤出，浓缩于筒壁，而气流则贴附于粉尘层上，从而使得含尘气流最后得到分离。

影响旋风筒流体阻力及分离效率主要有两大因素，一是旋风筒的几何结构，二是流体本身的物理性能。传统的老式旋风筒阻力较大，主要原因在于旋风筒进口切向气流与筒内旋转气流的碰撞干扰，筒内自由旋转流与强制旋转流使气、固两相流的流场不断变化，气流在旋风筒锥体部位上升，以及旋风筒内壁与两相流的摩擦损失等。通常可采取以下 10 项措施，以降低旋风筒的阻力。

① 加阻流型导流板；

② 设置偏心内筒、扁圆内筒或"靴形"内筒；

③ 采用大蜗壳内螺旋入口结构；

④ 适当降低气流入口速度；

⑤ 蜗壳底面做成斜面；

⑥ 旋风筒采用倾斜入口及顶盖结构；

⑦ 加大内筒面积；

⑧ 减小内筒插入深度；

⑨ 适当加大旋风筒高径比；

⑩ 旋风筒下部设置膨胀仓等。

有关新型旋风筒结构如图 1.6 所示。

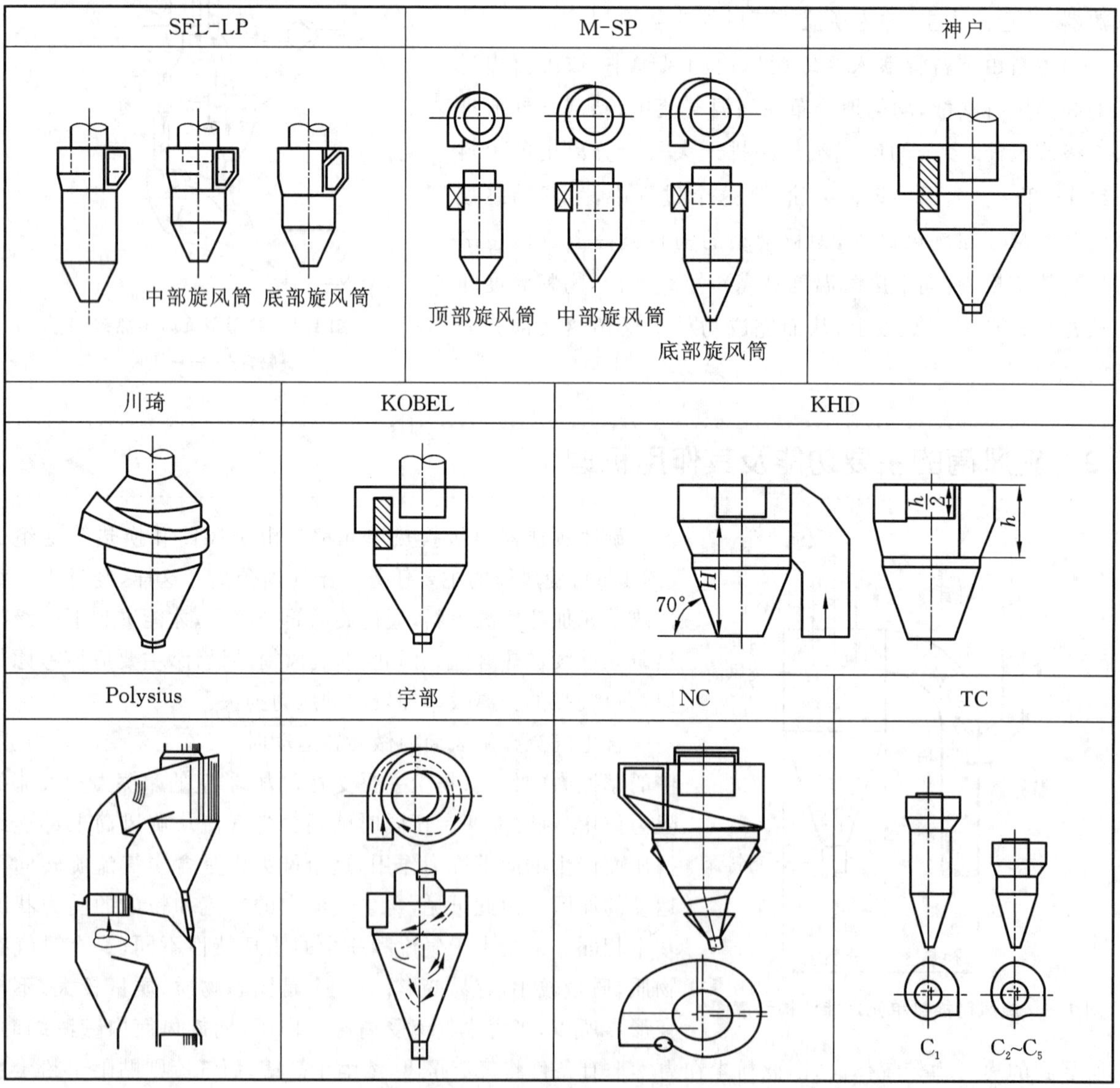

图 1.6 新型旋风筒结构示意图

1.10 旋风预热器各级温差通常是多少

部分厂家预热器各级温差见表1.1。

表1.1 部分厂家预热器各级温差(℃)

厂名	项目	C_1	C_2	C_3	C_4	C_5
HX	气体温度	364	571	738	857	891
	各级温降	207	167	119	34	
SD	气体温度	304	512	690	811	874
	各级温降	208	178	121	63	
CJ	气体温度	368	568	675	785	910
	各级温降	200	107	110	125	
YX	气体温度	338	546	693	799	892
	各级温降	208	147	106	93	
YSH	气体温度	340	512	678	794	869
	各级温降	172	166	116	75	
BMSH	气体温度	317	505	662	811	872
	各级温降	188	157	149	61	
SHD	气体温度	330	522	656	766	895
	各级温降	192	134	110	129	
GZHB	气体温度	366	542	706	808	883
	各级温降	176	164	102	75	
DG	气体温度	366	525	700	813	909
	各级温降	159	175	113	96	
LQ	气体温度	359	547	699	799	897
	各级温降	188	152	100	98	
LLH①	气体温度	363	547	697	789	864
	各级温降	184	150	92	75	
LLH②	气体温度	369	545	688	780	847
	各级温降	176	143	92	67	
平均	气体温度	349	536	690	799	883
	各级温降	188	153	107	85	

注:①燃料为烟煤;②燃料为无烟煤。

1.11 旋风筒分离效率对预热器系统运行有何影响

旋风筒的分离效率对预热器系统运行有较大的影响,通常设计中,C_1筒的分离效率为95%,C_2、C_3筒为86%~88%,C_4筒为90%,C_5筒为92%。

一般水泥厂没有熟料计量装置,通常是通过生料给料量反推熟料产量。如C_1筒分离效率为95%,

则吨熟料的生料给料量一般按 1.62 t 计算。由于有约 5%的生料没有进入预热器，则吨熟料实际生料料耗在 1.53 t 左右；当 C_1 筒的内筒由于磨损和烧失而缩短之后，分离效率可降低到 90%，如还按 1.62 t 生料煅烧 1 t 熟料计算并操作，则生料给料量不足，熟料实际产量下降。因此 C_1 筒内筒磨损、烧失和分离效率下降应视为设备事故，应迅速补修和调整。

C_3、C_4、C_5 筒常有未燃尽的煤粉燃烧，内筒磨损和烧失的速度更快。C_3、C_4 筒内筒缩短，分离效率下降后，大量生料粉又返回到上一级预热器，造成上一级预热器生料粉积聚量增多、体积增大。在达到一定程度后，团聚在一起的生料粉在负压不足的情况下就会造成塌料，并连带使下一级筒连续塌料或堵塞，破坏系统的正常生产。因此，保护内筒、提高内筒抗烧失磨损的安全性能至关重要。

内筒的烧失和磨损情况，从预热器进、出口的负压差值和温度差值的变化可以得到清晰的反映。在设备运转初期，负压差值和温度差值相对较大，当内筒烧失、磨损后，两差值就有所减小。通过操作实践，可掌握差值减小与分离效率下降之间的规律并及时修补和更新内筒。

1.12 预热器内筒的作用是什么

所谓预热器内筒是指在预热器顶部气体出口处，在旋风筒内部增设的挡风圈。

预热器内筒的作用是使由下级预热器上来并进入本级旋风筒侧面的气体与物料，不能一起走短路至上一级预热器，而保证本级旋风筒的选粉效率。内筒伸入预热器的长度是有规定的，过长将增加阻力，过短将降低气料的分离效果，它与进风口的高度方向尺寸是互相匹配的。

内筒的工作环境相当恶劣，不但要经受高温的烧蚀，还要承受高速气流及物料的磨蚀。尤其是四、五级预热器的内筒，它们的使用寿命根据材质不同，往往为半年到一年。最早的内筒是整体圆筒形，由于预热器在开停窑过程中产生的巨大温差而发生了凸凹变形，严重增加了系统阻力，因此，现在已经改为由耐磨耐热的铸钢件的小块挂板组成。这种改动保证了内筒在使用过程中不会变形，但经过一定时间的烧磨，有的挂板仍然会因受力不均而脱落，不仅使选粉效率降低，而且会成为预热器堵塞的诱因。因此，利用较长停窑时间对其进行检查是完全必要的。

[摘自：谢克平. 新型干法水泥生产问答千例（操作篇）[M]. 北京：化学工业出版社，2009.]

1.13 预热器有哪几种不同原因的堵塞

预热器堵塞的原因很多，且相互关联，谢克平根据堵塞的成因，将之分为五类：

① 结皮性堵塞。引起结皮的原因不能消除，势必循环富集形成越来越厚的结皮，未得到及时处理就会堵塞。这类堵塞只要原料及工艺不发生变化，经常会发生在某一固定位置，如窑尾缩口、五级预热器的锥部。这类堵塞完全可以靠人工定时清理或空气炮吹扫予以解决。

② 烧结性堵塞。由于某级预热器温度过高，生料在预热器内发生烧成反应而堵塞。这种情况多在分解率过高的五级预热器内发生，也有因分解炉加煤过量燃烧不完到四级预热器继续燃烧所致，即所谓温度倒置。如果已有其他原因导致的堵塞未被及时判明，还继续用煤，也会产生这种堵塞。处理这种堵塞的难度较大，因为预热器内形成了熟料液相烧结，几分钟的拖延就需要数天时间的停窑清理。因此对它的及早发现与判断更加重要。

③ 沉降性堵塞。系统某处的风速不足，不能使物料处于悬浮状态，而使其沉降于某一级预热器，或上级预热器塌料至下一级来不及排出，从原理上说，应当属于沉降性堵塞，也可称为塌料性堵塞。这类堵塞多发生于新投产的窑，排风没有摸准；或是在运转中系统用风有重大变化时发生。它的发生与操作者关系不大，如果用风不当的原因没有找到，势必会出现周期性的反复堵塞。另外，预热器锁风阀漏风严重也会造成下料不畅而堵塞。

④ 异物性堵塞。如果系统内有浇注料块、翻板阀、内筒挂板等异物脱落或系统外异物掷入预热器

内，都会造成此类堵塞。这类堵塞如果发现不及时，就会转化成为烧结性堵塞。如果及早判断准确，不但处理容易，还能尽早发现系统内的损坏配件或部位。

⑤ 设计瓶颈堵塞。设计瓶颈在这里不是指由于设计者失误设计小了，而是指由于功能需要必须设计小的部位。在进行预热器的几何设计时，已经充分考虑了生料的通过能力，而且留有足够大的富余量，因此在正常生产中是不可能由于设计的几何尺寸不够而发生堵塞的。设计瓶颈堵塞，一定是由于来料过大，而且是不正常的过大。比如，入窑生料喂料秤失控，入窑生料输送斜槽堵塞后开通，预热器风速过低导致的塌料，预热器某些部位存料到一定程度后由于风速变化而发生的塌料。但总体来说，设计瓶颈堵塞的情况不是太多，而且查找原因和解决措施也比较容易一些，预热器堵塞主要是异物性堵塞和结皮性堵塞。

能够准确判断堵塞的原因，是预防堵塞发生与迅速处理堵塞的前提和关键。对后三种性质的堵塞，空气炮是无法预防和清理的，因此，在预防堵塞的措施中，空气炮绝不是万能的。

1.14 C_5 旋风筒内筒的重要性辨析

为了减小对生产的影响，许多厂在遇到 C_4、C_5 内筒挂片烧损时，多是采取临时排险的措施。为了减小对旋风筒效率的影响并节省时间，不得已去掉容易掉的部分，尽量保留还能用一段时间的部分，然后就提心吊胆地坚持生产了。图 1.7 就是一个刚刚处理完的耐热钢挂片内筒。

图 1.7 被去掉下两环后依然摇摇欲坠的 C_5 内筒

然而，问题并没有解决。以上都是从“生产运行角度”讲的，那么从预热器的整体性能来讲，C_5 旋风筒内筒重不重要呢？而且不管其寿命长短，总还是要进行投入的，并且肯定要增加系统阻力，也就是增加电耗，那么不要它是否可行呢？

如果内筒脱落后仍坚持运行，哪怕时间很短，人们很自然地要比较在有无 C_5 内筒情况下的运行情况，如工艺参数、产量、质量、煤耗、电耗等，它们有什么变化？变化会多大呢？以下对这些问题进行分析。

1.14.1 现有 C_5 内筒损毁后的案例

太行集团的 4 号窑，曾烧坏过 C_5 内筒。在没有内筒的那段时间，物料入窑分解率略高，产量没有减少，f-CaO（呈游离状态的氧化钙）的质量百分数有所降低。

牡丹江水泥厂 2 号窑，末级预热器内筒曾多次被烧坏过。预热器为早期的四级旋风预热器系统，当末级预热器 C_4（相当于五级预热器的 C_5）内筒被烧坏以后，C_4 的进出口温度差由 120 ℃变为 60 ℃、压力差由 1.3～1.5 kPa 变为 0.85 kPa 左右，入窑分解率由 78%～92%提高为 81%～94%，操作比较顺畅。于是该厂后来没有继续安装末级预热器（C_4）内筒。

武安新峰的 3000 t/d 熟料生产线，2009 年 9 月 16 日 C_5 内筒挂片开始脱落，堵塞了 C_5 下料管和锥体，停车 7 h 20 min，处理完毕后继续开车，之后又断断续续多次脱落，每次脱落总会造成预热器堵塞。

由于脱落的挂片常卡住下料翻板，而且不易掏取，便将翻板阀顶起处于常开状态，后来直接将翻板拆卸抽出，C_5 在既无内筒又无翻板的情况下运行。应该说，其分离效率降到了最低点，是否会对烧成系统构成重大影响呢？但观察发现，分解炉的出口压力由－1.3～－1.4 kPa 变为－1.1 kPa 左右，C_1 出口压力由－6.2 kPa 变为－6.0 kPa 左右，明显感觉物料比过去好烧了。过去石灰饱和系数 *KH* 大于 0.900 时，f-CaO 含量就不容易烧合格，现在 *KH* 只要不超过 0.920，f-CaO 含量就没有问题。其前后的变化如表 1.2 所示。

表 1.2　武安新峰 3000 t/d 熟料生产线 C_5 有无内筒情况下各项指标对比

月份	*KH*	*SM*	*IM*	f-CaO 含量(%)	立升重 (g/L)	台时产量 (t/h)	3 d 强度 (MPa)	标准煤耗 (kg/t)	烧成电耗 (kW·h/t)	内筒
0906	0.909	2.57	1.57	1.16	1.299	147.89	29.7	108.39	30.95	有
0907	0.910	2.53	1.53	1.22	1.310	150.00	28.9	107.04	30.54	有
0908	0.910	2.56	1.51	1.16	1.303	150.13	27.9	107.66	30.60	有
平均	0.910	2.55	1.54	1.18	1.304	149.34	28.8	107.07	30.70	
0910	0.919	2.55	1.49	0.89	1.341	152.05	29.2	108.08	30.62	无
0911	0.915	2.55	1.52	0.74	1.354	152.41	29.9	109.59	30.62	无
平均	0.917	2.55	1.51	0.82	1.348	152.23	29.6	108.84	30.62	

注：*KH*—石灰饱和系数；*SM*—硅率；*IM*—铝率。

由表 1.2 可见，由于 f-CaO 含量易控制，在无内筒的 10～11 月份，*KH* 均值得以大幅度提高，熟料 3 d 强度基本稳定在 29 MPa 以上；立升重、台时产量也都有了显著提高；在实物煤的低位发热量下降的情况下，实物煤耗还下降了。

这一系列的案例都让人不得不思考，到底该不该安装 C_5 内筒。山水集团总部的 3 号窑没有安装末级内筒，也运行良好。那么为什么绝大多数预分解窑都设计有内筒呢？下文将进行探讨。

1.14.2　现有 C_5 内筒的重要性分析

一些教科书上这样写道：充分利用分解炉(或和窑尾)排气中的大量热能预热生料以降低烧成热耗，是预热器的唯一任务。由于旋风筒的换热效率一般只有 20%左右，为了充分利用废气余热就必须采用多级单体旋风筒，组合串联多次换热。为了保证预热器的整体换热效率，就必须强化每一级旋风筒的分散、换热、分离三大功能。

预热器的下游与分解炉和回转窑相连，它们(特别是预热器与分解炉)又存在相互关联的作用。对分解炉来讲，分解是目的，分散是前提，燃烧是关键。燃烧速度是温度的指数函数，其次还要受到环境中 O_2 和 CO_2 分压的影响，分解反应还要放出大量的 CO_2 对燃烧构成干扰。燃烧还与煤的特性、分解炉结构、停留时间有关。

目前的预分解水泥窑，多数为五级旋风预热器加分解炉系统，每一级旋风筒都设计有内筒，而且特别强调了 C_1 筒和 C_5 筒的分离效果，由于内筒的主要作用是分离，实际上就是强调了 C_1 筒和 C_5 筒的内筒的重要性。相关资料对预热器各级旋风筒分离效果的重要性排序为：$C_1>C_5>C_2$、C_3、C_4。

鉴于 C_1 筒关系到预热器整体的分离效果，对工序分割和能耗都影响很大，而且理论和实践也是一致的，把它排第一可以理解。而不止一个案例说明 C_5 筒的内筒并不重要，C_5 筒为什么要排第二呢？C_5 筒与分解炉、C_4 筒构成了一个循环系统，如果 C_5 筒的分离效果不好，必将加大预热器其他各级的分离负荷，影响预热器的整体换热，特别是会加大分解炉的物料循环，加大分解炉的固气比，影响分解炉的燃烧环境，甚至导致分解炉带不起料来，出现塌料现象。所以，重视 C_5 筒的分离效果也就是强调 C_5 筒的内筒是必要的。

那么，理论和实践的相反结论又该如何解释呢？实际上，当 C_5 内筒脱落之后，C_5 筒的分离效率肯定降低，C_5 筒、C_4 筒、分解炉的物料循环被加大，部分物料及少量煤粉的停留时间被延长，气固热交换更充分，导致出分解炉煤粉的燃尽率提高，入窑物料的分解率提高。这对于一个煤粉燃烧和物料分解不是太好的烧成系统来讲，正好弥补了它的短板，去掉 C_5 内筒的正面作用大于了其产生的负面作用，所以总体上的结果是积极的。

这种情况多数发生在早期的预分解窑上，正说明其烧成系统（特别是分解炉）存在问题，实际上早期的预分解窑就曾经有过给分解炉设置循环旋风筒的设计。我们必须清楚，在分解炉本身的问题解决以前，去掉 C_5 内筒的总体结果虽然是正面的，但这不等于其没有副作用。

因此，去掉 C_5 内筒只是治标而不治本的措施，理想的办法是从根本上直接解决分解炉的问题，而不是去掉非常重要的 C_5 内筒。

1.15 预热器旋风筒内筒常见结构形式

（1）C_1 内筒

C_1 内筒为整体筒式结构。C_1 旋风筒工作温度在 300 ℃左右，温度较低，不易损坏，故一般采用整体的筒式结构。

（2）C_2、C_3 内筒

C_2、C_3 内筒为挂片筒式结构。C_2、C_3 旋风筒内温度在 550～750 ℃之间，内筒受热腐蚀损坏概率较大，需要阶段性更换。为此，采用悬挂式大挂片等分圆周式结构设计，可以保证挂片间隙均匀，便于安装调整，提高设备运行的可靠性。安装前，应仔细校对旋风筒出风口处内筒支架的相关尺寸和螺栓孔定位尺寸，若制作尺寸偏差较大应做必要的修整。第一排挂片安装完成后，要求挂片间隙均匀。

后续挂片安装时不但要保证相邻两块挂片之间的环向间隙达到最佳，而且与上一排挂片之间的竖直间隙也要保证均匀。安装时应避免挂片受斜拉，因为这种情况容易导致挂片间隙上下不均匀，进而影响下一排的挂片缝隙。为避免出现这些情况，应先进行试挂，将尺寸不合适的地方拆下来打磨或修补，达到要求后方可使用。

挂完之后的内筒整体应呈规则的正圆柱形，相邻两块挂片之间的间隙均匀，不存在零间隙情况，也不能有过大间隙。间隙过大，料流和气流短路，会降低旋风筒的分离效率；间隙过小甚至没有间隙往往会使 C_2、C_3 内筒挂片因受挤压而断裂，从而缩短内筒的使用寿命。

（3）C_4、C_5 内筒

C_4、C_5 旋风筒内筒通常为镶嵌式组合小挂片的结构。C_4、C_5 旋风筒内工作温度增加到 750～950 ℃，工况环境非常恶劣，高温和碱性环境易使内筒腐蚀和变形。为此，C_4、C_5 内筒采用镶嵌式耐热钢铸造小挂片结构，便于不定期更换。

C_4、C_5 内筒挂片的安装首先要进行内筒支架及顶盖的检查工作。与安装 C_2、C_3 内筒类似，安装时应确保第一排每块挂片竖直平整，挂片之间的周向缝隙均匀，挂片搭接处不存在挤压情况，第一排挂片调整合格后方可进行后续挂片的挂接。

虽然 C_4、C_5 内筒挂片尺寸小，安装、调整方便，但挂片的安装过程中仍然需要随时检查周向和纵向的挂片间隙。挂片间隙过大，在运行中如遇气流剧烈波动或偶然爆燃、塌料等工艺故障，容易发生挂片的挂钩脱落，甚至挂片脱落，造成下料管堵塞或熟料破碎机损坏；挂片间隙过小，在热膨胀后易出现内筒变形等。

［摘自：王洪霞．预热器内筒的安装及故障分析处理[J]．水泥技术，2014(5)：41-43．］

1.16 预热器旋风筒内筒挂片的常见故障及原因分析

1.16.1 C_3 内筒挂片的开裂及脱落

（1）故障现象描述

在南方某现场，C_3 内筒挂片使用不到半年的时间即出现碎裂甚至脱落的现象。其中，C_3 内筒第一环挂片损坏共计 12 块，第二环挂片损坏共计 2 块（图 1.8）。

（2）故障原因分析

挂片在正常使用时，主要受到三个外力作用：

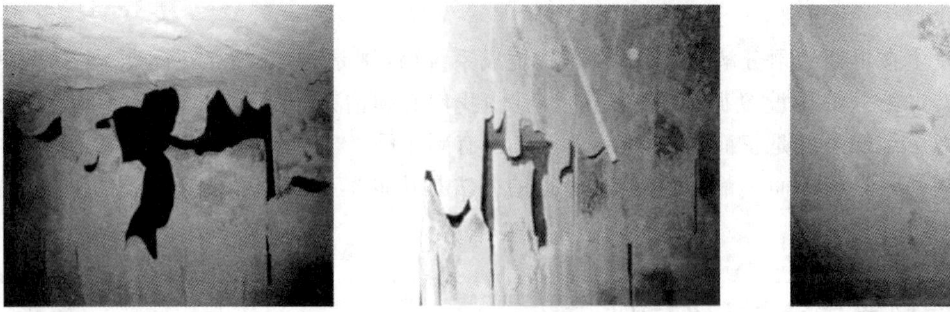

(a) (b) (c)

图 1.8　C_3 内筒挂片受挤压开裂

① 挂片自身重力；

② 物料的冲刷力；

③ 旋风筒内的风压。

C_3 内筒挂片的设计厚度是 16 mm，现场人员通过测量损坏挂片的端面尺寸，发现挂片的厚度至少有 15 mm，从图 1.8 也可看出，挂片几乎没有磨损、减薄且厚度均匀。因此可以判断，C_3 内筒挂片碎裂非挂片厚度严重减薄、强度下降所致。

在安装 C_2、C_3 内筒挂片时必须保证每块挂片之间具有热膨胀间隙。C_3 内筒挂片的材质是含 Ni 的双相耐热钢，虽然韧性优良，但在没有膨胀间隙的情况下仍会受到热膨胀力的挤压而断裂。研究资料表明，这个热膨胀应力是个很大的力。在实验室做高温拉伸试验时，将一根 ϕ10 mm、长 70 mm、与挂片同材质的试棒加热到 600 ℃时，热膨胀力不低于 30 kN。C_3 内筒挂片的长度是该试棒的 10 倍左右，厚度是试棒直径的 2 倍，其热膨胀应力不言而喻。

图 1.8 照片显示，该处损坏的挂片在冷态时已经顶死，这说明挂片是被挤压断裂的。究其原因是在冷态安装时，挂片的膨胀间隙没有达到图纸的设计要求，甚至挂片根本就没有膨胀间隙，这就是此现场挂片在较短使用时间内即断裂的原因。

(3) 故障解决方法

更换损坏的挂片，同时仔细调整 C_3 内筒每环挂片之间的间隙，使其达到图纸的设计要求，符合挂片安装规范。考虑到现场操作的实际情况，对于那些间隙确实不好调整的挂片，采取补焊或切割的方法来满足挂片间隙的图纸要求，即对间隙较大的挂片补焊耐热圆钢，把挂片间隙补偿到图纸要求尺寸；对间隙过小甚至没有间隙的挂片，利用等离子切割设备或气刨条，把挂片间隙切割到图纸要求尺寸。

1.16.2　C_4、C_5 内筒挂片的脱落

(1) 故障现象描述

某厂在投料运行几个月后即出现 C_4、C_5 内筒最下边两环的部分挂片（含 T 形连接块、带孔小挂片、小挂片）有脱落。客户发现该故障现象后，即找到安装公司相关人员对脱落挂片进行了补挂，然而运行不久又发生上述故障现象（图 1.9、图 1.10）。

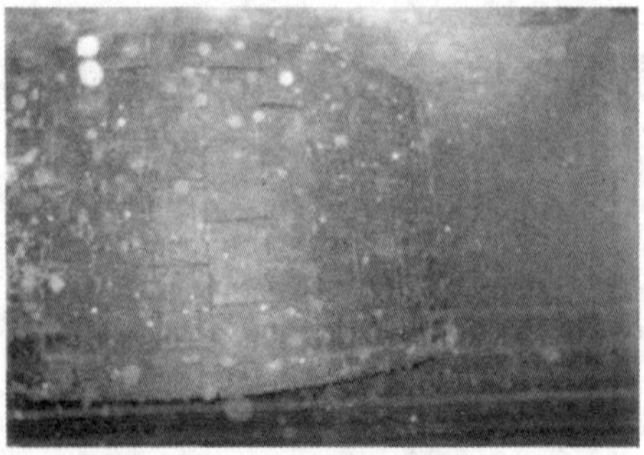

图 1.9　现场挂片间隙均匀

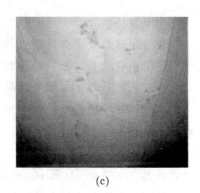

图 1.10　脱落的挂片破碎后的情况

(2) 故障原因分析

C_4、C_5 内筒挂片由于尺寸小便于安装、调整,安装时很容易达到图纸的技术要求。因此,这两级的挂片脱落、挤裂的故障现象很少见。

① 对脱落挂片进行了尺寸测量,获知挂片、带孔小挂片及 T 形连接块外观良好,无明显磨损痕迹,且厚度减薄最多 1 mm,由此判断:上述零件的脱落并非过度磨损减薄所致;

② 各挂片之间的间隙符合图纸设计要求,说明挂片等零件的脱落不是由膨胀间隙小受挤压所致;

③ 从现场图片看,最下端一圈带孔小挂片后面的内孔圆周内只是点焊而没有满焊,当受到物料冲刷特别是风压的冲击时,由于小挂片没有与 T 形连接块满焊牢固,T 形连接块首先脱落而起不到锁片的作用,从而造成带孔小挂片及部分其他挂片的脱落,这就是前述故障发生的原因。

(3) 故障解决方法

将脱落的挂片按照图纸要求重新补挂好,并且达到图纸设计的间隙要求。同时,重点对 T 形连接块应该焊接的部位仔细进行操作,确保每一个 T 形连接块焊接可靠、牢固。经过这次检修,该现场小挂片脱落的故障现象消除,保证了热工系统设备的正常运行(图 1.11)。

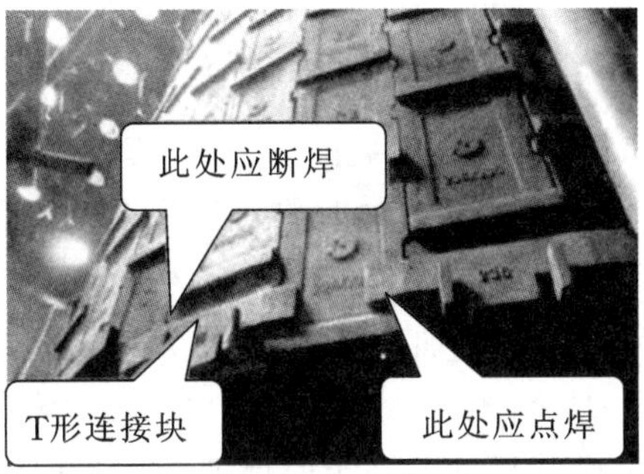

(a)

(b)

图 1.11 C_4、C_5 内筒易脱落的带孔小挂片、T 形连接块及其焊接示意部位

1.16.3 旋风筒内筒的严重变形

(1) 故障现象描述

这是一条利用化工厂的生产废料电石渣作为原料生产水泥的 2500 t/d 生产线,其预热器为两级,一级内筒为大挂片,二级内筒为小挂片,点火投料运行期间工艺系统正常,产量稳定在 2500 t/d 左右。该生产线运行半年后,一级内筒大挂片严重变形(挂片由耐热钢板制成非铸钢件),导致烧成系统停产。

正常生产时,C_1 出口压力在 −2300～−2800 Pa 之间,出口温度在 580～640 ℃之间;C_2 出口压力在 −650～−800 Pa 之间,出口温度在 840～890 ℃之间,产量稳定在 2500 t/d 左右。

故障发生的当天从 18:15 开始,C_1 出口压力从 −2854 Pa 不断上升,在 23:30 已达到 −4282 Pa,第二天上午 9 点停窑检查发现:预热器 C_1 内筒已完全变形呈扁平状,不能通风(见图 1.12、图 1.13)。

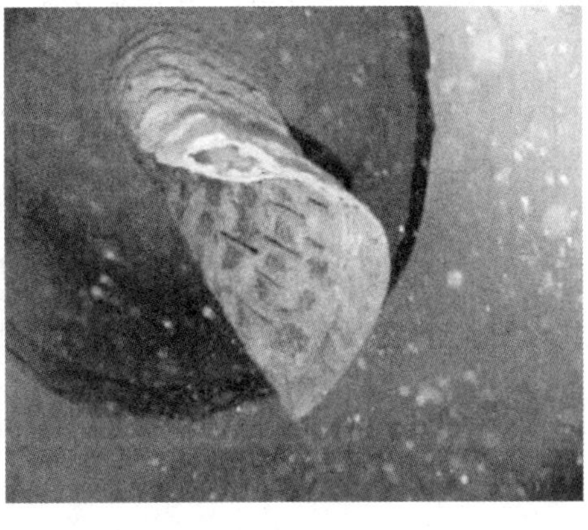

图 1.12 内筒严重变形

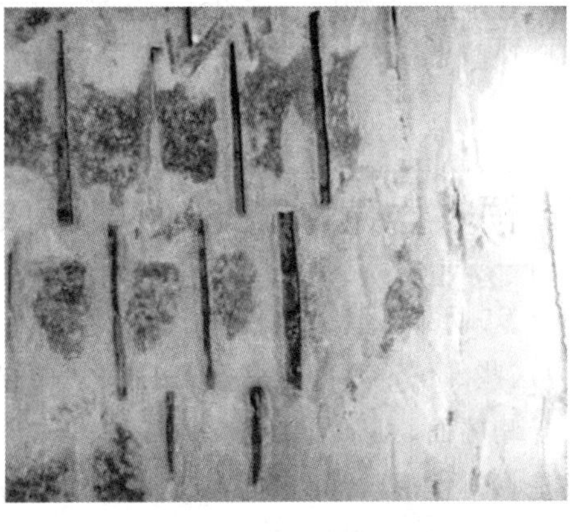

图 1.13 挂片磨损情况

(2) 故障原因分析

现场实物照片显示，内筒挂片的壁厚减薄严重，大部分挂片的壁厚尺寸只有 2～3 mm，大大削弱了内筒的整体刚度，在系统内风压不停的作用下最终发生严重变形。由此判断，内筒挂片的过快磨损、严重减薄是内筒产生变形故障的原因。下面分析一下挂片磨损过快的原因。

挂片减薄一般情况下是在物料冲刷及热腐蚀综合作用下发生的。此外，还有一个不容忽视的减薄原因是物料中腐蚀性元素给挂片带来的磨损，其中对挂片使用寿命影响较大的是 Cl 元素。因此，生产中应控制 Cl 元素含量低于 0.015%。由于该生产线水泥原料中含有化工厂的生产废料，其 Cl 元素含量在 0.03%左右，超出了 Cl 元素正常控制范围，故加速了挂片的磨损。

(3) 故障解决方法

现场采取临时补救措施：

① 把已收缩变形的内筒拉开、调圆、找正；

② 内筒基本找好圆度后，在内筒里圈最薄弱部位先焊接一圈耐热钢筋板，然后在其上焊接“米”字支撑筋以加强内筒的刚度；

③ 客户应及时订购新内筒挂片，备件到货后立即更换。

对此，我们建议：

① 尽量优化、控制水泥原料组分，即尽可能降低生产原料中 Cl 元素含量；

② 加强对预热器内筒挂片磨损情况的检查，每个月有停窑检修的机会时要对挂片进行检查，而且两次检查的间隔时间最长不能超过 3 个月；

③ 在 Cl 元素含量不能有效改善的情况下，建议在挂片材质中增加 Mo 元素、N 元素或提高 Ni 元素含量，以减轻 Cl 元素对奥氏体耐热钢挂片的热腐蚀伤害；

④ 库存一套挂片备件。当磨损后的挂片厚度尺寸低于设计尺寸的一半时就要考虑适时更换，以免影响正常生产。

[摘自：王洪霞.预热器内筒的安装及故障分析处理[J].水泥技术，2014(5)：41-43.]

1.17 预热器的保温有何意义

预分解窑的熟料热耗中，散热损失约占总热耗的 10%，其中预热器系列的表面积很大，如果保温不好，该部分散失的热量会与窑筒体相当，甚至更多。但是预热器是静止状态，做好保温比较容易，对降低熟料热耗很有意义，只要降低 2%的热耗，就可以使熟料成本降低 0.8%。当然，保温效果好，在其他条件相同的情况下，可能会导致一级出口温度偏高，这应该通过加强热交换能力去改善，而不应当为了高温风机的安全或减少增湿塔的负荷，有意对一级预热器不设保温，这种顾此失彼的做法将不利于降低热耗。

预热器的保温工作，一般是在耐火砖或浇注料与钢板之间铺上一层硅酸钙板。无论是用砖，还是用浇注料做衬料，硅酸钙板的铺置都应当认真仔细。

[摘自：谢克平.新型干法水泥生产问答千例(操作篇)[M].北京：化学工业出版社，2009.]

1.18 预热器壳体发红时应如何处理

一旦发现预热器(或箅冷机)钢板表面发红，就说明里面的耐火衬料已脱落。此时应该尽快采取措施，因为这些部位都是静止状态，一般并不需要停窑。

对于侧墙面，可以采用“背书包”的方式，即在钢板外焊接一个倒加料斗，直接灌上浇注料。这种处理方法只是临时性的，待停窑后，应当进入预热器内部将临时处理的物料除掉，将原旧钢板切割整齐后，挖补新钢板，再将浇注料打好。

对于顶面，可找一块比发红钢板面积略大的钢板吊入预热器内，在其上方浇灌浇注料。对于较大面积的钢板发红，可直接将此钢板当作模板，在上方铺上浇注料，在浇注料上方再扣上一块带有扒钉的钢板，四周与原壳体焊牢即可。此种施工一定要注意原有钢板受热程度与强度，如原有钢板已氧化变得很薄，只能停窑重新处理。

所有上述操作都应确保系统在负压状态下，如果温度过高，可以采取临时减料或止料的办法。如果准备充分，一个小时内就可处理完，这样可以减少冷窑停窑的损失。

[摘自：谢克平.新型干法水泥生产问答千例(操作篇)[M].北京：化学工业出版社，2009.]

1.19 预热器的操作规程

1.19.1 开车前的准备

(1) 仔细检查旋风预热器、分解炉及系统连接管道内有无异物及堵塞，确保畅通。

(2) 检查预热器、分解炉及系统连接管道内的耐火衬料的完好情况，各膨胀缝内的陶瓷纤维棉是否完好。

(3) 检查分解炉燃烧器的磨损、变形情况，检查输煤管道是否畅通。

(4) 检查分解炉燃烧器冷却风机的风路是否畅通。

(5) 检查窑尾烟室、分解炉、预热器的人孔门是否关好密闭。

(6) 认真检查每一级预热器下料管的翻板阀是否灵活。

(7) 检查全系统有无漏风点，并进行密封。

(8) 检查吹扫系统是否畅通，电磁阀、空气炮应进行试用，使其完好待用。

(9) 准备好安全可靠的捅堵工具及劳动防护用品，如石棉服、石棉鞋、石棉手套、防护面罩等。

(10) 清除风机、斜槽、提升机等运转设备内部和周围的异物，及影响设备运转的障碍物。

(11) 检查所有风机进口过滤器积灰情况，如积灰较多应进行清理。

(12) 检查各轴承润滑油位、油质等是否符合要求。

(13) 检查设备冷却水管路密封情况，及阀门开关位置是否合适。

(14) 检查喷水装置的进出口阀门是否打开，水箱水位是否正常，压缩空气压力是否正常。

(15) 检查袋式收尘器及空气炮用压缩空气阀门是否打开，压力是否正常。

(16) 检查现场每一个温度和压力测量仪器是否完好，压力测量管路上的阀门位置是否正常。

(17) 检查各部位连接螺栓和地脚螺栓的紧固情况。

(18) 检查各运转设备的安全防护设施是否完好。

(19) 与中控室联系后，将现场控制开关打回中控位置。

(20) 检查确认无误后，疏散现场无关人员，及时通知中控室操作员，等待开车。

1.19.2 运行中的检查

(1) 检查罗茨风机轴承温度、声音、振动情况，及油位、油温、进排气压力是否正常，检查传动皮带张紧程度。

(2) 检查电动阀门开度、限位是否正常及有无异物堵塞。

(3) 检查空气输送斜槽有无冒灰、跑料、堵料现象，风机有无堵塞，振动风机轴承润滑情况，风阀开度，进风口压力变化情况。

(4) 检查提升机机体有无撞击声，有无漏灰、积料，张紧装置是否在正常位置，液力偶合器声响及油位是否正常，链条销子是否松动，电机、减速机是否振动。

(5) 检查预热器

① 检查捅料孔、人孔门密封是否良好，有无漏灰、结皮、堵料现象。如有异常要及时处理，处理时绝对要戴好防护用品。

② 检查翻板阀动作是否正常，如重锤把连续颤动，证明物料已通过翻板阀。

(6) 检查燃烧器输煤管道是否因破损而漏煤，冷却风机进风口有无异物堵塞，出风压力变化是否正常。

(7) 检查袋式收尘器滤袋有无破损，有无冒灰、泄漏、灰斗堵料情况，清灰系统动作情况，以及回转卸料阀运转情况。检查收尘器排风是否含尘过高，排风机是否有异响，是否有振动及风机轴承润滑情况。

(8) 检查空气炮压缩空气压力是否在正常范围内以及气源三连体工作情况，空气炮是否按时放炮，放炮力量是否正常。如果自动失控，改为手动。

1.19.3 停车后检查

(1) 窑停料后加强对预热器系统的吹扫，以防积料、堵塞。

(2) 从上到下认真检查各级旋风筒内是否有积料、结皮堵塞情况，有则及时处理。

(3) 检查预热器耐火砖、浇注料有无松动脱落情况，有则进行处理。

(4) 认真检查预热器内筒及撒料板是否烧坏，有则进行处理。

(5) 认真检查各级翻板阀灵活情况，翻板阀是否锁风完好。

(6) 检查分解炉内有无结皮情况和两个燃烧器情况，有问题及时进行处理。

(7) 检查各地脚螺栓、连接螺栓是否松动、断裂。

(8) 检查风机进风口过滤器情况，如滤网太脏则予以更换。

(9) 如系统运转时间较长，应检查风机叶轮的磨损情况。应及时清除风叶上积灰。

(10) 如运行时间过长，应该检查轴承及润滑油情况，如轴承磨损严重，及时更换，如油变质，应重新换油。

1.20 预热器堵塞的清堵原则

1.20.1 果断处理预热器堵塞

预热器的堵塞通常可分为“设计瓶颈堵塞、异物瓶颈堵塞、结皮瓶颈堵塞”，对于前两种堵塞只要查出原因，采取相应的改进或避免措施，一般是不难解决的，难题在于无法根治的第三种堵塞，要分三个层次解决。一是要避免形成结皮；二是发现结皮后就要及时清理，防止其增厚；三是一旦发现有堵塞迹象，要果断地止料处理。这里一定要强调“果断”二字，不管是哪一种堵塞，一旦发生是必须要处理的，而且处理得越早越好；在发现和处理预热器堵塞时，要树立“宁可信其有不可信其无”的思想。因为堵塞的料量集聚很快，处理的时间与集聚的料量成正比，根据集聚的料量不同，处理时间短则十几分钟，长则几十小时；而如果判断错了，重新投一次料也只花费十几分钟。孰轻孰重，十分了然。

1.20.2 预热器清堵的四原则

(1) 先封闭后开放的原则。主要是在封闭状态下动用空气炮处理，如果空气炮无效再考虑其他措施。

(2) 先疏通后捅堵的原则。首先疏通下部通道，为堵塞的物料找到去向，为后续清堵打下基础。

(3) 先原因后结果的原则。这里的原因指造成堵塞的直接原因，指卡堵的异物或结皮的根部。

(4) 先容易后难题的原则。当堵塞的集聚料较多，甚至烧结结块时，难以一捅就通，首先要清理靠近通道的物料和容易清除的边际料。

1.20.3 预热器清堵的具体措施

(1) 按清理的及时性和动作的大小权衡，首先强调的是及时性，由及时的小动作逐步向随后的大动作升级。如果堵塞处于空气炮可以触及的部位，要首先考虑使用空气炮处理，不需要改变预热器的封闭状态和破坏外部壳体，比较及时、方便；对一些容易堵塞又没有空气炮的部位，要考虑在事后尽早加装一些空气炮，以备今后使用。如果空气炮处理没有取得效果，就要打开已有的各种孔门人工清理，或者根据需要开一些临时孔口人工清理。对于一些容易堵塞又缺乏必要的清理孔门的部位，可以在事后尽早补开一些孔门，以方便今后的使用和恢复封闭状态。

(2) 按照堵塞和疏通的起始点权衡，首先要把造成堵塞的异物处理掉，同时考虑先把堵塞的下部疏通好。堵塞集聚的生料都在异物的上方，在下部疏通以前集聚在上部的生料没有去向，想一次性贯通很难。当然，在清除异物及疏通下部有困难时，也可采用外排式清堵，但这对安全和环保都是不利的，需要采取必要的防护措施。

(3) 具体的人工清理方法有很多，但都各有利弊，需要根据现场情况综合考虑。比如利用捅料棒处理、利用高压风管处理、利用水炮处理、利用高压水枪处理、利用火炮处理等。但事实上由于高压水枪作用范围有限，水量小效果有限，而且移动不太方便，一般不予采用；由于火炮(雷管、炸药)处理很不安全，属于不得使用范畴。较常用的清理方法主要是利用捅料棒、高压风管和水炮处理，但清理效果与安全性负相关，往往是根据清理的难易程度交叉混合使用。

① 利用捅料棒捅堵，这是最安全的方式，但由于堵塞的集聚料疏松、黏软，捅料棒从上往下一捅一个眼，一抽又堵住了，往往作用不大。

② 利用高压风管捅堵，由于出口风具有扩散力和冷却料温的作用，捅堵效果要好一些，而且有可能穿透聚集料层实现下部的优先疏通。

③ 如果清堵比较及时，聚集料温度尚高，可以利用水遇高温料急剧蒸发产生的爆炸力清堵，往往可以获得明显的清堵效果。必须注意，有效果的水炮爆炸力都很强，有可能发生向外喷料和涌料现象，在操作方法上一定要注意安全，最好不用水管直接插入料中放水炮，否则水量不好控制，也难以保证打开后的水源能彻底关死，可能造成断续爆炸，很不安全，而且浇水过多会伤及耐火材料。

1.21 预热器内筒挂片掉落的故障分析

(1) 原因

上次检查不彻底，对挂片连接件的氧化程度、腐蚀烧损程度判断不准，造成生产后达不到一个检修周期就损坏。

(2) 如何检测发现故障

挂片掉落会堵塞锥体下料管，翻板阀处有卡料现象，从中控室也能看到，料不能进入下一级预热器内，温度升高，且上部负压增大。

(3) 发生的频次

这种故障不会经常发生。当挂片烧损到了一定的程度，不及时更换，勉强生产，即会发生故障。挂片正常使用年限为2～3年，底部五级挂片使用年限较短，为1～2年。

(4) 维修方法及材料

挂片掉落需要更换，停窑冷却，将预热器人孔门打开，支好脚手架，进行补挂，根部与旋风筒顶部用不锈钢耐热螺栓紧固好，再用耐火浇注料浇注。停窑冷却需要36 h，清理内部需要8 h，搭脚手架需要8 h，安装内筒挂片需要12 h，浇注耐火浇注料及养护需要24 h，共需要88 h。

(5) 内筒挂片掉落的影响

预热器内筒插入旋风筒深度的大小，决定了旋风筒分离效率的高低，因此，内筒挂片要牢固，不能掉落、失圆，否则就改变了旋风筒最初的设计尺寸，改变了风的流向，使气、料分离效果发生变化。如果挂片在生产过程中出现掉落现象，还会卡堵预热器的下料管，造成锥体堵料，因此平时每次计划检修都要打开旋风筒的检查孔，检查内筒挂片的磨损程度、连接牢固程度，要根据检查情况制订检修计划，有计划地进行检修更换，绝不能凭侥幸心理，只抢产量，带病运转。挂片在生产过程中掉落，会严重影响生产。

一般高镍铬耐热铸钢扇形悬挂片式内筒使用寿命为 2～3 年，过去底部 C_5 旋风筒结构陈旧，且内部温度较高(达 880～950 ℃)，内筒很容易烧坏，寿命一年左右，且难于及时更换，造成无内筒运行，导致分离效率很差，大大影响了系统热效率，引起入窑生料分解率下降，熟料 f-CaO 含量升高，出一级筒气体温度升高等。

1.22 预热器系统耐火衬料掉落的故障分析

(1) 原因

浇注料脱落的主要原因有浇注后养护时间不足，烘烤升温速度过快，耐火衬料水分蒸发不均，出现胀裂；砖脱落主要是风道直墙，经长时间磨损，砖变薄，在窑内通风大时，砖脱落掉入旋风筒内。

(2) 如何检测发现故障

预热器顶部浇注料或侧墙发生掉落，会使筒体温度升高。从壳体的颜色上可以看出，预热器表面面漆被烧发暗，脱落壳体变暗；从壳体表面温度上可以判断，表面温度升高，可用红外线测温仪现场测定，温度超过 300 ℃，或可用手靠近壳体感觉温度的高低。

(3) 维修器具及材料

维修器具为钢管脚手架、木板等，材料为耐火砖、浇注料、耐火泥、硅酸钙板、耐热钢筋等，所用工期主要是冷窑时间较长，冷却需要 36 h，清理 8 h，搭脚手架需 12 h，浇注一般要 24 h。

(4) 检测的频率

一般每月检查一次，测定其温度高低，只要发现温度升高，砖有变薄的迹象，要做好检修计划，下次检修时同时安排，这样能够节约时间，合理集中检修。

(5) 耐火衬料掉落的影响

刚浇注完的预热器、旋风筒内部尺寸及形状，进出风口的尺寸、形状都是按设计要求浇注的，其风速、流量、分离效果等达到设计要求，但经过一段时间后，由于高速含尘风对旋风筒内壁进行冲刷磨损，内部尺寸发生变化，使风速、风向、料流等发生一定的变化，分离和换热效果降低，同时浇注料磨损掉落，使预热器系统出现卡料，造成锥体堵塞现象。

(6) 防止措施

防止措施主要有以下几个方面，选择优质的浇注料，浇注施工要规范，振捣要密实，脱模不能过早，养护烘烤按规定进行，停窑要进行仔细检查，根据检修计划按批量进行更换。

1.23 预热器系统内的撒料板有什么作用

撒料板的作用是在物料从上一级预热器进入到下一级预热器管道或分解炉时，避免物料以高动能向下冲入，使物料能与气流进行最为充分的热交换，它的作用原理是让物料在经它阻击或反弹后立即分散成细粉，均布在热气流中，提高了有限时间内的传热效率。虽然道理简单，但作用很大。然而其重要性有时并未引起相关者的重视。

不少设计者开发了各种形状的撒料板、撒料箱，但无论撒料板是什么形状，伸入到什么位置，其结果应该是不仅让物料分散悬浮而不成团掉落，而且要让物料在其进入的整个容器的断面上进行分散。这一点尤其重要，曾经有不少物料入口的撒料板形状与结构并不正确，使相当的料量沿炉壁向下流走，形成短路，造成缩口更容易结皮，也降低了分解率。有的由于撒料板至预热器内部距离过长，使物料下滑冲量过大，反而起不到使物料分散的作用，造成部分物料直接入窑，始终不能分解而导致包心熟料的形成，它能在熟料库内很快粉化，不仅游离氧化钙过高，而且强度下降。

[摘自：谢克平. 新型干法水泥生产问答千例(操作篇)[M]. 北京：化学工业出版社，2009.]

1.24 旋风预热系统中换热管道有何功能

换热管道是旋风预热器系统中的重要装备,它不但承担着上下两级旋风筒间的连接和气固流的输送任务,同时承担着物料分散、均布、锁风和气固两相间的换热任务。从图 1.5 可见,换热管道除管道本身外还装设有下料管、撒料器、锁风阀等装备。它们同旋风筒一起组合成一个换热单元。

由于在换热管道中,生料尘粒与热气流之间的温差及相对速度都较大,生料粉被气流吹起悬浮,热交换剧烈,因此理论计算及实践均证明,生料与气流的热交换主要(约 80%以上)在连接管道内进行,因此对管道的设计十分重要。如果管道风速太低,虽然热交换时间延长,但影响传热效率,甚至会使生料难以悬浮而沉降积聚;风速过高,则增大系统阻力,增加电耗,并影响旋风筒的分离效率。因此,正确确定换热管道尺寸,首先必须确定合适的管道风速。管道风速的确定,可根据生料粒径、悬浮速度以及工况等因素进行理论计算。由于影响因素复杂,许多因素的考虑也不能完全符合实际,故计算后亦常需要以实验数据或经验数据予以修正,故各国设计或制造单位,一般根据实践经验数据选定各部分换热管道风速,作为管道尺寸设计的基础。各种类型的旋风预热器的换热管道风速,一般选用 12～18 m/s。

撒料装置的作用在于防止下料管下行物料进入换热管道时向下冲料,直接进入下一级旋风筒,形成物料短路,并促使下冲物料冲至下料板后飞溅、分散,更好地分散于气流中。装置虽小,但对保证换热管道中气、固两相充分换热,作用却是很大的。一般撒料装置有两种类型和结构,一是撒料板(图 1.14),二是撒料箱(图 1.15)。这两种装置都在预分解窑系统中被广泛采用。

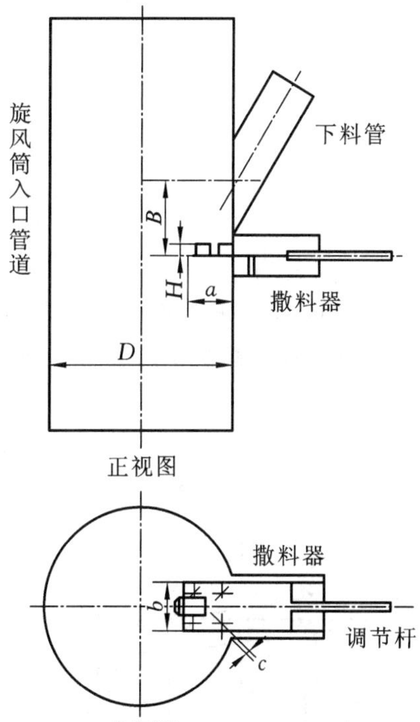

图 1.14 撒料板示意图

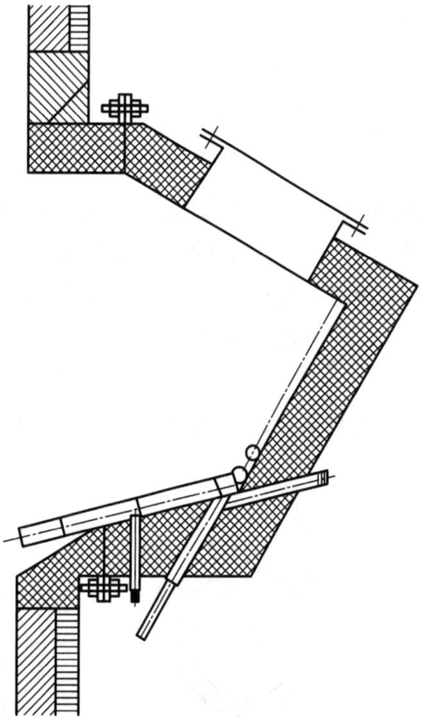

图 1.15 撒料箱示意图

换热管道同其附属装置一起构成了每级换热单元的主体,它们承担着每级换热单元的主要换热任务,因此必须用热工系统工程的观点研究对待,任何一个附属装置不当,都会影响它们所承担的换热任务的高效完成。

1.25 旋风筒器壁粗糙度对旋风筒阻力有何影响

在旋风筒预热器应用发展的过程中，分离效率和阻力损失一直是研究工作中的重点。增加预热器级数是提高系统热利用率的一种措施，但是整个煅烧系统的压力损失随旋风筒级数的增加而上升。设法减小单级旋风预热器阻力是降低系统电耗的重要课题。

西安建筑科技大学的试验研究结果表明，适当增大旋风筒器壁的粗糙度，可使阻力损失明显降低，达到节能目的。具有适当的粗糙度的旋风筒，其粉尘分离效率下降约 2%～3%，但阻力损失却下降了约 20%～30%。故在水泥生产的窑尾预热器上，中间级的旋风预热器采用合适的粗糙度，在对系统总分离效率几乎没有影响的情况下，能有效地降低系统阻力，达到节能目的。同时，由于旋风筒内存在粗糙凸起物都会使分离效率有所降低，故认为在旋风预热器顶部最好采用不砌耐火衬料的旋风筒。

1.26 预热器安装应符合哪些要求

1.26.1 基础检查与画线

(1) 根据回转窑中心线，画出喂料室支架及窑尾框架柱子的纵横向中心线。

(2) 根据框架柱子的中心线，画出每层预热器设备位置的纵横向中心线，并以回转窑中心线进行最后的检查和校正。

1.26.2 设备检查

(1) 根据出库单，清查零部件的规格和数量，对于结构相同而材质不同的零部件应仔细查对，分清其安装位置。

(2) 认真核对组对标记。

(3) 检查零部件有无变形或损坏。

① 现场对接的两筒体，对接侧的两筒体圆周长偏差为：

直径大于 5000 mm 的偏差不应大于±6 mm；

直径小于 5000 mm 的偏差不应大于±5 mm。

② 筒体对接纵焊缝处形成的棱角，用长 $L=D/6$ 且不应小于 500 mm、不应大于 800 mm 的样板检查(见图 1.16，凸出部分不应大于 4 mm，凹陷部分不应大于 2 mm。镶砖内焊缝高度不得超过母体金属表面 2 mm)。

③ 对接侧两筒体端面偏差不得大于 2 mm(图 1.17)。

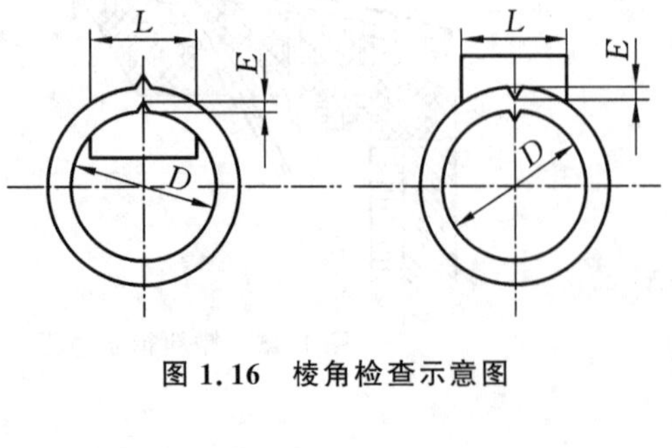

图 1.16 棱角检查示意图

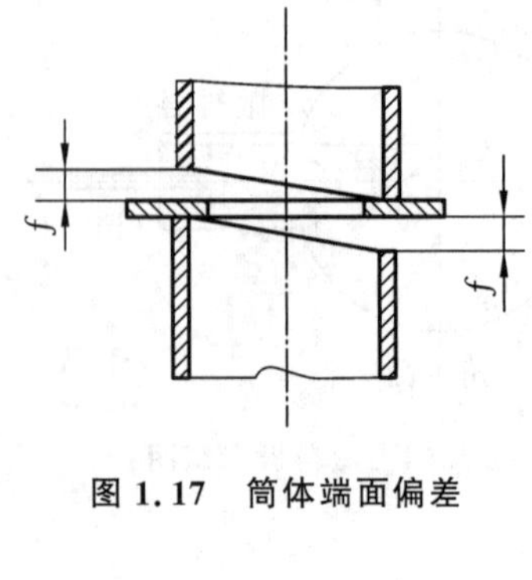

图 1.17 筒体端面偏差

④ 各法兰端面平面度(图 1.18)：

$$\phi L \leqslant 1.5\ \text{m},\quad a<2\ \text{mm};$$
$$\phi L>1.5\ \text{m},\quad a<3\ \text{mm}。$$

⑤ 各法兰侧面偏差(如图 1.19 所示)。

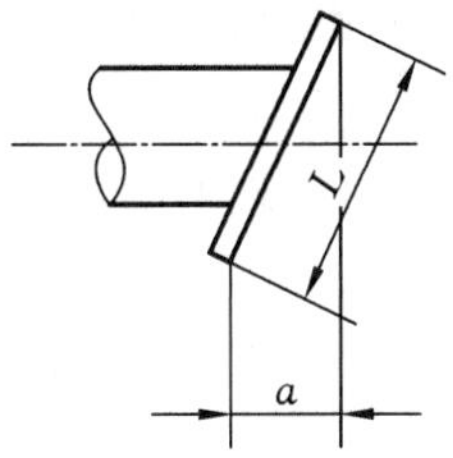

图 1.18 端面

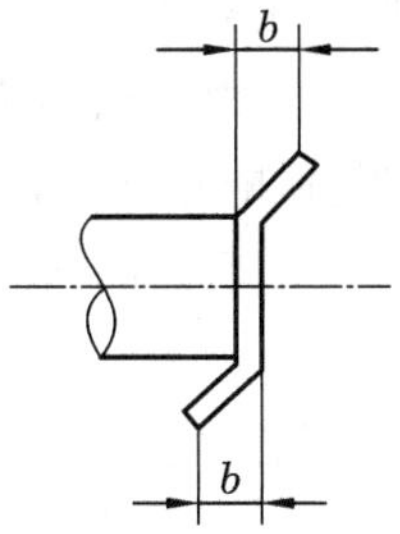

图 1.19 侧面

⑥ 筒体同一横断面上最大直径与最小直径之差不应大于 0.3%D(D 为筒体内径)。

⑦ 旋风筒挂砖顶盖上工字钢中心线的平行度和工字钢纵向中心线与顶盖的垂直度均为 1.5 mm。

1.26.3 预热器设备的安装

(1) 喂料室的安装

① 喂料室以回转窑中心线为准进行安装,喂料室端面的中心线与回转窑中心线的同轴度为 2 mm。

② 喂料室端面的倾斜度必须与窑体端面的倾斜度相等,两端面距离必须满足设计要求,偏差不大于±1 mm。

③ 喂料室中心标高,必须满足设计要求,偏差不大于±2 mm。

(2) 旋风筒与风管的安装

① 沿回转窑中心线进行最后检查和校正的设备位置的中心线进行安装,偏差不应大于±2.5 mm。

② 旋风筒安装应水平,水平度 0.5 mm/m。

③ 按设计要求提拉旋风筒顶盖,提拉高度偏差不大于±1 mm。

④ 旋风筒和风管底座下的垫铁应与底座全面接触,并且应焊在楼面上,不允许与底座焊接。

⑤ 两旋风管的中心距离偏差不应大于±5 mm。

⑥ 旋风筒与风管的同轴度为 5 mm。

⑦ 安装旋风筒内筒时,应保证内筒与旋风筒的中心轴线一致。

(3) 膨胀节安装

① 应仔细核对气流或料流方向,不得装反。

② 安装前沿周边用调整螺母把膨胀节上、下法兰间距均匀地调整到设计尺寸。不允许用调节膨胀节法兰高度来补偿安装偏差。

③ 安装过程中,不允许随意把调整螺杆或螺母去掉,待整套系统安装完毕,必须把它们去掉。

④ 膨胀节安装时,与上、下连接部件的同轴度为 4 mm。

(4) 排灰阀、播料闸板和缩口调节器在安装前应检查调整达到灵活可靠后,方可安装。

(5) 安装时,如有变形或超差,应及时校正,不允许强行组装。

(6) 焊缝不允许漏气,有外保温处,必须确认焊缝不漏气后再进行保温。

(7) 筒体组对时的错边量不得大于 0.15δ(δ 为钢板厚度),不应大于 2 mm。

(8) 凡是设备上的混凝土浇筑孔盖,必须在砌衬烘干后,方可焊于筒体上。

1.27 衡量预热器性能好坏的标准是什么

根据预热器的功能,衡量预热器性能好坏的标准如下:

① 传热效果好,其直接标准是:一级预热器出口温度低,对于五级的预热器系统,最低可达到 280 ℃,一般在 300～320 ℃。但这要以单位熟料的空气消耗量不高,全预热器系统散热与漏风比例都不大为前提。

② 预热器的系统阻力小。为了提高气料分离的效果而采取的结构上的措施往往会同时增加阻力，造成压力损失过大。因此，性能好的预热器，还要想办法降低阻力，使它的综合能耗低。

③ 预热器的散热损失小。由于预热器在整个煅烧系统中的表面积最大，因此，应该重视它的保温隔热性能。不仅要均匀使用优质隔热材料，更要及时检查它的状态并给予维护。

④ 不“漏风”。“漏风”既浪费热能，也浪费电能。预热器容易出现的漏风点较多，要花一定力气才能做好。

［摘自：谢克平. 新型干法水泥生产问答千例(操作篇)[M]. 北京：化学工业出版社，2009.］

1.28　如何降低预热器的阻力

在作为预热器的旋风筒中，既要减少压力损失，又要提高气料的分离效果，这是一个矛盾点。为此，国内外专家都在预热器的结构上做了大量工作，目前，应用较多的措施是：

① 在进风口加阻流型导流板；

② 适当加大进风口断面面积，以降低气流入口速度；

③ 适当加大旋风筒高径比，减少气流内的扰动；

④ 适当加大内筒直径，其伸入旋风筒内的深度应与进风口的高度相适应；

⑤ 将旋风筒顶盖做成螺旋形。

这些结构改进能降低阻力的基本原理是：减少进口气流与旋风筒内原有回流气流之间的碰撞，因为这种碰撞不仅消耗能量，而且造成扰流，破坏气料分离；避免气流走短路而降低物料的分离效率，减少气流在旋风筒内的无效行程；降低过高气流速度所消耗的能量。

［摘自：谢克平. 新型干法水泥生产问答千例(操作篇)[M]. 北京：化学工业出版社，2009.］

1.29　影响 C_1 筒出口废气温度的因素有哪些

C_1 筒不但在降低废气粉尘浓度上起到把关作用，同时废气出口温度又是回转窑系统是否正常运转的重要标识。影响 C_1 筒出口废气温度的因素主要有以下几点。

1.29.1　煅烧操作

C_1 筒出口温度居高不下，甚至达到 380～400 ℃，主要原因有几种：回转窑操作失当，烟室温度过高，达到 1100～1200 ℃；窑风和尾风分风不合理，三次风量远小于二次风量，导致预燃室煤粉燃烧不完全，部分未燃尽的煤粉在从分解炉进入 C_4、C_3 级筒后，继续燃烧。这种“后燃”现象会造成 C_1 级筒出口温度升高及闪动阀动作不灵活或闭合不全、气流短路等。

1.29.2　闪动阀动作失灵

闪动阀是预热器的主要工作部件，它的工作状态直接影响各级预热器的工作效率。如果 C_2 筒下料管直接与 C_4 筒的上升热管相连，C_2 筒下料管的闪动阀失灵、常开或闭合不全，将有相当部分 C_4 筒的高温气体绕过 C_3 筒而直接进入 C_2 筒。这不但使热交换效果下降，并破坏 C_2 筒的流场、温度场。

C_5、C_4、C_3 筒的闪动阀由于长期处在高温状态下工作，有时会闭合不全，工作失灵。及时观察、调整闪动阀的工作状态是提高预热器工作效率的重要环节，并应列为定期巡检工作的重要内容。

1.29.3　旋风筒分离效率低

各级预热器旋风筒分离效率下降，特别是一级筒分离效率下降，这是 C_1 筒出口温度升高的重要原因，分离效率的下降可导致已完成热交换的热生料又逐级返回到上一级筒，导致 C_1 筒出口气体中含有较多热生料。

旋风筒内筒的烧失和磨损情况，可从预热器进、出口的负压差值和温度差值的变化得到清晰的反映。

当旋风筒内筒磨损、烧失和分离效率下降时，应视为设备事故，迅速加快补修和调整。

1.29.4 生料粉磨细度太细

C_1 筒温度居高不下的问题，还与生料粉磨细度有关。许多水泥厂的生料粉磨是用球磨机，由于球磨机粉磨的物料粒度分布比较宽，不仅大颗粒数量较多，而且过粉磨造成的细小颗粒数量也较多。再加上有的磨机选粉机选粉效率低，为了保证生料的易烧性，化验室常常会提出较细的粉磨细度控制指标，造成生料细度过细，生料中的微粉量增多。这些过细的生料进入预热器后，由于难以分离，会大幅降低旋风筒的分离效率，使 C_1 筒出口废气中含有大量的热生料，从而升高了出口废气温度。

生料中细粉量过多，应从提高磨机选粉机选粉效率角度出发，采取大风量、高转速的措施提高选粉机的选粉效率。在减少生料中大颗粒量的同时，也尽量减少生料中的细粉量。生料细度以控制 0.2 mm 筛的筛余量小于 2%（最好小于 1.0%）为宜，可不控制 0.08 mm 筛的筛余量。

1.30 影响旋风筒气固分离的主要因素

通常我们希望每个工艺设备都有更高的功能效率，但这里需要指出的是，以提高旋风筒气固分离效率为目的的措施，一般会导致其阻力的增加，阻力的增加必然导致系统电耗的增大，具体设计上需要在气固分离效率（煤耗）与其增加的阻力（电耗）之间寻求平衡。

旋风筒是组成旋风预热器的主要设备，影响其气固分离效率的关键尺寸如图 1.20 所示。具体到旋风筒本身的几何结构，影响其气固分离效率的因素主要有：

(1) 旋风筒的规格

在其他条件相同的情况下，旋风筒直径 D 越小其分离效率越高，增加旋风筒总高度 H 有利于气固分离效率的提高。为了确保旋风筒的处理能力 Q，增加旋风筒的高度也是缩小其直径的必然结果。

旋风筒的规格是不是越细越高越好呢？其实不然，不论是缩小直径还是增加高度，都会导致旋风筒的阻力增大、系统电耗增高，导致预热器的整体高度增加、基建投资增大。

旋风筒柱体的有效直径 D 是整个旋风筒设计的基础数据，它决定着旋风筒的处理能力 Q，其依据是通过旋风筒柱体的断面风速 V。旋风筒直径通常以根据经验公式 $D=(4Q/\pi V)^{0.5}$ 确定为宜。

风速大有利于缩小旋风筒内径，提高分离效率，降低设备投资，但流体阻力会增大，耗电量增加；风速小有利于降低电耗，但会增大旋风筒直径，增加设备投资，而且过小的风速不利于气固分离。通常的断面风速选取，以 C_1 取 3～4 m/s，C_2、C_3 取不小于 6 m/s，C_4 取 5.5～6 m/s，C_5 取 5～5.5 m/s 为宜。

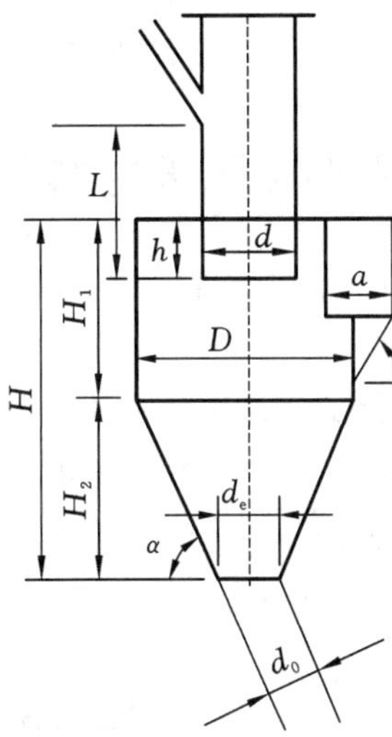

图 1.20 旋风筒的关键尺寸示意图

D—旋风筒内径；H—旋风筒总高度；H_1—圆筒部分高度；H_2—圆锥部分高度；h—内筒高度；d_e—排料口直径；d_0—下料管直径；L—喂料位置（喂料口下部至内筒下端）；α—锥体倾斜角；a—进风口宽度；d—内筒直径；b—进风口高度；β—进风口外壁内化倾角

旋风筒柱体的高度 H_1 关系到生料粉是否有足够的沉降时间，增加高度有利于提高分离效率，但过高会增大系统阻力和基建投资。通常，旋风筒柱体高度按经验公式 $H_1 \geqslant \pi D^2 V/[1.24V_{入}(D-d)]$ 选取，其中 $V_{入}$ 为旋风筒的进口风速。

旋风筒的圆锥体能有效地将“靠外向下的旋转气流”转变为“靠轴心向上的旋转气流”，有利于在收集排出的同时减少生料再次被气流带走的现象发生，确保旋风筒的整体分离效率。加大圆锥体的高度 H_2 有利于提高旋风筒的分离效率，但考虑到经济性的平衡，一般除 C_1 锥体高度小于或等于柱体外，其他几级锥体的高度均大于柱体。

排料口直径 d_e 与锥边的仰角 α 太大时，排料口及下料管的填充料少，易产生漏风吹扬已经分离的生料，降低旋风筒的分离效率；反之易引起排料不畅，甚至引发黏结堵塞。综合平衡后 α 以 65°～75°为宜。

(2) 旋风筒的进风口

进风口结构应保证进风能沿切向入筒，以减小涡流干扰、提高分离效率、减小流体阻力为指向。进风口多采用蜗壳式，固气流体通向排气口的距离长，可防止短路，固体颗粒在离心力作用下向筒壁离析，有利于提高分离效果，蜗壳的包角越大分离效率越高，但流体阻力也会越大。

进风口截面早期为矩形，现趋向于采用菱形或五边形，以引导流体向下偏斜运动，这有利于提高分离效率并降低流体阻力，同时减少进气道积料的机会。进风口的宽高比越小，旋风筒的分离效率越高且流体阻力越小，通常 C_1 的宽高比以 0.4～0.5 为宜，C_2～C_5 的宽高比以 0.5～0.6 为宜。

进风口的截面尺寸应能保证进口处工况风速不低于 15 m/s，以避免生料沉积。试验表明，进口风速 $V_{入}$ 在 15～21 m/s 时分离效率最高，过大或过小都会降低分离效率，而且进口风速越大流体阻力越大。

(3) 旋风筒的内筒(出风管)

在通常情况下，内筒的直径越小，插入越深，旋风筒的气固分离效率越高，但阻力也越大。

内筒直径 d 与旋风筒内径 D 的比值称为内旋比，通常 C_1 的内旋比以 0.4～0.5 为宜，C_2～C_5 的内旋比以 0.6～0.7 为宜。

关于内筒的插入深度 h，C_1 的插入深度大于或等于进风口高度；C_5 温度较高，为避免烧损，除改变材质和加大壁厚外，插入深度也不宜太大，一般取内筒直径的 1/4，以确保安全运行周期；C_2～C_4 插入深度取内筒直径的 1/2，以减小阻力。

1.31 影响旋风筒生料分散均布的主要因素

生料在气流中分散均布对提高预热器效率很重要，分散均布依托于撒料装置，其撒料原理基于来料的冲力反弹。目前，这一因素在部分水泥厂还没有引起足够的重视，成为其预热器效率低、C_1 旋风筒出口温度高、烧成系统煤耗高的一个症结，有必要给予讨论。

预热器的撒料装置，目前虽有多种规格型号，但大致可归结为撒料板和撒料箱两大类，如图 1.21 所示。其主要功能是：当来料下冲喂入连接管道时，首先撞击在撒料板上被击散并反弹折向，再由上升的气流冲散悬浮于气流中。

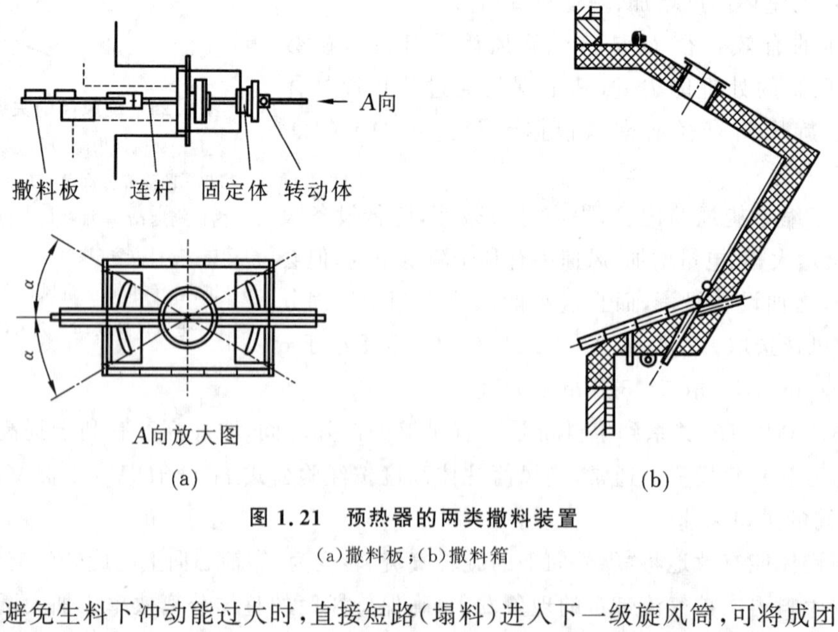

图 1.21 预热器的两类撒料装置

(a)撒料板；(b)撒料箱

撒料装置可避免生料下冲动能过大时，直接短路(塌料)进入下一级旋风筒，可将成团的生料击散(预分散)，避免生料因风速不够成团掉落进入下一级旋风筒。预分散和折向的生料在气流的冲击下，能更好地分散悬浮，在管道的整个断面上均布，有利于生料与热气流进行充分的接触和热交换。在减小了塌料风险以后，可进一步降低撒料装置的底部留高，为延长连接管道内的固气接触时间、增强预热效果创造条件。

撒料装置底部留高对下部塌料和上部换热时间具有关联影响，过低易向下一级旋风筒塌料，过高则导致管道内的换热时间不足，在保证不塌料的情况下应该越低越好。一般喂料点距下一级旋风筒出风管起始端应有大于 1 m 的距离，但这与来料的均衡性、来料的下冲动能、撒料装置的反击能力、管道内的风速、下一级内筒的插入深度有关。

目前，大部分预热器出口废气带走的热量，占到熟料烧成理论热耗的 17%～22%，是烧成热耗最大的支出部分，降低预热器出口温度是降低熟料热耗的重要途径。旋风预热器的物料预热主要在换热管内进行，如果换热管内的物料分散不均，甚至出现下冲短路，将导致预热器热效率的下降。

预热器撒料装置的效率依赖于来料的冲力和冲击角度，上一级下料管的布置制约着来料的冲力和冲击角度，撒料装置的反击角度需适应来料的冲击角度。冲力的大小及其与冲击角度、反击角度的匹配性，共同影响着撒料装置的反弹喷射，继而影响到管内的撒料效果，撒料效果影响着预热器换热效率。

增大下料管内生料的下冲动能，并合理地匹配来料的冲击角度以及撒料装置的反击角度，确保喂入生料的击散和折向反弹，是降低预热器出口温度的有效措施之一。

因此，增大来料冲力和优化冲击角度、反击角度，就成了增大分散度、提高换热效率的关键。通过改造以增大下料管的角度和高度、调整优化撒料装置的反击角度、提高翻板阀在下料管上的位置，可以有效地增强换热效果，降低预热器的出口温度。

1.32 影响预热器热效率的主要因素

早期的预热器主要有旋风预热器及立筒预热器两种，现在主要采用旋风预热器作为热交换预热装备。预热器的主要功能在于充分利用回转窑及分解炉排出的大量余热，加热生料使之预热并使部分碳酸盐分解，使高温废气与固态生料间产生良好的换热效果，具有气固两相的分散均布和高效分离能力。

旋风预热器的热交换单元由两个关键部分组成(图 1.5)。

① 旋风筒的主要功能是实现气固相分离，同时完成部分的气固相换热。

② 各级旋风筒之间的连接管道，其功能是完成大部分气固相换热，固相在气相中的分散与均布是提高换热效率的重要途径。一般来讲，每个换热单元所交换的热量，80%以上在连接管道内完成，时间为 0.02～0.04 s，20%以下在旋风筒内完成。

影响预热器热效率的主要因素有：

① 生料微粉对沉降性的影响，生料团聚对分散性的影响。从生料的细度来讲，总体上生料要细但微粉要少，颗粒级配分布越窄越好。

② 连接管道长度对热交换时间的影响。较长的管道能延长气固热交换时间，提高换热效率，但过长的管道一是会增大系统阻力，二是会增大建设投资。

③ 连接管道的几何结构以顺畅为好，其不规则性会产生涡流和湍流，虽然有利于流场均化，但将导致气固均布的离析，影响换热效率。

④ 撒料装置的特性、安装位置、倾斜角度、探入长度等，对生料在气流中分散均布的影响。

⑤ 撒料装置底部留高对下部塌料和上部换热时间的影响。底部留高过低易向下一级旋风筒塌料，过高则导致管道内的换热时间不足。

⑥ 上一级来料管道的不规则性和空间几何角度、管道上的重锤翻板阀设置高度对撒料装置进料冲力和冲角的影响。

⑦ 旋风筒本身的几何结构，对气固分离效率继而对预热器整体热效率的影响。

⑧ 旋风筒下重锤翻板阀的锁风效果对旋风筒气固分离效率的影响。锁风效果越好，对分离效率的影响越小，高频微闪对下一级预热单元的影响越小。

⑨ 旋风筒和连接管道等整体预热单元的漏风(包括内漏)和散热对预热器整体热效率的影响。

1.33 为何有的预热器只有人为漏风才不易堵塞

预热器系统漏风对窑产量及熟料单位热耗有很不利的影响，但有的预热器只有人为漏风才不易堵塞，谢克平认为其原因如下：

预热器闪动阀漏风较严重，物料在欲离开旋风筒时如果被漏入的风托住就会堵塞。由于新设计的闪动阀已经对漏风有很多改进，这类堵塞已经大为减少。但是，如果有的预热器人为增加漏风量，才能防止堵塞，则很可能是锁风阀的效果不好所致。道理很简单，人为漏风点都会在闪动阀的上方，如人孔门等处，从而使闪动阀处大大减少了负压抽力，即减少了漏风的动力，下一级的热风就不会在此托住即将离开旋风筒的物料，当然不再堵塞。此时，如果将人为漏风点堵住，预热器堵塞现象会立刻出现。这种以漏风治漏风的办法显然并不合理，尽管堵塞没有发生，但所浪费的大量热与电相对于更换优质闪动阀要付出的代价更为巨大。

1.34 为何一级预热器数量是其他各级预热器的两倍

一般预热器系列是由四级或五级组成，国内将最上一级预热器称为一级，根据预热器的功能之一——尽量多地让物料与废气分离，以提高预热器的热效率，一级预热器是整个系列的最后一关，因此对它的要求就更高。一级预热器一般要比其他各级的分离效率高5%～8%，为此，要增大该级旋风筒的高径比，提高它的气固分离效率，并增高内筒高度，但这就会使它的处理风量能力降低。为了实现与其他各级预热器处理风量能力平衡，一级的数量需要加倍且并联。

采取以上措施固然实现了提高热效率的目的，但这是以提高一定电耗为代价的。因此，每一级预热器都采用这种增大高径比的旋风筒并不合理。这也是一级预热器与其他各级预热器数量分工不同之处。所以，单系列预热器的一级应为两个旋风筒，双系列预热器的一级为四个旋风筒。

[摘自：谢克平.新型干法水泥生产问答千例(操作篇)[M].北京：化学工业出版社，2009.]

1.35 如何稳定预分解窑 C_1 筒出口温度和压力

为了提高预热器系统的热效率，降低动力消耗，C_1 筒出口废气温度和系统阻力越低越好。C_1 筒出口废气温度一般控制在320 ℃左右。温度超出正常值时，需进行检查：

① 生料喂料是否中断或减少；

② 某级旋风筒或管道是否堵塞；

③ 煤量与风量是否超过喂料需求量等。

查明原因后，做出相应的处理。当温度一直偏低时，则应结合系统有无漏风及其他几级旋风筒的温度进行判断处理。

C_1 筒出口负压一般控制在5500～6500 Pa之间，当 C_1 筒出口负压增大时，则需检查旋风筒是否堵塞，系统是否塌料；还要结合烟气中氧气含量，确定排风量是否过大；当 C_1 筒出口负压下降时，则应检查喂料是否正常，各级旋风筒是否漏风等；如均正常，则需结合烟气中氧气含量来确定排风量是否合适，如排风量偏小，应适当加大风机阀门开度和转速。

各级旋风筒锥体负压的大小表示旋风筒锥体的通风状态。当旋风筒发生堵塞时，锥体下部负压急剧下降。此时须迅速用压缩空气对着此处锥体喷吹，或安装空气炮定时清扫。在实际操作中，每个锥体负压都有一个范围，当超过此范围时，应立即进行处理，否则等彻底堵塞后，须停窑处理，造成损失。

1.36 何为增湿塔

新型干法水泥回转窑窑尾的废气排放量比较大，对含有较高浓度粉尘的窑尾废气进行治理的最有效方法就是使烟气通过电收尘器或袋式收尘器进行收尘处理。在入收尘器前，一般需要对烟气进行降温预处理，主要原因是一级筒出口烟气温度一般在(320±30)℃，高于滤袋允许温度，会使滤袋烧毁和过早老化；而使用电收尘器的话，由于烟气的干燥和高温，粉尘的比电阻比较高，烟气在通过高压电场过程中粉尘不容易电离，从而影响收尘效果。在窑尾预热系统和收尘器之间装有一个“又高又瘦”的钢制筒式装置，这就是增湿塔，它对高温烟气进行增湿降温处理，同时对气流中高浓度粉尘进行一次预收尘，这是目前最普遍的做法。增湿塔一般根据气流的流动方向与粉尘沉降方向的关系分为顺流式和逆流式，图 1.22 是顺流式增湿塔与窑尾及生料均化库之间的相对位置关系。

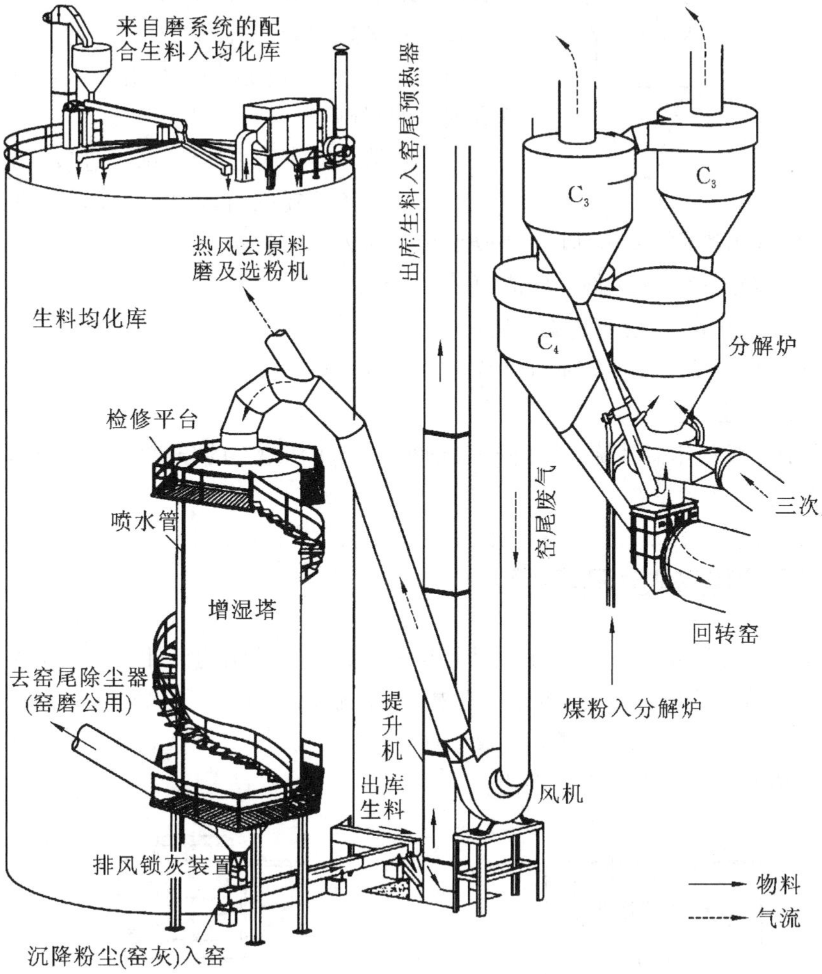

图 1.22 增湿塔与生料均化库及窑尾的位置关系

针对不同的收尘器，需要控制的增湿塔出口目标温度有所区别，使用电收尘器，增湿塔出口温度一般控制在(150±10)℃；如使用袋式收尘器，则增湿塔出口温度控制在(180±10)℃。

增湿塔由塔体、喷水装置、水泵站、控制装置所组成，当增湿塔内通过高温含尘烟气后，由水泵产生的高压水通过安装在塔体上的喷水装置向塔内喷入足量的雾化水，这些雾化水与塔体内的高温烟气进行热交换而蒸发成水蒸气，由于蒸发吸热的作用，烟气温度降低而湿度增加，同时大量的水蒸气吸附在粉尘表面，从而降低了粉尘的比电阻，达到了收尘的目的。增湿塔底部还设有集尘室及密封、输送装置，对其预收尘捕集的粉尘进行收集、输送处理。

窑尾含尘气体的流量和温度随生产情况经常变化，必须保证喷入增湿塔的水保持很好的雾化并及时调节喷水(雾)量到给定值上，否则，不是造成湿底故障，被迫停产，就是粉尘温度过高，使收尘器极板线变形而影响收尘。增湿塔给水(喷雾)自控系统是增湿降温的技术关键。该系统采用顺序控制及多点巡回检测单参量恒湿控制的调节方案，主要由塔体循环水路、高压离心泵、三通电磁阀、二通电磁阀、电调节阀、喷嘴、控制机柜、温度检测等组成，系统中采用带有比例积分特性并具有连续输出功能的控制器来完成信号输入输出及控制算法，具有提前预测、异常情况自动报警和快速泄水功能。喷水管喷出的水分以雾状分布在烟气中并附着在粉尘表面，此时的粉尘易被电收尘器捕捉，保证收尘的高效率。

1.37 TC 型旋风筒结构及特点

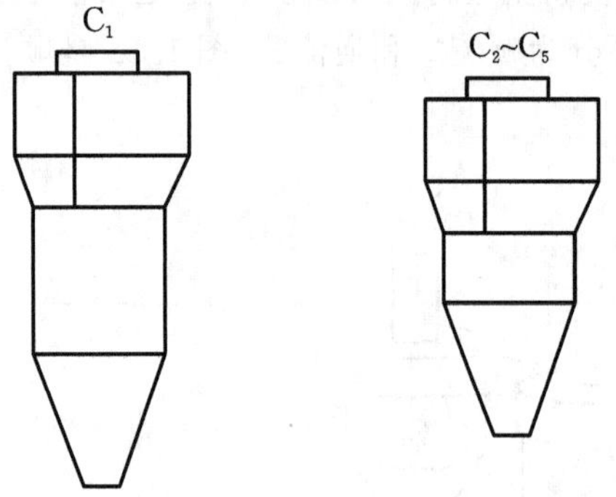

图 1.23 TC 型 5000 t/d 旋风筒结构示意图

TC 型高效低压损旋风筒如图 1.23 所示。其特点是：

(1) 采用三心 270°大蜗壳，扩大了大部分进口区域与蜗壳表面，减少了进口区涡流阻力；

(2) 大蜗壳内设有螺旋结构，可将气流平稳引入旋风筒，物料在惯性力和离心力的作用下达到筒壁，有利于物料分离效率的提高；

(3) 进风口尺寸优化设计，减少进口气流与回流相撞；

(4) 适当降低旋风筒入口风速，蜗壳底边做成斜面，适当降低旋风筒内气流旋转速度；

(5) 适当加大内筒直径，缩短旋风筒内气流的无效行程；

(6) 旋风筒高径比适当增大，减少气流扰动；

(7) 旋风筒出口与连接管道选取合理结构型式，减少阻力损失；

(8) 保持连接管道合理风速。

TC 型旋风筒用于五级预热器系统，总压降为(4800±300) Pa，C_1 的分离效率为 92%～96%，C_2～C_4 的为 87%～88%，C_5 的为 88%左右。

1.38 NC 型旋风筒结构及其特点

NC 型高效低压损旋风筒如图 1.24 所示。其特点是在旋风筒的结构设计上采用了多心大蜗壳、短柱体、等角变高过渡连接、偏锥防堵结构、内加挂片式内筒、导流板、整流器、尾涡隔离等技术，使开发设计的旋风筒单体具有低阻耗(550～650 Pa)、高分离效率(C_2～C_5：86%～92%；C_1：95%以上)、低返混度的特点以及良好的防结拱堵塞性能和空间布置性能。

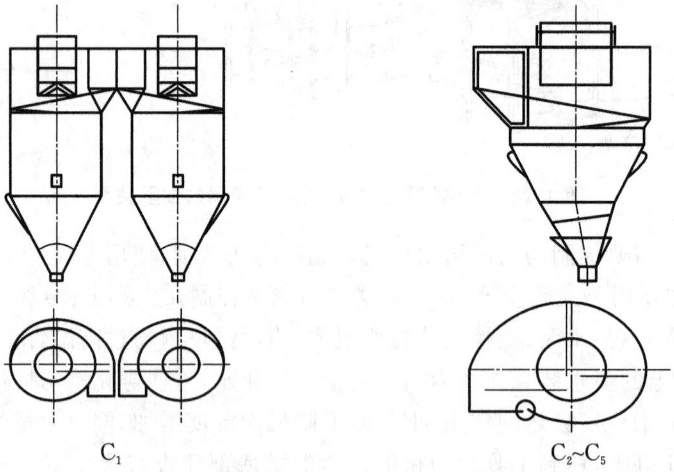

图 1.24 NC 型 5000 t/d 旋风筒结构示意图

1.39 预热器内物料出现熔融是何原因

(1) 物料出现液相的温度较低。由于配料 *KH*、*SM* 偏低，R_2O、MgO 含量偏高，生料成分波动大造成物料熔点低，出现液相的温度较低。

（2）温度控制过高。操作中加煤量过大，或冷却机控制波动大及生料喂料量波动大，造成物料温度过高，物料液相提前出现。

（3）煤粉不完全燃烧。特别是物理不完全燃烧，燃料在旋风筒内继续燃烧，同时煤灰的熔点较低，使物料和气流温度倒挂，预热器系统局部高温。

（4）热电偶指示不准。操作员缺乏系统、全面的分析判断能力，一旦热电偶指示不准，就会造成误操作，使预热器内温度偏高。

（5）开停窑时，生料和燃料加入的时机不当。

（6）分解炉塌料时，分解炉没有或只有少量的物料带入 C_5，使 C_5 温度过高，从上升烟道和分解炉带来的少量物料过热。

1.40 预热器系统换热管道中撒料装置的作用及结构

预热器系统换热管道中撒料装置的作用在于防止下料管物料进入换热管道时产生冲料，并促使下冲物料冲至下料板后产生飞溅、分散。装置虽小，但对保证换热管道中气、固两相充分换热，作用却是很大的。

一般撒料装置有两种类型和结构，一是板式撒料器（图 1.14），二是撒料箱（图 1.15）。这两种装置都在预分解窑系统中被广泛采用。

板式撒料器一般是在下料管底部装设，撒料板伸入换热管道中的长度是可调的，其伸入长度与下料管在换热管道上安装的角度有关，必须根据生产实际状况调节优化，以保持良好的撒料分散效果；而对撒料箱来说，下料管则安装在撒料箱体的上部，下料管安装角度和箱内的倾斜撒料板角度，都是经过试验以后而优化固定的。

20 世纪 80 年代末期，史密斯-福勒公司研制开发了一种带有可调斜度的撒料板的撒料箱，这种撒料箱是通过在箱中的曲面上设置一个倾斜的不锈钢撒料板，并从外部导入气流来增强料粉的分散，这样还可以避免压力损失，同时撒料板的斜度也可以调节，并便于更换。

21 世纪初，中国南京水泥工业设计院研发了扩散式撒料箱（图 1.25），其特点为：一是采用倾斜导向弧板结构及内加凸弧型导料分布板技术；二是开口较大，使倾斜弧板具有绕流作用。这种结构既具有防堵功能，又可以确保系统内物料分散均匀，提高系统换热效率，是一个比较成功的设计。

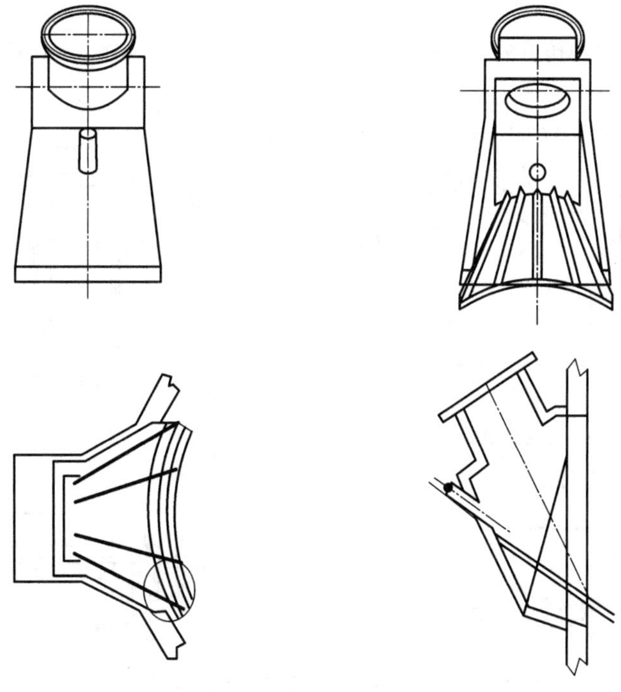

图 1.25　扩散式撒料箱结构示意图

1.41 预热器系统换热管道中锁风翻板排灰阀的作用及结构

锁风翻板排灰阀(简称锁风阀)是预热器系统的重要附属设备。它装设于上级旋风筒下料管与下级旋风筒出口的换热管道入料口之间的适当部位。其作用在于保持下料管经常处于密封状态,既保持下料均匀畅通,又能密封物料不能填充的下料管空间,最大限度地防止上级旋风筒与下级旋风筒出口换热管道间由于压差而容易产生的气流短路、漏风,做到换热管道中的气流及下料管中的物料"气走气路、料走料路",各行其路。这样,既有利于防止换热管道中的热气流经下料管上窜至上级旋风筒下料口,引起已经收集的物料再次飞扬,降低分离效率;又能防止换热管道中的热气流未经物料换热,而直接由上级旋风筒底部窜入旋风筒内,造成不必要的热损失,降低换热效率。因此,锁风阀必须结构合理,轻便灵活。

旋风预热器常用的锁风阀一般有三种型式:即单板式、双板式和瓣式。过去有的公司(如 FLS 公司)曾将瓣式阀用于中间级旋风筒下料管,目前已很少使用。图 1.26 为单板式锁风阀结构图;图 1.27 为双板式锁风阀结构图。对于板式锁风阀的选用,一般来说倾斜式或料流量较小的下料管上,多采用单板式锁风阀;垂直的或料流量较大的下料管上,多装设双板式锁风阀。过去,史密斯公司在最下级下料管处,由于担心高温物料的侵蚀而不装锁风阀,采用适当缩小下料管直径,减小截面面积,保持下料管内较高的物料填充率,形成料封的办法锁风,这无疑对旋风筒工况是不利的,这种办法目前已有所改变。中国南京院研发的无缺口料管单板阀(图 1.28),其轴板采用箱外无滚珠滑动轴承,具有密封性能好、使用寿命长、自动卸料灵活等特点。

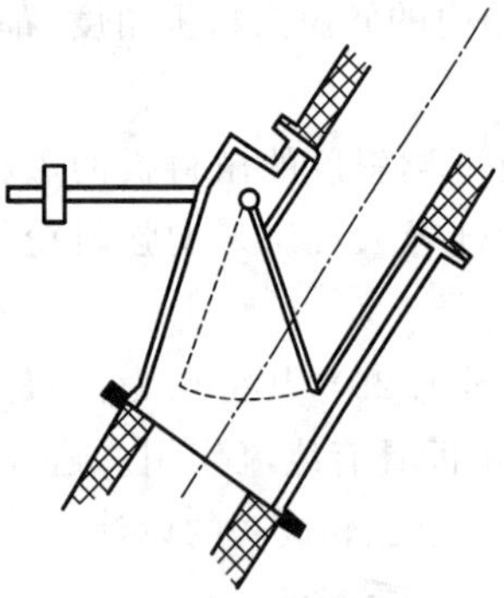

图1.26 单板式锁风阀结构示意图

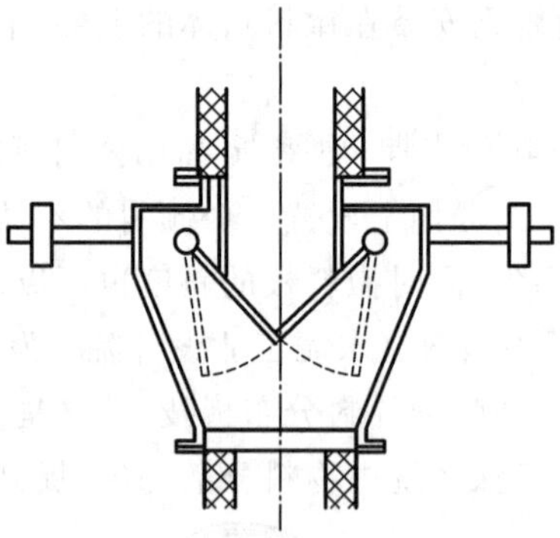

图 1.27 双板式锁风阀结构示意图

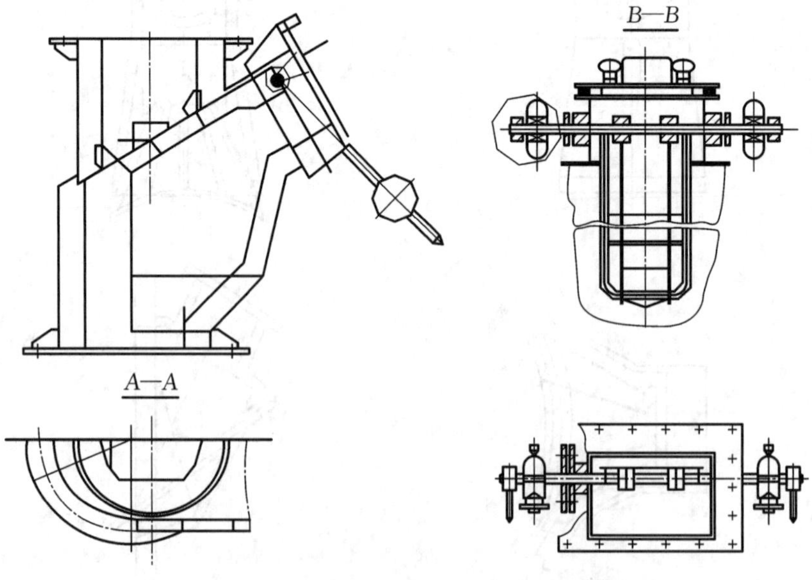

图 1.28 无缺口料管单板阀结构示意图

对锁风阀结构设计的主要要求如下：

(1) 阀体及内部零件坚固、耐热，以避免过热引起的变形损坏。

(2) 阀板摆动轻巧灵活，重锤易于调整，既要避免阀板开闭动作过大，又要防止料流发生脉冲，做到下料均匀。一般阀板前端部开有圆形或弧形孔洞使部分物料经常由此流下。

(3) 阀体具有良好的气密性，阀板形状规整并与管内壁接触严密，同时要杜绝任何连接法兰或轴承间隙的漏风。

(4) 支撑阀板转轴的轴承(包括滚动、滑动轴承等)要密封良好，防止灰尘渗入。有的公司干脆将阀板支撑在下料管钢板壁上，并用“迷宫圈”堵漏，亦收到良好效果。

(5) 阀体应便于检查、拆装，零件要易于更换。

1.42 增湿塔的基本功能是什么

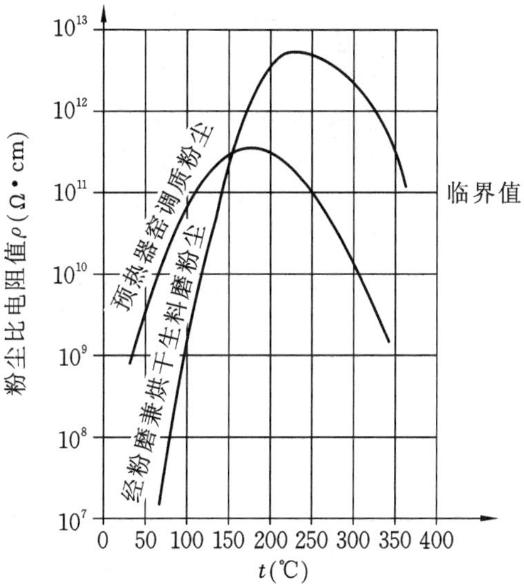

图 1.29 新型干法窑粉尘比电阻与温度和露点的关系

增湿塔的基本功能是在塔内直接向流经塔内的高温含尘气体喷水，依靠水升温时的显热和蒸发时的潜热吸收烟气的热量，以达到增湿降温的目的。利用水的汽化潜热，增湿和降温效果好，用水量不多，水的蒸发所造成的烟气体积的增大量也不多，而烟气降温后体积缩小较大，所以增湿总的说来可以减小工况烟气体积。设置在袋式收尘器前的增湿塔，主要是使烟气温度降到滤袋材质允许的温度以下。如采用芳香族滤料或玻璃纤维滤料，一般应使烟气温度分别降到 220 ℃和 250 ℃以下。而设置在电收尘器前的增湿塔，其功能除降低烟气温度外，更重要的是使粉尘的比电阻降到临界值 10^{11} Ω·cm 以下。因为只有在一定的温度和露点范围内，电收尘器的性能才能保持最佳。水泥厂新型干法窑粉尘比电阻与温度和露点的关系如图 1.29 所示。

不论是用于袋式收尘器或电收尘器的增湿塔，除要求具有上述功能外，还应保证在正常运行时或进出口烟气量发生变化的情况下，沉降在塔灰斗内的粉尘要保持干燥，塔的内壁和排灰口不应出现潮湿的泥团，出现泥浆更是不允许的。

在干法生产水泥厂中，向烟气喷水进行增湿和降温一般有两种类型。一种类型是不设置单独的增湿装置，直接在烟气从窑尾或预热器排出之前进行喷水增湿，其中的一个例子是在悬浮预热器的一级旋风筒和二级旋风筒的连接管中进行喷水，将水直接喷在悬浮的生料粉上，把生料粉作为载热体使水滴完全汽化，如图 1.30 所示。这种增湿方式也称为管道增湿，虽然这种增湿方式的装置简单，容易操作和控制，但是会影响烟气余热的充分利用，而且这种增湿方式尚无十分成熟的经验，所以一般建议不采用。这种方法在必要的场合只在点火时用，为防止高温损坏热风管道、高温风机和收尘器，待投料后就关闭此喷嘴，烟气仍用增湿塔降温调质。

烟气喷水增湿的另一类型，是在电收尘器前设置一单独的喷雾增湿装置，喷入的水在该装置中被蒸发为水蒸气，以增加烟气的湿度。在水泥工业中应用最为广泛的增湿装置是喷雾增湿塔。钢质增湿塔外形如图 1.31 所示。

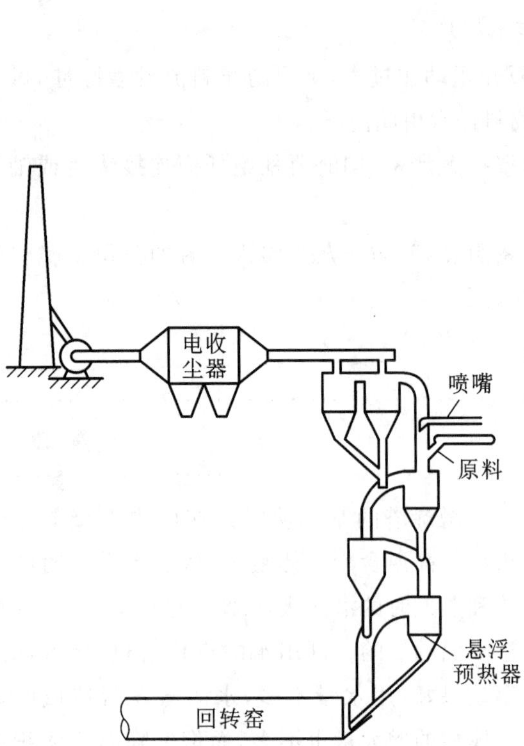

图 1.30 窑尾烟气在管道中的增湿

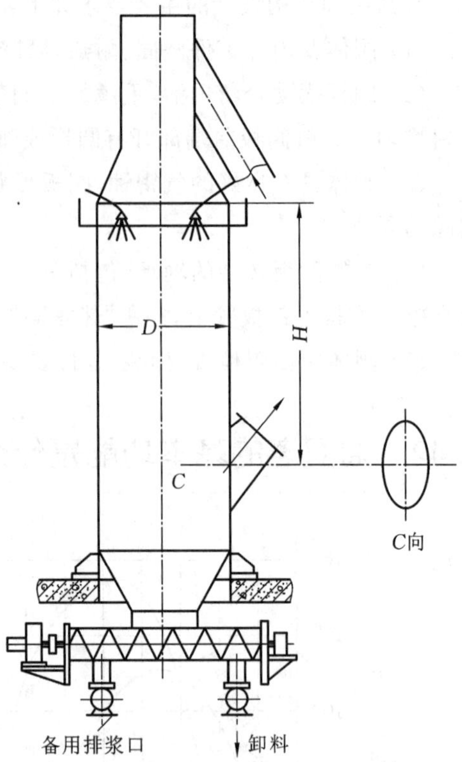

图 1.31 钢质增湿塔外形图

1.43 增湿塔的几种型式

增湿塔是一个用钢板或混凝土制成的圆筒形构筑物，在塔的顶部装有若干个喷嘴，高压水从喷嘴中喷出呈雾状，细小的水珠与通过塔内的热气体进行热交换，使小水滴完全蒸发成为水蒸气，既降低了烟气的温度，也增加了烟气的湿含量，从而达到降低粉尘比电阻的目的。1955 年第一台增湿塔出现在意大利一家水泥厂干法回转窑的收尘系统中，当时使窑的烟气通过一座设有喷水管的冷却器，要求烟气温度从 450 ℃冷却到 200 ℃。这座冷却器的容积为 190 m^3，直径 ϕ4.0 m，有效高度 15 m，喷嘴的工作压力 1.3 MPa，喷水量为 2.0 m^3/h。

我国在 20 世纪 70 年代初期，开始进行增湿技术的试验研究，约两年后就取得了重大成果。从太原水泥厂第一座试验增湿塔投入运行至今数十年间，我国新建和改造的水泥厂，各种规格的增湿塔中投入运行的已达 600 座以上，规格最大的增湿塔直径达 9.5 m，容积大于 2800 m^3，有效高度为 40 m，喷嘴的工作压力为3.3 MPa，喷水量达 45 m^3/h。

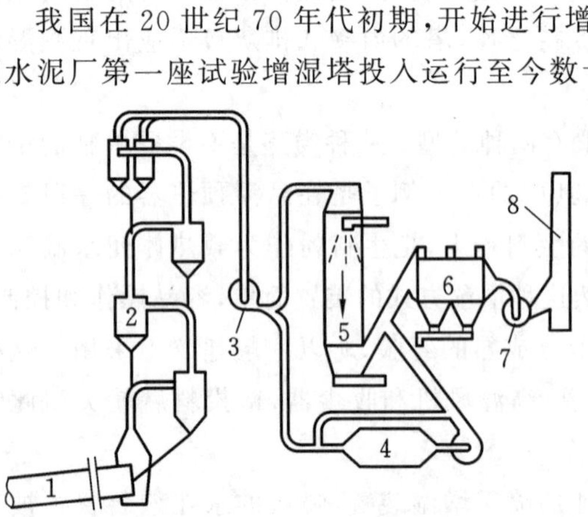

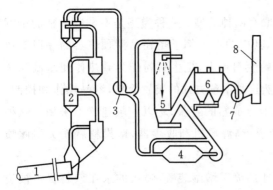

图 1.32 悬浮预热窑窑尾装设有增湿塔的工艺流程图

1—回转窑；2—预热器；3—风机；4—原料磨；5—增湿塔；6—电收尘器；7—风机；8—烟囱

一台悬浮预热窑窑尾装有增湿塔的工艺流程图如图 1.32 所示。从预热器排出的烟气通过排风机，约 30%～50% 的烟气通过原料磨用于烘干原料，若采用立磨系统，则大部分烟气都经过立磨，其余烟气通过增湿塔，在塔内经过增湿降温的烟气与原料磨出来的气体，在一汇风箱中进行混合后进入电收尘器，净化后的气体从烟囱排出。

根据气流在增湿塔内的流向与喷嘴位置的相对配

置，增湿塔有下列几种型式，如图 1.33 所示。

(1) 气流从下而上，喷嘴安装在增湿塔的下部[图 1.33(a)]。通过这种配置虽然能使水珠与进入增湿塔的高温气流相接触，有良好的热交换，但未完全蒸发的水滴很容易落入下部灰斗，使粉尘结成泥块。

(2) 气流从下而上，喷嘴安装在增湿塔的上部[图 1.33(b)]。这种配置方式虽能克服水滴容易落入灰斗的缺点，但水滴与气流的热交换较差。

(3) 气流从上而下，喷嘴安装在增湿塔的下部[图 1.33(c)]。这种配置方式的热交换条件差，而且水滴容易落入下部灰斗。

(4) 气流从上而下，喷嘴安装在增湿塔的上部[图 1.33(d)]。通过这种配置方式，烟气和水滴间热交换的条件较好，水滴也不易落入下部灰斗。水泥工业的增湿塔多采用这种配置方式。

上述四种配置方式的增湿塔都是属于单筒式增湿塔。除单筒式增湿塔外，还有双筒式增湿塔。这种结构形式的增湿塔，是由内、外两个圆筒组成。气流从塔的上部自上而下经过内外筒的空间，到达增湿塔的底部后，再转向自下而上经内筒排出，然后进入电收尘器。喷嘴沿内筒圆周均布，自下而上布置成 4～5 圈。宁国水泥厂从日本三菱公司引进的 4000 t/d 新型干法生产线的窑尾废气处理系统所配备的增湿塔就是双筒式的。这种结构的增湿塔的优点是各层喷嘴的喷水量可随烟气温度的逐步降低而减少，这样使得烟气和水滴的热交换比较充分。而且内筒外壁被热气流包围，不易结露，所以一般可不敷设保温层，特别适合于寒冷和多雨地区使用。另外气体增湿前可沉降部分粉尘，从而减少湿料结块的危险。但是喷嘴安装要穿过外筒和内筒，结构比较复杂，而且双层圆筒耗钢材较多。所以单筒式增湿塔能达到降温和增湿的目的时，一般就不推荐采用结构较复杂的双筒式增湿塔。图 1.34为双筒式增湿塔的简图。

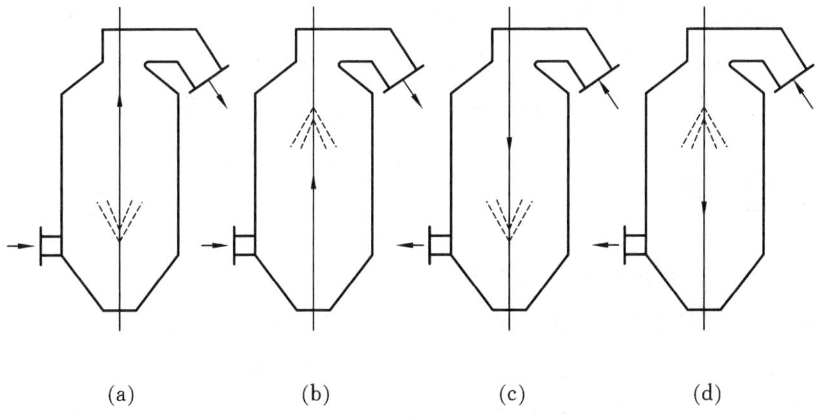

图 1.33 喷嘴位置与气流流向的相对配置

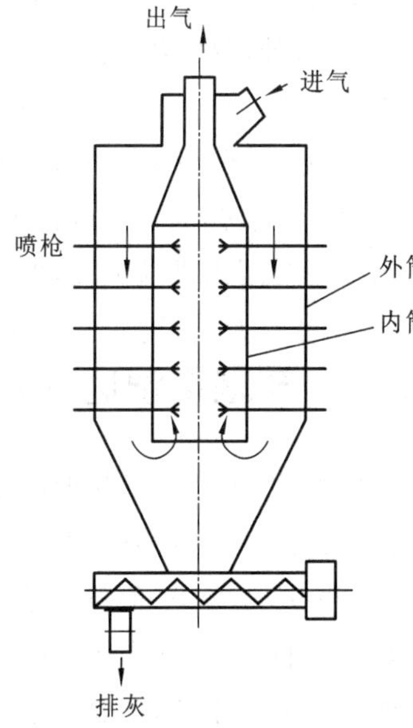

图 1.34 双筒式增湿塔示意图

1.44 干法窑窑尾烟气为何需要用增湿塔调质

对于水泥干法窑窑尾排出的含尘烟气，以往多数是采用电收尘器收尘。由于干法生产的废气温度高，含水分少，粉尘比电阻值往往在 10^{12} Ω·cm 以上(粉尘比电阻是衡量粉尘导电性能的一个指标)，比电阻在 10^4～10^{11} Ω·cm 的电阻粉尘，是电收尘器收尘最适当的粉尘，它带电稳定，收尘性能良好，超出此范围时，会大大降低电收尘器的收尘效率，当粉尘比电阻值大于 10^{11} Ω·cm 时，导电性能差，电荷粉尘被积聚到集尘板上，电荷很难中和，粉尘被牢固地黏附在集尘板上，不易震落，愈黏愈厚，使收尘效率降低，为此，使用增湿塔，向高温废气中喷水，以增加湿度，降低温度，有效地降低粉尘比电阻值，提高收尘效率。增湿塔的另一作用是，回收部分生料，降低废气含尘浓度，减轻电收尘器的负荷。

经验证明，增湿降温后的废气温度最好控制在 120～160 ℃，一般不要超过 200 ℃，以防极板变形或被烧坏。我国许多干法水泥厂的窑尾收尘器，长期以来的工作电压很低，其原因当然是多方面的，但是粉尘的比电阻高而烟气又未进行调质是主要原因之一。

降低粉尘比电阻的方法很多，例如向烟气中掺入导电性能好的物质或通入某种能降低粉尘比电阻值的气体（如 SO_3）。但这些方法应用于工业上时，不仅在经济上不合理，而且技术上也很复杂。而水泥厂对烟气进行调质的方法是根据粉尘的比电阻随温度和湿度变化而变化的性质，向烟气中喷入一定的水量，达到增加湿度和降低温度的目的，从而使粉尘的比电阻降低，以利于电收尘器的操作。

现在国内外新型干法窑窑尾的收尘系统，为使电收尘器保持较高的收尘效率，几乎在电收尘器前都设置了烟气调质的增湿塔。另外干法窑的排碱放风系统，以及窑尾采用袋式收尘器的收尘系统，也有采用增湿塔进行调质和降温的。无论何种收尘系统，只要采用增湿塔，无疑都会使收尘系统复杂化并增加日常的维修工作量。所以多年来，人们一直在寻求取消增湿塔的途径，主要从以下三个方面进行探索：

① 窑尾废气用于烘干物料后再进入电收尘器；

② 采用直接处理高温烟气电收尘器，即所谓高温电收尘器；

③ 电收尘器采用高压脉冲电源。

这三种途径都在不同程度上取得了一定成效，但是这三种方法在技术和经济方面尚存在一些问题。例如利用废气烘干原料，虽然是最经济和最简单的方案，但是烘干原料往往只需要一部分废气，剩余的废气还是需要进行调质处理。采用高温电收尘器，虽然避开了粉尘的高比电阻区，但是高温电收尘器需要耐热钢制造，而且处理高温废气时，废气量要增大，相应要加大电收尘器的规格，很不经济。采用高压脉冲电源时，当收尘系统由联合操作（经生料磨烘干后的废气与不经生料磨的废气混合后进入电收尘器）转向单独操作（生料磨停运，全部废气直接进入电收尘器），此时电收尘器的效率就有所下降，严重时排放浓度达不到国家规定的排放标准。高压脉冲电源技术在国内尚不成熟，而且造价也较高。所以说，取消增湿塔的设想恐怕在短时间内难以实现，当前有效的途径是进一步改进和完善增湿塔系统，提高其性能。

1.45 窑尾增湿塔有几种布置方案

增湿塔、电收尘器和烟囱等装置在窑尾工艺流程中应有合理的配置，首先应保证不影响预热窑的操作，其次要尽可能地减少管道的阻力，减少管道的漏风，在工艺流程为三风机系统时，使电收尘器在负压为－500～－200 Pa 的条件下工作。发展悬浮预热器窑的一个主要内容就是利用预热器排出烟气的余热去烘干原料，以降低热耗。所以窑尾的工艺流程中包括具有烘干兼粉碎功能的生料磨、增湿塔和电收尘器的废气处理系统，一般有串联和并联两种布置方案，如图 1.35 和图 1.36 所示。

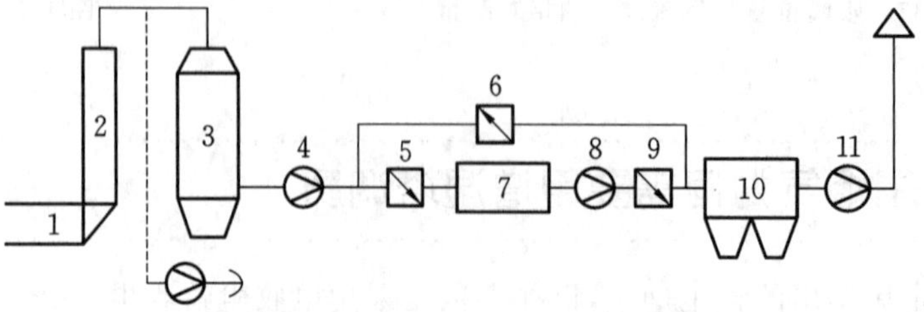

图 1.35　窑尾废气处理系统中串联位置的增湿塔

1—回转窑；2—预热器；3—增湿塔；4，8，11—风机；5，6，9—调节阀门；7—生料磨；10—电收尘器

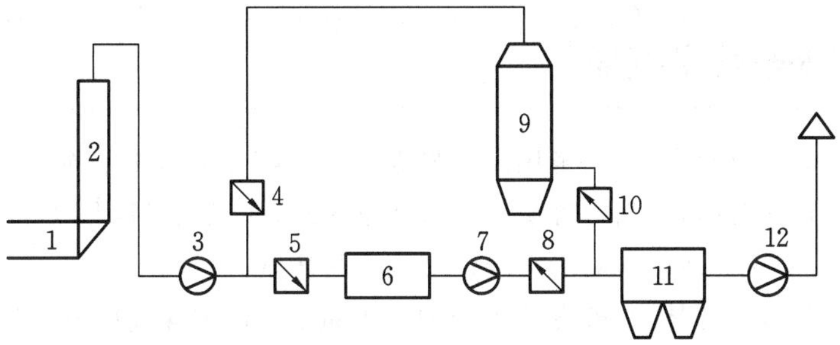

图 1.36 窑尾废气处理系统中并联位置的增湿塔

1—回转窑；2—预热器；3，7，12—风机；4，5，8，10—调节阀门；6—生料磨；9—增湿塔；11—电收尘器

两种布置方案各有其优缺点。图 1.35 中增湿塔与生料磨处于串联位置，窑的主排风机可以布置在增湿塔之前或之后。这种布置方式不论是在联合操作还是在单独操作情况下，窑的废气全部通过增湿塔。现在用得较多的是图 1.36 中增湿塔和生料磨在管路系统中的并联方案。这一方案要在生料磨的支管上设置一台引风机，用以克服生料磨的阻力。通过生料磨余热利用后的烟气和通过增湿塔增湿后的烟气，在进入电收尘器之前先在管道或专门的混合室中进行混合。在电收尘器后最好放置一台排风机，这样可保证电收尘器在负压下操作，也可减少窑尾主排风机的负压值。但是这一布置方案中，当生料磨运转时，通过增湿塔的废气量有较大的变化。如果系统中是采用两台生料磨，时而两台磨全开，时而开一台磨，时而两台磨全停，则通过增湿塔的废气量波动将会更大，使得增湿塔的操作和控制相当困难。相反在串联布置方案中，只需要改变增湿塔的喷水量，其操作和控制就比较简单。而且在这种布置方案中，增湿塔尽可能布置得靠近预热器，既能降低一次投资，也能降低系统中的压力损失。同时由于废气经过增湿塔后温度降低，除处理风量减少节约电能外，还可以保护主排风机。在某些特定情况下，电收尘器出口处的排风机也可以省掉。但是在串联布置方案中，增湿塔存在负压大的缺点，所以对出灰口和喷枪穿过塔壁的密封性要求较高。另外当利用窑的废气作为煤磨的热源时，则需要在增湿塔前增设一台高温风机。

1.46 增湿塔为什么会湿底

增湿塔湿底的根本原因是水滴不能在达到增湿塔塔底之前完全蒸发，从而造成湿底。主要原因是增湿塔规格偏小、塔壁散热、系统漏风、喷水量未实现自动控制、塔内气流和喷水量分布不均、C_1 筒废气出口温度波动大、增湿塔上部垂直风管长度不够等。

预防措施如下：选择合适的喷嘴，喷水量调节实现自动化，正确确定增湿塔在废气处理中的位置，正确选用水泵，增加塔底保温层厚度，稳定 C_1 筒出口废气温度；以及实施预维修制度等。

有许多人认为水压太大容易造成湿底，这是完全错误的，当雾化喷嘴状态好时，水压越大，喷出来的水滴粒径越小，雾化效果越好。

对于高压回流喷嘴，不能只一味地提高水泵供水压力，需要同时兼顾回水压力，回水压力太小，喷嘴的雾化效果也不好。

水枪的布置需要对称，可以让温度分布均匀。

要定期检查喷嘴的使用情况，避免水中有杂质堵塞喷嘴，而且高压水对喷嘴的磨损很大，一旦喷嘴的雾化状况变差，就需要更换。

一般增湿塔的喷枪设计有很多个，实际使用中有许多喷枪闲置，应该把不用的喷枪取出保存好，避免放在塔内时有的水阀关不死，往塔内滴水，造成湿底。

1.47 增湿塔有哪些常见故障

早期增湿塔的生产故障点较多:由于采用高压喷雾,4～6 MPa 的水压使喷头及水泵都需要较大的维护量及较大的配件更换量;增湿塔下面的螺旋输送机要求密封,而又很难满足要求;如果喷头或水压出现故障,还会有湿底问题威胁正常运行。对于至今仍使用这种增湿方式的生产线,上述问题依然存在。

现在采用先进的双相流喷雾技术,即在喷头处加入压缩空气使水珠高度分散呈雾状,代替高压水泵,配合以出口温度与水泵转速的联锁控制,使之运行维护简便安全可靠。

[摘自:谢克平.新型干法水泥生产问答千例(操作篇)[M].北京:化学工业出版社,2009.]

1.48 增湿塔炸裂的原因

增湿塔作为静态设备,不受交变应力的影响,整体上仅承受由自身重量而引起的压应力,所以在一般情况下是难以开裂的,但在特殊情况下会产生炸裂,现就其几种炸裂的原因与防范措施进行简单的分析,供读者参考。

1.48.1 雾化水的流壁造成增湿塔的炸裂

增湿塔是对窑尾(其他地方也有采用)高温废气进行调质、降温的热工设备,由钢板卷制拼焊而成,内通高温气体,外有保温,可以近似认为增湿塔筒壁与气体温度相同,一般在 300 ℃左右,但当对气体喷雾降温后,筒壁温度与气体温度同时降低。

增湿塔作为一个较为独立的设备,下部有地脚螺栓固定,上部进风管道装有膨胀节,可以根据温度的不同自由伸缩,包括轴向和径向两个方向,热应力可以完全释放,所以自身不会开裂。但当雾化水雾化效果差,喷头方向、位置误差较大时,雾化水就会喷到筒体的某个部位,一些不良效果就会产生,如气体温度降低的幅度下降,筒体温度升高,增湿塔会湿底等。

但更不好的情况是流壁现象的产生,它急剧降低了该处的筒体温度,使其急剧收缩,对周边产生巨大的拉应力,炸裂会在周边的薄弱环节如焊缝处产生,并伴随着巨大的脆断响声。遇到此类事故时,刚开始技术人员怀疑是焊接质量问题,但对断口进行检查时却未见异常,对其他方面检查时,发现雾化水流壁、喷到筒壁,同时增湿塔也存在湿底、汤浆现象。

为了防止类似事故的发生,应从以下几个方面解决:首先确保喷头的雾化效果,保证喷头水压、气压适当(根据各单位喷头形式定),保证安装位置、方向正确,保证水雾能够均匀地喷洒在气流之中,避免流壁。其二是应经常检查喷头的雾化效果,包括扩散角、雾滴的大小,检查运行中的水气压力是否正常;也要经常检查外保温的情况,保温层一旦脱落,及时整修,减少因局部筒温的不同而增加的附加应力;操作人员也要根据用水量、废气温度的变化量判断系统是否正常,以便及时消除事故隐患。

1.48.2 局部爆炸造成的增湿塔开裂

增湿塔内通过的气体来自窑尾,当窑内或分解炉内的煤粉燃烧不充分时,大量的一氧化碳就会涌向增湿塔,此可燃气体一旦与空气接触,且达到一定比例就会产生燃烧爆炸,其产生的巨大冲击力直接冲击筒壁,给筒壁造成巨大的剪应力,此时筒壁焊缝热影响区或其薄弱环节就会被冲开,即炸裂。另外,由于增湿塔内风速较低,若有未燃烧的煤粉,容易在此分离沉积(特别是在大窑点火升温期间),条件一旦成熟就会产生速燃爆炸,同样使增湿塔筒体产生爆裂。

在预防措施方面,有以下几条可供参考:首先消除爆燃的条件,精心操作避免煤粉的不完全燃烧,使通风条件良好,避免一氧化碳产生及一氧化碳的集聚;其二,消除死角,消除煤粉的集聚条件;其三,搞好密封,如喷头连接处、排灰口的密封,当发现增湿塔有裂纹时,要及时处理,减少或杜绝空气的进入,不给爆燃创造条件。

1.48.3 其他形式的开裂

对于增湿塔来说，还存在其他开裂的形式，但与爆裂不同，属于不同的概念。如增湿塔在制作安装时，接口处径向错位很多，焊接不牢，缺陷严重，增湿塔自身重量产生的剪应力以及振动引起的附加荷载会把焊缝切开。另一种情况就是腐蚀性开裂，因为窑尾废气中含有酸性氧化物，一旦遇水，停留在增湿塔的某个死角，就会腐蚀筒体，时间长了，钢板就会变薄，甚至出现孔洞，有些风吹草动就会开裂。避免的办法还是处理死角，避免沉积；保证雾化效果，避免湿底流壁。

1.49 影响增湿塔效果的主要因素有哪些

(1) 增湿塔规格设计不当

在设备选型时，设计单位已经根据烟气量、喷水量、喷嘴雾滴直径和蒸发强度，确定了增湿塔的规格以及喷嘴规格和数量，若计算、选型正确，不会影响增湿塔增湿降温效果。如果原设计选型不当或窑进行了改造增产后，烟气量增大，原有增湿塔处理能力不够，则喷入的水在塔内停留时间缩短，致使水滴直到塔底还未完全蒸发，将会引起湿底。

(2) 喷嘴性能不好

喷嘴是增湿塔的关键部件，一个好的喷嘴应具备以下特征：较小的雾滴直径；较宽的流量调节特性，即当水量在一定范围内变化时，雾滴级配始终如一或变化很小，如果使用的喷嘴水量调节比太小，当烟气量处于下限时，雾化效果差，水滴大，易湿底；较小的扩散角，方便喷嘴布置；要有较长的使用寿命；要有较大的液体喷口，颗粒堵塞的可能性小。因此，在选择喷嘴时，除了要注意喷嘴额定喷水量、设计压力、雾滴直径、扩散角、射程、喷口大小和喷嘴材质外，还应关注喷水量调节比。

(3) 塔内气流分布不均

烟气导入增湿塔都是从较小断面的风管过渡到较大断面的增湿塔筒体，如果不采取必要的措施，会造成气流沿塔断面分布不均匀，筒体中心气体流速过高，这部分气流中的水滴在塔内停留时间过短，来不及蒸发，容易导致湿底。因此，要求气流在塔内有良好的均匀性，一般是在进口锥体内安装气体分布装置，通常是放置两层多孔板，如图 1.37(a)所示，效果不错。对于弯管进风还需在进口直管部位设导流板，如图 1.37(b)、(c)所示。在工艺布置时，为了减小增湿塔高度而采用侧进风形式，在圆锥体上方的过渡段内，更要设置导流板，这些导流板还必须与进风气流平面垂直，如图 1.37(d)所示。

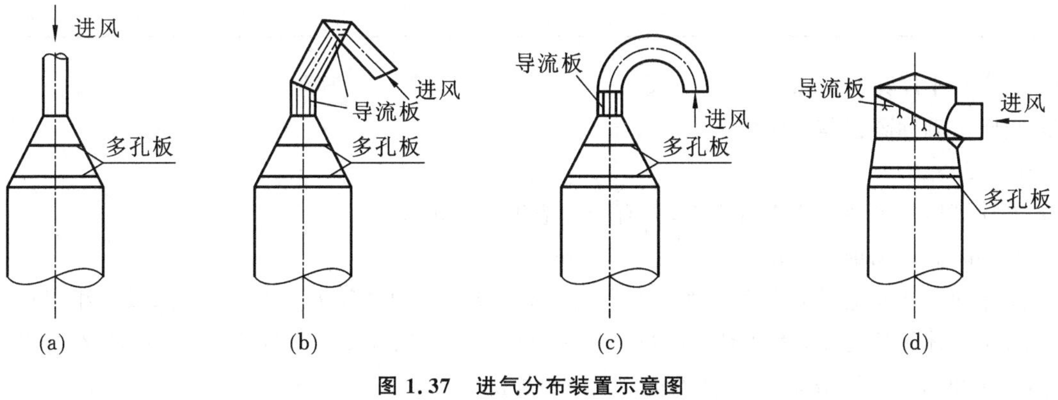

图 1.37 进气分布装置示意图

(4) 喷水量未实现自动控制

喷水量的控制，就是当烟气量和烟气温度变化时，保证喷入的水量能使烟气温度降到塔出口的温度设定值范围，并使喷出的雾滴直径始终保持在要求的范围内，能完全被蒸发而使塔底保持干燥状态。绝大多数增湿塔是根据塔的烟气入口温度和出口温度控制喷水量，特别是塔的出口温度始终是控制的目标。由于热电偶的滞后性，特别是当生料磨时开时停，烟气量大起大落时，还不能完全实现自动化，因而大多数增湿塔喷水量是半自动控制或靠人工控制的，不是喷水量不足就是喷水过量而引起湿底，但当窑况正常时，还是能较好地满足控制需要。目前国外是以塔的出口温度和烟气量这两个参数的变化作为控制目标，喷水量的控制已基本实现自动化。

1.50 增湿塔安装应符合哪些要求

1. 底座安装

(1) 将多块法兰拼成一体，用垫铁调整高度，并找平找正，达到要求后焊接为一体。

(2) 安装地脚螺栓时，应符合以下规定：

① 设备就位前应先把地脚螺栓放入地脚孔内。

② 地脚螺栓放入前应做好以下准备工作：

a. 应清除地脚孔内杂物、油污和积水。

b. 地脚螺栓应除漆和除油。

③ 设备就位前必须将设备底座底面的油污、泥土等杂物清洗干净，被设备覆盖的基础面应凿成毛面。

④ 整体设备可以一次就位，解体设备先进行底座及主机的就位，然后进行传动和附件的就位，设备就位时，要认真对照图纸，注意设备方向，并应做到设备起落稳妥，防止震动和磕碰。

⑤ 地脚螺栓安装应符合下列技术要求：

a. 地脚螺栓的垂直度为 10 mm/m。

b. 地脚螺栓离孔壁的距离不应小于 15 mm。

c. 地脚螺栓底端不应碰孔底。

d. 螺母与垫圈间和垫圈与设备间的接触均应紧密良好。

e. 拧紧螺母后，螺栓应露出螺母 2～3 扣螺纹。

(3) 上法兰安装筒体处的直径尺寸偏差见表 1.3。

表 1.3 法兰安装偏差

筒体直径(m)	偏差值(mm)
$D<3$	±3
$3\leqslant D\leqslant 5$	±5
$D>5$	±7

(4) 底座水平度为±2 mm。

(5) 底座基础标高偏差不应大于±5 mm。

2. 筒体安装

(1) 单片筒体在组装前应进行检查，如有变形应进行矫正。

(2) 安装时筒体和锥体两端平行度为 2.5 mm。

(3) 筒体同一断面上最大直径和最小直径之差不应大于 0.3%D(D 为筒体内径，以下相同)。

(4) 对于筒体周长公差，增湿塔直径 D 小于 3 m 时，公差 5 mm；直径 D 为 3～5 m 时，公差 7 mm；直径 D 大于 5 m 时，直径每增加 1 m，公差值增加 0.5 mm。

(5) 筒体钢板对接错边量 b(纵向和环向)不应大于 1.5 mm(见图 1.38 和图 1.39)。

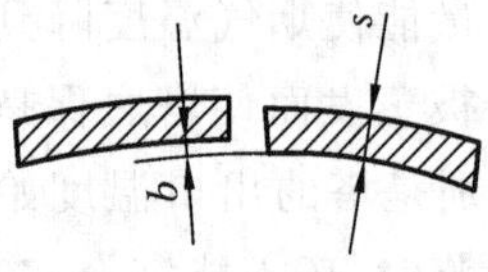

图 1.38 纵向焊缝

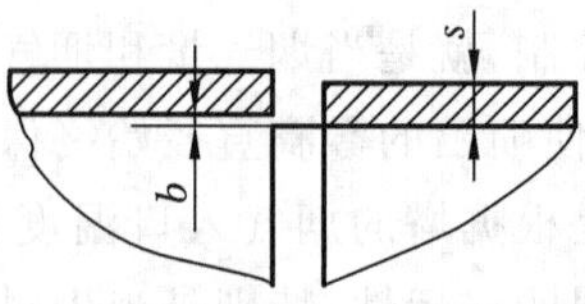

图 1.39 环向焊缝

(6) 棱角度不应大于 3 mm。

(7) 筒体母线的直线度,用 1 m 长钢板尺测量不应大于 1.5 mm。

(8) 安装后的塔体垂直度为 $H/1000$ mm(H 为塔有效高度,单位:mm),但总高度的垂直度不得大于 20 mm。

3. 电动双板阀开闭应灵活、严密。

4. 喷水装置中,喷嘴内外流管应连接正确,螺纹部分应紧固,并加密封橡胶带密封,法兰连接处应加紫铜垫密封,快速接头处不得漏水。

5. 鼓风系统法兰连接处安装时垫 3 mm 石棉垫,各焊口应焊接严密,不得有漏风现象。

6. 所有检查门应关闭紧密。

7. 保温层敷设厚度应均匀,铁皮或铝皮外保护层应咬合严密。

1.51 窑尾增湿塔出口温度异常是何原因

窑尾增湿塔出口温度异常,直观地反映出窑尾电收尘器收尘效率的高低。

1.51.1 增湿塔出口温度过高

增湿塔出口温度过高主要是由于增湿塔喷嘴的雾化效果差,降温效率差,而影响增湿塔工作,增湿塔工作效率高低主要取决于增湿塔喷嘴性能。一个较好的喷嘴应具备以下性能:

(1) 较小的雾滴直径;

(2) 较宽的流量调节性能;

(3) 较小的扩散角;

(4) 较长的使用寿命;

(5) 较大的液体喷口;

(6) 较宽的水量调节比(1:12)。

一旦未具备其中的一项性能,必然导致增湿塔的雾化效果差,出口温度升高,收尘效率降低。

喷水量发生变化,同样会导致出口温度的升高。

1.51.2 增湿塔出口温度过低

增湿塔出口温度过低主要是由于增湿塔喷水量调节不合理,严重的还可能造成增湿塔湿底。合理地调节水量是提高收尘效率的关键,在实际生产过程中控制好烟尘进入电收尘器的温度(130～150 ℃)是确保高效收尘的关键。

1.51.3 增湿塔湿底

(1) 规格偏小

规格偏小是由于原设计选型不当,或窑改造增产后烟气量增大,原有增湿塔的处理能力不够。增湿塔的规格是以直径和有效高度表示。如果处理烟气量增大,而塔的规格不相应增大,塔内风速势必要超过原设计值,这样喷入的水在塔内停留时间缩短,致使水滴落到塔底还不能完全蒸发而引起湿底。

(2) 塔壁散热

增湿塔的外壁虽然敷设有保温层,但其厚度不足以使塔体成为完全的绝热体,总会有部分热量透过塔壁而散失,特别是在寒冷季节温差较大,散热会更多,这样塔内烟气的显热就没有完全用于喷入水的蒸发,造成湿底。此时喷水量未达到设计的需要量,致使烟气的湿含量不能满足电收尘器的最佳性能要求。

(3) 系统漏风

增湿塔系统难免有漏风,漏入的冷风与烟气混合,使烟气温度降低,致使烟气的全部显热不能用于水的蒸发。漏风的影响取决于漏风的部位,特别是排灰装置,如螺旋输送机和翻板阀,有的由于制造质量低劣和安装密封不严，漏入的冷风对湿底影响最大，即使有时喷水量远未达到需要量，由于塔底漏风，也可能引起湿底，严重时甚至使增湿塔无法运行和排灰困难。

(4) 喷水量未实现自动控制

喷水量的控制，就是当烟气量或烟气温度变化时，保证喷入的水量能使烟气温度降到塔出口的设定温度，并使喷出的雾滴直径始终保持在要求的范围内，能完全被蒸发，而塔底保持干燥状态。由于热电偶测温滞后，回流阀的性能不佳，以及生料磨时开时停、烟气量大起大落，再加上一些增湿塔未实现完全自动化，喷水量是半自动控制或靠人工控制，因此，不是喷水量不足，就是喷水过量而引起湿底。

(5) 塔内气流和喷水量分布不均

塔内气流分布不均与烟气入口形式密切相关，在生产实践过程中人们亦有所认识，但是喷入水量在塔内是否分布均匀，往往被人们所忽视。人们以为喷嘴装置沿筒体某个截面均匀布置，就可使喷入水量分布均匀，其实不然。喷嘴装置应装在分布板后气流稳定的部位，喷嘴最好不要装在上锥体上，因为上锥体有气流分布板，烟气通过分布板后，需要通过一定距离才会比较稳定。所以建议喷嘴装在与上锥体相连接的圆筒截面上。

1.52 一则增湿塔喷水系统的改进经验

某水泥厂 1000 t/d 五级旋风预热器带 RSP 分解炉的干法窑外分解生产线，在调试过程中曾因增湿塔喷水质量较差，经常出现湿底现象，一度严重影响了电收尘的收尘效果及回转窑、生料磨的运转率。为此，水泥厂对该增湿塔喷水系统进行了改进，取得了令人满意的效果。下面将改进情况做一简述，以供同行参考。

(1) 增湿塔喷水系统

① 主要技术参数

增湿塔：ϕ7.5m×24m；喷嘴形式：回流式；喷水量：1～1.6 t/h；工作压力：3.3 MPa；喷头数量：16 个；喷头组数：4 组。

Ⅰ组：5 个喷头；Ⅱ组：5 个喷头；Ⅲ组：4 个喷头；Ⅳ组：2 个喷头。

② 喷水系统布置形式

喷水系统布置形式如图 1.40 所示。

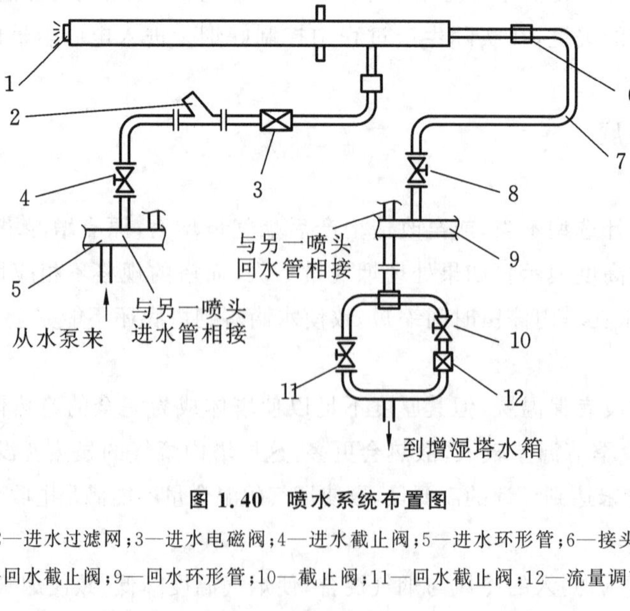

图 1.40 喷水系统布置图

1—喷嘴；2—进水过滤网；3—进水电磁阀；4—进水截止阀；5—进水环形管；6—接头；7—胶管；8—回水截止阀；9—回水环形管；10—截止阀；11—回水截止阀；12—流量调节阀

③ 原喷水系统工作原理

水被泵打到进水环形管5，再由环形管通过进水截止阀4，经过进水过滤网2，进入打开的进水电磁阀3，进入各喷头，水进入喷嘴后在强烈的旋流作用下被雾化喷入增湿塔，多余的水通过喷嘴的回流孔经过胶管7、回水截止阀8进入回水环形管9，现经过回水截止阀11或流量调节阀12返回水箱。16个喷嘴的进水管均和进水环形管相通，16个喷嘴的回水管均与回水环形管相通。生产过程中拟根据增湿塔出口温度，在控制室可选择四组喷头中的任意几组开启电磁阀进行喷水降温，如仍达不到要求可用回水截止阀11或流量调节阀12调节喷水量，以达到降温、增湿废气的目的。

(2) 原喷水系统存在的问题及原因

① 在调试中出现的主要问题

a. 增湿塔底部会堆积大量的湿生料，很大一部分已结成硬块，这些生料每隔一定时间就会塌落一次，每次塌落均会使增湿塔下回灰绞刀不能正常运行，处理起来少则几小时，多则几天，最长一次处理时间达3 d。严重影响了回转窑的运转率。

b. 增湿塔回灰水分过大。水泥厂的电收尘回灰与增湿塔回灰汇合后，经过均化库斜槽入生料均化库，当增湿塔回灰水分过大时，如恰逢原料磨停机，则经常造成均化库斜槽堵料，当增湿塔回灰水分适中时，增湿塔出口烟气温度又不易控制，经常达180 ℃左右，影响了电收尘器收尘效率。

c. 调节环节过多。开始使用时降温采用的是选择几组喷头喷水和调节回水阀来调整喷水量，但由于电磁阀经常出故障导致喷水量极不容易控制。

d. 喷头"直流"现象严重，改进前发现没有使用的喷头"直流"现象十分严重，导致湿底经常发生。

② 出现问题的原因分析

通过对原喷水系统的分析发现产生以上问题的原因主要有以下几点：

a. 当四组喷头全部打开时，喷水过量，回灰水分变大，容易造成湿底。如用回水阀调整增湿塔喷水量，由于回水增加，水泵电机温升过高，只得经常调换启动备用水泵，操作十分被动。

b. 如果只使用四组喷头中的几组，则在该系统会出现剩下没有使用的喷头中有大量水没有雾化而直流入增湿塔，导致增湿塔严重湿底的现象。造成这种情况的原因是所有喷头的回水管均与环形回水管相通，使用中的喷头的回水回流入环形回水管，由于压力较大，此部分回水不仅有部分返回增湿塔水箱，而且还有大量的回水从环形回水管反流入没有使用的喷头的回水管"直流"入增湿塔，如图1.41喷嘴示意图所示。

c. 由于有杂物(如铁锈等)堵住喷嘴，引起进水雾化不好，造成湿底。

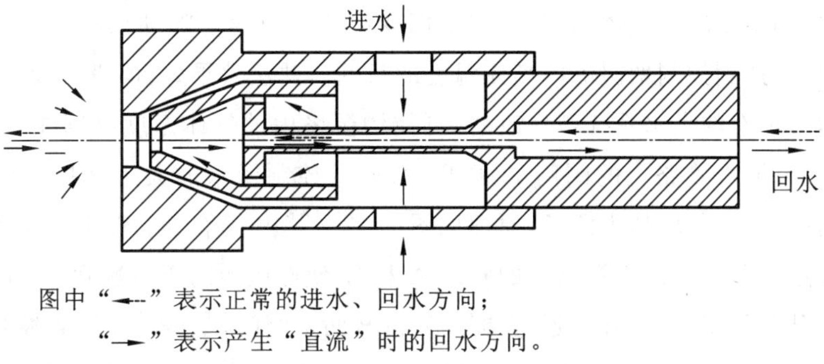
进水
回水
图中"←--"表示正常的进水、回水方向；
"—►"表示产生"直流"时的回水方向。

图1.41 喷嘴示意图

(3) 喷水系统的改进

针对上述出现的问题对喷水系统进行了局部改造，操作及维护方面也做了适当改进。

① 取消16个进水电磁阀(即使所有进水电磁阀处于全开位置)。

② 使用 11 个喷头。

③ 将不使用的另外 5 个喷头的回水、进水阀手动关闭。

④ 定期(一般一星期)检查清理喷嘴和过滤网有无杂物,使之随时处于完好状态。

⑤ 简化调节方式。正常情况下调整喷水量不再使用电磁阀或分组,而是通过回水截止阀或流量调节阀来调整喷水量从而达到增湿降温的目的。

(4) 改进后的效果

经过对该喷水系统的改进和管理上的加强,彻底解决了增湿塔湿底、积料的问题,杜绝了喷嘴的直流现象,在已使用的 1 年多时间里,从未发生过因喷水质量引起停窑或停磨的事故,完全满足了增湿塔内烟气增湿降温的要求。增湿塔出口温度可在 130 ℃以上的任意范围内进行调整,满足了电收尘对烟气温度的要求,提高了电收尘的收尘效率。

1.53 增湿塔温度控制的一种改进方法

对增湿塔温度的控制有利于窑尾电收尘器的正常运行。

新疆米泉水泥厂窑尾 20 m^2 的卧式电收尘器,由于多年来长时间的使用,内部阳极板变形较大,所以温度的变化对电收尘器的正常运行影响很大。该厂原物料成分波动比较大,在煅烧过程中,温度变化很大,有时会造成电收尘器无法正常运行。

为了降低进入电收尘器的气体的温度,利用增湿塔塔顶喷头进行喷雾洒水。在操作过程中,由于温度的不断变化,需人工不断调节增湿塔供水水泵的压力,以增大或减少喷雾的水量来控制增湿塔的温度,给操作工带来了诸多不便。

通过长时间的观察,当入窑生料成分稳定,煅烧正常时,水泵压力保持在 4 MPa,就能使增湿塔温度控制在 150 ℃左右,电收尘温度在 80 ℃左右,收尘一电场和二电场电压均可达到 60 kV,一电场与二电场的二次电流均可达 40 mA,收尘效果良好。当煅烧不正常时,如仍保持水泵压力在 4 MPa,增湿塔温度可达 250 ℃,电收尘温度在 120 ℃左右,收尘效果明显变差,一电场电压在 35 kV 时,就有间断的打火现象,一电场已无法正常运行。这时就必须增大水泵压力,以降低增湿塔内气体的温度。

通常水泵压力最低不小于 4 MPa,因为压力低会造成喷头雾化效果变差,雾化扇面减小,有时会造成喷头有滴水现象发生,这极易造成增湿塔底部翻板发生堵塞。压力超过 6 MPa,喷头雾化效果已无太大改善,还容易造成连接喷枪的软管接头处崩开。

为了能很好地控制增湿塔内气体的温度,可采用变频器组成温度随动系统,通过水泵电机的变频调速,控制水泵的压力,以达到控制增湿塔内气体温度的目的。此法效果好,但投资较大。

为了节省开支,对现有的供水系统稍作改动,可使增湿塔内的气体温度控制在一定的范围。原供水系统主要通过人工调节回水管路上的阀门 A 的开度,通过控制回水的大小来控制储压罐内水的压力。现将储压罐的回水管路由一条增加为两条,原理见图 1.42。其中一条回水管路 B 上安装一个电磁阀 C,在电磁阀打开时,通过调节两条回水管路上的阀门 A 和 B,使储压罐的压力达到 4 MPa,当电磁阀 C 关闭时,储压罐内压力上升并不超过 6 MPa,通过调整 A 和 B 两个阀门,基本上可达到控制要求。

该厂利用一块双温限数字温度表的输出继电器来控制电磁阀 C 的开关电路。根据该厂的具体情况,下限温度设置为 140 ℃,上限温度设置为 200 ℃,当增湿塔内气体温度超过 200 ℃时,电磁阀 C 关闭,储压罐内水压上升至 6 MPa 左右,一段时间后,当增湿塔内气体温度回落至低于 140 ℃时,电磁阀 C 打开,储压罐内水压又回落到 4 MPa,这样通过电磁阀的开和关,能使增湿塔内气体的温度控制在 140～200 ℃之间,从而使电收尘器起到了较好的收尘效果。

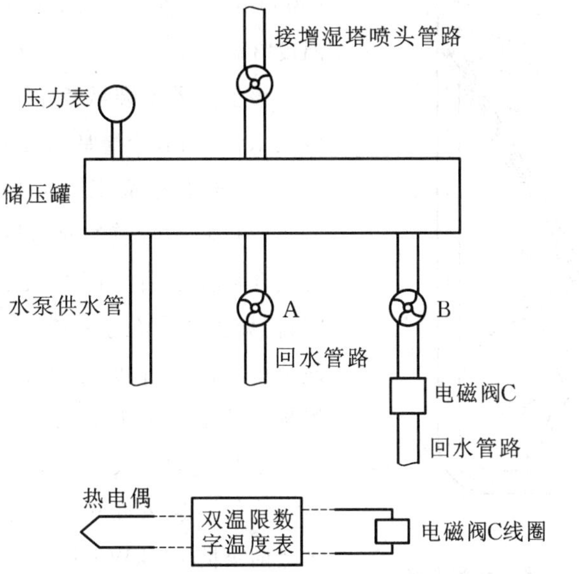

图 1.42　改后调节供水压力原理

1.54　一种新型的烟气增湿装置

针对目前所用增湿塔的结构较为复杂，管系布置较为烦琐，喷嘴较易磨损和堵塞，设备的运行费用较高等问题，南京水泥工业设计研究院与南京工业大学机械工程学院合作研究了一种新型烟气增湿装置。其雾化器是旋转式的，水从中央通道输入到高速旋转的转盘中，在离心力的作用下，水在旋转面上伸展为薄膜，并以不断增长的速度向盘的边缘运动，最后从盘的边缘高速抛出而分裂为雾滴。从雾化器出来的具有较大切向分速度的雾滴在增湿塔中与热废气之间的运动比较复杂，两者之间的混合更加充分，增湿过程进行得较迅速，增湿塔内的温度分布较均匀，因而对于塔壁的结构材料不必有过高的耐热要求。

该装置由增湿塔本体、雾化器、气体分布器和排灰装置等组成。塔体为立状筒体，由 $\delta=3\sim5$ mm 的低碳钢板卷制焊接而成，为满足强度要求，可在筒体上分段加焊角钢或槽钢圆箍。筒体顶部中央安装雾化器，采用无级调速电动机驱动雾化器的转盘旋转将水雾化。由于雾滴主要是沿水平方向飞出的，故增湿塔的直径较大而高度较小，其高径比一般为 1∶1～1∶1.4，这样对设备的维护和检修都比较方便。气体分布器设置在塔体顶部，使进入的热废气能在塔内均匀流通。在塔体底部安装星形排灰阀直接与排灰斗相连，省掉了鼓风机等附属设备，将高压泵改为普通水泵，且无须备用。

该装置在中国水泥厂进行了试运行，实测增湿塔的进气温度约为 370 ℃，雾化器转速为 12500 r/min，出口温度为 120 ℃。

1.55　小型回转窑窑尾用管式散热器代替增湿塔的经验

小型回转窑，为了确保窑尾风机不超温安全运行，大部分采用增湿塔降温方案。但增湿塔投资大，并且袋式收尘器的保温以及增湿塔水量自动控制部分电耗、水耗等运行费用也较高；此外，增湿塔的阻力也增加了风机电耗。

为此，崔忠忍提出一个方案，自行设计了斜装式 300 m^2 管式散热器，代替原用增湿塔。该厂为 $\phi2.5$ m×40 m 泾阳型窑，预热器已改造成三旋二钵一分解室，窑尾风机改为 1825SIBB24 热风机，风量为

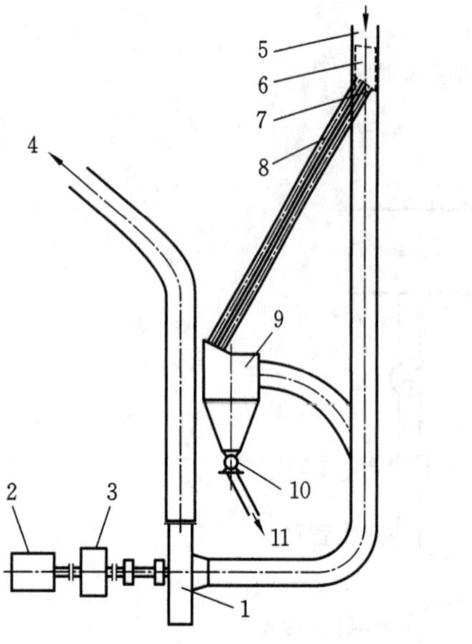

图 1.43　双排斜装管式散热器安装示意

1—热风机；2—高压电动机；3—液力耦合器；4—袋式收尘器；5—原窑尾废气管道；6—分气箱；7—此处装截流阀使通气量为总量的 1/15 走原管；8—散热管；9—积尘斗；10—刚性叶轮给料机；11—入提升机

80000 m^3/h，全压 5.76 kPa，工作温度 280 ℃，最高瞬时温度 350 ℃。

该散热器安装示意如图 1.43 所示。管径 ϕ210 mm，单根长 1320 mm，管壁厚 δ=2 mm。双排安装，每排 16 根管，共 32 根管，散热面积约 300 m^2。

双排斜装管道的辐射热一次散入空间，无反射；对流空气介质受热后立即升入空间，没有包裹管子的保温效应；传导主要存在于管壁，壁厚 2 mm，传导时间短。由于该装置的温度梯度大，所以不需要外加动力设备。只在积灰斗下增设了 1 个 1.1 kW 的刚性叶轮给料机。

该装置的最大特点是几乎无动力消耗，因此无故障，不需维修。通风面积增加的减阻效应，使每小时电耗比改造前下降 10 kW·h 以上，安装停窑只需 1 d。运行 1 年证明，管式散热器散热效果优于增湿塔，在一级旋风筒出口气体温度为 340 ℃、420 ℃、480 ℃时窑尾风机入口气体温度分别为 180 ℃、210 ℃、230 ℃，完全保证了风机安全运行，收尘效果也很好。

1.56　分解炉的分类方法及其主要类型

由于分解炉是预分解窑的核心设备，因此分解炉的分类方法也成为预分解窑的分类和命名方法。目前，国际上已有预分解窑达 50 种之多，分类方法基本有如下四种。

(1) 按制造厂命名分类

SF 型(其改进型有 N-SF 型、C-SF 型)，日本石川岛公司与秩父水泥公司研制；

MFC 型(改进型有 N-MFC 型)，日本三菱公司研制；

RSP 型，日本小野田公司研制；

KSV 型(改进型有 N-KSV 型)，日本川崎公司研制；

FLS 型，丹麦史密斯公司研制；

普列波尔型，德国伯力休斯公司研制；

派洛克朗型，德国洪堡-维达格公司研制；

DD 型，日本神户制铁公司研制；

GG 型，日本三菱公司研制；

SCS 型，日本住友公司研制；

FCB 型，法国 FIVES CAIL BABCOCK 公司研制；

UNSP 型，日本宇部兴产公司研制，等等。

(2) 按分解炉内气流的主要运动形式分类

按分解炉内气流的主要运动形式分类，分解炉的类型有旋风式、喷腾式、悬浮式及沸腾式(或称流化床式)四种。

实际上，一种分解炉往往采用多种流体效应，来增加物料在气流中的分散度和提高热交换效率。例如，RSP 型、KSV 型等即属旋风-喷腾式分解炉；SF 型属旋风式分解炉，但 N-SF 型、C-SF 型分解炉则既具有旋风效应又具有喷腾效应，亦属旋风-喷腾式分解炉；MFC 型分解炉，虽以流态化效应为主，亦具有旋风效应；普列波尔型及派洛克朗型属于悬浮式分解炉，亦具有局部的旋风效应。当然，严格地说，旋风式、喷腾式分解炉，亦属于悬浮式分解炉。

近年来，按炉区流场分类，可将各种分解炉分为五类。

第1类：旋-喷叠加类

SF 型(Suspension Preheater-Flash Furnace)

N-SF 型(New S. F)

C-SF 型(Chichibu S. F)

CO-SF 型(Centered Outlet S. F)

KSV 型(Kawasaki Spouted Vortex)

N-KSV 型(New K. S. V)

TWD 型(Combination Furnace with Whirlpool Pre-burning Chamber)

CDC-I 型(Cheng Du Calciner-In Line)

第2类：旁置预燃室类

RSP 型(Reinforced Suspension Preheater)

GG 型(Reduction Gas Generator)

P-AS-CC 型(P-AS-Combustion Charmber)

TSD 型(Combination Furnace with Spin Pre-burning Chamber)

CDC-S 型(Cheng Du Calciner-Separate Line)

SLC-D(SLC-Downdraft)

第3类：流化床-悬浮层叠加流场类

MFC 型(Mitsulishi Fluidized Calciner)

N-MFC 型(New M. F. C)

CFB 型(Circulating Fluidized Bed)

TFD 型(Combination Furnace with Fluidized Bed)

TSF 型(Suspension Furnace with Fluidized Bed)

第4类：喷腾或复合喷腾流场为主类

ILC 型(In Line Calciner)

SLC 型(Separate Line Calciner)

SLC-S 型(S. L. C-Special)

DD 型(Dual Combustion and Denitrator Process)

TDF 型(Dual Spout Fumace)

NC-SST-I 型(Nanjing Cement-Swirl Spout Tube-In Line)或称 NST-I 型

NC-SST-S 型(NC-SST-Separate Line)或称 NST-S 型

第5类：悬浮层流场为主管道炉类

P-AT 型(Prepol-Air Through)

P-AS 型(Prepol-Air Separate)

P-AS-LC 型(P-AS-Low Grade Combustible)

P-AS-CC 型(P-AS-Combustion Charmber)

P-AS-MSC 型(P-AS-Multi-Stage Combustion)

PS 型(Pyroclon Special)

PR 型(Pyroclon Regular)

PR-SF/M 型(PR-Special Fuels/Materials)

PR-P 型(PR-Parallel)

PR-Low Nox(PR-Low NO_x)

PYROTOP(PR-PYROTOP)等。

以上为各种主要类型分解炉分类，此外尚有许多炉型。各种炉型结构与流程如图 1.44 至图 1.46 所示。

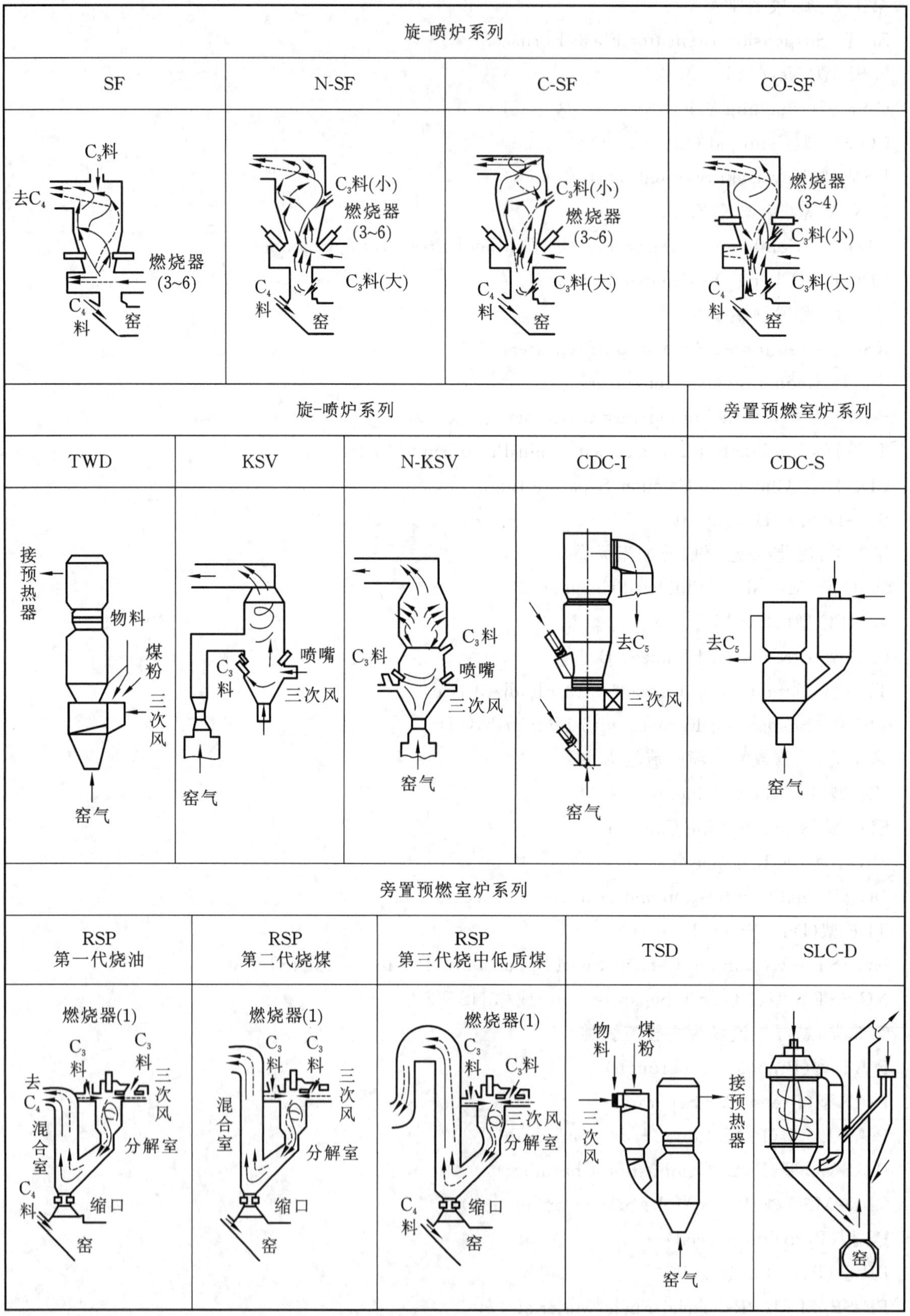

图 1.44 各种类型分解炉结构及流程示意图(一)

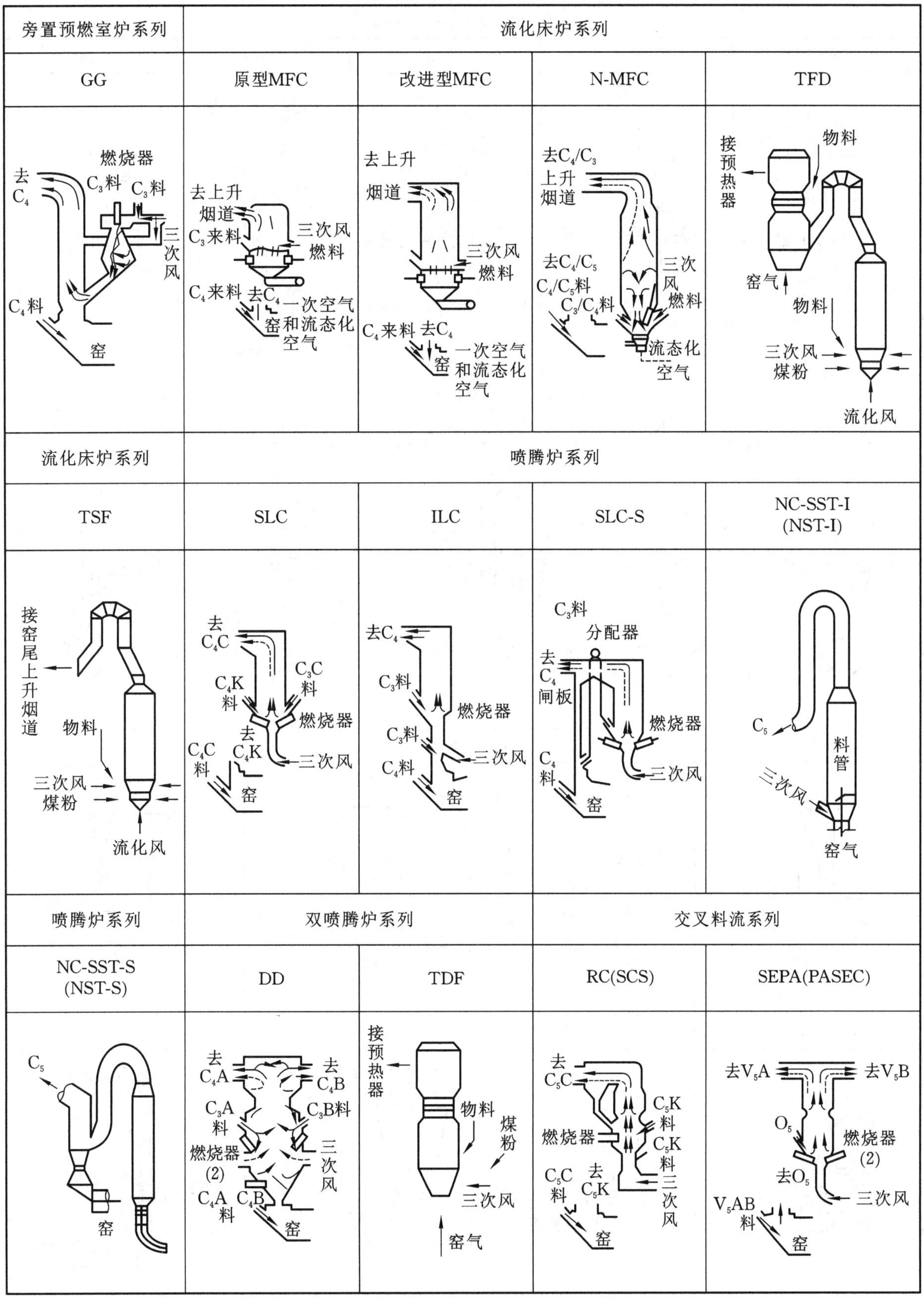

图 1.45　各种类型分解炉结构及流程示意图（二）

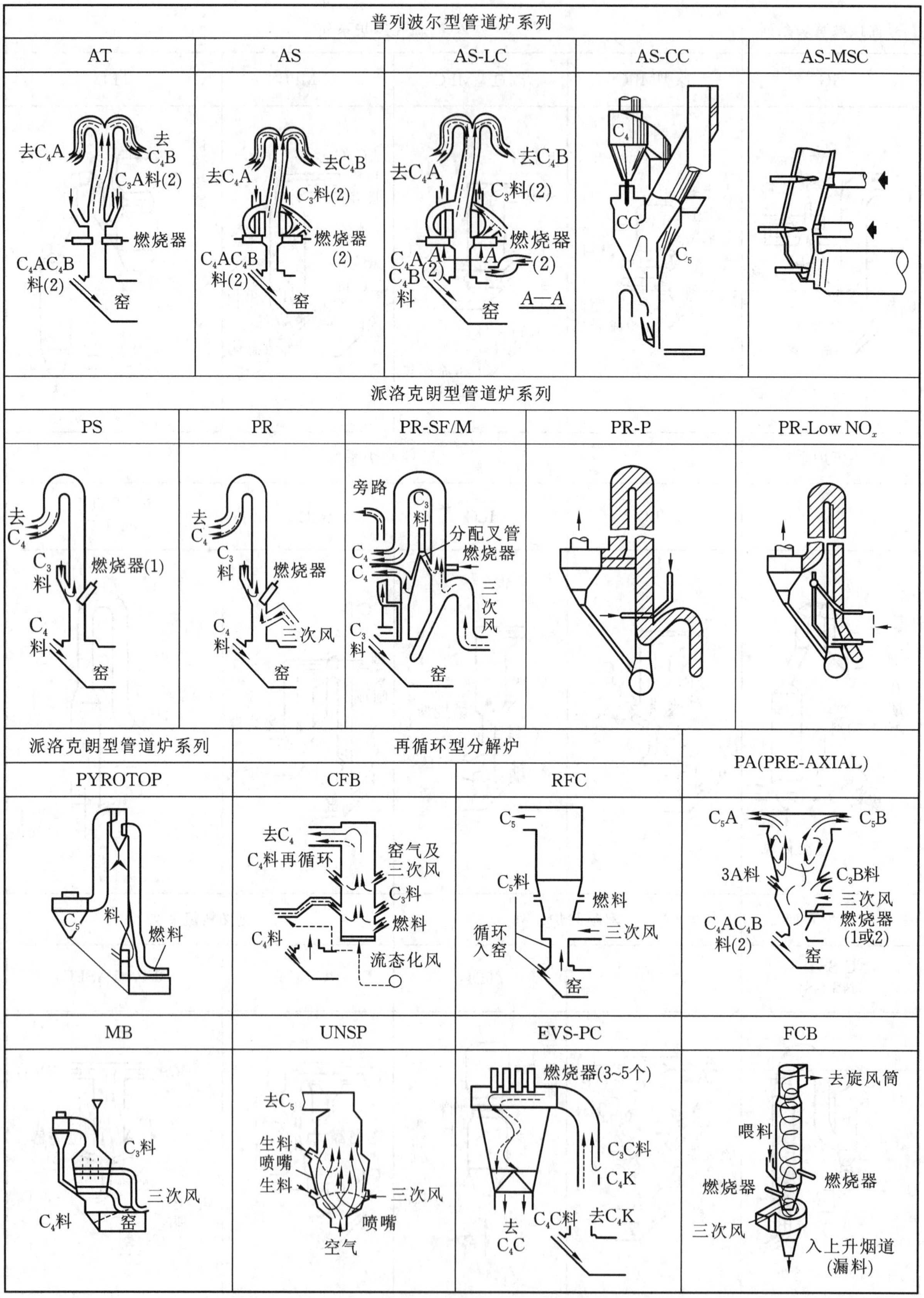

图 1.46　各种类型分解炉结构及流程示意图(三)

(3) 按全窑系统气体流动方式分类

按全窑系统气体流动方式分类，预分解窑可分为三种基本类型。

第一种类型：分解炉(或分解室)需要的三次风由窑内通过，不再增设三次风管道，一般也不设专门的分解炉，而是利用窑尾与最下一级的旋风筒之间的上升烟道，经过适当改进或加长作为分解室，如图1.47(a)所示。例如普列波尔-AT型窑、派洛克朗-S型窑等均属此类。

第二种类型：设有单独的三次风管，从冷却机抽取的热风在炉前或炉内与窑气混合，如图1.47(b)所示。例如SF窑、KSV窑等。

第三种类型：设有单独的三次风管，但窑气不在炉前或炉内与三次风混合，炉内燃料燃烧全部用从冷却机抽取的三次风，如图1.47(c)所示。这种类型窑对窑烟气的处理，又有三种方式，如图1.48所示。

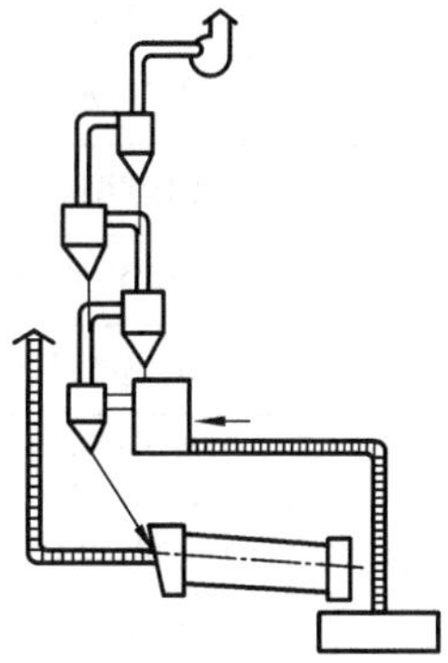

(a) (b) (c)

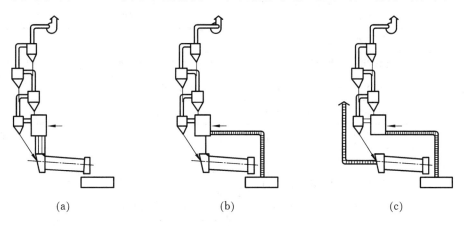

图1.47 预分解窑的三种基本类型

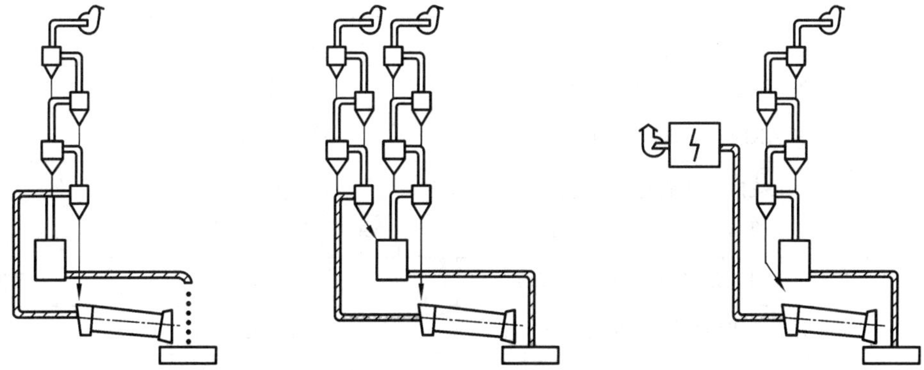

(a) (b) (c)

图1.48 预分解窑窑内废气利用的三种方式

方式(a)：窑烟气在分解炉后与分解炉烟气混合，一起进入预热器，如MFC窑等；

方式(b)：窑烟气不与分解炉烟气混合，而是各经过一个单独的预热器系列，如史密斯公司的SLC窑等；

方式(c)：窑烟气从窑尾完全排出，用于原料烘干或发电，或在原料中碱、氯、硫等有害成分含量较高时，采取旁路放风措施。

(4) 按分解炉与窑、预热器及主风机匹配方式分类

按分解炉与窑、预热器及主风机匹配方式分类，预分解窑可分为同线型、离线型及半离线型三种。

同线型炉设置在窑尾烟室之上，窑气经烟室进入分解炉后与炉气汇合经过预热器，窑气与炉气共用一台主排风机[图1.48(c)]，例如NSF炉、DD炉等。

离线型炉设置在窑尾上升烟道一侧，窑气与炉气各走一列预热器，并各用一台主风机[图1.48(b)]。例如丹麦史密斯公司的SLC炉。

半离线型炉亦设置在窑尾上升烟道一侧，但窑气与炉气在上升烟道(上部或下部)汇合后一起进入最下级旋风筒，两者共用一列预热器和一台排风机[图 1.48(a)]。例如丹麦史密斯公司 SLC-S 型及 KHD 公司 P-RP 等炉。

早期预分解窑分解炉各种分类方法匹配状况，汇集于表 1.4 以供参考。

表 1.4　早期各种分解炉分类方法及匹配状况

按分解炉内气流的主要运动形式分类	按制造厂命名分类	按全窑系统气体流动方式分类	常用配套的预热器类型(现已用新型低压损型)
旋风式	SF 型(日本石川岛公司)	第二类型	洪堡型
	EVS-PC(法国 FCB 公司)	第二类型	
	FCB 型(法国 FCB 公司)	第一、二类型	洪堡型
喷腾式	FLS 型(丹麦史密斯公司)	第一、二类型、第三类型方式(b)	FLS 型(含 LP 型)
	SCS 型(日本住友公司)	第三类型方式(b)	
	DD 型(日本神户制铁公司)	第二类型	洪堡型
旋风-喷腾式	N-SF 型(日本石川岛公司)	第二类型	洪堡型
	C-SF 型(日本石川岛公司)	第二类型	洪堡型
	RSP 型(日本小野田公司)	第二类型	维达型
	KSV 型(日本川崎公司)	第二类型	多波尔型
	N-KSV(日本川崎公司)	第二类型	KS-5
	RFC(美国富勃-史密斯公司)	第二类型	LP 型
	GG 型(日本三菱公司)	第二类型	
	UNSP 型(或称 UNP)(日本宇部兴产公司)	第二类型	洪堡型
	PRE-AXIAL 型(德国巴比考克公司)	第二类型	
	SEPA(奥地利 V-A 公司 德国 SKET/ZAB 公司)	第二类型、 第三类型方式(b)	
悬浮式	普列波尔型(伯力休斯公司)	第一、二类型	多波尔型
	派洛克朗型(洪堡-维达格公司)	第一、二类型	洪堡型
流化床式	MFC 型(日本三菱公司)	第三类型方式(a)	多波尔型
	N-MFC 型(日本三菱公司)	第三类型方式(b)	M-SP 型或 MK-5 型
	CFB(德国鲁奇公司)	第二类型	

1.57　分解炉的工作原理是什么

分解炉属于高温气固多相反应器，具有悬浮床特点。

(1) 工艺

物料(指生料和燃料)要在炉内完成分散、燃烧、换热和分解任务。其中，物料的分散是前提，燃料的燃烧是关键，碳酸盐的分解是目的。

① 分散：气固分散主要靠旋流效应(切向流速度)、喷腾效应(局部轴向速度)、流态化效应(气流均布)、湍流效应(稀相输送、高速同流)、绕流效应、粉体冲击效应等达到分散目的。

② 燃烧：燃料入炉后，被高速旋转气流冲散，经历了预热、挥发分逸出、固定碳燃烧(辉焰燃烧)、燃尽

的过程。炉内燃料均匀分散在气流中，使炉温分布均匀，不易形成局部高温和超高炉温（一般在800～1000 ℃），且使气体温度与物料温度相差不大。燃料的燃烧反应速率及是否燃尽，对炉温、生料分解至关重要。

③ 换热：在悬浮状态下，燃料燃烧高温放热，向生料颗粒表面的传热方式主要是对流传热，少量是辐射传热（炉温度在1000 ℃以下）。在传质方面 CO_2 由 CaO 层向外扩散以及颗粒表面的 CO_2 向气流扩散的过程速度很快，这是因为生料粉颗粒细，比表面积很大。

④ 分解：主要是指炉内碳酸钙分解。在悬浮状态下，燃料燃烧放出的热量立即传给生料进行碳酸钙分解，边燃烧，边放热，边吸热分解，创造分解高效率。

（2）气流

窑尾烟气和三次风热气体进入分解炉，既作为生料分散的介质，又是供燃料燃烧和热交换的热载体，随后携带分解产物 CO_2 从炉顶排出至最低一级预热器，继续进行热交换。

（3）料流

由最下第二级来的热生料入主炉后，与燃料燃烧发出的高温热进行热交换和分解，与气体同流、高温并有85%～95%分解率的生料，经预热器分离入窑。

分解炉内气流运动基本状态可分为涡旋式、喷腾式、悬浮式和流化床式。生料及燃料分别依靠涡旋效应、喷腾效应、悬浮效应和流态化效应分散于气流中。新型分解炉采用"综合效应"，进一步完善交换性能，延长停留时间，提高作业效率。

1.58 分解炉的基本功能是什么

顾名思义，分解炉的基本功能就是使进入分解炉的生料完成95%左右的分解任务，然后通过最后一级预热器进入窑内。在炉内共分燃料燃烧、放热、给生料传热、生料分解四个环节。因此，在设计分解炉时，一方面要使燃料与生料在炉内有必要的停留时间，另一方面要想尽办法缩短这个必要时间完成这四个阶段，以使分解炉的体积不致过大，而且要设法为炉内提供足够的氧气供燃料燃烧使用（就此而言，离线分解炉优于在线分解炉）。

缩短时间的重要举措就是努力使燃料与生料分散均匀，因此，下料点、下煤点、三次风进入炉内的位置、数量、方向均对分解炉的效果有重大影响。近年开发的分解炉用三风道煤管，其用意也在于使燃料与空气加速混合。

一台性能好且运转正常的分解炉，不仅要使生料入窑分解率达到95%，而且要使炉中温度高于出口温度。否则燃料在炉内不能完全燃烧，或是燃烧速度慢，或是空气量不足、不均，或是煤与风混合不匀。

［摘自：谢克平．新型干法水泥生产问答千例（操作篇）［M］．北京：化学工业出版社，2009.］

1.59 什么是分解炉的关键

传统的回转窑，不论是湿法还是干法，生料的分解都要在窑内完成。由于生料在入窑后处于堆积状态，从料层表面流过的气流与物料的接触面积小而传热效率低，料层内分解出的二氧化碳向外扩散的面积小、阻力大、速度慢，料层内颗粒被二氧化碳气膜包裹，二氧化碳分压大，分解温度要求高，这些都增加了碳酸盐分解的困难，降低了分解速度。

分解炉就是为了从根本上改变这种不合理的状态而开发的，将生料预热预分解过程的传热和传质，移到分解炉内在悬浮状态下进行。由于生料悬浮在热气流中，与气流的接触面积大幅度增加，传热速度极快，传热效率很高，生料预热与煤粉燃烧同时在悬浮状态下进行，传热及时，生料分解迅速，大幅度提高了生产效率和热效率。

一个好的分解炉，应该具有较高的分解率、较低的燃料消耗、较低的系统阻力，要在气-固相的"输送、分散、传质、燃烧、换热”这五个方面具有良好的性能。应该说这五方面都很重要，缺一不可，谁是关键就要看谁是难点(即控制性因素)。对于分解炉，“分散是前提，燃烧是条件，分解是目的”，如果忽略了前提和条件，想达到目的就只能是空想而已。

分解炉的传质与换热，在一般情况下速度都很快，不至于成为控制性因素；输送与分散，是气固流动的结果，就现有的分解炉来讲，只需要合理控制其动力消耗，输送与分散也不会成为控制性因素。最后还是归结到燃烧与分解的比较上。

“分解炉的关键是碳酸钙分解”，这句话既不能说对也不能说错，因为分解炉的主要作用就是分解 $CaCO_3$，说它是关键好像也有道理。然而，对于某些生产线，入窑分解率能达到较高的水平，但分解炉与 C_5 旋风筒的温度倒挂严重，不但出预热器的温度和熟料煤耗居高不下，而且导致 C_4、C_5 旋风筒频繁结皮堵塞，这能说是一个好的分解炉吗？因此，对于分解炉的开发来讲，分解是分解炉的目的，但分解需要燃烧的支撑，对于实现分解目的来讲，燃烧又成为分解炉的关键。

要完成 $CaCO_3$ 的分解，必须要有足够的温度，要达到一定的温度，就必须有足够的燃料和良好的燃烧，没有足够的燃料和良好的燃烧就不可能实现较高的 $CaCO_3$ 分解率；而且，如果煤粉不能在分解炉内完成基本燃烧，就会导致分解炉与 C_5 旋风筒的温度倒挂，加重预热器的结皮堵塞，还会增大熟料的煤耗，这些都是分解炉的常见难题。

大量的试验证明，无论石灰岩采自何方，以什么矿物结构存在，都是从 680 ℃开始分解，700 ℃以后进入快速分解区，810～850 ℃时其分解过程基本结束，相应的分解带宽不会超过 50 ℃。无论在分解炉还是预热器内，只要生料已被加热到 850 ℃，石灰岩或碳酸岩的分解反应即告完成。所以，只要温度足够，$CaCO_3$ 的分解并非难题。但为了保证生料能达到 850 ℃，载热气相应该再高出 30～40 ℃，而且要具备良好的换热条件，这也是分解炉出口温度必须达到 880～900 ℃的原因。

煤粉在炉内的燃烧属于低温无焰燃烧，是一系列复杂的化学反应过程，燃烧速率首先是温度的指数函数，其次还受到燃烧环境中 O_2 和 CO_2 分压的影响；$CaCO_3$ 的分解反应也要放出 CO_2，这又影响到燃烧的正常进行。所以，一般情况下，煤粉的燃烧速率比 $CaCO_3$ 的分解速率要慢许多，燃尽时间通常大于生料分解所需的时间，如何加快煤粉燃烧速度，缩短煤粉燃尽时间，就成为分解炉设计和充分发挥其应有功效的关键所在。分解炉的设计应按燃料的燃尽时间考虑其停留时间取值，由于生产中燃料还有不可避免的波动，停留时间的取值还要留有相当的富余量。因此燃烧是控制性因素，是分解炉的关键所在。

经验表明，分解炉的分解率首先取决于炉温，在 850 ℃上下，$CaCO_3$ 分解过程很短(一般为 1.5～3 s)，生料对炉内停留时间的要求为 3～5 s；但煤粉在分解炉的燃尽时间一般较长，有研究表明，即使比较理想的分解炉使用易燃性好的煤种，燃尽时间也在 4 s 以上，煤粉对在炉内停留时间的要求应该达到 6 s 以上，而且视不同煤种还有可能更长，特别是使用低挥发分煤或劣质煤的企业。

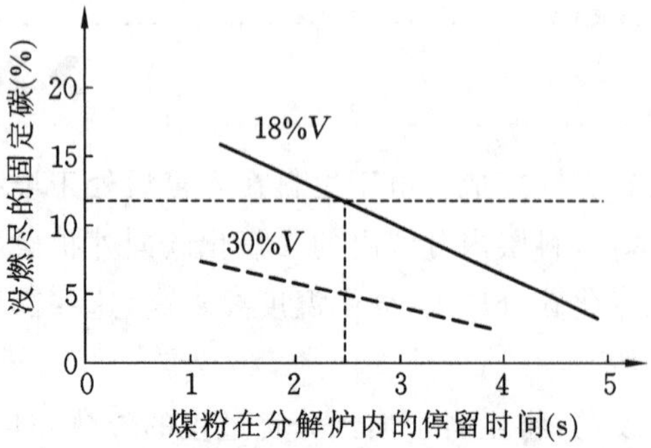

图 1.49 史密斯公司关于煤粉在分解炉内停留时间的试验结果

据有关资料介绍，史密斯公司从改变停留时间、改变炉内温度、改变分解炉出口烟气中 O_2 含量这三个方面，对挥发分为 18％和 30％的两种煤粉在分解炉内的燃尽情况进行了研究，煤粉在分解炉内未燃尽率与停留时间以及与其挥发分的关系如图 1.49 所示。

试验结果表明，要想实现煤粉在分解炉内基本燃尽，挥发分为 30％的煤种，在炉内的停留时间至少为 4 s；挥发分为 18％的煤种，在炉内的停留时间至少为 5 s。

研究还表明，煤粉在分解炉内的燃尽率，还与炉膛温度以及氧含量有关，温度和氧含量愈高，愈能促进煤粉的燃烧，能在一定程度上弥补停留时间的不足。抬高分解炉的生料喂入点，或者将部分生料移出分解炉外喂入，既能减少 $CaCO_3$ 的分解吸热，提高分解炉的温度，又能减少由于 $CaCO_3$ 分解而放出的 CO_2 含量，提高分解炉的氧含量，这对于已经建成的生产线来讲，可能是一项简单有效的改进措施。

1.60 评价分解炉的工作性能主要有哪些参数

（1）入窑物料分解率

入窑物料分解率是衡量分解炉工作效率的重要指标，越高越好，但也有最佳值，生产企业要按设计部门提供的指标控制。入窑物料分解率过低，表明分解炉工作状况不好，影响窑的运转和产量及质量，分解率过高，对炉的寿命有影响。随着耐火材料材质的配套改善、对分解炉性能的了解以及结构的改进，入窑物料分解率比早期有所提高，现一般控制在 85%～95%。

（2）停留时间

停留时间（主要指的是煤粉和生料的停留时间）是设计分解炉尺寸的重要参数，也关系到系统能否正常运行。停留时间不足，会出现温度倒挂或入窑物料分解率低的现象，既影响窑的生产，又可能产生结皮、堵塞，影响系统运转。生产企业需对生料和煤质进行特性试验。

（3）炉内温度

分解炉温度是影响生料分解速率的重要因素，温度高分解速率快，但温度太高，会引起结皮堵塞，一般在 800～1000 ℃范围。

（4）燃料燃尽率

为避免因分解炉不完全燃烧，在预热器内出现继续燃烧现象而产生过热结皮堵塞，要求燃料在炉内燃尽。为此，在炉型、炉容、炉内流场和煤粉细度等方面应采取相应措施。

1.61 分解炉内的燃烧环境有何差异

对于分解炉来说，燃料燃烧环境关键在于燃料入炉后的点燃起火环境，它对炉内燃料燃尽率有着显著影响。燃料点燃起火速度快慢直接影响到炉内温度场的分布及炉的功效。

炉内燃料燃烧环境一般有两种情况。一种是燃料在新鲜空气环境中燃烧，如 RSP 炉的 SB 室及 SC 室；另一种是在新鲜空气与窑气的混合气体中燃烧，如 FLS 公司的 ILC 炉等。在分解炉问世初期，由于担心炉内燃烧的燃料在低氧的混合气体中易于熄灭，难以完全燃烧，一般倾向于在新鲜空气下的明火燃烧。但是，各种分解炉的相继出现和生产实践经验的丰富，证明燃料在较低温度和低氧紊流状态下的完全燃烧和生料在低温状态下的分解是完全可以办到的。此外，RSP 炉在新鲜空气环境中燃烧，SB 室及 SC 室的上部及中心气流形成明火高温区，N-SF 炉的涡旋室的燃料喷嘴附近亦会产生明火高温气流，操作不当就会损坏炉内衬料及设备（JD-N-SF 炉曾发生此事故）。因此，可以认为分解炉内的燃料在低温低氧紊流环境下燃烧，不仅完全可以满足燃料燃烧要求，而且对于燃料、生料和气流的均匀混合，可以完全做到降低 NO_x 含量和保证生产。

1.62 分解炉内气流有几种运动方式

分解炉内的气流运动，有四种基本方式，即涡旋式、喷腾式、悬浮式及流化床式。在这四种方式的分解炉内，生料及燃料分别依靠“涡旋效应”“喷腾效应”“悬浮效应”和“流态化效应”分散于气流之中。物料在炉内流场中产生相对运动，从而高度分散、均匀混合和分布、迅速换热、延长在炉内的滞留时间，达到提高燃烧效率、换热效率和入窑物料碳酸盐分解率的目的。

早期开发的分解炉，大多主要依靠上述四种效应中的一种。近年来，随着预分解技术的发展和成熟，各种类型的分解炉在技术上相互渗透，新型分解炉大都趋向于采用以上各种效应的“综合效应”，以进一步完善性能，提高作业效率。

1.63 SF 系列分解炉基本原理及特点

SF 分解炉(Suspension Preheater-Flash Furnace)是日本石川岛公司在 1971 年开发出的世界上第一台在预分解窑上使用的分解炉。SF 系列分解炉包括 SF 型、N-SF 型(图 1.50)和 C-SF 型。

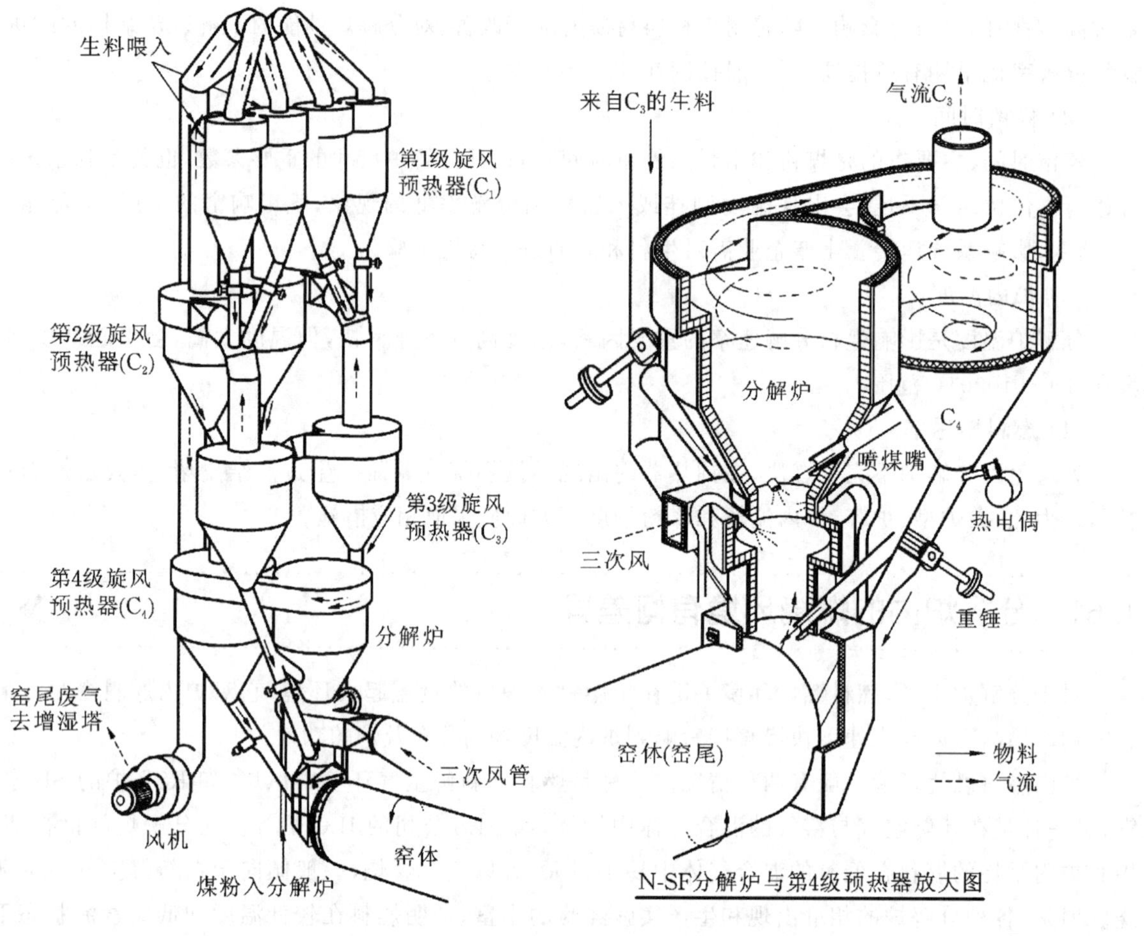

图 1.50 N-SF 分解炉与旋风预热器组成的预分解系统

(1) SF 分解炉

SF 分解炉上部是圆柱体，下部呈锥形，最下部是来自窑头冷却机的废热气体(也称三次风，风温 650～705 ℃)切向吹入，以旋流方式进入分解炉内，同下部窑尾排出的废气混合，降低了混合气体的温度，使窑废气中碱、硫、氯凝聚在生料颗粒上再回到窑内，避免了炉内壁上结皮。炉内温度 830～910 ℃，有利于生料中碳酸盐的分解。生料在分解炉内进行 80%以上的碳酸盐分解，之后以切线方向进入第 4 级(C_4)旋风预热器内，生料与气流分离后经由下端的卸料管喂入窑内去煅烧，如图 1.51(a)所示。SF 分解炉的三个燃料喷嘴和从第 3 级预热器卸出的生料入炉喂料口均设在分解炉的顶部，结构虽然简单，但燃料和生料在分解炉内停留的时间较短(3～4 s，只能用油作燃料)，不利于燃料充分燃烧和高温气流与生料混合进行热交换。

(2) N-SF 分解炉

N-SF 分解炉(New Suspension Preheater-Flash Furnace)是为了解决烧煤粉的问题在原有的 SF 分解炉基础上的改进型,与 SF 分解炉相比具有以下优点:

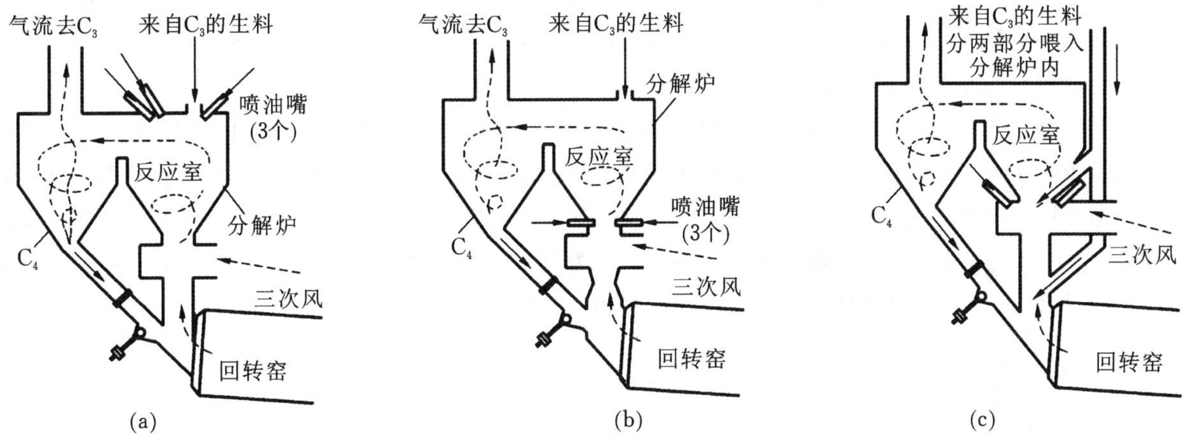

图 1.51 SF 分解炉及其改进型

① 燃料喷嘴由顶部下移至锥体旋流室,以一定角度向下喷吹,如图 1.51(b)所示,让喷出的煤粉直接混入三次风中。由于三次风不含生料粉,所以点燃容易且燃烧也稳定。

② 将 SF 分解炉炉顶喂料口下移,从第 3 级旋风预热器(C_3)卸出去的生料通过粉料阀分成两部分,一部分喂到出窑的上升管道内,降低窑尾废气温度,使废气中碱、硫、氯元素凝聚在生料颗粒上再回到窑内,减少在烟道内结皮的现象(这部分料不能过多,否则会结皮过厚堵塞烟道)。另一部分从分解炉的锥体下部喂入,如图 1.51(c)所示。由于生料喂料口的下移,分解炉加高,物料在炉内的停留时间延长了(可达12~13 s),有利于气料间的热交换,使碳酸盐的分解率提高到 90%以上。N-SF 分解炉是由日本石川岛公司研制开发,属"喷腾+旋流"型。该炉主要特点是:三次风以强旋流与上升窑气在涡旋室混合叠加形成叠加湍流运动,气、固之间的混合得到了改善,强化了粉料的分散与混合。燃料燃烧完全,$CaCO_3$ 的分解程度高,热耗少。

③ 取消了原来窑尾上升烟气管道中设置的平衡窑内和三次风管内压力的缩口,在烟道内喂入生料可以消耗气流部分动能,适当控制三次风管进分解炉闸门,同样可取得窑与分解炉之间的压力平衡。

(3) C-SF 分解炉

改进后的 N-SF 分解炉也有不足之处,它的出口在侧面,出口在分解炉的 1/3 高度左右,使炉内产生偏流、短路或形成稀薄生料区,影响热交换。为了克服这个缺点,C-SF 分解炉在上部设置了一个涡流室,将 N-SF 侧面出口改为顶部涡流室出口,使炉气呈螺旋形出炉。将分解炉与预热器之间的连接管道延长,相当于增加了分解炉的容积,其效果是延长了生料在分解炉内的停留时间,使得碳酸盐的分解程度更高,如图 1.52 所示。为了使气料产生喷腾效应,在涡室下设置缩口,克服了气流偏流和短路现象,各区气流到达第 4 级旋风筒入口路径基本相同,并且通过增设连接管,使生料在分解炉中停留时间增加到 15 s 以上,有利于燃料的完全燃烧和加强气流与生料之间的热交换,入窑分解率提高到 90%以上。

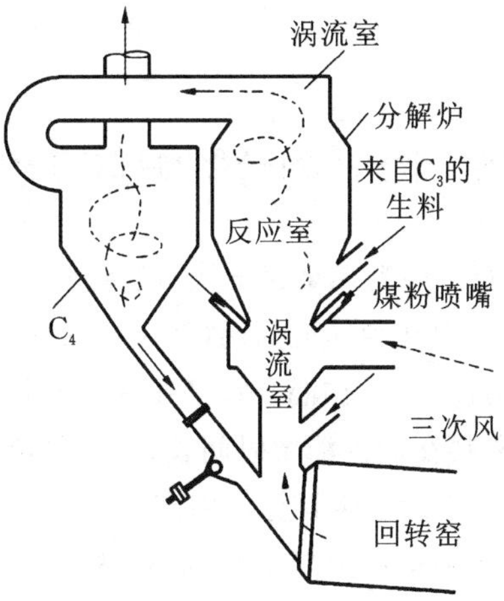

图 1.52 C-SF 分解炉

1.64 RSP 系列分解炉基本原理及特点

RSP 型分解炉(Reinforced Suspension Preheater,意为强化预热器),由日本原小野田水泥株式会社(Onoda Cement Inc.)和川崎重工(KHI)联合研制,属于"喷腾+旋流"型,如图 1.53 所示。

RSP 分解炉主要由旋涡燃烧室(SB 室)、旋涡分解室(SC 室)和混合室(MC 室)三部分组成。在窑尾烟室与 MC 室之间设有缩口以平衡窑炉之间的压力。10%~15%的三次风以强烈的旋转流进入涡旋分解室(SB)上部腔体内,与喷嘴送入的煤粉充分混合着火。这股三次风起到助燃和稳定火焰的作用。85%~90%的三次风以切线方向从 SC 室上部入炉,来自上一级预热器的预热生料在三次风入炉之前经撒料棒分散喂入气流之中,之后随三次风入 SC 室。为提高燃料燃尽率和生料分解率,混合室 MC 出口与 C_4 级预热器连接管道通常延长加高形成鹅颈管道。

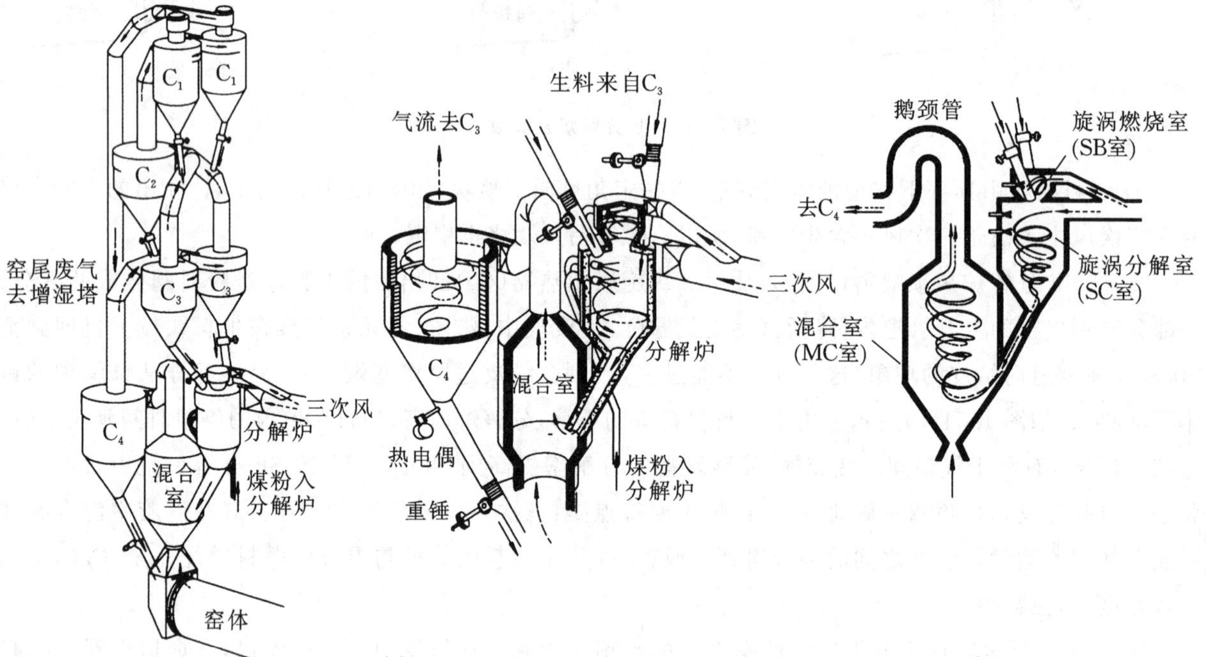

图 1.53 RSP 分解炉的预分解系统

(a)RSP 分解炉与第 4 级预热器放大图;(b)RSP 分解炉工作原理图

1.65 RSP 型分解炉与其他炉型相比具有哪些特点

(1) 燃料燃烧速度快、燃烧完全

燃料在纯净的高温(800 ℃左右)三次风中经旋涡燃烧室(SB 室)形成稳定的火焰,在旋涡分解室(SC 室)迅速燃烧,在混合室(MC 室)与窑尾高温气体(1000 ℃左右)混合、喷腾,进一步燃尽。燃料燃烧条件好,燃料在炉内滞留时间长,燃烧稳定、充分,对燃料的适应性较强,尤其是低挥发分煤易于完全燃烧。

(2) 入窑生料分解率高

生料被高温三次风带入分解炉 SC 室,在 SC 室与燃料混合燃烧,迅速升温,吸热分解,在 MC 室下部与来自窑尾的高温烟气混合、喷腾、缓慢上升,进一步吸热、分解。生料在炉内停留时间长,局部气体温度相对较低。分解充分的 CaO 易烧性较好,有利于降低窑的热负荷,提高烧成系统产量。

(3) 结皮堵塞现象少

预热器、分解炉结皮堵塞的主要原因是生料和燃料在较高的温度下大量挥发有害成分硫和氯,与生料中的碱(含钾和钠)形成硫酸盐(R_2SO_4)和氯化物(RCl),吸附于生料的表面,降低了生料的共熔温度,遇到局部高温气体,生料表面出现部分熔融状态,易于黏壁,产生疏松多孔的层状覆盖物,进而结皮,有时会大面积塌落,不塌落的部分时间越长,结皮越致密坚硬,难以处理,最终堵塞通风或料流管道。即使有害成分含量控制在合理的范围内,可能产生的局部高温,会导致物料表面发黏、结皮,尤其是缩口部位。一般堵塞的主要部位是窑尾烟室、缩口和最低一级旋风筒的锥体、下料管等区域。RSP 分解炉的结构优势可有效地减少结皮堵塞。

① 由于旋流的作用,生料在 SC 室形成高速旋转贴壁效应保护炉壁,不致高温火焰直接辐射烧损衬料。衬料表面光滑、洁净,内壁不易黏结物料。同时,生料吸收大量的燃料燃烧热,一方面生料及时吸热分解,生料表面温度低,熔化量少;另一方面可有效地降低炉内温度(800 ℃左右),避免燃料和生料中的有害成分大量挥发,减小结皮堵塞的可能。

② 高速运行的较低温度的带料炉气直冲缩口下部。生料在缩口处被高速(25~35 m/s)喷腾的高温(950 ℃左右)窑尾气体托起,与之混合,产生喷腾、冲刷,吸热分解,又可降低该处气体温度,局部高温现象缓解,加之燃料不在此处燃烧,能有效防止和破坏缩口处结皮的形成。

③ 燃料燃烧条件好,在炉内滞留时间长。燃烧完全、充分,在下一级旋风筒内燃烧量小,不会形成局部高温,减小了锥体部位结皮的可能。燃料在较低温度的 SC 室大量燃烧,全炉系统没有产生局部高温的条件,因而系统结皮堵塞现象少。

(4) 系统结构比较复杂

三次风入口较高,且多点入炉(较小炉型两处入炉,即 SB 室一个,SC 室一个;较大炉型则三处入炉,即 SB 室一个、SC 室两个)等。

(5) 系统阻力大

三次风涡旋进入 SC 室,气固流涡旋进入 MC 室,再加上窑气的喷腾作用,均会造成系统阻力较大,电耗增加。此外,喷-旋叠加作用匹配不当,例如 SC 室涡旋强度过大,将会造成由 SC 室进入 MC 室的气固流的"旋流后效应",使 MC 室内三维流场欠佳,进而影响 MC 室的传热、传质效果。这些也是在 RSP 炉设计和生产中应该加以注意的。

1.66 SF 型分解炉内气流与物料是如何运动的

SF 型分解炉内气流与物料的运动如图 1.54 所示。分解炉中的气体来源有二,一是由熟料冷却机抽来的热空气,二是窑尾高温废气混合体。气体由分解炉底部下旋室进入炉内,由于下旋室的作用,气体强烈旋转,缓慢上升。原料和燃料由炉底部和锥部加入炉内后,被高速旋转的气流吹散,悬浮于气流中,充分被气体包围而进行热交换。燃料在气流中缓慢下降,至着火点时,在流动中燃烧。由于燃烧,燃料颗粒或油滴重量变小,降落速度不断减慢,到达分解炉下部时,燃烧结束,燃烧所产生的气体与主流气体同流运动,灰分掺入原料中,成为原料的一部分。物料到达分解温度时,在运动中进行分解,最后随气流排到炉外,进入第四级旋风筒,经分离、收集入窑,废气进入第三级旋风筒排出。

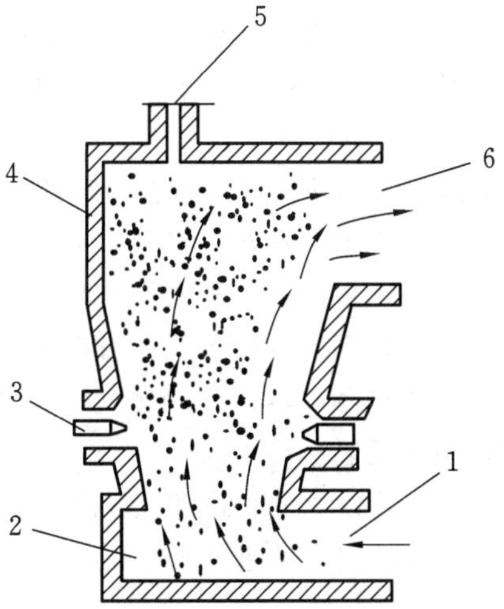

图 1.54 SF 型分解炉内气流物料运动方向

1—气体入口;2—涡流室;3—喷油嘴;4—反应室;5—物料入口;6—气体和物料出口

1.67 SLC 离线型预分解窑有何特点

SLC 离线型预分解窑系统的工艺布置，如图 1.55 所示。其特点是：

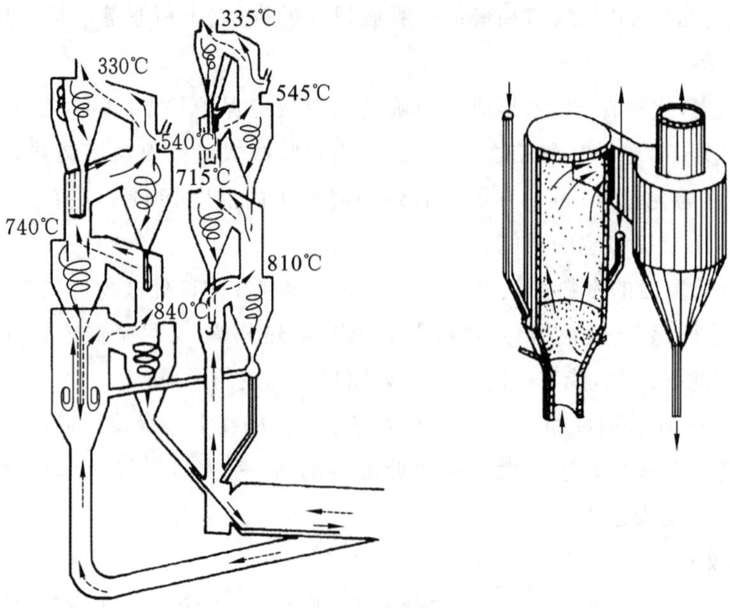

图 1.55 SLC 离线型预分解窑工艺流程

(1) 窑尾烟气及分解炉烟气各走一个旋风筒系列，两个系列亦各有单独的排风机，调节简单，操作方便。并且分解炉内燃料燃烧使用由单独的三次风管从箅冷机抽吸来的新鲜热风，有利于稳定燃烧。史密斯公司建议，当窑日产量超过 2500～3200 t/d 时，以选用此系统较为适宜。

(2) 分解炉燃料加入量一般在总燃料量的 60%左右，入窑物料温度约 840 ℃，分解率可达 90%，生产稳定，单位容积产量高。

(3) 从箅冷机抽吸来的 750～800 ℃的燃料空气，以 30 m/s 速度进入分解炉，炉内截面风速约 5.5 m/s。从分解炉上一级旋风筒及窑列最下级旋风筒下来的生料，由炉的下锥体上部喂入炉内。炉温在 800～900 ℃之间（主要由所需要的预分解率决定），最低级旋风筒（分解炉列）气温约 840 ℃，较悬浮预热窑的 810 ℃稍高。

(4) 标准设计选用气体在分解炉内的停留时间约为 2.7 s。炉内热负荷一般为 6.95×10^5 kJ/(m^3 · h)。

(5) 操作适应性强。由于空气中的挥发成分不进入分解炉，故炉中不易黏结，同时窑系统可在满负荷产量的 25%情况下生产。

(6) 点火开窑快。可以像普通悬浮预热窑那样开窑，即开窑时仅使用窑列预热器，物料通过窑列最低一级旋风筒下的转换阀门直接入窑。此时，分解炉系列预热器使用由箅冷机来的热风预热，并可用安装在三次风管上的喷嘴补充供热。当窑列产量达到全窑额定产量的 35%时，即可转动转换阀门，将来自窑列最低一级旋风筒的生料送入分解炉，同时点燃分解炉的燃料喷嘴，并把相当于窑额定产量 40%的生料喂入分解炉列预热器；当分解炉温度达到大约 865 ℃时，即可增加分解炉到预热器的喂料量，使窑系统在额定产量下运转。

(7) 容易装设放风旁路，以适应碱、氯、硫等有害成分的排除，并且放风损失较小。

(8) 当窑额定产量超过 6800 t/d 时，选用两台分解炉，三个预热器系列，即两个炉列、一个窑列。

1.68 SLC-S 半离线型分解炉有何特点

SLC-S 半离线型分解炉是史密斯公司 20 世纪 80 年代后期研制开发的适用于中、小型窑的炉型，工艺流程如图 1.56 所示。其特点是：

(1) 分解炉采用第一代上、下带锥体的炉型，炉气出口的“鹅颈”管道与最下级旋风筒连接。炉气在上升烟道顶部与窑气汇合，共用一列预热器和一台主排风机。预热器采用 LP 型旋风筒。

(2) 下料及下煤点设置与 SLC 炉相似，燃料系在纯净三次风中起火燃烧。

(3) 从箅冷机抽吸来的三次风以 30 m/s 左右速度喷腾入炉，炉内截面风速较其他炉型提高约 6～7 m/s。

(4) 由于炉内只走炉气，因此与同规模的 ILC 炉相比，容积较小。

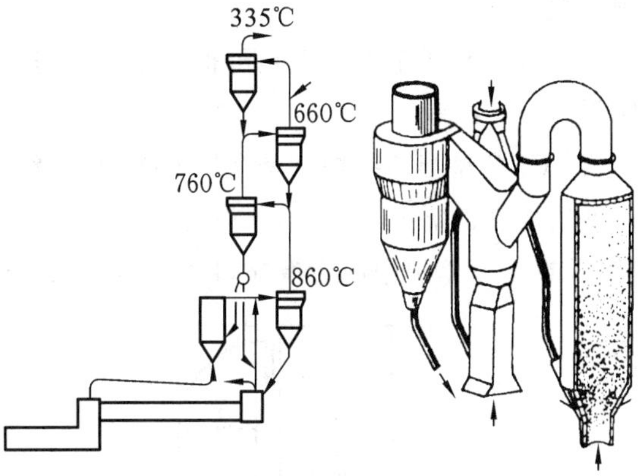

图 1.56 SLC-S 半离线型分解炉工艺流程

(5) 由于主排风机需要抽吸窑气与炉气，因此两者需要平衡调节，相对来讲对生产操作要求较高。

(6) 一般设计选用气体在炉内滞留时间为 3～4 s，炉内负荷为 7.4×10^5 kJ/(m^3 · h)左右(不含管道)。

(7) 分解炉内燃料用量可占总用量的 60%～65%，入窑物料分解率可达 90%左右。

(8) 在生料中挥发性成分含量较高时，由于窑气中挥发性成分浓度较高，温度较高，上升烟道与 ILC 炉的相比，容易发生结皮故障。

1.69 SLC-S_x 半离线两区段型分解炉有何特点

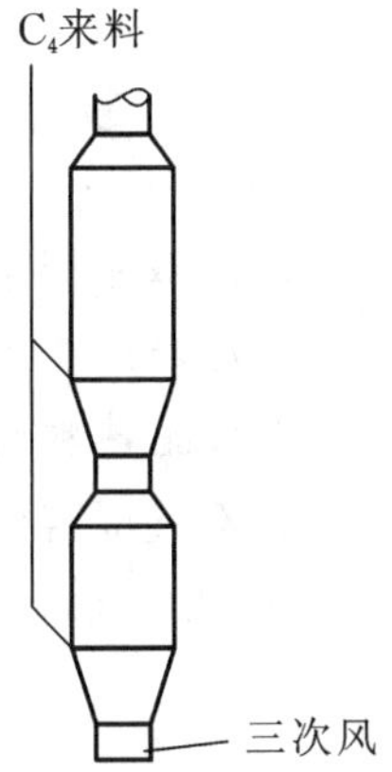

图 1.57 SLC-S_x 型炉

半离线两区段型分解炉(SLC-S_x)是继 SLC-S 炉之后研制开发的，于 1996 年用于以无烟煤为燃料的预分解窑。其特点是：

(1) 将分解炉分为上下两个区段，分别称上部室与底部室，中间采用缩口连接(图 1.57)。

(2) 生料分别从两个区段的下部锥体上端喂入。

(3) 底部室亦称燃烧室，三次风由底部燃烧室下部锥体下缩口以切向入炉，使进入底部室的生料在底部室随气流进行涡旋运动。生料贴壁涡旋运动，不但可使燃料在底部室的空间易于起火燃烧，同时又可保护底部室耐火砖免受中间气流高温侵袭。

(4) 优化入炉燃料喷嘴设置，使燃料入炉后迅速均匀分散，提高燃烧速率。

(5) SLC-S_x 炉是 SLC-S 炉用于低质燃料的改进型，其底部燃烧室类似于 RSP 炉倒置的 SC 室。

1.70 CDC 型分解炉基本原理及特点

CDC 型分解炉是成都院研制开发的。该炉型分为同线型及半离线型两种，见图 1.58 及图 1.59。

(1) CDC 型分解炉是在分析研究 N-SF 型炉使用经验基础上研发的，炉底部采用蜗壳型三次风入口，分解炉坐落在窑尾短型上升烟道之上，并在炉中部设有“缩口”形成二次喷腾，上部设置侧向气固流出口。

(2) 炉内燃煤点有两处，一处设置在底部蜗壳上部，另一处设在炉下部锥体处，可根据煤质状况调整。

(3) 炉内下料点亦有两处，一处在炉下部锥体处；另一处在窑尾上升烟道上，可用于预热生料，调节系统工况。

(4) CDC 型炉最大特点是可根据原燃料需要，增大炉容，亦可增设"鹅颈管道"，满足燃料燃烧及物料分解需要。

(5) CDC 型半离线炉则是在原 CDC 型同线炉基础上增设类似 RSP 型炉的预燃室(SB 室)，以满足使用低质燃料的需要。这样，原设置 CDC 型炉部位已改造成类似 RSP 型炉的混合室(MC 室)或称上升烟道，并在上升烟道中部设有缩口使之形成二次喷腾。

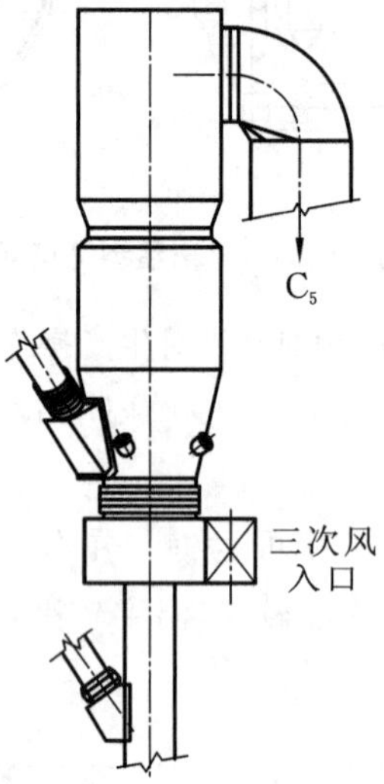

图 1.58 CDC 型同线炉示意图

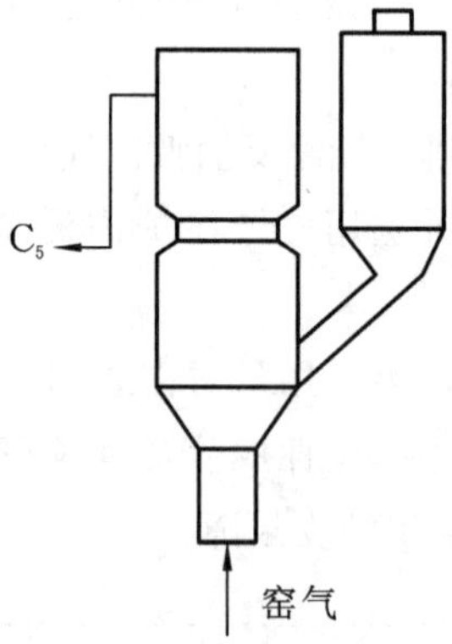

图 1.59 CDC 型半离线炉示意图

1.71 DD 型分解炉基本原理及特点

DD 型分解炉的全称是 Dual Combustion and Denitration Precalciner(简称 DD 炉)，即双重燃烧与脱硝过程。它最先由日本水泥株式会社研制，后来该公司又与日本神户制钢联合开发推广。我国天津水泥设计研究院曾经购买了该预分解技术，经过再研发推出了自己的窑外分解水泥熟料烧成技术。分解炉型基本上是立筒型，属"喷腾叠加(双喷腾)"型，在炉体下部增设还原区来将窑气中 NO_x 有效还原为 N_2，在分解炉内主燃烧区后还有后燃烧区，使燃料第二次燃烧，被称为双重燃烧，如图 1.60 所示。

DD 型分解炉按作用原理，可将内部分为四个区(图 1.60 中的右图)：

(1) 还原区(Ⅰ区)

该区也称脱硝还原区，在分解炉的下部，包括下部锥体和锥体下边的咽喉(直接坐落在窑尾烟室之上)部分，在缩口处，窑烟气以 30～40 m/s 喷速喷入炉内，以获得与三次风之间的平衡，同时还能阻止生料直接落入窑中，使炉内生料喷腾叠加，加快化学反应速度，获得良好的分解率。

该区的侧壁装设的数个还原烧嘴(大约 10%的燃料，或 DD 型分解炉用燃料的 16.8%喷出)，使燃料在缺氧的情况下裂解、燃烧，产生高浓度的 H_2、CO 和 CH_4 等还原性气体，生料中的 Al_2O_3 及 Fe_2O_3 起着脱硝催化剂作用，将有害的 NO_x 还原成无害的 N_2，使 NO_x 含量降到最低，所以称还原区。

(2) 燃料裂解和燃烧区(Ⅱ区)

该区在中部偏下处。从冷却机来的高温三次风由两个对称风管喷入炉内(Ⅱ区)，风管中的风量由装在风管上的流量控制阀控制，总风量根据分解炉系统操作情况由主控阀控制，两个煤粉喷嘴装在三次风进口的顶部，燃料喷入时形成涡流，这样便迅速受热着火且在富氧条件下立即燃烧，产生的热量迅速传给

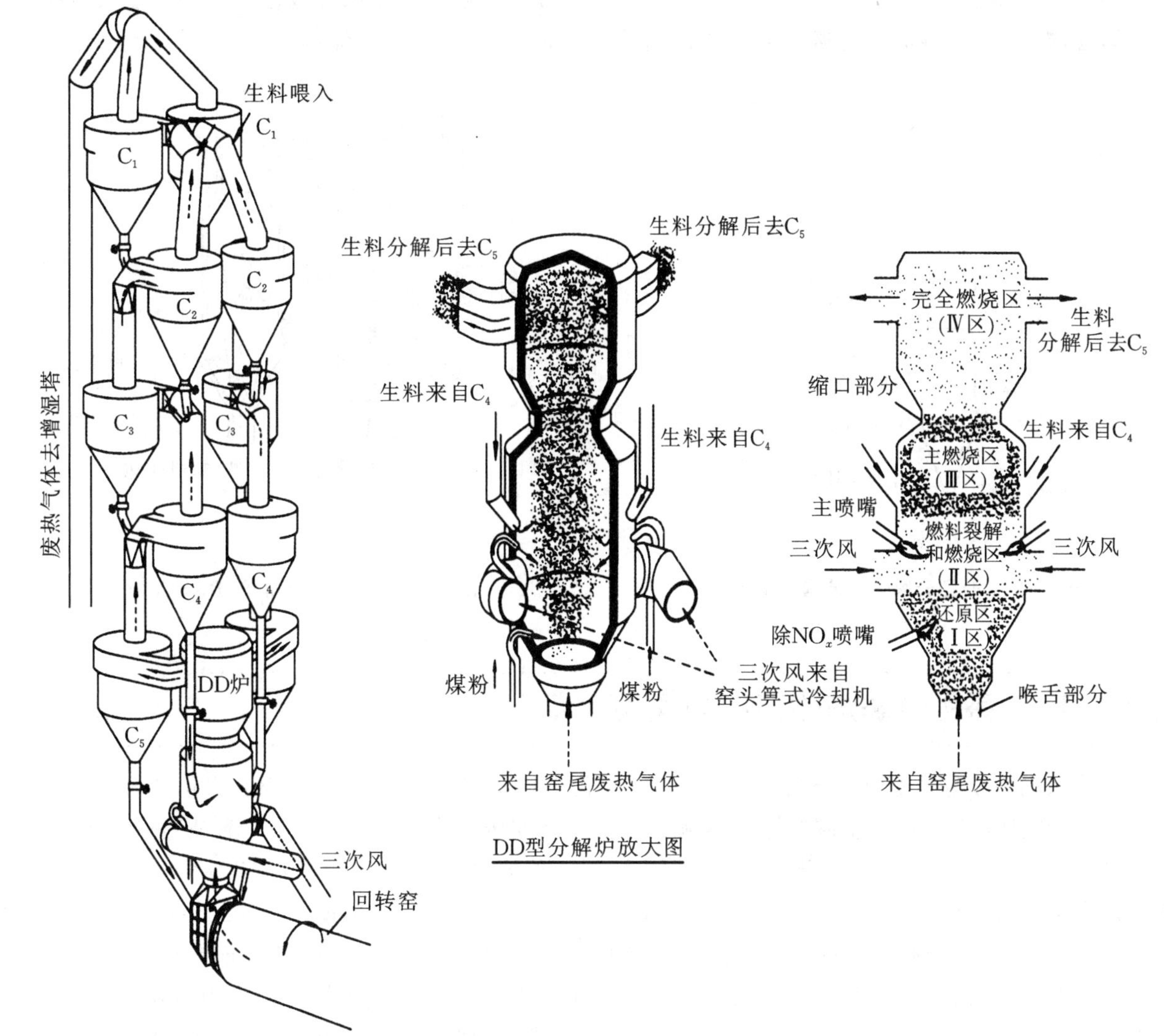

图 1.60　DD 型分解炉的预分解系统

生料,生料迅速分解。

(3) 主燃烧区(Ⅲ区)

该区在中部偏上至缩口处,有 90%的燃料在该区内燃烧,因此称主燃烧区。在该区内生料和燃料混合且分布均匀,炉温达到 850～900 ℃,生料吸热分解。炉的侧壁附近温度 800～960 ℃,生料不会在壁上结皮,因此不会造成分解炉断面面积减小,从而保证了窑系统的正常运转。

(4) 完全燃烧区(Ⅳ区)

该区在顶部的圆筒内,主要作用是使未燃烧的 10%左右的煤粉继续燃烧,促进生料的继续分解。气体和生料通过Ⅲ区和Ⅳ区间的缩口向上喷腾直接冲击到炉顶棚,翻转向下后到出口,从而加速气、料之间的混合搅拌,达到完全燃烧和热交换。

1.72　DD 型分解炉与 N-KSV 型分解炉有何区别

DD 型分解炉的结构(图 1.61)与 N-KSV 型分解炉(图 1.62)相比,有许多相似之处,但其机理与气流运动等许多方面又有差异。

第一,N-KSV 炉所用的三次风是以切线方向导入炉内,而 DD 炉的两个进风口是与炉的中心线垂直,进入炉内的三次风不产生旋转运动,上部的废气出口亦是如此。

第二，生料从三次风管入口上部加入，不像 N-KSV 炉那样加入三次风管，随三次风一起涡旋入炉。第三，燃料由多点加入，直喷三次风之中，起火预燃条件较 N-KSV 炉优越。

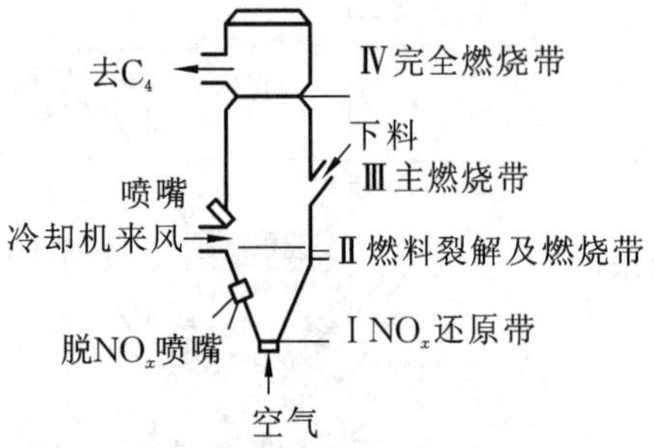

图 1.61　DD 型分解炉的结构示意图

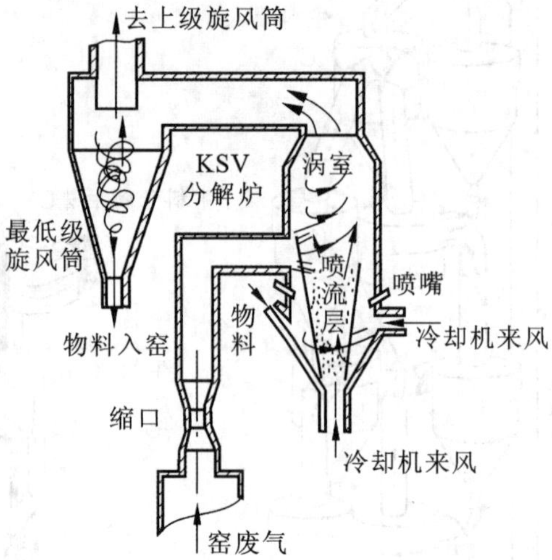

图 1.62　N-KSV 分解炉的结构示意图

1.73　FLS 系列分解炉的基本原理和特点

FLS 系列炉型是丹麦史密斯公司 20 世纪 70 年代中期研制开发的分解炉系列，它包括 SLC 型、ILC 型、SLC-S 型、ILC-E 型以及整体型等，均属喷腾型炉。近期研发的 SLC-D 型炉属"旋-喷"叠加型炉。

第一代 FLS 炉的炉体为上、下锥体，中部柱体结构，如图 1.63 所示。第二代 FLS 炉上部改为平顶，下部设有锥体，如图 1.64 所示，三次风由炉下入口经锥体喷腾入炉，以"喷腾效应"延长物料在炉内滞留时间(τ_s)。由于炉内以喷腾流场为主，没有涡旋流场，所以阻力较小。但是，第二代 FLS 炉(包括 SLC 炉及 ILC 炉)由于取消顶部锥体结构，采用平顶切向出口，使炉内气固流容易产生偏流、短路和特稀浓度区，影响分解炉功效。中国 LZ-SLC 窑成套引进设备投产后即出现此种情况。同时，FLS 型炉以油为燃料进行开发，缺乏使用低质煤生产的经验，因此在使用的煤质较差时，燃料在炉内难以完全燃烧，不能正常生产。后经"我国四种预分解窑型分析研究与改进"项目研究，针对发现问题，采取扩大炉容和改进炉型等措施，方才使问题得到解决。

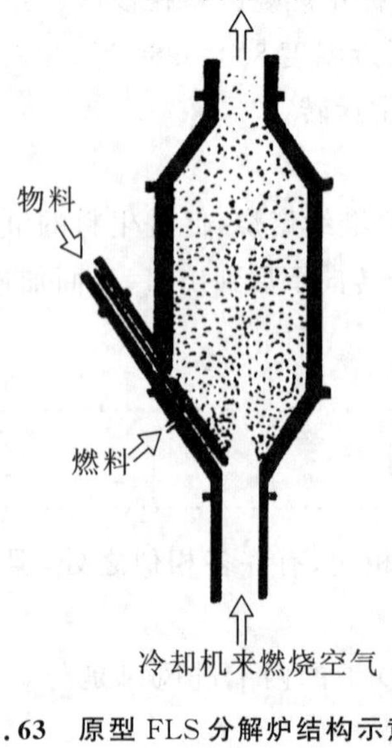

图 1.63　原型 FLS 分解炉结构示意图

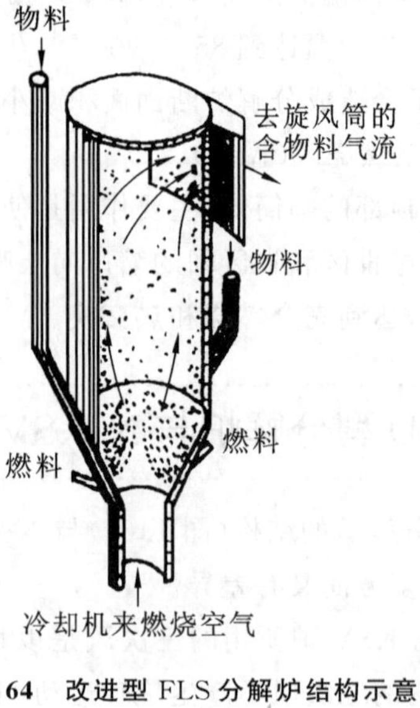

图 1.64　改进型 FLS 分解炉结构示意图

20 世纪 90 年代末期研发的 SLC-D 型炉(图 1.65)吸取了 RSP 窑成功经验,改变 FLS 公司以前各种分解炉一贯采用的上行喷腾炉模式,研发了类似 RSP 炉 SC 室的燃烧室,称为 DDC。三次风由 DDC 上部以切线方向入炉,涡旋下行。生料由三次风管上升段下部加入,随三次风上行进入 DDC 上部,随炽热气流涡旋贴壁下行,这样可使 DDC 中部有足够的燃烧空间,又可保护炉壁免受中间高温气流侵袭。DDC 室高温气固流经斜烟道和上行区上升烟道,与窑尾烟气混合向上。燃料从 DDC 顶部加入,可形成高温火焰,便于无烟煤起火燃烧,有利于使用低质煤时煤粉的点火预燃。采用"两步到位"模式,并扩大了炉容,有利于提高燃料燃尽率及入窑物料分解率,亦有利于防止上升烟道等处的"黏结堵塞"。

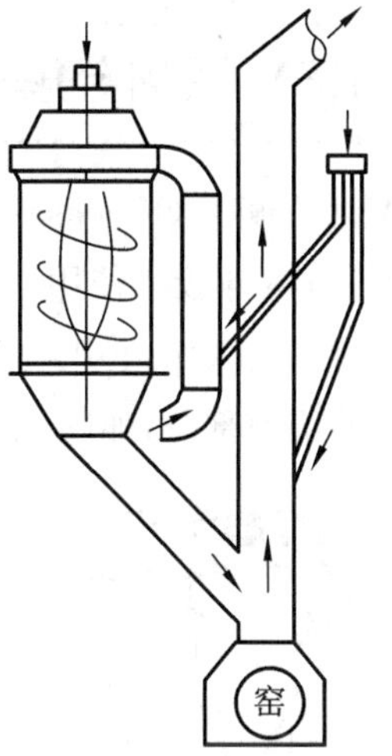

图 1.65 SLC-D 分解炉

总体来说,FLS 喷腾系列炉型,结构简单,阻力较小,布置方便。同时,燃料喷嘴设置于炉下部,入炉燃料直喷炽热的三次风之中,燃料点火起燃条件较好。在使用较差燃料时,可以优化炉下预燃室结构和适当扩大炉的容积,可使其对燃料的适应性提高。目前,中国许多新型分解炉也是吸取上述经验研制开发的。

1.74 ILC-E 使用窑内过剩空气的同线分解炉窑有何特点

ILC-E 窑的工艺流程如图 1.66 所示,其特点是:

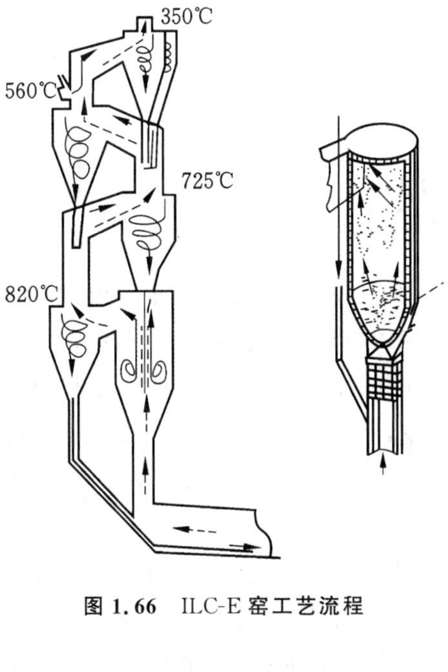

图 1.66 ILC-E 窑工艺流程

(1) 本系统是在带四级旋风预热器的悬浮预热窑基础上,将窑与最低一级旋风筒之间的上升烟道扩大成为分解炉的预分解系统。分解炉用的燃烧空气全部通过窑内供应,为 FLS 公司早期炉型。

(2) 窑内供应的过剩空气合理量取决于燃料的品种、质量及生料的易烧性,分解炉内的燃料加入量一般占总燃料量的1/4～1/3,入窑物料温度约 820 ℃,分解率为 50%～70%。

(3) 窑尾含有过剩空气的混合气体以 25 m/s 的速度进入分解炉,从炉上级旋风筒下来的生料可以由炉下锥体的上部或炉下的上升烟道喂入,最低级旋风筒出口气体温度约 820 ℃。

(4) 标准设计选用气体在分解炉内的滞留时间一般为 1.8 s。

(5) 操作适应性强。可在额定产量 40%的情况下作业,并且由于窑内燃烧经常保持较高的过剩空气量及挥发成分的挥发条件稳定,因此可减少分解炉及上升烟道的侵蚀,黏结堵塞的可能性亦很小。

(6) 本系统一般在日产 3000 t 以下的情况选用,并且仅设有一个四级或五级旋风筒系列,亦可选用单筒式冷却机,省掉冷却机的余风收尘系统,节约电耗和基建投资。

1.75 KSV 系列分解炉基本原理及特点

KSV 型分解炉(Kawasaki Spoured Bed and Vortex Chamber,川崎喷腾层涡流炉)由日本川崎重工公司研发,1973 年投入使用,之后进行改进,发展成为 N-KSV 炉。

KSV 型分解炉由下部喷腾层和上部涡流室组成,喷腾层包括下部倒锥、入口喉管及下部圆筒,涡流室是上部的圆筒部分,如图 1.67 所示。

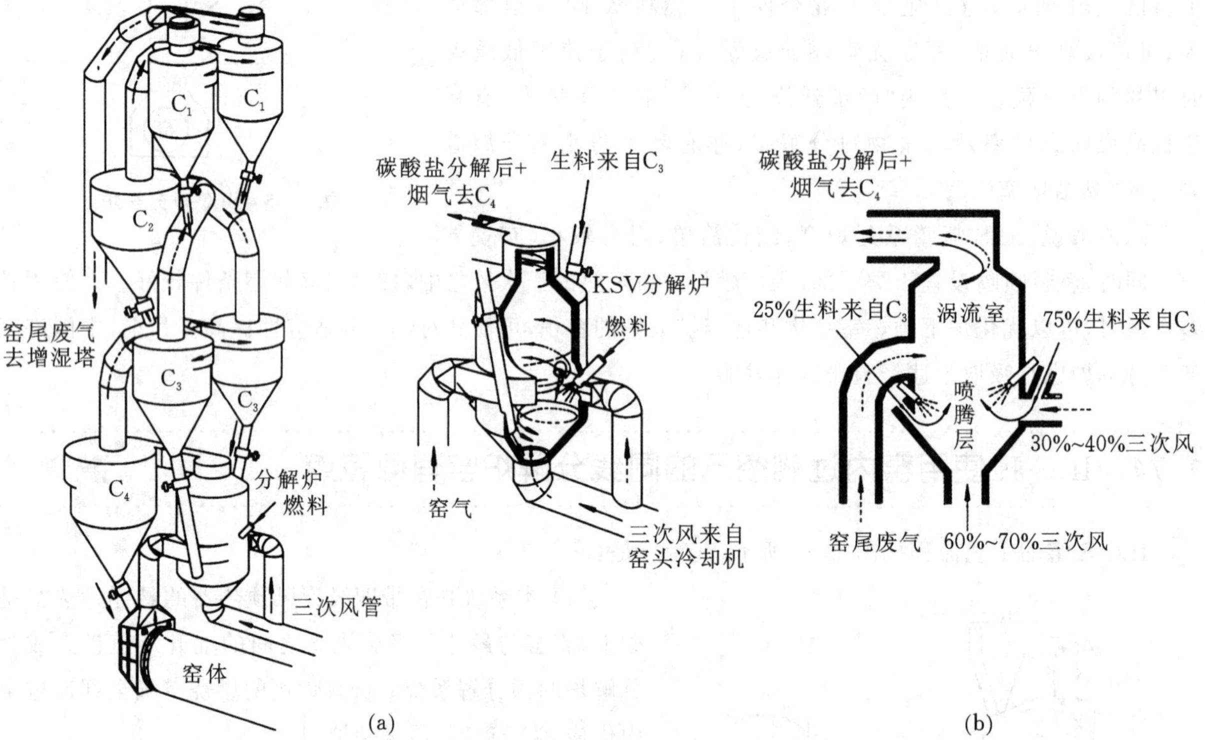

图 1.67 KSV 分解炉的预分解系统

(a)KSV 分解炉立体图;(b)KSV 分解炉工作原理

从窑头冷却机来的三次风分两路入炉,一路(60%~70%)以 25~30 m/s 风速由底部喉管喷入,形成上升喷腾气流;另一路(30%~40%)以 20 m/s 风速从圆筒底部切入,形成旋流,加强料气混合,窑尾废气由圆筒中部偏下切向喷入。预热生料分两路入炉,约 75%的生料由圆筒部分与三次风切线进口处进入,与气流充分混合,在上升气流作用下形成喷腾床,然后进入涡流室,经炉顶排出口送入到最低一级旋风预热器内,再经卸料管送入窑内;其余的 25%生料喂入窑出口烟道中,这样可降低窑废气温度,防止烟道结皮堵塞。

N-KSV 炉是 KSV 炉的改进型,如图 1.68 所示,与 KSV 炉不同的是:分解炉分为喷腾床、涡流室、辅助喷腾床和混合室四个部分。在涡流室增加了缩口,形成二次喷腾效应,延长了燃料和生料在炉内的停留时间,有利于燃料的燃烧和气料间的热交换。窑尾废热气体从 N-KSV 炉底部以 35~40 m/s 的速度喷入,产生喷腾效应,可以省掉烟道内的缩口,减少阻力,三次风从涡流室下部以 18~20 m/s 的速度对称地以切线方向进入。在炉底喷腾层中间增加了燃料喷嘴,使燃料在低氧状态之下燃烧,可使窑烟气中的 NO_x 还原,减少环境污染。从上一级旋风预热器来的生料,一部分从三次风入口上部喂入,另一部分由涡流室上部喂入,产生“喷腾效应”及涡流室“旋涡效应”,使生料能够与气流均匀混合和热交换。

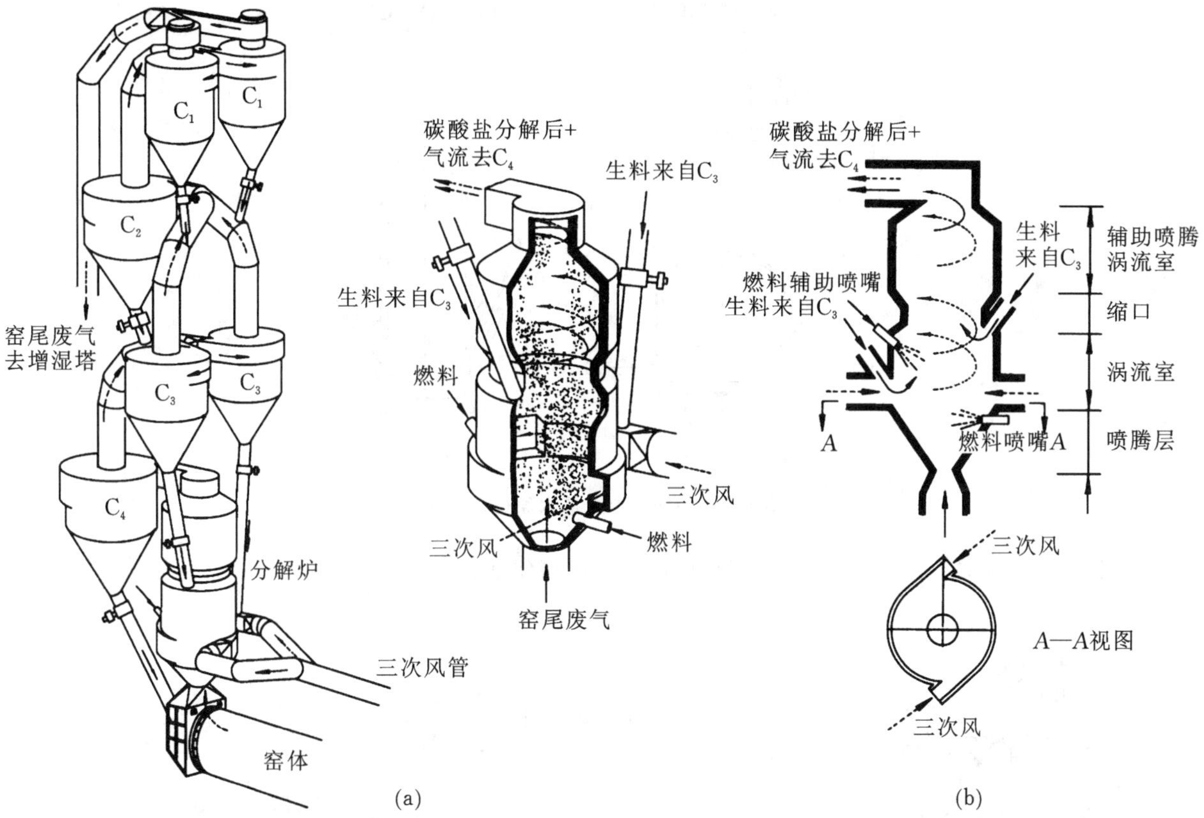

图 1.68 N-KSV 分解炉的预分解系统

(a)N-KSV 分解炉立体图;(b)N-KSV 分解炉工作原理图

1.76 MFC 系列分解炉基本原理及特点

MFC(Mitsubish Fluidized Calciner,三菱流态化分解炉)预分解法是日本三菱水泥矿业公司和三菱重工业公司研制的。第一台 MFC 窑于 1971 年 12 月在日本东谷水泥厂投产,该窑利用悬浮预热窑改造而成,改造后产量增长 25%。多年来,MFC 预分解法不断发展,MFC 炉的结构已经历了两次改进,如图 1.69 所示,第一代 MFC 炉高径比(H/D)较小,约等于 1;第二代的改进,主要使 H/D 增大到 2.8 左右;第三代则发展成为新的 MFC 炉,称为 N-MFC 炉,改进较大,不仅进一步改进了炉的结构,H/D 进一步增大到 4.5 左右,流化床底部断面减少,并且与之配套的悬浮预热器也改进为低压损的 M-SP 型五级旋风预热器。这些改进的目的,都是降低能耗,减少基建投资和适应各种低热值及颗粒状燃料的需要。

MFC 炉是采用流化-悬浮叠加原理,延长物料在炉内的滞留时间,提高固气比。此外,出炉气固流通过斜烟道进入窑尾上升烟道底部,再利用窑气中的过剩氧继续燃烧,利用窑气中的热焓最后完成生料的碳酸盐分解任务。这种"两步到位"模式十分可取。这样,还可以利用出炉烟气将含挥发性成分较高和温度较高的窑气"稀释"、降温,有利于防止上升烟道的"黏结堵塞"。

第二代 MFC 炉虽加高了炉的高度,延长了炉内气流滞留时间,但是炉底部的流化床面积较大,流化嘴数目较多,耗用的低温高压流化风量较多,这对降低能耗和管理维修较为不利。因此,20 世纪 80 年代中后期,日本三菱公司在总结第二代 MFC 炉运行经验的基础上,扬长避短,开发出第三代 N-MFC 炉,缩小了流化床面积,增加了炉的悬浮区高度,从而使流化风量大为减少。此外,N-MFC 炉也由第二代 MFC 炉的"两步到位"改为"一步到位"模式,以简化工艺流程。这对使用挥发性成分含量较低的原料较为适宜。如果原料中挥发性成分较高,采用"两步到位"模式仍对防止上升烟道等部位的"黏结堵塞"具有优越性。对此应视具体情况而定。

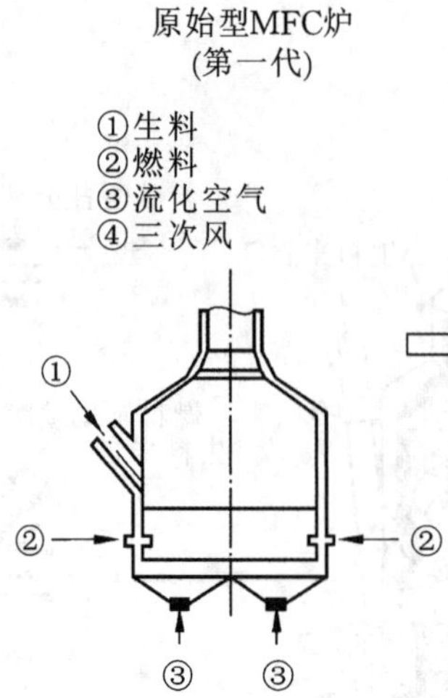

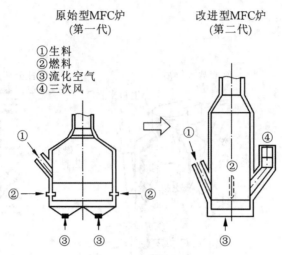

图 1.69　MFC 炉的基本原理示意图

如图 1.70 所示，第三代 N-MFC 分解炉内由四个区域组成：

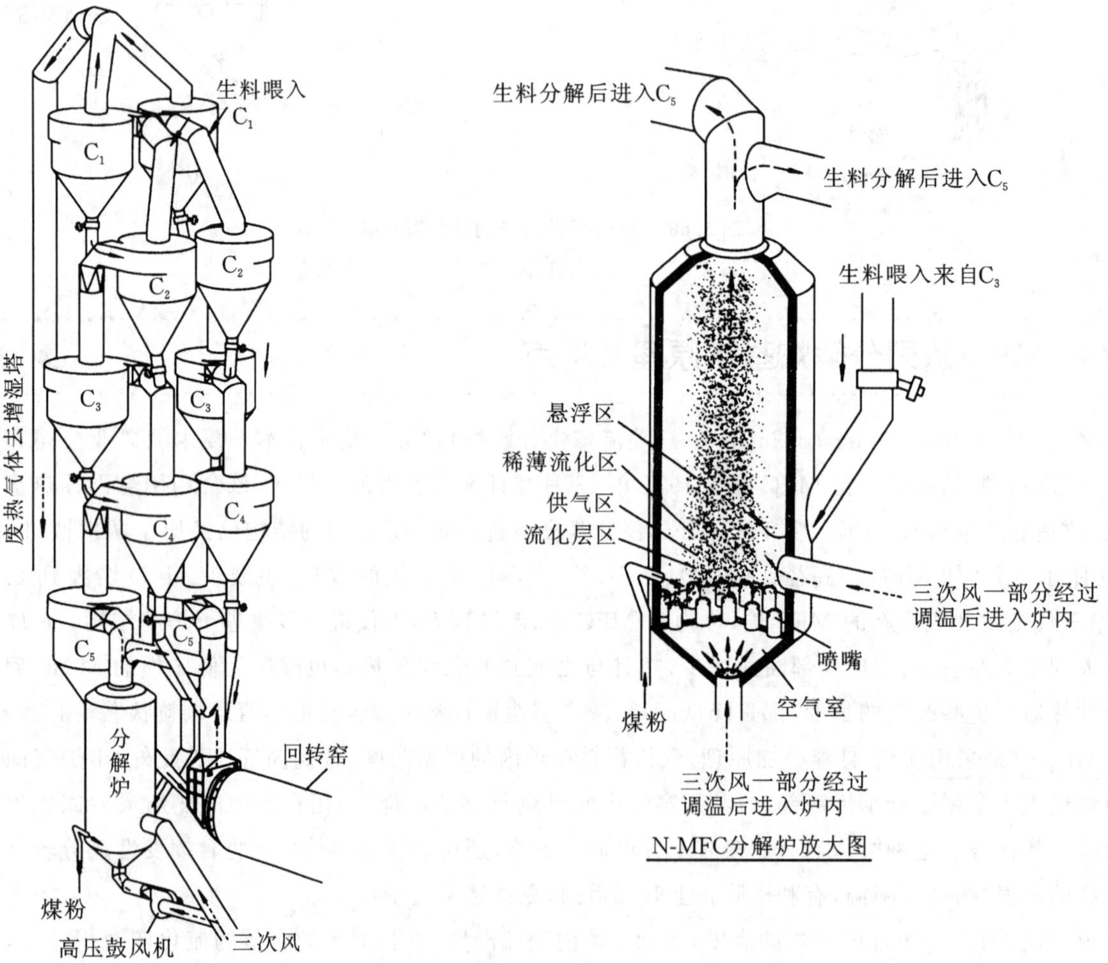

图 1.70　N-MFC 分解炉的预分解系统

(1) 流化层区

炉底装有喷嘴，使燃料在流化层中很快扩散并充分燃烧，整个层面温度分布均匀。

(2) 供气区

从窑头箅式冷却机抽过来的 700～800 ℃的空气以风速 10 m/s 进入供气区，在流化层中引起激烈搅拌，这有利于燃料和生料均匀混合，避免流化层中形成局部高温；也有利于将生料由流化层带入稀薄流化区形成浓密状态下的悬浮状态，提高换热效率。

(3) 稀薄流化区

该区位于供气区之上，为倒锥形结构。该区内气流的速度由刚从底部进入时的 10 m/s 降至约 4 m/s，煤粉中较粗的颗粒在这个区域内继续上下循环运动，形成稀薄的流化区，煤粒经燃烧后减小而被气流带到上部直筒部分的悬浮区。

(4) 悬浮区

该区为圆筒形结构，气流速度约 4 m/s，煤粒在此形成悬浮状态，可燃成分继续燃烧，生料中的碳酸盐继续分解，到分解炉出口时，分解率可达 90%以上。

N-MFC 分解炉有如下特点：

① 预热生料入炉后就形成稳定的流化层，不需控制流化风压强也能稳定流化层高度，这使得 N-MFC 分解炉不但能用煤粉，也可用煤粒。

② 三次风切向入炉形成的旋转流携带流化料到达供气区，通过下锥体时又变速产生涡流混合。

③ 煤粉通过 1～2 个喂煤口，依靠重力入炉或用气力输送喷入炉；煤粒通过溜子入炉或与预热生料一起入炉。因流化层作用，煤能很快在床层中扩散，整个层面温度非常均匀。

④ 侧面入炉的生料也混合得非常好。

总之，MFC 炉系列是一种较好的炉型，尤其在使用中、低质燃料时优越性十分突出，这是其他炉型无法相比的。因此，结合我国水泥工业使用中、低质煤为主的具体情况，MFC 系列炉型十分值得借鉴。中国在推广应用低挥发性燃料及无烟煤燃料过程中，已吸取 MFC 系列炉型经验，将其用于新生产线设计建设中。

1.77 控制 MFC 型分解炉的主要参数是什么

这类离线式分解炉在投料过程与操作控制上有比较特殊的要求。运行中的主要控制参数如下：

(1) 流化床温度

该温度反映流化床的流化状态及喂入原料、燃料的质量稳定程度。该值应该为(800±10) ℃。

(2) 出炉废气温度

运行中，分解炉的出口温度要控制在(850±10) ℃，如果喂料量减少、喂煤量加大或流化状态不好，此温度会异常升高，从而使废气管道结皮，而这种结皮一旦脱落，就会掉至分解炉底部，增加了流化床的压损，威胁了系统的正常运行。所以，此温度一旦波动就要尽快查找原因，采取措施。

(3) 流化气室压力

它是流化喷嘴、流化层和悬浮区压力损失的总和。其中流化喷嘴与悬浮区压力一般不会变，所以它反映了流化层厚度的变化情况。影响流化层厚度的因素有喂料量、喂煤量、流化风量和三次风量等。它的正常波动范围应在 300 Pa 左右。

(4) 废气成分

如果在炉出口安装气体分析仪，随时测定废气中 O_2 与 CO 含量，以判断炉内煤粉的燃烧状态，而且也可判断三次风供应量是否适宜。

[摘自：谢克平. 新型干法水泥生产问答千例(操作篇)[M]. 北京：化学工业出版社，2009.]

1.78 TDF 型分解炉基本原理及特点

TDF 型分解炉是天津水泥工业设计院开发的双喷腾分解炉，如图 1.71 所示。它是在引进的 DD 炉

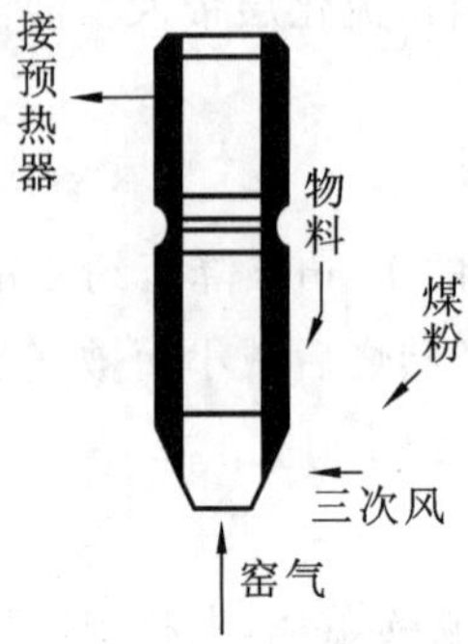

图 1.71　TDF 型分解炉示意图

基础上，针对中国燃料状况研制开发的。其特点如下：

(1) 分解炉坐落窑尾烟室之上，炉与烟室之间的缩口在尺寸优化后可不设调节阀板，结构简单。

(2) 炉中部设有缩口，保证炉内气固流产生第二次“喷腾效应”。

(3) 三次风切线入口设于炉下锥体的上部，使三次风涡旋入炉；炉的两个三通道燃烧器分别设于三次风入口上部或侧部，以便入炉燃料斜喷入三次风气流之中迅速起火燃烧。

(4) 在炉的下部圆筒体内不同的高度设置四个喂料管入口，以利物料分散均布及炉温控制。

(5) 在炉的下锥体部位的适当位置设置有脱氮燃料喷嘴，以还原窑气中的 NO_x，满足环保要求。

(6) 炉的顶部设有气固流反弹室，使气固流产生碰顶反弹效应，延长物料在炉内滞留时间。

(7) 气固流出口设置在炉上锥体顶部的反弹室下部。

(8) 由于炉容较 DD 炉增大，气流、物料在炉内滞留时间增加，有利于燃料完全燃烧和物料碳酸盐分解。例如 YX-DD 炉(引进装备)的有效容积系数为 2.98 $m^3/(t\cdot h)$，炉内气流滞留时间(τ_g)为 2.0 s，物料滞留时间(τ_s)为 9.4 s，固气滞留时间比($K=\tau_s/\tau_g$)为 4.8。而 TDF 炉有效容积系数则增加到 4.0 $m^3/(t\cdot h)$以上，τ_g 取 2.6～2.8 s，τ_s 取 12～14 s，K 在 4～5 之间，炉内截面风速为 8～10 m/s。

1.79　TFD 型分解炉基本原理及特点

TFD 型分解炉是带旁置流态化悬浮炉的组合型分解炉，见图 1.72，其特点如下：

(1) 将 N-MFC 型炉结构作为该型炉的主炉区，其出炉气固流经“鹅颈管”进入窑尾 DD 型炉上升烟道的底部与窑气混合。

(2) 该型炉实际为 N-MFC 型炉的优化改造，并将 DD 型炉结构用作上升烟道。由于其炉区容积大，适用于老厂技术改造及使用无烟煤燃料。

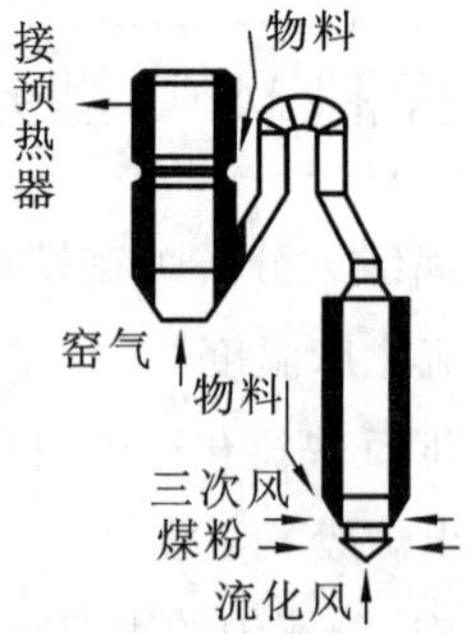

图 1.72　TFD 型分解炉示意图

1.80　TSD 型分解炉基本原理及特点

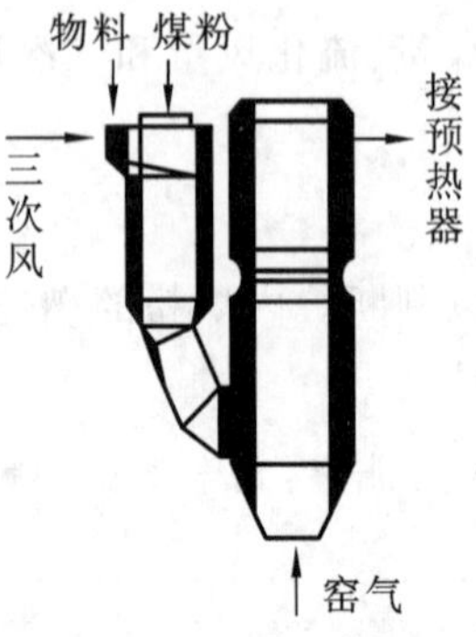

图 1.73　TSD 型分解炉示意图

TSD 型分解炉是带旁置旋流预燃室的组合式分解炉，见图 1.73，其特点如下：

(1) 设置了类似 RSP 型炉的预燃室。

(2) 将 DD 型炉改造成为类似 MFC 型炉的上升烟道或 RSP 型窑的 MC 室(混合室)，作为 TSD 型炉炉区的组成部分，并扩大了 DD 型炉的上升烟道容积，使 TSD 型炉具有更大的适应性。

(3) 该炉适用低挥发分煤及质量较差的燃料。

1.81 TSF 型分解炉基本原理及特点

TSF 型分解炉是带流态床的悬浮分解炉，见图 1.74，其特点如下：

(1) 该炉实质上是 N-MFC 型炉，炉出口“鹅颈管”同窑尾上升烟道相连。

(2) 炉出口“鹅颈管”可根据实际需要在上升烟道底部或上部同上升烟道连接。

(3) 该炉型主要用于老窑技术改造。它同 TFD 型炉的区别主要在于上升烟道采用了新设 DD 炉结构形式还是采用老窑原有的上升烟道，同时，流态化悬浮炉亦可根据需要确定炉容大小与结构形式。

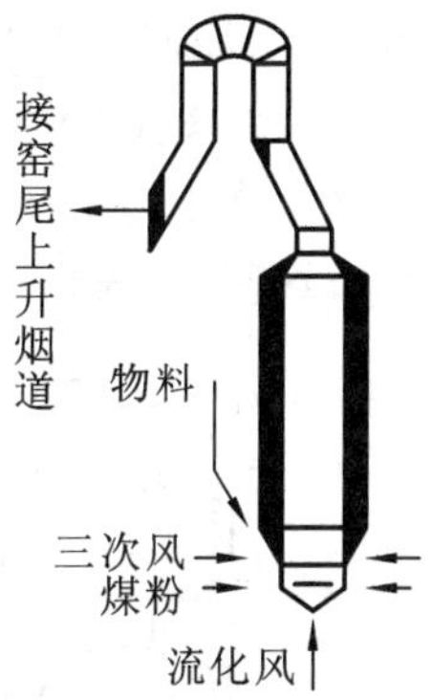

图 1.74 TSF 型分解炉示意图

1.82 TWD 型分解炉基本原理及特点

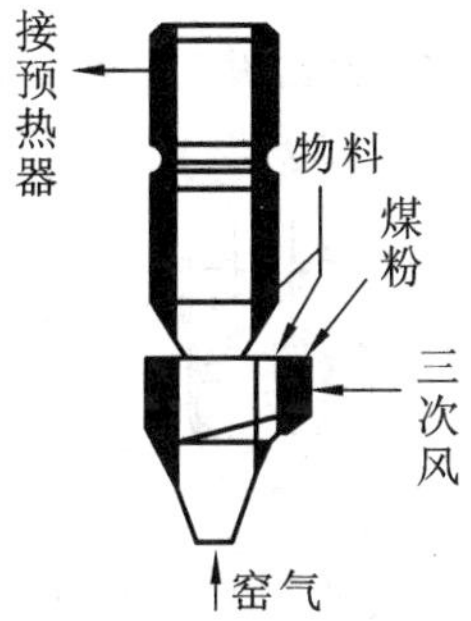

图 1.75 TWD 型分解炉示意图

TWD 型分解炉是带下置涡流预燃室的组合分解炉，见图 1.75，其特点如下：

(1) 应用 N-SF 炉结构作为该型炉的涡流预燃室。

(2) 将 DD 炉结构作为炉区结构的组成部分。

(3) 这种同线型炉适用低挥发分或质量较差的燃煤，具有较强的适应性。

1.83 何为交叉料流型预分解法

交叉料流型预分解法是指物料进入预热器后，在双列预热器中，虽然气流分别经过两列预热器，但物料经过两列预热器中的几乎所有的热交换单元(最上级换热单元除外)，以增强物料与气流间的换热效果、提高换热效率、降低热耗的方法。

例如，在装有两列五级旋风预热器的离线型预分解窑上，物料由最上级旋风筒[分别称为窑列(即 K_5 级)和炉列(即 C_5 级)]的入口管道喂入，物料的流程如图 1.76 所示。即 K_5 级旋风筒入口的喂料先进入 K_5 级筒分离，C_5 级旋风筒入口管道的喂料与 K_5 级筒分离的物料汇合一起进入 C_5 级旋风筒中，随后再一起经过 $K_4 \rightarrow C_4 \rightarrow K_3 \rightarrow C_3 \rightarrow K_2 \rightarrow C_2 \rightarrow K_1 \rightarrow$ 分解炉 $\rightarrow C_1$ 筒入窑。另外，物料亦可全部由窑列 K_5 级旋风筒管道喂入，然后再进入 K_5 级筒，随后依次经过其他旋风筒入炉。由此可见，物料在入炉之前经过了 8～9 次热交换过程，从而提高了整个系统的热效率，而一般带两列五级旋风预热器的窑，物料入炉之前仅经过 4～5 次热交换。国际上流行的交叉料流型预分解法，主要以 SCS 法及 PASEC 法为代表。

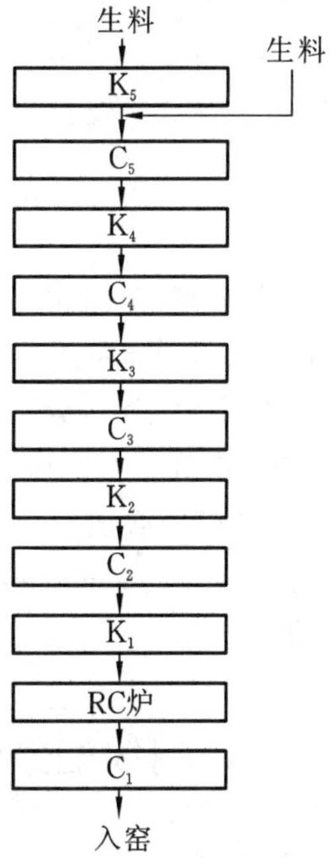

图 1.76 交叉料流型预分解法物料一般流程

1.84 SCS及PASEC交叉料流型预分解法有何特点

SCS及PASEC法是目前国际上具有代表性的交叉料流型预分解方法，前者是采用喷腾型RC分解炉，如图1.77和图1.78所示，后者是采用“旋-喷”结合的SEPA型分解炉，如图1.79和图1.80所示。两炉共同之处在于均是离线型炉，燃料喷入三次风中，点火起燃迅速；同时炉内设有缩口，可起到对气体改流作用，以延长炉内物料滞留时间。

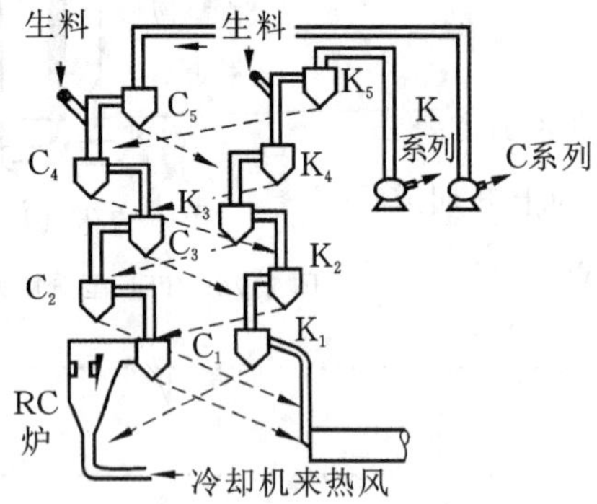

图1.77 SCS型窑工艺流程图

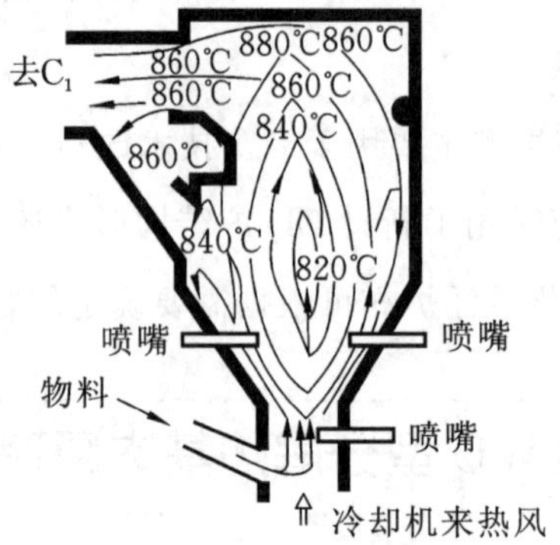

图1.78 RC炉结构示意图

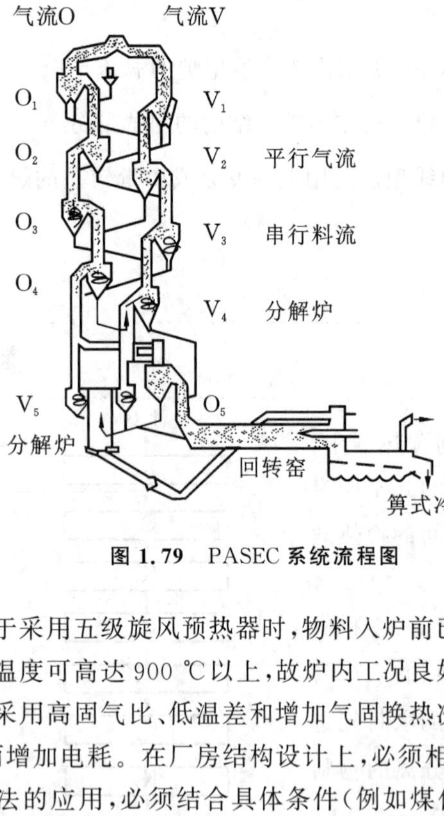

图1.79 PASEC系统流程图

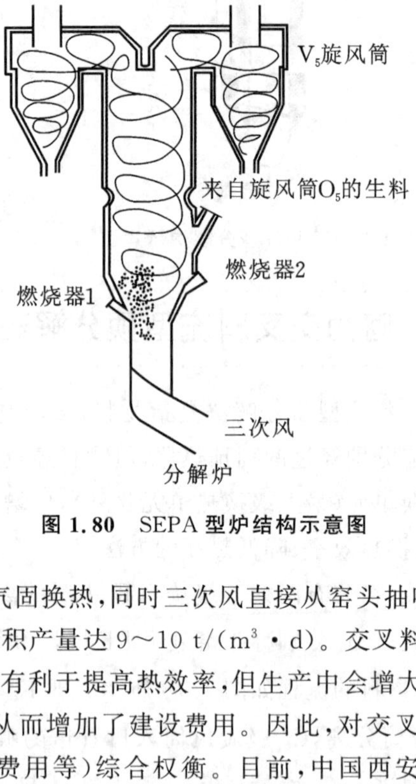

图1.80 SEPA型炉结构示意图

由于采用五级旋风预热器时，物料入炉前已经进行九次气固换热，同时三次风直接从窑头抽吸，入炉三次风温度可高达900℃以上，故炉内工况良好，设计单位容积产量达9～10 t/(m^3·d)。交叉料流型预分解法采用高固气比、低温差和增加气固换热次数的方法，虽有利于提高热效率，但生产中会增大系统阻力，从而增加电耗。在厂房结构设计上，必须相应增加应力，从而增加了建设费用。因此，对交叉料流型预分解法的应用，必须结合具体条件(例如煤价、电价、建设费用等)综合权衡。目前，中国西安建筑科技大学研发设计的2条1000 t/d级交叉料流型预分解窑已在山东淄博宝山生态建材集团投产，并取得了成功。

1.85 ILC同线型分解炉窑有何特点

ILC窑的工艺流程示于图1.81，其特点是：

(1) 设有单独的三次风管道，从箅冷机抽吸来的三次风同窑尾烟气一起进入分解炉。这种系统一般只有一个预热器系列，大型窑则有两个预热器系列。

(2) 分解炉燃料加入量一般占总燃料量的 60%，入窑物料温度约 880 ℃，分解率可达 90%。

(3) 从箅冷机抽吸来的 750～800 ℃热风，同窑烟气混合后以 30 m/s 速度入炉，炉内截面风速约 5.5 m/s。从分解炉上一级旋风筒下来的生料，可以从炉下锥体的上部及炉下的上升管道中喂入炉内，炉温在 800～900 ℃之间(主要由需要的预分解率决定)，最低一级旋风筒气体温度约 880 ℃。

(4) 标准设计选用气体在分解炉内的滞留时间为3.3 s。炉内热负荷一般为 3.77×10^{5} kJ/($m^{3}\cdot$h)。

(5) 适用于旁路放风量大及放风量经常变动的情况，窑尾烟气可全部放风。

(6) 操作适应性强，可在额定产量 40%的情况下生产。

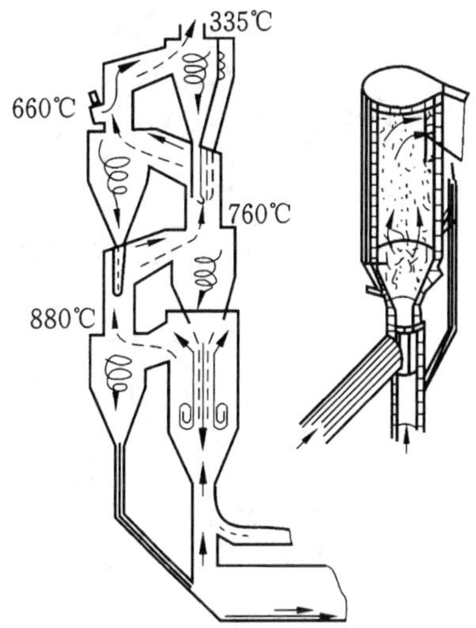

图 1.81 ILC 窑工艺流程

(7) 点火开窑快。可同悬浮预热窑一样点火开窑，当产量达到额定产量 40%时，点着分解炉燃料喷嘴，约 1 h 后即可达额定产量。

(8) 各种低质燃料不适宜在窑内使用，但可在分解炉内使用。

1.86 FLS 系列分解炉基本原理与特点

FLS 系列分解炉属于喷腾型分解炉，是由丹麦史密斯公司研发的系列分解炉。

(1) FLS 分解炉

FLS 原型炉为带有上下锥体的圆筒形(如图 1.82 中的分解炉放大图所示)，结构非常简单，可获得最大分解炉容积，表面热损失小。预热后的 750 ℃生料由炉底下部锥体和炉下上升管道喂入，燃料从下部锥体中部吹入后，首先生料同燃料接触混合。来自窑头箅式冷却机(箅冷机)的燃烧空气由炉底喉管喷入炉内，形成喷腾层，使生料和燃料进一步混合并不断扩散到中心气流中，生料被加热分解并悬浮在炉内烟气中，然后通过上锥体及连接管道进入最低级旋风预热器内。

(2) FLS-SLC(离线型)分解炉

窑尾烟气不经过分解炉，直接进入最下面一级旋风筒，而由三次风管抽取箅冷机热风供分解炉用，从分解炉出来的热风也进入最下面一级旋风筒与窑尾烟气汇合，或是分解炉出来热风单独走一个预热器系列，称为离线型分解炉。由于窑气不入分解炉，入炉气体含氧量高，燃烧稳定，热负荷高。从箅冷机抽来的空气约 750～800 ℃，以 30 m/s 的速度喷腾进入分解炉，炉内截面积风速平均为 5.5 m/s。预热器预热后的生料从下锥体的上部进入，燃料从下锥体喂入，边燃烧边分解，炉温保持在 800～900 ℃之间。

(3) FLS-ILC(同线型)分解炉

使窑尾烟气直接进入分解炉，与三次风管抽取箅冷机热风一起供分解炉使用的炉型叫作同线型分解炉。将分解炉改为平顶和切线出口，见图 1.86 中的放大图。它可降低连接管道的高度，同时，气流中料粉向上运动时受顶盖撞击而反弹下落，能延长料粉在炉内的停留时间，有利于分解率的提高。其工艺流程如图 1.83 所示，该系统一般只有一个预热器系列，大型窑则有两个预热器系列。从箅冷机抽来的三次风同窑尾烟气一起进入分解炉。从旋风筒下来的生料，可以从炉下锥体的上部及炉下上升管道中喂入炉内，炉温保持在 800～900 ℃之间，最低一级旋风筒(C_4)出口气体温度约 880 ℃。

(4) FLS-ILC-E(同线型)分解炉

FLS-ILC-E(同线型)分解炉是在带四级旋风预热器的悬浮预热窑基础上，将窑与最低一级旋风筒之间的上升烟道扩大成为分解炉的预分解系统。分解炉用的燃烧空气全部由窑内供应，不设旁路排风或仅设很小的氯放风系统，工艺流程如图 1.84 所示。

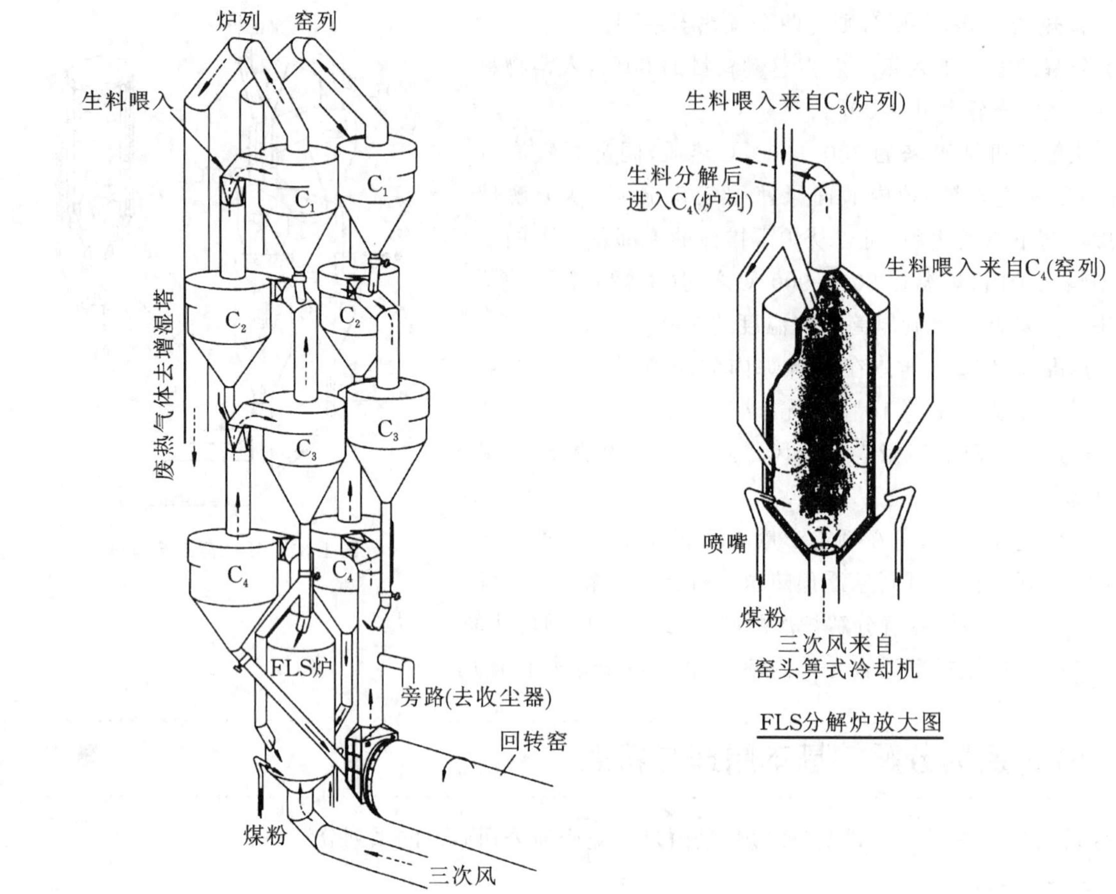

图 1.82　FLS-SLC(**离线型**)**窑预分解系统**

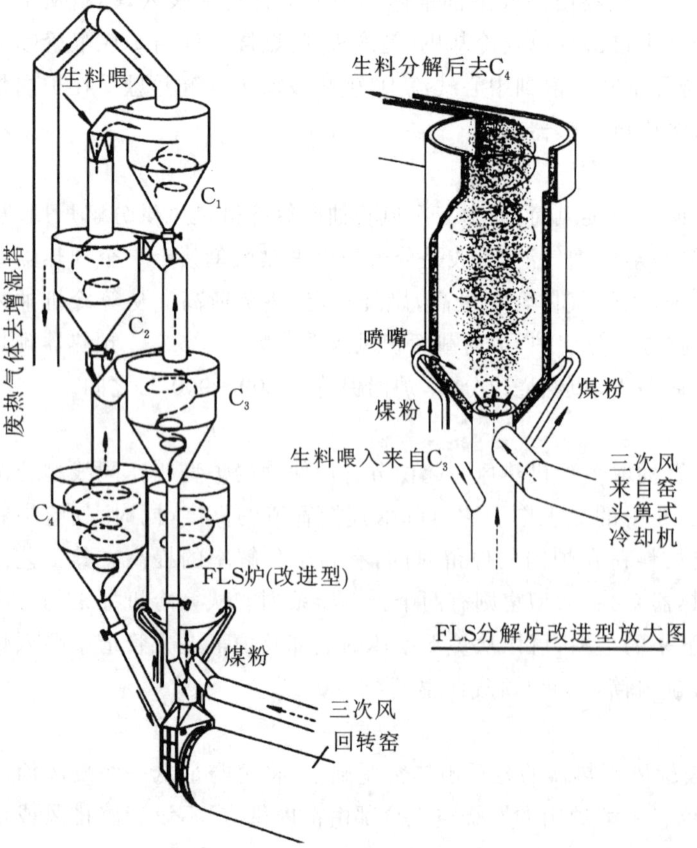

图 1.83　FLS-ILC(**同线型**)**炉预分解系统**

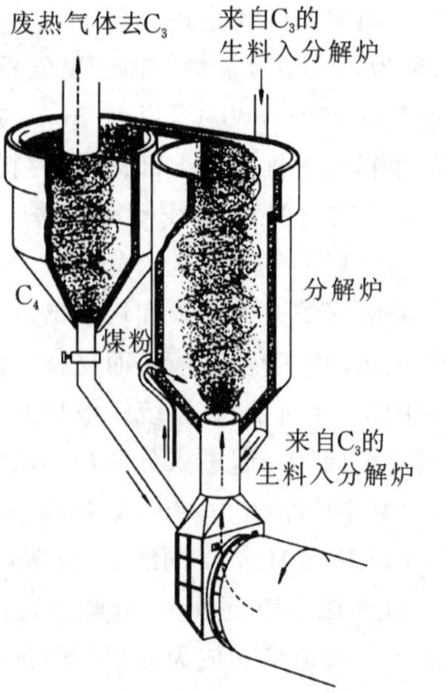

图 1.84　FLS-ILC-E(**同线型**)**炉预分解系统**

1.87 NC 系列分解炉基本原理及特点

NC(N 代表南京水泥设计研究院,C 是分解炉 Calciner)系列分解炉是我国南京水泥设计研究院在 ILC 分解炉、普列波尔及派洛克朗分解炉的基础上研发的。

(1) NC-SST-Ⅰ型分解炉

NC-SST-Ⅰ型分解炉(同线型炉)安装于窑尾烟室之上,为涡旋-喷腾叠加式炉型,其特点是扩大了炉容,并在炉出口至最下级旋风筒之间增设了鹅颈管道,进一步增大了炉区空间。三次风从下锥体切线入炉,与窑尾高温气流混合,窑气从炉底喷入,煤粉从三次风入炉口两侧喷入,生料从炉侧加入,如图 1.85 所示。

(2) NC-SST-S 型分解炉

NC-SST-S 型分解炉为半离线炉,类似喷腾型炉,主炉结构与同线炉相同,出炉气固流经鹅颈管与窑尾上升烟道相连,既可实现上升烟道的上部连接,又可采用"两步到位"模式将鹅颈管与上升烟道下部连接。三次风从炉底喷入,窑气入上升烟道,煤粉从三次风入炉口两侧喷入,生料从炉侧加入,适应于低挥发分的煤粉燃烧,如图 1.86 所示。

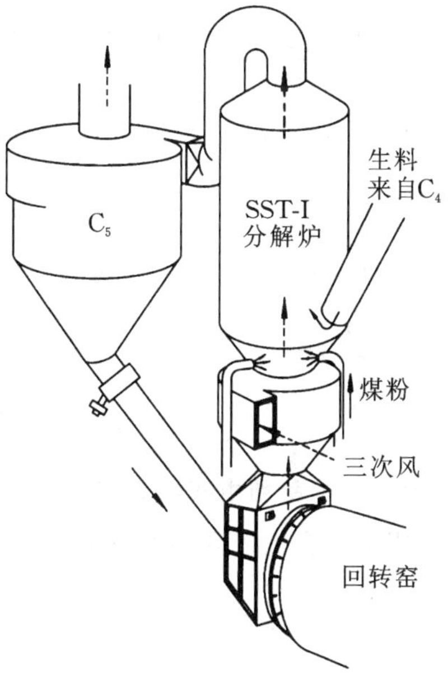

图 1.85 NC-SST-Ⅰ型分解炉

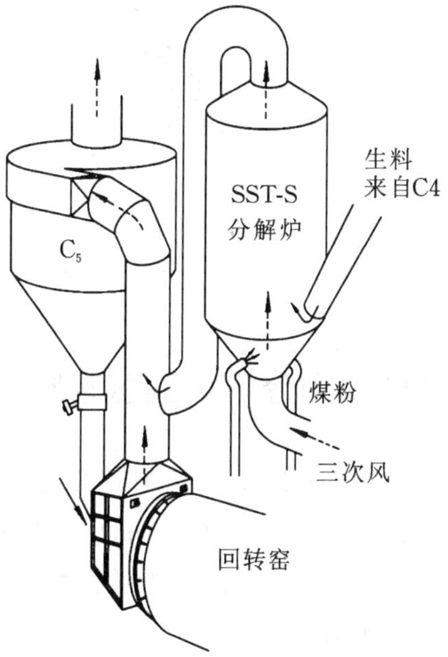

图 1.86 NC-SST-S 型分解炉

(3) NDST 分解炉

NDST 分解炉在分析和研究国内外多种炉型的基础上,将"喷、旋、管、折"流型结合在一起,构成了一种复合型分解炉,如图 1.87 所示。从窑头引来的三次风(850~900 ℃)沿切线方向从分解炉底部(单股或多股)进入构成旋流,窑气(1000~1100 ℃)从窑尾烟室经缩口以喷腾式进入分解炉内,煤粉由多个喷煤嘴以与三次风相同的旋切方向分别从炉底喷入。该炉对燃料的适应性较强,不会因为其成分及颗粒级配的变化而有较大的波动。

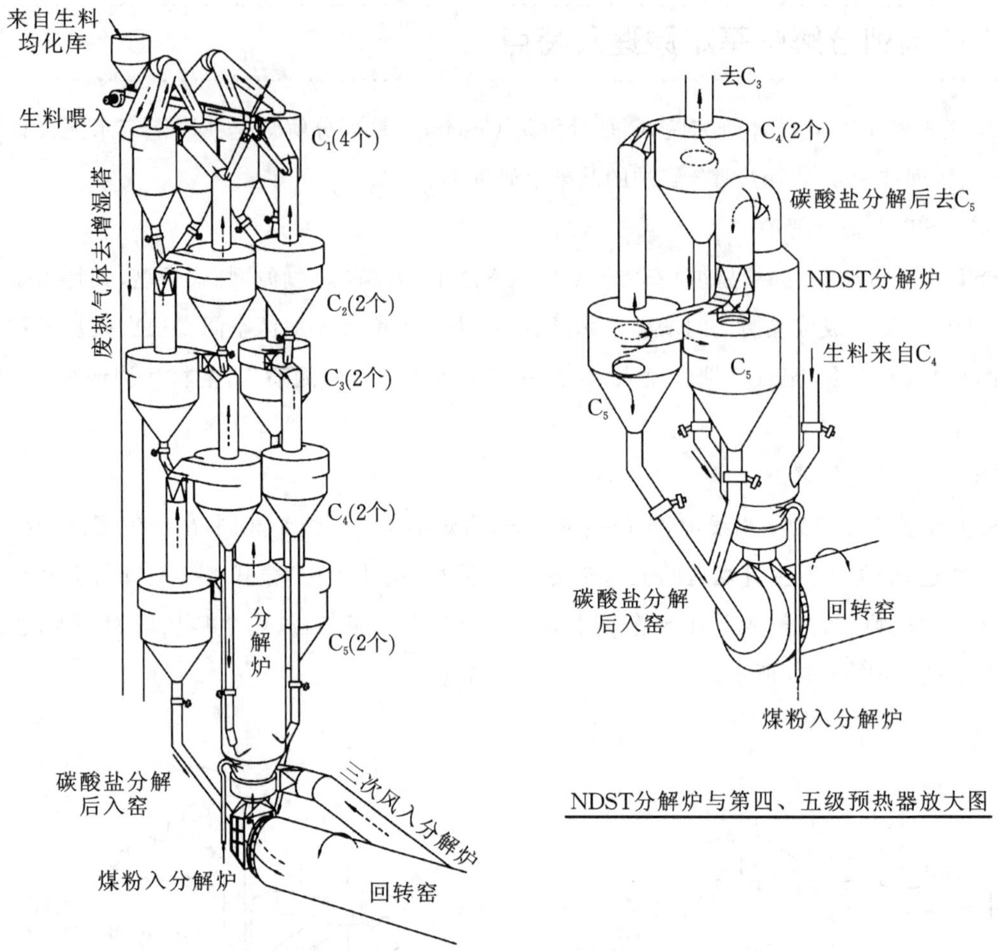

图 1.87　NDST 分解炉与旋风预热器组成的预分解系统

1.88　TC 系列分解炉的基本原理与特点

TC(T 代表天津水泥工业设计研究院;C 是分解炉 Calciner)分解炉系列由我国天津水泥工业设计研究院研发,有 TDF 型、TSD 型、TWD 型、TFD 型、TSF 型等,采用了复合效应和预燃技术,提高了煤粉的燃尽率,增强了分解炉对低质煤的适应性。

(1) TDF 型分解炉

TDF 型分解炉是在引进 DD 型炉的基础上,针对我国燃料情况研发的双喷腾分解炉,如图 1.88 所示。其基本结构及特点是:

① 分解炉坐落在窑尾烟室之上,炉与烟室之间的缩口尺寸优化后可不设调节翻板,结构简单。

② 炉的中部设有缩口,保证炉内气固流产生第二次“喷腾效应”。

③ 三次风从锥体与圆柱体结合处的上部双路切线入炉,顶部径向出炉。

④ 生料入口设在炉下部的三次风入炉口处,从四个不同的高度喷入,有利于分散均布和炉温控制。

⑤ 煤从三次风入炉口处的两侧喷入,炉的下部锥体部位设有脱硝燃料喷嘴,以还原窑气中的 NO_x,满足环保要求。

⑥ 容积大,阻力低,气流和生料在炉内滞留的时间增加,有利于燃料的完全燃烧和生料的碳酸盐分解。

⑦ 对烟煤适应性较好,也适应于褐煤、无烟煤以及低挥发分、低热值的煤。

(2) TSD 型分解炉

TSD 型(Combination Furnace with Spin Pre-burning Chamber)分解炉是带旁置旋流预燃烧室的组合式分解炉,类似 RSP 预燃室与 TDF 组合,如图 1.89 所示。它结合了 RSP 炉与 DD 炉的特点,炉内既有强烈的旋转运动,又有喷腾运动。主炉坐在烟室之上,中下部有与燃烧室相连接的斜管道。从冷却机抽来的三次风,以一定的速度从预燃室上部切线进入,由 C_4 下来的生料在三次风入炉前喂入气流中,由于离心力的作用,使预燃室内中心成为物料浓度的稀相区,为燃料的稳定燃烧、提高燃尽率创造了条件。煤粉从预燃室上部喷入,与三次风混合燃烧,生料在预燃室内的碳酸盐分解率达 40%~50%,之后进入主炉继续分解。

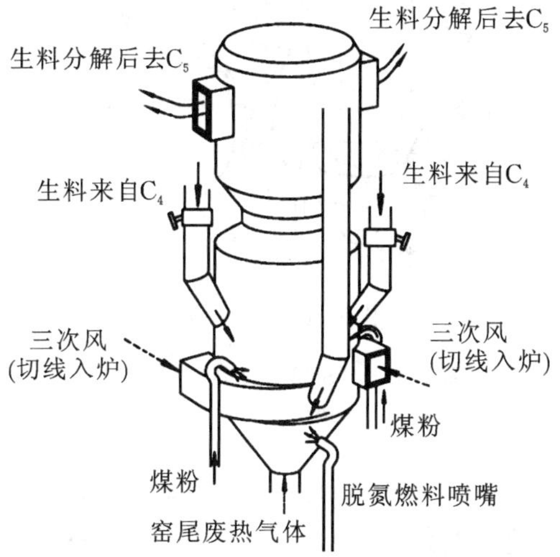

图 1.88 TDF 型分解炉

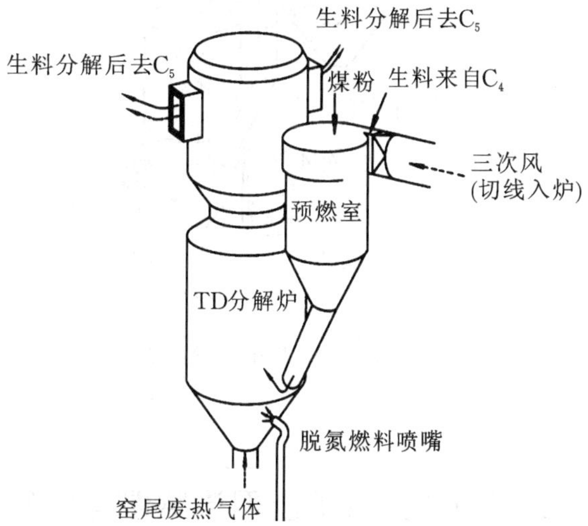

图 1.89 TSD 型分解炉

(3) TWD 型分解炉

TWD 型(Combination Furnace with Whirlpool Pre-burning Chamber)分解炉(同线型)是带下置涡流预燃室的组合分解炉(图 1.90),基本结构和特点是:应用 N-SF 分解炉结构作为该炉的涡流预燃室,将 DD 炉结构作为炉区结构的组成部分(类似于 N-SF 与 TDF 炉的组合),三次风切线入下蜗壳,燃煤从蜗壳上部多点加入,生料从蜗壳及炉下部多点加入,炉内产生涡旋及双喷腾效应。这种同线型炉适应于低挥发分或质量较差的燃煤。

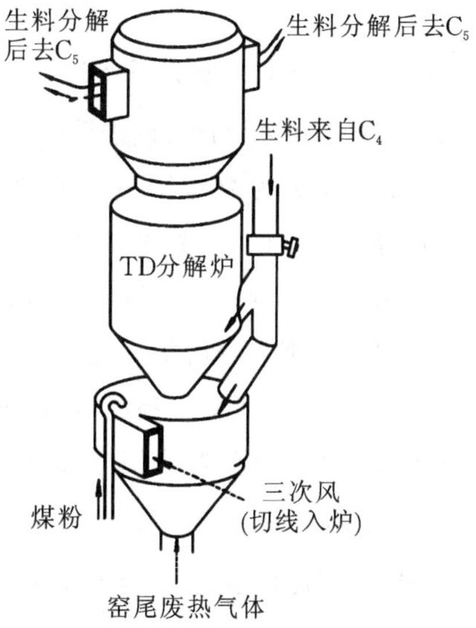

图 1.90 TWD 型分解炉

(4) TFD 型分解炉

TFD 型(Combination Furnace with Fluidized Bed)分解炉(图 1.91)是带旁置流态化悬浮炉的组合型分解炉,将 N-MFC 分解炉结构作为该炉的主炉区,三次风从炉内流化区上部吹入,燃煤和生料从流化床区上部喂入,出炉气固流经鹅颈管进入窑尾 TD 分解炉上升烟道的底部与窑气混合。炉下部为流态化,上部为悬浮流场。该炉实际是 N-MFC 分解炉的优化改造,并将 TD 分解炉结构用作上升烟道。

(5) TSF 型分解炉

TSF 型(Suspension Furnace with Fluidized Bed)分解炉(图 1.92),与窑炉的对应位置为半离线型,结构组合为旁置式,三次风从炉内流化区上部吹入,窑气入上升烟道,煤粉从流化床区上部喷入,生料从流化床区上部喷入,流场效应为:炉下部为流态化,上部为悬浮流场。

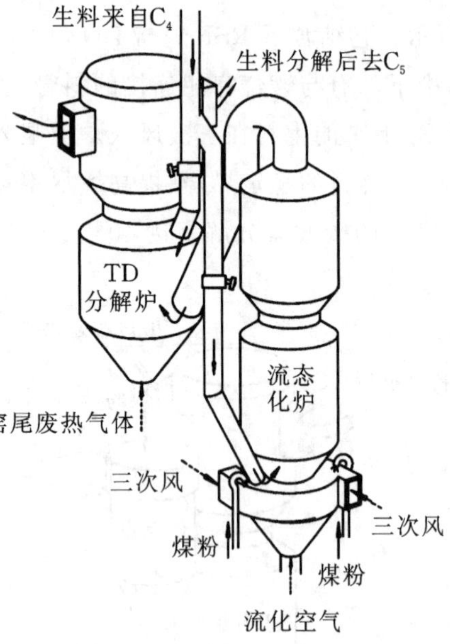

图 1.91 TFD 型分解炉

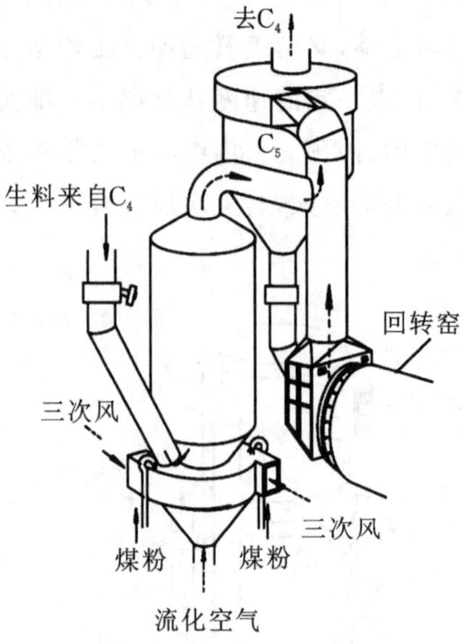

图 1.92 TSF 型分解炉

1.89 TFD 分解炉出现温度倒挂的原因及解决办法

河南某 4500 t/d 生产线在投产后一年多的运行过程中,经常出现分解炉出口温度偏高、温度倒挂现象,严重时导致 C_4、C_5 下料管出现烧结型堵塞等事故。

1.89.1 TFD 分解炉结构

该生产线采用某设计院改进后的 TFD 半离线分解炉,结构示意见图 1.93。

整个分解炉分为两部分:竖直烟道(在线部分)和 F 预燃炉(离线部分),其中 F 预燃炉内部从下向上又可划分为四个区域:流化区、供气区、稀薄流化区和密集悬浮区。运行中该分解炉内供燃料燃烧的三次风来自窑头的三次风管,其全部在流化床的上部被径向引入分解炉。煤粉通过两个喷嘴用气力输送装置直接喂入分解炉流化床,且在流化床风机的作用下与从 C_4 下来的生料充分混合均匀,实现了无焰燃烧,避免了局部高温,提高了热交换效率。出 F 预燃炉部分分解的生料汇同未燃尽的煤粉及气体进入分解炉在线竖直烟道部分,与窑内通过烟室缩口入炉的废气再次混合和燃烧,完成分解,最终经 C_5 分离入窑。

1.89.2 温度出现倒挂的危害

① 预热器易堵塞

分解炉温度倒挂,就会伴随着煤粉的不完全燃烧,未完全燃烧的煤粉随物料在 C_5 或 C_4 内二次燃烧,造成物料黏结在筒壁和下料管处,发生结皮堵塞。

② 分解炉压床

TFD 分解炉结构设计要求物料在炉内特别是 F 预燃炉内必须充分地流化悬浮,但在分解炉温度出现倒挂或煤粉爆燃时,分解炉出口温度迅速增高,气体在该处较快热膨胀,系统用风对预燃炉内部抽力减小,物料因此得不到有效流化悬浮,不能被及时带出,频繁引起压床事故。

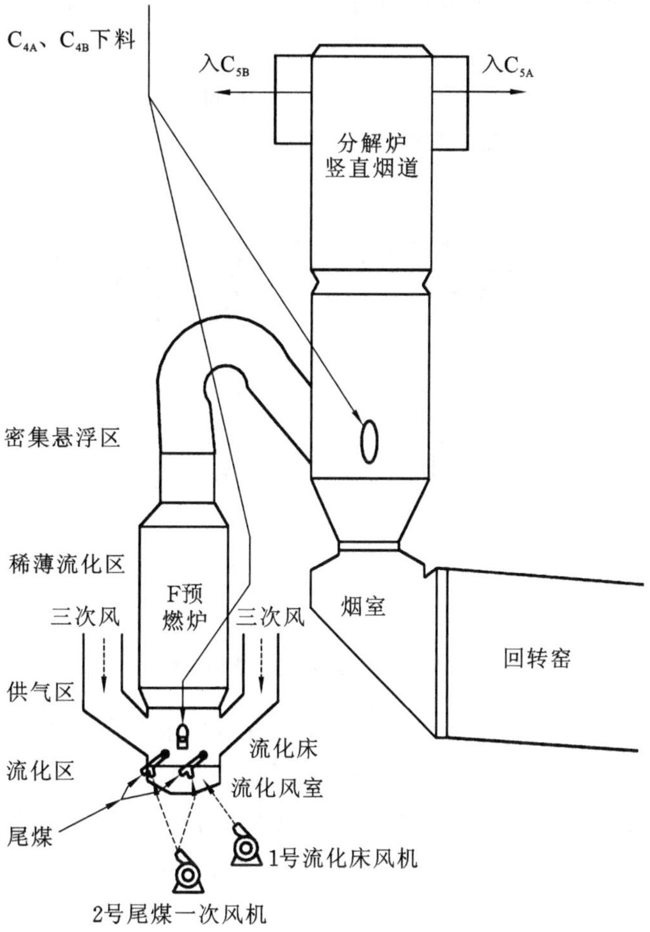

图 1.93　TFD 半离线分解炉结构示意

③ 对窑内煅烧的不良影响

由于物料携带不完全燃烧的煤粉进入窑内，易在窑后部过渡带的抗剥落高铝砖部位提前出现液相，使该部位耐火砖出现不正常的蚀薄现象。另外由于液相的提前出现，物料进入窑内烧成带活性下降，熟料结粒状况不良，窑前飞砂严重，出窑熟料质量降低。

1.89.3　出现温度倒挂的原因及解决措施

该线投运初期入窑分解率不高，头煤使用比例过大。按设计值控制分解炉出口温度在 860 ℃左右时，入窑生料分解率在 85%～90%之间。后将分解炉出口温度提高至 900 ℃左右，才保证入窑分解率在 92%～96%，满足了窑系统的煅烧需要，完成了达标达产任务。由于分解炉温度控制较高，相应 C_4、C_5 温度也偏高，系统风、煤和料稍有波动就会引起温度倒挂现象，导致一系列不正常的工艺问题。从上面分析可以看出，分解炉运行工况较差，存在风、煤、料混合不好、炉内气体和物料运动速度过快和煤粉燃烧过慢的问题。

(1) 第一次技术改革

此次技术改革通过缩小三次风管有效内径，来提高三次风管管内风速，优化窑、炉两路用风比例。该线设计回转窑规格为 ϕ4.8 m×72 m，三次风管外径 3.6 m，砌砖后有效内径 3.1 m，使用中三次风阀门开度在 30%左右，管内积料严重。2012 年 12 月底，在大修时采用在三次风管内部再砌砖的办法(砖的厚度 115 mm)，将三次风管内径缩小至 2.87 m。

改进后三次风阀门开度一般在 80%左右或全开，管内积料很少，同时窑内通风得到加强，头煤燃尽率提高，窑系统提产 10%，熟料产量稳定在 5800 t/d。但分解炉出口温度还是要控制在 890 ℃，才能保证入窑分解率，没能从根本上解决分解炉存在的问题。

(2) 第二次技术改革

① 2013 年 5 月大修期间增大了流化床上的流化风量，并将流化动力不足的“伞”形风帽改造为“倒竹筒”形风帽，以提高流化床的抗压床性能，改进前后风帽结构见图 1.94。

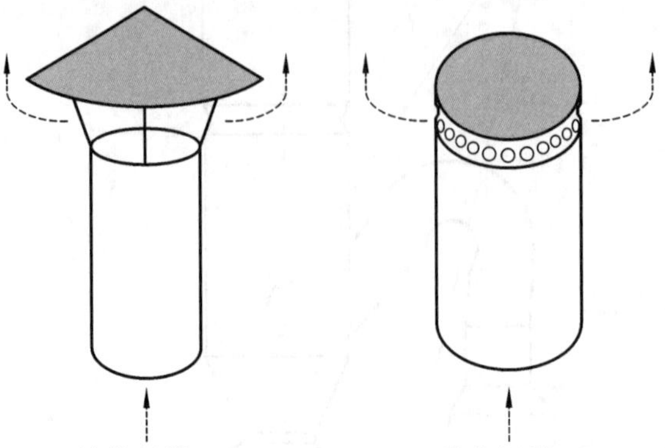

图 1.94 改进前后风帽结构示意

原“伞”形风帽下部均为圆筒状进风筒，底部直接焊接在流化床与风室的隔板上，其外径为 80 mm，内径为 70 mm，整个风帽高度为 200 mm。改进后的“倒竹筒”形风帽要求厂家加工尺寸为外径 90 mm，内径 80 mm，高度仍为 200 mm。更换风帽时将原“伞”形风帽上部割去，但根部仍保留 10 mm 左右不动，将新的“倒竹筒”形风帽盖在上面再用电焊点焊焊接即可。这样的措施既保证了每个风帽功能不变、稳定牢固，同时也便于将来损坏后的更换。

② 将 C_4 下料入炉的撒料台改为撒料箱，提高物料分散效果，有利于充分发挥流化床的流化效果。另外，改造前落差较大，C_4 来料会不断地冲击撒料台，在检修期间经常发现撒料台有损坏现象，需要修复。改造后的撒料箱耐冲刷性能好，使用寿命可超过两年，维护简单。

③ 尾煤两个燃烧器喷嘴位置由距离流化床 1200 mm 下降至 750 mm，避免煤粉过快进入供气区。

④ 在不改变分解炉两侧三次风入炉外面管道布置和内部出风口形状的前提下，通过重做浇注料，即通过下部加厚、上部减薄（由于是入炉拐弯处，为防冲刷改造前此处上部浇注料厚度达 500 mm）的办法，将两侧入炉的三次风进口整体上移 300 mm，从而在保持入炉风速基本不变的情况下使供气区上移，提高风、煤、料流化混合效果。

此次改进效果明显，温度倒挂现象消失，分解炉出口温度控制在 860 ℃，入窑生料分解率在 92%～96%，整体窑系统运行工况稳定，尾煤使用比例超过 60%，再也没有出现不完全燃烧和爆燃的不正常情况，熟料标准煤耗下降。

［摘自：郭寿祥，姚从岭. TFD 分解炉出现温度倒挂的原因及解决方法[J]. 水泥，2015(12)：37-38.］

1.90 派洛克朗和普列波尔型系列分解炉基本原理及特点

Pyroclon（派洛克朗）是 Pyro（高温）与 Cyclon（旋风筒）缩写的组合，即供燃料燃烧旋风装置，特点是将窑尾与最低一级旋风筒之间的上升烟道适当加高、延长并弯曲向下作为分解装置，由德国洪堡公司开发。Prepol（普列波尔）是 Precalcining（预分解）与 Polysuis（伯力休斯公司）缩写的组合，由德国伯力休斯公司开发，它同洪堡公司的 Pyroclon 分解炉一样，将窑尾烟道延长变成分解炉，不同之处是在多波尔悬浮预热器基础上设置了一条整体烟道。

派洛克朗(Pyroclon)分解炉系列如图 1.95 所示，普列波尔(Prepol)分解炉如图 1.96 所示。这两种炉均属于烟道式分解炉，其共同的特点是：

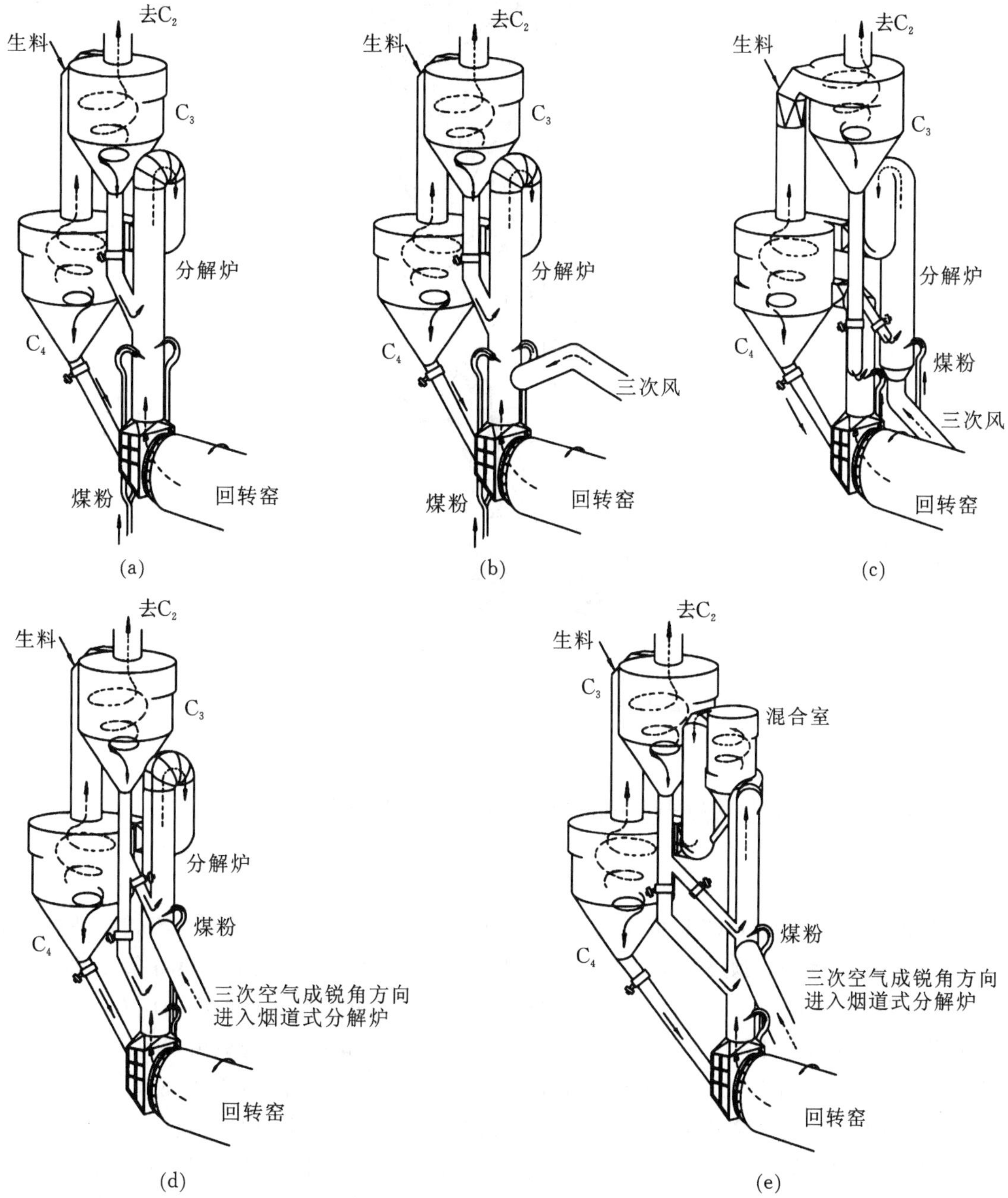

图 1.95　Pyroclon 分解炉系列

(a)Pyroclon-S 分解炉；(b)Pyroclon-R 分解炉；(c)Pyroclon-RP 分解炉；(d)Pyroclon-Low NO_x 分解炉；(e)PYROTOP 分解炉

① 不设专门的分解炉，利用窑尾与最低一级旋风筒之间的上升烟道作为分解炉，因此结构简单，流体阻力较小。

② 燃料与经预热后生料均自上升烟道下部喂入，沿管道内形成旋涡流动，在气流中充分分散，悬浮分解。

③ 上升烟道中燃烧所需空气，可以全部由窑内提供，也可以由三次风管供应，还可以由窑气和三次风管汇总供应。可根据具体情况加以选择。

④ 上升烟道内的气流形成旋流运动和喷腾运动，延长了燃料和生料的停留时间，使生料得到更多的分解。上升烟道的高度根据燃料燃烧和生料的停留时间的需要来确定。

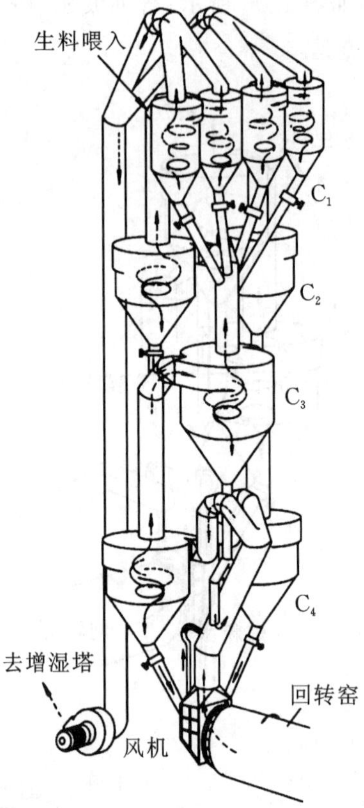

图 1.96　Prepol 分解炉的预分解系统

1.91　四种主要类型分解炉在结构和性能上有何特点

(1)“喷-旋”型分解炉

这种类型的分解炉以 NSF-CSF 系列及 RSP 系列炉型为代表。其主要特点在于燃料是在旋流的炽热三次风中点火起燃，因为其预燃环境好，为下一步燃料在炉内完全燃烧创造了良好条件；同时，气固两相流是在“喷-旋”结合流场中完成最后燃烧与物料分解的。要充分发挥这种炉型的应有功效，关键在于组织好“喷-旋”两相流的流场和保证气流、物料在炉内有充裕的滞留时间，避免出现炉内偏流、短路和物料特稀浓度区，影响物料在气流中的分散、均布，进而影响分解炉的燃烧、换热和分解功能的充分发挥。TDF、NC-SST 型炉巧妙地研发了“旋喷”结构用以优化煤粉起火燃烧且收到良好效果。

NSF-CSF 系列炉型与 RSP 系列炉型的主要区别在于 RSP 炉有较大的预燃分解室(SC)，而 NSF-CSF 炉的炉下蜗壳仅起点火预燃作用，经蜗壳点火起燃的气流很快与炉下喷腾向上的窑气汇合，喷腾进入反应室。虽然这种炉型固气滞留时间比(K_τ)较大，但是 NSF 炉的侧向出口容易造成炉内偏流和特稀浓度区，因此其工作条件不如 CSF 炉好。CSF 炉上部设有“涡室”，可以说是对 NSF 炉缺点的改进，是十分必要的有效措施。如果根据燃料条件，设计中保证 CSF 炉能够有一个比较充裕的炉容，它是具有很大竞争能力的。

RSP 炉 SC 室在使用中低质煤时，保证燃料在炽热的三次风中起火预燃，起到了优异作用，同时也有利于生料升温和初步分解。因此，对 SC 室的作用应给予高度评价。但是，要保证燃料达到足够的燃尽率，生料达到规定的分解率，最终还要靠 MC 室完成，所以对 MC 室的作用也必须有足够的重视。在 RSP 炉开发初期，由于是以油为燃料，条件优越，MC 室的作用尚未像现在这样被重视。对 RSP 炉最早提出挑战的当属法国莱克索斯水泥厂，该厂以煤代油后，分解炉难以适应，随即在炉内增加了缩口，并且增大 MC 室容积，从而扭转了生产被动局面。这对随后 RSP 发展成三种炉型，不能不说是一个重要的启示。

中国 TSD 型炉、丹麦史密斯公司 SLC-D 型炉、德国伯力休斯公司 P-AS-CC 型炉都吸取了 RSP 炉 SC 室成功经验；中国 TWD 型炉、CDC 型炉则是吸取“喷-旋”型炉经验，经发展创新研发而成。

N-KSV 炉亦属“喷-旋”叠加型炉，在中国使用较少。但仅就 LY1000 t/d N-KSV 窑生产状况及冷模试验结果分析，其主要问题在于“喷-旋”流场的合理组织、燃料点火起燃条件、炉内缩口结构及炉的容积等四个方面尚待优化，以进一步发挥其应有功能。

总之，“喷-旋”叠加型分解炉的喷腾作用有利于物料在炉内的分散、均布，旋流有利于延长物料在炉内的滞留时间，关键在组织好喷腾流场及旋流流场的最佳匹配，否则导致偏流及物料贴壁，必然会影响物料的分散、均布及传热、传质和动量传递效果。同时，由于旋流阻力较大，喷-旋流场组织不好，不但不能充分发挥两种流场叠加的应有作用，反而会引起系统阻力增加，这一点是十分值得重视的。此外，还要特别强调 RSP 炉 SC 室对中低质及低挥发分煤的点火预燃的优异作用，这一点是其他炉型难以比拟的。

(2) “喷腾”型及“喷腾叠加”型分解炉

“喷腾”型炉以 FLS 系列炉型为代表，“喷腾叠加”型以 DD 型炉为代表。它们的特点在于，燃料在炽热的三次风中点燃起火。FLS 炉的数个燃料喷嘴可以从炉下锥体中下部喷入向上喷腾的炽热三次风中，亦可旋喷进入三次风中。由于从上级旋风筒下来的物料下料点同燃料喷嘴有一段距离，燃料点火后可在此空间预燃，因此下料点与燃料喷嘴位置之间的合理匹配，对于燃料预燃十分重要。而 DD 炉燃料喷嘴是设置在炉的中下部三次风入口的上方，入炉燃料倾斜向下喷入炽热的三次风中点火起燃。由于其燃料点火起燃环境没有“旋-喷”式炉(如 NSF-CSF 炉及 RSP 炉)宽松，因此喷嘴位置设置及喷出风速等技术参数稍有不当，即会影响燃料点火速度及预燃环境，从而影响到炉内温度场的分布，进而影响出炉燃料燃尽率及生料分解率。

由于 FLS 型第二代分解炉上部出口设置形式不当，对炉内工况产生不利影响，但这个问题对 FLS 型第一代炉型是不存在的，因此可以认为第一代炉型较第二代炉型优越。针对第二代 FLS 炉在中国 LZ-SLC 窑上存在的问题，在该厂技术改进中，已采取炉内增设“缩口”“气固反弹室”以及增大炉容的办法加以解决。史密斯公司供应中国 SH、HX 的两台 SLC-S 型窑，不但已采用第一代炉型，并且在炉出口及最下级旋风筒之间增设鹅颈管，以延长气流及物料在炉内的滞留时间，取得了良好效果。NC-SST-I 型分解炉炉下采用“旋-喷”叠加结构以及增设鹅颈管道的方法，有可能使其成为适应性良好的炉型。

DD 炉已在中国 YX-2000 t/d 预分解窑上使用，同时经设计转换还建成数台 1000 t/d DD 型预分解窑。如前分析，DD 炉属“喷腾叠加”型炉，亦是一个较好炉型。但以前生产中出现的问题，主要在于炉容较小，难以适应中低质煤燃烧。在中国 CT-1000 t/d DD 窑的设计中，由于采取了扩大炉容等措施，取得了良好效果，其经验已得到广泛推广，并应用于新型 TDF 型炉的研发。

总之，“喷腾型”及“喷腾叠加型”分解炉，由于其阻力小，结构简单，布置方便，炉内物料分散、均布以及点火起燃条件、换热功能良好，只要结合燃料条件，保证有一个充足的炉容是很有发展前途的。

(3) “流化-悬浮”型分解炉

这种炉型以 MFC-NMFC 炉为代表。其主要特点在于采用流化床保证燃料首先裂解，然后进入炽热的三次风中迅速燃烧，并在悬浮两相流中完成最后的燃烧和分解任务。MFC 炉系采用“两步到位”模式；NMFC 炉针对 MFC 炉流化床阻力大、风温低影响换热效率的缺点加以改进，并且采用了“一步到位”模式。可以认为：MFC-NMFC 炉在目前出现的各种分解炉中，是最适合使用中低质燃料及粗颗粒燃料的。但是，由于专利权的限制，在该设备供应商提供的成套装备中，往往不管燃料条件好坏而一律使用 MFC-NMFC 炉，例如中国 YT-2750 t/d 级预分解窑，在燃料热值 25000 kJ/kg 左右的情况下亦采用 N-MFC 炉，虽然窑的生产能力增加，但是，如果其他设备在设计中没有留有足够的储备能力，亦会影响其生产潜力的发挥。而中国 TFD 型、TSF 型分解炉的研发成功，则充分重视了“流化效应”对中低质煤及无烟煤燃烧的良好功能。

总之，MFC 窑具有“两步到位”，适应中低质燃料，充分利用窑气热焓和防止“黏结堵塞”的优点；N-MFC 炉是对 MFC 炉流化床阻力大、流化风温度低等缺点的改进和优化，因此，在使用中低质燃料甚至劣质燃料时都可以适应。同时在利用挥发分含量较高的燃料时，同样可以采用“两步到位”模式，以利于防止上升烟道等部位的“黏结堵塞”。

(4) “悬浮”型分解炉

“悬浮”型分解炉以 Prepol 和 Pyroclon 型炉为代表。其主要特点是以延长和扩展的上升烟道作为管道式分解炉，虽然“悬浮效应”的固气滞留时间比(K_τ)值较其他炉型小，炉内气固流湍流效应较差，但是由于它们有较充裕的炉容补差，炉型结构也比较简单，布置方便，因而得到了较为广泛的应用。

近年来，中低质燃料的使用、工业垃圾的处理和环境保护的重视，对水泥工业提出了新要求，促使这两种炉型进一步发展和改进。例如 Prepol 型炉在设有单独三次风管的 AS 型炉基础上，研制开发了 P-AS-LC、P-AS-CC 及 P-AS-MSC 炉；Pyroclon 型炉在原来设有单独三次风管的 PR 型炉基础上，研制开发了 PR-AS-SFM、P-RP 及 PR-AS-Low NO_x、PYROTOP 型炉，这都是为了适应中低质固体燃料和降低废气中 NO_x 排放量的需要。目前 P-AS-CC 炉已成为伯力休斯公司的主要窑型，其主要特点就在于在管道分解炉下部增设了预燃室(CC 室)，有利于使用中低质燃料；而 PYROTOP 已成为洪堡公司的最新产品。这两种炉型颇具竞争力。中国许多新型分解炉的研发及新型 RSP 型分解炉的发展都借鉴了 Pyroclon 及 Prepol 型分解炉的经验。Prepol 及 Pyroclon 型系列分解炉均是很好的炉型。

近年来由于技术积累、互相交流及燃料结构和环保要求的变化，在各种炉型的最新发展中有四点值得重视：一是中低质及低挥发分燃料在炉内的迅速点火起燃的环境改善；二是使用中低质及低挥发分燃料时，要“以空间换时间”，即扩大炉容，改进结构，提高燃料燃尽率；三是降低窑炉内 NO_x 生成量，并在出窑入炉前制造还原气氛，促使 NO_x 还原，满足环保要求；四是采取措施，促进替代燃料和可燃废弃物的利用。这些都是近年预分解窑及各种分解炉技术创新的共同趋势和目标。

1.92 分解炉为何不可过分追求热负荷指标

热负荷高低同炉的生产能力相对应，一般来说，炉的热负荷高，燃烧能力强，炉的容积相对较小，散热亦小；反之亦然。

原来，各种分解炉的单位容积热负荷一般为 $5\times10^5\sim8\times10^5$ kJ/(m^3 · h)，目前由于对中低质燃料适应性的重视以及生产经验的积累，各种炉型对炉容都有增大的趋势。热负荷同炉型、燃料优劣、原料性能等有密切联系，一般要根据具体情况选定。Prepol 及 Pyroclon 型炉的热负荷一般在 $3.5\times10^5\sim4.5\times10^5$ kJ/(m^3 · h)之间。许多炉在采用鹅颈管后，其容积亦应计算在内。由于管道的固气滞留时间比(K_τ)较小，如果包括管道在内，热负荷相对要小些。由于分解炉主要功能在于物料预分解效率的充分发挥，同时其结构简单，投资低，过分追求热负荷高低是没有意义的。

1.93 分解炉系统的阻力有何差异

从生产实践经验及冷态模型分析来看，喷腾流场阻力较小，旋流流场阻力较大。因此，FLS 炉及喷腾叠加型 DD 炉的系统阻力都是不大的，而采用“喷-旋”叠加的 NSF、CSF 炉阻力相对较大。此外，半离线型炉出于窑气与炉气平衡的原因，窑尾设置缩口亦会引起阻力增加，尤其采用“两步到位”的分解炉，把上升烟道及斜烟道组成了一个“分解炉区”，阻力亦会增加，例如 RSP 炉等即是这样。中国 NC-SST-I 型炉取得的低阻效果，十分值得重视。

1.94 分解炉用多风道燃烧器结构的应用

由于分解炉内燃料多是无焰燃烧，炉内温度较回转窑燃烧带低很多，因此对炉用燃烧器性能不像对窑用燃烧器那样苛求。燃烧器一般来说为单风道形式，有的在喷嘴内还设置风翅。20 世纪 80 年代末期 PILLARD 公司率先研发了分解炉用 Rotaflam 三风道燃烧器(图 1.97)，对改进炉内燃料燃烧起到良好作用。目前,分解炉用三风道燃烧器已得到普遍应用。中国天津水泥工业设计研究院研发的 TC 型炉用三风道燃烧器(图 1.98)在大中型预分解窑生产中亦取得良好效果。

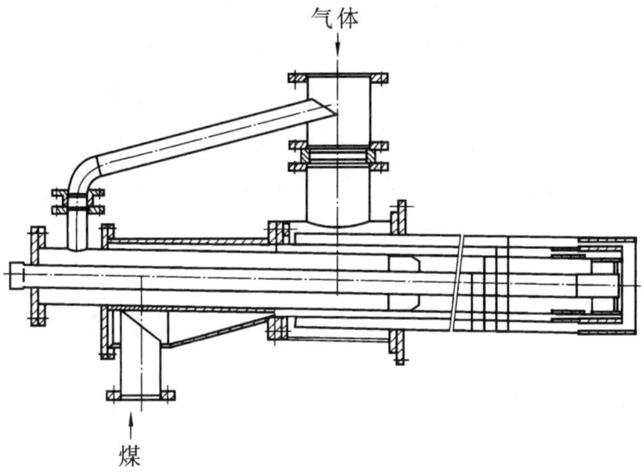

图 1.97 分解炉用简化结构的 Rotaflam 三风道燃烧器

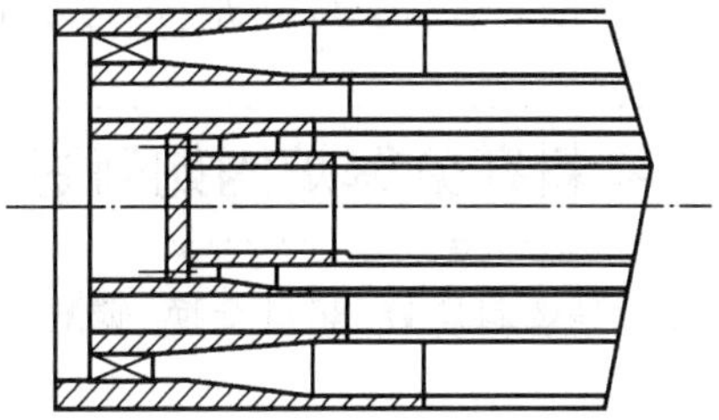

图 1.98 燃烧无烟煤的窑尾用三风道煤粉燃烧器头部结构

1.95 分解炉与窑连接有几种方式及其特点

(1) 第一种方式(同线型)

分解炉直接坐落在窑尾烟室之上,称为同线型分解炉。这种炉型实际是上升烟道的改良和扩展。它具有布置简单的优点,窑气经窑尾烟室直接进入分解炉,由于炉内气流量大,O_2 含量低,因此要求分解炉具有较大的炉容或较大的固气滞留时间比(K_τ)。这种炉型布置简单、整齐、紧凑,出炉气体直接进入最下级旋风筒,因此它们可布置在同一平台,有利于降低建筑物高度。同时,采用鹅颈管结构增大炉区容积,亦有利于布置,不增加建筑物高度。

(2) 第二种方式(离线型)

分解炉自成体系,称为离线型炉。采用这种方式时,窑尾设有两列预热器,一列通过窑气,一列通过炉气,窑列物料流至窑列最下级旋风筒后再进入分解炉,同炉列物料一起在炉内加热分解后,经炉列最下级旋风筒分离后进入窑内。同时,离线型窑一般设有两台主排风机,一台专门抽吸窑气,一台抽吸炉气,生产中两列工况可以单独调节。在特大型窑,则设置三列预热器,两个分解炉。

(3) 第三种方式(半离线型)

分解炉设于窑的一侧,称半离线型炉。这种布置方式中,分解炉内燃料在纯三次风中燃烧,炉气出炉后可以在窑尾上升烟道下部与窑气汇合(如 RSP、MFC 等),亦可在上升烟道上部与窑气汇合(如 N-MFC、SLC-S 等),然后进入最下级旋风筒。这种方式工艺布置比较复杂,厂房较大,生产管理及操作亦较为复杂。其优点在于燃料燃烧环境较好,在采用“两步到位”模式时,有利于利用窑气热焓和防止黏结堵塞。中国新研制的新型分解炉亦有采用这种模式的。

1.96 分解炉在喂料管的设置上有何特点

喂料管位置除 RSP 和 GG 炉设置在炉的上部外,其他炉多设置在炉的下部或中部,喂料点数目除少数炉为一个外,其他多为 2～3 个。此外,从喂料管位置上看,RSP 炉喂料点高,又从两个三次风进口处喂入,一般要求两处喂料量分配均匀,因此设置两个三级旋风筒(自下往上数第二级),增大了预热器塔的面积,如果设置一个 C_3 级筒,喂料分配又难以均匀,故设计较为复杂。同时,喂料管设置与喂煤点匹配亦十分重要,否则会影响燃料的预燃环境或引起炉内“超温”结渣。目前中国新型分解炉已做了优化改进。

1.97 分解炉在喂煤管的设置上有何特点

从喂煤管数量上看，除 RSP 及 GG 炉仅有一个喷煤管从炉顶喂煤外，其他炉均有两个以上喷煤管，从炉的中部或下部喂煤，管道布置比较复杂；从喷煤风压及风量上看，除 RSP 炉仅需少量低压风外，其他炉大多需要高压风，尤其是 N-SF 炉、FLS 炉等设有 2～4 个喷煤嘴，虽然对炉内燃料分散均匀有利，但如果喷嘴结构、位置、风速等匹配不当，则高温气流容易吹扫和烧坏炉内衬料。所以从喂煤管设置方面来看，RSP 炉除喷煤管位置较高外，其他方面比较简单。

1.98 物料在分解炉内如何进行反应

分解炉是燃料燃烧、热量交换、碳酸盐分解同时进行的热工设备，由于结构、工作原理不同，一般有下列四种形式：

① 旋流式分解炉，它的特点是气体与物料在炉内做旋流运动。

② 喷腾式分解炉，它的特点是靠气流喷吹使物料与气体在炉内做悬浮运动。

③ 沸腾式分解炉，它的特点是通过高压风机鼓入空气室的风，通过烟帽而使物料、燃料呈沸腾状（设有沸腾床）。

④ 带预热室的分解炉，它的特点是设有预热室，可保证燃料的稳定燃烧和生料的分解。

物料在分解炉内的反应是这样进行的：当生料经过旋风预热器升温后，干燥预热过程已经完成，生料由 C_3 级（C_4 级）旋风筒进入分解炉时，被炉内热气流吹散，并悬浮于燃烧的气流中，在炉内旋转形成涡流，沿管道向下运动进入混合室，与出窑高温废气接触进行热交换，再由混合室流入 C_4 级（C_5 级）旋风筒，生料与废气分离，入窑。在物料由 C_3 级（C_4 级）旋风筒入分解炉时，$CaCO_3$ 分解率一般为 16%～18%，温度在 750 ℃左右，分解才刚刚开始，当温度升至 820～870 ℃时，分解反应迅速进行。实践证明，物料被加热到 600 ℃以上，分解炉内温度为 950～1000 ℃，只要 0.8 s 时间，$CaCO_3$ 分解率可达到 85%以上，分解速度比在回转窑内进行快得多，所以物料在分解炉内停留 1 s 即可。当炉温达 850 ℃时，$CaCO_3$ 分解率达 60%，炉温控制在 900 ℃时，$CaCO_3$ 分解率达 80%以上。

1.99 物料在分解炉中如何进行热交换

物料在分解炉中进行热交换，是通过高温气体作热源，把热量传给物料粉粒。由于分解炉温度不高，气体流速很大，搅动比较剧烈，传热面积很大，热交换进行迅速，传热方式以对流为主。虽然气流中含有具有辐射能力的二氧化碳、水蒸气等，但辐射层厚度很小，辐射能力不强，辐射传热的比例很小。当生料颗粒与炉壁接触时，也有少量的传导传热。

就分解炉的传热理论来看，目前尚有分歧，有人认为对流传热占 90%，辐射传热占 10%（忽略传导传热）；也有人认为几乎没有辐射传热发生；第三种看法则认为，辐射传热占总传热量的 28%，对流传热占 72%。总之，无论对流传热、辐射传热所占比例如何，对流传热为主是共同承认的。

1.100 分解炉内粉料的停留时间为何比气流停留时间长

(1) 旋风效应

旋风型分解炉及预热器内气流做旋回运动，如图 1.99 所示，气流经下部涡流室形成旋回运动，再以切线方向入炉，在炉内旋回前进。

悬浮于气流的粉料，由于旋转运动受离心力的作用，逐步被甩向炉壁。其中颗粒较大的粉料，因其单位质量所具有的表面积较小，在其离心向壁运动中，所受阻力较小，离心向壁的倾向较大，因而比颗粒较小的粉料及气流容易达到炉的边缘。当粉料颗粒达到炉壁的滞流层时，或与炉壁摩擦碰撞后，运动动能大大降低，运动速度锐减；或是失速坠落，降至缩口时再被气流带起。

运动速度锐减的粉料，如果是在旋风预热器内，便沿筒壁逐渐下降至锥体而被从气流中分离出来。而在旋风型分解炉中的粉料却不沉降下来，这是因为炉内气流“后浪推前浪”的推动作用，前面的气流将粉料滞留下，而后面的气流推着粉料继续前进。所以粉料总的运动趋向还是顺着气流，旋回前进而出炉，但粉料的前进运动速度却远远落后于气流的速度，造成粉料在炉内的滞留现象。由于这种滞留现象，炉内粉料的停留时间大于气流的停留时间。

(2)喷腾效应

喷腾型分解炉或预热器内气流做喷腾运动，如图 1.100 所示，这种炉的结构是炉筒直径较大，底部喉管较细，气流以 20～40 m/s 的流速通过喉管，在炉筒一定高度内形成一条上升流股，将炉下部锥体四周的气体及粉料不断裹吸进来，喷射上去，形成许多由中心向边缘的旋涡，从而形成喷腾运动。

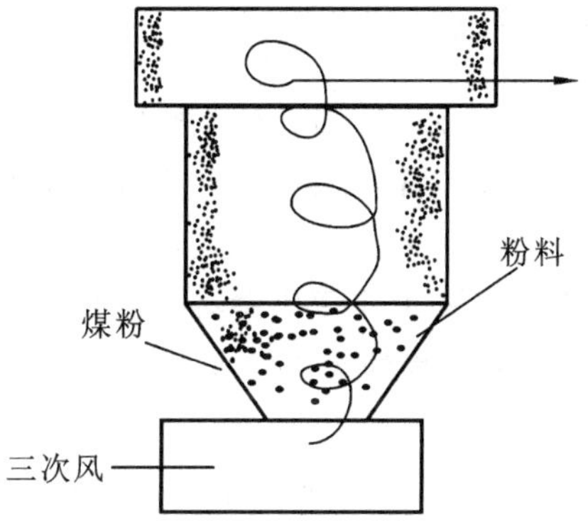

图 1.99　旋风型分解炉

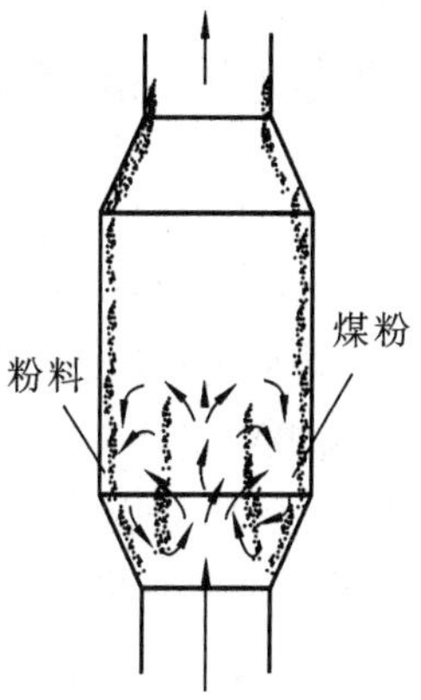

图 1.100　喷腾型分解炉

在喷腾口，进入气流的粉料被气流吹起、悬浮，其中有的粉料被直接抛向周壁，有的随气流做旋回运动，因所受离心力及所受阻力不同，也被推向炉壁滞留层。碰壁减速后的粉料，一部分沿壁下坠，降至喉口又被吹起而做内部循环，一部分则沿炉壁被气流“后浪推前浪”地上推，直至出炉。

这种喷腾效应也使粉料的前进运动速度远远落后于气流速度，造成粉料在炉内的停留时间大于气流的停留时间，从而大幅度延长煤粉、粉料在炉内的反应时间。

1.101　分解炉选型及设计有哪些要求

(1) 分解炉按照燃料燃烧用气的不同，分为在纯空气中燃烧和在混合气体中燃烧两种方式，可根据燃料性质确定。当燃料中挥发分含量低时，燃料的燃烧较困难，而在纯空气中较易燃烧。因此，当燃料的挥发分含量低时，宜采用纯空气燃烧型分解炉。

(2) 根据气流和物料在分解炉内的运动方式不同，分解炉有多种型式，设计选型时，宜根据燃料性能及具体情况选择炉型和确定炉体结构尺寸。

(3) 分解炉的型式不同，其气固两相流场分布亦不相同，气体和固体粒子的运动轨迹亦有差别。因此各种型式分解炉设计的气体停留时间差别较大。几个水泥厂实际标定的气体在分解炉内的停留时间为：冀东水泥厂(NSP)2.825 s；宁国水泥厂(MFC)3.1 s；柳州水泥厂(SLC)2.47 s；江西水泥厂(RSP)3.86 s；双阳水泥厂(DD)2.03 s。因此，分解炉中气体的停留时间应不低于 2 s，可根据分解炉的型式及原燃料性能确定。

(4) 分解炉用煤量的比例应符合下列要求：

① 当采用三次热风从回转窑内通过时，分解炉用煤量宜占总用煤量的 10%～30%；

② 当采用有三次风管的分解炉时，分解炉的用煤量宜占总用煤量的 55%～65%；

③ 当采用旁路放风时，应根据不同的放风量，使分解炉的用煤比例相应变化。

(5) 分解炉的设计应符合下列要求：

① 对燃料的适应性强，要求燃料在分解炉内能完全燃烧；

② 入窑物料的表观分解率应达到 85%～95%；

③ 分解炉内温度场应均匀；

④ 物料和气体在分解炉内停留时间之比要大；

⑤ 物料和燃料在分解炉内的分散性要好；

⑥ 出分解炉气体中 NO_x 含量要低；

⑦ 压力损失要小；

⑧ 炉体结构简单。

1.102 影响分解炉滞留比的主要因素有哪些

分解炉内粉料经历时间 t_m 与气体经历时间 t_g 之比，用 K 表示($K=t_m/t_g$)，称为滞留比。它也等于分解炉内粉料平均浓度与炉进出口气体浓度之比(未计分解出 CO_2 的影响)。当炉内气体流速一定时，滞留比愈大，则粉料在炉内经历、反应时间愈长。

根据炉内粉料滞留机理及实际生产经验分析，影响滞留比 K 的主要因素有分解炉的构造及规格，附壁效应或旋风效应、喷腾效应的好坏，粉料在炉内的流程，喂料喂煤的地点及方式等。

(1) 分解炉的构造及规格

炉筒的直径及高度：当炉容一定而直径过小时，虽其炉高较大，但断面风速过大，炉内涡流增大，滞留层减薄，不利于旋风效应或喷腾效应，K 将减小。反之当炉径过大时，粉料从炉中部到边壁的距离加大，有的粉料往往来不及进入滞流层就被气流带出，K 将减小。

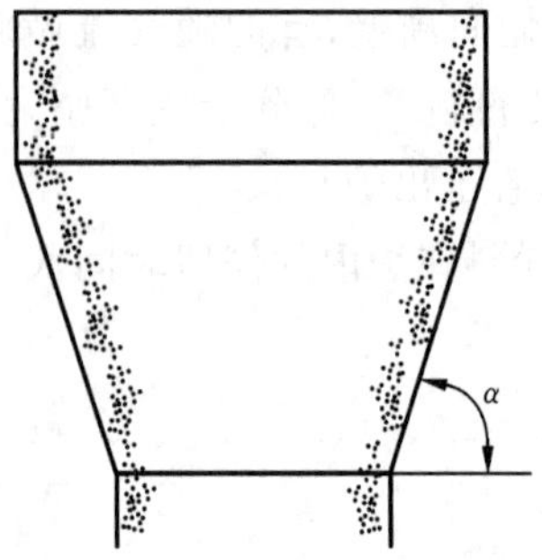

图 1.101 旋流型分解炉的锥形炉体

炉体形状：当前分解炉的主体多为圆柱形，可认为是一种较好的炉形。从旋流滞留机理分析，旋流型分解炉的炉体或部分炉体制成上大下小的锥形较好(图 1.101)，它有利于粉料在炉壁上的滞留。如果锥角 α 大于 70°，它不会引起炉内严重结皮。

有的分解炉(如 RSP 的混合室)的横截面做成矩形或方形，使炉内形成四个角区，进入混合室的粉料往往较多地集中在角区，给深入角区的粉料与气流间的扩散增加了困难，粉料受热条件也较差，所以混合室的断面形状以圆形为好。

(2) 气流入炉方式及进风口形状

喷腾式分解炉气流入炉通常由下向上，垂直向上喷腾，以使粉料迅速均匀地悬浮及产生良好的喷腾效应。

旋流式分解炉中气流通常以切向入炉，以造成炉内的旋流运动。三次风入炉方式可采用全切蜗壳式、全切直入式及部分切割式。笔者认为，全切蜗壳式在炉内形成的旋流效应较强，滞留比较高。

旋流分解炉进风口形状以矩形为好，高宽比可为 1.5～2，以利于粉料较快进入滞流层。

(3) 气体运动的速度

气体带着粉料在炉内以一定速度做旋回或喷腾运动，如果进口风速过小，粉料及气流所受离心力小，粉料与气体间相对速度小，则进入滞流层的粉料将减少，滞留比将降低。

如果进口风速过大，不但流体阻力迅速增大，且使边壁滞流层变薄，有的粉料在碰撞失速后，又被气流迅速吹走，粉料停留时间也会缩短，K 值降低。一般旋风分解炉入口风速在 18～25 m/s，喷腾型入口风速在 20～40 m/s,断面风速在 4～6 m/s。

(4) 粉料在炉内的流程是上行式还是下行式

分解炉内气流携带粉料由下而上流动称上行式,由上而下称下行式。NSF 炉为上行式,粉料旋流碰壁失速后,由于重力作用将下坠,再由后面上来的气体逐步上推,磨磨蹭蹭地出炉,这样边壁滞流层较厚,粉料浓度较大,滞留时间自然延长,K 值较大。

反之,如 RSP 的反应室,旋转气流携带粉料由上而下,为下行式。粉料旋流附壁碰撞失速后,由于重力作用将下坠,这时并无气流上托,相反,只能依靠离心作用去贴壁磨蹭,延缓下坠的速度。所以下行式炉内的滞流层较薄,粉料滞留时间较短,K 值较低。这也是 RSP 炉的 SC 室需强化旋流效应的主要原因。

(5) 喂料喂煤的地点及方式

分解炉喂料、喂煤的位置及方式如果有利于粉料的迅速分散、悬浮及迅速进入旋流或喷腾主流,则能使粉料、煤粉迅速进入边壁滞流区而受到阻滞,则滞留时间长,滞留比较大,如果喂料喂煤时不能使粉料迅速悬浮及迅速进入旋流或喷腾主流,则粉料将迅速通过炉的上部,从而缩短粉料在炉内滞留时间。这样往往使炉上游温度不正常,出口气温过高,使炉热工制度恶化。我国有些 RSP 分解炉就有这方面的缺陷。

以上讨论主要针对分解炉而言,对利用烟道作分解装置的系统,同样应重视附壁效应和管道滞留。

1.103 分解炉为何不宜过分强调粉料的均匀分布

分解炉内悬浮气流做旋流或喷腾运动,使粉料受离心力及流体阻力不同而被推向边壁,这时粉料受到两种滞留作用,其一是粉料受边壁阻滞而减慢前进运动速度;其二是使粉料做炉内循环,从而延长粉料在炉内滞留时间。因此,要保持粉料在分解炉内停留较长时间,就需保持良好的旋风效应、喷腾效应或附壁效应,但这也带来了粉料在炉内分布的不均匀,使粉料贴壁富集,而炉中、上部的中心形成“特稀浓度区”。这种现象虽在一定程度上影响炉内的燃烧、传热及分解,但由于它大幅度(3～5 倍)地延长了粉料在炉内的停留时间,其有利影响远远超过不利影响。

(1) 对燃料燃烧的影响

煤粉富集于炉壁滞流层,其燃烧条件当然不如全炉均布,但滞流层中煤粉仍处于悬浮态,它与气流之间仍有相当大的相对速度,就平均而言,气流速度比煤粉运动速度要大 3～5 倍,因而气流中 O_2 向炭粒的扩散、CO_2 向气流的扩散还是相当快的。同时炉中部“特稀浓度区”与边壁之间距离不大,两者间扩散面积很宽,扩散速度也快,所以这不会成为制约煤粉燃烧速度的重要因素。

同时,分解炉内的温度在 850～950 ℃之间,煤粉的燃烧过程处于扩散燃烧与动力学控制燃烧的过渡区,这时影响燃烧速度的因素,除 O_2 及 CO_2 的扩散速度外,还有燃烧化学反应的速度,即煤粉燃烧反应需要时间,1～2.5 s 肯定燃烧不完,扩散速度再快亦无用,因而即使煤粉均布亦无济于事。只有利用附壁效应,使(燃烧)时间延长 3～5 倍,才能使煤粒烧完,并为 O_2 及 CO_2 扩散获得充分时间。

从另一方面说,由于旋风或喷腾效应,炉内煤粉浓度增大了 3～5 倍,这就增大了煤粉与气流的接触面积,增大了燃烧反应面积,从而提高了炉内的燃烧速度及发热能力。

(2) 对气固传热的影响

煤粉、粉料虽富集于边壁,由于煤粉与气体间有相当大的相对速度,煤粉在快速燃烧着,并放出大量热量。又由于煤粉、粉料虽富集于边壁,但仍处于悬浮态,气固之间仍具有非常巨大的传热面积,所以煤粉燃烧所放出的热量,能很快传给滞流层,传给靠得较近的粉料。

至于分解炉中部“特稀浓度区”内,煤粉较少,粉料也少,其中燃烧较快,它的温度往往高于边部。但它与边部具有巨大的传热面积,它们可以辐射和对流的方式,将热量传给粉料,或利用炉壁反射传导给粉料。所以粉料在边部的富集,对传热环节并无大影响。

(3) 对粉料分解的影响

粉料分解需经气固传热、内热传导、化学分解、CO_2 内部及外部扩散五个步骤,由于炉内粉料仍处于悬浮态或流化态，传热、扩散面积大，气固相对速度大，所以粉料在边部的富集对传热、扩散无大影响。

化学分解步骤是五个步骤中需时最大的，不管炉内粉料分布是否均匀，CaO 晶核的形成和 $CaCO_3$ 的分解需要一定时间（5～15 s），所以附壁效应使粉料在边壁富集，不但对分解速度无大影响，而且为分解赢得了时间。

因此，不应该破坏或减弱炉内旋流或喷腾效应去换取炉内粉料的均布。

1.104 分解炉强制分散器的设计方案

分解炉如物料分散不均，将导致热交换性差，不仅使炉的热效率下降，热耗增高，也使入窑物料分解率明显降低。为此，赵晓光等为 RSP 型分解炉设计了一个强制分散器对物料进行强制性分散，取得了较好的使用效果。

(1) 强制分散器的结构

强制分散器实质上就是一个风力吹扫装置的变形，其形状如同扇形簸箕（图 1.102），它由进风管、喷吹区、着料导向区（着料区）和干扰扩散区组成。着料区紧挨着喷嘴，位于分散器的掌心部位，C_3 筒下料管落下的物料直冲着料区并在此开始分散，为了提高定向分散效果，在着料区安设了导料槽，对落入的物料起导向吹散作用。

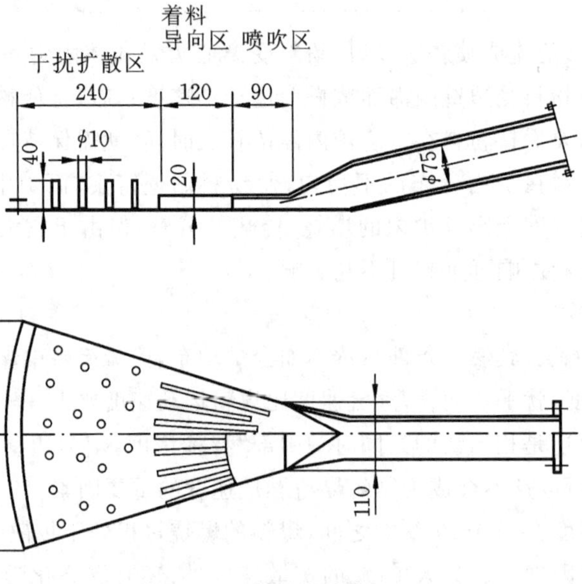

图 1.102 强制分散器

为了消除被吹散物料中存在的粉料团，需进一步对物料进行分散，为此，在着料区的前面设计了干扰扩散区，通过该区的若干立柱使喷射流股受到摩擦、碰撞、扰动以促进固气均匀混合，达到进一步扩散分散的目的。

强制分散器的进风口与供料提升泵的旁路放风口连接，用旁路风作为分散器的气源，也可以单独设置一台小型高压离心风机作为气源，用风量通过阀门调整，考虑到应尽量降低热耗，减少喷吹冷风量，因此喷嘴风速设计为 35 m/s，喷嘴口为 16 mm×20 mm，总用气量通过下式计算：

$$Q=60n\cdot s\cdot v$$

式中 Q——风量，m^3/min；

n——喷嘴数量，取 8 个；

s——喷嘴的口径，m^2，$s=0.016\times0.020=0.00032\ m^2$；

v——喷嘴速度，m/s。

因强制分散器所处位置的温度比较低，加之内部通风冷却，因此分散器全部采用 A3 钢焊制而成，为了提高整体强度和刚度，底板采用 δ8 钢板，其余均为 δ3 钢板。

(2) 强制分散器的安装

强制分散器安装在分解炉三次风进口的 3/4 高度处，其着料区中心应对准 C_3 筒下料流股的中心线，分散器的盘面放平，轴线方向应与三次风同向或略微向下倾斜(图 1.103)。

(3) 强制分散器的应用效果

分解炉使用强制分散器后，其工作状况可通过观察孔实地观测到：C_3 筒落下的物料接触到分散器后，被分散成雾状物料云，然后跟随三次风一同进入炉内，当遇坍塌的股料落入时，绝大部分物料在分散器上作短暂的停留，然后被逐渐分散入炉，只有少部分物料溢出后由三次风带入炉内，观察中没有看到物料残留在三次风的进口处，说明分散器具有良好的分散性能和对物料的缓冲性能。

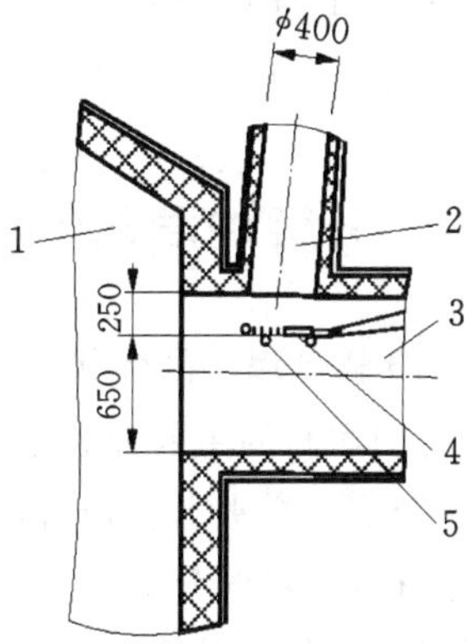

图 1.103 强制分散器安装图

1—预燃室；2—C_3 筒下料管；3—三次风入口；4—ϕ30 不锈钢支承；5—强制分散器

另外，安装强制分散器后，炉内的燃料燃烧、传热状况、物料分解率以及炉内温度分布有了改善。安装前由于物料分散不好，热量传递受阻，预燃室顶部火焰明亮刺眼，炉衬经常被烧损，混合室忽明忽暗，温度极不稳定，温度分布普遍偏高 30～50 ℃，而预燃室顶温度偏高竟达 200 ℃，因温度偏高，C_4 筒和预燃室斜坡等部位常出现结皮堵塞，据统计，斜坡和 C_4 筒每月均堵 10 余次，影响十分严重，而安装强制分散器后，物料得到了良好的分散，传热面积大大增加，传热状况有了根本性的改变，炉内温度分布均匀，颜色暗红稳定，由于消除了局部高温，预燃室顶部炉衬的烧损问题、底部斜坡的结皮问题以及 C_4 筒的堵塞问题等都基本得到了解决，不仅如此，安装分散器后由于换热状况的改善，炉的烧煤量与分解率也有了明显提高，分解炉基本实现了边燃烧、边传热、边分解的预分解过程。

再有，加强制分散器减小了坍塌料的影响，杜绝了分解炉区的结皮堵塞，提高了物料分解率，因此窑系统实现了预烧与烧结的平衡。回转窑看火操作状况有了良好的改观，尾温从 870～920 ℃提高到 930～950 ℃，入窑二次风温达到了 900～1000 ℃，窑皮由 11.5 m 延长到 15.0 m，窑的快转率达到了 100%。由于工艺状况的改变，熟料生产质量有所提高，能耗下降。

1.105 分解炉内物料是如何升温和分解的

(1) 在分解炉的入口，物料在 750 ℃左右入炉，悬浮在约 800 ℃的燃烧气流中，物料一面升温，一面分解吸热。由于此时燃烧放热速度大于分解吸热速度，气、料温度均上升。

(2) 在分解炉的上部，燃烧快速地进行，热量也快速地释放，气温上升到约 850 ℃，物料也升温到 820 ℃左右，并加快分解吸热速度。此时燃烧放热速度仍快于分解吸热速度，所以气、料温度仍然上升。

(3) 在分解炉的上、中部，燃烧激烈进行，大量释放热量，气温升至 880 ℃左右，料温随之升到约 850 ℃，这时分解反应高速进行，分解出的 CO_2 分压可达 0.05 MPa，物料分解面上的 CO_2 将快速向气流扩散，其吸热速度亦达高峰。这时燃烧放热速度与分解吸热速度相等，气流与粉料温度将维持不变。在分解炉的上、中部，要使分解温度达到 900 ℃是不容易的，这时分解面上的 CO_2 分压达 0.1 MPa，而气流中 CO_2 分压为 0.01～0.02 MPa，所以分解、吸热将以极高速度进行，欲维持 900 ℃的分解温度，必须具备极快的燃烧供热速度，这在分解炉的一般条件下，比较难以达到，所以一般物料分解温度在 820～850 ℃。

(4) 在分解炉的中部，由于燃烧放热与分解吸热反应都快速进行，速度大体相等，这时的分解温度稳定在 850 ℃左右。气流温度在 870 ℃左右，随燃烧及分解反应的进行，炉气中 CO_2 浓度逐步增加，平衡分解温度逐步提高，从炉中部到上部，炉内温度有升高的趋势。当窑气在中部入炉时，炉内温度还将受窑气的影响。

(5) 分解炉的下部，随着多数粉料分解反应的完成，分解吸热的速度逐渐减慢，这时燃烧放热的速度

随燃料及 O_2 的浓度降低而减慢。如果二者减慢速度一致，则分解炉温度不会有大变化。如果燃烧放热速度慢，加上炉壁向外散热，则气温将随之降低。如果加入燃料过多或燃料(例如大颗粒煤粉)在中、下部继续燃烧，放热速度大于分解速度，则下部气温不降低，反而会升高。气流中的物料大部分分解以后，其温度逐渐趋于气温。

1.106 分解炉塌料的原因及处理方法

(1) 分解炉塌料的症状

分解炉塌料的主要症状是窑尾烟室出现正压，向外呛料，窑前正压，有窜料现象，窑内浑浊发暗，火焰不明亮，严重时窑头出现粉料，窑尾烟室温度下降。生料在分解炉内分解后，正确的路径是随风进入五级旋风筒进行风、料的分离，经五级下料管进入窑尾，而分解炉塌料时，炉内的生料不经五级预热器，直接由窑尾烟室上方的上升管道进入窑尾，缩短了生料分解的路径，使入窑生料分解率低，且塌料时的料量突然增大，使入窑生料量忽大忽小，破坏了系统的热工制度，窑内的负荷忽大忽小，f-CaO 含量升高，熟料质量不稳定，甚者会出现跑生料。

(2) 分解炉塌料的原因

分解炉内负压变小；出风管道有积料；分解炉以上的预热器有漏风现象；C_4 预热器分离效率低，造成物料内循环，使进入分解炉的料量突然增大；分解炉锥体缩口磨损严重；撒料装置磨损，分散效果差；三次风阀开得过大，窑内通风不足等。

(3) 如何发现分解炉塌料

窑尾烟室温度及压力发生波动，如压力由 −250 Pa 突然变为 10 Pa，然后又回到原来压力，温度从 1050 ℃变为 1000 ℃，且用眼可以观察到窑尾向外呛料，有明显正压出现，熟料有黄粉出现，f-CaO 含量升高，有的超过 2.5%。

(4) 如何处理分解炉塌料

一旦发生分解炉塌料，首先稳定下料量，不要增加料，可适当减小下料量约 90%，适当减慢窑速(3.6～3.8 r/min)，可适当增加头煤，目的是将入窑的生料通过提温、慢转增加烧成时间，烧透，不产生高 f-CaO 含量熟料，同时将三次风阀门适当关小，让窑内通风加大，增大分解炉内向上的悬浮力。

(5) 分解炉塌料的防治

检查各级预热器内筒磨损情况，防止掉落；清理预热器各级出风管道特别是出分解炉鹅颈管处结皮积料；调整窑、炉用风比例，避免窑内通风不足；稳定生料下料量；清理三次风管积料；检查入炉撒料装置磨损情况。

(6) 分解炉塌料的影响

分解炉塌料主要是使系统热平衡被打破，入窑生料分解率降低，熟料烧成受到影响，f-CaO 含量升高，使熟料产量、质量都下降。

1.107 分解炉三次风不足的原因及处理方法

(1) 主要原因分析

造成分解炉三次风不足的主要原因是窑、炉用风不匹配；三次风阀开度较小；三次风管内有积料堵塞；分解炉锥体缩口磨损，口径变大，窑内通风过剩等。

(2) 如何判断

从温度上看，分解炉底部温度低，而顶部温度高；从气氛上看顶部废气氧含量不足，呈还原气氛，CO 含量升高，三次风入口风压下降，且温度也下降，证明三次风量不足，风压及温度都可在中控室集中控制显示屏上看出。

（3）处理措施

一旦发现三次风用量不足，应立即增大三次风阀开度，在现有条件下增加三次风的通过量，目的是加大尾煤用风量，同时可适当增加窑头用煤量，目的是提高窑内温度，弥补窑尾用风不足带来的损失。

（4）预防措施

清理三次风管积料；三次风管内有掉砖或浇注料应及时清理；检查分解炉锥体缩口耐火材料磨损情况，停窑检修时更换修补，保持原设计尺寸，检查三次风阀板与其四周墙壁的黏结情况，一旦出现黏结情况，阀板不能调整则失去作用。

（5）如何清理三次风管

清理三次风管，须停窑冷却，待三次风管内温度降低后，打开检查门，进入进行清理，若在离检查门较远位置发生积料，可在三次风管正底部开孔，人工清出后，再用耐火浇注料浇注好，焊好外部壳体。所用工具即是常用的清理工具、砌筑工具，所用材料为耐火砖或浇注料、硅酸钙板等。

分解炉内用风不足，会导致炉内温度低，分解炉内煤粉燃烧不好，生料在分解炉内分解率降低，窑系统产量下降，熟料质量不稳定，f-CaO 含量会升高。

1.108　分解炉温度上下倒挂的原因及处理方法

（1）主要原因分析

煤粉粗，分解炉用风不足，三次风量小，煤粉在分解炉底部不能充分燃烧，煤粉会随风上移在分解炉上部燃烧，使分解炉上部温度升高，出现上下温度倒挂现象。

（2）如何发现与检测

可在中控室温度显示屏上看出，只要分解炉热电偶不发生故障，显示温度准确，便可准确地进行判断，一般在窑上操作都要随时关注此处温度变化。

（3）故障的处理与预防

控制煤粉细度不过粗，在 5%以下；三次风的温度要提高，控制在 850 ℃以上；三次风阀的开度不能过小，保持有足够的三次风量，三次风阀开度控制在 40%左右，停窑检查三次风进口处结皮积料，并进行清理，检查三次风阀板与四周墙壁的黏结情况，每三个月检查一次，每半年彻底清理一次。

（4）故障的影响

分解炉内底部与上部温度倒挂的现象常有发生，出口温度明显高于底部温度，会造成分解率低，煤在分解炉内燃烧不充分，且燃烧位置上移，分解炉内高温点也上移，生料在炉内高温区的路径相应缩短，生料的分解受到影响，使五级预热器温度升高，易引起五级预热器锥体产生结皮堵塞现象。

1.109　如何控制入窑生料分解率

1.109.1　控制入窑生料分解率的意义

入窑生料分解率是指生料经过分解炉及下级预热器后，在入窑之前分解成氧化物的碳酸盐占总碳酸盐的百分比。

入窑生料分解率是衡量分解炉运行正常的主要指标。对于没有分解炉的旋风预热器窑，生料有 20%～40%在入窑前分解；若上升管道点火可以加大到 60%～70%；增加分解炉后，入窑生料应有 90%以上的 $CaCO_3$ 分解成 CaO。如果此数值偏低，势必加重窑的负担，而且由于窑的传热效率远不如分解炉，不仅热耗增加，窑的产量也无法提高。

该指标并非是操作的考核指标，但它是稳定回转窑系统运行、降低热耗所必须掌握的。因此，在抽样检测频次上，应以满足中控室操作需要为目的。如果全系统稳定，分解率始终很高，频次可以减少，每班一次、甚至每天一次均可；如果窑的操作不够稳定，操作员可以要求化验人员增加检验次数，为操作员提供更多的判断依据。

1.109.2 正常入窑生料分解率的范围

根据目前分解炉越发完善的性能，也根据对分解率的实际控制能力，建议生料入窑分解率控制范围以 90%～95% 为宜。分解率过低，没有充分发挥分解炉的作用，加大窑内负担，对增产与节能都不利。但如果分解率过高，使剩余不足 5%～10% 的碳酸钙也在分解炉内完成分解，就意味着炉内的吸热反应完成，有可能紧接着发生水泥硅酸盐矿物生成的放热反应，这个本应在窑内进行的烧结反应，在分解炉的悬浮状态中是无法承受的，最后势必在分解炉及预热器内发生灾难性的烧结堵塞。应该说，正是这个 5% 尚未完成分解的生料阻止了完成分解后的温度剧升，那种以为进一步提高分解率，便可以挖掘窑产量潜力的想法，是很危险的。

1.109.3 影响入窑生料分解率的因素

分解率与分解炉温度有很大的相关性，但并不能把两者当成一回事。有时分解炉温度较高，分解率不一定高，反之亦然。这里的主要影响因素是当分解炉内物料与燃料分布混合不均匀时，所测定出的分解炉温度，并不是整个分解炉温度，更何况选择的测点也不一定是有代表性和较为敏感的位置。

所以，认真将生料与燃料之间混合均匀的措施逐条核实，这才是提高入窑生料分解率的正确方法。这些措施是：

(1) 分解炉的容积设计要考虑燃料的易燃性，使物料本身在炉内有足够的停留时间。受煤粉品类及煤粉细度的影响，挥发分高的煤粉，煤粉较细，生料与煤粉所需要的停留时间可以略短，煤粉单独燃烧的空间也可以较小，甚至没有。反之，煤粉需要的停留时间较长，单独燃烧的空间较大。

(2) 分解炉的容积设计要考虑生料粉的分解速率。这不仅与石灰石的特性有关，还与分解炉内的气氛有关。尤其是在线式分解炉窑的废气中 CO_2 含量较高，不利于石灰石的分解。

(3) 设置加料点、加煤点的位置及数量时要考虑在生料入炉前为燃料燃烧留有足够的空间，特别是对不易燃烧的无烟煤，还要考虑引入三次风的位置及方向等。不仅要保证煤粉均匀充分燃烧，还要确保全炉中最高温度及最低温度相差不超过 20～30 ℃。通过改善生料与煤粉的混合均匀程度，达到传热均衡的目的。对于较大的分解炉，不应只设一个加料点与加煤点，更需要妥善布局。

1.110 预分解窑窑尾系统堵塞与防治

1.110.1 堵塞的多发部位与高频时间

预分解系统内很多部位都可能发生堵塞，但主要发生在三级和四级旋风筒内，以及各级下料管及翻板阀内，若不及时处理，有时能从下料管堵到预热器锥体，甚至整个旋风筒；再就是分解炉及其斜坡、连接管、变型或变径管等处。

从时间上看，堵塞大部分发生在点火后不久，窑操作不正常，系统热工制度不稳定等情况下。另外，系统事故多，频繁开停窑时，风料搭配不当、煤粉不完全燃烧及其他外因，也很容易造成堵塞。

1.110.2 堵塞原因

造成堵塞的因素很多且复杂，因此必须从工艺、原燃材料、设备、热工制度、操作与管理上去认真细致地分析研究。根据一些厂的生产经验，造成结皮堵塞的主要原因大致有以下几方面。

(1) 结皮造成的堵塞

结皮是高温物料在烟室、上升管道、各级(主要为三、四级)旋风筒锥体内壁上黏结的一层层硬皮，严重的地方呈圈状缩口。阻碍了物料的正常运行，黏结和烧熔交替，使皮层数量和厚度渐渐增加，影响窑内通风，改变了预热器内物料与气流的运行速度和方向，最后导致堵塞。造成这种现象的主要原因有三：

① 回灰的影响

电收尘(含增湿塔)收下来的物料,已经经过高温物理化学反应,这种物料重新进入预热器时,很容易造成物料提前分解,提前出现液相,来不及到达窑内,在预热器内形成熔融状态,黏附在旋风筒内壁上,形成结皮,严重时导致堵塞。这种情况主要在窑尾系统温度偏高,回灰掺入不均匀或掺入量过大时发生。因此,那些旋风收尘器收尘效率不高,电收尘收下回灰又未进生料储存均化系统,而直接从提升泵等入窑的,或回灰掺入时没有稳料计量设施或此类设施失灵的生产线,更应加强操作,防止高温。同时也很有必要对回灰掺入系统进行调整和改造,提高系统旋风筒特别是顶级旋风收尘器收尘效率,降低进电收尘的粉尘含量,以减少回灰。

② 有害元素的影响

燃料中有害元素 K、Na、Cl、S 等含量高时,大量出现的碱便会从烧成带高温区挥发出来,进入气相与其他组分发生反应,首先与氯和二氧化硫反应,随气流带至窑尾系统,温度降低后,以硫酸盐和氯化物的形态冷凝在原料上。这种沉淀物在较低温度下出现熔融相,形成微细熔体,然后发生固体颗粒的固结。它们通过多次高温挥发、低温凝聚循环和附着作用,黏附在预热器、分解炉及连接管道内形成结皮,若处理不及时,继续循环黏附,则最终导致堵塞。

③ 局部高温造成结皮堵塞

预分解系统温度偏高,而导致结皮的因素较多。如料流波动,煤粉因不完全燃烧进入预热器而产生二次燃烧,系统操作不稳定等都会导致局部温度偏高,使液相提前出现,形成黏聚性物质结皮。料流忽大忽小,很容易打乱预热器、分解炉及窑的正常工作。而操作上往往滞后,跟不上料流的变化,加减煤不及时,甚至出现短时间断料,不能及时减煤,导致料少,系统温度偏高而造成结皮堵塞。点火时由于煤粉在窑内或分解炉内燃烧不完全,一部分跑到预热器内附着在锥体和下料管上,温度升高时着火,形成局部高温。操作上,片面强调入窑分解率,分解炉用煤量过大,两把火比例失调,造成炉内温度偏高,过早出现液相,加之炉内物料切线速度高,离心力较大,很容易造成熔融物附着在炉壁上,形成炉内结皮;由于物料在分解炉内的停留时间极短,过量的煤粉在炉内来不及燃烧,被带至四级旋风筒发生二次燃烧,导致旋风筒内温度过高结皮。

(2) 漏风造成的堵塞

漏风是窑外分解窑的一大克星,它不仅降低旋风筒分离效率,增加热耗,更是造成系统堵塞的一个主要因素。

① 内漏风造成的堵塞

各级预热器下料管的排灰阀关闭不严、烧坏或失灵,不能很好地起到锁风作用,不仅旋风筒收尘效率降低,而且会引起短路、塌料和堵塞。因为下料管排灰阀锁风不严,下一级气体就会从下料管内经过,使预热器内收集下来的物料又重新上升,不能顺利排出,造成内循环。由于下料口处风速高,不达到一定的数量,物料不会沉降,但一旦物料过多具备了沉降的条件,便是一大股落下,造成下料不均,分散状况不好,导致堵塞。

② 外漏风造成的堵塞

外漏风是指从系统外漏入系统内的冷空气。它主要是从各级旋风筒的检查门、下料管排灰阀轴、各连接管道的法兰、预热器顶盖、各测量点等处漏入。旋风预热器内气流运动复杂,加上粉粒粒度分布较宽,使其内部的物料运动更加复杂,随机性较大。一方面,若系统密封不好,漏入冷风,改变了物料在预热器内的运动轨迹,降低了其旋转运动速度,离心甩向壁面的离心力降低,部分物料随气流回到上一级,造成物料循环,最终堆积堵塞。另一方面,冷风漏入与热物料接触,极易造成物料冷热凝聚,黏附在预热器筒体壁上,导致结皮或产生大块,卡死下料管或排灰阀而造成堵塞。此外,当燃料不完全燃烧时,可燃物与漏入的 O_2 重新燃烧,产生局部高温,过热使物料在内壁上熔融黏附,结皮堵塞。

(3) 操作不当造成的堵塞

① 投料不及时

当分解炉点火，达到投料温度时，一定要及时投料，否则会造成系统温度偏高，且因此时料量较小，更易造成结皮。

② 开停窑时排风量不当

因故需停料停窑时，排风量不能大幅度减少，否则很容易使物料因风速过小沉积在管内(主要在水平管)，造成堆积。重新开窑投料时，开始排风量过小，堆积的物料不能被顺利带走，随着下料量的不断增加，管内物料堆积增多，严重时也会导致堆积堵塞。

③ 下料量与窑速不同步

窑运转不正常，热工制度不稳定，需预打小慢车或慢转窑时，减料不及时很容易造成喂料量与窑速不同步，导致物料在窑尾烟室堆积。这时即使窑仍在运转，但堆积在窑尾的物料不能够很快输送出去，堆积的物料受高温熔融黏附在窑尾烟室内壁，在烟室与窑连接处形成棚料现象，造成烟室及上一级预热器堵塞。

④ 排风量控制不当

排风量过大时，预分解系统气流速度较高，物料在预热器内被甩向壁面的离心力较大，物料沿壁面旋转下落速度降低，物料与高温气流接触时间相对较长，易黏在预热器内壁上，形成从松到实的层状覆盖物，造成堵塞；当排风量过小时，气流速度降低，难以使料团冲散，形成塌料堵塞，且物料很容易滞留在水平连接管内，导致水平管道堵塞。

⑤ 窑、炉风量分配不均，操作不协调

操作调节不合理，窑尾缩口闸板开度和入分解炉三次风闸板开度不当，易导致窑炉风量分布不均匀。如果窑尾缩口风速过低，或分解炉进口风速过低或过高，都会引起物料在预分解系统内结皮、棚料、塌料、堆积直至堵塞。窑、炉操作不能前后兼顾，协调不好，片面强调窑内通风、系统负压，不适当地追求入窑分解率，两把火配合不好，也易造成高温结皮、积料、塌料、堵塞。

(4) 外来物造成的堵塞

系统的检查门砖镶砌不牢而垮落；旋风筒、分解炉顶盖及内衬材料剥落；旋风筒内筒或撒料板烧坏掉下；排灰阀烧坏或转动不灵；检修时耐火砖或铁器等物件留在预热器内未清出极易造成预热器的机械堵塞。

(5) 设计不当、先天不足造成的堵塞

系统设计要为生产创造良好的条件，不能因某些部位设计不合理，造成先天不足，影响生产。先天不足所造成的系统堵塞，在生产中是很难处理的，必须避免。如水平连接管道过长、连接管道角度过小、各级预热器进风口高宽比偏小、锥体角度小、内筒过长、回灰不能均匀掺入等都将影响生产。

1.110.3 预防与处理

(1) 搞好开窑和开窑前的检查

系统检修后，一定要对系统进行详细检查，清理系统内部所有杂物，确认耐火砖等内衬材料是否牢固。开机前应对所有排灰阀进行检查，确认是否灵活或损坏；检查各级排灰阀配重是否合理，防止过轻或过重，造成机械转动不灵或密封不好，形成漏风，引起堵塞。正常生产时排灰阀微微颤动，即为配重合理。开窑时应及时检查所有检查门、法兰、测孔、排灰阀轴等处是否密封，防止外漏风造成的堵塞。发现问题及时处理，不可等到“下一次”。温度升高，可投料时，应及时投料。投料前应活动各排灰阀，开通吹风装置，以防锥体积料。

(2) 加强操作

正常生产时，应严格操作，保持温度、压力合理分布，前后兼顾，密切协调；操作人员要有良好的责任心和预见性。加减料及时，风煤料配合合理，喂料窑速同步；勤检查，勤联系，勤观察，勤活动。

(3) 把好原料、燃料材料关，合理配料，提高煤粉质量

对原料、燃料材料有害成分严加控制，一般要求生料中碱(Na_2O+K_2O)含量小于 1.5%，氯含量小于

0.02%，硫碱比控制在0.85左右。调整熟料率值，优化配料，液相量控制在24%～27%较适宜；采用两高一中配料方案，使得烧成物软而不结，硬而不散。控制好煤粉细度和水分，避免高硫煤和劣质煤。

(4) 完善工艺设施，综合治理，消除隐患

经常出现堵塞的生产线，应对整个工艺过程进行诊断，找出各种可能导致结皮的因素，有效治理。生产中，一旦发现堵塞，应尽快查出原因并及时处理，以防结硬块，增大处理难度。

总之，引起窑外分解窑窑尾系统结皮、积料、堵塞的因素很多且十分复杂，有单项独处，有多项多处，要操作好这种窑必须加强管理、加强操作，稳定系统热工制度；搞好系统密封；提高原燃料质量，严格控制原燃料有害成分，合理配料。掌握规律，预防和处理好结皮堵塞，是窑、炉、器正常运转，提高窑的运转率，确保产品质量，确保设备及人身安全的重要保证，也是充分发挥预分解窑优势的关键。

[摘自：李坦平，向仕宏. 窑外分解窑窑尾系统的结皮、积料、堵塞与防治[J]. 中国建材装备，2001(4)：12-14.]

1.111 在线分解炉和离线分解炉有何区别

分解炉的形式虽然很多，但按照炉窑之间的连接关系区分就只有两大类：在线分解炉和离线分解炉。在线分解炉直接坐落在窑尾的上升烟道上；离线分解炉与三次风管直接连接。

两者的不同点如下：

① 在线分解炉的分解效率直接受窑尾温度的影响。它的温度会比三次风的温度还高，但由于此处的气体是窑内过来的废气，氧含量偏低，不利于提高分解炉内燃料的燃烧速度与燃尽率。如何使三次风与窑尾废气合理地分布混合是提高分解效率的关键。

② 离线分解炉的分解效率与三次风的温度有直接关系。虽温度比窑尾的温度略低，但是它所用空气属于氧含量高的新鲜空气。因此，对它的操作更要重视窑与炉两条线压力的平衡，不但要求操作稳定，而且三次风闸板的调节要灵活可靠，否则，分解炉很容易压炉或跑料。

[摘自：谢克平. 新型干法水泥生产问答千例(操作篇)[M]. 北京：化学工业出版社，2009.]

1.112 为何要控制分解炉温度，其影响因素是什么

1.112.1 控制分解炉温度的意义

(1) 可确保分解率高又不烧结。分解炉温度达到一定数值是实现生料入窑分解率达到90%以上的最基本条件。因此，当该温度值偏低时，就应该设法提高；但是如果此温度过高，则更要警惕炉内出现烧结的可能。

(2) 判断煤料混合均匀及煤粉燃烧状态的依据。通过分解炉温度与上下两级预热器温度的比较，还可以判断分解炉内燃料燃烧是否完全。如果发生上级预热器温度高于此温度，说明有部分燃料在分解炉内未完全燃烧，而是随着热气流到上一级预热器继续燃烧。如果发现下一级预热器容易结皮，并在结皮中发现未烧尽的煤粉，则表明煤与料的分散不均，有部分煤粉被物料裹挟到该级预热器中。为此，在分解炉中有必要设计多点下煤下料，并合理布置。

(3) 判断窑炉用风是否处于平衡状态。如果三次风量不足或过剩，都会引起该温度的异常，操作员应该尽快调整。

1.112.2 影响分解炉温度的因素

为使分解炉内的燃料均匀地无焰燃烧，并很快与生料实现最好的传热效果，设计专家做了大量工作，开发出各式各样的分解炉。但是万变不离其宗，无非是要求风、煤、料的合理配合，要求在最短的时间内，用最少的风量，使煤粉燃烧完全，并能让燃烧所发出的热尽快地传导给生料，为此，应控制以下因素：

(1) 加入煤粉的数量及质量。煤粉秤的可靠计量及输送稳定是保证热源稳定的前提。同时，煤粉要有足够的细度及合格的水分，确保能在炉内的有效时间内燃烧。如果分解炉出口温度高于炉中温度，说

明有可能燃烧速度不够。

(2) 起主导作用的三次风的风量、温度与速度。风量足够而又不能过多,温度越高越好,速度与方向应有利于煤粉的混合。使用新开发的分解炉用三风道煤管可以实现此目的。三次风量不仅受系统总排风的约束,而且受窑炉用风平衡的牵制。

(3) 进入分解炉的生料应该与空气及煤粉充分混合均匀,而不能走短路入窑,或分散不开产生掉料现象。进分解炉的下料位置对分解炉的温度也有较大影响。

1.113 入窑生料分解率低的原因及处理方法

(1) 分解率低的原因分析

入窑生料分解率一般为 90%~95%,导致入窑生料分解率低于 90%,造成入窑生料中碳酸盐成分高的主要原因有:分解炉内的温度低,达不到碳酸盐的分解温度;生料下料不稳,生料下料量大;风、煤、料混合不好,炉内喷腾与旋流效果差。

(2) 如何发现与检测

入窑生料分解率的检测不需要单独进行,每小时进行例检,由化验室人员在窑尾烟室进行取样化验分析,检验生料中 CaO 的含量,便可计算出入窑生料碳酸盐的分解率。

(3) 处理措施

一旦出现入窑生料分解率低的现象,要适当地增加头煤,提高烧成带温度,确保出窑熟料能够烧透,熟料 f-CaO 含量合格,不能只顾产量而忽视质量。

(4) 主要预防措施

适当增加尾煤量和用风量,提高分解炉的温度;稳定生料下料量,防止下料量忽大忽小;稳定生料成分,生料中的 CaO 含量不能过高;生料细度要严格控制,防止生料过粗,200 μm 方孔筛筛余为 1.0%~2.0%。

(5) 分解率低的影响分析

入窑生料分解率要控制在 90%以上。入窑生料分解率低,会增加窑内热负荷。在窑内还要进行碳酸盐的分解,影响熟料的烧成,使熟料中的 f-CaO 含量升高,降低了熟料的质量,同时也影响熟料的产量。

1.114 高温风机是否应与分解炉喂煤风机联锁

有些生产线为防止高温风机突然掉闸时,分解炉仍继续给煤,造成不完全燃烧,继而产生危险,因此在设计时就将高温风机供电电路与分解炉喂煤风机供电电路联锁。然而,这种思路显然与工艺点火投料挂窑皮的要求相冲突,因为这种联锁的反联锁就是在点火投料之前,只有开启高温风机后才能启动分解炉喂煤风机。

这种操作顺序的不合理之处在于:一是分解炉温度很难达到下料后能立即分解的要求;二是当高温风机开启后,分解炉点火还需要经历开启送煤罗茨风机的时间,即使不出现任何故障也至少需要 1 min 以上,这种拖延的时间足以使具备投料的烧成带温度拉到窑尾,失去全系统的合理温度分布。显然,这种操作已错过了烧成带挂好窑皮寸秒寸金的时刻。

发生高温风机突然掉闸的事故时,可以通过画面与声响报警,要求操作员及时止煤止料。

[摘自:谢克平.新型干法水泥生产问答千例(操作篇)[M].北京:化学工业出版社,2009.]

1.115 如何解决窑尾高温风机的积灰结皮问题

预分解窑窑尾高温风机常常会发生积灰和结皮,引起风机振动,严重时还会发生跳停,给生产带来很大麻烦。李维君对此进行了分析,并提出了解决方法,可供大家参考。

1.115.1 叶轮积灰结皮的原因

叶轮积灰结皮产生的主要原因是废气通过叶轮时,大量的微细粉尘在叶片的非工作面前缘和后缘区域以及叶片工作面的后缘靠近叶轮后盘附近发生碰撞而沉积下来,加上高温下粉尘黏性较大,使沉积概率提高了。因此,废气的温度和气流的冲击速度在积灰结皮过程中至关重要,当窑尾预热器出口的废气温度到达 300 ℃以上时,高温风机就有可能出现结皮现象。

1.115.2 解决方法

可采用高压空气清除叶片积灰以阻止结皮产生。其原理是压缩空气的掺和作用,使冲击叶片表面上的废气温度大大降低,减少气流中的低熔点粉尘粒子黏聚在叶片表面形成结皮的现象。此外,喷嘴喷出的高压气体,流速很高,对沉积在叶片表面上的粉尘,能产生有效的冲刷力,达到很好的清灰效果。

为了获得高速气流,应选择渐缩形喷嘴结构,如图 1.104 所示。喷枪安装在叶轮的出口处,并对着容易产生积灰的叶片部位,如图 1.105 所示。采取该措施后,彻底解决了高温风机积灰结皮的问题。

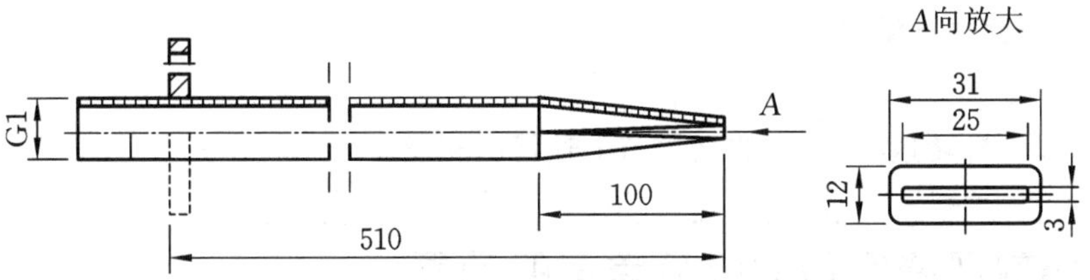

图 1.104 带渐缩形喷嘴的喷枪结构

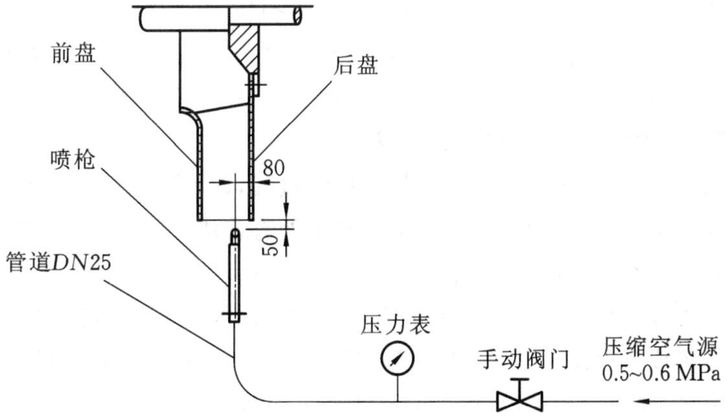

图 1.105 喷枪安装位置示意图

1.116 如何增加高温风机的能力

当高温风机能力有限已经成为提高热料产量的“瓶颈”时,在采取彻底更换风机的措施之前,可以在如下方面进行尝试。

① 尽量减少系统阻力,甚至将排风机前的百叶阀改为闸阀,以减少阻力损失。

② 对全系统的漏风进行严格整治。

③ 对于风机在增湿塔上游的工艺布置方案,可以考虑在进风机的废气管道上安装增湿喷头,以降低进入风机的风温,进而减少风量。

④ 配置窑尾废气分析仪,为确保废气中不要有过高氧含量提供操作依据。

[摘自:谢克平.新型干法水泥生产问答千例(管理篇)[M].北京:化学工业出版社,2009.]

1.117 调节高温风机流量将引起怎样的变化

通过调节高温风机转速来提供燃料燃烧所需的气体量;高温风机是用来排除分解和燃烧产生的废气并保证物料在预热器内正常运动的;通过调节高温风机转速来控制窑尾气体氧含量在正常范围内。

(1) 提高高温风机转速,将引起:

① 系统拉风量增加;

② 预热器出口废气温度升高;

③ 二次风量和三次风量增加;

④ 过剩空气量增加;

⑤ 系统负压增加;

⑥ 二次风温和三次风温降低;

⑦ 烧成带火焰温度降低;

⑧ 漏风量增加;

⑨ 箅冷机内零压面向下游移动;

⑩ 熟料热耗增加。

(2) 当降低高温风机转速时,产生的结果与上述情况相反。

1.118 用旁路放风降低有害成分含量的问题

K_2O、Na_2O、SO_3、Cl^-这些有害成分是熔点低易挥发的物质,在熟料烧成系统中,它们随着生料一起入窑,在达到自己的沸点温度后气化挥发,随废气返回预热器内;它们在预热器内与生料进行充分接触,在达到自己的凝固点温度后就会凝结在生料颗粒的表面上,再一次随生料进入窑内;这样往复多次地挥发回预热器再凝固入窑,就形成了有害成分的循环过程。

随着时间的延长,将有越来越多的有害成分加入循环过程,使入窑生料中的有害成分含量越来越高,出窑熟料中的有害成分含量也随之增高,直至出窑熟料中的有害成分含量与入窑生料中的有害成分含量达到平衡,循环过程中的有害成分含量达到最高。

旁路放风就是在有害成分循环富集的窑尾烟室上部,在粉尘含量最低的部位开口放风,寻求以较小的放风量获得较多的有害成分放出,从而减小有害成分对生产过程(包括质量)的影响。

早期的旁路放风系统,是将放出的温度高达约 1100 ℃的废气掺入冷空气降温至 450 ℃左右除尘排放,每放 1%的风就会使熟料烧成热耗增大 17~21 kJ/kg 熟料,这确实是一种巨大的浪费。但对于无法选择原料的工厂来讲,由于这种浪费比有害成分对生产(包括质量)造成的损失要小得多,故还是有一些工厂在不得已的情况下采用了旁路放风。

现在不同了,已有的水泥窑烧成系统大都配套有余热发电系统,对旁路放出来的高温废气,不用再掺入冷空气降温,可以给旁路放风系统配一台余热锅炉,利用余热锅炉吸热降温,将余热锅炉产生的蒸汽用于余热发电,这就避免了热能的巨大浪费。即使对于可以选择原料的工厂来讲,也未尝不合适。

早期的旁路放风系统,多数采用一级除尘系统,放出的粉尘量大且"有害成分"含量低,处置起来有一定难度。实际上,我们完全可以采用二级除尘系统,一级采用旋风除尘器(和/或余热锅炉),二级采用袋式除尘器,对两级除尘器的集灰分别处理。

有害成分的凝固有一个温度窗口,由于废气进入两级除尘器的时间不同、温度不同、粉尘粒径不同、除尘器的特性不同,两级除尘器的集灰在量和化学成分(表 1.5)上大不相同,这就给对其分别处置创造了机会。旋风除尘器(或余热锅炉)的集灰量大且有害成分含量低,可以返回生料库继续使用;袋式除尘器的集灰量小且有害成分含量高,可以加入对有害成分要求不高的低标号水泥中当混合材使用,还能在一定程度上起到对其他混合材的激发作用，也可以作为农业化肥或工业原料出售。

表 1.5 某水泥厂旁路放风两级除尘器集灰的化学成分对比

化学成分(%)	烧失量	SiO_2	Al_2O_3	Fe_2O_3	CaO	MgO	K_2O	Na_2O	SO_3	Cl^-
一级旋除尘	2.09	17.22	4.18	0.39	60.66	0.25	5.84	0.14	8.39	0.057
二级袋除尘	3.21	5.79	3.02	0.31	39.99	0.45	22.25	0.33	24.47	0.335

1.119 新型干法窑系统漏风是何原因，有何危害

1.119.1 预热器系统内漏风

预热器系统内漏风有以下几方面原因：

(1) 阀板处于常开状态

重锤轻，所以阀板始终处于常开状态。有的是重锤位置不合适，力矩太小，造成阀板压力小。

(2) 翻板阀压力杆被吊起

岗位操作人员人为地用铁丝将压杆吊起，使翻板处于常开状态。为什么会出现这种状况呢？一种原因是此窑常出现锥体堵料现象，预热器每次出现结皮堵塞，处理起来耗时较多，严重时会停窑处理，此窑液相易过早出现，下料管下料不畅，在翻板阀处易出现堵料，若将其吊起，虽然出现漏风，但此处堵塞的概率大大减小，管理者因此认为，只要不发生大的工艺故障，即便是存在一点内漏风，热耗较高，对系统没有大妨碍。即默认此现象存在。另一种原因是预热器系统常常掉落浇注料块、耐火砖、磨损的内挂片、脱落的大块结皮等，被卡在翻板阀处，出现块状物料的卡堵。为防止大块物料堵塞下料管，采取用铁丝吊起翻板阀杆，使翻板阀处于常开状态的措施。这种将翻板阀杆吊起使阀板处于常开状态的做法是不符合新型干法水泥熟料煅烧工艺要求的，必须树立正确的理念，杜绝内漏风的出现，努力解决其他方面的问题。比如配料方面的问题，要对配料进行分析解决。若是耐火材料砌筑方面上的问题，如材料问题、施工工艺问题、养护问题、耐火砖质量、砌筑问题等，应从各个方面去分析，但不能采用吊起翻板阀杆的方法来缓解状况，若掩盖问题，将使系统陷入恶性循环。

(3) 轴承损坏，或轴套缺油

翻板阀的轴承磨损，被卡死，转动不灵活，或轴套缺油，由于长期不对转轴进行检查，加油不及时，轴承磨损加快。

(4) 轴承进灰

轴承密封性不好，在窑尾预热器上，环境较差，有飘浮的粉尘进入，进入的粉尘与油结合成为油泥，干燥后固定，轴不转动，使转轴卡死。

(5) 阀板磨损或掉落

阀板经过长期的磨损，特别是在较高温度下被料冲刷，头部有磨损，关闭时不严，出现漏风现象，或有的阀板断裂，部分掉落，造成阀门不严。

(6) 轴与阀板分离

翻板阀经过长时间的使用，翻板阀的轴与阀板的套子发生松动，或紧固螺栓松动，使板的轴动而板不动，翻板阀不能与轴联体进行同时转动，不能起锁风作用。

(7) 内漏风的危害

翻板阀开关不灵活，阀板关闭不到位，引起内漏风，会使下一级预热器的高温气体发生短路，不能沿正常的气体路径进入出气管道与生料进行热交换，而直接从下一级预热器随料管进入上一级预热器，其路径短，少了与生料进行热交换的过程。这样一来低温生料得不到合理的预热，使物料预热效果差，废气温度升高，预热器的废气热利用率低，入窑生料的分解率降低，窑的热负荷增加，烧成带温度升高，熟料质

量变差，窑及预热器系统的热耗增加，使熟料煤耗升高。最终导致出一级预热器气体温度升高，对高温风机及废气处理系统的设备不利。总之，内漏风会使熟料质量差，产量低，热耗高，设备承受热负荷增加，不利于高温设备的使用寿命。加强管理，形成制度，定期检查加油、维护保养，形成记录是解决内漏风的有效措施。

1.119.2 外漏风

外漏风是指窑及预热器系统以外，环境温度下的自然空气通过不正常的渠道进入窑及预热器系统内，使窑及预热器系统热工制度发生变化，内部气体温度下降，热耗增加，窑及预热器系统气量不足，为满足系统用风，窑尾排风机负荷加大，系统内总废气量增加，系统煤耗、电耗增加。外漏风是由于系统的窑门、观察孔、捅料孔、检查孔、窑头及窑尾密封不严，管道法兰连接不实，壳体磨窜等引起的外界风进入到系统内，主要表现在以下几个方面。

(1) 窑头罩漏风

窑门与窑头罩之间漏风，窑门内衬被烧损掉落，外壳直接与高温气体接触，受热力影响，窑门金属壳体变形，使窑门与窑头罩间的间隙发生变化，中间缝隙加大，长期运转，高温气体更易接触窑头罩壳体，使高温腐蚀加剧，变形加大，没有其他密封填充，会有大量的冷空气进入窑内，降低了窑前温度，使窑二次风温、三次风温都降低，影响到煤粉的燃烧，使高温带烧成温度提不起来，增加头煤喂煤量。

(2) 窑头密封漏风

窑头密封方式有石墨块密封、迷宫式密封、柔性密封、鱼鳞片密封等形式，但材料被磨损，压紧装置未进行调整，使冷风套与窑头罩间产生缝隙，有的是钢丝绳松动，有的是鱼鳞片被磨损，或变形不起密封作用，有的是重锤轻，起不到下锤的作用，都会使其产生间隙，有冷空气进入其内，造成入窑二次风、三次风温度下降。

(3) 窑口变形

窑护口铁安装在窑筒体上，靠近窑内部及端部，都有浇注的耐火浇注料，其目的是使窑护口铁与高温气体及出窑熟料隔开，不进行直接热传递，防止窑口筒体变形。但在实际运行过程中，由于抢烧，盲目追求设备运转率，甚至为完成某月或某季度生产任务，当窑口浇注料脱落，甚至使大面积护口铁裸露在高温环境下，窑口筒体被烧红，仍坚持带病运转，筒体因高温腐蚀变形，头部筒体变薄，强度下降，在高温下变形严重，几经周折，窑口筒体出现喇叭形，检修后，不能每次都更换窑口前部筒体，只好重新打浇注料，窑口筒体外形失圆，成了不规则的喇叭状，而窑口四周的窑头罩是规整的圆形，因此两者间产生缝隙，出现漏风现象。

(4) 检查孔、洞关闭不严

窑头罩、窑门的观察孔、检查孔关闭不严，或是在生产运行过程中往往为了方便，人为地开了原设计没有的小孔，加盖采用简易的方式，用钢管及钢筋焊制简单的转动轴，四周不进行密封。有的检查孔关闭不严，加上没有内衬，在高温下变形，产生间隙，漏风严重，更有甚者，为了操作方便，捅料完不进行关闭，造成人为漏风现象。

(5) 窑尾密封漏风

窑尾的密封方式与窑头密封相似，大部分是石墨块、迷宫式、鳞片式、柔性等密封方式，由于窑尾密封靠近烟室，受窑尾负压的变化，下料管冲下的料在负压变化时，向外溢料的可能性较大，因此用螺栓顶紧石墨块。丝杠受高温影响，积存料粉，当石墨块磨损有较大间隙需要调整丝杠时，丝杠不易调节，如果平时对丝杠加上润滑脂，因粉尘飘落，同样不能调整紧固。对于柔性密封，若磨损后，外层钢丝绳松动或金属片被磨损，要随时调整紧固。不论哪种密封方式，一旦出现漏风现象，都要及时调整。但有的厂家不够重视漏风问题，认为漏一点风不是大问题，不会影响运转，对产量、质量没有大影响，这种观点是错误的，窑尾漏风，会使窑系统用风失去平衡，使窑尾烟室温度下降，增加用煤量，系统煤耗增加，同时窑尾风机负荷增大，不利于节能降耗，破坏了窑系统热工制度的稳定。同时窑尾漏风，冷空气突然进入窑尾，会使窑尾生料急剧降温，易出现结皮堵塞现象。

(6) 窑尾烟室捅料孔、检查孔密封不严

窑尾烟室捅料孔经常被打开，进行捅料检查窑尾烟室结皮堵塞情况，但由于经常打开，在关闭时不够严密，有时检查门盖浇注料脱落，外壳出现温度过热颜色变暗的现象，有的外壳变形，出现漏风，由于此处负压在－300 Pa左右，一旦密封不严，产生漏风量较大，使窑尾烟室料温急剧下降，易产生结皮，越易结皮，捅堵的频次越需要增加，捅料孔被打开的次数越多，出现恶性循环。冷风随上升烟道进入分解炉锥体，此处易产生结皮，这是锥体及缩口出现结皮的原因之一。

(7) 各级预热器的检查孔、捅料孔关闭不严

新型干法窑预热器系统检查孔平时是关闭密封的，但在捅堵检查后，关闭不严，四周变形，浇注料脱落，检查门在关闭后，产生缝隙，出现漏风。有时捅堵后，不进行密封，越靠上的预热器，负压越大，漏风越严重，此处温度较高，物料经预热后受漏入冷风的影响，温度下降并硬化出现结皮堵塞。

(8) 预热器点火烟囱漏风

预热器点火烟囱在刚点火升温时打开，向外排出预热器系统的废烟气，防止点火初期系统一氧化碳含量超标，窑尾收尘发生爆炸，同时使系统中的水蒸气能够直接排出。一旦投料进入生产后，要对其进行关闭，防止系统漏入冷空气。此处阀门有的是用电动推杆，有时关闭不到位，或电动执行机构发生故障，不能关闭严密；也有的需人工关闭，关闭不严，产生漏风；还有的直接在进风口上方盖一大铁板，上部用钢丝吊起，手动进行开关，没有软性密封材料，盖板四周漏风。

(9) 增湿塔底部检查孔、锁风绞刀漏风

增湿塔底部有长方形检查孔，是用来清理增湿塔底部积料甚至增湿塔湿底所形成的积泥。方形孔洞用法兰螺丝连接盖板，四周用石棉绳进行密封，但在实际操作过程中，由于增湿塔经常出现积料或积泥，需要清理，但在清理检查后盖上盖板时，密封不严，有的螺丝拧得不紧，有的螺丝不全，只拧部分螺丝，有的不上螺丝，直接用铁丝简单地拧一下，造成螺孔漏风。法兰四周漏风严重，为了下次清理检查方便，将盖简单地盖上。绞刀端部下料溜子处为防止外界风漏入，在此安装了双道翻板阀进行锁风或分格轮锁风，但有的单位直接不用；有的是电机带动分格轮转动的传动轴脱接，电机转，而分格轮不转，起不到锁风作用；有的直接将分格轮进行拆除；还有的增温塔底部料外放口在没有外放时，不进行密封堵漏，造成有风漏入。因增湿塔靠窑尾排风机最近，负压较大，漏风最为严重，直接影响到窑系统拉风量，造成窑内及炉内用风不足，而窑尾排风机负荷加大，影响到熟料煅烧质量，使熟料烧成煤耗、电耗升高。

(10) 各级预热器出气管道焊缝不严

各级预热器出气管道焊缝不严，甚至开焊，出现漏风现象。特别是一级预热器出气管道开焊，因有外保温，内部焊口氧化脱开，造成漏风不易发现，只有在窑高温风机未开时系统呈正压时表现明显，平时呈负压时只有沙沙的漏风声，出预热器管道与旋风筒四周周围有间隙，旋风筒周围浇注料开裂，有漏风现象。

(11) 入窑生料在一级管道下料处锁风装置失效

在预热器顶部，入窑生料在一级管道下料处有分格轮进行锁风，分格轮长期磨损，间隙变大，更换不及时，不起锁风作用，有漏风现象。

(12) 过于频繁使用空气炮

空气炮的使用与窑的操作水平有很大关系，有的厂家操作精细严格，操作水平高，将空气炮定为间歇使用，根据生产实际窑况随时使用，但在保证不出事故的情况下，应尽量减少空气炮的使用次数，减少冷空气进入窑系统的量，起到节能的作用。但对于一般情况，对系统的判断达不到一定程度时，不要求达到如此的精细程度，应以定时清理不出现工艺故障为目标。

1.119.3 漏风的原因分析

窑及预热器系统出现漏风现象较为普遍，只不过是轻重有别，为什么有的企业会明知漏风而不去处理呢？首先是意识问题，企业没有从客观上搞明白漏风的原因及危害，意识不到其存在带来的影响，就不会重视，形不成一种理念，久而久之便视而不见。从窑煅烧熟料质量及熟料能耗上分析，任何一个漏风点都不能

忽视，否则会积少成多，因小失大。随着漏风点的增多，漏风量增加，漏风对窑及预热器系统的影响会积累上升到很严重的程度，由一般的漏风问题变成大的工艺故障隐患。如某企业点火烟囱风门关闭不严，时间较久，没有人处理，仅此一个小小的漏风点，风门关闭后现场观察时发现窑尾风机负压减小 500 Pa，总风量减少 10%，可见其节能效果。对漏风量没有量的测量，不知道漏风点的存在带来损失的量化程度，自然不会引起人们的重视。目前管理严格的企业，都在做密封堵漏的细节工作，从细微入手，加强精细化的操作。其次是管理上不到位，存在漏洞，管理结点不闭合，没有精细化操作方案，执行不到位，检查时没发现问题，或发现问题没有整改方案，即便是有方案也没有人去跟踪落实，或措施落实不到位，时间长了习以为然，管理者、执行者没有形成上下统一的治理漏风的意识。

1.119.4 外漏风带来的危害

(1) 热损失增加，熟料烧成热耗升高

窑及预热器系统任何一个漏风点，都会使系统的热损失增加，熟料电耗升高。由于内、外系统气体温差大，外界冷空气进入后，要达到系统内的温度，需吸入大量热量，热量的来源最终还是熟料煅烧煤的燃烧。由于冷风的掺入，使用煤量增加，窑尾废气的总排量增加，废气带走的总热焓增加，熟料煤耗显然升高。

(2) 熟料烧成电耗增加

熟料煅烧所用热量是靠燃料燃烧放出的，而煤燃烧需要一定的空气量，系统热耗的增加，会使用煤量增加，这无疑要增加用风量。窑及预热器系统漏风，会使窑内及分解炉内用风不足，因熟料煅烧过程中煤燃烧所必需的用风量是一定的，但是由于系统漏入冷风，没有参与煤燃烧化学反应，要使窑及分解炉内煤化学燃烧充分，需氧量不能减少，因此要增加煤的供氧量，增加排风，窑尾风机排风负荷增加使系统电耗升高。

(3) 系统的温度降低，影响熟料煅烧质量

窑及预热器系统漏风，使窑及预热器内温度下降，破坏了系统原有热平衡，使熟料预热、生料分解、熟料煅烧温度降低，影响熟料烧成质量。特别是烧成带温度，由于窑前漏风，入窑二次风温降低，煤在窑前的燃烧速度降低，烧成带火力不够集中，使熟料在烧成带煅烧的温度降低，熟料烧结程度下降，熟料硅酸盐矿物的含量不尽合理，熟料的游离氧化钙烧不下来，分解炉温度不高，生料分解率低，增加了熟料烧成的热负荷，影响到熟料质量。

(4) 入窑风温低，风量减少

窑系统漏风，特别是窑前漏风，对入窑风量与风温产生较大的影响。漏风使二次风温、三次风温降低，因冷却熟料的高温风在进入窑之前掺入冷空气，温度降低，同时，在窑尾排风机风量不增加的情况下，吸入的热风量相应减少。二次风温降低，煤粉进入窑内升温慢，燃烧速度慢，火力在烧成带不够集中，造成窑烧成温度不高，熟料的烧结程度受到影响，烧成带火焰拉长，窑尾温度升高，整个系统热力平衡受到影响。三次风温降低，使入炉煤粉燃烧速度慢，分解炉温度降低，入窑生料在炉内的分解率低，为保证其入窑分解率，势必要多加煤来提高炉内温度。

(5) 窑尾预热器系统结皮堵塞

窑尾预热器及其管道漏风，使内部温度急剧下降，高温物料受急冷的影响，物料被硬化，产生结皮，附在预热器内壁及管道内壁，减小通风面积，特别是管道漏风处易积料。积料达到一定程度，会影响系统通风，使系统通风不畅，造成恶性循环，加剧结皮堵塞现象的发生。

1.119.5 措施

加强管理，形成检查、整改、验收、督促、落实制度。不放过任何一个漏风点，不让系统带着漏风隐患运转，加强密封堵漏，可用岩棉板、石棉绳堵塞，用薄铁皮外包，或采用保温涂料等，这是节能降耗的一项措施。如某企业，日产 5000 t/d 的新型干生产线，投产近 10 年，为加强节能降耗，降低生产成本，采取了各种措施降低熟料热耗，如采取钢渣配料、粉煤灰代黏土配料、加强操作等多项措施，有了较大进步，但与其他优秀企业比起来，煤耗还有差距，通过外出到其他企业参观发现，相比较之下该生产线系统密封还有差距，还存在漏风环节，于是下决心进行窑系统密封，采取措施，对窑头、窑尾进行一系列的密封，仅此一

项降低煤耗近 1.3 kg/t 标煤，达到窑头、窑尾不冒尘，提高了热能的利用率，降低了熟料的烧成热耗，收到较好的节能效果。

[摘自：张传行. 新型干法窑系统漏风的原因分析及危害[EB/OL](2011-08-04)[2018-10-02]. http//m. ccement. com/neus content 1703305. html.]

1.120 预分解窑窑尾和预分解系统温度偏高或偏低是何原因

1.120.1 窑尾和预分解系统温度偏高

① 核查生料 *KH*、*SM* 值是否偏高，熔融相(Al_2O_3 和 Fe_2O_3)含量是否偏低；生料中 f-SiO_2 含量是否比较高和生料细度是否偏粗。如上述若干项情况属实，则由于生料易烧性差，熟料难烧结，温度偏高属正常现象。但应注意极限温度和窑尾 O_2 含量的控制。

② 窑内通风不好，窑尾空气过剩系数控制偏低，系统漏风产生二次燃烧。

③ 排灰阀配重太轻或因为怕堵塞，窑尾岗位工把排灰阀阀杆吊起来，致使旋风筒收尘效率降低，物料循环量增加，预分解系统温度升高。

④ 供料不足或来料不均匀。

⑤ 旋风筒堵塞使系统温度升高。

⑥ 燃烧器外流风太大、火焰太长，致使窑尾温度偏高。

⑦ 烧成带温度太低，煤粉后燃。

⑧ 窑尾负压太高，窑内抽力太大，高温带后移。

1.120.2 窑尾和预分解系统温度偏低

① 对于一定的喂料量来说，用煤量偏少，导致温度偏低。

② 排灰阀工作不灵活，局部堆料或塌料。由于物料分散不好，热交换差，预热器 C_1 出口温度升高，但窑尾温度下降。

③ 预热器系统漏风，增加了废气量和烧成热耗，废气温度下降。

1.121 在生料循环与入窑的三通管道上哪类阀门最好

一般有两类阀门可供选择：两台电动闸板阀或一台双位快速切换阀。它们的区别在于控制时间的长短。

前者是两台电动闸板阀同时操作，最快需要 30 s，有时达 1 min 以上。但在这 30 s 内，对于 2500 t/d 的生产线，每分钟的喂料量可达 3 t 以上，30 s 也有 1 t。如果闸板阀缓慢移动，料从零开始，这些小量料流不仅无法压制住突然遇到的高温，而且会被高温烧黏，黏到预热器某部位，成为堵塞的祸根。

后者是双位快速切换阀，其动作只要一两秒，瞬时间数吨生料一齐入窑，不但可以克制住预热器上部高温气流逸出，避免窑内温度向后转移，而且也不会有物料发黏堵塞的隐患。这就是不同类型阀门控制时间长短对投料的重大影响。

另外，止料也要求阀门动作迅速到位，因为闸板阀的慢速关闭，会使最后的少量料头仍然继续入窑，然后黏结在预热器某部位，为下次投料堵塞埋下隐患，尤其是短期停窑后的投料。

1.122 物体传热方式有几种

物体传热方式有传导传热、对流传热、辐射传热三种。

(1) 传导传热

热从物体的高温部分，沿着物体传给温度较低的部分，高温部分温度降低，低温部分的温度上升，这种传递热量的方式称为传导传热。例如茶杯内倒入开水，拿茶杯时感觉烫手，就属于传导传热。

传导传热简称导热，它通常发生在温度不均匀的物体内部，或不同温度的物体紧密接触的时候。传导传热是靠物体中微观粒子的热运动而传递热量的。

温度是物体内分子或原子具有动能的标志。温度不均匀的物体内部，高温部分的分子或原子的动能较大，当其振动时因与邻近的分子或原子碰撞而将一部分动能传给温度较低的分子或原子，使它们能量增加，温度升高，这样热量就从温度较高的部分传递到温度较低的部分。对金属物体来说，除分子、原子间的动能传递外，还通过自由电子不断进行的热运动传递热量。因此，传导传热的特点是物体各部分之间不发生宏观的相对位移。

(2) 对流传热

靠液体或气体的流动传热的，称为对流传热。例如室内装上暖气设备，全屋都会暖和起来。

对流传热通常发生在流体内部和流体与固体之间，它是一个综合传热过程。对一个温度不均匀的流体来说，受外力作用或本身因温度不同而产生的密度不同，使流体各部分发生了相对位移，产生了对流，引起了热量传递。

对流现象只出现在流体中，而且总是伴随着流体本身的导热作用。对流体与固体之间的传热来说，它既包括流体主体内质点位移而产生的对流，也包括流体与固体表面接触处的层流底层内的传导传热。由此可见，增大流体的流速，能强化对流传热。因而增加立窑的通风量、提高窑内的气体流速可以提高传热系数，加强窑的热交换。

(3) 辐射传热

以电磁波的形式进行热量传递的过程称为辐射传热，但并不是所有的电磁波都能被物体吸收转变为热能(即辐射能转化为热能)从而使物体温度升高，只有一定波长范围的电磁波能被物体吸收转变为热能。这部分传递热量的电磁波称为热射线。因此，辐射传热是利用电磁波中的热射线进行热量传递的。

辐射传热与对流传热、传导传热相比具有以下特点。

① 热辐射不仅进行能量的传递，而且还伴随着能量形式之间的转化，即从热能转化为辐射能，又从辐射能转化为热能。

② 辐射能不仅从温度高的物体向温度低的物体辐射热能，同时也从温度低的物体向温度高的物体辐射热能(温度在绝对零度以上的物体，均能辐射出热射线，进行热量传递)，但最终结果仍是低温物体比高温物体得到热量多。

③ 热射线的传播和可见光的传播一样，不需要固体、液体或气体作为传递介质，在真空中也能传播。

1.123 何为空气炮清堵器，有何规格和技术要求

水泥工业用空气炮清堵器是以空气喷爆原理清除水泥工业生产系统中物料结皮、起拱、堵塞等的专用设备。

《水泥工业用空气炮清堵器》(JC/T 464—2005)标准规定的产品型式、规格和技术要求如下：

1.123.1 产品的型式、规格

(1) 型式说明

型式按进气口与喷爆口位置分为以下三种，如图 1.106 所示。

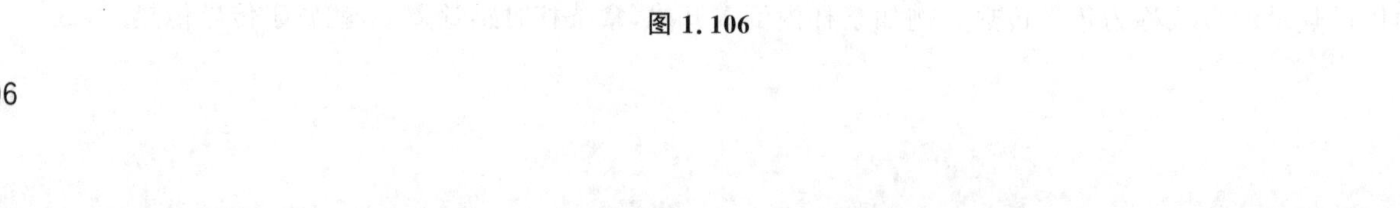

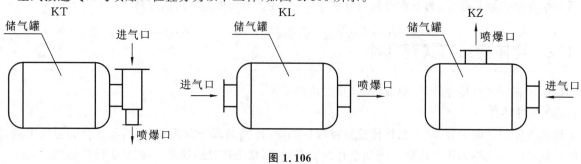

图 1.106

(2) 型号说明

型号表示方法规定如下：

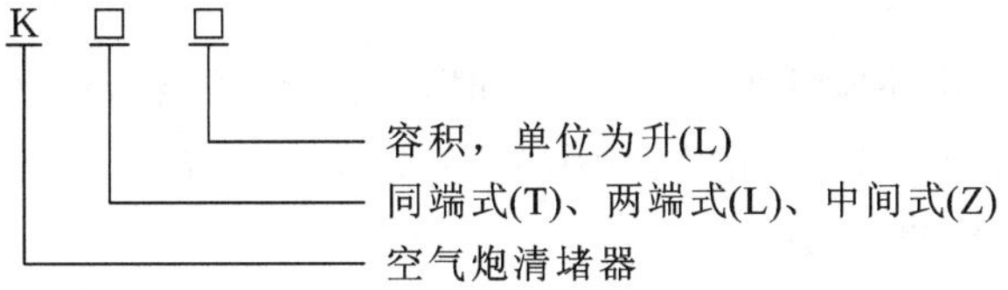

(3) 标记示例

两端式、容积为 0.03 m^3 的空气炮清堵器，标记为：空气炮清堵器 KL30。

(4) 基本参数

空气炮清堵器基本参数应符合表 1.6 的规定。

表 1.6 空气炮清堵器基本参数

型号	容积 (m^3)	公称通径 *DN* (mm)	进气口公称直径 (in)	喷爆口 *DN* (mm)	工作压力 (MPa)	冲击力≥ (N)
KL14	0.014	200	1/2	50	0.4～0.8	2200
KL30	0.030	300				2800
KL50	0.050	350				3500
KT75	0.075	400	1/2	100		4800
KT100	0.100	400				5800
KT150	0.150	500				8200
KT300	0.300	600	1/2	125		11000
KT500	0.500	700				15000
KZ25	0.025	300	1/2	65		1500
KZ35	0.035	300				2000
KZ50	0.050	350				2400
KZ60	0.060	350				2500
KZ75	0.075	400	1/2	65	0.4～0.8	2680
KZ80	0.080	400				2720
KZ100	0.100	400				2830
KZ120	0.120	450				3300
KZ150	0.150	500				4500
KZ170	0.170	500				4850
KZ200	0.200	500				5300

注：1 in=2.54 cm。

1.123.2 技术要求

(1) 基本要求

① 产品应符合《水泥工业用空气炮清堵器》(JC/T 464—2005)标准的要求，并按经规定程序批准的图样和技术文件制造。凡《水泥工业用空气炮清堵器》(JC/T 464—2005)标准未规定的技术要求，按相关国家标准和建材行业标准执行。

② 图样未注公差尺寸的极限偏差应按《一般公差 未注公差的线性和角度尺寸的公差》(GB/T

1804—2000)的规定执行，机械加工尺寸按 IT14 级制造，非机械加工尺寸按 IT16 级制造。

(2) 主要零部件要求

① 储气罐

a. 储气罐壳体材料，当工作环境温度在 0～60 ℃时，应符合《碳素结构钢》(GB 700—2006)中的有关规定；当工作环境温度在－20～0 ℃时，应符合 GB 713—2014 中的有关规定。

b. 储气罐封头由整块钢板冲压成形。

c. 封头成形后，钢板的最小厚度应不小于图样标注的封头厚度减去使用加工封头的钢板负偏差，钢板负偏差应符合 GB/T 709—2019 的规定。

d. 形状偏差应符合 GB 150.3—2011 中的规定。

e. 储气罐进气口接管及喷爆口接管的材料应符合 GB/T 8163—2018 中的有关规定。

f. 储气罐 A、B 类焊接接头对口错边量 b(图 1.107)，不应大于钢板厚度 t 的 10%，且不大于 1.0 mm。

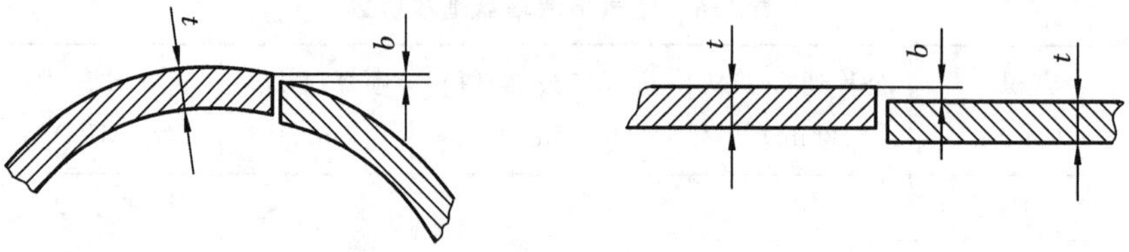

图 1.107

g. 在焊接接头环向形成的棱角 E(图 1.108)不大于 1.5 mm。

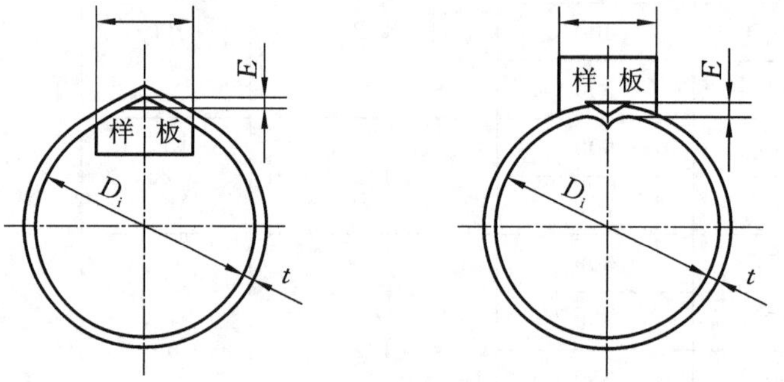

图 1.108

h. 两端式空气炮清堵器的储气罐进气口接管与喷爆口接管的同轴度公差为 ϕ0.5 mm。

i. 法兰面应垂直于接管，且垂直或平行于储气罐壳体的主轴中心线，其偏差应不超过法兰外径的 1%。

j. 储气罐壳体同一断面上的最大外直径与最小外直径之差应不大于 3 mm。

k. 焊缝应焊透、饱满，表面应圆滑。

l. 焊缝咬边深度不大于 0.5 mm，咬边连续长度应不超过 100 mm。两侧累计长度应不超过该条焊缝长度的 10%。

m. 焊缝内部质量应符合 NB/T 47013—2015 中的规定。

n. 法兰应符合 HG/T 20592～20635—2009 中公称压力为 1 MPa 的法兰的规定。

o. 储气罐应依据 GB 150.1～150.4—2011 有关要求进行水压试验，不渗漏。

② 气缸、活塞

气缸、活塞材料应符合 GB/T 9439—2010 中的有关规定。

③ 电磁阀

电磁阀应符合《气动换向阀技术条件》(JB/T 6378—2008)的要求。

(3) 装配要求

活塞在气缸内应运动灵活，二者的径向间隙应在 0.12～0.20 mm 之间。

(4) 外观质量要求

① 储气罐外表面应采用喷砂等方法进行处理，以改善外观质量，外表面不应有图样未规定的凸凹及其他损伤。

② 零部件结合处的边缘应整齐、匀称。

(5) 充气喷爆试验要求

① 充气喷爆试验次数应不少于 10 次。电器控制应准确可靠，二位三通电磁阀应换向灵活。

② 在喷爆试验过程中不应有异常声音，活塞不应有卡死现象。

③ 密封应可靠，无漏气现象。

④ 冲击力应符合表 1.6 的规定。

(6) 涂漆防锈要求

产品涂漆和防锈应符合 JB/T 4711—2003 的规定。

1.124 生料再循环通道有什么用处

在生料出库离开提升输送设备之后、入窑之前，在输送管道上应当设置有三通管道，并设置快速切断阀门，使出库生料既可入一级预热器，又可回生料库。它具有以下几个方面的作用：

① 使生料入窑快而可靠。在点火投料阶段，一旦系统温度具备，在开大排风机风门的同时，必须立刻投料。否则系统各处温度会向系统后部迅速转移，造成如下恶果：一级出口温度高达 500 ℃以上，威胁高温风机及其后面的设备安全，物料易在风叶上结垢；分解炉的温度大幅下降，待生料到达时无法分解；窑内温度降低变暗，难以挂好窑皮，而且还易窜生料。有此通道就可以先将回库的设备启动，让生料提前进行循环，一旦系统各处温度具备，只要将三通阀打向入窑通道即可。这种方法可避免由于物料及设备等原因而造成的生料入窑时间的延误，也保证进窑有足够生料量。

② 止料时果断快捷、不拖泥带水。尤其是在遇到堵塞及其他紧急故障时，如果依靠库下止料，不但止料时间滞后，使堵塞的料更多，而且最后总有少量尾料断续入窑，它们会成为再次投料时堵塞的祸根。

③ 有利于生料循环均化，特别是在较长的停窑时期内，或当停窑后收尘灰大量回库时。

④ 是库下生料喂料计量设施实物标定时的必要设备。

总之，再循环通道虽然投资不多，但在预防生产故障中却能起到不可省略的作用。

[摘自：谢克平．新型干法水泥生产问答千例(操作篇)[M]．北京：化学工业出版社，2009.]

1.125 使用无烟煤分解炉喂料点和喂煤点的位置应如何优化

采用无烟煤煅烧的预分解窑分解炉的喂料点和喂煤点的位置相当重要。江继祥等进行了详细的研究，取得了不少有益的经验，供大家参考。

对于带预燃室的 RSP 窑，分解炉煤先经窑尾预燃室燃烧再进分解炉，预燃室顶部有喷油助燃装置，预燃室的温度可达 1200～1300 ℃。设计时考虑预燃室的热负荷承受能力，C_4 筒生料先全部进入预燃室再进分解室。实际生产中这样会导致预燃室的温度偏低，煤粉燃烧速度慢，不完全燃烧现象严重，窑尾烟室、缩口结皮较多，最后不得不停窑清理。后来将 C_4 筒生料改为两路分料，一路进分解室，一路进预燃室，通过调整分料的比例来控制预燃室的温度，这样既不会由于温度超高而烧穿预燃室，也不会由于温度过低而使煤粉着火慢而结皮，从而稳定了煤粉的燃烧，保证了煤粉的燃烧速度，提高了煤粉的燃尽率，改善了后燃烧，烟室、缩口结皮大为减少。

对于不带预燃室的管道式分解炉，C_4 筒生料进分解炉一般有 2～3 个下料点。喂料点一般用中、下部，上部的少用，下部分料比中部要多，这样可控制分解炉下部温度，防止锥部因高温而结皮。下部分料多，料、煤在炉内的混合路径长，炉体变径多，形成的紊流和返混多，风、煤、料的混合相对均匀，保证煤粉的燃烧稳定。

进分解炉的煤也有三个喂煤点，分别在分解炉的缩口与三次风进风口交会的上、中、下部位。从炉容考虑，设计思路是：烧无烟煤喂煤点放在下部，烧混合煤喂煤点放在中部，烧烟煤喂煤点放在上部。

喂煤点放在下部时，煤粉进入炉内时在三次风的下面，三次风带入的 O_2 直接供煤粉燃烧的少，燃烧速度慢，还原气氛浓，缩口结皮严重，影响窑内通风。

喂煤点放在中部时，煤粉进入炉内燃烧可得到三次风中的部分 O_2，还原气氛较下部有所改善。

喂煤点放在上部时，煤粉进入炉内燃烧可得到三次风中的全部 O_2，煤粉燃烧速度快，还原气氛少，缩口结皮少，窑内通风好，产量高。但如果炉内料、煤混合不均，高温点会上移至缩口上部的直筒处，此处由于局部高温而结皮，结皮不垮落，不会影响窑内通风。运行一段时间后，结皮到一定程度后会突然垮落而堵塞缩口。因此，喂煤点放在上部最有利于无烟煤的燃烧，但操作上一定要通过分料来控制，避免产生局部高温。另外，设计时一定要从流场上充分考虑分解炉内风、煤、料混合的均匀性。

1.126 调节分解炉燃料量将引起怎样的变化

分解炉的燃料量决定着入窑生料的分解率；无论燃料量是增加还是减少，助燃空气量都应该相应地增加或减少；入窑分解率应控制在 95%以内，分解率过高易造成 C_5 内物料烧结。

(1) 增加分解炉喂煤量将引起：

① 入窑分解率升高；

② 分解炉出口和预热器出口过剩空气量降低；

③ 分解炉出口气体温度升高；

④ 烧成带长度变长；

⑤ 熟料结晶变大；

⑥ C_5 物料温度上升；

⑦ 预热器出口气体温度上升；

⑧ 窑尾烟室温度上升。

(2) 当减少窑尾喂煤量时，产生的结果与上述情况相反。

1.127 调节三次风流量将引起怎样的变化

三次风是满足分解炉内燃料燃烧的助燃空气，是来自箅冷机的冷却风，温度一般控制在 900 ℃左右，流量通过三次风管上的阀门来进行调节。

(1) 增大三次风阀门开度，将引起的变化如下：

① 三次风量增加，同时三次风温也提高；

② 二次风量减少；

③ 窑尾气体氧含量降低；

④ 分解炉出口气体氧含量增加；

⑤ 分解炉入口负压减小；

⑥ 烧成带长度变短。

(2) 当减小三次风阀门开度时，情况与上述结果相反。

1.128 调节生料喂料量将引起怎样的变化

生料喂料量的选择取决于煅烧工艺情况所确定的生产目标值，增加生料喂料量将引起的变化如下：

(1) 窑热负荷降低；
(2) 出窑气体和出预热器气体温度降低；
(3) 入窑分解率降低；
(4) 出窑过剩空气量降低；
(5) 出预热器过剩空气量降低；
(6) 熟料中 f-CaO 的含量增加；
(7) 二次风量和三次风量降低；
(8) 烧成带长度变短；
(9) 预热器负压增加。

由于增加了生料的喂料量，相应地需要增加分解炉和窑头煤管的喂煤量，增加高温风机的排风量，增大窑的转速和箅冷机箅床速度。当减少生料喂料量时，情况应与上述情况相反。

1.129 影响废气冷却器换热效率的因素有哪些

(1) 冷却介质的流速

流体和固体壁间存在温度差时，将发生对流换热，而对流换热主要发生在热边界层内。当流体为湍流状态时，热阻最大的是层流内层。速度边界层和热边界层有着固定的关系，流体速度越大，层流内层越薄，换热系数就越大。

(2) 冷却介质密度的影响

冷却介质的密度对冷却器换热效率有直接的影响，冷却介质密度越大，冷却器换热效率越高。

(3) 冷却介质流体的冲刷方向和热列管的排列方式

理论和实践都证明了流体与热列管的冲刷角度对换热系数有很大的影响。当流体横向冲击列管时，换热系数最大，这是因为管子后面产生强烈涡流。同样的道理，热管顺排不及叉排的换热系数大。

(4) 管壁导热热阻的影响

废气冷却器属于间壁式换热器，不仅有管壁面的对流换热，还有管壁的导热。因此，管壁的导热系数直接影响冷却器的换热效果。

1.130 一种结构紧凑的伸缩节

干法窑一级旋风筒到收尘室的大烟道，由于温度变化大，必须安装伸缩节以补偿大烟道的热胀冷缩，且由于这里负压较大，对伸缩节的密封要求高。在安装空间狭小的情况下，伸缩节的结构设计更是一个值得注意的问题。

黄明馨设计了一个伸缩节，如图 1.109 所示。抱箍为两个半圆环，用两个螺栓夹紧在内筒上，它的内径和内筒外径一样大，材质根据使用环境的温度决定，整个伸缩节采用相同的材质，且应与它安装处的管道材质相同。当温度变化时，大烟道伸长或缩短，内、外筒间发生相对运动，抱紧在内筒上的抱箍就会压紧填料，使之紧贴内外筒而实现密封。由于抱箍是靠摩擦力抱紧在内筒上的；如果抱箍所处位置不合适，在使用过程中当将填料压紧到一定程度时，受到的压缩阻力大于摩擦力，会在内筒上滑动而自动调整到一个合适的位置。抱箍与内筒间的摩擦力由螺栓的夹紧程度和两者间因受热产生的相对膨胀程度决定，情况比较复杂。

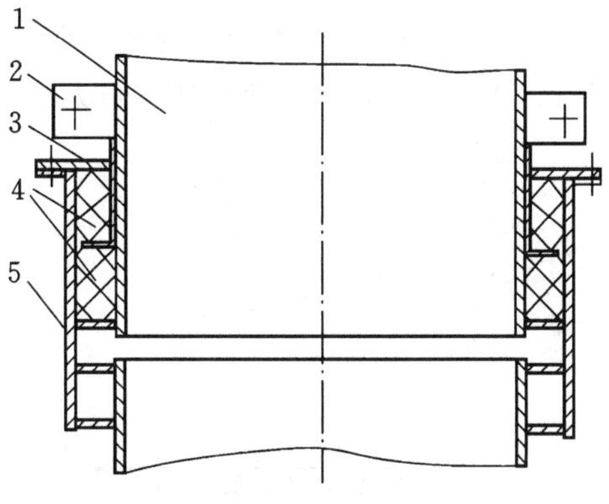

图 1.109 伸缩节结构图

1—内筒；2—抱箍；3—法兰；4—填料；5—外筒

填料被压产生的反作用力与管道热胀冷缩程度、填料的可压缩性及初始压紧程度有关，生产中应在伸缩节初次投运时根据填料的性能和装填情况调节螺栓的松紧，以能补偿热胀冷缩又不漏风为度，更换填料后也应进行这样的调节。由于抱箍和法兰都是半圆形的，更换填料十分方便。这个设计在干法窑上经过半年多的使用，效果良好。

1.131 选择干法窑窑尾废气冷却器应注意的事项

(1) 窑尾废气冷却器冷却介质理论上采用空气和水均可。采用空气作为冷却介质，设备制造和工艺流程均较简单。采用水作为冷却介质，换热效果较好，但设备制造要求严密无泄漏，同时还要防止水垢产生和去除水垢，因为水垢的存在将大大降低换热效果，除非增设一套软化水系统。因此，干法窑窑尾废气冷却器以采用空气冷却为好。

(2) 冷却空气应采用风机强制输送。这样可适当提高流速，增强冷却器换热效果。自然通风虽无能量消耗，但使冷却器体形庞大，冷却效果差，不稳定，对后面废气处理产生不良影响。

(3) 冷却空气冲击方向以横向为好，热管排列最好采用叉排形式，如图 1.110 所示。以往的横向吹送是采用固定在冷却器一侧的轴流风机。这种设计从工艺和机械角度考虑都有很多弊端。实际上采用离心通风机同样可以改变流体的吹送方向，如图 1.111 所示。

(4) 废气冷却器中的热管不需增加肋片，增设肋片只能增加材料消耗量和制造难度，而对于冷却器热效率提高作用甚微。

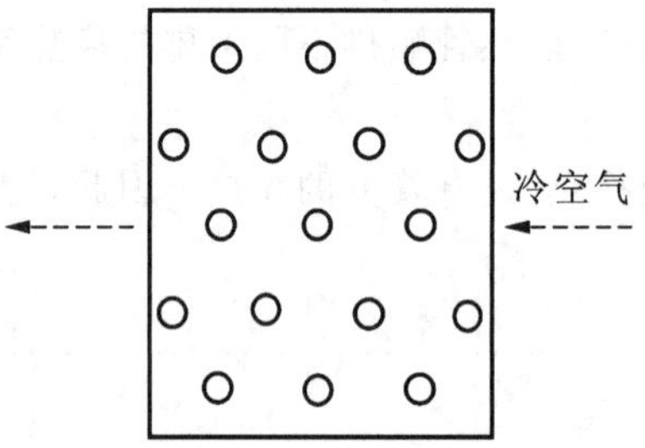

图 1.110 热管的排列形式

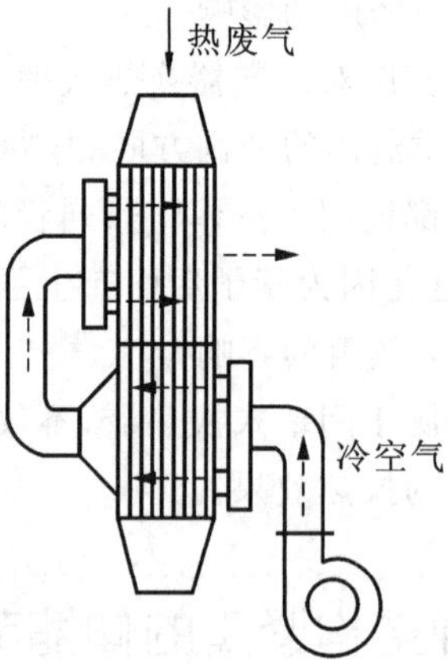

图 1.111 用离心通风机的吹送方式

1.132 温度对生料的流动性能有何影响

为了探讨温度对生料流动性能的影响，张耀金等采用使生料在耐火砖壁面上滑动的方法，测定了从常温到 1000 ℃生料松散堆积体在耐火砖上的滑动性能，结果如图 1.112 所示。

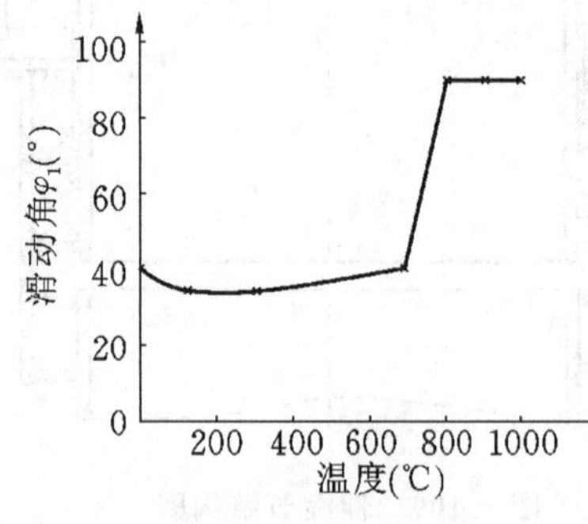

图 1.112 生料在耐火材料面上的滑动角

图 1.112 曲线表明，高温生料在耐火砖表面的滑动角度随温度的升高而增大，特别是当生料温度大于 700 ℃时，滑动角度急剧增大，当生料温度在 800～1000 ℃时生料堆积体已因高温而黏结在一起，并紧紧地黏附在耐火砖表面而不滑动，表现出高温生料本身与耐火砖表面均有强黏附性。此时生料层与耐火砖壁面的黏附力比生料重力大得多，故不会因重力作用而分离。以上也说明在高温状态下生料流动性很差，同时生料在耐火砖表面的滑动性能很差。

1.133 干法烧成窑窑尾废气冷却器有几种类型

近年来，随着我国大型布袋收尘技术的日臻完善，干法回转窑窑尾废气处理采用袋式收尘器工艺的日渐增多。从窑尾出来的约350 ℃的高温废气需降温至250 ℃以下才能进入袋式收尘器。窑尾废气的降温途径分两大类：一种是掺冷风，另一种是采用冷却器。老式的小型干法回转窑基本上是采用前者。掺冷风简单易行，投资少，但能耗较高。这几年来，国内研制出各种形式的窑尾废气冷却器，它们在提高袋式收尘器效率方面起到了不可忽视的辅助作用。

窑尾废气冷却器是两种不同温度的流体介质在互相隔离中进行热交换的一种设备。和其他行业换热器不同之处是其热介质具有较高的温度、较低的密度、较大的流量和较浓的含尘量，从而给设计、制造带来一定的困难。

截至目前，国内主要有两个大类的空气冷却器。按冷却介质分为水介质冷却器和空气冷却器，空气冷却器又分为强制通风型和自然通风型。强制通风型又按冷却介质的流动方向和采用风机的不同分为轴流风机型和离心风机型。在各个类型的废气冷却器中，热废气在管道内均为自上而下的强制流动。冷却介质在管道外流动，进行对流换热。

(1) 水介质冷却器

在水冷却器中，冷却水在壳体和热列管之间的密闭空间自下而上穿过，流速较慢，和热废气管热交换形式为层流换热。换热系数虽比同种介质的湍流状态要低，但是由于水的密度远远大于空气的密度，故水冷却器换热系数仍远远大于空气冷却器，约为空气冷却器的200倍。

(2) 自然通风型冷却器

该种冷却器没有封闭的壳体，热废气管道裸露在大气中，冷却介质为环境空气。

其换热机理为：邻近管壁表面的一个薄层内的空气被加热，温度升高，密度降低，从而沿着热表面向上流动。空气温度随着离热管表面的距离增加而降低。待到离开表面一定距离以后，空气温度不再变化，而和大气温度相同。由于冷却空气流速较慢，加之空气密度较低，换热系数很小。所以只有增大传热面积才能提高换热效果。这种冷却器设备庞大，但无动力消耗。

(3) 强制通风型冷却器

该种冷却器有着不完全封闭的壳体。在使用轴流风机型冷却器时，在冷却器一侧沿着热列管方向排布着数台轴流风机。轴流风机两侧有壳体遮挡，冷却风横向穿过数排热管。而在使用离心风机型冷却器时，四周有封闭的壳体，仅在上、下部留有进出口。冷风由一台(或两台)风机从下部吹进，沿着列管方向进行逆流换热后，由上部壳体开口流出。由于是强制通风，流速较高，一般在12 m/s以上，因此冷空气流动属湍流范围。其换热形式主要以对流换热为主，决定其换热强度的主要因素是边界层中的热阻。空气流速越高，热边界层越薄，热阻越小，热交换能力就越强。

1.134 如何处理膨胀节的压实故障

膨胀节是用来解决热工管道系统热胀冷缩问题的补偿设备，一旦补偿失效，后果严重，会给管道系统附加许多应力，甚至造成结构破坏，必须予以重视。

1.134.1 膨胀节压实的判断方法

在热工管道中的支点之间，一般都设有膨胀节，热态时由于管道随温度的升高伸长，膨胀节被压缩；当温度降低时，管道缩短，膨胀节伸长，达到冷态时，膨胀节逐步恢复到安装时状态。正是膨胀节的补偿作用，使管道可以释放应力，从而受到保护，其他部件如支撑装置也免遭破坏，但是一旦这些功能消失，管道应力就会顶坏其他部件。那么如何判断膨胀节是否失效或者压实呢？可以通过观察膨胀节冷、热两种状态下的尺寸进行判断，比如，若看到膨胀节在冷、热态时的轴向尺寸不变，或变化很小，那么就可以认为膨胀节已被压实,失去了补偿作用。这样非常危险,它会使管道、结构长期处于较大的受力状态,具有较大的破坏隐患。

1.134.2 膨胀节被压实的原因

为了更好地分析被压实的原因,需要引入两个概念,即蠕变与应力松弛。蠕变就是金属材料在恒定温度和恒定应力的作用下,随着时间的延长,缓慢发生塑性变形的现象,材料可以在小于屈服极限应力的情况下产生塑性变形。一般碳钢在 300 ℃以上、合金钢在 400 ℃以上就会发生该现象。应力松弛就是零件在高温和荷载的作用下,应力逐渐减小的现象,实际上就是弹性变形逐步转变成了塑性变形。所以膨胀节的压实大部分就是热工管道发生蠕变、应力松弛后,管道由弹性变形转变成了塑性变形不能复位后所造成的。膨胀节被压实的原因,大致有以下几个方面。

(1) 膨胀节材料性能较差,合金含量较低,波纹材料过薄,抵抗变形的能力不足,在受到外力的作用时,很快发生塑性变形甚至出现裂纹损坏。

(2) 膨胀节在安装时预留空间不足,冷态时就已经被挤压,一旦管道升温伸长后遭到挤压,容易产生塑性变形。

(3) 管道设计时,对管道热胀量估计不足,选择的膨胀节不能满足管道热胀冷缩的补偿要求,一旦管道升温,过大的热应力很快使其产生变形而失效。

(4) 设计时对管道的蠕变、应力松弛考虑不周,一旦管道发生蠕变、应力松弛,即使冷却管道,也恢复不到正常状态。

综上所述,膨胀节的压实是金属高温蠕变与应力松弛等因素综合作用的结果,可以从以下几个方面去克服:首先要充分考虑管道工作温度,在膨胀节的选择上要留有充分的余地,补偿量不低于计算膨胀量的两倍;其二,生产单位一定要掌握管道的正常工作温度,使其在正常设计参数内工作,若温度过高,管道发生蠕变、松弛的速度会加快,变形量也会更大;其三,膨胀节的购置必须符合设计要求,杜绝低质产品应用到生产线。

1.134.3 压实膨胀节的处理

膨胀节被压实后,补偿作用消失,管道的热胀冷缩会对结构造成较大的破坏,必须进行处理,处理的方法可有以下几种。

(1) 膨胀节已经破损的处理

若发现膨胀节已经受挤压破损,可以做更换处理,处理时要增大空间,把已经产生塑性变形的管道去掉一部分,保证补偿能力足够。也可以将原膨胀节去掉一部分,然后用非金属膨胀节围裹夹紧,但需考虑温度是否合适。

(2) 膨胀节虽受挤压,尚未损坏的处理

当发现膨胀节虽被压实,但尚未损坏,可以把管道与膨胀节接口割开,再去掉部分管道,保证空间与正常膨胀节需用空间一致,使被压缩的膨胀节自由伸长或帮助其伸长到正常状态,然后再焊接到一起即可。

(3) 对于本身补偿量不足的膨胀节的处理

若设计时,膨胀节的补偿量不足,应当更换,或另增置一个膨胀节。更换和新增时,都要保证能使膨胀节有足够的安装尺寸,避免膨胀节冷态受力。

2

回 转 窑

Rotary kiln

2.1 何为回转窑，它有何功能和不足

回转窑是一个把燃烧、传热、混合、反应蓄热、输送多种功能融为一体的水泥熟料煅烧器，由筒体、轮带、托轮、挡轮、传动装置、密封装置、冷却装置(多筒冷却机等)组成，筒体内焊有挡砖圈，砌有耐火砖，冷端还焊有挡料圈。湿法窑窑内冷端还挂有链条及其他金属热交换装置或加有料浆蒸发机；立波尔窑窑尾设有炉箅子加热机；悬浮预热器窑窑尾设有悬浮预热装置；立筒预热器窑窑内还装有下料舌头，其他窑型也设有下料装置。窑的热端连接看火罩，窑头设有煤粉燃烧装置，冷端与烟室相接。

回转窑的规格用窑的直径和长度表示，窑体直径是指窑体的内径，长度是指从前窑口到后窑口的总长。如窑体直径为 4.5 **m**，长为 60 **m**，则写成：ϕ4.5 m×60 m。

回转窑自 1885 年诞生以来已经历多次重大技术革新，作为水泥熟料矿物最终形成的煅烧技术装备，具有独特功能和品质。在预分解窑系统中的回转窑(图 2.1)具有如下五大功能：

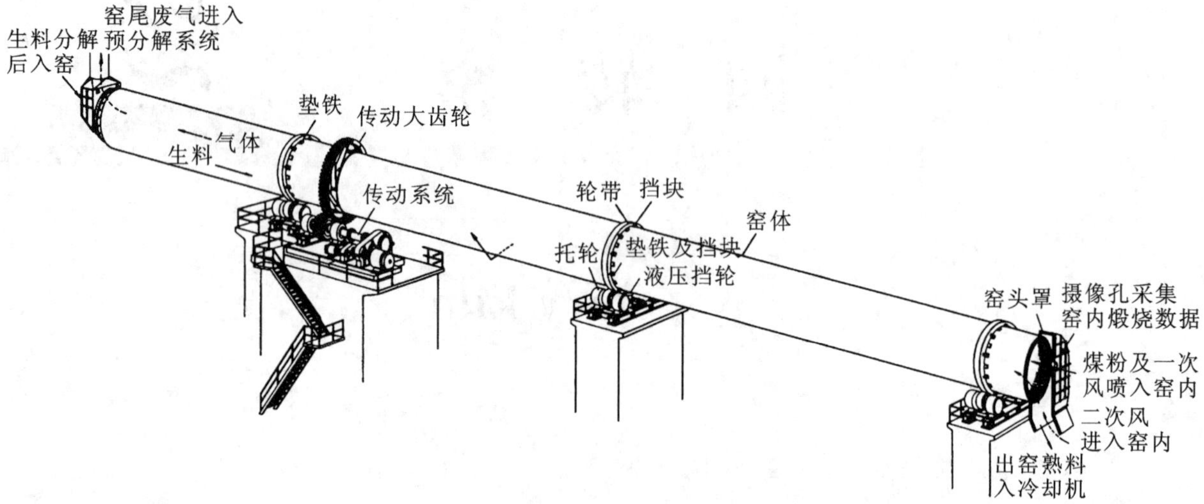

图 2.1　回转窑窑体及传动、支撑装置

(1) 燃料燃烧功能

作为燃料燃烧装置，它具有广阔的空间和热力场，可以供应足够的空气，装设优良的燃烧装置，保证燃料充分燃烧，为熟料煅烧提供必要的热量。

(2) 热交换功能

作为热交换装备，它具有比较均匀的温度场，可以满足水泥熟料形成过程各个阶段的换热要求，特别是阿利特矿物生成的要求。

(3) 化学反应功能

作为化学反应器，根据水泥熟料矿物形成不同阶段的需要，它既可分阶段地满足不同矿物形成对热量、温度的要求，又可以满足它们对时间的要求，是目前用于水泥熟料矿物最终形成的最佳装备，尚无其他装备可以替代。

(4) 物料输送功能

作为输送设备，它具有更大的潜力，因为物料在回转窑断面内的填充率、窑斜度和转速都很低。

(5) 降解利用废弃物功能

随着保护地球环境意识的增强，20 世纪末以来，回转窑的优越环保功能迅速被挖掘。它所具有的高温、稳定热力场已使其成为降解利用各种有毒、有害、危险废弃物的最好装置。

由此可见，回转窑具有多种功能和优良品质，在近半个世纪中它一直单独承担着水泥生产过程中的熟料煅烧任务。但是，回转窑也存在着两个很大的缺点和不足，一个是作为热交换装置，窑内炽热气流与

物料之间主要是“堆积态”换热，换热效率低，从而影响其应有的生产效率的充分发挥和能源消耗的降低；另一个是熟料煅烧过程所需要的燃料全部从窑热端供给，燃料在窑内煅烧带的高温、富氧条件下燃烧，NO_x 等有害成分大量形成，造成大气污染。此外，高温熟料出窑后，没有高效冷却机的配合，熟料热量难以回收，且慢速冷却也影响熟料品质等。因此，水泥回转窑诞生以来的技术革新，都是围绕着克服和改进它的缺点进行的，以达到扬长避短、不断提高生产效率的目的。

2.2 预分解窑有何优缺点

预分解窑在工艺上有着与传统回转窑的根本区别，表现在企业的效益上。可归纳如下四大优点：

(1) 熟料质量高。不同窑型的熟料质量受多种因素影响，但就平均水平而言，预分解窑的熟料不仅抗压强度与抗折强度都要比同龄期的传统回转窑高，而且随着生产能力越来越大，它的质量稳定程度(即标准偏差)越来越好。还有试验表明，用预分解窑熟料生产的水泥，在混凝土制作中对外加剂的适应能力最敏感，即加入少量外加剂，就能使混凝土的性能得到较大的改善。

(2) 热耗低。由于它利用了先进的传热原理，热效率高，而且它的余热利用充分，使得预分解窑的单位熟料热耗大幅降低。现在，先进水平已达到 2926 kJ/kg 熟料(700 kcal/kg)，而传统回转窑则为 6000～7000 kJ/kg 熟料，即每千克熟料所消耗的煤相差一半以上，在燃料价格越发上涨的今天，这是企业能否生存的关键优势。

(3) 劳动生产率高。一条熟料生产线，若是立窑，年产约 15 万 t，大型传统回转窑也不过年产 20 万 t，而一条日产 5000 t 熟料的预分解窑，年生产能力是 150 万 t 以上。更何况随着机械化、自动化程度的提高，使用的劳动力也只是原生产线的 1/4～1/2。因此，劳动生产率成数十倍地提高。

(4) 环保条件好。传统型回转窑的粉尘污染给人们留下了挥之不去的印象，而预分解窑由于工艺布置中对余热进行综合利用，粉尘排放点及扬尘点大为减少(比如，取消了原有的生料磨、烘干机等对空排放)，无组织排放也已在控制之中，且其设备大型化，收尘设备的配套也趋于标准化、大型化，加之收尘技术的提高，当今，水泥企业那种粉尘飞扬的场面已不多见，取而代之的是一座座花园式的工厂。

预分解窑亦存在以下缺点：

(1) 由于预热器废气出口温度低于 400 ℃，钾、钠、氯、硫等有害元素难以作为气态随废气排出，造成这些元素在窑内循环富集，只能随熟料带出，它们在熟料中含量的增高难免会影响熟料强度的提高及低碱水泥的生产。

(2) 如果预热器设计不当，或操作所用的风、料配比不当，就会在预热器形成“塌料”，反映在窑内就是出现生料窜料现象，这种未经煅烧的物料进入熟料中，势必降低熟料的质量。

[摘自：谢克平. 新型干法水泥生产问答千例(操作篇)[M]. 北京：化学工业出版社，2009.]

2.3 预分解窑煅烧系统有何优点和缺点

(1) 优点

① 优化了物料均匀化的条件及设施，稳定了生料成分及原煤成分。

② 使用三、四风道喷煤管，可以将火焰调节得更加有力。

③ 使用新型箅冷机，提高了对熟料的冷却效率。

④ 采用现代自动化控制技术，使其运行比人为操作更加合理与稳定。

⑤ 窑的转速快，提高了物料在窑内煅烧的传热效率及均匀性。

⑥ 二次风温高，可实现满意的煅烧温度，可采用高硅、高铝、中饱和比方案，使熟料配料方案的适应能力更强，有利于熟料强度的提高。

⑦ 窑内冷却带短或几乎没有，熟料冷却速度快，有利于熟料质量的提高。

(2) 缺点

① 高大的预热器塔架系统增大了散热面积及漏风的可能性。

② 在预分解窑烧成系统运行中，由于系统风机使用较多，它的电耗相比传统回转窑要高很多。

2.4 预分解窑与其他旋窑相比有何特点

(1) 烧成带较长，窑速很快

预分解窑烧成带的长度为窑筒体直径的 5.0～5.5 倍，较其他窑型都长。又由于入窑生料 $CaCO_3$ 分解率一般高达 90%左右，因此窑内物料预烧好，化学反应速度加快，所以出现窜生料的可能性减小，这为提高窑速创造了良好条件。正常情况下窑速控制在 3.0 r/min 左右。由于窑速快，窑内料层薄，物料填充率只有 7%左右，而且来料比较均匀。

三通道尤其是四通道燃烧器的广泛应用以及碱性耐火砖质量的提高，为进一步提高烧成温度创造了条件。窑速也由 3.0 r/min 提高到 3.5 r/min 左右，最高已达 4.0 r/min，使物料在窑内停留时间相应缩短，从而提高了出过渡带矿物的活性。

(2) 黑影远离窑头

由于入窑生料 $CaCO_3$ 分解率很高，窑内分解带大大缩短，过渡带尤其是烧成带相应延长，物料窜流性小，一般窑头看不到生料黑影。因此，看火操作时必须以观察火焰、窑皮、熟料颜色、亮度、结粒大小、带料高度、升重以及窑的传动电流为主。必须指出，因为窑速快，物料在窑内停留时间只有 25 min 左右，所以窑操作员必须勤观察，细调整，否则跑生料的现象也是经常发生的。

(3) 冷却带短，易结前圈

预分解窑冷却带一般都很短，有的根本没有冷却带。出窑熟料温度高达 1300 ℃以上，这时熟料中的液相仍未完全消失，所以极易产生前结圈。

(4) 黑火头短，火力集中

三通道或四通道燃烧器能使风、煤得到充分混合，所以煤粉燃烧速度快，火焰形状也较为活泼，内流风、外流风比例调节方便，比较容易获得满足煅烧工艺要求的黑火头短、火力集中的火焰形状。

(5) 要求操作员有较高的素质

预分解窑入窑生料 $CaCO_3$ 有 90%左右已经分解，所以生料从分解带到过渡带温度变化缓慢，物料预烧好，进入烧成带的料流就比较稳定。但由于预分解窑系统有预热器、分解炉和窑三部分，窑速快，生料运动速度就快，系统中若出现任何干扰因素，窑内热工制度就会迅速发生变化。所以操作员一定要前后兼顾，全面了解系统的情况，对各种参数的变化要有预见性。发现问题，预先小动用煤量，尽可能少动或不动窑速和喂料量，以避免系统热工制度的急剧变化，要做到勤观察、小动作，及时发现问题，及时排除。

2.5 低斜度高转速预分解窑有何优点

预分解窑筒体呈倾斜状态，有一定斜度，一般为 3.0%～4.0%，以 3.5%居多，近年有一些大型预分解窑的斜度为 4.0%。

预分解窑有一定斜度，其主要作用是回转窑旋转时，物料可以从窑尾至窑头运动(另一作用是防止生料在窑尾密封处漏料)。一般来说，斜度大，则物料运动速度快，且不易漏料。

对预分解窑来说，物料在回转窑内要经历一部分生料分解(5%～10%)、固相反应，最后烧成熟料而离开窑头。为保证物料在窑内完成各种化学反应，物料必须在一定的温度下停留一段时间。对预分解窑来说，窑内最重要的化学反应是熟料煅烧，即硅酸二钙与氧化钙在液相中发生化学反应生成硅酸三钙。

此反应是反应温度与反应时间的函数，反应温度高则反应时间可缩短。也就是说，窑内煅烧温度高，则物料在窑内停留时间可缩短，物料在烧成带的运动速度可加快。在煅烧温度一定的情况下，为完成该反应物料所需的停留时间为一定值。

物料在窑内的停留时间与窑的斜度、物料的休止角以及窑的转速有关。对于某一特定的窑，物料在烧成带的停留时间，与窑斜度和转速的乘积成反比。为了保证物料在烧成带的停留时间，若窑斜度大，则转速慢，反之斜度小，则窑速可加快。

从有利于熟料质量提高和煅烧操作稳定性考虑，王善拔认为：在回转窑工艺设计中采用低斜度高转速，比高斜度低转速好。目前我国回转窑斜度设计一般为3.5%和4.0%两种，以取3.5%为好。低斜度、高转速回转窑有三大好处：

① 有利于提高物料温度及物料煅烧温度。在回转窑内物料处于堆积状态，其外层物料直接受热，靠近火焰一边的物料受火焰辐射和对流传热，与窑衬接触的一边通过耐火砖的传导传热而得到热量，而处于堆积状态内部的物料只能靠外面一层物料传导传热而得到热量。回转窑转速的提高可使物料翻动次数增加，得到热量增加，物料温度提高，即煅烧温度提高。

② 窑速提高，物料翻动次数多，受热均匀，因此熟料质量均匀。最后由于窑速提高，物料翻动次数多，还使耐火砖裸露于火焰辐射与被物料填埋时的温度差减小，有利于延长耐火砖寿命。据介绍，湿法窑每转一次，窑衬表面温度差可达400 ℃，而预分解窑最低时可达200 ℃。众所周知，前者的转速一般为1 r/min，而后者都在3 r/min以上。

③ 低斜度、高转速对L/D(长度与直径之比)小的短窑更为有利。虽然短窑可减轻本身的负荷，可节电，维护工作量少，但在原材料、燃料不尽如人意和入窑生料分解率波动时，容易跑生料，导致短期熟料f-CaO增加，窑系统不稳定。因此对$L/D=10$的短窑，采用3.5%的斜度而提高回转窑转速比采用4.0%斜度而降低转速对生产操作和熟料质量更有利。

2.6 回转窑的斜度及其表示方法

回转窑是卧置在托轮上，一般成3%～5%的斜度，生产时由窑尾下料，窑头出料。为了保证物料从窑尾向窑头顺利运动，所以将回转窑安装成窑尾高窑头低，成一定斜度。窑速不变时，倾斜度愈大，物料前进速度愈快，否则相反。

回转窑斜度的表示方法，国际上一般有四种：第一种是按通用的角度(360°)表示；第二种用百分度又称哥恩(gon)表示，即象限或直角的1%的角度，1哥恩等于0.9°，也就是1°等于1.111哥恩；第三种用斜度表示，只在美国用这种表示方法，计量单位为英制，即每英尺窑长度为多少英寸；第四种用百分数表示，即以斜度角的正切($\tan\theta$)的百分数表示，tan45°等于1，即为100%斜度。

窑的斜度与窑的填充率及转速有关。一般来讲，当窑的填充率较大、转速较慢时，窑的斜度较大，反之则较小。当然这些参数又直接影响着窑内物料运动速度及煅烧过程。当窑斜度较小时，为得到同样的物料运动速率，窑速就应快些，这时窑内物料翻滚次数增多，有利于物料混合以及炽热气流、窑内衬料和物料三者之间的换热。同时，斜度减小，窑内填充率相对增加；窑的长径比增大或入窑物料分解率增大，窑的填充率亦可增加。窑的斜度与窑内平均填充率的关系如表2.1所示。目前，预分解窑斜度一般为3%～4%。

表2.1 回转窑斜度与填充率的经验关系

窑的斜度(%)	2.5	3.0	3.5	4.0	4.5
窑的平均填充率(%)	13	12	11	10	9

2.7 回转窑适宜的转速是多少

回转窑的转速同窑的斜度之间必须有良好的匹配关系。在一定的斜度下，转速愈高，物料填充率降低，物料的翻滚及运动速度愈快。早期，窑的转速一般很低，物料填充率较大，这虽然使窑容易操作，但对物料加热和生产效率提高都不利。20 世纪 50 年代初期，针对上述情况，我国水泥工业曾经学习和推广苏联"快转窑、长火焰和烧成带水冷却"三大技术经验，扭转了当时普遍存在的慢速转窑、短火急烧的不合理状况，并且由于在窑的烧成带筒体段淋水冷却，有利于保护窑皮，提高了窑内热力强度，延长了衬料寿命，取得了显著效果。由此证明，在窑的斜度已经固定的条件下，根据具体生产情况保持窑在一个相对合理的速度下运转，使窑内物料的填充率及运动速度与当时的煅烧条件合理匹配，对于生产的优质、高产是相当重要的。过去，窑速较慢，一般仅有 0.5～0.75 r/min，以后逐步提高到 1.0～1.5 r/min。悬浮预热器，特别是预分解窑出现后，由于入窑物料的碳酸盐分解过程在窑外已经基本完成，窑速一般可达到 3 r/min 左右。

2.8 回转窑填充率

2.8.1 定义

回转窑填充率是指窑内物料占有的容积与窑内实际容积的百分比。

2.8.2 回转窑结构及工作原理

回转窑的筒体由钢板卷制而成，筒体内镶砌耐火衬，且与水平线成规定的斜度，由 3 个轮带支承在各挡支承装置上，在入料端轮带附近的跨内筒体上用切向弹簧板固定一个大齿器，其下有一个小齿轮与其啮合。正常运转时，由主传动电动机经主减速器向该开式齿轮装置传递动力，驱动回转窑。

物料从窑尾(筒体的高端)进入回转窑内煅烧。由于筒体的倾斜和缓慢的回转作用，物料既沿圆周方向翻滚又沿轴向(从高端向低端)移动，继续完成其工艺过程，最后，生成热料经窑头罩进入冷却机冷却。燃料由窑头喷入窑内，燃烧产生的废气与物料进行热交换后，由窑尾导出。

2.8.3 计算公式

回转窑填充率可用下式表示：

$$\varphi=(V_{物}/V_{窑})\times 100\%$$

式中 $V_{物}$——窑内物料的容积，mm^3；

$V_{窑}$——窑内实际容积，mm^3。

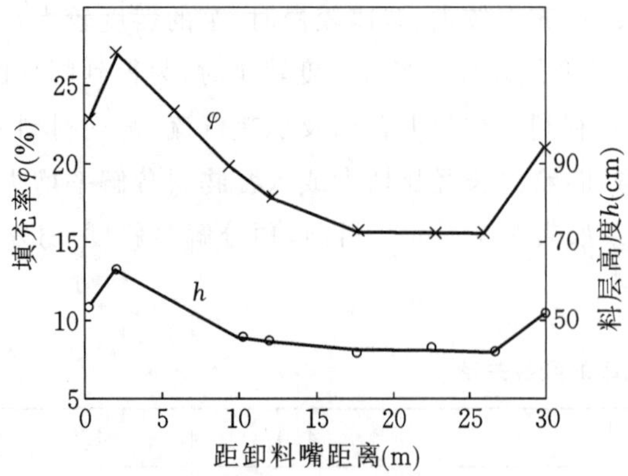

图 2.2 窑内物料的填充率与料层高度

2.8.4 窑内物料的填充率与料层高度

根据窑内各区域的料层高度就可求得回转窑填充率。窑内各区域料层高度与填充率的关系如图 2.2 所示。

随着窑内填充率的增加，单位炉料暴露在空间的表面积降低，通过单位炉料表面的 CO 量则大大增加，这对增进窑内还原气氛，降低再氧化率有良好影响。同时，提高回转窑填充率，增加物料在炉内停留时间，也是改善炉子热稳定性与强化回转窑操作的有力措施。

2.9 如何计算物料在回转窑内的停留时间

物料在回转窑内的停留时间与窑的斜度、物料的休止角以及窑的转速有关。一般用下式表示：

$$t=1.77\frac{L}{D}\cdot\frac{\sqrt{\beta}}{\alpha n}$$

式中 t——物料停留时间，min；

L——窑的长度，m；

D——窑的内径，m；

β——物料的休止角，°；

α——窑的斜度，°；

n——窑的转速，r/min。

2.10 如何估算回转窑的生产能力

回转窑的生产能力可按下式进行估算：

$$G=K\cdot D_i^{1.5}\cdot L$$

式中 G——回转窑的日产量，t/d；

D_i——回转窑的内径，m，当有扩大时，应取平均值；

L——回转窑的有效长度，m；

K——系数，可取表 2.2 中所列数值。

表 2.2 回转窑的 K 值

立波窑	2.20～2.60	湿法长窑(水分 35%～40%)	0.70～0.80
悬浮预热窑(4SP)	2.00～2.20	湿法蒸发机窑	1.10～1.30
悬浮预热窑(5SP)	2.40～2.50	干法废热锅炉窑	1.45～1.70
干法长窑	1.15～1.35	预分解窑	3.5～5.0

回转窑的年产量可按下式计算：

$$G_n=8760\eta_n\cdot G$$

式中 G_n——回转窑的年产量，t/a。

η_n——回转窑的年利用率，可取以下数值：

湿法长窑 0.90；

立波窑 0.85～0.92；

悬浮预热窑 0.86～0.92；

预分解窑 0.85～0.88。

影响回转窑产量的因素很多，按照上述经验公式进行计算有局限性，但该公式相对地反映了一些因素的变化规律，可供参考。如五级悬浮预热窑，当设计熟料产量为 600 t/d 时，其 C_2～C_5 级预热器为 ϕ4100 mm 时，可配 ϕ3 m×48 m 回转窑；当 C_2～C_5 直径为 3700 mm 时，配用回转窑的规格为 ϕ3.2 m×52 m 也有困难。同样，对于预分解窑来说，不同型号和规格的分解炉和预热器，都将对回转窑的熟料产量有很大的影响。

因此，计算回转窑的规格或估算回转窑的产量时，应考虑生产方式、设计的熟料热耗、预热器与分解炉的型式与规格、燃料的种类与燃烧器的型式和功能、熟料冷却机的型式及其热效率、水泥厂所处地理位置及标高和气象条件、原料特性和质量、前道工序的原料粉磨和生料均化等因素，并尽量参考相同规格、相同条件的现有回转窑的产量数据。

2.11 新型干法生产中窑的单位容积产量高的原因

(1) 预分解窑中的生料预热与分解，基本上在预热器与分解炉中完成，分解炉中喂入的燃料占总消耗燃料的 60%以上。因此，在窑填充率不变的条件下，窑筒体能够以更快的速度运转，使生料通过量成倍增加，相同直径的窑的产量因而成倍增加。

(2) 由于箅冷机能在熟料冷却过程中将熟料中的热量最大限度地传给二次风，提高了二次风的温度，其结果不仅降低了单位熟料的热耗，而且还降低了窑内燃料燃烧产生的热负荷，为同样容积的窑生产更多的熟料创造了条件。

(3) 使用新型多风道燃烧器，在降低了一次风使用量的前提下，风压有所提高，使火焰更加有力，提高了煤粉的燃烧效果，有利于在有限的烧成带内完成更多生料的煅烧任务。

2.12 如何计算回转窑的需用功率

(1) 回转窑的需用功率可按下式计算：

$$N_0 = N_1 + N_2$$

$$= (\sum D^3 L) \cdot \sin\theta \cdot nK_1 + \frac{P \cdot D_t \cdot d \cdot n \cdot f \cdot K_2}{D_r}$$

式中 N_0——回转窑传动所需总功率，kW。

N_1——负荷功率，kW。

N_2——摩擦功率，kW。

D——回转窑直径，m。

L——与回转窑直径相应的筒体长度，m。

n——回转窑转速，r/min。

θ——对应于回转窑内物料层圆心角的一半，°。

$\sin\theta$——与回转窑物料填充率有关的系数，可由图 2.3 中查出，当填充率取 7%时，$\sin\theta=0.665$。

K_1——与物料平均容积密度 γ 和平均休止角 α 有关的系数。$K_1=0.086 \cdot \gamma \cdot \sin\alpha$，当 γ 取 1.265，α 取 35°时，$K_1=0.0624$。

P——托轮轴上的总反力(可取窑重+耐火砖+物料重)，kg。

D_t——托轮外径，m。

d——托轮轴轴颈直径，m。

D_r——托轮直径，m。

f——托轮轴与轴承摩擦系数，其数值如下：

滚动轴承，$f=0.001$；

稀油润滑滑动轴承，$f=0.18$；

油脂润滑滑动轴承，$f=0.06$；

K_2——常数，59×10^{-5}。

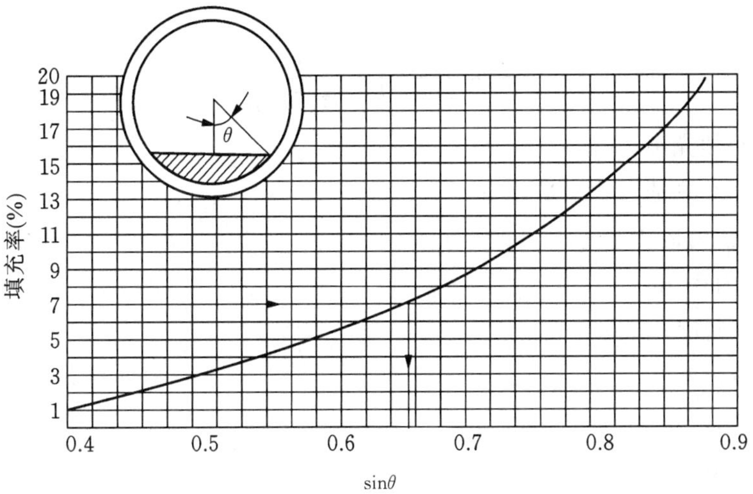

图 2.3　填充率与 sinθ 系数关系

（2）回转窑要求功率也可按下列简易公式计算：

$$N_0 = KD_i^{2.5} \cdot L \cdot n$$

式中　N_0——回转窑的要求功率，kW。

D_i——回转窑的衬砖内径，m。

L——回转窑的长度，m。

n——回转窑的转速，r/min。

K——系数。干法或湿法长窑，$K=0.048 \sim 0.056$；立波窑或悬浮预热器窑，$K=0.045 \sim 0.048$。

（3）选用电动机的功率可按以下公式计算：

$$N = K_3 \cdot N_0$$

式中　N——选用的电动机功率，kW；

K_3——储备系数，一般可取 $K_3=1.15 \sim 1.35$。

2.13　窑内中心角与物料填充率的关系

在回转窑内，物料通常在窑的横断面上堆积形成一个弓形面。弓形面两个边缘与窑中心的两个连线的夹角称中心角（2θ）。弓形面积与窑内横断面面积之比，称窑的物料填充率（或负荷率），通常以％表示。窑内物料填充率（以下简称填充率）一般为 5％～17％。不同的中心角（2θ）与填充率的关系如表 2.3 所示。填充率与 sinθ 系数关系如图 2.3 所示。

表 2.3　窑内中心角与物料填充率的关系

中心角 2θ(°)	110	105	100	95	90	85	80	75	70
填充率(％)	15.65	13.75	12.10	10.70	9.09	7.75	6.52	5.40	4.50

2.14　回转窑物料填充率、运动速度计算方法

窑的填充率（％）：

$$f = \frac{G}{3600 v_m \cdot \frac{\pi}{4} D_i^2 r} = \frac{0.0376 G \sqrt{\beta}}{\alpha D_i^3 n r}$$

窑内物料运动速度(v_m)

$$v_m = \frac{L}{60\tau} = \frac{\alpha D_i n}{60 \times 1.77\sqrt{\beta}}$$

式中 f——窑内物料填充率,%;

G——单位时间窑内通过物料量,t/h;

v_m——物料在窑内运动速度,m/s;

D_i——窑有效内径,m;

r——物料容积密度,t/m^3;

α——窑的倾斜角度,°;

n——窑的转速,r/min;

β——物料休止角,°;

L——窑的长度,m。

2.15 回转窑物料填充率、滞留时间与运动速度有何关系

在回转窑斜度固定的条件下,窑的转速加快,窑内物料运动速度增大,填充率降低,有利于物料加热煅烧,为提高生产能力创造条件。但是,产量提高后,入窑生料量增加,填充率提高,对窑内加热进程又产生影响。因此,在预分解窑系统的设计中,首先必须处理好预热分解系统与回转窑换热及生产能力之间的匹配关系;同时,为了优化窑内煅烧过程,对于窑的斜度、填充率、转速等参数之间也必须予以良好的匹配,以便根据入窑物料的预热分解状况,使窑内物料填充率、运动速度能保持在一个合理的水平上,从而使物料在窑内各区带内能够有一个适应的滞留时间,满足热化学反应的要求。据德国 KHD 公司资料:在悬浮预热窑、一般预分解窑及其最新开发的 PYRORAPID 窑内,物料的滞留时间如表 2.4 所示。

表 2.4 SP、NSP 及 PYRORAPID **窑内物料滞留时间**

悬浮预热窑(min)					一般预分解窑(min)					PYRORAPID 窑(min)				
分解带	过渡带	烧成带	冷却带	合计	分解带	过渡带	烧成带	冷却带	合计	分解带	过渡带	烧成带	冷却带	合计
28	5	10	2	45	2	15	12	2	31	2	6	10	2	20

窑内物料填充率、窑的转速、物料运动速度及滞留时间相互关系密切、互相影响、互相制约。任何一个参数变化,将给窑内物料煅烧进程带来变化。因此,在预分解窑及任何窑系统生产中,必须做到“五稳保一稳”,实行“均衡稳定”生产,才能使窑系统整个热工制度保持稳定,达到最优生产控制的目的。

2.16 预分解窑有望达到的理想产量是多少

影响预分解窑产量的因素很多,单一发挥某一系统的功效均会对产量提高起到作用,但预分解窑系统又是一项综合的系统工程,无论在哪一个环节出现“瓶颈”都会影响产量的提高,所以只有在同时发挥预分解窑和预热分解系统功效时(相应的其他配套技术发展也应跟上),系统才有望达到更高的理想产量。表 2.5 所示是各种直径预分解窑有望达到的理想产量。

表 2.5 预分解窑的理想产量

窑直径 (m)	D_i (m)	截面热负荷 Q_A[×10^7 kJ/(m^2·h)]	熟料热耗 (kJ/kg 熟料)	理想产量 (t/d)
2.5	2.14	1.4856	3889	824
2.7	2.34	1.5230	3722	1056
2.8	2.44	1.5852	3638	1222
3.0	2.64	1.6482	3555	1523
3.2	2.84	1.7088	3471	1871
3.3	2.94	1.7384	3429	2066
3.5	3.10	1.7845	3346	2415
3.6	3.20	1.8128	3304	2647
4.0	3.60	1.9216	3095	3792
4.3	3.86	1.9890	3053	4574
4.6	4.16	2.0641	3011	5590
4.7	4.26	2.0885	2990	5974
4.8	4.36	2.1126	2969	6374
5.0	4.56	2.1600	2927	7232
5.2	4.76	2.2064	2906	8107
5.5	5.06	2.2741	2886	9507

表中所谓的理想产量，即为采用目前的先进技术有望达到的产量(由于影响产量的因素很多，例如不同企业的原燃料种类不同，入窑生料成分的波动情况和率值控制情况不同，冷却机的冷却效果、喷煤管的结构形式、高温风机的拉风能力等设备配套情况均会有所差异，故称之为“理想产量”)。

2.17 预分解窑系统内的挥发性组分如何分布

在预分解窑的生产过程中，常常会因挥发性组分的挥发和富聚而导致结皮，影响水泥熟料的产量与质量，甚至影响生产设备的正常运转。尤其是原料中钾、钠、氯、硫含量较高，或水泥窑协同处理各种有害废弃物时，这种现象将更加严重。为了进一步了解各种有害组分在预分解窑系统内的分布情况，邝焯荣等详细检测了珠江水泥有限公司 5000TPD 预分解窑系统各部位的挥发性组分含量，所得结果具有十分重要的参考价值。

珠江水泥有限公司生产线成套引进丹麦史密斯公司的生产设备。窑的规格为 ϕ4.75 m×75 m，带有双系列(窑列和炉列)五级悬浮预热器，分解炉为 FLS 喷腾式分解炉，工艺流程图如图 2.4 所示。

从熟料出口(窑口)至 40 m 为第一段，每隔 2 m 取一个样，分别记作 Y00、Y02、Y04…Y40，共 21 个样品；从 40 m 到 75 m 为第二段，每隔 4 m 取一个样(75 m 处取一个样)，分别记作 Y44、Y48…Y72、Y75，共 9 个样品。两段合计共取样 30 个。A 列(窑列)喂料斜槽处样品记作 A50，A 列旋风筒从上到下各级旋风筒分别记作 A51、A52…A55；B 列也采用同样的样品标识方式；P11 为窑尾布袋收尘器处样品。实验结果见表 2.6、表 2.7、表 2.8。曲线分布图见图 2.5～图 2.16。所有检测数据均为质量百分数。

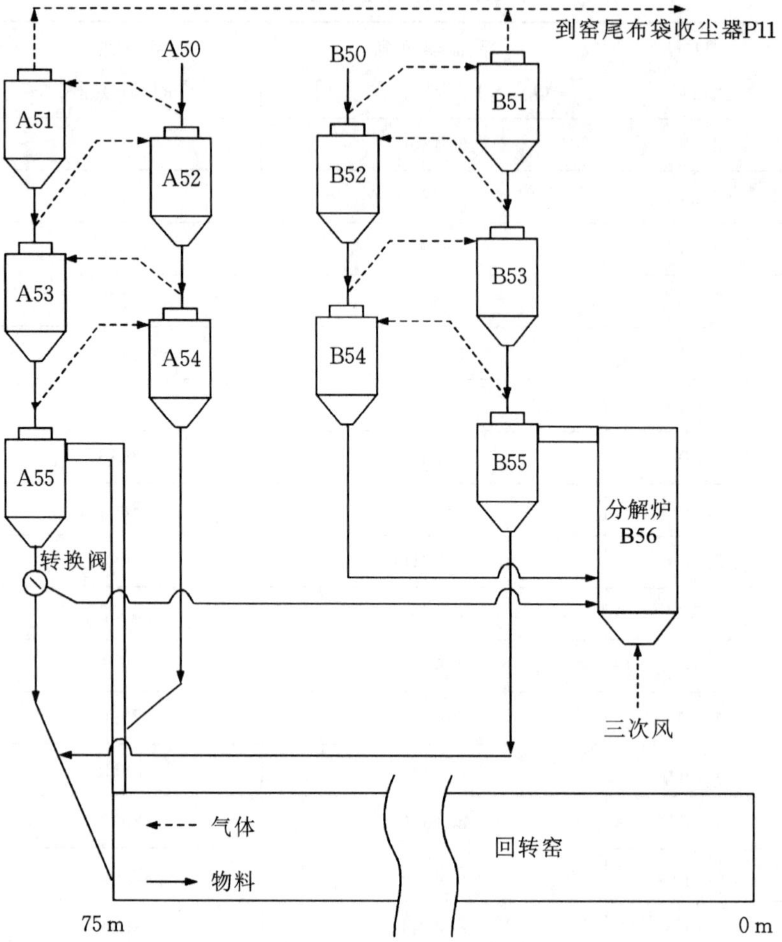

图 2.4　工艺流程图

表 2.6　窑内物料挥发性组分的化学组成

样品名称	R_2O	SO_3	Cl	合计
Y00	0.5850	0.8016	0.0159	1.4025
Y02	0.6538	0.9918	0.0098	1.6554
Y04	0.7420	1.2641	0.0131	2.0192
Y06	0.7678	1.4097	0.0131	2.1906
Y08	0.8164	1.5031	0.0136	2.3331
Y10	0.7979	1.5194	0.0153	2.3326
Y12	0.7815	1.4999	0.0161	2.2975
Y14	0.8215	1.6222	0.0229	2.4666
Y16	0.8592	1.6961	0.0266	2.5819
Y18	0.8764	1.8010	0.0345	2.7119
Y20	0.8930	1.9577	0.0490	2.8997
Y22	0.9189	2.1298	0.0543	3.1030
Y24	0.9631	2.1908	0.0684	3.2223
Y26	0.9596	2.2406	0.0774	3.2776

续表 2.6

样品名称	R_2O	SO_3	Cl	合计
Y28	0.9169	2.2647	0.0740	3.2556
Y30	0.9882	2.2919	0.0932	3.3733
Y32	1.0005	2.3510	0.1094	3.4609
Y34	0.9782	2.2738	0.1175	3.3695
Y36	0.9153	2.0528	0.1183	3.0864
Y38	0.9707	2.2637	0.1092	3.3436
Y40	0.9659	2.3093	0.1242	3.3994
Y44	0.9759	2.3620	0.1368	3.4745
Y48	0.9608	2.2355	0.1499	3.3462
Y52	0.9560	2.2766	0.1462	3.3788
Y56	0.9996	2.2621	0.1843	3.4460
Y60	1.0473	2.3332	0.1979	3.5784
Y64	0.9909	2.5360	0.2568	3.7837
Y68	1.9076	7.0124	0.2762	9.1962
Y72	1.9841	7.0723	0.4663	9.5227
Y75	4.3024	24.0520	0.4708	28.8252

表 2.7 A 列旋风筒物料挥发性组分的化学组成

样品名称	R_2O	SO_3	Cl	合计
A55	1.2999	2.8301	0.4613	4.5913
A54	0.8762	1.9677	0.2691	3.1130
A53	0.6409	0.9499	0.1656	1.7564
A52	0.5318	0.8085	0.1161	1.4564
A51	0.4557	0.4897	0.0667	1.0121
A50	0.4595	0.2278	0.0269	0.7142

表 2.8 B 列旋风筒物料挥发性组分的化学组成

样品名称	R_2O	SO_3	Cl	合计
B55	1.2093	2.4259	0.2663	3.9015
B54	0.7512	1.0698	0.2156	2.0366
B53	0.3786	0.4032	0.0774	0.8592
B52	0.3553	0.2370	0.0693	0.6616
B51	0.3481	0.2682	0.0394	0.6557
B50	0.4498	0.2100	0.0290	0.6888
P11	0.7374	0.9018	0.1293	1.7685

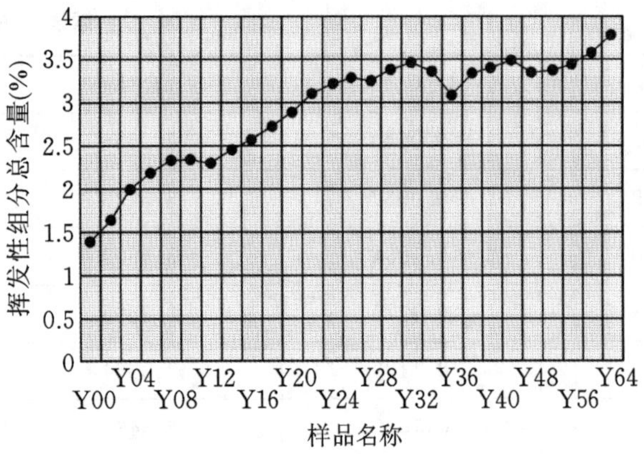

图 2.5　窑内物料挥发性组分总含量分布图

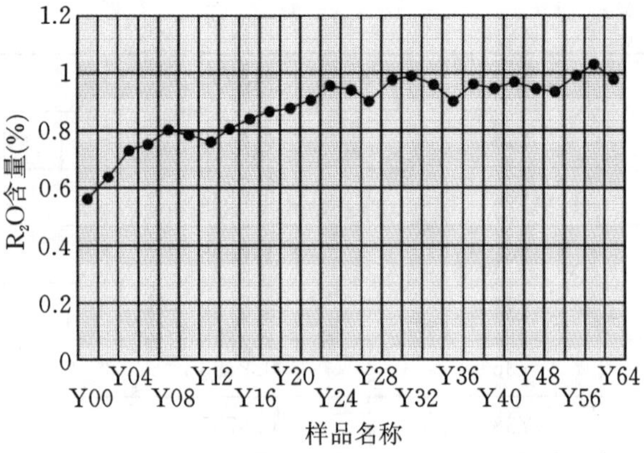

图 2.6　窑内物料碱含量分布图

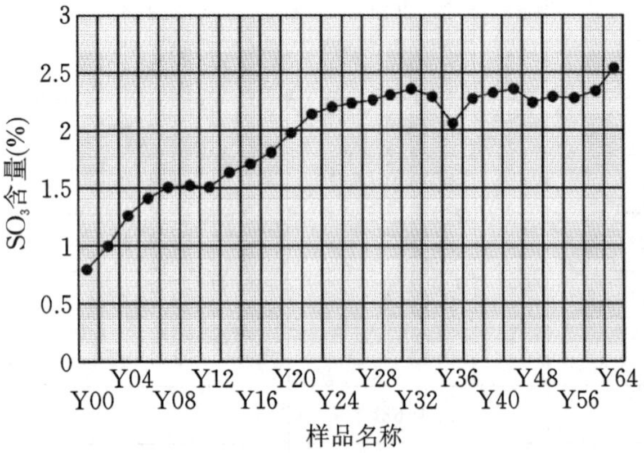

图 2.7　窑内物料硫含量分布图

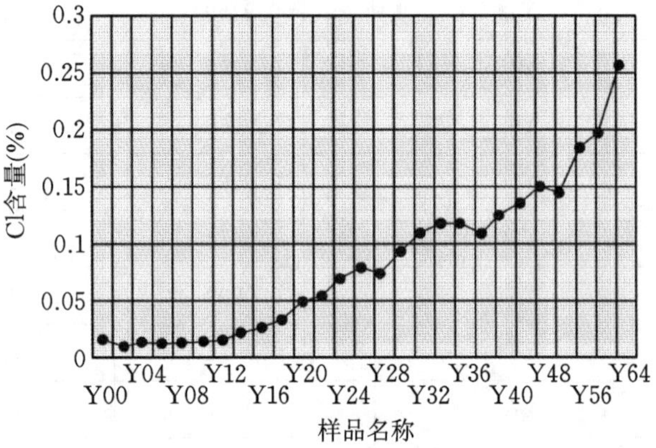

图 2.8　窑内物料氯含量分布图

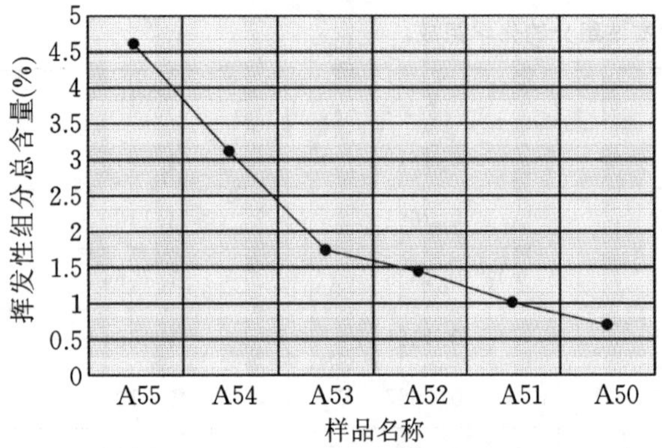

图 2.9　A 列旋风筒物料挥发性组分总含量分布图

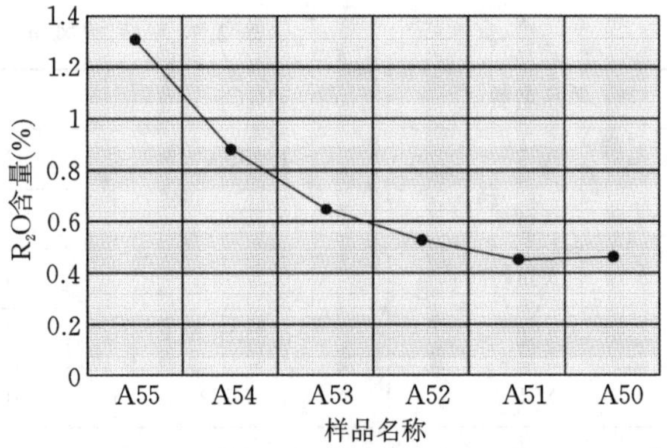

图 2.10　A 列旋风筒物料碱含量分布图

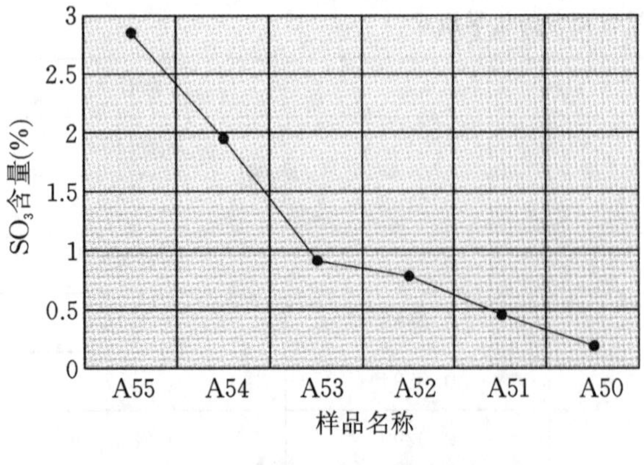

图 2.11　A 列旋风筒物料硫含量分布图

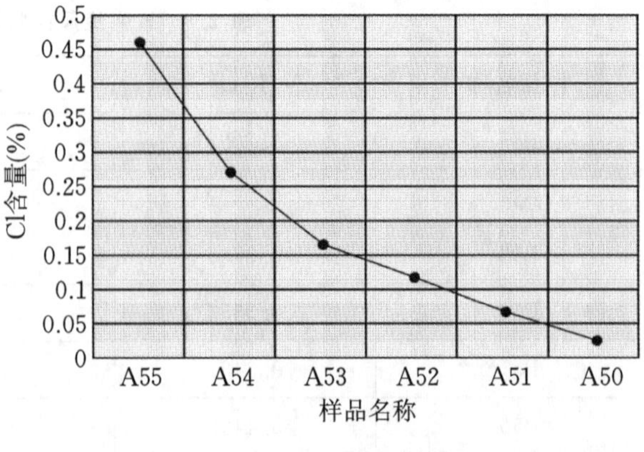

图 2.12　A 列旋风筒物料氯含量分布图

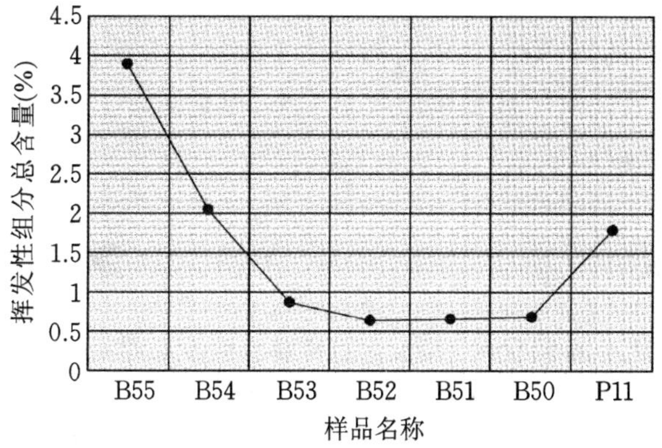

图 2.13 B 列旋风筒物料挥发性组分总含量分布图

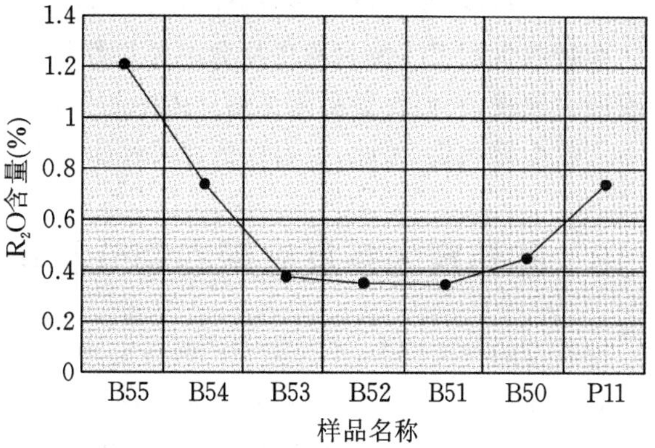

图 2.14 B 列旋风筒物料碱含量分布图

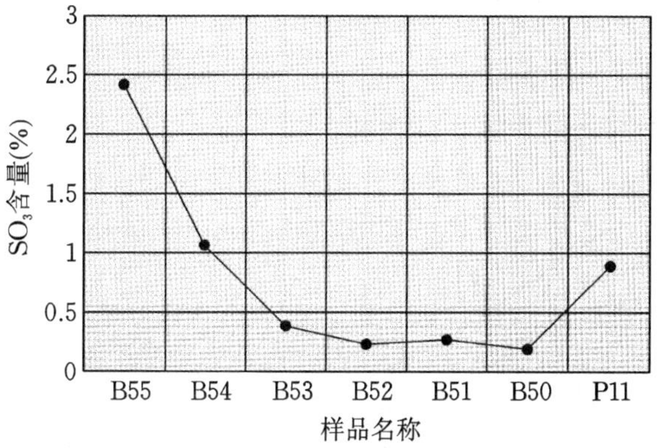

图 2.15 B 列旋风筒物料硫含量分布图

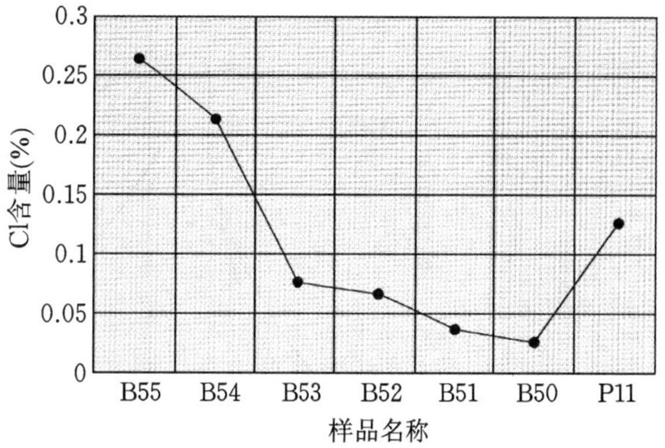

图 2.16 B 列旋风筒物料氯含量分布图

从图 2.5 可见，越接近窑口，挥发性组分(氯、碱、硫)含量越少，说明这三种组分在高温下易于气化和挥发，较难固溶于熟料矿物中。

从图 2.6 和图 2.7 可见，从窑口至窑内 32 m，碱含量和硫含量整体上呈增加的趋势，窑口处碱硫含量为 1.3866%，32 m 处的碱硫含量为 3.3515%，两者差值约 2%。说明随着物料向窑口方向移动，物料温度越来越高，硫和碱的挥发量不断增加。32 m 至窑尾的物料中碱含量和硫含量趋于稳定，说明此温度区域内碱和硫并未大量挥发。

从图 2.8 可见，从窑口至 12 m 处，氯离子含量基本相近，从 12 m 至物料入口(窑尾)，氯离子含量整体上呈增加的趋势，差值为一个数量级，表明大量的氯化物在这个区域内气化挥发，特别是回转窑的后 20 m，此区间氯含量的变化率最大。而在 12 m 至窑口处，大量的氯已挥发，残留在物料中的氯趋于稳定的较低值。

从图 2.9 至图 2.12 可见，A55、A54 的挥发性组分含量较高，说明挥发性组分的冷凝和富聚主要出现在 A55 和 A54。A55 和 A54 两个旋风筒与窑内高温带之间的区域组成了窑系统的内循环。A53、A52、A51 的挥发性组分较 A55 和 A54 的低很多，但较 A50 的高，说明 A53 至 A51 之间的气体中仍含有较多的挥发性组分，物料在被预热的过程中不断地吸收烟气中的挥发性组分。这种吸收现象随着温度的降低而减弱。

从图 2.13 至图 2.16 可见，与 A 列一样，B55 与 B54 的挥发性组分含量较高。从组分的分布上看，B 列物料的挥发性组分的富聚主要发生在 4 级筒和 5 级筒之间，它主要体现在两个方面：

① A 列物料带入挥发性组分。A 列富含挥发性组分的物料经分解炉后进入 B55，由于 B55 旋风筒没有内套筒，分离效果差，物料容易被带入 B54，经收集后又进入分解炉，形成了物理循环；

② B 列自身的原燃料产生挥发性组分。分解炉内煤燃烧时释放出的挥发性组分在 4 级筒和 5 级筒之间被物料大量地吸收，形成了化学富聚。B53 至 B51 的挥发性组分含量与 B50 的相近，说明烟气中的

挥发性组分很少,物料对这些组分的吸收不明显。

布袋收尘器 P11 的回料中所含的挥发性组分较 B50 的高,原因在于这部分细小颗粒比表面积较大,吸附能力较强,它们大量吸附了热气体中的挥发性组分后又未能被旋风筒收集下来,而是随着上升烟气被布袋收尘器收集,因此,回料中的挥发性组分含量也较高。

2.18 回转窑内各反应带的划分及其反应

回转窑的种类较多,不同类型的回转窑,由于窑内热力分布状况的不同,它们所具有的反应带分布亦有所不同,其间的传热、传质、动量传递及物理化学反应状况当然也有所不同。但在各种类型的窑系统中只有湿法窑在窑内承担了水泥熟料煅烧所有的物理化学反应任务。因此,湿法窑可以作为研究不同熟料煅烧过程的对比基础。各种不同窑系统内物料温度和气体温度以及各反应带划分的大致情况如图 2.17 所示。

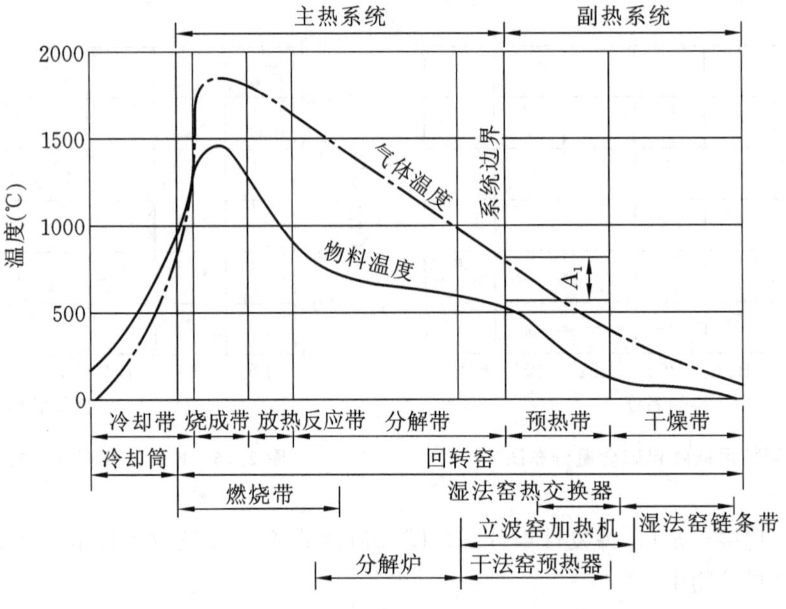

图 2.17 回转窑内物料温度和气体温度以及各反应带划分的大致情况

由于温度及反应速率的不同,其中许多反应带在边缘地区有相当一部分是交叉的。各反应带内生料的物理、化学反应过程如下。

(1) 干燥带

干燥带承担生料中水分的蒸发任务。反应温度 100 ℃,实际上物料的温度在 20～50 ℃进入窑系统,超过露点温度后,在 75～150 ℃水分蒸发,反应式:

$$H_2O \longrightarrow H_2O\uparrow,\text{反应吸热约 2675 kJ/kg}$$

(2) 预热带

预热带承担黏土质等原料中化合水的分解脱水任务。反应温度 450 ℃,反应热很小。反应式:

$$Al_2O_3 \cdot 2SiO_2 \cdot H_2O \longrightarrow Al_2O_3 + 2SiO_2 + H_2O\uparrow$$

(3) 碳酸盐分解带

碳酸盐分解带主要承担碳酸镁及碳酸钙的分解任务。耗热量:碳酸镁为 815 kJ/kg · $MgCO_3$,碳酸钙为 1656 kJ/kg · $CaCO_3$。由于生料中碳酸钙含量多,故本带所需热量是很大的。同时,在分解带中还伴有 CA、CF、C_2F、C_5A_3 等过渡矿物形成(一般在湿法及传统干法窑内形成较多,而在悬浮预热和预分解系统内形成较少)。反应温度及反应式如下:

$$MgCO_3 \longrightarrow MgO + CO_2\uparrow \quad (600～700\ ℃)$$

$$CaCO_3 \longrightarrow CaO + CO_2\uparrow \quad (650～900\ ℃)$$

$$CaO+Al_2O_3 \longrightarrow CaO \cdot Al_2O_3 \quad (800\ ℃)$$
$$CaO+Fe_2O_3 \longrightarrow CaO \cdot Fe_2O_3 \quad (800\ ℃)$$
$$CaO+CaO \cdot Fe_2O_3 \longrightarrow 2CaO \cdot Fe_2O_3 \quad (800\ ℃)$$
$$3(CaO \cdot Al_2O_3)+2CaO \longrightarrow 5CaO \cdot 3Al_2O_3 \quad (900 \sim 950\ ℃)$$

(4) 放热反应带(或称过渡带)

放热反应带主要承担固相反应任务,为放热反应。放热量:C_2S 形成放热 602 kJ/kg · C_2S,C_4AF 形成放热 38 kJ/kg · C_4AF,C_3A 形成放热 109 kJ/kg · C_3A(20 ℃时值)。本带上部为炽热火焰,下部物料反应放热,故物料升温很快。反应温度及反应式如下:

$$2CaO+SiO_2 \longrightarrow 2CaO \cdot SiO_2 \quad (1000\ ℃)$$
$$3(2CaO \cdot Fe_2O_3)+5CaO \cdot 3Al_2O_3+CaO \longrightarrow 3(4CaO \cdot Al_2O_3 \cdot Fe_2O_3) \quad (1200 \sim 1300\ ℃)$$
$$5CaO \cdot 3Al_2O_3+4CaO \longrightarrow 3(3CaO \cdot Al_2O_3) \quad (1200 \sim 1300\ ℃)$$

(5) 烧成带

烧成带主要承担熟料中的主要矿物 C_3S 的形成、f-CaO 的吸收,完成熟料的最后烧成任务。在本带中由 1280 ℃开始出现液相,直到 1450 ℃时 C_3S 大量形成,f-CaO 最后基本吸收,完成熟料的最后烧结过程,离开火焰高温区逐渐降温到 1300 ℃左右进入冷却带。该带在 1350～1450 ℃时液相量可达 20%～30%,Al_2O_3、Fe_2O_3 及其他组分进入液相。C_3S 的形成为放热反应,放热量为 4471 kJ/kg · C_3S。反应温度及反应式如下:

$$2CaO \cdot SiO_2+CaO \longrightarrow 3CaO \cdot SiO_2 \quad (1280 \sim 1450\ ℃)$$

(6) 冷却带

冷却带主要任务有三项,一是使熟料中的 C_3A、C_4AF 及少量 C_5A_3 重新结晶;二是使部分液相形成玻璃体;三是回收熟料中的热焓加热燃烧用空气。本带反应温度为 1350～1200 ℃。由于新型箅冷机的出现,在预分解窑系统中,熟料的主要冷却任务已移到冷却机内进行。

预分解窑由于入窑生料的碳酸钙分解率已达到 85%～95%,因此,回转窑内不再需要干燥、预热和大量的分解反应,相应可大大缩短回转窑的长度。回转窑内只剩下三种主要反应,相应地把窑划分为三个带:从窑尾起到物料温度为 1300 ℃左右的部位,称为“过渡带”,主要是剩余的碳酸钙完全分解并进行固相反应,为物料进入烧成带做好准备;从物料出现液相到液相凝固为止,即物料温度为 1300～1450 ℃,称为烧成带;物料温度由 1450 ℃左右下降到窑出口的 1300 ℃左右,这很短的一段称为冷却带。在大型预分解回转窑中,几乎没有冷却带,温度高达 1450 ℃的物料立即进入冷却机骤冷,这样可改善熟料的质量,提高熟料的易磨性。

2.19 如何确定新型干法窑烧成带的长度

新型干法窑窑内温度高、窑径大、转速快,缩短了全窑耐火材料的使用寿命。一般情况下,窑内耐火材料最易损坏的部位是烧成带末端,即主窑皮不稳定而浮窑皮变化频繁的位置。实践证明,这一位置不宜使用碱性耐火材料,特别是镁铬砖损坏最快,而应采用耐磨且抗热振性好的耐火砖。其位置的确定,实际上就是确定窑内烧成带的长度。同一窑型、同一燃烧器下烧成带的长度,在实际生产中是变化的,如何确定并控制好烧成带的长度,是一个值得探讨的问题。陈艳芬提出了合理确定烧成带长度的几种方法:

(1) 根据投料量确定烧成带长度

投料量的多少与窑转速快慢、窑内温度高低以及温度在窑内沿窑长度方向上的分布有关,实践证明在同一条件下,投料量越大,则窑内主窑皮越短,浮窑皮越少,即烧成带越短。在窑投料量达到最大时,记录下烧成带的长度(可从运转中窑筒体温度曲线上找到较为准确的位置)。

某厂在熟料饱和比 0.90、煤灰分 28%的情况下,不同投料量时烧成带长度的变化见表 2.9。

表 2.9　不同投料量时烧成带长度

投料量(t/h)	120	135	145	160
烧成带长度(m)	28	25	22	20

(2) 根据不同的物料质量确定烧成带长度

观察同一状态下不同的熟料质量对应的烧成带长度,可以发现,熟料饱和比越高,液相量越少,则烧成带越短;反之越长。记录下熟料饱和比在达到上限(一般 $KH \leqslant 0.92$)时,窑内烧成带的长度。

该厂在窑投料 160 t/h、煤灰分 28%时,不同熟料饱和比时烧成带长度见表 2.10。

表 2.10　不同熟料饱和比时烧成带长度

熟料饱和比	0.87	0.90	0.92
烧成带长度(m)	26	21	19

(3) 根据不同的煤粉质量确定烧成带长度

配料中有时煤灰分变化较大,同一条件下,煤灰分越大,生料饱和比越高,液相出现越晚,烧成带也越短。该厂在窑投料 160 t/h、熟料饱和比 0.9 时,烧成带长度在不同煤灰分时的变化见表 2.11。

表 2.11　不同煤灰分时烧成带长度

煤灰分(%)	25	30	35	40
烧成带长度(m)	25	22	20	18

通过上述分析,得到一组长短不同的烧成带数据,在这组数据中取生产工艺正常、熟料质量合格情况下投料量最多、熟料饱和比最高、煤灰分最大时的烧成带的长度为耐火材料的砌筑长度。一般情况下,上述各条件不能在生产过程中同时出现,此时可取上述测得的最短的烧成带长度。这一长度会比上述 3 个条件同时具备时的长度长一些。实践中这一长度要靠喷煤管的内外移动及火焰形状的调整得到补偿,从而保证烧成带耐火砖的使用寿命。例如,从以上例子中,该厂选取的烧成带耐火砖砌筑长度为 18 m(从窑口算起),在操作上无论其他情况如何变化,都力争使窑皮长度控制在 18 m 以上,有效地保护了烧成带的耐火砖。经生产实践证明,18 m 的烧成带满足了工艺煅烧要求,没有带来其他工艺故障,使全窑耐火材料的最短使用寿命由原来的 4 个月提高到 8 个月,大大提高了窑的运转率。

2.20　回转窑煅烧特性及节能降耗的途径

(1) 在烧成带,硅酸二钙吸收氧化钙形成硅酸三钙的过程中,其化学反应热效应基本上等于零(微吸热反应),只有在生成液相时需要少量的熔融净热,但是,为使游离氧化钙吸收得比较完全,并使熟料矿物晶体发育良好,获得高质量的熟料,必须使物料保持一定的高温和足够的停留时间。

(2) 在分解带内,碳酸钙分解需要吸收大量的热量,但窑内传热速度很低,而物料在分解带内的运动速度又很快,停留时间又较短,这是影响回转窑内熟料煅烧的主要矛盾之一。在分解带内加挡料圈就是为缓和这一矛盾所采取的措施之一。

(3) 降低理论热耗,减少废气带走的热损失和筒体表面的散热损失,降低料浆水分含量或改湿法为干法等是降低熟料热耗、提高窑的热效率的主要途径。

(4) 提高窑的传热能力,受回转窑的传热面积和传热系数的限制,如提高气流温度,以增大传热速度,虽然可以增加窑的产量,但相应提高了废气温度,反而使熟料单位热耗增加。对一定规格的回转窑,在一定条件下,存在一个热工上经济的产量范围。

(5) 回转窑的预烧(生料预热和分解)能力和烧结(熟料烧成)能力之间存在着矛盾,或者说回转窑的发热(燃料产生热量)能力和传热(热量传给物料)能力之间存在着矛盾,而且,这一矛盾随着窑规格的增大而愈加突出。理论分析和实际生产的统计资料表明,窑的规格愈大,窑的单位容积产量愈低。为增强窑的传热能力,必须增加窑系统的传热面积,或者改变物料与气流之间的传热方式,预分解炉是解决这一矛盾的有效措施。

2.21 回转窑窑头密封装置的改造经验

某公司回转窑为 ϕ3.95 m×56 m 窑外分解窑,窑头密封装置采用钢丝绳压紧弹性片径向接触式密封形式(弹性片材质为 1Cr18Ni9Ti),见图 2.18。自点火投产以来,密封效果一直不好,正压严重。密封不好,则外部冷空气进入窑内,使窑内的物料量、燃料量和空气量的比例关系遭到破坏,减少了由冷却机入窑的二次风的风量,降低了二次风风温,使热耗增大,对熟料的冷却也不好。正压时,熟料粉外冒,严重影响窑头的环境卫生,并对其下部的箅冷机一级传动装置的安全运行不利。由于正压,弹性片更换频繁,一套弹性片使用周期不超过半年。

2.21.1 采取的措施

针对窑头密封存在的问题,戚振娟等经过多方考察与论证,最后决定采用北京某公司研制开发的复合式密封装置。该装置采用一种特殊的耐高温、耐磨损的半柔性复合材料制成密闭和整体密封锥体,能很好地适应回转窑端部的复杂运动,实现无间隙密封,其内部有自动回灰和反射装置,实际漏风系数仅为 0.6%~1%(图 2.19)。其中,反射部分仅安装上半圈、密封体,回转部分和压板均沿周向排列,密封体要相互重叠一部分在压板的外侧,在上、下半圈通过两组滑轮用 ϕ6.5 钢丝绳将其带紧。

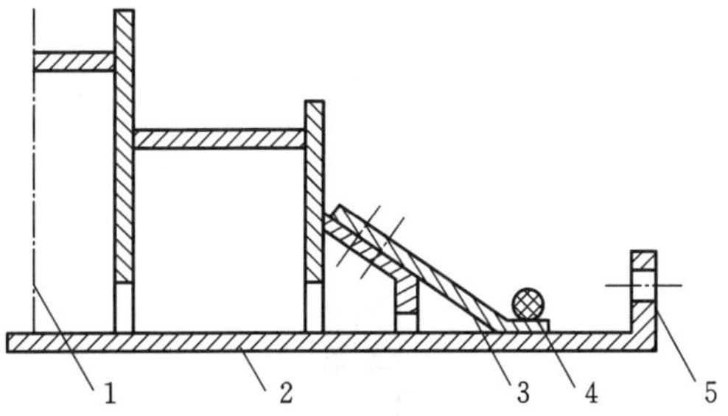

图 2.18 窑头密封原结构

1—窑头罩前壁;2—冷风套;3—弹性片;4—钢丝绳;5—法兰

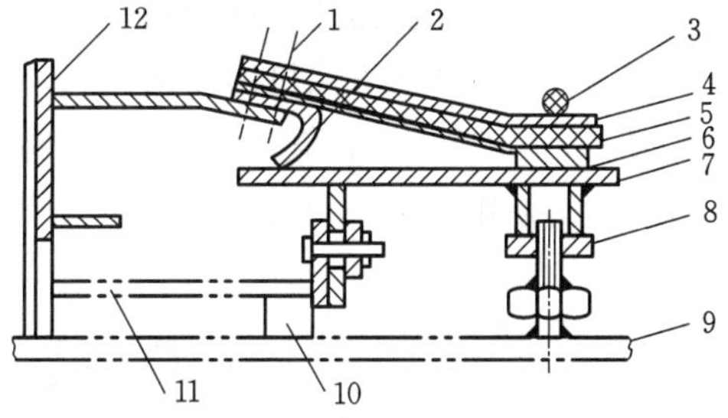

图 2.19 改造后的窑头密封

1—M12 螺栓;2—反射部分;3—钢丝绳;4—压板;5—密封体;6—回转部;7—调整套;8—支架;9—筒体;10—支撑板;11—冷风套;12—窑头罩前壁

2.21.2 注意事项

(1) 支架的作用是调整调整套,安装后要保证调整套回转径向跳动<5 mm,支架在现场调整完后,将螺栓焊死。

(2) 支撑板形状为 S 形,支撑板焊接时,注意窑回转方向,使支撑板倾斜方向与窑旋向相反。

(3) 调整套一端与支架固定在一起,另一端借助原冷风套上的法兰盘,如图 2.18 所示。

2.22 如何在正压窑头保护摄像机镜片

一般来说,窑头应该是负压的,但有时火焰温度低,窑内出现前结圈或后结圈较高时,箅冷机排风量不足时也会出现正压。虽然该摄像机前部镜片附近设有多个压缩空气吹风保护小孔,用于保护摄像机镜片。但窑头出现正压,窑头摄像机前部镜片的磨损还是相当严重的。为了解决这个问题,李树东设计制造了防止窑头罩内含尘热空气磨损摄像机镜片的装置,并安装在摄像机前部,以此来保护摄像机镜片。

(1) 摄像机镜片保护器的工作原理

如图 2.20 所示，摄像机镜片保护器应用了喷射器的基本原理。首先风源来的风由 A 点进入镜片保护器，然后由 B 点喷射出镜片保护器，向 C 点方向前行。在喷射过程中，D 点会产生一定的负压，D 点附近的气体在喷射气体的带动下，一同向 C 点方向前行。由于前行气体的全压大于窑头罩内含尘热空气的最大静压，因此也就有效地避免了窑头罩内含尘热空气与摄像机镜片的接触，起到了有效保护摄像机镜片的作用。

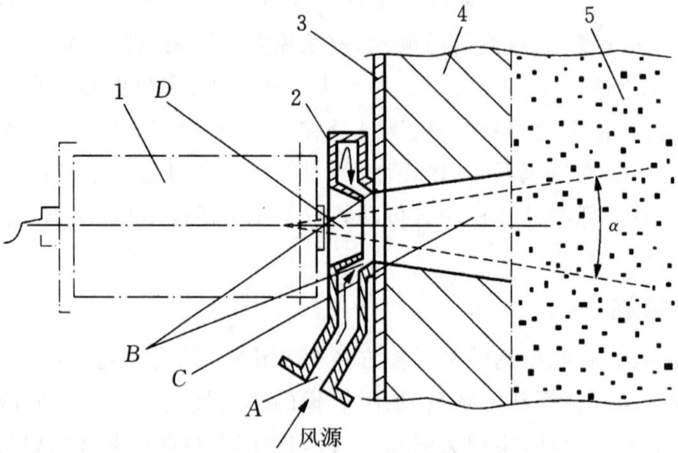

图 2.20 窑头摄像机镜片保护器工作原理示意图

1—窑头摄像机；2—摄像机镜片保护器；3—钢板；4—窑头罩耐火砖；5—窑头罩内含尘热空气

(2) 摄像机镜片保护器的设计要点

① 图 2.20 中 α 角为摄像机的视角，在设计摄像机镜片保护器之前，必须先搞清 α 角的具体数值，并以此确定图 2.21 中 ϕA 的数值。ϕA 应该是在不遮挡 α 角的前提下越小越好，这样可以最大限度地节省用风量。该公司使用的摄像机 $\alpha=20°$。

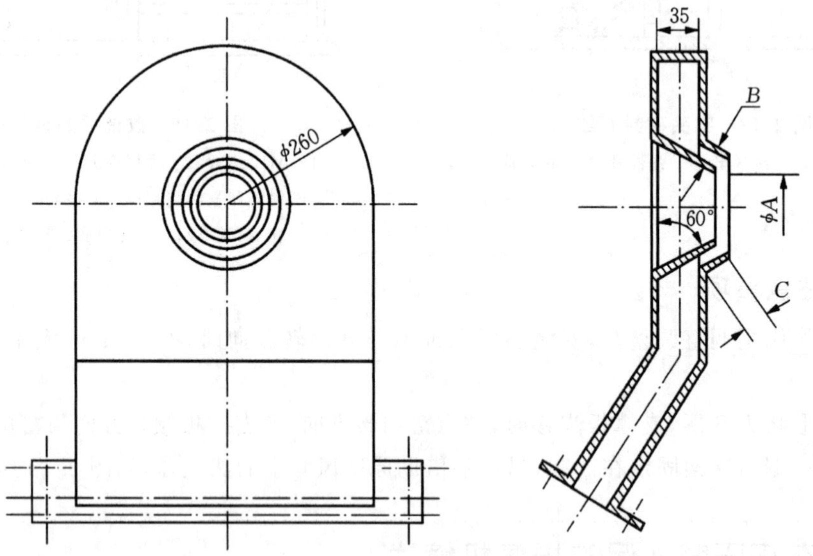

图 2.21 窑头摄像机镜片保护器主要设计尺寸

② 图 2.21 中 B 为吹风环的宽度，一般取 10～15 mm 为宜，窑直径大取值偏大一些，窑直径小可取值偏小一些。C 值一般取 $C=B+5$ 即可。其他设计尺寸如图 2.21 所示。

(3) 摄像机镜片保护器风源的选择

该镜片保护器需要一个由离心式风机提供的风源，由于使用风量小，一般只需 150～250 m^3/h，所以不必另设风机，可利用箅冷机的一室或二室风机或者三通道喷煤嘴的内外环风机的过剩风量。实践证明，这样做不但效果理想，而且对所利用风机的工作不构成任何影响，同时对窑头的热工制度也无任何影响。

2.23 调节窑头喂煤量将引起怎样的变化

窑头喂煤量与烧成系统的热工状况、生料喂料量及系统的拉风量有着直接的关系。

(1) 在保证有足够的助燃空气的情况下，增加窑头喂煤量将引起的变化如下：

a. 出窑过剩空气量降低。

b. 火焰温度升高；若加煤量过多，将产生 CO，造成火焰温度下降。

c. 出窑气体温度升高。

d. 烧成带温度升高，窑尾气体 NO_x 含量上升。

e. 窑负荷加重。

f. 二次风温和三次风温升高。

g. 出窑熟料温度上升。

h. 烧成带中熟料的 f-CaO 含量降低。

(2) 当减少窑头喂煤量时，情况与上述结果相反。

2.24 调节窑头罩压力将引起怎样的变化

调节窑头罩压力目的在于防止冷空气的侵入和热空气及粉尘的溢出，窑头罩压力是通过调节高温风机、箅冷机冷却风机及窑头废气排风机三者来完成的，其中主要是调节窑头废气排风机。

(1) 在调节窑头罩压力的时候，应满足：

a. 窑尾烟室气体的氧含量在正常的范围内(2%～3%)；

b. 箅床上的熟料能够得到足够好的冷却；

c. 保证箅冷机箅板温度不要过高(<140 ℃)；

d. 调节窑头罩压力处于微负压状态。

(2) 在鼓风量一定的情况下，调节窑头罩压力时应避免高温风机和排风机使劲拉风的情况，这样将造成系统的电耗增加，同时也不利于生产的控制。

(3) 窑头罩正压过高时，热空气及粉尘向外溢出，使热耗增加、污染环境，同时也不利于人身安全。窑头罩负压过大时，易造成系统漏风和窑内缺氧，易产生还原气氛。

2.25 窑头窑尾减少漏风漏料的措施

2.25.1 径向式密封的减漏措施

(1) 保证摩擦圈与窑的连接可靠，保证运转稳定。在安装摩擦圈时，无论窑的径向跳动如何，要以摩擦圈的径向跳动为准来找正，控制其径向跳动小于 12 mm。

(2) 摩擦圈与鱼鳞板接触的范围内不得有焊瘤、凸台、凹坑凹槽，焊缝需打磨平整，防止运行中刮坏鱼鳞片和鱼鳞的抖动造成漏风漏料。

(3) 摩擦圈与窑头护铁要扣合严实，防止冷却风进入，也防止热风外窜对窑筒体及摩擦圈造成伤害。

(4) 摩擦圈与鱼鳞片之间可适当润滑，减少磨损。

(5) 要保证窑的正常窜动，避免将摩擦圈磨成凹槽，一旦形成台阶，在窑窜动时就会折坏鱼鳞片。

(6) 必须保证摩擦圈与筒体的冷风冷却，防止摩擦圈变形引起不必要的漏风漏料。

(7) 鱼鳞片胀紧适当,以能把鱼鳞片与摩擦圈紧密贴合为准,不要过紧,不然磨损较快。

(8) 在窑头窑尾安装鱼鳞片的喇叭口处要设置排灰装置,保证在摩擦圈与鱼鳞片之间有集灰时能够及时排出,以避免集料对密封的破坏,避免局部密封不良引起漏风漏料。同时也要在排灰管上装锁风阀,避免冷风从此处进入。

(9) 当发现鱼鳞片有发生歪斜及其他方面变形时,要及时修整或更换。

(10) 当发现摩擦圈有磨穿迹象或磨损较多时,应计划更换,否则会刮坏密封。

(11) 一旦发现摩擦圈运行不稳定,必须查明原因并进行处理,可能是窑与摩擦圈的连接失效所致。

(12) 及时排出密封处的集灰,防止憋坏鱼鳞片。

2.25.2 轴向摩擦密封的防漏措施

(1) 保证固定摩擦圈固定牢靠,不得有松动现象,避免晃荡漏风漏料。

(2) 保证活动摩擦圈轴向活动灵活,可做必要的润滑,防止卡滞造成密封不严,漏料漏风。

(3) 保证气缸活动自如,能够及时施压,保证摩擦环紧密贴合。

(4) 发现摩擦圈上的摩擦片损坏或磨薄后,要及时处理。

(5) 保证摩擦圈之间的润滑,不得发生干磨,否则会磨损较快。

(6) 发现集灰及时清理,避免损坏摩擦片,等等。

总之,窑头窑尾的漏风漏料危害较大,除了对密封装置本身严格要求外,系统管理也需要跟得上。比如窑尾部结圈后,物料的堆积会造成漏料,危害密封装置;窑尾斜坡下料不顺造成物料大囤积,也会造成密封处漏料,且影响密封装置的运行;窑头也要防止箅冷机热端集料,若集料过高,会漏入密封处造成密封损坏等。

2.26 三次风管高温闸阀有何用途

预分解窑系统中的分解炉正常工作需要稳定的风温和匹配的风速,其所用风主要来自熟料冷却机供给三次风和回转窑的高温风,风量比例一般要求为 6∶4,即三次风量占 60%,二次风量占 40%(现在业内有人认为可 7∶3)。二次风主要是强化淬冷熟料后,供给窑内充足的氧气和足够高的温度,用于窑头煤粉充分燃烧,以及高温气体与窑内物料进行热交换。三次风主要是冷却熟料后的热气体供给分解炉,用于分解炉内煤粉充分燃烧,以及生料的预热、干燥及 90%以上碳酸盐分解。所以,无论是回转窑内的通风还是分解炉用风大多来自熟料冷却机供给的自然风,当然还有一次风和系统漏入的自然风。

三次风管高温闸阀主要作用是调节三次风大小,平衡三次风量、二次风量和风速,也就是调节分解炉内煤粉燃烧供风和窑内供风,所以,三次风管高温闸阀是调节、平衡回转窑系统风量的关键部件,它的开度大小直接关系到熟料的质量、产量、热耗及煅烧的稳定性和安全性。

经过多年来的预分解窑熟料生产实践和理论计算发现,在碳酸钙分解率达到 90%以上的情况下,窑尾预分解所需热耗达到整个烧成系统热耗的 60%以上,为此,一般情况下,窑尾与窑头的燃煤比例为 6∶4。根据燃煤量的分配,三次风和二次风风量分配为 6∶4,即三次风量占系统总风量的 60%,二次风量占系统总风量的 40%。由于回转窑在运行过程中,物料的翻滚增加了阻力,窑风不顺,实际生产中好些厂家的分风达不到 6∶4,为此,在三次风管上设置高温闸阀,来调整三次风和二次风的分风比例。现在有许多企业把三次风、二次风的比例调为 2∶8,三次风管最终因开度小,三次风的风速低,再加上风管布置的拐角现象,飞砂料将三次风管堵塞,严重时出现三次风、二次风 0∶10 的分风比例。盲目操作破坏了设计时头、尾煤 6∶4分煤以及三次风、二次风 6∶4分风的原则。尾煤由于三次风供氧不足,煤粉燃烧时间延长,得不到充分燃烧,不但浪费了燃料,也大大降低了碳酸钙的分解效率。

2.27 三次风管高温闸阀开度对烧成系统的影响

每个企业的原燃材料成分性能、设备性能、配料方案、操作技术以及热工制度均有所不同,即便是一个企业的两条或多条同规模生产线，三次风管高温闸阀的开度也不能效仿使用，以下就其开度对烧成系统的影响做出分析。

（1）三次风闸阀小开度对烧成系统的影响

许多企业投产后一直延续点火时三次风30%的开度，三次风管进风量占总风量的20%。总风量的80%以二次风的形式从回转窑内通过，回转窑内风速成倍增加，几乎是设计风速的2倍，烟室入口风速将高达45 m/s，将C_5筒下料管落到烟室的分解物料又重新带到分解炉内，部分物料始终在C_5筒和分解炉内循环，影响产量。回转窑内的大风量、高风速把煤粉带入窑尾后燃，再加上一些企业为了降低熟料生产成本，用低发热量煤质，煤粉细度在6%～10%，甚至更高，煤粉严重后燃，影响煅烧，熟料提前结粒，窑皮增长到28 m，甚至更长，回转窑电耗增加；烧成带温度偏低，熟料立升重偏低。

这也是熟料出现欠烧料和黄心料的主要原因。三次风闸阀开度≤30%，三次风量相对少，分解炉内煤粉因缺氧不能完全燃烧，烟气中SO_2含量相对增加；分解炉出口温度忽高忽低，难以控制；生料分解率≤90%，熟料产量会相应降低；遇到这种情况，在烟室可以看到C_5下料管下落的物料微发黑色。因窑头煤粉后燃，增加窑头喂煤量，会出现头、尾煤的比例为5∶5，过多地加窑头煤，还会出现熟料烧流现象，不利于熟料冷却，整体来讲，煅烧不稳定。三次风管内积灰较多，有的因闸阀开度小，最后，飞砂料堵塞三次风管，成倍加大三次风管的重量，给三次风管的安全也带来了隐患。

（2）三次风闸阀大开度对烧成系统的影响

三次风闸阀开度≥60%甚至全开，三次风量相对增加，分解炉内煤粉因有充足的氧气完全燃烧，窑尾喂煤量明显增加可以达到总喂煤量的60%～70%，实现窑尾煤和窑头煤的比例7∶3，充足的三次风进入分解炉能够更好地形成旋流喷腾状态，烟气中SO_2含量明显降低；分解炉出口温度稳定，压力降低200 Pa，窑尾喂煤量会出现20 min左右不用增减，C_1筒出口温度相对降低5 ℃左右，还能确保熟料质量；生料分解率高达95%，通过回转窑内风量减少，窑头煤粉不再出现后燃，窑头煤粉量降低，会出现尾煤和头煤比例7∶3，煤耗降低；窑皮平整，长度为18～24 m，降低了回转窑电耗；整体来讲，煅烧比较稳定。因通过回转窑内风量和风速降低，避免了窑尾烟室物料的二次循环，熟料产量会明显增加；回转窑热工制度稳定，生料成分即便有波动，窑况也不会有明显的影响，熟料结粒均齐，熟料立升重提高50 g/L左右，熟料f-CaO含量降低0.5%左右，整个窑况处于健康状态。现在业内已经有人将三次风管高温闸阀全部打开进行操作，调整燃烧器位置和头、尾煤比例，使熟料产量、质量控制和冷却方面都有很大进步，熟料结粒均齐，冷却效果较好，回收热耗和提高余热发电量都有明显的节能效果。开大或全开三次风管高温闸阀与扩大分解炉缩口应该有同样的功效，但是，对三次风管内衬会有很大的风蚀作用，缩短耐火材料的使用寿命，有时也会出现分解炉塌料现象，所以，最好二者兼顾，以让三次风够用还不风蚀耐火材料为好，以窑风既不造成烟室物料的二次循环又不造成分解炉塌料为准。适度开度就是以三次风管内有少许飞砂料为宜。

总之，根据燃煤量的分配，一般情况下，三次风和二次风风量分配为6∶4。实际操作中，我们发现，三次风闸阀小开度对烧成系统带来更多的负面影响，而大开度带来的是烧成系统热工制度的稳定和产质量的提高。后者唯一的影响是三次风管内衬的较快风蚀，这一点，可以在内衬材料上下功夫。

［摘自：琚瑞喜．三次风管高温闸阀的正确使用[J]．新世纪水泥导报，2018(3)：65-67.］

2.28 三次风管高温调节阀在操作控制中的故障与对策

在新型干法水泥生产线上，窑和分解炉用风量的分配是通过窑尾缩口和三次风管高温调节阀的开度控制来实现的。高温调节阀是窑系统操作控制的一个重要部件，阀门烧坏了，系统用风就不能实现有效调整，将直接影响窑系统工况的正常与稳定，并影响熟料产质量，因此高温调节阀必须要有很高的可靠性。但目前高温调节阀的调节效果不好，使用寿命很短，一直是困扰各水泥企业正常生产的难题。以下就高温调节阀存在的问题和改进方案做分析介绍，仅供参考。

2.28.1 高温调节阀使用中的问题

高温调节阀通常采用的是蝶阀或闸板阀，其常见故障有：一是阀板变形卡死，二是浇注料剥落磨损，三是阀板断裂损坏。从三次风管的特殊工况和高温调节阀的工作环境分析，蝶阀由于整个阀板都处在三次风的冲刷中，使用寿命相对比较短；闸板阀的使用寿命长于蝶阀，但其阀板变形卡死断裂损坏的概率比较大，即使采用陶瓷阀板，使用中也会经常产生断裂。目前大部分厂家都采用闸板阀，如果没有出现卡死现象，一般使用寿命在 6 个月左右。

2.28.2 高温调节阀的调节对窑炉系统生产运行的影响

三次风作用是平衡窑、炉用风，给分解炉燃料供氧，给分解炉提供流化介质。三次风量和风温控制是否适宜，将直接关系到系统的热工制度和熟料的产质量。

(1) 当阀板卡死在 80°～90°，或者阀板烧坏磨损特别严重的时候，由于三次风过大，在进入高温风机风量一定的情况下，二次风就小了。二次风小，相应的窑内燃烧需要的空气量就不足，在喂料量不变和窑头喷煤量不变的情况下，窑内热力强度不够，煤燃烧不完全，烧成温度下降会直接影响熟料质量；另外窑头煤粉燃烧不完全，将出现煤粉后燃烧现象，造成窑尾烟室温度高而增大结皮概率，同样会造成三次风过大的恶性循环。此外，三次风过大二次风过小，熟料是在缺氧的过程中进行反应，势必会引起矿物反应的不正常，熟料容易成黄心料；在一次风量不变的情况下还会引起短焰煅烧，容易冲刷窑皮，对耐火材料造成不利的影响。这种情况下，大部分厂家采用向三次风管里面扔砖头、减小其截面积的措施，但这样的做法又使三次风管里容易积料，随着积料的增多，窑炉用风比例失调，三次风小，窑内风较大，使火焰拉得较长，对三支撑窑来说造成二档轮带后温度较高。火焰拉得较长会造成窑尾结皮严重，由于三次风小，炉内燃烧较差，引起温度倒挂，造成预热器系统阻力增大，实际拉风量减少。由于系统阻力增大，箅冷机余风增加带来窑头负压难控制的问题，本该入窑系统的风只好当作废气抽走，造成废气温度过高，余风风机负荷较大，箅冷机风机阀门开度较小，难发挥其冷却作用，最终导致窑热工制度不稳定，熟料质量也会变差，有时会出现夹心料。

(2) 如果阀板在开度比较小的时候卡死，三次风就变小，造成二次风过多，降低烧成温度的同时拉长烧成带；同时二次风加大会造成最后一级旋风筒入窑物料被窑尾上来的热气流带入分解炉，在分解炉和旋风筒内造成物料内循环，形成小股塌料。此外，开度较小阀板卡死，风速的增加加快了阀板的磨损，并导致阀门后面的浇注料和砖墙磨损加快。

2.28.3 高温调节阀故障原因分析和针对性改进方案

(1) 高温调节阀阀板一般采用在 0Cr2520 高温钢板焊上钩钉，再打上浇注料制成。因考虑节省成本，钢板大部分都比较薄。在调试期间和运行时，三次风会出现瞬间高温(≥1200 ℃)，0Cr2520 高温钢在超过极限温度后机械性能降低到极点而导致阀板出现变形并产生卡死，使阀门无法进行正常调节；同时由于阀板的变形，阀板上的浇注料开始剥落，从而又加快了阀板的磨损速度。为了克服此现象，可考虑用 0Cr2520 高温钢制作成网格状阀板结构，然后加上浇注料，使阀板浇注料前后成为一体，增大了阀板的机械强度。

(2) 在窑系统正常运行时，三次风速度达 20～30 m/s，在三次风的作用下阀板会出现不断的激烈的来回晃动，导致浇注料容易松动掉落，严重时阀板产生变形断裂。这时可在主阀板受力背面设置副阀板支撑(图 2.22)，使主阀板在高速三次风气流的冲击下不会产生激烈的振动和浇注料的松动掉落；其次副阀板的设置减小了主阀板被冲刷的面积，可以增加阀板的开度，阀板伸入风管的长度减小，减轻了烟气的冲刷磨

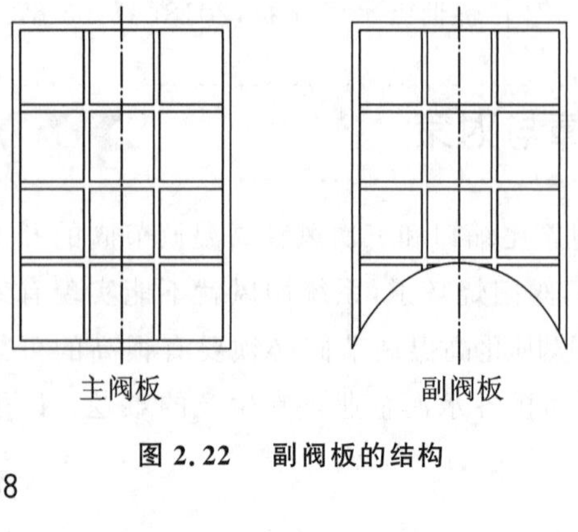

图 2.22 副阀板的结构

损，也有利于阀板使用周期的延长。副阀板可采用刚玉或碳化硅为骨料和粉料，用纯铝酸钙水泥为结合剂，加入适量耐热不锈钢纤维，外掺添加剂配制浇注而成，具有高强耐磨性能。

(3) 刚开窑时，高温调节阀开度一般为40%～50%；窑正常运行后阀板的开度一般在70%左右，即有30%的阀板要长期受到高含尘(且多为具有高磨蚀性的颗粒熟料粉尘)三次风的高速冲刷，磨损速度很快，加上高温引起的氧化作用，更加速了阀板的磨损速度。设置副阀板，可以在检修高温调节阀前，根据记录正常使用的阀板开度和阀板的实际磨损状况等相关数据，计算并调整副阀板的高度，使主阀板开度提高到最大的幅度，以减少阀板的磨损，延长阀板的使用寿命。

(4) 阀板的使用寿命，与浇注料的选择和浇注方法有着很密切的关系。因为三次风的风速过大且含尘量大，对阀板冲刷磨损作用大，加上三次风内含有的氯、碱等有害成分的侵蚀作用，因此容易引起阀板浇注料的疏松和剥落。因此高温调节阀应该采用密实度高、强度大、有足够耐腐蚀和耐磨性能的浇注料，才能使阀板在800～1200 ℃高温下承受严重的碱腐蚀和大量细颗粒熟料的高速冲刷作用。目前选择以刚玉、碳化硅为基体，添加钢纤维、防爆纤维的低水泥浇注是最合适的。刚玉硬度大，熔点高，化学性质稳定，对酸、碱都有良好的抵抗性，碳化硅同样具有硬度大、熔点高的特点，再加上正确的浇注养护烘烤方法，就可确保浇注料的质量，从而大大延长阀板的使用寿命。

(5) 解决浇注料剥落的问题，是延长阀板使用寿命的关键。一般都是在阀板上焊上钩钉，然后直接打上浇注料。但浇注料与阀板之间存在着热膨胀系数的差异，使得浇注料出现裂痕、剥落，因此，除了以上所提到的改变阀板结构，还必须在阀板上做特殊处理，消除阀板上热膨胀所产生的应力。在阀板上包上一层特殊材料，它在1500 ℃内是不会碳化的，可以有效吸收阀板在高温中产生的应力，这样阀板和浇注料就不会产生裂痕和剥落，可有效延长阀板的使用寿命。

2.29 减少回转窑热损失的途径有哪些

(1) 减少筒体热损失

我国回转窑筒体热损失平均为739 kJ/kg·熟料，约占熟料热耗的12%，国外由于采用隔热材料，热耗比我国低167～502 kJ/kg·熟料。据统计，筒体温度每降低1 ℃约减少热耗5.4 kJ/kg·熟料。近年来国内推广隔热材料，效果良好，如硅酸钙板在预热系统上已大量使用，在预热器分解炉系统使用硅藻土隔热砖，琉璃河水泥厂筒体和窑衬之间铺设硅酸铝隔热毡，筒体温度下降50～70 ℃。

(2) 减少不完全燃烧热损失

根据热工测定统计，我国回转窑的不完全燃烧热损失平均为251 kJ/kg·熟料，约占熟料热耗的4%左右，其中化学不完全燃烧热损失为142～155 kJ/kg·熟料，机械不完全燃烧热损失为71～130 kJ/kg·熟料。减少不完全燃烧热损失可采取以下措施：

① 过剩空气系数的控制。在预分解窑的操作过程中，首先要有足够的空气量，为了有足够空气量需保持一定的过剩空气系数。我国水泥工艺管理规程规定，过剩空气系数控制在1.05～1.15之间。主要是在保证燃料完全燃烧的情况下，尽量保持较小的过剩空气系数，即减少废气带走热。

② 控制好煤粉质量。影响燃烧速度的因素同时也影响燃料燃烧的完全程度，为减少不完全燃烧所造成的热损失，煤的水分和细度应符合工艺要求。

③ 准确的喂煤量。喂煤量不准确，主要原因是喂煤系统设备调节不灵活，不能根据窑内温度变化适量地增减喂煤量，从而产生不完全燃烧热损失。下煤不均引起跑煤和断煤现象较多，如煤粉仓锥体部分煤粉流动差，双管绞刀或其他给煤装置锁风不严，煤粉计量设备性能差等均可导致煤流的不稳定、不准确。

④ 加强密闭堵漏。窑头、窑尾的漏风，严重影响窑内通风和燃料燃烧，预热器系统的漏风比前两者的影响还要大，此外，箅式冷却机的各室串风、漏风现象，对煤粉的燃烧都有影响，窑头、窑尾、冷却机漏风与部件材质、管理不善等因素有关，应加强管理，把漏风控制在最低水平。

(3) 减少冷却机熟料热损失

我国回转窑熟料带走的热损失一般约占熟料热耗的 8%，其中干法窑为 292 kJ/kg·熟料左右，湿法窑为 523 kJ/kg·熟料左右。减少熟料带走热损失，必须从提高冷却机的热效率入手，窑外分解窑采用的推动箅式冷却机或空气梁冷却机，其平均热效率都是很高的。另外，加强管理，充分发挥冷却机的效率，亦能减少熟料热损失。

(4) 减少废气带走热损失

废气带走热损失是熟料热耗中最大的一项，平均为 2048 kJ/kg·熟料，约占热耗 35%左右。其中干法窑平均为 3405 kJ/kg·熟料，占 53%；湿法窑为 1116 kJ/kg·熟料，占 17%；半干法窑为 1428 kJ/kg·熟料，占 31.12%。这主要是窑尾废气温度高，在生产过程中，窑尾废气经过 4～5 级预热器系统后，出系统温度降至 380 ℃以下，虽然温度下降了，但废气量很大，废气带走的热量相当可观。将系统中废气作为烘干热源被广泛利用，可收到很好的效果。

此外，窑灰带走的热损失和蒸发水分带走的热损失也应值得重视。

2.30 回转窑烧成带前后位置叫法有何不同

烧成带前后位置，所依标准不同，叫法也不一样，以物料在回转窑内的化学变化为准，即由窑后向窑前，由冷端向热端，从放热反应结束处与烧成带交接处开始为烧成带前部，物料反应结束处为烧成带后部。以窑皮为准时，恰恰相反，放热反应带与烧成带交接处所结窑皮为后结窑皮，所结圈为后结圈，该处叫烧成带后部，烧成带靠火焰部分的窑皮为前部窑皮，所结的圈为前结圈，该处叫烧成带前部。

2.31 回转窑为何要强制通风

回转窑是负压操作，负压能保证火焰有一定的形状和长度，能供给煤粉燃烧时所需的氧气，从而达到煤粉完全燃烧的目的。只有负压操作，才能及时排出煤粉燃烧所产生的废气及 $CaCO_3$ 分解时所产生的废气，使生产正常进行。否则，废气不能及时排出或排出不利，就无法正常生产。资料表明：在密闭的容器中，$CaCO_3$ 的分解随 CO_2 含量的增加，分解速度减慢，直至为零。加强通风，废气中 CO_2 的含量每减少 2%，分解时间约缩短 10%，由此可知，回转窑如不进行负压生产而强制进行通风，不但煤粉不能燃烧，火焰不成形，$CaCO_3$ 难于分解，且窑头窑尾密封设备、烟室墙壁、看火罩等都会烧坏。

2.32 如何确定回转窑与箅式冷却机之间的适宜位置

(1) 轴向位置配合

回转窑卸出熟料时筒体处于热态，窑筒体因膨胀而使卸料口向冷却机延伸，这时的落料点应在第一排活动箅板纵向长度的二分之一处，见图 2.23。

$$a=\frac{1}{2}D\sin\theta$$

$$b=\frac{1}{2}L$$

$$c=b-a=\frac{1}{2}L-\frac{1}{2}D\sin\theta=\frac{1}{2}(L-D\sin\theta)$$

式中 a——窑口最低点与窑中心的水平距离，mm；

b——窑口热态中心至箅冷机前壁的距离，mm；

c——窑口最低点至箅冷机前壁的距离，mm；

L——第一排箅板的纵向长度，mm；

D——回转窑筒体内径，mm；
θ——窑的斜度，°。

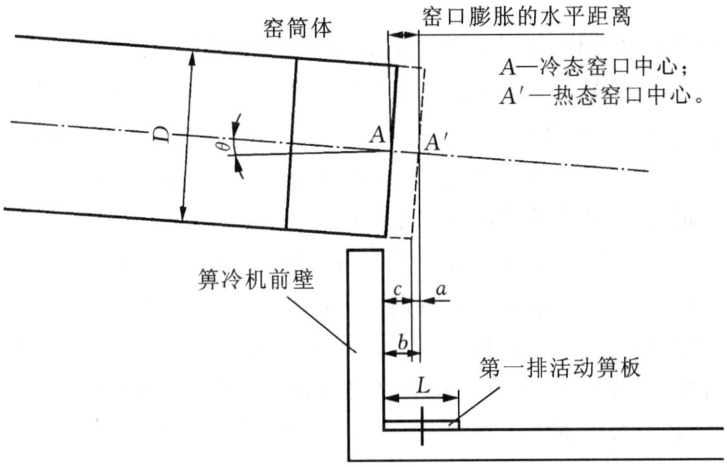

图 2.23 回转窑与箅冷机轴向位置的配合

(2) 横向位置配合

回转窑内的熟料是通过窑筒体的回转将其卸出的，卸出的料流随窑体的转动产生离析现象，在窑口内，大块居上，小粒沉底。卸出时，大块熟料抛离的距离大。从窑口出料的料流看，回转窑向上运动的一侧细料分布多，下降的一侧大块熟料多。细熟料降落靠近冷却机前壁，大块熟料则离冷却机前壁较远。就箅冷机而言，物料的均布是十分重要的。箅冷机纵向中心线的偏离距离与窑径、窑型或转速、回转窑的斜度、物料填充系数和熟料下落高度有关，回转窑的斜度越小，物料填充系数越大，转速越大，物料被提升高度越高；窑径越大，窑口卸料分布越宽，对偏离距离都是有影响的。

箅式冷却机的偏离距离可用下式确定：

$$S=KD$$

式中 K——偏离系数。高转速的预分解窑，$K=0.135\sim0.180$；其他窑型，$K=0.10\sim0.15$；大型窑取大值，小型窑取小值。

D——回转窑筒体内径，mm。

当采用富乐箅式冷却机时，按表 2.12 选取可满足要求。

表 2.12 箅式冷却机中心线的偏离距离推荐值

窑型	$\phi3.0$		$\phi3.2$		$\phi3.5$		$\phi4.0$	
	S(mm)	K	S(mm)	K	S(mm)	K	S(mm)	K
预分解窑	405	0.135	435	0.136	508	0.145	660	0.165
其他窑型	355	0.118	380	0.119	458	0.131	585	0.146

2.33 回转窑结圈形成机理

在回转窑正常运行中，当窑温和熟料成分特别是其熔体含量和成分稳定时，窑皮能不断地自行黏挂和脱落以保持相应的稳定厚度。如一旦失衡，或熔体含量过多，或窑温偏高，或铁含量显著增大，熔体就可能变得比较稀薄，大量较稀的熔体所包裹的熟料颗粒不再沿转动着的窑壁上移然后下坠，而是十分牢固地黏附窑壁，越来越厚并终于形成结圈。

结圈有时迅速增长，使黏滞性的窑料在结圈后被阻塞而堆高，而且结圈处热量不能正常散发外逸，使料温更高，熔体含量更多，圈便结得既厚且长。

回转窑的结圈形成机理，主要包含三个方面：熔化冻结机理；表面力使窑料颗粒相互缠结；细针状窑料颗粒的缠结。

回转窑通常都是以煤粉为燃料，大部分煤灰常以熔体灰滴的方式滴落沉积在火焰末端部位的窑料上。此外，还有飞尘、熟料尘、燃烧气体中的组分以及挥发性组分等，这些物质极易与窑料形成低共熔物，促进熔体形成的作用极为显著。形成的熔体可有效地湿润并黏结周围窑料，当温度下降时，熔体冻结形成窑圈，这是结圈的最本质过程和机理。因此，煤的灰分越高、煤灰熔点越低，硫、碱等挥发性物质越多，促进熔体形成的作用就越强，回转窑就越可能产生结圈。

江南水泥厂的看火工早在 1953 年就对该厂窑内形成结圈的前兆有深刻体会。窑温忽高忽低的频繁交替、来料或多或少的反复变化以及熟料熔体特别是含铁量的频繁波动，往往预兆着结圈的来临。

熟料熔体中铁酸盐相的黏度低，表面张力小，易于湿润并黏结大量熟料颗粒，表面力的作用更有利于颗粒相互缠结。在熟料碱、硫含量高，R_2SO_4 和 RCl 液相存在条件下，因其黏度和表面张力更低，更促进颗粒的缠结成圈。因此，水泥窑内 R_2SO_4 和 RCl 的存在使低熔点或熔点转移向较低温度范围内，因而有利于结圈。

碱、硫、氯等挥发性组分的存在还促进硅方解石($2C_2S \cdot CaCO_3$)和硫硅钙石($2C_2S \cdot CaSO_4$)等过渡性矿物的形成。这两种矿物具针状或棱状晶形，易于交织缠结并继续成长，使圈更为致密而坚固。

此外，在烧煤窑内的过渡带和冷却机入口处还会形成灰圈。来自火焰的煤灰液滴滴落在熟料颗粒上形成 SiO_2 高且 CaO 低的区域，只有 C_2S 能在这里形成。岩相检验灰团结构极为疏松，灰滴将熟料晶体熔结在一起，晶体颗粒大小为 100～350μm，带显贝利特条纹是灰圈的特征。

2.34 如何计算回转窑窑尾的废气量

回转窑窑尾排风机选型是根据计算的窑尾废气量和温度，以及所需的负压来决定。回转窑窑尾的废气量计算如下：

2.34.1 燃料燃烧生成的废气量

固体燃料

$$V_f = \left(\frac{3.72Q_{net,ar}}{1000} + 1.65\right)G_c$$

液体燃料

$$V_f = 4.65\,\frac{Q_{net,ar}}{1000} \cdot G_c$$

式中 V_f——燃料燃烧生成废气量，Nm^3/kg·熟料(1 Nm^3 为 1 标准立方米)；

G_c——燃料消耗量，kg·燃料/kg·熟料；

$Q_{net,ar}$——燃料的收到基低位热值，kJ/kg·燃料。

2.34.2 燃料燃烧过剩空气量

$$V_c = (\alpha - 1)V_a \cdot G_c$$

式中 V_c——燃料燃烧过剩空气量，Nm^3/kg·熟料；

V_a——燃料燃烧需要空气量，Nm^3/kg·熟料；

α——过剩空气系数。

固体燃料

$$V_a = 4.27\,\frac{Q_{net,ar}}{1000} + 0.5$$

液体燃料

$$V_a = 3.56\,\frac{Q_{net,ar}}{1000} + 2$$

2.34.3 生料分解产生的废气量

$$V_r = \frac{I_r}{(100 - I_r) \times 1.977}$$

式中 V_r——生料分解生成废气量，Nm^3/kg·熟料；

I_r——生料烧失量，%。

1.977——标准状态下 CO_2 气体的重度，kg/Nm^3。

2.34.4 生料或料浆中水分蒸发生成废气量

$$V_w = \frac{W}{(100-W)\times 0.805}\cdot g_r$$

式中 V_w——生料或料浆中水分蒸发生成废气量，Nm^3/kg·熟料；

g_r——生料或料浆水分，%；

0.805——标准状态下水蒸气的重度，kg/Nm^3。

2.34.5 漏风量

漏风量可按出窑废气量的百分数估算，各部分漏率可参见下列数值：

冷烟室	10%～15%
烟道(每米)	1%
负压操作收尘器	20%～30%
一次通过立波窑	150%～200%
二次通过立波窑	120%
热排风机前	60%
立筒预热器窑	35%～45%
旋风预热器窑	20%～30%
预分解窑	20%～30%

窑尾排出废气量，还可以参考下列数值选取：

湿法长窑	4 Nm^3/kg·熟料
干法长窑	2.4 Nm^3/kg·熟料
一次通过立波窑	5 Nm^3/kg·熟料
二次通过立波窑	4 Nm^3/kg·熟料
热排风机前	3 Nm^3/kg·熟料
立筒预热器窑	2.4 Nm^3/kg·熟料
旋风预热器窑	2.0 Nm^3/kg·熟料
预分解窑	2.0 Nm^3/kg·熟料

在实际设计时，还应根据厂址的实际情况，如厂址所在地海拔高度等进行设计计算。

2.35 规格一定的回转窑，熟料热耗与窑生产能力有何关系

对于一定规格的回转窑，在实际生产中熟料的生产能力有一定波动范围，一般波动在5%～10%。实行强化煅烧的回转窑，在使产量提高过多的同时，也将使熟料的热耗、料耗、材料消耗等都相应增加，而回转窑的运行周期则缩短。回转窑产量过低也要使熟料热耗值增加。图2.24所示为回转窑产量与熟料热耗的关系。因此，设计回转窑生产能力时，应选择曲线的低谷范围中熟料热耗最低的区段作为设计目标。

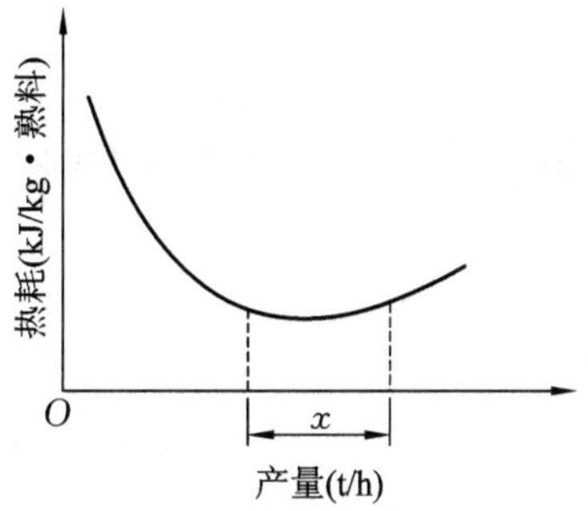

图2.24 回转窑产量与熟料热耗的关系

2.36 与湿法回转窑相比预分解窑有何工艺特点

(1) 由于入窑生料的碳酸钙分解率已达到85%～95%，因此，一般只把窑划分为三个带：从窑尾起到物料温度为1300 ℃左右的部位，称为“过渡带”，主要是剩余的碳酸钙完全分解并进行固相反应，为物料进入烧成带做好准备；从物料出现液相到液相凝固为止，即物料温度为1300～1450 ℃，称为烧成带；其余称为冷却带。在大型预分解回转窑中，几乎没有冷却带，温度高达1450 ℃的物料立即进入冷却机骤冷，这样可改善熟料的质量，提高熟料的易磨性。

(2) 回转窑的长径比(L/D)缩短，烧成带长度增加。一般预分解回转窑的长径比约为15，而华新型湿法回转窑的长径比高达41。由于大部分碳酸钙分解过程外移到分解炉内进行，因此回转窑的热负荷明显减轻，造成窑内火焰温度提高，长度延长。预分解窑烧成带长度一般在$4.5D$～$5.5D$，其平均值为$5.2D$，而湿法窑一般小于$3D$。

(3) 由于预分解窑的单位容积产量高，回转窑内物料层厚度增加，所以其转速也相应加快，以提高物料层内外受热均匀性。窑转速为2～3 r/min，比普通窑转速快，使物料在烧成带内的停留时间有所减少，一般为10～15 min。因为物料预热情况良好，窑内和来料不均匀现象大为减少，所以，窑的快转率较高，操作比较稳定。

2.37 挡料圈和挡砖圈的作用

在窑的末端根据窑大小不同、规格不一的特点，焊有一圈钢板（窑大则挡料圈高，窑小则挡料圈低），该钢板圈就叫挡料圈，其作用是避免回浆（湿法窑）或回料（干法窑）现象。挡料圈不宜过高，以免减少窑内通风面积，但也不能过低，以免发生回料现象。

窑内焊挡砖圈，是为了防止火砖发生轴向传动和镶拆方便。所以在窑内一般是每隔5～10 m焊挡砖圈一道，其高度为50～100 mm。

2.38 对回转窑内挡砖圈有什么要求

因为回转窑有一定斜度，在换砖时窑的不断转动容易造成砖位向前滑动，发生砌砖圈与圈之间位移、歪斜倒塌而造成不该换的砖亦被迫换掉，造成不应有的损失。所以砌砖前在窑内应先焊挡砖圈，有了挡砖圈才便于分段换砖，免得接头茬口不齐（交错砌砖）。

根据回转窑窑型、大小不同，一般规定5～10 m焊挡砖圈一道（烧成带保持10～20 m不焊挡砖圈），挡砖圈用厚为20～30 mm、高为50～70 mm的钢板做成。所焊挡砖圈必须在同一圆心上，不得歪斜，挡砖圈与挡砖圈之间距离应均等，否则将造成砌砖最后一排歪扭，宽窄不一样，出现同一行内有部分砌整块砖，部分砌多半块砖还有一部分则砌半块砖，给砌筑造成困难并影响到砌筑质量，因此每道挡砖圈都应画线焊接。

2.39 预分解回转窑筒体腐蚀的原因及处理

筒体腐蚀是水泥厂更换筒体的主要原因。许多预分解回转窑都存在筒体腐蚀问题，一般是在设备大修、停窑检修、更换窑衬耐火砖时发现的，从筒体内壁上取下来的片状腐蚀物具有多层结构：紧靠筒体一面呈红褐色和黑色，靠近窑衬一面因黏有熟料呈现灰色，中间各层交杂着红褐色、黑色、黄铜色，各层均有亮晶质点零星散落或成片分布在上面。

回转窑筒体腐蚀，一般呈片状剥落，锈片疏松易脆，经超声波测厚仪测定可发现，筒体有不同程度的减薄，有的还会在筒体内侧表面出现环向不均匀沟槽，如窑前段大齿轮处就经常发现筒体内侧有沟槽。筒体腐蚀最严重的区域是回转窑的过渡带大牙轮附近，年腐蚀速度高达 1～2 mm。

2.39.1 原因分析

分析腐蚀片状物发现，锈层的主要成分是铁的氧化物及少量的氯化物和硫化物。所以，窑筒体内壁的腐蚀物质是氧、硫和氯化物。

(1) 高温氧化使筒体内壁腐蚀

回转窑筒体一般由普通钢制成，而普通钢并不耐高温氧化，在 200～300 ℃时，就产生了可见的具有“保护性”的氧化物薄膜。但这种氧化膜结构疏松，难以阻止金属筒体进一步被氧化，尤其是温度较高时，如 A3 钢在 400 ℃下年氧化率为 0.58 mm，在 600 ℃时就高达 5.84 mm。而回转窑过渡带筒体温度通常都在 300～400 ℃，甚至更高，因此，筒体内表面氧化腐蚀在所难免。

(2) 高温硫化使筒体内壁腐蚀

据介绍，高温硫化腐蚀与高温氧化腐蚀不同，这种腐蚀可以在金属表皮下面进行，皮下腐蚀产物中含有未被氧化的金属。热腐蚀温度应为 600～950 ℃，但在含 Cl^- 和 S^{2-} 等离子的强腐蚀介质中，在 400 ℃左右就可能发生高温硫化，致使内壁被腐蚀。

(3) 高温氯化使筒体内壁腐蚀

据介绍，在高温环境下，氯和氯化物对钢铁的腐蚀作用特别强烈，在氯化条件下，会形成沸点较低(324 ℃)的易挥发的 $FeCl_3$，从而加剧回转窑筒体的腐蚀。

应该指出的是，在回转窑煅烧水泥熟料过程中，窑内气氛是非常复杂的，各种造成筒体腐蚀的因素几乎同时存在，共同作用，使得回转窑筒体“不堪重负”而被腐蚀。回转窑筒体腐蚀过程可用图 2.25 表示。

图 2.25 回转窑筒体腐蚀过程

2.39.2 处理方法

预分解窑筒体腐蚀是一个较为复杂的技术难题，要从工艺条件、设备操作、耐火材料性能及筒体材料选择等多方面进行综合治理：

(1) 改进配料方案，降低原料、燃料中有害组分的含量或调整好硫碱匹配，减少有害组分在窑内的富集，进而减少能够到达筒体内表面的有害组分(特别是氯盐)，减轻筒体腐蚀。

(2) 对于腐蚀严重的筒体，要进行更换；对于腐蚀较为轻微的筒体，可在筒体内壁腐蚀部位进行防蚀处理。

(3) 为延长回转窑筒体使用寿命，可在容易腐蚀的部位进行防蚀处理，具体方法是：

① 对筒体内表面进行处理，清除锈迹、污迹，使之整洁干净，露出金属光泽。

② 在筒体内表面(已进行过处理)喷涂无机材料或刷涂水泥浆。可选用上海材料研究所研制的Y-3型重防蚀涂料等。

(4) 合理选择耐火材料，改进窑材质量和砌筑方法。在选取耐火材料时，既要考虑耐久性，又要考虑隔热性，还要考虑全窑系统耐火砖的匹配问题，以增强窑衬的屏蔽作用。在腐蚀严重的敏感部位，宜采用湿砌的方法来砌筑窑衬耐火材料。据介绍，湿砌窑衬后筒体腐蚀大大减轻。

(5) 提高窑系统主辅机运行可靠性，力避停窑，减少因停窑而造成的 RCl 吸潮腐蚀筒体。

2.40 回转窑轮带断裂的原因及处理方法

2.40.1 原因分析

水泥回转窑轮带断裂是水泥厂重大设备事故。由于回转窑轮带部件庞大，不仅制造难度大，运输、安装费用也十分高昂。为此，修复轮带裂纹，延长其使用寿命，具有很大的实际意义。回转窑轮带断裂可分为两种情形：

① 轮带表面产生网状裂纹及大块剥落缺陷，致使轮带早期非正常接触疲劳开裂。在回转窑运转过程中，轮带表面实际承受一周期变化的动载荷。在轮带表层内 3～4 mm 及 5～7 mm 位置，分别存在交变载荷和脉动载荷。在该应力作用下所产生的微裂纹与接触应力平行或成 45°夹角。随着裂纹扩展及其他外弯矩的作用，裂纹向表面及纵深方向进一步发展，甚至贯通、脆裂，造成表层剥落破坏。

造成回转窑轮带表面早期接触疲劳开裂的主要原因是：轮带投入运行后，高硬度成分偏析区表面磨损量小于正常区域磨损量，致使该区域表面凸起，从而造成应力集中。在此应力作用下，轮带表层中存有非金属杂物处及有铸造砂眼等缺陷处，首先形成微裂纹，然后因该区域材料硬度高、塑性低、韧性低而得到快速发展，导致轮带开裂。外界条件如腐蚀介质(冷却水)渗入，窑的窜动、轮带温差等都会加速轮带开裂。

② 轮带低温脆性断裂。一般轮带材料在 0 ℃以下，冲击值很低，几乎无任何塑性变形能力。因此在低温条件下，较小的应力就足以使轮带发生脆性断裂。

轮带属于大型铸钢件，不可避免地要存在铸造缺陷如砂眼、夹渣、夹物等。据调查，轮带内侧裂纹起源位置大多有砂眼和夹渣。正常情况下停窑检修，窑体温度从 150～300 ℃降至大气温度，整个窑体将有所缩短，使轮带产生不均匀的内应力，轮带与托轮的作用点发生变化。冷窑的突然启动，使得正处于低温脆性状态的轮带发生脆性断裂。

轮带低温脆性断裂，多发生在冬春季气温偏低或严寒地区。

2.40.2 处理方法

(1) 轮带表面网状裂纹的焊接修复

① 轮带焊接修复宜选用 Ni 基高强度焊条作过渡层材料，用自硬化型不锈钢焊条作为焊补缺陷区的主体材料。

② 焊接前，要进行缺陷清理和坡口修磨。

a. 缺陷清理：采用手动砂轮磨削裂纹，用着色探伤确保坡口区内裂纹夹渣等缺陷全部清理干净。

b. 坡口修磨：坡口角度应大于 45°，深度大于 10 mm。

③ 采用冷焊工艺焊接断裂轮带。

a. 用 Ni 基焊条打底焊，每次施焊长度不大于 30 mm，局部温升不大于 80 ℃，焊后立即用小锤锤击焊道表面。

b. 用不锈钢焊条进行填充焊接，每焊一层就锤击焊道一遍，消除内应力。

④ 焊接完成后，采用砂轮对焊道进行打磨至焊道表面高出正常表面 1～2 mm，然后对焊道表面进行二次锤击硬化处理，最后用样板修磨至标准尺寸为止。

⑤ 对修复区域进行超声波探伤和表面着色探伤，确保焊接修复区无超标缺陷。

(2) 轮带低温断裂事故的预防

在寒冷地区或北方冬春季节，应做到以下两点，才能有效地预防轮带低温脆裂：

① 加强设备日常维护保养工作，使各支点受力均匀。对于轮带飞边，不能随意割去，如需割去，须注意消除应力集中。

② 设备大修、中修，应尽可能避开气温在 0 ℃以下的季节。即便在冬季检修，也要禁止在低温下未经预热突然转动窑体。当必须转动窑体时，应在轮带处采取加温措施，使轮带温度不低于 0 ℃，方可转窑。

2.41 轮带滑移量过大的原因及处理方法

(1) 轮带滑移量过大的原因分析

轮带与窑筒体垫板间有一定的间隙，保证其相对滑动，但长期磨损，间隙变大，滑移量相应增大，如对其间隙不进行及时调整，会加剧滑移，结果引起砖扭曲、错位而垮落，严重的还会使窑筒体变形。停窑的时间约在 7 d 以上，为避免出现这一事故，注意观测轮带滑移量。每次停窑必须检查轮带与垫板的间隙，5000 t/d 窑(ϕ4.8 m×78 m)冷态间隙以保持在 17～19 mm 为宜。

(2) 滑移量的检测

轮带滑移量应保持在 5～25 mm 之间较为合适，但有的企业对此认识不够，在轮带垫板磨损后没有及时调整，使轮带滑移量较长时间在 40 mm 以上，根据法国雷法耐火材料公司(REFRA)的经验介绍，用轮带与垫板相对滑移量来间接测量可控制其间隙量，最大允许相对滑移量经验值 $\Delta U<1/2\times D\%$，此方法简单可行，便于操作[ΔU—相对滑移量(mm)，D—窑直径(mm)]。ϕ4 m×60 m 窑相对滑移量 $\Delta U<$ 20 mm，在实际操作中控制 $\Delta U<$15 mm，测试方法为在窑运转过程中，在轮带底部侧面画一标识，使轮带侧面标识与窑筒体标识在同一轴平面内，然后计量窑转过的圈数，待窑转数圈后，用尺子测量轮带标识与筒体标识间的距离 L，记录下窑转过的圈数 R，然后计算出每圈的滑移量 ΔU，根据公式 $\Delta U=L/R$(mm/圈)计算 ΔU，ΔU 即为轮带与窑筒体的相对滑移量。

(3) 检测工器具

画笔、秒表、钢尺，计算器等。

(4) 垫板间隙大的处理方法

在停窑检修时，调整垫板，根据测量其间隙，更换不同厚度的垫板，对轮带垫板进行部分更换，并加固焊接处，调整垫板的厚度，调整窑轮带与垫板间的间隙。

(5) 滑移量大的影响

当 $\Delta U>$20 mm 时，说明窑筒体与垫板间隙过大，会导致窑的椭圆度增大，窑筒体机械应力增大对轮带底部耐火砖产生机械应力，回转窑的金属壳体并不是完全刚性的，加上窑的椭圆度的影响，窑在转动中，窑体特别是轮带部位发生或大或小的变形，在窑衬内产生压、拉、剪应力，加上耐火砖持续出现的相对位移和局部应力，导致砖的断裂、开裂、剥落甚至“抽签”掉砖。根据测试轮带滑移量，在检修时要调整垫板间隙。

2.42 一则回转窑轮带的挖补修复经验

某厂 ϕ3.3 m/3 m×60 m 回转窑是出口增大变径窑，四档支撑。轮带设计尺寸有 2 种，宽×厚分别为 700 mm×250 mm 和 500 mm×250 mm，材质为 ZG55，中空箱式结构，见图 2.26。

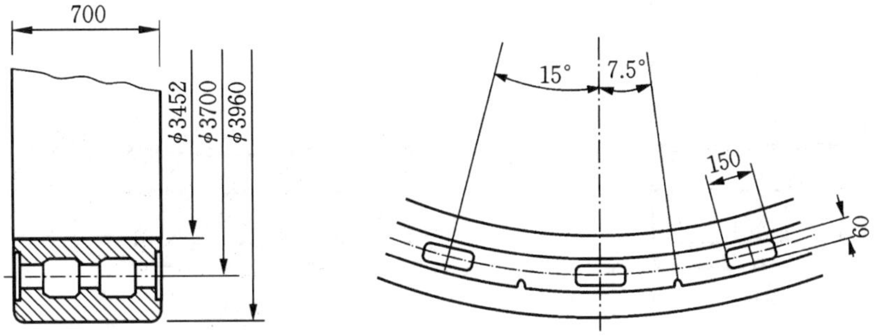

图 2.26 轮带结构

经过 30 余年的运转，高温带Ⅰ档 700 mm×250 mm 轮带表面出现了 1 块 700 mm×600 mm 的连片缺陷，深度达 65 mm。该缺陷处有 1 块面积 300 mm×200 mm 的碎片脱落，不能继续使用，为此，鞠春香等决定采用局部挖补的方法修复。

具体步骤如下：

① 详细检查缺陷部位，确定挖补的位置尺寸，再沿挖补位置向外量 100 mm 画线，作为校对检查线。

② 用 16Mn 钢板卷制 1 块半径 1950 mm、宽 700 mm、弧长 1100 mm、厚度 50 mm 的弧板段。为了保持轮带的弧度，要以需要挖补的原轮带外弧面为基准，对卷制好的弧板段做进一步校圆。

③ 由于 2 种板的材质相差太多，只能按折中的原则，按焊接手册采用 E506 焊条焊接。焊前将焊补件预热到 250～300 ℃，焊条进行烘干处理，焊接过程中采用尖锤敲击以消除其应力。

④ 为了减小原轮带的变形和破裂，用拉杆将挖补部位两侧拉牢、固定。

⑤ 按工艺要求切开破损面后发现，外部承重面的破损导致 3 条立筋被压堆，只能将破损的立筋全部切除，改用厚度 50 mm 的锰板制作立筋，焊在底板承重板上。外侧立筋有 2 块，焊在轮带两端，弧长 950 mm、高度 100 mm；中间立筋焊在轮带中部，是 2 块弧长 950 mm、高度 100 mm、带 40 mm 凸台的锰板合并在一起。卷制的轮带段在相应部位割出 100 mm×100 mm 的 2 个方孔，中间立筋的突出块插入方孔，并堆焊满，起铆固作用，以增大立筋和轮带的连接强度。所有焊缝均满焊，焊接高度不小于 30 mm。

卷制的轮带尺寸、立筋及修复后的轮带结构见图 2.27、图 2.28。轮带挖补后，运行效果良好，达到了预期目的，经测算共计停窑 90 h。

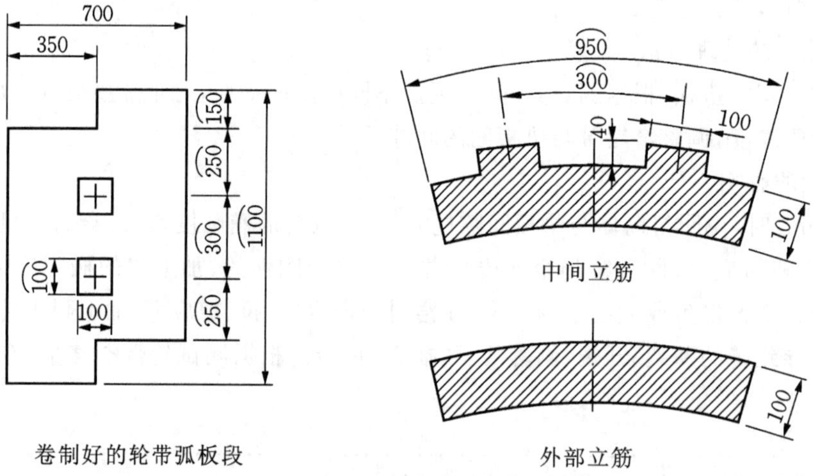

图 2.27　卷制轮带段及立筋

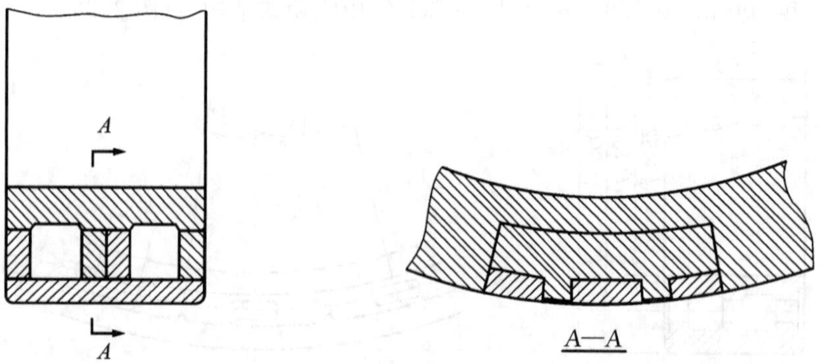

图 2.28　修复后轮带结构

2.43 回转窑停窑后为何还要用辅助马达翻窑

停窑后，为防止窑身弯曲，应进行翻窑。现代回转窑，除设有主马达外，还设有辅助传动装置，以便于窑的转动，尤其临时停、开车，效果更佳。辅助马达翻窑有以下好处：

(1) 减少不定时翻窑的麻烦，又可根据需要进行转动，停车时不会因窑内负荷偏一侧而发生倒转的现象(主马达翻窑在停车时常常发生窑倒转)，容易发生机械事故。

(2) 便于镶砌砖时控制砖的位置，避免砖位转过头的现象。

(3) 临时停窑后，可避免因电机或机械一时有问题不能转窑，造成物料黏在一起、负荷过大的现象发生。当机械一时某处吃力不均，负荷过大，窑转不起来，可用辅助马达翻窑，使窑慢转一会，负荷减小，给主马达转窑提供有力的帮助。

(4) 窑弯曲后，主马达转不起来时，可用辅助马达翻窑。

(5) 用辅助传动翻窑，转动慢，可防止生料涌进烧成带，又可使窑内物料保持松散不结块，不黏在窑皮上，避免转窑时把窑皮黏下来。

2.44 回转窑筒体变形的原因及处理方法

2.44.1 原因分析

回转窑在生产运行过程中，由于承受高温、慢转、重荷等，筒体横截面每一瞬间都发生回转变形，尤其中档部位受力大，变形也最容易发生。只是由于多方面制约，筒体变形才不很明显。但在下列几种情形中，筒体变形难以避免：

① 窑衬脱落即掉砖红窑时，筒体温度急剧升高，使窑筒体产生局部凹陷变形，窑在掉砖部位出现向窑内弯曲的“缩颈”现象。

② 运转中的回转窑因停电等原因而突然停转，同时遭到暴雨或严寒袭击，表面温度急剧下降，使窑筒体产生严重弯曲变形。

2.44.2 处理方法

(1) 冷态修复法

某厂的ϕ5 m×65 m回转窑由于红窑造成烧成带筒体局部凹陷，在第一挡轮后面窑体5～5.4 m长范围内有21处内凹陷，面积介于400 mm×500 mm～1200 mm×1500 mm之间，最大深度50 mm，呈圆坑状。

因该段筒体钢板厚度仅22 mm，刚性小，宜采用冷态修复法矫正复原。

① 矫正变形的动力来源是300 t油压千斤顶1台。千斤顶下面有弧形支座，上边有尺寸合适的立柱(立柱用ϕ120 mm圆钢或ϕ194 mn无缝钢管制成)；立柱上边有矫正用圆弧形上胎(上胎面积400 mm×500 mm，外半径尺寸与窑内径相同)，立柱两侧可加装角钢或钢管制成的拉撑，见图2.29。

② 矫正变形的方法和步骤。

a. 将上胎置于变形部位，并将立柱、支座、千斤顶、拉撑加以固定。

b. 操纵千斤顶，使之用力向外顶。

c. 用平尺和圆弧样板测量矫正变形情况，合格后(即复原后)移向别处。

d. 对于变形面积较大的部位，可由中间向四周依次进行操作，直至全部复原为止，至于矫正次数，可据现场情况确定。

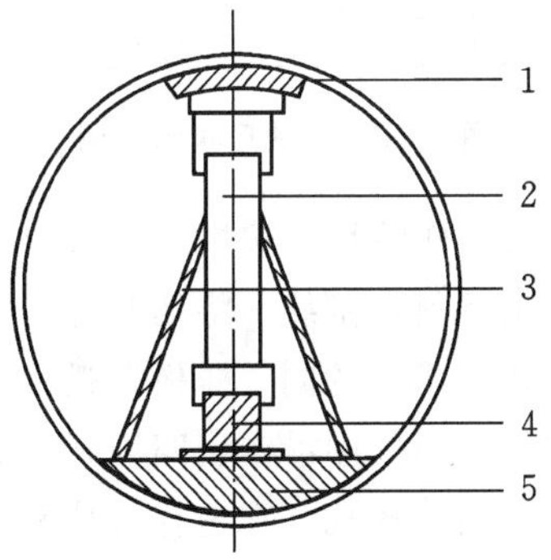

图2.29 冷态修复筒体变形示意图

1—圆弧形上胎；2—立柱；3—侧拉撑；4—300 t千斤顶；5—支座

(2) 筒体弯曲修复法

回转窑因供电中断，突然受凉而发生弯曲变形后，可采用下述方法加以修复：

① 在筒体最下部画出标记。

② 将筒体翻转 180°后，缓慢升温 1 h。

③ 将筒体再转 90°后，缓慢升温 30 min；之后再转 90°，缓慢升温 30 min；如此反复，共转 4 次。

④ 将筒体停在原 180°位置，此时继续缓慢升温，并以 1/15 rpm 的速度缓慢转动窑体 3 h 左右。

⑤ 结束升温，投料生产，投料量是正常量的 60%～80%，运行中可见筒体变形逐渐减小，转矩波形图逐步趋于平稳。

此种修复方法，由于未对窑衬进行处理，因而可能会留下一些隐患。

(3) 筒体变形挖补修复法

当筒体发生局部大面积变形时，可采用大面积多块连续挖补的办法修复筒体变形。具体方法和步骤如下：

① 做好准备工作，包括：

a. 找出回转窑筒体变形部位，并测量变形窑长。

b. 按变形窑长尺寸，制作一个测量架，架上以 200 mm 为一单元分为若干等份，并用油漆标上序号（也可事先准备 2～3m 长木尺）。

c. 将回转窑筒体外围分成 16 等份，也用油漆标上序号（筒体严重变形处要有测点）。

d. 将测量架沿窑长方向（平行于窑中心线）安装在变形筒体部位，但不影响窑转动。

② 做好测量工作，包括：

a. 将筒体圆周上标有序号的各点依次停靠到测量架最近位置。

b. 测出架上各点至筒体的距离。

c. 将测量结果记录在表格中。

③ 确定挖补部位和挖补尺寸。

a. 把同一圆周上 16 点中数值最大的 3 个点和最小的 3 个点抛开，只取数值中间的 10 个点之和再除以 10，计算出实测平均值。

b. 将每段径向上的点的测量值与该段实测平均值相减，得出一个数值，正值表明该点是筒体外径凹下点，负值表明该点是筒体凸起点。

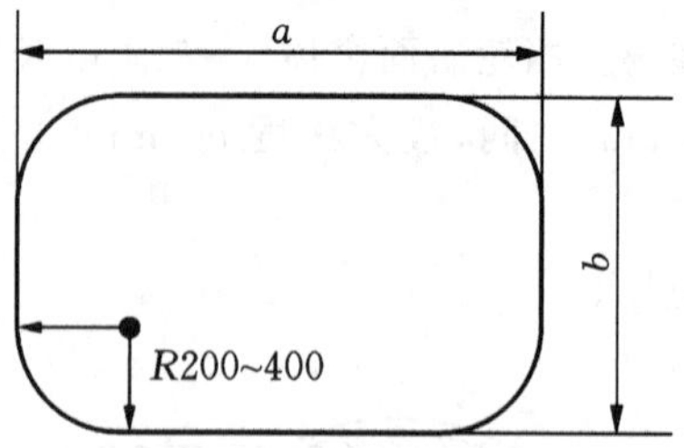

图 2.30 挖块形状示意图

c. 径向连续几个正值点（或负值点）的角度代数和就是筒体圆周方向的凹凸角度；轴向连续几个正值点（或负值点）的间距代数和就是筒体凹凸长度。据此确定筒体各部位变形情况和需要挖补的尺寸。

d. 挖块的形状如图 2.30 所示。

e. 如果变形面积特大，可采取连续挖补的办法，必要时允许丁字接头相互交替挖补，第 1 段焊好，挖补第 2 段，依此类推。

④制作镶块，挖补筒体变形严重部位。

a. 制作镶块。按挖块形状，在与筒体厚度和材质相同的钢板上放线，在距镶块尺寸线 50 mm 外平行地做出下料切割线。将切割好的钢板放在卷板机上按筒体挖补部位原半径大小卷成圆弧板，用在筒体上画挖孔切割线的同一样板在弧板上画出镶块切割线，经检查确认与挖孔尺寸完全相符后再行切割，并用氧割或碳弧气刨沿镶块四周开好焊接坡口，磨光待用。

b. 筒体挖孔。在挖补方位和尺寸确定后，要在挖块边缘沿径向画一根辅助线，用已制好的样板在筒体上画线。辅助线和挖块线均要用样冲打眼，并在切割线外与挖块边线平行地画出坡口线。为不使筒体切割后变形，可在挖块轴向两端筒体内部焊装米字架，米字架上要有 1 个支撑安设在挖块中点的同一轴线上。切割前，要将挖块中心转到筒体上方，并在米字架部位筒体外底部用道木墩架上 50～100 t 千斤顶

(千斤顶向上预施一点力,防止挖口割开后筒体下挠)。割口完毕后,要复查尺寸是否合格。合格后要开出内外坡口,并磨光待焊。

c.焊补镶块。将制好的镶块嵌入挖孔位置,用搭接板与原筒体挖孔四周对齐(内外错过不大于3 mm)。当轴向、径向误差都达到技术要求后即可施焊。焊接方法和技术要求是采用对称分段焊法,每焊一层即用小锤敲击,确保焊缝没有夹渣、气孔、咬边等缺陷,焊条可选用506或507型,并按要求进行预烘干。冬季施工如遇有丁字接头,可在焊后着重对丁字接头进行保暖缓冷处理,具体做法是制作方箱点焊于丁字接头处,内置燃烧的木炭,满足保温要求,其他直线段焊缝采用石棉布包覆缓冷。

2.45 回转窑筒体窜动超限的原因及处理方法

回转窑以筒体中心线与水平线成3%~5%的斜度放置在托轮上。在实际运转中,回转窑筒体在有限的范围内时而上、时而下地窜动,保持相对稳定,这种上下窜动是正常的。窑体正常窜动,防止了轮带与托轮的局部磨损。但是,如果窑体只在一个方向上做较长时间的窜动,造成托轮与轮带表面严重磨损,甚至润滑油冒烟,拖动电机电流增大甚至烧毁,这就属于机械故障了。

2.45.1 原因分析

回转窑托轮的中心线如果都平行于筒体的中心线,筒体转动时,轮带与托轮的接触处作用着两个力:一个是窑体回转部分重力产生的下滑力 G,其方向平行于筒体中心线;另一个是由大牙轮带动筒体回转产生的圆周力 Q,其方向沿轮带切线且垂直于筒体下滑力。动理论计算表明,这两个力的合力 T 仅是摩擦力 F 的1/8~1/2,不能克服轮带与托轮的摩擦力,因此筒体不会向下窜动,如图2.31所示。但是,由于轮带与托轮接触处产生了弹性变形而造成弹性滑动,致使筒体向下滑动。为了控制筒体下滑,生产中把托轮中心线调斜一定角度。如果安装时超过了这个托轮中心线需要调斜的角度值,筒体就会向上窜动。也就是说,站在窑头面对出料端观察一台顺时针旋转的回转窑,窑体在右斜的托轮上旋转,其右斜角度过大,窑体必然上窜;角度过小则窑体下窜。

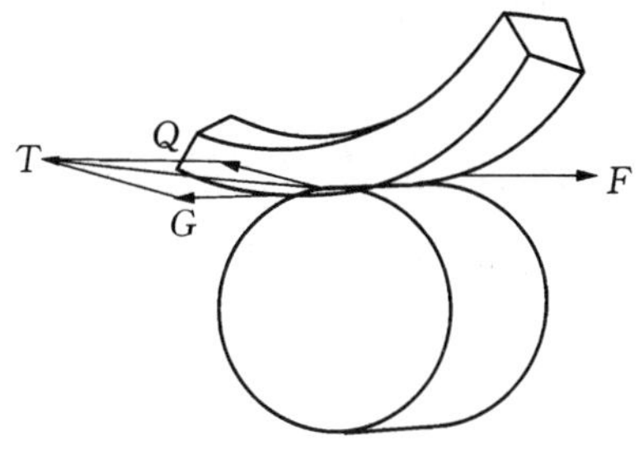

图2.31 轮带托轮间力的分析示意图

长期运转后的回转窑,即使当初安装时完全无误,但由于基础沉陷情况不同,筒体弯曲和轮带与托轮不均匀磨损,特别是由于轮带与托轮接触面之间摩擦系数的变化,窑体只在一个方向上做长时间窜动,必然会引起回转窑筒体的上(下)窜动超出极限值。

当一组托轮两侧的斜度相反,即将托轮摆置成新的"大八字"或"小八字"时,斜度相反就会产生相反方向的摩擦力,俗称抱间作用,这时如不及时调整,就会使轴承单侧受力,部分摩擦加剧,又会导致润滑油冒烟,拖动电机电流增大甚至烧毁的恶性事故。

2.45.2 处理方法

回转窑筒体只在一个方向上做长时间窜动时,必须加以调整。

(1) 托轮的调整方法

① 改变轮带与托轮表面摩擦系数。当筒体上窜超限时,可在托轮表面涂抹黏度较大的油,以减小轮带与托轮之间的摩擦系数;当筒体下窜超限时,可在托轮表面涂抹黏度小的油,增大轮带与托轮之间的摩擦系数。在托轮表面撒灰,虽然可以增大摩擦系数,控制筒体下窜,但因撒灰加剧了轮带与托轮表面的磨损,故不足取。

② 当用方法①调整无效时,可采用对托轮中心线歪斜倾角进行调整的办法。根据窑的转向,适当地调大一对或数对托轮的歪斜角,可以使窑体上行。反之,适当地调小一对或数对托轮歪斜角,可使窑体在自重作用下缓慢下行。

(2) 在调整托轮时应注意的事项

① 调整前应先检查托轮是否有“八字形”,直接测不准,可从托轮与轮带的接触面观察。如有“八字形”,应立即予以改正。

② 新安装或大修后的托轮,应按窑中心线平行摆置,不必一律摆成斜向,等中心线调整后根据中心线情况再调整托轮。

③ 调整托轮,先调负荷大的,后调负荷小的。

④ 窑体大齿轮附近的托轮不宜经常调整。

⑤ 调整托轮时,若进入量超出 5 mm,应将窑体顶起,如强力顶窑,则易造成托轮断轴、顶丝歪斜,必须给予足够重视。

⑥ 调整时,应尽量减少单侧轴瓦受力,防止钢瓦磨偏或瓦台磨损。托轮钢瓦除保持良好的润滑外,当磨损超过其厚度 1/3 时,就应更换,以免造成托轮轴线倾斜及窑体窜动。

⑦ 一次调整的量不要过大,一般为 1～2 mm;也不要只在一对托轮上调整。

⑧ 要根据筒体转动方向和窜动方向来确定托轮调斜的方向。筒体下窜时,上推力小的托轮先调;筒体上窜时,上推力大的托轮先调。如有错误歪斜的托轮,应当首先予以纠正。

⑨ 当托轮磨出锥形或凹凸不平时,应及时撤换。如无条件撤换,可在托轮座上安装车床刀架,借助托轮的转动将其外径削平。

⑩ 托轮的串水调心轴承球面的接触应灵活自如,以保持两端的相对稳定,使托轮与轮带的表面接触良好。

2.45.3 故障的预防对策

为了及时发现或控制窑体窜动,可在某道轮带两侧设置挡轮,一般在靠近大牙轮的那一道轮带设置。挡轮有三种形式,即不吃力挡轮(又叫信号挡轮)、吃力挡轮、液压推力挡轮。目前比较先进的是液压推力挡轮,其工作原理是:挡轮通过空心轴支承在两根平行的支承轴上,支承轴由底座固定在基础上。空心轴在活塞、活塞杆的推动下沿支承轴平行滑移。设有这种挡轮的回转窑,托轮与轮带可以平行安装,窑体在弹性滑动作用下,向下滑动到一定位置后,经限位开关启动液压油泵,油液推动挡轮和窑体上下窜动,上窜到一定位置后,触动限位开关,油泵停止工作,窑体又向下滑移。如此反复,使轮带以每 8～12 h 移动 1～2 个周期的速度游动在托轮上。

在一台回转窑上设置多个挡轮,让各挡轮油路相通,载荷能自动均匀地分布在每个挡轮上,从而克服由于调斜托轮而引出的一切不良后果,并可避免使用其他两种挡轮的弊病。这种方法安全、可靠,为设备管理自动化提供了条件。

只要将下列口诀背熟,即可立即确定托轮应调方向:

调窑口诀

站在窑台向窑看,窑对人体向下转,
左顶螺丝窑右跑,右顶螺丝窑左窜。
换站窑体另一边,情况与前正相反,
左顶螺丝窑左跑,右顶螺丝窑右窜。

该口诀说明:站在托轮基础上观看窑的转动情况,当窑朝人体方向向下转时,顶托轮左边的顶丝窑便向右窜;顶托轮右边的顶丝窑便向左窜。站的位置换到窑体的另一边时,仍然面对窑体,调整情况与刚才正好相反。

2.46 回转窑筒体断裂的原因及处理方法

水泥回转窑是水泥厂关键设备之一。由于设备庞大,加上又处于冷热交替、高温作业环境下,因而筒体断裂及焊缝开裂事故时有发生，如图 2.32 所示。

回转窑筒体断裂通常有以下几种情况：

① 处于轮带下的筒体，发生程度不同的“缩颈”现象，持续运转就容易造成筒体断裂(裂纹或裂断)。

② 在冷却机与回转窑下料口交接处的筒体，容易发生筒体断裂事故。

回转窑筒体断裂时，通常有多种形态：

① 裂纹沿筒体截面圆周长分布，并伴有筒体弯曲现象。

② 裂纹一旦超出窑圆周长 1/3，就有可能产生筒体裂断事故。

图 2.32 回转窑筒体断裂

2.46.1 原因分析

造成回转窑筒体断裂的原因是多方面的，归纳起来有以下几点：

① 整体强度低，投入正常生产后，引起筒体断裂。

比如，多筒冷却机回转窑，在冷却机与窑下料口交接处筒体圆周上均布着若干个多筒冷却机下料孔，使实有铁板长度仅为圆周长的 1/2 左右，整体强度明显下降，故此处极易裂断。

② 高温状态下材质疲劳，引起筒体断裂。

回转窑筒体要长期承受交变载荷作用和冷热变化，因生产原因及非生产原因停窑，都有可能使筒体断面产生径向变形。对窑的热工标定表明，筒体表面温度常常高达 300 ℃以上。在这高温环境下工作，尤其是冷热交替，极易导致筒体钢板材质疲劳，刚度下降，进而裂断。

③ 不适当的维修导致了筒体断裂。

回转窑筒体出现裂纹后，必然会进行抢修。但在抢修过程中，如果焊工焊接技术不过关，或焊接填充金属选择不当，所焊部位容易再次开裂，并延伸扩大，导致筒体裂断事故的发生。

④ 回转窑筒体在加工制造、运输、安装等过程中不小心形成了沟痕，导致了微细裂纹，荷重后微细裂纹扩展开来，发展到筒体断裂。或者筒体在制作过程中残留下了焊接应力，甚至焊缝内有气孔、砂眼等缺陷，在交变应力和高温作用下，缺陷形成裂纹，焊缝成为裂缝，导致筒体断裂。

2.46.2 处理方法

(1) 断裂筒体的抢修

对于断裂情况不十分严重的回转窑筒体，可采用焊接的方法加以抢修。

① 做好焊接前的一切准备工作。

a. 人员准备。挑选技术精湛的焊工承担焊接任务，将人员分成三班。

b. 材料准备。根据回转窑筒体即焊接母材的厚度和要求的焊缝宽度，考虑焊接条件、焊条品种规格等。

c. 设施准备。如电焊机、砂轮机、超声波探伤仪、小锤、刨削器具等。

d. 在处理前应将断裂严重处旋转至下方，并调整窑体中心线基本保持一致。

e. 焊接准备。如清除裂隙内外表面的积灰、油灰、氧化皮等杂物，对筒体断裂情况进行详细检查、探测；对焊条进行预热和干燥处理；对筒体采用火焰预热法进行加温，使之达到应有温度(A3 钢板筒体，加温 150 ℃，加温宽度为焊缝两侧各 100 mm)等。

② 焊接方法及注意事项。

a. 采用碳弧气刨法加工坡口(可减少切割后残留在坡口内的氧化铁残渣，并使加工出来的坡口整洁干净)。

b. 根据母材的厚度，选择碳棒的直径。如筒体厚度为 46 mm 时，可选用 ϕ14 mm 碳棒。

c. 在刨削时，将气刨的电流极性反接，控制气刨电流为 450～550 A。

d. 为防止空气侵袭溶入而产生气孔和裂纹、砂眼等，焊接时应力求短弧焊接，电弧长度为 2～3 mm。

e. 采用 ϕ4 mm 焊条焊接时，电流可控制在 170～210 A；采用 ϕ5 mm 焊条时，电流可控制在 220～260 A。

f. 刨一段、焊一段，每段长为 500～600 mm。即采用分段方式进行碳弧气刨和坡口焊接。

g. 采用对接多层多边的方法进行焊接。V 形坡口角度可选 60°左右。每层焊缝厚度为 4～5 mm。在每边焊缝焊完后，应及时将药皮清除掉，防止夹渣。层焊正反方向交替进行，如图 2.33 所示。层焊每段接头层层搭接，最上面一层用粗焊条连续焊，以清除接头，使各层焊料之间结合牢固。

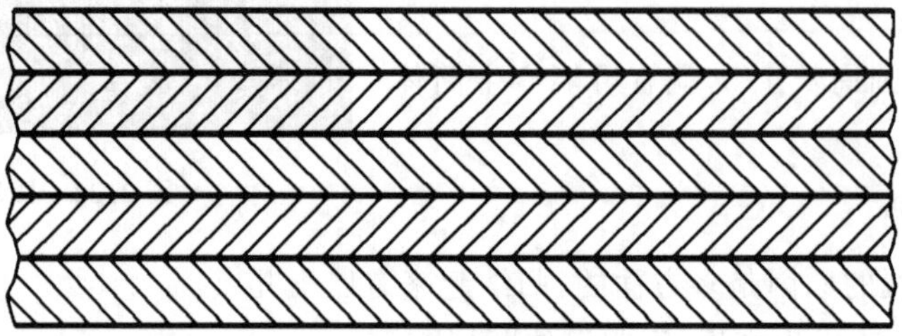

图 2.33　施焊工艺示意图

h. 在焊接时，要注意对焊缝外观质量进行检测，确保焊缝表面没有细气孔、夹渣、弧坑和裂纹等缺陷。

i. 焊接完毕经检测没有缺陷，质量合格时，可用砂轮机将焊缝打磨平整，使焊缝与筒体面呈现一个完整曲面。

③ 为增强焊缝强度，可在焊好的焊缝上面铺设一层厚为 30 mm 的钢板，并将其与筒体焊接在一起。

④ 将已拆除的筒体内侧耐火砖重新铺好，即可开机。

(2) 裂断筒体的更换

回转窑筒体经多年使用，由于材质疲劳，腐蚀严重，或其他原因导致筒体裂断较为严重时，必须对损坏严重部分的筒体进行更换。

为保证同一横断面最大、最小直径之差小于 0.003D(D 为筒体内径)及局部凹凸偏差之和不大于 6 mm，消除或减少筒体径向变形，保证新旧筒体顺利对接，应做到以下几点：

① 控制停窑位置和持续停窑时间，减少筒体变形程度。可根据左右切割线部位径向跳动的最大比较值将窑变形量最大的位置范围停在铅垂方向上。

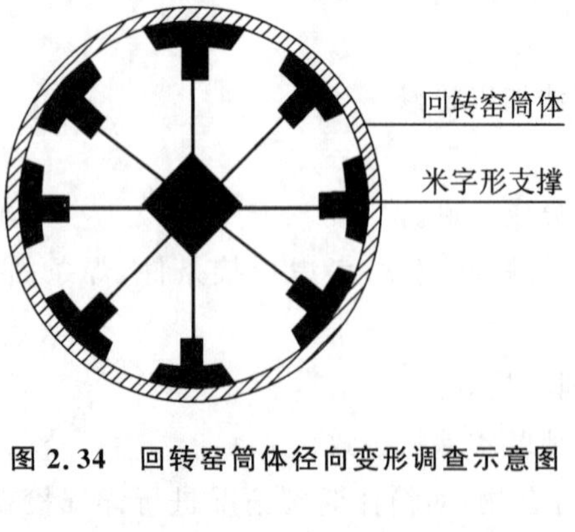

图 2.34　回转窑筒体径向变形调查示意图

② 清除内衬后，要使用专用测杆测量切口部分筒体内径(分若干等份)。

③ 根据测量结果，利用专用丝杆或压板进行适量调整，并随时架设米字形支撑顶住回转窑筒体内侧，保证断面椭圆度不超差。米字形支撑的支撑位置应选在距切口 200 mm 处(图 2.34)。

④ 对于弧长小于 400 mm 的局部变形，可先不做筒体径向变形调整，待新旧筒体接口时，用压板调整。

⑤ 切割线画定后，应进行切割。此时，应充分注意到环境温度的影响。为了消除线膨胀量的影响，必须严格记录切割与对接时的环境温度，使切割与对接时存在的温度梯度和对接时窑周围存在的温度梯度趋于相同或相近，然后进行吊装，以保证筒体的顺利对接。

(3) 回转窑下料口部位筒体龟裂的处理方法

可采用拱桥拼装加固法修复，即将损坏段圆周分解成若干等份(按下料口数量定)，将每一等份作为一个单元设计成中间悬空即单孔桥样的加固板，依托加固板两端的扇面和支撑筋板与筒体焊接在一体。

2.47 回转窑筒体振动的原因及处理方法

2.47.1 原因分析

(1) 筒体受热不均匀,弯曲变形过大,托轮脱空;
(2) 筒体大齿轮啮合间隙过大或断落;
(3) 大齿轮接口螺栓松动或断落;
(4) 大齿轮弹簧钢板和连接螺栓松动;
(5) 传动小齿轮磨损严重,产生台肩;
(6) 传动瓦轴间隙过大或轴承螺栓松动;
(7) 基础地脚螺栓松动。

2.47.2 处理方法

(1) 正确调整托轮;
(2) 调整大小齿轮的啮合间隙;
(3) 紧固或更换螺栓;
(4) 更换铆钉或紧固螺钉;
(5) 铲平台肩或更换小齿轮;
(6) 调整轴瓦间隙或紧固螺钉;
(7) 紧固地脚螺栓。

2.48 更换回转窑筒体应注意什么问题

更换回转窑筒体,应注意什么问题,曾曦和徐敦山根据生产实践经验,提出了以下几点意见。

(1) 更换筒体时停窑位置的确定

回转窑筒体由于本身工作状况的约束,均发生了轴向弯曲变形和径向形状变形。当筒体某处裂断后,其延伸部位的径向变形尤为严重(图 2.35)。鉴于更换筒体时必须有持续的停窑时间,所以,遏制变形的措施必须在停窑前确定。因此,在切割线位置确定后,应首先确定筒体切割线处的径向跳动,将筒体周向按等分点测量的数据记录入表 2.13。根据左右切割线部位径向跳动的最大比较值,将窑变形量最大的位置范围停在铅垂方向上。根据表 2.13 中参数,故将窑停在 3′～9′位置上。这样,通过持续时间的停窑,纠正了切割部位筒体的径向变形,为新筒体的顺利对接打下了基础。

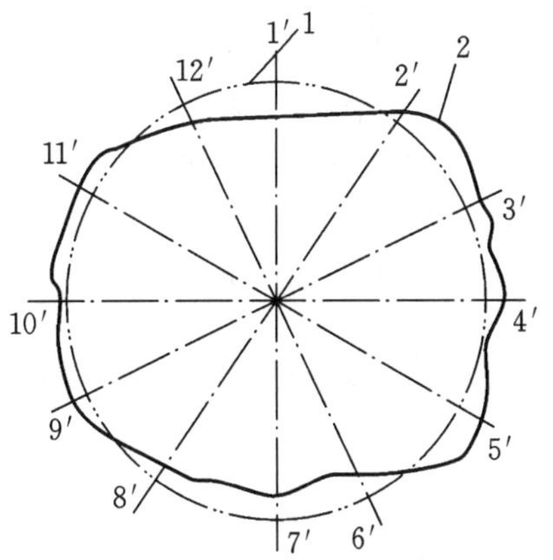

图 2.35 回转窑径向变形示意图

1—理论轮廓;2—实际轮廓

表 2.13 筒体切割线处的径向跳动值

编 号	径向跳动(mm)		编 号	径向跳动(mm)	
	Ⅰ切割线处	Ⅱ切割线处		Ⅰ切割线处	Ⅱ切割线处
1′	−42	−38	8′	−2	0
2′	2	0	9′	20	19
3′	4	6	10′	19	22
4′	2	6	11′	12	14
5′	10	12	12′	−26	−22
6′	−8	−10	最大值	3′～9′	3′～9′
7′	−7	−6		24	25

(2) 旧筒体切割前两侧的支承

停窑位置确定后，对与切割段相连的母体部分的合理支承便成为一个关键问题。如果支承位置选择不当，便会产生母体部分水平与铅垂方向的偏移，对接时不易对中；出现悬臂段过长而产生下挠变形；两侧支承点支承力不均而产生上拱度 Δh 等(图 2.36)。因此，支承点的合理选择必须注意以下几个问题。

① 为保证沿筒体方向支承点位于同一条素线或母线上，应在筒体下部 100～120 mm 范围内进行支点画线(图 2.37)，这样，当支点支承后，不会因未切割母体部分的有效重力产生的筒体自然对中而影响到新旧筒体在水平方向的对接。

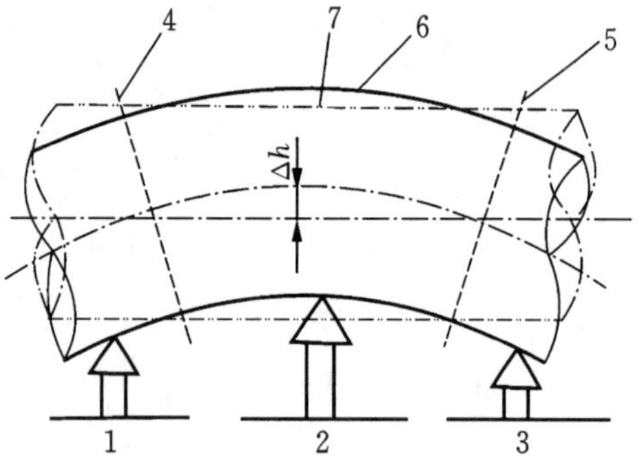

图 2.36　上拱度 Δh 示意图

1,3—支承点；2—支承前支点；4—切割线Ⅰ；
5—切割线Ⅱ；6—筒体实际轮廓；7—筒体理论轮廓

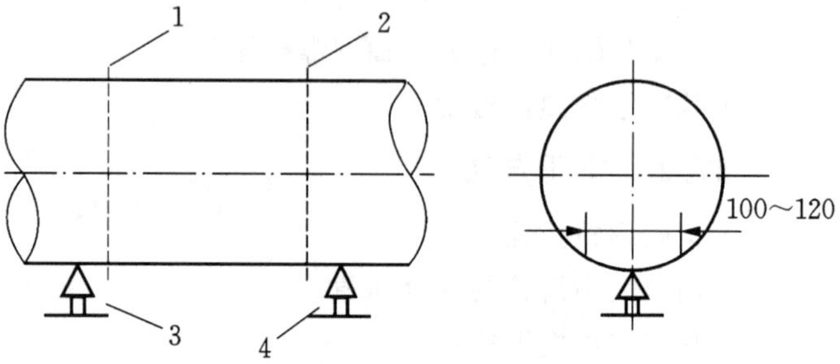

图 2.37　支点画线示意图

1—切割线Ⅰ′；2—切割线Ⅱ′；3—支承点Ⅰ；4—支承点Ⅱ

② 支承点的位置应尽量靠近切割线处，一般以不影响筒体对接为准。如果支承点离切口的距离偏远，则支承点右侧筒体的有效重量会使其产生一定的下挠量 Δy(图 2.38)形成上下偏差，从而影响到新旧筒体铅垂方向的对接。对于轮带下筒体，更应严格选择偏远距离 L 的数值，对轮带加以辅助支承，以便彻底清除下挠量 Δy 对筒体对接的影响。

③ 支承用弧形垫铁必须保持较准确的内径尺寸 R(图 2.39)，弧的顶点应尽量与支承点重合。

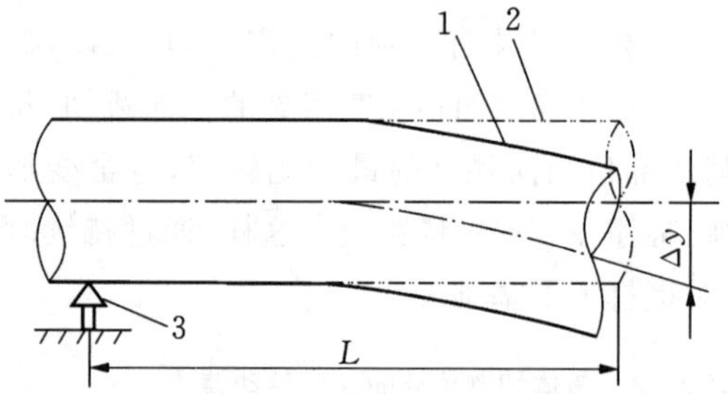

图 2.38　支点偏远后下挠量 Δy 示意图

1—筒体实际轮廓；2—筒体理论轮廓；3—支承点

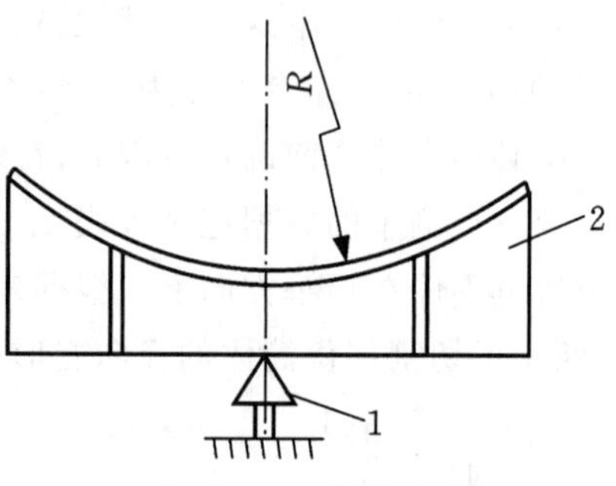

图 2.39　支承用弧形垫铁

1—支承工具(千斤顶)；2—弧形垫铁

④ 支承点打好后，应观察 16～24 h，将支承前支点去掉(图 2.36)，确定上拱度 Δh 基本消除后方可切割，这样便克服上拱度 Δh 形成的切口“上大下小”的缺陷。

⑤ 靠近大齿圈处筒体，支点应避免支承在大齿圈顶部，以消除因弹簧板的柔性而产生的水平与铅垂偏差。

(3) 减小或消除径向变形的方法

徐敦山认为：筒体径向变形的存在是不可避免的(无论筒体是否裂断)，即使筒体某断面切割前测量时无径向变形，但切割后如果没有采取相应措施，也可能产生新的变形。断面在停窑位置产生的椭圆现象如图 2.40 所示，其产生原因为：

① 筒体长期承受交变载荷作用和冷热变化，交变应力及热应力使筒体整体刚度下降，材料疲劳强度下降。

② 在筒体自身重力作用和筒体切口处下部支承力作用下，筒体会产生径向变形。

因此，控制停窑位置和持续停窑时间对遏制变形虽有一定作用，但不能从根本上解决问题。消除或减小筒体径向变形，保证新旧筒体对接的最有效办法是：

① 停窑清除窑衬后，用专用测杆测量切口部分筒体内径(分若干等份)。

② 根据测量结果，利用专用丝杠或压机进行适量调整，并随时加设米字形支撑(图 2.41)，保证断面椭圆度不超差。其支撑位置设在距切口 200 mm 处。

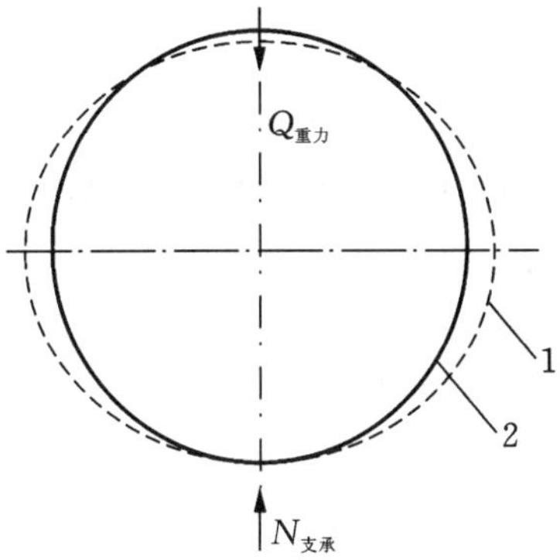

图 2.40 筒体断面变形图

1—变形后筒体；2—变形前筒体

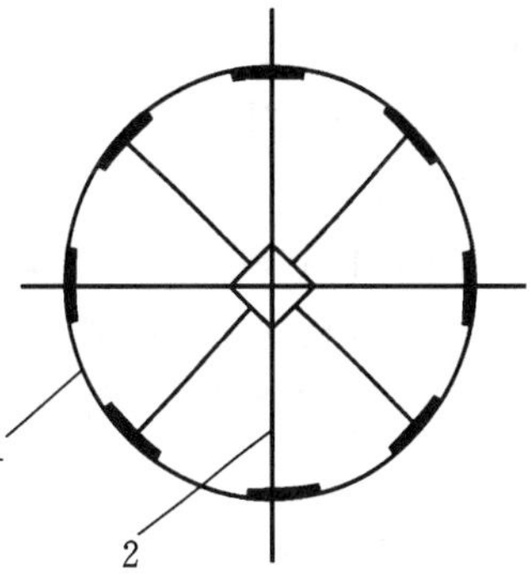

图 2.41 筒体径向变形调整示意

1—筒体；2—支撑

③ 对局部变形(弧长小于 400 mm)，可先不做调整，待新旧筒体接口时，用压板调整。

(4) 切割线的画法与切割过程

理想的切割线画线应在支承点打好之后进行，但实际上却只能在未停窑之前进行。切割线划定后切割时，应充分注意到环境温度的影响。切割与对接时存在温度梯度 ΔT；对接时窑周围亦可能存在温度梯度 $\Delta T'$，这样有线膨胀量为：

$$\Delta L = \alpha \cdot L \cdot \Delta T$$

式中 ΔL——线膨胀量，mm；

L——热膨胀长度(或弧长)，mm；

α——线膨胀系数；

ΔT——温度梯度，℃。

为了消除线膨胀量的影响，必须严格记录切割与对接时的环境温度、对接时窑周围的环境温度，在 ΔT 和 $\Delta T'$ 趋于相近时吊装，才能保证筒体的顺利对接。

2.49 预分解窑窑口筒体损坏的主要原因是什么

预分解窑窑口损坏形式基本相同，损坏原因亦大同小异，窑口损坏原因大致如下：

(1) 窑口结构的不尽合理是窑口使用寿命不理想的客观因素之一。主要表现在窑口筒体上第一排螺栓孔距端部距离过小，易产生应力裂纹而撕裂使筒体外翻变形；采用"反丁字"形窑口护板难以实施端部浇注耐热混凝土对窑口筒体实现整体保护，且该护板规格大、定位性能差；窑口筒体无反外翻扩口预防措施。

(2) 相关工序不严格执行操作规程是窑口筒体急剧劣化的主观因素之一。主要表现在三方面：其一是箅冷机薄料层操作(与推荐的料层厚度 600 mm 左右偏差太大，实际运行过程中有时只有 300 mm 左右)，冷却效果大幅度下降，不但严重影响煅烧工艺的稳定，而且辐射热超常使窑口筒体以及相关设备使用寿命失常。其二是窑口浇注料施工方案欠妥及施工和养护把关不严(如锚固件点焊出现大面积虚焊、浇注料非连续整体浇注、选材配比出现偏差、养护时间过短等），使浇注料早期脱落而影响窑口筒体使用寿命。其三是系统原因使回转窑频繁点火熄火，倒料停窑时物料对窑口耐热衬料的严重冲刷以及热平衡的不稳定对其的气蚀作用，加之有时窑口浇注料掉块、护板跌落出现的违章强制运行引发窑口筒体板材丧失性能，形成“豆腐渣”工程。

2.50 如何利用经纬仪测量回转窑筒体的不直度

在生产过程中，应该定期检测回转窑筒体的中心线，以调整托轮来维持窑体中心线的正直，魏长泰用平行线测量法测筒体不直度，简便有效，现将该方法介绍如下。

(1) 筒体纵向的测量

① 测量用具：普通经纬仪 1 台，测尺 1 个。

② 测量方法：如图 2.42 所示，置经纬仪于窑头楼上，使仪器与筒体基本在一条线上，调平仪器，将竖直度盘调到仰角和筒体斜度一致约 2°处固定，目镜追踪测尺观测，持尺者将测尺置于轮带基座附近筒体的加工面顶点上，自然竖立。观测者测读尺上数据，做好记录。依次将 3 点测完。依据 3 点读数的差别，可分析筒体变形情况。调整后，复测，达到 3 组读数一致时窑体不直度消失。

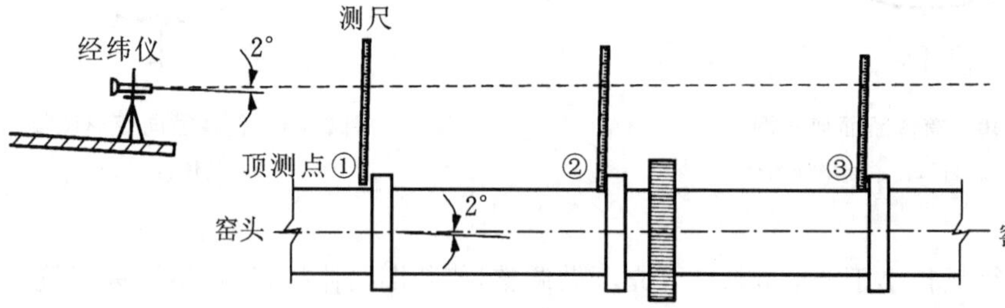

图 2.42 纵向观测侧视图

(2) 筒体横向变形的测量

① 测量用具：经纬仪、测尺、3 m 钢卷尺、垂球各 1 个，定点划针 1 只，对点铅笔 1 只，红油漆圈点。

② 测量方法(图 2.43)：a. 定出窑头和窑尾托轮座中心；b. 用钢卷尺和垂球以相等尺寸引两托轮座中心点于人行道上；c. 置经纬仪于窑尾引出点，后视窑头引出点，止动水平度盘，另外，在距窑头点以外约 5 m 处定出前视点备用；d. 置仪器于备用点上，对准窑尾点，止动水平度盘，这时仪器视线与窑头窑尾托轮中心连线平行；e. 持尺者选筒体侧面与托轮对应点，将测尺水平置筒体侧面，下端接触筒体，观测者读数，并做记录，依次测完 3 点，分析筒体变形情况。

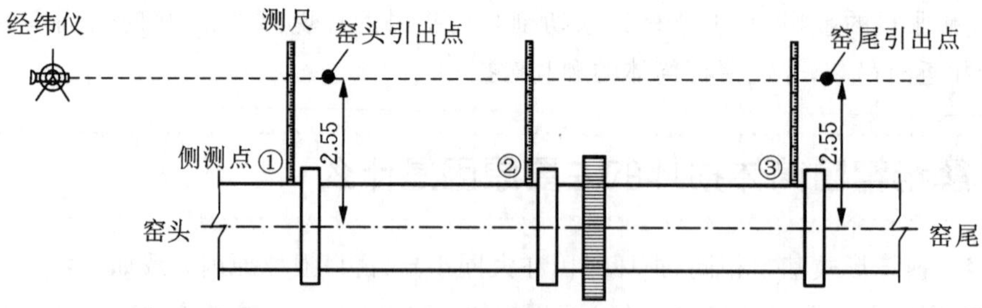

图 2.43 横向观测俯视图

2.51 如何改变筒体结构解决窑尾密封问题

河南省确山水泥厂 700 t/d RSP 窑外分解窑投产后，就存在窑尾漏料问题。为了彻底解决这一问题，对窑尾密封进行了改造。

该厂 ϕ3 m×48 m 回转窑为传统的直筒型结构，窑尾密封为移动滑环式，如图 2.44 所示，这种密封由三道密封环组成，第一道由密封槽 5 和密封环 6 组成，密封环不动，密封槽通过导向键 4 随筒体一起运转，活套在筒体上；主要防止漏风的压圈 2 与密封垫板 3 组成了第二道密封；8 块弧形不锈钢板 8 构成了第三道密封，主要用来防止粉状料流向前两道密封。由于第一、第三道密封均为钢板间的摩擦，不可避免地存在有缝隙，第二道密封中的密封垫板也容易受热变形造成缝隙；加上直筒型筒体挡料能力不强，下料簸箕口离后窑口很近，入窑料流很容易溅出窑外进入 *A* 区（图 2.44），逐渐涌向三道密封，通过缝隙溢出，造成漏料。

改造后的窑尾密封如图 2.45 所示，它用石墨块代替了移动滑环；用喇叭口代替直筒型筒体；护板既延长了下料簸箕口到后窑口的距离，又使后窑口径进一步缩小，增强了挡料能力；把下料簸箕口加长 10 cm；24 块料斗围成了直径为 3.55 m 的回料圆，代替了原回料勺，并取代了存料腔 *A* 区（图 2.44），使少部分外溢料能及时入窑而无死角。回转体通过石墨块与固定套筒接触，通过调节弹簧张紧度调整回转体同固定套筒的间隙。物料入窑后，虽然随窑运转被扬起，但降落点距后窑口远不易外溢；即使有物料溢向后窑口也会被喇叭口及护板挡回；即便有物料被扬起降落在窑外，也会被料斗扬起重新入窑。

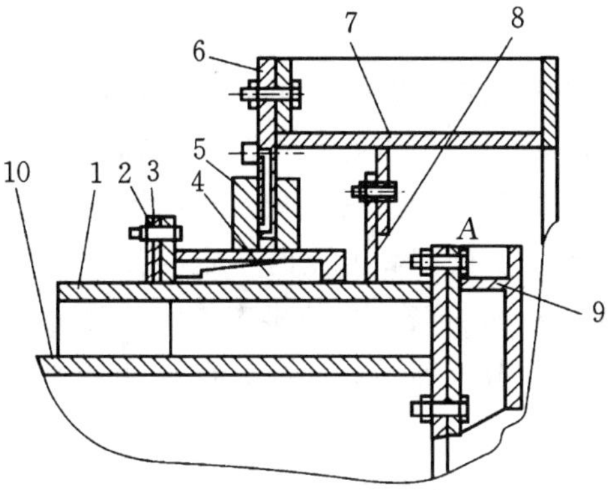

图 2.44 改造前窑尾密封结构

1—小冷套；2—压圈；3—密封垫板；4—导向键；5—密封槽；
6—密封环；7—固定板；8—挡料板；9—回料勺；10—窑筒体

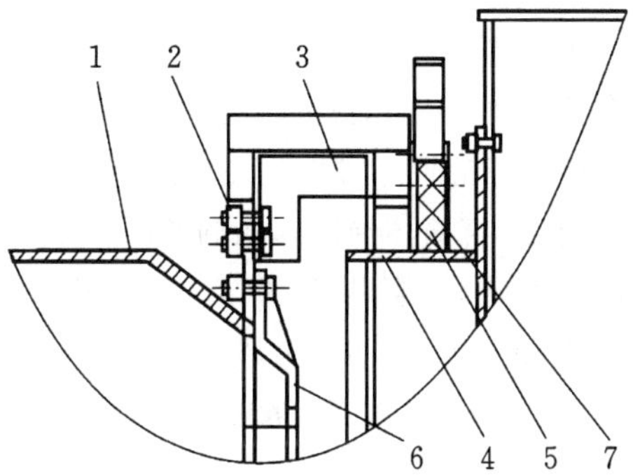

图 2.45 改造后窑尾密封结构

1—窑筒体；2—螺栓；3—料斗；4—管子；
5—石墨块；6—护板；7—套筒

2.52 回转窑筒体局部高温的处理

2.52.1 局部高温低于 400 ℃时的处理

局部温度高，但低于 400 ℃，说明耐火砖并未完全脱落，只是变薄了点，一般采用冷风机或高压风管吹冷，即可把温度降下来，再辅助性地减慢窑速，补挂窑皮。

2.52.2 局部温度高于 400 ℃时的处理

局部温度高于 400 ℃时，危险性比较大，这时工艺参数要有较大幅度调整。如 2500 t/d 的窑投料量可减少 20～50 t/h，使窑内物料填充量减小，增加气流的流通截面，使火焰顺畅；窑速最低可降至 2.0 r/min，让高温点位置尽快补挂上窑皮；头煤的用量最多可减少 2～3 t/h，但要以确保窑内热工制度稳定为准，杜绝跑黄粉；燃烧器的头部可下调 10～20 mm，使火焰靠近物料些，减少对高温点的扫烧，内外筒截面距离可调至 50～60 mm，内外风比例可调至 0∶100％～20％∶100％，同时燃烧器可入窑或退离窑口 0.4 m，使火点位置大幅前移或后移。另外现场采用高压风管加冷风机吹冷，化验室调整生料成分来增加液相量。

生产线在使用高压风管时，自行设计了一个冷却装置（图 2.46）。该装置各部位全为可拆卸件，靠螺栓连接和紧固，高压风管由螺栓及限位铁块固定，风管的数量可任意增减，上下位置可调，同时沿着窑筒体轴向的前后位置也可调 200 mm 左右。对于高温点多、面积稍大一点的高温带可以一边用高压风管，另一边拆下风管支架上的固定板后用冷风机吹冷（图 2.47）。在窑旋转过程中，高温点多次受到强风吹冷，降温效果明显，操作简便灵活。对于小面积的高温点(沿窑轴向宽度≤200 mm)，处理效果尤为明显。

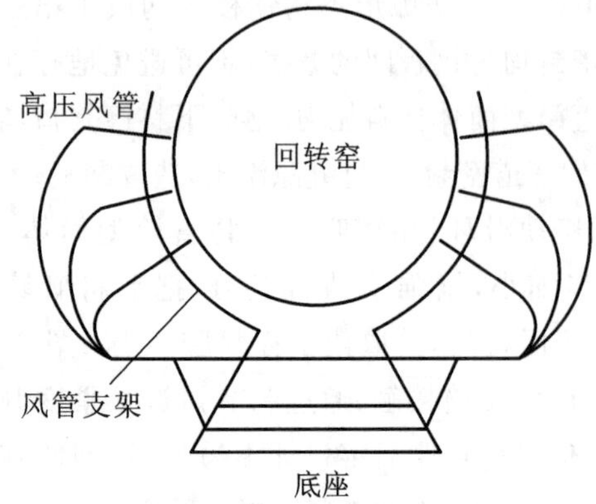

图 2.46　窑体冷却装置示意

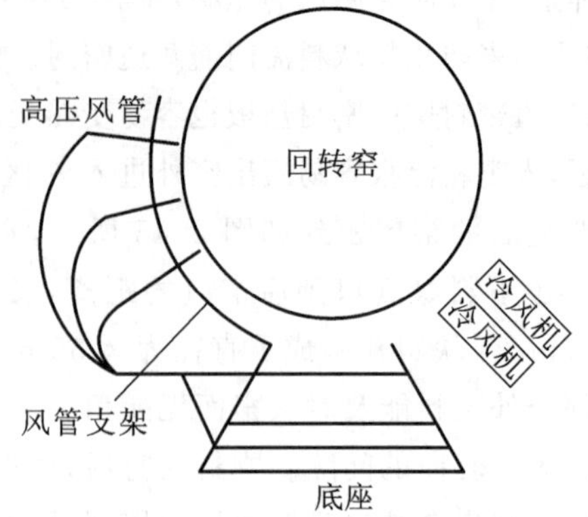

图 2.47　组合式窑体冷却装置示意

如遇局部高温点温度升降反复，不稳定，在确定风管位置未改变、风机未停机时，可停液压挡轮，使窑体固定在下窜极限位置，再重新校准高温点位置，固定风机、风管吹冷，从而排除窑体上下窜动造成高温点移动的可能。在停挡轮期间，要密切注意托轮瓦温的变化，且时间不宜过长，高温点温度下来后要及时开启。

总之，窑筒体局部高温的预防在于平时的精心操作、精心维护。处理高温点时一定要保证窑内热工制度的稳定，不能黑窑、浑窑和跑黄粉，杜绝冷热交替，避免大面积垮、掉窑皮，使事态扩大。另外在使用冷风机和高压风管时，出风口要尽量贴近窑筒体表面，避免风力分散。等到局部高温点温度降到 380 ℃以下时，各工艺参数可考虑逐渐恢复正常。

[摘自：胡飞云. 干法回转窑筒体局部高温的处理[J]. 水泥，2009(10)：44.]

2.53　回转窑筒体开裂的原因与预防

2.53.1　回转窑易产生裂纹的部位及形式

回转窑裂纹的部位及形式较多。裂纹的部位多发生在轮带、大齿圈两侧的焊缝处以及其他筒体焊缝的两侧，当前发生裂纹最多的是回转窑过渡带筒体，且一旦开裂，修复的经济性、可靠性较差，即不具备修复性，必须更换筒体。裂纹的形式也有多种，但归纳起来有三种，即纵向裂纹、环向裂纹以及不规则裂纹。纵向裂纹多发生在轮带下筒体的垫板及挡块和筒体的焊缝处；环向裂纹多发生在轮带两侧的过渡筒体的焊缝处，以及回转窑过渡带的筒体焊缝处，还有大齿圈下筒体与弹簧板的焊缝处。不规则裂纹多发生在回转窑的喂料、出料的筒体开口处，目前该类窑型因已淘汰而不多见，故在下文中不再赘述。

2.53.2　回转窑筒体产生裂纹的原因分析

回转窑是多点支撑、重载低速的热工设备，受力复杂，引起裂纹的因素较多，涉及设计、制造、安装、检修维护、管理诸多方面。现就产生裂纹的主要原因进行分析。

(1) 纵向裂纹形成的原因

纵向裂纹多发生在轮带下筒体与垫板或挡块的焊缝处，一般由外及里且沿轴向延伸形成纵向裂纹，甚至开裂。究其原因主要有以下四个方面。

首先是设计时筒体板材厚度选择较薄，回转窑要求横刚纵柔，若板材厚度不足，就难以保证其横向刚度，所以筒体在自重和托轮支撑反力产生的交变应力和脉冲应力的作用下，材料易产生疲劳，达到一定条件后，便会在该处比较薄弱的焊缝热影响区形成裂纹，即筒体与挡块或垫板焊缝处会形成纵向裂纹，并在径向上由外向内发展，在轴向上左右延伸。在设计方面的另一个问题就是垫板或挡块厚度和宽度不当，宽度过宽或厚度过厚，使得该处刚度过大，其他地方刚度较小，运转中挡块会阻碍筒体因自重而产生的径向自由弯曲变形，且挡块或垫板越厚、越宽，阻碍越大，应力集中越严重，一旦超过强度极限，便会产生裂纹。

在制造方面，个别制造商为了追求企业利润，在选材上选择小厂产品，板材厚度负差较大，机械性能指标、危害元素含量指标得不到保证，很难保证回转窑在恶劣环境下的运转可靠性。有的水泥企业为了降低建厂投资，不惜以牺牲设备质量为代价，选用不完全具备生产回转窑能力的机械厂制造回转窑，使得焊缝质量、板材质量没有保证，结果是设备投运后，事故频繁，损失巨大。

在安装方面，往往只注意窑的冷态精度，而忽略了长期运转下的热态精度，如生产中轮带、筒体、托轮等各档温度不同，其中心高的升高量也不一致，造成回转窑运转时各档中心不在一条直线上，难免各档轮带的受力发生变化，中心高抬升较高的吃力就大；再者，由于中心线发生了变化后，轮带在整个宽度上的受力便出现不均，一侧受力大，另一侧受力小，这些变化会引起局部受力超出设计范围，甚至超过强度极限，致使筒体在焊缝的热影响区产生裂纹；另外安装时，为了施工方便，在筒体上随意焊接如起吊环等之类的物件，用过后也不按要求切除，不但损伤筒体强度，还会造成应力集中，致使筒体产生裂纹。

在生产维护方面问题更为突出，比如一旦窑瓦发热，不分析原因，只管对发热瓦进行退瓦卸载，很少考虑退瓦卸载后，其均匀分布在轮带上的支撑反力会集中落在轮带的一侧，传到筒体上就会产生局部过载而引起裂纹。有的企业为了治理瓦发热，不惜重金聘请专家，从不看窑况，从不分析大瓦发热的原因，偏方偏治，只知卸载，结果是窑况一变、专家一走，瓦又发热，致使窑不能长期稳定运行。还有些单位对轮带间隙重视不够，当轮带间隙过大时，若不及时调整垫板厚度，实际上就相对削弱了轮带对筒体的加固加强作用，筒体与轮带的接触面积和接触包角都相对减少，筒体椭圆度增大，局部应力增大。再者就是筒体的降温方法不当，即无论筒体温度有多高，无论轮带间隙有多大，都以强风或喷水冷却，使筒体温度急剧下降，此时筒体金属母材内外就会产生较大温差，结果是筒体表层应力成倍增长，极易产生裂纹，危害极大。另外就是对已产生的裂纹处置不当，在挡块与筒体焊缝处产生裂纹后，为了求得方便，在窑的顶部对裂纹进行焊接处理，而不选择应力为零的筒体中心线以上的45°处施焊，虽然保证了焊缝质量，但却增加了一倍的焊接应力，结果是裂了焊，焊了又开。还有就是在窑皮的不均匀垮落后，筒体环向温差较大，必然引起筒体弯曲，偏离中心线的绕曲运行，必然使轮带下筒体局部应力剧增，在挡块与筒体焊缝处产生裂纹。

(2) 环向裂纹形成的原因

环向裂纹与纵向裂纹一样，形成的原因也是多方面的，与筒体厚度及焊接质量息息相关。环向裂纹多发生在轮带两侧的过渡筒体的焊缝处、大齿圈弹簧板与筒体焊缝处，还有就是回转窑过渡带的筒体上。形成裂纹的原因有以下几个方面。

① 轮带两侧过渡筒体裂纹形成的原因

轮带两侧过渡筒体裂纹形成的原因有三个方面，其一是轮带下筒体厚度多在中间段筒体厚度的两倍以上，若轮带下筒体与中间段之间的过渡筒体厚度选择不当，则托轮通过轮带传到筒体上的支撑反力，使筒体的变形就很难平缓地过渡到一般筒体上，那么应力也很难扩散，应力集中在所难免，由于焊缝强度高于母材强度，裂纹便会在焊缝边缘的热影响区形成，并在交变应力的作用下沿着环向延伸。其二是厚板与薄板的过渡坡度不合适，小于1∶5，支撑反力使筒体的局部变形也很难实现平缓过渡，必然形成应力集中。其三是焊缝质量的影响，有的企业误以为筒体焊缝饱满就是焊肉越多越好，焊得越高越结实，殊不知焊缝越高，刚度越大，对母材的影响也越大，应力集中越严重，越容易形成裂纹。当然其他的焊缝缺陷如夹渣、微裂纹、未熔透、咬边等，也是应力集中的发源地，是产生裂纹的重要因素。

② 大齿圈弹簧板与筒体焊缝处裂纹形成的原因

大齿圈弹簧板与回转窑筒体的焊缝处也易产生环向裂纹，主要原因有三个方面。其一，大齿圈所在筒体偏薄，而弹簧板偏厚，造成筒体刚度小，弹簧板刚度大，其结果是设备运转中，弹簧板不能通过变形来消解外来应力，相反较薄弱的筒体则通过变形吸收了外来应力，如大小齿轮啮合的径向力、筒体及弹簧板因温度升高产生的压应力会通过筒体变形吸收，久而久之，在焊缝的热影响区就会产生裂纹；其二，大小齿轮安装时顶隙过小，咬根顶齿，造成巨大的径向力，通过大齿圈传到筒体焊缝上，若超过了忍耐极限，便会产生裂纹；其三，当窑弯曲严重时，会破坏大小齿轮的接触状态，一侧吃力，一侧不吃力，会使得弹簧板的一侧焊缝受到拉、压应力的双重作用，危害焊缝，另外筒体弯曲时，齿轮顶隙会一边大一边小，转到较小的一侧时，径向力增大，窑体的弯曲还会引起振动，产生附加载荷，促进裂纹的产生。

③ 回转窑过渡带筒体产生裂纹的原因

近些年来，很多预分解窑在过渡带产生了裂纹，不得已进行筒节更换，不但增加了巨额的备件费用，也会因更换筒节时间较长而耽误生产，给生产企业带来巨大的经济损失。过渡带筒体产生裂纹的主要原因是应力腐蚀，由于过渡带筒体无致密窑皮的保护，该处火砖很难把炙热的腐蚀性气体、碱性物料与筒体完全隔离，生产中碱性气体、碱性物料就会通过砖缝与金属筒体接触而发生化学反应，腐蚀筒体。据相关资料介绍，预分解窑在该处的年腐蚀量超过 0.5 mm，若停窑频繁、配料不当，年腐蚀量会成倍甚至几倍增加，用不了几年，筒体的厚度减少量就会超过 30%，所以个别窑仅运行几年就会因筒体变薄而产生裂纹，裂纹的形式多为环向，但有时也因腐蚀麻坑的形式产生不规则裂纹。这是筒体应力与腐蚀作用的综合结果，断口形式表现为脆断，裂缝中多夹有氧化皮，该处一旦出现裂纹，发展很快，不易控制，必须引起业内人士的高度重视。另外，由于该处筒体温度较高，也削弱了筒体强度，不规则的腐蚀麻坑及焊接缺陷必然造成应力集中，这也是该处产生裂纹的重要因素。

(3) 筒体温度过高引起的筒体开裂

回转窑作为热工设备，内部火焰温度可达 1700 ℃，尽管筒体受火砖及窑皮的隔热保护，传到筒体表面的温度也很高，煅烧带筒体在无窑皮的情况下，即便是新砖，筒体温度也可达到 450 ℃左右，这就极大地削弱了筒体强度，若窑在较高温度下长期运行难保筒体不产生裂纹，特别是在掉砖红窑的情况下，局部筒体会失去强度，失去抵抗外力的能力，此时若措施不当，如在高温区进行强力通风甚至洒水降温，会使筒体急剧收缩而产生裂纹，因为金属在高温下的收缩量可达到膨胀量的 2 倍左右，有的企业在掉砖情况下，进行热态压补，往往是补了又掉，掉了再补，结果是窑皮没补上，反而伤害了筒体，造成筒体严重变形甚至开裂，有的变形甚至达到了火砖无法再砌的程度，不得已更换筒体，劳民伤财，实不可取。还有一种情况，即焊缝一侧温度高，一侧温度低，两侧膨胀互相限制，便在焊缝处产生较大的拉应力，一旦超出强度极限，裂纹随之而生，并沿着焊缝方向进行延伸。

2.53.3 回转窑裂纹的预防措施

(1) 纵向裂纹的预防措施

如前所述，回转窑纵向裂纹多发生在轮带垫板或挡块与筒体的焊缝处，产生裂纹的主要原因是筒体刚度不足、温度应力较大以及附加应力等因素，所以在回转窑的设计制造过程中，应适当加大筒体厚度，据相关资料介绍，轮带下筒体厚度应不低于筒体公称直径的 1.5%，浮动垫板的挡块厚度不宜大于筒体厚度的 50%，挡块宽度不宜大于 200 mm，以降低因支撑反力引起筒体不均匀变形而产生的附加应力和温度应力；垫板面积不宜小于轮带内孔表面积的 60%，挡块与筒体焊缝高度应控制在挡块厚度的 60%左右，且不得存在咬边等缺陷，避免局部应力集中而破坏筒体；在安装过程中，不但要考虑冷态精度，更要考虑运转时的热态精度，要预测各档轮带的运转温度，计算出各档中心热态时的升高量，并进行安装调整，使回转窑在长期的运转中，各档受力大小接近设计水平，避免因各档中心升高不同造成某档受力过大而产生裂纹；在生产维护中，要保护好窑皮及火砖，防止筒体因环向及轴向温差过大而引起筒体弯曲，避免因局部筒体热胀冷缩受到相互牵制而产生附加应力；在回转窑故障时，如瓦发热，切不可不分析原因，只管卸载，防止回转窑筒体偏离中心线，同时也不能在红窑或筒温过高时对筒体进行急剧降温。

(2) 环向裂纹的预防措施

回转窑环向裂纹易发生在轮带两侧筒体的过渡筒节、大齿圈弹簧板与筒体的焊缝处，为了防止裂纹，在设计制造时要充分考虑该处筒体厚度，轮带两侧筒体的过渡节厚度应接近于轮带下筒体厚度与中间节筒体厚度的平均值，以利于支撑反力造成的筒体变形，过渡平缓而自然，以利于应力的扩散，减少应力集中；关于大齿圈下筒体与弹簧板焊缝处的裂纹预防，关键是要保证筒体刚度大于弹簧板刚度，大齿圈下筒体厚度应不小于筒体公称直径的1%，弹簧板的厚度易取筒体厚度的60%左右，把弹簧板的变形作为消化外力的手段，减轻外力对焊缝的伤害；在生产维护中也要尽力保证筒温纵向、环向温差小于50 ℃，保证筒体的直线度，减小因筒体弯曲引起的附加载荷，减小因温差较大而造成的附加应力；同时也不能为了检修或其他方面的方便，在筒体上随意施焊造成筒体的损伤或造成应力集中，若必须在筒体上施焊时，一定要采取措施，并在使用后按规范切除焊件，并将焊件根部打磨干净，达到光滑自然的状态。

(3) 回转窑过渡带裂纹的预防措施

过渡带的筒体开裂，主要是筒体遭到窑内碱性气体、碱性物料的腐蚀后筒体变薄所致。所以首先要考虑碱性物料与金属筒体的隔离，避免其直接接触，以减少碱性物料对筒体的腐蚀，其措施有几个方面，一是可在筒体内表面粉刷高温防腐涂料，使二者隔离；二是通过火砖湿砌，使湿砌包浆，消除砖与砖之间的缝隙、砖与筒体间的缝隙，把碱性物料与金属筒体隔离开来，减少筒体在应力下的化学腐蚀，延长筒体寿命；也可通过提高筒体厚度的方法延长筒体寿命，如把筒体厚度提高到筒体公称直径的0.7%。

(4) 筒体裂纹的其他预防措施

除了以上主要预防措施外，其他措施也不可忽视。如保护窑皮、保护火砖，防止筒温不均或过高，保证筒体材料机械性能，保证运转状态下的筒体直线度，减小附加载荷；正常控制窑体上下窜的速度，严禁加速顶窑；防止大小齿轮咬根，增加径向顶力等。若窑筒体已出现裂纹，应及时打止裂孔，并进行有效焊接，阻止裂纹延伸；同时施焊位置应选择在该处筒体横向中心线以上的45°方向；对于过渡带的筒体裂纹，若检测到筒体已遭到腐蚀，且腐蚀量已达到筒体厚度的30%左右，要做更换筒体准备，不然可能会引起大的事故。

2.54 回转窑筒体因工艺原因而引起振动的处理

2.54.1 停窑再启后发生振动，3 d后可恢复正常

回转窑经较长时间停窑或临时急停，刚点火或恢复开窑后，回转窑出现小于半圆的周期性振动，严重时个别托轮（有时可能多个托轮）与轮带在一定的区间内不接触，窑主传电机电流也随之发生与振动同步的波动，严重时回转窑大齿轮与传动小齿轮也发生同步振动。回转窑运行一段时间后（一般在3 d以内），振动逐渐减轻直至恢复正常。

(1) 主要原因

造成这种情况的主要原因有三个：回转窑止料后打辅传的时间太短，热窑时翻窑间隔时间太长，每次翻窑的角度不正确；回转窑经较长时间停窑，在停窑期间没有按要求翻窑或翻窑的角度不正确；回转窑急停时没有及时打辅传。

(2) 处理方法

如果回转窑点火或恢复投料运行3 d以内，振动逐渐减轻直至恢复正常可以不做任何处理，当回转窑振动未完全恢复至正常时，在工艺操作上应控制回转窑转速，不能盲目加速。

应特别注意的是，每次回转窑止料或较长时间停窑时，一定要按照回转窑操作说明书中的规定，正确打辅传和翻窑，否则可能会造成回转窑筒体疲劳断裂。

2.54.2 停窑再启后发生振动，3 d后不能恢复正常

当回转窑运行一定时间后（3 d以上），虽然回转窑振动有所减轻，但振动值依然超出允许的范围，经多种调整方法仍然不能彻底消除振动。

(1) 主要原因

造成这种情况的主要原因也有三个：回转窑大面积掉砖或大面积红窑时停煤止火不及时，止火后没有严格按照回转窑操作说明书中的规定正确打辅传和翻窑，造成回转窑筒体因不均匀膨胀和收缩而严重弯曲变形；在大风大雨的恶劣环境下发生事故性停窑，停窑后未能及时打辅传和翻窑，造成回转窑筒体因

不均匀收缩而严重弯曲变形;回转窑停窑后从未翻窑。

(2) 处理办法

如果是回转窑大面积掉砖或大面积红窑,应及时停煤止火打辅传和翻窑,尽量延长冷窑时间;大风大雨的恶劣环境期间一定要保证备用电源能随时启用,平时也应对备用电源进行日常维护保养,保持完好。如果回转窑筒体弯曲变形,特别是同时存在一、二、三档托轮支撑回转中心线不直的情况,应先将其调整。停窑砌筑耐火砖时,应尽量将压铅数据值最小点转至回转窑的最上方(即拱在上方)。特别是在停窑砌筑耐火砖时,几天都不能翻窑,依靠回转窑的自重可微量减小回转窑的弯曲变形。回转窑点火初始时,将压铅数据值最大点转至回转窑的最上方(即拱在下方)。回转窑在高温状况下,将压铅数据值最大点转至回转窑的最上方停留 10~15 min,再用辅传运行 3~5 min,用此方法反复进行几次后回转窑的振动会逐渐减轻。如果回转窑大面积掉砖或大面积红窑后造成筒体严重变形,经上述方法调整后无效,应考虑更换严重变形的窑筒体。

2.54.3 运行过程中第三档托轮振动

回转窑在运行过程中第三档托轮发生振动,振动值由小逐渐增大,有时过一段时间后振动值又逐渐减少直至恢复正常;振动周期性不明显或没有规律,筒体扫描仪(或用手持测温仪检查)测温数据显示第二档轮带处温度明显升高,用手持测温仪检查轮带垫板时,其温度明显高于相邻筒体的温度,同时伴有第二档的托轮瓦温度升高,检查轮带与垫板滑移量时发现较之前明显减少,严重时没有滑移量甚至可能发生轮带将垫板抱死的情况。

(1) 主要原因

造成这种情况的主要原因有:第二档轮带处耐火砖偏薄,工艺操作不当,火焰后移,在第二档轮带处形成高温区,造成该段窑筒体和轮带温度升高后发生膨胀;第二档轮带处耐火砖严重超薄,造成该段窑筒体和轮带温度升高后发生膨胀。

(2) 处理办法

如果振动值由小逐渐增大,过一段时间后振动值又由大逐渐减小直至恢复正常,一般是由工艺操作不当造成轮带处形成高温区导致筒体和轮带热膨胀引起的。在工艺操作上应控制火焰长度和强度,在高温区加强筒体的外部冷却,避免在第二档轮带处产生局部高温。如果窑振动逐渐减轻直至恢复正常,可以不做任何处理。如果振动值由小逐渐增大,运行一定时间后不能恢复正常,一般是由轮带处耐火砖严重超薄造成筒体和轮带热膨胀引起的,在工艺操作上应控制火焰长度和强度,降低第二档轮带处局部高温区的温度,严格控制筒体温度(应保证在 400 ℃以下),如温度无法控制应考虑停窑更换耐火砖。

2.55 水泥回转窑筒体表面极限温度是如何限定的

随着窑衬使用时间的延长,耐火砖层的内表面会磨蚀损坏,使其减薄,对窑筒体表面温度有很大影响。除此之外,当采用 40 mm 厚耐火泥和垫以 3 mm 厚陶瓷纤维毡砌筑耐火砖时,对窑筒体外表面温度也都有一定的影响。对完好 200 mm 厚的普通碱性和专用碱性不同砌筑方式耐火砖层以及已磨损掉 80 mm厚的相同旧砖层进行了窑筒体表面温度的测定。结果表明,采用普通碱性 200 mm 厚的新砖层,烧成带窑筒体表面的最高温度可达 430 ℃,对于相同已磨蚀掉 80 mm 厚的旧砖层,烧成带窑筒体表面的最高温度可达 515 ℃,比新砖增高了 85 ℃。不管新旧砖,也不管普通碱性和专用碱性砖,采用 3 mm 厚陶瓷纤维毡的耐火砖层,其窑筒体表面温度都是最低的,今后应该推广,对节能减排大有好处。实测表明,在采用普通碱性砖时窑筒体表面温度由 430 ℃降到 350 ℃左右,熟料煤耗降低约 2 kg/t。在窑衬磨蚀掉 80 mm 厚的情况下,窑筒体表面温度由 515 ℃降低到安全极限温度 400 ℃左右。

窑筒体表面温度的不同,不仅能反映出不同品种窑衬的性能、窑衬的损伤和砌筑方式等情况,而且也能反映出窑皮的状态。因此,现在设置的回转窑筒体温度红外线扫描监测仪检测的都是窑筒体表面温度，对于保证水泥回转窑的优质、高产、安全、稳定长期运转具有很重要的作用。

研究发现，当窑筒体温度由316 ℃升高55 ℃后达到371 ℃时，窑筒体的许用应力由81.5 MPa降低到80.1 MPa，降低得很少，仅为1.7%。当窑筒体温度由316 ℃升高84 ℃达到400 ℃时，则许用应力由81.5 MPa降低到70.0 MPa，降低了11.5 MPa，为14.1%。当窑筒体温度由316 ℃升高到460 ℃，即温度升高144 ℃时，则许用应力降到42.0 MPa，相当于316 ℃时的一半。这就是说，当窑筒体温度超过370 ℃后，其许用应力降低得很多。

当窑筒体接缝方式确定后，其许用应力的减弱程度只与温度高低有关。根据国外的研究资料，当筒体表面温度达到400 ℃时，普通钢板的许用应力由316 ℃的81.5 MPa下降到70 MPa。国内认为窑筒体Q235-A钢板的温度影响系数K_1在温度低于150 ℃时为1.0，当温度由150 ℃升高到400 ℃，则温度影响系数$K_1=0.63$，即许用应力降低了37%，接近40%。因此，水泥回转窑筒体表面温度都不宜超过400 ℃，因为材料的许用应力下降得太多。

为避免过多的紧急停窑，将回转窑筒体外表面极限温度规定为400 ℃。国内外所有水泥回转窑筒体温度红外线监测仪都是这样设定控制的。这就是说，在运行中的水泥回转窑，其筒体表面温度只要不超过400 ℃就不需要紧急停窑。但必须注意，红外线测温仪测定的是窑筒体外表面的温度，与耐火砖接触的内表面温度一般要高5～10 ℃。窑筒体里外表面温差大小与耐火砖的品种有关，即使用导热系数越大的耐火砖，筒体内表面的温度越高，则与筒体外表面的温差越大。所以，大多数的水泥企业为安全起见，水泥窑烧成带筒体表面的操作温度都控制在370 ℃以内，一旦超过370 ℃就要采取应急措施进行调整，以防“红窑”，造成不应有的损失。

2.56 谈烧成带筒体温度过高的危害

(1) 挂窑皮困难

筒体温度过高或者过低都会造成挂窑皮困难，即使勉强挂上了也不会牢固，很容易脱落，使回转窑不能正常运转。因此，有经验的窑操作工或者看火工在挂窑皮时发现筒体温度过高，必须采用冷却措施将筒体温度降到合适温度，才能挂上质量好的窑皮。

(2) 缩短耐火砖的寿命

筒体温度过高窑皮不会牢固，窑皮脱落不仅会使耐火砖的温度增高，砖体软化，减弱抗磨蚀能力，而且水泥熟料会与耐火砖直接接触，加快其磨蚀。由于不同的耐火砖其热膨胀系数不同，碱性耐火砖的热膨胀系数与金属筒体的热膨胀系数属于一个数量级，其线热膨胀系数为$(8\sim16)\times10^{-6}$/℃。当窑筒体的热膨胀系数高于耐火砖时，窑筒体内表面与耐火砖保护层间就会出现间隙，使耐火砖的紧固度不足；当窑筒体的热膨胀系数小于耐火砖的热膨胀系数时，耐火砖又会被挤得过紧，超过自身抗压强度而损坏。

(3) 水泥窑烧成带筒体过早失效

水泥回转窑筒体的设计寿命一般为30年，但烧成带筒体超温会使其寿命大大缩短。当烧成带筒体外表面温度达到460 ℃时，其许用应力仅为316 ℃时的一半。当温度超过550～600 ℃，窑筒体就会出现红热点，晚间观察可看见微红色，习惯上称这种现象为“红窑”。如果没有冷却措施，就必须紧急停窑，否则会造成很大的损失。

红窑有两种情况：一是局部红窑，即窑皮局部脱落，耐火砖随之局部损坏，造成水泥窑烧成带筒体局部超温甚至红窑；二是整段整环红窑，即整段整环的窑皮脱落，整段整环的耐火砖磨蚀变薄损坏，造成整段整环的红窑。以前有的水泥厂操作员或看火工缺乏经验，采用水管喷水进行冷却，筒体便会发生凹凸不平的很大的褶皱变形，火砖难以稳固，必须更换这段筒体才能保证正常生产。另外，因温度过高导致筒体钢板许用应力降低而造成筒体裂断，也必须更换筒体，这时所造成的损失就会更大。

(4) 轮带下筒体出现缩颈、胀裂轮带

回转窑基本上都采用松套轮带。在冷态时,轮带内径与筒体垫板间存有一定的间隙,称为"轮带间隙"。因为窑轮带下筒体的温度永远大于轮带温度,所以筒体的热胀量永远都大于轮带。当轮带下筒体超温膨胀量增大超过轮带内径时,轮带宽度下的筒体因受刚固轮带的约束而不能继续膨胀,可轮带两侧的筒体因无约束便继续膨胀,经过较长时间后形成了在冷窑时轮带下的筒体直径比其两侧的小,即形成了"缩颈"。当轮带下筒体产生缩颈时,毫无疑问会使轮带的应力增大,这是轮带发生断裂的一个很重要的影响因素。

由上述可见,控制水泥回转窑烧成带筒体既不超温不红窑又不温度过低是非常必要的,或者说这是使烧成系统能够长期、安全、稳定正常运转的重要保证。

[摘自:江旭昌.水泥回转窑烧成带和过渡带筒体冷却技术的发展[J].新世纪水泥导报,2018(5):1-13.]

2.57 如何组装回转窑的轮带与筒体

根据施工单位的吊装能力,轮带与筒体的组装可分为在地面组装或在基础上组装。

为了便利工作,减少不安全因素,一般在地面进行组装,但是组装后设备的重量较大,就需要起重能力较大的设备进行吊装。如果不具备大吨位的起重设备,就只能在基础上面进行组装。

2.57.1 轮带与筒体在地面组装(图 2.48)

(1) 在窑筒体垫板上已画出的轮带与挡圈的边线处焊三块定位挡块(定位挡块起临时定位作用,沿圆周均布),轮带垫板上涂少量润滑脂;搭设两组道木垛,两组道木垛要一样高,且高于轮带的厚度,两组道木垛的中心距应大于筒体长度的 1/2,其中一组应当靠近筒体一端的端部,另一组应搭设在筒体长度之内且距筒体的另一端端面约 2 倍轮带宽度处;将需装配轮带的筒体段节吊放到搭设好的两组道木垛上,打上楔木。

(2) 用吊车吊起轮带,使轮带内径对准筒体。将轮带套到筒体上,当轮带外侧露出的筒体尺寸可以搭设一个道木垛时停止套轮带,起升吊钩,把轮带与筒体同时吊起,直到其高度能把原靠近轮带的道木垛撤掉为止。撤掉原靠近轮带的道木垛后,在轮带外侧再搭一组道木垛。回落吊钩,当筒体落实到道木垛上后,打上楔木(此时的轮带与筒体四周是有间隙的),继续套轮带,当轮带上了垫板不易滑行时,可在轮带两侧(0～180°)用两台倒链将轮带拉进来,并紧贴定位挡块。

(3) 紧贴轮带的另一侧,同样沿圆周均布焊上挡块。当然,不用挡块而把挡圈装上去也是可以的,但是挡圈与垫板的焊点不能太多,每半个挡圈不能多出三处焊点,焊缝长度不应大于 30 mm。

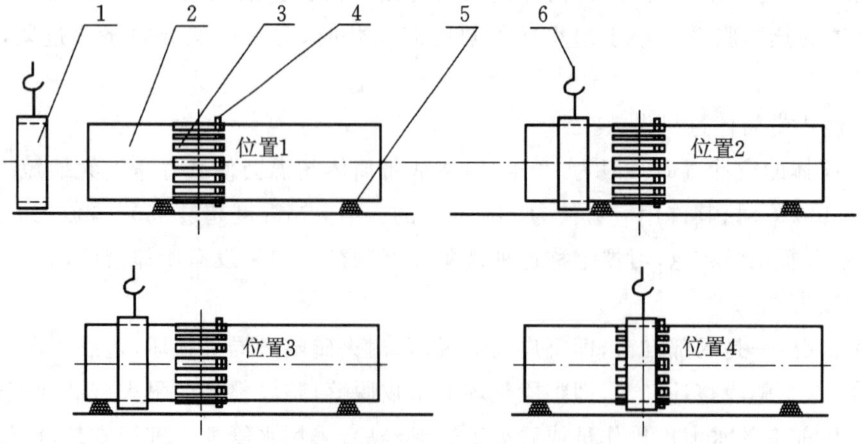

图 2.48 轮带与筒体在地面组装

1—轮带;2—筒体;3—垫板;4—挡块;5—道木垛;6—吊具

2.57.2 轮带与筒体在基础上组装

(1) 在地面把轮带一侧的挡块按上述的要求和形式焊到筒体上，在垫板上涂少量润滑脂。

(2) 在托轮一侧(热端)搭设道木垛，在托轮上靠近冷端放上两层道木垛，筒体落到道木垛上以后，筒体到托轮的距离大于轮带的厚度。

(3) 准备一个 50 t 千斤顶，两台 3 t 倒链及绳索。

(4) 用吊车把本节筒体吊到搭好的道木垛上，筒体的轮带垫板处应与托轮对正。

(5) 吊起轮带，使轮带内径与筒体对准(见图 2.49 中位置 1)，移动扒杆，将轮带从冷端套进筒体(见图 2.49 中位置 2)，继续移动，起落扒杆，当轮带碰到道木垛时停止套轮带，在轮带的外侧的筒体下方用千斤顶通过元宝铁把筒体顶起，撤出托轮顶面的道木垛(见图 2.49 中位置 3)，继续套轮带，可借助倒链进行(见图 2.49 中位置 4)。当轮带与挡块贴紧仍不能松倒链，沿圆周均布焊上挡块；同时，在千斤顶与轮带中间搭一道木垛(见图 2.49 中位置 5)，再回吊千斤顶，让轮带的一侧(即距窑尾冷端较近的一侧)先落到托轮上(见图 2.49 中位置 6)，然后稍稍吊起或顶起筒体的另一端，撤去一层道木垛(见图 2.49 中位置 7)，回吊钩或千斤顶，使整个轮带落到托轮上，把两端道木垛与筒体之间用木板塞紧，再打上楔木，摘除吊钩，松掉倒链(见图 2.49 中位置 8)。

这种办法操作起来难度大，较危险，一般不采用。

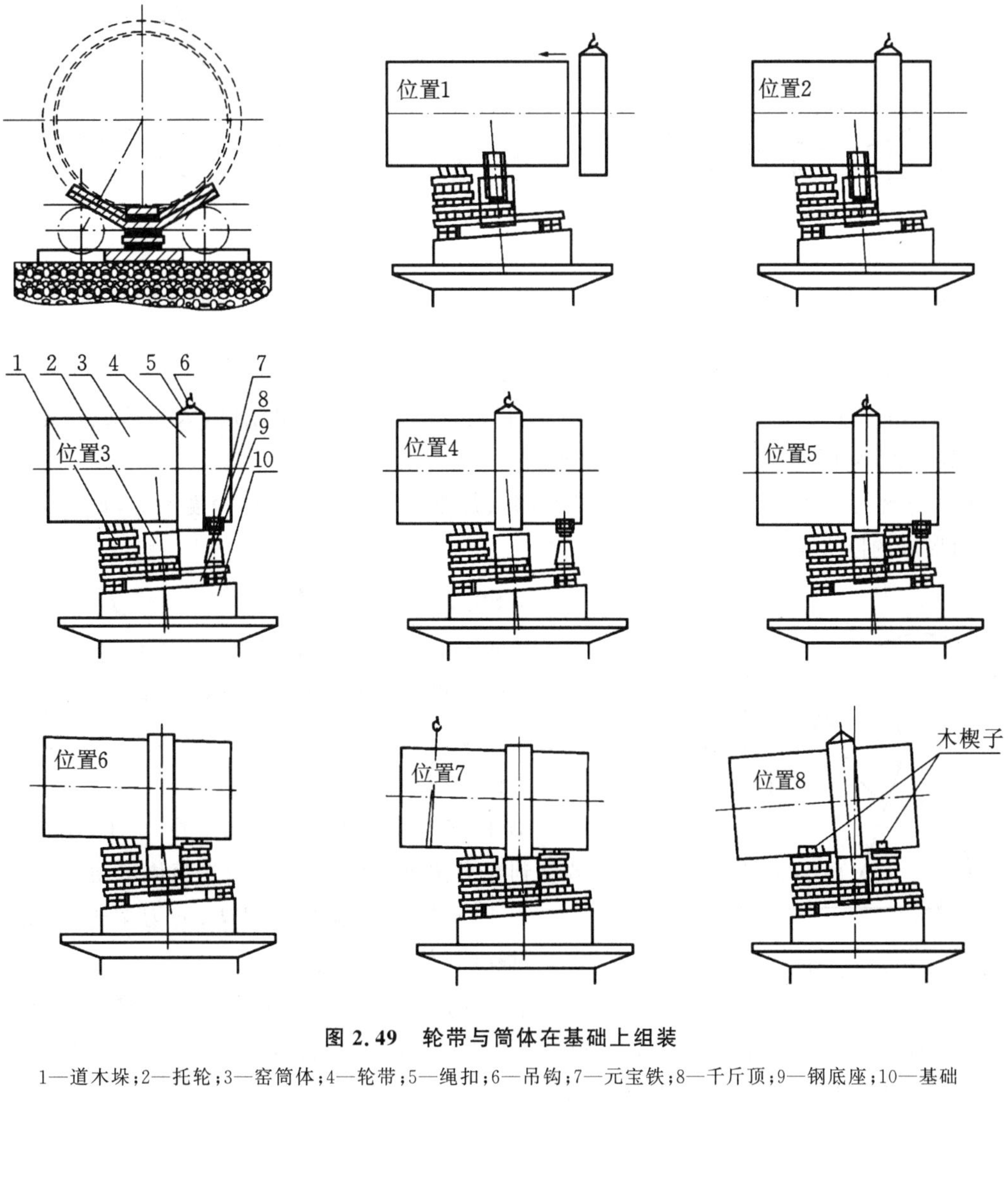

图 2.49 轮带与筒体在基础上组装

1—道木垛；2—托轮；3—窑筒体；4—轮带；5—绳扣；6—吊钩；7—元宝铁；8—千斤顶；9—钢底座；10—基础

2.58 回转窑托轮表面严重磨损的原因及处理

2.58.1 原因分析

托轮支承装置由托轮、托轮轴及轴承组成。托轮安装位置如图 2.50 所示。托轮这样安装，可保证筒体稳定性而不致向两侧移动，也不会被托轮挤紧，托轮轴与窑中心线平行，可保证轮带与托轮表面均匀接触。

托轮轴和冷窑轴线是平行的。但是，由于回转窑运转中筒体产生弯曲时，窑每转一圈，轮带的倾斜度相对于托轮发生变化，在这种情况下，就不可能保证轮带与托轮之间的均匀接触，轮带与托轮表面上的压力在局部区域大大增加，造成了表面磨损不均匀和变形，产生凹面，边缘产生凸台，轴承损坏频繁，如图 2.51 所示。

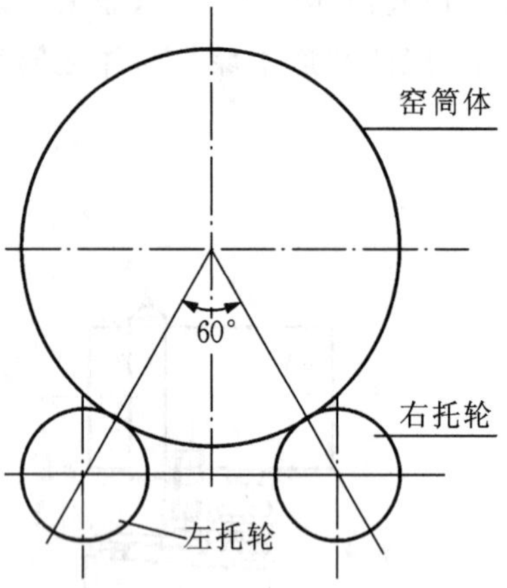

图 2.50 托轮安装位置示意图

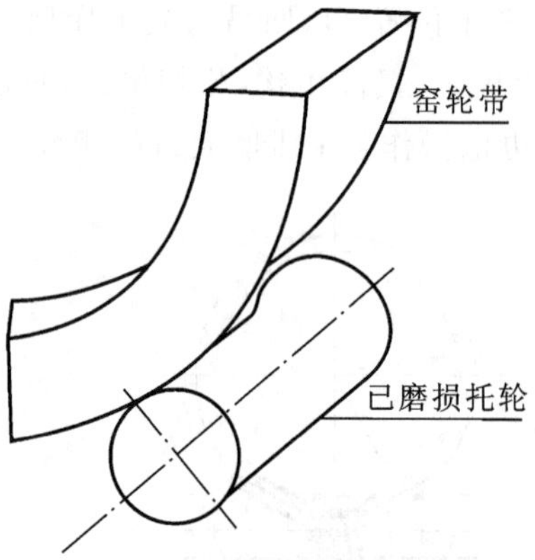

图 2.51 已磨损托轮示意图

造成托轮表面严重磨损的原因除上述内容外，还有以下几点：

① 昼夜有温差，有的地区昼夜温差很大，但没有适宜的加油及加水制度，人为造成托轮与轮带表面之间摩擦系数增大，从而加速了轮带托轮的磨损。

② 托轮工作环境恶劣，如粉尘多等使得托轮磨损加剧，产生了凹面，且深度不等，轴承无法承受窑体上、下窜动而形成的巨大推力，进而频繁损坏。

2.58.2 处理方法

托轮磨损后的抢修措施为：对于托轮磨损后出现的台阶、链度等，可制作简单的车刀架，固定在现场，利用托轮车身的回转动力，将托轮表面车削平整，如图 2.52 所示。

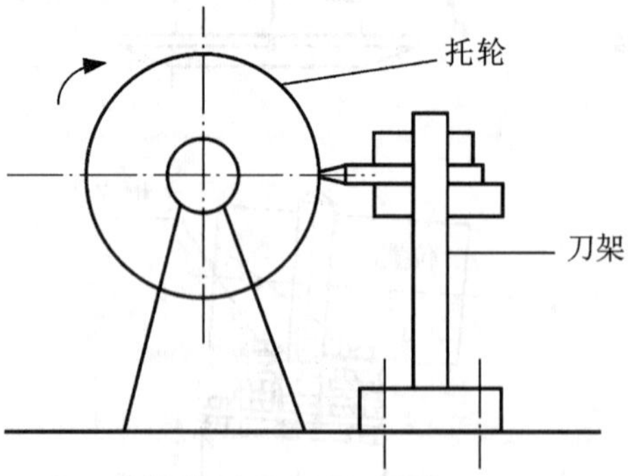

图 2.52 现场车削托轮示意图

具体操作步骤如下：

① 将窑体调整在向上或向下窜动的固定位置，把托轮调整到吃力位置，用上下托轮承受筒体窜动力。

② 用厚钢板自制简易刀架，使刀架走、退范围符合要求，可根据托轮宽度自定。

③ 利用托轮调整螺杆的固定螺孔，将走刀架固定在托轮座上，将窑体转速调至适宜范围(每转 100～200 s)，使走刀架前后左右走刀自如，用较适当的进刀量将托轮凹面车平，将凸台车削平整，使托轮达到原有精度要求。

2.59 回转窑托轮与轮带接触表面起毛是何原因，如何处理

(1) 主要原因

① 托轮中心线歪斜过大，接触不匀，局部单位压力增大；

② 托轮径向力过大；

③ 窑体窜动性差，长期在某一位置运转，致使托轮产生台肩，一旦再窜动，破坏接触表面；

④ 轮带与托轮间滑动摩擦增大；

⑤ 错误调整托轮，同一档托轮中心线调成“八”字形。

(2) 处理方法

① 调整托轮，减少歪斜角，增加与轮带接触面积；

② 调整托轮，平移外松吃力大的托轮，减轻负荷；

③ 削平台肩，保持窑体上下窜动灵活；

④ 调整托轮，保证托轮位置正确；

⑤ 纠正错误调整。

2.60 回转窑托轮轴瓦发生叫声的原因及处理

(1) 故障分析

① 托轮径向受力过大，致使轴与轴瓦摩擦力增大，油膜破坏；

② 托轮轴向力过大，使推力盘与轴承端面挡圈压得太紧，产生强力摩擦；

③ 选油不当，油黏度不够；

④ 窑体局部高温辐射轴承，使润滑油黏度变低，油膜变薄；

⑤ 轴承内冷却水长时间中断，使其温度升高，破坏油黏度；

⑥ 冬季低温时轴承内润滑油黏度偏高，流动性差，呈缺油状态；

⑦ 慢速转窑时间过长，使油勺带油量过少，不能满足轴与轴瓦之间的润滑要求；

⑧ 轴承内润滑装置发生故障或分油槽堵塞油面过低；

⑨ 轴与轴瓦接触角和接触点的密实程度不符合检修质量标准。

(2) 故障处理

① 调整托轮受力情况，更换轴承内润滑油，调大轴承冷却水量及采用其他冷却措施；

② 调整托轮，减轻压力，保持托轮推力均匀；

③ 更换黏度较高的润滑油，增加隔热措施；

④ 临时换入黏度较高的润滑油，增加隔热措施；

⑤ 恢复冷却水，保持通畅，更换新润滑油；

⑥ 及时更换冬季润滑油，拆去轴承上隔热板；

⑦ 临时人工加油，提高窑速；

⑧ 及时修复、清理、补充新油；

⑨ 换入新油，重新修刮轴瓦并配准。

2.61 回转窑托轮轴瓦发热是何原因，如何处理

(1) 托轮轴瓦发热的原因分析

回转窑托轮轴瓦受窑筒体较高温度热辐射，而又承受较高负荷，极易发热，其主要因素分析如下：

① 窑体温度升高

由于窑的烧成热工制度的变化，窑内煅烧温度升高，窑皮脱落变薄，或耐火砖烧损蚀薄，对窑内隔热效果减弱，使窑筒体表面温度升高，向外散热大，致使托轮轴瓦上方的环境温度升高，使轴及轴瓦温度升高。

② 托轮负荷受力不均

由于热工制度的波动，窑内黏挂的窑皮大批掉落，使窑筒体表面温差大，使托轮受力负荷不均造成轴瓦发热，其解决的办法是重新补挂窑皮，稳定窑况。

③ 托轮润滑油失效

油受污染、变质、油量不足、油勺脱落等，造成托轮润滑失效，黏度降低、油质乳化、油内含有粉尘杂质等都能引起轴瓦发热，也有的是因选油不当而引起轴瓦发热，其解决办法是定期检查油质、油量，及时补充及更换润滑油，换油周期一般为 1 年。

④ 轮带垫板、挡板磨损

轮带垫板、挡板由于磨损过大，垫板间隙大，窑轮带运行不平稳，致使托轮受力不均，使轴瓦受力不均，温度升高。其解决办法是每次检修时检查垫板、挡轮磨损情况，及时调整间隙。

⑤ 循环水量不足

循环水管路不畅，或内部循环水管渗水造成供水量少，造成轴瓦温度上升。其解决办法是，每半年对水路检查一次，特别是水质较差的要进行酸洗循环水管，去除内部结垢杂质。

⑥ 瓦口间隙小，供油不足

研磨好的托轮轴瓦，经较长时间的运转，瓦与轴长期磨损，瓦与轴的接触角度与接触面积越来越大，瓦与轴的接触间隙越来越小，小到一定程度，润滑油难以进入，轴瓦的底部油量不足，不能形成正常的油膜，引起轴瓦的升温。其解决办法是，在停窑检修时就要对瓦口间隙进行检测，一般瓦口的间隙为 $0.003D$(D 为轴直径，单位为 mm)，一般运行 2 年左右。

(2) 窑托轮轴瓦突然发热的处理措施

回转窑在正常运行过程中有时托轮轴瓦突然发热，温度急升。这种情况，要做应急处理，否则会有烧瓦的可能。所以平时要准备好处理温升的一些专用工具，定点放置在就近位置，并减少投料量，减慢窑速(禁止停窑)，快速采取以下应急措施。

① 加大冷却水量

平时备好备用物品，内径 20 mm 的胶皮管、铁丝、钢丝钳、水源等，用时直接将胶管接该瓦循环水出水管处，用铁丝捆绑接头，用钢丝钳扎紧，使循环水外排，并加大冷却水量。

② 轮带与托轮间加入润滑剂

在各轮带与托轮接触面涂撒石墨粉或 $3^{\#}$ 锂基脂以加强润滑。

③ 新油冷却

向托轮内加入适量黏度较高的新润滑油，用冷油进行冷却。

④ 水冷托轮

向托轮下面的水槽内加水，使托轮与水接触，并浸入水面深约 100 mm，用水对托轮降温。

⑤ 如果是轴肩或止推圈处温度高，可改变液压挡轮运行状态(上窜改下窜，下窜改为上窜)。

⑥ 用风冷却

接入高压冷却风，向托轮灌入冷风，强制冷却。

⑦ 增加循环泵强制润滑

平时准备好循环泵、变频高速电机、齿轮泵、胶管、水冷却器。若出现托轮瓦温度降不下来，可采用此方法，安装人工制作的循环泵强制润滑，一齿轮泵＋电机＋连接橡胶管＋自制水冷却器，加大油循环量进行冷却。

(3) 温升判断

用测温枪测量,用手触摸轴面,进行油温判断等。看轴瓦的温度和表面油膜情况,如轴温一般控制在60 ℃以下。

通过以上处理措施,托轮轴瓦发热问题一般均能控制。当然产生托轮轴瓦发热的原因有很多,处理的办法也很多,主要以预防为主,加强对设备的巡检,同时做好回转窑日常保养工作,并及时掌握运行、磨损状况,从而有效地避免烧瓦事故的发生。

2.62 一则回转窑托轮油勺固定方式的改造经验

某厂 ϕ3.95 m×56 m 窑外分解窑托轮轴瓦润滑油是 65 号合成过热汽缸油,采用油勺带油、分油盘分油润滑的方式,油勺的固定见图 2.53。4 个支架均布,通过 M10 的螺栓固定在卡环上,支架又同环向架体焊接在一起,6 个均布的油勺通过 M6 的螺栓固定在环向架体上,支架、环向架体和油勺三者之间构成了一个整体。生产中经常出现以下几个方面的故障:

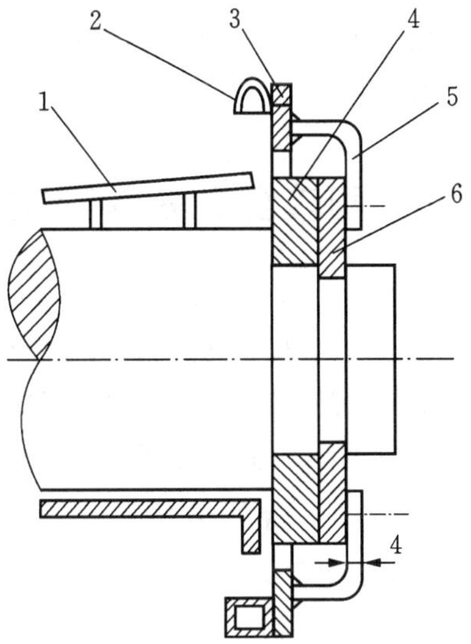

图 2.53 改造前油勺固定方式

1—分油盘;2—油勺;3—环向架体;4—止推环;5—支架;6—卡环

(1) 支架

M10 螺栓易松动,松动以后不易发现,卡环上的螺纹将被破坏,重新上紧 M10 螺栓很困难。支架同环向架体焊接部位易开焊。

(2) 环向架体

环向架体的钢板厚度为 4 mm,沿径向宽度仅为 20 mm,是 2 个半圆通过 2 个 M8 螺栓连接在一起成为 1 个整圆,强度不足,易变形,M8 螺栓易脱开,发现不及时将整体或局部损坏。

(3) 油勺

用于固定油勺的 M6 螺栓有时松动。

出现以上问题后,修复时必须将轴承座上盖打开,整体取出,拆装极不方便。经过修复的支架或环向架体尺寸同原尺寸有出入,仅能保证维持生产。

这些问题在冬季表现突出,由于油凝(加热器在底部,仅能加热到局部),油勺舀油时阻力大,支架或环向架体易变形,刮坏油勺。即使一个油勺损坏也要整体更换。油勺更换不及时,还会导致刮分油盘或轴承座,在刚启动时,最为明显。

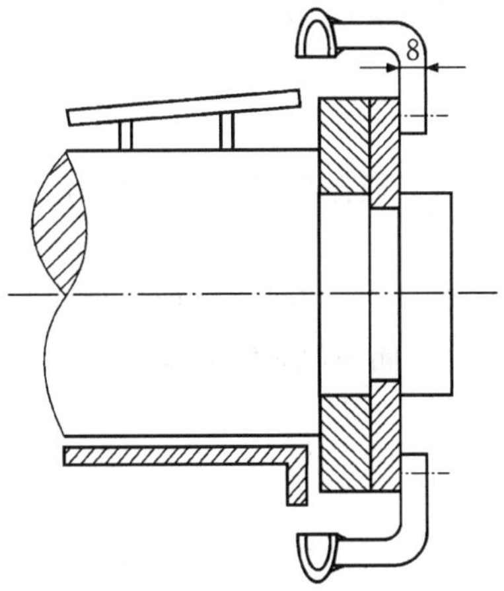

图 2.54 改造后油勺固定方式

针对上述问题,崔艳芳等对油勺的固定方式进行改造,取消环向架体,油勺同支架直接焊在一起,支架钢板厚度由 4 mm 改为 8 mm,宽度由 20 mm 改为 40 mm,支架借助于固定卡环和止推环的 M27 螺栓带紧,油勺由 6 个改为 4 个,因为经验证明,4 个油勺足以保证轴瓦的润滑。这样 4 组支架、油勺彻底分开,其中一个变形或损坏对其余均不影响,更换方便,处理时间短。在改完的开始阶段,M27 螺栓有时略有松动,后来在支架上攻了 M8 螺纹,锁上锁片,以防止螺栓松动。改后油勺固定结构见图 2.54。在冬季,为降低启动时舀油阻力,将加热器提前 40 min 投入使用,同时用喷灯烘烤贮油部位,使油变稀。改进后 2 年来,使用效果良好,没有因为油勺问题停过窑。

2.63 回转窑弯曲变形后怎么办

在正常生产中，必须保持回转窑筒体“直而圆”的几何形状。但若违反操作规程，如停窑时不按规定转窑，或局部耐火砖脱落不及时镶补，或有特殊原因造成停窑后长期不能转动（如密封圈烧坏、突然停电、牙轮损坏等），筒体会发生弯曲，严重时，轮带和托轮脱离接触，甚至发生转不动窑的现象。遇此情况，使用辅助马达翻窑慢转，直到恢复大马达可以转窑。在慢转窑时，用小火烧，经过慢转使窑筒体逐渐恢复正常，然后根据托轮受力情况调至正常。

如窑弯曲后，辅助马达转窑也只能转大半圈，则把窑身弯曲的拱部转到上面，然后停窑止火，使窑冷却，弯曲的拱部会慢慢恢复正常，然后点火开窑。

窑变形后，从窑电机电流表看电流不稳定，窑内易发生掉砖，轮带与托轮接触不均，严重时造成轮带移位等现象。

2.64 回转窑烟室热电偶损坏的原因及处理

回转窑烟室温度一般控制在(1000±100) ℃。测温用的热电偶有两种损坏形式：

① 外套瓷保护管破裂后，殃及内套瓷保护管及热电偶测温元件，使它们也损坏了。

② 外套瓷保护管和内套瓷保护管没有破裂但热电偶测温芯线断了。

热电偶频繁损坏，不但增加维修工作量，而且影响到工艺参数的测定，乃至生产工艺的控制。

2.64.1 原因分析

(1) 热电偶外套瓷保护管破裂的原因

热电偶外套瓷保护管破裂的原因主要有以下五点：

① 热电偶插入烟室时，温度由室温迅速升高到1000 ℃左右，造成外套瓷保护管受热急剧膨胀，出现了裂纹。

② 热电偶插入部分被加热，温度升高迅速膨胀，外露部分却在环境冷风（相对烟室而言）作用下受到冷却使其收缩，胀缩两种力作用于同一外套瓷管，造成瓷管断裂。

③ 烟室内物料、热气流对热电偶外套瓷管进行冲击，特别是当热电偶安装位置及插入深度不当，如插入烟室过深等，受物料、热气流冲击更严重，致使瓷管断裂。

④ 烟室内壁如有结皮，达到一定厚度就会脱落，脱落时拉动热电偶，使热电偶外套瓷保护管及内芯被拉断。

⑤ 大窑煅烧操作出现异常，导致烟室温度过高，或者温度变化过大，造成瓷管破裂。

(2) 热电偶测温芯线断线的原因

热电偶测温芯线断线的原因主要有以下两点：

① 热电偶外套瓷保护管破裂后，烟室内高温气流、物料立即作用于内套瓷保护管，造成内套瓷保护管破裂，直至测温芯线断线、烧毁。

② 外套瓷管、内套瓷管均未破裂，但其自重较大，当内套瓷管未固定时，测温芯线便时刻遭到瓷管自重力的拉动，温度升高，芯线抗拉强度下降，在拉力持续、无规律作用下，热电偶测温芯线断线。

2.64.2 处理方法

(1) 热电偶损坏后的处理办法

不管哪种原因造成了热电偶损坏，都应在发现后立即予以更换。

(2) 热电偶损坏的预防措施

① 更换热电偶时，先将待换新热电偶放在温度较高的环境，如烟室附近，待新热电偶温度较高时插入烟室。这样就避免了瞬间温差较大造成的瓷管破裂现象的发生。

② 用石棉绳缠在热电偶外露部分上对其保温，石棉绳厚度一般掌握在 50 mm 以上，要将外露钢管、法兰等统统缠上石棉绳，以避免内外环境温度不一造成的瓷管破裂。

③ 热电偶一般安装在烟室顶部或侧壁，测温探长一般掌握在 150～250 mm，这样可避免安装位置不当或插入烟室过深引起的瓷管破裂。

④ 选用有固定内套瓷保护管的热电偶作烟室测温元件，可避免测温芯线断线。

⑤ 取一段内径与热电偶内套瓷保护管外径相同的钢管(钢管纵向开缝，宽为 1 mm 左右)，焊在接线盒内，将热电偶内套瓷保护管穿入钢管内，用螺栓顶紧钢管，钢管夹紧内套瓷管。这样也可避免测温芯线断线。

2.65 回转窑窑口护板失效的原因及处理

窑口护板是耐火浇注料和窑口筒体的中间件，它悬置于温度较高的窑头罩内，其裸露面直接受到高温作用。窑口护板沿窑口分成多块扇形，相邻块之间留有较大间隙。夹有熟料粉尘或颗粒的回转窑二次风(又称二次空气，即从熟料冷却机来的气体)穿过这些间隙流入窑内。

回转窑窑口护板的失效形式主要有以下几种：①烧损；②磨蚀；③裂断。

窑口护板失效后，将会造成窑口筒体的损坏，还会影响到窑口耐火砖或耐火浇注料的使用寿命。

2.65.1 原因分析

回转窑窑口护板失效的原因是多方面的，主要有以下几方面：

(1) 高温持续作用使窑口护板失效。

窑口护板的作用就是保持窑口筒体不被烧损、不被腐蚀、不发生变形。窑口护板的裸露口护板的“负荷”很大，热膨胀量大，当这种“负荷”超过其本身的“忍耐极限”时，窑口护板就会被烧损。烧损后的窑口护板，表面粗糙发渣，并会出现许多微细裂纹(肉眼即可观察到)，严重时剥落、掉块，造成失效。

(2) 材料强度不够造成窑口护板失效。

窑口护板多用铸铁和耐热铸铁制成。即便是耐热铸铁，它所承受的温度也只有 750 ℃左右，而窑口护板处的温度一般都在 1000 ℃以上，因此，在高温作用下，窑口护板材料的强度显著降低，并且极易被氧化而造成窑口护板失效。

(3) 结构设计安装不当，护板“带病工作”，导致失效。

窑口护板分为整体式结构和分体式结构两种形式。由于分体式窑口护板拆卸都比较麻烦，因而检修维护极为困难，以致这种结构的窑口护板长期“带病工作”而得不到维修，互相挤压，产生变形，最终导致其断裂失效。

(4) 高温气体中碱和硫的含量高，使窑口护板被腐蚀，加上高温作用和粉尘颗粒的冲刷，使得窑口护板磨蚀失效。特别是当箅冷机堆雪人而触及护板时更为严重。

上述几种原因有时会综合起作用，使得窑口筒体变成喇叭形，窑口护板发生裂胀、掉落。

2.65.2 处理方法

回转窑窑口护板失效后，要立即予以更换，以保护窑口筒体不被烧损、不被磨蚀、不发生变形。

2.65.3 预防措施

① 选用恰当的材料制作窑口护板。根据窑口护板的使用条件，窑口护板宜采用高铬低镍或无镍耐热钢材制作。因为这种钢材热膨胀量小，耐高温性能明显优于铸铁和耐热铸铁。

② 采取有效措施降低窑口护板的温度(由 1050～1100 ℃降至 700～750 ℃即可显著延长护板使用寿命)，如水冷窑口、风冷窑口，或将燃烧器喷燃管的端部伸入窑口内 100～300 mm，防止冷却机堆雪人、避免窑口筒体变成喇叭形等措施都会减少窑口护板裂胀、掉落现象的发生。

③ 正确选型、严格施工，留足膨胀缝，恰当配置扒钉，合理应用耐火衬料，延长窑口护板的使用寿命。窑口部位可采用耐磨性能优良的耐火砖和耐火浇注料，如碳化硅复合砖、优质磷酸盐结合高铝质耐磨砖、

钢纤维增强耐火浇注料等；施工中严格按规程（即规范说明）进行，特别是模板的制作应做到刚固合理、不走形、不移位、不漏浆；在圆周方向要留 3～6 道纵向膨胀缝，宽度为 3～4 mm，每隔 800～1000 mm 需留一个膨胀缝；扒钉与窑口筒体和窑口护板的焊接必须牢固，窑口护板里口短翼缘用耐火浇注料保护，耐火浇注料表面不宜抹光或压光，耐火浇注料与耐火砖接缝处必须处理好。

2.66 回转窑窑口护板的改进措施

某厂 φ 3.2 m×52 m 回转窑经常出现窑口砖脱落，窑口护板寿命较短，更换周期 6 个月，维修费用较高，影响设备运转率。

窑口砖脱落的原因之一是砌筑质量不符合要求；另外就是窑口受热变形外翻。而窑口护板寿命短，除了材质因素外，就是考虑如何从结构改进上来提高窑口护板更换的经济性。改进前的窑口护板 A 端面（图 2.55）受热物料的烧蚀、冲刷，护板上的耐火砖挡边磨薄到一定程度，即必须更换。因此，在结构上对窑口护板做了适当改进，具体见图 2.56。

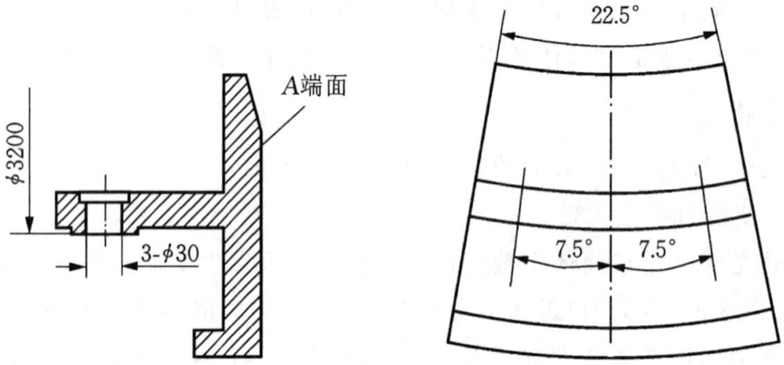

图 2.55 改造前窑口护板结构

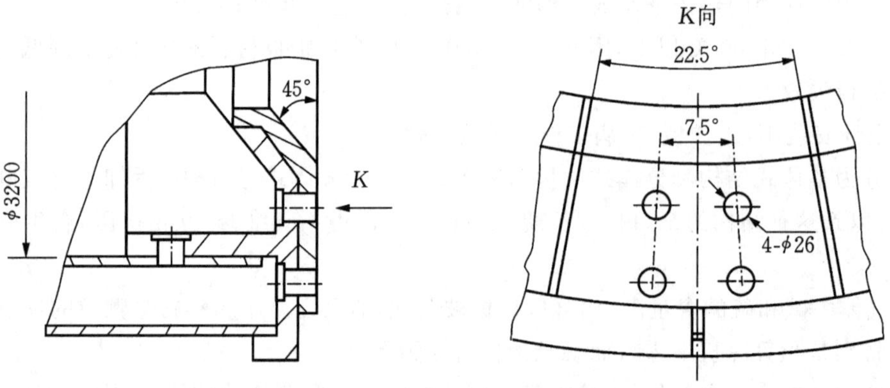

图 2.56 改造后窑口护板安装示意

护板改进后，换用图 2.56 所示的异形窑口砖，没有出现一次窑口砖的意外脱落。至于窑口护板基本无须更换，因为被磨损、烧蚀的主要是连接保护板，当其被磨到很薄后更换之。

采用材质为 ZG40Cr25Ni20Si2 的连接保护板后，窑口变形外翻的趋势也减缓了。这样就提高了回转窑的运转率，降低了维修成本。

2.67 一则减少回转窑窑口浇注料使用量的经验

湖南省雪峰水泥集团有限公司现有 4 台 φ3.5 m×145 m 湿法长窑，前几年窑口材料一直使用异型磷酸盐耐磨砖，使用寿命很短，一般使用周期为 30～60 d，有时只有十多天，经常出现窑口砖抽签、掉砖，频繁停窑等现象，也经常烧坏窑口护板及窑口筒体，严重影响回转窑的正常生产。采用钢纤维浇注料后，使用周期为 207～347 d，窑口衬料使用周期成倍延长，解决了该公司长期存在的窑口衬料使用周期短的问题，但在使用过程中也出现不少问题。

（1）使用情况及存在问题

窑口浇注料施工结构见图 2.57。4 台窑窑口首批使用的浇注料经过一年多的试用后，已全部更换。就整个使用情况看，浇注料耐磨、强度等性能较好，4 号窑运转 347 d 检查磨损约 50 mm，平均每天磨损 0.144 mm。但也存在一些问题：第一，浇注料使用面积太宽，材料浪费严重，一次性投资费用高，每次检修仅浇注料费用达 4 万多元；第二，锚固件的焊接质量不太好，位置设计不合理，且未留膨胀缝等，造成表层掉块，局部剥落，严重影响了整个浇注料的使用寿命，最长的只有 347 d，短的仅 207 d。每次检修发现靠窑口外侧约 300 mm 宽（无锚固件）剥落严重，造成护板外露掉落，尽管其他部位残留浇注料整体性能较好（厚度一般为 150～250 mm），仍需更换整个浇注料。

（2）改进措施

按照《水泥回转窑用耐火材料使用规程（试行）》（JC/T 2196—2013）规定，参照其他水泥厂施工使用情况及经过公司一年多的实践，窑口浇注料宽度改为 500 mm，厚度改为 250 mm，且在护板上焊锚固件（保证焊接质量），环向留三条膨胀缝，则局部剥落现象大大改善，不仅可节约材料费用，而且衬料使用寿命提高到2～3 年（图 2.58）。

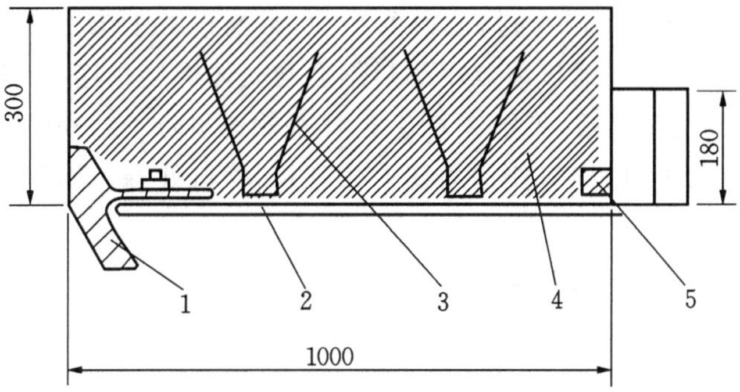

图 2.57　窑口浇注料施工结构

1—护板；2—窑筒体；3—锚固件；4—浇注料；5—挡砖圈

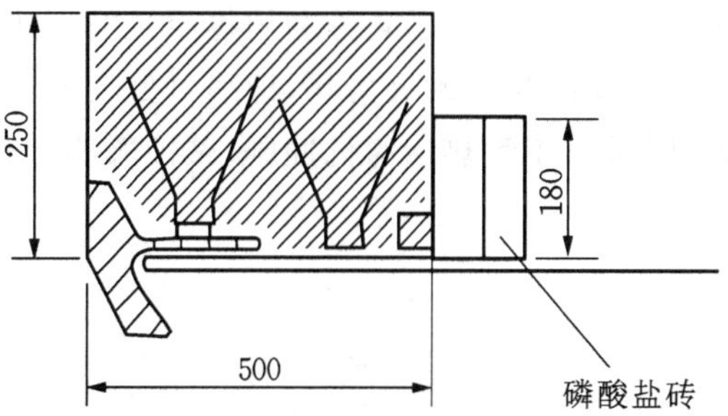

图 2.58　改进后窑口浇注料施工结构

2.68　回转窑窑口耐火混凝土如何施工

（1）设施准备：施工时需一台强制式搅拌机（一次拌和量大于 125 kg）、插入式振动棒、磅秤、工具锹、水桶、手推车、铁板等，使用前将工具清洗干净。

（2）将事先按尺寸做好的模板安装就位，将易漏浆缝隙用羊毯堵住。模板支撑图见图 2.59。

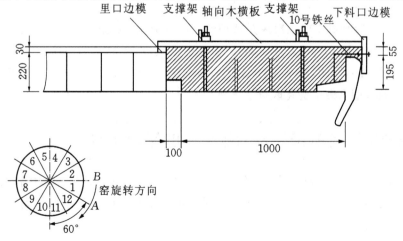

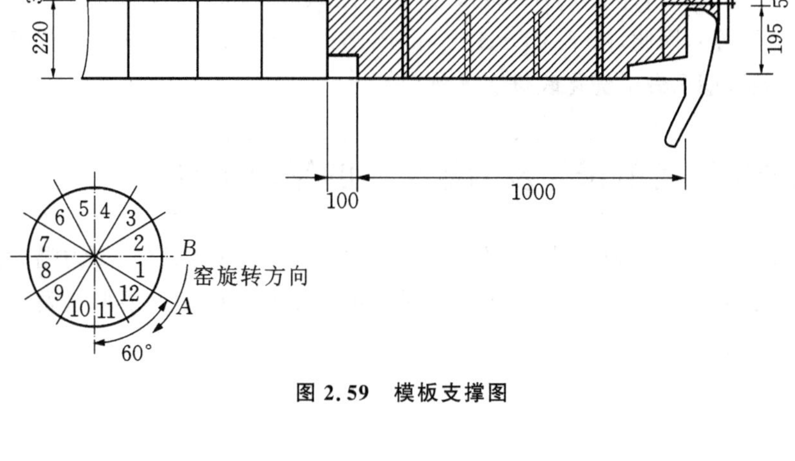

图 2.59　模板支撑图

(3) 耐火混凝土的搅拌:按制造厂家提供的耐火混凝土使用说明书的要求,严格控制水量,并加入外加剂,搅拌均匀。

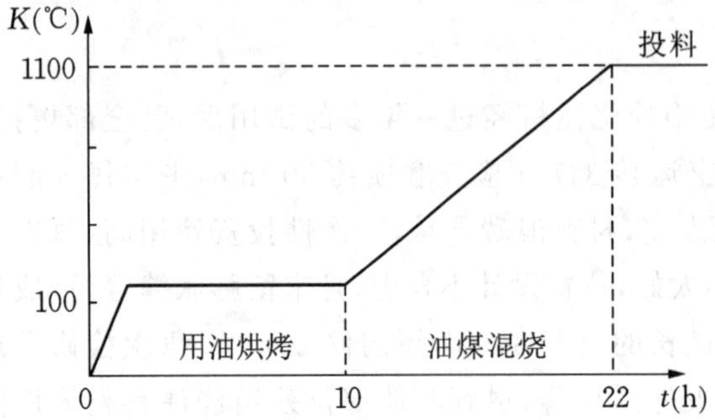

图 2.60 升温曲线

(4) 浇注:从窑筒体侧面 60°开始,将搅拌好的集料每次注入模内 300 mm 高,然后用振动棒振捣,直到气泡排出,表面呈浆状,浇注至 B 点时,插入五合板,以此类推,直到浇注完毕。

(5) 养护:要保持一定湿度,温度控制在 15~30 ℃。3 d 后拆模,使其在空气中自然干燥 1 d,然后进行烘烤。

(6) 烘烤:烘烤是保证质量的最后一个关键环节,烘烤时绝对禁止升温过快,严格按图 2.60 升温曲线烘烤(温度检测为窑尾温度)。

2.69 一个延长窑尾缩口使用周期及预防结皮的措施

在新型干法窑中,窑尾缩口部位因高速气流的冲刷、碱蚀及清理结皮时损伤等原因,该处耐火集料使用周期不足一年,另外如果该处结皮严重,将会破坏窑炉通风能力的平衡,影响正常生产。为了解决这一问题,王进亮等利用箅冷机换下来的废旧箅板在缩口部位用耐热钢筋与壳体焊接相连,在箅板与壳体间打上耐火集料,即缩口处表面为耐热钢材质箅板,见图 2.61。这样有效地预防了结皮的发生,同时由于耐热钢的抗冲刷、碱蚀等能力优于耐火集料,缩口使用周期大大延长,缩口处寿命周期达 2 年以上。

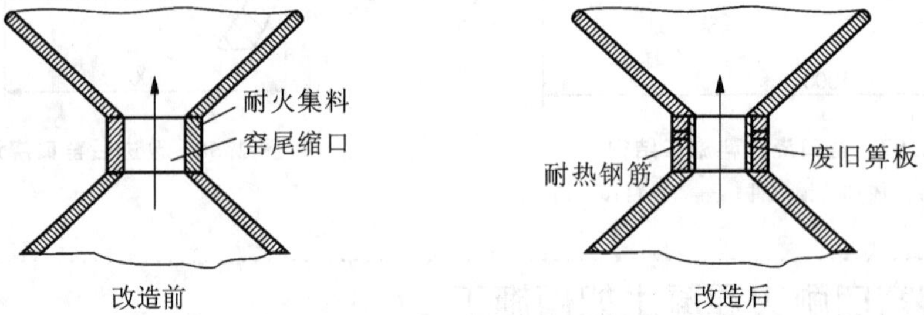

图 2.61 改造前后的窑尾缩口

2.70 分解炉在三次风管的设置上有何特点

除 RSP 及 GG 炉由冷却机来的三次风是从炉的上部入炉外,其他炉均设于炉的下部或中部;三次风进风口数目,除 NSF、FLS 及 Prepol、Pyroclon 炉为一个进风口,RSP 炉为三个进风口外,其他炉多为两个(如 DD 炉、NKSV 炉等),因此,NSF、FLS、Prepol、Pyroclon 炉三次风管设置比较简单,RSP 等炉三次风管设置比较复杂,但近期已做了优化改进。

2.71 回转窑窑皮稳定的条件及对耐火砖的保护作用

窑皮的形成主要取决于窑温和窑料中熔体的含量和黏度。但衬砖成分、砖内温度梯度、窑的设备和操作情况,也对窑皮的形成有很大影响。如耐火材料与窑料相互反应能力很低且耐火砖过于致密,窑皮的形成困难,维护也有困难。

当窑温达一定值时，窑料（含煤灰等）中产生熔体，在砖面上发生化学吸附和物理黏附，进而渗入砖内，并与砖内组分反应，这是窑皮的形成阶段。渗入物在不大于 1200 ℃的温度下固化，产生机械锚固，这是窑皮的黏挂固着阶段。窑皮逐步发展，由于重量而产生的拉应力也不断增长，一旦拉应力过大，或窑运转的规律性不良，或窑体变形过大，特别是停窑时间过长，窑皮内 C_2S 由 β 型向 γ 型转化，窑皮就会从衬砖上掉落。

从上可知窑皮稳定存在的基本条件是：

① 窑料（包括掺入的窑灰和煤灰等）成分适当且与窑温相适应，能形成数量和黏度均适当的熔体；

② 衬砖的成分和结构（主要是砖内气孔分布适当）对窑料有一定适应性，有利于窑料黏附砖面并适度渗入砖内，形成机械锚固使窑皮稳定；

③ 窑体规整完好，椭圆度不大，窑运行正常，开停次数少。

整个燃烧带内只有在正火点部位窑料实际挂窑皮温度高于应有的挂窑皮温度，才是窑皮的稳定带。正火点前后烧成带内的两侧部位，特别是烧成带前后的两侧过渡带内，窑料实际挂窑皮温度低于应有温度，成为窑皮的不稳定带。

烧成带正火点处衬砖始终处于稳定窑皮保护之下，砖面温度往往只有 600～700 ℃，所承受的热、机械、化学综合破坏应力很小，可以获得最佳的使用效果。

窑皮不稳定时，衬砖承受的应力相应地波动。一旦窑皮严重垮落直至露砖，总要附带地“撕”掉一层与窑皮紧密黏附并在撕裂部位被先期应力严重弱化了结构的热面层，使衬砖产生严重的剥落受损。在正火点前后烧成带内的两侧部位特别是烧成带前后的两侧过渡带内，都存在衬砖损坏的这种典型现象。大型窑内过渡带代替了烧成带，成为窑衬损坏的最薄弱环节之一，其理自明。

窑皮撕裂砖面层的瞬时，直接裸露于火焰中的新砖面上，温度从 600～700 ℃或更低骤升至 1300～1500 ℃，迅速产生巨大的热膨胀应力，又使这一新的砖面层与砖的本体间易于开裂甚至形成两个砖层的脱附状态，为下一次窑皮垮落撕裂新的砖层创造了前提条件。

因窑温过低而导致窑皮缺失，衬砖便直接承受熟料和大块窑皮的磨刷，在冷却带内这是衬砖损坏的最突出现象。

因操作不当或生产条件有特别变化（例如由普通水泥熟料改产煅烧温度、烧结温度范围、相应熔体成分和含量都显著变化的抗硫酸盐水泥熟料），甚至造成窑皮严重垮落并大面积露砖且补挂困难时，砖面层便呈薄片状剥落。熔体还强烈地渗入砖面层，促进这一剥落现象。

经粗略计算对比，在正常厚度窑皮保护下，碱性砖砖面温度可由 1400～1450 ℃降到 600～700 ℃，衬砖处于极安全的状态。甚至厚仅 23 mm 的窑皮也可使砖面温度由 1450 ℃降到约 1230 ℃，可见其保护作用极为显著。在窑皮保护下，碱性砖内温度梯度显著地平缓，砖内渗入物层显著变薄，砖的变质损坏也轻，还使窑体表面温度降低，有效地保护窑体钢板免于过热变形。

对国产普通钢板来说，有必要控制筒体表面温度不大于 370 ℃。总之正常窑皮对衬砖、钢板和轮带起着不可或缺的保护作用，绝不能等闲视之。但在尖晶石砖衬上往往难以获得稳定的窑皮，为有效保护该部位窑体特别是轮带的安全，必要时应在窑外强制地予以风冷。

2.72 窑皮的作用和维护措施

2.72.1 窑皮的作用

窑皮是由熟料或粉尘自液相或半液相变成的固体，它的主要作用有：

(1) 保护耐火砖，使耐火砖不直接受高温及化学侵蚀。

(2) 储存热能，减少筒体向周围的热损失，提高旋窑的热效率。

(3) 充当传热介质，在窑皮暴露于空气中，与高温的空气接触时，通过辐射或者是对流的方式吸收热量，当窑皮在下部与料接触时，以传导的方式传热给生料。

(4) 窑皮的表面粗糙，它可以降低粉料流动速度，延长物料在窑内反应时间。

2.72.2 影响窑皮生成的主要因素

(1) 生料的化学成分

窑皮是熟料或粉尘由液相变成固相的过程的产物。铝质与铁质的成分比较多，液相量就多，容易形成窑皮。铝质与铁质的成分比较少，液相量少，形成窑皮比较困难。原料中铝质较多，液相的黏度大，形成窑皮比较困难，但一旦形成就比较坚固。原料中铁质原料多，液相的黏度就比较小，窑皮容易形成，但形成的窑皮也容易掉落。

(2) 火焰的温度

火焰温度低，料所形成的液相就比较少，不易形成窑皮，火焰温度过高，会使窑皮温度高过液相的凝固温度，窑皮容易脱落。

(3) 火焰的形状

窑皮的温度受火焰形状以及筒体散热等情况的影响。一般来说，太短、太急、太粗阔的火焰对窑皮的侵蚀比较厉害，长火焰对窑皮较为有利，但会使窑的热量分散，对烧成不好。因此在操作时，一定要保持合理的火焰形状与位置，严格控制熟料的结粒，防止结大块冲刷窑皮，稳定窑内的热工制度，防止结圈，发现有大块或者是结圈时要及时处理。

2.72.3 窑皮的脱落

窑皮会因为温度超过本身的固态化温度而掉落，有时也会因为受热不均匀随火砖一起掉落，掉落的主要原因有：

(1) 生料成分与喂料量不稳定，导致窑温不稳定，如果喂入的料比较好烧则窑内温度就高，不好烧则温度就低。当料量较多时其温度就低，料量少时，多余的热就没有料来吸收。这样温度忽高忽低，造成窑皮热胀冷缩不均匀，容易脱落。

(2) 错误的操作程序，主要是火焰的形状调整不恰当。当发现有掉窑皮时，在中控室可以通过查看筒体温度去进行判断，一般筒体的温度在 200～300 ℃，如果有温度过高的地方，就有可能发生掉窑皮，此时要马上进行补救窑皮的措施，马上降低喷煤量，或改变火焰形状及位置，在现场可以利用鼓风机或压缩空气对掉窑皮的窑壳进行冷却，离掉窑皮的地方越近越好。

2.72.4 窑皮的维护

(1) 配置适宜成分的生料

根据原燃材料、熟料性能要求，充分考虑燃煤灰分掺入对熟料率值的影响，保证熟料液相量在 25%～28%，保证生料具有良好的易烧性，即保证熟料要有适宜化学成分和矿物组成。充分考虑燃煤热值对回转窑煅烧能力的影响，保证入窑煤的空气干燥基低位热值不低于 22000 kJ/kg。要控制原燃材料中的有害成分，保持硫碱比在 0.7%～1.0%范围内，趋利避害，稳定入窑生料成分，保证系统的安全稳定运行。

(2) 合适的系统用风

保证窑炉分风均衡，窑头排风(过剩风)和窑尾拉风平衡。参数有适宜的二、三次风和过剩风的温度、压力，窑尾、一级出口的 O_2 和 CO 的含量，一次风总风量<10%，入炉三次风温≥900 ℃，二次风温≥1020 ℃，窑头负压−20～−50 Pa 间，过剩风温度≤250 ℃。

(3) 煤粉

煤质(挥发分和灰分在±2%，发热量在±200 kJ/kg 间波动)、喂(下)煤量的稳定，调整精度高，反应灵敏。

(4) 入窑生料

稳定分解炉温度并稳定入窑物料分解率。保证生料要有适宜化学成分和组成，均化库均化效果良好，下料稳定，喂料量调整灵敏可靠。

(5) 窑速

喂料量与窑速要同步，保证窑内适宜的填充率，保证适宜的通风阻力和良好的传热效果。

(6) 较高的设备运转率，避免频繁开停窑。

(7) 合适的喷煤管位置和火焰形状

① 燃烧器的中心一般稍偏于窑口截面中心。如果火焰过于逼近物料表面，一部分未燃烧的燃料就会裹入物料层内得不到充分燃烧增加热耗。如果火焰离料表面太远而偏离窑衬，火焰射流则会碰撞窑皮，冲刷而烧坏窑皮和窑衬，严重时会引起频繁结皮、结圈、结蛋等现象。

② 燃烧器位置太偏下，火焰不顺，易烧损窑皮和耐火材料，并且导致急烧和不完全燃烧产生黄心料并造成 f-CaO 含量高，造成还原气氛加重，窑尾系统结皮堵塞。燃烧器位置太偏上，火燃烧的位置较远，即燃烧器离物料层远而靠近窑衬，火焰会冲刷窑皮和窑衬，缩短窑衬使用寿命；且易结长、厚窑皮，窑尾烟室和末级下料溜子易结皮堵塞，会造成窑高温带后移，易使料子发黏。在入窑生料饱和比较低和煤灰量大时影响加剧。

燃烧器对窑皮的影响可以简单地说成“高长低短，近厚远薄”，其中所说的“高、低、近、远”是火焰相对物料而言，“长、短、厚、薄”指的是窑皮。

(8) 优化操作，稳定热工制度

树立“三班保一窑、一班为三班”的操作指导理念，坚持遵循“三固”“四稳”“六兼顾”的操作指导方针。三固即：固定窑速、固定喂料量、固定箅冷机的料层厚度；四稳：稳定烧成带温度（窑头喂煤）、稳定分解炉出口温度（分解炉喂煤）、稳定预热器排风量（高温风机转速）、稳定窑头负压；六兼顾：兼顾 C_1 出口温度、压力；兼顾 C_1 出口氧气含量；兼顾 C_5 下料管温度、压力；兼顾筒体表面温度；兼顾箅冷机废气量；兼顾废气处理及收尘系统。保证系统稳定运转。

2.73 形成良好窑皮有何措施

(1) 配合好一、二次风，用稳定窑尾温度来控制窑内热工制度，使窑操作处于最佳状态。

(2) 严格控制熟料粒度。回转窑熟料结粒始终保持均齐（多数在 5～20 mm），说明窑温或风、煤、料、窑速配合较好。

(3) 避免窑速过快或过慢。窑速过快或过慢（生料成分发生变化除外）表明操作上存在失误，应采取措施争取主动保持窑内热工制度的稳定，防止 *KH* 值、*SM* 值高时提高窑温伤害窑皮。

(4) 控制二次风温与窑头温度不能过高或过低。二次风温过高或过低与窑内下料量的多少及冷却机的效率有很大关系，应及时做出调整。

(5) 经常根据“a 区”窑皮情况变化喷煤嘴的位置或合理调整内外风的比例（图 2.62）。利用窑口与喷煤嘴间的距离掌握火焰的正确形状，保护好窑皮。

(6) 正确的火焰形状不但顺畅、活泼、有力，而且不粗、不软、不硬；快窑不短，慢窑不长。保持正确的火焰形状，操作员的操作是决定因素。正确的操作与风、煤、料、窑速等诸多因素相互配合，避免操作产生失误是保证烧成带窑衬寿命的关键。窑皮形状的好坏是由火焰形状决定的，只有保持正确的火焰形状才会产生平整、致密、坚固的窑皮，生产中必须保持火焰形状的稳定。

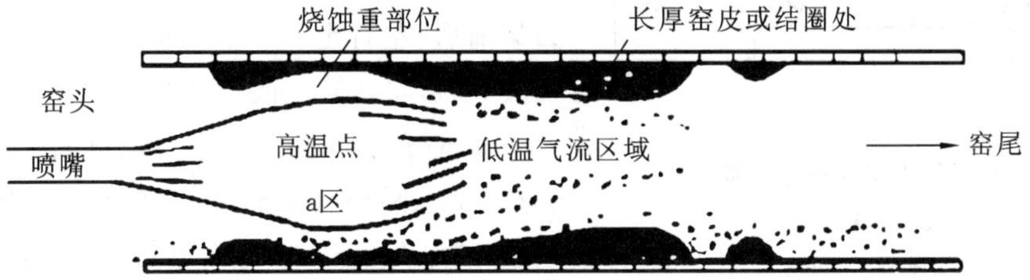

图 2.62

2.74 回转窑窑尾烟室侧墙掉砖背包的原因及处理

2.74.1 原因分析

回转窑窑尾烟室的侧墙掉砖背包在水泥厂也是一个“老大难”问题。由于烟室温度较高,物料提前出现部分液相,导致侧墙结皮严重。用高压水枪清理时,高压冷水流冲到红热的砖上,容易造成砖体炸裂脱落。由于侧墙结皮不断,所以需要每班至少清理一次。砖体炸裂后,有时会随结皮一块掉下来。这样,烟室侧墙在每次检修后点火不久就陆续发生掉砖、“背包”现象,有的地方可能要“背”好几层。

2.74.2 处理方法

(1) 对于外面有空间、能扩展的窑尾烟室侧墙,可将壳体往外移,加厚耐火砖,用硅钙板替代保温砖,并在垂直方向每隔 5 层耐火砖加一层浇注料梁(内焊耐热钢锚固件到壳体上),以提高墙体和壳体间的拉力,既能起到隔热保温作用,又未增加太多的重量和厚度,避免了烟室侧墙体排砖、倒塌现象。冀东厂窑尾烟室在大修时,从损坏最严重的西侧入手,将壳体向外移了 70 mm,把原来厚度为 114 mm 的耐火砖增厚到 230 mm,把原来两层保温材料(一层是保温砖,厚为 114 mm;另一层是硅钙板,厚为 30 mm)改成 100 mm 厚的硅钙板,并在垂直方向每隔 5～6 层耐火砖加一层浇注料梁。大修后 10 多个月,除耐火砖表面有轻微碎裂外,整个墙体未发生倒塌掉砖现象。

(2) 对于外面没有空间、无法扩展的烟室侧墙,因为离窑太近,打“背包”困难,所以可在不改变原来尺寸的情况下,将耐火砖改为优质高强浇注料,内焊耐热钢锚固件。据介绍,这样改进后一年,浇注料未发生松动、剥落现象。但这样做,对施工养护要求高,应予以格外重视,以免浇注料性能发挥不好。

2.75 回转窑托轮凹面的不停窑修复方法

回转窑托轮经过长时间运转会产生不同程度的磨损。特别是在筒体弯曲变形、托轮摆放不正确的情况下,托轮受力不均匀,会加速磨损,一般情况下,托轮表面磨损形成凸凹台,但是当轮带表面磨损不均匀后,也会使托轮表面产生不规则的弧形面。因此除了采取对托轮加强保养、及时调窑等方法改善托轮的运转情况外,还要在不停窑的情况下,对磨损托轮表面进行车削修复,保持托轮的相对稳定,上、下窜动自如。当托轮表面形成凸凹台,凸凹高度差达 2～3 mm 时,就需要对托轮进行表面车削。当托轮表面形成弧形面,一般高低差在 4～5 mm 时,需要对托轮表面车削。

修复方法如下:

(1) 如图 2.63 所示,用厚钢板自制走刀架支座,支座上安装导轨,导轨上安装刀架,刀架采用车床刀架。使刀架走、退刀范围前后有 50～60 mm,左右有 400 mm(也可根据托轮凸面的宽度自定)。

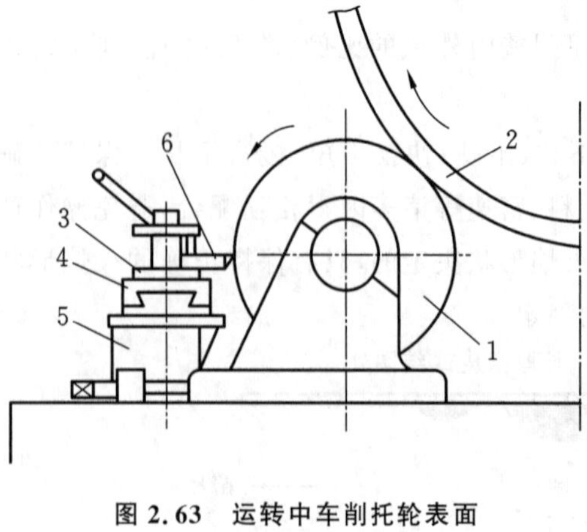

图 2.63 运转中车削托轮表面

1—托轮;2—轮带;3—车床刀架;4—导轨;5—走刀架支座;6—车刀

(2) 利用托轮底座上的螺丝,将刀架支座固定在托轮底座上,将窑体转速调整在每转 80～110 s 之间,使走刀架前后、左右走刀自如,通过固定在支座上的车刀架及其导轨,将托轮凸面车平修复。

在进行车削时,开始进刀量可大些,车削深度为 1～2 mm,到最后还有 1 mm 左右的车削深度时,进刀量可小些,车削深度 0.5 mm 左右进行车削,这样,就可以保证修复后的托轮表面的粗糙度基本达到原来的要求。

2.76 回转窑突然停转并淋雨会带来何危害

某水泥厂回转窑规格为 ϕ4.2 m×65 m，回转部分质量约 1400 t。生产稳定，回转窑正常运行，投料 55 t/h。某年 8 月 10 日下午 18 时 35 分，因雷击供电中断，运转中的回转窑突然停转，同时遭暴雨袭击，表面温度 300 ℃左右的筒体突然受凉，发生了严重的弯曲变形，Ⅰ号轮带和Ⅲ号轮带分别腾空 85 mm 和 40 mm。19 时暴雨停止，弯曲的筒体慢慢恢复，至 11 日零时，轮带腾空基本消除，弯曲变化情况见表 2.14。

表 2.14 回转窑筒体形变表(mm)

测量时间	Ⅰ号轮带		Ⅲ号轮带	
	南托轮	北托轮	南托轮	北托轮
10 日 19:20	30	85	15	40
10 日 20:20	1	1	0.45	1
10 日 21:10	1	0.75	0.45	1
10 日 21:30	1	0.75	0.45	1
11 日 0:05	0.80	0.75	0.75	0.30
11 日 3:20	供电转窑 180°			

11 日 3 时 20 分，供电恢复，开始调整窑筒体的弯曲变形。按预先在筒体最下部画出的标记，将筒体翻转 180°，然后开始缓慢升温，一小时后再转 90°；之后，每半小时转 90°，共转 4 次，最后使筒体处在原 180°位置，此时缓慢升温继续进行，开始慢转窑(15 min 一转)，至 11 日 10 时升温结束，开始投料生产，投料量为 45 t/h。投料之初，转矩波动较大，说明窑筒体变形仍然比较严重，投料运行 24 min 后，变形减小，转矩波形图趋于平稳。

开始投料生产后，窑的运转基本正常，原来担心的托轮瓦损坏或发热现象，都没有出现，瓦的温度只是比事故前升高了 2～3 ℃。设备的其他方面，运行 10 余天未发现异常。工艺方面，因筒体弯曲变形，窑内窑皮和耐火砖受到很大损伤，窑皮大面积垮落，耐火砖被挤碎掉块，筒体外表温度升高 20 ℃以上，局部高达 450 ℃。窑虽然转起来了，但筒体有过比较大的形变，对筒体和窑衬的寿命将会造成较大损失。

2.77 如何检测和调试回转窑托轮中心线

回转窑是水泥企业的心脏，是水泥生产的主机，窑的运转情况直接决定水泥企业各项经济技术指标和经济效果，使窑长期安全运转，烧制出产量高、质量好的水泥熟料是设备管理的重要中心环节。王志鹏提出的用 b 值分析法检测和调试回转窑托轮中心线，是一种直观准确的方法。这种方法借助于铅丝法进行检测和调试水平投影面内托轮轴线的位置，即用压出来铅丝的两端宽度 b 和 b' 测量值，制作 b 值分析图，由图中 b—b 连线，便可直观判断托轮轴线的位置。再测量铅丝两端 b 和 b' 同一位置铅丝的厚度 t 和 t' 值，并通过简单的计算，即可得出托轮应调的位置和数值，达到调试托轮中心线位置的目的。

(1) b 值分析法的制作方法

① 采用铅丝法碾压出运转中各档托轮或轮带之间的铅丝。

② 测量已碾压成型的各档铅丝两端的宽度 b 和 b' 值和同一位置铅丝厚度 t 和 t' 值，如图 2.64 所示。将所测得的数值填入表 2.15。

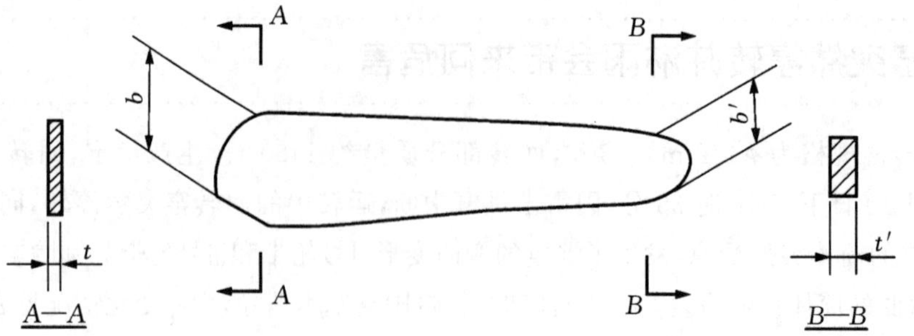

图 2.64 碾压成型的铅丝

表 2.15 测量碾压成型的 A 档铅丝两端宽度 b 和 b' 值及厚度 t 和 t' 值

测量点	$A_{东}$				$A_{西}$			
	南		北		南		北	
	b	t	b'	t'	b	t	b'	t'
1	11	1.05	22	0.52	20	0.62	18	0.76
2	11	1.05	19	0.70	18	0.76	13	0.87
3	13	0.87	23	0.46	19	0.70	20	0.62

③ 绘制 b 值分析图。首先在横坐标上取等距离的若干个测量点，分别为 1、2、3…和 1′、2′、3′…，沿各坐标点向上取 b_1、b_2、b_3…和 b_1'、b_2'、b_3'…作竖线，再将同一铅丝两端 b_1 和 b_1'，b_2 和 b_2'…顶点作连线，若 b—b'连线为斜线，那么托轮中心线就倾斜于窑中心线。高端 b 值大，说明受力大，托轮中心线靠近窑中心线；低端 b 值小，说明受力小，远离窑中心线。再根据斜线倾斜的方向来判断托轮轴线倾斜的方向，若 b—b'连线为水平或基本水平，则托轮轴线与窑中心线为平行或基本平行；若 b—b'连线多条为斜线，且倾斜较大，少数线为水平和相反方向倾斜，可判断托轮轴线倾斜于窑中心线；若 b—b'连线多条为水平，少数为斜线且倾斜较小，确定托轮中心线平行于窑中心线。b 值分析图绘制方法如图 2.65 所示。

④ 根据 b 值分析图绘制托轮与窑中心线位置图，如图 2.66 所示。

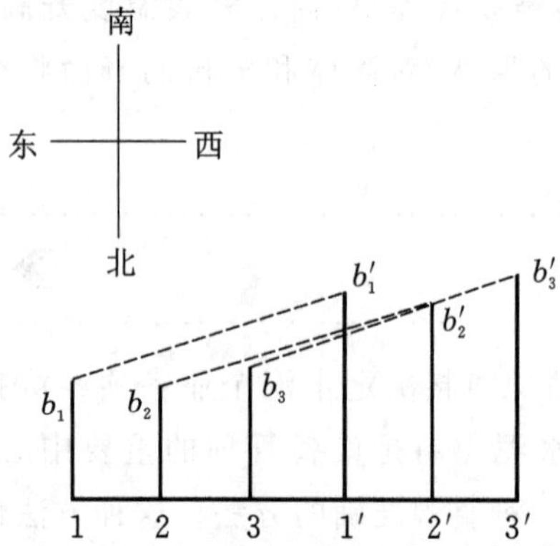

图 2.65 b 值分析图绘制方法

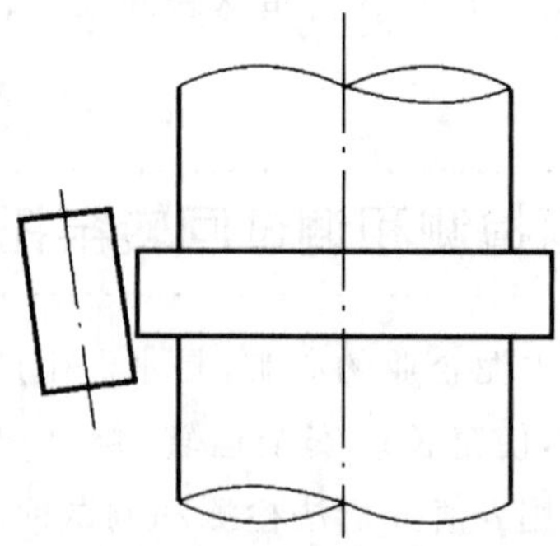

图 2.66 根据 b 值分析图绘制托轮与窑中心线位置

⑤ 托轮中心线调试方向的判断。首先选用靠近传动装置一档托轮碾压出来的铅丝 b、b'值和 t、t'值作为调试基准值，即 b 标准和 t 标准。但必须大小传动齿轮齿顶啮合间隙达到设计和安装精度，而且两托轮中心线都平行于窑中心线。以 b 标准和 t 标准来判断和计算其他各档托轮轴线的位置。

若 b、b'值大于 $b_{标准}$ 值，说明该档托轮受力大，将该档托轮向外调。

若 b、b'值小于 $b_{标准}$ 值，说明该档托轮受力小，将该档托轮向内调。

若 $b>b_{标准}>b'$，则 b 端向外调，b'端向内调。

⑥ 在要求将托轮中心线调至平行于窑中心线时，按下式计算托轮顶丝应转动的角度 α。

$$\alpha=(t-t_{标准})\times\cos\beta\times(360°/P_n)\times K$$

式中 α——托轮顶丝应调角度，若 α 为正值则托轮向内调，若 α 为负值则托轮向外调。

$t-t_{标准}$——该档托轮所测铅丝厚度与 $t_{标准}$ 值之差。

$\cos\beta$——窑断面中心与托轮中心的连线与水平线夹角的余弦。

P_n——托轮调整顶丝螺矩。

K——经验系数，一般取 0.5～2.5。若 $b—b'$ 连线倾角大，托轮受力显著不均，取大值；反之则取小值。$t-t_{标准}$ 越大，K 取大值；$t-t_{标准}$ 越小，K 取小值，当 $t-t_{标准}$ 为负值时，K 在 0.5～1 之间取值。

⑦ 托轮调试注意事项

靠近传动大小齿轮部位的托轮调试要慎重，必须保证大小齿轮的齿顶间隙。

窑头窑尾(特别是窑头)一档托轮调试放在最后。

调试轴线成八字形的托轮时，两个托轮同时调。

带液压挡轮的窑的调试，要先在液压挡轮油缸尾部和底座之间加楔铁，调试正常，液压挡轮开动后去掉楔铁。

遇托轮顶丝调 180°以上时，应分两次调。

(2) 应用实例

内蒙古蒙西水泥有限公司采用 b 值分析法，分别对 ϕ3.5 m×145 m 6 档支承、带推力挡轮的窑和 ϕ4 m×50 m 6 档支承、带普通挡轮的窑以及 ϕ4 m/ϕ3.5 m/ϕ4 m×150 m 6 档支承、带液压挡轮的窑等回转窑进行检测和调试，均取得了检测结果正确、调试数据准确等较好效果。

ϕ4 m/ϕ3.5 m/ϕ4 m×150 m 6 档支承带液压挡轮装置的回转窑，窑体向上窜动是靠液压挡轮的推动作用，向下滑动是靠弹性滑动自由下落，这样周而复始地进行上下往复有规律的运动，因此要求各档托轮轴线在正投影和水平投影全部平行窑中心线。在这种类型窑的调试中，首先检测窑墩是否下沉，各档托轮的斜度是否与窑中心线的斜度一致，并检测传动大齿轮与 2 个传动小齿轮的齿顶间隙，在确定已达到设计和安装精度标准时，便以靠近传动装置的 D 档托轮作为标准。同时还检测了窑头窑尾筒体的径向摆动量，并在液压挡轮油缸尾部及机座间加楔铁，以防窑下滑力太大，撞伤设备。然后采用 b 值分析法对各档托轮轴线和位置进行检测和调试(图 2.67)。

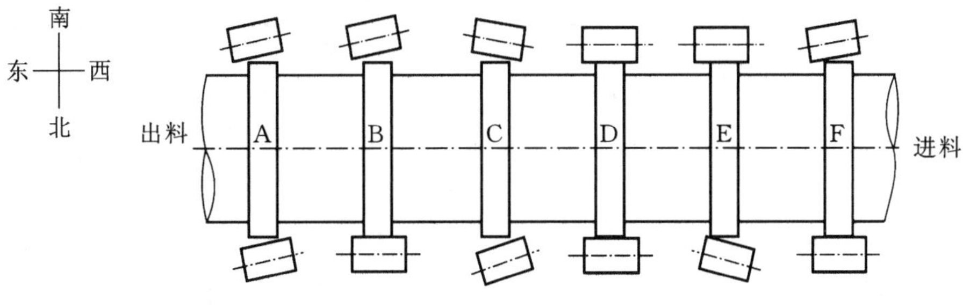

图 2.67 应用 b 值分析法检测 ϕ4 m/ϕ3.5 m/ϕ4 m×150 m 窑与托轮中心线位置示意图

① D 档 b 值分析

D 档为靠近传动装置一档，如表 2.16 所示。

$b_{东南}=b'_{东北}=26\sim29$ mm　　　　$t_{东南}=t'_{东北}=0.31\sim0.37$ mm

$b_{西南}=b'_{西北}=27\sim29$ mm　　　　$t_{西南}=t'_{西北}=0.31\sim0.35$ mm

D 档东托轮 $b—b'$ 连线为水平线，说明该托轮轴线平行于窑中心线。

D 档西托轮 $b—b'$ 连线为水平线，说明该托轮轴线平行于窑中心线。

又因为窑两侧小齿轮与大齿轮齿顶间隙相等并为标准值，所以 D 档两托轮中心线不调，并取 b=29 mm 为标准对比值，取 t=0.31 mm 为标准计算值。

表 2.16 D 档 b 值分析

项目		D档(轮带号)							
		$D_{东}$				$D_{西}$			
		南		北		南		北	
		b	t	b'	t'	b	t	b'	t'
测量点	1	29	0.32	29	0.31	28	0.34	27	0.35
	2	27	0.35	26	0.37	27	0.35	27	0.35
	3	26	0.37	27	0.35	29	0.32	29	0.31
b 值分析图		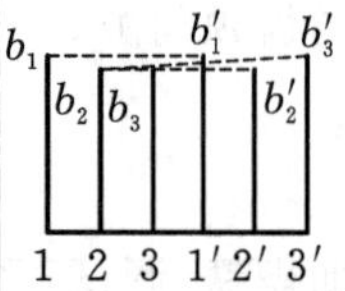		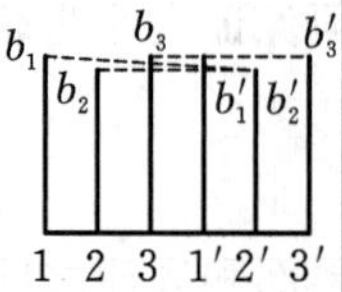		根据 b 值分析图绘制的窑中心线与托轮中心线位置图		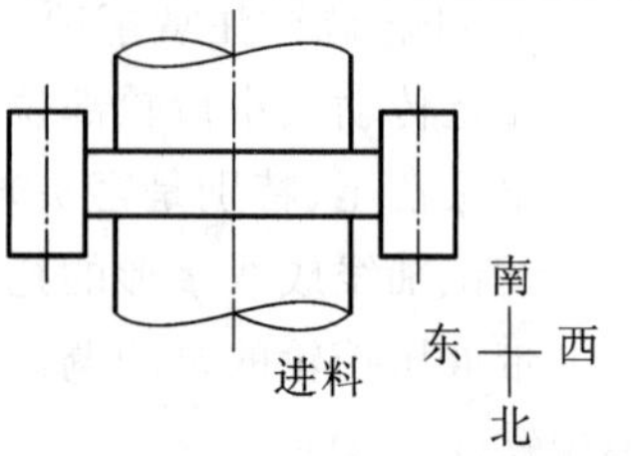	
应调值		因为传动装置两个小齿轮与大齿轮齿顶间隙合适,两托轮又平行于窑中心线,因此该档托轮不调,并选 $b=29$ mm 为标准对比值,$t=0.31$ mm 为标准计算值							
调后复测情况		窑两侧小齿轮与大齿轮顶间隙分别为 11.9 mm 和 11.8 mm $b\approx b'=26\sim27$ mm,$t\approx t'=0.35\sim0.37$ mm							

② C 档 b 值分析

如表 2.17 所示,C 档东托轮 b—b' 连线为斜线,南低北高,说明该档托轮中心线倾斜于窑中心线,南端受力小,远离窑中心线,北端受力大,靠近窑中心线,又 $b_{东南}<b_{标准}$,该端向内调。而 $b'_{东北}=b_{标准}$,该端不调。C 档东托轮南端顶丝向内调的数值,利用公式计算,将 $t=1.05$ mm,$t_{标准}=0.31$ mm,$\cos60°=0.5$,$P_n=4$ mm,$K=2$,各值代入公式得:

$$\alpha_{东南}=(1.05-0.31)\times0.5\times(360°/4)\times2=66.6°$$

因为是 +66.6°,所以 C 档东托轮南端顶丝向内调 66.6°。

表 2.17 C 档 b 值分析

项目		C档(轮带号)							
		$C_{东}$				$C_{西}$			
		南		北		南		北	
		b	t	b'	t'	b	t	b'	t'
测量点	1	11	1.05	25	0.4	15	0.8	30	0.30
	2	15	0.8	29	0.31	15	0.8	27	0.35
	3	25	0.41	27	0.35	10	1.15	29	0.31
b 值分析图		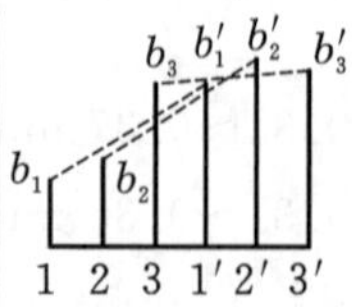		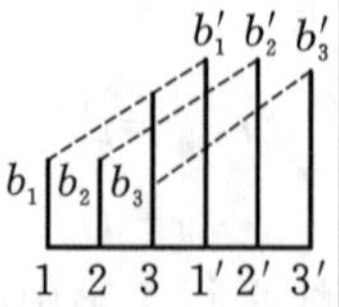		根据 b 值分析图绘制的窑中心线与托轮中心线位置图		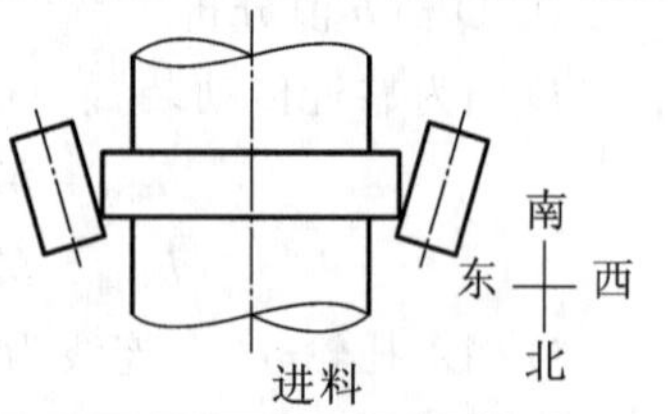	
应调值		$\alpha_{东南}=+66.6°$,C 档东托轮南端顶丝向内调 66.6°,$\alpha_{西南}=+75.6°$,C 档西托轮南端顶丝向内调 75.6°							
调后复测情况		$b\approx b'=26\sim27$ mm,$t\approx t'=0.35\sim0.37$ mm							

C 档西托轮 $b—b'$ 连线为斜线，南端低，北端高，说明该档托轮轴线倾斜于窑中心线，南端受力小，远离窑中心线；北端受力大，靠近窑中心线。又 $b_{西南}<b_{标准}$，该端向内调，而 $b'_{西北}=b_{标准}$，该端不调，$b_{西南}$ 端向内调的数值利用公式计算。将 $t=1.15$，$K=2$ 代入公式：

$$\alpha_{西南}=(1.15-0.31)\times 0.5\times 90\times 2=75.6°$$

所以 C 档西托轮南顶丝向内调 75.6°。

③ E 档 b 值分析

E 档 b 值分析见表 2.18。

E 档东托轮 $b-b'$ 连线为斜线，南端高，北端低，说明该档托轮中心线倾斜于窑中心线，南端受力大，靠近窑中心线，北端受力小，远离窑中心线。

又因为 $b_{东南}>b_{标准}$，所以该端应向外调。而 $b'_{东北}<b_{标准}$，所以应向内调。将 $t=0.17$ mm 和 $K=1$ 代入公式，得：

$$\alpha_{东南}=(0.17-0.31)\times 0.5\times 90\times 1=-6.3°$$

因为是负值，所以该端顶丝向外调 6.3°。

将 $t=0.87$，$K=2$ 代入公式，得：

$$\alpha_{东北}=(0.87-0.31)\times 0.5\times 90\times 2=50.4°$$

因为是正值，所以该端顶丝向内调 50.4°。

E 档西托轮 $b-b'$ 连线为水平线，说明该档托轮中心线平行于窑中心线。又因为：

$b_{西南}=b'_{西北}=25\sim 27$ mm$=b_{标准}$，所以该档西托轮不调。

表 2.18　E 档 b 值分析

项目		E 档（轮带号）							
		$E_{东}$				$E_{西}$			
		南		北		南		北	
		b	t	b'	t'	b	t	b'	t'
测量点	1	32	0.29	15	0.80	26	0.37	27	0.35
	2	36	0.17	13	0.87	25	0.40	25	0.40
	3	22	0.52	17	0.78	27	0.35	26	0.37
b 值分析图		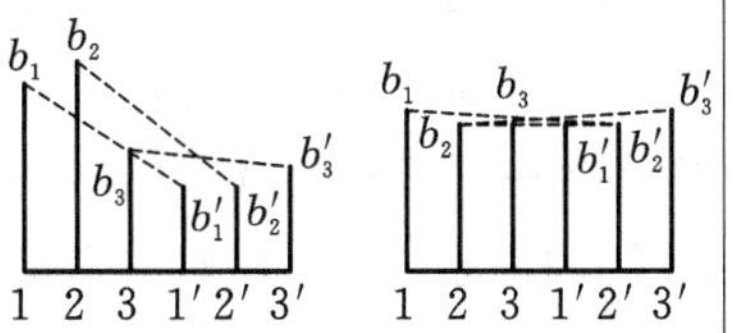			根据 b 值分析图绘制的窑中心线与托轮中心线位置图		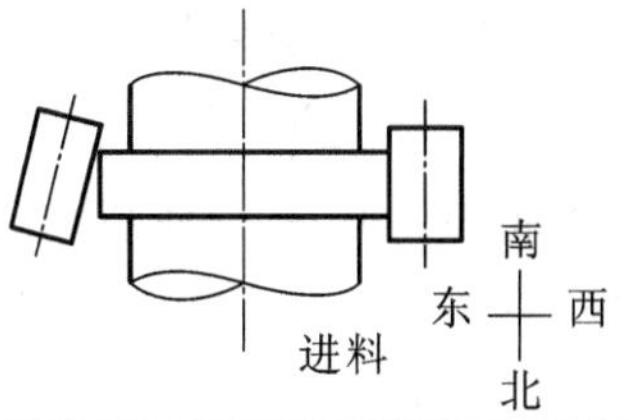		
应调值		$\alpha_{东南}=-6.3°$，$\alpha_{东北}=+50.4°$，E 档东托轮南端顶丝向外调 6.3°，东托轮北端顶丝向内调 50.4°，E 档西托轮不调							
调后复测情况		$b\approx b'=25\sim 27$ mm，$t\approx t'=0.37\sim 0.4$ mm							

对该窑其他三档 A、B、F 档托轮用 b 值分析法进行检测和调试，详见图 2.67。

采用 b 值分析法对图 2.67 中 $\phi 4$ m/$\phi 3.5$ m/$\phi 4$ m×150 m 带液压挡轮装置的 6 档（A、B、C、D、E、F）托轮进行了检测和调试后，又采用 b 值分析法对各档托轮进行复查，结果各档托轮轴线全部平行于窑中心线，所碾压铅丝全部为矩形，其 b 值为 25～27 mm。t 值为 0.35～0.40 mm，液压挡轮工作压力为 3～3.5 MPa，每 8 h 推动窑上下往复移动一次，运转中窑电流为 130～180 A，窑两侧小齿轮与大齿轮啮合间隙分别为 11.9 mm 和 11.8 mm，均达到要求精度，窑头筒体径向摆动量为 4 mm，窑尾筒体经向摆动量为 4～6 mm，窑运转平稳，各档托轮轴承温度为 19～23 ℃。采用 b 值分析法检测和调试的多个类型多条回转窑均取得了较好的成果。

2.78 为什么要控制回转窑轮带间隙的大小

回转窑在人们的想象中应该是一个斜放的平直正圆筒体。其实,回转窑是热工设备,在高温和重负荷下工作,再加上本身的倾斜和各处的温度不均匀及热膨胀量的不同,它的变形是一个很复杂的过程。从某一截面上看,可以认为它是一个椭圆形。它的变化具有正负不断和多次反复的特征。

筒体内的耐火砖是靠拱的作用随筒体的转动而转动,其中性面的曲率是随着筒体的转动而做周期性的交替增减。它的变化幅度是随筒体横向变形的增大而加大。

当今的新型干法回转窑都采用松套式的浮动轮带,筒体垫板外径与轮带内径之间的间隙十分重要。间隙过大会使筒体变形加大,垫板与筒体的焊缝应力增大,产生断裂,缩短耐火砖的使用寿命,同时还会使轮带与垫板间的相对滑动增大,加剧磨损;间隙过小筒体膨胀又会出现过盈,引起缩颈现象的发生,也会使筒体出现大的变形。不论是哪种变形,都会引起耐火砖的松动、排列扭曲和断裂,从而发生掉砖红窑事故,更严重时会导致筒体出现裂纹,甚至断裂,造成整个筒体的损坏。

所以,必须控制回转窑轮带的间隙在一定范围内。

2.79 如何用轮带间隙仪法检测回转窑轮带的间隙

轮带间隙仪如图 2.68 所示,由筒体磁座 1、支架 2、画笔 3 和带有轮带磁座 4 的图形板 5 组成。

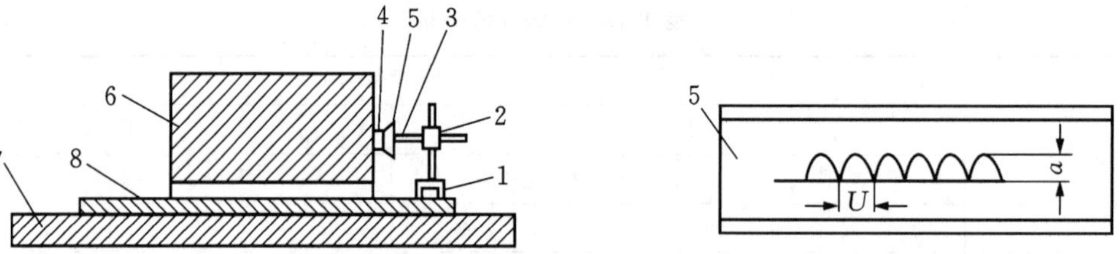

图 2.68 轮带间隙仪及其测量曲线

1—筒体磁座;2—支架;3—画笔;4—轮带磁座;5—图形板;6—轮带;7—筒体;8—垫板

在回转窑运转时,将装有图形板的轮带磁座 4 先吸在轮带的侧面上,图形板随轮带转动。在固定时,应注意图形板方位的准确。然后将用弹簧支撑的画笔笔尖对准图形板的合适位置,通过筒体磁座 1 吸在筒体或垫板上,随筒体转动。当窑体转动一圈时,画笔就会在图形板的纸上画出一个半波曲线图,转两圈时就会画出两个半波曲线图形。波幅 a 即是轮带的实际间隙值,波长 U 即是筒体转动一圈时与轮带的相对滑移值。

轮带间隙仪结构简单,体型很小,非常便宜。但是操作艰苦、紧张,必须在热筒体下面或侧面进行。它不能连续记录,最多仅能测十几转的波形。

2.80 如何对回转窑轮带间隙进行人工控制

可用轮带间隙仪和窑侧设置的喷雾风机对回转窑轮带间隙进行人工控制。当发现回转窑筒体温度升高,轮带间隙接近于零时,就可用轮带间隙仪准确地测出轮带间隙。如果轮带间隙已达 2 mm,就应开动喷雾风机,这时不喷水。如果窑筒体温度继续升高,表明只用风冷却还不够,再开动水路,以雾状喷到筒体上,对筒体进行冷却。如果这时筒体温度下降,就可停水,只用风冷却。若是筒体温度继续下降,轮带间隙增大到 3～4 mm 时,把风也停掉。

这种人工控制轮带间隙的方法,虽然所用设备少,但比较麻烦,而且劳动强度高,稍有疏忽,轮带间隙就会失控，造成不应有的损失。为解决这一问题，可采用自动冷却装置，能够连续地控制轮带的间隙，使其永远处于合理的范围之内。

2.81 常见回转窑轮带间隙自动控制系统有几种形式

(1) 风冷式系统

如图 2.69 所示，当窑筒体温度升高到一定时即开动冷却风机 1，通过管路 2、阀门 3 和喷嘴 4 将冷空气喷射到轮带与筒体的间隙中，对轮带下筒体和轮带的内表面进行冷却。这种冷却方式虽然也有一定的效果，但多不理想，不能如愿以偿。

(2) 水冷式系统

图 2.70 所示是水冷式系统，即全部用水作为冷却介质而不用风，整个系统全部自动控制。在传动装置小齿轮的轴头上安装一个高频脉冲发生器 1，窑每转一转释放约 20000 个脉冲信号。在轮带旁的支架上安装一个信号开关 2，在轮带上焊有一个钢板，轮带每转一转释放一个脉冲信号。测量变换器 3 将轮带和小齿轮每转一转送入的脉冲信号进行分别计数，两者之差与轮带和筒体的相对滑动成比例，在与测量变换器 3 相连的信号记录器 4 上显示出来。经测量变换器处理后的信号送入控制器 5 中，对喷水系统的电磁阀 6 和电动调节阀 7 进行控制，并在轮带间隙超限时发出报警信号、灯光或声音。

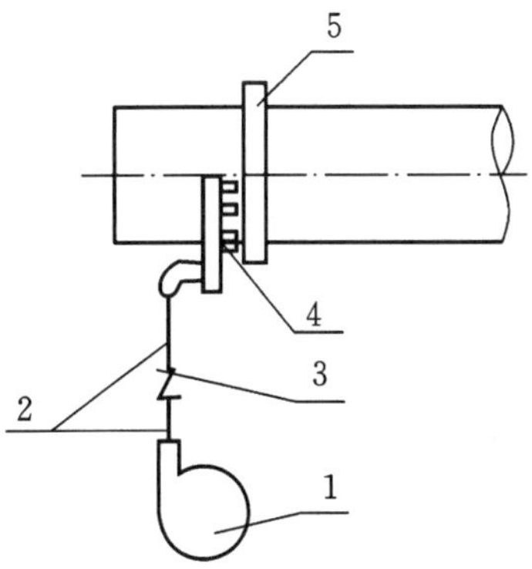

图 2.69 ϕ4 m×60 m 窑的风冷式轮带间隙控制

1—冷却风机；2—管道；3—阀门；4—喷嘴；5—轮带

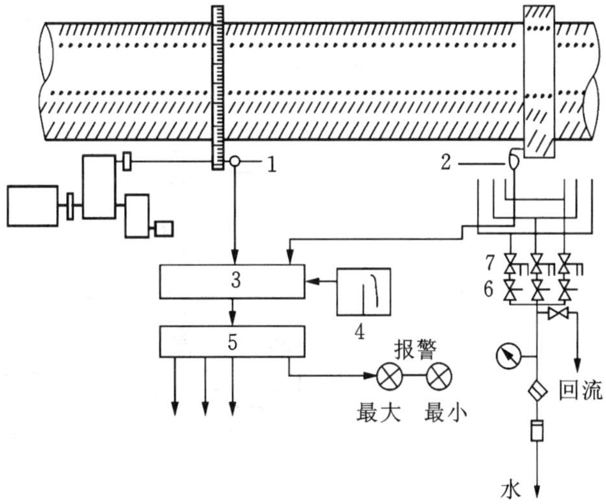

图 2.70 轮带间隙控制的水冷式系统

1—高频脉冲发生器；2—信号开关；3—测量变换器；4—信号记录器；5—控制器；6—电磁阀；7—电动调节阀

在轮带两侧共布置 6 个喷嘴，分三组，每组的水量通过电动调节阀 7 在一定范围内调节。当窑点火升温时，轮带间隙较大，滑动量也大，这时不喷水。当筒体温度升高到一定时，先开一组喷嘴。这时如果筒体温度继续升高，就再开一组，依此类推。当筒体温度降到一定时水量可自动减少，直到停喷。冷却水经喷嘴雾化后以雾状喷射到筒体上，雾滴落到筒体便蒸发。这样，既省水又卫生，不致污染环境，同时还可避免筒体外表面大量结垢。

(3) 风水合一系统

图 2.71 是风水合一式的轮带间隙控制系统。在窑传动装置主电机的轴头上安装一个脉冲发生器 1，在热端第Ⅰ、Ⅱ档轮带旁的支架上各装一个光电转换器 2，它们发出的脉冲送入信号开关 3 中。信号开关和主电机轴头上的脉冲发生器所发出的信号脉冲同时送入变换器或控制器 4 中处理。控制器分两路，一路控制风机开停和转速，一路控制水路的开停。当用风冷却还不能满足要求时再加开水路。水送入风机的出口处与风混合，借助于风速将其雾化，并通过围绕筒体的若干个风嘴喷射到轮带和筒体的间

隙中，对其进行冷却。

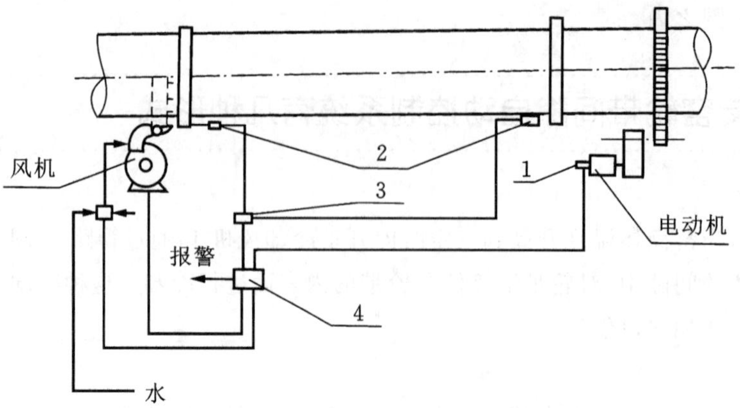

图 2.71　风水合一式的轮带间隙控制

1—脉冲发生器；2—光电转换器；3—信号开关；4—控制器

（4）风水单喷系统

图 2.72 是某厂 ϕ4.7 m×74 m 回转窑中间档轮带间隙的控制系统简图。在主电机的轴头上安装一个脉冲发生器 1，在轮带旁的支架上装两个光电开关 2。窑每转一转两者所发生的脉冲信号送入间隙控制器 3 中处理，根据轮带相对滑动的大小对风机的开停及阀门开度进行控制，同时对水路中的电动调节阀 6 进行控制。轮带相对滑动的大小和阀门开度以及喷水量的大小通过记录器 4 记录，如果轮带间隙超过最大和最小值由报警器 5 报警。

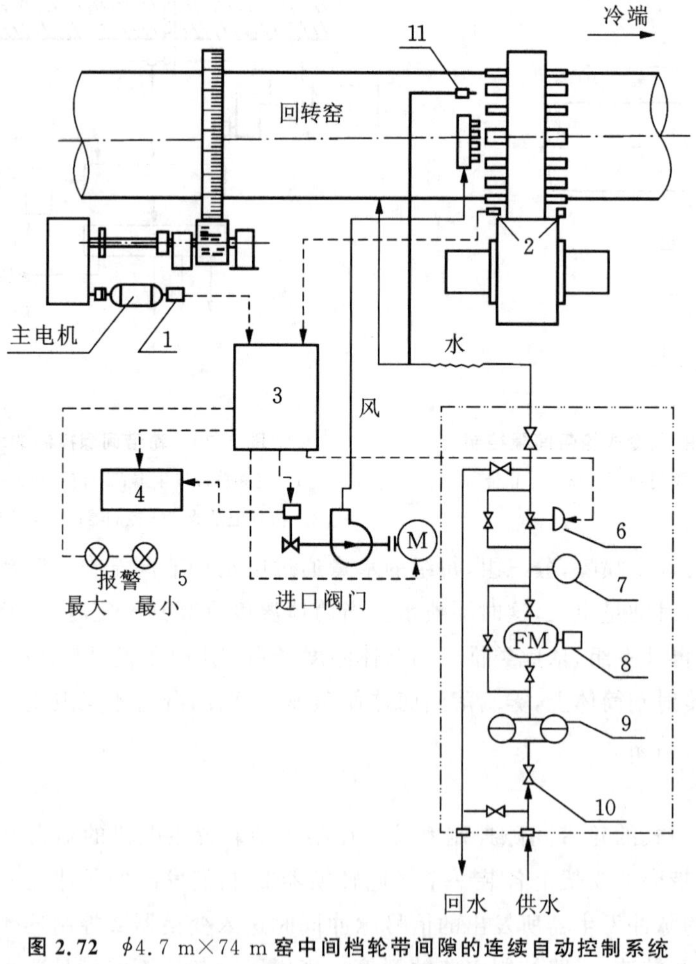

图 2.72　ϕ4.7 m×74 m 窑中间档轮带间隙的连续自动控制系统

1—脉冲发生器；2—光电开关；3—间隙控制器；4—记录器；5—报警器；6—电动调节阀；7—压力表；8—流量表；9—过滤器；10—截止阀；11—喷水嘴

2.82 分解炉三次风管的设计应注意哪些事项

(1) 分解炉用的三次风应从冷却机抽取,可从箅式冷却机的上壳体抽取,也可从窑门罩引出,当从上壳体抽取时,应通过沉降室后再送入分解炉,当从窑门罩引出时,可根据具体情况确定是否设置沉降室。

(2) 三次风管可布置成V字形或倾斜"一"字形,并宜设清灰措施,以防止三次风管堵塞。

(3) 三次风管内的风速宜取17～22 m/s。

2.83 回转窑在冷热状态下齿轮啮合尺寸有何变化

回转窑是在冷态下进行安装、调整的,而在热态下运行工作。在冷态安装、调整好的回转窑齿轮传动,其啮合尺寸在热态工作中将受温度影响而发生较大的变化。这种变化在安装、调整时必须预先给予充分考虑。否则,窑在热态工作时,齿轮传动的平稳性将会受到破坏,轻者齿轮磨损加剧而缩短使用寿命,重者产生强烈振动,甚至断牙报废而中断生产。

在冷窑状态下,轮带是活套在回转窑窑体上,它们之间的间隙通常设计为6～12 mm。当窑在热态工作时,窑体受热温升通常为200～300 ℃,轮带受热温升通常为100～200 ℃,两者温差在100 ℃左右。由于这种温差存在,窑体和轮带在径向方向的热膨胀量不同,前者的热膨胀量大于后者。假设窑体和轮带的径向热膨胀量差值为Δb_1,那么热态下窑体与轮带之间的间隙比冷窑安装预留的间隙减少了Δb_1,窑体及大齿轮的中心标高则相应地提高了$\Delta b_1/2$。对于ϕ3.95 m×56 m预分解窑,其Δb_1值为4～5 mm。

回转窑支承装置的轮带和托轮,因受热影响其径向尺寸增大,而两托轮间的距离基本不变,故窑体及大齿轮的中心标高也将相应地提高。令轮带的半径为R,其径向热膨胀量为ΔR;托轮的半径为r,其径向的热膨胀量为Δr。ΔR和Δr可利用下面两式分别算出:

$$\Delta R = R \cdot t_{带} \cdot \alpha$$

$$\Delta r = r \cdot t_{托} \cdot \alpha$$

式中 $t_{带}$,$t_{托}$——轮带、托轮热态温升值,℃;

α——钢材线膨胀系数,$\alpha=12\times10^{-6}$,1/℃。

轮带及托轮受热膨胀后,轮带的中心标高相应的提高值为:

$$\Delta b_2 = \sqrt{(R+\Delta R+r+\Delta r)^2-[(R+r)\sin30^\circ]^2}-(R+r)\sin60^\circ$$

那么,窑受热影响后,窑体及大齿轮的中心标高总的提高值为:

$$\Delta B = \frac{1}{2}\Delta b_1 + \Delta b_2$$

回转窑在热态工作时,大、小齿轮也同样受热膨胀,其齿顶间隙将缩小ΔX。令大、小齿轮径向热膨胀量分别为$\Delta X''$和$\Delta X'$,齿轮啮合齿顶间隙的缩小值应为:

$$\Delta X = \frac{1}{2}(\Delta X' + \Delta X'')$$

其中:

$$\Delta X' = D_{e1} \cdot t'_{齿} \cdot \alpha$$

$$\Delta X'' = D_{e2} \cdot t''_{齿} \cdot \alpha$$

式中 D_{e1},D_{e2}——小、大齿轮齿顶圆直径,mm;

$t'_{齿}$,$t''_{齿}$——小、大齿轮热态温升值,℃;

α——钢材线膨胀系数，为 12×10^{-6}，1/℃。

设定回转窑在冷态安装时，其大、小齿轮的中心在水平面上的投影距离为 A，在垂直面上的投影距离为 B。那么，回转窑在热态工作时，窑体、轮带、托轮及大、小齿轮受热影响后，其大、小齿轮啮合的齿顶间隙相较于冷窑状态所发生的综合变化值应为：

$$\Delta e=\sqrt{A^2+(B+\Delta B)^2}-\sqrt{A^2+B^2}-\Delta X$$

通常，回转窑在热态工作时，其窑体、轮带、托轮及大、小齿轮等部件受热膨胀，改变了齿轮啮合尺寸，齿轮啮合的齿顶间隙有所增大而非缩小。关于热态窑的齿轮齿顶间隙增大问题，也可以参考丹麦史密斯公司对回转窑齿轮传动安装时齿侧间隙的规定，这个规定间接地给予了佐证。该公司对 ϕ3.95 m×56 m 回转窑齿轮传动安装、调整的齿侧间隙的要求是，冷态窑为 4.6 mm，热态窑为 6.9 mm。可见，回转窑热态时的齿顶间隙比冷态安装的齿顶间隙变得大些。

2.84 回转窑窑尾密封装置的改造经验

某水泥厂 ϕ4 m×60 m 立筒预热器窑，由于该预热器顶部四个旋风筒的排灰阀卸灰是间断性的，在钵体内各缩口处堆积的物料不均匀地滑落，从而易产生“塌料”现象；又由于窑尾热风机排风能力限制，不足以在立筒及窑内形成持续稳定的负压，因此偶尔会出现倒风。于是在窑尾产生了热物料与气体的混合物喷出，其温度高达 900 ℃左右，极易造成密封装置部件的损坏，产生泄漏，影响生产的正常进行。为此，该厂对窑尾密封装置进行了多次技术改造，以消除这一因素的影响。

(1) 改造过程

该窑的窑尾密封装置原设计为吊圈轴向端面密封装置(图 2.73)，这种结构在活动环与窑筒体之间存在着径向的尺寸误差和形状误差，同时还要预留足够的热膨胀余量，所以此处本身存在较大的周向环缝间隙；在使用中，弹簧受热失效，又造成密封装置端面漏风漏料严重，密封效果很差。

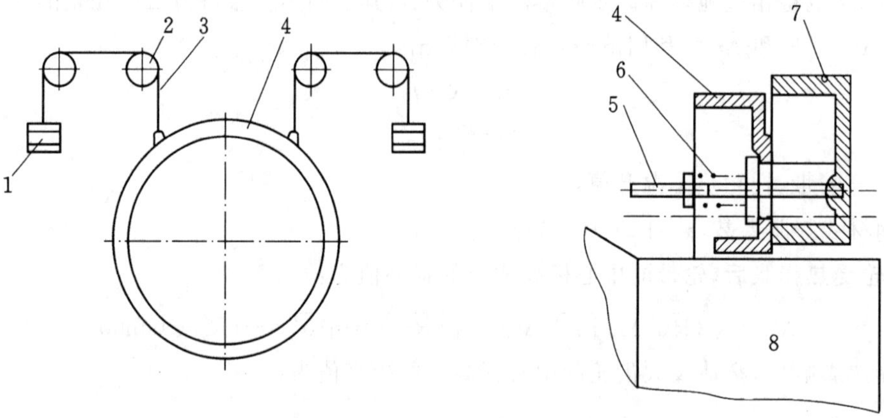

图 2.73 吊圈轴向端面密封装置

1—重锤；2—滑轮；3—钢丝绳；4—活动环；5—螺杆；6—弹簧；7—固定环；8—窑筒体

第一次改进：用石墨块弹簧压架密封装置(图 2.74)。这种密封装置结构简单，制作方便，石墨块具有润滑性能，不易磨损筒体，摩擦消耗少；石墨块价廉，有耐高温、抗氧化、不变形等优点。缺点是：弹簧寿命短，受热失去弹力，使处在下方的石墨块和压架松脱或掉落，出现很大的间隙(60～70 mm)，上方及水平方向则不能压紧，从而失去密封效果。由于窑尾常受高温辐射作用，温度很高，给维护和检修工作带来很大的困难。因此，窑尾不适合用该密封形式。

第二次改进：采用了气缸组合式密封装置(图 2.75)。

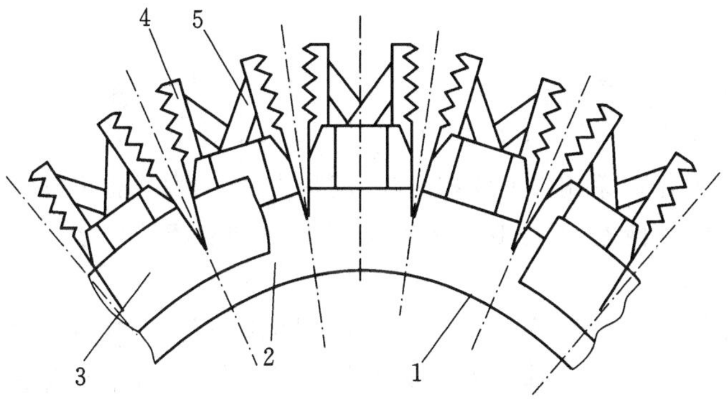

图 2.74 石墨块弹簧压架密封装置(第一次改进)

1—窑筒体;2—石墨块;3—挡板;4—弹簧;5—压架

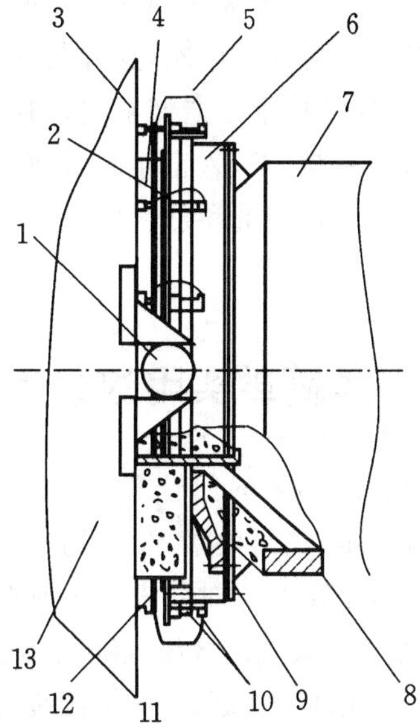

图 2.75 气缸组合式密封装置(第二次改进)

1—支承滚轮;2—气缸;3—烟室前板;4—前板圈;5—气缸管道;6—固定圈;7—窑筒体;8—下料舌头;9—护板;10—摩擦片;11—活动圈;12—石棉绳;13—烟室

这种密封装置在结构及功能上均具有较好的适应性及密封性能,但可靠性欠佳。使用半年后,由于该处的环境温度高(300 ℃以上),加之窑尾偶尔喷出 900 ℃左右的高温物料与气体,气缸缸体变形,活塞损坏,气缸失去作用。个别气缸的损坏,造成活动圈受力不均匀,与固定圈接触不良,使大量的热气体喷出,加速了其余气缸的损坏,直至全部失效。

第三次改进:为了消除气缸可靠性差的缺陷,通过反复认真的研究,本着经济、实用、可靠的原则,决定采用杠杆配重组合式密封装置(图 2.76)来取代气缸。具体做法是:将原来的气缸及其风管部件全部拆除,在支承滚轮的支架上对称焊接四个支座,装配杠杆装置,杠杆的一端装有滚子顶靠在活动圈上,另一端悬吊重锤。当窑上窜时,固定圈推动活动圈一起上行,四个重锤同时提高;当窑下窜时,重锤重力作用于杠杆推压活动圈,使之与固定圈始终保持紧密接触,达到密封的目的。

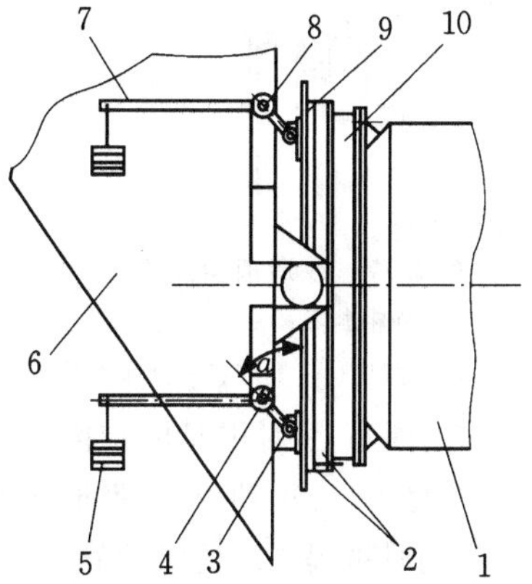

图 2.76 杠杆配重组合式密封装置(第三次改进)

1—窑筒体;2—摩擦片;3—滚子;4—下支座;5—重锤;6—支承滚轮;7—杠杆;8—上支座;9—活动圈;10—固定圈

(2) 制作与安装杠杆时的注意事项

① 四个杠杆的支点在活动圈的圆周上应均布,以使活动圈受力均匀。

② 当窑窜至最下端时,杠杆的阻力臂与活动圈平面的夹角 α 应不大于 50°,否则,就要采取限位措施,以防窑往上窜时被卡住。

③ 单个杠杆作用于活动圈的推力以 1000～2000 N 为宜,杠杆的动力臂与阻力臂之比选取 $K=1.5\sim2.5$,并以此来调整重锤的重量。

④ 杠杆、支座及滚子的材料选取要合理耐用,有足够的强度和刚度,以防损坏或变形。

⑤ 必要时,对活动圈进行加固。

(3) 改造后的效果

这次技术改造既保持了气缸密封装置原有的性能优点,又改进了其不足之处。首先,结构简单,部件少,安装、维护方便,成本低;运行平稳,不消耗动力;各部件的安全可靠性高,耐热性好,变形或损坏的可能性小,易损件少,故障率低。其次,仍具有密封性能良好的特性,径向的石棉绳和轴向端面的摩擦片,可有效地阻止冷空气的吸入和热气体的喷出，只要定期检查更换石棉绳，配重量调整适当，使摩擦片紧密接触，即可保证密封性。再次，这种装置适合在环境温度高和粉尘污染严重的恶劣环境下使用。

这一系列的技术改造使窑尾密封装置性能满足了工艺及生产的要求，减少了系统的漏风，使窑尾温度提高了 50～100 ℃，入窑生料分解率由 30%提高到了 40%左右，生料损耗也大大减少，热工制度比以前稳定，窑的台时产量和熟料质量有所提高，环境污染得到控制，各种消耗大为减少，为企业创造了可观的经济效益。

2.85 一种简单实用的组合式窑尾密封装置

某厂 ϕ3 m×48 m 回转窑窑尾密封，如图 2.77 所示原采用端面摩擦、气缸压紧式，使用中暴露出以下缺点：漏风严重，密封效果差；结构复杂，故障率高，维修性差；不可双向调整，不能控制动静摩擦片之间的受力。为此，李文智等对此进行了改造，取得了较好效果。

拆除原密封装置的 8 组气缸及其连接风管等部件，保留动静密封圈及摩擦片。制作 4 组杠杆配重压紧装置，杠杆一端加配重砝码，另一端装有滚轮，杠杆支点采用 2 个轴承座支撑，如图 2.78 所示。该装置在静密封圈后部，沿冷烟室圆周方向对称安装。滚轮内部装有滚动轴承，顶靠在静密封圈的后部机座上，当窑向下(窑头方向)窜动时，配重砝码的重力通过滚轮作用于静密封圈后部的机座，促使静密封圈整体紧贴着动密封圈(连同窑体)同步轴向向下窜动。滚轮的作用是使静密封圈座与杠杆配重装置间产生的摩擦为滚动摩擦。

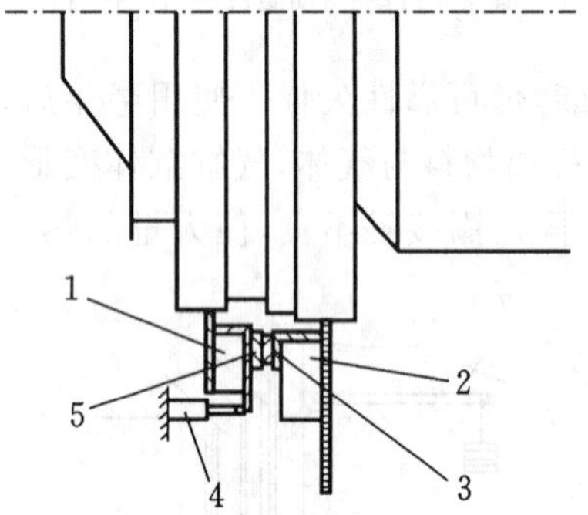

图 2.77 改造前窑尾密封

1—静密封圈；2—动密封圈；
3—动摩擦片；4—气缸；5—静摩擦片

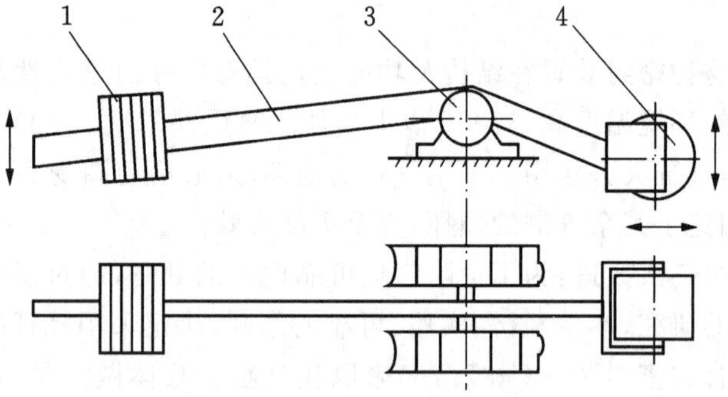

图 2.78 杠杆配重装置示意

1—配重砝码；2—杠杆；3—轴承座(SN208)；4—滚轮

在静密封圈座上，对称安装 4 组支撑臂长短可以调节的顶轮，顶轮与窑体上的端盘接触，如图 2.79 所示。当窑向上(窑尾方向)窜动时，端盘推动顶轮，顶轮带动静密封圈座向上窜动，克服配重砝码重力作用，迫使 4 个配重砝码同时被提高。此时动静摩擦片之间的摩擦力甚小。改造后的窑尾密封装置如图 2.80 所示。

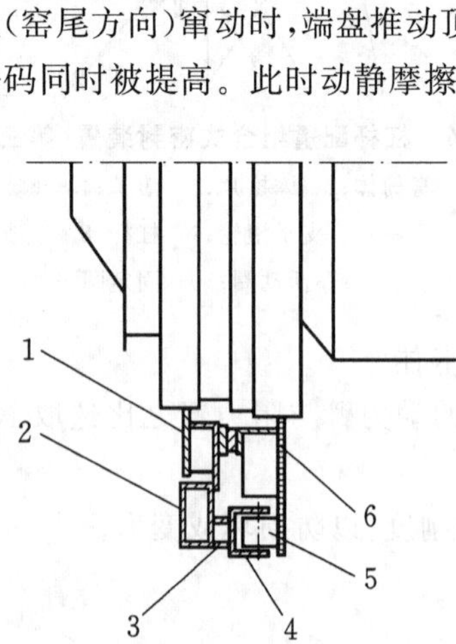

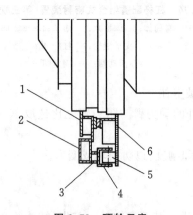

图 2.79 顶轮示意

1—静密封圈座；2—顶轮支座；3—顶轮调节臂；
4—顶轮架；5—顶轮；6—端盘

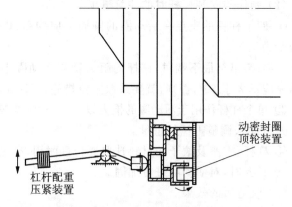

图 2.80 改造后窑尾密封装置

改造后的组合式密封装置使得窑体无论向上还是向下运行，静摩擦片与动摩擦片之间始终处于似接触而非接触的状态，减小了动静摩擦片接触表面之间的轴向作用力，避免了动静摩擦片的过度磨损，极大地延长了摩擦片的使用寿命，同时还可以保持良好的密封效果。在日常运转中，只要适当地增减重锤砝码，就可以任意地减少或增加动静摩擦片之间的作用力，有效地控制贴紧程度，保证密封效果。

该密封装置的特点：结构简单，零部件数量少；安装维护方便，检修成本低；不需要其他动力；耐热性能良好；密封性能好，不漏料；动静密封圈之间的轴向力调整方便，使用寿命长；动静密封圈之间不需添加润滑剂。

此外，改进了动静摩擦片的材质。原动静摩擦片使用耐磨铸铁 MT-4，其理论耐磨性能虽好，但其耐冲击磨损、磨料磨损的性能差。尤其在高温、粉尘条件下，摩擦副表面磨损、剥落，导致密封失去作用。使用 Q345(16Mn，$\delta=30$ mm)钢板制作动静摩擦片，使用近 2 年未见有过度磨损，密封效果相当理想，预计仍可继续使用 2 年。

为保证良好的密封性能，在制造、安装和使用过程中应注意以下几点：

① 制造、安装时应保证动静密封圈的平面度和固定螺栓孔的位置度。

② 4 个杠杆配重装置的安装点在静密封圈的圆周方向上应均布，以使静密封圈受力均匀。

③ 单个杠杆配重装置作用于静密封圈的推力以 1500～2800 N 为宜。

④ 当窑窜至最下端时，杠杆配重装置的阻力臂与静密封圈端面的夹角 $\alpha\leqslant50^\circ$，防止窑往上窜时，自锁卡住。

⑤ 动密封圈顶轮臂的长度须现场试验调整确定，这个参数的正确与否是整个改造的关键。

⑥ 静密封圈座须具有一定的柔度。

2.86 一种改进回转窑托轮轴瓦润滑的实用措施

某厂 $\phi3.1$ m/2.5 m×78 m 带多筒冷却机的回转窑，一档托轮轴瓦润滑不良，在高温炎热的夏季润滑状况更差。经分析托轮轴瓦润滑不良的主要原因有以下几点：

(1) 油勺带到油槽上的油量太少；

(2) 由于一档托轮负荷大，环境温度高，该厂使用的 24 号饱和汽缸油满足不了润滑要求；

(3) 窑筒体和多筒冷却机对轴承外壳的辐射温度高。

针对以上原因，该厂采取了增加油勺的数量，在夏季换黏度指数高的润滑油，增加隔热水套等措施，有效改善了托轮轴瓦的润滑状况，提高了设备的运转率。具体做法分述如下：

(1) 增加油勺数量。托轮润滑装置原设计有油勺 6 个，为了提高润滑油的油量，把油勺增加到 12 个。即在原油勺与油勺中间钻孔、攻丝，均匀增加 6 个油勺。

(2) 使用黏度指数较高的润滑油。在夏季一档托轮使用的是 65 号饱和汽缸油，如果托轮轴颈油膜较差，一般采用 9 号二硫化钼油膏和 65 号饱和汽缸油，搅拌混合均匀后使用，效果较好。

(3) 在轴承座外部增设隔热循环水套。回转窑原来在托轮轴承外部设有橡胶石棉隔热板，实践证明隔热效果较差。于是在轴承靠近窑筒体和冷却筒弯头处，制作安装了隔热水套，起到了较好的隔热效果，见图 2.81。

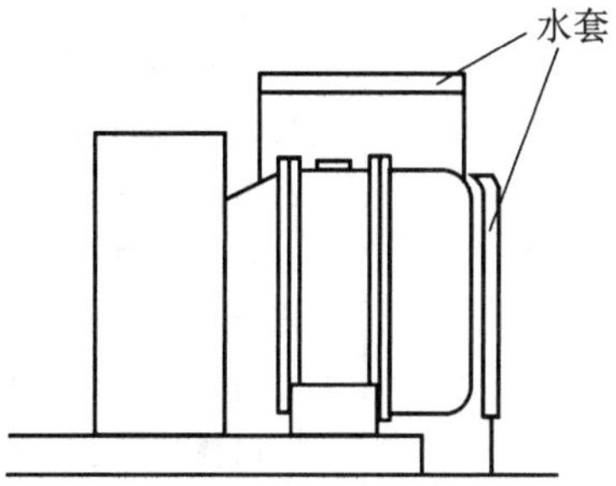

图 2.81 隔热水套示意图

2.87 回转窑系统各部位检修质量有何标准

(1) 窑中托轮部分

① 托轮磨损超过壁厚 1/3 范围时应更换。

② 头档轮带磨损，其大小头差不大于 3～4 mm。

③ 托轮轴轴面不得有较严重条痕。

④ 一对托轮装妥后，不能呈大小“八”字形，其径向倾斜和窑筒体倾斜相一致。

⑤ 托轮铜瓦接触角 60°～70°，接触点不应少于 1～2 点/cm^2，轴瓦与轴颈的侧间隙为 $0.0001D$～$0.0015D$(D 为轴的直径)。

⑥ 轴瓦背与球面瓦接触点不应少于 3 点/(2.5 cm×2.5 cm)。

⑦ 球面瓦与轴承座接触点不应少于 1～2 点/(2.5 cm×2.5 cm)。

⑧ 主挡轮与轮带侧面间隙每侧各为 20 mm，总间隙为 40 mm。

⑨ 主轴轮套间隙为 0.23～0.3 mm，给油管畅通，拉杆连接螺栓紧固。

⑩ 托轮瓦内油勺完整无损，带油量充足。

(2) 窑中传动部分

① 大齿轮径向跳动不得大于 1.5 mm/m，侧摆动不得超过 1 mm/m，大齿轮接口处周节偏差最大不得大于 $0.005M$(模数)，齿顶间隙为 $0.25M$+(2～3 mm/m)。

② 齿轮啮合面，沿齿高不应小于 40%，沿齿长不应小于 50%。

③ 各部连接螺栓拧紧要带双螺母，但防止宝塔形状。

④ 窑中传动部件各球轴承过盈量，根据实测轴承内孔确定。

(3) 筒体部分

① 两筒体接口处直径应相等，误差不大于 3 mm。

② 新筒体椭圆度不大于±5 mm，两节筒体轴向焊缝应错开 45°以上，错边量不大于 2 mm/m。

③ 对制作筒体的钢板应进行超声波探伤，焊缝高度：筒体外部不大于 3 mm，内部烧成带不得大于 0.5 mm，其他区段不得大于 1.5 mm。

④ 筒体中心径向圆跳动，大齿轮及轮带处不大于 4 mm/m，窑头、窑尾处小于 5 mm/m，其余部位小于 12 mm/m。

2.88 回转窑常见故障产生原因及处理方法

回转窑常见故障产生原因及处理方法如表 2.19 所示。

表 2.19 回转窑常见故障产生原因及处理方法

故障现象	产生原因	排除方法
掉砖红窑	1. 窑衬及其砌筑质量不良或磨蚀过薄没按期更换，导致掉砖红窑； 2. 窑皮挂得不好； 3. 轮带与垫板磨损严重，间隙过大，筒体径向变形增大； 4. 筒体中心线不直； 5. 筒体局部过热变形，内壁凹凸不平	1. 选用质量高的耐火砖，停窑更换新砖，提高砌筑质量，严禁压补； 2. 加强配料工作，提高操作水平； 3. 严格控制烧成带附近的轮带与垫板间隙，间隙增大时要及时更换垫板或加垫调整； 4. 定期校正筒体中心线； 5. 红窑必停，对变形过大的筒体及时修整或更换
窑体振动	1. 筒体受热不均，弯曲变形过大，托轮脱空； 2. 筒体大齿轮啮合间隙过大或过小； 3. 大齿轮接口螺栓松动、断落； 4. 大齿轮弹簧钢板和连接螺栓松动； 5. 传动小齿轮磨损严重，产生台阶； 6. 传动轴瓦间隙过大或轴承螺栓松动； 7. 基础地脚螺栓松动	1. 正确调整托轮，及时补挂窑皮，点火期间按规定翻转窑体； 2. 调整大小齿轮的啮合间隙； 3. 紧固或更换螺栓； 4. 更换铆钉或紧固螺栓； 5. 铲平台阶或更换齿轮； 6. 调整轴瓦间隙或紧固螺栓； 7. 紧固地脚螺栓

续表 2.19

故障现象	产生原因	排除方法
窑体弯曲偏斜	1.突然停窑后，长时间没翻窑或窑墩下沉： 2.托轮位置发生移动	1.将窑弯处做一记录，等窑转到上面急停窑数分钟，使其下沉复原或正确调整顶丝调直窑体； 2.正确调整托轮顶丝
托轮断轴	1.窑筒体中心线不直，弯曲过大，局部托轮超负荷； 2.托轮轴金属内部存在缺陷； 3.大小轴径的过渡处应力集中	1.校正、调整筒体中心线； 2.用金属探伤仪核查内部缺陷； 3.对轴的过渡斗处及圆角进行合理的修正，提高表面光洁度
托轮表面出现裂纹，轮辐断裂	1.筒体中心线不直，受力过大，超负荷； 2.托轮调整不正确，歪斜过大，受力不均，局部过载，强度不够，材料疲劳； 3.托轮铸造时有砂眼夹渣等缺陷； 4.轮与轴热装偏心； 5.托轮热装公盈过大	1.校正调整筒体中心线； 2.选用优质钢材铸造，正确调整托轮； 3.选用高质量托轮并探伤检查； 4.热装后再次车削； 5.选用合适的过盈量
托轮轴瓦过热	1.筒体中心线不直，轴瓦受力过大； 2.托轮歪斜，轴瓦推力过大； 3.轴承内冷却水管漏水，用油不当或润滑油变质，润滑油内混有杂物； 4.轴承润滑装置发生故障或油沟堵塞	1.校正中心线，调整托轮受力； 2.改调托轮； 3.及时换油，修理水管； 4.清理油沟，及时修复润滑装置
托轮轴承座倾斜	1.托轮中心线歪斜过多，托轮轴向推力过大； 2.调整托轮后，其轴承与底座连接螺栓没有及时紧固	1.严格控制托轮中心线歪斜角，不得超出规定范围，调整托轮推力至均匀； 2.调整后及时紧固螺栓
托轮轴承产生振动	1.托轮轴向推力过大； 2.托轮径向压力过大； 3.错误调整托轮，使得一档的两边托轮中心线呈“八”字形	1.调整托轮，减轻轴向推力； 2.调整托轮，减轻负荷； 3.及时纠正错误的调整，保持托轮推力一致向上，大小均匀
托轮与轮带接触面产生起毛、脱壳及压溃剥伤	1.托轮中心线歪斜过大，接触不均，局部单位压力增大； 2.托轮径向力增大； 3.托轮窜动性差，长期在某一位置运转，致使托轮产生台阶，一旦再窜动，破坏接触面； 4.轮带与托轮间滑动摩擦增大； 5.错误调整同一档托轮中心线，调成“八”字形	1.调整托轮，减轻轴向推力； 2.调整托轮，平衡吃力大的托轮，减轻负荷； 3.及时纠正错误的调整，保持托轮与轮带接触面积，削平台阶，保持窑体上下窜动灵活； 4.调整托轮，保证托轮位置正确； 5.纠正错误调整
轮带内表面与垫板顶间咬死	1.托轮径向受力过大，使托轮与轮带转动不正常，其间滑动摩擦增大； 2.轮带内表面与垫板顶间隙太小，温度过高或间隙内存有粉尘、油污、杂物等； 3.掉砖红窑，引起筒体径向膨胀量过大	1.调整托轮，减轻负荷； 2.调整间隙，清理脏物； 3.停窑换砖
传动大小齿轮接触表面出现台阶	1.窑体窜动性差，固定在某一位置运转过久； 2.挡轮与轮带间隙留得过小	1.铲平台阶，保持窑体窜动灵活； 2.调整间隙

续表 2.19

故障现象	产生原因	排除方法
传动轴承摆动、振动	1.窑体弯曲,大小齿轮传动发生冲击; 2.大小齿轮啮合间隙不当; 3.轴承紧固螺栓或地脚螺栓松动; 4.基础底板刚度不够	1.调整窑体; 2.调整啮合间隙; 3.及时紧固; 4.加固底板,提高稳定性
大齿轮润滑油着火	1.窑衬磨薄或脱落,温度过高超过油的闪点; 2.润滑油的质量差或选油不当,闪点太低; 3.密封不严,别处稀油漏入小齿轮油池内遇高温引火; 4.大齿轮带油太多,落在窑体上,油垢太厚; 5.冬季低温修窑,用火加温操作控制不当	1.立即用灭火器灭火,停窑补砌窑衬; 2.选用优质齿轮油; 3.搞好密封,严防稀油漏入小齿轮油池内; 4.控制大齿轮带油量,定期清除窑体油垢; 5.修窑前应将油池内凝固油控净,按要求将油加温配制
主减速机壳体与轴承温度高	油少、不清洁、冷却水中断	补加油或清洗换新油,及时恢复冷却水或临时实施降温措施
电机轴承温度过高	1.润滑脂过多、过少或质量差; 2.滚动轴承损坏	适当增减润滑脂量或更换润滑脂
电机振动	1.地脚螺栓松动; 2.电机与联轴器中心线不同心; 3.转子不平衡; 4.轴承损坏,转子与定子摩擦	1.紧固地脚螺栓; 2.校正中心线; 3.校正平衡; 4.更换轴承,检查调整间隙
电机机身发热	1.接线松脱或断掉; 2.通风不良或受窑体热辐射过强; 3.线圈内积灰太多	1.重新接线并要牢靠,采取临时降温措施,加强进风; 2.加强隔热措施; 3.用风吹扫积灰
电机电流增高	1.窑皮增厚、增长; 2.窑内结圈; 3.托轮推力方向不一致,呈"八"字形; 4.个别托轮歪斜过大; 5.托轮轴承润滑不良; 6.筒体弯曲; 7.电机机身出现故障	1.合理控制风、煤、料,处理窑皮; 2.处理结圈; 3.调整托轮,改成正确推力方向; 4.调整托轮; 5.改善润滑,加强管理; 6.校正筒体; 7.详细检查,整修更换有缺陷零件

2.89 如何估算预分解窑的生产能力

预分解窑的生产能力由旋窑、分解炉和预热器三者特性综合决定,完善的工艺设计是使旋窑、分解炉和预热器三者之间的能力相匹配。表2.20中列出了三台ϕ5.7 m×110 m的预分解窑匹配不同预热器时的生产能力,实际熟料产量相差达34%。

设计预分解窑时,旋窑的生产能力决定于分解炉和预热器工作能力。而且,加强分解炉和预热器的工作能力比加大旋窑规格更为有效。

因此,在进行预分解窑的设计时,其生产能力应在综合条件下确定,具体应表现在熟料产量、熟料热耗、衬料寿命、旋窑的发热能力,以及旋窑的长径比和旋窑、预热器、分解炉间的匹配等方面。

实践证明,对悬浮预热窑和预分解窑来说是不能以旋窑的规格来确定产量的。但赵正一等统计了

52台悬浮预热窑和预分解窑后，得出了相应的产量计算式，可用于预热、预分解窑生产能力的估算。其计算式为：

$$G=KD^{2.52}\cdot L^{0.762}$$

式中 G——预分解窑的产量，t·熟料/h；

K——取0.114～0.119；

D——旋窑的筒体内径，m；

L——旋窑的筒体长度，m。

表2.20 同规格旋窑不同熟料产量

序号	1	2	3
投产日期	1968.10	1971.10	1974.9
旋窑产量(t/d)	4200	4700	7200
D(m)×L(m)	ϕ5.7×110	ϕ5.7×110	ϕ5.7×110
斜度(%)	3	3	3
转数(r/min)	最高1.8	最高1.8	最高3.5
预热器	四级多波	四级多波	四级石川岛
C_1(m)	4～ϕ3.6	4～ϕ4.32	4～ϕ5.00
C_2(m)	2～ϕ5.7	3～ϕ6.98	2～ϕ6.94
C_3(m)	1～ϕ8.2	1～ϕ6.67	2～ϕ7.60
C_4(m)	2～ϕ6.5	2～ϕ6.98	2～ϕ7.50
分解炉(m)	KSV ϕ1.23	MFC 1.23	SF 2.75
	分解炉按原有预热器配备，使熟料产量提高20%，在分解炉中燃烧总燃料量的20%		分解炉中燃料燃烧量占燃料量的60%

2.90 如何确定预分解窑的规格

(1) 预分解窑的直径

当确定了生产规模，预分解窑的直径可按下式计算：

$$D=\sqrt[3.3]{\frac{G}{K_y}}$$

式中 D——预分解窑的筒体直径，m；

K_y——常数，取0.94～1.0(要求L/D较大时取高值，反之取低值)；

G——预分解窑的产量，t/h。

(2) 各带长度

① 过渡带长度L_1

$$L_1=\frac{Gq_1\times10^3}{4.17D^{2.29}\cdot\pi D\Delta t_1}$$

② 烧结带长度L_2

$$L_2=\frac{Gq_2\times10^3}{(35\sim40)\pi\cdot D\Delta t_2}$$

③ 冷却带长度L_3

$$L_3=D$$

④ 总长 L

$$L=L_1+L_2+L_3$$

式中 q_1，q_2——物料各带吸收的热量，kJ/kg·熟料；

Δt_1，Δt_2——各带的平均温度差，℃。

(3) 计算举例

以日产 1000 t 熟料的预分解窑为例($K_y=0.95$，$q_1=136$ kJ/kg，$q_2=38.2$ kJ/kg，$\Delta t_1=275$ ℃，$\Delta t_2=300$ ℃)：

旋窑直径：

$$G=1000\div 24=41.67\quad (\text{t·熟料/d})$$

$$D=\sqrt[3.3]{\frac{G}{K_y}}=\sqrt[3.3]{\frac{41.67}{0.95}}=\sqrt[3.3]{43.86}=3.14\ (\text{m})，取\ 3.2\ \text{m}$$

过渡带长度：

$$L_1=\frac{Gq_1\times 10^3}{4.17D^{2.29}\pi D\Delta t_1}=\frac{41.67\times 10^3\times 136}{4.17\times 3.2^{2.29}\times 3.14\times 3.2\times 275}=34.3\ (\text{m})$$

烧结带长度：

$$L_2=\frac{Gq_2\times 10^3}{(35\sim 40)\Delta t_2\pi D}=\frac{41.67\times 38.2\times 10^3}{38\times 300\times 3.14\times 3.2}=13.9\ (\text{m})$$

冷却带长度：

$$L_3=D=3.2\ (\text{m})$$

总长度：

$$L=L_1+L_2+L_3=51.4\ (\text{m})，取\ 52\ \text{m}。$$

则旋窑规格为 $\phi 3.2$ m×52 m。

2.91 如何解决预分解窑窑口内衬爆裂问题

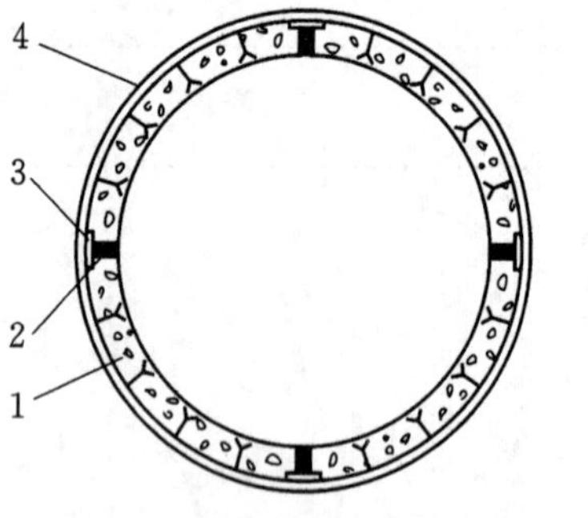

图 2.82 改造后的窑口内衬示意图

1—浇注料；2—膨胀缝；3—耐火砖；4—窑筒体

某厂 1000 t/d 窑外分解窑窑口有 1 m 长的内衬由钢纤维浇注料浇注，整个圆周分两半浇注，刚点火升温到投料温度就出现了裂缝，并且有块状浇注料剥落，裂缝由外往窑中心呈扩散形。经分析，该厂认为此问题是浇注时没有设膨胀缝造成的，在重新浇注时增设了 4 道 20 mm 左右的膨胀缝，膨胀缝靠近筒体处垫一块耐火砖，缝中塞满耐火纤维棉，如图 2.82 所示，改变浇注结构后，窑运转了 8 个月，实际运转时间 4477 h，运转率平均为 76.46%，生产熟料 173674 t，获得了较好效果。

2.92 预分解窑旁路放风系统有几种工艺流程

第一种：带旋风收尘器及旁路气体返回主气流的旁路系统。即旁路气体从窑尾抽出，掺入冷风后，通过旋风收尘器将含碱粉尘分离。经过收尘后的气体再从旋风预热器最上一级旋风筒的进口管道与主气流汇合进入最上一级旋风筒。这种系统比较简单，但只有生料中挥发性有害成分含量不高时才可采取。

第二种：带旋风收尘器及单独用于旁路气体电收尘器的旁路放风系统。即旁路气体抽出并掺入冷风后，先经旋风收尘器，再进入电收尘器收集含有挥发性有害成分的粉尘，经收尘后的旁路气体通过排风机排出。

第三种：直接由电收尘器收尘的旁路放风系统。即旁路气体抽出并掺入冷风后，经过增湿塔进入电收尘器收尘。

第四种：直接由玻璃布袋收尘器收尘的旁路放风系统。即旁路气体抽出并掺入冷风后，直接进入玻璃布袋收尘器收尘。

2.93 如何改进预分解窑喂料溜子的浇注结构

某厂 1000 t/d 窑外分解窑喂料室进窑的喂料溜子原设计是在耐热钢托板上浇注浇注料，耐热钢板下部暴露于高温烟气中，如图 2.83 所示。点火投产不到 3 个月，喂料溜子就断了，实际运转时间 1451 h，生产熟料 47751 t。断的原因是耐热钢板外露被烧蚀，浇注料浇注的喂料溜子由于失去耐热钢板支托，很快就断了。重新浇注时该厂改变了结构，用耐热圆钢做骨架，外面浇注浇注料，如图 2.84 所示。重新浇注后，已运转了 8 个月，没有出现问题，获得了较好效果。

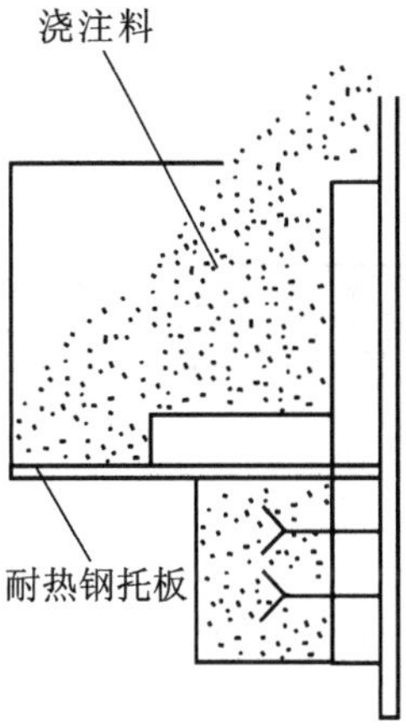

图 2.83 原喂料溜子浇注结构示意图

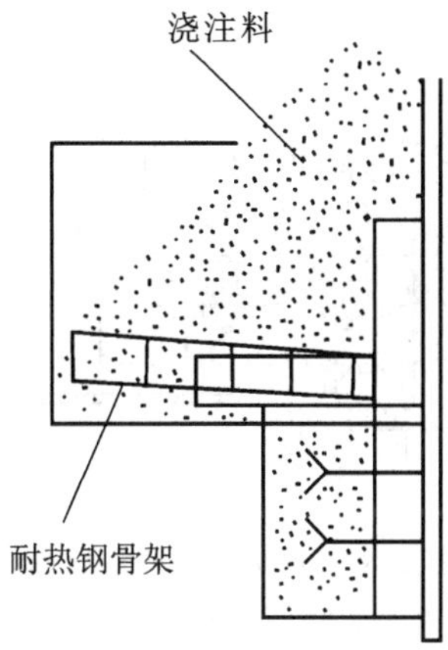

图 2.84 改造后的喂料溜子浇注结构示意图

2.94 一则预分解窑窑口结构改进的经验

某水泥厂 2000 t/d 窑口原结构简图见图 2.85，使用后发现窑口筒体严重过热撕裂、变形外翻扩口呈“喇叭口”(图 2.86)；端部筒体裸露；护板与筒体连接螺栓孔 27 处产生裂纹，占总数的 56%，纹长 50～150 mm；筒体(厚度 50 mm)烧损量大(其中长度烧损 20 mm，厚度烧损 5～10 mm)；冷风套大面积烧损、撕裂、卷曲。窑口筒体失效分析表明“高温疲劳断裂、热撕裂、剥落、烧损”为其主要特征，这些特征亦是诸多失效形式综合作用的结果。

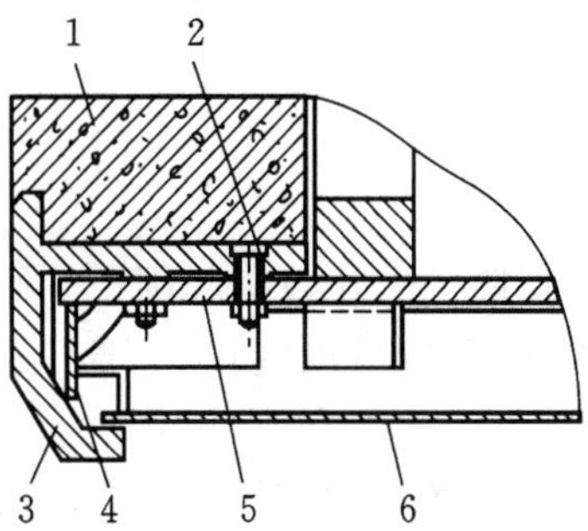

图 2.85 改进前窑口结构

1—浇注料；2—方沉头螺栓；3—护板；4—挡板；5—筒体；6—冷风套

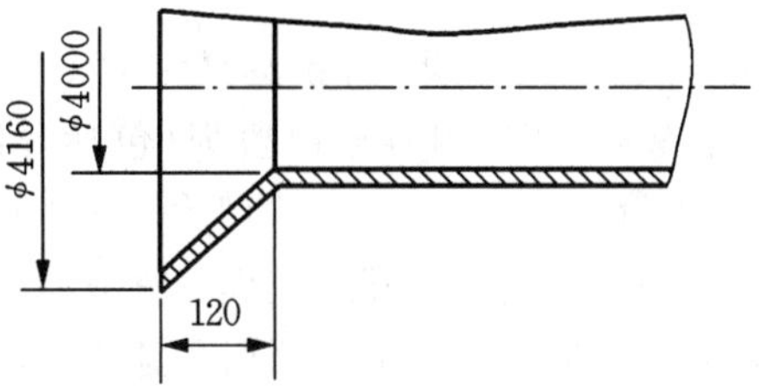

图 2.86 变形窑口筒体

(1) 改造方案

张育民等对此进行改造,改进后的窑口结构(简图见图 2.87)主要包括以下三部分。

① 筒体:筒体与护板连接螺栓孔加大且后移(以窑口端部为基准移至 100 mm),预防应力裂纹;筒体外圈增设反外翻变形加固圈(与筒体端部平齐);按筒体损坏实况确定更换长度(已投产数年且决定更换窑口筒体时)。

② 护板:改 24 块为 36 块且加大螺栓,提高护板定位可靠程度;采用窑口端部易浇注耐热混凝土的正“丁”字形新结构形式。

③ 端部浇注料:PA-80 钢纤维浇注料。浇注方法:采用整体连续浇注法。施工简图见图 2.88,浇注料厚度大于 200 mm。膨胀间隙:在锚固件上缠塑料带;在圆周上设置 6~8 条轴向胀缝,缝宽 3~5 mm。养护:自然养护(至少 3 d)。

改进后的窑口结构的优点为:浇注料整体性提高后不易大面积脱落,真正实现了耐热衬对筒体和护板的有效保护;护板定位可靠性提高后,与浇注料无相对位移,实现了相互稳固;基本消除了使筒体端部提前外翻变形的客观因素。

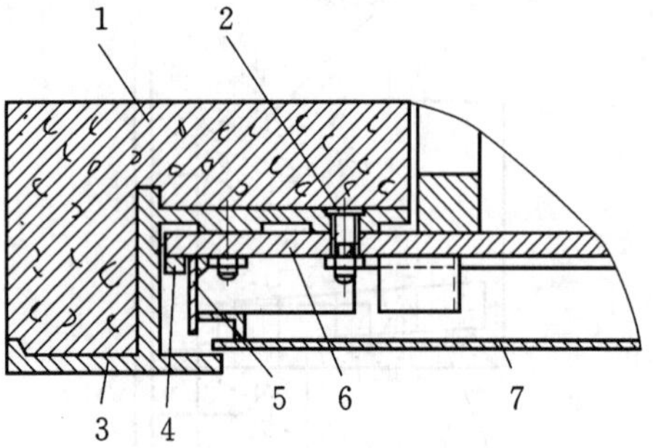

图 2.87　改进后的窑口结构

1—浇注料;2—方沉头螺栓;3—护板;
4—筒体法兰(加固圈);5—挡板;6—筒体;7—冷风套

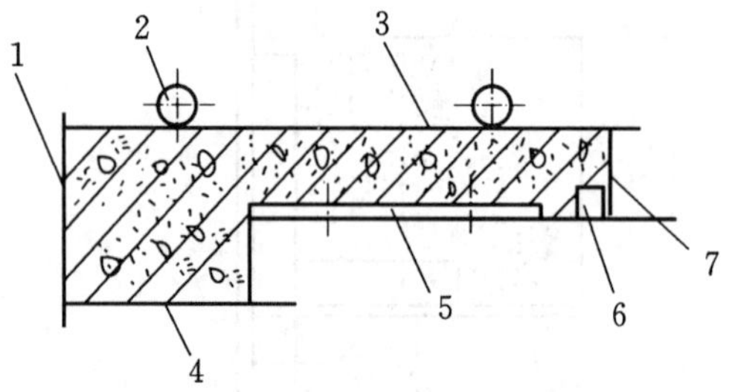

图 2.88　浇注料施工简图

1—端部模板;2—环模支承圈;3—环模板;
4—护板;5—筒体;6—挡砖圈;7—火砖

(2) 施工方法

根据该厂 2000 t/d 窑口空间位置实况,在充分权衡窑口筒体整体更换和环向分解四等份分体更换(挖补性)利弊的基础上,认为作为悬臂支点的窑口采取环向分解挖补性更换筒体不会存在太大风险。其施工方案要点如下:

① 新筒体的分解

新筒体分解的重点应突出解体前按窑门尺寸确定分解尺寸和切割前各弦上的反变形措施(可用适当规格的槽钢焊固弦拉筋)。

② 筒体的对接

采取环向分解四等份在窑头罩内对接筒体的办法,其难度在于环缝、纵缝和中心线的同时找正,除环缝使用找正定位的搭接板、对接螺栓、压板外,纵缝应使用弧形搭接板,另外,在筒体端部纵缝上还应使用封口板。只有这样,才能保证解体筒体对接精度的提高。

③ 焊接方法

焊接方法采用手工焊,焊条选材为 J427。

操作程序:找正后内缝全部段焊(包括环纵缝)——筒外找正件切除——外破口起刨——外缝施焊(先环缝后纵缝)——筒内找正件切除——内破口起刨——内缝施焊(先环缝后纵缝)——端部封口板切除——端缝破口起刨——端缝施焊——复核找正精度。

强调敲击释放焊接应力应严格贯穿于施焊过程的始终,否则挖补性更换窑口筒体的方案(工程质量)将受到极大影响。

④ 焊缝检验

检验方法采用超声波探伤,验收标准参考 GB/T 11345—2013。

2.95 预分解窑各带是怎样划分的

带分解炉和预热器的窑，由于 $CaCO_3$ 分解反应大部分已在分解炉内完成，所以物料的干燥、预热和绝大部分分解反应都从窑内移到窑外，因而窑内各带的划分有所变动，共分为三个带。从物料入窑处起至物料温度 1100 ℃处止，称为过渡带。在该带，$CaCO_3$ 完全分解，并进行固相反应，为物料进入烧成带做好准备。从物料温度 1100 ℃处起至前圈处止，称为烧成带，该带进行 C_3S、C_2S、C_3A、C_4AF 等矿物的完全形成。前圈外至前窑口处为冷却带，保证熟料急冷，提高熟料质量。

2.96 预分解窑使用无烟煤应注意的几个技术要点

由于无烟煤挥发分含量低、着火温度高、燃烧速度慢、燃尽时间长等原因，人们习惯于在回转窑上使用烟煤作燃料，而不使用无烟煤，这就大大提高了没有烟煤地区的预分解窑水泥厂的生产成本，而且限制了盛产无烟煤而不产烟煤地区发展预分解窑水泥生产线的速度。但是随着技术的进步，预分解窑 100% 使用无烟煤作燃料已不成问题，目前国内外已有不少预分解窑使用 100% 无烟煤作燃料的成功经验。使用无烟煤作燃料的预分解窑必须注意以下几个技术问题。

(1) 煤质和细度

无烟煤的质量按灰分含量划分。灰分不同，对燃烧的影响也不一样。应尽可能用灰分含量低的煤，最好能定点供应，并设置预均化堆场。这是因为灰分含量低的比灰分含量高的无烟煤有以下优点：

① 发热值高，燃烧速度快，燃尽时间短；

② 虽然单位质量煤燃烧后的烟气量高，但由于热耗低，总的烟气量反而低；

③ 由于煤灰量小，对配料稳定性影响小；

④ 窑内结圈概率减小；

⑤ 虽然单价高，但由于总量低，加上运输、储存、粉磨的费用，其总费用反而低。

细度对无烟煤燃烧是至关重要的。合理地提高煤粉细度可以消除挥发分含量低带来的燃烧差异。回转窑内燃烧是扩散控制过程，煤粉燃尽的时间正比于颗粒直径的二次方，而分解炉内燃烧是化学过程占主导地位，燃尽时间正比于颗粒直径，所以增加细度对前者的影响大于对后者的影响。用无烟煤作燃料，不同的设备和煤质对无烟煤的细度要求不同，但通常要求窑用无烟煤细度 $\leqslant 5\% R_{0.08}$，分解炉用无烟煤细度 $\leqslant 3\% R_{0.08}$。

(2) 分解炉的形式与结构

在煤种、煤质、细度确定的情况下，煤粉在分解炉内的燃尽率与 O_2 含量、煤粉滞留时间和操作温度相关。而分解炉的型式和结构与 O_2 含量和煤粉滞留时间相关。

按窑气入炉与否，分解炉可分为在线式和离线式两种。两种型式的分解炉各有优缺点。由于无烟煤燃烧着火温度高，燃烧速度慢，燃尽时间长，因此在选择分解炉型式时，首要考虑的是哪种分解炉对无烟煤燃烧有利。窑气入炉虽然能在一定范围提高入炉空气温度，但降低了氧浓度，从而提高了燃料的着火温度，同时燃料须靠与 O_2 化合才能释放热量，因此燃料发热能力将大大降低。氧含量下降，CO_2 增加，又会影响燃料的燃烧速度。此外，窑气入炉时，窑气中 20% 的 CO_2 混入新鲜空气，使生料开始分解的温度提高，分解率降低。因此，采用无烟煤作燃料，最好选用离线式分解炉。但设计时，应考虑窑和分解炉两股气体的平衡以及分解炉可能出现的塌料的迅速排料问题。

为了延长无烟煤在分解炉内滞留时间，可增大容积、高度，采用合理结构，增加喷腾和旋涡效应，从而增大固/气滞留时间比。KHD 公司的 Pyroclon 管道分解炉，有效容积 347 m^3，比烟煤作燃料的同规模的分解炉大，分解炉总长 65 m，设计气体滞留时间为 4～5 s，由于炉内有两个扩大口，产生喷腾效应，顶部设有 Pyrotop 旋风筒，增强旋涡效应和混合作用。如果按常规，固/气滞留时间比为 5，则固相滞留时间为 20～25 s，比烟煤作燃料的分解炉长。此外，PYROTOP 底部设有分料阀，根据煤粉的燃烧情况，选择分料方向。这些对无烟煤在炉内燃尽显然是有利的。

(3) 窑用燃烧器

选择合适的窑用燃烧器对无烟煤燃烧更为重要。

KHD 公司 PYROJET 三通道燃烧器型号为 HPJ/190K，该燃烧器有以下特点：

① 一次风量占总空气量的 8%，其中输送煤粉空气量占 2.0%，旋涡风占 2.4%，喷射风占 3.6%。由于一次空气量低，则温度高达 1000 ℃以上的二次风量增加，这就会加速无烟煤的燃烧。

② 具有合理的一次风速。有资料介绍，二次空气和燃料的混合速率随推力(单位时间内一次空气量和一次空气的喷出速度的乘积)的增加而增加；火焰长度随推力的增加而缩短，火焰缩短，意味着燃料的能量可在较小的体积内释放出来，因而火焰温度较高，这对加速无烟煤燃烧是有利的。

③ 能够产生强烈的循环效应。该燃烧器除了由于速度差、方向差、压力差而引起风煤快速混合燃烧外，还由于在旋涡中心能形成 1200 Pa 的负压而引起强烈的内循环，炽热的气体返回到火焰端部，从而加速燃烧，黑火头缩短。同时由于喷射效应，在火焰外围，引起高温的二次风与燃料强烈混合。内外循环引起煤粉在火焰中的滞留时间延长，从而提高了燃尽率。

④ PYROJET 燃烧器中心配套了 Pillard 公司供货的点火油燃烧器。该燃烧器型号为 MY67，能力为 1000 kg/h，分一次油和二次油，一次油能产生旋涡效应，加快燃烧，缩短火焰，二次油产生喷射效应，调节火焰长度。调节一、二次油压，就能达到相应的效果。这种点火器对点火和操作中设备故障引起暂停窑后的重新点火是很方便的。如果操作中出现窑头温度低，煤粉燃烧不完全，可点燃此燃烧器，使窑头温度很快恢复正常。

(4) 箅冷机和二、三次风温

二、三次风温的提高，意味着：

① 热耗降低，窑系统的废气量减少，相应减轻了预热器高温风机的负荷。

② 煤粉的燃烧速度加快，燃尽时间缩短，这对无烟煤燃烧是重要的。要提高二、三次风温，必须配备高效率的箅冷机。KHD 公司第三代箅冷机的换热区为空气梁脉冲送风的静态阶梯式阻力箅板和空气梁送风的往复式阻力箅板，可以使熟料在箅床上分布均匀，不会出现熟料层厚薄不均的现象，从而避免出现“红河”和“空洞”，提高了热效率。正常操作时，二次风温在 1050 ℃左右，三次风温在 900 ℃左右，显然对无烟煤燃烧是非常有利的。

(5) 合理的操作参数

应该说，不管用什么燃料，其操作参数的控制没有什么不同。只是用无烟煤作燃料，希望获得比烟煤作燃料更高的二、三次风温。

2.97 高海拔对预分解窑的影响

(1) 高海拔对碳酸盐分解反应的影响

在高海拔地区，与标准大气压下相比碳酸盐分解温度会下降，但分解热的变化可忽略不计。这对于烧成系统，尤其是预热预分解系统的工艺设计和设备选型来说，应当引起注意。

(2) 高海拔对窑内废气量的影响

高海拔地区大气密度小，相应的单位体积中氧含量也减少，为满足窑内煅烧的需要，所用的工况空气量比低海拔地区的量大，废气量也增加，窑尾飞灰有所增多。飞灰增多对窑内的对流传热有利，但对回转窑后续设备的运行有影响。

(3) 高海拔对窑内传热的影响

CO_2 分压和水蒸气分压绝对值在高海拔地区有一定程度的降低，故其黑度及辐射传热能力下降，结合两者在废气中的体积含量，就能得到窑内 CO_2 和水蒸气的辐射传热情况。同时，由于窑内含有大量的悬浮粉尘，这部分组分的传热能力并没有受到高海拔因素的太大影响。

当窑气在质量、流量不变的情况下，空气稀薄使窑内传热效果较低海拔地区差。同时，温度对辐射传热强度的影响比 CO_2 分压和水蒸气分压对其的影响更为显著，所以选择性能优良的燃烧器和高效箅冷机对于高海拔地区煤粉的燃烧至关重要，适当提高火焰燃烧温度能有效提高窑内的辐射传热能力。

(4) 高海拔对窑内煤粉火焰燃烧的影响

在高海拔地区，由于空气稀薄、缺氧，窑内煤粉燃烧的反应速率和燃烧温度会降低。燃烧温度的降低对燃烧速度产生很大的影响，因此必须强化燃烧强度来提高燃烧温度。可以采取如下措施：一是采用性能先进的燃烧器和高压风机，使燃烧器喷出的气流有足够大的动能；二是采用先进的箅冷机，尽可能提高助燃空气的温度，改善煤粉的燃烧环境。

2.98 如何减小预分解窑系统的表面散热

山东某水泥有限公司对 ϕ4 m×60 m 预分解回转窑系统进行了热工标定，其结果是整个煅烧系统的表面散热损失约占熟料热耗的 8%，其中回转窑筒体表面的散热损失约占煅烧系统表面总散热损失的 60%，故降低窑筒体表面温度是减少系统散热损失的关键。在实际生产过程中，采取的主要措施是选择合适的耐火材料及隔热保温材料。

(1) 烧成带耐火材料的选用

烧成带选用优质的镁质碱性砖，因其导热系数比白云石砖、尖晶石砖的都小，且其耐高温性能也好，并容易在其表面黏挂窑皮。实际生产时，烧成带砖衬上一定要有 200～250 mm 厚的窑皮，以保护镁质砖免受高温的直接作用，确保其使用寿命；而且因为窑皮的导热系数要小于碱性砖，所以窑皮的质量好可减少烧成带筒体表面的散热损失量，从而可节约熟料煤耗。如烧成带筒体表面温度从 350 ℃降低到 300 ℃，熟料煤耗大约降低 2 kg/t。

(2) 放热反应带耐火材料的选用

放热反应带选用优质的磷酸盐复合砖。该砖的高温热震稳定性能好；和窑内物料接触的表层材质是磷酸盐质砖，其耐磨性能好，有利于抵抗物料的磨损；和窑筒体接触的内层材质是黏土质砖，其导热系数比磷酸盐质砖的小，有利于抵抗筒体的热量散失。

(3) 分解反应带耐火材料的选用

分解反应带应该选用导热系数小的硅莫砖或耐碱黏土砖。因为分解反应带的温度相对较低，和硅莫砖或耐碱黏土砖的耐火温度相吻合；并且其导热系数比磷酸盐质砖的小，更能减少筒体表面的散热损失。

(4) 预热器筒用耐火材料要求

正常生产时预热器筒体表面的温度一般在 50～70 ℃之间，但有的个别部位温度偏高，可达到 100 ℃。究其原因是砌筑耐火材料时没有使用隔热保温材料，或使用的隔热保温材料质量有问题，或未达到规定的厚度。预热器筒体表面温度过高，散热损失过大，同样会相应增加熟料煤耗，因此砌筑预热器筒体衬砖或浇注耐火浇注料时，应选择质量优的隔热保温材质，且厚度一定要合理。

2.99 如何降低预分解窑熟料的单位热耗

所有采用预分解工艺生产熟料的人都会关注这个课题。从客观条件讲，每条生产线所使用的生料易烧性、煤粉的燃尽率，都由其所含天然矿物决定而有所不同。但从主观的管理与操作讲，却有着如下目标的共性：

① 注意对原料易烧性及煤粉燃尽率的选择；

② 窑速快而稳定，加快窑内热交换；

③ 降低单位熟料需用空气量，减少不必要的在系统内受热的空气；

④ 合理控制半成品质量指标：破碎粒度、生料细度、煤粉细度、熟料游离氧化钙含量；

⑤ 平衡窑、炉用煤量对窑与三次风管风量平衡的影响；

⑥ 合理选用一次风机风量与风压；

⑦ 降低一级预热器出口温度；

⑧ 降低系统表面散热损失与漏风量；

⑨ 窑头为微负压的正确控制；

⑩ 提高窑的运转率，减少开停窑次数。

为实现上述分目标，系统设计、订购设备、安装与操作的每个环节，都要充分予以重视，才会使降低能耗变为现实。

［摘自：谢克平. 新型干法水泥生产问答千例(管理篇)[M]. 北京：化学工业出版社，2009.］

2.100 如何提高预分解窑的运转率

如何提高预分解窑的运转率是企业管理中的大课题，尤其对于现代大型企业，该水平的高低对企业效益的影响更为突出，因为每停一天窑的经济损失都是上百万元。生产线要降低故障率，需要满足以下几个方面的要求。

(1) 工艺管理要满足设备长期运转的要求：稳定运转是提高运转率的前提；延长系统耐火衬料的安全周期；消除导致停窑的工艺故障；熟悉停窑止料的条件与操作。

(2) 完善设备的巡检制度，尽早发现并消除故障隐患，防患于未然。

(3) 重视设备的润滑制度。

(4) 推广应用先进的设备检查仪器，运用对设备的温度、振动及润滑油质分析技术，增强对设备隐患的防查。

(5) 做好设备配件及易损件的选用及管理。

(6) 采用合理的考核制度、避免拼设备的承包方式，应做到：明确运转率与产量、质量、消耗的辩证关系；克服按月度计算产量考核的弊病；改变全部员工都按产量考核的办法。

［摘自：谢克平. 新型干法水泥生产问答千例(管理篇)[M]. 北京：化学工业出版社，2009.］

2.101 为什么很多预分解窑的运转率难以提高

在新型干法企业中，窑的年运转率确实是各方面因素影响的综合结果。这些因素对于大多数企业管理者而言并不陌生，但实际各企业的运转率差距很大，大多企业年运转率为 70%～80%，先进生产线可达 95%以上，还有达到连续运转 400 d 的记录。为什么会有如此大的差距呢？关键还是实际的管理思想有差异：高运转率究竟是靠拼设备拼出来的，还是靠科学管理管出来的，这两种思想的差异表现在以下几方面：

① 安排检修时间是否充分合理。提高预知维修的水平，即在运转过程中就能测到并判定设备配件的磨损状态，这是提高检修质量的关键。为此，高水平的企业需要配备必要的检测设备、仪表，以及相应的管理人才。

② 购置的配件质量与价格的关系是否对应。这不是说价格越贵的配件质量越好，但价格便宜的配件，更需要有实践业绩的考核。很多企业物流管理人员只有压低价格的要求，而没有使用寿命的保证指标，最后造成运转率的降低，企业效益将因小失大。

③ 企业设备维护力量的安排与调剂。不少企业都将有技能的人员安排负责维修，而巡检维护人员

技术水平不高，待遇也是重维修轻维护，使得设备总处于抢修状态。设备的维修是需要有水平的人完成，但维护人员技术的培训与提高，对企业的效益会更重要。

④ 企业的资金使用也是重修理，轻管理。如果设备停下来，即使花费上百万元，也会进行修理。但如果想购置一台能预报故障的仪表，则很难申请经费，甚至连仪表的备件也不愿购买。这当然与以往仪表的质量缺乏信誉有关，但是一概否定先进仪表的作用并不明智。

[摘自：谢克平. 新型干法水泥生产问答千例(管理篇)[M]. 北京：化学工业出版社，2009.]

2.102 预分解窑不利于降低能耗的因素有哪些

(1) 高大的预热器系统增大了散热面积及漏风的可能性。尽管这部分热量损失尚不严重，但如不重视，会增加10%以上的热耗。一般采用高隔热性能的硅酸钙板等材质，可以大幅度降低散热损失，以及杜绝漏风，只要引起足够的重视，技术上都可以解决问题。

(2) 预分解窑对配料成分波动范围适应能力更强，烧成温度也容易提高。如果配料成分(率值)过高或煅烧温度过高，熟料单位热耗会提高不少。

(3) 在新型干法的烧成系统运行中，由于系统风机使用较多，它的电耗相比传统回转窑要增加很多，这是获得低热耗的工艺优势所必需的，而且与热耗节约的效益相比，并不影响这种工艺的总体优势。而低温余热发电技术的成功应用，已使用电成本大大降低。

2.103 预分解窑系统废气量对熟料煤耗的影响

窑内过剩空气系数是指窑内实际通过的空气量和煤粉燃烧需要的理论空气量的比值。为了保证窑头煤粉能够完全燃烧，避免产生还原气氛，操作时就要适当增大窑内过剩空气系数。但增大窑内过剩空气系数、窑内实际通过的空气量，会降低窑尾废气温度，影响预热器内物料的预热，造成熟料煤耗的增大。根据水泥煅烧及燃烧理论，窑内过剩空气系数每增加1%，熟料标准煤耗大约增加1 kg/t。所以正常生产时，窑内过剩空气系数应该控制在1.05～1.10，C_1 级预热器出口和分解炉出口气体浓度分别控制在1.5%～2.5%和1.5%～2.0%。窑头密封系统漏入冷风，会直接影响煤粉的燃烧，降低火焰的温度和烧成带的温度，造成熟料煤耗增加。窑尾密封系统漏入冷风，会降低窑尾的废气温度，影响各级预热器内物料的预热和炉内物料的分解，同样造成熟料煤耗的增高。

某年5月初，山东某水泥厂 ϕ4 m×60 m 回转窑，因其窑头挡风板部分磨损脱落，密封摩擦片也有部分严重损坏，大量冷风从窑头密封系统进入窑内，造成熟料煤耗大幅度增高，熟料标准煤耗从原来的113 kg/t升高到116 kg/t，就此导致熟料生产成本增加2.40元/t，每天损失经济效益大约6700元。同年6月利用停窑检修机会，修复了破损的挡风板、摩擦片，消除了窑头漏风的影响，熟料煤耗又降到正常生产水平。另外，各级预热器的观察孔等部位的漏风，会增加预热系统的冷风量，降低废气温度，影响生料的预热效果。各级预热器下料翻板阀的漏风，则会造成上、下级预热器的严重窜风，不但影响生料的预热效果，还影响生料的分离效果。所以在水泥熟料生产过程中，一定要加强生产工艺管理，避免发生漏风现象。

2.104 预分解窑系统熟料热耗构成

熟料热耗的高低反映了水泥熟料生产过程中的热利用状况，预分解窑水泥熟料生产线的热量主要来自煤粉燃烧热，一般预分解窑生产线热利用效率为50%～60%，国内熟料热耗较低的5000 t/d 预分解窑系统熟料热量消耗的构成如表2.21所示。

表 2.21 某 5000 t/d 预分解窑生产线熟料热耗构成

项目	比例	项目	比例
熟料形成热	54.00%	预热器出口废气带走热量	22.00%
冷却机出口废气带走热量	11.00%	系统表面散热损失	5.50%
出冷却机熟料带走热量	2.00%	煤磨抽热风	1.50%
蒸发生料中水分耗热	1.50%	预热器出口飞灰带走热量	0.80%
化学不完全燃烧损失	0.50%	冷却机出口飞灰带走热量	0.08%
其他热损失	1.12%	合计	100.00%

通过表 2.21 不难发现，除熟料形成热外，热量消耗的构成主要是预热器和冷却机出口废气、出冷却机熟料带走的热量以及系统表面散热损失，此五项占了熟料总消耗热量的 94.50%。因此降低生产线熟料煤耗，应当在预热器出口温度、冷却机出口温度、出冷却机熟料温度以及系统保温等方面寻求改进。

通常预热器出口温度下降 10 ℃，每吨熟料可节省 1 kg 标准煤，国内比较先进的生产线预热器出口温度一般在 300～330 ℃，但大多数生产线的预热器出口温度都存在偏高的现象，有的达到了 380 ℃甚至 400 ℃以上，如通过技术改进使这些生产线的预热器出口温度降低 50 ℃，则每吨熟料可节约 5 kg 标准煤。降低预热器出口温度的关键在于提高其换热效率，即提高各级旋风筒之间的温度降，国内先进生产线各级旋风筒的温差见表 2.22。

表 2.22 国内先进生产线各级旋风筒温差

旋风筒	$C_2—C_1$	$C_3—C_2$	$C_4—C_3$	$C_5—C_4$
温差(℃)	180	160	130	100

国内先进生产线冷却机出口废气温度在 250 ℃左右，出冷却机熟料温度为 80～100 ℃，但一些生产线出冷却机废气温度达到 300～350 ℃甚至更高，熟料温度达到 200 ℃，如废气温度降低 50 ℃，熟料温度降低 100 ℃，每吨熟料可节省标准煤约 5 kg。降低出冷却机废气温度和熟料温度的关键在于提高冷却机的冷却效率和热回收效率。

2.105 回转窑为何要密闭

回转窑是在负压下运行的，窑体与窑头看火罩、窑尾烟室连接处，不可避免地存在缝隙，若不密封，窑头漏风过大，会降低二次风温，降低火焰温度，煤粉燃烧速度减慢，影响煅烧；若窑尾漏风过大，会减少二次空气量，冷空气从窑的尾部漏风处入窑，不但起不到助燃作用，还要被加热排出，增加热损失，并降低窑尾温度，相对减少排风能力，增加排风机负荷，影响窑内正常通风，降低产质量。如果各种预热装置漏风，将影响预热温度的提高，降低预热能力和预热器的热效率。

对密封装置的要求是：密封性能好，并能适应窑体上下窜动、温度变化而引起的长度伸缩及径向变化，同时还要具有耐高温、耐磨、结构简单、便于维护的性能。

常用的密封装置有：窑头用的迷宫式密封装置、窑尾用的石棉绳端面摩擦式密封装置、窑头及窑尾均可用的石墨块密封。

2.106 提高窑口寿命的几项措施

窑口护板保护窑口筒体不烧损、不磨蚀、不变形。窑口护板的失效会造成窑口筒体的损坏，还会影响窑口耐火砖或耐火浇注料的使用寿命。不论采取什么措施，窑口部分的使用寿命都不能与其他部分同步。因此，必须采取恰当的结构以降低维修费用，提高运转率。

（1）窑口筒体的合理型式

国内许多回转窑，一般在运转2～3年后都会变成喇叭形，个别有使用一年就变成了严重的喇叭形，必须进行更换。在更换时，首先要把旧窑口筒体切下来。保证切口端面的垂直度是非常困难的，在重新焊接时要保证同心和直线度也很不容易。所以，国外多把窑口筒体制成单独的段节，将法兰与窑头悬臂段筒体用螺栓连接起来，不仅更换方便，找正容易，而且还会使窑口变形减小，对提高寿命有利。窑口筒体伸入窑头罩的端部应与不同型式的窑口护板形状相适应，但为避免过早出现变形，应采取特殊加强措施。如果端部采用耐热钢焊接，虽然对提高使用寿命有利，然而却过于麻烦。总之，采用以法兰连接的窑口筒体值得提倡，今后在设计中应该大力推广。

（2）窑口护板的合理形状

窑口护板必须用昂贵的优质耐热钢铸造，因此，采用形状合理的窑口护板以发挥耐火浇注料的保护作用，意义就十分重大。图2.89所示的结构不仅改进了窑口护板的结构形式、窑口筒体端部的结构，而且更加充分地发挥了耐火浇注料的保护作用。

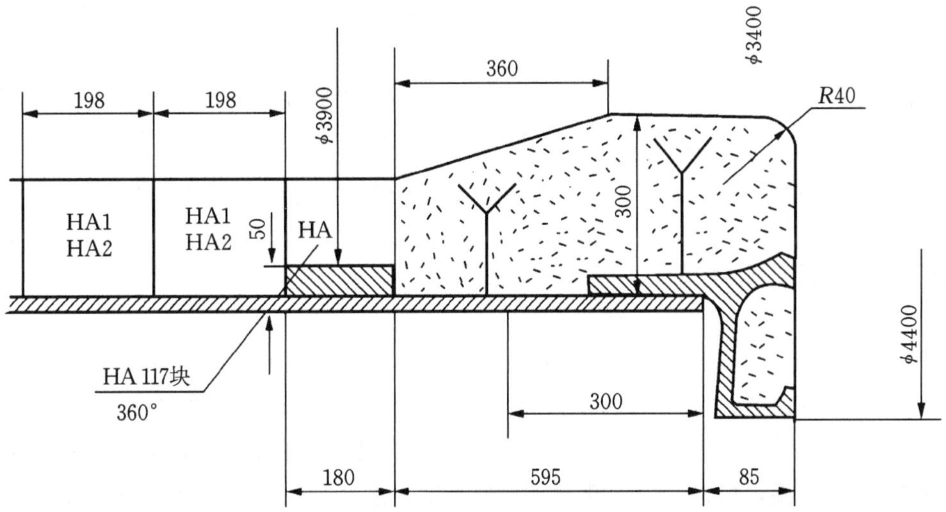

图2.89 新设计的窑口结构

（3）窑口护板的连接方式改进

窑口护板的连接方式对窑口的使用寿命也有很大影响，国内外现在都多用耐热钢螺栓固定，经常出现松动和被剪断的事故，更换起来非常不便。图2.90所示的用带豁销子和保险叉固定是一种简单易行的方法，耐热钢销子和保险叉可随意多次使用。使用表明，用这种结构固定的窑口护板，其使用寿命几乎延长了一倍。另外，安装和拆卸既方便又迅捷。

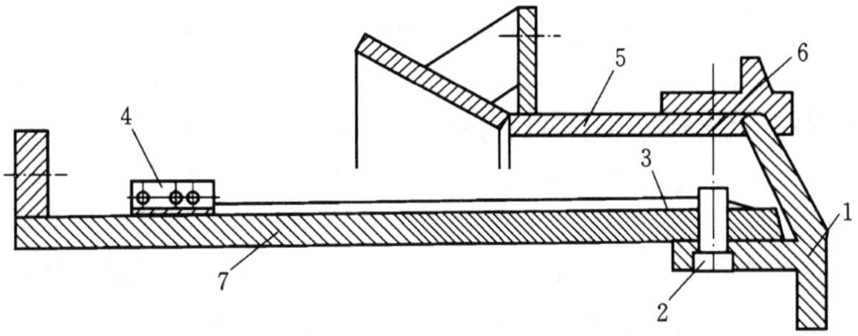

图2.90 利用固定销和保险叉固定窑口护板的结构

1—窑口内护板；2—窑口内护板的固定销；3—保险叉头部；4—保险叉紧固装置；5—风冷套；6—窑口外护板；7—窑口筒体

(4) 充分发挥耐火浇注料的作用

耐火浇注料能够充分地保护窑口护板。窑口护板不失效,窑口筒体就得到了很好的保护。窑口筒体不变形,窑口护板就有了稳固的固定基础,因而也不易变形,反过来又会延长耐火浇注料的寿命。

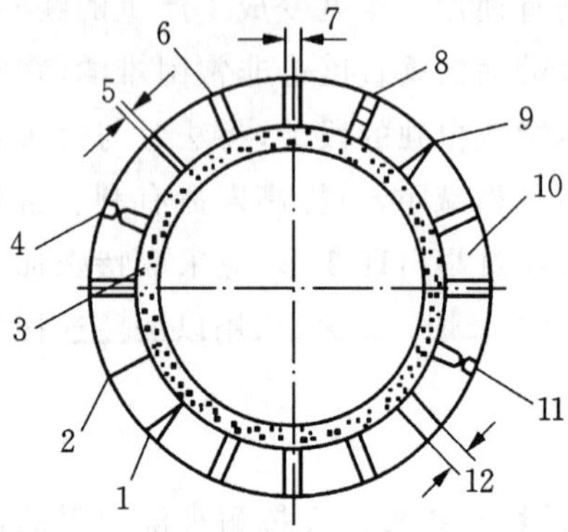

图 2.91　窑口护板径向膨胀缝隙的合理控制

1—耐火浇注料;2—里口顶死的间隙;
3—接触面全部接触,无间隙;
4,8,11—局部顶死的间隙;
5—过小的间隙;6—施工时缝内填塞石棉毡;
7—设计要求的最小间隙 $\sigma_{\min}=6$ mm;
9—外口顶死的间隙;10—窑口护板;
12—过大的间隙

(5) 窑口护板相邻径向间隙的控制

窑口护板从窑头端面看,是由多块扇形构成一个圆环,受热后必然要膨胀,而且里口温度高于外翼缘许多。为此,在设计、制造和安装中必须留足相邻两块之间的径向膨胀缝隙。否则,在工作时很容易将固定螺栓剪断,使窑口筒体很快变成喇叭形。窑口护板都是铸件,尺寸难以控制准确,因此在安装后经常出现缝隙过大、无缝隙、缝隙里大外小和里小外大、局部接触顶死等情况,如图 2.91 所示。以前由于对这种现象的危害认识不足,遇到这种情况也不处理,结果使窑口寿命很短。遇到这种情况应及时处理,必须进行打磨,以保证相邻两块窑口护板之间所形成的径向间隙最小处能够满足设计的缝隙要求。过大的缝隙可用石棉、岩棉等物填塞,保证打浇注料时不漏浆。

窑口护板径向间隙的合理控制非常重要,可是以前在安装和维修中往往忽视了这一点,这是导致窑口护板过早失效、窑口筒体很快变成喇叭形的一个极为重要的原因。

2.107　影响物料在回转窑内的运动速度的因素

物料在回转窑内由窑尾向窑头运动,当窑转动时,物料靠摩擦作用被窑壁带起,带到一定高度时,由于物料本身重力作用而沿料层表面滑落至底部,因窑有一定的倾斜度,滑落的物料就不会再落到原来的地方,而是由高端向低端移动一段距离,这样反复不断地被带起,翻滚下落,使物料不断向前运动。在下料不变的情况下,窑速愈慢,料层愈厚,物料被带起的高度也愈高,贴在窑壁上的时间愈长,物料在单位时间的翻滚次数愈少,物料前进速度亦愈慢。在同样的下料情况下,窑速愈快,料层愈薄,物料被带起的高度愈低,单位时间内翻滚次数愈多,物料前进速度亦愈快。

物料在回转窑内的运动速度随情况不同而变化,其运动速度与排风、窑速、窑内阻力(有无结圈)、物料液相及物料粒度等都有关系。一般在风大、窑内结圈、物料液相多、结粒粗、窑速慢等情况下,物料运动速度慢;情况相反,则物料运动速度快。在窑条件不变的情况下,物料在窑内各带运动速度也不一致。例如:在湿法窑链条带,料浆呈泥巴状,黏度大,黏附力强、阻力大,运动速度就慢。物料在分解带时绝对干燥,呈松散状,加之碳酸钙分解时产生二氧化碳气体,使物料出现流态化,运动速度就快。而在烧成带,因物料出现液相,烧结后又呈颗粒块状,运动速度也就减慢,冷却带亦如此。

2.108　何为过剩空气系数,如何计算

过剩空气系数是燃烧时实际空气量 V_a 与理论空气量 V_{a0} 之比,用 a 表示。

a 取得过大,说明在燃烧时实际鼓风量较大,氧气充足,对减少化学不完全燃烧有利,但过大的鼓风量必然产生过多的烟气,使烟气带走的热量增加。

a 取得过小,说明在燃烧时实际鼓风量较小,氧气不充足,形成还原气氛,造成化学不完全燃烧。立窑煅烧以 $a=1.0\sim1.1$ 为宜。

过剩空气系数可按下式计算：

$$a=\frac{N_2}{N_2-3.76(O_2-0.5CO-0.5H_2-2CH_4)}$$

式中 a——过剩空气系数；

N_2——烟气中氮气的含量，%；

O_2——烟气中氧气的含量，%；

CO——烟气中一氧化碳的含量，%；

H_2——烟气中氢气的含量，%；

CH_4——烟气中甲烷的含量，%。

在使用奥式气体分析器时，烟气中的 H_2 和 CH_4 均不能测定，因此又可按下式计算：

$$a=\frac{N_2}{N_2-3.76(O_2-0.5CO)}$$

例：某次热工标定，烟气中氧气含量为1.91%，氮气含量为70.03%，一氧化碳含量为2.78%，试求空气过剩系数。

解：$a=\frac{70.03}{70.03-3.76\times(1.91-0.5\times2.78)}=1.029$

空气过剩系数为1.029。

2.109 维护好预分解窑系统测温、测压装置有何意义

预分解窑系统测温、测压装置的稳定可靠能够准确地反映出预分解窑系统的温度及压力变化，一旦出现问题可能会误导操作员做出错误的判断，严重时还会导致全系统的瘫痪。所以说维护好系统检测设备对稳定预分解窑系统非常重要。

在日常工作中要确保检测设备有较强的抗雨、抗雷击、抗干扰性能，遇到温度、压力异常（非工艺原因）时应及时通知有关人员进行校对或更换。检测设备的信号电缆应装有保护套，特别是在预热器捅堵时更应注意，以防高温物料将电缆烧毁。

2.110 如何降低煤耗，提高窑的热效率

1. 在保证熟料质量的前提下，尽量配制成分合理的、易烧性好的生料。最好在硅酸盐矿物总量一定的条件下，选择较低硅酸率、较高石灰饱和比。其次要考虑一定的液相量和液相黏度，使化学反应易于控制。另外，要注意石灰石中的燧石结核和黏土质原料中的石英，因为这两种物质的含量增加时会使物料难烧。最后还应将生料的细度控制在适宜的范围，不可太粗。

2. 减少窑的热损失，提高窑的热效率，须做到以下三个方面：

(1) 合理的风、煤配合，加强操作，防止煤的机械不完全燃烧和化学不完全燃烧；

(2) 降低废气温度，减少过剩空气量和加装热交换设备与余热回收设备，减少废气带走的部分热量；

(3) 保持烧成带窑皮有一定的厚度，或采取其他隔热措施，减少窑体向外散失热量。

3. 加强窑头、窑尾的密闭，防止窑头漏风而降低二次风温，加强窑的通风，保证煤粉燃烧完全，降低煤耗。

4. 在生料中掺入适量的矿化剂，增加液相量，降低液相出现温度和液相黏度，改善生料的易烧性。

5. 采用矿渣或其他工业废渣配料，这样可以降低分解带的热耗及窑内气体流速和流量，减少被废气带走的热量和粉尘，提高熟料产质量，降低煤耗。

6. 对于湿法生产的窑，可采用加料浆稀释剂、泥煤浸出液和安装料浆蒸发机等措施，降低入窑料浆水分含量，以达到降低热耗的目的。

7. 努力提高入窑二次空气温度，回收熟料带走的热量。

2.111 三次风管负压异常是何原因

在三次风管阻力不变的情况下，负压越大通过三次风管的风量越大。

(1) 三次风管负压增大

① 由于三次风阀开度减小，三次风的阻力增大，故三次风负压增大。

② 当系统塌料时，通过三次风入炉的料量突然增大，造成三次风的出口阻力增大，负压增大，但这一增大的过程时间很短，随着塌料后料量的减小负压也随之减小。

③ 三次风管内部某处阻力突然增大，原因是管道内衬脱落，某处严重积料，此时表现为窑内通风较大，窑尾负压上升。出现此种状况应将三次风阀逐渐开大或全部打开来平衡窑内与三次风的风量。如全开后整个系统状况仍然很差应及时停窑清理管道。在停料前应确认系统不正常的根本原因在于三次风管。

④ 由于窑内结圈、结大料球、窑尾缩口严重结皮等因素的影响，窑内的阻力增大，使入炉三次风的风量与窑内的风量平衡遭到破坏，增大了入炉三次风的风量，因而三次风负压增大。此时整个系统的热工制度极不稳定，应及时处理窑内的异常状况，使入炉三次风的风量与窑内风量达到平衡，负压趋于正常。

⑤ 当分解炉的温度过低或断煤时，三次风出口阻力大幅度减小，三次风的风量相应增大，负压增大，待分解炉的温度趋于正常时三次风的负压又恢复正常。

⑥ 由于系统风量的提高，系统负压增大，三次风负压也随之增大。

(2) 三次风负压减小

① 三次风阀开度增大，管道内阻力减小，相应三次风负压减小。

② 分解炉内严重结皮，导致炉内阻力增大，系统抽取三次风的能力降低，三次风风量减小，负压减小。

③ 当三次风阀受到长期的高温侵蚀、磨损而阀面严重损坏，三次风风量随之减小，负压减小，此时三次风阀已起不到调节风量的作用，如果三次风与窑内的风量平衡遭到严重破坏，应及时对三次风阀进行修复。

④ 当分解炉上级筒出现堵塞现象时，上级筒无法下料，导致三次风管的阻力减小，负压减小，此时应及时处理堵塞。

2.112 一则改进窑尾挡料装置的经验

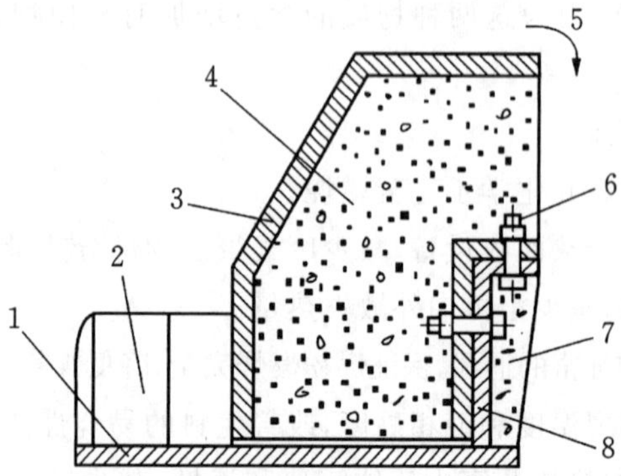

图 2.92 窑尾挡料装置原结构

1—筒体；2—耐火砖；3—铸铁砖；4，7—集料；5—火焰；6—螺丝；8—法兰

某水泥厂三台 $\phi 3.5/3.0$ m×60 m 回转窑窑尾挡料装置原结构如图 2.92 所示，生产中经常发生铸铁砖脱落漏料事故。生产中发生掉砖，不得不进行漫长的冷窑，而后入窑进行修补。处理一次掉砖往往需要停窑 20 h 左右，这样不但大大降低了回转窑的运转率，降低了窑的产量，增大了煤耗，而且法兰及筒体烧蚀变形，使得法兰与其相连的筒体更换周期缩短，一般两到三年就要更换一次，从而增加了回转窑的维修费用。

冷窑观察发现，铸铁砖脱落主要是由于保护法兰的浇注层的脱落，法兰及螺丝直接与高温火焰接触烧蚀氧化。改造后的挡料装置结构如图 2.93 所示。挡料装置由铸钢砖、护板及法兰组成。铸钢砖通过螺丝连接在筒体上。为了使铸钢砖连成一体，单块铸钢砖不易松动，相邻铸钢砖以螺丝相互连紧。为了使法兰及筒体端部不受高温火焰的伤害，特设置了护板。护板用螺丝固定在法兰上。同时，为了避免火焰对护板缝裸露部分法兰和窑口的直接扫射，护板块间采用了压缝结构，见图 2.94。改进后挡料装置的结构无论是法兰、窑口还是连接螺丝，都受到耐高温铸件(铸钢砖及护板)的保护，因此使用寿命长，不易损坏。

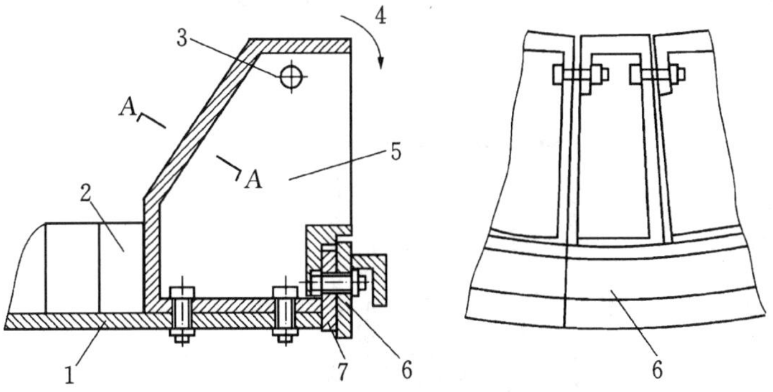

图 2.93 改进后的挡料装置结构

1—筒体；2—耐火砖；3—螺丝；4—火焰；5—铸钢砖；6—护板；7—法兰

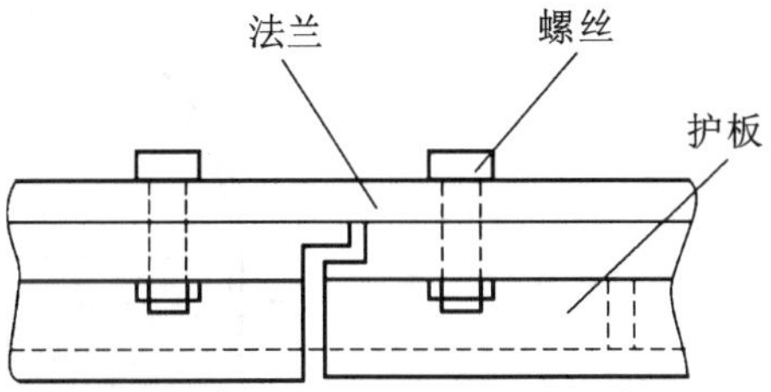

图 2.94 改进后压缝结构

为了防止铸钢砖间缝漏料，铸钢砖间挡料面同样采用了压缝结构，见图 2.95。这种结构物料不易穿过缝隙，从而阻止物料漏出。

为方便安装，砖间连接面螺丝孔设计成一字形，相互连接面的一字孔呈十字交叉排列(图 2.96)，以免由于铸件及筒体法兰制作上的误差而带来安装困难。

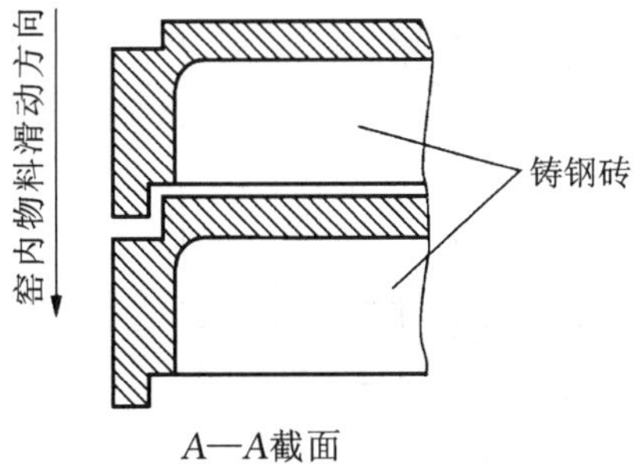

图 2.95 铸钢砖挡料面压缝结构

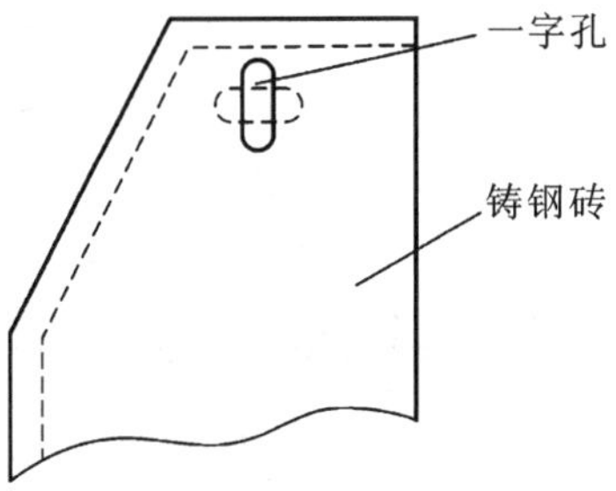

图 2.96 砖间连接面的排列

由于回转窑筒体较短，窑尾温度相对较高，一般在 900～1000 ℃范围内，原使用的中硅球墨铸铁由于在高温下易氧化，使用寿命满足不了要求，改进时采用高铬铸钢砖和护板，这种材料可在 1100 ℃条件下长期工作，并且价格不会太高。为了延长挡料装置的安全使用周期，连接螺丝全部采用 1Cr18Ni9Ti 材质。

高铬铸件虽然热态下柔韧，冷态下却很脆，因此运输和安装时要注意，避免过分撞击和用锤敲打。另外，该铸件高温时遇水会炸裂，抢修时切忌将水喷洒在上面，以免其损坏。

改进是利用设备大修时逐窑完成的，改进后的窑投入运行后，已安全运转了 5 年时间，进窑观察到法兰不变形，铸件表层氧化不深，铸钢砖不松动，整体性好，不漏料，估计挡料装置仍可继续使用 3 年以上，经济效益十分显著。

2.113 如何利用辅助油勺改善托轮润滑

某水泥厂 4 台 ϕ3 m×88.68 m 回转窑托轮润滑不良，为此设计了一种活套辅助油勺，采用两端加油的方式，改善了托轮润滑不良的情况，值得借鉴。

该厂托轮滑动轴承如图 2.97 所示，滑动轴承的润滑方式为油勺随着托轮轴回转，并把油带到高处倒出，通过淌油槽，将油淋在托轮轴颈上进行润滑，由于现用的几种淌油装置效果都不是很好，特别是对低端轴承的润滑和止推环与瓦边间的润滑尤其不理想。于是设计制造了一种辅助油勺加装在止推环上，并使其同托轮轴一道在回转带淋油，从而强化了托轮轴承的润滑，下面就辅助油勺的结构、安装、使用方法和注意事项分述如下。

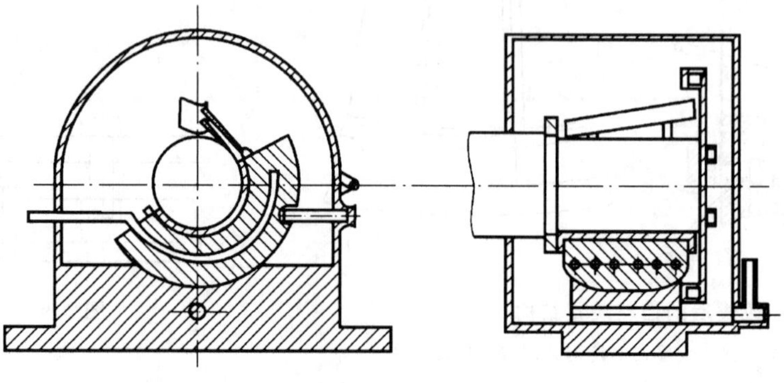

图 2.97 托轮滑动轴承

(1) 辅助油勺的结构

如图 2.98 所示，辅助油勺由两瓣带勺卡箍组成，卡箍内径 D 比托轮轴上止推环的外径小 2～3 mm，两瓣卡箍间用两颗 M8 螺栓连接。

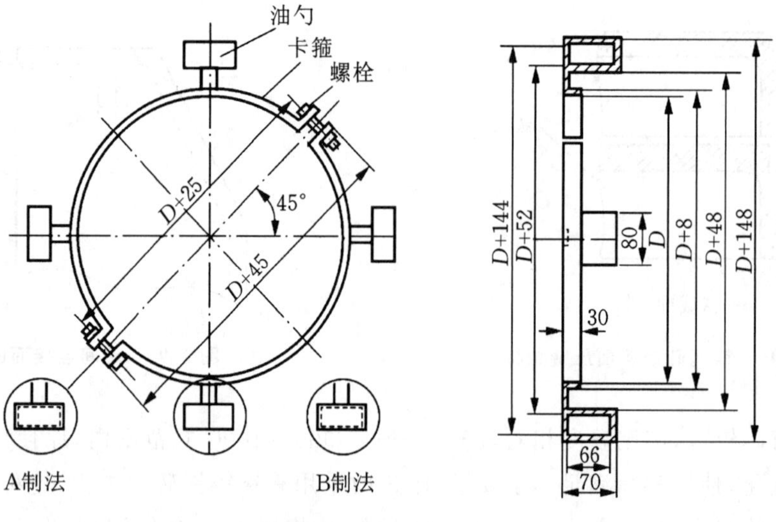

图 2.98 辅助油勺结构

(2) 辅助油勺的安装

如图 2.99 所示，利用临时停窑或计划检修的时间进行安装。具体过程为先将两瓣卡箍用一颗 M8 螺栓连接在一起，并适当拧松螺栓，然后按辅助油勺的正确方向将油勺顺着止推环与油箱间的空隙穿过，当穿过去的卡箍在另一面(即靠近安装人员一面)露头时，可用一根铁丝将其钩出，然后再用另一颗 M8 螺栓将卡箍另一边松松连接起来，转动辅助油勺使之活套在止推环外径上的合适位置，并注意油勺与油箱、淌油槽、瓦边及球面瓦间有无擦碰现象，如果没有，最后拧紧连接螺栓即可。

(3) 辅助油勺的使用方法

在油箱内注入适量的润滑油，当托轮轴回转时，辅助油勺同原有油勺一道随轴回转，带起润滑油，并将其淋在轴上。淋下的油除在止推环与瓦边间起润滑作用外，多余的还顺着托轮轴与瓦口间形成的 V

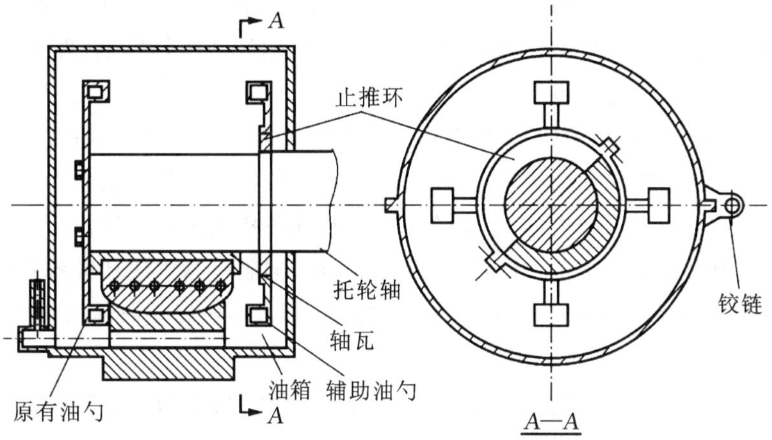

图 2.99 辅助油勺的安装

形油道流淌，充分润滑轴承，从而达到强化润滑的目的。

(4) 辅助油勺安装、使用时的注意事项

① 一定要注意辅助油勺带油和淋油的正确方向，以确保能带上油并正确地淋在止推环与瓦边方向的轴上。

② 注意辅助油勺与其他相邻设备不发生摩擦，并有一定的间隙以利于支承装置的安全回转。

③ 经常检查辅助油勺的位置，如发现油勺与其他相邻设备发生擦碰，则应立即停车处理。

④ 经常检查油箱的回油情况，应使球面瓦两侧的油能正常流通。

⑤ 经常检查并加油，以使油勺能正常带油，从而达到强化润滑的目的。

2.114 三次风管安装应符合哪些要求

1. 安装前画出基础中心线，并应符合下列要求：

(1) 轴向中心线偏差不大于±20 mm。

(2) 各支承基础中心跨距偏差不大于±5 mm。

(3) 各支承基础标高相对差不大于±3 mm。

2. 根据实测的风管筒体长度尺寸，得出各支承点的设备尺寸并加上热膨胀量，对原设计图纸加以修正。

3. 风管筒体组对时，其同轴度为 5 mm。

4. 风管安装时，其中心偏差为 10 mm。

5. 现场焊接的焊缝应严密，不得漏气，在膨胀节与风管连接的部件焊接时，不得在膨胀节的波片上起弧，飞溅物不得落到波片上。

6. 膨胀节安装时，根据热膨胀量，预先拉伸并与筒体连接。

7. 各支承点滑块、铰支点均不得有碰撞、卡死现象。

2.115 回转窑安装施工前应做好哪些准备工作

2.115.1 技术准备

(1) 熟悉图纸。

通过设备图纸来掌握回转窑的产量、转速、支承数量、挡轮形式、窑体安装斜度、筒体直径与长度、筒体段节数量、最长段节的质量、最重段节安装的位置、几何尺寸最大轮带的质量、窑尾最后一档轮带的质量、各托轮组的质量及大齿圈与筒体连接形式等。通过工艺布置图，了解和掌握各档托轮组的具体位置，冷态时各档轮带所处的位置及基础画线的基准。通过平面布置图了解掌握厂区各生产车间，办公地点，水、电、道路的布置及设备的堆放地点等，以便确定运输路线、组装或工作场地、现场工具房的位置及现场临时电源的位置等。

(2) 按“安装使用说明书”及相关的“验收规范”编制检测方法，准备检测工具及仪器。

① 根据基础验收的技术要求和内容，制定检测方法和准备检测工具及仪器。

② 根据设备出库检测的要求和内容，制定检测方法和准备检测工具及仪器。

③ 根据安装过程中对设备找正工作的技术要求和内容，编制检测方法和准备检测工具及仪器。

(3) 根据建厂周期要求和施工单位的技术力量、装备能力，参照以上技术资料及现场实地考察编制回转窑的施工方案。施工方案的主要内容为：

① 介绍回转窑的规格、型号、性能、最大件的外形尺寸、质量、安装位置、零部件堆放场地的位置及回转窑基础的相关尺寸、施工现场有关情况。

② 根据①中的内容，确定、编制回转窑安装的程序及施工方法。

③ 根据回转窑施工方法所需的工、机具，检测仪器，燃、材料用量，列出表格。

④ 根据建厂总体计划要求编制回转窑的施工进度计划。

⑤ 根据回转窑的安装程序、施工方法、施工进度计划，编制回转窑的施工组织及劳动力动态表。

⑥ 针对回转窑的施工特点和施工方法制定安全措施。

⑦ 根据相关的“验收规范”“图纸的技术要求”和个别部位的特殊要求，制定回转窑安装的质量保证措施。

2.115.2 施工工、机具及燃、材料的准备

(1) 施工工、机具的准备

① 重点放在大型吊装机具的准备上。回转窑的吊装由于条件的不同历来有多种方法：有用道木搭成斜马道或用土堆成斜坡把筒体沿斜坡滚上去的，有用人字拔杆吊装筒体的，有用悬臂拔杆吊装的，有用龙门吊架吊装的，有用两台吊车联合吊装的，有用一台吊车吊装的。办法很多，各有利弊。随着科学技术的发展，当前采用大吨位吊车吊装回转窑是较常见的。在选用吊车吊装回转窑时，必须确定最大吨位段节的吊装高度、回转半径，窑尾轮带处段节的质量、吊装高度、回转半径，以便选用吊车。

② 为保工程优质、快捷，应准备与工程质量要求相匹配的检验仪器，如：精度为 2″的经纬仪、精度为 0.04 mm/m 的水平仪、高精度的水准仪等。

③ 为保证回转窑的工艺特性，在安装时能准确地达到回转窑的设计斜度且同一组托轮的两托轮顶在同一标高上，应当准备两块斜度一样的斜度规(其斜度应与窑的设计斜度一致)、一根大平尺。

④ 为保证能准确测量筒体的长度、各基础间的跨度，应准备经检验合格的工具：30 kg 的弹簧秤、30～50 m 的钢皮尺各一把。

⑤ 如果筒体对口采用自动焊接，必须准备一套专用电源及自动焊机。

⑥ 其他工、机具见表 2.23。

表 2.23 工、机具表

序号	工、机具名称	规格型号	单位	数量	备注
1	吊车	120 t 以上	台		根据窑的规格而定
2	吊车	40～50 t	台	1～2	随窑的规格及吊装方案而定
3	吊车	16～25 t	台	1	
4	吊车	8 t	台	1	

续表 2.23

序号	工、机具名称	规格型号	单位	数量	备注
5	拖车	40 t	台	1	
6	汽车	8 t	台	2	
7	汽车	1.5 t	台	1	
8	拖拉机	红旗 100	台	1	
9	卷扬机	5 t	台	2	
10	倒链	5 t	个	4	
11	倒链	3 t	个	6	
12	倒链	2 t	个	4	
13	千斤顶	100～200 t	台		视窑的规格而定
14	千斤顶	50 t	台	2	
15	千斤顶	30 t	台	2	
16	千斤顶	20 t	台	4	
17	千斤顶	15 t	台	4	
18	千斤顶	10 t	台	6	
19	千斤顶	5 t	台	6	
20	单滑轮	5 t	个	4	
21	滑轮组	20～30 t	套	2	视窑的规格而定
22	水平仪	0.02～0.04 mm/m	台	2	
23	水准仪		台	1	
24	激光经纬仪	2″	台	1	
25	游标卡尺		把	1	
26	千分表		块	4	
27	塔尺		把	1	
28	钢皮尺	30 m	把	1	
29	弹簧秤	300 N	把	1	
30	钢板尺	2 m	把	1	
31	钢板尺	1 m	把	1	
32	手锤		把	8	
33	大锤	12～14 lb	把	3	
34	大锤	18 lb	把	2	
35	样冲		个	2	
36	撬棍		根	6	
37	线坠	0.25 kg	个	6	

续表 2.23

序号	工、机具名称	规格型号	单位	数量	备注
38	手枪钻	ϕ6 mm	把	1	
39	手提电钻	ϕ36 mm	台	1	
40	铰刀	ϕ36 mm	套	1	
41	铆钉枪		把	2	
42	铆钉炉		座	1	
43	空压机	3～6 m^3	台	1	
44	活动扳手	12″	把	8	
45	活动扳手	18″	把	2	
46	交流电焊机	30 kV·A	台	2	
47	直流电焊机	28 kV·A	台		
48	自动焊机		台	1	
49	烘干箱		台	1	
50	氧气瓶		个	30	
51	乙炔瓶		个	15	
52	鼓风机		台	1	
53	角向磨光机		把	8	
54	手提钢丝砂轮		把	2	
55	V 形铁		块	2	
56	斜度规		块	2	斜度按设计要求而定
57	大平尺		根	1	
58	行灯变压器	36 V	台	1	
59	顶杠		根	8	
60	砂轮切割机		台	2	
61	磨砖机		台	2	
62	划规		把	2	
63	地规		把	1	
64	刮刀		把	10	
65	油石		块	3	

注:1 lb 约合 0.4536 kg。

⑦ 采购的工、机具必须要有合格证。

⑧ 精密测量仪器应定期进行检查、调整。

⑨ 起重机具在进入新施工点前应仔细检查,排除隐患,必要时可试验检查其起重能力和制动性能。

(2) 燃、材料的准备

① 由于机械化程度的提高,回转窑的吊装大部分采用大吨位吊车进行,采用所谓“无道木吊窑作业法”,

所以不再为了临时支撑一端悬在半空的筒体(另一端已放在托轮组上或已与其他筒体连接在一起),而从地面搭设几米或十几米的道木墩来支撑它,从而节省了大量的道木。但是,在整个施工过程中,筒体、轮带、大齿圈、托轮组的搬运及临时铺垫等也要耗费一定数量的道木,所以道木的准备是必不可少的。

② 吊窑索具的准备:一般采用两根绳索捆绑一节筒体进行吊装,每根绳索的长度应当能满足在筒体上缠绕一周后绳索的两个头(俗称"鼻子")成60°夹角挂在钓钩上的要求,而且这根绳子的两个头与另一根绳子的两个头亦成60°夹角。绳索的直径应按承载最重段节的重量进行选取。

③ 不仅对常用的钢丝绳、绳索、卡具要充分准备,对吊装较特殊部件所用的钢丝绳、绳索、卡具也要适当准备,如吊托轮、吊钢底座、吊大齿圈、吊轮带等的绳索,盘窑用的钢丝绳等。

④ 准备清洗用的除漆剂、洗油、毛刷、棉纱等。

⑤ 准备切割和焊接材料。

⑥ 准备一定数量适当规格的钢板和垫铁。

2.116 回转窑安装前如何进行设备检查

回转窑安装前必须做好设备的检查和尺寸核对工作,检查结果与设计不符时,安装单位、建设单位会同设计单位共同进行修正设计图纸。

2.116.1 使用工具

钢板尺、直角尺、钢卷尺、钢盘尺、弹簧秤、划规、地规、卡钳等。

所用量具必须经过检验合格,检查筒体用的钢盘尺、弹簧秤等应当和基础放线用的为同一把,不可更换,而且筒体和基础应当在同一季节进行测量,尤其是在北方。

2.116.2 检查的要求及方法

(1) 底座的检查

① 用钢板尺或钢卷尺测量检查钢底座的外形尺寸和螺栓孔的位置、间距、孔径等是否与图纸相符。

② 用粉线或水准仪检查底座有无变形。

③ 用钢板尺和划规检查底座的纵横向中心线是否正确。

(2) 检查托轮及轴承座

① 目测外观检查托轮、托轮轴是否有裂纹,如果有疑点应进行磁粉或超声波探伤。

② 目测外观检查铜瓦、球面瓦、球瓦座是否有疏松、蜂窝、砂眼、断裂等现象。

③ 用卡钳、钢板尺、钢盘尺分别检测托轮两端的直径,检查托轮的锥度。

④ 用水平仪、直角尺、钢板尺在厚钢板上检查轴承的中心高。

⑤ 用手压泵对球瓦进行打压试验,试验压力为0.6 MPa,保压8 min不得有渗漏现象。

(3) 窑筒体检查

① 检测筒体周长

技术要求:两对接接口圆周长度应当相等,偏差不得大于0.002D(D为筒体内径,单位为mm),最大不得大于7 mm。

使用工具:15~30 mm钢盘尺、150 mm钢板尺、划针、记号笔。

检测:首先检查筒体上有无组对标记,如果没有,就要在每节筒体的两个端口处画出组对标记。

以组对标记为起点用钢盘尺将筒体围一圈(钢盘尺距筒体口应等距离,20~30 mm),返回起点处,读出筒体口处的周长。

再根据要求将周长等分(8等分、12等分或16等分等),用划针和记号笔将等分点画在筒体上并将此点引到筒体内壁上,为醒目,画出的等分点用油漆圈起来。

筒体的母线就是将筒体两个端口处的组对标记或相对应的等分点一一连线，这些连线就是筒体的母线。而检测时没有必要去做这些连线，只需要确定组对标记和等分点。

② 检测筒体圆度

技术要求：圆度偏差(在同一端面测量的最大和最小直径之差)在普通段节处不得大于 0.002D(D 为筒体外径，单位为 mm)，在轮带及大齿圈下的段节处不大于 0.0015D。

使用工具：钢板尺(150 mm)、钢皮尺(15～30 m)、划规、测杆(图 2.100)。

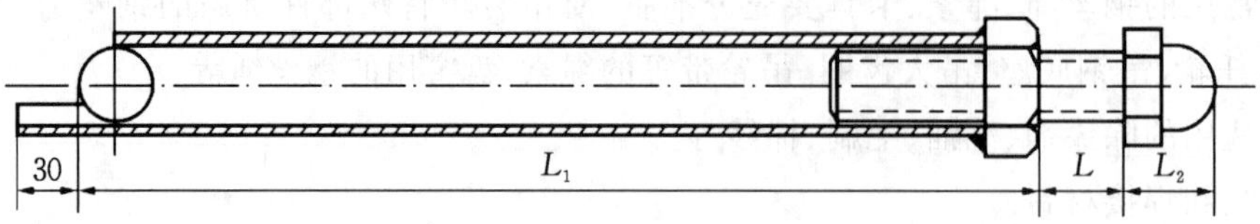

图 2.100 测杆

检测：用测杆和钢板尺，在每节筒体的两端筒体口处进行测量(图 2.101)。先将筒体口八等分(1、2、3、4、1′、2′、3′、4′)，再用测杆按等分点 1—1′、2—2′、3—3′、4—4′依次测量。用带定位挡板的一端顶在筒体内的等分点处，并使挡板紧靠在筒体口上，测杆的另一端对准筒体内相对应的等分点，调整螺杆长度，使其与筒体顶紧(此时，测杆应与筒体轴线相垂直)，用 150 mm 钢板尺量取螺杆旋出主杆的长度(L)并做出记录，然后将记录的数据进行比较，得出结论。

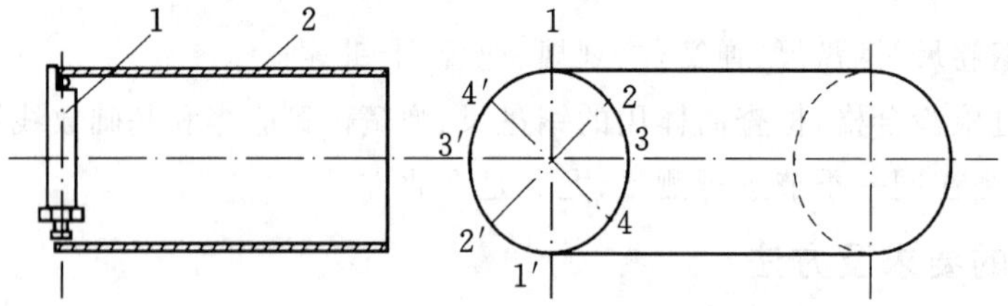

图 2.101 测量示意图

1—测杆；2—筒体

③ 检查筒体的长度

技术要求：焊接后的筒体长度偏差不大于其长度的 0.05%；两轮带间筒体长度偏差不大于其长度的 0.025%。

使用工具：钢盘尺、弹簧秤。

检测：在筒体上以组对标记为始点测量筒体圆周八等分的等分点。测量时钢盘尺必须在筒体的母线上，不得歪斜。

在筒体上一人把钢盘尺上的一个整数(略大于被测筒体长度 100～200 mm)与一侧筒体口的边缘对齐，钢盘尺通过筒体的母线，另一端(即尺的零端)挂上弹簧秤由另一人按拉力要求拽紧，并观测与筒体口对齐的钢盘尺上的读数，做出记录。

④ 目测检查筒体有无局部变形，尤其是筒体接口部位。局部变形可用冷加工或热加工的方法给予修复，但加热次数不允许超过两次。

⑤ 检查筒体接口处焊接坡口是否按规定加工。

⑥ 检查筒体内焊缝的焊缝余高是否合乎标准。

⑦ 用钢盘尺测量各轮带中心位置至本节筒体端面处的尺寸是否符合图纸要求。

⑧ 用钢盘尺、弹簧秤测量和计算各轮带中心至与传动装置同一基础上的轮带中心在筒体上的距离，检查其是否符合图纸要求。

⑨ 有些厂家在回转窑出厂前已在筒体上加工出固定大齿圈的铆钉孔，就应当检查筒体上固定大齿

圈的位置是否正确。用钢盘尺在筒体上测量大齿圈横向中心距同一基础上轮带横向中心的距离是否符合图纸要求。

(4) 检查轮带

① 目测检查轮带是否有裂纹、砂眼、气孔或其他铸造缺陷。轮带挡圈、加固圈等不得有变形及其他缺陷。

② 用测杆或钢皮尺检测轮带的外形尺寸。轮带的内径应比窑体加固板外径大 2～3 mm。

(5) 检查大齿圈及传动装置

① 技术要求：

a. 大齿圈接口处的周节偏差最大不超过 $0.005M$(M 为模数)。

b. 大齿圈的椭圆度不得超过 $0.004D$(D 为大齿圈的节圆直径，单位为 mm)。

c. 大齿圈组对后，两半齿圈接合处应紧密贴合，用 0.04 mm 塞尺检查，塞入区域不得大于周边的 1/5，塞入深度不大于 10 mm。

② 使用工具：吊车、道木、钢丝绳、千斤顶、撬棍、大锤、手锤、扳手、塞尺、钢板尺、钢盘尺等。

③ 检查方法：

a. 选一块平整的地面，按大齿圈圆周四等分敷设四组道木，道木要顺着圆弧敷设，每组道木两层，四组道木标高要一致。用吊车将大齿圈吊起平放到道木上，穿入两接口的连接螺栓和定位螺栓，把紧定位螺栓再把紧连接螺栓。

b. 用塞尺检查大齿圈对口是否有间隙。

c. 用卡尺、钢板尺检查大齿圈对口处的周节偏差。

d. 用样杆或钢皮尺测量大齿圈的内径和大齿圈的节圆直径。

e. 用钢板尺、划规检查大齿圈与弹簧板连接螺栓的孔距。切向连接的弹簧板应在地面与大齿圈预组装。

f. 用大于齿长的游标卡尺尺杆顺着齿长方向靠在齿上，并使尺杆放在齿的同一高度上，检查尺形在长度方向是否弯曲变形。

g. 目测检查大齿圈是否有裂纹、气孔、夹渣等其他铸造缺陷；检查大齿圈的构造是否符合设计图纸。

h. 检查小齿轮的规格及齿轮轴和轴承的配合尺寸。

2.117 安装回转窑时，如何进行基础验收

为保证回转窑安装工作顺利进行，在安装前必须对照工艺布置图、设备图、土建图、相关验收规范及回转窑有关部件的实际尺寸，会同建设单位对窑的基础进行复查验收。

验收内容如下：

(1) 检查回转窑各档托轮基础周围是否填平夯实，基础周围影响施工的各种设施及其材料或机具是否清除。

(2) 检查回转窑各档托轮基础的外观，查看基础是否疏松、有无空洞；两次浇灌处结合是否紧密，有无分层；基础的模板和外露的钢筋是否全部清除；地脚孔内的积水和杂物是否全部清理干净。

(3) 根据图纸和验收规范检查土建单位提供的回转窑各档托轮基础中心线是否正确。

(4) 根据图纸及厂区原始标高点检查土建单位提供的标高点、沉降点是否正确。

(5) 根据图纸和验收规范检查回转窑各档托轮基础的相互位置是否正确；各基础间的标高差是否达到设计要求。

(6) 根据图纸和验收规范检查回转窑各档托轮基础的外形尺寸，各档托轮基础的标高、斜度。

(7) 根据图纸和验收规范检查回转窑各档托轮基础的地脚螺栓孔的几何尺寸及相互位置尺寸。

(8) 基础的各部分尺寸的偏差是否符合要求。

2.118 安装回转窑时，如何进行基础画线

2.118.1 技术要求

(1) 各基础上画出的窑的纵、横向中心线，必须准确、可靠，标记明显、牢固、永久。

(2) 各基础上画出的窑的纵向中心线的连线必须是一条直线，偏差不大于 0.5 mm。

(3) 各中心标板上的中心点应用样冲打出直径不超过 1 mm 的记号，且在样冲眼的周围打出一圈小样冲眼。

(4) 各基础上画出的窑的横向中心线必须垂直于窑的纵向中心线。

(5) 各基础上横向中心线的距离应以筒体上各轮带中心实测距离加上相对应的膨胀量为准。

(6) 一般先画出与挡轮装置同一基础的横向中心线，然后向窑头方向或向窑尾方向按相对应的中心距尺寸依次画出各基础上的横向中心线。

(7) 两相邻基础上的横向中心线距离偏差不得大于 1.5 mm，首尾两基础上的横向中心线距离偏差不得大于 6 mm。

2.118.2 使用工具

使用工具如表 2.24 所示。

表 2.24 使用工具

序号	工具名称	规格型号	单位	数量
1	经纬仪	2″	台	1
2	水准仪		台	1
3	塔尺		把	1
4	钢板尺	2 m	把	1
5	钢板尺	1 m	把	2
6	地规	3 m	把	1
7	钢皮尺	30～50 m	把	1
8	弹簧秤	300 N	把	1
9	手锤	1.51 lb	把	2
10	样冲		把	1
11	墨斗		盒	1
12	铅笔			

2.118.3 方法与步骤

施工单位接收的回转窑施工现场常常有以下两种形式：

① 施工现场仅给出窑的基础墩，其他土建结构尚未进行施工；

② 施工现场回转窑的基础及窑头、窑尾厂房均已完工。

由于以上两种不同条件，画线的方法略有不同。

(1) 第 1 种条件下(图 2.102)

① 用钢卷尺或钢皮尺分别在窑头和窑尾托轮组的基础上量出基础孔 $A—A'$、$B—B'$、$C—C'$、$D—D'$ 的中心距，逐一二等分以上中心距，分别得出：A-A' 中心点 a，B-B' 中心点 b，C-C' 中心点 c，D-D' 中心点 d，

把 a、b、c、d 四个中心点画在基础上。如果 a 点和 b 点能够重合，c 点和 d 点能够重合则最佳。如果没有重合，那么连接 a、b 及连接 c、d，二等分 a-b 和 c-d，分别得出 O 点和 O' 点，以此两点暂作两基础的中心，并画在基础上。

② 在放线支架上挂上钢线，拴好线坠，调整线架上的小轮位置，使线坠分别对准 O 点和 O' 点，然后在钢线上移动线坠，各自移到本基础另一排基础孔连线的上方，检查这排两两相对应的基础孔到线坠的距离是否相等，如超过 ±10 mm 可调整放线支架的小轮，调整钢线的位置达到要求；如果不超过 ±10 mm 可不作修改，那么放线架上的这条钢线就看成是和回转窑纵向中心线同一铅垂面上的线段。移动线坠到各基础的中心标板处，在线坠对准的标板处打上样冲眼，然后用墨线通过两中心标板上的样冲眼打出墨线，此线就定为窑基础上的纵向中心线（此中心线亦可用经纬仪协助画出）。

方法：将经纬仪的镜头对准 O 点和 O' 点并调成一直线，调整镜头的仰角，使镜头逐一通过各基础上的中心标板，当镜头的十字中心投在中心标板的中央处时，用样冲打出样冲眼，以后操作同前。

③ 首先画出与挡轮装置在同一基础上的托轮组基础的横向中心线（图 2.103）。

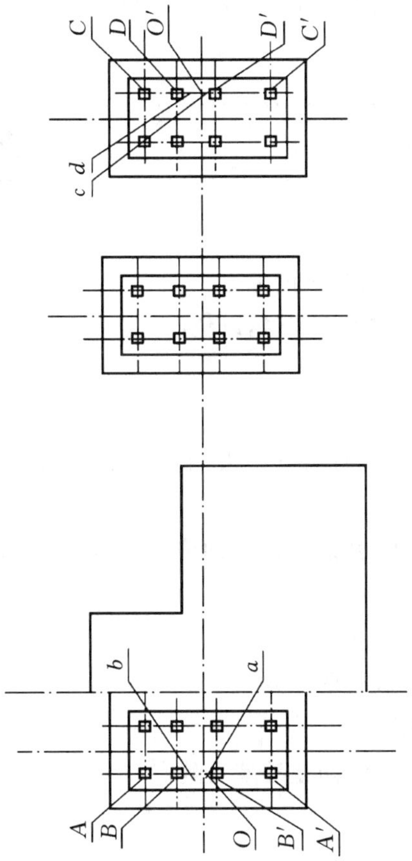

图 2.102　第 1 种条件下画线方法

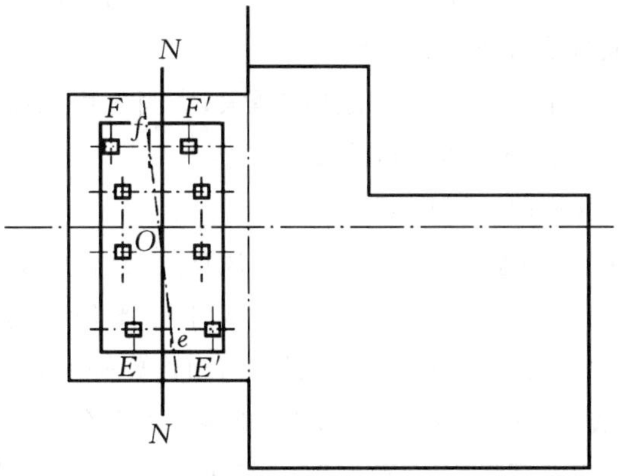

图 2.103　画出横向中心线

a. 在传动装置与托轮组共有的基础上量取托轮组基础孔的中心距 F-F' 和 E-E'，二等分 F-F' 及 E-E'，得出中点 f 与 e，并把这两点画在基础上，连接此两点成一直线与窑的纵向中心线相交于 O 点。

b. 过 O 点作窑纵向中心线的垂线 N-N，线段 N-N 就是回转窑托轮组基础上的第一条横向中心线。

c. 将横向中心线 N-N 引到基础上的横向中心标板上并打上样冲眼。再通过两样冲眼用墨斗在基础上弹出墨线，此线就是所要画出的横向中心线。

④ 分别在其他几个托轮组基础墩上画出横向中心线。

a. 以上面画出的横向中心线为基准，按设计图纸中审核确认的尺寸（即该跨度内筒体实测长度＋筒体接口间隙＋本段筒体的膨胀量－筒体焊接收缩量），用钢皮尺、弹簧秤沿着纵向中心线分别向两边基础量出横向中心的跨度，并在基础的纵向中心线上画出记号。

b. 用划规通过纵向中心线上的记号点作纵向中心线的垂线（即托轮组基础的横向中心线）。

c. 用放线支架、线坠将横向中心线引到横向中心标板上，再打上样冲眼。通过两样冲眼用墨斗在基础上弹出墨线。这墨线就是托轮组基础的横向中心线。

d. 在同一条横向中心线上距纵向中心线等距离对称取点，画出标记。按画出的标记，用钢皮尺、弹簧秤测量相邻两基础横向中心线的对角线，来验证横向中心线。

⑤ 以回转窑基础上的纵、横中心线为基准按图中给出的尺寸画出传动部分的纵横中心线。

⑥ 以回转窑各基础上的纵、横中心线为基准，根据托轮组钢底座的结构形式和具体尺寸在基础上画出垫铁的具体位置。

⑦ 依据厂区标高基准点，用水准仪测出各基础上埋设的基准点标高，并做出记录，其偏差不大于±1 mm。

(2) 第 2 种条件下

以与窑头基础和窑尾基础相距最近的厂房柱子中心为参考点，以工艺布置图或土建基础图中给出的窑的纵向中心至确定为参考点的柱子中心的垂直距离为准，用钢皮尺量出，并分别画在窑头和窑尾基础上，其余与第 1 种条件下的画法相同。

2.119 安装回转窑时，如何进行零部件的清洗

2.119.1 要求及注意事项

(1) 清洗场地应选择灰尘少、通风良好、远离火点、距安装位置较近的地方。

(2) 清洗要拆卸的零件时应在相互配合的零件上打上标记或作出编号，以免混乱。

(3) 拆下来的零部件要妥善保管，不得损坏、锈蚀、丢失。

(4) 清洗时注意防火，严禁吸烟。

(5) 设备加工面上的凡士林、黄甘油等防锈油，可先用竹片、木片将其刮去，然后用洗油清洗干净，不允许用其他金属器械进行除油。

(6) 对于设备加工面上的防锈漆，应当先用除漆剂将其除去，然后再用洗油清洗。不允许用砂布、钢丝刷或其他金属器械进行除漆。

(7) 酸洗时的注意事项：

① 酸洗场地应选择灰尘少、通风良好、远离着火点、距水源较近的地方。

② 操作人员应穿耐酸工作服，戴脚盖、乳胶手套等以防烧伤。

③ 调制酸洗液或在酸洗工作中，动作要轻缓，工件要轻拿慢放，防止酸液飞溅伤人。

④ 酸洗工作要连续进行，不可间断，否则会影响效果。

(8) 清洗现场应当保持清洁，废油、废液不得乱抹、乱倒。

2.119.2 工具（含材料）

木片、竹片、扫把、棉纱、泡沫塑料、白布、钢丝刷、刮刀、毛刷、水桶、油盆、酸洗槽空压机或氧气瓶等。

2.119.3 回转窑主要零部件的清洗

(1) 清洗地脚螺栓

① 用钢丝刷或砂布除掉地脚螺栓杆上的锈（出厂前没有涂防锈漆的）。

② 用除漆剂把螺杆上的防锈漆除掉，然后用火烧，再用水和棉纱擦净。

③ 出厂前已涂防锈油的，亦采用火烧，然后用水和棉纱擦净。

(2) 清洗底座

① 用扫把、木片把钢底座上的泥土、灰尘清除掉，再用棉纱擦净。

② 用钢丝刷、砂布等将钢底座底面的锈清除干净。

③ 用洗油或除漆剂把钢底座的上表面与轴承座接触部位的防锈油或油漆洗掉擦净。

(3) 清洗托轮和托轮轴

① 用除漆剂清除托轮表面的防锈漆,再用洗油清洗擦净。

② 用竹片或木片将托轮轴上的防锈油刮掉,再用洗油清洗擦净。

(4) 清洗支撑装置

① 解体支撑装置,由于同一台窑相同规格的支撑装置最少有四个,多的可达十几个,组成支撑装置的零件较多,且相同规格、形状的零件也很多。为避免混乱,拆卸时要做好编号,必要的相关件打上组对标记。

② 用毛刷、泡沫塑料或棉纱清洗解体的零件。壳体内清洗后应用白布擦净,条件允许可将白面调制成面筋,再用面筋把壳体内黏净。

③ 清洗支撑装置的壳体时,应当检查壳体内油漆是否有脱落现象,如有脱落应补刷油漆。

(5) 清洗轮带及轮带节筒体的垫板

先用除漆剂把轮带内外表面及轮带节筒体垫板上的防锈漆除掉,再用洗油清洗,而后擦净。

(6) 清洗大、小齿轮

先用竹片、木片把大、小齿轮上的防锈油刮去(如涂的是防锈漆可用除漆剂来清除),然后再用洗油清洗,用棉纱擦净。

(7) 清洗传动装置

① 用洗油、棉布清洗油箱。

② 擦净之后检查内壁油漆有无脱落,如有脱落应补漆。

(8) 清洗挡轮

① 用扫把、棉纱将挡轮外表面的泥土、灰尘等清除干净,然后把挡轮解体。

② 用洗油将解体的零件认真清洗擦净。

③ 清洗后组装时油缸内要按要求加入液压油。

④ 各轴承清洗后要加适量润滑脂,组装后的活塞动作要自如,挡轮转动要灵活。

(9) 清洗润滑管路

润滑管路应当用按比例稀释的硫酸或盐酸溶液进行清洗,而后用碱性溶液进行中和,再用水冲洗吹干擦净,灌入机油浸泡然后倒出机油封好管头。

2.120 安装回转窑时,如何进行设备画线

为了准确迅速地把设备安装到指定的位置上,无论设备还是指定的位置处都要有安装基准线,设备和基础上的中心线就是安装时的基准线。所以在安装前必须在基础和设备上画出各自的中心线。

画线工具:钢卷尺、钢板尺、直角尺、划规、划针、样冲、手锤、石笔、记号笔、粉线等。

2.120.1 底座画线

常见两种形式画法。

(1) 第一种画法

把底座两端的四个顶丝座拆去,在底座上露出四个顶丝座的定位孔,以固定顶丝座的孔为基准,用卷尺、钢板尺、直角尺、粉线、划针、样冲、手锤等按如下顺序画出底座的纵、横中心线:

底座的结构形式见图 2.104。

① 以四个固定顶丝座的孔为基准画出四个基准点。

a. 用尼龙线、钢板尺、划针、直角尺等在孔的外侧画出连接两孔并与两孔相切的直线,*A-A*、*B-B*、*C-C*、

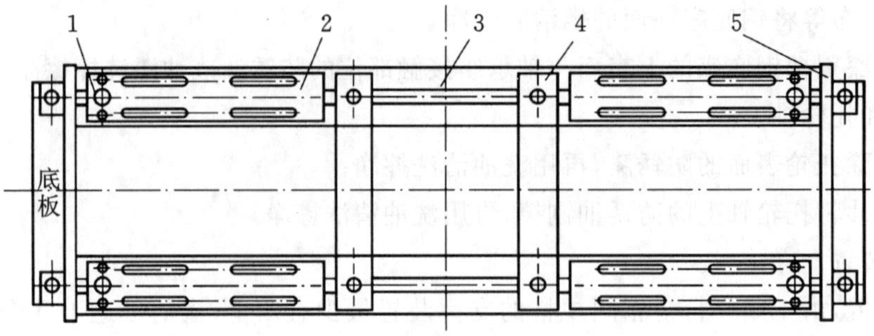

图 2.104

1—与顶丝座配合的孔;2—承载板;3—边梁;4—连接板;5—端板

D-D 共四条,四条直线交会出 a、b、c、d 四个点(图 2.105)。

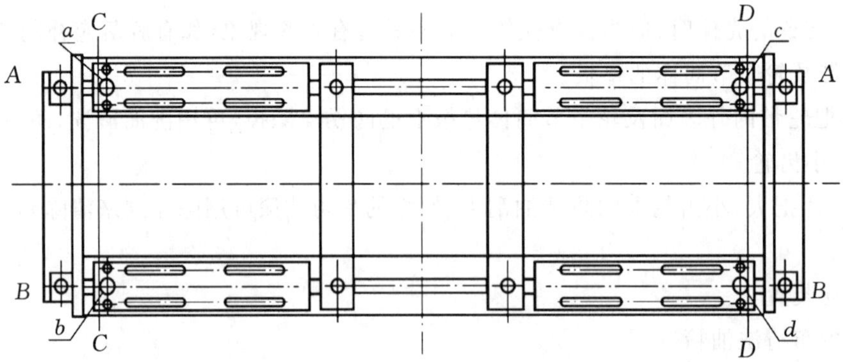

图 2.105

b. 用钢卷尺或钢盘尺测量 a-c、b-d、a-b、c-d 及对角线 a-d、b-c 的长度。其中,相平行的对称的两对线段应当相等,两条对角线亦应当相等,即 $ac=bd$,$ab=cd$,$ad=bc$。如果出现误差,应当对平行线段及对角线进行综合分析,再检查画线的误差,然后确定如何调整。调整后应满足上述要求。

② 以 a、b、c、d 四个基准点画出底座的横向中心线(图 2.106)。

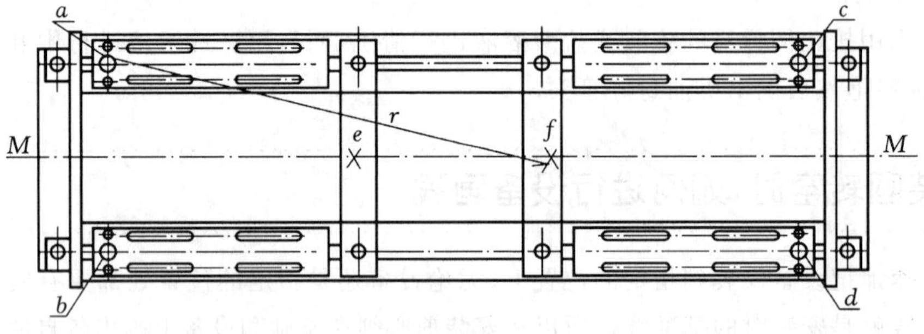

图 2.106

a. 用地规分别以 a、b、c、d 四点为圆心,等长 r 为半径,在两块连接板上画弧,作出 e、f 两点。

b. 用钢板尺连接 e、f 两点,再将连线画在连接板上。然后作连线的延长线 M-M,在端板和底板上延长线 M-M 通过的位置处,用样冲打出标记。延长线 M-M 即底座的横向中心线。

③ 以 a、b、c、d 四个基准点画出底座的纵向中心线(图 2.107)。

a. 分别以 a、b、c、d 四点为圆心,等长 R 为半径,用地规分别在两侧的边梁上画弧,交出 g、h 两点。

b. 用钢板尺连接 g、h 两点成一直线 N-N,直线 N-N 即是底座的纵向中心线。用划针在边梁上作出连线,并用样冲打出永久标记。

④ 也可分别以 e、f 为圆心,以等长 L 为半径,用地规分别在两侧的边梁上画弧,交出 g、h 两点。用

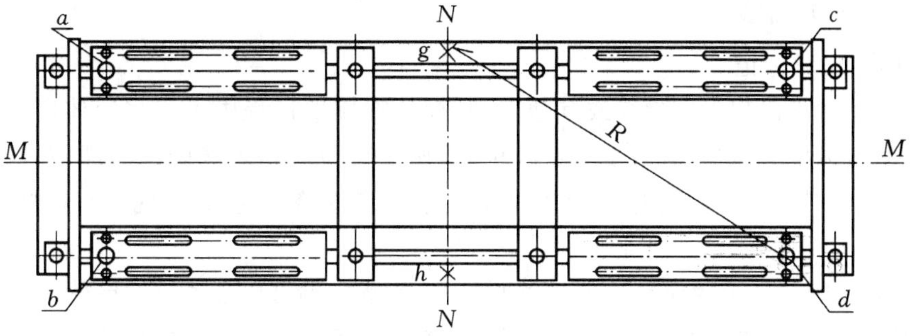

图 2.107

钢板尺连接 g、h 两点成一直线，该直线即是底座的纵向中心线。用划针将中心线画在边梁上，并用样冲打出永久标记，如图 2.108 所示。

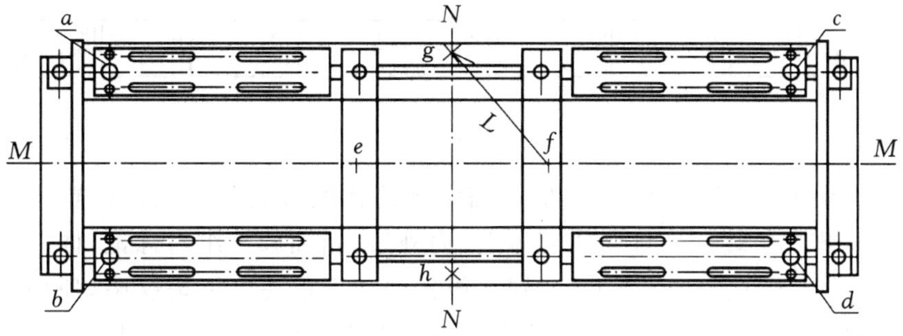

图 2.108

(2) 第二种画法

以底座上用来固定轴承座的长孔为基准画底座的纵、横中心线。这种画法比较烦琐，积累误差较大，不多介绍。

两种画法，前一种较简单，易于操作，误差小，所以较常用。

2.120.2 轴承座画线

(1) 画垂直中心线(图 2.109)。

① 拆下端盖，在上盖和下壳体接口处由通孔边缘沿接口线分别向两侧各量出 10 mm 作出 a、b 两点，以此两点为圆心，以适当长度为半径，画弧交出 c、d 两点。

② 用钢板尺连接交会的两点，画一直线并打上样冲眼，此线为轴承座的垂直中心线。

③ 将此线引到壳体处的通孔上表面，并作出记号，用钢板尺连接两通孔上的记号成一直线，并画在壳体上。此线为轴承座的纵向中心线。

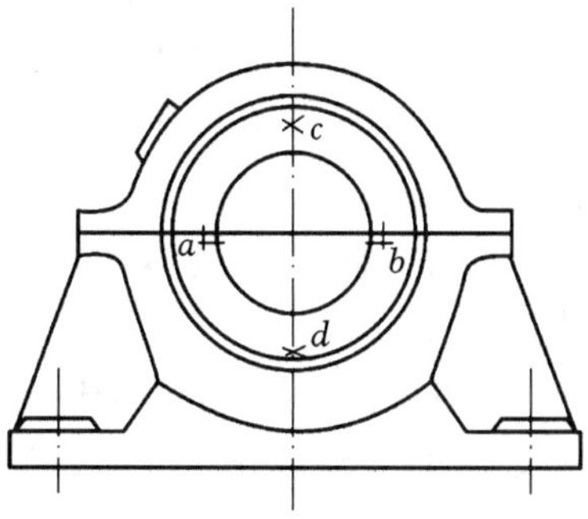

图 2.109

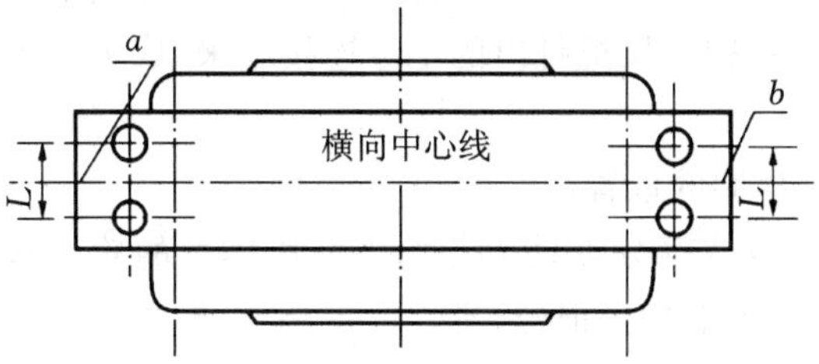

图 2.110

(2) 作横向中心线，画法如下：

一种画法是用吊具把轴承座放倒，使其底面垂直于地面，用直角尺和钢板尺分别量出在轴线两边同一侧地脚孔中心线的距离 L，二等分其中心距 L，作出等分点 a、b，用钢板尺连接 a、b 两等分点并向两端延长画出线来，此线就是轴承座的横向中心线，再用直角尺把该线引到轴承座的两侧，用样冲打出记号(图 2.110)。

2.120.3 窑筒体画线

(1) 画出筒体的组对标记

为了使组装筒体时不出现十字焊缝或其他问题，筒体在制造过程中不仅将筒体段节编号，而且把各段节的组对标记明显标出。但是，有时没有这种标记，施工单位应当现场画出。即使有组对标记也应仔细排查，再按给出的组对标记进行组对，然后检查是否有十字焊缝出现，如出现十字焊缝就应当重新调整组对标记。

① 首先根据筒体段节图中的序号找出相邻的段节，按顺序编号用油漆写在筒体上。

② 根据图纸中轮带、大齿圈在筒体上的位置确定各相邻段节对口的方向，按顺序编号，筒体段节编号方式较多，要做到清晰明了，常见的形式如图 2.111 所示。

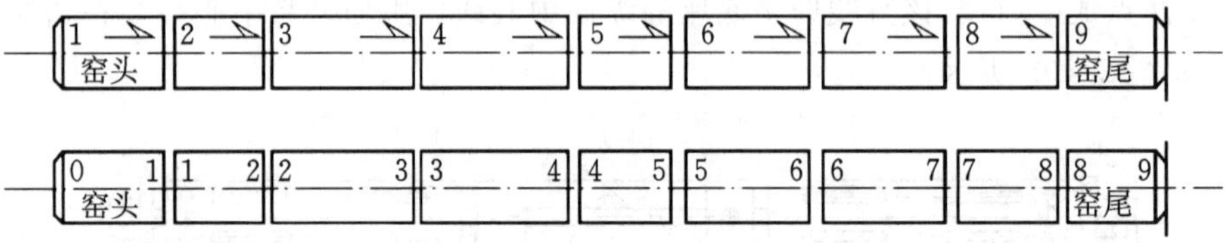

图 2.111

③ 以窑头或窑尾的第一节筒体开始，依次确定各筒体段节的组对线。即首先确定第一节筒体的组对线，在第一段节的两端同一母线的筒体上（内外）用铅油画出组对标记（同一段节两端的组对线可用挂线坠法确定是否在同一母线上：分别在筒体两端面顶端向下垂线坠，使两线坠都通过筒体端面中心，此时，筒体两端面顶端垂线坠的两个点的连线即为筒体母线。同一节筒体的组对线应以此两点画出）。

④ 根据第一节与第二节筒体接口处两筒体的纵向焊缝位置确定出第二节筒体的组对线。要求：第一节和第二节筒体按组对标记组对时（组对标记应在同一条直线上，而且必须第一节筒体的尾与第二节筒体的首相接，即尾首相接，不可弄反），两相邻筒体接口处不得出现十字焊缝，相邻两筒体的纵向焊缝应错开 45°以上。

⑤ 在第二节筒体的两端已确定组对标记位置的母线上用油漆画出组对线。

⑥ 按以上要求和办法依次画出各段节的组对线。

(2) 画出对口组对螺栓座的位置

① 分别在每个筒体口处用钢盘尺把筒体围一圈（钢盘尺距筒体口的尺寸应一致，20～30 mm），量出周长。

② 8 等分周长，以筒体口标出的组对标记为起点，将等分点用样冲在筒体上打出标记，再在标记处涂以油漆。

③ 按每道口所需组对螺栓数量等分周长，仍以组对标记为起点，将等分点逐一画在筒体口上，再用钢板尺、直角尺将等分点引到筒体的内壁上，在距筒体口 100～120 mm 处打上样冲眼，为醒目，在样冲眼处涂上油漆。

(3) 画出大齿圈横向中心线在筒体上的位置

以同一基础上轮带横向中心在筒体上的位置为始点，用钢皮尺在 8 等分筒体周长画出的母线上量取大齿圈横向中心与轮带横向中心的距离，打出记号。然后，用钢板尺把打出的记号连接起来，成为大齿圈的横向中心线。

(4) 画出各道轮带在筒体上的横向中心线位置及轮带挡圈的位置

① 按段节图找出各轮带节筒体，以筒体端面的六等分或八等分点处为起始点向筒体上的轮带垫板处量取筒体端面到轮带垫板中心的垂直距离，并用样冲在垫板上打出记号。

② 用钢板尺把在垫板上打出的记号连成一直线，即轮带在筒体上的横向中心线。

③ 在每块垫板上，分别以筒体上轮带垫板处画出的各档轮带的横向中心线为基准，沿筒体母线向窑

的热端量取轮带宽度的 1/2(轮带与挡圈间隙),用样冲打出记号,再用钢板尺将记号连接成一直线,即是挡圈与轮带的接触边线。

轮带与挡圈的间隙遵照设计图纸规定,图纸没有规定时,可以留出 2～3 mm 的间隙。

2.121 安装回转窑时,如何吊装、组对、找正托轮轴承座及托轮

2.121.1 吊装、组对托轮轴承座及托轮

① 在清洗好的钢底座与轴承座的接触面上涂以少量润滑脂;

② 用吊车或其他吊装工具将轴承座按标记对号吊装到底座上,并使轴承座的十字中心线与底座上的十字中心线(轴承座位置)对齐,把紧螺栓;

③ 在球面瓦座上涂少量润滑脂;

④ 将球面瓦连同轴瓦吊装到球面瓦座内;

⑤ 在轴瓦内加少量润滑油;

⑥ 按标记对号入座,将托轮吊起到位后再慢慢地回落,把托轮轴放到轴瓦上。

2.121.2 托轮组找正

(1) 技术要求:

① 两托轮的纵向中心线与窑的纵向中心线应平行($L_1=L_3$、$L_2=L_4$),其距离应相等($L_1=L_2$、$L_3=L_4$),偏差不得大于 0.5 mm(图 2.112)。

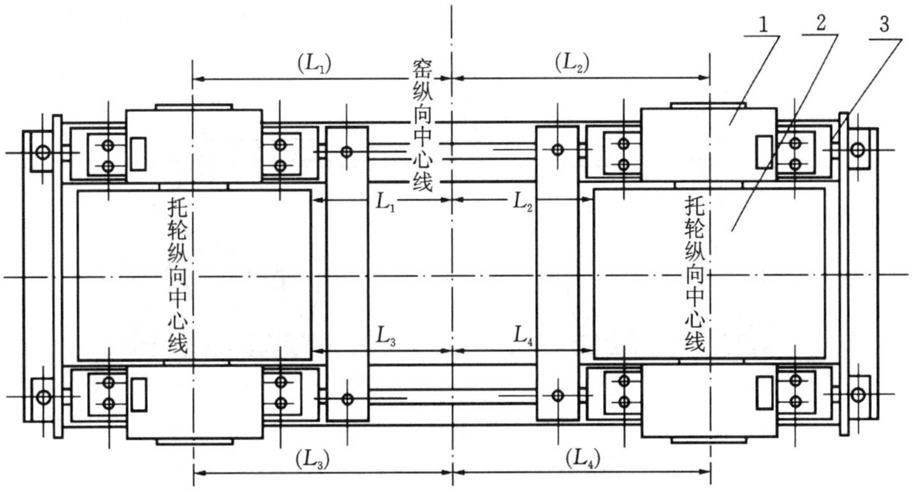

图 2.112

1—轴承座;2—托轮;3—钢底座

② 托轮的横向中心线应与底座的横向中心线相重合,偏差不大于 0.5 mm,同时应使托轮两端的窜动量 C 相等(托轮轴轴肩与轴瓦端面之间的配合有两种形式,其窜动量标注如图 2.113 所示)。

③ 在托轮顶面的中心点检测托轮顶面的标高,同时测量托轮的斜度,偏差不大于 0.1 mm/m(图 2.114)。

④ 同一托轮组的两个托轮顶面(与纵向中心线相垂直的同一铅垂面内的两托轮的顶点)应呈水平,偏差不大于 0.05 mm/m(图 2.115)。

⑤ 以与挡轮装置同基础的托轮组横向中心线为基准,分别向窑头或窑尾测量相邻两档托轮组横向中心跨距 L,其相对误差不得大于 1.5 mm,L_1、L_2 相对误差不得大于 1 mm,对角线 A、B 之差不得大于 3 mm,回转窑的首尾两档托轮的横向中心跨距 L_{max} 偏差不得大于±3 mm(图 2.116)。

⑥ 相邻两档托轮组的相对标高偏差不得大于 0.5 mm,首尾两档托轮组的标高差不得大于各档相邻托轮组相对标高差之和,其最大值不得大于 2 mm(不计斜度形成的高差)。

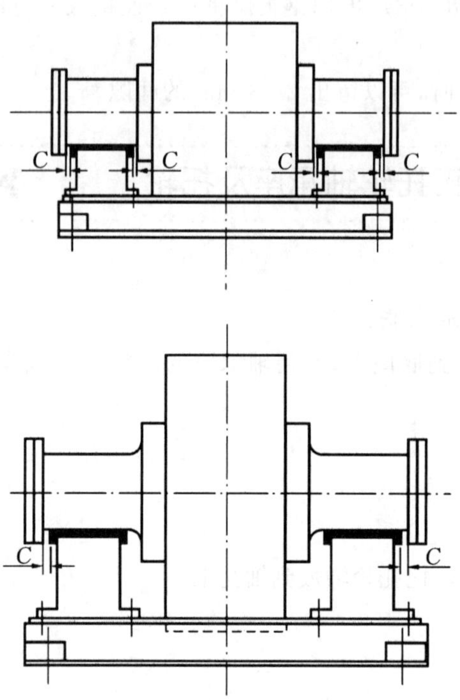

图 2.113

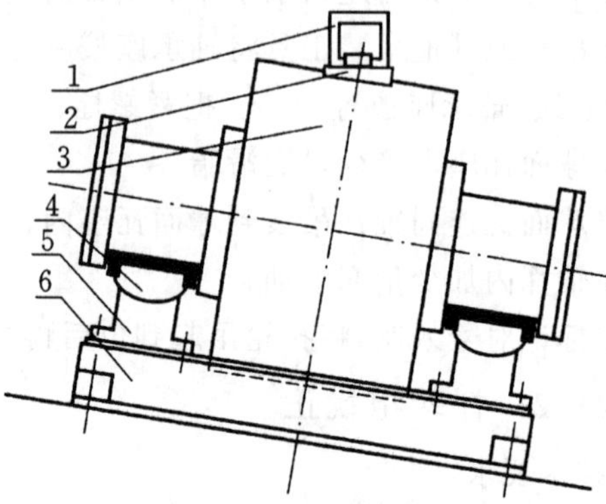

图 2.114

1—水平仪；2—斜度规；3—托轮；4—球面瓦；5—球面座；6—钢底座

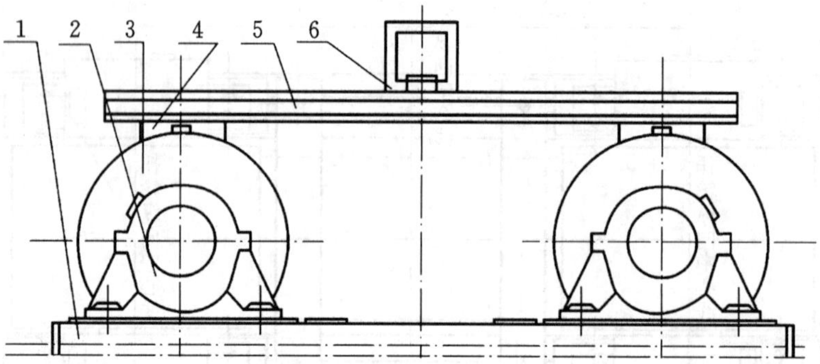

图 2.115

1—钢底座；2—轴承座；3—托轮；4—斜度规；5—大平尺；6—水平仪

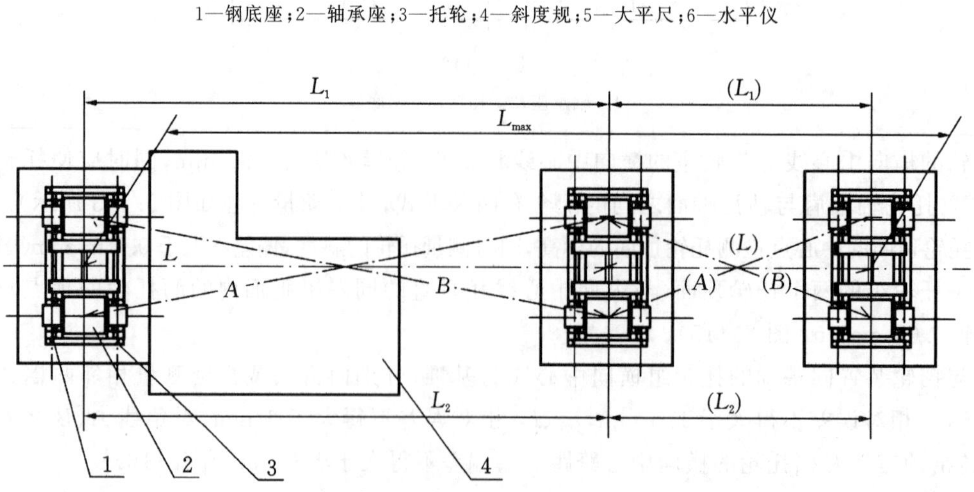

图 2.116

1—托轮轴承；2—托轮；3—钢底座；4—基础

使用工、机具：22# 钢线、线坠、钢板尺、0.04 mm/m 水平仪、斜度规、水准仪、标尺、经纬仪、钢皮尺、弹簧秤、手锤、大锤、千斤顶、撬棍。

(2) 方法与步骤：首先应当把与挡轮同基础的托轮组找正，然后再进行其他托轮组找正。

① 托轮组纵向中心找正：在首尾两基础外侧的线架上挂上 22# 钢线并绷紧，在纵向中心标板所对的钢线处挂线坠，用线架上的小轮调整钢线的位置，在钢线上移动线坠，使线坠与中心标板上的样冲眼对齐（此时的钢线与基础及钢底座的纵向中心线相重合）；做两把样杆（图 2.117），用它分别顶在两托轮的两端，测量两托轮前后两端的最小间距（两样杆的顶力要均匀一致不可过大，位置在两托轮水平直径连线处，样杆的下面可放一支撑物支撑）。在样杆的上方所对的钢线上挂线坠，在线坠的尖对着的样杆处画上记号，量取记号两侧的长度，检查长度是否一样长，如果不一样长就要在底座上调整轴承座的位置，使得两根测杆上记号两侧的长度一样，偏差不得大于 0.5 mm。这样使托轮组的纵向中心线与窑的纵向中心线相平行，并且窑的纵向中心线距两侧托轮的纵向中心线的距离相等。

图 2.117

② 托轮组横向中心找正：在基础的横向中心线架上挂好 22# 钢线，并在钢线上挂上线坠，通过移动线坠和调整线架上的小轮使线坠与中心标板上的样冲眼对正（说明钢线与基础上的横向中心线相重合）；在两托轮的顶面量取托轮宽度的 1/2 并画出记号，再以此为基点沿轴向向窑尾方向量取一个计算出的偏移量 L（由斜度及托轮高度引起的偏移），画出记号；将线坠挂到此点的上方，如果二者对齐证明合格，如果没有对齐就得用千斤顶、撬棍等调整瓦座使之对齐，偏差不大于 0.5 mm（图 2.118），同时使托轮轴两端的窜动量 C 相等（图 2.113）。

③ 测量和调整托轮的标高及斜度（水平度）：首先确定托轮顶面的中心点，用随机带来的 V 形铁（图 2.119）顺着轴线方向，扣放到托轮顶面的中部，再将水平仪横放到 V 形铁上，沿弧面平移 V 形铁，把 V 形铁调成水平状态（横向方向不大于 0.04 mm/m）。V 形铁的两端的中间部位各自刻有中心刻线，分别把两端的刻线返到托轮上，用铅笔画在托轮面上，将两点连线，并向两端延长，此线即是托轮的纵向中心线（亦是托轮顶面的母线），母线与托轮 1/2 宽度线交于一点，画出记号，该点即是托轮顶面的中心点。在各托轮的中心点立标尺，通过水准仪测量标高。按上述办法把斜度规扣放到托轮顶面的中部并沿横向调成水平状态（不大于 0.04 mm/m），再将水平仪顺着轴向放到斜度规上检测托轮的水平度，偏差不大于 0.1 mm/m（图 2.114）。

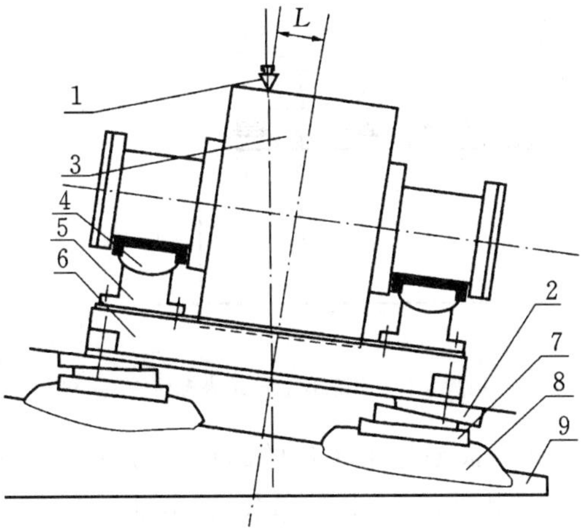

图 2.118

1—线坠；2—斜垫铁；3—托轮；4—球面瓦；5—轴承座；6—钢底座；7—平垫铁；8—砂浆墩；9—基础

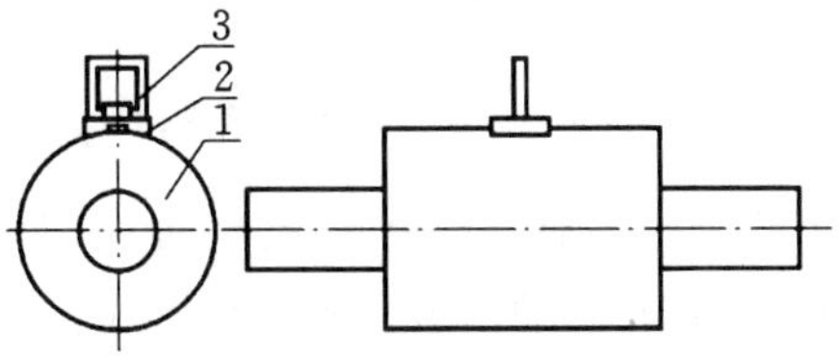

图 2.119

1—托轮；2—V 形铁；3—框式水平仪

把两个斜度规分别扣放在同一托轮组的两个托轮中心点的同一侧，且使两个斜度规的大端（或小端）紧靠在托轮的横向中心线上，用 0.04 mm/m 水平仪将两块斜度规沿横向找平，然后将大平尺横放在两斜度规上，大平尺放置时必须垂直于纵向中心线，再将水平仪放在大平尺的中间部位测量两个托轮顶面的水平度（图 2.115），偏差不大于 0.05 mm/m。

如果标高和斜度这两项都没达到要求或其中一项超过标准较多，应当在轴承座与底座之间加减垫片进行调整。

一般托轮标高和斜度的测量调整是同时进行的。

④ 托轮组横向中心距的检测和调整：以与挡轮装置同基础的托轮顶面的中心点为基准分别向窑头或窑尾进行测量。

在钢皮尺上取一略大于图纸给出的被测两相邻托轮横向中心距的整数，使所取的整数对准与挡轮装置同基础托轮顶面的中心点，钢皮尺的另一端（零端）挂一弹簧秤，使钢皮尺通过被测托轮顶面的中心点，按拉力要求拉弹簧秤把钢皮尺拽紧伸直，然后读出与中心点对正的钢皮尺上的读数，再用两读数相减得出中心跨距。对角线亦是如此测量，记录其数据，检查其偏差是否合乎要求，如超差可在底座上将轴承座略做调整（只要认真仔细地进行每一项工序，其偏差较小）。

注意：以上每项工序的单独进行都会对其他工序产生影响，所以当一道工序做完之后，必须对其他几道工序进行复查调整，找正工作是一项细致的工作，需反复多次才能完成，不能急躁，必须仔细耐心有条不紊地进行。

以上检查与调整项目全部达到技术要求后，把紧瓦座与底座的连接螺栓，再用扁铲把四个瓦座及它们所在底座上的位置一一对应打上永久标记。

将所有轴承座内的零件按要求装配到位，按标记将油勺、淋油板、密封等附件安装到位（油勺的方向、淋油板的倾斜方向都不可装反，油筛板要有一定的倾角，靠近油勺的一侧要高一些，远离油勺的一侧要低一些）。然后再仔细检查瓦座内是否干净、有无杂物，清理干净。再吊起轴承上盖按标记扣到轴承座上，穿入并把紧螺栓，最后把轴承端盖装上。

2.122 安装回转窑时，如何吊装就位钢底座和托轮组

在钢底座吊装前，水泥砂浆墩须养护达到强度要求，斜垫铁按规定安置在水泥砂浆墩上。在窑基础纵向中心线的两侧且距纵向中心线等距（约等于或大于钢底座长度的 1/4 的位置，一般在两组垫铁之间），顺着纵向中心线摆放两排道木，道木的顶面要高于垫铁顶面 30～50 mm。在底座吊装就位前应当先把清洗好的地脚螺栓放到地脚孔内（图 2.120）。

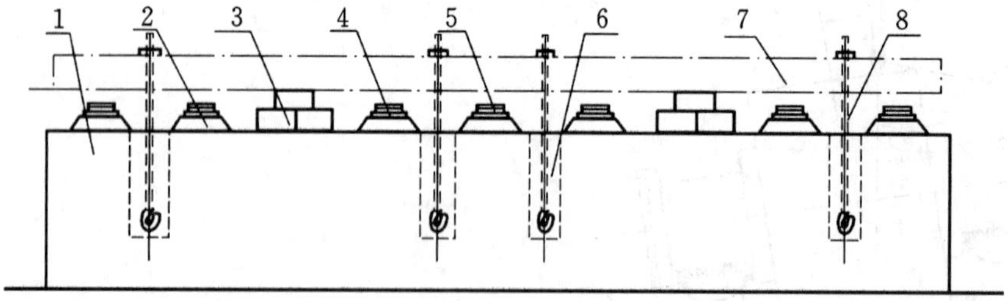

图 2.120

1—基础；2—水泥砂浆墩；3—道木；4—平垫铁；5—斜垫铁；6—地脚孔；7—钢底座；8—地脚螺栓

吊装工作一般采用吊车、悬臂拔杆、龙门吊架等机具进行。根据施工单位的起重能力或习惯做法又将钢底座、托轮组的吊装分为两种形式：①在地面组装，整体吊装就位；②分件吊装，在基础上组装。

2.122.1 地面组装，整体吊装就位

采用这种方式要具备大吨位的吊装机具、较强的起重能力。这种方式减少了高空作业，降低了工作难度，便于施工。

(1) 在地面上摆放两组道木，两组道木间距约大于底座横向尺寸的 1/2，并用水准仪把两组道木大致抄平。

(2) 把底座吊起平放在两组道木上，底座的纵向中心线应与两道木间距的中心线大致对齐。

(3) 在清洗好的底座与轴承座的接触表面上少量均匀地涂上一层黄干油。

(4) 把清洗好的轴承座按标记吊到底座上，不可把位置搞混。

(5) 将轴承座上的中心线与底座上画出的轴承座位置中心线对齐，然后把紧螺栓。

(6) 在球面座上涂少量润滑油，再将球面瓦连同轴瓦一起吊入球面瓦座内。

(7) 在轴瓦上加少量润滑油，再将托轮吊起，使托轮轴对准轴瓦，慢慢地将托轮轴放到轴瓦上。

(8) 调整托轮轴肩与轴瓦的间隙，使两侧间隙量相同。

(9) 按标记将油勺、淋油板、密封等附件安装好(油勺的方向、淋油板的倾斜方向都不可装反)，再吊起轴承上盖按标记扣到轴承座上，穿入并把紧螺栓，最后把轴承端盖装上。此时，在地面把钢底座、轴承、托轮组装成组件的工作已经完成。

(10) 根据组件的起重高度、组件安装的位置、组件的重量，选择起重机具及吊装用的钢丝绳扣等。

(11) 拴挂绳扣将组件吊到基础上面已摆好的两排道木上，并使底座上的中心线与基础上的中心线大致对齐，底座上的地脚螺栓孔与基础上的地脚螺栓孔大致对正。

(12) 把预先放入基础地脚孔内的地脚螺栓提起穿入钢底座的地脚螺栓孔，带上螺母及备母，带上备母后，螺杆应露出 3～5 扣。为防止地脚螺栓在灌浆时不在钢底座地脚孔的中间，在钢底座地脚孔与地脚螺栓之间按圆周四等分各插入一钢丝(钢丝直径应略小于底座地脚孔的半径减去地脚螺栓的半径)，露在钢底座上面的钢丝应掰弯呈水平状态。

(13) 再将组件吊起，撤出道木，慢慢放下组件，落到垫铁上，并使钢底座上的纵、横向中心线与基础上的纵、横向中心线大致对正。

2.122.2 分件吊装，在基础上组装

(1) 首先将钢底座吊放到基础上面已摆好的两排道木上，并使底座的纵、横向中心线与基础上的纵、横向中心线大致对齐，底座上的地脚螺栓孔与基础的地脚螺栓孔大致对正。

(2) 步骤同 2.122.1 中(12)。

(3) 再将底座吊起，撤出道木，慢慢放下底座，落到垫铁上，并使钢底座上的纵、横向中心线与基础上的纵、横向中心线大致对正。

(4) 底座找正：

技术要求：

① 底座的纵、横向中心线与基础的纵、横向中心线要对正，相差不大于 0.5 mm。

② 底座的标高在四个轴承座纵、横中心线交点处测量，偏差不大于 0.5 mm。

③ 底座的水平度允差 0.1 mm/m，检查纵向水平度时应配合使用与设计要求相一致的斜度规。

④ 相邻两档托轮底座的横向中心跨距 L 相对偏差不大于 1.5 mm；L_1 与 L_2 相对偏差不得大于 1 mm；对角线 S_1 与 S_2 之差不得大于 3 mm，如图 2.121 所示。

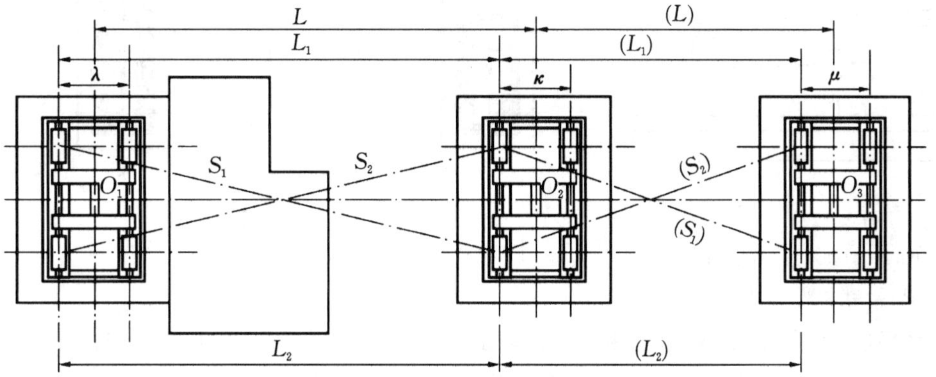

图 2.121

工、机具：22# 钢线、线坠、钢板尺、水准仪、标尺、水平尺、斜度规、弹簧秤、钢皮尺、手锤、大锤、千斤顶、撬棍等。

注意：在确定底座位置时，根据图纸所示底座下表面中心线与基础中心线对齐重合，由于在纵向方向底座与水平成一角度安装在基础上，检查时又是在底座的上表面进行的，所以要考虑底座高度造成的偏差。

方法与步骤：

① 底座位置找正：把 22# 钢线挂在埋设好的线架上，钢线的两端用紧线器或拴挂适当的重物使钢线绷紧。在中心标板对应的钢线处挂上线坠，通过线架上的小轮调整钢线的位置，在钢线上移动线坠使线坠与中心标板上的样冲眼对正。然后在底座上方对应的钢线上挂好线坠，用大锤、千斤顶、撬棍，通过顶、拨、撬、撞击等方法使钢底座上的中心线与线坠对正，如图 2.122 所示。

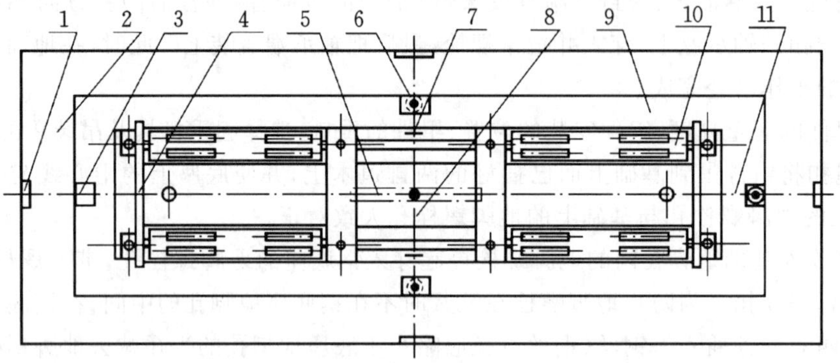

图 2.122

1—放线支架；2—基础走台；3—横向中心标板；4—钢底座的横向中心标记；5—临时中心板；6—纵向中心标板；7—钢底座的纵向中心标记；8—纵向中心线；9—基础；10—钢底座；11—横向中心线

在找正横向中心线时应当考虑到由于斜度及底座的高度而使底座上的横向中心线与基础上的横向中心线产生了偏离，这一偏离的尺寸应当精确计算出来，然后在钢底座上以横向中心为始点向窑尾方向量取计算出的偏离尺寸(L)，用划针做出记号，线坠应与其对正(图 2.123)。

② 底座标高找正：用水准仪、标尺在底座上的轴承座中心位置上测量，测点位置如图 2.124 所示。用千斤顶及垫铁调整底座的高度。因为测量标高时不是在基础的横向中心线上进行的，又由于要求钢底座沿轴向与水平成一夹角，所以应当仔细计算出或量出测点到基础横向中心线的垂直距离，然后计算出测点的理论标高(由于垫铁敷设时标高已基本找好，所以底座就位后其标高不会有太大变化)。

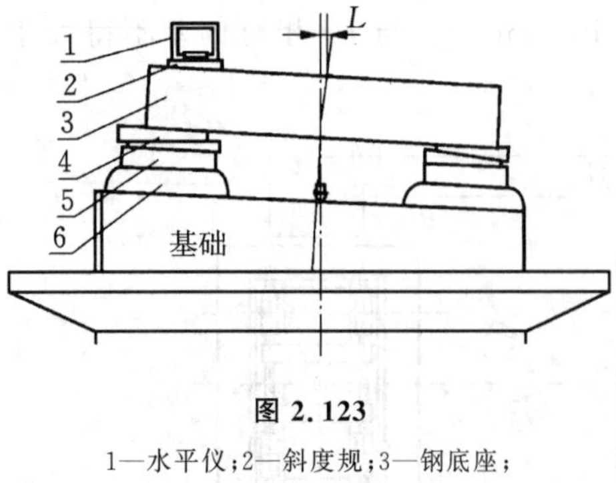

图 2.123

1—水平仪；2—斜度规；3—钢底座；4—斜垫铁；5—平垫铁；6—砂浆墩

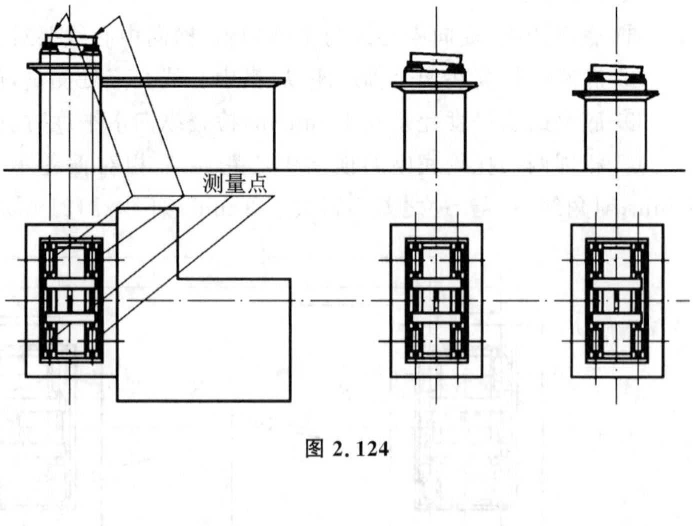

图 2.124

③ 底座水平度(斜度)的调整：使用精度 0.04 mm/m 的水平仪在底座上进行横向水平度的测量；用精度 0.04 mm/m 的水平仪及与设计相符的斜度规在底座上进行轴向(纵向)水平度的测量，测量时应将

斜度规放在底座上，再将水平仪放在斜度规上(图 2.122)，测量的具体位置如图 2.123 所示。可用手锤打进或退出斜垫铁调整底座的水平度。调整底座的水平度时应当纵、横向兼顾。

④ 底座的标高找好后，其位置可能会有变化；水平找好后其标高也可能有所变化，必须进行复测，进行新一轮的调整直至达到要求。

⑤ 各基础上底座横向中心跨距的测量与调整：用弹簧秤、钢皮尺进行测量。用大锤、千斤顶等进行调整，使之达到设计要求。具体测点如图 2.121 所示。

测量各基础上钢底座横向中心跨距时，应当以与挡轮装置同基础的托轮钢底座的横向中心线为基准向窑头或窑尾方向进行测量。

如果通过调整底座的位置使各底座横向中心跨距及对角线达到了设计要求，必须要复查或调整底座的标高和水平度，直至达到技术要求。

(5) 地脚螺栓灌浆及养护。

当将底座调整到上述要求后，检查地脚螺栓是否在底座地脚孔的中间，为保证此要求可在地脚螺栓四周(按圆周四等分)插上铁丝，而后进行地脚螺栓孔灌浆。

灌浆时一般采用细碎石混凝土，碎石粒度在 10 mm 左右为好，混凝土强度等级应比基础的高一级。

灌浆前地脚孔内必须清理干净，并用水将孔的四壁淋湿，每个孔都要一次灌成，在灌浆时应当边灌边捣固，捣固时应当沿孔的四周进行，不可只在一侧进行，捣固时不得使地脚螺栓歪斜。灌浆时，地脚孔不要全部灌满，混凝土灌至距基础表面 100～200 mm 处即可，未灌浆部分作为养护时存水用。每天加水养护，天热时可加草袋盖住再加水，冬季灌浆和养护应采取保温措施。当混凝土养护达到设计强度的 75%以后，方可允许拧紧地脚螺栓。紧固地脚螺栓的顺序，应从中间向两边循序渐进，地脚螺栓紧固力矩见表 2.25。

表 2.25 地脚螺栓紧固力矩

螺栓直径(mm)	10	12	14	15	18	20	22	24	27	30	36
力矩(N·m)	11	19	30	47	65	93	130	157	235	315	570

(6) 底座复查。

按原标准和原方法复查底座的标高、斜度，各底座间的跨度，各底座横向中心线与窑的纵向中心线的垂直度及各底座的纵向中心线与窑纵向中心线的重合度。如有超差，进行调整，直至合格，并把紧螺栓。

2.123 安装回转窑时，如何焊接轮带挡圈

回转窑筒体的直线度找正合格后，把轮带处的临时挡块去掉(或挡圈的临时焊点去掉)，再次复核各轮带的位置(安装挡轮时，应将挡轮固定在上下行程的中间位置，此时，以与挡轮同基础的托轮的横向中心线为基准，调整与其相对应的轮带，使该基础上的轮带与托轮的横向中心线相重合，再以该挡轮带的横向中心线为基准，用钢皮尺量出各轮带横向中心线间的距离)，并进行调整，要求如下：

(1) 回转窑筒体两端的端面至首、尾轮带中心线的距离，偏差不大于$\pm 0.3/1000L_1$。

(2) 相邻两轮带中心距，偏差不大于$\pm 0.25/1000L_2$。

(3) 任意两轮带中心距，偏差不大于$\pm 0.2/1000L_3$。

其中：L_1 是回转窑筒体两端的端面至首、尾轮带中心线的设计尺寸；L_2 是图纸中标注的相邻两轮带中心距尺寸；L_3 是图纸中标注的任意两轮带中心距的尺寸。

达到要求后，再确定挡圈的位置，挡圈与轮带的间隙应当达到图纸要求，如图纸无要求，一般可留 2～3 mm，然后将挡圈紧贴轮带垫板进行安装并进行焊接(挡圈与轮带垫板要紧密贴合，不可留有间隙，如存在间隙，须采取措施，用千斤顶等强制手段使其贴合)。

2.124 安装回转窑时，如何吊装筒体

一般设计要求回转窑冷态时，与挡轮装置同基础上的托轮横向中心线与对应的轮带横向中心线是重合的，考虑到这一因素，一般吊装都是先将这一节筒体(连同轮带)吊装就位。轮带与筒体组装后，把轮带与托轮的横向中心线对齐，然后再依次吊装。

但是，由于施工现场的种种因素，不一定必须先吊装与挡轮装置同一个基础的托轮上的筒体，而可能先吊装窑头或其他基础上面的筒体，不论何时吊装与挡轮装置同一个基础的托轮上的筒体，都必须把这节筒体的轮带与相对的托轮横向中心线对齐。

2.124.1 筒体吊装时的注意事项

回转窑筒体的吊装是水泥厂设备安装过程中举足轻重的大事，所以在吊装前要做好如下工作：

① 吊装前应向全体参加本项工作的施工人员做详细的技术交底。

② 仔细检查施工场地是否存在不利于施工的隐患。

③ 仔细检查起重设备、绳索、卡具的状况是否处于良好状态，滑轮是否灵活，导向滑轮的位置是否正确，抱闸工作是否可靠等。

④ 吊装工作由一人指挥，参与本施工工作的人员必须服从指挥调动。

⑤ 全体参与本工程施工人员必须熟练掌握指挥信号，施工中未看清或未听清指挥信号时，不能动作，以免出现事故。

⑥ 用吊车吊装时，吊车所有支腿的位置必须支牢，且车身应调平。

⑦ 起吊过程中，操作人员必须集中精力坚守岗位。

⑧ 为便于筒体的组对，筒体起吊时，应当与水平面成一夹角，其角度大约与窑体的设计斜度一致。

⑨ 筒体吊装时先进行试吊，将筒体吊起离地面 300～500 mm，停止起升。

a. 检查筒体的对接标记是否在筒体的最低点：在筒体端面的中心点向下放一线坠，线坠是否通过筒体的组对标记，如果线坠没有与筒体的组对标记对齐，将筒体放下，使钢丝绳扣沿筒体圆周窜动来解决这一问题，最后使所有组对标记都在筒体的同一母线上。

b. 检查筒体倾斜度是否与设计图纸要求的方向一致，目测即可，也可以在不影响吊装的位置架设水准仪，用钢板尺来测量筒体两端高差是否在要求以内，如在要求以内且误差不大于 50%，可以不做调整直接吊起，如误差太大，甚至方向相反，应当放下进行调整直至达到要求，否则在空中组对筒体时困难较大，费时费力(用龙门吊架吊装，可不做此项工作)。

c. 检查各滑轮工作是否正常，钢丝绳是否重叠、摩擦，卡具是否良好，抱闸是否可靠；用汽车吊吊装时，检查各支腿是否牢固、有无下陷、扒杆正后面的支腿是否抬起等。

⑩ 筒体吊起以后，筒体下面严禁人员通过，亦不允许站人。

⑪ 施工中发现问题及时向指挥报告，以便排除。

⑫ 高空作业要佩戴安全带，进入现场应戴好安全帽。

⑬ 吊装现场应设安全区，闲杂人员不得入内。

⑭ 确认筒体连接好后，指挥人员才可下达松吊钩的指令。

2.124.2 窑筒体吊装

一切准备工作就绪，筒体试吊检查没问题，可以正式吊装。在筒体吊装时，施工单位根据本单位的吊装能力将筒体分为“小段节吊装”或“大段节吊装”。在吊装过程中，根据使用的吊装工具不同可分为：龙门吊架吊装、吊车吊装、人字扒杆吊装、临机扒杆吊装等。由于“人字扒杆吊装”“临机扒杆吊装”等方法现今已很少采用，不再赘述。现以干法窑外分解、3 点支承、日产熟料 2000 t、规格为 ϕ4 m×60 m 的窑为例，介绍大段节筒体采用“龙门吊架吊装”或“吊车吊装”的方法。

如图 2.125 所示，一般常见的大段节吊装顺序如下：

8→7→4→6， 5→1→3， 2→8

如果窑尾框架与窑相对一面有拉筋，最后吊第 8 节筒体时难以就位，所以先将第 8 节筒体吊起甩进窑尾预热器平台，当其他段节都组对完时，再将第 8 节筒体吊起与第 7 节组对到一起(图 2.125)。

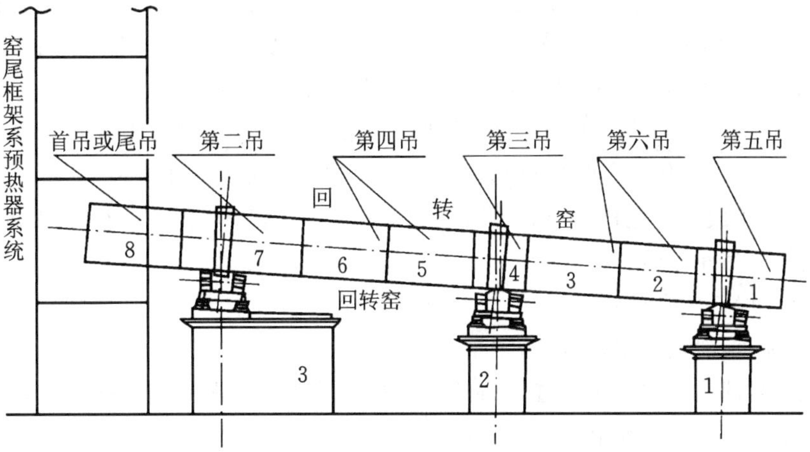

图 2.125

(1) 大段节筒体的龙门吊架吊装

① 在 3 号混凝土墩上大齿轮罩子处用道木搭一临时支架，支架高度应与该处筒体安装后筒体最下部的高度相同，在 2 号墩的热端也搭一个临时支架。

② 一切准备就绪，小段节已在地面组对成大段节，轮带已在地面套到筒体上。

③ 把第 8 节筒体吊起放到窑尾框架喂料室的平台上，同时将它的组对标记调到正下方。

④ 将第 7 节筒体吊起离地面 300～500 mm 处停止起升，用线坠检查组对标记是否在最低点，目测筒体的斜度，检查吊具的安全性、可靠性以及有无不安全因素，如用汽车吊吊装，还要检查吊车各支点是否有下陷现象，扒杆后面的支腿是否抬起等。如果出现上述现象，应当重新支车和调整吊车的位置直至这些现象消除方可继续起吊。

⑤ 当轮带最下点起升到高出两托轮顶面 200～300 mm 时，因为选用龙门吊架吊装，此时可以开动龙门吊架行走机构，使龙门吊架行走，当筒体上的轮带到达托轮上方时停止行走，等被吊的筒体静止下来，观察轮带是否在托轮中间，如果相差太多可点动行走机构，使轮带全部到达托轮表面的正上方，停止行走，放松吊钩，落下筒体，并使轮带横向中心线对准托轮横向中心线，在轮带全部落到托轮上时，停止下落，检查筒体靠热端一侧是否落实在临时支架上，临时支架可通过加减道木、木板调整高度，直至筒体落到临时支架上，将支架压实，高度不再发生变化，而且轮带与托轮面百分之百接触(筒体下部的轮带垫板与轮带内圈亦百分之百贴合)，此时，可以准备吊装 2 号基础墩上的套好轮带的第 4 节筒体。

⑥ 将已经套好轮带的第 4 节筒体吊到托轮上，为了给组对在一起的第 5、6 节筒体吊装时创造足够的空间，所以在 2 号墩上把第 4 节带轮带的筒体由原来的位置沿窑的轴线方向向热端移动约 200 mm，其他步骤与吊装第 7 节筒体一样。

⑦ 用汽车吊把组对焊接在一起的第 5、6 节筒体吊起，送进 3 号与 2 号混凝土墩之间，试吊并检查组对标记是否在正下方。再用一线坠从第 7 节筒体的组对标记处放下，检查第 5、6 节筒体在轴线方向的位置是否合适，直到第 5、6 节组合筒体的端面距线坠约 100 mm 时才可起吊(其他检查项目如前)，当第 5、6 节筒体的组对标记处已与第 7 节筒体的组对标记一样高时，停止起升，用两个 3 t 倒链挂在事先焊好的拉板上，把第 5、6 节组合筒体的端面拽向第 7 节筒体，使两端面靠紧，将组对螺栓穿进组对螺栓座，如穿不进去，就先把冲子打进去，再在相邻的组对螺栓座内穿入螺栓，带上螺母。然后用螺栓调口压块或楔铁调口压块以及千斤顶、倒链等将两筒体对接的口调平，同时用松、紧滑轮组的钢丝绳协助此项工作。在调平的位置焊上搭接板(先焊一端)，把紧组对螺栓，焊接搭接板另一端。同时应有人到第 5、6 节组合筒体与第 4 节筒体的对口处查看对口高度是否合适，通过滑轮组钢丝绳的松紧将高度调整合适，再查看第 4 节

筒体左右有无错位，可在对口两侧第 4 节筒体的端面和第 5、6 节组合筒体的端面挂上倒链，通过倒链进行调整。

⑧ 用两个 3 t 倒链挂在两个筒体内事先焊好的拉板上，拽动倒链将第 4 节筒体拉向第 5、6 节组合筒体，使第 4 节筒体的冷端端面与第 5、6 节组合筒体热端的端面靠紧(因为第三档轮带有挡轮定位，所以只能将第 4 节筒体拉上去，而第 5、6、7 节筒体不会被拉下来)，其他步骤同前，当两个对口处的间隙板塞好，对口螺栓把紧，对口搭接板焊牢后，可以拆下吊具，准备吊第 1 节筒体。

⑨ 吊装已套上轮带的第 1 节筒体，其方法及要求与吊装 2 号墩上的第 4 节筒体的方法及要求相同。

⑩ 吊装第 2、3 节组合筒体，方法、要求与吊装第 5、6 节组合筒体一样。

⑪ 最后吊起刚开始放在窑尾框架与 3 号墩基础上的第 8 节筒体，其组对方法、要求同前。

(2) 大段节筒体的吊车吊装

① 用吊车吊装大段节的顺序：7→4→6、5→1→3、2→8。

② 准备工作如前，但对场地要求较严，要平整、坚实。

③ 吊车站位合理，即吊车在这个位置上有能力把重物吊送到要求的高度和位置，而且不与任何物体相碰撞，确认无问题，试吊第 7 节筒体(已套好轮带)。

④ 将第 7 节与轮带组装在一起的筒体，用两根长短相差 250 mm 的钢丝绳扣拴住(长的一根拴在筒体的热端，较短的一根拴在筒体的冷端)，同时将组对标记调整到筒体的最低点。

⑤ 试吊当轮带吊离地面 300～500 mm 时，停止起升，检查如下项目：a. 检查吊具有无异常；b. 检查吊车支腿是否有下陷或抬起；c. 检查窑体水平倾斜的方向、大小；d. 检查筒体组对标记是否在筒体的正下方；e. 所用的组对用具、材料是否放进筒体；f. 如果用履带吊吊装，要检查履带板是否下陷等；g. 在筒体两端各拴一长麻绳。经确认无误，可以起吊。

⑥ 启动卷扬机把筒体吊起，为防止筒体在空中转动、摆动，地面人员用筒体两端拴好的麻绳加以控制，当轮带最低点高于托轮顶面时，停止起升，启动旋转机构，转动扒杆，当轮带处转到托轮上方时，停止转动，当筒体静止下来后，检查：a. 轮带中心线和托轮中心线是否对齐，可以通过转动扒杆调整；b. 筒体是否在两托轮正中间，可通过起落扒杆或伸、缩扒杆来调整，直至达到要求。

⑦ 松卷扬机，落下筒体，其他与龙门吊架吊装相同。

(3) 小段节筒体的吊车吊装

由于吊装能力不足，不能将几段小节在地面组装成大段节而后吊装，只能将筒体一小节一小节地吊装到位，这样一般常先吊装与挡轮同基础的托轮支承的筒体，然后向两端一节接一节地吊装，不可避免地要从地面搭设几个道木墩进行支撑。小段节筒体吊装除吊装两基础中间筒体时要搭道木墩作为临时支撑外，其他要求、方法与大段节筒体吊装基本是一样的。

小段节筒体吊装时，为减少道木墩的搭设，亦应当合理地安排吊装顺序。仍以上面由八段节组成的 ϕ4 m×60 m 窑的筒体为例，较合理的吊装顺序如下：

8→7→套第 7 节筒体上的轮带→6→8→4→套第 4 节筒体上的轮带→5→3→1→套第 1 节筒体上的轮带→2。

其中：

第一吊：将窑尾的第 8 节筒体先用吊车甩到窑尾预热器框架的平台上；

第二吊：将第 7 节筒体吊到窑尾托轮的上空，把筒体落在事先搭设的道木墩上；

第三吊：套第 7 节筒体上的轮带；

第四吊：将第 6 节筒体吊起与第 7 节筒体对接，同时在窑尾基础上第 6 节筒体的下方搭设道木墩进行支撑；

第五吊：再将第 8 节筒体吊起，与第 7 节筒体组对；

第六吊：将第 4 节筒体吊到窑中 2 号墩托轮的上空，再将筒体落到事先搭设的道木墩上；

第七吊：套第 4 节筒体上的轮带；

第八吊：将第 5 节筒体吊起，先与第 6 节筒体对接，再与第 4 节筒体连接；

第九吊：将第 3 节筒体吊起，与第 4 节筒体组对，在第 3 节筒体(靠近窑头一侧)的下方搭设道木墩进行支撑；

第十吊：将第 1 节筒体吊到窑头 1 号墩托轮的上空，落在事先搭设的道木墩上；

第十一吊：套第 1 节筒体上的轮带；

第十二吊：吊起第 2 节筒体，先与第 3 节筒体组对，再与第 1 节筒体连接。

2.125 如何安装组对回转窑筒体段节

回转窑筒体的吊装不可避免地会产生高空作业，但为便于施工，加快施工进度，尽量减少高空工作，回转窑筒体应尽可能地在地面将几节筒体组对成一个大段节，段节的长短由施工单位的吊装能力和施工现场的条件决定。

另外，窑外预分解窑的长度较短，支点少，跨度也不大，两基础间窑的段节不算长，质量亦不太大，为减少道木支撑，减少材料损耗，减少高空作业，提高效率，一般都把两基础间的筒体段节在地面组对成一体，一次吊起与两基础上的两个带有轮带的筒体段节对接。

无论筒体是在地面组对还是被吊起在空中组对，都应当把组对工作所需的工、机具原材料准备齐全，尤其是高空组对。筒体对接时所用的连接及调整工具，如图 2.126 所示。

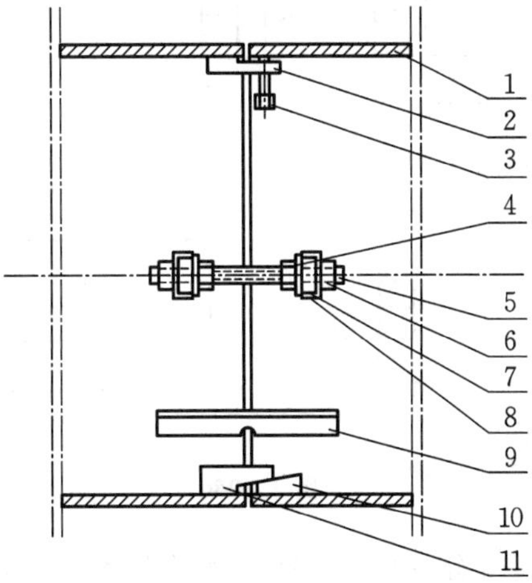

图 2.126

1—筒体；2—压块；3—顶丝；4—螺母；5—对口丝杠；6—螺母；
7—槽钢；8—钢板垫；9—对口搭接板；10—楔铁；11—楔铁座

2.125.1 筒体组对前的准备工作

(1) 把制作好的筒体组对时所用的工、卡具按数量要求放在筒体内不影响人们工作的位置，每一道接口配置的工、机具与卡具如下：

① 对口螺栓组 24 组，对口螺栓组由对口螺栓座(槽钢)、钢板垫、对口螺栓及螺母组成(图 2.127)；

② 筒体定位板(搭接板)12 块[图 2.128(c)]；

③ 调口楔铁 10 组[图 2.128(a)、(b)]；

④ 螺栓调口压块 12 组，压块(图 2.129)及 12 条 M30×60 mm 螺栓；

⑤ 10 t 千斤顶 2 个；

⑥ 3 t 倒链 2 个；

⑦ 冲子 12 个；

⑧ 焊具 1 套(含焊钳、导线、焊机、焊条等)；

⑨ 割具 1 套(含割枪、氧气带、乙炔带、氧气瓶、乙炔瓶等)。

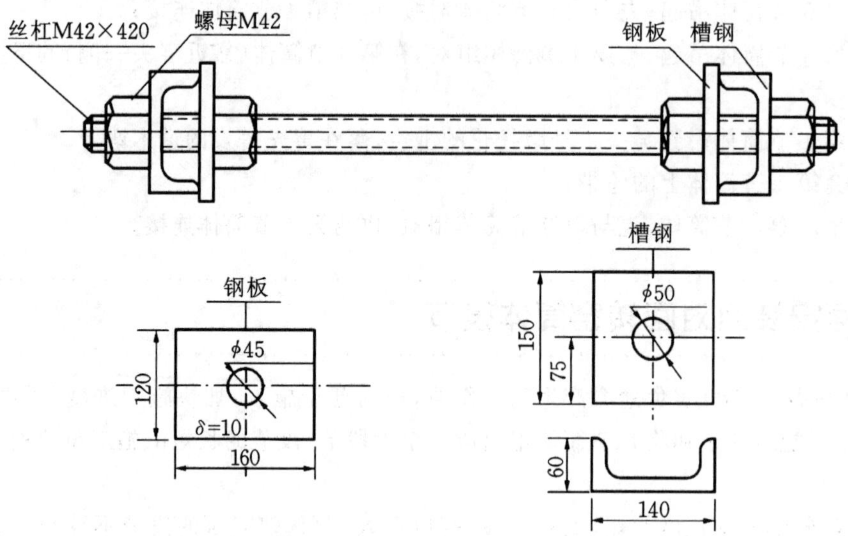

图 2.127

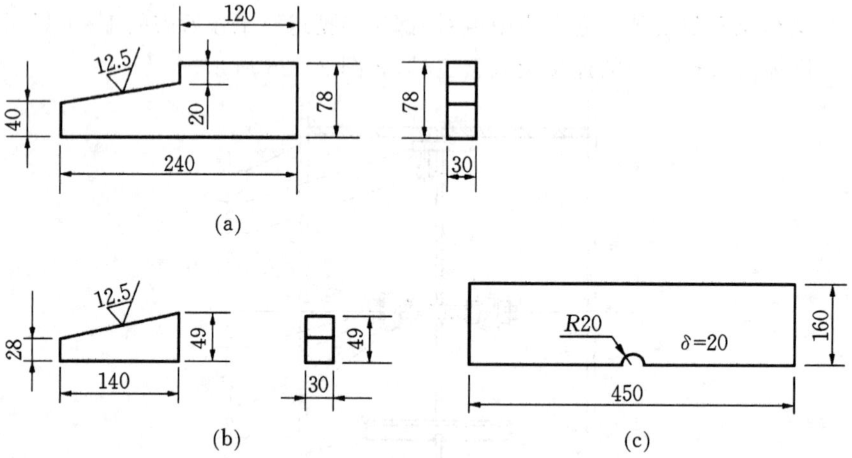

图 2.128

（2）距对接口约 100 mm 处，按等分点把组对螺栓座对应地焊在两筒体段节上。

（3）在两筒体内距对口处 1 m 水平成 180°的位置各焊一块挂倒链用的板，如图 2.130 所示。

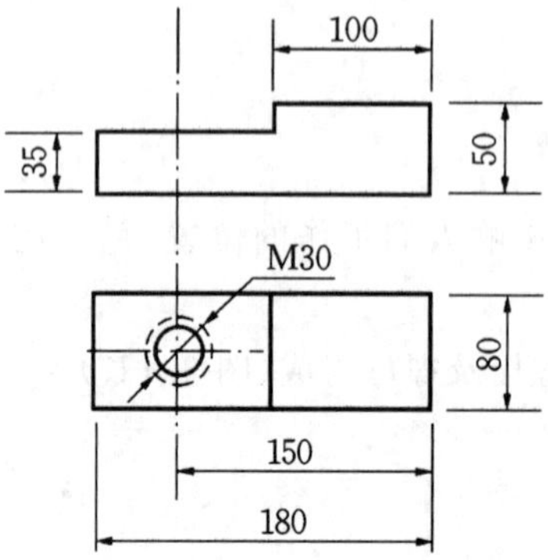

图 2.129

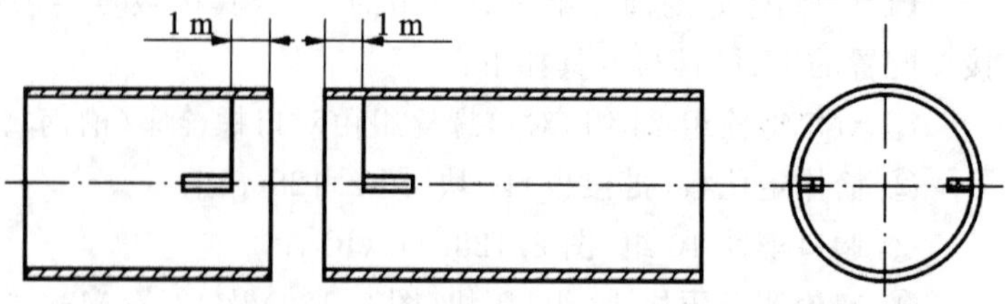

图 2.130

（4）把对口间隙板点焊到对口一侧的筒体口上(对口另一侧筒体就不能再点焊间隙板)。

（5）地面组对另需准备的设施：

① 用工字钢或槽钢及钢板搭设临时平台，平台的大小应与组对筒体的长短、直径相适应；

② 加工小托辊，所有小托辊的直径 200～300 mm，宽 200～250 mm，中心高约 200 mm，规格完全一样，数量根据一次最多组对筒体的节数来定(每节筒体四个)，托辊应转动灵活；

③ 每个托辊配置两个支座；

④ 用槽钢做几副托辊架，把小托辊用螺栓固定在托辊架的两端，两托辊距托辊架的中心线距离相等(图 2.131)；

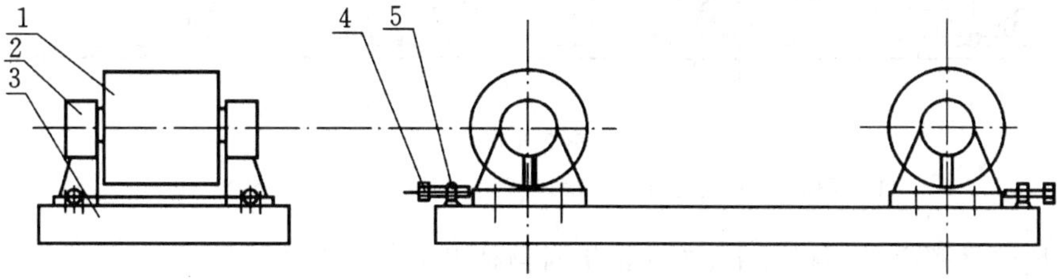

图 2.131

1—托辊；2—支座；3—托辊架；4—顶丝；5—顶丝座

⑤ 在平台上画一直线，让小托辊架的中心线与这一直线对齐，小托辊架之间的距离应由筒体段节的长度来确定，然后与平台点焊。

2.125.2 在地面组对筒体段节

1. 按标记顺序依次把筒体吊放到小托辊上，穿入筒体连接螺栓，调整筒体段节间的间隙，拧紧螺栓。

2. 找筒体各段节的同心度，方法较多。

方法一：

(1) 找出相邻两节筒体的四个筒体口的组对线及 8 等分点，使两筒体的组对线及等分线相重合(图 2.132)。

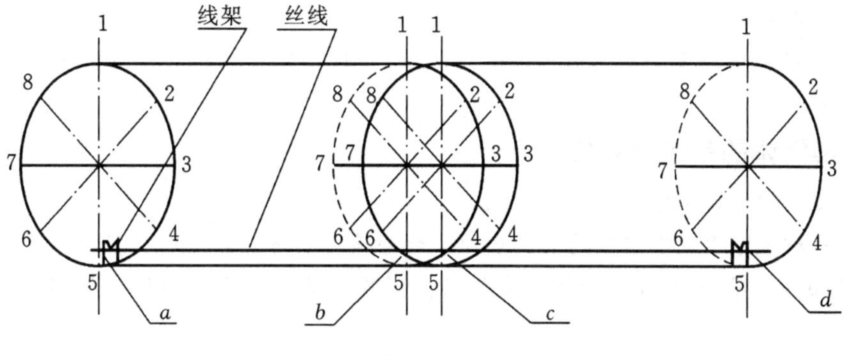

图 2.132

(2) 以第一节筒体为准，在筒体一端接口(不和第二节筒体对接的一端)最下面的一个等分点向第二节筒体的外侧接口最下面的等分点拉一细丝线，拉紧(这条线通过两接口处的等分点 5)；为保证丝线 a 点至筒体上的等分点 5 的距离与 d 点至筒体上的等分点 5 的距离相等，可采用两个等高支架固定丝线。

(3) 在两接口处检查筒体等分点 5 到丝线 b 点和 c 点的距离，如果两筒体四个口处的筒体等分点 5 到丝线 a、b、c、d 距离是一致的，再以此方法检查其他几个等分点，如果在每个等分点上所检查的四个口处的数据是相同的，说明两段节筒体的同轴度合乎要求；如果同一等分线上的四个筒体口所测得的数据有差异，可通过调整同一支架上的两个托辊的距离，或左右移动托辊支架来调整两段节筒体同心度，如图 2.133 所示。

方法二：

(1) 在每节筒体两端的筒体口处，设一中心板(设筒体的支承也可)，并在中心板上用地规、直尺画出筒体的中心，在中心点钻 ϕ 2 mm 中心孔；

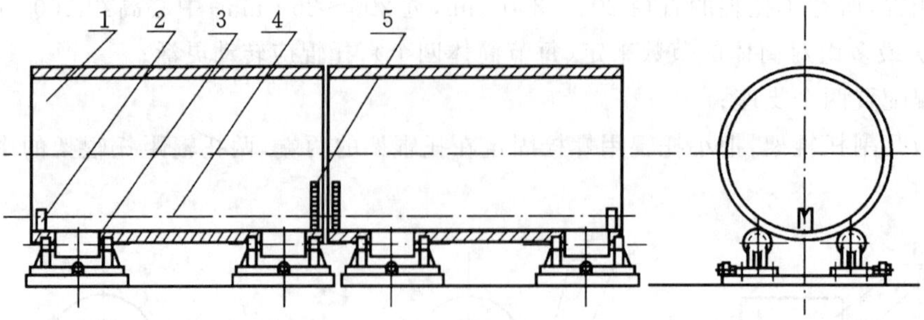

图 2.133

1—筒体；2—拉线支架；3—支承装置；4—丝线或钢线；5—钢板尺

(2) 把筒体按编号顺序吊到托辊上，按标记组对筒体并调整好间隙；

(3) 在第一节筒体外侧架设激光经纬仪，让光束通过第一节筒体两端的中心孔；

(4) 调整第二节筒体，使通过第一节筒体后的光束也通过第二节筒体的两个中心孔；

(5) 周而复始可进行若干段筒体的组对。

3. 组对筒体的轴线调整达到设计或规范要求后，在两节筒体对口处圆周等分焊接 16～24 块搭接板（等分数随窑筒体直径而定），搭口板尺寸为(400～500 mm)×(100～200 mm)×24 mm。

4. 清理坡口，进行焊接。

2.126 如何焊接回转窑的筒体

窑筒体焊接一般可分为手工焊焊接和自动焊焊接两种。焊接过程中需要转动窑筒体。

手工焊焊接窑筒体时，当焊一定长度的焊缝时，停止焊接，用卷扬机通过滑轮组盘动筒体转动（也可用辅助传动转动窑筒体），使窑筒体转动一定角度，停止转动，继续施焊。周而复始，直至焊接结束。

埋弧自动焊焊接时，不能采用卷扬机盘窑的方法，而是把辅助传动的速度调整到与自动焊机小车的速度同步来转动窑体。

2.126.1 窑筒体的手工焊焊接

1. 手工焊焊接前的准备工作

(1) 人员准备：对实施手工焊焊接的人员必须进行考核，每人焊四个试块，其中两个试块做弯曲和拉力试验，两个做透视探伤检查（选用的电焊条应与窑体正式焊接时所用的电焊条相同），全部合格者方可进行现场焊接。

(2) 材料准备：手工焊接所用的焊条应按设计要求选择，使用前须经过不少于 1 h 的烘干，烘干温度 250～300 ℃，烘干后降至 150 ℃左右放到焊条保温箱里恒温保存，随用随取。

(3) 设备准备：一般采用 26～28 kW 直流电焊机，焊接时电流和电压选择如表 2.26 所示。

表 2.26 焊接时电流和电压选择

焊条直径(mm)	4	5	6
选用电流(A)	170～220	220～250	240～280
电压选择(V)	30～40		

(4) 坡口形式的准备：手工焊接筒体的坡口形式，一般按设计要求制作。焊接前用钢丝刷或角向磨光机把筒体上距焊接接口 30 mm 以内的油漆、铁锈清除干净，见金属光泽。

(5) 在焊接接口处搭设操作平台（操作平台跳板应高于窑筒体约 50 mm）和防雨棚。

(6) 在焊接操作平台与使窑体转动的驱动装置之间设立信号联系。

(7) 焊接前必须将各托轮表面清理干净，并将各托轮轴承加注润滑油。

2. 手工焊焊接窑筒体的焊接工艺

(1) 点焊:焊点分布在接口圆周 8～12 个等分点上,焊点的长度为 150～200 mm,焊缝高度约 5 mm。点焊应在坡口钝边的一侧或小坡口一侧进行,如在筒体外开单 V 坡口的,应在筒体内进行点焊;采用 X 坡口时,大坡口在筒体内侧的应在外面点焊,大坡口在筒体外侧的应在窑内点焊。点焊顺序如图 2.134 所示。点焊后检查焊缝,如有缺陷,清掉重新施焊。

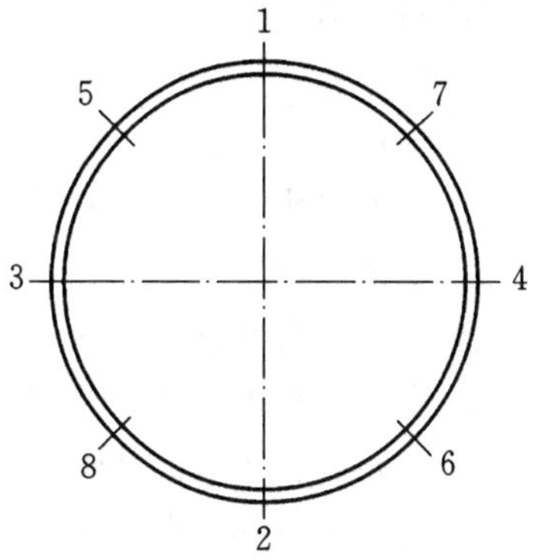

图 2.134 点焊顺序

(2) 如焊接采用 X 坡口,且大坡口在筒体外侧,应在窑筒体内进行点焊,焊点的分布、长度及顺序同上。焊接从窑筒体外面焊起,第一层用 ϕ4 mm 焊条打底,以后 5 层全用 ϕ5～6 mm 焊条施焊。

(3) 焊接最好采用平焊,易于掌握,外观质量亦佳,每焊接0.5～1 m,转动一次窑体,然后继续焊接,当焊完筒体周长的 1/4 时,转动筒体 180°,再继续焊接。外部全部焊完以后再焊筒体内部,此时才可以拆除所有的组对螺栓、搭接板等,并全部清理干净。

(4) 清根:在筒体内部用碳弧气刨将点焊焊缝及第一遍打底时的药皮渣子等清掉,然后再进行施焊。

3. 焊接的注意事项

(1) 必须由窑的一端向另一端依次焊接,不得中间越过接口焊接,每道焊口应一层层焊接,即焊完一层再焊第二层;

(2) 每层的起弧点应错开,不应重叠;

(3) 焊接时接口处必须干燥,大风、雨天不应施焊;

(4) 每焊一层应用 3～50 倍放大镜检查焊缝和筒体本体是否有裂纹,一有发现应铲除,重新焊接;

(5) 每施焊一层后,药皮必须清理干净,若不然在下一层施焊时将会产生夹渣,影响焊接质量。

4. 焊接质量

(1) 外观:

① 焊缝表面应平滑呈细鳞状,焊缝尺寸偏差 0～3 mm;

② 无咬肉、夹渣、气孔、弧坑等现象,咬肉深度≤0.5 mm,连续长度≤100 mm。

(2) 内在质量用 X 射线透视检查:

① 不允许有裂纹、未熔合现象;

② 不允许有密集链状气孔或夹渣现象;

③ 不允许有网状气孔或蜂窝现象;

④ 焊缝根部不许有深度超过壁厚 10％的未焊透现象。

2.126.2 窑筒体的自动焊焊接

1. 自动焊焊接的准备工作

(1) 人员准备:参加回转窑筒体自动焊焊接人员应具有丰富的焊接经验、踏实的工作作风,在窑筒体焊接前同样要焊试片做试验,先做透视探伤检查,而后做拉伸和弯曲试验,试片检验合格,制订保证焊接质量的工艺规程。

(2) 材料的准备:因为被焊接筒体的母材为 Q235,所以选择:

① 手工焊条(打底时用):E4315 焊条,在使用前应烘干 1～2 h,温度 200～250 ℃;

② 自动焊丝:H-08A,焊丝在使用前必须除油、除锈及脏物;

③ 焊剂:431;

④ 炭精棒:ϕ150 mm。

(3) 焊接设备的准备:

① 28 kW 的直流电焊机;

② MZI-1000 自动焊机；

③ 盘条机；

④ 烘干箱：60 kg；

⑤ 焊剂回收装置；

⑥ 轴流风机：ϕ600 mm(移动式)；

⑦ 碳弧气刨；

⑧ 保温筒：PR-AS-2.5；

⑨ 多芯焊接电缆：CRHF-20×1.5；

⑩ 旋转式自控远红外焊剂烘干机；

⑪ 电磁调速异步电动机。

(4) 地线的准备：在窑筒体的下方置一炭精棒，使炭精棒与筒体接触。炭精棒用导线与自动焊机相连。

(5) 场地的准备：在每道焊口高于窑筒体约 50 mm 处搭设安置自动焊设备的平台和焊接人员的操作平台及遮光防雨棚。

(6) 坡口的准备：设备出厂时，制造厂已根据图纸要求制造完毕，焊接前用钢丝刷、角向磨光机将距焊接接口 20～30 mm 处的油漆、锈蚀等全部处理干净，露出金属光泽。

(7) 驱动装置的准备：为使回转窑的转速达到自动焊机对速度的要求，应当调整辅助电动机的转速，如果辅助电机调整的转速达不到自动焊机对速度的要求，就应当选择一台能使回转窑的转速与自动焊机小车运行速度同步的电磁调速异步电动机暂时代替辅助电动机，待筒体焊接后再换下来。

(8) 用辅助电机或调速电机带动回转窑空载运转 2 h，回转窑运转前应当把筒体内杂物清理干净，各润滑点、减速机等都应当按图纸提出的要求加注润滑油或润滑脂。先使电机空运转两小时再带动减速机运转两小时，最后带动回转窑运行两小时(在回转窑运转前各托轮轴承处须人工加注润滑油，由于转速较低油勺供油明显不足，所以在回转窑转动时各托轮轴承处仍然须人工加油。大小齿轮处可涂润滑脂润滑)。

(9) 检查电机调速范围内每个调速级的回转窑转速，并做记录，以便施焊时能较准确控制回转窑的速度。

2. 焊接

(1) 点焊：在窑内按 8～12 个等分点进行点焊，点焊长度 150～200 mm，焊肉高度为 5 mm，点焊顺序如图 2.134 所示。

(2) 手工焊封底：在筒体内用手工焊封底平焊两层，第一层采用 ϕ 4 mm 的焊条，第二层采用 ϕ 5 mm 的焊条。每施焊 0.3～0.5 m 须转一次窑，当焊接长度达到筒体圆周的 1/4 时，将筒体旋转 180 ℃再继续施焊。两层施焊开始的位置应错开周长的 1/4。

(3) 自动焊机施焊

① 焊丝的中心应与窑筒体焊接端面相平行，且与端面的垂直中心线错开 30～40 mm，错开的方向是迎着旋转方向向前错开，如图 2.135 所示。

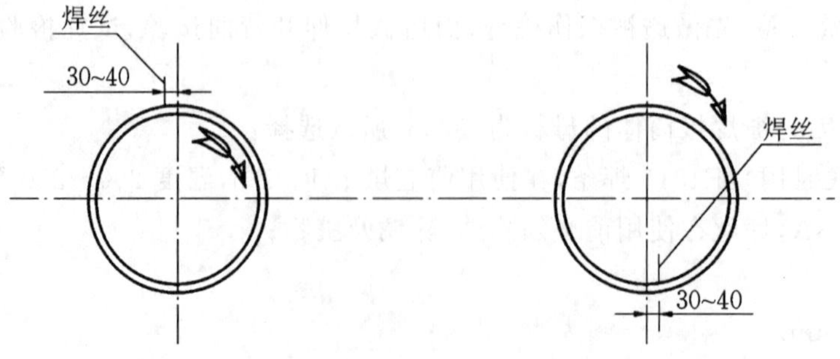

图 2.135 焊丝中心

② 采用试块焊接中成功的焊接工艺。

③ 焊接应当在窑的一端开始，依次向另一端焊接，中间不得隔焊口焊接。

④ 每层的起弧位置不允许重叠，应错开 1 m 以上。

⑤ 在焊接时除第一、二层焊丝要对准焊缝中心外，自第三层起，焊丝要偏移，以对准前一层焊接的边缘为宜。

⑥ 在焊接过程中，接头处应重叠 70～80 mm，在焊缝起弧处如有明显突起，应在接头交接前铲去。

⑦ 焊接时，必须把上层缝的药皮、飞溅等彻底清除，方能进行下一层的焊接。

⑧ 在施焊过程中，发现烧穿应当立即停止焊接，把烧穿部分清除补焊后再继续焊接。

⑨ 每当焊完一道口，转入下一条口焊接时，应以增加一次线的长度，减少二次线的长度为宜。

⑩ 使用自动焊焊筒体内环缝时，要在窑内设置自动焊机小车轨道，焊接时把窑的转速和自动焊小车行走速度调整一致即可。

⑪ 雨天和大风天及气温在 5 ℃以下不应施焊。

⑫ 焊接过程中，应经常检查导电嘴磨损情况，视磨损程度进行更换。

2.126.3 焊接质量检查及要求

1. 外观检查

检查焊缝是否平滑，接触点有无凸凹现象，焊缝实际尺寸是否符合设计要求，焊缝表面是否有弧坑、咬肉、气孔、夹渣，如果出现，应给予清除、补焊，焊缝表面及热应区不得有裂纹，咬肉深度不允许大于 0.5 mm，咬边连续长度不得大于 100 mm，总长度不大于该焊缝长度的 10%。焊缝高度：筒体外部不大于 3 mm，内部烧成带不大于 0.5 mm，其他区域不得大于 1.5 mm，焊缝最低点不得低于筒体表面。

2. 焊缝探伤检查

(1) 采用超声波探伤时，应当逐条焊缝都进行检查，其长度为该焊缝长度的 25%，达到 NB/T 47013.1—2015 中的相关标准为合格。如对超声波探伤检查时发生疑点，必须用射线拍片检查。

(2) 采用 X 射线检查时，亦应每条焊缝都要检查，其长度为该焊缝长度的 15%，在焊缝交叉处必须重点检查，达到相关标准时为合格。

(3) 检查不合格时，应当对该焊缝的检查长度加一倍，若再不合格则对该焊缝做 100%检查。

(4) 焊缝的任何部位返修次数都不得超过两次。

2.127 回转窑过渡带筒节更换施工方法

(1) 先对设备的主要运行数据测量并记录(主要是筒体直线度和各瓦温情况数值及筒体上下窜动情况)，停窑待筒体冷却后，拆除筒体更换范围内的所有耐火砖，并向两侧各再延伸 1.5 m。待窑砖清理后，在保留筒体的 1.0 m 处搭设临时支架(可以与清砖同时进行)，放置安装托轮组并固定牢固，调至不接触筒体为准。

(2) 清砖结束后，将回转窑用挡轮定死后转窑，在待切筒体外侧，用径向滑移划针沿环向画一条切割线和控制线。切割线间距按现场实测新筒体尺寸进行，在相距切割线外 100 mm 处同样画出一条检查、控制线。

(3) 以筒体外侧环向线为准，画出内部待割位置，并在相距切割线 250 mm 处，对保留筒体进行加固，制作焊接米字支撑(使用槽钢、中心板)，并与筒体焊接牢固。

(4) 在待切或待焊口外侧的合适位置搭设牢固可靠的脚手架，以方便施工。

(5) 在新筒体上焊好起吊吊耳，并对两侧坡口处油漆及锈迹进行再次打磨且露出金属光泽。

(6) 待前期工作就绪无问题后，对筒体进行切割。切割在筒体内侧进行，沿切割线切割筒体。在此应注意不能一次切割掉，每切割 1 m 留 100 mm 不切，以保证切割的同时筒体还可以转动。

(7) 最终的切割：切割每段道口的 100 mm 连接处前，要先在旧筒体上方焊上吊耳，计算筒体重量，并用吊车吊住旧筒节吃紧。之后再用已安装好的托轮组顶紧筒体，再在旧筒节两端焊接吊耳，用 10 t 倒链一端挂在吊车主钩，一端挂在吊耳，并吃紧。待预留的 100 mm 连接处割完后，检查无干涉，可慢慢放下旧筒体(期间通过倒链调节，避免干涉)，并放到指定位置。必要时可用挡轮装置顶开尾部筒体，以便脱开缝隙易于吊出筒节。

(8) 吊装新筒体前，要事先充分掌握筒体的准确重量，精确测量筒体长度、直径。选择合适吨位的吊车并保证留有足够的安全系数，并在吊装作业区域画出警戒线，起吊要设置专职指挥，保证上下步调一致，吊装前还要仔细检查起重设备及吊装索具，保证安全可靠。

(9) 旧筒体吊开后，用火焰切割或碳弧气刨在原筒体段节端面上开设双 V 破口，且使用砂轮打磨光滑，露出金属光泽。

(10) 在每道口焊接调整螺栓架(8 套)。

(11) 再次测量新段节与原筒体的相关尺寸，并与预留空间比对，确认是否合适，保证新筒节直线度、圆度在规范之内，必要时要做校正。

(12) 用吊旧筒节的方法将新筒节吊上，调正后在旧筒节上焊接连接板和调整螺母，之后对新老筒节进行找正，控制错口小于 3 mm，经验收合格无问题后，将连接板焊死，同时把调整螺母紧死。

(13) 找正须达到的要求：新老筒体同心度达到 5 mm，焊道对口间隙 2～4 mm，同时要保证此道焊口的直线度，且错边要调整均匀。

(14) 再用外测法测量段节直线度，保证与原整体直线度一样，且过渡自然，之后在筒体内部进行断续焊接，每 1 m 焊 100 mm。

(15) 吊车撤离。

(16) 焊接：分段焊，每道焊口分 8 段，先焊内部，后焊外部，且采用对称焊，直至焊满，内部焊完后，先清根打磨，再焊外部；要求内部焊缝平整，外部焊缝饱满，咬边小于 0.5 mm，焊缝要求达到超探二级标准。焊接时注意冬季温度措施。若在冬季焊接，应在焊接作业周围搭建的脚手架上设围布防风，并有保温措施如用碘钨灯以保证在 5 ℃以上焊接；焊接前应对筒体的坡口形式、尺寸进行检查，坡口不得有分层、裂纹、夹渣等影响质量的缺陷；坡口角度为 60°，偏差不大于±5°；对口错位筒体内面偏差小于 3 mm；焊条适应筒体材料，焊条按规定烘干并做到随取随用；焊接期间要用振动器逐层释放应力；清根必须彻底，防止缺陷产生；同时焊接期间还要经常检查新老筒体的变形情况，避免超差。

(17) 内侧焊接结束后，反面气刨清根，再焊外侧，质量控制同上。

(18) 内外焊接结束后，去除内部支撑并打磨掉残余焊肉，与筒体平齐。

(19) 条件具备后，对焊缝进行探伤，对缺陷进行返修达到超探二级要求。

(20) 经验收无问题后，拆除外部支架，整体工作完成，为下一步试机验证做准备。

2.128 安装回转窑时，如何进行筒体找正

回转窑筒体各截面回转中心的连线，呈一条直线，是保证回转窑工作平稳的重要因素之一，所以必须进行筒体的找正。

筒体找正是指筒体吊装就位后，各段节筒体端面的截面中心通过调整达到在一条直线上，或各段节筒体端面的截面中心的径向跳动不大于规范要求。筒体找正主要的工作一是测量，二是调整。

2.128.1 技术要求

(1) 相邻两节筒体的纵向焊缝必须错开，错开角度不小于 45°。

(2) 两筒体对接处的错边量不超过 2 mm。

(3) 大齿圈和轮带处筒体截面中心的径向圆跳动不得大于 4 mm；窑头和窑尾端口断面中心的径向圆跳动不得大于 5 mm；其余部分不得大于 12 mm。

2.128.2 测量工、机具

激光经纬仪、手电、对讲机、记录本、笔、地规、圆规、钢板尺、坐标纸等。

2.128.3 回转窑直线度的测量(图 2.136)

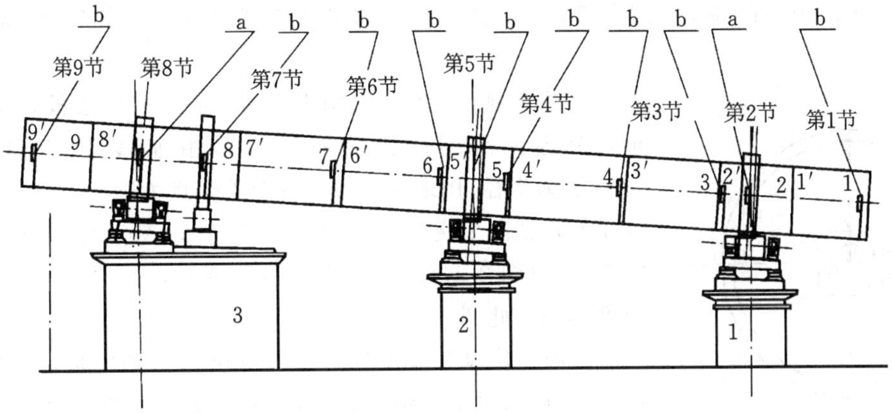

图 2.136

a—基准中心板;b—中心板

回转窑直线度的测量方法较多,而现在被广泛采用的是用激光经纬仪测量各段筒体端面中心的方法。下面介绍两种用经纬仪测量的方法。

方法一:直接以理想中心线检查各中心点的位置。

(1) 测量前的准备:

① 确定理想中心线:一般以窑头第一档轮带和窑尾最后一档轮带处筒体断面中心点的连线及其延长线作为回转窑的理想中心线。以此线为基准测量其他筒体段节端面中心点的位置。所以要求这两处的筒体(即图 2.136 中第 2 节和第 8 节筒体)与轮带、轮带与托轮沿轴向要全部接触,两处的高差及斜度必须满足设计要求。这样,第 2 节、第 8 节两段节筒体的轴线是与理想中心线相重合的。

② 确定检测位置:按规范要求在筒体的轮带、大齿圈的断面,在窑头、窑尾外端面及各筒体端面进行检测。

由于第 2 节和第 8 节筒体的轴线与窑的理想中心线相重合,所以两段节筒体的四个端面 2、2′、8、8′的中心点必定在理想中心线上。而与这四个端面相接的筒体段节的端面 1′、3、7′、9,在组对过程中用筒体调整压板、楔铁、千斤顶等已将两对口调平,然后用筒体搭接板连接,这样,1′、3、7′、9 四个端面的端面中心和首、尾轮带筒体段节的四个端面 2、2′、8、8′的端面中心视为一致,也是在筒体理想中心线上的。以上筒体段节的端面 2、2′、8、8′与 1′、3、7′、9 处都不必再设立测量装置。

先在第 2 节筒体的轮带处和第 8 节筒体的轮带处相对应的筒体内,各设立一个基准测量装置,在第 2 节筒体的端面 2′端面处和第 8 节筒体的大齿圈对应的筒体内各设立一个测量装置。

在第 9 节筒体的端面 9′,第 7 节筒体的端面 7,第 6 节筒体的端面 6,第 5 节筒体的端面 5 及轮带处,第 4 节筒体的端面 4,第 1 节筒体的端面 1 处各设立一个测量装置,如图 2.136 所示。

③ 设置测量装置。

a. 基准测量装置的设立:在第 2 节筒体和第 8 节筒体的轮带横向中心对应的筒体内,用角钢或槽钢在窑内焊一支架,在支架上过筒体中心处焊一垂直于筒体轴线的中心板(图 2.137)。

b. 在第 5 节筒体轮带横向中心及第 8 节大齿圈横向中心对应的筒体内,各焊一测量装置于窑筒体

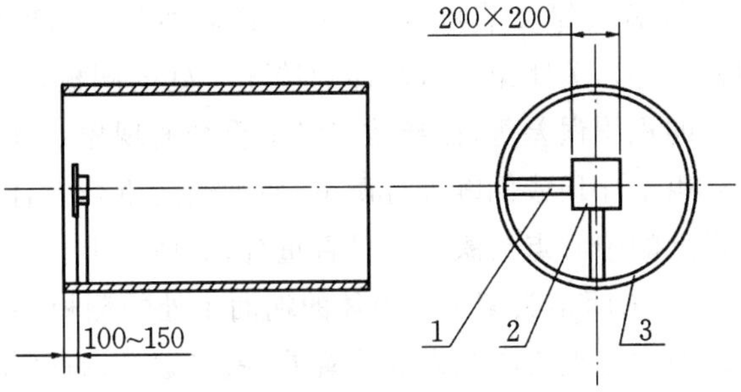

图 2.137

1—支架;2—中心板;3—筒体

的内表面上(同上)。

c. 在其他已确定设立测量装置处,距筒体端面 100～150 mm 的位置用角钢或槽钢在窑内焊一支架,在支架上过筒体中心处焊一垂直于筒体轴线的中心板,如图 2.137 所示。也可用筒体端面加固支撑架在筒体中心通过处焊一中心板。

注意:以上每块中心板都应焊到支架的同一侧(如焊在支架的热端侧就全在支架的热端侧,反之就全在冷端侧)。

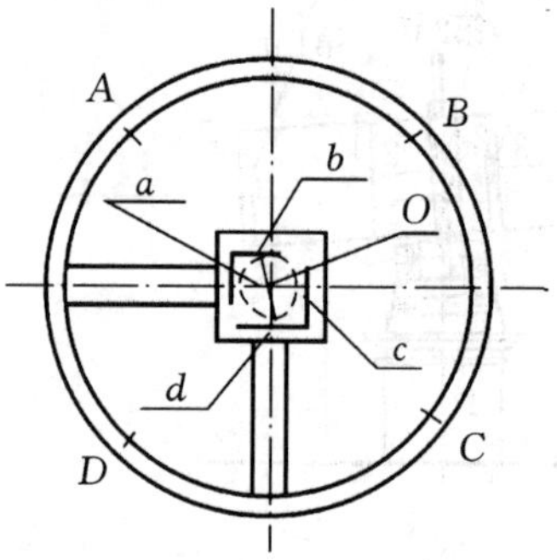

图 2.138

d. 用地规在中心板上画出筒体中心。将中心板处筒体四等分,要求每个等分点到筒体端面的距离相等,以大于筒体内半径约 50 mm 为半径,用地规依次以每个等分点为圆心,在中心板上画弧,得到 a、b、c、d 四个交点,将其中对称点连线,交于 O 点,即为此筒体端面的中心点(图 2.138),以此交点 O 为圆心,30～40 mm 为半径画一圆,用割具割去此圆。

e. 用一块厚 3 mm,100～120 mm 见方的钢板(此钢板即为测板)焊在铰链上,再把铰链焊在中心板上,其位置应当使合上铰链时测板把中心板上的孔全部遮住。铰链的焊接也应在中心板的同一侧,使所有测板向一个方向开启,即如向冷端开启就全向冷端开启,如向热端开启就全向热端开启。

f. 为使测板位置不变,把铰链合上,让测板紧靠中心板,用手枪钻在铰链对面测板的上下角各钻一 ϕ 2 mm 的定位孔,两个定位孔要一次将中心板和测板钻通,钻完第一个孔后,应插入 ϕ 2 mm 的铁丝,再钻第二个孔。

g. 再用地规较精确地在测板上画出该截面筒体的中心(所有测板上的中心点,同样须在同一个方向),步骤如下:(a)用钢盘尺把筒体围一圈(钢盘尺距筒体口的尺寸应一致,20～30 mm),量出周长,16 等分周长,以筒体口标出的组对标记为起点,将 16 个等分点用样冲在筒体上打出标记,再在标记处涂以油漆;(b)将铰链合上,并用 ϕ 2 mm 铁丝穿入定位孔;(c)将 16 个等分点分为 4 组:一组 1、5、9、13,二组 2、6、10、14,三组 3、7、11、15,四组 4、8、12、16,每一组的四等分点,以 d 所述方法得到近似的中心点,分别为 O_1、O_2、O_3 和 O_4;(d)连接 O_1、O_2、O_3 和 O_4 中的对称点,其连线的交点 O 便可定位筒体该断面的中心点。画法与 d 相同,只不过多了一个层次。

h. 以头、尾轮带处为基准点,用手电钻在头、尾轮带处的测板上所画出的中心点位置钻 ϕ2 mm 的中心孔。

(2) 测量方法与步骤:

①把经纬仪架设在窑头或窑尾平台上,视测板上画出的中心点的朝向而定(如果经纬仪设置在窑头,所有视测板上画出的中心点应朝向窑头方向),反复调整经纬仪的位置、高度、倾角等,使激光束穿过首、尾轮带处的两基准测量装置测板的中心孔,将此激光束作为回转窑的理想中心线(此时两轮带与筒体及托轮沿轴向必须全部接触)。

② 检查第 2 节和第 8 节筒体的轴线是否与理想中心线相重合(图 2.136)。所有测板全部打开(基准测板除外),关闭第 2 节筒体的端面 2′处的测板,观察激光束与侧板上的中心点是否重合。可能有时存在安装的积累误差等,而导致二者不重合的现象,此时,应当检查筒体与轮带、轮带与托轮之间的接触情况。然后用千斤顶或倒链进行调整,使其达到重合。合格后打开 2′处的测板,关闭大齿轮处的测板,检查此处测板上的中心点与激光束是否重合,其他同上。合格后,打开测板。

③ 关闭窑头第 1 节筒体的端面 1 处的测板,激光束便打在端面 1 处的测板上,用钢板尺检查测板上画出的中心点与激光束的位置差,做出记录;打开第 1 节筒体的端面 1 处的测板。关上第 4 节筒体的端面 4 处的测板,激光束打在端面 4 处的测板上,用钢板尺测量中心点与光束的位置差,做出记录;打开第 4 节筒体的端面 4 处的测板。关上第 5 节筒体的端面 5 处的测板,让光束打在端面 5 的测板上,用钢板尺

测量中心点与光束的位置差。按此步骤,一直把窑尾最后一个测板上的中心点与光束即理想中心的位置差测量完,并且认真记录。

方法二:以假定理想中心线检查各中心点的位置。

(1) 测量前的准备:与方法一中测量前的准备相同,见前文。

(2) 测量方法与步骤:

① 把回转窑轴线(纵向中心线)的水平投影延长到窑头窑尾平台上,画出记号。

② 在窑头或窑尾平台上架设经纬仪,要求:a. 经纬仪视准轴的轴线必须在回转窑轴线的铅垂面内;b. 经纬仪调平后,望远镜按窑的设计斜度调整好角度,其视准轴应能通过所有测板。

③ 打开所有测板,如果经纬仪架设在窑头,先关闭窑尾最后一道轮带处的测板,开启激光经纬仪,使激光点打在测板上,用钢板尺测量激光点的中心到测板上画出的该断面中心点的距离,做记录。激光经纬仪不动,关闭窑头第一道轮带处的测板,激光点打在该测板上,用钢板尺测量激光点的中心到该测板上画出的该断面中心点的距离,并记录。由于两处的筒体与轮带、轮带与托轮都是全部接触的,托轮本身的斜度、两组托轮高差都是按设计斜度进行施工的;经纬仪视准轴的角度与设计斜度又是一致的,那么在两处量出的距离应当是一致的,也说明经纬仪激光点打出的射线与理想中心线是平行的(窑头第一道轮带处测板上的中心点与窑尾最后一道轮带处测板上的中心点的连线为回转窑的理想中心线)。将经纬仪激光点打出的射线定为假定理想中心线。

④ 从窑尾开始逐一关闭测点处的测板,并量出测板上画出的该断面中心点到激光点中心的距离,并记录(从窑头开始亦可,但是每测量完一处后,必须将这一测板打开,才能检测下一处)。

⑤ 把假定中心线到理想中心线的距离与各测板上测得的中心点到激光点中心的距离的矢量相加,便是各测板处筒体断面中心到理想中心线的距离。然后根据此数据进行调整。

前面两种办法,第一种比较直观,易于判断,但是要求经纬仪打出的激光束必须同时通过头尾两轮带处测板上的中心孔,为此使经纬仪的架设、安置较为困难。第二种办法虽然不太直观,还需计算,但是经纬仪的架设、安置较为方便,易于操作。

2.128.2 调整筒体端面中心点的位置

通过调整,使筒体各端面、轮带、大齿圈处的中心点处于同一直线上(这一直线是回转窑的理想中心线),由于种种原因是不可能达到的,但是为保证回转窑安装后能正常运转,就必须使这些点的连线趋于一直线,也就是说,窑体转动时,这些中心点的径向跳动不能太大,必须满足规范要求。

筒体端面中心点位置的调整是通过调节上一道接口(已经调整合格的对口)的对口组对螺栓的松紧来进行的。这样,调口的顺序与测量装置设置的位置有关,如按图 2.136 布置测量装置,调整筒体时只能从窑尾开始进行。

窑的中心线测量与调整应当在同一温度下进行,南方夏季应当在清晨 8、9 点钟之前进行,以免由于温差太大而产生误差。

采用这种操作程序进行回转窑直线度的检测和调整,从形象进度看回转窑已经吊到基础上,进度较快,但是却留下了大量细致、费工、费时的测量和调整工作。由于所有筒体都已经连在一起,所以调整起来相当麻烦,很费时间。因此有些操作者改变了操作程序,不是把筒体全部吊装完再进行窑筒体直线度的测量与调整,而是吊一节,测一节,调整一节,达到要求后再进行下一节的吊装。这样安排使窑的直线度调整起来非常容易,当窑筒体吊装完毕其直线度也将很快调整合格。但是这种方法需要搭设几座道木墩,同时占用大型施工机具时间较长,增加了机械台班费用,如果是租赁的吊车不可用此办法。

2.129 安装回转窑时,如何吊装大齿圈

齿圈是由铸造钢坯加工而成,在生产加工过程中时常出现由于热处理不到位或其他原因而使齿圈加

工后产生变形。为此在安装前应把大齿圈在地面组对起来，检查变形及变形量，然后根据变形量进行调整，合格后方能吊装使用。

2.129.1 大齿圈吊装前的准备

(1) 用专用螺栓把弹簧板按方向和编号组对到已经清洗、检查合格或经调整合格的大齿圈上；

(2) 在把紧弹簧板与大齿圈的连接螺栓之前，须在螺栓一端上的垫圈与弹簧板的轭板之间加入 0.3 mm 的垫片，再拧紧螺母，而后沿着槽形螺母的槽在螺栓上钻孔，穿入开口销(防止螺母松退)，最后去掉垫片；

(3) 用 8# 铁丝将弹簧板处于自由状态的另一端按正确方向捆绑在齿圈上；

(4) 检查筒体与弹簧板接触的部位有无纵向焊缝，如有纵向焊缝存在，必须打磨平整，焊缝不得高于筒体表面。焊缝打磨的长度应当大于弹簧板的宽度，约 100 mm。

2.129.2 大齿圈的吊装

(1) 用吊车吊起大齿圈的下半圈，扣在窑筒体上画出大齿圈横向中心线的位置，再用钢丝绳把它捆绑在窑筒体上；

(2) 用卷扬机通过钢丝绳盘转窑体，使扣在筒体上方的半个大齿圈转到正下方，在齿圈下面敷设道木，除去捆绑的钢丝绳，让这半个齿圈落到道木上；

(3) 吊起另半个齿圈，按组对记号扣到前半个齿圈的上边；

(4) 上、下两个半齿圈对正，穿上对口螺栓并把紧；

(5) 拆掉捆绑弹簧板的铁丝，使弹簧板附着在筒体上；

(6) 用千斤顶把大齿圈的横向中心位置调整到窑筒体画出的齿圈横向中心位置。

2.130 安装回转窑大齿圈时，如何进行大齿圈的铆接

(1) 将弹簧板与筒体贴紧(用楔子)并点焊到筒体上。

用相适应的手提电钻钻孔，钻一个孔穿入一条螺栓且把紧，钻孔后复查，再盘动窑体检查大齿圈的跳动量，如果跳动量超常，必须再进行调整，直到达到要求为止。

(2) 用铰刀铰孔，孔径加工偏差为+1 mm，铰孔时应当拆一条螺栓铰一个孔，铰完后再马上穿入螺栓并把紧。

(3) 铆接。首先要进行工具和场地的准备，铆接工具有炉子、鼓风机、火钩、火铲、水桶、钳子、铆钉枪、铆钉窝、焦炭等，工作场地应清除一切障碍和易燃品；铆钉传递路线必须畅通，尤其是传递路线较远，需一人投钉一人接钉的情况下，其传递路线不得有任何障碍，也不准他人在内停留或穿行。

铆钉加热温度应控制在 1000～1100 ℃，即铆钉呈淡黄色。

铆钉入孔前应将氧化皮敲掉，铆钉要一次铆好，铆钉杆要填满钉孔，用小锤敲击检查钉头，不许有丝毫跳动，外观检查应当符合《钢结构工程施工质量验收标准》(GB 50205—2020)。

2.131 安装回转窑大齿圈时，如何进行大齿圈找正

大齿圈的找正就是找大齿圈的轴向偏摆和径向偏摆，经过检查调整使大齿圈的轴向跳动和径向跳动都保持在规范要求之内。

大齿圈找正过程中，在调整时，须用一些专用工具，一般随机携带，安装时若有工具可直接用其进行找正。如果没有，由安装单位现场制作。

2.131.1 技术要求

(1) 大齿圈接口处的周节偏差最大不超过 0.005M(M 为模数)；

(2) 大齿圈的椭圆度不得超过 $0.004D$(D 为大齿圈的节圆直径);

(3) 大齿圈组对后,两半齿圈接合处应紧密贴合,用 0.04 mm 塞尺检查,塞入区域不得大于周边的 1/5,塞入深度不大于 10 mm;

(4) 大齿圈的径向偏差≤1.5 mm;

(5) 大齿圈的轴向偏差($b=|b_1-b_2|$)≤1 mm;

(6) 大齿圈与相邻轮带的横向中心线位置偏差≤3 mm。

2.131.2 大齿圈找正的专用工具及方法与步骤

常见的有两种形式。一种是用分体调整支架进行调整,径向调整的工具与轴向调整的工具分开制作,如图 2.139 所示。图 2.139(a)为齿圈径向调整架,图 2.139(b)为齿圈轴向调整架。

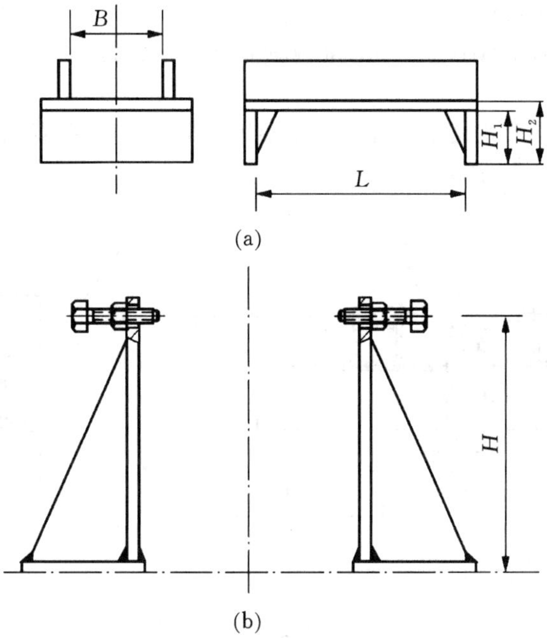

图 2.139 分体调整支架

(a)齿圈径向调整架;(b)齿圈轴向调整架

图 2.139(a)是调整大齿圈径向的支架,图中两立板间距 B 须大于千斤顶的宽度;两支腿板间距 L 须大于所在处弹簧板的宽度;其支腿板的高度 H_1,亦应大于弹簧板外表面至筒体表面的高度(里面的三角筋板亦不许与弹簧板相碰)。平板上表面高度 H_2 为 80~100 mm。

图 2.139(b)是调整大齿圈轴向偏摆的支架,由两个单独的、结构相同的支架组成,图中调整螺栓的中心高 H 应当与大齿圈轮毂侧面到窑筒体外表面的距离相等。

使用分体调整支架的方法与步骤:

① 用钢皮尺或划规将大齿圈 8 等分,并做出记号(此项工作在地面组对和检查大齿圈时同时进行)。

② 在每个等分点的位置,大齿圈与窑筒体之间放一径向调整支架(俗称“板凳”),让支架跨在弹簧板的上方,并将其点焊在窑筒体上,在支架的两立板之间的平板上放千斤顶(图 2.140),顶住大齿圈轮毂的内径;在大齿圈轮毂两个侧面相对各放置一调整大齿圈轴向偏摆的支架,与窑筒体焊在一起,两支架的内壁距大齿圈内缘的端面 20~30 mm,如图 2.141 所示。

③ 用径向调整支架上的螺栓调整大齿圈轴向位置,用千斤顶调整大齿圈的径向位置。

④ 在大齿圈的下方安置一块千分表用来测大齿圈的径向跳动。

⑤ 在大齿圈的两侧各安置一块千分表,用来测量大齿圈的轴向跳动。

⑥ 用卷扬机通过滑轮组盘动窑筒体转动,观测每个等分点处大齿圈的径向和轴向跳动,并做记录。

⑦ 根据记录,用千斤顶和挡块顶丝调整大齿圈的位置,直至达到规范要求。

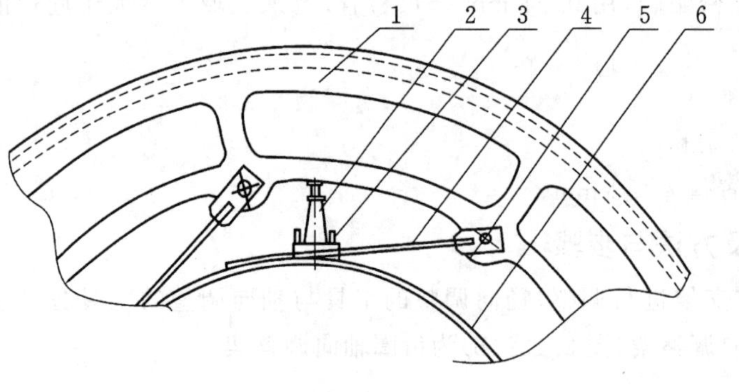

图 2.140

1—大齿轮；2—千斤顶；3—调整支架；4—弹簧钢板；5—销轴；6—回转窑筒体

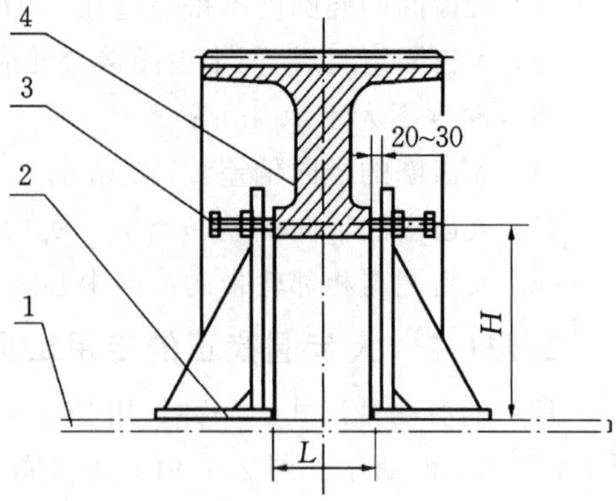

图 2.141

1—筒体；2—径向调整支架；3—调整螺栓；4—大齿圈

大齿圈找正的另一种常见形式是用组合调整支架进行调整，将调整径向的工具和调整轴向的工具制作成一整体的调整架，如图 2.142 所示。

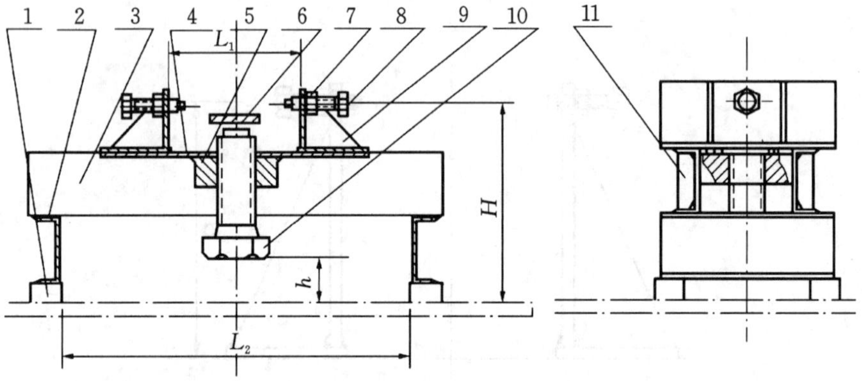

图 2.142

1—方钢；2,3—槽钢；4—钢板；5—丝母；6—垫铁；7—调整螺母；
8—轴向调整螺栓；9,11—筋板；10—径向调整螺栓

图 2.142 中标注的跨距 L_2 不宜过大，应稍大于调整架所在位置的弹簧板的宽度；两轴向调整角钢的间距 L_1 应当比大齿圈轮毂的宽度(B)大一些，差值约为 50 mm(即 $L_1 \geqslant B+50$)；轴向调整螺栓的中心高 H 应以[(大齿圈轮毂内径－窑筒体直径)/2]＋30～50 mm 为宜；径向调整螺栓头距筒体的高度 h 应大于调整架所处位置弹簧板外表面至窑筒体的高度。

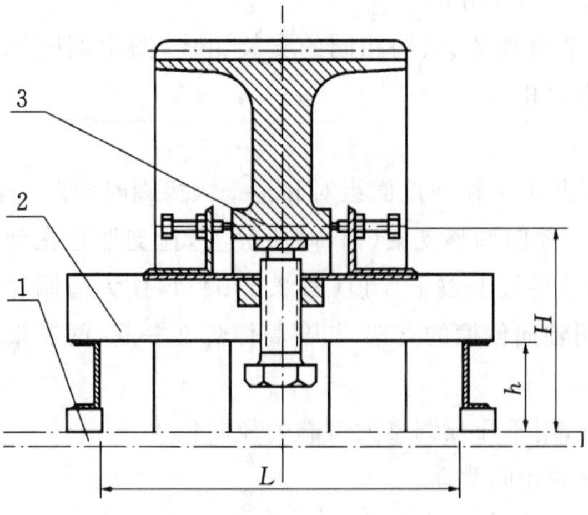

图 2.143

1—窑筒体；2—组合调整支架；3—大齿轮

用组合调整支架找正的方法与步骤：

① 把大齿圈按圆周四或八等分，并在大齿圈上画出等分记号。

② 在大齿圈轮毂内径与窑筒体之间安置组合调整支架，并将调整支架与窑筒体点焊(图 2.143)。

③ 用径向调整螺栓调整大齿圈的径向偏摆；用轴向调整螺栓调整大齿圈的轴向偏摆。后续方法和步骤与用分体调整支架找正的方法与步骤一样。

2.132 回转窑大齿圈更换的方法步骤

(1) 更换前做好技术准备。认真消化图纸，编制好包括施工步骤及工序技术要求在内的施工方案。

(2) 做好物质准备。根据施工方案，准备各类工具及所需材料。

(3) 做好人员准备。参考施工方案，准备好包括技术、力工在内的所有人员。

(4) 根据施工方案对新齿圈进行清理后，对各项尺寸进行测量，并做好记录，对查出的不当之处进行修理、修正。

(5) 对各部尺寸复核后，应预组对大齿圈，并测量各部尺寸，无问题后方可进行下道工序。

(6) 待大窑停机冷却后，首先拆除齿轮罩并置于安全的地方。

(7) 适当清理油迹，开动慢传动对大齿圈及该部筒体进行径向及端面跳动的测量，并做好对应位置的数据记录。

(8) 将旧大齿圈的两个合口面转到水平位置，再用吊车吊住大齿圈的上半部，检查无问题后，拆除弹簧板与齿圈的销子，并检查销子磨损情况，准备新销子。之后可拆除合口螺栓及定位销，慢慢把上半部齿圈吊离现场。

(9) 把已准备好的新上半部齿圈吊起与下半部旧齿圈组对连接，包括弹簧板与齿圈、新旧齿圈的合口螺栓和销子。

(10) 慢转窑，把下部旧齿圈转到上部，用(8)中的方法将其拆除并放在合适的地方。

(11) 把另一半新齿圈吊上，与前部新齿圈进行连接。

(12) 新大齿圈安装就位后，根据销子的准备情况，更换已经磨损的弹簧板与齿圈的销子。

(13) 开动慢传动，对齿圈进行径向跳动、端面跳动测量，并把跳动最大处转到与小齿轮的啮合处，测量齿顶间隙。保证齿顶间隙比理论间隙大 1 mm，齿宽接触不小于 70%，齿高接触不小于 40%。且大齿圈位于小齿轮中部(可根据窑的具体位置定)。

(14) 若检查大齿圈的径向跳动、端面跳动、齿轮接触等均在控制范围之内，回装齿轮罩，更换工作完成，加油试机。

(15) 若在检查中发现大齿圈径向跳动、端面跳动超差，应根据具体情况，用若干个千斤顶顶在筒体与齿圈之间，拆除弹簧销，盘窑找正，通过千斤顶的松紧调节跳动情况，直到合格为止，然后割掉弹簧板穿销头部，待销子与齿圈及弹簧板穿好后，再将其焊牢即可。若大小齿轮的接触不符合要求，可通过调窑解决。

(16) 上一项可与前部安装找正同时进行，可根据现场实际情况进行调整，其他工序也可穿插进行。

2.133 回转窑大齿圈振动的原因及处理

2.133.1 机械原因造成的振动及处理

(1) 合口螺栓松动或断裂

大齿圈合口螺栓松动或断裂后，齿轮节距增大，当与小齿轮啮合时，由于节距不同而造成振动。合口销子断裂，会使合口面错位，也会有同样的结果。若发现此种情况，应更换销子，紧固或更换螺栓，恢复合口面齿形尺寸即可。

(2) 大齿圈失圆变形

大齿圈失圆变形后，局部节距发生变化，局部中心距也发生变化，直接影响齿轮的啮合精度，当大齿圈向里凹时，齿顶间隙增大，啮合重叠系数变小，发出当当的响声，产生振动；当齿圈凸鼓时，齿顶间隙减小，发出沉闷的咬根声，造成振动。在这种情况下，只有通过顶高或降低窑的中心高即减小或扩大窑大小齿轮的中心距，把齿轮的啮合精度调到能够忍受的状态，力求减小振动。若要达到理想状态，最好是更换大齿圈，因为校正齿轮非常困难。

(3) 调窑不当

有时为了调整托轮或轮带的受力状态，没有顾及到齿轮接触，比如把窑推向小齿轮侧，顶隙就会减小，产生咬根振动；若推向小齿轮的外侧，也会因顶隙过大，重叠跟不上而造成振动。处理方法是，窑的调整要顾及齿轮的啮合，可通过调整恢复大小齿轮的啮合精度。

(4) 齿轮开裂或断齿

齿轮产生裂纹或开裂甚至断齿后，轮齿节距发生变化，影响了齿轮啮合精度，造成振动。此时必须对裂纹及断齿进行处理，并恢复几何尺寸，必要时更换大齿圈。

(5) 安装精度不足

安装精度不足，不但会影响齿轮接触长度和宽度，还会影响齿轮的顶隙、侧隙，造成振动。此时需认真检查，对于查出的问题，一一调整(通过托轮调整)，使其达到良好的接触精度。

2.133.2 工艺原因造成的振动

工艺原因造成窑的振动，主要是指窑皮的不正常垮落，各处筒体温度发生变化造成筒体弯曲，使得大齿圈偏离了正常的回转中心，大小齿轮中心距时大时小，产生振动，此时须及时调整工艺参数，使筒体温度恢复到正常状态，避免半圈冷半圈热的不正常情况，窑就会慢慢伸直，大齿圈也会逐步恢复到正常的回转中心，振动就会消失。

还有一种情况也要提请注意，就是大齿圈处的筒体温度不能过高，否则它会严重影响大齿圈的温度，一旦大齿圈的膨胀量因温度过高超过了轮带的膨胀量，齿顶间隙就会缩小，使咬根成为可能，振动可能发生。此时必须保持对齿圈的冷却，或上顶回转窑，保证齿轮的正常啮合。

2.133.3 电器方面的影响

电器方面的影响，主要是指由于信号故障造成窑转速不稳定而产生的振动。例如，因测速发电机故障造成窑速失真后，窑时快时慢，频率很高，快慢差异很大，齿轮冲击不断，振动很大，对测速发电机进行滑环接触及线路处理后，窑运行稳定，振动消失。

2.134 如何安装回转窑的传动小齿轮

1. 以回转窑纵向中心线及与大齿圈相邻的托轮组横向中心线为基准，用钢皮尺、钢板尺、划规等，按图纸中给出的尺寸画出小齿轮、小齿轮轴承座、主减速机以及主电动机的纵、横向中心线，同时画出辅助减速机、辅助电机的纵、横向中心线。

2. 根据各自的纵、横向中心线检查地脚孔的位置，并确定垫铁的位置。

3. 在确定的垫铁位置上做水泥砂浆墩，进行养护。

4. 当砂浆墩强度达 70%以上时，将已清洗好且按设计要求将润滑脂添加到位的小齿轮轴承座及小齿轮吊装到位，穿上地脚螺栓。

5. 小齿轮粗找正：用千斤顶、手锤、撬棍、垫铁等，调整小齿轮的高度、中心位置、斜度，使小齿轮达到：

(1) 小齿轮的横向中心与大齿圈的横向中心相平行且错开一定距离，其距离是筒体上大齿圈与同基础轮带之间的热膨胀量；

(2) 通过斜度规在小齿轮轴上检查其斜度；

(3) 用直角尺、钢板尺、线坠等通过中心标板及画出的中心线检查小齿轮的中心位置，小齿轮的轴向中心线应与窑的纵向中心线平行，允许偏差不得大于 2 mm。

6. 小齿轮轴承座地脚螺栓灌浆、养护。

7. 小齿轮二次找正：

(1) 用塞尺和压铅法测量齿轮副的顶隙或侧隙，齿顶隙一般为 $0.25m_n$＋(2～3 mm)，m_n为模数；

(2) 用着色法检查大小齿轮的接触点，在小齿轮齿面上涂上层薄薄的红丹，开启卷扬机通过滑轮组盘动窑筒体，带动大齿圈转动，大齿圈在与小齿轮啮合后，大齿圈的齿面上留下了接触的痕迹，要求大小齿轮齿面的接触斑点沿齿长不少于 50%，沿齿高不少于 40%；

(3) 如检测结果未达到上述要求，可通过调整垫铁或移动轴承座来达到；

(4) 找正合格后，做出记录，并把垫铁焊在一起；

(5) 在大、小齿轮齿面处涂一层润滑脂；

(6) 把紧地脚螺栓(把紧地脚螺栓时，应当注意检查小齿轮的水平度以及大小齿轮的啮合有无变化，如有变化，必须及时调整过来)。

2.135 如何进行回转窑基础的二次灌浆

安装回转窑，在回转窑二次找正全部合格后，做出隐蔽工程记录、窑的找正记录等，经甲方或监理部门认可后方能进行基础的二次灌浆。

二次灌浆前，应当把垫铁点牢焊死；在灌浆前亦必须把基础表面清理干净，尤其不准有油污。

由于回转窑基础二次灌浆时要把钢底座的一部分埋入二次灌浆层，所以，应当把钢底座埋入二次灌浆层部分的油漆和锈蚀清理干净。

二次灌浆层混凝土的强度等级应比基础本体混凝土的强度等级高出一个等级。

二次灌浆所用的砂、石不得含有木屑、泥土、油污或其他杂质，如发现上述物质，应用清水冲洗干净，所用碎石不宜超过 10 mm。

冲洗砂、石和搅拌混凝土所用的水应当清洁干净，不得含有酸类、糖类、油脂等。

二次灌浆最好在温度＋5 ℃以上进行，如果在温度＋5 ℃以下作业时，应当采取必要措施：

① 在混凝土中加入不超过水泥重量 3%的早强剂(一般采用 $CaCl_2$)；或用不超过＋60 ℃的温水搅拌混凝土。

② 浇灌后用草袋等进行保温或用蒸汽进行养护。

二次灌浆表面要平整光洁，灌浆层内的空间要充满，此项工作一般由土建公司来完成。

2.136 安装回转窑时，如何进行轴瓦、球面瓦、球面座的刮研

在回转窑安装过程中，瓦的刮研是非常重要的一环，它直接影响到安装的质量和设备的正常运转，必须引起重视。刮研应当选择在避风、遮雨、光线良好但无强光的地方进行。

2.136.1 常用的工、机具

吊车或倒链、道木、刮刀、角向磨光机、油石、红丹、绳索、棉布等。

2.136.2 技术要求

(1) 轴瓦与轴颈的接触角度约为 30°，接触斑点不少于 1～2 点/cm^2。

(2) 轴瓦与轴颈的侧间隙不小于 $0.001D$(D 为轴颈)。

(3) 轴瓦瓦背与球面瓦全范围内接触点不少于 3 点/(2.5×2.5 cm^2)。

(4) 球面瓦的球面与球面座的径向接触包角不大于 60°，轴向接触包角为 1/3 球面座的宽度，接触点不应少于 1～2 点/(2.5×2.5 cm^2)。

2.136.3 刮研

(1) 首先检查轴瓦瓦背与球面瓦接合的密实情况：

① 用机油把红丹粉调成糊状，再把糊状的红丹均匀地涂在球面瓦的上表面(红丹涂得不可过厚)。

② 把轴瓦放进球面瓦，沿着圆弧往复研磨(注意：方向不可搞错)。

③ 抽出轴瓦检查轴瓦瓦背与球面瓦的接触情况，是否达到要求，根据接触情况确定是否刮削。

④ 刮削时应仔细分析接触情况，确定刮削的部位。刮削时姿势要正确，用力要均衡，落刀要准，刀花要均匀。

(2) 轴瓦刮研常见的三种形式：a. 仅将轴瓦扣在托轮轴上研磨；b. 将轴瓦与球面瓦组装成一体扣在托轮轴上研磨；c. 将轴瓦、球面瓦、轴承座、钢底座组装好，把托轮轴落到轴瓦上，转动托轮进行研磨。实践证明只要使轴瓦瓦背与球面瓦接合的密实度达到要求，采用 a 种形式为研瓦首选。

(3) 球面瓦的球面和球面座在刚开始粗刮削时可以用角向磨光机进行。球面及球面座中间部分的沟槽的棱角应用角向磨光机磨成圆角。

2.136.4 一种新型刮刀——手刮刀(图 2.144)

在刮削回转窑、磨机的主轴承轴瓦时往往使用的是“三角刮刀”或“柳叶刮刀”，这两种刮刀与“手刮刀”比较起来，都比较长，且制造复杂；而“手刮刀”外形较小，制造简单，便于操作。

手刮刀的刃具可用废锯条制作，夹柄可用木板或塑料等制作。使用时双手的拇指在后，其余手指在前同时握住夹柄，用腕力使刀刃往复摆动进行刮削。

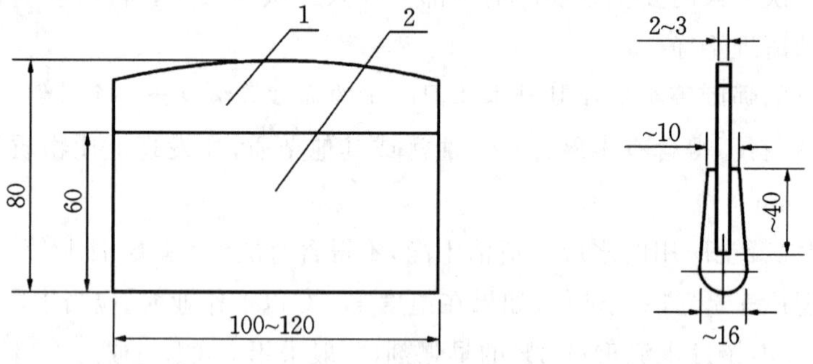

图 2.144 手刮刀

1—刀具；2—夹柄

2.137 如何安装回转窑的减速机和电机

2.137.1 主减速机的安装

1. 在养护期满的砂浆墩上放置垫铁，一块平垫铁在下面，两块斜垫铁在上面，用水准仪、塔尺检测标高，通过调整使所有垫铁标高达到设计要求后，将主减速机吊到垫铁上，穿入地脚螺栓。

2. 通过线坠检查减速机的中心位置，用千斤顶、撬棍等将其调正(即与基础上画出的中心线一致)。用斜度规、水平仪和水准仪测量减速机的水平度和标高，用千斤顶、撬棍、垫铁进行调整。在主减速机输出轴的半联轴器上安置两块磁力千分表座，并卡上千分表，表针分别与小齿轮轴上的半联轴器外圆周接触，盘动减速机，以小齿轮为基准，检查减速机与小齿轮轴的同轴度，要求为 0.2 mm。

3. 把联轴器沿圆周四等分，用钢板尺在等分点处检查两半联轴器的端面间隙，要求以图纸要求为准，图纸无要求则见验收规范。

4. 用千斤顶、撬棍、手锤、垫铁，把减速机调整到技术要求范围内。

5. 主减速机地脚螺栓孔灌浆。

6. 养护期满后，再用千分表和钢板尺检查有无变化，如有变化还用原方法调整至技术要求范围内。

2.137.2 主电动机安装

1. 在每组砂浆墩上放一块平垫铁、两块斜垫铁，并按标高抄平。

2. 把主电动机吊放到垫铁上，穿上地脚螺栓。

3. 主电动机找正，方法、要求和主减速机找正的相同(以主减速机输入轴为基准找主电动机)，检验合格，做出记录，方可灌浆。

4. 主电动机地脚螺栓孔灌浆及养护。

5. 主电动机二次找正。

2.137.3 辅助传动安装

1. 将辅助减速机吊到已放好垫铁(一块平垫铁在下面，两块斜垫铁在上面)的混凝土砂浆墩上，穿上地脚螺栓。

2. 以主减速机输入轴的另一端为基准找正辅助减速机，主减速机的输入轴与辅助减速机输出轴的同轴度为 0.2 mm，联轴节的端面间隙按图纸给出的要求执行。

3. 找正后，经检验合格，做出记录。

4. 地脚螺栓灌浆及养护。

5. 二次找正。

2.137.4 辅助电动机安装

1. 把辅助电动机吊放到已安置好垫铁的砂浆墩上，穿入地脚螺栓。

2. 以辅助减速机的输入轴为基准找正，要求辅助电动机中心线与辅助减速机输出轴中心线的同轴度为 0.2 mm，端面间隙按图纸要求执行。

3. 找正后，经检验合格，做出记录。

4. 地脚螺栓灌浆及养护。

5. 二次找正。

2.138 新安回转窑如何进行试运转

1. 回转窑设备安装结束，经检查各项技术指标都达到要求，由有关部门确认合格后方可进行试运转。

2. 在试运转之前须对回转窑及其附属设施进行全面检查，内容如下：

(1) 所有紧固件应拧紧牢固。

(2) 清理窑内窑外、基础上下的一切杂物，尤其是齿轮副之间、轮带与托轮之间等。

(3) 各润滑、冷却、液压系统不得有渗漏，各阀门灵活可靠，所用润滑油要符合要求，加注到位。北方冬季开车前应将润滑油加热到+5 ℃以上。

(4) 所有仪表、指示器必须准确可靠，各安全信号、安全保护装置应灵活可靠。

(5) 检查电动机旋转方向，应与设计图纸要求相符。

3. 试运转程序及试运转时间。

(1) 镶砖前无负荷试运转。

① 电动机空载运行 2 h。

② 电动机带动减速机空载运行 4 h。

③ 电动机带窑运转 8 h。

(2) 镶砖后试运转时间为 12 h。

4. 回转窑镶砖前试运转的要求如下：

(1) 调整液压挡轮推进时的速度为 0.1～0.2 mm/min。

(2) 各润滑、冷却等系统不得有堵塞或渗漏，工作正常，油压、油温、流量合乎设计要求。

(3) 电动机、减速机、托轮轴瓦温升不能超过 35 ℃。

(4) 传动装置不得有冲击、振动等不正常噪声，大、小齿轮啮合要正常，工作平稳。

(5) 轮带与托轮保持正常接触，接触长度应达 70%，窑筒体上、下窜动应平稳地进行。

(6) 各处紧固件不得有松动现象。

(7) 密封装置不应有局部摩擦现象。

5. 试运转操作步骤

(1) 主电动机试运

① 点动主电动机，检查、调整主电机的旋转方向，使其与设计要求一致；检查电机的有关参数是否合乎设计或规程要求。

② 启动主电动机，单独试运转 2 h。

(2) 主电动机驱动主减速机试运

① 连接主电动机和主减速机。

② 开启冷却和润滑系统。

③ 启动主电动机，驱动主减速机试运转 4 h。

(3) 主电动机通过传动系统驱动回转窑试运转

① 小齿轮与减速机连接。

② 连接辅助传动。

③ 开启冷却和润滑系统。

④ 打开托轮轴承的检查孔，在托轮轴上加注润滑油。

⑤ 启动辅助电动机，通过传动系统驱动回转窑转动数圈。

⑥ 关闭辅助电动机，与主传动脱开。

⑦ 主电机点动 2～3 次，确认无问题。

⑧ 启动主电动机，驱动回转窑试运转 8 h。

2.139 回转窑、单筒冷却机、烘干机如何进行试运转

1. 单机试运转分两个阶段进行：

(1) 镶砖前的试运转时间

电动机空载试运转 2 h；

辅助电动机带动 2 h，电动机带减速器空载试运转 4 h；

主电动机带设备试运转 8 h。

(2) 镶砖后的试运转时间

回转窑、单筒冷却机、烘干机应隔一段时间以辅助传动慢转 90°或 180°，以防止变形。

2. 单机试运转前的检查。

(1) 检查托轮表面和轮带表面有无杂物，如电焊渣等。

(2) 检查轮带内表面与轮带垫板表面清洁情况，必要时用压缩空气吹净。

(3) 检查传动大小齿轮啮合情况。

(4) 检查窑头、窑尾密封情况。

3. 试运转中的检查。

(1) 检查电动机、减速器及传动部件的轴承温升，减速器的供油情况。

(2) 检查各托轮轴瓦供油、供水和温升情况。

(3) 检查窑体窜动情况,做好托轮的调试工作,使窑体平稳地上下移动。

① 根据窑体的窜动方向(图 2.145),确定托轮的扭转方向,然后扳动托轮轴承顶丝,以达到调整的目的。

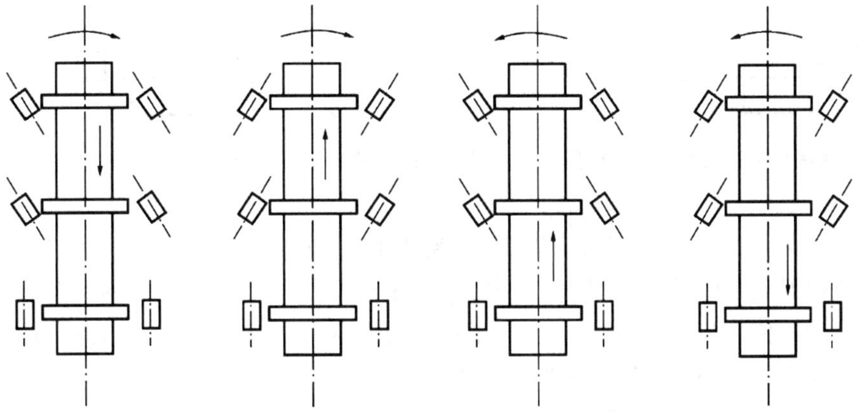

图 2.145 窑体上下窜动调整示意图

② 调整托轮应注意以下几点:

a. 托轮的调整工作,一般应从窑的入料端各道托轮开始,尽量使窑体出料端及烧成带附近的各道托轮中心线与窑体中心线保持平行,避免对在窑中大齿圈传动处和窑头处的托轮组进行调整。

b. 调整托轮时,应在窑体转动情况下进行,顶丝每次只许旋转 30°～60°,进行少量的移动,以求逐步达到合适,严格要求以便一次调整好。

c. 托轮中线的扭动角度最大不得超过 30′,各组托轮的扭动方向不得出现图 2.146 所示的情况,而应该是图 2.147 所示的情况,各托轮组的托轮轴线与窑体轴线的位置应如图 2.148 所示,不得出现图 2.149 所示的情况。对装有液压挡轮的窑,各托轮组的托轮轴线应与窑体的轴线平行(图 2.150)。

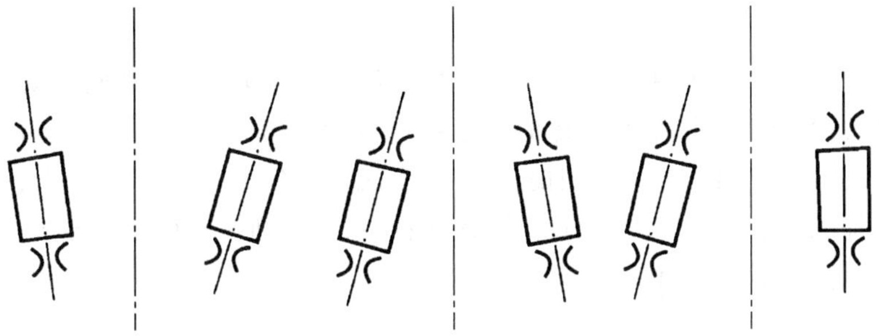

图 2.146 各组托轮的错误扭动方向

图 2.147 各组托轮的正确扭动方向

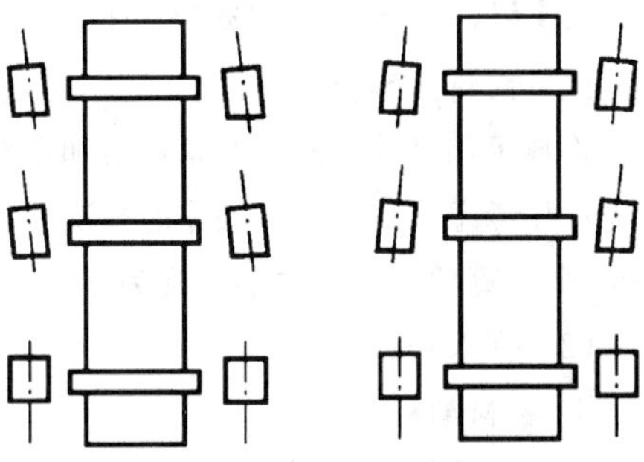

图 2.148 托轮轴线与窑体轴线的正确位置

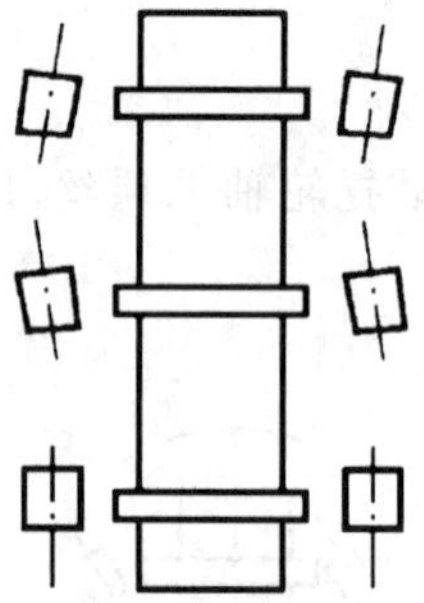

图 2.149 托轮轴线与窑体轴线的错误位置

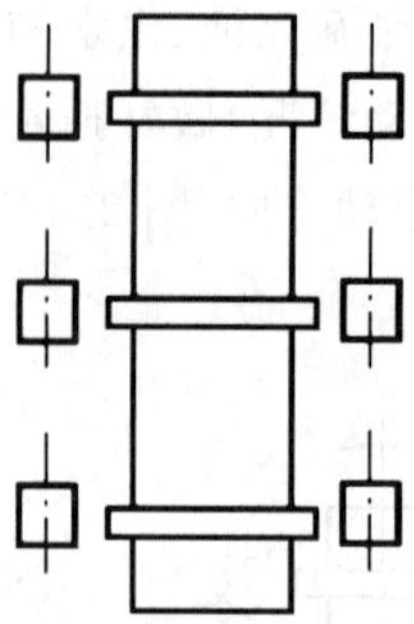

图 2.150 装有液压挡轮的窑托轮轴线与窑体轴线的平行位置

d. 利用受力最大的一道托轮(带多筒冷却机窑的窑头出料端的第一道托轮)进行调整工作,虽然容易使窑体迅速往上窜或往下窜,但调整时容易发生事故,而且托轮及轮带以及托轮轴容易损伤,因此不许采用。

(4) 减速器及开式传动齿轮的啮合,不应有不正常的响声,窑体和轮带不应有颤动现象。

(5) 各托轮与轮带的接触长度应为轮带宽度的 70%以上。

(6) 挡风圈、密封装置不应有局部摩擦现象。

4. 试运转停车后,应检查各轴瓦的研磨情况、传动齿轮和减速器齿轮的啮合情况,齿轮的啮合面不应有点蚀、斑疤、伤痕等缺陷,并做好记录和维修。

2.140 何为熟料圈,如何形成

结在窑内烧成带与放热反应带之间的圈,称为后结圈或熟料圈,是回转窑内危害最大的结圈。熟料圈实际上是在烧成带与放热反应带交界处挂上一层厚窑皮。从挂窑皮的原理可知,要想在窑衬上挂窑皮就必须具备挂窑皮的条件(物料中必须有一定的液相量和液相黏度),否则就挂不上窑皮。当窑皮结到一定厚度时,为防止窑皮过厚,就必须改变操作条件,使不断黏挂上去的窑皮量和被磨蚀下来的窑皮量相等,这是合理的操作方法,而窑内的条件随时都在随着料、煤、风、窑速的变化而改变,若控制不好就易结成厚窑皮而成圈。

在熟料煅烧过程中,当物料温度达到 1280 ℃时,其液相黏度较大,熟料圈最易形成,冷却后比较坚固,不易除掉。在正常煅烧情况下,熟料圈体的内径部分,往往被烧熔而掉落,保持正常的圈体内径。如果在 1250~1300 ℃温度范围内出现的液相偏多,往往生成妨碍生产的熟料圈,熟料圈一般结在烧成带的边界或更远,开始是烧成带后边的窑皮逐渐增长,逐渐长厚,发展到一定程度即形成熟料圈。严重时熟料圈的窑皮长度是正常窑皮长度的几倍。

2.141 回转窑及冷却机系统热平衡和热效率计算方法

2.141.1 回转窑物料平衡

(1) 物料平衡范围

物料平衡计算的范围是从冷却机熟料出口到预热器废气出口(即包括冷却机、回转窑、分解炉和预热器系统),并考虑了窑灰回窑操作的情况。物料平衡范围见图 2.151。对不带预热器、分解炉,没有窑中喂料的情况,则计算项目中相关参数视为零。对带余热锅炉的窑,余热锅炉部分的热平衡计算不列在本方法中。

(2) 收入物料

① 燃料消耗量

a. 固体或液体燃料消耗量

固体或液体燃料消耗量计算公式:

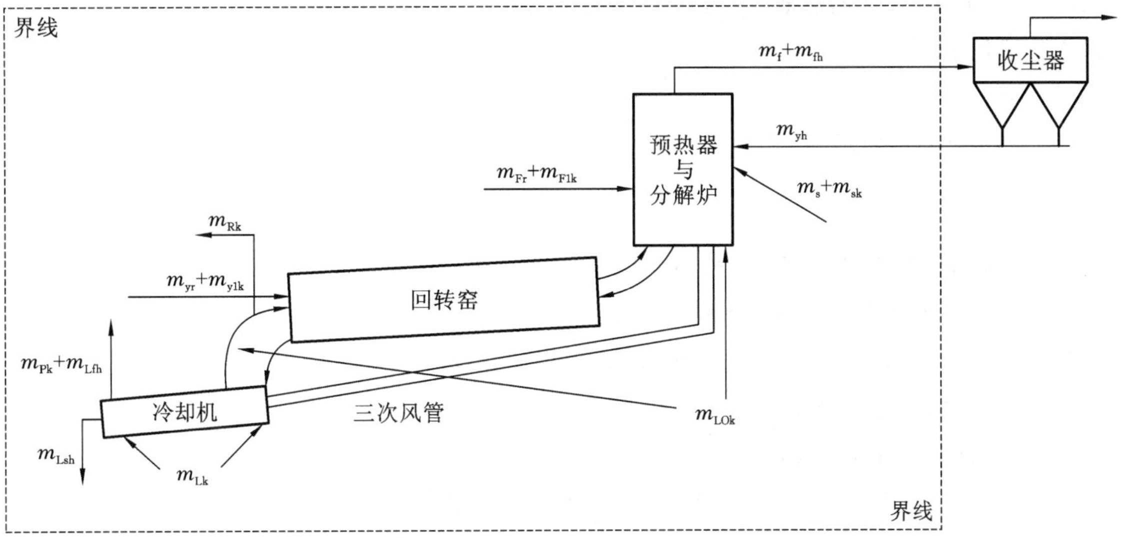

图 2.151　物料平衡范围示意图

$$m_r=\frac{M_{yr}+M_{Fr}}{M_{sh}}$$

式中　m_r——每千克熟料燃料消耗量，kg/kg；

M_{yr}——每小时入窑燃料量，kg/h；

M_{Fr}——每小时入分解炉燃料量，kg/h；

M_{sh}——每小时熟料产量，kg/h。

b. 气体燃料消耗量

气体燃料消耗量计算公式：

$$m_r=\frac{V_r}{M_{sh}}\times\rho_r$$

式中　V_r——每小时气体燃料消耗体积，m^3/h；

ρ_r——气体燃料的标况密度，kg/m^3。

气体燃料的标况密度计算公式：

$$\rho_r=\frac{CO_2\times\rho_{CO_2}+CO\times\rho_{CO}+O_2\times\rho_{O_2}+C_mH_n\times\rho_{C_mH_n}+H_2\times\rho_{H_2}+N_2\times\rho_{N_2}+H_2O\times\rho_{H_2O}}{100}$$

式中　CO_2，CO，O_2，C_mH_n，H_2，N_2，H_2O——气体燃料中各成分的体积分数，%；

ρ_{CO_2}，ρ_{CO}，ρ_{O_2}，$\rho_{C_mH_n}$，ρ_{H_2}，ρ_{N_2}，ρ_{H_2O}——各成分的标况密度，kg/m^3，参见《水泥回转窑热平衡、热效率、综合能耗计算方法》(GB/T 26281—2010)附录 B。

② 生料消耗量

生料消耗量计算公式：

$$m_s=\frac{M_s}{M_{sh}}$$

式中　m_s——每千克熟料生料消耗量，kg/kg；

M_s——每小时生料喂料量，kg/h。

③ 入窑回灰量

入窑回灰量计算公式：

$$m_{yh}=\frac{M_{yh}}{M_{sh}}$$

式中　m_{yh}——每千克熟料入窑回灰量，kg/kg；

M_{yh}——每小时入窑回灰量，kg/h。

④ 空气消耗量

a. 进入系统一次空气量

进入系统一次空气量计算公式：

$$m_{1k}=\frac{V_{y1k}+V_{F1k}}{M_{sh}}\times\rho_{1k}$$

式中 m_{1k}——每千克熟料进入系统一次空气量，kg/kg；

V_{y1k}——每小时入窑一次空气体积，m^3/h；

V_{F1k}——每小时入分解炉一次空气体积，m^3/h；

ρ_{1k}—— 一次空气的标况密度，kg/m^3。

一次空气的标况密度计算公式：

$$\rho_{1k}=\frac{CO_2^{1k}\times\rho_{CO_2}+CO^{1k}\times\rho_{CO}+O_2^{1k}\times\rho_{O_2}+N_2^{1k}\times\rho_{N_2}+H_2O^{1k}\times\rho_{H_2O}}{100}$$

式中 CO_2^{1k}，CO^{1k}，O_2^{1k}，N_2^{1k}，H_2O^{1k}—— 一次空气中各成分的体积分数，%。

b. 进入冷却机空气量

进入冷却机空气量计算公式：

$$m_{Lk}=\frac{V_{Lk}}{M_{sh}}\times\rho_k$$

式中 m_{Lk}——每千克熟料入冷却机的空气量，kg/kg；

V_{Lk}——每小时入冷却机的空气体积，m^3/h；

ρ_k——空气的标况密度，kg/m^3。

c. 生料带入空气量

生料带入空气量计算公式：

$$m_{sk}=\frac{V_{sk}}{M_{sh}}\times\rho_k$$

式中 m_{sk}——每千克熟料生料带入空气量，kg/kg；

V_{sk}——每小时生料带入空气体积，m^3/h。

d. 窑系统漏入空气量

窑系统漏入空气量计算公式：

$$m_{LOk}=\frac{V_{LOk}}{M_{sh}}\times\rho_k$$

式中 m_{LOk}——每千克熟料系统漏入空气量，kg/kg；

V_{LOk}——每小时系统漏入空气体积，m^3/h。

⑤ 物料总收入

物料总收入计算公式：

$$m_{zs}=m_r+m_s+m_{yh}+m_{1k}+m_{Lk}+m_{sk}+m_{LOk}$$

式中 m_{zs}——每千克熟料物料总收入，kg/kg。

(3) 支出物料

① 出冷却机熟料量

出冷却机熟料量计算公式：

$$m_{Lsh}=1-m_{Lfh}$$

式中 m_{Lsh}——每千克熟料出冷却机熟料量，kg/kg；

m_{Lfh}——每千克熟料冷却机出口飞灰量，kg/kg。

② 预热器出口废气量

预热器出口废气量计算公式：

$$m_f = \frac{V_f}{M_{sh}} \times \rho_f$$

式中 m_f——每千克熟料预热器出口废气量，kg/kg；

V_f——每小时预热器出口废气体积，m^3/h；

ρ_f——预热器出口废气的标况密度，kg/m^3。

预热器出口废气的标况密度计算公式：

$$\rho_f = \frac{CO_2^f \times \rho_{CO_2} + CO^f \times \rho_{CO} + O_2^f \times \rho_{O_2} + N_2^f \times \rho_{N_2} + H_2O^f \times \rho_{H_2O}}{100}$$

式中 CO_2^f，CO^f，O_2^f，N_2^f，H_2^fO——预热器出口废气中各成分的体积分数，%。

③ 预热器出口飞灰量

预热器出口飞灰量计算公式：

$$m_{fh} = \frac{V_f \times K_{fh}}{M_{sh}}$$

式中 m_{fh}——每千克熟料预热器出口飞灰量，kg/kg；

K_{fh}——预热器出口废气中飞灰的浓度，kg/m^3。

④ 冷却机排出空气量

冷却机排出空气量计算公式：

$$m_{Pk} = \frac{V_{Pk}}{M_{sh}} \times \rho_k$$

式中 m_{Pk}——每千克熟料冷却机排出空气量，kg/kg；

V_{Pk}——每小时冷却机排出空气体积，m^3/h。

⑤ 煤磨抽冷却机空气量

煤磨抽冷却机空气量计算公式：

$$m_{Rk} = \frac{V_{Rk}}{M_{sh}} \times \rho_k$$

式中 m_{Rk}——每千克熟料煤磨抽冷却机空气量，kg/kg；

V_{Rk}——每小时煤磨抽冷却机空气体积，m^3/h。

⑥ 冷却机出口飞灰量

冷却机出口飞灰量计算公式：

$$m_{Lfh} = \frac{V_{Pk} \times K_{Lfh}}{M_{sh}}$$

式中 m_{Lfh}——每千克熟料冷却机出口飞灰量计算公式，kg/kg；

K_{Lfh}——冷却机出口废气中飞灰的浓度，kg/m^3。

⑦ 其他支出

其他支出为 m_{qt}，单位为 kg/kg。

⑧ 物料总支出

物料总支出计算公式：

$$m_{zc} = m_{Lsh} + m_f + m_{fh} + m_{Pk} + m_{Rk} + m_{Lfh} + m_{qt}$$

式中 m_{zc}——每千克熟料物料总支出，kg/kg。

(4) 物料平衡计算结果

物料平衡计算结果见表 2.27。

表 2.27 物料平衡计算结果

收入物料				支出物料			
项目	符号	kg/kg	%	项目	符号	kg/kg	%
燃料消耗量	m_r			出冷却机熟料量	m_{Lsh}		
生料消耗量	m_s			预热器出口废气量	m_f		
入窑回灰量	m_{yh}			预热器出口飞灰量	m_{fh}		
一次空气量	m_{1k}			冷却机排出空气量	m_{Pk}		
入冷却机空气量	m_{Lk}			煤磨抽冷却机空气量	m_{Rk}		
生料带入空气量	m_{sk}			冷却机出口飞灰量	m_{Lfh}		
窑系统漏入空气量	m_{LOk}			其他支出	m_{qt}		
合计				合计			

2.141.2 回转窑热平衡

(1) 热平衡范围

热平衡范围见图 2.152。热平衡按 GB/T 2587—2009 规定的方法进行计算。

(2) 收入热量

① 燃料燃烧热

燃料燃烧热计算公式：

$$Q_{rR}=m_r\times Q_{net,ar}$$

式中 Q_{rR}——每千克熟料燃料燃烧热，kJ/kg。

$Q_{net,ar}$——入窑和入分解炉燃料收到基低位发热量，kJ/kg。采用煤作为燃料时，$Q_{net,ar}$ 为入窑煤粉收到基低位发热量，不能与原煤收到基发热量混淆。

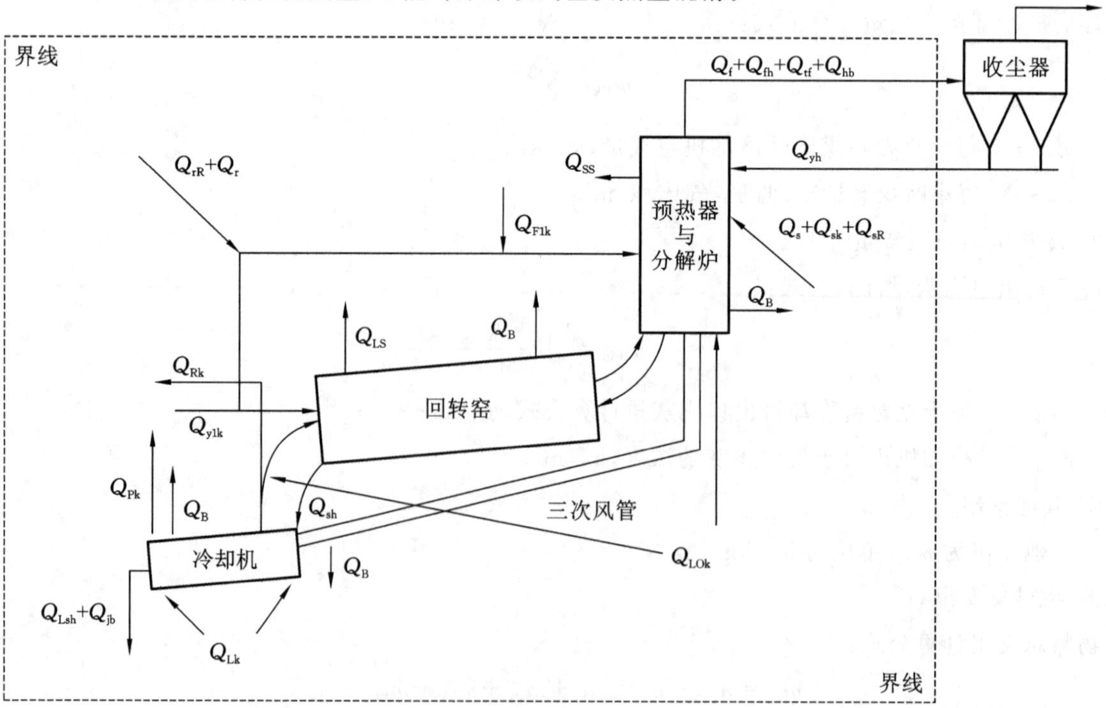

图 2.152 热平衡范围示意图

② 燃料显热

燃料显热计算公式：

$$Q_r = m_r \times c_r \times t_r$$

式中 Q_r——每千克熟料燃料带入显热，kJ/kg；

c_r——燃料比热，kJ/(kg·℃)；

t_r——燃料温度，℃。

③ 生料中可燃物质燃烧热

生料中可燃物质燃烧热计算公式：

$$Q_{sR} = m_{sR} \times Q_{net,ar}$$

式中 Q_{sR}——每千克熟料生料中可燃物质的燃烧热，kJ/kg；

m_{sR}——生料中可燃物质含量，kg/kg；

$Q_{net,ar}$——生料中可燃物质收到基低位发热量，kJ/kg。

④ 生料显热

生料显热计算公式：

$$Q_s = m_s \times c_s \times t_s$$

式中 Q_s——每千克熟料生料带入显热，kJ/kg；

c_s——生料的比热，kJ/(kg·℃)；

$$c_s = (0.88 + 2.93 \times 10^{-4} \times t_s) \times (1 - W^s) + 4.1816 \times W^s$$

式中 W^s——生料的水分，%；

t_s——生料的温度，℃。

⑤ 入窑回灰显热

入窑回灰显热计算公式：

$$Q_{yh} = m_{yh} \times c_{yh} \times t_{yh}$$

式中 Q_{yh}——每千克熟料入窑回灰显热，kJ/kg；

c_{yh}——入窑回灰的比热，kJ/(kg·℃)；

t_{yh}——入窑回灰的温度，℃。

a. 一次空气显热

一次空气显热计算公式：

$$Q_{1k} = \frac{V_{y1k}}{M_{sh}} \times c_k \times t_{y1k} + \frac{V_{F1k}}{M_{sh}} \times c_k \times t_{F1k}$$

式中 Q_{1k}——每千克熟料一次空气显热，kJ/kg；

c_k——空气的比热，kJ/(m^3·℃)；

t_{y1k}——入窑一次空气的温度，℃；

t_{F1k}——入分解炉一次空气的温度，℃。

入窑一次空气采用煤磨放风时其比热计算公式：

$$c_{k(入窑)} = \frac{CO_2^{1k} \times c_{CO_2} + CO^{1k} \times c_{CO} + N_2^{1k} \times c_{N_2} + H_2O^{1k} \times c_{H_2O}}{100}$$

式中 $c_{k(入窑)}$——入窑一次空气采用煤磨放风时的比热，kJ/(m^3·℃)；

c_{CO_2}，c_{CO}，c_{O_2}，c_{N_2}，c_{H_2O}——在 0 ℃～t_{1k}内，各气体定压平均体积比热，kJ/(m^3·℃)。

b. 入冷却机空气显热

入冷却机空气显热计算公式：

$$Q_{Lk}=\frac{V_{Lk}}{M_{sh}}\times c_k\times t_{Lk}$$

式中 Q_{Lk}——每千克熟料入冷却机的空气显热，kJ/kg；

t_{Lk}——入冷却机的空气温度，℃。

c. 生料带入空气显热

生料带入空气显热计算公式：

$$Q_{sk}=\frac{V_{sk}}{M_{sh}}\times c_k\times t_s$$

式中 Q_{sk}——每千克熟料生料带入空气显热，kJ/kg。

d. 系统漏入空气显热

系统漏入空气显热计算公式：

$$Q_{LOk}=\frac{V_{LOk}}{M_{sh}}\times c_k\times t_k$$

式中 Q_{LOk}——每千克熟料系统漏入空气显热，kJ/kg；

t_k——环境空气的温度，℃。

e. 热量总收入

热量总收入计算公式：

$$Q_{zs}=Q_{rR}+Q_r+Q_{sR}+Q_s+Q_{yh}+Q_{1k}+Q_{Lk}+Q_{sk}+Q_{LOk}$$

式中 Q_{zs}——每千克熟料热量总收入，kJ/kg。

(3) 支出热量

① 熟料形成热

熟料形成热的理论计算方法按照《水泥回转窑热平衡、热效率、综合能耗计算方法》(GB/T 26281—2010)附录 C 的规定进行计算，也可按以下简化公式计算：

a. 不考虑硫、碱的影响时采用以下公式：

$$Q_{sh}=17.19Al_2O_3^{sh}+27.10MgO^{sh}+32.01CaO^{sh}-21.40SiO_2^{sh}-2.47Fe_2O_3^{sh}$$

b. 考虑硫、碱的影响时采用以下公式：

$$Q'_{sh}=Q_{sh}-107.90(Na_2O^s-Na_2O^{sh})-71.09(K_2O^s-K_2O^{sh})+83.64(SO_3^s-SO_3^{sh})$$

式中 $Al_2O_3^{sh}$，MgO^{sh}，CaO^{sh}，SiO_2^{sh}，$Fe_2O_3^{sh}$，K_2O^{sh}，Na_2O^{sh}，SO_3^{sh}——熟料中相应成分的质量分数，%；

Na_2O^s，K_2O^s，SO_3^s——生料中相应成分的灼烧基质量分数，%。

② 蒸发生料中水分耗热

蒸发生料中水分耗热计算公式：

$$Q_{ss}=m_s\times\frac{W^s}{100}\times q_{qh}$$

式中 Q_{ss}——每千克熟料蒸发生料中的水分耗热，kJ/kg；

q_{qh}——水的汽化热，kJ/kg。

③ 出冷却机熟料显热

出冷却机熟料显热计算公式：

$$Q_{Lsh}=(1-m_{Lfh})\times c_{sh}\times t_{Lsh}$$

式中 Q_{Lsh}——出冷却机熟料显热，kJ/kg；

c_{sh}——熟料的比热，kJ/(kg·℃)；

t_{Lsh}——出冷却机熟料温度，℃。

④ 预热器出口废气显热

预热器出口废气显热计算公式：

$$Q_f=\frac{V_f}{M_{sh}}\times c_f\times t_f$$

式中 Q_f——每千克熟料预热器出口废气显热，kJ/kg；

c_f——预热器出口废气比热，kJ/(m³·℃)；

t_f——预热器出口废气的温度，℃。

预热器出口废气比热计算公式：

$$c_f=\frac{CO_2^f\times c_{CO_2}+CO^f\times c_{CO}+O_2^f\times c_{O_2}+N_2^f\times c_{N_2}+H_2O^f\times c_{H_2O}}{100}$$

式中 c_{CO_2}，c_{CO}，c_{O_2}，c_{N_2}，c_{H_2O}——在 0 ℃～t_f内，各气体定压平均体积比热，kJ/(m³·℃)。

⑤ 预热器出口飞灰显热

预热器出口飞灰显热计算公式：

$$Q_{fh}=m_{fh}\times c_{fh}\times t_f$$

式中 Q_{fh}——每千克熟料预热器出口飞灰显热，kJ/kg；

c_{fh}——预热器出口飞灰的比热，kJ/(kg·℃)。

⑥ 飞灰脱水及碳酸盐分解耗热

飞灰脱水及碳酸盐分解耗热计算公式：

$$Q_{tf}=m_{fh}\times\frac{100-L_{fh}}{100-L_s}\times\frac{H_2O^s}{100}\times 6690+\left[m_{fh}\times\frac{100-L_{fh}}{100-L_s}\times\frac{CO_2^s}{100}-m_{fh}\times\frac{L_{fh}}{100}\right]\times\frac{100}{44}\times 1660$$

式中 Q_{tf}——每千克熟料飞灰脱水及碳酸盐分解耗热，kJ/kg；

L_{fh}——飞灰的烧失量，%；

L_s——生料的烧失量，%；

H_2O^s——生料中化合水含量，%；

6690——高岭土脱水热，kJ/kg；

CO_2^s——生料中 CO_2 含量，%；

1660——$CaCO_3$ 分解热，kJ//kg。

生料中 CO_2 含量计算公式：

$$CO_2^s=\frac{CaO^s}{100}\times\frac{44}{56}+\frac{MgO^s}{100}\times\frac{44}{40.3}$$

式中 CaO^s，MgO^s——生料中 CaO 和 MgO 含量，%。

⑦ 冷却机排出空气显热

冷却机排出空气显热计算公式：

$$Q_{Pk}=\frac{V_{Pk}}{M_{sh}}\times c_k\times t_{Pk}$$

式中 Q_{Pk}——每千克熟料冷却机排出空气显热，kJ/kg；

t_{Pk}——冷却机排出空气温度，℃。

注：当冷却机有多个废气出口时，应分别计算各废气出口排出空气显热。

⑧ 冷却机出口飞灰显热

冷却机出口飞灰显热计算公式：

$$Q_{Lfh}=m_{Lfh}\times c_{Lfh}\times t_{Pk}$$

式中 Q_{Lfh}——每千克熟料冷却机出口飞灰显热，kJ/kg；

c_{Lfh}——冷却机出口飞灰的比热，kJ/(kg·℃)。

⑨ 煤磨抽冷却机空气显热

煤磨抽冷却机空气显热计算公式：

$$Q_{Rk}=\frac{V_{Rk}}{M_{sh}}\times c_k\times t_{Rk}$$

式中 Q_{Rk}——每千克熟料煤磨抽冷却机空气显热，kJ/kg；

t_{Rk}——煤磨抽冷却机空气温度，℃。

⑩ 化学不完全燃烧的热损失

化学不完全燃烧的热损失计算公式：

$$Q_{hb}=\frac{V_f}{M_{sh}}\times\frac{CO^f}{100}\times 12630$$

式中 Q_{hb}——每千克熟料化学不完全燃烧热损失，kJ/kg；

CO^f——预热器出口废气中 CO 的体积分数，%；

12630——CO 的热值，kJ/m^3。

⑪ 机械不完全燃烧的热损失

机械不完全燃烧的热损失计算公式：

$$Q_{jb}=\frac{L_{sh}}{100}\times 33874$$

式中 Q_{jb}——每千克熟料机械不完全燃烧热损失，kJ/kg；

L_{sh}——熟料的烧失量，%；

33874——碳的热值，kJ/kg。

⑫ 系统表面散热

系统表面散热计算公式：

$$Q_B=\frac{\sum Q_{Bi}}{M_{sh}}$$

式中 Q_B——每千克熟料系统表面散热量，kJ/kg；

$\sum Q_{Bi}$——每小时系统表面总散热量，kJ/h。

⑬ 冷却水带出热

冷却水带出热计算公式：

$$Q_{Ls}=\frac{M_{Ls}\times(t_{cs}-t_{js})\times c_s'+M_{qh}\times q_{qh}}{M_{sh}}$$

式中 Q_{Ls}——每千克熟料冷却水带出热量，kJ/kg；

M_{Ls}——每小时冷却水用量，kg/h；

t_{cs}——冷却水出水温度，℃；

t_{js}——冷却水进水温度，℃；

c_s'——水的比热，4.1816 kJ/(kg·℃)；

M_{qh}——每小时汽化冷却水量，kg/h；

q_{qh}——水的汽化热，kJ/kg。

⑭ 其他支出

其他支出为 Q_{qt}，kJ/kg。

⑮ 热量总支出

热量总支出计算公式：

$$Q_{zc}=Q_{sh}+Q_{ss}+Q_{Lsh}+Q_{f}+Q_{fh}+Q_{tf}+Q_{Pk}+Q_{Lfh}+Q_{Rk}+Q_{hb}+Q_{jb}+Q_{B}+Q_{Ls}+Q_{qt}$$

式中 Q_{zc}——每千克熟料热量总支出，kJ/kg。

⑯ 热平衡计算结果

热平衡计算结果见表 2.28。

表 2.28 热平衡计算结果

收入热量				支出热量			
项目	符号	kJ/kg	%	项目	符号	kJ/kg	%
燃料燃烧热	Q_{rR}			熟料形成热	Q_{sh}		
燃料显热	Q_{r}			蒸发生料中水分耗热	Q_{ss}		
生料中可燃物质燃烧热	Q_{sR}			出冷却机熟料显热	Q_{Lsh}		
生料显热	Q_{s}			预热器出口废气显热	Q_{f}		
入窑回灰显热	Q_{yh}			预热器出口飞灰显热	Q_{fh}		
一次空气显热	Q_{1k}			飞灰脱水及碳酸盐分解耗热	Q_{tf}		
入冷却机冷空气显热	Q_{Lk}			冷却机排出空气显热	Q_{Pk}		
生料带入空气显热	Q_{sk}			冷却机出口飞灰显热	Q_{Lfh}		
系统漏入空气显热	Q_{LOk}			煤磨抽冷却机空气显热	Q_{Rk}		
				化学不完全燃烧热损失	Q_{hb}		
				机械不完全燃烧热损失	Q_{jb}		
				系统表面散热	Q_{B}		
				冷却水带出热	Q_{Ls}		
				其他支出	Q_{qt}		
合计				合计			

(4) 回转窑系统的热效率计算

回转窑系统的热效率计算公式：

$$\eta_{y}=\frac{Q_{sh}}{Q_{tR}+Q_{sR}}$$

式中 η_{y}——回转窑系统的热效率，%。

2.141.3 冷却机的热平衡

(1) 收入热量

① 出窑熟料显热

出窑熟料显热计算公式：

$$Q_{ysh}=1\times c_{th}\times t_{ysh}$$

式中 Q_{ysh}——出窑熟料显热，kJ/kg；

t_{ysh}——出窑熟料温度，℃。

② 入冷却机空气显热

入冷却机空气显热计算公式：

$$Q'_{Lk}=\frac{V_{Lk}}{M_{sh}}\times c_{k}\times t_{Lk}+\frac{V_{LOk(冷却机)}}{M_{sh}}\times c_{k}\times t_{h}$$

式中 Q'_{Lk}——每千克熟料入冷却机总空气显热,kJ/kg;

$V_{LOk(冷却机)}$——每小时冷却机漏入空气体积,m^3/h。

③ 热量总收入

热量总收入计算公式:

$$Q_{Lzs}=Q_{ysh}+Q'_{Lk}$$

式中 Q_{Lzs}——冷却机热量总收入,kJ/kg。

(2) 支出热量

① 出冷却机熟料显热

按 2.141.2(3)③中的公式计算。

② 入窑二次空气显热

入窑二次空气显热计算公式:

$$Q_{y2k}=\frac{V_{y2k}}{M_{sh}}\times c_k\times t_{y2k}$$

式中 Q_{y2k}——每千克熟料入窑二次空气显热,kJ/kg;

V_{y2k}——每小时入窑二次空气体积,m^3/h;

t_{y2k}——入窑二次空气的温度,℃。

每小时入窑二次空气体积计算公式:

$$V_{y2k}=V'_k\times M_{yt}\times(1-\varphi_{yT})-V_{y1k}$$

式中 φ_{yT}——窑头漏风系数,视窑头密闭情况而定,一般选 $\varphi_{yT}=2\%\sim10\%$;

V'_k——燃料完全燃烧时理论空气需要量,对固体及液体燃料,m^3/kg,对气体燃料,m^3/m^3。

a. 根据燃料元素分析(或成分分析)结果计算 V'_k

(a) 固体及液体燃料

固体及液体燃料完全燃烧时理论空气需要量计算公式:

$$V'_k=0.089C_{ar}+0.267H_{ar}+0.033(S_{ar}-O_{ar})$$

式中 C_{ar},H_{ar},S_{ar},O_{ar}——燃料中各元素质量百分含量,%。

(b) 气体燃料

气体燃料完全燃烧时理论空气需要量计算公式:

$$V'_k=0.0476\times(0.5CO+0.5H_2+2CH_4+3C_2H_4+1.5H_2S-O_2)$$

式中 CO,H_2,CH_4,C_2H_4,H_2S,O_2——气体燃料中各成分体积分数,%。

b. 根据燃料收到基低位发热量近似计算 V'_k

(a) 固体燃料

固体燃料完全燃烧时理论空气需要量计算公式:

$$V'_k=\frac{0.241Q_{net,ar}}{1000}+0.5$$

(b) 液体燃料

液体燃料完全燃烧时理论空气需要量计算公式:

$$V'_k=\frac{0.203Q_{net,ar}}{1000}+2.0$$

(c) 气体燃料

对于 $Q_{net,ar}<12560\ kJ/m^3$ 的煤气完全燃烧时理论空气需要量计算公式:

$$V'_k=\frac{0.209Q_{net,ar}}{1000}$$

对于 $Q_{net,ar}>12560\ kJ/m^3$ 的煤气完全燃烧时理论空气需要量计算公式：

$$V_k'=\frac{0.26Q_{net,ar}}{1000}-0.25$$

对于天然气完全燃烧时理论空气需要量计算公式：

$$V_k'=\frac{0.264Q_{net,ar}}{1000}+0.02$$

c. 入分解炉三次空气显热

入分解炉三次空气显热计算公式：

$$Q_{F3k}=\frac{V_{F3k}}{M_{sh}}\times c_k\times t_{F3k}$$

式中 Q_{F3k}——每千克熟料入分解炉三次空气显热，kJ/kg；

t_{F3k}——入分解炉三次空气的温度，℃。

d. 煤磨抽冷却机空气显热

按 2.141.2(3)⑨中的公式计算。

e. 冷却机排出空气显热

按 2.141.2(3)⑦中的公式计算。

f. 冷却机出口飞灰显热

按 2.141.2(3)⑧中的公式计算。

g. 冷却机表面散热

冷却机表面散热计算公式：

$$Q_{LB}=\frac{\sum Q_{LBi}}{M_{sh}}$$

式中 Q_{LB}——每千克熟料冷却机表面散热量，kJ/kg；

$\sum Q_{LBi}$——每小时冷却机表面总散热量，kJ/h。

h. 冷却水带走热

冷却水带走热计算公式：

$$Q_{LLs}=\frac{M_{LLs}\times(t_{Lcs}-t_{Ljs})\times c_s'+M_{Lqh}\times q_{sh}}{M_{sh}}$$

式中 Q_{LLs}——每千克熟料冷却机冷却水带走热，kJ/kg；

M_{LLs}——每小时冷却机冷却水用量，kg/h；

t_{Lcs}，t_{Ljs}——冷却机冷却水出水和进水温度，℃；

M_{Lqh}——每小时冷却机汽化冷却水量，kg/h。

i. 冷却机其他支出

冷却机其他支出为 Q_{Lqt}，kJ/kg。

j. 热量总支出

热量总支出计算公式：

$$Q_{Lzc}=Q_{Lsh}+Q_{y2k}+Q_{F3k}+Q_{Rk}+Q_{Pk}+Q_{Lfh}+Q_{LB}+Q_{LLS}+Q_{Lqt}$$

式中 Q_{Lzc}——冷却机热量总支出，kJ/kg。

③ 冷却机热平衡计算结果

冷却机热平衡计算结果见表 2.29。

表 2.29 冷却机热平衡计算结果

收入热量				支出热量			
项目	符号	kJ/kg	%	项目	符号	kJ/kg	%
出窑熟料显热	Q_{ysh}			出冷却机熟料显热	Q_{Lsh}		
入冷却机空气显热	Q'_{Lk}			入窑二次空气显热	Q_{y2k}		
				入炉三次空气显热	Q_{F3k}		
				煤磨抽冷却机空气显热	Q_{Rk}		
				冷却机排风显热	Q_{Pk}		
				冷却机出口飞灰显热	Q_{Lfh}		
				冷却机表面散热	Q_{LB}		
				冷却水带走热	Q_{LLS}		
				其他支出	Q_{Lqt}		
合计				合计			

2.141.4 冷却机的热效率计算

冷却机的热效率计算公式：

$$\eta_L=\frac{Q_{y2k}+Q_{F3k}}{Q_{ysh}}$$

式中 η_L——冷却机的热效率，%。

2.141.5 熟料烧成综合能耗计算

(1) 熟料烧成综合能耗计算的范围

① 熟料烧成实际消耗的各种能源，包括一次能源（原油、原煤、天然气等）、二次能源（电力、热力、焦炭等国家统计制度所规定的各种能源统计品种）及耗能工质（水、压缩空气等）所消耗的能源。各种能源不得重计和漏计。

② 熟料烧成实际消耗的各种能源，是指生产所消耗的各种能源，包括主要生产系统、辅助生产系统和附属生产系统用能。主要生产系统指生料输送、生料预热（和分解）和熟料烧成与冷却系统等，辅助生产系统指排风及收尘系统等，附属生产系统指控制检测系统等。不包括生活和基建项目用能。

③ 在实际消耗的各种能源中，作为原料用途的能源应包括在内；带余热发电的回转窑，若余热锅炉在热平衡范围内，余热发电消耗和回收的能源应包括在内，若余热锅炉在热平衡范围外，余热发电消耗和回收的能源应不包括在内。

④ 各种能源统计范围如下：从生料出库（或料浆池）到熟料入库；从燃料出煤粉仓（或工作油罐）到废气出大烟囱。具体包括生料输送、生料预热（和分解）、熟料烧成与冷却、熟料输送、排风及收尘、控制检测等项，而不包括生料和燃料制备。

(2) 各种能源综合计算原则

① 各种能源消耗量，均指实际测得的消耗量。

② 各种能源均应折算成标准煤耗。1 kg 标准煤的热值见 GB/T 2589—2020。

③ 熟料烧成消耗的一次能源及生料中可燃物质，均折算为标准煤量。

④ 熟料烧成消耗的二次能源及耗能工质消耗的能源均应折算成一次能源，其中耗能工质按 GB/T 2589—2020 的规定折算成一次能源。电力能源按国家统计局规定折算成标准煤量。

(3) 熟料单位产量综合能耗计算

熟料单位产量综合能耗计算公式：

$$E_{cl}=\frac{e_{cl}}{P}$$

式中 E_{cl}——熟料单位产量综合能耗，kgce/t；

e_{cl}——熟料烧成综合能耗，kgce；

P——标定期间熟料产量，t。

2.142 回转窑系统的巡检内容

(1) 运转前的检查

① 轮带

a. 确认轮带与垫板之间的间隙无异物；

b. 检查轮带与垫板之间是否加足润滑脂；

c. 检查托轮与轮带接触面有无异物咬入；

d. 检查轮带表面磨损情况及轮带与挡铁、垫铁的间隙大小。

② 托轮

a. 确认轮带与托轮的接触面没有异物咬入及磨损情况；

b. 确认各部分螺母、螺栓是否松动；

c. 检查托轮油箱是否加足了润滑油，油质如何；

d. 确认防护罩等固定部件确实碰不到旋转部件；

e. 将石墨板加入托轮面上润滑装置；

f. 打开轴承冷却水阀门。

③ 液压挡轮

a. 确认一二档轮带与挡轮之间的间隙无异物，地脚螺栓紧固良好；

b. 挡轮表面的石墨润滑装置完好，石墨松紧合适，挡轮各润滑点加有适量润滑脂；

c. 检查液压站油位、油质是否正常，各阀门开关是否合适，各管路接头是否紧固；

d. 确认电源已送电，检查上下限位工作有效。

④ 传动装置

a. 确认传动部位无异物阻挡或卡死，各防护装置完好，螺栓紧固可靠；

b. 检查主、辅减速机油位是否正常，大齿轮润滑装置油位、气源是否满足条件，轴承座油位、油质是否正常；

c. 检查主减速机各保护测点是否可靠，冷却油站各阀门位置，冷却水是否畅通，水压是否满足；

d. 检查主电机冷却风机，大齿轮冷却风机是否具备开机条件；

e. 检查辅传柴油机是否具备开机条件。

⑤ 窑头罩

a. 确认耐火材料有无松动，燃烧器与窑门周围是否添加了密封材料，是否漏风；

b. 确认窑头罩孔门是否关闭，比色高温计和看火摄像头及其冷却设施是否安装；

c. 窑旋转部件与固定件之间是否有障碍物或摩擦；

d. 检查窑头罩风机是否具备开机条件；

e. 窑头罩沉降灰斗是否畅通。

⑥ 窑头窑尾密封

a. 确认各部分螺母、螺栓是否松动；

b. 汽缸上压缩空气软管是否连接好，压力(重锤式的看钢丝绳配重)是否合适；

c. 检查摩擦部位磨损情况，润滑（干脂泵和石墨块）是否正常。

(2) 运转中的检查

① 轮带

a. 要经常检查轮带，使其与托轮在整个宽度上相接触；

b. 使轮带在托轮方向上，大致维持在中央运转为佳，如偏移较大应修正；

c. 检查窑筒体上的垫板与轮带之间的间隙（滑移量检测）、垫板及挡铁脱焊松动情况。

② 托轮

a. 检查托轮轴温及温升；

b. 检查冷却水量，托轮润滑油是否变质，是否有漏油、缺油、油勺带油情况等，及时补充及换油；

c. 检查托轮与轮带的接触运行情况，两者之间是否产生滑动和不均匀的表面磨损、异音、振动、裂缝；

d. 检查地脚螺栓是否松动。

③ 液压挡轮

a. 检查一二档轮带与挡轮之间无异物，各地脚螺栓有无松动；

b. 检查各润滑点润滑脂有无金属粉末，有无异常振动、异音，油泵压力是否正常；

c. 检查液压站油位、油质是否正常，各管路接头是否漏油，液压缸有无泄漏；

d. 检查窑筒体上下行的次数是否合适。

④ 传动装置

a. 检查各防护装置完好，螺栓紧固可靠；

b. 检查主、辅减速机油位是否正常，有无异音、异常温升、振动等，大齿轮齿面润滑情况是否有点蚀或碎齿现象，回油是否堵塞，喷油气压是否满足条件，轴承座油位、油质、温度是否正常，检查大齿轮与筒体连接螺栓有无松动，与筒体连接座有无开裂情况；

c. 检查冷却水是否畅通，水压是否满足，冷却器冷却效果是否良好；

d. 检查主电动机冷却风机、大齿轮冷却风机是否正常工作；

e. 检查辅传柴油机是否具备开机条件，电源是否关闭。

⑤ 窑头罩

a. 窑头罩耐火材料与窑筒体前端部的护铁之间是否有适当的间隙；

b. 窑头罩下料是否有异物卡住，应保持下料畅通；

c. 窑筒体前端的护铁是否烧红，在烧红的情形下，要打开冷却风机的调节挡板，加大冷却风量；

d. 检查窑头罩有无耐火材料剥落烧红情况，有无漏风漏料现象。

⑥ 窑头窑尾密封

a. 窑头窑尾护铁螺栓是否松动脱落；

b. 气动缸软管是否脱落，所有汽缸是否工作正常；

c. 汽缸压力是否有 1.5～5 bar，检查油雾气是否有油，排空汽水分离器内的水；

d. 窑头护铁、叉条变形松动情况，冷风套摩擦、松动情况；

e. 窑尾密封处有无倒料情况，窑筒体有无高温点，有无红窑情况。

(3) 停机检查及保养

① 轮带

a. 轮带的内径与轮带下垫板外径之间的间隙过大，要更换滚圈垫板，进行挡铁脱落的恢复；

b. 及时更换石墨润滑剂。

② 托轮

a. 检查托轮润滑油是否变质，若变质则及时更换；

b. 检查托轮轴瓦冷却水，保持畅通；

c. 托轮与轮带之间的接触面由于宽度不等，因此长时间运转易在转动面上磨成台阶，一旦形成就要及时进行切削或打磨处理，以保持平面状态。

③ 液压挡轮

a. 石墨块磨损的更换；

b. 检查液压站油质、油位是否正常，清洗油箱过滤器；

c. 各漏油点处理。

④ 传动装置

a. 检查辅传柴油机是否具备开机条件；

b. 检查各防护装置是否完好，螺栓是否紧固可靠；

c. 检查主、辅减速机油位、油质是否正常，检查大齿轮齿面磨损情况，以及轴承座油位、油质是否正常；

d. 检查冷却油站冷却水是否畅通，水压是否满足，清洗水流视镜和水过滤器；

e. 检查清洗油过滤器。

⑤ 窑头罩

a. 检查耐火材料是否剥落、变形、磨损及掉砖等，必要时进行修补及更换；

b. 固定密封板残存厚度磨损过大时，应进行更换。

⑥ 窑头窑尾密封

a. 及时更换磨损过量的窑头窑尾密封板和石墨块；

b. 钢丝绳老化损坏应及时更换。

2.143 回转窑异常声响的原因及处理

(1) 窑头窑尾产生的响声

当窑头产生弯曲时，窑头冷风罩会与窑门罩发生干涉，发出嚓嚓的摩擦声，严重时还会发出尖叫声，更严重时，窑头筒体会挑动窑门罩发出咕咚咕咚的响声，其原因一般为筒体变形产生弯曲，也就是窑头筒体径向跳动过大。

弯曲的原因多是停窑不当或窑皮不均匀垮落，致使筒体弯曲变形。若是停窑不当所致，一般转一段时间，筒体伸直后该现象会自然消除。若是掉窑皮筒体温度不均造成的弯曲，就需要及时补挂窑皮，尽快使筒体温度趋于相同，筒体就会变直，干涉响声自然消失。

若问题严重，应对干涉部位进行处理，如消除干涉部位，待窑恢复正常后进行恢复性处理，不能硬转，要认真评估，否则会对筒体、窑门罩造成伤害，同时也会对传动及动力造成伤害。对于窑尾来说，也可能产生类似情况，用同样方法处理即可。

(2) 大瓦油箱内发出的响声

有时大瓦油箱内会发出当当的响声，多数是油勺松动或变形与布油板架及箱体干涉碰撞所致，此时应及时停窑处理，紧固或矫正油勺，否则会造成布油板及油勺的损坏。

还有一种情况是球面瓦内发出异响，咯嘣咯嘣的声音间隔性发出，同时也伴随有较大的振动，这种异常基本与窑的某一固定位置相对应，一般是窑弯曲所致，大部分是轮带附近筒温一边冷一边热，造成球面瓦受力时轻时重，蹩颈较大，发出较大的响声，此时若检查不出任何干涉，就要检查筒体温度是否相差较大，若是如此，应抓紧补挂窑皮或尽快消除尚且没有垮落的窑皮，使筒体温度趋于相同，减少温差。

在此也特别提醒，若其他检查均正常，要检查轮带、托轮及托轮轴的情况，因为托轮、轮带、轴的裂纹与剥落也会有同样的效果，只是概率很小罢了，且不可麻痹大意。

(3) 轮带处发出响声

若是轮带处发出咣当咣当的响声，多是垫板松动或限位失效所致，当垫板转到上面时跌落到筒体上，产生异响，此时要检查挡块是否失效，检测滑移量是否过大，判断轮带间隙是否正常，并做好隐患记录，待检修时安排处理。

(4) 大小齿轮发出异常响声

大小齿轮发出异常响声较为常见,原因也较多,可能由以下几种情况造成。

首先是大齿圈接口松动,造成大齿圈失圆,啮合精度下降发出异响,此时应当停窑紧固合口螺栓,避免事态扩大。

其次是筒体弯曲,当筒体温度相差较大,大窑就会弯曲,大小齿轮中心距时大时小,当转到中心距较小处的时候发出沉闷的咬根声,转到中心距较大处的时候发出当当的敲击声,此时应当及时消除不均匀的附窑皮,使窑伸直。

若其他方面正常,且响声均匀,只是响声较大,应检查润滑是否有效,其二要检查基础是否下沉,轮带及托轮是否磨损严重,若有类似情况,应做升窑处理。若大齿圈处发出较脆的啪啪声,必须对大齿圈进行检查,看看大齿圈是否正在产生裂纹,若有,必须加固处理,并做更换准备。

(5) 窑尾筒体发出咯吱咯吱声

窑的分解带时常会发出咯吱咯吱的响声,一般是此处温度较高,筒体应力随窑转动发生变化发出,好像挑水使用的扁担,随着上下的晃动,就会发出一些响声,但也有人认为是物料分解发出的炸裂响声,据观察,这些响声的位置会发生变化,入窑分解率高时响声靠后,入窑分解率低时响声靠前,这种说法有待进一步确认。

另外还有一种响声应该特别关注,就是筒体发出的咯嘣咯嘣的响声,有可能是筒体正在开裂,若发现该处有发黑的条纹甚至有轻微的冒烟,基本可以判定筒体裂纹正在扩张,必须立即停窑处理,加强或更换筒体。

2.144 回转窑周期性振动的解决措施

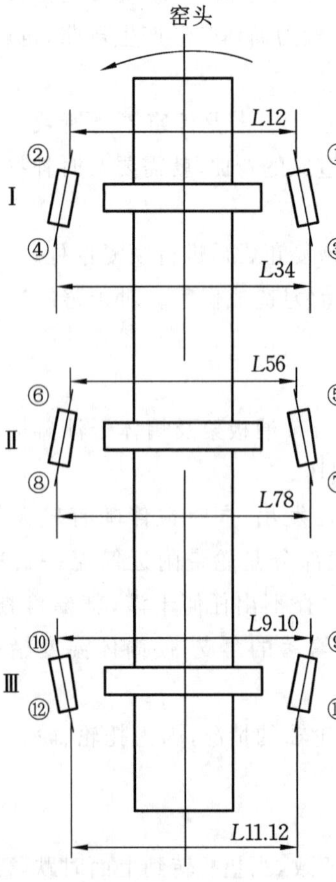

图 2.153 处理前托轮中心线方位及其轴承编号

两条预分解窑水泥生产线,回转窑的规格型号为 ϕ4 m×60 m,1 号窑和 2 号窑分别于 2007 年 12 月 31 日和 2008 年 8 月 1 日点火投运。2014 年 6 月,1 号窑出现了周期性振动,即窑每转一圈,剧烈振动 3～4 次,所有托轮瓦温也出现了上升的趋势。

2.144.1 检查发现的问题

针对 1 号窑存在的问题,该公司组织设备部门对其进行了专项检查。结果发现托轮中心线调整得不合理,存在“大八字”和“小八字”现象;托轮轴瓦温度已出现偏高现象,Ⅱ档左侧托轮表面存在有凹坑等问题。现分别进行说明。

(1) 托轮调整不合理

由于以前进行的多次托轮调整都不规范,也没有记录可查,这次对托轮中心线的方位(轴承座端面中心的距离)进行了检测,结果列在表 2.30 中。

根据表 2.30 中的数据绘制成图 2.153,可以明显看出,托轮组存在“大八字”和“小八字”状况,必须重新进行托轮调整。

表 2.30 调整处理前后同一档两个托轮轴端中心的横向距离检测值(mm)

检测部位	Ⅰ档		Ⅱ档		Ⅲ档	
	调整前	调整后	调整前	调整后	调整前	调整后
低端	3050	3050	3045	3047	3120	3058
高端	3110	3090	3090	3090	3070	3076
差值	+60	+40	+45	+43	−50	+18

注:上表中"+"表示高端比低端大的数值;"−"表示高端比低端小的数值。

(2) 托轮轴瓦温度检测

对各档托轮轴瓦温度进行了检测,发现瓦温均有升高,除⑥和⑫号轴瓦温度超过 60 ℃外,其他所有瓦温均在 60 ℃以下,详见表 2.31。一般要求瓦温应控制在 60 ℃以下,各档托轮轴瓦编号参见图 2.153。

表 2.31 处理前后各档轴瓦的温度检测(℃)

托轮轴瓦编号	①	②	③	④	⑤	⑥	⑦	⑧	⑨	⑩	⑪	⑫
处理前	54	56	48	46	59	61	50	49	47	49	58	63
处理后	46	45	41	40	49	53	47	47	43	46	46	51
降低值	−8	−11	−7	−6	−10	−8	−3	−2	−4	−3	−12	−12

(3) Ⅱ档左侧托轮表面存有凹坑

检测发现Ⅱ档左侧托轮表面有一明显的大凹坑,面积约为 200 cm^2。在大凹坑近旁还有深度不等的一些小凹坑,都需要进行处理。

2.144.2 处理措施

(1) 托轮轴瓦刮研及托轮调整

在大修期间对托轮轴瓦进行了重新刮研,对托轮进行了重新调整。调整后的各档托轮轴端中心的横向间距数据填在表 2.30 中。为了清楚起见,根据表 2.30 中托轮调整后的检测数据绘成图 2.154。由此可见,已消除了"大八字"现象,虽然仍存在"小八字"现象,但已有很大的改善,或者说同一档两个托轮的中心线与窑筒体中心线已接近于平行。

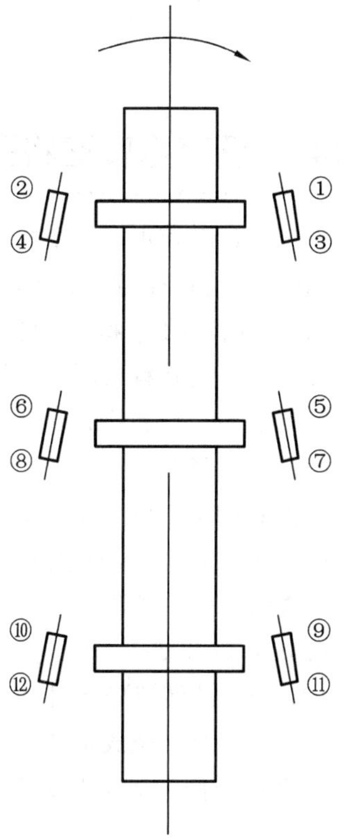

图 2.154 调整后托轮组

(2) 更换润滑油

所有托轮轴承的润滑油已到了更换周期,且由于托轮轴瓦温度偏高,有的已失效。为此,将所有的托轮轴承润滑油更换成新油。

(3) Ⅱ档左侧托轮表面凹坑的处理

对采用 ZG55 铸钢制成的Ⅱ档左侧托轮表面凹坑,原计划采取堆焊处理,但在碳弧刨时发现已有 20 mm 深的裂纹。为消除隐患,决定将此裂纹层用车床切削掉。这样,就使这个托轮的直径减小了 40 mm。为保证窑筒体中心不发生太大的变化,故在这个托轮下面增设一块整体 20 mm 厚的垫板,如图 2.155 所示。

经以上处理后开窑运转,为防止瓦温升高,采用低速运转 48 h,进行对托轮轴瓦的动态研磨。低速运转 48 h 后,逐渐增速运转,一直达到窑的正常转速。在正常转速下,对各托轮轴瓦的瓦温进行了检测,将结果也列在表 2.31 中。由表可见,瓦温有了较大幅度的降低,最高仅为 53 ℃。

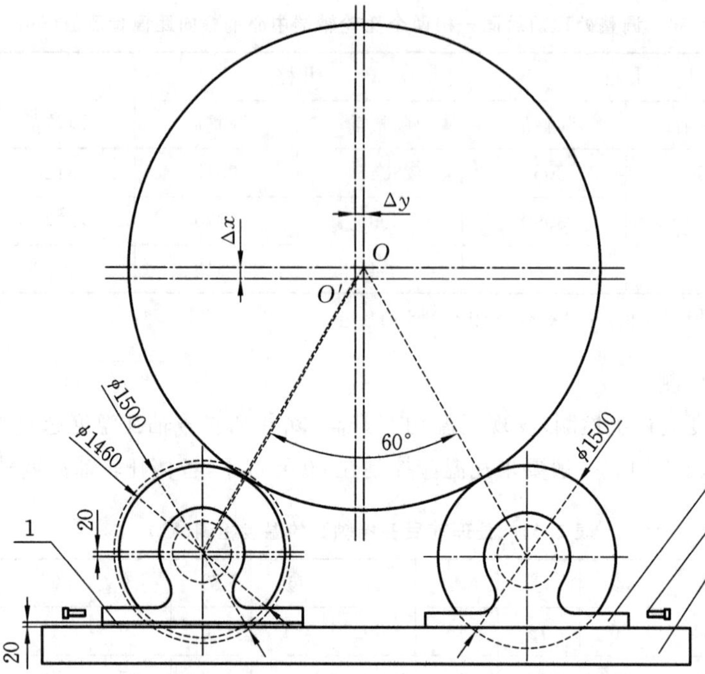

图 2.155　左侧轴承底座整体加 20 mm 厚调整垫板

1—调整垫板；2—轴承底座；3—调整螺栓；4—底座

由上述内容可以看出，不论托轮调整，还是Ⅱ档左侧托轮轴承座加垫的处理，都没有经过特别的理论分析和精确的计算，但却取得了较好的处理效果。不仅回转窑的周期性剧烈振动消失，消除了设备隐患，而且各档托轮轴瓦温度都有大幅度的降低。由表 2.31 可以看出，处理后各档托轮轴承的瓦温都远远低于 60 ℃，最高者也仅为 53 ℃，从而保证了 1 号窑在最高产量 130 t/h 条件下的安全运行。

［摘自：吴志强. 回转窑周期性强烈振动的解决措施[J]. 新世纪水泥导报，2015(2)：49-50.］

2.145　调节窑转速将引起怎样的变化

调节窑的转速可以调节物料在窑内的停留时间，即物料的煅烧时间；在煅烧正常的情况下，只有在提高产量时，才应该提高窑的转速。

(1) 提高窑的转速将引起的变化如下：

a. 入箅冷机熟料层厚度增加；

b. 烧成带长度减小；

c. 窑负荷降低；

d. 熟料中 f-CaO 含量增加；

e. 二次风温升高，随后由于烧成带温度降低而使得二次风温也降低；

f. 窑内填充率降低；

g. 熟料 C_3S 结晶变小。

(2) 当窑的转速降低时，情况与上述情况相反。在过剩空气恒定的情况下：

a. 窑速提高＝烧成带变短＋烧成带温度下降

b. 窑速降低＝烧成带变长＋烧成带温度上升

2.146　提高窑速上限有哪些改造方案

当窑的容积成为提高窑生产能力的“瓶颈”时，提高窑速的上限将是有效的措施。因为预分解技术既提供了加快窑速的可能，又为增强传热效果、提高煅烧质量提供了必要条件。一般可将窑速增加到 4 r/min，甚至更高，这就是窑生产能力提高的潜力所在。如果预热器窑的额定单位体积负荷是 1.8～2.6 t/(d·m^3)，则预分解窑可高达 6 t/(d·m^3)。

提高窑速上限，一般有三种方式：

①改变齿轮减速比；

②弱化直流电机的场强；

③用变频驱动，对交流感应电机使用较高的额定电机频率。

老分解窑要提高窑速时，首先需要对窑的驱动电机进行核算：

$$P=\pi L(D/2)^2/4.7$$

在正常运行期间，窑的实际运行功率应当是额定功率的一半。设计中，窑驱动电机所产生功率的 80%以上用于提升窑自身负荷，尤其是窑重心的偏离将更会增加基本负荷。同时，电机功率还要考虑短时间增加的最大负荷，窑在启动时，要求电机电流和扭矩是额定值的 2.5 倍，以克服启动时的惯性和摩擦力。

在提高窑速上限之前，应当证实驱动电机功率是否有足够的备用能力，是否能满足工艺升级增加扭矩的要求。如果电机的运行已接近它的电流极限，窑速变化就会对荷载变化失控。因此，在试图提高窑速之前，要充分考虑电机是否需要更换。

［摘自：谢克平. 新型干法水泥生产问答千例(管理篇)[M]. 北京：化学工业出版社，2009.］

2.147 如何验收窑的制作质量

(1) 材质要求

① 窑筒体的材质要求

一般情况下窑口应选用 15CrMo5 钢板，耐高温，可在 530 ℃以上不变形。为了保证回转窑各处筒体具有足够的刚度，钢板厚度与筒体内径的比值 δ/D 应取：

δ(轮带处)$\geqslant 0.015D$；

δ(烧成带)$\geqslant 0.007D$；

δ(一般)$\geqslant 0.006D$。

② 窑主要支撑元件的材质要求

轮带一般采用 ZG310-570，正火处理后外表面的硬度不低于 HB170；托轮、挡轮采用 ZG340-640，托轮外表面硬度不低于 HB190。但目前轮带多采用 ZG35SiMn，硬度不低于 HB156；托轮、挡轮多采用 ZGCSCrMo，也可用 ZG42CrMo，铸件应进行正火处理，并要高于内表面硬度至少 HB20，硬度不大于 HB217；托轮轴调质处理后的硬度为 HB201～241。大齿圈一般采用和轮带相同的材料 ZG35SiMn，也可以选用 ZG45 或 ZG42CrMo，铸件应进行正火处理，加工后的齿顶圆表面硬度不小于 HB170。而小齿轮采用和托轮一样的材料，一般用 G35CrMo，也可以采用 ZG34CrNiMo。小齿轮精加工后，在高频或中频感应淬火机上淬火，调质后的齿顶圆表面硬度不低于 HB201，可提高到 HRC40～50，可使小齿轮使用寿命提高 5 倍。

③ 托轮与轮带的要求

由于托轮的直径较轮带的小很多，受滚压次数是轮带的 3～4 倍，因此，托轮表面硬度应比轮带表面硬度高 20～40HB。因为轮带体积太大，重量又太重，无法进行调质，故只能正火；托轮、挡轮即使能做调质处理，因为在加热过程中“红套”也会退火，故也采用正火处理。

④ 托轮轴瓦材质要求

托轮轴瓦材料按 JC/T 333—2006 的要求，应不低于 GB/T 1176—2013 有关 ZQA19-4 的规定，因为铜材资源日益匮乏，价格日益昂贵，建议最好采用锌基合金 ZA303 的材料制造托轮轴瓦，不但材质便宜，而且有如下好处：

a. 摩擦系数小，导热性能高，使用寿命长，一般为 ZQA19-4 铜和锡青铜的 3 倍。

b. 易加工，精车后表面粗糙度可达 1.6，重量比铜轻 40%。

c. 易安装，不仅成本低 40%，而且具有一定的自润滑及减振动、吸声功能。

轴瓦铸件应紧密不得有裂纹、缩孔、夹渣等缺陷。

托轮球面瓦的材质不应低于 GB/T 9439—2010 的标准，铸件同样不允许有影响强度的裂纹、砂眼、缩孔等缺陷。球面瓦应进行水压试验，并在 0.6 MPa 的试验压力下保持 10 min 仍不能有渗漏。

(2) 组装要求

筒体段节环向拼接时，每个段节上的纵向焊缝条数在筒体直径大于 3 m 时不得多于三条，且最短拼板弧长不得小于 1/4 周长；筒体段节最短长度不应小于 1 m，一跨内(两档托轮间)不得多于一节，并尽量布置在该跨的中间部位；严格控制同一端面上最大直径与最小直径之差，安装滚圈和大齿圈的段节不得大于 0.15%D(筒体直径)，其余段节不得大于 0.20%D；滚圈与垫板应紧密贴合，用 0.5 mm 塞尺检查，塞入深度不大于 100 mm。垫板外圆须焊接后车加工，大齿圈轮缘加工后厚度应均匀，偏差不得超过图纸尺寸的 −5%～10%，最厚与最薄的差不得超过 5%；托轮轴与轴瓦、密封件的配合处表面粗糙度最大允许值为 1.6 μm。

(3) 焊接要求

坡口处不允许有裂纹、夹渣和分层等缺陷；焊缝形成的棱角外毂内陷均不能大于 2 mm；垫板处的焊缝和垫板不得与筒体焊缝重叠，至少错开 50 mm 以上的距离；各相邻段节的纵向焊缝应相互错开，错开距离应大于 800 mm；焊缝的对口错边量不得大于 1.5 mm；筒体焊缝处不得开孔，孔边与焊缝的距离不得小于 100 mm；焊缝要饱满，最低点不得低于母材金属表面，焊缝超出母材金属表面的高度，在筒体内部为不影响窑衬镶砌，均不得高于 0.5 mm，筒体外部不高于 3 mm。

(4) 检验要求

焊缝必须探伤，采用超声波探伤时，需要探伤的长度为该条焊缝的 25%，射线探伤时为 15%，焊缝交叉处必须探伤。必须有上述内容的检验报告。出厂前为防止运输时的变形，必须在筒体两端加支撑装置。

2.148 三次风管的基本功能是什么

所谓三次风管是为分解炉燃料燃烧提供高温空气而设立的，从箅冷机经窑头罩连接至分解炉的专用管道。由于分解炉有在线与离线之分，因此管道内径会区别考虑，对三次风管有几项基本要求。

① 管径应该合理，确保有一定的风速与阻力，既不能使风速过低，导致空气内所夹带的粉尘沉降在管内；又必须使管道的阻力与窑的阻力匹配，否则会导致窑炉的二、三次风量难以平衡。

② 必须设置能负责调节管道阻力大小，又易于操作的装置，以实现与窑内阻力的平衡。一般是在靠近分解炉的风管处，安装闸阀，但由于该位置工作环境较为恶劣，目前闸阀使用寿命不长者多，控制风量平衡的效果不好。早期曾有在窑尾缩口处设立横向闸板的方法，由于易结皮或易变形，调节很困难。

③ 要有很好的内保温，最好在耐火砖下面有隔热层或用复合隔热砖，以减少散热损失，保证分解炉能用到较高温度的三次风。

[摘自：谢克平. 新型干法水泥生产问答千例(操作篇)[M]. 北京：化学工业出版社，2009.]

2.149 水泥回转窑热平衡参数的测定方法

本方法依据《水泥回转窑热平衡测定方法》(GB/T 26282—2010)，主要介绍生产硅酸盐水泥熟料的各类型水泥回转窑物料量的测定、物料成分及燃料发热量的测定、物料温度的测定、气体温度的测定、气体压力的测定、气体成分的测定、气体含湿量的测定、气体流量的测定、气体含尘浓度的测定、表面散热量的测定、用水量的测定等的测定方法。

2.149.1 物料量的测定

(1) 测定项目

熟料(包括冷却机拉链机、冷却机收尘器及三次风管收下的熟料)、入窑系统生料、入窑和入分解炉燃料、入窑回灰、预热器和收尘器的飞灰、增湿塔和收尘器收灰的质量。

(2) 测点位置

与测定项目对应,分别在冷却机熟料出口、预热器(或窑)生料入口、窑和分解炉燃料入口、入窑回灰进料口、预热器和收尘器气流出口、增湿塔与收尘器的收灰出料口。

(3) 测定仪器

适合粉状、粒状物料的计量装置,精度等级一般不低于2.5%。

(4) 测定方法

① 对熟料、生料、燃料、窑灰、增湿塔和收尘器收灰,均宜分别安装计量设备单独计量,未安装计量设备的可进行定时检测或连续称量,需至少抽测三次以上,按其平均值计算物料质量。熟料产量无法通过实物计量时,可根据生料喂料量折算。

② 出冷却机的熟料质量,应包括冷却机拉链机和收尘器及三次风管收下的熟料质量。

③ 预热器和收尘器飞灰量

预热器和收尘器飞灰量根据各测点气体含尘浓度测定结果分别按以下公式计算,精确至小数点后一位。

预热器飞灰量:

$$M_{fh}=V_f \times K_{fh}$$

收尘器飞灰量:

$$M_{FH}=V_F \times K_{FH}$$

式中 M_{fh},M_{FH}——预热器与收尘器出口的飞灰量,kg/h;

V_f,V_F——预热器与收尘器出口的废气体积,m^3/h;

K_{fh},K_{FH}——预热器与收尘器出口废气的含尘浓度,kg/m^3。

2.149.2 物料成分及燃料发热量的测定

(1) 测定项目

熟料、生料、窑灰、飞灰和燃料的成分及燃料发热量。

(2) 测点位置

同2.149.1(2)。

(3) 测定方法

① 熟料、生料、窑灰和飞灰成分

熟料、生料、窑灰和飞灰中的烧失量、SiO_2、Al_2O_3、Fe_2O_3、CaO、MgO、K_2O、Na_2O、SO_3、Cl^-和f-CaO,按GB/T 176—2017规定的方法分析。

② 燃料

a. 燃料成分应注明相应基准。

b. 固体燃料:按GB/T 212—2008规定的方法分析,其项目有Mad、Vad、Aad、FCad。固体燃料中的C、H、O、N也可按GB/T 476—2008规定的方法分析;S按GB/T 214—2007规定的方法分析;全水分按GB/T 211—2017规定的方法分析。

c. 液体燃料:全水分按GB/T 260—2016规定的方法分析;灰分按GB 508—1985规定的方法分析;残碳含量按GB 268—1987规定的方法分析;硫含量按GB/T 388—1964规定的方法分析;氮含量按GB/T 17674—2012规定的方法分析。

d. 气体燃料:采用色谱仪进行成分分析,其项目有CO、H_2、C_mH_n、H_2S、O_2、N_2、CO_2、SO_2、H_2O。

③ 燃料发热量

a. 固体燃料发热量按GB/T 213—2008规定的方法测定。

b. 液体燃料发热量按 GB 384—1981 规定的方法测定。

c. 无法直接测定燃料发热量时，可根据元素分析或工业分析结果计算发热量，见《水泥回转窑热平衡测定方法》(GB/T 26282—2010)附录 A。

2.149.3 物料温度的测定

(1) 测定项目

生料、燃料、窑灰、飞灰、收灰和出窑熟料和出冷却机熟料的温度。

(2) 测定位置

同 2.149.1(2)。

(3) 测定仪器

玻璃温度计、半导体点温计、光学高温计、红外测温仪和铠装热电偶与温度显示仪表组合的热电偶测温仪。玻璃温度计精度等级应不低于 2.5%，最小分度值应不大于 2 ℃；半导体点温计和热电偶测温仪显示误差值应不大于±3 ℃；光学高温计精度等级应不低于 2.5%；红外测温仪的精度等级应不低于 2%或±2 ℃。

使用时，应注意下列事项：

① 用玻璃温度计、半导体点温计和铠装热电偶与温度显示仪表组合的热电偶测温仪测量时，应将其感温部分插入被测物料或介质中，深度不应小于 50 mm。

② 用光学高温计时，辐射体与高温计之间的距离，应不小于 0.7 m 并不大于 3.0 m；光学高温计的物镜，应不受其他光源的影响；避免中间介质(如测量孔的玻璃、粉尘、煤粒、烟粒等)对测量精度的影响。

铠装热电偶可用镍铬镍硅铠装热电偶、铂铑 30 铂铑 6 铠装热电偶、铂铑铂铠装热电偶或铜康铜铠装热电偶。热电偶应分别符合 GB/T 2614—2010、GB/T 1598—2010 和 GB/T 2903—2015 规定的技术要求，热电偶的允差符合 GB/T 16839.1—2018 的规定。常用热电偶适用的温度测量范围参见《水泥回转窑热平衡测定方法》(GB/T 26282—2010)附录 B。

(4) 测定方法

① 生料、燃料、窑灰、收灰的温度，可用玻璃温度计测定。

② 飞灰的温度，视与各测点废气温度一致。

③ 出窑熟料温度，可用光学高温计、红外测温仪、铂铑铂铠装热电偶或铂铑 30 铂铑 6 铠装热电偶测定。

④ 出冷却机熟料温度，用水量热法测定。方法如下：用一只带盖密封保温容器，称取一定量(一般不应少于 20 kg)的冷水，用玻璃温度计测定容器内冷水的温度，从冷却机出口取出一定量(一般不应少于 10 kg)具有代表性的熟料，迅速倒入容器内并盖严。称量后计算出倒入容器内熟料的质量，并用玻璃温度计测出冷水和熟料混合后的热水温度，根据熟料和水的质量、温度和比热，计算出冷却机熟料的温度，见下式。重复测量三次以上，以平均值作为测量结果，精确至 0.1 ℃。

$$t_{sh}=\frac{M_{LS}(t_{RS}-t_{LS})\times c_w+M_{sh}\times c_{sh2}\times t_{RS}}{M_{sh}\times c_{sh}}$$

式中 t_{sh}——出冷却机熟料温度，℃；

M_{LS}——冷水质量，kg；

t_{RS}——热水温度，℃；

t_{LS}——冷水温度，℃；

c_w——水的比热，kJ/(kg · ℃)；

c_{sh}——熟料在 t_{sh}时的比热，kJ/(kg · ℃)；

c_{sh2}——熟料在 t_{RS}时的比热，kJ/(kg · ℃)；

M_{sh}——熟料质量，kg。

2.149.4 气体温度的测定

(1) 测定项目

窑和分解炉的一次空气、二次空气、三次空气，冷却机的各风机鼓入的空气，生料带入的空气，窑尾、分解炉、增湿塔及各级预热器的进、出口烟气，排风机及收尘器进、出口废气的温度。

(2) 测点位置

各进、出口风管和设备内部。环境空气温度应在不受热设备辐射影响处测定。

(3) 测定仪器

① 玻璃温度计，其精度要求见 2.149.3(3)。

② 铠装热电偶与温度显示仪表组合的热电偶测温仪，其精度要求见 2.149.3(3)。

③ 抽气热电偶，其显示误差值应不大于±3 ℃。

(4) 测定方法

① 气体温度低于 500 ℃时，可用玻璃温度计或铠装热电偶与温度显示仪表组合的热电偶测温仪测定。

② 对高温气体的测定用铠装热电偶与温度显示仪表组合的热电偶测温仪。测定中应根据测定的大致温度、烟道或炉壁的厚度以及插入的深度(设备条件允许时，一般应插入 300～500 mm)，选用不同型号和长度的热电偶。

③ 热电偶的感温元件应插入流动气流中间，不得插在死角区域，并要有足够的深度，尽量减少外露部分，以避免热损失。

④ 抽气热电偶专门用于入窑二次空气温度的测定，使用前，需对抽气速度做空白试验。使用时需根据隔热罩的层数及抽气速度，对所测的温度进行校正，参见《水泥回转窑热平衡测定方法》(GB/T 26282—2010)附录 B。

2.149.5 气体压力的测定

(1) 测定项目

窑和分解炉的一次空气、二次空气、三次空气，冷却机的各风机鼓入的空气，生料带入的空气，窑尾、分解炉、增湿塔及各级预热器的进、出口烟气，排风机及收尘器进、出口废气的压力。

(2) 测点位置

与 2.149.4(2)相同。

(3) 测定仪器

U 形管压力计、倾斜式微压计或数字压力计与测压管。U 形管压力计的最小分度值应不大于 10 Pa；倾斜式微压计精度等级应不低于 2%，最小分度值应不大于 2 Pa；数字压力计精度等级应不低于 1%。

(4) 测定方法

测定时测压管与气流方向要保持垂直，并避开涡流和漏风的影响。

2.149.6 气体成分的测定

(1) 测定项目

窑尾烟气，预热器和分解炉进、出口气体，增湿塔及收尘器的进、出口废气以及入窑一次空气(当一次空气使用煤磨的放风时)的气体成分，主要项目有 O_2、CO、CO_2，窑尾烟气，预热器和分解炉进、出口气体及窑尾收尘器出口废气，宜增加 SO_2 和 NO_x。

(2) 测点位置

各相应管道。

(3) 测定仪器

① 取气管

一般选用耐热不锈钢管，测定新型干法生产线窑尾烟室时不锈钢管应耐温 1100 ℃以上。

② 吸气球

一般采用双联球吸气器。

③ 贮气球胆

用篮球、排球的内胆。

④ 气体分析仪

测定 O_2、CO、CO_2 采用奥氏气体分析仪或其他等效仪器。对测试的结果有异议时，以奥氏气体分析仪的分析结果为准。

测定 NO_x 成分时，宜采用根据定电位电解法或非分散红外法原理进行测试的便携式气体分析仪。对测试的结果有异议时，以紫外分光光度法的分析结果为准。

测定 SO_2 成分时，宜采用根据电导率法、定电位电解法和非分散红外法原理进行测试的便携式气体分析仪。对测试的结果有异议时，以定电位电解法的分析结果为准。

2.149.7 气体含湿量的测定

(1) 测定项目

一次空气，预热器、增湿塔和收尘器出口废气的含湿量。

(2) 测点位置

各相应管道。

(3) 测定方法

根据管道内气体含湿量大小不同，可以采用干湿球法、冷凝法或重量法中的一种进行测定。具体测试方法参见 GB/T 16157—1996。

对测定结果有疑问或无法测定时，可根据物料平衡进行计算。

2.149.8 气体流量的测定

(1) 测定项目

窑和分解炉的一次空气、二次空气、三次空气，冷却机的各风机鼓入的空气，生料带入的空气，窑尾、分解炉、增湿塔及各级预热器的进、出口烟气，排风机及收尘器进、出口废气的流量。

(2) 测点位置

各相应管道，并符合下列要求：

① 气体管道上的测孔，应尽量避免选在弯曲、变形和有闸门的地方，避开涡流和漏风的影响；

② 测孔位置的选择原则：测孔上游直线管道长大于 $6D$，测孔下游直线管道长大于 $3D$（D 为管道直径）。

(3) 测定仪器

标准型皮托管或 S 形皮托管，倾斜式微压计，U 形管压力计或数字压力计，大气压力计，热球式电风速计、叶轮式或转杯式风速计。标准型皮托管和 S 形皮托管应符合 GB/T 16157—1996 的规定；倾斜式微压计、U 形管压力计和数字压力计的精度要求见 2.149.5(3)；大气压力计最小分度值应不大于 0.1 kPa；热球式电风速计的精度等级应不低于 5%；叶轮式风速计的精度等级应不低于 3%；转杯式风速计的精度应不大于 0.3 m/s。

(4) 测定方法

① 除入窑二次空气及系统漏入空气外，其他气体流量均通过仪器测定。

② 用标准型皮托管或 S 形皮托管与倾斜式微压计、U 形管压力计或数字压力计组合测定气体管道横断面的气流平均速度，然后，根据测点处管道断面面积计算气体流量。

③ 测量管道内气体平均流速时，应按不同管道断面形状和流动状态确定测点位置和测点数。

a. 网形管道

将管道分成适当数量的等面积同心环，各测点选在各环等面积中心线与呈垂直相交的两条直径线的交点上。直径小于 0.3 m，流速分布比较均匀、对称并符合(2)要求的小网形管道，可取管道中心作为测点。

不同直径的网形管道的等面积环数、测量直径数及测点数见表 2.32，一般一根管道上测点不超过 20 个。测点距管道内壁距离见表 2.33。

表 2.32 圆形管道分环及测点数的确定

管道直径(m)	等面积环数	测点直径数	测点数
<0.3			1
0.3～0.6	1～2	1～2	2～8
0.6～1.0	2～3	1～2	4～12
1.0～2.0	3～1	1～2	6～16
2.0～11.0	1～5	1～2	8～20
>11.0	5	1～2	10～20

表 2.33 测点与管道内壁距离(管道直径的分数)

测点号	环数				
	1	2	3	4	5
1	0.146	0.067	0.044	0.033	0.026
2	0.854	0.250	0.146	0.105	0.082
3		0.750	0.296	0.194	0.146
4		0.933	0.704	0.323	0.226
5			0.854	0.677	0.342
6			0.956	0.806	0.658
7				0.895	0.774
8				0.967	0.854
9					0.918
10					0.974

b. 矩形管道

将管道断面分成适当数量面积相等的小矩形，各小矩形的中心为测点。小矩形的数量按表 2.34 规定选取。一般一根管道上测点数不超过 20 个。

表 2.34 矩形管道小矩形划分及测点数的确定

管道面积(m^2)	等面积小矩形长边长度(m)	测点总数
<0.1	<0.32	1
0.1～0.5	<0.35	1～4
0.5～1.0	<0.50	4～6
1.0～4.0	<0.67	6～9
4.0～9.0	<0.75	9～16
>9.0	≤1.0	≤20

管道断面面积小于 0.1 m^2，流速分布比较均匀、对称并符合(2)要求的小矩形管道，可取管道中心作为测点。

用标准型皮托管或 S 形皮托管测定气流速度时，应使标准型皮托管或 S 形皮托管的测量部分与管道中气体流向平行，最大允许偏差角不得大于 10°。管道内被测气流速度应在 5.0～50.0 m/s 之内。

(5) 计算方法

① 用管道气体平均速度计算气体流量，按以下公式计算。

$$V=3600\times F\times \omega_{PJ}=3600\times F\times K_d\times \sqrt{\frac{2\times \Delta P_{PJ}}{\rho_t}}$$

式中 V——工作状态下气体流量,m^3/h;

F——管道断面面积,m^2;

ω_{PJ}——管道断面气流平均速度,m/s;

K_d——皮托管的系数;

ΔP_{PJ}——管道断面上动压平均值,Pa;

ρ_t——被测气体工作状态下的密度,kg/m^3。

$$\sqrt{\Delta P_{PJ}}=\frac{\sqrt{\Delta P_1}+\sqrt{\Delta P_2}+\cdots+\sqrt{\Delta P_n}}{n}$$

式中 $\Delta P_1,\Delta P_2,\cdots,\Delta P_n$——管道断面上各测点的动压值,Pa;

n——测点数量。

② 入窑二次空气量,用计算方法求得,见《水泥回转窑热平衡、热效率、综合能耗计算方法》(GB/T 26281—2010)中 6.1.2.2。

③ 系统漏入空气量无法测定,可以通过气体成分平衡计算。

2.149.9 气体含尘浓度的测定

(1) 测定项目

预热器出口气体,增湿塔进、出口气体,收尘器进、出口气体,箅冷机烟囱和一次空气(当采用煤磨放风时)的含尘浓度。

(2) 测点位置

各相应管道。

(3) 测定仪器

烟气测定仪、烟尘浓度测定仪。烟气测定仪、烟尘浓度测定仪的烟尘采样管应符合 GB/T 16157—1996 的规定。

(4) 测定方法

将烟尘采样管从采样孔插入管道中,使采样嘴置于测点上,正对气流,按颗粒物等速采样原理,即采样嘴的抽气速度与测点处气流速度相等,抽取一定量的含尘气体,根据采样管滤筒内收集到的颗粒物质量和抽取的气体量计算气体的含尘浓度。含尘浓度的测定应符合如下要求:

① 测量仪器各部分之间的连接应密闭,防止漏气,正式测定前应做抽气空白试验,检查有无漏气。

② 含尘浓度的测孔应选择在气流稳定的部位,尽量避免涡流影响[见 2.149.8(2)],测孔尽可能开在垂直管道上。

③ 取样嘴应放在平均风速点的位置上,并要与气流方向相对。

④ 测定中要保持等速采样,即保证取样管与气流管道中的流速相等。

⑤ 回转窑废气是高温气体,露点温度高,取样管应采取保温措施(或采用管道内滤尘法),以防止水汽冷凝。

⑥ 在不稳定气流中测定含尘浓度时,测量系统中需串联一个容积式流量计,累计气体流量。

2.149.10 表面散热量的测定

(1) 测定项目

回转窑系统热平衡范围(见 GB/T 26281—2010)内的所有热设备,如回转窑、分解炉、预热器、冷却机和三次风管及其彼此之间连接的管道的表面散热量。

(2) 测点位置

各热设备表面。

(3) 测定仪器

热流计;红外测温仪;表面热电偶温度计;辐射温度计和半导体点温计以及玻璃温度计;热球式电风速仪、叶轮式或转杯式风速计。热流计精度等级应不低于 5%,红外测温仪、半导体点温计和玻璃温度计的精度要求见 2.149.3(3)；表面热电偶温度计显示误差值应不大于±3 ℃；辐射温度计的精度等级应不低于 2.5%；热球式电风速仪、叶轮式和转杯式风速计的精度要求见 2.149.8(3)。

(4) 测定方法

① 用玻璃温度计测定环境空气温度[见 2.149.4(2)]。

② 用热球式电风速仪、叶轮式或转杯式风速计测定环境风速并确定空气冲击角。

③ 用热流计测出各热设备的表面散热量。

④ 无热流计时，用红外测温仪、表面热电偶温度计和半导体点温计等测定热设备的表面温度，计算散热量。

将各种需要测定的热设备，按其本身的结构特点和表面温度的不同，划分成若干个区域，计算出每一区域表面积的大小；分别在每一区域里测若干点的表面温度，同时测周围环境温度、环境风速和空气冲击角；根据测定结果在相应表中查散热系数，按下式计算每一区域的表面散热量。

$$Q_{Bi}=\alpha_{Bi}(t_{Bi}-t_k)\times F_{Bi}$$

式中　Q_{Bi}——各区域表面散热量，kJ/h；

α_{Bi}——表面散热系数，kJ/(m^2·h·℃)，它与温差($t_{Bi}-t_k$)和环境风速及空气冲击角有关(见《水泥回转窑热平衡测定方法》(GB/T 26282—2010)附录 C)；

t_{Bi}——被测某区域的表面温度平均值，℃；

t_k——环境空气温度，℃；

F_{Bi}——各区域的表面积，m^2。

(5) 热设备的表面散热量等于各区域表面散热量之和，按以下公式计算。

$$Q_B=\sum Q_{Bi}$$

式中　Q_B——设备表面散热量，kJ/h。

2.149.11　用水量的测定

(1) 测定项目

窑系统各水冷却部位如一次风管，窑头、尾密封圈，烧成带筒体，冷却机筒体，冷却机熟料出口，增湿塔和托轮轴承等的用水量。

(2) 测点位置

各进水管和出水口。

(3) 测定仪器

水流量计(水表)或盛水容器和磅秤；玻璃温度计。水流量计(水表)的精度等级应不低于 1%；磅秤的最小感量应不大于 100 g；玻璃温度计的精度要求见 2.149.3(3)。

(4) 测定方法

用玻璃温度计分别测定进、出水的温度。采用水冷却的地方，应测出冷却水量，包括变成水蒸气的汽化水量，和水温升高后排出的水量。测定进水量时，应在进水管上安装水表计量，若无水表的测点，可采用与测定出水量相同的方法测定，即在一定时间里用容器接水称量。须至少抽测三次以上，按其平均值计算进、出水量，二者之差即为蒸发汽化水量。

2.150　窑的运转率与窑衬安全周期是什么关系

窑的运转时间与日历时间之比就是窑的运转率，它的高低受包括窑衬安全周期在内的各种因素的影响，当市场环境基本相同时，它是企业工艺与设备管理水平的综合表现。窑的运转时间应该以投料时间及止料时间为计算标准，而不是按点火与止火时间计算。在分析造成停窑影响运转率的因素时，如果每年停窑换砖时间大于 15 d，就要在延长窑衬安全周期上下功夫，如果小于 15 d，提高窑的运转率就应从如下三方面重点分析：工艺故障影响时间；机电设备故障影响时间；仪表可靠性对工艺与设备运转率的间接影响时间。

窑衬的安全周期与窑的运转率是相互依赖的关系，只有窑衬安全运转周期长，窑的运转率才可能高；只有工艺及设备故障率低，降低了因故障而导致的开停窑次数，窑衬才可能有较高的安全运转周期。

所谓市场环境影响窑的运转，是指原燃料供应不足或水泥、熟料库满使窑被迫停车，计算窑的运转率就应从日历时间中扣除这类因素造成的停机时间。如果每年市场的影响有规律性，这种统计运转率的结果会偏高，因为工厂可以利用原燃料供应紧张时期及销售淡季组织设备及窑衬的检修。如果这种影响没有规律，变成经常性的无计划停窑，则结果当然是另一种情况。

［摘自：谢克平. 新型干法水泥生产问答千例(管理篇)[M]. 北京：化学工业出版社，2009.］

2.151 窑体弯曲出现刮、卡现象的原因与处理

2.151.1 原因

(1) 在停窑初期，窑内温度较高，未及时转窑。

(2) 烘窑时，遇到雨天或雪天，造成窑体受热不均。

(3) 停窑后长时间不转窑。

(4) 因停电、设备故障或不按操作规程进行操作而导致回转窑突然停转，石灰石集中在下部，局部高温。

2.151.2 影响

(1) 窑位窜动，影响窑头、窑尾密封。

(2) 窑体受力不均，振动大易损坏传动机构。

(3) 易损坏托轮。

2.151.3 防止及处理方法

(1) 停电时，及时启动备用电源转窑(15 min 以内)，防止回转窑停转时间过长。

(2) 烘窑时，如遇到雨天或雪天应立即启动辅传转窑，使窑筒体受热均匀。

(3) 通常弯曲的凸向部分在下。如弯曲不大，可将窑筒体弯曲部分向上，稍停片刻加热弯曲部分的筒体。温度较高时，须慢转窑几周后，再使弯曲的凸向部分停在上方。如此反复进行，直至基本复原为止。

(4) 如果筒体弯曲较大，拖轮与轮带有较大间隙，电机无法启动，应考虑大修处理。

(5) 严格按操作规程进行标准化操作。

2.152 液压挡轮故障

(1) 液压挡轮损坏的症状

液压挡轮轴承损坏，出现挡轮运转不平稳，时转时停，造成窑运转上下窜动不稳。

(2) 主要原因

窑工况变化造成液压挡轮负荷大，轴承缺油、润滑不良或进入灰尘，在较高温度下，轴承发热，挡轮出现无转动，轴承已损坏严重，对轴、轴套造成损坏，使轴承内圈与主轴、轴承外圈与轴套卡死。

(3) 维修处理

按照正常的维修时间，更换液压挡轮需 2 个班左右时间完成，但轴承与主轴或轴套与轴承卡死后，则需要 3～4 d 才能恢复生产。因此，对使用 2 万 h 以上的液压挡轮轴承在计划检修时安排检查游隙、滚道、滚子等，每三个月要进行一次检查维护，一经发现问题就予以更换，否则，会大大延长停窑时间，增大检修难度。

(4) 维修所需材料工具

千斤顶 1 台(320 t)、各种规格垫铁、顶窑工具(自制)、5 t 倒链 2 台、氧气乙炔 1 套、撬棍 3 根、大锤、铜棒 2 件、机械油适量、工业温度计、棉纱等。

(5) 故障影响

① 直接影响窑的运行

由于回转窑属热工设备,在生产和检修两种状态下轴向热膨胀存在差值,当液压挡轮出现故障,两个挡轮不能同步承受窑体下滑的轴向力,单个挡轮作业,超载严重,挡轮轴承损坏频繁,经常造成停窑。

② 缩短窑传动部件的寿命

窑体无法实现上下移动,长期运行造成托轮与轮带面、小齿轮与大齿圈面偏磨,产生台阶,严重影响各部件的使用寿命。

③ 引发轴瓦发热

托轮与轮带固定在某位置长时间运行,接触面不均匀,托轮受力不均,负荷大的一端经常发热,烧瓦频繁。

④ 窑筒体裂纹

托轮与滚圈长时间在一位置运行,托轮会出现台阶,窑在冷、热状态下轴向膨胀、冷缩时,窑的垂直面上轴线发生变化,造成筒体变形、内衬松动,严重损伤设备。

2.153 液压挡轮维修方法及注意事项

液压挡轮是控制窑上下窜动的装置。有了它,窑就可以方便地在人为控制下实现上下窜动,保证轮带在托轮全宽度范围内移动,实现均匀磨损的目的,也可以把窑定在某个位置运行;由于实现了外力推动下的上下窜动,无须再通过托轮的歪斜来调窑,有利于保证窑围绕正常的中心线运行,对减小附加荷载等十分有利。所以维修、维护好挡轮,有利于延长回转窑及其部件的寿命以及窑内耐材的寿命。

2.153.1 挡轮的构成

液压挡轮由形如蘑菇的挡轮、导向轴(2 根)、穿在导向轴上的空心轴、液压缸、活塞、调心和推力轴承、支座及其液压站等组成(图 2.156)。为了保证轮带和托轮轴向的每处都能接触,一般每天挡轮通过轮带实现窑上下窜动一到两次,同时也保证了大小齿轮的正常磨损,避免托轮、小齿轮磨出台阶。从挡轮的组成可以看出,除了轴承之外均为永久部件,所以挡轮维修多为检查或更换轴承。

图 2.156 回转窑液压挡轮

2.153.2 挡轮的维修及注意事项

(1) 首先制定检修方案,弄清检查检修内容,即检修技术准备工作。

(2) 冷窑期间把窑推到上侧,以便腾出较大的拆卸和安装空间。

(3) 系统泄压后,拆除液压管道和电器限位开关并保存好,且塞住进出油孔防止异物进入液压缸,还要在挡轮机座四周打上记号,以备回装找正使用。

(4) 打出机座的紧定楔子,拔出销钉,拆除地脚螺栓。

(5) 用倒链、千斤顶逐步把挡轮装置外移到能够方便吊车起吊的位置。

(6) 在维修处放好道木、清洗材料和拆卸工具。

(7) 用吊车把挡轮装置吊到维修处,稳定地放在道木上。

(8) 清除挡轮装置上的油污,且进行适当的清洗。

(9) 拆除挡轮上的连接件,起吊挡轮,起吊期间要边敲击边活顺,防止拉伤或损坏。

(10) 挡轮吊出后进行清洗检查,检查主要内容包括轴承游隙检测、轴承滚道是否麻面、滚子是否点蚀、轴承是否跑圈等,检查后做好记录。若检查正常,即可进行回装。

(11) 若检查中发现轴承存在问题,则必须进行更换。更换前应对新轴承原始游隙及其他方面的尺寸进行检查,并做好记录。

(12) 清洗轴承及轴承箱体,然后装轴承,先装推力轴承,装时注意紧边在上,松边在下;再装间隔圈;无问题后装调心轴承,并填充润滑脂。

(13) 轴承安装后回装挡轮,为了方便回装,可以对挡轮进行适当加热(也可以不加热),之后紧固连接件;然后盘挡轮,若转动灵活不卡不滞,视为合格。

(14) 一切准备停当,清理挡轮装置机座上的油污,起吊挡轮装置,并用千斤顶、倒链将其就位,按记号找正。

(15) 紧固地脚螺栓,穿上销子,背紧楔子,主体工作结束。

(16) 最后恢复油路及电器限位开关和机械限位。若具备条件,可以试机判断轴承、油路、限位是否正常,若无问题,清理现场,检修结束。

2.154 一、二、三次风对熟料煤耗的影响

(1) 一次风的影响

从煤粉燃烧器进入窑内的风叫一次风,其作用是输送煤粉,供给煤粉中挥发分燃烧所需的氧气。由于一次风是冷风,其量越小对熟料煅烧越有利。根据煤粉燃烧理论,一次风量降低 1%,熟料煤耗大约降低 0.8~1.0 kg/t。山东某水泥有限公司的 ϕ4 m×60 m 回转窑,使用四通道煤粉燃烧器代替三通道煤粉燃烧器后,一次风量从 10.4%降低到 7.5%,熟料煤耗大约降低 2.8 kg/t,就此每天可以节煤 7.8 t,每年可节约原煤 2300 t,创直接经济效益 184 万元。所以使用四通道煤粉燃烧器,有利于降低熟料煤耗。

(2) 二次风的影响

从冷却机进入窑内的风叫二次风,其作用是供给煤粉中固定碳燃烧所需的氧气。由于二次风是高温热风,其最高温度可以达到 1200 ℃,本身具有很大的显热,其量越多对熟料煅烧操作越有利。现在大多数预分解窑生产企业使用的都是第三代充气梁箅冷机,采取厚料层操作,减少了发生风短路的现象,其冷却风量是分区控制的,可以精确控制每块箅板的通风量,能最大限度实现在高温区回收热量,完成对熟料的急冷,从而能保证二次风的温度至少达到 1000 ℃,这为降低熟料的煤耗创造了条件。所以正确控制、操作箅冷机,提高二次风温,有利于降低熟料煤耗。

(3) 三次风的影响

从冷却机或窑头罩引入分解炉的风叫三次风,其作用是分散、预热分解炉内的物料、供给炉内煤粉燃烧所需要的氧气。大型分解窑的窑头一般都采用了大型窑门罩技术,熟料冷却设备都采用第三代充气梁箅冷机。如果从窑头罩抽取三次风,其风温至少能够达到 900 ℃,有利于加快炉内煤粉燃烧速度,减少煤粉在预热器内发生燃烧的现象,减少预热器下料管处发生结皮、堵塞的现象。如果从箅冷机内抽取三次风,其风温也至少能够达到 800 ℃,能完全满足炉内煤粉的燃烧要求。

为了更好地发挥分解炉的燃烧功效,操作上一定要合理分配窑炉的用风,在保证窑用风的前提下,适当增加三次风量,有利于提高入窑物料的分解率,更有利于降低熟料煤耗。

3

冷却机与余热利用

Cooler and waste heat utilization

3.1 窑尾余热锅炉清灰有几种方式

窑尾余热锅炉的烟气含尘量大(进入窑尾锅炉废气含尘浓度一般为 85.29 g/Nm^3),粉尘细,容易在锅炉受热面上积灰,影响锅炉受热面的传热效果,致使锅炉效率降低。锅炉管束积灰是不可避免的,立式布置锅炉的管束积灰尤其严重,因此清灰方式的选择是非常重要的。

目前窑尾余热锅炉的清灰方式主要有:声波吹灰、可燃气体爆燃吹灰和振打吹灰。由于水泥窑窑尾烟气中的粉尘具有细而黏的特性,声波吹灰、可燃气体爆燃吹灰效果略差。振打吹灰是采用机械振打的方式连续击打锅炉受热面,清灰效果比较好。其连续的清灰方式避免了瞬间清灰量过大,对窑尾高温引风机的影响。卧式布置方式的锅炉受热面管束采用立式蛇形管结构,处于自由悬垂状态,有利于振打装置的配合,受热面在长度方向上柔性比较好,能够消除振打过程中冲击受热面的应力变形,锅炉受热面管子的使用寿命不缩短。

3.2 冷却机主要任务和工艺特性是什么

熟料冷却机有近十种型式,但现代新型干法烧成系统多用单筒、多筒和箅式冷却机。熊会思认为这些冷却机要完成下列任务:

(1) 尽可能多地把熟料中显热(1200～1500 kJ/kg・熟料)回收进烧成系统,加热二次空气和尽可能加热三次空气,要尽可能提高二、三次空气温度,把烧成系统燃料消耗降至最低。

(2) 选择最适当的熟料冷却速度,以提高水泥质量和熟料的易磨性。

熟料冷却速度会大大影响熟料的质量。常用的三种冷却机其窑内预冷却区长度不相同,箅式冷却机预冷却区最短,因此由窑卸出的熟料温度最高(达到 1300～1400 ℃),进到冷却机后,吹以冷风(等于环境温度),熟料受到急冷,熟料中液相来不及完成结晶,一部分呈玻璃相,一部分即使结晶也比普通冷却速度得到的结晶粒更细。这种熟料可以制成强度更高的水泥。关于易磨性,由于熟料急冷后其颗粒中会产生热应力和裂纹,通过对比试验后说明急冷熟料更容易粉磨。

而单筒和多筒冷却机由于窑中预冷却区较长,冷却机入口熟料温度较低(1100～1300 ℃),而这两种冷却机是逆流热交换,到冷却机熟料入口处,冷却空气温度已达到 700～800 ℃,因此对熟料起不到急冷的作用。

(3) 最后要把熟料冷却到尽可能低的温度,以满足熟料输送、贮存和水泥粉碎的要求。对多筒冷却机而言,入机冷却风要求全部入窑作二次空气;而单筒冷却机的冷却风一部分入窑作二次空气,一部分可由窑头抽取作三次空气。它们的共同特点是入冷却机风量受窑系统燃烧所需空气量限制,不能随意加大风量把熟料冷却到足够低的温度,一般出冷却机的熟料温度是 200～400 ℃,这样高的熟料温度对输送设备及贮存很不利,更不能直接入磨粉磨。

而箅式冷却机(简称箅冷机)除供给窑系统二次及三次空气外,还抽取二次冷却区空气作原料磨、煤磨甚至矿渣烘干机的烘干热源。如果需要的话可以供给更多空气,把熟料冷却到 70～120 ℃。

三种冷却机的工艺特性见表 3.1。

表 3.1 水泥熟料冷却机工艺特性

名称	单位	单筒冷却机	多筒冷却机	往复箅式冷却机
产量	t/d	<2000	<3000	700～10000
单位面积负荷	t/(d・m^2)	1.6～2.0*	1.6～2.0*	20～55**
单位冷却空气量	Nm^3/kg・熟料	0.8～1.1	0.8～1.1	2.6～2.6

续表 3.1

名称	单位	单筒冷却机	多筒冷却机	往复箅式冷却机
斜度	%	3～5	3～5	<10*
速度	r/min 或次/min	1～3.5	1～2.5	8～24
进口熟料温度	℃	1200～1300	1100～1200	1300～1400
出口熟料温度	℃	200～400	200～300	70～120
冷却效率	%	56～70	60～80	60～83

注：* 是指单位冷却筒体表面积产量；* * 是指单位箅床表面积产量。

3.3 熟料冷却机发展可分为几个阶段

自第一台水泥熟料冷却机诞生近百年来，围绕着提高、改善熟料冷却机的骤冷、升温、热回收和输送贮存四个主要功能，其技术的发展可分为五个大的阶段：

第一阶段：从 19 世纪末至 20 世纪 30 年代。为了充分发挥熟料冷却机的各项功能，各种类型的熟料冷却机（包括单筒、多筒、回转箅式、振动箅式、推动箅式等）不断开发问世，相互竞争，形成“百花齐放”的局面。

第二阶段：从 20 世纪 40 年代至 60 年代。在国际水泥工业科技进步推动下，随着悬浮预热窑的出现和水泥工业生产大型化，各种类型的冷却机在激烈竞争中不断改进，更新换代，新型 Unax 多筒冷却机、克虏伯・伯力休斯单筒、多筒组合式冷却机等相继问世，箅式冷却机技术也不断更新，力求适应生产大型化和提高热效率的要求。形成单筒—多筒—箅式冷却机三足鼎立的局面，而振动式箅冷机逐渐被淘汰。

第三阶段：从 20 世纪 70 年代至 80 年代初期。随着预分解技术的发明，在生产进一步大型化和节能、降耗、效率、环保等方面提出更加严格的要求，以及在预分解窑对分解炉用三次风的特殊抽取方式的推动下，多筒冷却机已难以适应要求；由于立式冷却机技术尚未完全成熟，因此，除单筒冷却机正在奋力拼搏，改进技术，力求在中、小型预分解窑生产线上占有一席之地外，箅式冷却机几乎被推动形成了一统天下的局面。

第四阶段：从 20 世纪 80 年代初期至中期。箅式冷却机的发展十分迅速。以大型复合式富勒、福拉克斯、克劳斯-彼得斯为代表的第二代推动箅式冷却机，由于在箅冷机偏移布置、入料端两侧设置“盲板”、设置高压骤冷风机及“江心岛”式分流板、第一排箅板由固定箅板改为活动箅板、采用厚料层技术、箅床采用倾斜—水平复式结构、熟料破碎机设在中部并采用两段阶梯形箅床以及余风综合利用、联锁自动控制等许多方面进行了改进，使之在均匀布料，减少“红河”“雪人”现象等诸多方面都取得了重要进展。

第五阶段：20 世纪 80 年代中期至今。由于第二代箅冷机大多采用标准型箅板、分室通风，炽热熟料在箅冷机入口端仍难以做到均匀分布，“红河”“雪人”故障仍未杜绝。针对这些不足，德国 IKN 公司率先研究开发出了阻力箅板，接着其他公司亦开发出富有各自特点的阻力箅板，用于第三代箅冷机。第三代箅冷机不但杜绝了“红河”“雪人”现象，而且单位箅床面积产量可高达 50 t/(m^2 · d)左右，热效率可达 70%～75%，熟料热耗可降低 100 kJ/kg · 熟料左右。21 世纪以来，随着科技创新步伐的加快，新型箅冷机正朝着“控流”式固定箅床方向发展。德国 C. P、KHD、丹麦史密斯等公司已经研发出第四代新型控流式固定箅床冷却机，必将进一步优化熟料冷却机及预分解窑全系统的生产。

3.4 箅冷机技术的发展过程

1937 年，首台箅冷机在美国投产，迄今已 80 年，在此期间，箅冷机已从第一代薄料层箅冷机、第二代厚料层箅冷机、第三代空气梁可控气流箅冷机发展为第四代无漏料箅板的熟料冷却机。

3.4.1　第一代箅冷机

箅冷机的工作原理是从窑头落下的高温熟料铺在进料端箅床上，随箅板向前推动铺满整个箅床，冷却空气从箅下透过熟料层，冷风得以加热，入窑作燃烧空气用，在此过程中熟料得以冷却。

第一代箅冷机箅床设计的运行部件的主梁是横向布置，为运送熟料需做纵向运动，横向的主梁在做纵向运动时很难做到密封，虽然箅下有隔仓板，也难以做到密封，在生产过程中，冷风从隔仓板上端漏出，形成箅下内漏风，因此冷却效率不高，料层较薄，一般在 100～200 mm，冷却风量为 2.8～3.2 Nm^3/kg・熟料，单位面积产量 18～20 t/(m^2・d)，冷却效率＞60%，入窑二次空气温度与窑的热耗有关，热耗为 1500 kcal/kg 的湿法窑二次空气温度一般低于 600 ℃，而热耗为 1000 kcal/kg 的干法预热器窑一般低于 750 ℃，此类箅冷机在 20 世纪中期大量用于烧成系统装置上，成为当时冷却装置的主流。

3.4.2　第二代箅冷机

20 世纪 60 年代预热器窑逐步走向大型化，窑产量最大为 4000 t/d，20 世纪 70 年代预分解技术出现后，窑产量成倍增加，产量更高，第一代箅冷机面临如下问题：

① 预热器窑的规格逐年增大，产量大于 1000 t/d 时，熟料颗粒离析增加，细颗粒熟料随窑产量增大而增多，冷风透过料层时，部分细颗粒熟料流态化，箅板没法推动流态化颗粒，而一些堆积致密的细颗粒熟料层的熟料因料层阻力大，冷风没法透过，得不到冷却，仍然处在高温状况，极易将堆积下的箅板烧坏，其后果是出箅冷机熟料温度高，废气温度高，入窑二次空气温度低，冷却效率低且事故率高，运转率低下。

② 人们为了增加产量，将一些传统窑改为预分解窑，窑产量成倍增加，但场地限制箅床面积增大，必须提高箅冷机的单位面积产量，才能满足扩建需求，第一代薄层箅冷机难于满足烧成工艺进展。

从箅冷机的通风原理来看，高温熟料在冷却过程中，熟料随箅床推动向前运行，冷空气从箅下透过熟料，在此过程中，高温熟料逐步冷却，而冷空气逐步加热，加热后的冷空气入窑作燃烧空气用，多余的废气经收尘排至大气。箅冷机的热交换主要是层流热交换，气体透过熟料的阻力可以用以下公式表示：

$$\Delta P=\lambda \frac{V^3}{2g}\gamma$$

式中　ΔP——阻力损失，Pa；

V——气体透过箅床的速度，m/s；

g——重力加速度，m/s^2；

λ——阻力系数，数值与熟料结粒大小、料层内缝隙率及熟料黏度有关；

γ——气体密度，kg/m^3。

箅冷机在通风过程中，当冷空气透过高温的热熟料时，自身得到加热，体积膨胀，其透过速度增大，相应阻力成倍增加，但是气体密度随温度升高而减小，二者相乘则阻力成一次方增加。因此，冷风不易透过高温熟料层或者阻力较大的细颗粒料料层，而易透过低温熟料和阻力较低的料层，这种状况表明，只有缩小通风面积才能提高通风效率。人们根据这个原理，在箅冷机纵向将箅床分室，缩小各室的面积，缓和了冷风因阻力不均而难于冷却高温熟料的现象，开发了第二代厚料层箅冷机，其特点如下：

① 采用风室通风，第一室面积缩小至 3 排箅板，以后各室按工艺需求，确定通风面积。

② 一室第一排箅板采用活动箅板，避免熟料堆积。

③ 细颗粒侧的箅板外形有利于输送和冷却细颗粒，相应减少"红河"事故。

④ 箅床下的大梁采用纵向布置，有利于各室之间的密封，减少了内漏风。

⑤ 根据各室料层阻力和风量需求，设置风机。

上述措施在一定程度上缓解了细颗粒熟料冷却问题，料层厚度从原有 100～200 mm 逐步增至 500～600 mm，单位箅床面积负荷从原有的 18～20 t/(m^2・d)提高至 36～38 t/(m^2・d)，在原有箅冷机面积上,熟料冷却效率满足了预分解窑产量成倍增长的需求,20 世纪 70～80 年代是厚料层箅冷机装备技术全面发展的年代。厚料层冷却机的主要工艺性能为:冷却风量为 2.1～2.3 m^3/kg·熟料,入窑二次风温与抽取方式有关,二次风从大窑门罩抽取一般风温<950 ℃,三次风从箅冷机抽取时,三次风温<1050 ℃,冷却机效率<70%。

厚料层箅冷机也存在一些问题,主要是:①原料层箅冷机的高温部位设置风室过少,需要 3 排箅床长度,以致风室的冷却面积过大,熟料从窑头下落的过程中,因窑在旋转,颗粒离析,箅床上的熟料层形成颗粒不均或熟料过黏造成料层阻力不均,冷风集中透过阻力较低部位的料层,而阻力高的料层得不到冷风透过,冷却效率难于进一步提高。②窑的来料颗粒变化大,造成料层阻力变化大,相应透过料层风量变化也大,难以控制通风。缩小各室的通风面积,改善料层阻力,加强密封,以便控制冷风透过,提高冷却机效率,成为第二代箅冷机优化创新的突破点。

3.4.3 第三代箅冷机

20 世纪 80 年代中期,IKN 公司制造的新结构箅冷机在一台老式的回转箅式冷却机进料口的分料台位置上进行试验,宣告箅下可控气流的第三代箅冷机技术取得成功。从而使原有的箅下通风错流热交换原理转为冷风经中空梁进入对熟料料层进行冷却的可控气流热交换原理。第三代可控气流箅冷机的特点是:

① 热交换以排为单位,冷却面积小,有利于冷风透过料层。

② 设计的箅板阻力较不同颗粒级配堆积的料层阻力相对较高,相应减少了不同料层堆积的阻力对气流的影响,这样可以做到不同颗粒级配的料层对气流的阻力大致相当,冷风较为均匀地透过料层。

③ 按各排阻力及面积来配置冷却风量,从而做到调节控制空气量来冷却熟料。

④ 空气梁不易漏风,密封性能好。

⑤ 在低温部位,为了节省电能,采用分室通风。

第三代箅冷机能使窑头下落的熟料从开始就得到较好的冷却,一方面提高了冷却效率,另一方面保护了箅板不致过热损坏。总的来说,此类箅冷机和厚料层冷却机相比,具有冷却效率高,入窑的二次空气和入分解炉的三次空气温度高,冷却熟料耗用的风量少,电耗低,废气量小,有利于降低烧成系统的热耗,提高入窑物料分解率和窑产量,冷却机设备事故率降低,运转率提高等一系列的优点。20 世纪 80 年代后半期是可控气流箅冷机技术逐步完善并日趋成熟的时期,进入 90 年代各公司纷纷推出可控气流箅冷机的新产品,投入到新线建设和对原箅冷机进行改造。以 IKN 公司为例,至 1998 年,销售总量达到 21000 万 t/年(相当于 160 台 4000 t/d 生产线)。其他如 BMH 公司、FLS 公司、KHD 公司、Polysius 公司所销售的数量和也在数百台以上。国际上一些著名的水泥公司认为箅冷机改造是提高烧成系统产量后重要的配套措施之一。

BMH 公司是供应箅冷机的专业公司,从 1950 年以来,供应的箅冷机总数超过 700 台,改造数超过 250 台,最大规格为 10000 t/d,我国海螺集团的 4 条 10000 t/d 生产线也使用了该公司产品。该公司的可控气流箅冷机主要技术指标见表 3.2。

表 3.2 BMH 公司箅冷机的基本设计参数

单位箅板负荷	t/(m^2·d)	45～55
单位冷却风量	Nm^3/kg·熟料	1.8
熟料进口温度	℃	1400
熟料冷却温度	℃	80+环温
冷却机效率	%	76

各公司所生产的可控气流箅冷机的结构不尽相同,但总体说来其主要的工艺参数均较接近。一般说来,资料越新,其技术指标相对越先进,历年来外文杂志有关可控气流箅冷机技术指标见表 3.3。

表3.3 不同公司生产的可控气流箅冷机的主要工艺性能

	IKN	BMH	KHD	Polysius	FLS可控	第二代厚料层箅冷机(对比用)
冷却效率(%)	>75	~76	~74	72.6~78.6		<70
冷却风量(Nm^3/kg·熟料)	1.6	1.6~1.8	1.6~2.1	1.4~1.7	1.85	2.1~2.3
冷却机电耗(kW·h/kg·熟料)		4.5~5.4	4.5		4.5	8

可控气流箅冷机技术在发展中不断完善，最前端较有代表性的是高效进料口部位。该进口部位具有最佳的空气分布和热回收，具有箅上有冷料层保护，箅板寿命长，只有固定箅板，箅板之间无间隙不会掉熟料，装备模数制造，安装改造方便，投资低等系列优点，特别适用于厚料层箅冷机改造，我国冀东二线改造后二、三次空气温度大幅度提高，熟料冷却效率好，窑产量提高了10%以上。

可控气流箅冷机发展的过程中，一些与箅冷机配套的技术逐步完善，主要为熟料破碎、液压传动和控制系统。

① 熟料破碎：传统的熟料破碎机大多采用锤式破碎机，一般设置在冷却机末端，破碎已被冷却的熟料。在破碎过程中会产生较多的粉尘，另外，大块熟料易卡在破碎机锤头和箅床之间，造成箅床堆料过多而停机，影响生产。采用辊式破碎机，具有熟料在破碎过程中产生的粉尘量少而且大块熟料不会卡辊，不存在停窑停箅冷机等优点，近年来，一些公司将辊式破碎机设置在箅冷机热回收带后的箅床中间部分，破碎红热熟料，其优点是在不影响热回收的前提下，破碎后的熟料有利于冷却，但此类破碎机的辊面材质需配置耐磨蚀性强且抗高温的铸造合金破碎圈，辊子中间还需设置冷却系统。

② 液压传动：早期的箅冷机都是机械传动，其缺点是设备部件易损坏，维护工作量大。从20世纪70年代中期起，箅冷机采用液压传动，传动系统装置均用标准件，维护工作量少，而且传动平稳，尤其是大型箅冷机，更显示其优点，目前国外的大型箅冷机大多为液压传动。

③ 控制系统：回转窑生产时，受各种因素影响，窑内结粒和瞬间产量变化较大，进入箅冷机后，给冷却机操作带来一定的困难。随着技术进展，一些测试和控制系统陆续投入，并在生产中逐步完善，主要控制有箅冷机废气风机阀板控制窑头负压、料层厚度或箅下压力控制箅速、气体容积控制箅板温度指示等。在上述控制系统中，采用了远红外线测试熟料温度，通过雷达测试熟料层厚度来控制箅速，相应得到稳定的二次空气温度。

第三代箅冷机在发展的过程中也遇到困难，主要是20世纪90年代以来，预分解窑规格逐年增大和国际上重视环保的呼声愈来愈多，工业废弃物的种类较多，其成分复杂，入窑后给窑的操作带来了困难，也给窑的结粒带来了变化。有些生产线在使用废弃物时，出现了大量的粉状熟料或块状熟料，其原因在于：

① 水泥窑规格愈大，产量愈高，愈容易出现粉状熟料。

② 工业废弃物中用量最多的是石油焦，一般说来，石油焦内硫含量超过15%，预分解窑燃料燃烧时，硫全部进入熟料内，硫含量愈高，熟料的液相黏度愈大，不易结粒，易结粉状熟料。

③ 生产垃圾等一些工业废弃物的热值较低，燃烧时所产生的废气量增加，而烧成系统的废气风机一般不变，在生产过程中易造成排风不足，窑内呈还原气氛，此种状况易结细颗粒粉状熟料。

④ 工业废弃物成分复杂，有些成分如MgO、Fe_2O_3等，易使熟料液相表面张力增大，熟料易结大块。

工业废弃物的大量应用，给第三代箅冷机操作带来了一定程度的困难，冷风难于透过粉状熟料料层，未冷却的熟料量增多，冷却效率低，设备事故率高，此外，第三代箅冷机另一缺点是结构较为复杂，箅下需设置拉链机，占用高度大。因此，改善通风效率，简化装备结构，采用模块结构，降低装备高度，已成为第四代冷却机发展的方向

第三代箅冷机已经将室分成排，难以再缩小通风面积，只有将箅板通风改为新的通风方式，才能满足工况变化的新需求。

3.4.4 第四代箅冷机

从20世纪90年代末开始，一些新型冷却机的进入部位与第三代可控气流通风完全一致，而后部出

现变化，大致有两种结构，一种是无漏料箅板，冷风在固定充气箅板的料层上对熟料进行冷却，此类冷却机以史密斯公司的 SF 交叉棒式冷却机和 Polysius 公司的 PolyTRACK 冷却机为代表，另一种是熟料堆积在槽型活动充气不漏料箅床上，随着活动箅床输送向前运行，冷风透过料层，此类冷却机以 BMH 的 η 冷却机和 KHD 公司的 PyroSTEP 冷却机为代表，成为当前水泥工业冷却机发展的主流。

(1) SF 交叉棒式冷却机

20 世纪 90 年代末出现的 SF 交叉棒式箅冷机，改变了传统的推动箅板推料的概念，利用箅上往复运动的交叉棒来输送熟料，使箅冷机的机械结构简化，固定的箅板便于密封，熟料对箅板的磨蚀量小，没有漏料，箅下不需设置拉链机，降低了箅冷机的高度。SF 交叉棒式箅冷机的另一特点是每块箅板下设置机械气流调节器(MFM)，该调节器的原理是料层上不同部位的颗粒大小不均和料层厚度不均造成气体透过料层不均时，机械气流调节器根据阻力大小自动调节阀板的角度，从而确保气流透过料层，使料层上的熟料得以冷却，由于每一块箅板下面均设置机械气流调节器，其控制范围可以准确到每一块箅板上的料层，从而确保整个箅床面上熟料冷却均匀。

总的说来 SF 交叉棒式箅冷机的通风面积已缩小到每块箅板，而且熟料通过交叉棒向前运行，翻动次数多，冷风易于冷却，它工艺性能较优，结构简单，由于取消了箅下风室和拉链机，在生产能力相同时，它具有设备重量较轻、占用高度低、节约土建投资等一系列优点。该机在投产初期，存在的主要缺点是交叉棒在输送熟料时直接与高温熟料接触，磨蚀严重，增加了维修次数，影响运转率，经过材质及机械方面的修改，目前磨蚀问题已得到缓解。该箅冷机投入多年来，仍在不断改进，设置了控制效应系统(CIS)和箅冷机中部位置辊式破碎机，使箅冷机性能得到进一步优化，成为市场上热销的产品。

美国的一台投产的 SF 交叉棒式箅冷机性能见表 3.4。

表 3.4　美国投产的 SF 交叉棒式箅冷机性能

熟料产量	t/d	3716
窑热耗	kcal/kg・熟料	721
冷却风量	Nm^3/kg・熟料	1.66
二次空气温度	℃	1062
三次空气温度	℃	986
熟料冷却温度	℃	环温+65
箅下风机电耗	kW・h/t	4.06
冷却机效率	%	75.60

SF 交叉棒式箅冷机也用于改造现有的箅冷机，韩国 Hyundai 水泥厂的一台 ϕ5.2 m×75 m RSP 分解炉、6 级预热器、产量为 6000 t/d 的回转窑，其进料端采用 SF 交叉棒式箅冷机上的 CIS/MFR 技术后，取得了较大的成功，投资费用约 1.2 年收回，改造前后数据见表 3.5。

表 3.5　箅冷机进料口改造前后对比

参数	单位	改前	改后
产量	t/d	5904	5993
热耗	kcal/kg	717	692
电耗	kW・h/t	14.88	14.32
三次风温	℃	800	910
预热器出口	℃	299	289
熟料冷却温度	℃	170	101
更换箅板数	块	440	—

（2）PolyTRACK 冷却机

2001 年 Polysius 公司开发了无漏料箅床的板式输送 PolyTRACK 冷却机，该机底部为一厚板，上面设置若干输入装置，物料相对输送装置向前运行。冷却空气透过料层使熟料冷却。

PolyTRACK 箅冷机的纵向各单元均由液压控制，运行速度可以调节，边部细颗粒熟料区的运行速度可以降低，确保细颗粒熟料得到充分时间的冷却，避免了"红河"事故。

此种冷却机还具有如下优点：

① 进料部位采用空气梁阻力不动箅板，确保熟料得以冷却。

② 水平布置不动的无漏料箅板箅床，下层无须设置拉链机，占地高度小。

③ 输送效率高，装备事故少，运转率高。

④ 模块设计，安装快，维修简单。

⑤ 操作灵活有利于细颗粒熟料冷却，冷却效率高。

（3）η 冷却机（Walking Floor 冷却机）

2004 年，BMH 公司推出了一种全新概念的 η 冷却机，该机由进料部位和无漏料箅床的槽型熟料输送通道单元组合而成，完全改变了箅冷机熟料运行方式。

进料段保持可控气流箅冷机固定倾斜箅板，此结构可以消除堆"雪人"的危害，箅板面上存留一层熟料，以减轻箅板受高温红热熟料的磨蚀，进料口段熟料通风面积小，且由手动阀板调节风量，能使冷风均匀透过每块箅板上的料层，采用雷达测试、料面测试控制，能使熟料在箅床上均匀布料与冷却，从而保证入窑和入炉的空气温度均匀。

熟料冷却输送箅床由若干条平行的熟料槽型输送单元组合而成，其运行方式是首先由熟料箅床同时向熟料输送方向移动（冲程向前），然后各单元单独地或交替地进行反向移动（冲程向后）。每条通道单元的移动速度可以调节，且单独通冷风，保证了熟料冷却，尤其在冷却机一侧熟料颗粒细且阻力大的时候，此部位的通道单元增加停留时间和风量，使熟料得以冷却，避免了红热熟料产生的"红河"事故。

通道单元面上设置长孔，每条输送通道单元采用迷宫式密封装置密封，无须清除粉尘装置，熟料不会从输送通道面上漏下，无须在冷却机内设置细颗粒熟料输送装置。

η 冷却机仍然采用分室通风原理，和其他型式的箅式冷却机不同之处在于，η 冷却机不仅在横向，而且在纵向段节均可分室，通过室侧通风，使冷却机两侧不易通风的部位，有足够的冷风来冷却熟料，保障了此部位熟料冷却，避免了"红河"。

此外，η 冷却机根据冷却机规格配置辊式破碎机，每条输送通道单元用液压传动，配置了雷达水平测试和红外线测温装置等一些先进技术的产品和部件，确保熟料得以冷却。

总的说来，η 冷却机具有结构紧凑，机内无输送部件因而部件磨蚀量少，维护工作量低；熟料输送无阻碍，输送效率保持稳定，所有的冷却部位均匀通风，确保熟料冷却良好等一系列特点，值得重视。欧洲一台投入生产的 η 冷却机技术性能见表 3.6。

表 3.6　η 冷却机的技术性能

技术性能	单位	改前	改后
熟料生产能力	t/d	1772	1907
冷却面积	m^2	44.4	42.6
箅床负荷	$t/(d \cdot m^2)$	39.9	44.8
熟料冷却温度	℃	205	102
环境温度	℃	30	32
废气温度	℃	230	327

续表 3.6

技术性能	单位	改前	改后
二次空气温度	℃	830	1053
热耗	kcal/kg	832	785
单位冷却风量	m^3/kg(stp)	1.81	1.589
单位回收	m^3/kg(stp)	0.893	0.893
冷却机效率	%	66.1	77.7
冷却机热损失	kcal/kg	120	89.3

(4) PyroSTEP(PyroFLOOR)冷却机

此种冷却机的结构与 η 冷却机较为相似,但箅下设置了机械气流调节阀,该机于 2005 年开始投入生产,规格为 3300 t/d,此处不做详细介绍。

第四代箅冷机的冷却效率和电耗等工艺指标并不比第三代箅冷机先进多少,而且进料部位完全一致,但新结构装置主要解决了粉状和大块熟料的冷却及红热熟料对箅板的损坏问题,此外,取消室下拉链机,使装备简化,提高了设备运转率,解决了第三代箅冷机难以解决的技术问题,满足了装备大型化及煅烧代用燃烧出现的工艺技术进展带来的需求,这是冷却机技术一大进步。

[摘自:陈友德,刘继开.四代箅冷机的技术进展[J].中国水泥,2007(6):51-56.]

3.5 如何选用熟料冷却机

(1) 日产熟料 2000 t 及以上的窑应优先选用箅式冷却机。

(2) 出冷却机的熟料温度应符合下列要求:

① 箅式冷却机,不大于环境温度加 65 ℃;

② 单筒冷却机,不大于环境温度加 180 ℃;

③ 多筒冷却机,不大于环境温度加 200 ℃。

(3) 箅式冷却机需用的单位熟料冷却空气量,应根据不同型式的箅式冷却机确定。

(4) 箅式冷却机的热效率,与整个烧成系统的配置情况有密切联系,一台较先进的箅式冷却机,与预热器窑和预分解窑配套使用时,其热效率不应低于 65%。

(5) 箅式冷却机的余风,可用于原料、燃料、混合材料的烘干或余热发电。

(6) 熟料冷却机的余风除尘,可选用电除尘器或袋式除尘器,这两种除尘器各有特点,现国内配置在箅式冷却机上的余风除尘器,大多为电除尘器,在环保要求较高的地区,也可选用收尘效率较高的专用袋式除尘器。当采用电除尘器时,冷却机宜设置可以调节水量的喷水系统。

(7) 箅式冷却机的中心线,与窑中心线向窑内物料升起的一侧偏移的距离,应根据窑直径的大小和窑的转速等因素来决定,一般为 $0.15D$~$0.18D$,对于直径较小的窑,可以考虑小于 $0.15D$,以保证料流在冷却机箅床上均匀分布。

3.6 如何评价熟料冷却机的性能

对于熟料冷却机性能的评价,一般采用下列指标:

(1) 热效率(η_c)高。

热效率高,即从出窑熟料中回收并用于熟料煅烧过程的热量($Q_{收}$)与出窑熟料带入冷却机的热量

($Q_{出}$)之比值大。热效率通常以下式表示:

$$\eta_c=\frac{Q_{收}}{Q_{出}}\times 100\%=\frac{Q_{出}-Q_{损}}{Q_{出}}\times 100\%$$

或

$$\eta_c=\frac{Q_{收}-(q_{气}+q_{料}+q_{散})}{Q_{出}}\times 100\%$$

或

$$\eta_c=\frac{Q_Y+Q_F}{Q_{出}}\times 100\%$$

式中 η_c——冷却机热效率;

$Q_{损}$——冷却机总热损失,kJ/kg·熟料;

$q_{气}$——冷却机排出气体带走热,kJ/kg·熟料;

$q_{料}$——出冷却机熟料带走热,kJ/kg·熟料;

$q_{散}$——冷却机散热损失,kJ/kg·熟料;

Q_Y——入窑二次风显热,kJ/kg·熟料;

Q_F——入炉三次风显热,kJ/kg·熟料。

各种冷却机热效率一般在 40%~80%。

(2) 冷却效率高。

冷却效率高,即出窑熟料被回收的总热量与出窑熟料带入冷却机的热量之比值大。冷却效率通常以下式表示:

$$\eta_L=\frac{Q_{出}-q_{料}}{Q_{出}}\times 100\%=\left(1-\frac{q_{料}}{Q_{出}}\right)\times 100\%$$

式中 η_L——冷却机冷却效率。

各种冷却机冷却效率一般在 80%~95%。

(3) 空气升温效率高。

空气升温效率高,即鼓入各室的冷却空气与离开熟料料层空气温度的升高值同该室区熟料平均温度之比值大。空气升温效率(φ_i)通常以下式表示:

$$\varphi_i=\frac{t_{a2i}-t_{a1i}}{\bar{t}_{cli}}$$

式中 φ_i——空气升温效率;

t_{a1i}——鼓入某区冷却空气温度(即环境温度),℃;

t_{a2i}——离开该区熟料层空气温度,℃;

$\bar{t}_{cli}$——该区冷却机箅床上熟料平均温度,℃。

本指标为箅冷机评价指标之一,一般 $\varphi_i<0.9$。

(4) 进入冷却机的熟料温度与离开冷却机的入窑二次风及去分解炉的三次风温度之间的差值小。

(5) 离开冷却机的熟料温度低。此温度随不同形式的冷却机有较大差异,一般在 50~300 ℃之间。单筒及多筒冷却机的该项温度较高。

(6) 冷却机及其附属设备电耗低。

(7) 投资少,电耗低,磨耗小,运转率高等。

以上指标由于相互影响,必须根据使用要求综合权衡。由于冷却机的热效率与窑系统的热耗有密切关系,为便于对不同冷却机进行评价对比,德国水泥工厂协会(VDZ)提出以窑用空气为 1.15 kg/kg·熟料(相当于窑热耗为 3135 kJ/kg·熟料)和空气温度为 18 ℃时冷却机损失的热量为标准冷却机损失。在对不同冷却机的热效率进行比较时,应换算成标准冷却机损失后再进行比较。

3.7 冷却机的种类及其性能

冷却机的种类如下：

- 冷却机
  - 筒式冷却机
    - 单筒式
    - 多筒式
    - 立筒式
  - 箅式冷却机
    - 推动式
      - 水平推动箅式冷却机
      - 倾斜推动箅式冷却机
      - 复合全推动箅式冷却机
    - 振动式
    - 回转式

各种冷却机的性能分述如下：

(1) 单筒式冷却机

单筒式冷却机效率一般为 60%，出冷却机熟料温度为 200～300 ℃。这种冷却机一般用于小回转窑口，其直径一般为 1.2～3.0 m，但近年来也有 ϕ4.4 m×46 m 的大型单筒式冷却机出现，用于大型回转窑，热效率可达 70%，出机熟料温度为 160～180 ℃，其长径比 L/D 为 10，斜度 3%～4%，筒体用 10～20 mm 钢板卷制，每分钟 3～6 转。该冷却机装在窑头的下方，如图 3.1 所示。

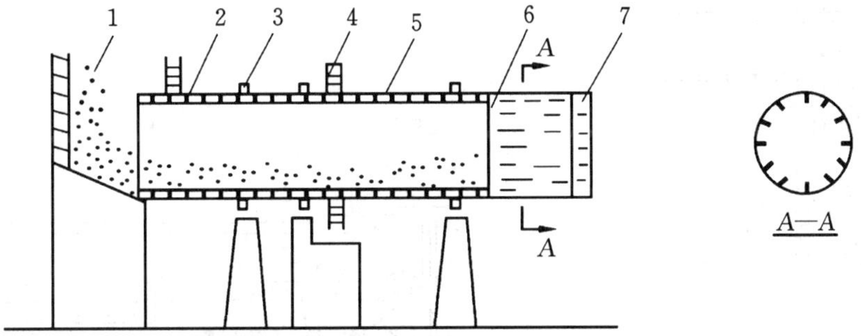

图 3.1 单筒式冷却机

1—下料口；2—筒体；3—轮带；4—传动齿轮；5—耐火砖；6—扬料板；7—出料端

(2) 多筒式冷却机

多筒式冷却机是由环绕在回转窑出料端窑体上的若干个（一般为 6～14 个）圆筒构成，筒内挂有链条，装有扬料板，以增强热交换效果，加速熟料冷却，其直径一般为 0.8～1.4 m，长度为 4～7 m（长径比为 4.5～5.5），筒体钢板厚 10～15 mm，冷却效率为 70%，出冷却机熟料温度为 200～250 ℃。其构造如图 3.2 所示。

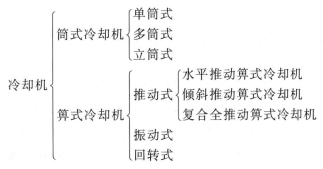

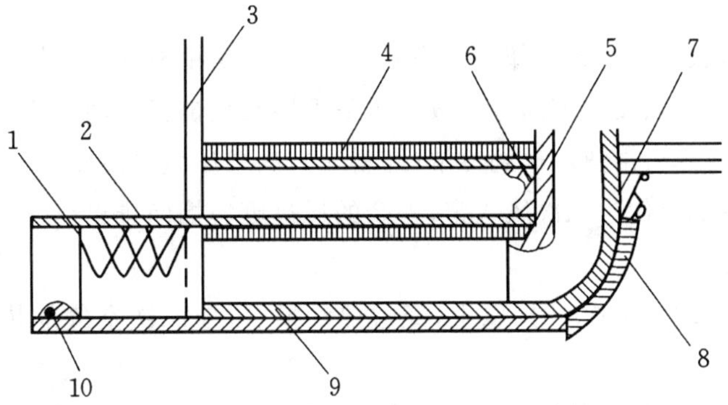

图 3.2 多筒式冷却机

1—筒体；2—链条；3—窑头挡板；4—耐火砖；5—可换套筒；6—接口铁；7—窑体；8—弯头；9—耐热材料；10—铁箅子

(3) 立筒式冷却机

立筒式冷却机是一种新型冷却机(图 3.3),适用于高产窑。立筒式冷却机内砌有耐火砖,装有轧辊,冷风由高压鼓风机送入,通过轧辊,穿过料层,使熟料呈悬浮状态进行热交换,得到急速冷却,冷却效率达 92%以上。25 mm 以上的大块压碎后经闸门卸出。

(4) 箅式冷却机

箅式冷却机又分振动式、回转式和推动式。推动式冷却机又分水平式、倾斜式和复合式。

① 振动式箅式冷却机

振动式箅式冷却机冷却效率为 90%以上,出冷却机熟料温度为 100 ℃左右,适合中型窑使用。其机身由钢板制成,分上下两层,上层内砌有耐火砖,中部有一烟囱,下层机壳上镶有箅板,热端为耐热铸铁制的方口箅板,冷端是辊式箅板,下层机身靠弹簧以 20°～22°角吊起,并以撑杆支持。冷端处有大弹簧,一端固定在机身上,一端固定在横穿机身的偏心轴上,电动机带动偏心轴,通过大弹簧的弹力带动机身做往复运动,由于机身不断振动而使熟料向前推进,同时熟料向两边撒开,形成一层跳跃的熟料层。但由于振动频率高、熟料不断向前推进,在 6～8 min 内,冷却机就可将熟料由 1200 ℃冷却到 100 ℃左右,这是通风机把冷风经风道送入箅板底部,穿过箅板与熟料进行热交换的结果。振动式箅冷机如图 3.4 所示。

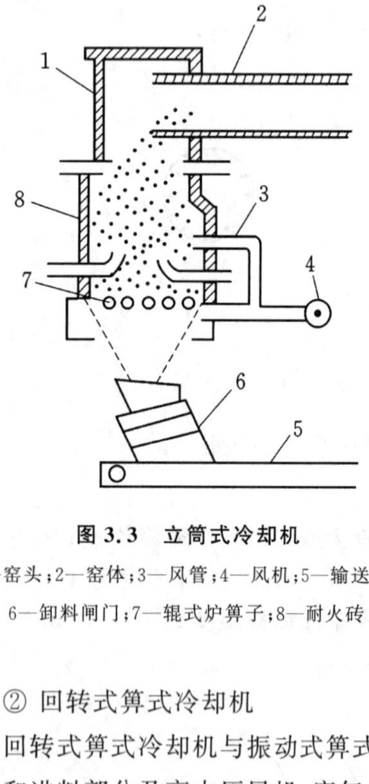

图 3.3 立筒式冷却机

1—窑头;2—窑体;3—风管;4—风机;5—输送机;6—卸料闸门;7—辊式炉箅子;8—耐火砖

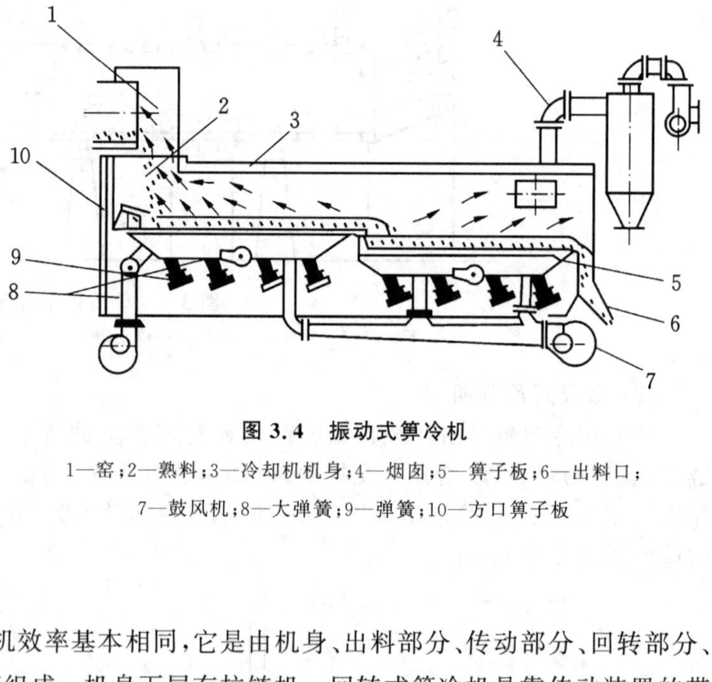

图 3.4 振动式箅冷机

1—窑;2—熟料;3—冷却机机身;4—烟囱;5—箅子板;6—出料口;7—鼓风机;8—大弹簧;9—弹簧;10—方口箅子板

② 回转式箅式冷却机

回转式箅式冷却机与振动式箅式冷却机效率基本相同,它是由机身、出料部分、传动部分、回转部分、风斗和进料部分及高中压风机、废气烟囱等组成。机身下层有拉链机。回转式箅冷机是靠传动装置的带动,箅床以一定回转速度将熟料由热端送到冷端(卸料端),高中压风机使冷空气通过箅床、穿过料层进行熟料冷却,空气被加热,一部分作为二次风入窑,多余的通过废气烟囱排出。

③ 推动式箅式冷却机

推动式箅式冷却机,冷却效率在 90%以上,经过热交换,可使二次空气加热到 400～800 ℃,一般适用于大中型窑。

水平推动箅式冷却机,如图 3.5 所示,是由箅床(分前后两截,为两室,靠近窑出料口的称热室,也称一室;靠近卸料端的称冷室,也称二室)、高中压风机、废气烟囱、传动装置、拉链机等组成。其工作原理是电动机带动摆轴,使箅床往复运动,推动物料前进。箅床上的小块物料和颗粒,通过箅床箅板孔进入底层，由拉链机拉出送入输送机。大块由箅床推出，经破碎后流入输送机。高中压风机将风送入箅床底部，穿过箅板孔穿透熟料层，与熟料进行热交换，使熟料冷却。高中压风机都设有闸板，风量可根据熟料冷却情况进行调整。

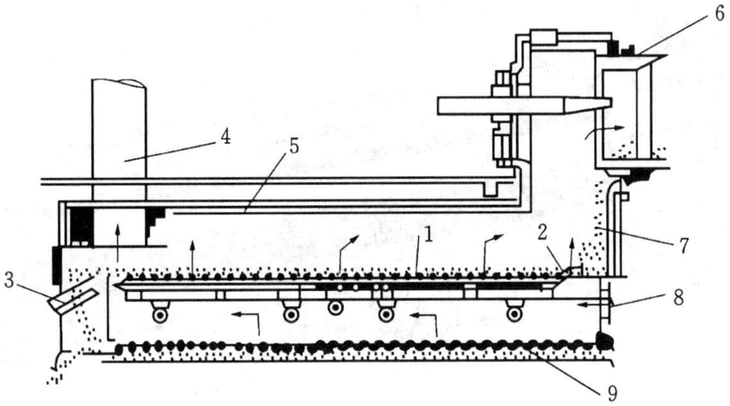

图 3.5 水平推动箅式冷却机

1—活动炉箅；2—固定短炉箅；3—筛；4—废气烟囱；

5—机身；6—窑；7—熟料；8—冷空气；9—拉链机

倾斜推动箅式冷却机，结构与工作原理和水平推动箅式冷却机的基本相同，不同的只是箅床倾斜安装。以前设计倾斜度为 10°，占据空间过多，在高压风吹送下，熟料运动速度过快，影响冷却，热效率低，热损失大，所以现在设计倾斜度一般为 3°～5°，这样就比水平式的冷却效率有很大提高，单位面积冷却负荷可达 2.3 $t/(m^2 \cdot h)$，而水平推动式单位面积冷却负荷只有 1.25 $t/(m^2 \cdot h)$。

福勒式复合式冷却机，是倾斜式与水平式的混合体(图 3.6)，其冷却效率高，冷却能力大，出机熟料温度可降至 80 ℃以下，适用于大型窑。福勒式复合式箅式冷却机机身一般分为三段，前两段倾斜，倾斜角为 5°，箅床较窄，推动速度较小，料层厚度可达 600 mm；第三段为水平推动式，箅床较宽，推动速度较快，熟料层厚度为 250 mm 左右。

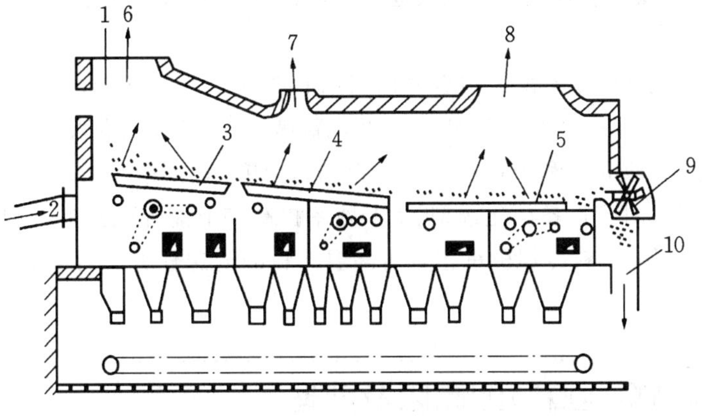

图 3.6 福勒式复合式冷却机

1—进料；2—冷却空气；3，4，5—箅床；6—二次空气；

7—废气排出；8—冷却机废气；9—熟料破碎机；10—卸料口

SF 交叉棒式第四代箅冷机，如图 3.7 所示。熟料输送与熟料冷却是两个独立的结构，箅床上的箅板全部固定不动，熟料由箅床上部的推料棒往复运动推动熟料向尾部运动。来自鼓风机的冷风送至装有自动调节阀的箅板，再穿透熟料层，对熟料进行冷却。第四代箅冷机具有模块化、无漏料、磨损少、输送效率高、热回收效率高、运转率高、重量轻等特点，已成为当前水泥工业冷却机发展的主流。

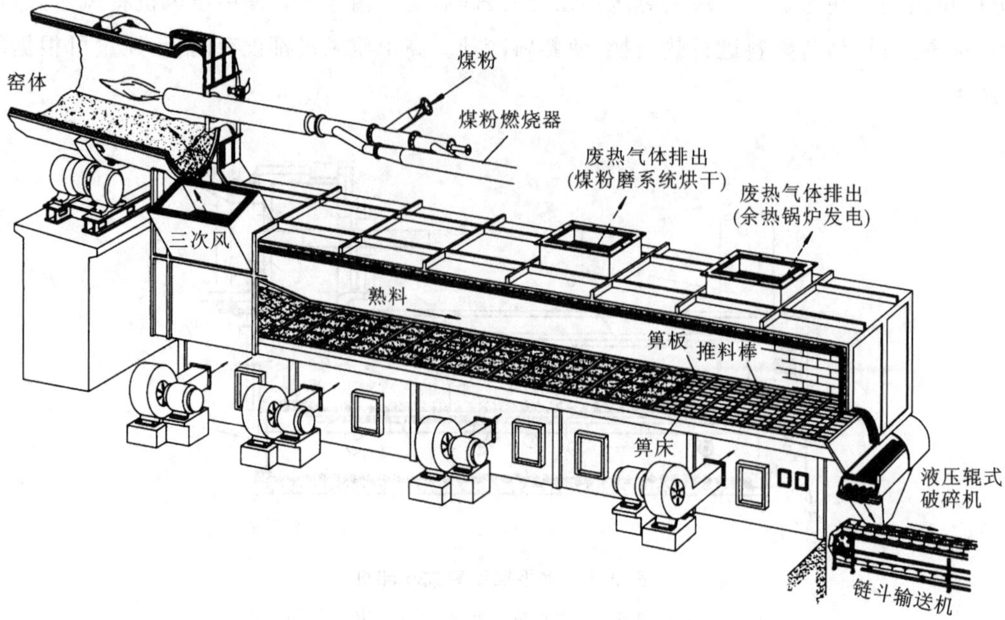

图 3.7　第四代箅冷机

3.8　熟料冷却机有何作用

(1) 作为一个工艺装备，熟料冷却机承担着对高温熟料的骤冷任务。骤冷可阻止熟料矿物晶体长大，特别是阻止 C_3S 晶体长大，有利于熟料强度及易磨性能的改善；同时，骤冷可使液相凝固成玻璃体，使 MgO 及 C_3A 大部分固定在玻璃体内，有利于熟料安定性的改善及增强抗化学侵蚀性能。

(2) 作为热工装备，在对熟料进行骤冷的同时，熟料冷却机承担着对入窑二次风及入炉三次风的加热升温任务。在预分解窑系统中，尽可能地使二、三次风加热到较高温度，不仅可有效地回收熟料中的热量，并且对燃料(特别是中低质燃料)起火预热、提高燃料燃尽率和保持全窑系统有一个优化的热力分布都有着重要作用。

(3) 作为热回收装备，熟料冷却机承担着对出窑熟料携出的大量热焓的回收任务。一般来说，其回收的热量为 1250～1650 kJ/kg・熟料。这些热量以高温热随二、三次风进入窑、炉之内，有利于降低系统煅烧热耗，以低温热形式回收亦有利于余热发电。否则，这些热量回收率差，必然增大系统燃料用量，同时亦增大系统气流通过量，对于设备优化选型、生产效率提高和节能降耗都是不利的。

(4) 作为熟料输送装备，熟料冷却机承担着对高温熟料的输送任务。对高温熟料进行冷却有利于熟料输送和贮存。

3.9　多筒冷却机漏料(回料)的原因及处理

多筒冷却机漏料(回料)是指物料从冷却筒和弯头接缝中漏出。

3.9.1　原因分析

多筒冷却机是由环绕在回转窑出料端窑体上若干个(一般为 6～14 个)圆筒所构成。冷却机筒体直径一般为 0.8～1.4 m，长度为 4～7 m。筒体一般用 10～15 mm 厚钢板制成，热端用一弯头连接在窑的筒体上，热端和弯头内砌有耐火砖和耐热钢板，冷端装有扬料板或链条等，冷端用一钢带固定在窑体板凹槽内。

多筒冷却机漏料(回料)是指物料从冷却筒和弯头接缝中漏出。造成多筒冷却机漏料的原因主要是窑体和冷却筒的连接部件，即弯头活套进冷却筒端部，其缝隙因热胀冷缩而不能采用固定的密封方法。

当窑在回转过程中,熟料自弯头进入冷却筒,总有一部分熟料随着回转出现"回料",从缝隙中漏出,这就是所谓的多筒冷却机漏料,又称回料。

3.9.2 处理办法

(1) 故障处理对策

多筒冷却机发生漏料现象后,要及时组织人员清除泄漏在地面上的熟料,一般每班须每隔 1～2 h 清理一次。

(2) 故障预防对策

改进弯头及其连接部分结构,可达到预防漏料的目的。

① 对于 70°弯头,可在冷却筒进料端端盖与耐热钢衬板之间加装一隔热层,端盖上密封槽内设置密封环和密封管环,再以适当间隙套在弯头的插入段上。弯头受热位移时,密封环随弯头移动,始终封住端盖孔与插入弯头之间的缝隙,从而挡住了熟料外漏。

② 对于 90°弯头,可在冷却筒进料端设置端盖法兰,弯头插入段也活套法兰,中间用石棉绳封好,两者用螺栓紧固在一起,弯头可以自由伸缩,而密封装置始终不动,从而封死了端盖孔与插入弯头之间的缝隙,阻挡了熟料外漏。

实践证明,采用以上两种措施,均能起到密封防漏效果。其中第②种措施简单可靠,有条件的话,可把多筒冷却机弯头都改成 90°这种形式。

3.10 单筒冷却机有何优缺点

单筒冷却机(图 3.8)属逆流式气固换热装备,具有工艺流程、操作、结构简单,运转可靠,热效率较高,无废气和粉尘排放等优点。它同回转窑的相对布置,可采用顺流及逆流两种方式。从窑头罩抽取三次风,同样可应用于预分解窑。其不足之处在于冷却风量较小,高温熟料难以骤冷,出冷却机熟料温度较高,散热损失较大,熟料冷却程度受熟料颗粒制约等。因而随着箅冷机的研制成功,单筒冷却机有逐渐被取代之势。

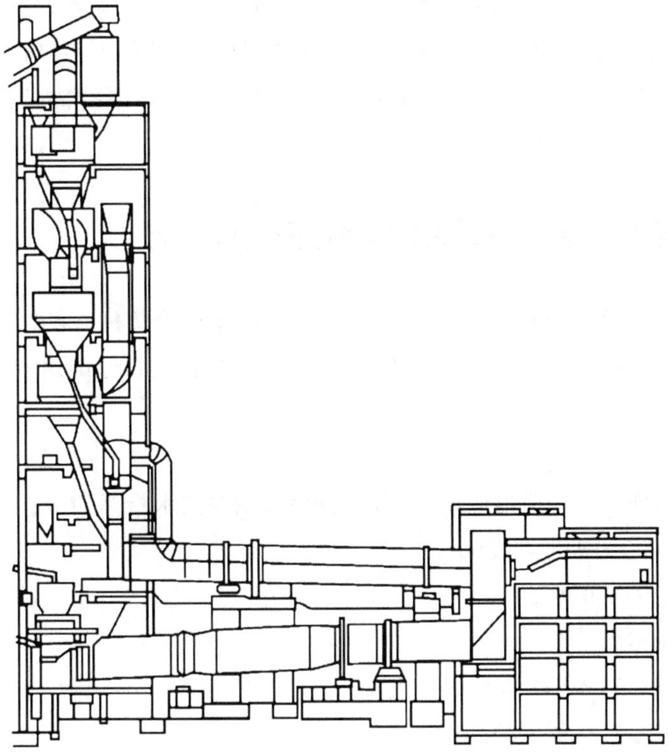

图 3.8 2500 t/d PR 窑单筒冷却机工艺布置

单筒冷却机筒体一般直径为 2.0～5.0 m，长度为 20～50 m，长径比为 10～12，斜度为 3%～4%，单位容积产量为 2.5～3.5 t/(m^3 · d)，冷却机出口熟料温度为 150～300 ℃，二、三次风温为 400～750 ℃，热效率为 55%～70%。

3.11 单筒冷却机积料（堆雪人）是何原因，如何处理

单筒冷却机与回转窑相似，是一个支承在托轮装置上的倾斜旋转筒，直径为 1.2～3.8 m，长度为 10～40 m，长径比（L/D）为 10 左右，斜度为 3%～4%，由单独传动机构带动，转速为 3～6 r/min。单筒冷却机筒体靠近热端，衬以耐磨及中等耐火度的黏土砖和金属衬板，在筒体内装有槽形扬料板，末端焊有与筒体等径的卸料箅子，以防大块熟料进入输送机。热端通过烟室与窑相连，并密封。热烟室内设有下料溜子，熟料通过溜子进入冷却筒内。

单筒冷却机在生产中常常因为以下原因而造成进口溜子积料，即堆雪人：

(1) 下料溜子角度小，熟料下滑力小，致使进料溜子容易积料。

(2) 下料溜子表面粗糙，熟料下滑时摩擦力大，使溜子容易积料。

(3) 出窑熟料温度过高，熟料表面存在部分液相，容易黏结进口溜子，造成积料。

(4) 熟料成分选择不当，窑内出现还原气氛，入窑煤粉波动或窑尾斜坡积料，窑内通风受阻，窑前火焰软绵无力，窑前飞砂迷漫。当窑料掺杂不完全燃烧煤粉产生结粒时，窑内还原气氛更加强烈，导致飞砂更剧烈，加剧了进口溜子的积料。

单筒冷却机积料（堆雪人）可采用如下处理方法：

(1) 单筒冷却机进口溜子积料即堆雪人后，要及时组织人员清堵。要建立交接班制度，确保单筒冷却机进口溜子没有积料堵塞或黏料现象。

(2) 加大单筒冷却机进口溜子角度，使之达到 50°以上，以增大熟料的下滑力。同时，选用那些热振稳定性好、耐磨、耐冲击的耐火材料砌筑溜子，保持溜子内表面光滑。

(3) 在下料溜子上设置清堵口或安装压缩空气喷吹装置，定时进行喷吹，减少溜子积料堵塞。

(4) 完善供煤系统，保持入窑煤粉的稳定，适当加长喷煤管，使其伸入窑口长度大于 0.5 m，保持窑口有一段冷却带，降低出窑熟料的温度。同时要选择适宜的熟料成分，保持窑内通风良好，减少还原气氛，抑制“飞砂”及熟料黏散等工艺问题。

3.12 可否采用高温黏合剂解决单筒冷却机的掉砖

某日产 700 t 窑外分解窑，熟料冷却采用 ϕ3.5 m×36 m 单筒冷却机。投产以来，冷却机掉砖问题十分突出，每年掉砖停窑时间高达 400～550 h。为了解决此难题，张宝泉等试用了 Wy-4 型高温黏合剂，收到较好效果，可供同行借鉴。

(1) 高温黏合剂的技术指标

Wy-4 型高温黏合剂外观形态为白色或灰白色稠糊状，主要技术指标如下：

湿密度为 2500 kg/m^3，耐火度≥1800 ℃。

荷重软化点为 1300～1350 ℃。

耐急冷急热次数＞20 次。

1400 ℃残余线变形 0.55%～0.85%。

1400 ℃加热后显气孔率 24%～29%。

煅烧冷却后抗压强度：

500 ℃时 2636.2 MPa；800 ℃时 3719.1 MPa；

950 ℃时 4350.2 MPa；1000 ℃时 3831.8 MPa；

1400 ℃时 2920～2940 MPa。

此种高温黏合剂的特点是常温下无强度，高温下强度高，最佳使用温度 800 ℃以上，烧后强度大于火砖强度，高温下黏合剂与火砖发生化学反应，能够将火砖牢牢黏结成一体，适用于硅、铝质耐火砖的砌筑。

(2) 施工中应注意的问题

在冷却机的高温区(进料端～10.5 m)和混合区(10.5～21.5 m)采用高温黏合剂砌筑磷酸盐耐磨砖。根据黏合剂特点，在施工中采取了如下措施：

① 将筒体用压缩空气吹扫干净，每块砖都用机布擦干净，以保证黏结效果。

② 高温区砖缝为 2～3 mm(否则会降低黏结效果)。

③ 混合区扬料斗底座间距离不一致，砖缝可灵活掌握，砌筑前量好尺寸，选好砖，确定每一环的砖缝厚度，最大砖缝为 5～6 mm。

④ 砖砌完成后，用 3 mm 厚钢板夹紧。

⑤ 在砖砌完后，要用气焊逐个砖缝加热、烘烤，通过加热烘烤使火砖热面以下至少 20 mm 深的黏合剂与火砖发生黏结反应，产生强度，以确保开动冷却机后不掉砖。

⑥ 下料前，冷却机不转，料入冷却机后，先打慢转，在机内多存一些高温熟料对砌体进行加热升温，加速黏合剂与火砖的黏结，4 h 后转入正常转速。

(3) 使用高温黏合剂的效果

① 耐火砖黏结牢固，消除了扭曲、炸裂现象。检修扒砖时，高温区残砖仅剩 40～50 mm，砖面仍然平整，磨损均匀。

② 火砖抗冲击性显著增强。混合区的耐火砖工作条件极为苛刻，既受扬料斗底座的挤压，又受高温熟料的冲刷、磨损，有时还受到脱落扬料斗和大块窑皮的强力冲击。采用黏合剂后，每一环的火砖都是一个整体，整体强度增强，不容易出现炸裂、断裂现象，大大延长了火砖使用寿命。

③ 经济效益较好。采用黏合剂后，高温区火砖使用寿命由 120 d 延长到 342 d，混合区 10.5～19.5 m 这一段使用寿命延长，全年减少火砖用量 200 t，同时冷却机掉砖停窑时间减少 150 h，增产熟料 4500 t。

(4) 使用中应注意的问题

① 采用高温黏合剂，砌筑和烘烤十分重要，砖缝必须饱满且必须保证一定厚度。

② 筒体变形严重，使用黏合剂也不能消除掉砖现象。

③ 工作温度低于 600 ℃，黏合剂的黏结作用不明显。比如混合区末端 2 m，采用黏合剂后，掉砖仍时有发生，主要是工作温度低，黏合剂未充分发挥作用所致。

④ 此种黏合剂还可用在窑罩、预热器侧墙、回转窑过渡带等处，在静态部件上使用，效果更好。

3.13 提高单筒冷却机运转率的若干措施

相对于箅式冷却机而言，单筒冷却机具有投资省、热回收效率高、没有废气污染等一系列优点，尤其适合于 1000 t/d 以下的回转窑生产线使用。目前国内数十条 600 t/d 五级旋风预热器窑生产线，大多都采用规格为 ϕ3.2 m×36 m 的单筒冷却机(其型号为 LT3236)。由于设计、制造及使用等方面的原因，这些冷却机普遍存在运转率偏低的问题，使熟料冷却成了许多水泥厂生产线上的“瓶颈”环节，很大程度上制约了整条生产线达标达产的实现。邓京林根据其在 LT3236 型冷却机设计、制造及使用等方面的经验，提出了提高单筒冷却机运转率的若干措施，可供水泥行业同行参考。

(1) 进料溜斗的两侧必须开设捅料孔门

熟料从窑口出来之后，经进料溜斗进入冷却机时，往往由于原料成分或看火工操作方面的问题，出现回转窑烧成带前移现象，使部分熔融状态的高温熟料落入溜斗斜坡后发生黏结而造成熟料的大量堆积，俗称“堆雪人”。如进料溜斗两侧开有捅料孔门，无须停窑，就能够将“堆雪人”现象消灭在萌芽状态，否则将堵塞进料口，使熟料无法进入冷却机而被迫停窑处理。

为避免因“堆雪人”而造成停窑损失，进料溜斗的两侧务必开设捅料孔门，随时防止熟料在冷却机进料口发生堆积。

(2) 进料端密封装置应当增设返料勺

国内有很多单筒冷却机进料端采用了迷宫式与石墨块摩擦式结合的组合型密封，其结构如图 3.9 所示。这种形式的密封用在回转窑窑头比较合适，因为窑头所泄漏出来的物料基本上为粉状煤灰，进入迷宫槽后能够顺利排出，不会发生卡阻现象。而冷却机进料端所溅洒出来的物料，多为比较粗大的颗粒状熟料，落入迷宫槽后很容易因排料不畅而发生卡阻，使冷却机运行阻力突然增大，电动机电流随之急剧增大，如不及时停机清理将引发事故而使密封装置或传动部分遭到破坏。

为杜绝密封装置因熟料落入而发生卡阻事故，有必要在冷却机筒体的进料端装设返料装置，即安装一个随筒体运转的返料勺。如图 3.10 所示，该返料勺能将抛洒出来的熟料及时收集并倒入进料溜槽而喂入冷却机，返料勺的作用非常明显，它能彻底解决密封处漏料的问题，正在使用的几台冷却机在未装返料勺之前，平均每台冷却机每天漏出熟料多达 3～4 t，增设返料勺不仅可以减少漏料，而且更重要的是不会再有卡阻事故发生。

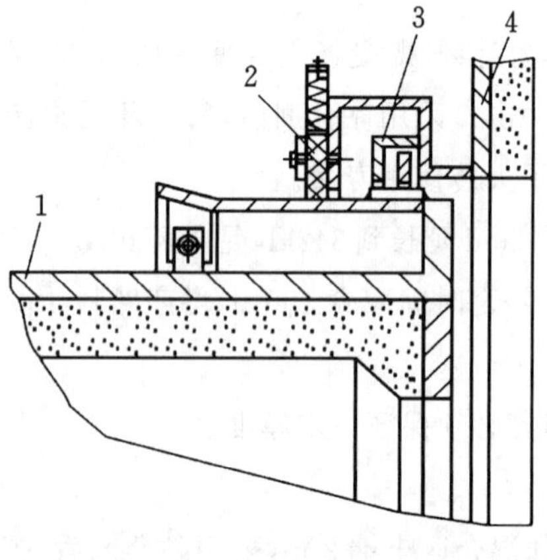

图 3.9　改进前的密封装置

1—筒体；2—石墨块；3—迷宫槽；4—进料锥斗

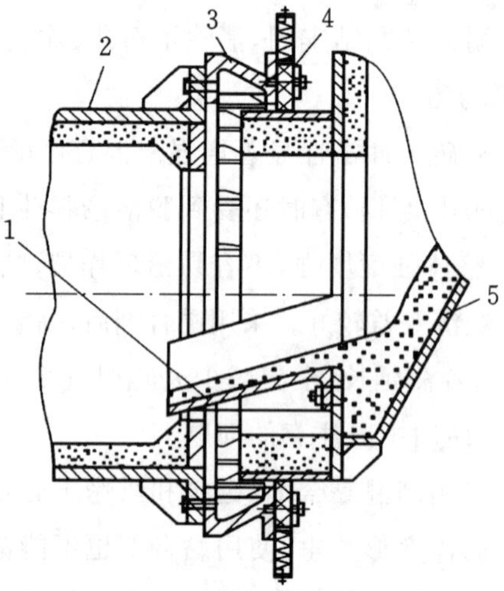

图 3.10　改进后的密封装置

1—进料溜槽；2—筒体；3—返料勺；4—石墨块；5—进料锥斗

(3) 进料端筒体护口板的改进

LT3236 型冷却机，其筒体进料端原结构如图 3.11 所示，护口板采用了耐热钢板整体焊接的结构形式，由于此处工作温度较高，通常在 1100 ℃以上，使用时间不长，耐热钢板就发生严重扭曲变形，甚至脱焊，其上敷设的高强度浇注料也因此开裂并脱落，使筒体遭到损坏，并殃及外部的密封装置，用户经常因此停窑处理而遭受较大损失。有的用户在检修时采取增加护口板上加强筋数量的办法来防止变形和脱焊，但运转结果表明仍然无济于事。原因是整体形式的护口板在高温状态下热应力过大，靠加强筋的作用难以克服其变形。

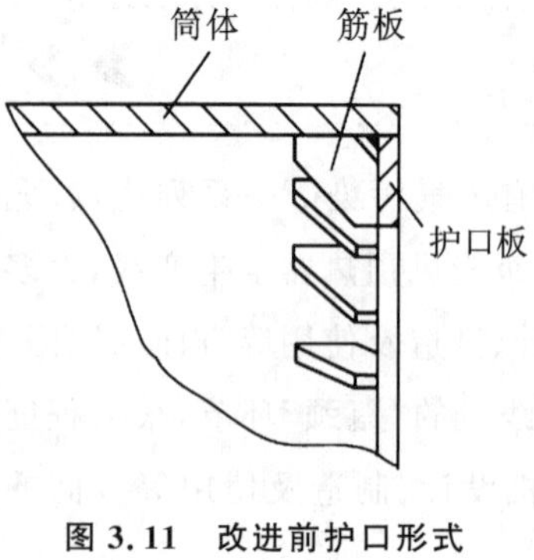

图 3.11　改进前护口形式

为从根本上解决浇注料容易脱落问题，生产者借鉴窑口护板的结构形式对冷却机护口板结构进行了改进，将其由整体焊接结构改为多块分体结构，并通过螺栓固定在筒体上，如图 3.12 所示。其材料由 1Cr18Ni9Ti 耐热钢板改为 ZG3Cr22Ni4N 耐热铸钢，两者成本基本相当，但使用效果却有明显差异。改进后的结构已分别用于渑池、铜陵等多家水泥厂，两年来未出现因进料端口出问题而停窑。

(4) 适当增加耐火砖区长度

在总长度一定的情况下，延长耐火砖区，势必缩短扬料斗区，这对提高冷却机热效率、降低熟料出口温度是不利的，然而这对提高冷却机运转率却十分有利。因为耐热钢扬料斗工作温度越高，所遭受的磨损、腐蚀作用就越剧烈，特别是在高于 900 ℃时，熟料存在较强烈的碱蚀作用，其损坏将更为频繁，不仅影响运转率，也造成备件成本的大幅度上升。

(5)取消砖斗混合区

传统的单筒冷却机高温区段的扬料装置采取了耐火砖与耐热钢扬料斗混合布置的形式(图 3.13)，但从实际使用情况来看，取得成功的并不多见。某厂使用的国内首台 LT3236 型冷却机就采用了砖斗混合区，然而五年多以来使用状况却令人失望。掉砖问题一直困扰该厂，混合区成了冷却机事故多发区。究其原因一是耐火砖与扬料斗两者在高温状态下线膨胀系数相差较大，二是扬料斗较易于出现松动、变形、断裂等情况，对砖的稳定造成很大危害。

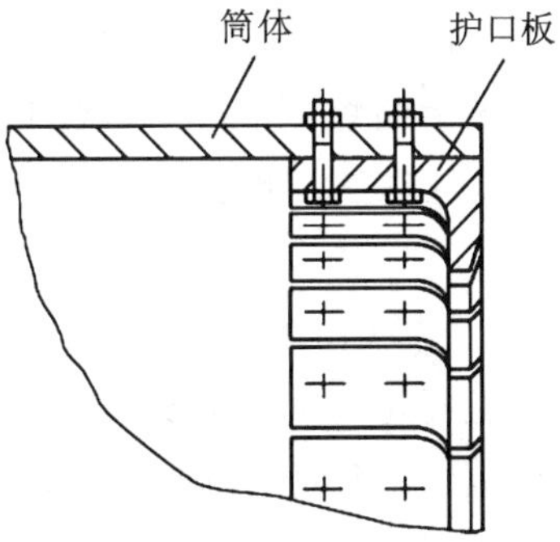

图 3.12 改进后护口形式

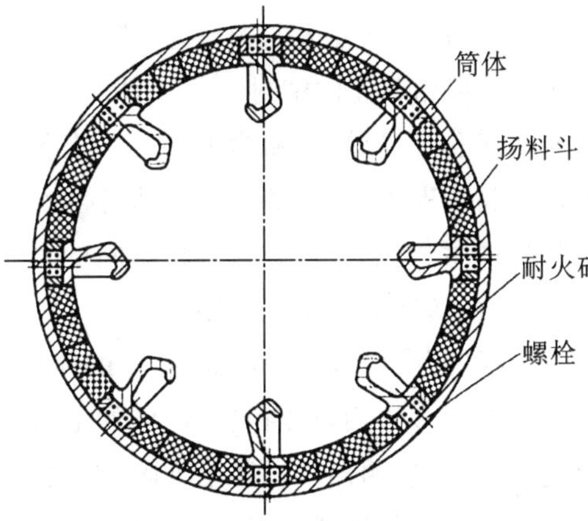

图 3.13 砖斗混合结构

该厂新结构的单筒冷却机取消了砖斗混合区，代之以耐热衬板与扬料斗混合区(图 3.14)。衬板、扬料斗与筒体之间浇注 8～10 cm 厚的隔热浇注料，以降低筒体表面温度，减少散热损失。实践证明，这种形式的扬料装置有利于运转率的提高。

(6) 预防衬板和扬料斗固定螺栓松动

衬板、扬料斗一般都是通过螺栓固定于筒体之上，由于冷却机运转速度较快，筒体转速通常都在 3 r/min 以上，衬板、扬料斗在工作时都要承受一定的冲击或振动，如不采取有效的防松措施，螺栓将很快出现松动。由于螺栓的松动，浇注在筒体与扬料斗、衬板之间的隔热浇注料将随之发生松动，最终引起脱落，使筒体温度因此而上升，不仅影响其寿命，也将增加表面散热损失。此外，螺栓松动对扬料斗、衬板本身的使用寿命也有不良影响，轻则引起热变形，重则造成脱落。一旦发生脱落，

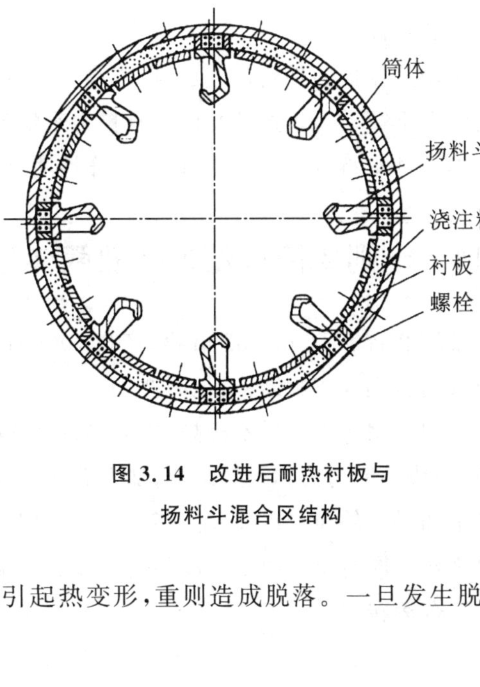

图 3.14 改进后耐热衬板与扬料斗混合区结构

将有可能大面积砸坏其他扬料斗或衬板，因此螺栓防松问题应予以高度重视。

可采用止动垫片防松的办法，如图 3.15 所示，垫片的一端焊接在筒体之上，另一端待螺母拧紧后折起，使其紧贴螺母边缘，能较好地解决松动问题。

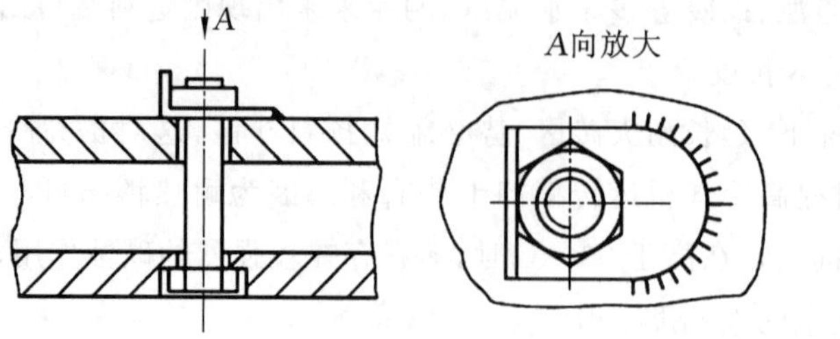

图 3.15　螺栓防松结构

(7) 合理选择扬料斗和衬板的材料

制造单位在设计时往往对制造成本考虑过多而对用户关心的使用寿命考虑不够，许多用户在冷却机投入使用一年左右就要全面更换扬料斗或衬板。用户在更换时一定要根据使用情况重新选择材料，充分考虑材料的性价比，有些材料价格虽然贵一点，但使用寿命却可以成倍延长，算起总账来往往很划算。

目前国内常用的耐热钢材料中，ZG4Cr25Ni20Si2 用在高温区（700 ～ 950 ℃）比较合适，ZG3Cr22Ni4N 适合用在低温区(350～700 ℃)，这些材料在正常使用条件下，寿命可超过两年。

(8) 加强大小齿轮罩壳的密封

单筒冷却机工作环境较差，粉尘浓度一般都很高，如果大小齿轮罩壳密封不良，就会渗入大量粉尘，使润滑油不能保持应有的清洁，势必加剧大小齿轮的磨损，使其寿命大大缩短。生产的多台 LT3236 型冷却机大小齿轮的材料、热处理方式都是相同的，然而使用寿命却相差悬殊。因此加强大小齿轮罩壳的密封，保持润滑油的清洁显得十分重要。

(9) 采用液压推力挡轮，延长轮带、托轮的使用寿命

老式单筒冷却机多采用机械挡轮，筒体的上窜和下滑依靠人工调整托轮的歪斜角度来实现。如当观察到下端挡轮转动时，说明筒体滑移至下限，应立即调整托轮，使筒体上窜；当窜至上限，上端挡轮随之转动，则应及时重调托轮，使筒体下滑。平均每个班需调整一至两次，不仅十分烦琐，而且托轮始终处于歪斜状态，不能与轮带保持平行接触，致使两者不能实现均匀磨损，甚至因调整不当而出现不正常的剧烈磨损，势必严重影响托轮、轮带的使用寿命。此外由于托轮调整不当而引起轴瓦过热或烧坏滚动轴承的情况也时有耳闻。

采用液压推力挡轮，不仅可以提高产品的自动化程度，而且可以彻底克服机械挡轮的上述不足。因为筒体上下窜动可通过控制液压缸推力来实现，同时托轮与轮带可以保持平行接触，托轮轴瓦或滚动轴承工作条件也将有所改善，所以其可靠性明显提高，对提高冷却机运转率很有益处。

3.14　一则单筒冷却机头部筒体密封改造的经验

某厂 2 台 ϕ3.2 m×52 m 窑，产量 600 t/d，熟料冷却采用 2 台 ϕ3.2 m×36 m 单筒冷却机。冷却机头部原采用石墨式密封结构，见图 3.16。

使用表明密封效果不理想，因石墨块滑槽受热变形及石墨块在滑槽中受粉尘积灰影响不能灵活滑动，石墨块不能与筒体很好结合，加上筒体头部摆动较大，导致石墨块局部磨损、破损严重，加大冷却机的漏风量和料灰外泄，造成环境污染。几乎每月都要派专人对石墨块进行修整、更换，增加了石墨块的消耗和检修费。同时检查中发现冷却机筒体头部端面法兰出现局部变形和裂纹，造成设备隐患，影响了回转窑的综合运转率。

为此，武沈立等对冷却机头部及密封装置进行了改造，改造后的结构见图 3.17。

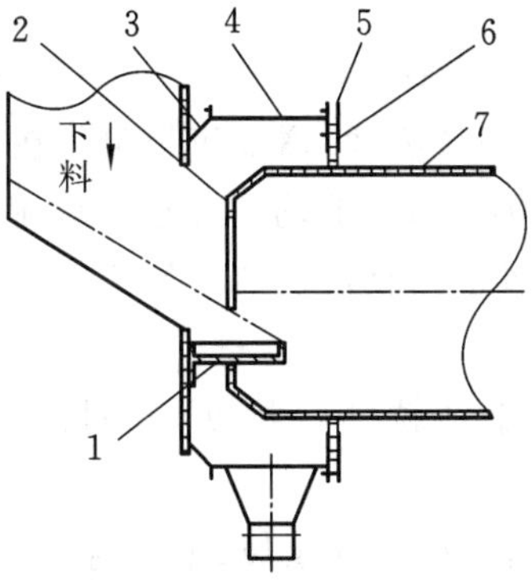

图 3.16 改造前单筒冷却机头部密封结构

1—下料托板；2—筒体端面法兰；3—连接锥；
4—密封套；5—石墨块滑槽；6—石墨块；7—筒体

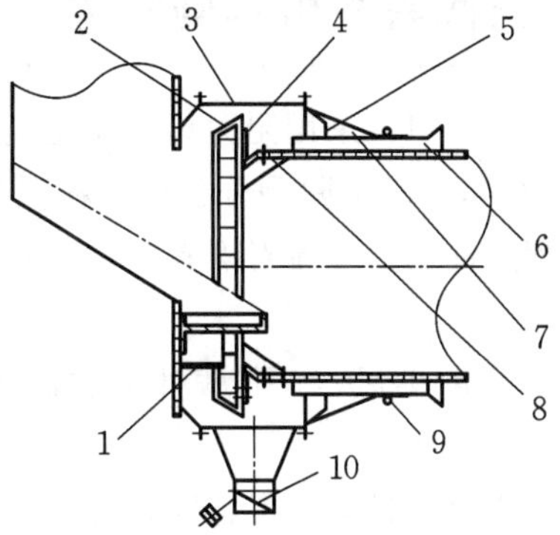

图 3.17 改造后单筒冷却机头部密封结构

1—半圆套筒；2—返料斗；3—密封套；
4—筒体端面法兰；5—密封锥体；6—冷风摩擦套；
7—密封片；8—筒体护板；9—钢丝绳；10—重锤阀

因筒体端面法兰及锥体部分开裂变形，所以改造时去除了原筒体端面法兰并将锥体端面切去 200 mm，焊上新法兰并用加强板固定。为便于安装，将护板和返料斗分开制作，各为 30 件。在筒体上开孔安装材质为 ZG3Cr25Ni19Si2 的护板，在新法兰上安装同样材质的返料斗。同时在连接锥板底部安装半圆套筒，用于接住下料托板侧部的料灰，使之进入返料斗，让料灰在返料斗中经筒体转动到达顶部，倒回下料托板中，返回流程。

另外，为降低维修成本，将石墨块式密封改为鱼鳞片式密封，密封片材质采用 1Cr18Ni9Ti，厚度为 1 mm，具有较强的耐磨性、耐高温性。为了降低温度又加装了摩擦套，提高了密封片的使用寿命。为保证密封片和摩擦套紧密结合，外挂钢丝绳，通过合理调节配重来达到密封要求。

制作安装时注意以下几点：

① 切割筒体端面锥体时要保证端面的平面度，在筒体上开护板孔时要注意均匀分布。

② 制作返料斗时要求内部返料板在 60°左右，确保料灰倒入下料托板上。返料斗之间端面接触处要有内外台阶，以防漏灰，见图 3.18。

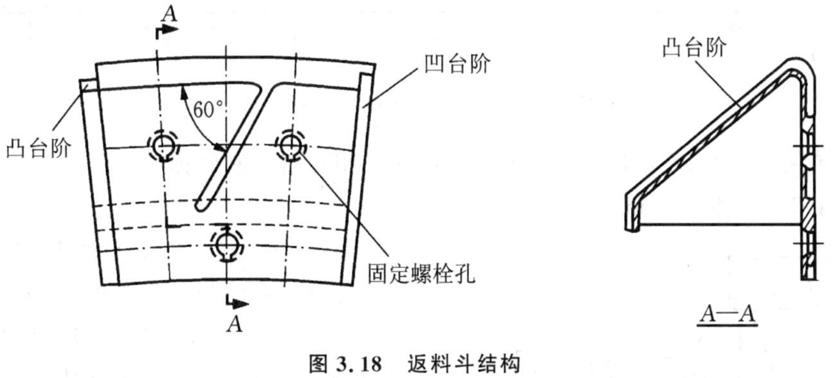

图 3.18 返料斗结构

③ 返料斗与连接锥立板间预留位置要合适，间距在 100～150 mm，预防筒体上下窜动时损坏料斗。

④ 摩擦套安装时要用调整螺栓调整同心度，径向跳动尽可能＜5 mm。

⑤ 钢丝绳拉紧配重要合适，合理确定钢丝绳的缠绕方向与位置。重锤太重，则磨损加剧；太轻，则压紧不好，影响密封效果。

改造后使用近 3 年，发现内部筒体护板、返料斗均保持完好。外部摩擦密封片仅磨损 40 mm，因此，将钢丝绳向头部移位 50 mm。这样，密封片还可使用 3 年以上。与原密封相比，漏风量明显减少，下灰锥斗基本没有漏灰。因头部加装了筒体护板，并在上面打了浇注料，增加了对筒体头部的保护，消除了设备事故隐患。

3.15 第三代箅冷机有何特点

(1) 箅冷机入口端采用阻力箅板及充气梁结构箅床和窄宽度布置方式，增加箅板阻力在箅板加料层总阻力中的比例，力求消除预分解窑熟料颗粒变细及分布不均等因素对气流均匀分布的影响。

(2) 发挥脉冲高速气流对熟料料层的骤冷作用，以少量冷却风量回收炽热熟料的热焓，提高二、三次风温。

(3) 由于脉冲供风，细粒熟料不被高速气流携带，同时由于细粒熟料扰动，气料之间换热速度增大。

(4) 高压空气通过空气梁特别是箅冷机热端前数排空气梁向箅板下部供风，增强对熟料的均布、冷却和对箅板的冷却作用，消灭“红河”，保护箅板。

(5) 设有对一段箅床一、二室各行箅板风量、风压及脉冲供气的自控调节系统，或各块箅板的人工调节阀门，以便根据需要进行调节。同时，一段箅速与箅下压力自动调节，保持料层设定厚度，其他段箅床与一段箅床同步调节。

(6) 第三代箅冷机不但杜绝了“红河”“雪人”现象，单位箅床面积产量可高达 50 t/(m^2 · d)左右，热效率可达 70%～75%，熟料热耗可降低 100 kJ/kg · 熟料左右。

3.16 NC-Ⅲ型第三代箅冷机基本结构及特点

NC-Ⅲ型第三代箅冷机由南京水泥工业设计研究院研发并已成功应用，其结构如图 3.19 所示。具有如下特点：

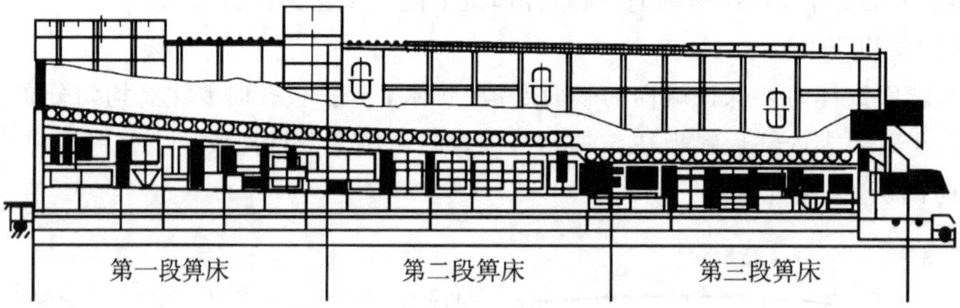

图 3.19 NC-Ⅲ型 5000 t/d 箅冷机

(1) 第一段箅床倾斜 3°，高温淬冷却区和热回收区采用高阻力凹槽箅板。

(2) 第二段采用水平箅床及低漏料开式凹槽箅板。

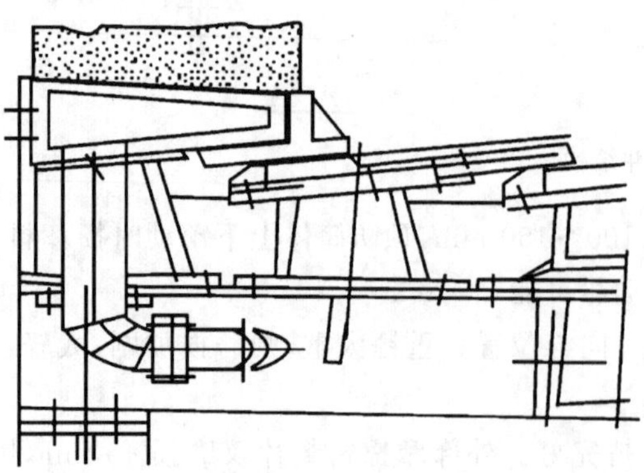

图 3.20 第一块活动箅板采用的特殊风冷却活动件结构

(3) 第三段采用水平箅床，并与第二段箅床间有一落差，采用 NC-Ⅱ型孔式箅板。

(4) 合理布风。第一段箅床根据粗细颗粒分布及料温变化，在箅床横向对不同单元和区域分别进行了细化供风和“鱼刺形”供风，满足高效、高阻和小流量的供风要求。同时，在第二段箅床前端亦采用“鱼刺形”供风，以进一步满足冷却换热要求。

(5) 入口活动箅床采用由新材料制成的高效骤冷及特殊风冷却活动件的新结构，如图 3.20 所示，不但可弥补活动箅床的不足，而且具有以下优点：

① 使落料失去“慢生根”起堆条件，不会产生“堆雪人”现象；

② 借助阻力箅板的均匀渗透性和对较薄料层的共同作用，形成“骤冷区”；

③ 采用耐热材料改善受料区机械可靠性，克服料层离析及不均匀性对通风的影响等。

(6) 采用厚料层操作。5000 t/d级箅冷机入料区设计料层厚度为600～700 mm，向尾部扩散到350～400 mm。

(7) NC-Ⅲ型充气梁阻力箅板和低漏料箅板均由耐热铸钢制成，不同区域采用不同材质。阻力箅板还具有纵向风槽、浅料盒、迷宫风道等结构，出口风速比第二代箅板高近10倍，使透风更加均匀。

NC-Ⅲ型第三代箅冷机，单位冷却风量约为2 Nm^3/kg·熟料，单位箅床面积产量40 $t/(m^2 \cdot d)$左右，出料温度为环境温度+65 ℃，热回收效率72%～75%。

3.17 TC型第三代箅冷机基本结构及特点

天津院TC型第三代箅冷机是20世纪80年代中期在引进Fuller公司第二代箅冷机设计和制造技术基础上研制开发的，并于20世纪90年代推广应用，其结构如图3.21所示。技术特点如下：

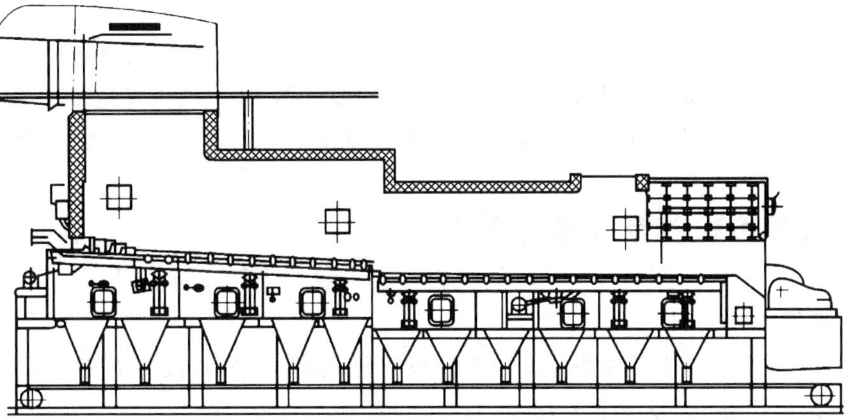

图3.21 TC型箅冷机结构示意图

(1) 采用TC型充气梁技术，研发了TC型充气箅板(图3.22)及TC型阻力箅板(图3.23)。

图3.22 TC型充气箅板

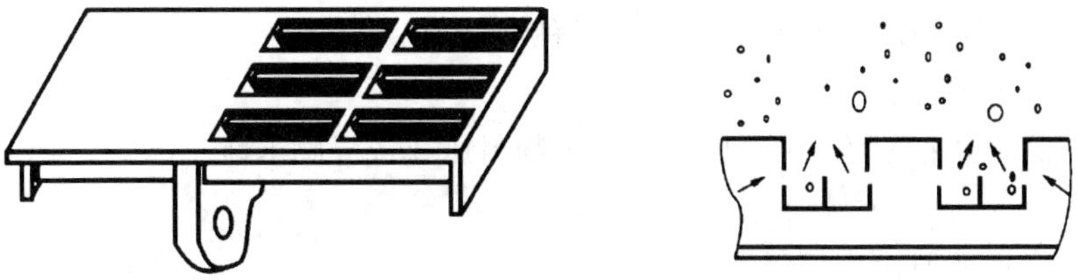

图3.23 TC型阻力箅板

(2) 采用厚料层冷却技术，中小型箅冷机设计最大料层厚600～650 mm，大型箅冷机则为700～800 mm。

(3) 合理配风(图3.24)。关键在于淬冷机和热回收区“充气箅床”配风适当。

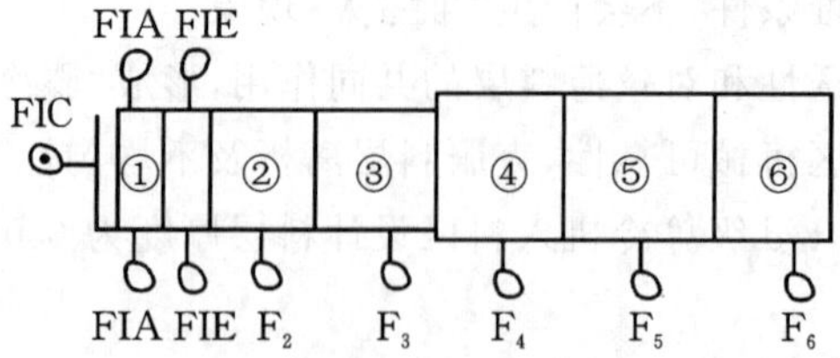

图 3.24　TC 型箅冷机风机布置示意图

(4) 全机箅床配置适当。如图 3.25 所示，淬冷高温区设置固定充气箅床，高温区设置活动充气箅床，中温区设置阻力箅床，低温区设置普通箅床，整机效率高，结构简单，维修方便。

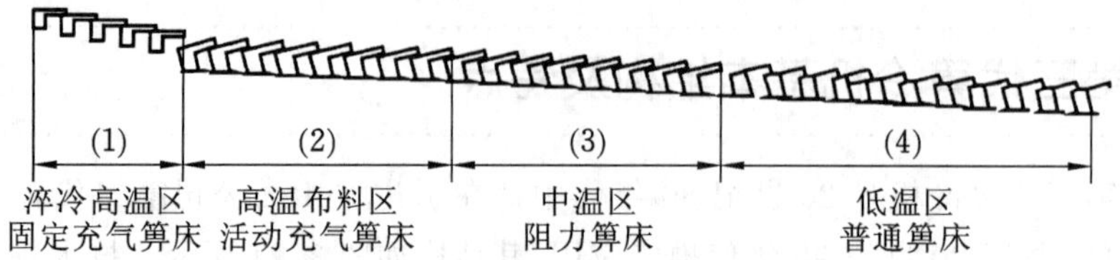

图 3.25　TC 型箅冷机组合箅床示意图

(5) 锁风良好，设置了全机自动控制和安全监测系统，保证了系统稳定安全运行。

TC 型第三代箅冷机单位冷却风量为 1.9～2.2 Nm^3/kg·熟料，二次风温达 1080 ℃，三次风温 850～950 ℃，出口熟料温度高于环境温度 65 ℃，热端箅板工作温度在 80 ℃以下，热回收效率一般为 72%～74%。

3.18　第三代箅冷机的常见故障处理

3.18.1　辊破失速

故障现象：箅冷机熟料辊破经常发生电机空转或不转，辊破未动作(没有旋转)，熟料无法破碎积压在辊式破碎机上造成破碎机上方大量熟料堵塞。

原因分析：

(1) 操作错误；

(2) 传动电机故障；

(3) 传动减速机损坏；

(4) 连接轴胀套打滑；

(5) 轴断裂；

(6) 速度开关故障；

(7) 物料压死或卡死或下料口堵塞卡死；

(8) 轴变形卡死；

(9) 破碎程序选择不合理，PLC 程序不合理或跳电；

(10) 报警或紧停未复位。

目前多次发生辊破失速故障的主要原因集中于物料压死或异物卡跳。

处理措施：

(1) 正确操作，严格按照操作规程操作；

(2) 传动电机故障停窑则对其进行修复或者更换；

(3) 传动减速机损坏时停窑更换；

(4) 连接轴胀套打滑时紧固螺栓；

(5) 轴断裂则立即停窑更换；

(6) 速度开关故障通知电气人员立即更换；

(7) 物料压死或卡死或下料口堵塞、卡死，则进行减速(箅床推速)，对下料口进行检查清堵处理；
(8) 轴变形卡死立即停窑更换；
(9) PLC程序不合理或跳电立即恢复正常程序和供电；
(10) 报警或紧停未复位时经操作检查后复位。

3.18.2 冷却机箅床传动失速(液压传动)

故障现象：常见箅冷机临停处理其他故障后，准备开机时发生冷却机箅床压死不动作或者开不了，或者在箅冷机减速操作后发生箅冷机箅床过负荷突然跳停。

原因分析：
(1) 油品不正确，油位过低；
(2) 操作错误；
(3) 报警或紧停未复位；
(4) 液压输送油管及接头漏油严重；
(5) 液压模块故障；
(6) 备用泵切换不正确；
(7) 液压缸平衡阀错误打开；
(8) 传动感应器错误安装或故障；
(9) 物料压死；
(10) 空气室积料过满抵住活动箅床大梁；
(11) 箅床机械卡死；
(12) 油泵电机烧了或其他报警。

但是根据现场实际情况分析，主要原因还是操作不当造成类似事故的发生，在机械传动时主要是因为启动箅床时未确认速度设定，结果高速启动冲断尼龙棒或者液偶、传动链条等，严重时会将箅床传动减速机拉翻。也曾发生过因活动箅床的支撑辊损坏且调整垫片脱落而导致活动箅床直接落在固定箅床上，阻力太大无法推动的故障。

处理措施：
(1) 操作严格遵循操作规程；
(2) 油泵电机烧了则立即切换备用泵进行更换处理，无备用机时必须停窑处理故障；
(3) 油管漏油严重或堵塞则进行处理或者更换油管；
(4) 各阀门开关不正确则严格按照操作要求操作；
(5) 过滤器堵塞或切换不到位则更换滤芯或者板阀；
(6) 泵回油压力调节器故障或回油过大则更换回油压力调节器，或者调整减少回油量；
(7) 安全溢流阀动作则调压或者进行更换处理；
(8) 压力低报警设定过高时进行调整处理；
(9) 压力表损坏时进行更换处理；
(10) 系统漏油严重时进行堵漏处理；
(11) 仪表报警故障时进行电器专业维修处理；
(12) 油品正确规范使用确保合理油位；
(13) 发生液压模块故障或者液压缸故障则进行更换；
(14) 回油电磁阀动作则检查工作回路是否正确。

同时组织检查机械和传动感应器的安装，为了防止事态恶化，发生箅床失速时必须按照操作规程进行减产操作或者临停处理，在开动箅床前必须将鼓风机开启并将风门开大，减少箅床启动负荷。发生空气室积料严重抵住大梁的情况时必须组织空气室放料操作，并检查积料来源，特别重点检查箅板是否开裂或者脱落，同时也有发生因加脂多而导致熟料粉尘和油脂混合物堵住灰斗下料口的情况，如果确实物料压死则立即停窑处理，待温度下降后组织清理箅床压料，清理中须注意安全。检修时重点检查内外支撑辊和间隙调整垫片是否点焊牢固，并建立完整的箅冷机检修台账。

3.18.3 冷却机空气室灰斗弧形阀跑风严重

故障现象：箅冷机空气室漏风严重，且漏飞砂，空气室压力得不到保障，空气室压力一直偏低。伴随着冷却机冷却效果差，熟料温度高等问题，同时箅冷机的二次、三次风温偏低，箅冷机热效率下降。

原因分析：

（1）弧形阀未关闭到位，漏风严重；

（2）阀内阀芯磨损；

（3）阀芯关闭不严或密封磨损；

（4）灰斗未存料粉形成料封；

（5）弧形阀传动故障；

（6）灰斗破裂跑风严重；

（7）操作错误；

（8）报警或紧停未复位。

处理措施：

（1）弧形阀未关闭则进行关闭处理，并调整开和关位置的限位开关状态；

（2）阀内阀芯磨损时进行补焊或者更换处理；

（3）阀芯关闭不严或密封磨损时进行补焊或者更换处理；

（4）灰斗未存料粉形成料封时，延长关闭时间，形成足够的料封；

（5）弧形阀传动故障时进行处理或者更换；

（6）灰斗破裂跑风严重时进行补焊和加固防振裂处理；

（7）严格按照操作规程操作。

3.18.4 国产第三代箅冷机的改进措施

（1）箅床传动十字滑块加设干油注入密封，加强十字滑块的密封和防磨损作用，这样可以减少空气漏风和减少十字滑块的磨损消耗。

（2）强化空气室漏料灰斗的料封作用，采用双层料位计控制空气室灰斗料位，这样可以保证空气室的压力，确保向箅板供风的压力。

（3）空气室分区需要科学合理便于巡检维修施工，建议模块化设计制造，检修门的安装和结构要合理。

（4）熟料破碎由高速锤式破碎机改进成为低速辊式破碎机，这样可以长时间地确保熟料破碎粒度。同时取消箅冷机尾部的链条、链幕。

（5）低温区采用高阻尼低漏料箅板，增大空气室风压和低温区料床厚度，这样可以确保熟料的冷却效果和降低熟料的最终出口温度。

（6）废气取风口风管内衬没有耐磨材料保护，建议采用低温耐磨捣打料实施内衬保护，减少钢风管磨损漏风。

（7）设备采取模块式制造安装，减少制造和安装时间，提高设备安装质量。

3.19 箅冷机运行操作和维护中需注意哪些问题

3.19.1 安装间隙的确定

箅板间的垂直间隙一般设为(3±1) mm，为保证组间的垂直间隙相同，前后两组应交迭进行安装，且每根箅板梁的制造公差应在同一范围内(即统一靠上偏差或下偏差)，以便于通过箅板梁支座下的调整垫片调整垂直间隙。

活动箅板与护板水平间隙原要求为 5～6 mm，若同一段箅板侧边平齐，直线度较好的话，此间隙控制为 3～4 mm 则更有利于降低细熟料的泄漏量。

每排箅板相互间水平间隙虽不十分重要，但也尽可能保持在 2～3 mm，若因最初安装水平间隙大或运行一段时间后水平间隙变大，可在检修时在间隙大处塞焊适当厚度的耐热钢板。集料斗电动弧形阀的阀板与壳底间的间隙出厂值为 15～20 mm，但从运行情况看，间隙过大，无法锁风和控制细熟料，应调为 2～4 mm。箅板和护板安装间隙见图 3.26。

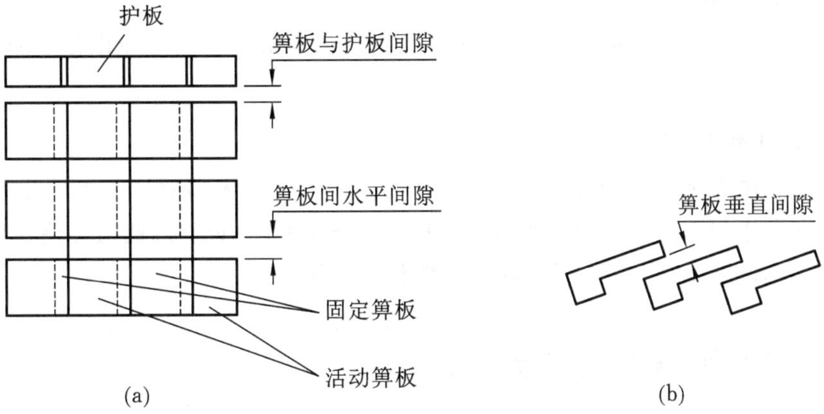

图 3.26 箅板和护板安装间隙示意

3.19.2 漏风的控制

由于采用了高阻力箅板技术，分多个室、排、区单独供风，各部位的风量、风压均有严格要求，所以充气梁、供风管路、室间隔板、观察门和电动弧形阀等处的漏风量须严格控制，安装时各固定部位要求焊接的地方必须实焊，不允许不焊或断续焊，运行中经常检查各处有无漏风情况，若有则须认真处理。

3.19.3 料层厚度和各室风压

料层厚度的控制是通过控制箅下压力、箅床推动速度来实现的，一段箅床料层厚度宜控制在 600～800 mm，二段为 500～700 mm。为便于观察料层厚度，可在侧墙易观察部位设料层厚度标识，通过对料层厚度以及物料沸腾状况的观察与箅下压力进行对照，摸索出各段风室（第 2、5 和 8 风室）的箅下压力，以此作为生产中调整各段箅床推动速度的主要参考依据。通过观察，一段第 2 室的风压一般在 6000～6500 Pa 之间，二段第 5 室风压一般在 4500 Pa 左右，三段第 8 室风压一般在 3000 Pa 左右；其他的风室也应经常注意风压的变化，如有变化应及时检查风室、工艺管道及风机是否有异常情况。

3.19.4 液压传动的工作压力

液压传动的工作压力在中控显示，各段液压压力控制报警值为 12.5 MPa。正常工作：一段压力在 8.5～10.0 MPa，二段压力在 9.5～10.5 MPa，三段压力在 7.0～9.0 MPa。不允许在最大工作压力下运行，如果超出正常控制值很可能出现压死箅床的现象。因此，当出现箅床液压压力较大时，应该及时提高箅速，必要时可把窑的转速适当降低并减少入窑生料，待达到正常工作压力时方可提窑速，再加入窑生料，同时也要保证箅床上的料层厚度。

3.19.5 箅床运动速度

正常时一般一段箅速为 6～8 次/min，二段箅速为 13～17 次/min，三段箅速为 17～21 次/min。给定箅速时，每次加速幅度不能超过 6 次/min，启动、停车速度不能高于 8 次/min；每次停机时给定速度不能设置为零，一般为 2～5 次/min；开车启动液压油泵时，必须在给定速度之后再“给定释放”，不允许长时间不给定。每次速度给定时间间隔 5 min，等速度稳定之后再次提速。

3.19.6 箅板温度

第 3 排和第 6 排各有 2 块箅板下设有温度测点，设定报警值≤65 ℃。每小时做一次记录，温度发生较大变化要及时采取加大冷却风量、调整箅床速度等措施。必要时通知相关人员查明原因。

3.19.7 相邻两次提高产量操作间隔时间

每次提产时生料喂料量变化幅度不能超过 20 t/h，间隔不能小于 1 h，特殊情况可根据现场实际情况而改变。

3.19.8 料层厚度的判断

根据投料量、窑速、箅速、箅冷机工作压力、链斗输送机的电流及窑头工业电视观察到的下料情况综合判断。

3.19.9 减小细颗粒熟料量

在箅床上，由于颗粒离析，一侧聚积了大量细粉，另一侧主要是大颗粒。由于空隙率不同，空气分配不均匀，细粉侧温度常达到 200～400 ℃，而另一侧只有 50～150 ℃，说明两侧阻力差异很大，因而通风情况显著不同。所以需通过合理的配料、操作减小细颗粒熟料量。

3.20 REPOL-RS 型箅冷机的基本结构

伯力休斯公司 REPOL-RS 型箅冷机(图 3.27)，进料端装设喷射环阻力箅板。这种阻力箅板在充气量为 100 $Nm^3/(m^2 \cdot min)$时，阻力达 2500 Pa，可以保证各个箅板的均匀供风。伯力休斯公司根据冷却机功能，将全机分为三个区域，最前端为骤冷回收冷却区，称 QRC 区，目的在于生产高质量熟料；随后为热回收冷却区，称 RC 区，目的在于尽可能多地回收热能；最后为冷却区，即 C 区，目的在于将熟料冷却至规定温度，三个区的划分及其功能示意如图 3.28 所示。

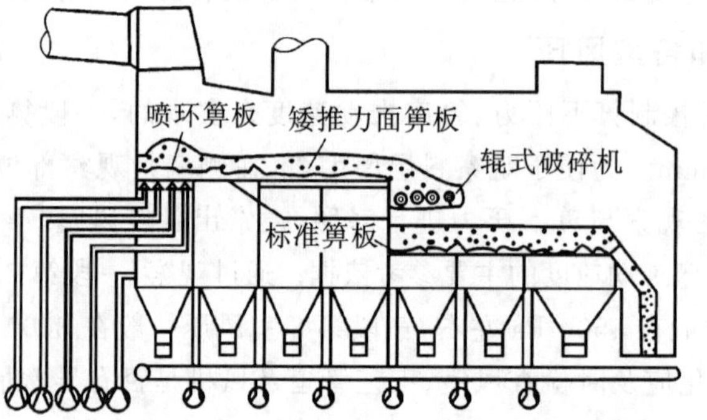

图 3.27 REPOL-RS 型箅冷机

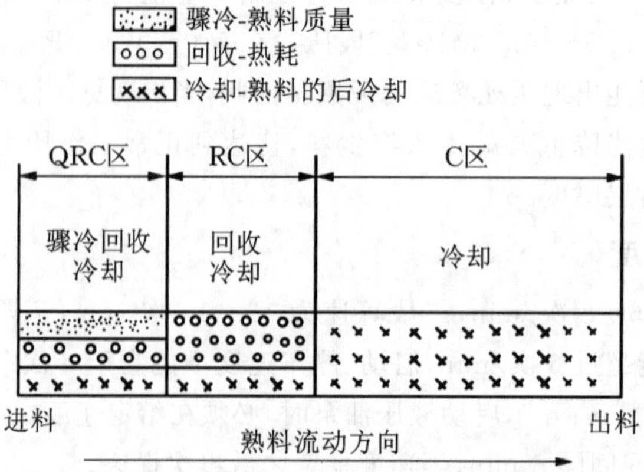

图 3.28 REPOL-RS 型箅冷机三个充气区划分及其功能示意图

在 QRC 区，为了获得高质量熟料，必须把进入箅冷机的温度达 1370 ℃的高温熟料迅速摊开，进行骤冷，为此该区箅床设倾斜箅板，以加快熟料输送速度和减薄料层。由于 QRC 区倾斜，而 RC 区箅板呈水平排列，使 RC 区料层加厚，可达 800 mm 左右，从而可以获得最佳的热回收效率。为了提高 C 区的换热效率，在 RC 区和 C 区之间安装了一台辊式破碎机，用于对大块熟料及窑皮的破碎。

REPOL-RS 型箅冷机进料区倾斜 4°，箅上安装喷射环箅板，紧接其后安装矮推力面箅板，以减慢熟料输送速度，加厚料层，经过一个阶梯后，又装设标准箅板，保持厚料层直到出料端。

3.21 各代箅冷机箅板如何设计

箅板和箅床结构是箅式冷却机最重要的零部件，它决定箅床上熟料层厚度，也就决定了箅床单位面积产量。它还决定了冷却机供风系统和冷却机热回收效率。箅式冷却机的第一、二、三代产品主要表现在箅板及箅床结构的改进上。

3.21.1 第一代箅冷机箅板的设计

20 世纪 70 年代我国设计的第一代箅冷机的箅板，其活动箅板高度为 60 mm，行程为 100 mm，适用的熟料层厚度为 180～185 mm，相应的箅床单位产量为 20～25 $t/(d \cdot m^2)$。

这种结构箅床，要求活动箅板与托板之间间隙保持在 3～5 mm，当该间隙磨损增大后，可在托板与固定梁之间加垫垫高，使该间隙仍保持 3～5 mm，否则当间隙增大时，其间楔入大颗粒熟料，会增大箅板与托板间磨损。经过测定，有 24%～28%熟料细粉通过箅板漏至下部室。

第一代箅冷机进口部分装有鼓急冷风装置，用鼓风机鼓以高压风。该冷却机箅床的箅板采用纵梁承托，由于每个箅床具有许多活动纵梁，无法分隔室，只能每个箅床做一个下部空气室。另外下部室底部装有运输熟料的拉链机，室间用导瓦密封，出口用两道闸门密封，因此下部室密封很差，只能用低压鼓风机同时向两个箅下室鼓风，一室风压 62×9.8～65×9.8 Pa，二室风压为 49×9.8～53×9.8 Pa。在采用长缝箅板降低箅板阻力时，熟料层厚度控制在 180～185 mm，故第一代箅冷机单位面积产量很低。

3.21.2 第二代箅冷机箅板的设计

随着日本在 1973 年开发出分解炉技术，旋风预热窑产量增加了一倍，因此要求箅冷机产量与之相适应，要求在箅床面积及外形轮廓不变的前提下，箅床单位面积产量提高一倍，由此出现第二代箅冷机。

第二代箅冷机要求箅床上熟料层厚度达到 400～500 mm，进口部分提高到 760 mm。为提高箅板推动效率，将箅板高度增加到 136 mm。为了降低漏料量，把箅板长缝改为均布圆孔，采用单箅板和双箅板布置使纵缝错开。另外箅板用横梁支撑，通过指状撑及 T 形螺栓拉紧固定，这样只要一人就能在箅下室更换箅板。

第二代国产富勒箅冷机在进口部分第一排是活动箅板，只有 3 排箅板的第一室，鼓以 760×9.8 Pa 的高压风，保证由窑口落下的熟料均匀分布在箅床全宽。第一段箅床倾斜 3°，由于箅板改成横梁支承，故箅下室隔墙一直可以封至固定箅板横梁底部，下部用漏料锁风阀密封，这样可保证箅下室很好密封。将第一箅床下分隔成 4 个室，第二段水平箅床下分三室。结果一、二室熟料层厚可达 500～760 mm，箅床沿着长向的宽度逐渐变宽，熟料层变薄至 300～380 mm。实际一室中风压为 600×9.8 Pa，随后各室风压逐渐下降，最后室风压降至 200×9.8～250×9.8 Pa。

3.21.3 第三代箅冷机箅板的设计

第三代箅冷机在其进口区和热回收区采用阻力箅板（或称控制流箅板），阻力箅板具有下列特点：

（1）阻力箅板装在冷却机进口区，鼓以高压风或脉冲高压风，保证进口熟料均匀分布在箅床全宽上，并可防止在冷却机进口上堆成“雪人”。

(2) 阻力箅板本身有利于防止细熟料侧产生“红河”，再加上箅床可以在每一侧、每一排、每一区单独供风，因此可以完全杜绝“红河”产生。由于能精确控制不同地点供风量，在箅床上熟料层中空气分布得到很大改善，使空气与熟料之间热传导得到惊人改善，实现单位冷却空气量的大量降低，可以提高二次及三次空气温度，提高冷却机热回收区热效率。

(3) 阻力箅板表面完全被冷却空气吹过，得到充分冷却，大大降低了箅板热负荷，因此可用不太耐热但很耐磨的材料制造，可以大大延长箅板使用寿命，一般可达 3 年以上。

(4) 阻力箅板设计考虑防止细熟料漏入箅下室，细熟料一般不能通过阻力箅板本身的窄缝隙泄漏。至于箅板间与侧板间的间隙，在尽可能减小间隙的情况下，同时在箅下室鼓入防泄漏的密封的风，因而能保证泄漏量降至最低。

3.22 箅冷机箅板箅缝堵塞的原因及处理

据刘延伟等介绍，某厂箅冷机在清理箅缝后风机运行电流基本正常，但随着运行时间的延长，两台风机电流越来越低，一般 3～4 个月后就到了空载运行电流。对风机入口进行拆检，发现挡板开关正常；风机出口压力接近风机设计压力。但经过检测，发现左右两台风机风量分别为设计风量的 32%、28%(右侧风机在细料区)，最严重时前 5 排的固定箅板约有 60%的箅缝堵塞。

3.22.1 箅冷机箅缝被堵死后的影响

(1) 冷却风量不足，二、三次风温降低(低时分别为 950 ℃和 800 ℃)，引起煤粉燃尽率降低，使窑内产生还原气氛，形成结圈等。

(2) 熟料流动受到影响，增大了“堆雪人”的概率。

(3) 熟料 28 d 抗压强度较正常时下降 1.5 MPa。熟料强度最高时为最寒冷的 1 月份，最低时为气温最高的 8 月份，两者相差 2 MPa。

(4) 固定箅板的温度正常时夏季为 45 ℃左右，冬季为 30 ℃左右。但随着固定箅板风机电流的下降，该温度也逐步升至 70 ℃左右，给设备的安全运行带来隐患。

(5) 入电除尘器废气温度正常时应在 250 ℃以下，但箅板箅缝堵塞后，废气温度达 300 ℃以上，不仅影响收尘效果，而且严重危害电除尘器的安全运行。

3.22.2 原因分析及解决方法

(1) 窑头罩和箅冷机侧墙检修打浇注料的影响

窑头罩和箅冷机侧墙检修打浇注料是靠近下料端及左右两侧的箅板箅缝堵塞的主要原因。打浇注料时未采取有效防范措施，未凝固的浇注料落到固定箅板上将箅板堵死，且凝固后非常难处理。

因此在打浇注料时，应有适当厚度的料层或者用木板之类的东西盖住箅板，防止浇注料落到箅板上。

(2) 投料初期料子烧流堵箅缝

有时检修期间已对箅缝进行了彻底清理，但投料后发现冷却风机电流仍然很低，这主要是初投料期间，尤其是窑大修换砖后的初投料，升温烘窑时间长，煤灰在窑内大量聚积，操作不当，将第一股出窑熟料烧流落到固定箅板上堵塞箅缝。

如果窑升温时间较长，应在烟室温度达到 800 ℃时启动喂料系统，窑内喂入 10 t 左右的生料，与煤灰掺合，既能防止物料烧流，也有利于挂窑皮；同时升温过程中窑头开始油煤混燃后，就提前开启两台固定箅板的冷却风机，可以有效防止箅板堵塞。

(3) 料层控制过厚

料层控制过厚是正常生产中堵塞箅缝的主要原因。厚料层操作要在合理范围内。比如一段料层要求以二室箅下压力为控制依据，正常控制范围在 4800～5200 Pa；当遇窑温低等情况，为提高二次风温片面地要求压厚一段料层，将二室箅下压力控制到 5600 Pa 以上时，一室平衡风机就会出现电流空载现象，现场发现箅冷机冷却风从风室内倒回，即“倒烟现象”；当该压力超过 6000 Pa 时，箅冷机冷却风不能穿过料层，入窑二、三次风量下降，窑内出现明显缺氧的暗红色。因此，操作中要合理控制料层厚度。

还有一种情况，就是抢修过程中操作不当。在窑正常运行控制中，曾在不停窑的情况下停机处理熟料输送机、二段箅床等设备故障。此种情况要求提前将一段物料推空，然后二段停止运行，紧急处理设备故障。但有时把握不好，一段物料堆积过多，同样会造成一段料层过厚的问题，造成箅缝堵塞。

在处理此类问题时，如果超过 40 min，窑应考虑止料；时间短时应大幅降低投料量和窑速，防止处理时间延长后物料在一段堆积过厚堵塞箅缝。

(4) 配料不当及有害成分的增加

各率值调整不当或 MgO 等有害成分含量上升，使熟料液相量增加、料子发黏，导致箅板箅缝堵塞。

正常生产中，控制熟料率值：$KH=0.90\pm0.02$；$SM=2.65\pm0.1$；$IM=1.5\pm0.1$。同时加强矿山的搭配性开采，MgO 含量高的石灰石与 MgO 含量低的石灰石搭配使用，将熟料中的 MgO 含量控制在 2.5%以下。

(5) 长期运行积存的结果

一些大颗粒灰尘通过冷却风机滤网进入箅冷机，堵塞箅缝。因此在生产过程控制中应尽量保持冷却风机周边的环境卫生，尤其要防止窑头正压往外喷细料等。

3.23 富勒型复式推动箅冷机有何特点

(1) 复式冷却机由倾斜箅床和水平箅床组成。倾斜箅床的倾斜度与产量成反比，随着产量增加，箅床可分 2～4 段，各箅床之间可有高度落差，亦可没有落差，各段箅床均可分别调速。

(2) 箅床下部分室设有专门风机。由于各室箅床料层厚度不同，冷却风压随料层厚度变化，各室之间严格密封，细料输送机亦由安装在密闭室内改为安装在室外，经集料斗及电动阀门卸料。

(3) 采用厚料层操作，提高二、三次风温；同时，为提高厚料层熟料输送效率，热端常采用倾斜箅床，并改善“山形”箅板布置，加强物料搅动。

(4) 优化箅床宽度。防止箅床过宽造成熟料分布不均，影响熟料冷却及二、三次风加热；箅床过窄，使料层过厚，并增加冷却机的长度。同时，为防止出窑熟料偏移下落，箅式冷却机的布置一般是偏回转窑中心线转上方向的一侧，偏移值为窑内径的 10%～15%。

(5) 在箅冷机进料端两侧设置 1～2 块不通风的固定式“盲板”。由于“盲板”设置，箅床两侧形成死料区，调整了进料端箅床的有效宽度，从而使该处料层增厚，熟料层布料均匀，提高对熟料冷却能力和热效率。

富勒型复式推动箅冷机(图 3.29)单位箅床面积产量为 38～43 t/(m^2 · d)，熟料入口温度 1350 ℃左右，出口温度为环境温度+60 ℃，冷却风机能力为 3.0～3.15 Nm^3/kg · 熟料，冷却机入口的横截面尺寸根据入窑二次风速取值 4 m/s 确定。目前，最大的富勒冷却机产量已达 8000～10000 t/d，倾斜箅床上熟料层厚度达 800 mm 以上，单位箅床面积产量已超过 40 t/(m^2 · d)。

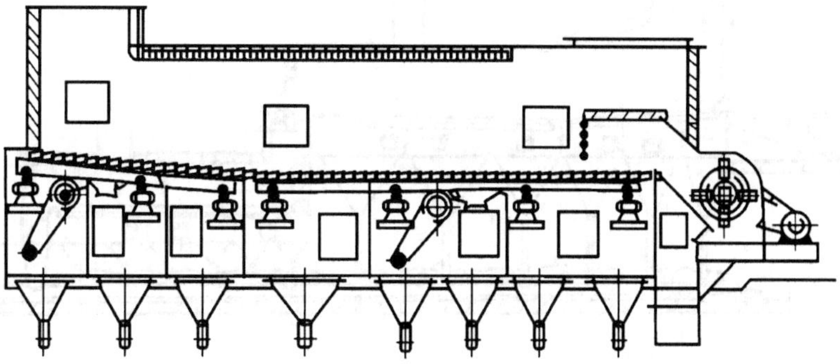

图 3.29 富勒型复式箅冷机结构图

3.24 福拉克斯型推动式箅冷机的基本结构及性能

福拉克斯(FOLAX)型推动式箅冷机(图 3.30),一般有两段箅床。两段箅床间有 600 mm 的高度差,并且进料端的最前部设有骤冷箅板和高压风机,以对熟料急冷和吹散。原来福拉克斯冷却机细粒熟料拉链机设于机内,新型机已移至机外,细粒经集料斗再经密封卸料阀卸至拉链机内。

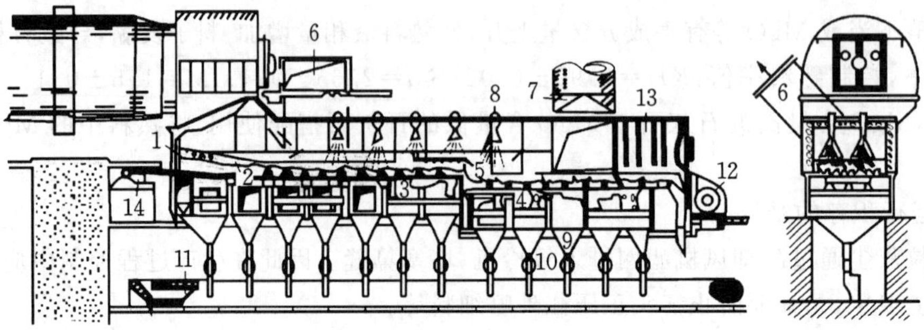

图 3.30 2000 t/d 福拉克斯型推动式箅冷机

1—骤冷箅板;2—倾斜箅床;3—高水平箅床;4—低水平箅床;5—600 mm 高度落差;6—热空气抽口;7—废气抽口;8—水喷射装置;9—集料斗;10—卸料阀门;11—拉链机;12—熟料破碎机;13—链幕;14—机械或液压的箅床传动系统

福拉克斯箅冷机单位箅床面积产量一般为 32 t/(m^2 · d),大型机可达 40 t/(m^2 · d);熟料入口温度一般为 1350 ℃,出口温度为环境温度+60 ℃;冷却风量 2.7~3.0 Nm^3/kg · 熟料(设计值 3.8~3.9 Nm^3/kg · 熟料);骤冷箅板及倾斜箅床风压为 6000~7500 Pa,水平箅床风压为 2600~5500 Pa。当与大型预分解窑匹配时,骤冷箅板及倾斜箅床风压可高达 8000~10000 Pa。

3.25 克劳迪斯-彼得斯型推动式箅冷机有何特点

这种箅冷机是一种由复式冷却机—熟料破碎机—水平冷却机组合的台阶型箅冷机,称克劳迪斯-彼得斯型阶梯形冷却机,如图 3.31 所示。熟料进入破碎机后,先在复式冷却机内冷却至 500 ℃左右,再经破碎机破碎,然后经后段冷却机最终冷却。其优点在于大块熟料或窑皮在中间破碎机破碎后,最后能得到比较充分的冷却,也有利于输送、贮存和热回收。缺点是对破碎机材质要求较高。箅冷机结构与其他推动式箅冷机相似,但多采用液压传动,箅床运动阻力均匀。其工艺参数示于表 3.7。

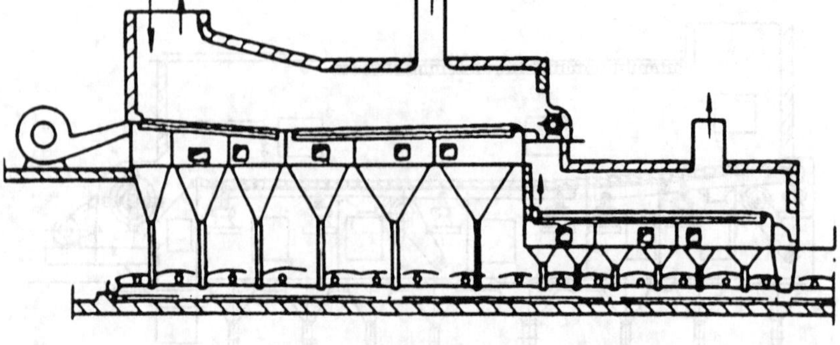

图 3.31 克劳迪斯-彼得斯型阶梯形箅式冷却机

表 3.7 10000 t/d 箅冷机的设计参数

参　数	单　位	SCCC 公司 Tabk wang 厂	SCC 公司 Khao Wong 厂
生产能力	t/d	10000	10000
进料温度	℃	1400	1400
出料温度	℃	95	95
二次空气量	Nm^3/kg・熟料	0.350	0.340
三次空气量	Nm^3/kg・熟料	0.500	0.550
环境温度	℃	30	30

3.26 控流式箅冷机与老式箅冷机相比有何特点

(1) 控流式箅冷机采用空气梁分小区控制并调节其冷却风量的直接通风方式,改变了传统箅冷机的仅分 2 个大室粗放通风方式,使冷却风量按需分配,提高利用率,有效地避免“穿孔”“红河”和“堆雪人”等现象,使箅冷机的操作情况大为改善并趋于稳定。

(2) 采用高阻力(2000～2500 Pa)的缝型箅板,取代老式的低阻力(200～250 Pa)的孔型箅板,减少料层厚度或熟料颗粒组成变化对通风总阻力的影响,使箅板上各处的冷却风量趋于均匀稳定。

(3) 因冷却风利用率的提高,控流式箅冷机的单位冷却风量和余风排出量均较少,与老式箅冷机相比,前者一般由 3 kg/kg・熟料降到 2.5 kg/kg・熟料,后者则由 2 kg/kg・熟料降为 1.5 kg/kg・熟料左右。由于风量较少,虽其风压较高,但其综合单位电耗仍较低。

(4) 窑二次风和三次风的温度,可以分别提高 200 ℃和 100 ℃,同时还能减少窑头的粉尘循环。

(5) 箅板寿命延长,箅子漏料少,维修量与备配件消耗少,可靠性好,运转率高。

(6) 箅冷机的热效率提高,一般可以从 62%提高到 78%,相应地节省熟料热耗 126～356 kJ/kg,视原有箅冷机的生产情况而异。

3.27 箅冷机为何要采用高阻力箅板

箅板的高阻力特性是充气梁箅冷机的关键技术。根据离心风机的性能,如果料层厚度或熟料粒度发生变化,必然会改变系统的阻力,离心风机的压头和流量都会随之变化,而风机流量的增减正好与实际需要相反,直接影响到熟料的冷却效果和均匀布风。

采用高阻力箅板可削弱系统阻力变化对风机性能的影响,稳定风机的工况性能,保证布风的均匀和熟料的冷却效果。

3.28 如何确定推动式箅冷机的宽度和功率

根据富勒公司的资料,箅床宽度可由以下两个关系式来决定:

$$B=0.52G$$

或

$$B=-1.75+1.04D$$

式中 B——箅床宽度,m;

D——旋窑直径,m;

G——旋窑产量,t/h。

箅床长度可根据旋窑的生产能力和冷却机的单位面积产量计算而得。推动式箅式冷却机应有 10% 富余能力。不同型号的箅式冷却机的能力为 1.2～1.5 t/(m^2・h)。

箅式冷却机的传动功率 N 的计算如下：

$$N=\frac{2Fan}{60\times75\times\eta\times1.36}$$

式中 F——箅床熟料的质量，kg；

a——箅床冲程，m；

n——主轴回转次数；

η——传动装置的效率。

$$F=1.02B\cdot L\cdot H\cdot\gamma$$

式中 B——箅床宽度，m；

L——箅床长度，m；

H——熟料层平均厚度，m；

γ——熟料重度，取 1450 kg/m^3。

3.29 箅冷机箅下温度过高是何原因，如何处理

一室、二室处的箅板、零部件脱落，导致下料锁风阀卡死，使箅下细料大量堆积，冷却风机风量受阻，从而使箅下温度急剧升高，如不及时处理将会产生严重后果(烧毁冷却机大梁及箅板)。此时应及时疏通锁风阀，并将箅冷机停止，待锁风阀疏通后便可将箅冷机开启。如箅下积料十分严重，应立即停窑、停箅冷机，如锁风阀不能及时疏通应将箅下检修门打开，将物料及时放出，否则冷却机大梁及箅板可能会烧毁。打开箅下检修门时一定要注意人员安全。

如箅下小拉链链节断裂或异物卡死同样会引起上述现象，所采取的措施同上。

一室、二室箅下温度过高，应及时发现并采取有效措施修复，在此过程中由于冷却风机箅下物料增多，阻力增大，风量也随之减小，所以在窑系统没有停料前应加强看火操作，以防窑内产生不完全燃烧。

3.30 箅冷机出现“红河”是何原因

熟料在箅冷机的冷却过程是：从窑头落下的高温熟料堆积在箅冷机进料口箅床上。随箅板向前推动覆盖在整个箅床上，冷风经箅缝向上透过熟料层，熟料在推动的过程中逐步得到冷却。而熟料冷却的好坏取决于冷风透过熟料层的阻力。阻力小，透过的冷风量多，则出箅冷机的熟料温度低；阻力大，则出箅冷机熟料温度高。

冷风透过料层的阻力与气流速度、气体密度、阻力系数有关。当冷风透过高温熟料料层时，风料之间热交换因温差较大而作用强烈，此时高温熟料将较多的热量传给冷风，冷风受热后温度升高，体积随之增加，透过料层的气流速度也相应增加。气体透过料层的阻力随气流速度增加，而气体的重度随温度升高而减小，结果是透气阻力随气流温度增加而呈一次方增加。反之当气流透过温度较低的熟料层时，气流温差小，透过的气体温度低则阻力也低，空气易从低阻力区域的熟料层透过，气体透过量越多，熟料温度越低。熟料随箅板推动而向前移动。从箅冷机的横断截面来看，越是在冷端，高透气阻力的料层和低阻力的料层之间的温差也越大，冷风越来越集中地从低阻力的熟料层透过，而高阻力的料层很少有气流透过，此部位熟料得不到冷却。

熟料在窑内煅烧时，受离心力的作用，产生离析，大颗粒一般集中在中间，随着颗粒直径变小，细颗粒

越来越集中在窑筒体一边。当熟料从窑头落至箅床上时，大颗粒集中在一侧，细颗粒集中在另一侧，箅床横截面中部为粗细颗粒的过渡部位。当窑速较快且窑内细颗粒熟料较多时，细颗粒集中在一侧的现象尤为明显。熟料颗粒在箅床纵向随箅板向前推动逐步覆盖整个箅床面，虽然在推动过程中，颗粒层级配有所变化，但纵向变化不大，此时，从箅冷机的进料口至出料口，细颗粒在一侧形成一条带，较大颗粒分别形成条带而随颗粒直径增大向另一侧集中。由于细颗粒堆积致密，冷风透过时阻力大，从进料口的高温熟料层开始，冷风较少或不透过细颗粒熟料层，较多地透过阻力低的较大颗粒层。此时细颗粒层因冷风透过量少而得不到冷却，其料层表面呈高温红色，而透过冷风的熟料层因冷却其表面呈黑色。随着箅板的推动，在同一横截面上粗细熟料颗粒层之间的温差越来越大，冷风越来越集中地从较大颗粒的熟料层透过，而细颗粒熟料层得不到冷却，形成一条从冷却机进料口至出料口的红热熟料带，这就是“红河”出现的原因。

3.31 箅冷机一室箅下压力异常是何原因，如何处理

（1）一室箅下压力增大

一室箅下压力增大，主要是窑内进入冷却机的物料增多，由于物料增多，阻力增大，压力相应增大。压力增大的原因有：

① 窑系统煅烧不稳定导致窑内来料的不稳定。当来料增大，入冷却机物料增多，箅下压力增大。

② 当窑内窑皮大量塌落、窑口圈塌落或窑内出现大料球时，物料在窑内的停留时间发生改变，突然间大量的物料进入冷却机，因而箅下压力增大，此时应根据窑头的煅烧温度进行相应的调整，增大箅冷机的冲程次数，并注意防止大块物料过多将破碎机卡死。

（2）一室箅下压力减小

当冷却机一室冷却风机突然跳闸，会导致一室压力的突然减小，此时应及时进行抢修并从其余的风机中补充适当的风量，以保证窑头的煅烧。如抢修时间过长应停窑处理，以免温度过高烧毁箅板。

（3）一室箅下压力波动较大

由于预热器系统的预烧不稳定，物料进入窑内后会产生不同的烧成效果和停留时间，所以进入冷却机的料量波动较大，压力波动较大，此时应尽可能地稳定物料的预热分解，确保整个系统的稳定性。

另一点是窑内有大量的还原气氛，导致煤粉的不完全燃烧，使物料在窑内煅烧，运动速度产生大幅的波动，造成进入冷却机的物料量大幅度波动，箅下压力随之波动。适当的减煤或加强系统的通风便可缓解症状。

3.32 箅冷机余风风温过高是何原因，如何处理

（1）窑内来料不稳定

当窑内来料忽然大量增多，此时多伴有物料在窑内煅烧不佳，熟料结粒细小，粉状料较多，物料在冷却机内得不到有效的冷却，从而使余风风温快速升高。从冷却机观察口观察有大量红料。由于物料增多，箅床料层增厚，此时应适当增加箅床速度，加大箅下冷却风机的风量，及时开启冷却机中的雾化冷却水。此时应严格控制进窑头电收尘的风温<350 ℃。如果来料特多且影响了熟料质量可考虑适当降低窑速、加强窑内煅烧来缓和窑内的状况，应解决好窑内来料的不稳定问题。

（2）窑内跑生料

当窑内跑生料时，物料在冷却机内的流动性极强，物料基本上没有结粒，与箅下冷却风快速地进行热交换，使余风风温迅速升高。当出现此种情况应大幅地降低窑速，减小生料喂料量，如窑内情况不是特别严重，加强窑头煅烧便可缓解，如情况较为恶劣，应大幅减小一室、二室风机的风量，停止箅床转动，以防

生料粉扬起干扰窑内火焰及生料的快速流动，待情况好转时逐步将一、二室风量加到正常值。情况更为严重时应采取停烧处理。

(3) 箅冷机的冷却风机跳闸

冷却机系统冷却风量大幅减少，导致熟料不能有效冷却，从而使余风风温升高。在未调整前窑头负压较大，窑前温度下降，窑内呈缺氧状的暗红色。

3.33 箅冷机主机电流异常是何原因

箅冷机主机电流反映箅冷机主机负载的大小即箅床上物料的多少，以及所有传动部件的工作状况。在正常情况下，窑内进入箅冷机的物料越多，箅冷机主机负载越大，电流也就越大，反之入箅冷机物料减少，电流相应减小。然而当箅冷机内出现异常时箅冷机主机电流也会增大，主要表现为：

(1) 窑内有大料球(1 m以上)进入箅冷机内，此时因大料球的质量承载在某一处而造成箅板的局部受力过大，因而造成箅冷机主机电流增大。

(2) 当窑内突然有大量的大块窑皮脱落，进入箅冷机后主机电流有轻微的增大迹象；然而大量大块窑皮进入破碎机口时往往造成物料架空于破碎机口上，如果没有及时发现将会使箅床上的物料大量堆积，造成箅冷机主机电流的大幅增大。曾经有某厂因操作人员缺乏经验，大块窑皮将破碎机口堵塞却没有及时发现，而使整个箅冷机内堆满了熟料，造成长时间停产的严重事故。所以当窑内掉大块窑皮时应密切注意破碎机口，一旦有窑皮架住应及时停止箅床传动，将破碎机口的窑皮撬下，此故障处理时一定要有两人，特别注意人身安全。

(3) 箅下风室内因箅板脱落而造成下料锁风阀卡死或因箅下拉链机故障而造成箅下风室内物料的严重堆积，从而造成活动梁运行受阻而增大箅冷机主电机的负荷，使电流增大。当中控人员发现电流增大时要及时通知有关人员对箅冷机所属设备进行检查，尽快处理故障。

(4) 箅冷机传动部件轴承烧毁同样也会使电流增大，因箅冷机传动部件均为慢传动，轴承烧毁的可能性很小，但也不能忽视对此进行润滑、维护、检查。

3.34 箅冷机箅床跑偏是何原因，如何处理

箅冷机箅床跑偏的原因如下：

① 三个首轮链槽位置未对应一致；

② 三个导轮外径误差太大；

③ 每组上下拖轮和链压轮的踏面直径误差太大；

④ 连接板节距误差大，安装未选配，造成三排链条总长度差值很大；

⑤ 单边更换连接板，造成链条总长度相差很大；

⑥ 首、尾轴，上下托轴和链压轴安装位置不平行。

其处理办法为：

① 重新插削链槽，对应一致；

② 选配踏面直径接近的导轮，上托轮、下托轮和链压轮应三个一组成套使用；

③ 控制连接板节距制造误差，安装时选配使用；

④ 单边更换连接板时，应根据旧连接板孔磨损情况，加工新连接板钻孔节距和孔径；

⑤ 全部轴的安装要精心，力求平行，应参照未更换的尺寸；

⑥ 调整各部位安装位置，达到平行。

3.35 箅冷机常见故障如何排除

箅冷机常见故障及其产生原因与排除方法见表 3.8。

表 3.8 箅冷机常见故障及其产生原因与排除方法

故障现象	产生原因	排除方法
箅床跑偏	1. 主轴滚轮等轴承磨损； 2. 活动框架下部托轮装置标高误差超过允许范围，托轮水平度超差； 3. 滑块各槽形托轮磨损严重； 4. 托轮轴承损坏	1. 磨损严重者应更换或修复； 2. 查明原因，调整托轮装置标高，借助托轮轴轴承座上的调节螺丝，调整托轮水平度； 3. 对磨损严重的滑块应更换或翻面使用，对磨损严重的托轮，可将托轮轴旋转角度，使用另一弧面； 4. 更换或修复
箅板脱落和断裂	1. 箅床跑偏造成活动梁和固定梁相互摩擦，从而剪断活动箅板螺栓； 2. 受高温膨胀而致，活动箅板与托轮间隙小； 3. 箅床高温遇冷急剧变化； 4. 活动箅板固定螺栓松动，使之摆动，造成箅板间挤压或摩擦； 5. 固定箅板或托板固定螺栓螺帽高于工作面； 6. T 形螺栓加工质量不良或未点焊； 7. 箅板铸造质量不良	1. 按上述查明原因，调整跑偏现象； 2. 按规定要求重新调整活动箅板与托轮间隙； 3. 查找冷却水进入原因，并排除； 4. 拧紧松动的螺栓； 5. 检查并使螺帽低于工作面； 6. 选择锻造 T 形螺栓，紧固后点焊； 7. 更换优质箅板
箅床冲程减小	1. 滚动轴承磨损； 2. 滚轮外径磨损，导轨磨损过大	1. 更换磨损严重的轴承； 2. 更换磨损严重的滚轮、导轨
箅床运转有异常声响	1. 个别轴承损坏或进灰； 2. 活动梁和固定活动箅板互相摩擦； 3. 固定箅板与活动箅板间隙过小； 4. 箅床跑偏，与侧板摩擦严重	1. 清洗并检查轴承，并把损坏轴承更换； 2. 调整各自位置，并将各自固定梁螺丝拧紧； 3. 重新调整箅板间隙； 4. 纠正箅床跑偏现象
箅床运行负荷增大或停止运行	1. 活动箅板与固定箅板间隙过小； 2. 传动装置中传动部件位置不正； 3. 箅床跑偏，使活动梁与固定梁相互摩擦，受力增大： 4. 主轴承损坏或进灰； 5. 箅床有大块熟料团或窑皮	1. 调整箅板间隙； 2. 检查传动装置，重新找正； 3. 调整托轮轴平行度与水平度； 4. 检查清洗，更换损坏件； 5. 及时清除
主轴轴承和托轴轴承过早损坏	1. 轴承密封装置失效，灰尘进入轴承内； 2. 油路堵塞，轴承内缺油； 3. 油位不足或油品不符合要求以及油质低劣	1. 清洗轴承，维修轴承密封装置，对失效密封元件予以更换； 2. 疏通油路，维修油泵管路系统； 3. 加足油量，对于不符合要求的油品和混质油，应清洗更换
托轴断裂	1. 托轴未找平，受力不均； 2. 托轴轴承磨损，使托轴不均匀下沉	1. 调整托轴轴承座上的调节螺栓，找平托轴； 2. 调整轴承座上的调节螺栓，对已损坏的轴承应更换、修理
润滑脂泵不供油	1. 油泵拨油叉磨损或损坏； 2. 油质不良，油泵下部油孔堵塞； 3. 油管路堵塞	1. 更换拨油叉； 2. 疏通油孔，选用优质润滑脂； 3. 清洗疏通油管路

续表 3.8

故障现象	产生原因	排除方法
拉链机输送机链节断裂	1. 操作不当,骤然下料,拉链机负荷急增; 2. 箅板严重破坏和脱落,大量红料落入拉链机,链节受热拉长; 3. 主动链轮齿磨损严重,使链节运行不平衡,受力不匀; 4. 头、尾轮轴不平行,链节严重跑偏刮边,甚至卡死在槽壳的衔接处; 5. 箅板碎块或铁质杂件掉进拉链机或隔室密封板中,致使链节卡死不动; 6. 链节材质较差,磨损严重	1. 按下料规程要求,均匀缓慢下料; 2. 查明原因,排除箅板破损和脱落故障,避免红料落入; 3. 更换或修复主动链轮; 4. 调整尾轮轴,使其与头轮轴平行; 5. 严防箅板碎块和其他铁件掉入拉链机内,检查松动情况,及时焊牢; 6. 选用优质链节,予以更换

3.36 箅式冷却机断螺栓掉箅板是何原因,如何处理

箅式冷却机接料口处前一、二、三排箅板紧固螺栓一般容易断裂,螺栓断裂后,就会使箅板脱落。

箅式冷却机箅板和螺栓在高温和冷风的频繁交换下,极易产生变形和伸缩,从而造成螺栓螺母松动,使箅板与活动梁产生相对运动。此时箅板紧固螺栓在高温状态下承受着箅板水平运动中的剪切力。推动物料越多,箅板与活动梁相对运动的幅度越大,作用在螺栓横截面上的力就越大,剪切力越大。当这个剪切力超限时,螺栓便会断裂,从而使箅板脱落。

故障处理办法:对于 ϕ2.2 m×12.6 m 水平推动箅式冷却机,可在活动梁上钻 2 个直径为 26 mm、孔深为 35 mm 的圆孔(如果箅板是下穿的,则不必钻孔),在此之间加两个 126 mm×70 mm 的销钉即可减轻螺栓负载,使其紧固不松动。其他规格的箅冷机,可根据具体情况具体分析,采用相应的措施,避免断螺栓掉箅板现象的发生。

3.37 箅冷机"堆雪人"(堵溜子)是何原因,如何处理

箅冷机是新型干法水泥生产中冷却出窑熟料的主要设备。但在使用中"堆雪人"现象经常出现,令人十分头疼。所谓箅冷机"堆雪人"是一种形象的称呼,实际上就是堵溜子,即在靠箅冷机前壁回转窑筒体转向后侧的卸料溜子处,活动箅板没有及时将细热熟料推走,使其越积越高,堆积形状就像冬季孩童堆起的雪人,严重时可堵到窑口。

处理箅冷机"堆雪人"现象,难度很大,捅掉一块、又堆上一块。当细热熟料堆积到窑口时,就会剧烈磨损窑口护铁,使耐热钢护铁很快报废。"堆雪人"还会影响窑的热工制度和窑内通风,有时还会烧坏箅板,导致大梁变形等恶性事故的发生。

3.37.1 箅冷机"堆雪人"主要有以下几方面原因

① 箅冷机与回转窑配合位置不当而造成了"堆雪人"。

箅冷机与回转窑的位置配合分为轴向位置配合和横向位置配合,其中轴向配合必须使箅床伸到窑卸料口落料点的里面,第一排箅板必须是活动箅板,如果安装焊接或制造时忽略了这一点,窑口段筒体短或箅板活动性不好,就会造成箅冷机频繁"堆雪人"。箅冷机与回转窑横向位置配合必须保证箅冷机的纵向中心线与回转窑纵向中心线在布置时偏移一个合理的距离。如果缺乏经验,将箅冷机与回转窑两者纵向中心线设计到一条线上,就会造成箅冷机频繁"堆雪人",还会影响窑的正常操作。

② 熟料飞砂料多或液相量大，都会导致箅冷机“堆雪人”。

对预分解窑，如果煅烧温度过高，就容易使熟料粉尘增多，即飞砂料多，这时，冷却效率较低，粉尘循环加剧，有可能造成箅冷机出现“红河”、箅板烧毁、螺栓变形断裂、箅板脱落等事故。温度过高或含低熔点的碱成分增加，也会使液相量过多。过多的液相量与过多的熟料粉尘结合在一起，形成了浮动料层，尽管箅板照常做往复运动，却不能把物料推走。随着窑内物料不断落下，箅冷机“堆雪人”就在所难免，严重时还会形成窑口结固。

③ 箅床结构和大窑操作不当也会造成箅冷机“堆雪人”。

箅冷机的箅床结构为水平箅床，以及第一排箅板固定，都容易发生“堆雪人”现象。大窑操作不当，箅冷机出现“红河”，箅板都烧红了，也不敢降低窑速、控制出窑熟料粒度，致使“红河”不退，箅板烧毁，箅冷机“堆雪人”。

3.37.2 处理办法

箅式冷却机发生“堆雪人”后，必须采取相应措施进行处理，大部分情况下需要停窑。不停窑处理措施主要有以下几种，可概括为“一捅二穿三打四射”。

① 一捅：指用捅料棒及时捅掉“雪人”。捅料棒通常用粗壮钢管制作，内通压缩空气或冷却水，如图3.32所示。

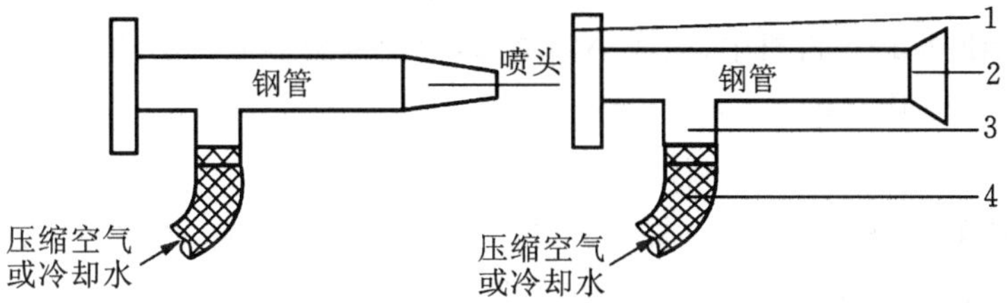

图3.32 捅料棒结构示意图

1—手柄；2—喷头；3—进气（水）管兼操作手柄；4—橡胶软管

操作方法是：迅速打开箅冷机捅“雪人”人孔门（最好在设计时预留，也可以大修时增开，但注意平时密封好），在“雪人”堆得不很严重时，用捅料棒迅速将小“雪人”捅掉，可保证窑的连续运转。

② 二穿：指用长针风镐穿打“雪人”。最好采用空心长针，像凿岩机那样内通压缩空气或冷却水，对准“雪人”穿打，操作方法与①类似。

③ 三打：指用打圈枪打掉“雪人”。现已很少使用。

④ 四射：指用高压水枪喷射“雪人”。

如果以上不停窑处理“雪人”的措施没有奏效，就只能停窑处理了。

3.38 箅冷机活动箅板经常烧坏是何原因，如何处理

因活动箅板是活动性的，虽有利于推动落料点的熟料，减少“堆雪人”，但容易损伤箅床，使箅床变形，间隙增大，风路短路，恶化冷却效果，故容易频繁烧坏箅板。

欲解决此问题，通常可在不影响箅板安装的情况下，在箅板上增设加强筋，以提高箅板抗变形能力，延长其寿命。

3.39 箅冷机拉链机链板断裂是何原因，如何处理

主要原因：

(1) 放料操作不当，八个风斗同时放料，拉链机负荷猛增；

(2) 箅板顶翻或严重破损,红料大量进入拉链机,链板受热节距拉长,小轴套管卡死在头轮上;

(3) 头、尾轮轴不平行或两侧链板链长短不等,链板链严重跑偏到一边,甚至卡死在槽壳衔接处;

(4) 箅板碎块或挡料圈掉进拉链机中,楔进小轴端部,链板链卡死不动。

处理方法:

(1) 避免风斗积料太多,每隔 20 min 放一次料,应从头部风斗开始,逐个开启;

(2) 防止箅板顶翻,更换破损的箅板,避免红料下落;

(3) 调整尾轮轴,使其与头轮轴平行,局部更换链板时,要按照节距选配链板;

(4) 防止箅板碎块掉进拉链机,发现小轴上的挡圈松脱,及时焊牢,严防脱落。

3.40 箅冷机拉链机链节断裂是何原因,如何处理

主要原因:

(1) 因放料操作不当,风斗同时骤然放料,拉链机负荷急增;

(2) 因箅板顶翻或严重破损,大量红料落入拉链机,链板受热节距拉长,小轴套管卡死在头轮上;

(3) 主动链轮齿面磨损严重,使链节运行不平稳,受力不均;

(4) 头、尾轮轴不平行或两侧链板链长不等,链节严重跑偏刮边,甚至卡死在槽壳的衔接处;

(5) 箅板碎块或挡圈掉进拉链机中,楔入小轴端部,致使链板链卡死不动;

(6) 链节材质较差,磨损严重。

主要措施:

(1) 避免风斗积料太多,每隔 20 min 放料一次,应从头部风斗开始,依次逐个打开闪动阀;

(2) 防止箅板顶翻,更换破损箅板,避免红料落入;

(3) 更换或修复主动齿轮;

(4) 调整尾轮轴,使其与头轮轴相平行,局部更换链板时应按照节距选配链板;

(5) 严防箅板破碎块及其他挡圈掉入拉链机中,检查小轴挡圈是否松动,发现松动,及时焊牢;

(6) 选用优质链节,予以更换。

3.41 箅冷机破碎机轴承易烧毁是何原因,如何处理

箅冷机破碎机在高温工况下作业,两边轴承润滑油很容易烧干,润滑失效后容易烧毁轴承。处理方法是在两侧轴承处各加一台小型轴流风机,加强冷却并按要求加润滑油。

3.42 箅冷机如何进行日常检查与维护

(1) 开机前的检查

① 检查各部位紧固螺栓松紧程度,各部位安全防护装置是否完全可靠。

② 对各润滑点进行润滑,检查冷却水是否畅通,有无漏水现象。

③ 检查离心通风机、进风口风门是否关闭。

(2) 运行中的检查

① 每隔 1 h 检查一次油泵压力及润滑点供油情况。

② 注意检查运行中有无异常声音、异常气味。

③ 检查各部位电动机、减速机、轴承等处温度是否在允许范围内(一般情况下电动机温度不得超过 65 ℃,减速机温度不得超过 70 ℃,轴承座外壳温度不得超过 65 ℃)。

（3）停机后的检查

① 全面检查各处设备紧固螺栓是否有松动现象。

② 润滑状况，有无漏油、缺油部位。

③ 检查锤式破碎机、拉链机、箅床易损件损坏情况，更换锤头时，应注意质量一致，保持平衡。

④ 检查油泵储存油量、分配阀等部位。

⑤ 清扫设备及工作场所。

（4）长期停机检查（每月）

① 检查箅冷机活动梁、固定梁、箅板变形磨损情况，紧固螺栓是否有烧坏、脱离现象。

② 锤头、衬板磨损情况。

③ 离心式风机磨损情况，处理风叶时注意掌握平衡，避免在运行中产生大的振动。

④ 各台电机清扫除尘。

⑤ 填写检查记录。

⑥ 结合检修，对润滑系统进行全面清洗，检查。

3.43 箅冷机三次风沉降室易堵塞是何原因，如何处理

箅冷机沉降室下料管设计安装不合理，如下料管接在冷却机拉链机机身侧面，物料不易被拉链机拉走，就容易结块堵塞。处理方法是将沉降室下料管设在拉链机机尾上正中位置。

3.44 箅冷机上托轮轴不转动是何原因，如何处理

主要原因：

（1）链托轮轮齿严重磨损，甚至磨光；

（2）边侧平托轮卡边；

（3）钢管轴和其中的上托轴弯曲；

（4）对开滑动小轴承的轴承径向间隙太小，或者轴承安装不正而受力过大。

处理方法：

（1）更换链托轮；

（2）调整平托轮尺寸；

（3）钢管轴长短尺寸适当调整，过长者应取短；

（4）校正钢管轴及其中的上托轴，找正对开滑动小轴承的安装位置，并刮研好轴瓦。

3.45 箅冷机设备检修质量有何标准

（1）箅冷机

① 侧框架水平偏差不大于±1 mm/m，垂直度为 1 mm/m，两侧框架要求平行，对角线偏差不大于 4 mm。

② 水平箅床的同一段托轮组以及倾斜箅床的同一标高的左右托轮高差均不大于±0.5 mm/m，各托轮应与箅冷机中心对称，偏差不大于±0.5 mm/m，同段托轮组相互平行，其中心对角线偏差不应大于 2 mm/m。

③ 活动框架组装后，最大对角线尺寸偏差不大于 4 mm。

④ 各托轮与固定在活动框架下的导轨应接触均匀，导轨与托轮接触应良好，不得有间隙，且活动框架运动时，每个托轮都应转动。

⑤ 传动轴用垫片找正，调整轴承，其轴向水平度为 0.2 mm/m，检查转动的灵活性，确认无误，用垫

片楔紧定位。

⑥ 箅床安装间隙：安装前对箅板进行检查，应符合图纸要求，箅板间侧隙为(3±2)mm；活动箅板与固定箅板的间隙为(6±2)mm；箅板与侧板间隙为(5±2)mm。

⑦ 活动梁与固定梁的中心线相互平行，其平行度偏差不大于 0.5 mm。

⑧ 箅板螺栓材质须符合要求，安装调整紧固牢靠，并将螺母与螺栓点焊。

(2) 拉链机

① 链条张紧度，在两托辊间最大下垂度小于 150 mm/m，调节丝杆螺母必须配齐锁紧螺母。

② 托辊安装牢固，并将托辊轴与支架焊住。

③ 小链节间连接处用钢筋点焊牢固，防止脱落。

(3) 链斗机

① 机架中心与输送机的纵向中心线重合度偏差±2 mm。

② 相邻机架的平行度偏差为 2 mm。

③ 轨道与输送机中心偏差不超过 1 mm，轨距偏差不超过 2 mm。

④ 两平行轨道接头位错开，接头处左右偏差不超过 1 mm，高差 0.5 mm。

⑤ 首、尾轮轴中心线与输送机纵向中心线垂直度偏差不超过 1 mm。

⑥ 首轮轴中心线水平度偏差不超过 0.5 mm。

⑦ 尾轮轴中心线水平度偏差不超过 1 mm。

(4) 锤式破碎机

① 轴承处的轴径，其椭圆度不超过 0.03 mm，其锥度不大于 0.05 mm，弯曲度每米不超过 0.02 mm。

② 锤头安装前必须按质量分组，各组质量不得超过±0.5 kg，锤头孔直径大于轴径 1.5～2.0 mm。

③ 箅条放入机壳内平整，无高低或卡壳现象。

④ 转子必须保持平衡，不允许有偏重现象。

⑤ 转子在静平衡试验中，一般用增重法，应分为数次，逐渐增焊配重块。

3.46 箅冷机小轴弯曲，箅板大量破损是何原因，如何处理

主要原因：

(1) 顶翻的箅板，被抢料板卡位压碎，小轴被压弯；

(2) 导向板弧度、长度不符合要求，开度调整不妥，甚至脱落；

(3) 抢料板和箅床间的间隙太大，热料落入间隙内，挤压箅板；

(4) 大块熟料直接冲击，击碎箅板，撞弯小轴。

处理方法：

(1) 分析箅板顶翻原因；

(2) 校正导向板的弧度和长度，精心调整渐开度，导向板脱落者，必须立即装复；

(3) 调整抢料板的安装位置，抢料刃底面和箅床的间隙控制在 5 mm 左右；

(4) 严禁大块料进入，否则应先打慢车，积厚料层，缓解大块料的冲击。

3.47 箅冷机有哪些检修项目

(1) 小修

① 箅冷机传动及润滑装置清洗检查、加油。

② 拉链机传动装置及滚动、链板等易损件清洗、检查更换。

③ 锤式破碎机检查轴承润滑情况，锤头、衬板检查更换，箅条检查更换。

④ 冷却水管路清理，检查漏水现象。

（2）中修

① 包括小修内容。

② 箅冷机检查更换部分梁、箅板及螺栓。

③ 箅冷机润滑装置清洗检查分配阀、电磁阀、油管接头等。

④ 箅冷机主动轴、从动轴轴承检查。

⑤ 拉链机链节、托轮、轴承清洗、加油或更换。

⑥ 锤式破碎机衬板、锤头、主轴轴承清洗检查更换。

⑦ 风机风叶除尘，风叶检查磨损情况，找好平衡。

⑧ 箅冷机箅床框架、固定梁、活动梁检查水平程度。

⑨ 链斗机链板、轴套、轴销、料斗滚轮的检查及部分更换。

（3）大修

① 包括中修全部内容。

② 箅冷机更换箅板，重新砌筑耐火砖。

③ 箅冷机更换主动轴、从动轴、曲柄连杆结构。

④ 拉链机更换首尾轴、链轮。

⑤ 锤式破碎机更换机壳或转子总成。

⑥ 风机更换外壳或叶轮。

⑦ 链斗机更换部分导轨、机头尾滑块、链轮。

3.48 箅冷机主轴窜轴是何原因，如何处理

主要原因：

（1）安装时，主、被动轴之间的两侧链杆一定要平行并与被动轴垂直，如果呈平行四边形，主动轴必然受一个轴向力，而其轴承无定位台阶，就回窜轴；

（2）活动箅床走偏，即便安装时主、被动轴是严格的矩形，箅床走偏也会引起被动轴窜动，矩形被破坏，推动主轴窜动。

处理方法：

（1）在安装时，将主、被动轴承两根连杆调整成严格的矩形；

（2）采用箅床防偏措施。

3.49 解决箅冷机“红河”有何措施

箅冷机在生产时，在箅床上熟料层的细料侧，从进料至出料呈现一条高温熟料红料带，俗称箅冷机“红河”。

“红河”是箅冷机生产时经常遇到的问题。箅冷机出现“红河”，容易造成箅板损坏，还使出箅冷机的熟料没有得到充分冷却，影响熟料输送、储存、粉磨和水泥性能。此外，箅板受热损坏后，部分高温熟料经箅板破损处落入箅下风斗内，易使箅床下的大梁和风斗的密封板和斗下阀门等部件受热变形而造成冷风漏向机外或箅下各室之间相互窜风，熟料得不到冷却。

箅冷机“红河”的起因较复杂，其解决的方法也是多样化。解决“红河”的措施是：首先应从原料性能和热工操作上解决，使窑内熟料结粒均匀，从根源上实现料层透风的均匀性，才能较好地解决“红河”的问

题。但各厂生产受种种条件的制约，很难对原料和操作做大的变动，在此情况下对箅冷机可以采取改变通风方式和改变箅板形状来缓解“红河”状况。

(1) 改变原燃料性能

在不影响熟料强度和性能的前提下，适当改变配料率值，如降低 *KH* 值、硅酸率 *SM* 值，将铝氧率 *IM* 值接近 1.63，适当降低易烧性指数，提高液相量，减少不易磨细和煅烧的大颗粒石英和石灰石等物质，以便适当调节原料中的 MgO、R_2O、SO_3 的含量。使原料成分、生料易烧性、液体表面张力和液体黏度等均有利于结粒。

生产过程中，尽可能保持生料成分的均匀，以避免出现不利于结粒的生料入窑。

(2) 改善窑的操作

为使熟料结粒均齐，应尽量提高入窑物料分解率，改善箅冷机的操作，尽可能提高二次和三次风温，改善喷煤管火焰形状，缩短物料在窑内分解带和过渡带的停留时间，延长在熔融带的停留时间，在最高温度带保持合适的烧成温度，以上操作状况有利于结粒。

提高入窑物料分解率的措施是加强窑、预热器、三次风管、废气管道等装备的密闭性，减少漏风，改善预热器、分解炉的性能，提高换热效率，增强上述装备的隔热，减少散热损失等。

(3) 采用侧吹风技术

侧吹风技术就是在箅冷机出现“红河”料层的侧墙边，设置一排吹风孔，用一台风压较高的风机，在箅上水平向细颗粒层喷吹，此时部分细颗粒被吹动而使料层发生松动，因而料层的透风阻力下降，箅下的冷风因细料层阻力下降而得以透过料层，使熟料得到冷却，“红河”则缓解。

箅上侧吹风操作时，在高温细颗粒熟料与箅板之间有冷风吹过，形成一层冷风垫层，使箅板不致受高温熟料的过热损坏。同时箅下冷风因料层松动而得以透过，使熟料得以冷却，这将延长箅板的使用时间。

(4) 采用特殊形状箅面的箅板

在“红河”料层下部的箅床上，设置箅面较高且形状较为特殊的箅板。当“红河”料层随箅板向前推动时，其底部熟料层被特殊箅板的箅面破坏，致使料层堆积致密度发生变化，冷风透过料层的阻力降低，相应冷风可透过料层，使熟料得以冷却，“红河”现象得以减缓。但该类箅板磨损较重。

(5) 加强风室(斗)的密封

在生产时加强风室(斗)下锁风阀门的维护，减少冷风从该部位漏出风室(斗)外，同时加强风室(斗)之间隔板的密闭，以防止各风室(斗)之间的窜风，保证各风室(斗)有足够的冷风透过料层。

(6) 采用可控气流通风箅板

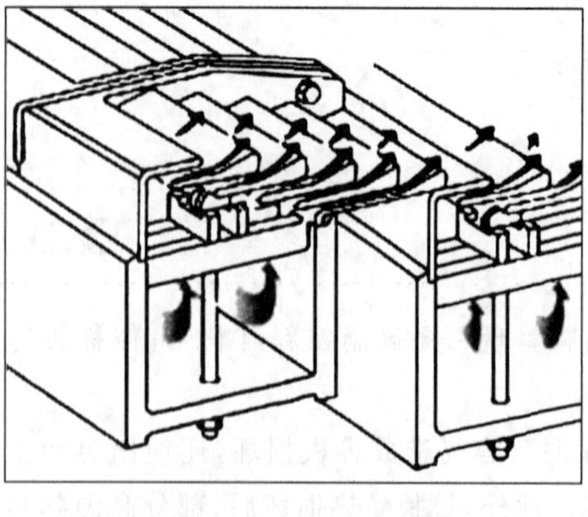

图 3.33 可控气流通风箅板

从 20 世纪 90 年代起，国外出现了可控气流箅板。冷风不从箅下风斗向箅上料层透风，而是通过箅板下的空心梁经箅板本身水平贴箅面喷出，然后透过料层使熟料得以冷却(图 3.33)。箅下空气梁透风，结构上可以单排或单块箅板单独通风，解决了风斗供风时通风面积过大，冷风集中于低阻力料层，而高阻力熟料层冷风透过量少，得不到冷却，致使箅板受高温熟料的过热损坏的问题。采用可控气流通风箅板后，可以采用较高的风压和风量来透过“红河”料层，相应消除和缓解“红河”现象。可控气流通风箅板箅冷机的优点是通风均匀、鼓风量小、出箅冷机的熟料温度低、热效率高、供燃烧用的二次和三次空气温度高、箅板损坏量少、设备事故率低、废气量少、收尘设备小。其冷风量可降至 1.8 Nm^3/kg·熟料以下，单位有效冷却面积熟料量提高至 50 $t/(m^2 \cdot d)$以上，箅冷机热效率可提高至 75%以上。

总之，“红河”是箅冷机生产时经常遇到的问题，对设备损坏和熟料冷却有较大的影响，产生“红河”的主要原因是窑内熟料过细致使料层通风不均，熟料得不到冷却。解决的办法是改变原料性能和改善窑的操作来减少细颗粒熟料的生成；也可改变通风方式，如采用侧吹风、可控气流通风箅板等。

3.50 SF交叉棒式第四代箅冷机有何特点

SF(Smidth-Fuller，史密斯-富勒)交叉棒式第四代箅冷机，是FLS公司在20世纪后期研发的，如图3.7所示。其特点如下：

(1) SF交叉棒式第四代箅冷机与第三代箅冷机的区别是整个箅冷机全部使用固定箅床。熟料输送与熟料冷却是两个独立的结构，箅板承担通风冷却任务，推料棒承担熟料在箅床上的推动输送任务，两者互不影响，运转更加可靠。

(2) 由于全部采用固定箅板，消灭了漏料和漏风，因此无需漏料收集装置及密封风机。

(3) 来自鼓风机的冷风送至装有自动调节阀的箅板，再穿透熟料层，对熟料进行冷却。每块箅板下设有特制的空气自动平衡流量调节阀，可根据箅上阻力，及时调节所需风量，控制简便准确。

(4) 具有模块化、无漏料、磨损少、输送效率高、热回收效率高、运转率高、重量轻等特点，节省安装时间和费用，已成为当前水泥工业冷却机发展的主流。

3.51 冷却机料层厚度对回转窑煅烧有何影响

各厂在出窑熟料的冷却方法上都能达成共识，一般均认为快速冷却有利于熟料强度的提高，通常要求采取快速冷却。但在具体实施方法上存在差异。大多数厂箅冷机操作时，都实施厚料层操作，料层厚度在600～800 mm。厚料层操作系统阻力大，冷却风量少，二次风温高，有利于提高窑温；如果料层厚度太薄，冷却风量过大，虽然对提高熟料强度有利，但二次风温低，且容易产生“匀流”和“腾涌”现象，会大大增加熟料热耗。在实际操作中，应在保持冷却机料层厚度相对稳定的情况下，加大箅冷机一、二室的风量，适中使用三、四室风量，在保证出料温度低于60 ℃加上环境温度的前提下，尽可能减少五、六、七室风量。

3.52 一则降低冷却机故障概率提高效率的经验

冷却机在水泥生产中起着重要的作用，冷却机效率高，可以降低水泥生产热耗，同时可以降低箅板的温度，延长其使用寿命，也可降低出冷却机的熟料温度，提高熟料质量，降低粉磨电耗。某水泥公司生产线为双系列五级旋风预热器，设计产量为4000 t/d；冷却机规格为13.6 m×33 m(3段10室)；冷却机面积为100 m^2；经过对富勒式冷却机改造前后的对比，取得了降低冷却机故障概率、提高冷却效率的几点经验，可供参考。

(1) 存在的主要问题

① 箅板损坏频繁，由此造成的停窑频率大约为1次/月，且损坏大致发生在A区内。

② 箅板损坏以距头部约1/3长度的横向断裂为最多。损坏的形状及部位见图3.34。

③ 出冷却机气体温度及熟料温度偏高，全年平均分别为310 ℃和170 ℃(设计值分别为250 ℃和110 ℃)。冷却效果差，入水泥磨熟料温度经常在130 ℃以上，熟料易磨性差，使水泥磨电耗大幅度上升，同时熟料温度高，给熟料输送系统设备带来损害。

(2) 改进措施

① 针对熟料离析现象严重、A区箅板容易损坏的特点，改进箅板材质。由原来引进的材质Cr-22、Ni-24改为Cr-25、Ni-19，提高机械强度，同时也采用厚料层操作，保护A区箅板免受高强度的机械应力

冲击。

② 在两侧各增设一列盲板，以便相应增大料层厚度，减小箅床上各部位的料层阻力，提高冷却断面通风的均匀性，同时对 A 区箅板原有的 72 个箅孔实行调整，改为 42 个箅孔以防止窜风，更好地保护该区箅板。

③ 针对单位箅板距头部 1/3 处易损坏的特点，改变箅板形式，在保证有效通风面积的前提下，在该处将原孔压缩为 4 个等距离的通风缝，同时扩大箅板间距，由原来的 14 mm 扩大到 18 mm，以提高该处的机械强度(图 3.35)。

④ 调整操作参数。采用厚料层操作方法：1 室压力由 5880 Pa 提高到 6370 Pa；冷却风量由 2.70 Nm^3/kg·熟料降低为 2.5 Nm^3/kg·熟料，其中高温段降低幅度最大，由 1.00 Nm^3/kg·熟料降低为 0.91 Nm^3/kg·熟料。

通过以上措施，大幅度降低了冷却机的故障概率，提高了冷却机的热效率。

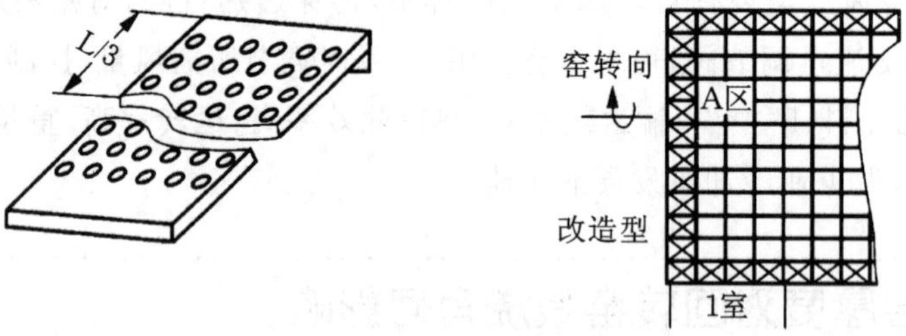

图 3.34　箅板损坏形状及部位

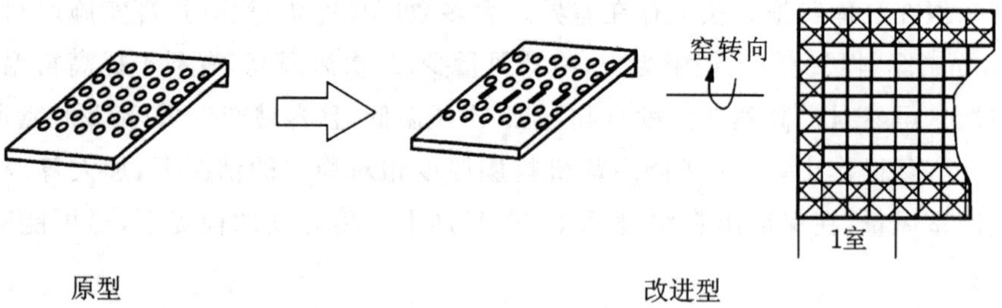

图 3.35　箅板改进前后对比

3.53 往复推动箅式冷却机安装应符合哪些要求

1. 冷却机的现场安装应根据设备总图、部件组装图及工艺设计图等要求进行。

2. 安装前应在基础上画出下列三条基准线：

(1) 在冷却机基础平面上画出一条与窑中心线水平投影平行的冷却机中心线，偏差不得大于 ±1.5 mm；

(2) 以与冷却机相邻的窑墩横向中心线(垂直于地面)到冷却机第一根立柱(混凝土或钢)中心线的设计距离为间距，画出其冷却机第一立柱的横向中心线，偏差不得大于 1.5 mm；

(3) 以埋入相关窑墩上的水准点为水平面基准，在冷却机基础立面适当可见位置上画出一条冷却机水平基准线，偏差不得大于±1.5 mm。

上述三条线作为安装找正的基准线，直至安装完毕都应保持清晰可见。

3. 以上述三条基准线为基准，在基础上标出其余各部分基础的中心线，各基础中心线偏差不大于±1 mm，各基础标高偏差不大于±1 mm。

4. 侧框架安装找正，要求侧框架水平偏差不大于±1 mm，垂直度为 1 mm/m，且同一段温度两侧框架要求平行，对角线偏差不大于 4 mm。

5. 侧框架与底板包括风室的密封板组装后，四周与底板接缝均为连续气密焊缝。

6. 水平箅床的同一段(高温段或低温段)托轮组以及倾斜箅床的同一标高的左右托轮高差均不应大于±0.5 mm。各托轮组与箅冷机中心对称偏差不应大于±0.5 mm。同段托轮组相互平行，其中心对角连线偏差不应大于 2 mm。

7. 活动框架组装后，最大对角线尺寸偏差不大于 4 mm。

8. 各托轮与固定在活动框架下的导轨安装后，应接触均匀，导轨与托轮接触应良好，不得有间隙，且活动框架运动时，每个托轮都应转动。

9. 曲轴与滑块安装后的平面度为 1 mm。

10. 传动轴用垫片找正，调平轴承，其轴水平度为 0.2 mm/m，检查转动的灵活性，确认无误后，用垫片楔紧定位。

11. 安装前对箅板进行检查，箅板安装间隙应符合设计规定。

(1) 托板门的侧隙为 3^{+2}_{-1}mm。

(2) 箅板门的侧隙为 3^{+2}_{-1}mm。

(3) 活动箅板与固定箅板的间隙为(5±1) mm。

12. 熟料锤式破碎机旋转时，锤头外缘顶面与栅板的缝隙为(25±5) mm。

3.54 往复推动箅式冷却机如何进行试运转

1. 试运转前的准备：

(1) 检查箅冷机内腔，关好人孔和观察门。

(2) 检查各润滑点供油情况。

(3) 检查所有蝶阀、闸门是否关闭灵活。

(4) 人工盘动曲柄机构，检查各部件运行情况。

2. 先试运转箅冷机，后分别试运转拉链输送机和熟料破碎机。拉链输送机试车，可按电收尘器中的排灰设备试运转事宜进行，熟料破碎机试车应按破碎设备试运转执行。

3. 点动电动机，确认方向，无误后方能正式开车。

4. 箅冷机以最低速启动，驱动 10 min 后逐渐加速，并以最高速度驱动 1 h。

5. 箅冷机以正常速度试运转 3 h，定期做如下检查：

(1) 箅板的冲程是否符合设计要求；

(2) 传动装置运行是否平稳，有无异常响声；

(3) 分离的运动机件之间是否发生摩擦、卡碰现象；

(4) 滚子链的张紧程度是否合适；

(5) 轴承温度和干油集中润滑的各供油点工作是否正常；

(6) 活动框架与托轮的接触是否良好。

6. 箅冷机、拉链机和破碎机单独试运转合格后，方可进行 4 h 的联动试运转。

7. 试运转后的调整：

(1) 拧紧各部位的连接螺栓，并将箅板托板的螺母点焊牢固。

(2) 将箅床区域范围内所用的垫片点焊牢固。

(3) 用 T 形螺栓及双螺母固定的箅板，空载试运转后，须再次拧紧双螺母，并先将外螺母(靠螺栓端部)与螺栓点焊牢固，待荷载运行一段时间后，再次拧紧内螺母，并将内螺母与外螺母联锁点焊牢固。

3.55 各代箅冷机进口如何设计

仔细观察旋窑卸料口的熟料，会发现熟料被周期性地带到一定高度，因重力作用下滑，形成一个弓形熟料层，弓弦与水平线夹角为熟料动态休止角(约 47°)，从窑口开始下落的熟料，偏离窑中心线一定的距离，随着在窑内运动的惯性，以一定的角度向窑中心线抛射。因重力作用抛射角度逐渐减小至接近垂直落下，此时物料流中心仍与窑中心偏离一定距离，会造成熟料在箅床上分布不均。

3.55.1 第一代箅冷机进口设计

为了解决熟料堆积偏心和熟料颗粒离析问题，在第一代箅式冷却机的进口，采用下列措施：安装如图 3.36 所示导料装置，由窑口卸下的大部分熟料，落在受料板上，流向 V 形槽，最后通过方台阶，使熟料均匀分布在箅床全宽上。由于导料装置的耐热钢零件经受不住高温熟料由很高窑口落下的冲击，容易被砸坏和烧坏，而用耐火砖砌筑成的导料装置，磨损变形后也不能达到均布熟料的效果，因此这种导料装置最终被淘汰。

3.55.2 第二代箅冷机进口设计

第一代箅冷机不使窑中心线偏离冷却机中心线，是由于偏离时二次风带着熟料粉入窑打旋，导致无法看火。第二代箅冷机取消导料装置，只能将箅式冷却机中心线相对窑中心线偏离一定间距。为了解决二次风风速太高而带大量熟料回窑打旋的问题，要求将窑门设计得足够大，使通过窑门的二次空气风速降至 5 m/s 以下。图 3.37 表示出箅床上熟料分布、空气分布及熟料冷却情况。可见，箅床中熟料厚度及粒度分布不均，通风阻力不同，熟料冷却不均匀，容易造成“红河”。

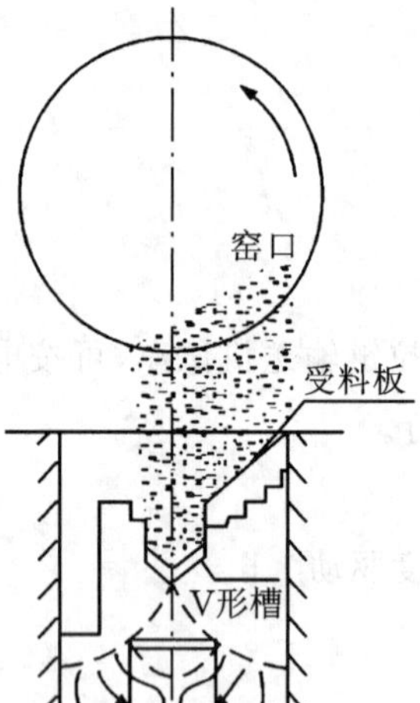

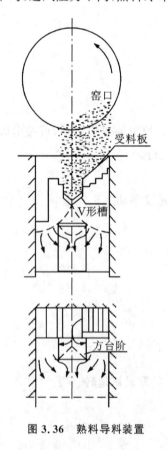

图 3.36 熟料导料装置

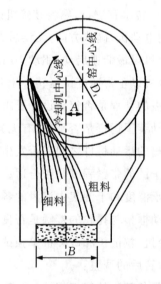

图 3.37 箅床进口的熟料分布

3.55.3 第三代箅冷机进口设计

进口箅板设计成向下倾斜 15°的水平喷嘴固定箅板，或台阶式固定高阻力箅板，或者使第一排活动箅板以后的活动、固定箅板交错排列，其目的是在接近箅板的最下层形成一层向输送方向缓慢移动、冷而薄的熟料垫层。由窑口落下的熟料在料压和重力作用下在垫层上向前滑动并铺开。

在入口区配置高阻力箅板，通过空气梁鼓入 100 mbar 以上高压风，供给箅板。并且对箅床每一侧、每一排以及每一单独小区分别供风，并加阀门控制。供以脉动高压风，或对每一小区轮流供风，可以保证熟料均匀分布在箅床全宽上，又能防止产生“红河”，达到熟料通过高阻力箅板区后，全部熟料冷却成黑熟料的目的。

3.56 冷却机热端防“雪人”推料装置

冷却机热端“堆雪人”的原因较多，概括起来主要为以下几点：

(1) 入窑生料的化学成分波动较大，系统工况不稳定；

(2) 回转窑大量掉窑皮，冷却机没有及时调整；

(3) 高温端的冷却风机能力不够或者没有及时调整，高温端熟料没有及时得到充分冷却等。

当出现这些情况时，高温黏性物料如果不能及时从固定床排出，就会结成团块，堆积成小山状。一旦形成“雪人”而未及时处理的话，会对设备和生产造成很严重的后果。“雪人”的处理比较困难，经常要停窑处理，这不但对生产造成了影响，且影响设备运行寿命(如缩短耐火砖或浇注料的寿命)，并且在处理过程中还有可能造成人员受伤。

目前，国内水泥厂正在使用的冷却机大多为第二代孔式箅板风室供风冷却机和第三代高阻箅板空气梁供风冷却机。为提高入料端熟料冷却速率，同时减少箅板磨损，减少漏料现象，大多在其入料端采用3～7 排倾斜的固定箅床，但冷却机入料端采用固定箅床后，也带来一些问题：主要就是固定床堆“雪人”现象。针对这一现象目前广泛采用的一个措施是在入料端安装空气炮来促进物料运动，减少停留现象。但由于空气炮的安装位置和喷出空气的运动等因素，往往存在死角清理不干净，“雪人”随清随长的现象。另外空气炮的气流冲击会破坏箅板面的冷料层，使箅板裸露在热料中，导致箅板氧化等破坏加剧。

针对空气炮装置清除“雪人”存在的问题。某水泥厂技术人员推出一种稳定可靠的冷却机热端防“雪人”推料装置。其装置布置图如图 3.38 所示。

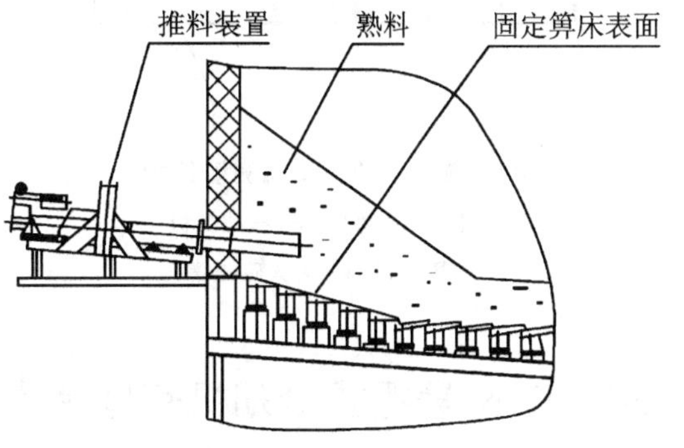

图 3.38 推料装置布置图

该推料装置位于冷却机热端，固定在冷却机的检修平台上。推杆和地面呈倾斜布置，另外考虑到既要能够有效地消除堆积又不至于破坏固定箅床表面的料层，推杆与高温固定箅床上表面留有一定的间距。

推料装置主要由推杆、传动组件、平衡装置、密封装置和位置控制开关等几大部件组成。

推杆本体为箱式结构，为防止推杆受热变形，推杆内部采用强制通风，头部采用耐热不锈钢板焊接而成，在端部采用网格形结构，并打上高强度耐高温浇注料以防止磨损。推杆的尾部灌注混凝土以平衡头部重量。推杆在极限位置时具有自锁功能，以防止推杆由于自重滑入冷却机内部而烧毁。

传动组件采用经特殊设计的电动推杆，其特点为推力大，推速快，过载自动保护，并具备缓冲功能，运行平稳。密封装置采用自适应性石墨密封，能够有效地阻止漏料和漏风，确保整个系统不会因为该推动装置的运转而发生工况改变。

该装置操作简单，可采用现场手动和中控 DCS 远程控制，能够有效地控制冷却机热端熟料层的厚度和分布，清除“雪人”，大大提高冷却机的运转率，可用于新建的熟料生产线，也可以用于对老线的改造，一次投资节省,可以给后期整个生产线的长期运转带来十分可观的经济效益。

3.57 如何改进预分解窑箅冷机侧墙的砌筑

某厂 1000 t/d 窑外分解窑选用的箅冷机是引进美国富勒公司技术生产的箅冷机。地梁、顶部由浇注料浇注,前墙、侧墙及后墙由高铝耐火砖砌筑。砖墙与机壳之间衬一层 65 mm 厚的硅酸钙板,其中侧墙为单砖墙,墙厚只有 114 mm。刚投料生产 2 个月就发现两侧墙产生大裂缝,并且内胀,砖墙与机壳分离,内胀最大超过 100 mm,如图 3.39 所示。从出现的现象来看,主要是侧墙过于单薄,又与机壳没有直接连接,每幅侧墙长 7.08 m,高 1.78 m,面积有 12.6 m^2,故稳固性较差。另外,7.08 m 长的侧墙没有膨胀缝,生产时温度较高,必定产生热膨胀,所以造成两幅侧墙往内胀与机壳分离。

在重新砌筑时,该厂适当改变了结构:每幅侧墙增设三道膨胀缝,膨胀缝后垫一块耐火砖,缝中填满耐火纤维棉,如图 3.40 所示。侧墙每平方米设 3 个拉钩砖,拉钩焊在机壳上,通过拉钩使侧墙与机壳连成整体,提高侧墙的稳固性,如图 3.41 所示。由于没备有合适的拉钩砖,该厂在拉钩砖的位置直接用浇注料浇注,代替拉钩砖,效果也很好。

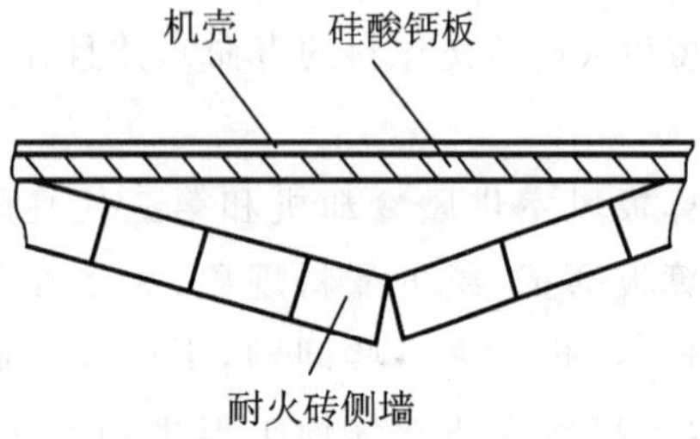

图 3.39 原箅冷机侧墙结构

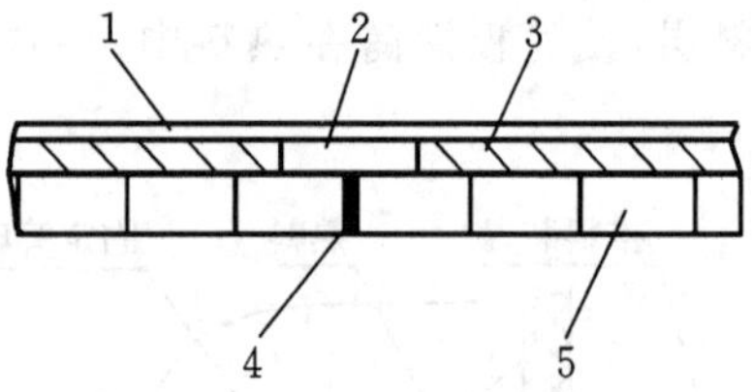

图 3.40 改造后的箅冷机侧墙结构(一)

1—机壳;2—垫砖;3—硅酸钙板;
4—膨胀缝;5—耐火砖侧墙

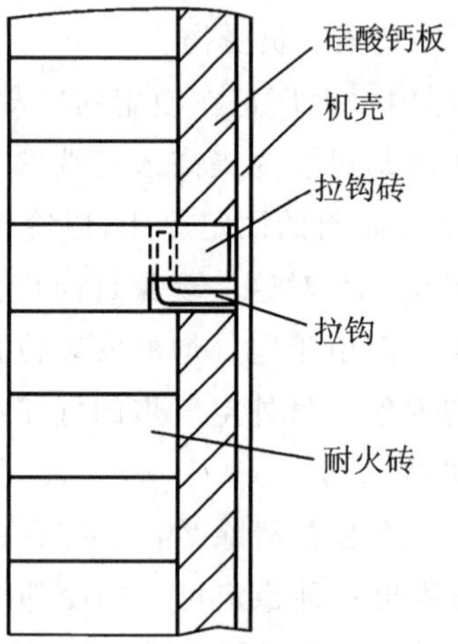

图 3.41 改造后的箅冷机侧墙结构(二)

3.58 IKN 悬摆式冷却机有何特点

20 世纪 80 年代中期,IKN 冷却机公司将具有 COANDA 效应的水平喷流机理引入到水泥熟料冷却上,研制出 IKN 悬摆式冷却机,其主要优点是:熟料分布均匀,无穿透现象;细颗粒被缓缓移至料层表面,因而箅板上无"喷砂"效应,显著减少了磨损;料层空隙透气性能好,极大地增强了熟料和冷风之间的热交换。

IKN 悬摆式冷却机具有下列特点:

3.58.1 采用水平喷流的 COANDA 喷流箅板

熟料层内的气流分布是有效冷却的关键,在传统箅式冷却机中,垂直喷流引起反向空气流动,于是卷起一些流态化细粉,以热喷砂形式喷向箅板表面,造成箅板的损坏。IKN 悬摆式冷却机用向箅板表面切向倾斜的弯曲气缝送气的方式来取代传统的垂直喷流。喷出的强劲气流贴近箅板表面,同时其具有的高阻力使得该气流场均匀向上分布，气流在熟料层内所有空隙中的垂直上升速度几乎处处相等。透过料层空隙，气流将夹杂在粗粒熟料之中的细粉缓缓地带到料层表面，完全避免了“喷砂效应”产生的磨损。

3.58.2 运用空气梁技术的熟料入口分配系统（KIDS）

传统箅冷机在熟料入口处都有下述问题：由于热交换差及冷却速度低而导致熟料矿物活性低且易磨性差；由于热回收率低而热耗大；由于箅板阻力小而导致熟料层经常被冷却气流穿透，从而破坏熟料和气流之间的热交换，并使一些箅板直接经受高温熟料，导致箅板寿命减短。在此情形下不可能获得均匀的熟料分布，而通常易产生“红河”和“雪人”。

空气梁技术的发明，实现了将冷却气流分别送入各排箅板的直接通风。IKN悬摆式冷却机先将若干COANDA喷流箅板连成一个整体，再将它们嵌入空气梁并用一些特殊的水平螺栓将其相互固定在一起，以确保它们不发生垂直方向的变形，但允许在受热膨胀或收缩时发生水平方向的整体位移。箅冷机入口处的空气梁设计为固定式，具有极为可靠的机械性能，使熟料均匀分布，提高了热回收率，降低了冷却空气用量，延长了箅板寿命。

3.58.3 采用单缸液压传动的自调准悬摆系统

水泥熟料是一种磨蚀性强的材料，IKN冷却机已避免了由于“喷砂效应”及熟料穿过箅板而引起的磨损。然而磨损也发生于固定和活动箅板之间的缝隙之中，这是由活动框架下沉引起的，当活动箅板与固定箅板相接触时就会产生磨损。传统辊式机械驱动的箅板运动不仅导致箅板本身的磨损，而且还导致相关部件（如托轮、轴承、滑动密封装置以及与它们相连的滑动接口等）的磨损。为了避免这类磨损，固定箅板与活动箅板之间要保持相当小的垂直间隙并且须获得一临界气流速度以清扫这些缝隙，使之无细料夹杂其中。鉴于这种认识研制出了IKN悬摆式活动框架，框架采用了高强度铸件，安装精确。由于活动框架的摆动不再依赖于传统冷却机的辊子运动，而是由弹簧钢板极小的弹性变形来完成，所以这种悬挂系统本身无任何磨损，故无须维护。为了使合理的熟料分布以及熟料层内的温度分布在运动过程中不被破坏，IKN开发了独特的液压传动装置，以缓慢向前和快速向后的运动方式运行。

3.58.4 液压传动的隔热挡板

产生水平喷流的COANDA喷流箅板极大加强了熟料和冷却空气之间通过传导和对流产生的热交换。那么辐射热呢？我们注意到，正是熟料向冷却机内壁，尤其是向低温冷端的辐射散热导致熟料层表面被冷却。这就限制了热回收率的进一步提高。针对这一情况，IKN采取的革新措施是在悬摆冷却机的气体分流交界处悬挂一个气冷的隔热挡板，它可以用液压方式提起来或放下去。隔热挡板的冷却气体由其底部的COANDA喷嘴喷到熟料层表面。当大块熟料过来时，隔热挡板自动升起让其通过。在粉尘少和冷却机宽的情况下，隔热挡板带来的效益尤为显著。

3.58.5 气力自动清除漏料系统

传统冷却机细粒熟料通过箅板滑入仓室，这些漏料通常用安装在冷却机下方的输送系统输送出去。因此，与漏料联系在一起的问题就出现了：箅板磨损，许多活动接口必须密封和维护。

IKN悬摆式冷却机运行时能保持极小的箅板间隙，这些间隙中的熟料被强劲气流喷吹掉，一般情况下没有漏料现象发生。然而，当漏料极少时，可能会产生由冷却气体中的水分引起的形成混凝土的问题。为解决这一问题，IKN开发了气力清除漏料（PHD）系统。将一钢管伸入盛有细熟料的漏斗集料器中，由冷却风机提供的一般风压在管中产生20～30 m/s的风速，它可提起集料器中的细熟料，通过管道送至位于熟料破碎机下面的漏斗之中。直径达20 mm的熟料均可被这一系统运走。即使所有漏斗中的管子同时连续吸料，耗气量也低于0.02 m^3/kg・熟料。使用该系统，可节省一套位于冷却机下的熟料输送系统。

3.59 KC 型推动箅式冷却机操作规程

3.59.1 KC 型推动箅式冷却机的操作原则

必须首先保证冷却机的安全运转，根据窑内和熟料冷却机状况调整各室风量和废气排放量，调整箅床的运动速度，控制稳定的料层厚度，以便提高二次风温和三次风温，把熟料出冷却机温度降到最低限值，以保证充分的热利用率，提高冷却效率。

3.59.2 KC 型推动箅式冷却机的主要技术性能及主要控制参数

规格：3.6 m×35 m

产量：5000～5500 t/d

传动型式：液压

箅板有效面积：123.2 m^2

箅床段数：3

室数：9

箅床冲程：120 mm

入料温度：1400 ℃

出料温度：65 ℃＋环境温度

料层厚度：一段，600～700 mm；

二段，450～500 mm；

三段，350～400 mm

二次风温：1050～1150 ℃

三次风温：900～950 ℃

箅板冲程数：一段，9～11 次/min；

二段，14～16 次/min；

三段，16～18 次/min

F1 出口压力：(6.0±0.2)kPa

窑头罩压力：(－35±15)Pa

3.59.3 各台冷却风机的用风量（建议）

各台冷却风机的建议用风量见表 3.9。

表 3.9

投料比例(%)	0	10	20	30	40	50	60	70	80	90	100	110
生料喂料量(t/h)	0	34	68	102	136	170	204	238	272	306	340	374
熟料产量(t/h)	0	21	42	63	83	104	125	146	167	188	208	229
熟料产量(t/d)	0	500	1000	1500	2000	2500	3000	3500	4000	4500	5000	5500
风机号	操作风量(m^3/h)											
F1	9400	12900	15300	17700	18800	19300	20000	20500	21200	21200	21200	22400
F1A	7600	10500	12400	14300	15200	15600	16200	16600	17100	17100	17100	18100
F1B	7500	10300	12200	14100	15100	15400	16000	16400	17000	17000	17000	17900
F1C	8200	10300	11300	13300	14400	15400	16400	16800	17500	18100	18500	19500
F1D	8200	10300	11300	13300	14400	15400	16400	16800	17500	18100	18500	19500

续表 3.9

风机号	操作风量(m^3/h)											
F2	10600	17700	19400	23000	24700	26500	28300	29000	30000	31100	31800	33600
F2A	8100	13600	15000	17700	19100	20400	21800	23200	24500	25300	25900	25900
F2B	8100	13600	15000	17700	19100	20400	21800	23200	24500	25300	25900	25900
F3	13500	18000	22500	24700	27000	29200	31500	33700	36000	37300	38200	40500
F4	17500	23300	26200	29200	32100	37900	40800	43800	46700	48400	49600	52500
F5	13600	16300	24500	27200	29900	32700	35400	38100	40800	42500	43600	46300
F6	14200	17000	22700	25600	28400	28400	31200	34100	39800	41500	42600	45500
F7	9300	14000	16300	18600	21000	23300	25600	28000	32600	34000	35000	37300
F8	8500	12800	13600	14900	17100	19200	21400	23500	27800	29100	29900	32100
F9	10700	16000	17100	18700	21400	24000	26700	29400	29400	31000	32100	34700
总风量	155000	216600	254800	290000	317700	343100	369500	393100	422400	437000	446900	471700

3.59.4 开车前的准备

(1) 通知巡检工对箅冷机系统所有设备进行检查，确认所有人孔门、检修门都已严格进行密封，防止漏风、漏料、漏油。

(2) 确认中控所有测温、测压及料位检测等显示正常并与现场实际情况一致。

(3) 确认冷却机热端空气炮可以随时投入使用。

(4) 确认系统内所有电动阀门开关动作灵活，确认中控与现场阀门开度一致。

(5) 确认窑头电收尘器排风机进口阀门全关、箅冷机冷却风机进口阀门全关。

(6) 确认现场设备处于“备妥”状态，未“备妥”时须与现场岗位工及机电运行班组联系，使设备处于“备妥”状态。

(7) 点火开窑前要先在箅床高温区铺设厚度约 250 mm 的冷熟料或碎石灰石，用以保护箅板。

3.59.5 箅冷机系统开停车顺序

(1) 开车顺序

库顶收尘器→盘式输送机→箅冷机破碎机启动→箅床启动→高温段冷却风机启动→电收尘输送启动→窑头排风机启动→中温段及低温段冷却风机启动→电收尘送电→空气炮启动→喷水启动(废气温度≥250 ℃)

(2) 停车顺序

与开车顺序相反。

3.59.6 箅冷机的操作

(1) 控制稳定的料层厚度(阻力)

通过箅下室压力调整箅床速度。当箅下压力增大时，说明料层阻力增加(料层变厚或物料变细)，这时应加快箅床速度；反之亦然。随时控制箅床速度以维持较为稳定的料层厚度(阻力)。

(2) 控制恒定的风量

当料层阻力变大时，冷却风机阻力增加，进入空气量则减少，为了保持恒定的风量，控制系统将增大风机风门的开度。反之，减小风机风门的开度。

(3) 控制稳定的窑头负压，以保证必要的入窑二次风量和窑的稳定操作

根据设定的窑头负压，调节冷却机排风机的排风量(风门开度)，正常条件下窑头呈微负压，一般在(−35±15)Pa，如负压增大，则须减小窑头收尘风机排风阀门开度，反之亦然。

(4) 箅床布料

启动一、二、三段箅床开始布料，当物料在冷却机入料端堆积起来时，箅床以最低速度运行，开始阶段采用阶段式布料，并注意控制固定充气梁的风量，以调节固定斜坡上的料厚。当堆积物料被铺散开后，暂停箅床运行，待新的物料堆积到一定程度后，再重新启动箅床，以同样方式铺散物料，如此重复操作。

(5) 冷却风机的启动

首先启动固定箅床的 2 台充气风机及补充风机，其次启动 2 区的 2 台风机及补充风机，然后启动 3 区的 2 台风机及补充风机。随着后续各区箅床被物料覆盖，依次启动各区风机，并随料层的增厚，调节风门开度，开度从小到大，适当调节风量以控制堆料的厚度。冷却机启动时风门应处于关闭位置“O”位，当全部冷却风机处于正常状态时，调整各区的流量控制的参数，使之正常运行。

3.59.7 故障及处理

(1) 箅冷机掉箅板

① 按停窑程序停窑，窑分解炉燃烧器熄灭；止料；高温风机减速，打开点火烟囱；定时翻窑。

② 继续通风冷却熟料，开大箅冷机排风机入口阀门，使风改变通路，减少入窑二次风风量。

③ 继续开动箅床把熟料送空，注意箅板不能掉入破碎机，捡出箅板。

④ 有人在箅冷机内作业时禁止窑头喷煤保温。

(2) 固定箅床堆积熟料

① 烧成带温度高，减少窑头喂煤。

② 冷却风量不足，增加冷却风量。

③ 熟料化学成分和率值偏差过大，调整生料配合比。

④ 使用空气炮处理。

⑤ 停窑从箅冷机侧孔及时进行清理。

(3) 箅冷机“堆雪人”

“堆雪人”现象：

① 一室箅下压力增大。

② 出箅冷机熟料温度升高，甚至出现“红河”现象。

③ 窑口及系统负压增大。

处理措施：

① 在箅冷机前部加空气炮，定时放炮清扫。

② 尽量控制细长火焰煅烧，避免窑头火焰集中，形成急烧。

③ 将煤管移至窑内，提高窑速，缩短物料在窑内停留时间，降低出窑熟料温度。

④ 调整配料，减少 Al_2O_3 含量，增加 Fe_2O_3 含量，提高 KH、SM。

(4) 熟料出现“红河”

箅速过快，适当减小箅床速度，调整风机阀门。

(5) 箅冷机液压站的工作油压高的原因及处理办法

① 液压站系统故障，机修检查处理。

② 箅板上料层过厚，降低窑速，提高箅速，严重时停窑，人工处理。

③ 箅板卡料或异物进入，清理。

④ 下料溜子堵料，进入清理。

(6) 箅冷机一室下温度过高的原因及处理方法

① 箅冷机掉箅板，更换箅板。

② 箅冷机箅板漏料严重，检查箅板，调整其间隙，严重的必须更换。

③ 入箅冷机熟料结粒过碎或料细，加强窑内煅烧，稳定入箅冷机熟料粒度。

④ 一室风机流量不足，检查风机及其挡板位置，检查管道有无漏风之处。

⑤ 箅冷机箅下积料过多,检查拉链机锁风阀是否正常工作,箅下是否有棚料现象并及时处理。

(7) 箅板温度高

① 熟料结粒过细,提高窑头温度。

② 检查熟料的 *SM* 是否过大。

③ 一室冷却风量过大,要关小一室风机阀门,适当减慢箅速。

④ 固定箅板入一室风量过小,不足以冷却熟料,要开大固定箅板一室风机阀门,适当加快箅速。

⑤ 箅床有大块熟料,此时风压大,风量小,适当加快箅速。

⑥ 箅速过快,适当减小箅速。

(8) 大量窑皮进入箅冷机

① 适当降低窑速。

② 适当加快箅速,稳定料层厚度。

③ 适当调整风量,保证冷却速度。

④ 经常观察破碎机入口端,防止大块熟料堵溜子。

(9) 出箅冷机余风温度高

① 适当提高箅速,适当增加冷却风量。

② 当出箅冷机余风温度高于 250 ℃时,开启箅冷机喷水,根据余风温度高低调节喷水量。

3.59.8 停机操作

对于正常情况,窑尚未停止卸料前,不能停机、停风,待窑止料且进入冷却机的物料全部被冷却之后,冷却机才能停机中断卸料,但箅床上要残留有一层冷料,以便下次投料时保护箅床不受热熟料侵害。如确认窑已停止卸料,则冷却机可同时停机但不能马上停风。

当冷却机确实需要停止卸料时,则停止冷却机传动及停止破碎机和拉链机,而冷却机只能待剩余物料和冷却机自身充分冷却以后才能停机。

出现下述故障时,应采取紧急停机:

(1) 冷却机本体的传动装置出现故障;

(2) 熟料破碎机、拉链机出现故障;

(3) 冷却机后的输送设备出现故障;

(4) 排风系统出现故障;

(5) 箅板破损、脱落;

(6) 冷却机本体运动部件出现故障;

(7) 其他造成被迫停机的故障。

紧急停机必须同时停止窑对冷却机的来料。

3.60 箅冷机巡检作业指导书

3.60.1 总则

(1) 本指导书规定了箅冷机岗位巡检工的职责范围、工作内容与要求、操作及注意事项、交接班制度以及检查与考核办法。

(2) 本指导书适用于烧成系统箅冷机岗位。

3.60.2 工艺流程简介

入窑物料经回转窑高温煅烧,发生固液相反应,形成高温熟料。煅烧后的高温熟料从窑口卸落到箅床上,在推动的箅板推送下,沿箅床全长分布开,形成一定厚度的料床,冷却风从料床下方向上吹入料层内,渗透扩散,对热熟料进行冷却。冷却熟料后的冷却风成为热风,热端高温热风作为燃烧空气进入窑及分解炉(预分解窑系统),部分热风还可以作烘干之用。冷却后的小块熟料经过箅条筛落入箅冷机后的输送机中;大块熟料则经过破碎,再冷却后汇入输送机中。

该冷却机采用了集中润滑系统,但从使用效果出发,熟料破碎机轴承和冷却机传动主轴承仍用人工定期润滑。

3.60.3 职责与权限

(1) 岗位负责管辖箅冷机、冷却风机、熟料输送链斗机、窑头电收尘器及熟料、窑头排尘风机等设备及相关建筑物。

(2) 负责岗位所有设备的维护和安全运转。

(3) 按规定准时填写岗位记录,对设备非正常状态提出分析、处理意见。

(4) 做好设备的清洁卫生,每班清理设备灰尘、油污,保持设备附近工作面的清洁,做到"三好、四无、六不漏"。

(5) 参加生产部有关工作会议,根据设备运行情况提出本岗位设备检修和改进的意见,参加检修和检修的验收工作。

(6) 根据设备运行情况,注意观察设备的负荷、振动、异响、温度等其他指示仪表,以保证设备稳定运行。

(7) 加强运转中设备的检查与维护,各部件都应保持正常的紧固状态。

(8) 生产中和中控及时保持联系,以保证整个系统运行正常。

(9) 发现有危及设备及人身安全的征兆,应立即报告现场班长,情况紧急时,有权采取临时措施,并报告值班长。

(10) 完成中控操作员、值班长及部门领导布置的有关任务。

(11) 积极参加工艺部门、班组组织的技术学习活动。

3.60.4 操作规程

(1) 开车前的准备

① 清理设备内杂物及妨碍设备运转的障碍物,确认设备内、设备旁无人。

② 检查各部位螺栓紧固情况。

③ 检查各部位润滑是否符合要求。

④ 检查各风机风阀是否在合适的位置。

⑤ 检查锁风阀门开关是否正确。

⑥ 检查各人孔门是否关闭好。

⑦ 认真检查熟料链斗输送机的传动部位有无障碍物,检查减速机轴承的油质情况,地脚螺栓有无松动,斗子是否磨损,链条是否完好,连接是否完好,连接部位螺丝有无松动、脱落现象。

⑧ 检查完毕,确认符合开机条件后,通知中控室操作员可以开机。

(2) 开车顺序

① 熟料库库顶收尘系统启动顺序

气箱脉冲袋收尘器→离心风机。

② 窑头输送系统启动顺序

a. 链斗式输送机启动。

b. 其余分两路,每一路启动的基本条件是链斗式输送机已启动。

第一路:联锁启动,启动顺序:熟料破碎机→箅冷机主传。

第二路:联锁启动,启动顺序:链式输送机 1→链式输送机 2→收尘回转卸料器→窑头废气风机→电收尘器(必须在电场内温度高于露点值 30 ℃以上时)。

(3) 运行中的检查

① 巡检路线:

箅冷机 1~8 号风机→箅冷机两段传动→破碎机→箅冷机喷水冷却系统→电收尘器→窑头排风机→斜

链斗输送机→熟料库顶平链斗机及收尘系统

② 巡检内容：

a. 冷却风机：有无异常振动、声响、漏气；轴承油位、温升是否正常。

b. 箅冷机：液压传动装置的运转、振动、干油站工作情况是否正常；有无漏灰、堵料、“堆雪人”情况；检查熟料冷却情况。

c. 破碎机：检查运转、振动、润滑情况；检查破碎后物料的粒度是否正常。

d. 袋收尘器：有无冒灰、泄漏、堵料情况；清灰系统动作情况；风机振动情况。

e. 排风机：有无异常振动、声响、漏气；轴承油位、温升是否正常。

f. 链斗输送机：检查链轮、链条、轨道的润滑、磨损情况；支撑有无变形；托辊运转情况；料斗、料盘是否有变形；运转是否平稳；有无卡料、异物堵塞及异常振动。

(4) 停车顺序

冷却机驱动电机→熟料破碎机→冷却机 8 台室风机→箅冷机喷水冷却装置→废气处理风机→电收尘器系统→链斗输送机→库顶平链斗机及收尘系统

(5) 停车后检查

① 检查运行后的冷却机箅板螺栓是否有松动、变形、磨损以及箅板磨损情况，如发现问题及时进行修复、更换。

② 检查链斗机、链斗、链条、链轮有无变形、断裂情况。

③ 对设备各润滑点进行全面检查，补充油脂。

④ 检查冷却机内耐火材料的状况，如有脱落，进行必要的修补。

⑤ 检查破碎机锤头磨损情况。

⑥ 检查各袋收尘器的滤袋情况，如有破损，立即进行更换。

⑦ 停车前，根据设备在运行时的状况，提出检修计划，确保检修后设备正常运行。

(6) 设备的维护和保养

① 风机：

a. 常检查风机在运行过程中有无异常(如振动和噪声)，发现异常情况必须及时修理。

b. 定期清除风机及风筒内外的异物。

c. 任何维修工作，只有在风机停机的状态下才能进行。

d. 检查固定螺栓和连接螺栓的紧固性。

e. 检查润滑油的温度，检查油位。

f. 检查所有的阀门，并做适当调整。

② 锤式破碎机和链式输送机：

a. 在进行检修和维护工作时，必须遵守公司的各项规章制度。

b. 在开展清洗、维护和修理工作时，切勿损坏机器或部件，或改变其特定功能的特性。

c. 切勿使其在运行中的限位开关、紧急停止开关、速度显示装置、速度监控器和料位限制开关失效或改变其位置。

d. 切勿拆除防护盖，若因维护需要拆除防护盖，就必须在工作完成后进行更换。

e. 检查驱动零件(例如电机齿轮装置、联轴节制动)。

f. 检查力矩支座固定情况，是否有损坏。

g. 检查传动轴/尾轴的轴承润滑油量，是否有异响，是否过热。

h. 检查链轮(驱动轴和尾轴)齿形磨损情况。

i. 检查输送板的磨损情况。

j. 检查链条的磨损和张紧情况，检查夹紧环的紧固情况。

k. 检查滚轮的滚动情况和磨损情况。

l. 检查所有连接螺栓和地脚螺栓的紧固情况。

m. 定期检查三角皮带是否磨损、撕裂，张紧程度是否合适。

n. 检查各润滑点润滑油质、油量是否符合要求。

③ 箅冷机：

a. 检查箅冷机破碎机下料粒度，如粒度不合适，调整箅条间隙。

b. 检查连接螺钉底座是否紧固，观察锤式破碎机运转情况，听运转时的声音判断锤式破碎机是否正常。根据斜车链斗中的物料颗粒大小，判断箅条的磨损情况。

c. 检查干油站润滑系统的油箱内的油位，每天必须检查一次。

d. 检查润滑油路是否畅通，确保冷却机传动部位的润滑。

e. 检查液压传动系统工作、润滑情况。

f. 检查各个观察口是否干净或清扫时，必须将防护挡板挡住。

g. 检查电动料位锁风阀工作是否正常，阀板是否磨损。

h. 检查破碎机栅条的磨损和变形情况，冲击板的磨损以及其他各易损件的状况等。

3.60.5 安全注意事项

(1) 穿戴好劳动防护用品。

(2) 严禁酒后上岗和当班饮酒，上岗人员要保持良好的精神状态。

(3) 进入工作现场时，首先观察所辖区域周围环境是否有安全隐患，提高安全警惕性。

(4) 在启动冷却机岗位所有设备前，必须检查设备内外有无人员、杂物，确认无误后方能通知中控操作人员开机。

(5) 在进入冷却机内打球、更换箅板或处理其他问题前，必须确保窑、破碎机、冷却机驱动装置、空气炮、冷却机冷却风机已完全停下，现场控制开关已处于断开位置（“0”位），预热器四级五级翻板阀处于关闭位置并且已经绑好，且现场设有专门的监护人。

(6) 不得跨越任何输送设备。

(7) 液压系统及润滑系统具有较高的液压和气压，因而要特别小心操作。过压保险阀不得随意调节，必须在卸压之后方能进行检修工作。储压器上禁止进行焊接和机械工作，以免发生爆炸事故。

(8) 不得接触设备的转动部位，要防止身体和衣物卷入造成伤害。

(9) 安全防护装置应随时处于完好状态，检查或检修完后应及时复位，然后再开车。

(10) 上下链斗机的斜梯时，一只手一定要抓紧护栏，防止滑倒。

(11) 在检查热交换器的轴流风机时，要注意和转动的风叶保持一定的安全距离。

(12) 在清理箅冷机、拉链机落料时，要防止烫伤或滑倒。

3.60.6 交接班制度

(1) 交班：

① 交班前应将岗位区域内的环境卫生和设备卫生做好，清除所有的积料、漏料、漏油。

② 交班前填写好岗位巡检工作记录和交接班记录。字迹要工整、干净、整洁，禁止涂改。

③ 交班时，必须告知接班人员本班生产情况、设备运行状况、不安全因素、设备存在隐患、采取的应对措施、事故处理情况以及主管部门下发的通知要求、注意事项、交办的任务等。

④ 交班时要保证各工序衔接处下料顺畅，预热器各级下料管、出口处压力、温度正常。各种仓储物料储量符合要求，并保证下班正常生产两个小时以上。

⑤ 生料库、熟料库交班前要量库位，要做好记录并报中控操作员。

⑥ 停电检修的岗位交班时，要向中控或电工说明下班的送电联络人。

⑦ 交班时应将岗位工具、用具收集整理，存放在指定位置。

(2) 接班：

① 接班时应在岗位交接班。

② 对于有故障的设备接班人员应同交班人员一起到故障设备旁交接清楚。

③ 接班后应根据接班设备运行情况及时巡检检查。

(3) 有下列情况之一时，交班人不准离岗并上报值班长，否则罚款 50 元。

① 岗位接班人员未到岗；

② 发现接班人员饮酒。

(4) 有下列情况之一者，接班人有权拒绝接班。否则罚款 50 元。

① 岗位卫生(包括地面卫生、设备卫生和值班室卫生)不符合要求；

② 工具或用具丢失或损坏原因不明；

③ 当班发生的问题未交代清楚；

④ 记录未填写，记录不如实填写或者记录丢失、破损、乱写、乱画。

(5) 当班发生的一般性问题原则上当班处理，不留尾巴，如确有困难不能解决时，应向当班班长或值班长讲清楚，由当班班长同下班班长协商解决。班长不能解决时报值班长，不允许强行交班和无故不接班。否则罚款 50 元。

(6) 操作人员接班后发现所属系统参数，如压力、温度、电流、功率、投料量等不正常，可以不接班，待系统稳定后再接班。如不坚持原则，谁接班谁负责。

(7) 值班长在班前会上要对职工进行安全教育，提高职工的安全意识。要根据生产情况安排当班的工作及应注意问题，正常情况下，班前会结束后值班长要对全系统巡检一次，全面掌握生产及设备运行情况。

3.60.7 检查与考核

(1) 标准由值班长负责检查，部门领导定期检查，实施奖惩。

(2) 执行各项规章管理制度内的相关内容。

3.60.8 设备润滑表

设备润滑表如表 3.10 所示。

表 3.10 设备润滑表

设备名称及规格		润滑方式	润滑油	第一次加油量	加油量/加油周期	备注
箅式冷却机型号：TC-12108	小车车轮轴承 滑块轴头 导向轮轴承 内托轮轴承 油缸吊环关节轴承		$0^{\#}$ 极压锂基脂	容腔 70		
	熟料破碎机轴承		$0^{\#}$ 极压锂基脂	容腔 70		
	行星摆线针轮减速器 XWEDO. 37-42-1/385					电动弧形阀
	干油泵减速机	注油	L-CKC150	油位红线	2000 h	首次使用 200 h
	干油站		$0^{\#}$ 极压锂基脂			
	液压站		N46 抗磨液压油	2200 L		油箱容积 1800 L
槽式熟料链斗输送机	减速机		格尔 320			
	头尾轮轴	油枪	$2^{\#}$ 极压锂基脂		三月一次	
	滚轮	油枪	$2^{\#}$ 极压锂基脂		半年一次	
	导轨	涂抹	$2^{\#}$ 极压锂基脂		视具体情况定	
	液力耦合器		L-HM46			

3.60.9 常见故障、原因及处理方法

(1) 箅式冷却机常见故障处理见表 3.11。

表 3.11 箅式冷却机常见故障处理

故障特征	可能发生的原因	解决办法
箅床发生振动、响声	轴承进灰，框架变形，箅床走偏，托板与活动箅床板间隙少	停机清洗； 停机校正，调整间隙
主轴晃动不稳	强力切键松动或掉落，轴承磨损不均匀，负荷过大，偏心和摆动杆轴承松动，间隙过大	停机拧紧，打止退销，更换轴承，窑打慢转，重新配合
箅床负荷过大	箅床上料子多，主轴承进灰	慢转窑，清洗轴承，更换密封
托轮密封漏料	盘根烧坏，压得不紧或无油脂	更换、压紧盘根并按要求加注油脂
温度过高、箅板发出响声	料层过厚，跑生料	慢转窑，加大风量，调整箅床跑偏现象
箅板松动	紧固螺栓松动	严重时立即停机更换螺栓
拉链机负荷过大，拉断链条	箅板缝隙过大，活动箅板磨损过大，箅板掉落，漏红料	更换箅板，停机重新装上箅板

(2) 链斗式输送机常见故障处理见表 3.12。

表 3.12 链斗式输送机常见故障处理

故障特征	可能发生的原因	处理方法
斗子搭接处互相抵触或摩擦	斗子固定螺丝松动，同一斗两侧的链卡长度不一	拧紧固定螺母，调节链节长度或更换新链板
装料处漏料	链斗部分在入料处与入料溜子中心不一致	设法使入料溜子处的料块落入斗子中间
销子跑出或卡死，不灵活	销子跑出，会出现落架现象，若销轴与套间隙过大则会卡死，若销轴与套间隙过小则会热膨胀	使销轴与套间隙适当，经常检查更换销轴或套

3.61 箅板下方的各室之间窜风有什么坏处

箅冷机箅板下方一般设置 5～7 个风室，用于容纳风机吹入的冷却风，并汇集漏下的少量熟料细粉。这些风室要求有高等级的密封效果，这不仅是高阻力箅板的要求，而且也是各风室不同箅下压力的要求。高温段的箅下压力要求较高，低温段的箅下压力相对较低，风量较大。如果各箅室之间不能避免窜风，势必使高压风向低压风室流窜，降低了吹透高压段高阻力箅板冷却熟料的能力，极大影响了高温段熟料的急冷效果。对用空气梁的高压室，从低压风室向高压风室的窜风也不利于低温段熟料的冷却。另外，各室的卸料弧形阀如果不认真维护，不仅会影响冷却能力，还会向熟料输送的地沟内排风，造成此处工作环境极为恶劣。

由于这种密封涉及运动部件与静止部件之间的封闭，完全做到密封并不容易。所以，在停窑时要认真检查与维护密封装置，运行中要认真检查各风室的密封效果，为此，箅下风室必须设照明，观察窗要完整洁净，检修后要关严风室的挡门。

[摘自：谢克平. 新型干法水泥生产问答千例(操作篇)[M]. 北京：化学工业出版社，2009.]

3.62 箅床调整中需兼顾的几个方面

3.62.1 箅速过快的不良影响

箅速过快，熟料未来得及冷却便被卸出，不仅影响熟料质量，浪费热能，而且会导致二次风温降低，窑前温度偏低，煤粉不能尽快燃烧，窑内温度随之降低，窑功率下滑，高温点偏后且不集中，过渡带短、冷却带长，窑尾温度高。又因物料中有害成分含量高等原因，物料提前出现液相，从而影响熟料结粒和煅烧质量，结粒较大的熟料较难尽快冷却，影响熟料质量，且对附属设备造成不良影响，所以箅床的调整对系统的风量平衡特别重要。

3.62.2 箅速过慢的不良影响

箅床料层因箅速过慢而增厚，箅床的通风量逐渐减少，氧含量降低，影响煤粉燃烧，燃尽率低，从而影响熟料煅烧。窑内温度下降较快即为“压风”。“压风”严重时会导致跑生料即窜料。此时窑前二次风温较高，但是，随着箅速的加快，窑前温度下降很快，也会造成窑头废气温度过高，对窑头电收尘器造成不良影响。

3.62.3 箅床调整需兼顾的几个方面

(1) 箅下压力。在同样的结粒情况下，熟料的透风状况变化不大，因此以控制箅床的速度及稳定箅下压力为佳，但熟料结粒变化时箅下压力控制也应变化，结粒粗时控制箅下压力较结粒细时相应减小。料球、窑皮落下则应提前预测，提高箅床的速度。若未能提前预测则应快速调整箅床，否则会出现“压风”现象，之后要及早快速将箅速调回，否则窑前温度会迅速降低，影响煅烧。

(2) 风机电流。箅速减慢料层相对增厚，箅床风机进风量减少，电流降低。掉窑皮、大块熟料、料球时风机电流也会降低。当一室风压达到 8000 Pa 时，一段一室风机电流会迅速下降，最低时达到电机空载电流，容易烧毁软连接。特别是掉大块窑皮及料球时，操作要特别注意。

(3) 火焰状况。火焰应保持稳定、明亮、有力。若出现不稳定窜动、混浊，排除窑前温度偏低和飞砂较大的因素，则可能是“压风”现象。且料子被风吹得较高，形成风洞，窑前昏暗，料子经常会落到看火镜头前，对火焰燃烧造成不稳定因素。

(4) 窑前温度。窑前二次风温度较低时要适当降低箅速，增加料层厚度，否则二次风温度降低影响三次风温度，进而造成分解炉内煤粉燃烧速度下降，引起一系列的系统温度的变化，使系统处于不稳定状态中。所以在操作中当二次风温度降低较大时，要考虑是否因为箅床速度较平衡而导致箅速过快，若是则应立即减慢箅速，尽快恢复料层厚度，保证较高的二次风温。

(5) 箅冷机红料层。箅冷机内红料层面积越大越说明箅速相对偏慢，料层相对越厚。红料层较厚时，风机吹不透，熟料冷却效果差，温度高，对箅板也存在安全隐患。停机检修时进入箅冷机内检查，发现二段一室右侧箅板损毁严重，约有 12 块箅板因受高温而变形。原因是二段一室冷却风机风门开度小，造成熟料冷却不透，出现红料层或称为“红河”现象。

(6) 负压。在其他条件不变的情况下，箅速偏慢那么料层就会偏厚，所以窑头、窑尾及三次风管负压变大。要考虑排除预热器小股塌料的原因。有时窑前物料卸出速度较快，也会造成此种情况。对箅床调整不利，不能很好地稳定料层，二次风温难以稳定。

(7) 窑尾温度。箅速在不压风的前提下减慢，料层增厚，窑前温度渐渐升高，煤粉迅速燃烧，烧成带前移，窑尾温度渐渐降低。如果窑前二次风温稳定，烧成带保持在前位置，这样对窑口处窑皮也有一定的好处。

在实际生产操作中，一方面要尽量将充气梁冷却风机开大，以保证熟料冷却效果，并同时要保证窑前负压，以免因正压严重而损坏窑头密封装置。另一方面要尽量兼顾以上各方面来调整箅床速度，保证料层厚度，在不压风的前提下，尽量稳定在一个“平衡箅速”做小幅度调整，以维持料层厚度稳定。三班保持统一操作以保证二次风温稳定，这样才能使系统稳定在一个最佳工况内，才能保证优质高产。

3.63 箅冷机报警停机或跳停的原因是什么

凡液压传动的箅冷机发生箅床不能运动，速度信号丢失时，应按如下步骤查找原因。

① 检查箅床上的料层厚度是否超过箅冷机所允许的荷载。操作中，当窑内出大窑皮或“雪人”脱开原位后，在破碎机处卡住，将后面的熟料堵住；或操作中未注意控制料层厚度，将箅床压死。尤其是两段箅速不匹配，后段箅速过低，使其荷载过大。如发生这种情况，对于液压传动，此时可在现场通过 GMC 控制站以手动模式，加大此段比例阀开度至 80％以上，增加液压系统启动过程的冲击力，如果观察箅床行程逐渐加大，说明此故障已排除。否则，只有止料止火用人工清理箅床上过厚的熟料，直至能启动为止。进人清理前，一定要确保预热器不会有任何物料冲至箅冷机内。

② 液压传动伺服系统中的关键元件——比例阀工作不正常，当在工作过程中伺服电路出现紊乱时，自诊断过程出现故障，其状态指示灯由绿色变为红色。这种情况需要断电复位，便可消除故障，使液压伺服系统恢复工作。

③ 如属于新投入运行的箅冷机，经常性不定期停机而控制站无故障显示，则先检查是否有接线松动，造成现场控制站与 DCS 系统间的备妥、应答或驱动信号短时丢失；进而检查对液压站油温等参数产生干扰信号的硬件，对测温热电阻、温度变送器，乃至 PC 模拟量模板进行更换；更要考虑软件编制上是否存在缺陷，包括对某干扰信号持续时间的长短设置都会影响连锁停车的指令发出。当箅冷机跳停时，操作者应该尽快止料及停止分解炉用煤，然后经判断再做下一步安排。

［摘自：谢克平. 新型干法水泥生产问答千例(操作篇)［M］. 北京：化学工业出版社，2009.］

3.64 箅冷机箅床上方设置的挡墙有什么作用

有不少箅冷机在高温段与中低温段交界处上方设置挡墙，这是因为箅冷机高温段的热风要尽量入窑，中低温段的风要由煤磨风机抽出作为烘干热源，剩余废气由窑头排风机排出，这两种风的走向正好相反。因此，在箅冷机中部的机壳顶部，高温段与中温段交界处设置挡墙，可以使高温风与中低温风不相互干扰，不形成气流扰流。

但挡墙设置的位置十分重要。如果此挡墙过于靠近前窑口，使高温气流不易作为二、三次风入窑、入炉，窑的二次风温大幅度降低，热耗势必增加。与此同时，更多的热被当作废气，使窑头废气处理设备时常受高温威胁。曾经有一工厂将此挡墙位置向前移动 1 m，二次风温度降低 100 ℃，同时电收尘的极板变形甚至烧毁，也使入水泥磨的熟料温度过高。当将此挡墙向后移动后，上述不利症状全部消失。反之，如果挡墙向熟料出箅冷机方向移动过多，则中低温段的废气也被抽入窑内，同样不利于窑的二次风温度提高，而且窑门罩处易形成正压。

挡墙的正确位置应在高温段箅板与中低温段箅板交界处所对应的上方。衡量的唯一标准是能使二次风温达到最高值。为此，开始的位置可以用挂耐热钢板摸索，待确定后再浇注耐热混凝土挡墙。对于箅上空间不大的箅冷机，挡墙应采用摆动式，以便大块窑皮通过。

［摘自：谢克平. 新型干法水泥生产问答千例(操作篇)［M］. 北京：化学工业出版社，2009.］

3.65 箅冷机参数的调节将产生怎样的变化

(1) 箅冷机箅床速度

① 箅冷机箅床速度控制着箅床上熟料层的厚度，增大箅床速度将引起以下变化：

a. 熟料层厚度减小，箅下压力降低；

b. 箅冷机出口熟料温度升高；

c. 二次风温和三次风温降低；

d. 窑尾气体 O_2 含量增加；

e. 箅冷机废气温度升高；

f. 箅冷机内零压面向箅冷机下游移动；

g. 熟料热耗上升。

② 减小箅床速度将引起以下变化：

a. 熟料层变厚，箅下压力增加；

b. 箅冷机出口熟料温度降低；

c. 二次风温和三次风温上升；

d. 箅冷机内零压面向箅冷机上游移动；

e. 熟料热耗下降。

(2) 箅冷机排风量

箅冷机排风机是用来排放冷却熟料气体中不用作二次风和三次风的那部分多余气体，调节排风机风门用于保证窑头罩负压在正常的范围内(10～50 Pa)，箅冷机排风机风量是通过风机电机的变频器来调节。

① 在鼓风量恒定的情况下，增大排风机风门，将引起以下变化：

a. 二次风量和三次风量减小，排风量增大；

b. 箅冷机出口废气温度上升；

c. 二次风温和三次风温升高；

d. 二次风量和三次风量体积流量减少；

e. 窑头罩压力减小，预热器负压增大；

f. 窑头罩漏风增加；

g. 分界线向箅冷机上游移动；

h. 窑尾气体氧含量降低；

i. 热耗增加。

② 在鼓风量恒定的情况下，减小排风机风门对系统产生的结果与上述情况相反。

在调节箅冷机排风机风量时，除保持窑头罩压力为微负压以外，同时还应特别注意窑尾负压的变化，要保证窑尾氧含量在正常范围内。

(3) 箅冷机鼓风量

调节箅冷机鼓风量以保证出窑熟料的冷却及为燃料燃烧提供足够的二次风和三次风。增加箅冷机1～7 室的鼓风量将引起以下变化：

a. 箅冷机 1～7 室箅下压力上升；

b. 出箅冷机熟料温度降低；

c. 窑头罩压力升高；

d. 窑尾氧含量上升；

e. 箅冷机废气温度升高；

f. 零压面向箅冷机上游移动；

g. 熟料急冷效果更好。

当减少箅冷机 1～7 室的鼓风量时，情况与上述结果相反。

3.66 箅冷机操作的注意事项

1. 在投料后，必须保证前端充气梁F1、F2、F3、F4风机的开启，风门开度不小于90%，以防止箅板在热态下工作以及细颗粒熟料堵塞充气梁。

2. 一般情况下，二段箅床的转速是一段的1.1～1.2倍，一段采取厚料层操作，有利于提高二、三次风的温度，同时让熟料充分冷却，提高热回收率，二段采取薄料层操作，正常生产时，一段料层厚度为500～600 mm，二段为300～400 mm。可以从破碎机尾部的检修门处观察熟料冷却情况的好坏，如果箅床上长时间出现较多的大块熟料，那么料层可能偏厚，导致部分熟料黏结；如果看到箅床上有小片区域有黑烟或者明显看到比其他部分风大，可能是因为料层偏薄。

3. 箅速的控制主要根据第二个风室和第四个风室的风压来确定，二室的风压一般保持在4.5～5 kPa左右，四室风压保持在3～3.5 kPa左右。

4. 定期检查各风室的堆料情况，如果风室的积料太多，为避免影响箅床的运转，要打开料封阀将过多的料放出。但必须保证料封阀下料口处有部分积料，以保证料封阀的密封性能。

5. 定期检查干油站各润滑点的润滑情况是否良好，轴承如果长时间在润滑不足的情况下工作，极易损坏，若干油站出现问题应及时处理，并在处理的过程中，人工对各个润滑点进行加油，油站一般设定在4～8 h加油一次，每次加油15 min左右，并根据实际情况延长或缩短加油时间。同时还要定期检查干油站的加脂桶内是否有润滑油。

6. 每隔4 h左右开启一次料封阀，在开启料封阀之前，必须保证拉链机的开启，拉链机部分不需要一直开着，以减少链节的磨损。料封阀部分开启过程为：先开启第一个料封阀10 s，然后关闭，为保证各风室内的风压稳定，过5 min左右再开启第二个料封阀，依次类推。

7. 定时安排巡检人员检查各风室是否有漏红料及大料现象，若在生产过程中出现掉箅板现象，应立即停止投料，风机及箅床部分继续运转，将料封阀打开，使得风室里的漏料能够及时排出，以防止高温熟料长时间堆积在风室内，使小梁及框架在高温下产生热变形，若料封阀不动作，应人工在下料斗处用气焊割开一个小口，将积料放出，当箅床上余料很薄时，关闭箅床传动，风机继续开启，等箅床内温度冷却后，派人将损坏箅板更换即可，箅板更换方法详见维护说明书。

8. 每次箅冷机停机时，应组织检修人员对箅冷机检查如下问题：

(1) 各室的隔墙密封情况是否良好，若有漏风现象应及时将漏风处补严。

(2) T形螺栓是否卡在V形槽内及是否有松动现象，若有以上现象请将T形螺栓卡正并拧紧。

(3) 各箅板梁与固定、活动框架之间的螺栓是否松动，若有松动请及时更换。

(4) 各个托轮是否有架空现象，若托轮被架空，调节托轮处活动框架导轨两端顶丝即可。

(5) 检查从动轴处楔铁是否有移位和松动现象，将楔铁处顶丝拧紧。

(6) 在大修时，将箅床内清理干净，检查并更换有过度磨损、破裂以及其他问题的箅板。

3.67 箅冷机的正常操作要点是什么

① 箅冷机高温段用风适当。在高温段的风量已满足时，不要轻易增加用风量，否则只能适得其反。只有符合如下两个条件之一时，加大用风才会有利于提高系统的热效率：一个条件是窑产量随着烧成系统总排风的增加而提高；另一个是窑头一次风用量确实已降低。如果高温段风机选型过大，不能满负荷开启，为准确方便地控制此用风，建议选用变频手段控制高温段风机。

② 及时根据熟料量及熟料粒度的变化进行箅速调整，以确保箅下压力的稳定。最好采用自动控制回路。

③ 不应盲目加大箅冷机排风机的开度，尤其是在喂料量增加使窑头出现正压时。当入箅冷机电收尘的气体温度过高时，或者预热器严重塌料窜生料时，这种操作更加危险，只能加剧输送与收尘系统设备的损坏。此时正确的做法是开大窑尾高温风机的开度，加大进窑、炉的二、三次风量。

④ 当箅板损坏或箅下气室漏风或存料堵塞时，应尽快处理，不能长期带病运转。为此，箅下压力及温度的相关仪表应当准确无误。

⑤ 当窑重新点火时，箅冷机的入料端箅床上要保留 300 mm 以上厚度的熟料层，如果窑内有大量窑皮，最好经给火升温煅烧后出窑，避免大块窑皮直接对箅板冲砸及红熟料接触箅板。

［摘自：谢克平. 新型干法水泥生产问答千例(操作篇)[M]. 北京：化学工业出版社，2009.］

3.68 箅冷机在操作中应控制什么

冷却机起着迅速冷却高温熟料，回收余热，给窑炉系统及风扫煤磨供热风的作用，因此熟料冷却风用量及废气排量是否合适直接影响窑炉的工作状态。

(1) 控制稳定的料层厚度

通过第二室箅下压力调整箅床速度，箅床上料层既不能控制太厚，也不能太薄。太厚则料层阻力增大使床下风室内风压增加，冷却风供应量减少，从而导致二、三次风温度升高，窑头罩内负压值变大，窑炉内呈现还原气氛的现象。此种状态若不及时调整，就有可能因还原气氛产生的低熔物过多而造成预热器系统挂料及窑产黄心料等不良后果。若料层太薄，则料层阻力变小，冷却风量增加，二、三次风温度下降，使窑内出现长厚窑皮、料欠烧现象，预热器出现结皮挂料现象，严重时会造成堵塞。

(2) 控制恒定的风量

熟料箅式冷却机的冷却风由离心式风机供应，调节好总冷却风量与各室风量分配非常重要。根据床下的压力、三次风温度及冷却机出口熟料的温度来调节一、二段箅床上的冷却风量。冷却机热风在满足窑炉及风扫煤磨的用风量，并且保证熟料冷却至正常温度后，富余的风量由废气风机排入大气，废气排放量的大小对烧成系统影响较大。当废气排量太多时，煤磨会因热风不足而减产，窑炉系统因供风不足而出现连锁的不良反应。当废气排量太少时，窑系统处在正压状态下工作，将造成喷砂扬灰，甚至烧坏窑前、窑尾的密封设施及监测仪器，被迫降低冷却风机的鼓风量，系统供风也会出现不足。废气的排量可通过窑头罩内的负压值控制废气风机调节阀门到一个合适的值。

(3) 控制稳定的窑头负压

控制稳定的窑头负压以保证必要的入窑二次风量和窑的稳定操作。窑头负压一般控制在－100～－30 Pa，通过调节窑头废气风机阀门开度保证窑头负压。

(4) 箅冷机内“堆雪人”及处理

箅冷机内“堆雪人”与生料配料、硫含量、碱含量、操作等因素有关，第一，生料中 Al_2O_3、Fe_2O_3 及 SO_3 等低熔点物质含量增多时，相应的 SiO_2、CaO 的含量则下降，熟料 KH、SM 降低，液相量大幅增高，为“堆雪人”提供有利的条件。第二，硫碱比过高，熟料中的碱主要以硫酸碱形式存在，使液相黏度下降较大，烧成温度不易控制。熟料容易在箅冷机内堆积，形成“雪人”。第三，煤的灰分高，发热量低造成“堆雪人”。为了保证窑内的热力强度，操作员通常加煤以提高窑内温度，由于煤质差，燃烧速度慢，一部分煤粉落在熟料上继续燃烧，熟料落入箅冷机后仍然保持较高的温度，表面液相仍旧存在，冷却后黏在一起，形成“雪人”。第四，碱含量高也是“堆雪人”的一个因素。

根据“雪人”形成的不同原因，从改变生料配料、控制原燃材料、加强操作等方面做起，缓解和消解“雪人”生成。

3.69 箅冷机应如何操作和调整

水泥生产线中的箅冷机担负着出窑熟料的冷却、输送和热回收任务，其正常运行与否，将关系到冷却效率、热利用率和设备运转率等诸多方面。箅冷机的正常运行除与设备的设计、制造、安装、维护方面的因素有关外，操作控制正确与否也是不容忽视的因素。大量实践证明因操作不当或失误，而造成箅冷机振动、撞缸、压床，以及出箅冷机熟料温度高，二、三次风温忽高忽低，热利用率低等现象时有发生。根据对 5000 t/d 预分解窑生产线上第三代箅冷机的操作实践，谈谈保证其正常运行操作控制方法、影响各参数波动的因素及相应处理措施。

(1) 正常运行操作的前提

箅冷机的操作应以能保证其安全正常运转为前提。根据窑系统运行状况，适时调节冷却风用量和箅床运行速度，保持稳定的料层厚度，料层厚度的选择及调整应以获得最佳的熟料冷却效果和最高的二、三次风温为原则，从而获得较高的冷却效率、热利用率和设备运转率。

(2) 影响因素及处理措施

① 料层厚度

箅冷机要求采用厚料层操作技术。一是使冷风与高温熟料有充足的热交换时间；其二是利用厚料层使系统产生的阻力增大、冷却风用量少的特点，来获得较高的二、三次风温。它取决于箅床负荷和熟料在箅冷机内的停留时间。通常 5000 t/d 预分解窑生产线一、二、三段料层厚度分别以控制在 650～850 mm、500～650 mm、350～400 mm 内为宜。

料层厚度是通过箅下风系统压力显示来体现的。同时还可以结合主机电流、油压曲线等综合分析判断。在箅冷机的一段，通常还装有料层厚度监控仪，通过监控画面显示的料层上表面与箅冷机侧墙耐磨墩相对高度的变化，可以判断出高温区比较准确的料层厚度。

料层厚度的控制是通过改变箅床速度(即推动频率)来实现的。箅床速度慢则料层厚，熟料冷却慢，反之则箅床速度快料层薄，熟料冷却快。

在实际操作中，除了按照上述原则判断和控制料层厚度外，还应注意料层厚度受熟料出窑温度、配料率值及颗粒组成变化的影响。当物料易烧性好，熔剂矿物含量高，窑内煅烧温度高。物料易烧性好时，料层应适当偏薄控制，防止物料在高温区黏结成块。当出现飞砂料或低烧料时，应偏厚控制，防止冷风短路现象。如果料层厚度过薄，同时冷却风量控制又偏大时，虽然对提高熟料强度有利，但二、三次风温低，影响火焰形状及煤粉燃烧，且箅冷机内容易产生“沟流”“腾涌”或“喷砂”现象，增加熟料的热耗，既不经济又会因粉料的出现而影响看火工的视线。

② 箅下风系统压力

a. 影响因素

在生产过程中，除了高温区的料层厚度可通过监控画面判断外，后续箅床的料层厚度无法直接观测，但由于箅下风系统压力随着箅床上料层厚度的增加而增大，随着料层厚度的减小而减小，所以中控操作员常通过监控箅下风系统压力的变化，来预测箅床上料层厚度的变化，通过调整操作来保持箅床上料层厚度的相对稳定。由于受物料离析、窑内煅烧等因素的影响，第一室的箅下风系统压力通常呈不规律的波动，不宜作为判断依据，见此情况可通过控制二、五、八室的箅下风系统压力来调整相应的箅速。控制范围大致是：二室箅下压力 4500～5200 Pa 控制一段箅速；五室箅下压力 3400～3600 Pa 控制二段箅速；八室箅下压力 1800～2100 Pa 控制三段箅速。

影响箅下压力的因素有很多，它除了与料层厚度有关外，还与箅床上熟料粒度、熟料在箅床上的分布情况、熟料及冷却空气温度、冷却空气供给量等因素有关，在操作调整时应综合考虑。

b. 调整方法

当某室箅下压力升高时，不论是何种原因引起的，在中控的操作画面上，该室供风风机的电流降低，则箅下风系统压力必然会增大。但这尚不足以说明产生变化的根源就是料层厚度的增加。此时应结合箅床驱动电机的电流值、该段液压油的供油压力、窑头罩负压变化来综合分析。如果驱动电机电流、供油压力、窑头罩负压(绝对值)都在逐渐升高,则说明箅床上的料层厚度在逐渐增加,这时应采取加快箅速的方法来解决;如果电机电流和供油压力基本没有变化,则引起箅下压力发生变化的原因极有可能是进入箅冷机物料状态发生了变化,如物料中细粉料增多,透气性变差,应结合窑内煅烧状况进行判断,对于这种原因引起的压力升高,一般无须调整箅床速度,只要相应增大该室冷却风量即可;随时加强窑内煅烧控制,保持合适的熟料结粒,从根源上解决问题。若确实需要调整箅速,调节幅度应比正常偏高,调整后应密切注意箅下风系统压力的变化,一旦发现有下降的迹象,应立即恢复正常箅速,防止冷风短路现象的发生。

如果在操作中出现返风现象,即箅下风系统压力接近或超过风机额定压力时,冷却风吹不进去,反而从进风口返回喷出;或者发现供风风机电流降低很多,接近空载电流,此时应果断地减料慢窑,防止因冷风吹不进去造成高温区料层结块,或因冷风受阻使箅板及大梁因受热而发生变形。然后通过箅下观察孔判断冷风受阻的原因,是因箅下室积料造成还是由于箅床上料层过厚引起,进而采取相应的处理措施,尽快恢复正常的冷却风量。

③ 箅床速度的控制

若箅速快,出箅冷机的熟料温度则偏高,热利用率将偏低;相反箅速慢,料层厚,因冷风透过量少则箅上熟料将容易结块,故控制适宜的箅床速度对箅冷机的安全运转和热利用率极为重要。而合适的箅床速度取决于熟料产量和箅床上的料层厚度。产量高,料层厚箅速宜快,产量低,料层薄箅速宜慢。除此之外还应考虑驱动箅床行走机构液压缸的实际行程长度的变化。在 5000 t/d 生产线上液压缸的有效行程大部分为 150 mm,箅速最快为 25 次/min。在生产中行程应控制在 120～130 mm。如果调整得过长,则箅速因非正常原因提快后,在惯性的作用下易产生撞缸现象。反之,如果控制偏短,在相同产量下,为了保持相同的料层厚度,必然要加快箅速,这样将加剧液压缸活塞和箅板的磨损,不利于设备的长期稳定运转,另一方面,由于回转窑煅烧不确定因素的影响,比如窑圈垮落或当大球进入箅冷机时,由于行程较短,箅速的可调节范围小,容易产生压床事故。某厂曾经在 2008 年一次检修后的投料中,中控操作员发现投料到正常产量后,二段油压一直上升,于是提高箅速,但将箅速提到极限后,压力依然持续上升,最终造成二段压床。在处理事故时才发现,该事故正是由行程过短,仅有 60 mm 所致。

④ 冷却风机风量的控制

冷却风机风量在使用中容易产生两个误区:一是认为越大越好,可以充分利用熟料余热,同时又最大限度地降低了出箅冷机熟料温度;二是认为冷却风机风量少一点比多一点好,这样做可以最大限度地提高二、三次风温,有利于窑和分解炉内煤粉的燃烧,特别是在箅床头排能力不足或者系统漏风量大,窑头正压突出时,这种倾向更加严重。实际上冷却空气量分布是否合适,可通过观察箅床上熟料的冷却状况来确定,当熟料到达第一段箅床末端,料层上表面不能全黑,也不能红料过多,而是绝大部分呈墨绿色,极少部分呈暗红色,表明冷却空气分布基本合理,否则应调整各风机风门开度,调节时应稳且慢,切忌大起大落,要综合兼顾。在操作中,应在箅冷机料层厚度相对稳定的情况下,加大箅冷机高温区风量,适度使用中高温区风量,在保证熟料温度低于 65 ℃＋环境温度的情况下,尽可能减少低温区风量。

⑤ 箅板温度的控制

为了保证箅冷机的安全运行,通常在箅冷机高温区热端,还设有 4 个左右的测温点,用于检测箅板温度。通过箅板温度的高低变化来反映箅床上料层厚度、熟料结粒和所用冷却风量的大小及波动情况。

DCS 系统在设定箅板温度报警值时,参考依据往往是设备生产厂家提供的设备使用说明书,或者设计院提供的调试说明书。如南京某设计院在江苏某水泥公司的“5000 t/d 熟料技改工程工艺操作说明书”中,将该报警温度设定在 250 ℃;LBTF5000 箅式冷却机使用说明书中将报警温度设定在 230～260 ℃。但实际上,根据多条生产线、不同设备生产厂家的箅冷机实际运行的数据结果来看,其热端箅板工作温度大都在 80 ℃以下。箅冷机正常工作时,该温度基本稳定在 30～60 ℃之间,也就是说,原有的报警值设定过高。由于在实际运行中该温度几乎没有出现过报警，操作员误认为箅板一直在正常温度下工作，由于在新型干法生产线上需要调整监控的参数很多，操作员很自然就放松了对该温度的监控，以至于当箅板受热损伤后还找不到原因。因此建议将原设定值调整为小于 60 ℃。中控操作员应注重对该温度的监控，特别是遇到系统工况异常时更应增加监控的频次。当遇到该温度报警时，应立即降低窑速，减少箅冷机进料量，然后通过箅冷机料层厚度监控电视检查是否因料层过薄或物料离析而出现冷却风吹穿现象，并根据供风风机电流值、风门开度、箅下压力和运行情况判断是否因风量过小或箅下室集料然后做出相应调整，必要时应停窑，对冷却风机和箅床进行检查。避免箅板或箅冷机梁因受热过度而产生热变形。

造成箅板温度高的原因一般有以下几种：

a. 冷却空气量不足，不能充分冷却熟料；或者因箅床速度快，熟料未能及时冷却。

b. 熟料率值不合适，*SM* 较高；或熟料烧成状况不良，结粒过细漏料量大；严重时积料将箅床抬起。

c. 由于窑皮垮落，或操作不当而造成箅床上堆料，冷却风吹不透。

相应的操作措施是：

a. 增加冷却风量，根据熟料产量调整箅速，控制合适的料层厚度。

b. 控制熟料 *SM* 值在合适的范围，提高煅烧温度，保持合适的熟料粒度。同时根据箅下室集料情况调整弧形阀放料间隔时间。

c. 迅速提高箅速，恢复正常料层厚度，加强操作控制，增强中控人员责任心。

⑥ 出箅冷机熟料温度的控制

出箅冷机熟料温度高影响其输送、储存、粉磨和水泥性能。根据各箅冷机生产厂家提供的资料显示，该温度基本上都是 65 ℃＋环境温度。然而在实际应用中，在 200 ℃以上的情况比较常见。影响该温度的主要因素是冷却风量的大小，其次是箅速、物料成分、煅烧控制方面。

箅冷机出料温度高的原因及处理措施：

a. 冷却风量不够。这时需增加冷却风量，有时风机风门开大后仍显风量不足，可根据风机电流值对风机风门进行检查，根据箅下风系统压力判断是否因箅床熟料层太厚而造成冷风吹不透。有时系统漏风的影响，或者窑头废气风机风叶的磨损造成系统抽风能力不足，而为了保证窑头合理的负压值，人为地减小冷却风用量，也是造成出料温度高的原因之一。

b. 箅床速度控制太快，造成熟料冷却后移。采取措施就是降低箅速，增加箅床上熟料层厚度到合理值。

c. 物料液相量高，窑内煅烧温度高，熟料结粒粗大。此时应根据物料成分控制煅烧温度，保证煅烧状况稳定，改善烧成结粒状况，保证熟料结粒细小均齐。

⑦ 出箅冷机废气温度的控制

出箅冷机废气温度的控制是在保证窑头收尘器正常工作的前提下尽量偏低控制。造成此温度高的原因主要是：窑内跑生料，流动性极强，无结粒与箅下冷却风快速热交换，使余风风温迅速升高，或者由于窑内来料不稳定，煅烧不佳，结粒细小，粉状料多，物料在冷却机内得不到有效冷却，造成出箅冷机废气温度偏高。遇到这种情况应大幅度减小一室、二室风量，停止箅床推动，防止熟料粉扬起干扰窑内火焰，防止生料的快速流动。同时应加强煅烧控制，强化看火操作，防止因风量减小而引起煤粉不完全燃烧。

3.70 箅冷机操作的主要目标

箅冷机不仅是最常用的冷却机，而且是可以满足不同工艺要求的适应性最强的冷却机。一般情况下，箅冷机操作的主要目标是充分冷却熟料，从窑的热熟料中回收尽可能多的能量，达到较高的燃烧空气温度。

(1) 箅床厚度和箅速

通常根据熟料的粒径确定熟料床厚度，保证最佳热回收效率。所以，箅冷机的操作旨在保持箅床上熟料层的厚度不变，即保持在最佳厚度。

最佳厚度主要取决于熟料粒径，由于熟料的粒径会产生变化，所以最佳箅床厚度应随时做相应调整。为了确定熟料箅床厚度，可以使用如下方法：

① 各冷却机风机流量不变的条件下，可用第一段箅床下风压确定厚度（最常用方法）。

② 水平探测系统，和雷达测距装置配合使用。

③ 称重系统，称量具体部位承载的熟料负荷，例如，在固定进口上的熟料负荷（很少使用）。

调整熟料床厚度的控制变量为冷却机箅速（或熟料的运输速度）。增加箅速，则熟料床移出速度更快，箅床厚度下降。降低箅速，则效果相反。

一般情况下，该箅速为自动控制（多数情况下通过第一段箅床下一个或多个风室风压控制）。如果冷却机内，箅不止一个，后面的箅速往往和第一个箅速成比例。而且，后面的箅速往往逐渐增加，而从第一个箅到后面各箅，熟料床厚度逐步下降。

（2）冷却机空气流量

一般情况下，冷却机风机的流量为自动控制，保持不变，而且独立于熟料床和箅下风压之外。即使冷却机的熟料通过量稍有波动，为箅床提供的冷却空气也保持不变。

位于冷却机最前排处的风量和风压最高，往后呈递减状态直到冷却机出口。其原因是，熟料和冷却空气之间的温差越大，则熟料冷却以及热回收效率越高。因此，在熟料仍然高温的进口处使用强通风。冷却机典型的空气分布状况如图 3.42 所示（在图例中，冷却机有 1 个箅，6 室通风段）。

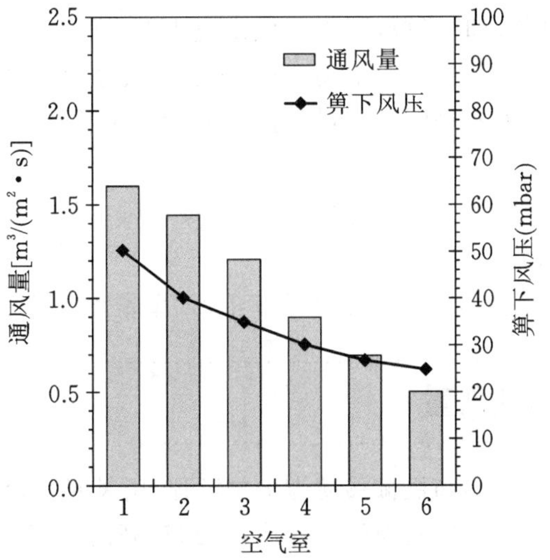

图 3.42 冷却机空气流量分布（示例）

（3）窑头罩压力

在箅式冷却机中，用来冷却熟料的空气量大于窑（分解炉）内燃烧所需的空气量，必须使用单独的排气系统，即所谓的废气风机将多余空气排出冷却器。应调节废气风机的风量，尽量减少对冷却机和窑头罩的影响，使窑头罩处既不会形成正压，也不会形成负压。一般情况下，应保持窑头罩压力不变，压力值为−0.5～−0.2 mbar。要降低窑头罩压力，则应增加废气风机风量，反之亦然。大多数情况下，都由自动控制器实现压力调节。

保持窑头罩压力恒定，而且略微形成负压，以保护人员和设备安全，这一点相当重要。正常操作时，废气风机抵消窑尾高温风机作用力的过程中，窑头罩负压不能超过上述范围。但是，在启动开车（冷窑）的过程中，窑头罩负压力的设定值往往更低，以控制火焰（缩短火焰长度），避免窑尾过热（避免因火焰长，过量通风引起后端高温）。

3.71　箅冷机的控制要点是什么

箅式冷却机与单筒、多筒冷却机的最大不同点是熟料冷却速度可以人工控制，以调整高、中压风机风量增减冷却速度，箅式冷却机机身都能进行调速，根据需要变动机身运动速度，以保证箅床上有合适的料层，既不因料层过厚、冷却不好、温度过高而烧坏箅板，又不因料层过薄、温度过低而影响二次风温出焰形状、煤粉燃烧。料层厚度，可根据窑的产量调整箅床速度(一般情况是箅床速度慢，料层厚，熟料冷却慢，二次风温高；箅床速度快，料层薄，二次风温低；高中压风大，熟料冷却快，二次风温低；高中压风小，熟料冷却慢，二次风温高)。控制热室温度在 600～800 ℃为宜。从控制平台观察孔看(观察孔设在箅冷机两室之间)，熟料不能全黑，也不能红料过多，而是绝大部分呈黑绿色，极少部分呈暗红色，此时箅冷机热室温度约在 600 ℃以上。

3.72　如何控制箅冷机固定箅床的用风

一般箅冷机在其高温端部采用固定箅板，这段箅板对应的箅床即为固定箅床，对它们风量的控制是由为固定床而设的风机风门开度调节的，调节的依据是固定箅床上面的料层厚度以及翻滚的情况。现场判断固定床用风适宜的经验方法如下：

① 观察固定床上熟料的运行状况。固定床上熟料颗粒被斜吹较高，床上的熟料呈现抛物线的形式向前蠕动，蠕动速度过快，熟料停留时间短，则表明风量过大，要适当减少风量；固定床上熟料颗粒被斜吹，整个固定床料层分布均匀，并匀速地向前蠕动，没有料层被吹穿的现象，表明熟料颗粒大小均匀，风量合适；固定床上料层没有动静，没有料被吹起，料层过厚，或者料层移动非常难，表明风量过小，这时要适当增加风量。

② 根据风压反馈值调节风量。在固定床供风箱上和每个风室都装有压力传感器，操作中可参考风压反馈值判断风量是否合适并做出调整。

[摘自：谢克平. 新型干法水泥生产问答千例(操作篇)[M]. 北京：化学工业出版社，2009.]

3.73　如何控制箅冷机的风量

箅冷机内以气固两相间的热传递和机械移动为主要过程，用风问题始终围绕如何通过控制物料的机械移动、各区域冷空气的分配和流动，以实现熟料淬冷，达到较高的入窑二次风温和入炉三次风温、较低的出口熟料温度和余风温度，减少余风的风量。生产中可按以下操作程序进行：

首先，基于高温箅床区采用了高阻力、气流渗透性能好的控制流箅板，极大地减小了熟料颗粒变化和料层厚度改变对高压风鼓入量的影响，因此要用足用大 1～3 室风量，加厚料层至 600 mm 以上，提高熟料淬冷效果。

其次，根据箅下压力和二、三次风温度来调节低温区冷却风，使箅冷机内零压区处于三室和四室之间，避免低温区冷却风流入窑炉内。

再次，根据余风温度和窑头罩负压来调节余风排放量。窑头罩负压不能控制过大，应在－40～0 Pa 之间，负压过大，说明了入窑炉热风量和供煤磨热风减少，余风排放量加大，易引起煤磨因热风不足而减产，窑炉内供风不足而使系统产生恶性循环，产质量降低。余风温度应控制在 150～260 ℃，过低则表明单位熟料消耗的冷却风量过大，箅冷机实际热效率不会太高；余风温度过高时废气收尘系统不能适应。

3.74　如何控制出箅冷机熟料温度

① 实现自动控制回路监控，通过箅下压力控制箅速，以实现熟料料层的稳定及合理。

② 正确处理箅下用风及前后排风的关系。需要补充的是，若想用风准确，对有潜力的风机采用变频调节可能更为合理省电。

③ 每当增加生料喂料量时，不能忽视对箅冷机冷却能力、运行状态的判断，如果已经没有潜力，就存在如何挖掘潜力的问题，否则热耗会因产量增加而提高。

④ 进一步提高箅冷机的性能，开发新型箅冷机，包括在箅冷机中部设置破碎机，使大块熟料、窑皮等尽早在箅冷机内完成冷却，确保出箅冷机的熟料中没有红料。

［摘自：谢克平. 新型干法水泥生产问答千例(操作篇)[M]. 北京：化学工业出版社，2009.］

3.75 如何判断箅冷机用风效果

箅冷机用风的效果应同时满足以下三个条件。

① 入窑的二、三次风温度为最高值。

② 箅冷机内用风分配合理。保证高温段的热风全部进窑，不被窑头排风机抽走；低温段的风不能作为二、三次风进窑；此时，窑头罩处呈微负压。为此，在二、三次风空气热回收区(即高温段)末端设置隔热挡墙或挡板。

③ 箅冷机工艺状态正常。箅冷机内没有"雪人""红河"及用风"短路"等异常现象，与此同时，熟料在高温段后部已经没有红料，此时如果中低温段的用风合理，出箅冷机熟料的温度最低。

［摘自：谢克平. 新型干法水泥生产问答千例(操作篇)[M]. 北京：化学工业出版社，2009.］

3.76 如何判断箅冷机是否处于最佳运行状态

箅冷机的最佳运行状态应当是：高温段的料层厚度应在 800 mm 左右，小型箅冷机在 600 mm 左右。料层平齐，红料不超过入料端过来的 3 m 范围，而且红料仅在料床的上层。低温段的料层比高温段薄 200 mm 左右。料层上方可以看到冷却气流向上喷腾的状态，但没有短路气流出现，因此也就不应有"红河"现象。熟料颗料在箅冷机横断面上分布均匀，没有大小颗粒离析现象。当有大块及窑皮出现时，均应浮在熟料层上方。

定期检查与观察箅冷机的运行状态，这不仅是箅冷机正常调整操作的需要，更是窑系统正常运行的需要。常常见到不少生产线的摄像头位置不正确或不能用，箅冷机热端的观察孔也被堵死，巡检人员无法观察箅冷机内的运行情况，从而无法获得熟料料层厚度、料层分布、熟料粒度、大块与窑皮量、红料位置、冷风鼓入状态等这些重要的原始信息，难免造成操作员的误判断、误操作。由此可见，摄像头位置的正确及正常工作，箅冷机冷端正前方的观察孔、箅室观察窗的正常使用都是非常重要的。

保证箅冷机处于最佳运行状态的另一个条件就是，各个不同风压的箅室不能互相漏风，箅床下方也不得有熟料漏入。

［摘自：谢克平. 新型干法水泥生产问答千例(操作篇)[M]. 北京：化学工业出版社，2009.］

3.77 箅冷机常见的液压系统故障

3.77.1 箅冷机设备在运行过程中的液压系统工作原理

箅冷机设备中共有三段箅床装置，且每一个箅床装置中都有左右两个液压缸进行运动辅助。设备中的每一段箅床设备都有一套独立的液压系统。

这一整套液压系统包含以下部分：第一个部分是液压泵；第二个部分是比例阀；第三个部分是液压缸。箅冷机中三段箅床装置是相互独立的。三段箅床装置的液压系统工作原理是相同的，都是通过高压油的注入来驱使液压缸进行往复运动，进而带动箅床装置的运动，且此运动具有持续性，在液压系统的作用下会持续到停止命令结束，因此在进行设备运行的过程中，一定要保障设备中液压系统的安全和稳定运行。

算冷机设备的液压系统总站主要是由两个系统组合而成。第一个系统是维持设备运行的工作主系统；第二个系统是液压系统中的自我循环过滤和冷却装置系统。液压系统中的工作回路在运行时，油泵就会自动地从油箱中吸收工作用油，工作用油经过液压系统的自循环过滤装置后，会改变油路和换向阀门，将工作用油送到液压缸中，进行设备的液压运动。

3.77.2 箅冷机设备在运行过程中经常出现的问题和故障及原因分析

关于箅冷机设备在运行过程中经常出现的问题和故障以及原因分析，主要从五个方面进行阐述。

(1) 问题一：箅冷机设备液压系统中液压缸经常出现的问题和故障

在箅冷机设备中，液压系统最为重要的元件就是液压缸，这是因为液压缸会给整个设备提供足够的动力源，一旦液压缸出现问题和故障就会在很大程度上影响设备的正常运转。液压缸在出现故障过程中会有很多的变现和原因，在此介绍四个引发液压缸问题和故障的原因。

① 液压系统中的接近开关工作失灵或者是接近开关的承受范围超出了其感应范围，这样就会导致接近开关无法正常地提供设备的工作信号，导致设备的液压缸出现故障。

② 箅冷机中的箅床装置出现故障，箅床出现运行卡堵现象，这样就有可能引起液压缸出现故障，导致了液压缸在四十秒内没有任何动作，应该及时地进行相关问题的处理。

③ 箅冷机设备的液压系统中的比例阀出现故障，这样就会导致整个系统的线路故障。线路出现故障就会让整个设备不能够实现换向的操作，引起液压缸故障。

④ 液压系统中的球阀被打开，会导致液压油没有办法通过设备的液压缸，液压油被白白浪费，同时导致液压缸中没有工作用油。

(2) 问题二：箅冷机设备液压系统运动过程中极易出现的问题和故障

设备的液压缸工作慢的原因主要有三种：①液压缸的内部密封失效，液压缸中的工作用油会旁路流失；②设备的变频电机的变频影响；③设备主要工作液压缸的超负荷运行，导致了设备液压的反应缓慢。

(3) 问题三：箅冷机设备液压系统在运行过程中油温过高的问题和故障

油箱内油温超过报警设定值(一般是 75 ℃)，可能的原因如下：液压站房通风不良。水泥厂粉尘较大，液压站房一般都会较为封闭，尤其是夏季或南方高温地区，夏天室内温度可能达到 50 ℃。

(4) 问题四：箅冷机设备液压系统在运行过程中出现的元件异常噪声问题和故障

第一个方面是液压系统中有空气，空气在各阀件运行时，通过小孔的阀芯时，会产生嘶嘶的声音。第二个方面是电机和泵的连接螺栓松脱，电机转速高达 1500 r/min，高速转动下泵组极易产生抖动。

(5) 问题五：箅冷机设备液压系统在运行过程中出现的泄漏问题和故障

箅冷机设备液压系统在运行过程中发生泄漏的原因有三点：①设备的油温超出了设备的承受范围；②设备的油温低于设备的承受范围；③设备的运行时间过长。

3.77.3 箅冷机设备在运行过程中经常出现问题和故障的处理办法

关于箅冷机设备在运行过程中经常出现问题和故障的处理办法，主要从五个方面进行阐述。

(1) 方法一：针对液压系统中液压缸不工作的问题的处理办法

① 更换接近开关；

② 拧紧或调整感应块位置。

(2) 方法二：针对液压系统中液压缸动作缓慢的问题的处理方法

① 更换液压缸密封圈或更换液压缸；

② 更换比例阀或将比例阀返厂检修。

(3) 方法三：针对液压系统在运行过程中出现的油温过高的处理方法

① 改善通风或站房增设空调；

② 更换温度传感器。

(4) 方法四：针对液压系统在运行过程中出现的设备元件泄漏的处理方法

检查管网有无泄漏，拧紧管接头或排气，必要时，对系统进行清理放油。

(5) 方法五：针对设备在日常的维护的方法

① 检查油冷却器及循环冷却回路；

② 检查电加热器，或更换适应较低温度材质的橡胶圈。

[摘自：王天昱，李斌. 简述算冷机常见的液压系统故障[J]. 科技创新与应用，2016(4)，116.]

3.78 箅冷机的空气梁及箅板烧损的原因是什么

重新点火操作中，经常会有大块窑皮直接砸向箅板，如果没有足够厚的料层，再加之箅板之间侧面磨损使缝隙变宽，就会使箅板松动甚至破裂，或使箅板反面的吊钩震断，导致紧固螺栓松动，箅板脱落。这是开始损坏的第一步。

如果不能及时修理更换，会造成高温熟料从空气梁进入下面的补偿器风管，风管被堵死无法通风冷却。与此同时，熟料进入风室过多，当电动料封阀不能及时排出存料，风室内积满熟料而无冷却空气，其结果只能使箅板和空气梁产生严重烧损、变形。

此过程表明，箅板与空气梁的损坏是巡检工、仪表工与中控操作员的综合责任，如果在数块有代表性的箅板下方设置温度测点，一般可设置报警温度为 65 ℃，用于监控箅板料层合理厚度，这成为保护箅板免受高温熟料烧蚀的重要举措。

[摘自：谢克平. 新型干法水泥生产问答千例(操作篇)[M]. 北京：化学工业出版社，2009.]

3.79 箅冷机堆"雪人"常见的处理措施

(1) 堆"雪人"的原因

① 原料成分波动大，生料率值合格率偏低，影响窑内热工制度的稳定，导致熟料液相量含量不均，影响熟料的冷却效果。

② 煤粉细度粗，水分大，灰分高，发热量低，燃烧速度慢，直接影响窑内单位体积上的发热能力，由于用煤过量，熟料表面液相较多，物料发黏。

③ 熟料结粒过细，窑前飞砂严重，使冷却效率降低，当窑头温度高时，在箅冷机上形成浮动料层，在两侧耐磨墩上"飞砂"也易黏结，这些也使堆"雪人"概率增大。

④ 采用一段箅床的箅冷机，由于箅速一般较快，当窑内掉大块熟料时，箅冷机上物料难以达到一定的休止角度，不能到达活动箅板上，易形成"雪人"。

⑤ 烘窑时间长时，窑内煤灰沉积多，如果操作不当，箅冷机容易堆"雪人"。

(2) 采取的措施

① 加强矿山的搭配开采，严格控制入厂原材料成分。

② 加强预均化堆场管理，提高预均化效果。

③ 防止原料配料仓下料口的堵塞，减少配料秤的计量误差，提高生料合格率。

④ 严格控制进厂原煤质量，加强煤磨操作，控制煤粉的细度和水分，提高窑煅烧温度。

⑤ 确保箅冷机进料端的空气炮正常运行，每 30 min 循环 1 次。

⑥ 燃烧器适当深入窑内，使其在窑头形成 1.0 m 左右的冷却带，降低出窑熟料温度。

⑦ 在箅冷机进料端两侧和前端增设清扫口，每班检查 2 次，从不同角度对箅冷机上成长的小"雪人"进行定期清扫，掉大块或是小"雪人"都能根除。

⑧ 加强中控操作，树立"薄料快烧"的思想，控制熟料结粒，掌握好用煤比例，避免料子发黏、温度过高现象。同时控制好箅冷机料层厚度，在箅冷机上形成一定的熟料休止角。

3.80 箅冷机排出熟料点的扬尘如何治理

从箅冷机破碎出来的熟料卸至熟料斜斗拉链机过程中常伴有大量的熟料粉尘扬起，很多现场处理的措施并不成功。如果用管道将此处含尘气体通入箅冷机排风机的收尘器，不但降低该收尘器效率，而且管道不易接通。如果专设一台布袋收尘器，现场并不好布置。所以，设计中并无治理方案，不仅使工作环境恶劣，而且也无法检查维护斜斗拉链机等设备。

有些厂摸索出一种较为简易适用的方法，即将箅冷机冷却风机的进风管道延长至箅冷机下方的扬尘点，使这部分含熟料粉尘的气体通过风机重新吹入箅冷机内，现场环境大为改善。这种做法会加快风机转子的磨损，因此，对风机转子的材质提出更高要求，并准备备用转子，以便定期更换。

［摘自：谢克平．新型干法水泥生产问答千例（操作篇）［M］．北京：化学工业出版社，2009．］

3.81 箅冷机为何会出现结壁现象，如何解决

（1）箅冷机结壁的原因

① 由于熟料结粒过细，箅冷机冷却用风分布不均，窑头余风风机拉走的风很大一部分含有有效冷却用风和窑用的二、三次风，且粉尘含量过大。

② 喷水喷头雾化效果不良，较大的水雾随熟料颗粒容易黏结在余风经过的部位。同时，喷头位置布置的不合理也容易导致结壁现象的发生。

（2）采取的措施

① 调整箅冷机冷却用风。

② 改进喷头雾化效果及喷头位置。

某厂把原来的前 2 组斜喷头垂直向下移动 800 mm 并把喷头角度由 45°斜喷调整为 90°直喷，并清理喷头，保持喷水压力在 0.3～0.4 MPa 之间，运行一段时间后效果较好。后停机检查，侧墙仍存在少许结壁现象，认为箅冷机内粉尘过大，两侧潮湿物料很容易结壁。于是，把喷杆加长约 1500 mm，喷嘴改为直向下喷，喷水集中在箅冷机中部两侧，废气温度及结壁现象得到了很好的控制。改造前后喷头位置见图 3.43。

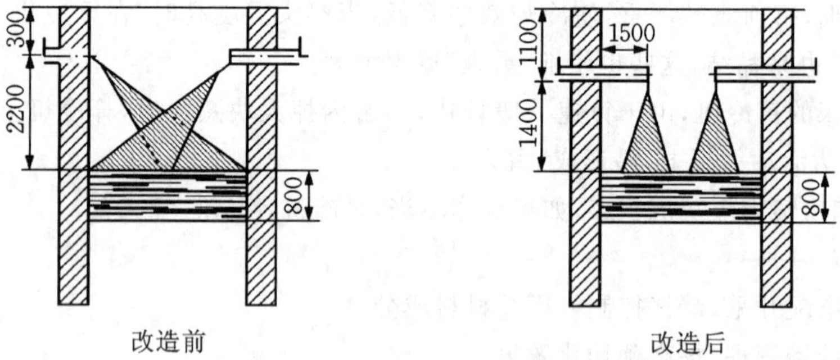

图 3.43 改造前后喷头位置布置

3.82 降低水泥熟料箅冷机维护成本的途径

机械结构、工艺和维修的技术革新，提高了箅冷机的耐磨性与可控制性。当前预分解窑煅烧后产生的熟料细粉率较高，所以从结构上采取措施来缩小箅缝，这样可降低易磨件的磨耗。另一种机械结构上的改进是设计冷却机时简化其活动部件。工艺上的改进包括：控制供气系统、优化箅速以及采用辊式破碎机。为了减少冷却机的停机维修时间，采用了预测维修方法，诸如技术人员的服务、文献的准备、培训

的实施以及售后服务等。

3.82.1 结构上的改进

算板是算冷机的关键部位。为了避免突然停机，主要措施之一就是在窑运转期间内冷却机箅子要保持均匀的小间隙。分室供气 Mulden 箅板（注：一种槽形箅板）、新型直接供气 Mulden 箅板（低漏料 Mulden 箅板）以及新型侧箅板（抗漏料侧箅板）确保了箅子漏料的大幅度减少。这样设计出来的冷却机部件其耐磨性得到了提高。

(1) 分室供气 Mulden 箅板

分室供气 Mulden 箅板的一个重要特征是两个箅板间的搭界部分，要尽量减少横向间隙。该箅板应用于新型冷却机的冷却带。同时该箅板也可作为传统带孔板的替代品。提高现代设计，由 Claudius Peters 提供的所有箅冷机中分室供气的 Mulden 箅板无需任何其他修改即可替代空箅板。

(2) 新型直接供气 Mulden 箅板

所有近期市场的箅冷机都设计成肋板、隔板、机架，铸造于箅板下方。来自上部的热量使箅板表面膨胀比下部肋板更为强烈，肋板的冷却效果好一些。由此使箅板向下"弯曲"约 10 mm，这将导致在熟料卸落区域出现冲蚀箅板的典型磨耗。在低漏料 Mulden 箅板里，由于设计将盖板从基架上分离开而消除了弯曲变化，并且尽量减少了磨损及箅子漏料。

该种箅板的优点有：

① 应热压力需要所做的复合板设计，消除了"弯曲"。

② 箅子漏料减少 30%以上，甚至在相当长的运转周期后箅子间隙仍保持很小，同时受冲击区域的典型冲蚀现象也消除了。

③ 平均寿命是传统箅板的近两倍。

④ 可以通过气室的下部拆移。

⑤ 可进行简便的磨损部件更换。箅板由三部分构成，基架保持固定，前缘及覆盖部分设计成易磨件。该箅板的效能已经过 1 年的验证。

(3) 新型侧箅板(抗漏料侧箅板)

在箅冷机中侧箅板属受磨损最严重的地方之一。高磨损首先导致细流沿箅板和铸件侧面之间的缝隙漏料，老式排列允许间隙 7～10 mm，但近期侧箅板直接装配在固定箅板区域，仅允许有 2 mm 的间隙以导向箅子并能使之运动。侧间隙不再像老式结构中用于补偿支撑梁的热延伸，这种补偿功能现在由侧箅板与砌面间的熟料床来完成。新型侧箅板的优点有：

① 侧间隙减到最小。

② 边缘箅子漏料减少 90%，冷却机整体箅子漏料减少 60%～70%。

③ 箅板支撑梁的热延伸不影响箅板间隙，因为新型侧箅板同箅子一同"漂浮"。

④ 在(箅板)运动区域装备有耐磨件。

⑤ 可通过现代方法进行翻新。

(4) 耐磨的冷却机部件

运动部件的减少和耐磨材料的组合使用是长期维修的基本需要。在"空气梁"供气系统中，对活动箅板的供气系统的滑动补偿器，以及箅子支撑系统中材料组合进行改进。通过老式多管(内)供气系统与当今"空气梁"系统的比较，可以明显看出，滑动连接件的使用很大程度地提高了"空气梁"系统中气室的易维护性。在滑动补偿器和箅子支撑系统的导轨及轻履上使用了特殊的材质组合，同以前的材料相比，维修周期延长了 5 倍，这意味着滑动补偿器及箅子支撑系统实际上磨损极小。

3.82.2 工艺措施

箅冷机主要功能包括冷却、输送及熟料破碎，这些功能部件的维护频率，取决于熟料与其之间的相对运动速度和冷却空气的供气效率。可通过严格控制关键区域的供气系统、选择适宜的箅速及使用辊式破碎机来替代锤式破碎机等措施来大幅降低材质的磨损率。

(1) 供气管理

沿箅子宽度上均匀一致的冷却空气分布是优化熟料冷却的前提。关键区域如熟料卸落区和细熟料一侧，要求进行特殊的供气管理以实现最大的热回收及高维修周期。此外，在直接供气系统中供给充足的密封空气对于冷却机的箅子受热保护也具有很大影响。

(2) 熟料卸落区的供气

对于非常宽的冷却机而言，在熟料卸落区冷却空气将会被吹向侧面，这是危险的，因为中间的卸落区连接一个独立的通风机，在熟料卸落区中的全部箅板由一个单独的通风机提供脉冲气体，确保熟料床的松散。

(3) 细熟料区的供气控制

在箅冷机操作上"红河"的有害影响可分为 3 个主要方面：

① 在边缘区域加快箅板的磨损；

② 加快热量散失；

③ 加重熟料输送系统的热负荷，因为提高了熟料出口温度。

细熟料供气控制已很大程度上成功地抑制了"红河"的出现，运转结果显示了这种特殊的供气系统，改善了窑的总体热量消耗、箅板磨损及明显降低了熟料出口温度。该系统主要通过 Mulden 箅板控制直接通风，以及通过安置气控制动器降低了冷却机中细熟料的输送速度。

该系统的优点概括如下：

① 控制细熟料冷却；

② 抑制了"红河"出现；

③ 箅板设备的维修期延长；

④ 提高热回收率。

针对"红河"，在箅冷机中采用可控制的细熟料供气系统是有效手段。

(4) 箅速的优化

研究结果已显示熟料冷却机的熟料输送系统在现有设备上通常是以最佳速率控制的。如果料床厚度至最大限度而同时箅速处于最优状态，则箅板运动的动力和维修费用能降至最低，这些措施可使箅速降低且减小磨损。自动化操作的一个重要前提是使用可控频率的曲柄驱动或液压驱动，其中使用了适应当今水平的比例调节阀技术。只有通过对熟料输送速率的快速调节，才能在箅板上形成最佳的料床厚度。

(5) 辊式破碎机

辊子的运转速度对于破碎部件的寿命有决定性影响。辊式破碎机在转速 4 r/min 时其运行磨损比速率 300 r/min 时的锤式破碎机大大降低。辊式破碎机的维修周期是锤式破碎机的 4 倍，电力驱动破碎辊的使用也降低了辊式破碎机的购置费用。

(6) 预测维修

冷却机供应商也加入了维修工作，提供专业人员、技术参数、培训等，以及提供针对服务工作需要的人员培训资料，包括对安装、调试、操作和维修的检查项目。此外，售后服务配备了优化的装备及备件供应，现在形成最重要的服务部分是回访客户。上岗操作人员要经维修工作培训，同时应熟悉整个的工艺过程。

箅冷机的维修及配件费用与窑系统其余设备系统相比是非常高的。箅冷机中由机械原因或传热因素导致的故障会引起窑的停车，带来极大的经济影响。箅冷机在工艺操作和机械结构上的改进，满足了工艺上的各环节及设备易损件的磨损和维修消耗降低的需要。

3.83 加大箅冷机高温段用风能提高二、三次风温度吗

对无限制增加冷却空气加速冷却熟料的操作所带来的副作用，分析如下：

① 有限的热与过量的风进行热交换，降低了二、三次风的温度，使熟料进一步降温释放出来的热量并未被窑煅烧使用，而是被当作箅冷机废气排出，不仅无端增加了废气处理的负荷，而且随着二次空气温度的相应降低，提高了热耗。

② 超过窑与分解炉中燃料燃烧对二、三次风的需求量，窑头产生正压，会给操作带来一系列隐患。

③ 增加箅冷机风机的电耗。

所以，准确控制箅冷机高温段冷却用风，既要做到足量，又不要过量，是精细操作的重要环节。为了进一步强调它的影响，不妨查看一下煅烧系统内箅冷机与窑的用风比例。在早期的箅冷机中，每千克熟料所需要的冷却空气量为 2～2.5 m^3(标准状态)，以实现熟料排出的温度在 100 ℃以下。这与燃烧所需要的空气量约 0.9 m^3/kg(标准状态)熟料相比，相当每千克熟料中要多用 1.1～1.6 m^3(标准状态)空气，相当于大约 418 kJ(100 kcal)的热未被利用。这部分多余空气应当是低温段冷却熟料用的，与二、三次空气无关，要作为箅冷机废气排走或当余热用至煤磨、发电锅炉。这类箅冷机的典型效率为 35～40 t/(m^2 · d)，熟料床的厚度为 200～600 mm。现在采用的第三代箅冷机所用风量为 1.5～2 m^3/kg(标准状态)熟料，效率为 45～55 t/(m^2 · d)，箅床上料厚为 800 mm。此时多余的废气量就相应减少为 0.6～1.1 m^3/kg(标准状态)熟料。上述用风量的对比说明，箅冷机高温段所用风量大小，取决于窑内二、三次风的需用量，而不取决于冷却热料的需要量，所以称该段是热回收区；低温段将继续补足冷却熟料所需要的空气量，而且这些完成冷却后的热空气，只能当作废气或余热利用，所以称该段为非热回收区；提高箅冷机热效率，实际是在提高高温段用风质量的同时，控制了高温段冷却用风的量，从而降低了电耗、热耗及收尘的工作量。

[摘自：谢克平.新型干法水泥生产问答千例(操作篇)[M].北京：化学工业出版社，2009.]

3.84 二、三次风温度对生产有什么重要意义

二、三次风是指由箅冷机分别进入窑内、分解炉内的空气，其温度表明窑炉能从箅冷机接受热量，从而影响窑内的火焰燃烧状态，起到降低单位熟料热耗的重要作用。二、三次风温度还直接反映了箅冷机对熟料的冷却效率，可以判断箅冷机操作参数是否正确，同时，二、三次风温度的提高势必会降低熟料出箅冷机的温度。因此，对二、三次风温度的控制直接涉及熟料主要经济技术指标的实现。

从理论上讲，二、三次风温度的理想目标值越能稳定在高值，越有利于熟料的冷却热量被利用，供煤粉燃烧所用的空气热焓越大。因此，为了降低单位熟料热耗，提高二次风的温度就成为重要举措之一。但是，二、三次风的温度毕竟是从熟料的冷却中得到的，数值不可能超过熟料出窑的温度，同时，此温度过高也会有负面影响，如窑门罩的衬料易受高温烧损，以及箅冷机热端容易产生“雪人”。

[摘自：谢克平.新型干法水泥生产问答千例(操作篇)[M].北京：化学工业出版社，2009.]

3.85 提高并稳定二、三次风温的措施有哪些

① 优化箅床上的熟料料层厚度。箅床上的合理料层厚度是由熟料粒径及箅下鼓风压力决定的。细的砂性熟料会增加对冷却空气的阻力，料层应当偏薄控制，但料层薄会使其料层分布不匀，容易在箅冷机内形成“红河”。箅下的冷却风机的风压决定了所允许的最高料层厚度。生产中，料层厚度的稳定是靠合理控制箅速实现的，对于第三代箅冷机，要确保高温段的熟料料层厚度为 800 mm 左右。如果熟料粒径有变，则料层厚度应做相应调节，以保证箅下压力不变。建立自动控制箅速的回路，通过高温段的箅下压力变化自动控制箅速，要比人为操作更及时准确。但是，实现这种自动控制的条件是：箅下风机能力已经充分发挥或高温段风机开度相对稳定。同时，箅冷机要有合理的箅板布置、一定数量的固定箅板，使熟料不要有离析现象及布料不均的情况。

② 保证窑内煅烧制度的稳定。二、三次风温度的稳定与窑内煅烧制度稳定是相互保证和影响的。

影响窑内稳定煅烧的因素很多，如原燃料质量及用量的稳定、高窑速的稳定、系统用风的稳定等，只有这些稳定，才能避免由于塌料及窑皮的频繁涨落而带来的二、三次风温波动。

③ 随时检查高温段高压风机的运行情况。高压风机在正常运行时，仍会有各种不正常情况发生，如风门调节失灵、风门开度不准，甚至风门在安装消音器后被部分堵塞，它们都会对高温段的实际用风造成假象，巡检人员应及时检查、发现与处理。

④ 严格控制窑头收尘风机的合理开度。特别是在窑头出现正压时，一定要认真分析，再进行操作。窑尾高温风机抽力充足，是保证二、三次风能充分进窑及分解炉的重要前提之一。当然也要避免窑头运行时负压值过高。

⑤ 做好窑头密封。采用高质量的窑口密封材料及合理的密封结构，是保证窑口少漏风的有效办法。目前，国内较为先进的窑口密封形式有柔性密封及改进型的鱼鳞片密封，效果好，寿命长。

[摘自：谢克平. 新型干法水泥生产问答千例（操作篇）[M]. 北京：化学工业出版社，2009.]

3.86 影响二、三次风温度的因素是什么

影响二、三次风温度的因素较多，主要有如下几方面：

① 出窑的熟料量。熟料产量越大，二次风温越高。

② 熟料出窑温度。除了熟料煅烧温度要合理稳定外，喷煤管出口离窑口位置越近，火焰形状越合理稳定，越有利于提高二次风温度。反之，如果喷煤管端部伸入窑内过多，出现较长的冷却带，二次风温度就会偏低。另外，塌料或较多窑皮脱落时，熟料出窑温度降低，二次风温度难以提高。

③ 箅冷机高温段箅床上的熟料厚度。在正常的料层厚度范围内，料层越厚，箅下压力越高，高温段的冷却风与熟料的热交换越充分，二、三次风温度越高。料层过薄，易形成冷却空气的短路，出现“红河”等异常现象，而且无法有充分的热交换；但料层厚度超过正常范围，即超过高压风机的能力时，高压空气难以吹透料层，二、三次风温度不仅不会提高，甚至还会降低。

④ 高温段高压风机的开度。箅冷机高温段的风机均选型为高压，运行中的开度几乎接近 100%。但是应该明确，并不是任何时候都是开度越大越好，尤其是在熟料产量偏低，料层本身并不厚时，或熟料出窑温度偏低时，过量的冷却空气反而会降低二次风温度。

⑤ 箅冷机收尘器后的排风机（俗称“头排风机”）开度。本来该风机风量的正常选用只是与低温段的进风量有关，不应该影响二、三次风温度。但由于不正确的操作观念，认为窑头负压是由此风机形成的，操作中总要开此风门，箅冷机高温端的热风一定会被抽至冷端，不但加大了窑头排风机的负荷，还会大幅降低二、三次风温度。

⑥ 窑门罩的密闭及微负压操作。如果窑门罩漏风严重，势必影响对箅冷机高温风的抽力。

3.87 如何避免箅冷机排风温度过高而损坏收尘器

由于操作中不能控制住箅冷机排风温度，很多箅冷机电收尘的电场极板都有程度不同的高温变形，严重者电场已失去收尘功能。这种高排风温度还可区分为两种情况。第一种是此温度长期居高不下，使收尘器内部温度达到 300 ℃以上，甚至经常在 400 ℃左右徘徊。此时电收尘的极板虽不是立即烧坏变形，但长期受热，强度疲劳，并受热膨胀承受较大机械应力。第二种则是瞬间高温，例如，当预热器塌料时，造成高达 500 ℃以上的废气及料粉进入电场，电收尘的极板立即发生变形，如果是袋收尘器则袋子被烧毁。避免第二种异常情况可以从防止预热器塌料入手。对于第一种情况则要从如下方面着手。

① 正确控制箅冷机排风机的使用风量。此风量过大，会将应该入窑的高温风也拉到收尘器内，这是最为忌讳的，但操作者往往只是片面顾及窑头需要微负压的要求。

② 正确地控制箅速，确保料层厚度适宜。

③ 高温段用风量与热料所需要冷却风量不匹配，或是熟料产量过高（包括瞬时），或是高温段的冷却风机没有开足，或者本身能力有限。这些都造成热回收效率低，从而导致废气温度高。

④ 出窑热料细粉太多，需要相对高的风压，如果高温段的风机不能满足，热回收率的降低势必使出口废气温度过高。

［摘自：谢克平．新型干法水泥生产问答千例（操作篇）[M]．北京：化学工业出版社，2009.］

3.88 如何检测出箅冷机熟料的温度

出箅冷机熟料温度是考核衡量箅冷机设备换热效率的主要指标。出箅冷机熟料温度过高，说明设备换热效率未能达标，高温熟料带走的热量过大，系统整体热耗高。技术管理成熟的企业，一般都对出箅冷机熟料的温度进行定期监控，以便随时掌握箅冷机运行质量，为系统煤耗分析优化提供一个重要数据。

有些企业的技术管理人员，检测出箅冷机熟料温度的方法过于简单，即使用红外线测温枪对熟料进行即时测温。此种方法检测的只是熟料表面温度，代表性不强，不能充分评价箅冷机换热效率，对降低系统热耗数据指导意义不强。以下就出箅冷机熟料温度的检测做一简要介绍。

3.88.1 工具材料准备

（1）温度计 1 个；

（2）便携式电子秤 1 个；

（3）水桶 1 个；

（4）熟料取样用铁锹 1 把；

（5）装熟料容器 1 个及其他。

3.88.2 操作过程简述

安排专项检测小组，24 h 连续采样检测。首先，在操作现场测量现场环境温度 t；称量每次检测所使用的冷却水质量 W_w；测量冷却水初始温度 t_1；取熟料样品到容器中，当即称量一定的熟料质量 W_c；记录上述数据后把熟料投入到水中，待温度稳定后检测水的温度 t_2。

熟料温度计算公式：

$$t_c=\frac{W_w(t_2-t_1)C_{pw}}{W_cC_{pc}}+t_2$$

式中 t_c——出箅冷机熟料的温度，℃；

C_{pw}——水的比热为 1.000 kcal/(kg·℃)；

C_{pc}——熟料的比热为 0.1836 kcal/(kg·℃)。

按公式计算出熟料温度，填入表 3.13。依此类推，每隔 2 h 操作一次，每次所得填入表 3.13；取完样后，去掉一个最高温度，去掉一个最低温度，再除以剩余检测次数，即为有效检测数据。

3.88.3 填表计算

各项需检测主要数据见表 3.13。

表 3.13 各项检测数据

项目	环境温度 t(℃)	水量 W_w(kg)	投入前水温 t_1(℃)	投入后水温 t_2(℃)	熟料质量 W_c(kg)	熟料温度 t_c(℃)

3.89 如何计算箅冷机输送能力

$$G=60K_1enhB\gamma$$

式中 G——箅冷机输送能力,t/h;

K_1——箅板推动效率,据经验取 0.75;

e——箅板推动行程,标准设计取 0.13 m;

n——箅板行程次数,次/min,正常工作箅板行程数为 10 次/min,最大箅板行程次数 15 次/min,最小箅板行程次数 5 次/min;

h——箅床上熟料层厚度,m;

B——箅床宽度,m;

γ——箅床上熟料堆积密度,取为 1.3 t/m^3。

如果知道箅冷机输送能力,由上述公式可求出不同箅床宽度处熟料层厚度。

3.90 冷却机的冷却效率对火焰的影响

冷却机机型不同,冷却效率不一样,二次风温也就不一样。单筒、多筒冷却机的二次风温低;箅式冷却机的二次风温高。

二次风温高,直接影响到煤的干燥、分馏和燃烧。二次风温高,火焰黑,火头变短,煤粉燃烧速度加快,否则,黑火头增长,煤粉燃烧速度变慢。

3.91 如何验收箅冷机的制作质量

(1) 材质要求

低温段箅板不低于 ZG40Cr9Ni12 的规定,高温段不低于 ZG35Cr24Ni12 的规定;箅板不得有裂纹、砂眼、气孔、黏砂、飞边、毛刺等缺陷,并有互换性,箅板上应铸上厂家标志和材质代号;滚轮应进行表面淬火,硬度为 HRC40～47;导轨板不低于 ZG310-570 的规定,并进行表面淬火,其硬度为 HRC35～40;传动链轮齿形须进行表面淬火,其硬度为 HRC40～47;曲轴应不低于 ZG35SiMn 的规定;曲轴衬套不低于 QT450-10 的规定;熟料破碎机的主轴必须调质处理,硬度为 HB217～255;锤头不低于 ZGMn13 的规定。

(2) 组装要求

箅板架上部各箅板支撑面应在同一平面内,平面度为 1 mm/m;对箅板做倾斜支撑的箅板梁,其箅板的支撑面对梁基准面的倾斜度为 1 mm/m;对箅板做水平支撑的箅板梁,其箅板支撑面对梁基准面的平行度为 1 mm/m;箅板间的侧间隙为 3^{+2}_{-1} mm;活动箅板与固定箅板间的间隙为 2^{+1} mm;活动框架装配后两对角线长度之差不大于 4 mm;各托轮与导轨板装配后接触应均匀,不得有间隙;活动框架梁项面对框架梁基准面的平行度为 2 mm;活动框架梁与导轨接触支撑面如成倾斜布置,该支撑面对基准面的倾斜度为 1 mm,如成水平布置,则平行度为 1 mm;在同一横断面上左右纵梁中心距的偏差为±3 mm;两侧框架立柱中心线对水平基础面的垂直度为 2 mm。

(3) 焊接要求

壳体焊接符合通用要求;活动箅板梁密封板焊接后,焊缝表面应磨平。

(4) 检验要求

锤盘和大皮带轮应分别进行静平衡试验,其不平衡力矩不大于 0.49 N·m;每个锤头质量误差为±0.5 kg。

[摘自:谢克平.新型干法水泥生产问答千例(管理篇)[M].北京:化学工业出版社,2009.]

3.92 提高箅冷机余热发电效率的措施

3.92.1 箅冷机结构的优化与精细操作

入 AQC 锅炉的废气来源于箅冷机，一般是在箅冷机上部壳体处取风，箅冷机本身结构特点对取风温度有较大影响，尤其是箅床结构。

现在大多数水泥企业生产线所使用的箅冷机均为第三代或第四代产品，第三代产品更多一些。第三代箅冷机实施厚料层操作，采用充气梁、“高阻力”箅板。而有的企业的第三代箅冷机充气梁数量少，箅板结构不合理，料层达到一定厚度后，产生“红河”现象，出料温度高，热交换不好，入 AQC 炉废气温度低。对这类箅冷机，笔者认为应该对其结构进行优化，增加充气梁数量，采用真正的“高阻力”箅板。“高阻力”箅板采用“迷宫式”箅缝，漏料少；箅缝间隙小，风速高，穿透能力强；安装拆卸方便，使用寿命长。

在优化箅冷机结构后，应积极采用厚料层技术，延长熟料在高温区停留时间，提高热交换效率；保证充足的风量，保证各风室及风管路的密闭性，防止漏风；保证箅床上箅板排列间隙均匀，避免冷风不均；定期清理箅板孔隙，防止箅缝堵塞，影响通风效果。

3.92.2 合理选择箅冷机风机参数

箅冷机冷却熟料是由外部风机吹入冷风与热熟料进行热交换实现的。风机的风量和风压参数是影响热交换的关键，传统设计理念是低风量、低功率。所以在风机参数选择上，选择低风量和中压力风压。风机风压是推动风流动的动力。风压低，风流动能量低，风速小，穿透能力差，影响热交换效率。

先进的设计理念是：高风压，低风量。

现在很多企业都已对箅冷机风机参数进行调整，提高风压。特别是高温区风机，风压已提高到 13000 Pa 左右，取得了较好效果。

第四代箅冷机由于箅板本身配置 MFR 装置，风量可以根据箅床上部阻力变化自行调整。所以在风机配置上，风压参数均在 10000 Pa 以下，在正常情况下可以适应，当产量提高或实施余热发电项目后，暴露出问题，出料温度高，入 AQC 炉热风温度低，热交换不好。很多企业已纷纷进行改造。

某公司 6000 t/d 余热发电生产线，配丹麦史密斯公司第四代箅冷机，配置风机最大风压为 9240 Pa，热交换效果不好。进行风机改造后，风压提高到 12600 Pa，入 AQC 炉废气温度提高了，发电量也增加了。

3.92.3 合理安排入 AQC 炉热风取风口位置

箅冷机排出废气温度受生产线影响较大，废气取风位置不仅对余热发电系统影响较大，而且对熟料生产的影响也非常重要。合理安排入 AQC 炉热风取风口位置是一个值得探索的问题。

实践证明，在确保二、三次风风量和温度的情况下，入 AQC 炉热风取风口的位置应选择在箅冷机中部偏高温区域。

抽取的风量为 0.8～1.0 Nm^3/kg 熟料，取风温度控制在 380 ℃左右，风速在 10 m/s 左右。2500 t/d 生产线取风量在 10000 Nm^3/h 左右，取风面积约 2.7 m^2。5000 t/d 生产线取风量在 200000 Nm^3/h 左右，取风口面积约 5.5 m^2。

某水泥公司 5000 t/d 余热发电生产线，入 AQC 炉热风取风口设在煤磨烘干热风取风口后面，为箅冷机中部偏低温区位置，表现出风量不足、风温低现象。后来将取风口前移约 1.5 m 距离，靠近高温区，结果发生变化，风量和风温都有所提高。

3.92.4 在箅冷机上壳体里设置挡风墙

在箅冷机上壳体里、入 AQC 炉取风口与低温区之间设置一道挡风墙，防止低温区废气进入中温区，影响中温区废气温度。挡风墙是从壳体上部向下砌筑，留出熟料流动空间。挡风墙最好采用预制件，现场浇注的挡风墙抗磨损能力差、寿命短，而预制件挡风墙使用寿命比浇注式挡风墙寿命长一倍。

3.92.5 高温区热风和低温区热风综合利用

入 AQC 炉热风温度过高或过低，对余热发电系统都存在不利影响。在箅冷机高温区和低温区各开一个取风口，并连接入 AQC 炉取风管。当入 AQC 炉热风温度低时，可以打开高温区管道阀门，让高温区热风进入 AQC 炉管道，提高风温。当入 AQC 炉热风温度高时，可以打开低温区管道阀门，让低温区热风进入 AQC 炉取风管道，降低风温，从而平衡入 AQC 炉废气温度。

3.92.6 处理好入 AQC 炉取风口和入煤磨烘干热风取风口位置关系

在箅冷机壳体上入 AQC 炉取风口位置和入煤磨烘干热风取风口位置的选择是十分重要的，选择不好会产生干涉现象。

某水泥公司 5000 t/d 生产线，原设计在箅冷机壳体中部开一个取风口，连接入 AQC 炉风管，入煤磨烘干热风管道接在入 AQC 炉风管上，结果出现两者抢风现象。后加以改造，在箅冷机中部偏高温区又开设一个取风口，作为入 AQC 炉取风口，而原取风口作为煤磨烘干热风取风口，解决了干涉问题。另一水泥公司 5000 t/d 生产线，入 AQC 炉取风口设在煤磨取风口后面，偏低温区位置，结果入 AQC 炉热风风量小，风温低。后加以改造，将入 AQC 炉取风口向高温区前移，靠近入煤磨烘干热风取风口，并用一根ϕ2500 mm 直径管路将两个风管连接相通，在连接管上安装一个控制阀，调节两风管的风量，效果较好。

某公司 2500 t/d 生产线，入 AQC 炉热风取风口设在入煤磨烘干取风口前端，结果入 AQC 炉热风温度够，但风量不足。后加以改造，在箅冷机低温区排废气管道上接出一管路，连接于入 AQC 炉热风管道上，让部分低温区废气进入 AQC 炉里，解决了风量不足问题。连接管路直径为ϕ1800 mm。

综合上述分析得出共识：

(1) 一般情况下，入 AQC 炉热风取风口应设在入煤磨烘干热风取风口前端；

(2) 两者位置设置不仅要考虑热风温度，还要考虑热风风量是否足够；

(3) 不同的生产线有不同的特点，故不能一概而论，两者位置的选择应根据生产线情况而定。

［摘自：吴敬，张树伟. 提高箅冷机余热发电效率的措施[J]. 新世纪水泥导报，2014(1)：78-79.］

3.93 为何箅冷机一侧墙体容易损伤

某厂停窑检修发现箅冷机两侧墙体损耗截然不同，右侧损耗较轻，墙面平整，左侧损耗严重，墙面坑坑洼洼，有炸裂脱粒的情况，有的锚固件头部都已经裸露出来了。

以上现象主要是由于窑经常性产生飞砂料，熟料中含有许多细颗粒的熟料，而且熟料颗粒粗细极不均匀，从窑口下落时，因颗料大小不同，到达箅床后，会自动分级，颗粒大的在箅床的一边，而颗粒小的在另一边。颗粒大的熟料由于间隙大，风容易透过，所以冷却效果好，而另一边则冷却效果差一些，所以，“红河”基本上就出现在细料一侧。这样，细料一侧熟料温度高，对墙体磨损就会大些。这可能是由熟料的 *IM* 低、MgO 含量高或燃烧器火焰短、热力过于集中造成。

此外，箅床箅板及箅缝调整不均匀，造成窜风，也会造成某侧墙体损坏。

3.94 为什么不应该只用箅冷机排风机控制窑头负压

首先应该明确当窑与箅冷机成为一个热工系统，而又同时受着两个方向相反的风机作用时，理应出现零压面(或零压区)。它的位置由两个风机的风压大小决定，该位置又决定了系统内气体流场的流向，对系统的热工制度有非常重要的影响。同样是让窑头形成负压，但负压来源不同，零压面位置就会不同，用窑尾高温风机形成窑头负压时，零压面是在箅冷机高温段与低温段的交界面，这是设计所要求的合理位置；但用箅冷机排风机形成窑头负压时，零压面就会出现在前窑口内煤粉刚出燃烧器的位置，这时就会出现以下不利影响：

① 窑内的火焰将会受到相反方向的拉力，火焰形状会像喇叭花一样，反卷着舔向四周窑皮，不但不利于煅烧熟料，而且直接威胁窑皮乃至窑内衬砖的寿命。

② 在同样二、三次风温的条件下，它们进窑与分解炉的量及速度都会受拉力的反向作用，该作用也会直接影响火焰的燃烧温度和速度，进而增加用煤量和热耗。

③ 箅冷机高温段的热风在窑及分解炉内没有起积极作用，根据箅冷机排风机拉风大小，有相当部分热风从箅冷机的冷端被拉走，不但减慢了熟料在箅床上的冷却速度，而且加大了箅冷机及其收尘器的热负荷，起了破坏作用。

可以认为，由箅冷机排风机形成窑头负压所造成的损失，要远比窑头呈正压状态的损失还要大。虽然此时窑头并没有喷料喷火现象，但上述这些不利影响是在无时无刻地、潜移默化地发生着。

［摘自：谢克平．新型干法水泥生产问答千例(操作篇)[M]．北京：化学工业出版社，2009．］

3.95 影响出箅冷机熟料温度的因素是什么

箅冷机本身的设计性能决定了箅冷机的热交换效率，除此之外，在操作上还有如下因素会影响其效率。

① 熟料的产量及熟料进箅冷机的温度。熟料产量大，煤管在外时，都会使熟料进入箅冷机的温度升高，这时如果箅冷机的各种用风操作不甚理想，热效率就会降低，当然熟料出口温度也会随之升高。

② 箅冷机类型及性能。箅冷机的类型已经开发得不少，空气梁式的第三代箅冷机之后，又有棒推型箅冷机等更为先进的类型，但目前尚无箅冷机能保证熟料出箅冷机的温度值低于环境温度加 65 ℃。当系统增产而箅冷机能力不足时，或是遇上原单筒冷却机改造为箅冷机的情况，此温度值往往很高，这是操作所无法解决的问题。

③ 箅冷机的用风。包括高低温段的鼓入冷风量、窑尾高温风机排风量、箅冷机的废气排风量，加之煤磨等处余风的利用，以及系统各处的漏风量均会影响熟料出口温度。

④ 箅速控制。当箅速适宜，箅板上的熟料料层厚度适宜而稳定，没有短路及“红河”现象时，若熟料粒径发生变化，操作上要重视箅速的调整，确保其箅下压力稳定，有利于降低熟料出口温度。

［摘自：谢克平．新型干法水泥生产问答千例(操作篇)[M]．北京：化学工业出版社，2009．］

3.96 增强箅冷机冷却能力的途径有哪些

当窑系统熟料产量增加时，很多情况会发现熟料出口温度与出箅冷机废气温度急剧上升，不仅热耗大大增加，而且对下道工序的设备——熟料输送设备及收尘设备的安全运转形成严重威胁。为此，有必要设法增强箅冷机的冷却能力，目前常有如下几种途径：

① 当发现是箅冷机的冷却风量或风压不足时，除了检查风机运行效率外，可以重新选择更大型号的冷却风机，哪台偏低更换哪台，一般是从高压段第一台风机开始依次替换。

② 如果箅板形式不属于类似 IKN 的 HONDA 型箅板，即出口风速不够高时，不足以使熟料在料床上沸腾，则可以通过更换高效率箅板提高热交换效率，加强冷却能力，尤其是高温段箅板。当然，这类箅板可以结合旧箅板的使用寿命更换，以降低一次性投资。

③ 在现场位置可能的情况下可以延长箅冷机长度，以增加箅板冷却面积。但这种可能性一般不大。

④ 箅冷机内高温段与中低温段上方的挡墙位置不能过于靠前，也不能过于靠后，以获得最高二次风温度，只有这样，才能根本性降低熟料出口温度及废气出口温度。

⑤ 可以用圣达翰技术对箅冷机进行改造，不但可以提产，而且可以提高入窑二次风温，降低热耗。

［摘自：谢克平．新型干法水泥生产问答千例(管理篇)[M]．北京：化学工业出版社，2009．］

3.97 如何处理破碎机被大块熟料卡住

当箅冷机的熟料破碎机被大块窑皮或“大球”压死时，箅冷机就无法运行。很多工厂的处理方法是：或将箅冷机短时间停车，将破碎机盖打开，人工用大锤或风镐、风钻将其打碎；如果短时间不能打碎，则只好止料止火用人工打。有的厂“大球”较多，就在箅冷机方便的一侧开启活动门，用钢丝绳套住，借助卷扬机将“大球”拉到箅冷机外处理。如果操作人员进入箅冷机处理，则一定要遵守安全操作规程。

实际上，只要能克服将破碎机锤头压住的力，就可解决大块窑皮、“大球”堵塞的问题。具体做法是：在破碎机上方设置挂倒链的位置，通过钢丝绳将大块窑皮、“大球”套住，用倒链将其稍稍吊起或移位，破碎机便可运转，借助旋转的锤头便可将大块窑皮、“大球”打碎。这种方法处理快，短时间停箅冷机就可以完成，而且比人工处理更为安全。

[摘自：谢克平. 新型干法水泥生产问答千例(操作篇)[M]. 北京：化学工业出版社，2009.]

3.98 如何克服熟料颗粒的离析现象带来的不利

从窑口下落的熟料，在重力和惯性离心力的共同作用下，以一定角度沿着窑的旋转方向向箅冷机中心线抛射，由于粗料和细料的重量差异，粗料会被抛到更远的位置下落到箅冷机，而细料则落到较近位置，在箅床上粗料和细料分开，这种现象称之为熟料颗粒的离析现象。随着窑径的增大，窑速的提高，箅冷机与窑的中心线偏移量会更大，这种离析现象会更明显。

为此，在箅板设计上采取了如下措施。

① 采用高阻力箅板，以克服粗细料阻力不同对风量分配不均的影响。

② 在熟料入口区设置一段“固定床”，它的最大优点是，一方面大大降低热端箅床的机械故障率和提高箅板的使用寿命，另一方面可以更有针对性地按粗细料施以不同的冷却风量，使熟料在短时间内产生淬冷，提高冷却效率。

③ 增设一些无孔不透气的箅板，即所谓“盲板”，将它布置在熟料堆积少的部位，利用不同形状的盲板对箅床入口处的熟料宽度进行调节，以便使物料铺开，形成厚度均匀的料层。

[摘自：谢克平. 新型干法水泥生产问答千例(操作篇)[M]. 北京：化学工业出版社，2009.]

3.99 纯余热发电系统工艺流程

预分解窑出预热器的废气温度高达 300～380 ℃，而箅式冷却机排出的废气温度也高达 200 ℃以上。近年来，为充分利用窑与冷却机的余热，已实现了利用 200～400 ℃废气进行发电的目的，所发电能并入水泥厂电网，供生产自用或反馈电网，该发电系统称为低温余热发电，简称低温发电。在目前的技术条件下，在保证水泥窑正常生产完全不受影响，且熟料烧成热耗完全呈年增加趋势的前提下，低温余热发电量可达 30～35 kW・h/t・熟料，约为熟料生产总电耗的 55%，水泥生产总电耗的 40%。对于一条水泥生产线，根据水泥生产线窑头、窑尾的余热资源分布情况和水泥窑的运行状况，一套余热发电系统一般包含两台余热锅炉及一套凝汽式汽轮发电机组。一般性的技术方案如下：

在水泥窑窑头熟料冷却机中部合适部位抽取热风，通往一台余热锅炉，称为 AQC 炉。一般 AQC 炉设置两段，一段生产低压过热蒸汽，二段生产高温热水。如果考虑窑头粉尘硬度高，磨蚀性大，可考虑在窑头余热锅炉前增设一沉降室，如图 3.44 所示。冷却机尾部小于 200 ℃的低温余风则经窑头除尘设备除尘后排入大气。当余热锅炉故障检修时，则冷却机中部、尾部热风一起经窑头除尘设备除尘后排入大气，水泥窑运行可不受影响。

在窑尾预热器废气出口与窑尾高温风机间另设余热锅炉一台，称为 SP 炉。SP 炉废气设旁通烟道，

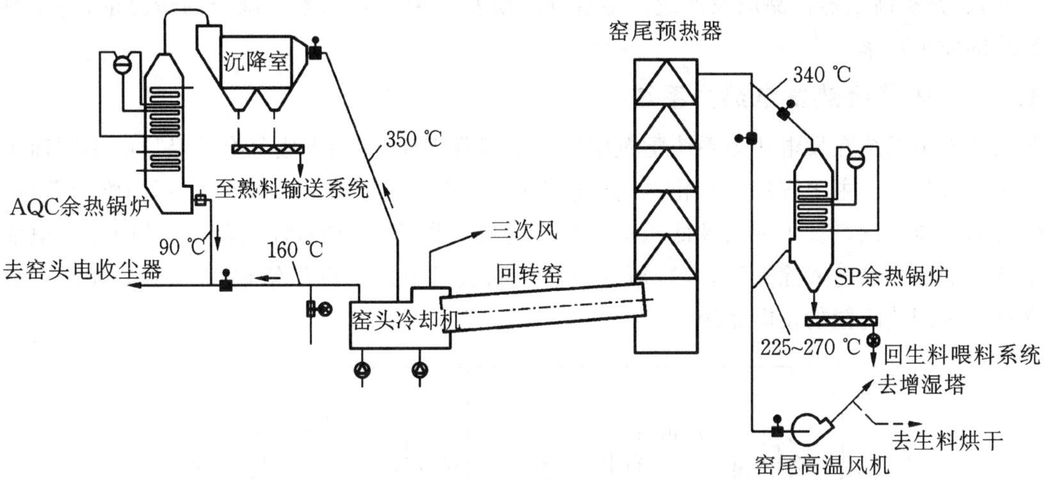

图 3.44 余热锅炉与水泥窑相对位置图

当 SP 炉故障检修时，水泥烧成系统生产可以继续进行而不受任何影响。SP 炉生产低压过热蒸汽。

与两台余热锅炉配套，设置一台低压型凝汽式汽轮发电机组。AQC 炉一段、SP 炉生产的蒸汽共同作为汽轮机的主进汽推动汽轮机做功，AQC 炉二段生产的高温热水作为 AQC 炉一段、SP 炉的给水。

3.100 常规余热发电系统分类与对比

目前在水泥行业纯低温余热发电技术领域中，主要有以下 3 种热力系统：

(1) 单压系统；

(2) 热水闪蒸双压系统，简称闪蒸系统；

(3) 双压锅炉双压系统，简称双压系统。

3.100.1 单压余热发电热力系统

目前普遍采用的单压系统热力流程如图 3.45 所示。本热力系统中，窑头余热锅炉和窑尾余热锅炉生产相同或相近参数的主蒸汽，混合后进入汽轮机，主蒸汽在汽轮机内做功后经除氧，通过给水泵为窑头余热锅炉供水，窑头余热锅炉生产的热水再为窑头余热锅炉蒸汽段和窑尾余热锅炉供水，两台余热锅炉生产出合格的主蒸汽，从而形成一个完整的热力循环。

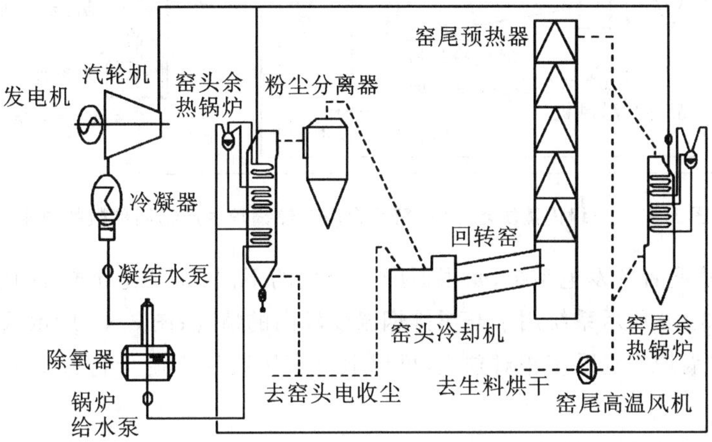

图 3.45 单压系统热力流程

这个热力系统的特点是汽轮机只设置一个进汽口，窑头余热锅炉和窑尾余热锅炉只生产参数相同或相近的主蒸汽。那么考虑水泥窑废气余热的调配及利用、余热锅炉的设计、电站热力系统的配置等因素的唯一目的，就是提高主蒸汽品质及产量。主蒸汽品质及产量在外部条件确定的情况下，完全决定了余热发电系统的发电功率。

3.100.2 闪蒸余热发电热力系统

闪蒸余热发电系统在发电热力系统配置中应用了闪蒸机理，即根据废气余热品质的不同而生产一定压力的主蒸汽及热水。主蒸汽进入汽轮机高压进汽口，而热水经过闪蒸，生产出低压的饱和蒸汽，补入补汽式汽轮机的低压进汽口。主蒸汽及低压蒸汽在汽轮机内做功，推动汽轮机转动，共同生产电能。低压蒸汽发生器内的饱和水进入除氧器，与冷凝水一起经除氧后由给水泵供给锅炉。图 3.46、图 3.47 所示为两种含有一级闪蒸配置的发电系统。

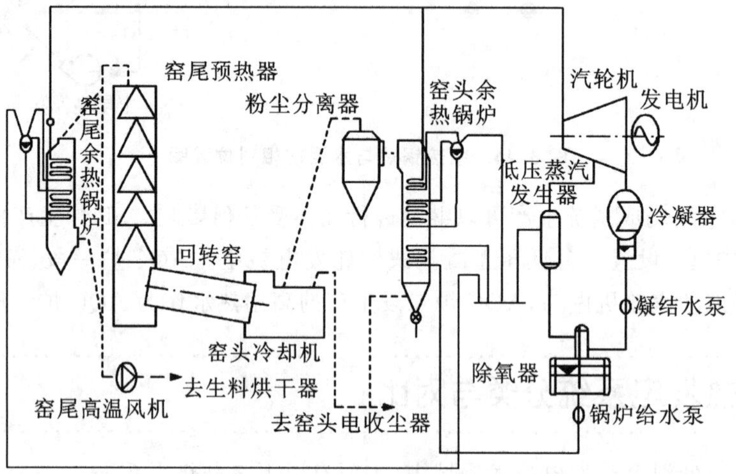

图 3.46　一级闪蒸发电系统（窑头余热锅炉生产闪蒸热水）

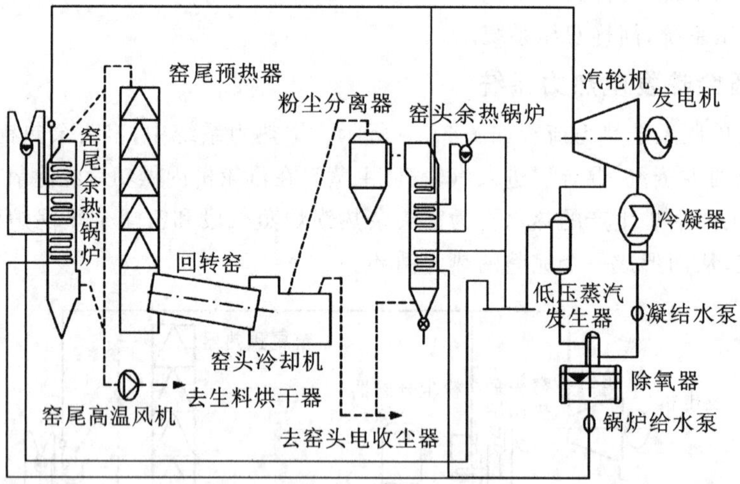

图 3.47　一级闪蒸发电系统（窑头窑尾余热锅炉生产相同参数的热水）

上述两种含有闪蒸配置的发电系统，是根据废气余热的不同，尤其是余热锅炉允许的排烟温度的不同而进行设计的。图 3.46 所示系统用于窑尾排烟温度较高的情况；图 3.47 所示系统是一种比较灵活的配置方式，窑头和窑尾锅炉汽水系统相对独立，可以适应窑尾废气不用于物料烘干或者物料烘干温度可以降得很低的情况。

3.100.3 双压余热发电热力系统

双压技术是根据水泥窑废气余热品位的不同，余热锅炉分别生产较高压力和较低压力的两路蒸汽。较高压力的蒸汽作为主蒸汽进入汽轮机主进汽口推动汽轮机转动做功发电。余热锅炉生产出较高压力的蒸汽后，烟气温度降低，余热品位下降，那么根据低温烟气的品位，再生产较低压力的低压蒸气，进入汽轮机的低压进汽口，辅助主蒸汽一起推动汽轮机做功发电。根据水泥窑余热条件，尤其是窑尾排烟温度的限制，水泥窑纯低温余热发电双压系统主要有两种基本构成方式，如图 3.48、图 3.49 所示。

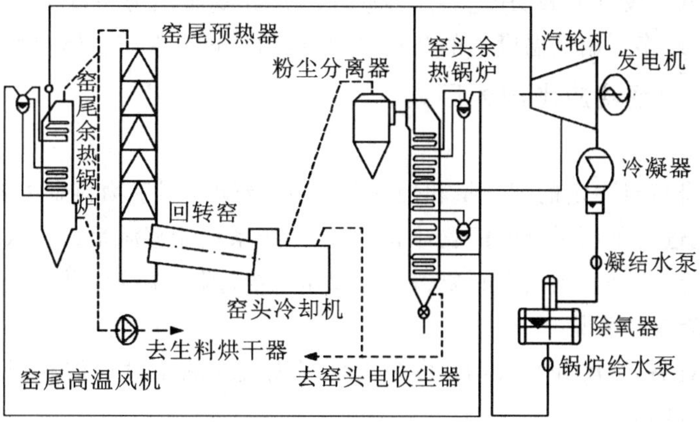

图 3.48　双压系统(一)

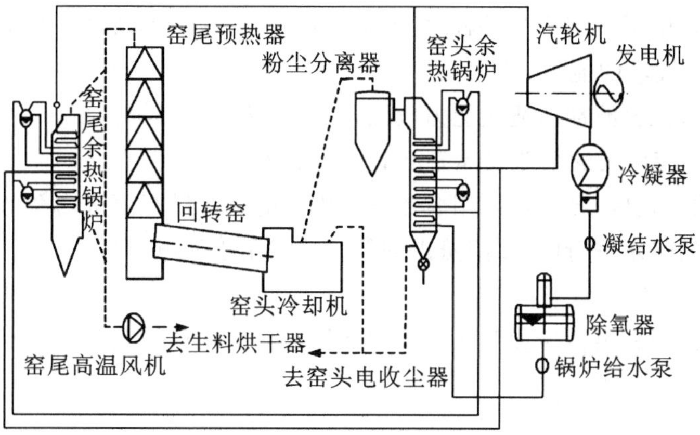

图 3.49　双压系统(二)

图 3.48、图 3.49 所示两种系统是相对简化的双压热力系统，图 3.48 所示系统用在窑尾排烟温度高(即后续物料烘干温度高)的情况。图 3.49 是在图 3.48 示系统基础上扩展的热力系统，图 3.50 所示系统中，窑尾余热锅炉的排烟温度可以降得很低。

3.100.4　不同热力系统发电能力的比较

(1) 排烟温度

窑头余热锅炉：双压系统低于闪蒸系统，闪蒸系统低于单压系统；

窑尾余热锅炉：单压系统最高，且不能降得很低。

(2) 吸收热量

双压系统高于闪蒸系统，闪蒸系统高于单压系统。

(3) 发电量

双压系统高于闪蒸系统，闪蒸系统高于单压系统。

(4) 发电效率

单压系统高于双压系统，双压系统高于闪蒸系统。

双压系统窑头余热锅炉排烟温度最低，因此它吸收了更多的废气余热，这是双压系统具有较高发电能力的主要原因之一。虽然单压系统吸收的烟气热量少，但是它吸收了较高温度的废气余热，较高温度的废气做功能力强于较低温度的废气，因此单压系统的发电量与其吸收的烟气热量比值最大，即效率最高。因此可以推测出，对于给定的废气余热条件，要利用它首先生产尽可能多的主蒸汽，然后再利用生产主蒸汽时不能完全被利用的低温废气生产热水或低压蒸汽，作为主蒸汽发电的补充，来提高发电能力。

只要单压系统能够将窑头的废气温度降低到 85 ℃以下（且窑尾物料烘干温度较高时），就没有必要采用闪蒸和双压系统。低温废气的做功能力弱，因此在闪蒸和双压热力系统中，虽然余热锅炉的排烟温度可降得很低，可尽可能地多利用低温废气的余热，但是这两种热力系统整体效率却略低于单压系统。

3.100.5 选择热力系统应考虑的因素

（1）系统的余热情况

主要考虑水泥窑自身特点决定的烟气量和烟气温度，以及烟气用于物料烘干温度的高低。对于已经确定的余热状况，应首先进行单压系统的配置计算，如果单压系统能够满足最大限度的利用余热，没有多余的余热去生产热水或低压蒸汽，则没有必要去考虑双压系统、闪蒸系统以及采暖等方案。

（2）系统回收废气余热的情况

如果按单压系统配置后，窑尾和窑头仍有多余的低温废气的热量没有被利用完，原则上还应采取闪蒸或双压系统进行进一步的利用。

（3）系统的构成、操控、维修性能及员工的配置情况

单压系统的热力系统构成简单，设备数量少，便于操作、运行、管理和维修，同时配置的员工的数量少。大部分水泥企业对发电了解都不多，因此配置单压系统，可减小电站管理和运行的难度。

（4）系统适应水泥窑波动的能力

单压和闪蒸系统对水泥窑波动的适应能力较强，双压系统稍差。

（5）余热电站能够供应厂区的全部或部分范围内的采暖

对于闪蒸系统，在北方地区，冬季可以用余热锅炉生产的热水进行厂区内全部或部分面积的采暖，夏季可以用余热锅炉生产的热水进行闪蒸，闪蒸出的低压蒸汽用于发电。

（6）厂区发电厂房的布置位置

电站主厂房与水泥窑的距离会增加双压系统中低压蒸汽的输送损失，也会增加用于输送大量闪蒸用热的给水泵的功率。

3.101 低温余热发电对水泥生产会有哪些影响

余热发电投入运行后，对水泥生产的影响会在如下方面：

① 由于窑尾废气温度大幅降低而不能喷水增湿，如果窑尾废气收尘是电收尘，则会影响收尘效果；但由于温度降低、粉尘减少，窑尾高温风机及收尘器的负荷降低了。

② 由于废气温度降低，需要调整原料磨烘干废气的运行参数。

③ 由于窑头增设了余热锅炉，当冷却机原废气排风机设计能力不足时，需要调整或更换。但可以避免箅冷机废气收尘器因为高温而烧坏变形，也有利于降低熟料出箅冷机温度。

总之，对于新型干法预分解窑，要保证满足如下要求：生料烘干所需废气温度 210 ℃；煤磨烘干所需废气温度 250 ℃；不影响水泥生产，不增加水泥熟料烧成热耗及电耗；不改变水泥生产用原燃料的烘干热源；在原有水泥生产工艺流程及设备的条件下，每吨熟料的余热发电量达到或超过 48～52 kW·h，对于 5000 t/d 生产线，发电机组容量可为 10000～11000 kW。

［摘自：谢克平. 新型干法水泥生产问答千例（管理篇）[M]. 北京：化学工业出版社，2009.］

3.102 水泥工业纯低温余热发电的主要技术经济指标

水泥工业是个传统的高能耗行业，有大量的 350 ℃以下的余热不能完全被利用，其浪费的热量约占系统总热量的 30%左右。因此，回收熟料生产过程中的余热，将其用来供热或发电是非常现实又节能的途径。

完全利用水泥生产中产生的废气作为热源的纯低温余热发电工程，整个热力系统不燃烧任何一次能源，在回收大量对空排放造成环境热污染的废气的同时，所建余热发电工程不对环境造成任何污染。由于能将废气中的热能转化为电能，可有效地减少水泥生产过程中的能源消耗，具有显著的节能效果。同时，废气通过余热锅炉降低了排放的温度，还可有效地减轻水泥生产对环境的热污染，具有良好的经济效益和社会效益，因此余热发电项目具有很好的推广和应用价值。据专家分析其热量可利用情况见表 3.14，不同规模水泥生产线主要技术经济指标见表 3.15，国内外余热发电主要技术经济指标对比见表 3.16。

表 3.14　窑头窑尾锅炉总有效利用热量表

项目	单位	一般值	最小值	最大值
窑头窑尾锅炉总有效利用热量	$\times 10^6$ kJ/h	104.6	75.1	120.6
单位有效利用热量	kJ/kg 熟料	502.1	360.5	578.9
有效发电功率	kW	6102	4380	7035
吨熟料发电能力	kW·h/t·熟料	29.3	21.03	33.8

表 3.15　不同规模水泥生产线主要技术经济指标

序号	技术名称	单位	2500 t/d	5000 t/d
1	装机容量	NW	3.0	6.0
2	平均发电功率	kW	2.6	5.7
3	年发电量	$\times 10^4$ kW·h	1082	3990
4	小时吨熟料余热发电量	kW·h/t	25	27.5
5	年平均发电成本	元/(kW·h)	0.10～0.15	0.10～0.15
6	工程总投资	万元	2200	4200
7	投资回收期	年	3～4	3～4

表 3.16　国内外主要技术经济指标的比较

名称	国产技术和装备	国外技术和装备
吨熟料发电量(kW·h/t)	24～36	28～39
自用电率(%)	<8	<9
年运行时间(h)	7500	7500
供电成本(元)	约 0.15	约 0.2
单位千瓦投资(元)	约 7000	约 18000
劳动定员(人)	16	16

3.103　水泥余热发电的工艺流程

余热发电系统设置是：一台 PH 锅炉，一台 AQC 锅炉，一台闪蒸器及锅炉给水系统，一套汽轮机发电机及其冷却水系统，水泥工艺线的设备不做大的改动，如图 3.50 所示。

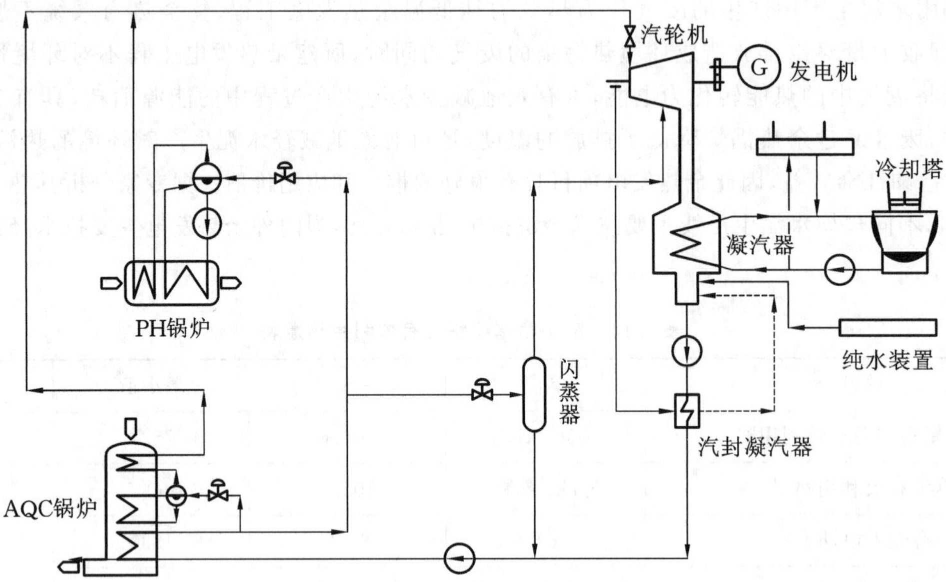

图 3.50 水泥余热发电工艺流程

3.103.1 含中低温余热废气的工艺流程

(1) PH 锅炉部分

在预热器的废气出口的总管上开孔,用管道将开口处与 PH 锅炉的入口进行连接;管道的入口处设置一台挡板(编号 490),在预热器的废气的总管开孔下部设置一台挡板(编号 491),PH 锅炉废气的出口用管道连接至窑尾风机入口。一台挡板设置在废气管道中间(旁路挡板编号 492)。

当 PH 锅炉具备升温条件时,打开 491 挡板,打开 490 挡板,关闭 492 挡板。这样,预热器出口的 350 ℃的废气被引入 PH 锅炉,先通过炉内的过热器、蒸发器后,尚有 250 ℃左右的废气由窑尾风机抽出,一部分用来烘干生料与煤,另一部分经过增湿塔及窑尾电收尘后排入大气之中。

(2) AQC 锅炉部分

在熟料冷却机的中部左右处开口,用管道将开口处与 AQC 锅炉前端的沉降室入口连接。在沉降室入口前设置一台挡板(编号 390),沉降室出口用管道连接至 AQC 锅炉入口,锅炉出口处设置一台挡板(编号 391),用管道连接至箅冷机到电收尘入口间的管道上,箅冷机尾部与电收尘的管道上设置一台挡板(旁路挡板编号 392)。

当 AQC 锅炉具备升温条件时,打开 391、390 挡板,同时关闭 392 挡板,箅冷机内的 360 ℃的废气被引入 AQC 锅炉,先后通过炉内的过热器、蒸发器及省煤器,出口废气温度为 90 ℃左右,由窑头风机抽出排入大气。

3.103.2 锅炉水的工艺流程

余热电站的热力循环是基本的蒸汽动力循环,即汽、水之间的往复循环过程。蒸汽进入汽轮机做功后,经凝汽器冷却成凝结水,凝结水经凝结水泵升至常压与闪蒸器出水汇合,通过锅炉给水泵升压进入 AQC 锅炉省煤器进行加热,经省煤器加热后的高温水分三路分别送到 AQC 炉汽包、PH 炉汽包和闪蒸器内。进入两炉汽包内的水在锅炉内循环受热,最终产生一定压力的过热蒸汽作为主蒸汽送入汽轮机做功,进入闪蒸器内的高温水通过闪蒸原理产生一定压力的饱和蒸汽送入汽轮机后级起辅助做功作用。做过功后的乏汽经过凝汽器冷凝后形成凝结水重新参与热力循环。生产过程中消耗掉的水由纯水装置制造的纯水补上,纯水经补给水泵打入凝汽器下方的热井内。锅炉水是整个余热发电炉机内部的循环水。这样锅炉水经历了一个水→蒸汽→水的工艺过程。

3.103.3 蒸汽的工艺流程

(1) 进入 AQC 锅炉汽包的水,由汽包底部的管道引入锅炉的蒸发器,蒸发出的饱和蒸汽再进入锅炉的汽包，经过汽水分离后送入锅炉的过热器，成为 350 ℃过热蒸汽进入蒸汽主管道。

（2）进入 PH 锅炉汽包的水，由汽包底部的管道引入锅炉循环泵，通过强制循环，将汽包内的水送入蒸发器，蒸发出的饱和蒸汽再进入锅炉汽包，经汽水分离后送入锅炉的过热器，成为 330 ℃过热蒸汽进入蒸汽主管道。

（3）AQC 锅炉的 350 ℃过热蒸汽与 PH 锅炉的 330 ℃过热蒸汽并汽后，进入主蒸汽母管，通过主蒸汽切断阀和调节阀，进入汽轮机做功。

（4）闪蒸器将 AQC 锅炉的省煤器送来的热水，闪蒸成饱和蒸汽，进入汽轮机的末级辅助做功。

主蒸汽进入汽轮机做功后，乏汽进入凝汽器冷凝成水，并进入凝汽器的热井。

水→蒸汽→水的工艺过程中，将损失一部分水，根据凝汽器热水井的水位，由纯水泵将纯水箱内的纯水打入热水井进行补充。

3.103.4 热力系统

整个热力系统设计力求经济、高效、安全，系统工艺流程是由两台高效余热锅炉 AQC 锅炉与 PH 锅炉、一台闪蒸器和一套汽轮发电机组组成，辅之以冷却水系统、纯水制取系统、锅炉给水系统及锅炉粉尘输送系统。余热锅炉内进行热交换产生的过热蒸汽通过汽轮机，进行能量转换，拖动发电机向电网输送电力。

（1）采用凝汽式混汽汽轮机。凝汽式是指做过功的蒸汽充分冷凝成凝结水，重新进入系统循环，减少系统补充水量。混汽式是指汽轮机除主蒸汽外，另有一路低压饱和蒸汽导入汽轮机做功，从而提高汽轮机的相对效率，提高发电机输出功率。

（2）设置具有专利技术、高热效率的余热 PH 锅炉，采用特殊设计的机械振打装置进行受热面除灰，保证锅炉很高的传热效率。

（3）应用热水闪蒸技术（高压热水进入低压空间瞬间汽化的现象），设置一台闪蒸器，一方面将闪蒸出的饱和蒸汽导入汽轮机做功，进一步提高汽轮机的做功功率；另一方面形成锅炉给水系统循环，可以有效地控制 AQC 炉省煤器段出口水温，保证锅炉给水情况稳定。

（4）由于 PH 锅炉出口废气还要用于原料和煤烘干，所以 PH 锅炉无省煤器，只设蒸发器和过热器，控制出炉烟温在 250 ℃左右，仍可满足水泥生产线工艺需要。

（5）采用热水闪蒸自除氧结合化学除氧的办法进行除氧，不另设除氧器，减少了工艺设备，简化了工艺流程。

（6）热力泵均采用一用一备双系列。在运行泵出现故障时，备用泵自动投入使用，保证了发电系统安全、稳定运行。

3.104 余热锅炉的分类

余热锅炉是利用工业窑炉的废烟气，生产热水和蒸汽的设备。因为各种工业窑炉的形式不同，故在工业窑炉烟道中配套安装的余热锅炉种类繁多，结构复杂，余热锅炉分为如下几类：

（1）按受热方式分：水管式余热锅炉和烟道式余热锅炉。

水管式余热锅炉：烟气在管外对流冲刷加热管内的水。

烟道式余热锅炉：烟气在烟管内通过加热管外的水。

（2）按循环方式分：自然循环余热锅炉和强制循环余热锅炉。

（3）按布置方式分：立式余热锅炉和卧式余热锅炉。

（4）按压力分：低压余热锅炉和中压余热锅炉。

（5）按锅炉蒸发量分：大型余热锅炉、中型余热锅炉和小型余热锅炉。

余热锅炉吸收的热源及条件特殊，所以余热锅炉必须具有耐高温、耐磨损、耐腐蚀的特点，并且有良好的除渣、除灰装置。余热锅炉不仅具有普通锅炉的工作条件，还有其特殊性，所以在设计制造过程时还应考虑到防止磨损、防止堵灰、防止腐蚀和防止漏风等特殊工艺要求。用于发电的余热锅炉一般都采用水管式锅炉。

3.105 余热锅炉设备的构造和功能

3.105.1 余热锅炉设备的组成

余热锅炉是利用工业窑炉的余热来生产热水和蒸汽的设备。与工业锅炉、电站锅炉相比较，它省去了燃料输送、煤粉的制备和燃烧设备，因而它的结构大大地简化了。

余热锅炉的汽水系统与工业锅炉、电站锅炉的基本相似，它是由汽包、过热器、防灰管(蒸发器)、对流管束和省煤器组成。构成了由水变过热蒸汽的三个阶段：水的加热、饱和水的蒸发、饱和蒸汽的过热。

余热锅炉辅助设备有：链板除灰机、锅炉给水系统。

余热锅炉附件有：安全阀、汽水管线阀门、自动控制装置及热工仪表。

3.105.2 汽包的构造及作用

汽包如图 3.51 所示，是一个椭圆形密闭的容器，起着汇集炉水和饱和蒸汽的作用。在汽包内装有给水装置、汽水分离装置、加药装置和连续排污装置。余热锅炉基本上采用低、中压型，因此一般不设分段蒸发装置。汽包外设有水位计、安全阀和压力表。

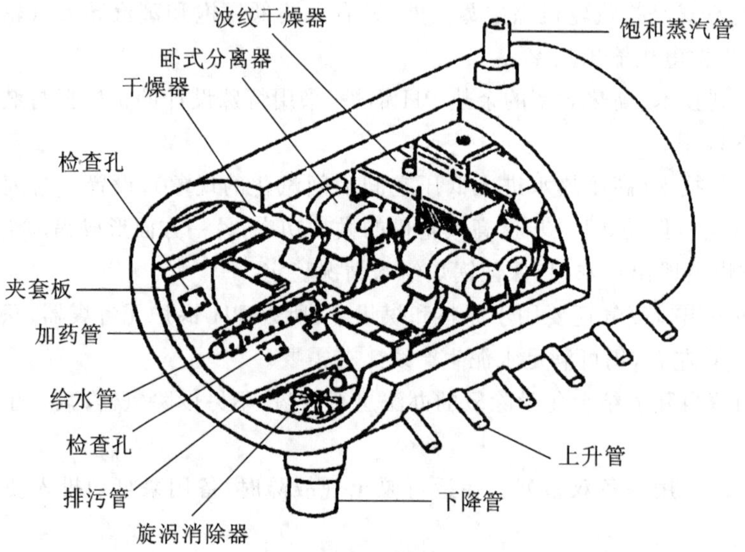

图 3.51 汽包的构造

(1) 汽包的作用

① 容水

汽包内存有一定量的水，当负荷升降时，使各受热面有足够的水量，以满足蒸发的需要。

② 容汽

汽包中储存一定的汽、水量，因而汽包具有一定的储热能力。在运行情况变化时，汽包可减缓气压变化的速度，对锅炉运行调节有利。例如，当外界负荷增加时，气压要下降，汽包具有的储热就要释放出来，产生更多的蒸汽，使气压下降的速度减缓；相反，当外界负荷降低时，水和金属就会吸收热量，使产生的蒸汽量减少，使气压上升的速度减缓。

③ 汽水分离

汽包内有一定的汽空间高度，使离开水面的汽水混合物在汽空间内分离，水珠落入水中，不含水的饱和蒸汽进入过热器。

(2) 汽包内的蒸汽净化装置

为了保护过热器，避免在管壁内凝结盐类和其他沉积物，要求进入过热器内的是干饱和蒸汽。因此就必须在汽包内进行净化、汽水分离。

① 汽水挡板

当汽水混合物进入汽包时，首先碰到汽水挡板，使汽水混合物改变流动方向，不能直接冲击水面，水珠由于受碰撞、转变和惯性的作用而落入水中。

② 水下孔板

为了防止经过汽水挡板的饱和蒸汽直接冲出水面，保持水表面的平稳，让蒸汽通过设在水下的多孔板上的小孔，改变流量，降低流速，离开水面进入汽空间，使饱和蒸汽所带的水分滞留在水中，可以避免汽水混合物冲击水面溅起大量的水珠。

③ 钢丝网分离器

钢丝网分离器是设置在汽包内顶部饱和蒸汽出口处的一种装置，由多层钢丝网组合而成。蒸汽通过多层钢丝网迂回上升，蒸汽中的水珠因改变流动方向和降低流速而落入水中，并可以使蒸汽以比较均匀的流速离开汽包进入饱和蒸汽引出管。

④ 溢水槽

为了防止给水进入汽包内直接冲击水位平面，保持水面的稳定，故在水位平面下装配一个溢水槽。槽内有一根无缝钢管，管的下端钻有 8～10 个小孔，孔的数量根据给水管截面的水量决定。给水通过小孔射向水槽的底部，在槽内水满后稳定均匀地溢出，起到稳定水位表面的作用。

⑤ 连续排污装置

连续排污管安装在炉水含盐浓度最大的部位，即汽包水位－100 mm 左右，连续不断地排除炉水中溶解盐，使炉水含盐量控制在水质标准允许的范围内。

⑥ 加药装置

为了消除炉水中的残留硬度，利用加药装置通过汽包内的加药管向锅炉内直接加药，进行锅炉内处理，以保持炉水碱度和磷酸根数量的正常，防止炉管的苛性脆化，使炉管内形成一层碱膜防止结垢。

⑦ 旋风式汽水分离器

当汽水混合物沿切线方向进入旋风式汽水分离器做旋转运动，受离心力作用，水珠落入水中，蒸汽通过分离器上的百叶窗得到进一步的分离，进入汽空间。旋风式汽水分离器分左旋式和右旋式，又分内置式和外置式。余热锅炉一般采用内置式。

(3) 省煤器

省煤器是安装在余热锅炉尾部的受热面，用锅炉排出的烟气加热给水的设备，其作用为：

① 降低排烟温度，提高锅炉热效率。余热锅炉省煤器回收利用排烟余热，可以节省大量的燃料。

② 由于省煤器出口水的温度提高，进入汽包给水与炉管内饱和水的温差减小，汽包的热应力降低，保证了锅炉的安全运行。

③ 省煤器常见的故障如下：

a. 氧腐蚀

现代工业窑炉中，较多采用小型和中型余热锅炉。这种类型的锅炉大多从事附属工作，在水处理方面往往被忽视，得不到应有的重视，尤其给水除氧问题一直解决不彻底，一些中小型余热锅炉不设除氧器，因此省煤器内部氧腐蚀现象较普遍。为了防止氧腐蚀，省煤器在设计过程中已经考虑到水在管内的流速，水流速太慢，水中的气泡容易滞留在钢管壁上增加腐蚀的机会。

b. 外表面的腐蚀

中、低压余热锅炉的给水温度一般在 40～60 ℃，余热锅炉烟气温度波动幅度很大，在尾部受热面很容易产生露点温度，生成一些水珠凝结在管的外壁上，这些水珠吸收烟气中的二氧化硫，形成一层硫酸和亚硫酸，腐蚀钢管的外部。为了防止产生露点温度，现代中压余热锅炉给水温度设计为 104 ℃以上，锅炉排烟温度设计在 160 ℃以上。冶金窑炉产生的烟气含腐蚀气体，对管外部的腐蚀更为严重，因此在锅炉设计时都有特殊的防腐蚀措施。

(4) 防灰管(蒸发器)

防灰管一般装置在余热锅炉的最前端,有的亦称水冷屏,是余热锅炉主要的蒸发受热面。水泥窑尾废烟气中粉尘浓度很高,粉尘中含有钾、钠等微量元素,当温度达到 900 ℃左右时,很容易粘贴在炉管表面。当水从汽包中顺下降管进入防灰管内,低温的水与管外高温的灰相互传热,高温灰便急剧冷却,再落入烟道内。同时管内的水吸收烟气中的热量,蒸发形成的汽水混合物顺上升管进入汽包,形成自然循环系统。

(5) 过热器

① 过热器的作用

过热器是将饱和蒸汽过热到额定过热温度的热交换器,在发电锅炉中是不可缺少的组成部分。采用过热器能够使饱和蒸汽达到所需要的温度,可以提高汽轮机的工作效率,减少汽轮机的蒸汽消耗量,减少蒸汽输送过程中的凝结损失,消除对汽轮机叶片的腐蚀。

② 过热器的结构

过热器有多种结构形式,按传热方式可将过热器分为对流式和辐射式两种。而余热锅炉是利用工业窑炉的热烟气加热水或汽的设备,故余热锅炉只有对流式过热器。

对流式过热器是由许多根并列的蛇形管和联箱所构成。蛇形管与联箱之间采用焊接连接。联箱布置在炉外不受热。蒸汽在蛇形管内流动,蛇形管外受到烟气的冲刷,烟气将热量传给蛇形管,蒸汽则从管壁上将热量带走,从而使蒸汽加热,温度升高。

对流式过热器按管子的放置方向,可分为立式布置和卧式布置两种。由于立式布置的过热器支吊比较方便,积灰可能性小,故得到广泛应用。

对流式过热器按烟气与蒸汽的流动方向可分为顺流、逆流及混流式等。

(6) 减温器

汽轮机对蒸汽温度要求比较严格,如果过热蒸汽温度超过规定值,就会对汽轮机各部件产生极大的损害。一般余热锅炉的烟气温度参数极不稳定,为防止因蒸汽温度过高而产生的损害,必须对蒸汽温度进行调节。

a. 改变烟气温度

及时联系窑炉操作人员,减弱或增强燃烧来调节蒸汽温度。这种方法直接影响窑炉燃烧的稳定性,影响窑的产品产量和质量,故不提倡采用这种办法。

b. 表面式减温器

表面式减温器是一个圆形的热交换器,在筒内设有 U 形管,其两端与管板连接。U 形管内通水,蒸汽通过管外和管体内部。蒸汽通过筒体与 U 形管外空间,与 U 形管内的水进行热交换,达到减温目的。这种减温方法分为给水减温系统和炉水减温系统两种。通常广泛采用的是给水减温系统,给水减温方法是利用锅炉给水进入减温器 U 形管内与蒸汽进行热交换后回到给水箱,形成一个独立的循环系统,达到蒸汽温度调节的目的。

(7) 对流管束

对流管束是余热锅炉的主要受热面。它采用上、下两集箱连接。下集箱内下降管与汽包连接;上集箱上升管与汽包连接,构成两组或更多组的循环系统。

对流管束有顺排和叉排两种型式。顺排对流管束磨损度较轻,不易积灰,受热面布置受到限制。叉排对流管束容易积灰,磨损严重,而且容易堵灰,清除灰尘困难,受热面布置多,传热效果好。为了提高锅炉效率,多采用叉排式。

3.106 实现水泥熟料生产电能零消耗的途径有哪些

实现生产水泥熟料只消耗 750 kcal/kg 的燃料而不消耗电能的目标,或实现水泥窑吨熟料余热发电量达到 58 kW·h/t 的目标的途径如下：

(1) 在水泥行业进一步开发、推广、应用节电技术，使吨熟料生产电力消耗降到 55 kW·h/t 以下；

(2) 研究、开发生料烘干工艺和设备，使生料烘干废气温度能够从目前的 200～210 ℃降至 160～170 ℃，这项技术理论上可以使吨熟料余热发电量提高 4～5 kW·h/t；

(3) 研究、开发回收窑头冷却机收尘器排出的 100 ℃左右废气余热，并用于发电的技术和装备，这项技术理论上可以使吨熟料余热发电量提高 2～3 kW·h/t；

(4) 研究、开发回收窑筒体余热并用于发电的技术和装备，这项技术理论上可以使吨熟料余热发电量提高 3～4 kW·h/t；

(5) 研究、开发能够使 AQC 锅炉、SP 锅炉各自独立运行的措施，以提高电站相对于水泥窑的运转率；

(6) 尝试研究、开发新的热能——动力循环系统，以降低损失，这项技术理论上可以使吨熟料余热发电量提高 3～4 kW·h/t；

(7) 尝试研究、开发热物理性质即适合回收低温余热以降低损失，又安全、环保、廉价、易得，同时无须对现有工程材料生产、装备制造进行大的改动，这项技术理论上可以使吨熟料余热发电量提高 3～4 kW·h/t。

3.107 水泥厂余热利用有几种方式

3.107.1 余热用于采暖

我国北方大部分地区冬季供暖需设置燃煤供热锅炉，每年需要消耗大量的燃料，同时排放大量的粉尘和 SO_2 等污染物质。很多城市污染物排放强度高、总量大，远远超过环境自净能力，严重影响了生态环境，给国家造成巨大经济损失的同时，也严重危及人民群众的身体健康，危及生态安全。

水泥窑存在大量的余热，利用水泥窑余热进行采暖，不增加水泥煅烧的燃料，不增加环境污染，可以在回收余热的同时缓解局部环境污染问题，同时取代了传统的燃煤锅炉，既能解决实际问题，又能降低投资，且周期短见效快，因此，余热用来采暖，对于中小型企业而言，是一个有效途径。

3.107.2 余热用于发电

老式中空窑窑尾温度为 850 ℃，新式四级预热器窑的窑尾温度在 360～420 ℃，五级预热器窑的窑尾温度在 310～340 ℃，窑头冷却机出风温度一般在 180～320 ℃。通过加装余热锅炉，使之加热提高给水温度或者产生蒸汽，可以用来推动汽轮机发电。

窑头的废气温度普遍偏低，可以结合热力系统的配置，在窑头加装余热锅炉，使之产生热水或低压蒸汽来回收这部分热量；或者通过改造冷却机出风口位置提高废气温度来产生合格的主蒸汽用来发电。窑尾废气温度稍微高一些，加装余热锅炉直接回收余热进行发电。

3.107.3 资源综合利用

水泥厂余热发电资源综合利用工程是指在余热利用的基础上，建设燃劣质煤带补燃的资源综合利用电站的工程。资源综合利用电厂(机组)是指利用余热、余压、城市垃圾、煤矸石(石煤、油母页岩)、煤泥等低热值燃料生产电力、热力的企业单位。申报资源综合利用电厂，必须具备：

① 机组单机容量在 500 kW 及以上，机组设备没有超期服役或淘汰；

② 发供电质量符合国家标准，燃料属于就近利用；

③ 对废弃物采取综合利用措施，污染物实现达标排放。

对于以煤矸石、煤泥作为燃料的资源综合利用电厂，必须以燃用煤矸石为主，且入炉燃料的低位发热量不大于 12560 kJ/kg，必须使用循环流化床锅炉，当燃料应用基含硫量超过 1%时，应采取脱硫措施；对于以工业余热、余压为工质的资源综合利用电厂，应依据产生余热、余压的品质和余热量或生产工艺耗汽量和可利用的工质参数确定工业余热、余压电厂的装机容量。

利用水泥生产过程中的余热以及燃烧煤矸石等劣质燃料建设资源综合利用电站后，电站产生的灰、渣作为水泥生产的混合材，电站的产品——电力将会用于水泥生产，这套系统在回收水泥生产过程中产生大量余热的同时，又减少水泥厂对环境的热污染以及粉尘污染，将给企业带来巨大的经济效益。

3.108 非常规余热发电系统有哪些方案

① 以其他沸点较低的有机物——异戊烷代替水作为工质，该方案具有以下优点：

易产生相应物质的蒸气，能回收低温余热；因为这种蒸气密度比水蒸气密度大得多，透平机转速可降低，效率提高；冷凝压力接近大气压，工质泄漏少；耐低温，不受冰冻影响；设备噪声小；系统工作压力低；设备不易锈蚀。

② 以导热油为热载体的间接供热技术，即以导热油作工质的余热锅炉，越发得到各行业的日益广泛使用。导热油具有较高的热容量和较低黏度，在 300 ℃时仍不汽化而保持常压，所以可在低压管道系统中循环，不但降低投资，还提高运行的安全性。另外，导热油传热均匀，热稳定性好，有优良的导热特性。它对普通低碳钢设备和管道无腐蚀作用，不需要像使用水蒸气那样给水脱盐、除氧等。

③ 工作介质以氨、水混合液取代水蒸气，也是利用其沸点很低的优势，更主要是这种介质并非在一个固定温度点沸腾，而是在一个温度范围内都保持沸腾，所以特别适合低热值、低温度的废气回收。

④ 螺杆膨胀动力机代替传统的汽轮机发电，它的特点是：这种容积式全流动力设备，能适应过热蒸汽、饱和蒸汽、汽水两相流体和热水等工质；可实现无级调速，拥有比汽轮机高的内效率；设备紧凑，操作维护简单，运行效率高。目前装机功率最大为 1500 kW。

[摘自：谢克平．新型干法水泥生产问答千例(管理篇)[M]．北京：化学工业出版社，2009.]

3.109 回转窑余热锅炉发电有何优缺点

余热利用是能源政策中的重要组成，也是工业企业降低消耗、增产节约的主要内容。在中空回转窑生产中，出窑废气温度高达 900 ℃，带走大量的热能。在小型中空干法窑中，这种高温废气一般直接排空。一些直径在 3.5 m 以上的中空回转窑，都安装有余热锅炉，多见于东北地区的水泥厂。余热利用除发电外，在寒冷地区还用于生产车间、办公室和生活区宿舍采暖。回转窑余热锅炉发电有如下的优缺点：

(1) 适合在供电紧张、电价偏高、煤价低、煤资源丰富的地区建设余热锅炉窑水泥厂；

(2) 自发电供给率一般可达 80%以上，发电效率高时可达 90%的自给率，可以保证正常生产用电；

(3) 每生产吨熟料的发电量在 130～160 kW·h，工厂煤电综合能耗的经费较低，生产效益好；

(4) 原、燃料适应性强，对于原料中的碱(K_2O+Na_2O)、氯离子含量高的情况无须特殊处理；

(5) 熟料能生产 42.5 等级的普通水泥和特种水泥；

(6) 熟料烧成系统的工艺比较简单，自动化要求不高，收尘系统中可不设增湿塔；

(7) 操作容易，便于管理，事故少，运转率高，是严重缺电地区建设水泥厂的首选方案；

(8) 必须取得从当地电网供应保安电源和生活电源的保证，或者厂内设柴油发电机作为应急照明、回转窑转动和供水的电源。

3.110 几种不同窑型的余热发电技术简介

水泥回转窑余热发电是一项重大的节能技术，既符合可持续发展战略，又有可观的经济效益，已成为当前水泥界的热点。唐金泉对我国水泥工业可以采用的余热发电技术的基本情况、发展趋势和存在的问题做了详细的论述，并对我国几种不同窑型的余热发电技术做了介绍。

3.110.1 余热发电窑的发电系统

过去几十年来采用最多的余热发电窑发电系统见图 3.52。

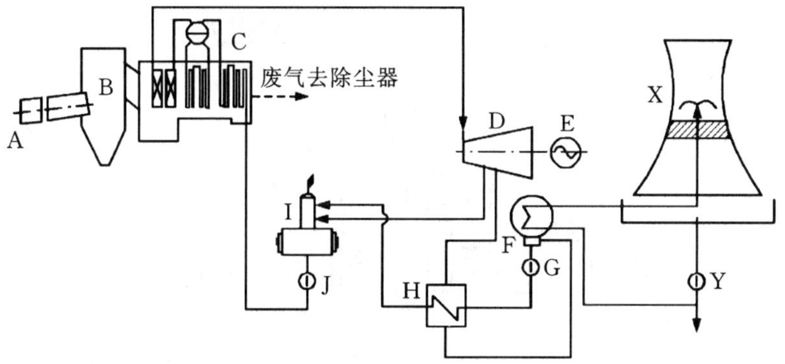

图 3.52 余热发电窑常用的发电系统

A—水泥窑；B—烟室；C—卧式余热锅炉；D—汽轮机；E—发电机；F—冷凝器；G—凝结水泵；
H—低压加热器；I—除氧器；J—锅炉给水泵；X—冷却塔；Y—循环冷却水泵

图 3.52 所示系统的优点是运行可靠，缺点是汽轮发电机组的容量往往与水泥窑的余热发电能力不匹配；卧式余热锅炉漏风量难以控制，影响发电量；水泥工艺系统的其他余热不能充分利用。针对上述缺点，研究出了余热发电窑的第二种热力系统，见图 3.53。

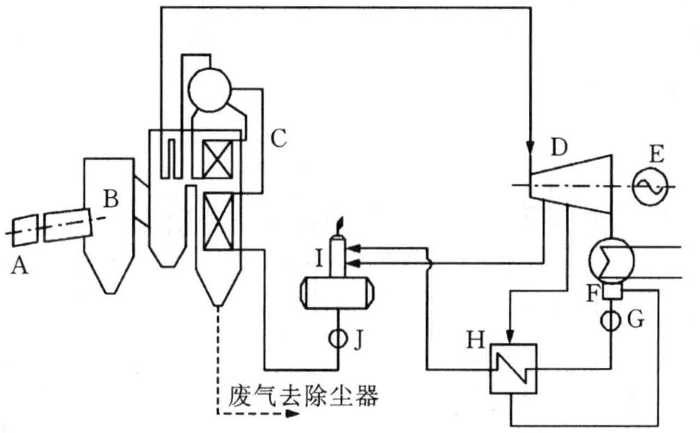

图 3.53 余热发电窑立式余热锅炉发电系统

A—水泥窑；B—烟室；C—立式余热锅炉；D—汽轮机；E—发电机；F—冷凝器；G—凝结水泵；H—低压加热器；I—除氧器；J—锅炉给水泵

图 3.53 所示系统在保持了常用系统优点的基础上，使锅炉漏风量得到了大幅度下降，在水泥熟料热耗、产量相同的情况下，余热发电量可以提高 20%左右，解决了第一种发电系统存在的主要问题。

根据上述两种发电系统，结合余热锅炉出口废气温度仍高于 200 ℃的情况，可以继续利用其废气余热，针对水泥窑煤粉制备系统包含煤粉废气排放的特点，天津水泥工业设计研究院提出另外两种发电系统，即二级余热发电系统和二级余热补燃发电系统，分别见图 3.54、图 3.55。

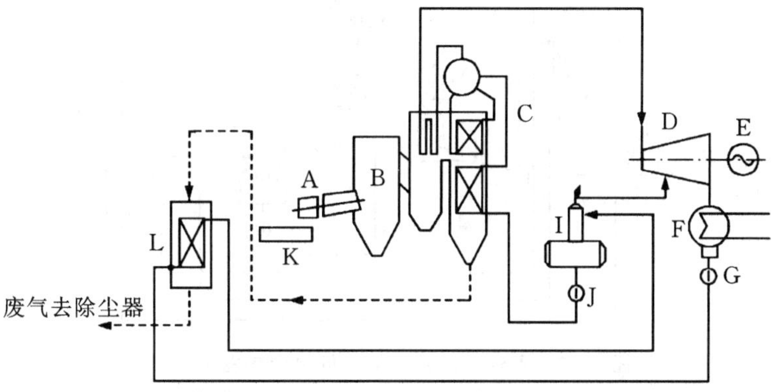

图 3.54 余热发电窑二级余热发电系统

A—水泥窑；B—烟室；C—立式余热锅炉；D—补汽式汽轮机；E—发电机；F—冷凝器；
G—凝结水泵；I—除氧器；J—锅炉给水泵；K—箅冷机；L—高温热水余热锅炉

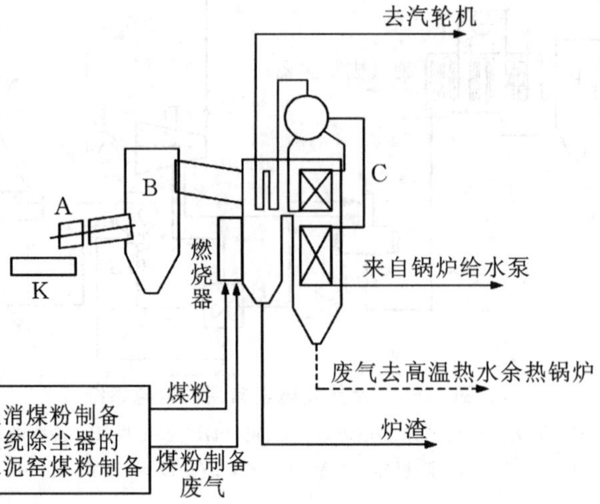

图 3.55　余热发电窑二级余热补燃发电系统

A—水泥窑；B—烟室；C—补燃余热锅炉；K—箅冷机(其他同图 3.54)

3.110.2　预分解窑的发电系统

预分解窑发电系统有两个基本类型：一是带补燃锅炉的低温余热发电系统；另一个是不带补燃锅炉的纯低温余热发电系统，分别见图 3.56、图 3.57。

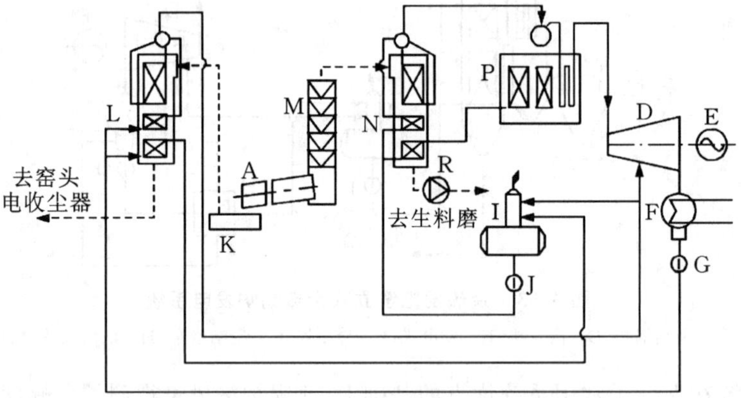

图 3.56　带补燃锅炉的低温余热发电系统

A—水泥窑；D—汽轮机；E—发电机；F—冷凝器；G—凝结水泵；I—除氧器；J—锅炉给水泵；K—箅冷机；L—箅冷机废气余热锅炉(AQC 炉)；M—分解炉及预热器；N—SP 余热锅炉；P—补燃锅炉；R—窑尾高温风机

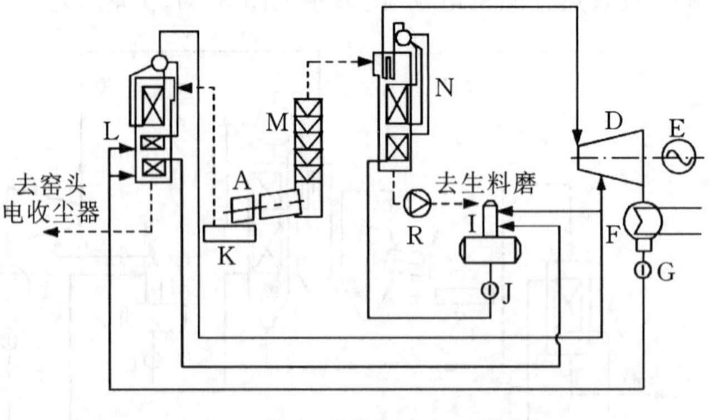

图 3.57　不带补燃锅炉的纯低温余热发电系统

A—水泥窑；D—汽轮机；E—发电机；F—冷凝器；G—凝结水泵；I—除氧器；J—锅炉给水泵；K—箅冷机；L—箅冷机废气余热锅炉(AQC 炉)；M—分解炉及预热器；N—SP 余热锅炉；R—窑尾高温风机

带补燃锅炉的低温余热发电系统，主要是利用窑尾预热器的 320～400 ℃废气余热生产高压饱和蒸汽及高温热水，通过补燃锅炉将蒸汽量、蒸汽压力、蒸汽温度调整至汽轮机所需要的参数；其次是利用熟料冷却机 200 ℃左右的废气生产低压饱和蒸汽及 120 ℃左右的热水，为锅炉给水除氧并取代汽轮机回热抽汽，降低汽轮机的发电汽耗率。该系统通过工程实际应用表明具有以下特性：

(1) 当窑尾预热器出口废气温度在 370 ℃以上时，熟料热耗不变，吨熟料余热发电量可达到 36 kW・h 以上；当窑尾预热器出口废气温度在 320～350 ℃时，发电量可达到 24 kW・h 以上。

(2) 通过调整补燃锅炉的容量，发电装机容量可以根据水泥厂的要求确定，发电量可以满足水泥厂用电量的 40%～100%，甚至可以向厂外供电。

(3) 补燃锅炉容量与大型火电厂相比虽然较小，但根据水泥窑废气参数及国内汽轮发电机设备的设计制造水平，不同规模窑的补燃锅炉均可以调整至最佳补燃容量，亦即最佳的发电装机容量(如对于 2000 t/d 级窑的最佳发电装机容量为 6000～7500 kW；4000 t/d 级为 12000 kW；700 t/d 及 1000 t/d 级为 3000～4500 kW 等)，在这个容量下，发电系统的标准煤耗可以达到 270～350 g/(kW・h)。

(4) 汽轮发电机组可以采用国内标准系列产品，也可采用已经开发成功的补汽式汽轮机，设备成熟可靠，运行效率较高，并可提高运行参数以提高系统发电效率；同时补汽式汽轮机也已投入实际运行，为完全回收 200 ℃以下废气余热创造了条件。

(5) 发电系统的运行可以不受水泥生产系统制约(即水泥窑停运，发电系统仍然可以运行)，避免余热电站随水泥窑偶尔出现的短时停窑而频繁启停，可延长电厂寿命。

(6) 在预分解窑上增设余热发电系统，不但不影响水泥生产(包括各种原燃料烘干)，对改善水泥生产设备运行条件也有很大好处，普遍降低窑尾高温风机风温及电耗、窑头电除尘器温度、粉尘负荷和窑尾增湿塔负荷。对于已建成的水泥生产线增加余热发电系统，可以不改变水泥生产系统的任何设备，而余热发电系统的施工、安装、调试对水泥生产也没有大的影响。

(7) 余热发电系统的发电容量较大，可以大幅度减少水泥厂外部供电线路损耗、工厂总降压变压器损耗以及提高并稳定水泥工厂用电电压和用电设备功率因数。因此余热发电系统每供 1 kW・h 电可以使水泥厂获得减少自电网购电 1.2～1.3 kW・h 的效果。

(8) 补燃锅炉燃用煤矸石等劣质燃料，可以降低发电成本，而且补燃锅炉生产的炉渣、粉煤灰还可以用于水泥生产以降低水泥生产用原料的外购量，同时有利于保护环境，更有利于降低水泥厂流动资金量(每月可大幅减少电费)。

这种发电系统的缺点：由于补燃锅炉需要消耗部分燃料，当国内燃料价格与电价之比趋于合理及全国电网平均供电标准煤耗由目前的 412 g/(kW・h)降至低于 350 g/(kW・h)时，节能效果及经济效益将低于不带补燃锅炉的纯低温余热发电系统。

也有专家认为，关于预分解窑加补燃锅炉余热发电技术，按其原旨补燃锅炉应是一个简单的过热器，然而由于 SP 炉出口的原过热蒸汽温度已接近 300 ℃，则补燃锅炉的排烟温度势必高于 300 ℃，其排烟热损失相当可观，得不偿失。于是务必调整热力系统，加大工质循环量，以降低进补燃锅炉的工质温度来控制排烟温度。实际情况是其增加的工质量往往要超过原有工质量，即其发电量中大部分是由增加燃料取得的。由于规模所限，所采用的汽轮机性能仍低于大型机组，结果是其总发电量(包括余热发电量)的标准煤耗远高于火力发电厂的平均水平，这难免有类似小型火力发电厂之嫌。更主要的是补燃锅炉法没有解决余热锅炉热效率低的问题，而且多一台燃煤锅炉，热力系统就更复杂化。

不带补燃锅炉的纯低温余热发电系统也主要是利用窑尾预热器 320～400 ℃的废气余热及窑头熟料冷却机 200 ℃左右的废气余热。按理论分析计算，余热发电量根据窑尾预热器废气温度也可达到每吨熟料 22～32 kW・h。

3.110.3 预热器窑及余热发电窑升级改造的发电系统

预热器窑有两个类型：一是带有 2～5 级悬浮预热器(或立筒预热器)的预热器窑；另一个是在余热发电窑基础上增设流态化分解炉，同时设置 1～2 级悬浮预热器的余热发电窑，见图 3.58。

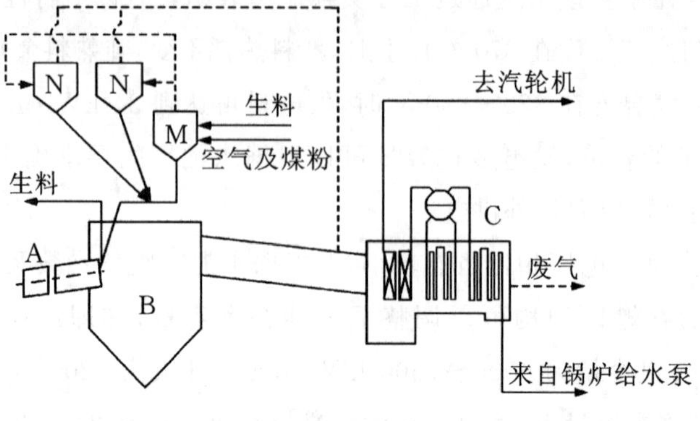

图 3.58 带有流态化分解炉及二级悬浮预热器的余热发电系统

A—水泥窑；B—烟室；C—卧式余热锅炉；M—流态化分解炉；N—悬浮预热器(其他同图 3.52)

这种技术对于普通余热发电窑的发电系统而言装机容量偏大，而对于水泥熟料产量偏小的老厂改造而言有很大的优越性，对提高窑产量，充分发挥发电系统富余容量有显著作用，而对提高余热发电指标、降低能耗作用不大。但此项技术与余热发电窑的发电技术结合起来，既可以提高余热发电窑的熟料产量，扩大单台窑的生产规模，也可以提高余热发电量，降低水泥生产能耗，更有效地提高企业经济效益。

3.111 单压热力发电系统的特点是什么

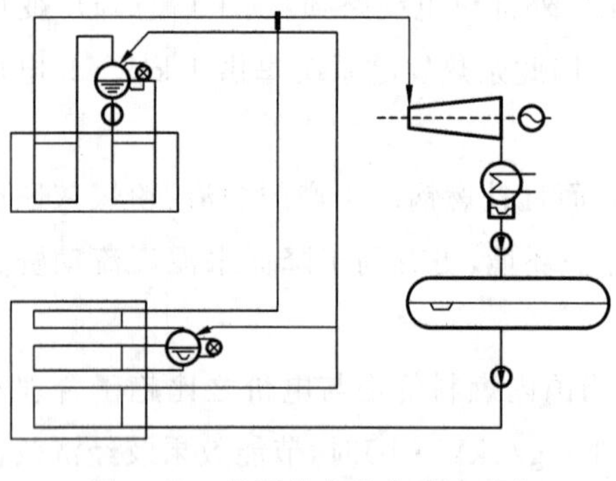

图 3.59 单压热力发电系统示意

单压热力发电系统如图 3.59 所示，其特点如下。

①对于单压系统，从理论上讲，汽轮机设计进气压力越低，要求省煤器的出水温度就越低，AQC 炉的蒸发器就越接近废气出口，可以利用越多的低温废气。

② 为了使整个热力循环系统获得高的热效率，蒸汽压力不能取得很低，否则，汽轮机的汽耗增加，导致发电功率降低。

因此，按照某地 5000 t/d 熟料生产线典型的单压系统设计，汽轮机进汽压力 1.25 MPa，AQC 炉的蒸汽压力 1.35 MPa，要求省煤器的出水温度为 165 ℃左右，基于锅炉窄点温差(开始蒸发点处的烟气和介质的温差)的限制，在窄点烟温(165 ℃＋锅炉窄点温差)以下必然剩余大量的低品位(低温)烟气热，所以系统发电效率低。

［摘自：谢克平. 新型干法水泥生产问答千例(管理篇)[M]. 北京：化学工业出版社，2009.］

3.112 余热发电的余热回收系统

(1) AQC 余热锅炉

对窑头熟料冷却机进行中部取气(冷却机头部高温气体进入回转窑或经三次风管进入分解炉作助燃空气，尾部温度太低的气体只能经除尘净化后排入大气)，进入 AQC 余热锅炉进行换热。AQC 炉出口废气温度可低至 100 ℃以下。

结合废气温度情况，AQC 炉受热面可分为两段：

第一段——蒸汽段，生产低压过热蒸汽。

第二段——热水段，生产高温热水用于加热汽轮机凝结水，提高 AQC 蒸汽段及 SP 锅炉的给水温度。

AQC 余热锅炉一般为立式、自然循环。冷却机废气中粉尘黏附性不强，所以不设置振打装置，同时换热管采用螺旋翅管，大大增加了换热面积，锅炉体积大幅度减小，降低了投资成本。为减少漏风，余热锅炉没有设计出灰装置，粉尘在风管底部形成一定自然堆积后，随废气一起进入电除尘器。

(2) SP 余热锅炉

水泥窑余热锅炉——SP 炉和预热器 C_1 出口高温风管并列安装。窑尾 C_1 出来的热烟气先进入 SP 炉，经换热后较低温度的气体排出 SP 炉，经高温风机送入生料磨(有时还有煤磨)，用于烘干物料。此排出 SP 炉的热风温度要根据烟气是否用于烘干物料及需烘干物料的特性来调节，一般在(200±20) ℃。当 SP 炉检修停运或发生故障时，窑尾 C_1 出来的烟气可经高温风管、高温风机直接送入磨系统烘干物料，SP 炉从水泥生产系统中解列，不影响水泥窑正常运行。

SP 炉受热面为 1 段，生产低压过热蒸汽。

为了保证电站事故不影响水泥窑生产，余热锅炉均设有旁通废气管道，一旦余热锅炉或电站发生事故，可以将余热锅炉从水泥生产系统中解列，不影响水泥生产系统的正常运行。

SP 余热锅炉一般为立式、机械振打、自然循环，炉底设置灰斗。用于纯余热电站的 SP 锅炉与资源综合利用电站的窑尾余热锅炉不同，它是采用自然循环方式，省掉了强制循环热水泵，降低了运行成本，提高了系统可靠性。SP 锅炉阻力＜800 Pa，废气进口温度 320～350 ℃。

(3) 热力系统

汽轮机凝结水经凝结水泵送入真空除氧器，再经给水泵为窑头熟料冷却机 AQC 余热锅炉热水段提供给水，热水段的出水作为 AQC 锅炉蒸汽Ⅰ段及 SP 锅炉的给水。AQC 余热锅炉蒸汽Ⅰ段生产的 1.35 MPa的过热蒸汽与 SP 余热锅炉生产的同参数的过热蒸汽汇合后进入汽轮机用于发电。汽轮机做功后的乏汽通过冷凝器冷凝成水，经凝结水泵送入真空除氧器，从而形成完整的热力循环系统，热力系统见图 3.60。

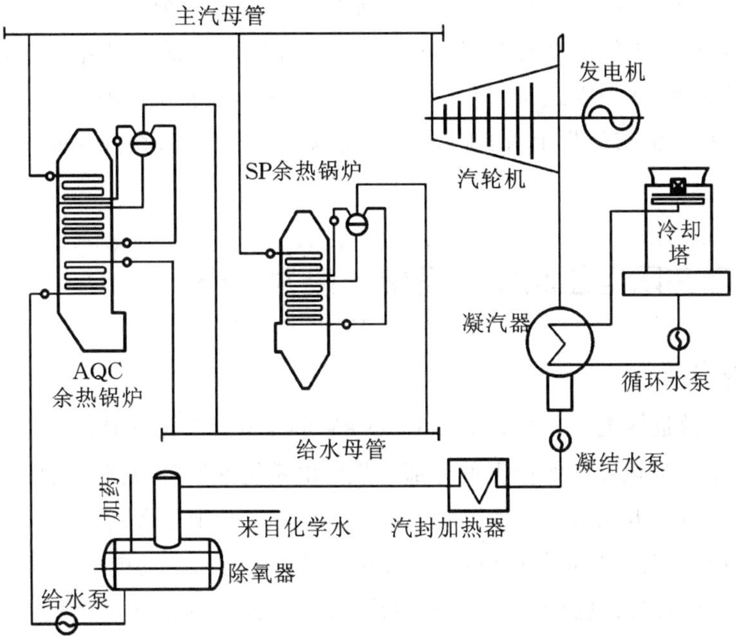

图 3.60 纯余热回收电站原则性热力系统图

3.113 余热发电并网需要什么条件

水泥余热利用发电系统的汽轮发电机一般选用的是同步发电机，同步发电机要投入电网并联运行（并网运行）必须满足以下几个条件：

1. 发电机的电压应与电网电压大小相等、相位相同；
2. 发电机的频率应和电网频率相同；
3. 发电机的相序应和电网相序一致。

前两个条件是允许稍有出入的，第三个条件必须绝对满足，因为发电机并网时，客观上同相之间的电压差和相位差是不可避免的，发电机没并网前自身是一个电网系统，加上一个外部常规配电网，两个电网并列运行前需要同时考虑三个问题：电压差、相位差、频率差。理论上三者差为 0，即为最佳同期点，实际上这是几乎不存在的，所以只需要电压差、相位差和频率差在一个允许的范围内即可发并网信号，使发电机组安全可靠并网。差越小，冲击电流越小，需要系统无功功率最小，对外部常规配电网的影响亦越小。

并网的一系列操作步骤称为同步，俗称“并车”。实际的同步方法有两种：一种称为准同步法（准同期），另一种称为自同步法。目前水泥余热发电系统的汽轮发电机并网的方法均采用准同步法，所谓准同步法是指同步汽轮发电机与外部电网并网时，调节其电压、频率及相位角，使待并网发电机的发电状态尽可能与对方（外部电网）一致，即完全合乎上述并联运行投入的条件。这样的同步过程，亦称为理想同步。一般采用技术先进、安全可靠、精度高的现代同步指示装置和自动化并联装置，水泥工业配套余热发电系统在这方面的设计已经非常先进可靠。

3.114 窑尾余热锅炉布置方式有几种

一般根据余热锅炉烟气的流向，水泥窑窑尾余热锅炉大体上分为卧式、立式两种布置方式。卧式布置锅炉是指烟气水平通过锅炉，锅炉烟道为水平隧道布置，对流管束垂直布置。立式布置的锅炉烟气从上向下垂直方向通过垂直布置的锅炉烟道。国外窑尾余热锅炉技术以日本某些公司为代表，此项技术相对比较成熟，在锅炉的炉型的布置上趋势明显，窑尾余热锅炉以卧式布置为主。我国窑尾余热锅炉有立式和卧式两种，锅炉立式布置可以减少占地面积，便于和水泥窑工艺流程相结合，而从窑尾余热锅炉的积灰难易和清灰效果上看，卧式布置优越于立式布置，在占地面积允许的情况下应该优先考虑卧式布置。

3.115 余热发电并网电压和接入容量一般为多少

3.115.1 并网电压

我国的水泥企业其总进线电压一般有 10 kV、35 kV 和 110 kV，也就是说其配套余热发电系统的发电机组，一般都是与 110 kV 电压等级以下的外部常规配电系统并网。根据并网发电机组容量的不同，须选择不同的并网电压。设发电机组容量为 S，电压为 U，电流为 I，则三者满足 $S=UI$，$I=S/U$，可见在发电机组容量一定的情况下，为了尽量降低电流，就要相应提高发电机组的电压。因此，选择适当的并网电压也是为了将在 PCC 点的注入电流控制在合适的范围之内，同时降低线路损耗。根据我国各个地方的电网特点及水泥企业内部配电电压等级，为了使机组运行在一个安全合理的电压水平上，水泥工业配套余热发电系统的发电机组并网电压，一般为 6.3 kV 和 10.5 kV。

3.115.2 接入容量

根据国外分布式发电装置的运行经验，分布式发电机组并网后，会引起系统内电流的变化，为了使这种变化处于可控的范围内，一般要对分布式发电机组的容量进行合理限制。另外，由于分布式机组的启、停机不受电力系统调度部门的控制，所以如果单台机组容量过大，启、停机时就会对周围的用户用电造成较大的影响。例如感应发电机需要从电力系统中获得无功支持才能正常运行，当其启动时会造成电压突然下降，而其运行时吸收大量无功，使得线路上的无功电流和无功损耗都会增加。在美国德克萨斯州的分布式发电机组并网规定中为了减小机组启、停机时的冲击和保证其他用户的安全用电，限制分布式发电机组的总容量不能超过最大负荷的25%。而在水泥行业，一般城市偏远地区的配套余热利用发电系统的发电机组布置在水泥工厂内部，发电机组容量占水泥工厂全厂总变压器容量的比例一般不超过25%，说明其对外部电网的影响是很小的，理论上和实践上也都充分证明了这一点，因此借鉴国外经验，认为余热发电机组的启、停机可不受电力系统调度部门的控制。

3.116 余热发电的并网不上网是何含义

所谓并网运行是指余热发电机组在正常运行状态下，与外部常规配电网在主回路上存在电气连接，连接点一般称为"公共连接点"(简称PCC)。电气连接包括电缆直接连接、变压器连接、逆变器连接等方式。

并网运行按照电能功率交换方式可分为普通并网和并网不上网两种。前者发电机组可以向外部电网输送多余电能功率，而后者则严格禁止发电机组的电能功率外送，即PCC处功率流向只能是从外部电网流向电力用户。

因此，水泥余热利用发电系统的"并网不上网"含义是：水泥余热利用发电系统虽然与外部常规供配电网并网，但其所发电量由水泥企业全部自用，即所发电量并不传输到外部电网使用，纯粹技术上的并网连接点也都在水泥企业的内部供配电网线上，通过电缆直接连接。

3.117 何时选择双压热力发电系统较为合理

双压热力发电系统的流程如图3.61所示。

首先要了解双压热力发电系统在余热利用上的特点。

① 双压系统因为利用了低温废气，所以比单压系统的发电量要高一些。

② 在窑头、窑尾有大量低温余热可以利用的情况下，特别是当窑尾有低于200 ℃废气可利用时，可考虑双压余热发电系统。

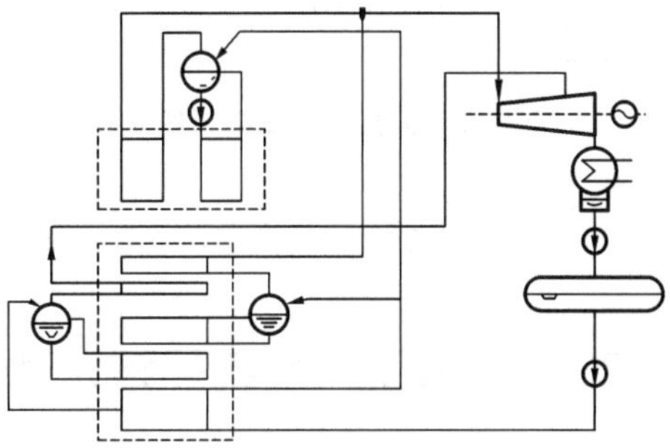

图3.61 双压热力发电系统示意

③ 由于双压系统设置了两种压力的蒸汽，系统更为复杂，余热锅炉尤其是低压蒸汽段的运行工况不易稳定，而且由于受此段排烟温度及窄点温度的限制，低压蒸汽段的蒸汽产量不会很高，限制了低压蒸汽的发电能力。

对于具体工程，要综合考虑各方面因素及具体废气参数，经计算分析后，才能确定余热发电量最高的热力系统。如果从运行的稳定性及投资的经济性讲，双压系统不一定是纯低温余热发电的最好选择，原因如下：①由于双压系统是在单压系统的基础上，在AQC炉又叠加了一套较低压力的单压系统，以提高整个系统的发电效率，所以理论上双压发电系统的发电量高于单压发电系统。②由于是两个单压系统的叠加，所以单压系统的两个问题依然存在，系统的调节能力和单压相同，也处于间断发电状态，所以经济效益较差。

［摘自：谢克平. 新型干法水泥生产问答千例(管理篇)[M]. 北京：化学工业出版社，2009.］

3.118 常规扩展余热发电能力的途径有哪些

为了能更充分地利用窑系统的余热，下列位置的废气也开始被人们所关注。

① 在窑头冷却机设两个甚至多个中部取风口回收不同品位的余热，即不只抽取箅冷机的废气，还要在进料端设置抽取 400～600 ℃废气的抽气口，根据温度不同可生产次中压或中压过热蒸汽、低压低温蒸汽及热水。

② 回收二级预热器内筒至一级预热器入口连接风管的废气，废气温度为 450～600 ℃。通过过热器及 SP 炉生产次中压或中压过热蒸汽。

③ 从离入窑较近的预热器中分流较高温度的废气，一方面可以提高余热发电量，另一方面可降低气固比，提高预热系统内传热的热效率。

④ 回收窑筒体与三次风管外表面的辐射热。

以上的新途径的开发，都应当以不增加单位熟料热耗为前提，虽然它短时间内会为企业增加效益(电费比原煤价格更高)，但毕竟不是节能减排的项目。上文所述的第四项只要不改变原有的保温措施，便不会影响熟料的正常生产，是余热回收的重要新途径。

[摘自：谢克平. 新型干法水泥生产问答千例(管理篇)[M]. 北京：化学工业出版社，2009.]

3.119 闪蒸余热发电技术特点是什么

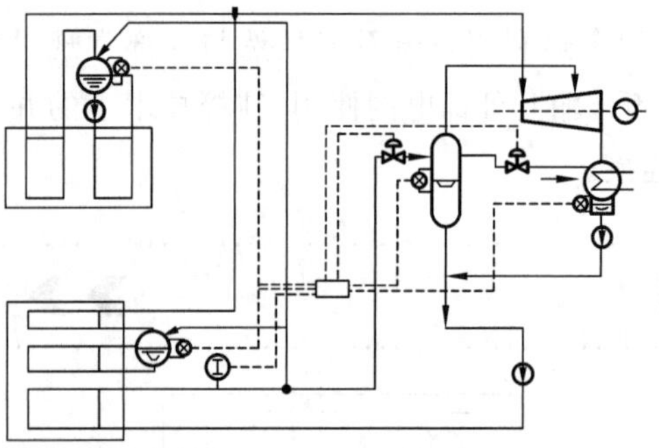

图 3.62 闪蒸余热发电系统示意

闪蒸余热发电系统如图 3.62 所示，其技术特点是热利用率和发电效率高，能平衡余热热源大幅度的不稳定波动。这是通过独特的闪蒸回路和闪蒸主动调节组合控制系统实现的，其原理就是利用闪蒸技术对大幅波动的烟气余热发电系统进行主动调节，在系统(锅炉)吸收大量波动的烟气余热后，利用闪蒸技术仅产生少量蒸汽的原理，大大减少对闪蒸余热发电系统的扰动，保证余热发电系统平稳运行。就目前的水平而言，它是低温余热发电中最为先进的技术。当然，相对而言，它所需要的投资也要相应地增加。

[摘自：谢克平. 新型干法水泥生产问答千例(管理篇)[M]. 北京：化学工业出版社，2009.]

3.120 旁路放风系统配套余热发电技术方案

某水泥公司在阿克苏、喀什各有一条实际熟料产量分别为 4800 t/d、2600 t/d 的预分解窑水泥熟料生产线，由于原料中的碱含量较高，熟料中的碱含量高达 0.9%～1.2%，远超过相关标准，严重影响了熟料生产和水泥销售。

为降低熟料碱含量以提高熟料质量、节约能源，进一步降低产品成本，公司与某余热发电工程公司合作，在两条线上配置了窑尾旁路放风系统，同时配套建设了装机容量分别为 12MW、7.5MW 的余热电站，利用窑头冷却机废气、窑尾预热器废气，同时利用旁路放风排出的废气进行余热发电，于 2012 年 3 月投入正常运行。

旁路放风系统在该公司的应用表明，在旁路放风率为 5%～30%时，可取得如下效果：

(1) 熟料产量增加率为 2%～9%；

(2) 发电功率增加率为 5%～40%；

(3) 熟料碱含量降低率为5%～50%;

(4) 在旁路放风率小于25%时,熟料热耗基本不增加。

应该说明的是,旁路放风系统是直接牺牲熟料烧成热能的,但同时旁路放风系统提高了煤粉燃烧效率和窑的产量,从而降低了单位熟料能耗,才使得能耗的增减量持平,最终显示出没有增加能耗。

3.121 余热利用率、热效率计算公式

3.121.1 锅炉余热利用率

锅炉余热利用率定义为余热锅炉有效利用的热量(烟气在余热锅炉中的放热量)与烟气热量的比值。

SP锅炉余热利用率 η_{SP}:

$$\eta_{SP}=\frac{Q_{SP}}{Q_{c_1}}$$

式中 η_{SP}——SP锅炉余热利用率,%;

Q_{SP}——SP炉烟气放热量,kJ/h;

Q_{c_1}——窑尾预热器进口烟气热量,kJ/h。

AQC锅炉余热利用率 η_{AQC}:

$$\eta_{AQC}=\frac{Q_{AQC}}{Q_{b_1}}$$

式中 η_{AQC}——AQC锅炉余热利用率,%;

Q_{AQC}——AQC炉烟气放热量,kJ/h;

Q_{b_1}——冷却机进口烟气热量,kJ/h。

锅炉余热利用率与水泥窑余热烟气参数、锅炉排烟温度、熟料及煤粉烘干消耗热量等因素有关。

3.121.2 系统余热利用率 η_{yr}

系统余热利用率定义为窑头、窑尾余热锅炉及烘干所利用的烟气余热热量与水泥煅烧过程中产生的烟气余热热量(包括预热器出口的烟气热量和箅式冷却机的余风所带走的烟气余热热量)的比值。

$$\eta_{yr}=\frac{Q_{SP}+Q_{AQC}+Q_{hgs1}+Q_{hgc}}{Q_{c_1}+Q_{b_1}}$$

式中 η_{yr}——系统余热利用率,%;

Q_{hgs1}——生料烘干消耗烟气热量,kJ/h;

Q_{hgc}——煤粉烘干消耗烟气热量,kJ/h。

3.121.3 余热发电系统热效率

余热发电系统热效率是余热发电量与AQC锅炉和SP锅炉有效利用的烟气余热量的比值,表达式为:

$$\eta_{fb}=\frac{P_e}{Q_{SP}+Q_{AQC}}$$

式中 η_{fb}——余热发电系统热效率,%;

P_e——余热发电量,kJ/h。

发电系统热效率能够消除熟料热耗、熟料形成热、原燃料烘干所需烟气参数等因素的影响,可用于不同余热发电系统之间的性能对比。

3.122 余热发电锅炉的热平衡计算包括什么

余热发电锅炉的热平衡计算见表3.17[基准:0 ℃、1 kg_{sh};平衡范围:余热锅炉进出口(以单位熟料计)]。

表 3.17　余热发电锅炉的热平衡计算表

计算项目		计算公式(kJ/kg_{sh})	符号说明
热收入	入锅炉废气带入热量	$Q_1=V_1c_1T_1/G_{sh}$	V_1——入炉风量(标况),m^3/h; c_1——在 T_1 温度下,烟气的(标况)比热容,$kJ/(m^3\cdot ℃)$; T_1——入炉烟体温度,℃; G_{sh}——熟料产量,kg_{sh}/h
	入锅炉飞灰带入热量	$Q_2=G_fc_fT_f/G_{sh}$	G_f——入炉飞灰量,kg_f/h; c_f——飞灰在 T_f 温度下的比热容,$kJ/(kg_f\cdot ℃)$; T_f——飞灰的温度,℃
	漏风带入热量	$Q_3=V_Lc_LT_a/G_{sh}$ $V_L=m_r(\alpha_2-\alpha_1)V_r$	V_L——入炉的漏风量,m^3/h; c_L——漏风在环境温度下的比热容,$kJ/(m^3\cdot ℃)$; T_a——锅炉表面温度,℃; m_r——单位燃料消耗,kg/kg; α_1,α_2——进出锅炉气体过剩空气系数; V_r——单位燃料体积,m^3/h
	锅炉给水带入热量	$Q_4=Wc_wT_w/G_{sh}$	W——锅炉给水量,kg/h; c_w——水的比热容,$kJ/(kg\cdot ℃)$; T_w——给水温度,℃
热支出	烟气带走热量	$Q_1'=V_4c_4T_4/G_{sh}$	V_4——锅炉出口烟气量(标况),m^3/h; c_4——出口烟气在 T_4 温度下的比热容,$kJ/(m^3\cdot ℃)$; T_4——出口烟气的温度,℃
	飞灰带走热量	$Q_2'=G_f'c_f'T_f'/G_{sh}$	G_f'——出口烟气中的飞灰量,kg_f/h; c_f'——出口飞灰在 T_f 温度下的比热容,$kJ/(kg_f\cdot ℃)$; T_f'——出炉烟气的温度,℃
	出锅炉烟气带走热量	$Q_3'=\alpha F(T_b-T_a)/G_{sh}$ $\alpha=4.182\times[8.1+0.025(T_b-T_a)]$	α——传热系数,$kJ/(m^2\cdot ℃)$; F——锅炉外表面积,m^2; T_a,T_b——锅炉表面温度,℃
	用于余热发电的热量	$Q=(Q_1+Q_2+Q_3+Q_4)-(Q_1'+Q_2'+Q_3')$	

注:1. 余热锅炉有窑头余热锅炉(AQC)、窑尾余热锅炉(SP)和三次风管上的过热锅炉(ASH)。
2. 本表作为通用的余热锅炉热平衡计算,其他余热锅炉可分别套用。
3. 热量还有用小时表示的,即将上述 $Q(kJ/kg_{sh})$,乘以熟料小时产量,即 QG_{sh},形成单位:kJ/h。

3.123　水泥窑余热发电运行操作应注意的问题

新型干法水泥窑纯低温余热发电是水泥生产节能减排的重要措施,但许多水泥厂在电站调试运行过程中,都经历了一段从不稳定到稳定,从低水平发电到高水平发电,从粗放运行到精细化运行的过程。董寿连等总结、归纳了水泥窑余热发电运行操作过程中容易产生的问题及解决方法,可供同行参考。

3.123.1　关于合理加减负荷

汽机的加减负荷一般是通过增大或减小油动机行程来完成,对水泥窑余热发电一般不存在根据电网负荷自动调整油动机行程的问题，汽机加减负荷一般是根据锅炉产汽情况由操作员来调整。但电站运行初期，操作员经验不足，普遍存在加减负荷操作不合理的问题，即加减负荷操作过快、过大、过勤。负荷调整不合理，对汽机效率和寿命影响很大。当调整过大、过快时，电站处于准闪蒸发电，发电量迅速升高，但持续时间不长，发电量开始降低，随即又进行减负荷操作，如此往复，电站发电波动非常大，因此，正确合理的加减负荷操作是发电稳定的关键。

正确合理的加减负荷操作是根据余热条件控制给水量，根据给水量控制出汽量，根据出汽量确定油动机行程大小，并努力做到蒸汽温度、压力保持不变。为做到这一点，需操作员与水泥中控密切配合，根据窑头窑尾余热条件及其变化趋势，及时调整水量，调整油动机行程，合理控制出汽量，从而保证了水位稳定、蒸汽参数稳定、发电量的均衡稳定。

3.123.2 关于汽机真空问题

水泥企业配套余热发电是近几年的发展趋势，相当一部分企业对汽机真空问题认识不足，往往造成真空偏低。

电站设计要求汽机真空为 0.007 MPa(表压－0.093 MPa)，排汽温度为 38.7 ℃，实际汽机真空普遍低于此值，如山东济南某电站 2007 年并网，2008 年汽机真空仍为真空，为 0.01 MPa(表压－0.090 MPa)，排汽温度为 45～46 ℃；又如山东潍坊某电站 2007 年并网，2008 年 4 月汽机真空仍为真空，为 0.012 MPa(表压－0.088 MPa)，排汽温度高达 49 ℃；又如山东淄博某电站 2007 年并网，2008 年 4 月汽机真空仍为真空，为 0.009 MPa(表压－0.091 MPa)，排汽温度为 43.7 ℃；再如湖北黄石某厂汽机真空仍为真空，为 0.01 MPa(表压－0.090 MPa)，排汽温度为 45.8 ℃。这些数据较电站设计指标真空平均偏低 0.003 MPa，排汽温度平均升高 7.1 ℃。

根据理论计算真空每降低 0.001 MPa，排汽温度上升 2.4 ℃，排汽焓增大 12.495 kJ/kg。对 2500 t/d 水泥窑余热电站，若进入汽轮机中压蒸汽为 22099 kg/h，低压蒸汽为 5256 kg/h，中压进汽焓 3176.5 kJ/kg，低压进汽焓 2772.9 kJ/kg，汽机效率以 0.78 计，经计算由此引起发电量下降 84.8 kW，降低 1.7%。若按真空每降低 0.003 MPa 计，发电量下降 229.0 kW，降低 4.9%。对 5000 t/d 水泥窑余热电站，若进入汽轮机中压蒸汽为 40323 kg/h，低压蒸汽为 12565 kg/h，中压进汽焓 3176.5 kJ/kg，低压进汽焓 2772.9 kJ/kg，汽机效率以 0.78 计，经计算由此引起发电量下降 171.3 kW，降低 1.7%。若按真空每降低 0.003 MPa 计，发电量下降 462.7 kW，降低 4.8%。

汽机真空降低一般与汽轮发电机密闭性、射水抽汽器特性、凝汽器铜管胀口完好性，冷却水温和冷却水量以及凝汽器铜管表面热阻有关，当检查排除汽轮发电机密闭性、射水抽汽器性能等因素后，重点通过加强操作维护来提高汽机真空。经调查发现生产企业尚存在一些问题。如某厂为降低自用电率，只开一台循环水泵，循环水量不足导致汽机真空降低，排汽温度升高。还有某厂原水杂质多，过滤不严格导致铜管表面结垢，热阻增大，真空降低，排汽温度升高。还有某厂循环水加药不严格导致铜管表面黏挂微生物，从而使热阻增大，真空降低，排汽温度升高。通过查明原因，了解危害并讨论处理办法后，电站均采取了行之有效的解决办法。如山东济南某厂对冷凝器进行酸洗后，每天再用胶球清洗装置做一次清洗，现汽机真空已由过去的 0.01 MPa(表压－0.090 MPa) 达到 0.006 MPa(表压－0.094 MPa)，提高 0.004 MPa；排汽温度由 45.8 ℃降为 38 ℃，下降了 7.8 ℃；发电量提高 450 kW 左右。目前山东平阴某厂、安丘某厂等均采用了酸洗和胶球清洗装置，均收到了预期效果。

3.123.3 关于 SP 炉低压调温蒸汽段

自从水泥窑配套余热锅炉后，余热的合理使用问题已成为一个首要问题，如何做到合理使用水泥窑余热呢？其指导思想是：一个根据和一个坚持。

一个根据是指：根据梯级利用原理，即根据水泥窑余热分布，做到高能高用，低能低用，即将 450～550 ℃高温余热用于生产过热蒸汽，将 210～400 ℃中温余热用于生产饱和蒸汽，将 160～220 ℃低温余热用于生产低压蒸汽和原料烘干，将价值很低的 150 ℃以下的低品位余热用于循环风。

一个坚持是指：坚持“能”尽其材，“量”尽其用。按照这一原理利用窑头冷却机前部 500 ℃高温余热，设计了独立过热器，利用窑头电收尘排出的100 ℃低温余热，设计了箅冷机循环风系统，利用窑尾烘干温度变化为170～220 ℃的实际，设计了SP炉低压调温蒸汽段，通过调节SP炉低压调温蒸汽段的低压蒸汽产量使出SP炉废气温度变化为170～220 ℃，以满足不同烘干要求。

一些电站尚存在SP炉低压调温蒸汽段使用问题。发电单位只利用了它的产汽功能，而忽略了它的调节功能。当原料温度降低、水分增大，需要较高的烘干温度时，这些发电单位不是通过调节SP炉低压调温蒸汽段的低压蒸汽产量的方式来解决，而是通过开启旁通阀门的方式来完成。采取后一方式调节是严重损失发电量的，而采用前一方式调节其电量损失较少。通过计算，采用前一方式调节其电量损失：对2500 t/d水泥窑余热电站可调节为0～320 kW，平均为160 kW；对5000 t/d水泥窑余热电站可调节为0～650 kW，平均为325 kW。而用后一方式调节其电量损失：对2500 t/d水泥窑余热电站可调节为0～880 kW，平均为440 kW；对5000 t/d水泥窑余热电站可调节为0～1990 kW，平均为995 kW。与前一方式相比，对2500 t/d水泥窑余热电站电量损失平均增加280 kW；对5000 t/d水泥窑余热电站平均增加670 kW。目前以第一代余热发电技术设计的水泥窑余热电站，因无低压调温蒸汽段，只能采取后一方式调节烘干废气温度，因此余热的利用不够合理，浪费仍比较严重。

事实上，SP炉低压调温蒸汽段除具有以上调温功能外，还具有调湿功能。如窑尾采用电收尘器，SP炉投运后收尘效果会受到影响，为了不影响收尘效果，将SP炉生产的低压蒸汽用于废气增湿（相应地减少发电量），这样可解决余热电站对窑尾收尘效果的负面影响问题。

目前一些单位没有使用好SP炉低压调温蒸汽段的另一主要原因是培训工作还没有完全到位，操作员对余热的质和量的概念没有完全理解，对SP炉低压调温蒸汽段设置的作用和目的不清晰，对SP炉低压调温蒸汽段的操作要领还没有掌握，因此要加强对电站操作管理人员技术培训。

3.123.4 关于箅冷机的操作与管理

箅冷机作为熟料烧成过程中的重要机组，担负着熟料冷却和热量回收任务。

1370 ℃不同粒径的高温熟料从喂料端进入冷却机并平铺在箅床上，在箅板推力的作用下向出料端移动，在移动过程中箅下冷却空气源源不断地通过箅板穿过料层，与热物料进行热交换，热交换的结果是熟料被冷却，空气被加热。熟料的冷却可近似地看作一维不稳态冷却过程，在过程中冷却时间基本确定，冷却风量基本确定，因不同时段的传热温差不同，传热速度也不一样，开始阶段非常快，以后迅速减慢，前1/3时间段几乎完成了全部换热量的60%～70%。由于出窑熟料的温度、液相量、颗粒级配、比热、产量、布料均匀性时常变化，而传热又对熟料的温度、液相量、颗粒级配、比热、料量、布料等非常敏感，因此前期传热特点是快速而多变。

由于影响因素多，操作参数相关性差，因此熟料冷却只能模糊控制。这种控制对熟料烧成影响不大，但对窑头余热锅炉影响却十分大，表现比较明显的是，窑工艺状况虽未发生异常，但ASH和AQC炉却做出了较大的反应。为减弱上述影响，可通过以下操作解决。

(1) 密切关注二次风温、三次风温及它们的温差。一般出窑熟料物性参数变化对二次风温影响不大，但对三次风温影响较大。此时可通过观察三次风温和三次风温与二次风温差值变化来判定窑况的改变，并及时采取应对措施。一般当三次风温升高或三次风温与二次风温差值变小时，可减慢箅速，或减小鼓风风压，或减慢箅速和减小鼓风风压同时进行。反之，当三次风温降低或三次风温与二次风温差值变大时，可加快箅速，或增加鼓风风压，或加快箅速和增加鼓风风压同时进行。

(2) 密切关注各风室鼓风机的风门开度、转速及电流。目前操作员只注意鼓风机的风门开度和转速，却忽视了鼓风机的电流。因为当出窑熟料物性参数发生变动后，各风室通风阻力将会发生微弱的变化，进而引起鼓风量变化，因此风机电流或风机功率将有所变化。当电流或功率有减小趋势时，应有意识地开大风门或增大转速，并将电流或功率控制在更高的参数值上。反之，当电流或功率有增大趋势时，应有意识地减小风门或降低转速，并将电流或功率控制在更低的参数值上。

上述操作应与三次风温或三次风温与二次风温差值变化相兼顾，操作中尽量采用调风量的办法，最好不要调箅速，调箅速会导致更多因素变化，使箅冷机更难控制。箅速控制要与下料量和窑速保持一致。

(3) 优化箅板使用与维护，做到同室同期，严禁同室新老混用，尤其是高温室和中温室。不同龄期的箅板，其孔隙率不同，新箅板孔小，老箅板孔大，同用于一个室会导致上风不均匀，熟料冷却不好，废气温度降低，热效率下降。

(4) 优化配料，加强均化，加强热工检测，定期对计量设备进行标定，稳定窑的热工制度。

(5) 定期开门检查箅冷机内熟料结粒情况、布料情况、红河情况等。

(6) 关于两个余风风门的开启，破碎上部的余风烟囱常开，箅冷机的余风风门根据排气温度来开启。

3.123.5 关于过热器积灰(结皮)堵塞

在并网运行的电站中了解到，由于过热器工作温度的关系(设计在 500～550 ℃，有些电站实际高达 600～700 ℃)，电站不同程度地存在着过热器堵塞问题(2006 年及 2007 年先期投产的余热电站中有个别电站余热过热器存在积灰堵灰问题，由于发现堵灰问题后修改了过热器的结构设计，因此近年投产的电站已不存在这个问题)。

过热器堵塞主要发生在进口 2～4 排换热管的翅片的间隙中，密实，坚固，不易清除。过热器堵塞影响过热器通风，影响蒸汽过热度，影响发电量，情况严重时还危及电站安全运行。

从形成过热器堵塞物质来看：一种是黄料粉，另一种是熟料粉。前者是因窑窜料，大量生料粉窜入冷却机并在冷却机鼓风作用下分散悬浮进入过热器，导致过热器堵塞。这种情况下形成的堵塞，速度快，分布均匀，阻力大，但质地比较松软，比较容易清除。后一种情况形成的堵塞是逐渐形成的，与温度有直接关系，温度低时形成速度比较慢，温度高时形成速度比较快，堵塞物质是水泥熟料，其与换热管和换热管的翅片结合紧密、坚固，很难清除。

前一种情况形成的堵塞比较容易理解，主要与高温度和大粉尘浓度有关。后一种情况形成的堵塞比较复杂，从形成过程和现象分析，后一种堵塞与熟料成分和操作温度有关。高温熟料含有液相黏性物质和挥发性物质，这些物质遇温度较低的换热管和换热管的翅片后在其上冷凝结晶，黏挂，从而形成坚固的堵塞物质。

过热器堵塞一旦形成，很难彻底清除，因此对过热器堵塞本着“预防为主，定期清理为辅，主辅兼备”的办法加以控制。措施主要有：

(1) 严格控制过热器进口烟气温度

蒸汽过热不仅需要较高的烟气温度，还要有一定烟气数量。由于冷却机内高温风数量有限，当少量提取时，温度高，流量小，当大量提取时，温度低，流量大，因此可通过调整高温风流量的办法来调整过热器温度。具体操作时以高温Ⅰ为主，以高温Ⅱ作为补充，适当增大过热器通风量，以确保进入过热器的烟气温度不至于太高，又不影响蒸汽过热。为便于操作，过热器进口烟气温度控制在 500 ℃，最高不应超过 550 ℃。

(2) 将进口几排翅片管改成光管

由于光管的附着力差，不易结皮积灰，它的换热可使烟气降温，便于进入翅片管的烟气温度降至 500 ℃以下。因此可大大缓解过热器堵塞问题。

(3) 在进口适当位置装设吹扫装置

目前普遍采用的过热器堵塞清扫装置主要有超声波除灰器、乙炔爆燃吹灰器、蒸汽吹灰器等。从使用情况看均有一定的效果，超声波除灰器价格较贵，乙炔爆燃吹灰器成本较高，比较好的是蒸汽吹灰器。建议在过热器进口装设蒸汽吹灰装置。

(4) 定期更换备用管束

由于每次停机时间短，不能对过热器进行彻底清理，因此在大修时，用备用管束替换工作管束，然后对换下的工作管束进行线下清理。清理干净后，留作备用管束备用。

(5) 加强与水泥中控配合，发现水泥窑窜料时及时关闭过热器进口阀门，同时打开放汽阀门。

3.123.6 关于生料磨操作调整

生料制备一般都采用烘干兼粉磨工艺，按主机设备不同分为管磨生料制备系统和立磨生料制备系统。

该系统可使用最大入磨水分为5%的配合物料，经烘干后达到出磨水分 0.5%。所需热源由窑尾 C_1 筒提供，废气温度通过预增湿调整到入磨要求温度。一般管磨烘干用风较少，但要求烘干温度较高，一般为 250～280 ℃，控制出磨废气温度为 80 ℃；而立磨烘干用风较多，但要求烘干温度较低，一般为 210～250 ℃，控制出磨废气温度为 90 ℃。

考虑原料入磨系统均使用了三道锁风装置，漏风较少；再有实际入磨物料水分不高，一般在 2.0%～3.5%之间。因此实际入磨温度应为：管磨 190～230 ℃；立磨 180～220 ℃。出磨温度：管磨为 80 ℃；立磨为 90 ℃。所需烘干用 C_1 出口废气需阶段增湿降温后再入磨。当由 SP 余热锅炉降温取代阶段增湿降温后，由于前者含水量极少，后者含水量较高，因此同样温度条件下的废气，前者干燥能力较强，后者较差。换句话说，对同样烘干能力的废气，前者废气温度较低，后者温度较高。根据经验，出 SP 余热锅炉温度应调整为：

管磨 170～210 ℃；

立磨 160～200 ℃。

出磨控制温度调整为：

管磨 70 ℃；

立磨 80 ℃。

3.123.7 关于煤磨热风管道改造与操作调整

煤磨烘干热源一般取自箅冷机中部靠前位置，提取温度一般为 300～400 ℃，而煤磨烘干用废气温度一般为 200～250 ℃，因此热风在入磨前需配入大量冷风。这样将造成大量高品位余热资源浪费，为减少浪费，增加收益，一般采取高低温风搭配的办法加以解决。高温风仍从原取风口提取，低温风从原余风排出管道抽取。两股热风汇合后入磨，两股热风调整由中控员通过遥控设在两股热风管道上的电动蝶阀来完成。

控制参数：

高温风温度：300～400 ℃

低温风温度：120 ℃

入磨风温度：200～250 ℃

出磨风温度：70 ℃

高温阀开度：55%～28%

低温阀开度：45%～72%

3.123.8 关于耐火浇注料的使用维护

在冷却机经过热器到 AQC 锅炉及冷却机到 AQC 锅炉的连接管道及沉降室中使用耐火浇注料。耐火浇注料的使用与维护水泥厂都很有经验，主要把握三点：

(1) 选料合理：即根据使用部位的技术要求进行选料，对于冷却机经过热器到 AQC 锅炉及冷却机到 AQC 锅炉的连接管道及沉降室，由于温度不高，废气中化学成分稳定，含尘浓度不高，因此选用 GT-13N 普通耐碱浇注料即可。

(2) 施工规范：

① 把钉按图纸要求加工，焊接要牢固，间隔尺寸符合图纸要求，表面涂沥青，沥青厚度均匀。

② 硅酸钙板粘贴做到灰浆饱满，灰缝均匀，不超过 2 mm，硅酸钙板表面要刷防水漆。

③ 模板支护要符合要求。

④ 浇注料必须在搅拌机中搅拌，先干混，后加水，水灰比控制在 6%～8%，同一锅料要求 30 min 内用完。

⑤ 浇注时要用振捣棒振捣密实。

⑥ 按图纸要求预留膨胀缝，膨胀缝应留设在锚固件间隔的中间位置。

(3) 严格的烧烤养护制度:

根据设计要求绘制升温曲线,按升温曲线对浇注料进行烧烤养护。烧烤中防止升温过快发生爆裂,确保水分正常排出。

3.123.9 关于旁路阀门漏风

SP 锅炉旁路阀门的漏风对发电量影响很大,旁路阀门每漏风 1%,发电量下降 0.6%,因此必须严格控制,设计要求旁路阀漏风率为 2%,最大不应超过 3%,当漏风率超过 3%时,可能导致阀板变形或阀轴活动,当经过详细检测、检查之后,应采取措施修复。

3.123.10 关于余风分离和甩风

水泥窑配套余热电站后,冷却机后部形成的占冷却机 30%~40%、温度 90~150 ℃的废气必须及时分离,并经冷却机余风管道排掉,否则将严重影响系统发电效率。对 2500 t/d 水泥窑,若低温废气分离不净,排气温度每上升 1 ℃发电量下降 5.8 kW。对 5000 t/d 水泥窑,若低温废气分离不净,排气温度每上升 1 ℃发电量下降 11 kW。对 2500 t/d 水泥窑,当高温废气无法分离随即排出,每多排出 200~250 ℃热风 10000 Nm^3/h,发电量将下降 102 kW;对 5000 t/d 水泥窑,当高温废气无法分离随即排出,每多排出 200~250 ℃热风 10000 Nm^3/h,发电量将下降 131 kW。事实上,由于无法分离排出的热风不只 10000 Nm^3/h。如 5 月 18 日对黄石某电站标定:余风温度为 180 ℃,余风风量为 130000 Nm^3/h,相当于多排 200~250 ℃热风 67000 Nm^3/h,由此导致发电功率下降 897 kW。

导致余风温度偏高、风量偏大的主要原因是冷却机内的高温气层运动,个别厂还有 206 阀、207 阀失灵等原因,可通过在冷却机加设挡风板,以及对 206 阀、207 阀进行修复来解决问题。

3.123.11 关于箅冷机使用循环风后的操作调整

箅冷机使用循环风后,由于鼓风温度提高了 50~70 ℃,同等条件下,风机特性发生改变,鼓风量将会减少。为获取同样的冷却效果,就必须增大冷却风量(质量流量);为使循环风顺利通过箅床冷却熟料,就必须增大体积流量。因此要求在操作上适当提高风机转速或风门开度,适当增强箅下鼓风压力控制或鼓风机轴功率控制。

表 3.18 是山东安丘某厂箅冷机使用循环风前后,箅下风机控制参数和调节参数的变化情况。

表 3.18 使用循环风前后各风机控制、调节参数变化情况表

阶段	参数内容	单位	二段箅床下鼓风机				三段箅床下鼓风机		
			57.18	57.19	57.20	57.21	57.22	57.23	57.24
无循环风	进风温度	℃	20	20	20	20	20	20	20
	箅下控制压力	Pa	6600	5500	6200	5500	4500	3500	3300
	箅速	r/min	470					606	
	风门开度	%	67	66	66	66	67	66	66
	风机电流	A	96	153	69	169	168	87	113
有循环风	进风温度	℃	70~90	70~90	70~90	70~90	70~90	20	20
	箅下控制压力	Pa	6900	6000	6500	5800	5800	4000	3700
	箅速	r/min	470					606	
	风门开度	%	77	75	77	75	75	75	76
	风机电流	A	105	168	81	190	185	105	127

如表 3.18 所示,使用循环风后箅速未改变,但各室鼓风压力提高 300~500 Pa,提高 5%~10%,风门开度增大 10%,鼓风机电流提高约 10%。

3.123.12 关于主蒸汽温度偏低的处理

第二代水泥窑余热发电技术使水泥窑余热资源得到了有效的开发利用，设置了独立过热器，主蒸汽温度较第一代技术得到了明显提高和稳定，一般情况下不会出现主蒸汽温度偏低问题。但在窑生产不正常、过热器堵塞、高温烟道阀门故障等特殊情况下仍会出现主蒸汽温度偏低或波动问题。如山东某电站因过热器经常堵塞，清理前主蒸汽温度不足 300 ℃，清理后温度迅速升高到 380 ℃，之后，又因过热器慢慢堵塞逐渐降低到 300 ℃；又如四川某电站，单炉运行时热度正常，但当窑头、窑尾二炉同时运行时主蒸汽温度降低且变化不大，检查发现是高温Ⅰ阀门故障所致。

主蒸汽温度偏低会导致汽机效率和寿命下降，严重时将引起汽机设备故障，因此必须格外重视，发现主蒸汽温度降低，应及时采取措施进行处理。

如属过热器堵塞引起主蒸汽温度降低，问题处理详见 3.123.5 小节“关于过热器积灰(结皮)堵塞”。

如属高温Ⅰ阀门故障引起主蒸汽温度降低，应及时处理，如属阀轴弯曲或卡死故障应采取停机处理措施。

如属水泥窑生产不正常引起主蒸汽温度降低，问题轻者采取开大高温Ⅱ阀门、关小高温Ⅰ阀门的方法来处理，问题比较严重时可采取开大高温Ⅱ阀门、关小高温Ⅰ阀门的同时增大余风阀门开度、适当增大中温阀门开度的做法加以解决。

如主蒸汽温度过低，在采取以上措施仍无法解决时，应立即退炉停机，待问题处理后再起炉。

3.123.13 关于高温风机的调整

许多人都曾思考，系统串入 SP 锅炉后高温风机能力是否足够的问题，现在可以明确回答，系统串入 SP 锅炉后，高温风机能力不仅足够，而且还会有富余，可通过风机的轴功率计算公式进行说明。因为

$$N_1=\frac{H_{S1}Q_1}{1000\eta_{S1}} \tag{1}$$

式中 N_1——串前风机轴功率，kW；

H_{S1}——串前风机进口静压，Pa；

Q_1——串前风机出口风量，m^3/s；

η_{S1}——串前风机效率。

$$N_2=\frac{H_{S2}Q_2}{1000\eta_{S2}} \tag{2}$$

式中 N_2——串后风机轴功率，kW；

H_{S2}——串后风机进口静压，Pa；

η_{S2}——串后风机效率；

Q_2——串后风机进口风量，m^3/s，可用下式计算：

$$Q_2=\frac{273+t_2}{273+t_1}\cdot\frac{P_0-H_{S1}}{P_0-H_{S2}}\cdot Q_1 \tag{3}$$

式中 t_2——串后进风机烟气温度，℃；

t_1——串前进风机烟气温度，℃；

P_0——当地大气压力，Pa。

一般串入 SP 锅炉后风机进口静压将增加 1000 Pa 左右，即由串前的 6000 Pa 左右增至 7000 Pa 左右；又因为串入 SP 锅炉后烟气温度由 300 ℃左右降至 170～210 ℃，平均降至 190 ℃，考虑 3%SP 锅炉漏风并设 $\eta_{S1}=\eta_{S2}$ 后，串后进入风机的风量变为：

$$Q_2=\frac{273+t_2}{273+t_1}\cdot\frac{P_0-H_{S1}}{P_0-H_{S2}}\cdot Q_1=0.8411Q_1$$

式(2)除以式(1)得：

$$\frac{N_2}{N_1}=\frac{H_{S2}}{H_{S1}}\cdot\frac{Q_2}{Q_1}=\frac{7000}{6000}\times\frac{0.8411Q_1}{Q_1}=0.9813$$

$N_2/N_1<1$，说明风机负荷减小。

根据以上计算分析，串入 SP 锅炉后，风机调整应以 C_1 筒负压为基准，负压保持与串入前一致即可。如果串前感到窑系统通风不足，风机调整可以以串前负荷为基准，调整后相应的窑的产量会有所提高。

3.123.14 如何防止窑头排风机能力不足

窑头串入余热锅炉后，进入窑头排风机的风量具有与 ID 风机相同的情况，即温度降低、风量减少，不同的是窑头串入余热锅炉后，系统阻力变化相对较大，详见表 3.19。

表 3.19 窑头串入余热锅炉前后系统阻力变化情况

序号	项目	单位	串入 AQC 前	串入 AQC 后
1	冷却机过剩废气量	Nm^3/h	300000	300000
2	风机入口标况废气量	Nm^3/h	330000	343200
3	风机入口工况废气量	m^3/h	675124	478116
4	风机入口废气温度	℃	280	100
5	风机入口静压	Pa	−1000	−1950
6	进气密度	kg/m^3	0.6320	0.9281
7	电收尘器阻力	Pa	250	250
8	烟风管道阻力	Pa	250	400
9	AQC 余热锅炉阻力	Pa		500
10	沉降室阻力	Pa		300
11	AQC 炉系统烟风管道阻力	Pa		400
12	冷却机内负压	Pa	−100	−100
13	风机闸门阻力	Pa	300	0

由于系统阻力变化相对较大，风机负荷变化也相当大，以 5000 t/d 水泥窑为例，风机负荷计算如下：

(1) 窑头串入余热锅炉前风机输入功率的计算

$$N_1=H_{S1}Q_1/(1000\eta_{S1})=1000\times675124\div3600\div1000\div0.77=243.6\ \text{kW}$$

(2) 窑头串入余热锅炉后风机输入功率的计算

$$N_2=H_{S2}Q_2/(1000\eta_{S2})=1950\times478116\div3600\div1000\div0.77=336.3\ \text{kW}$$

(3) 负荷相对变化

$$M=[(N_2-N_1)/N_1]\times100\%=[(336.3-243.6)/243.6]\times100\%=38.1\%$$

因负荷变化较大，对于选配较小的风机，串入余热锅炉有可能导致风机主轴机械强度不足，或风机电机能力不足，因此应对风机主轴和电机进行校核。

(4) 风机额定风压的修订

窑头风机理论上按额定风量 1.3 倍储备，风压按 1450 Pa 选配。但许多单位窑头风机配置较高，以窑头风机风压为 1450 Pa 为例，当串入余热锅炉后，风机的额定风压修订如下：

$$\frac{P_2}{P_1}=\frac{\rho_2}{\rho_1}\cdot\left(\frac{n_2}{n_1}\right)^2$$

式中 P_2——串后风机额定全压，Pa；

P_1——串前风机额定全压，Pa，$P_1=1450$ Pa；

ρ_2——串后进气密度，kg/m^3，$\rho_2=0.9281\ kg/m^3$；

ρ_1——串前进气密度，kg/m^3，$\rho_1=0.6320\ kg/m^3$；

n_2——串后风机转速，r/min；

n_1——串前风机转速，r/min。

当 $n_1=n_2$ 时取得最大值。

将表3.19等数据代入后：

$$P_2=P_1\rho_2/\rho_1=1450\times0.9281/0.6320=2129\ \text{Pa}$$

扣除150 Pa动压后，P_2 静压=1979 Pa>1950 Pa，因此，只要串入余热锅炉后系统阻力满足设计要求，一般窑头风机能力可以满足要求。但当窑头锅炉布置太远，管径选取过小，弯头设计不合理时，按1450 Pa选配的窑头风机就会感到抽力不足，此时就要对场地、管道、弯头等进行优化设计，如仍不能满足设计要求，应考虑更换窑头风机风叶、风机电机等。而对于窑头风机选配较大的水泥窑，串入余热锅炉后则不会出现窑头排风机能力不足问题。

3.123.15 关于减少余热浪费

许多企业的节能意识还不能完全到位，存在大量的余热浪费问题，如原料磨三道锁风器失灵的问题，原料磨热风管道不保温的问题，原料磨冷风阀常开的问题，煤磨喂料系统不锁风的问题，煤磨冷风阀常开的问题，熟料带走热偏高问题，C_1 本体及原有管道无保温或保温不符合要求问题等。由于上述问题普遍存在，余热浪费的问题也就普遍存在，不同的是有的单位很严重，有的单位不太严重，但不管严重与否，只要有浪费损失，势必要牺牲另一部分余热来加以弥补，最终将导致余热发电量降低。以5000 t/d水泥窑为例，经初步计算三道锁风器每增加1%漏风，电量损失38 kW；原料磨热风管道每降温1 ℃，电量损失为19 kW；原料磨冷风阀每增加1%漏风，电量损失38 kW；煤磨喂料系统每增加1%漏风，电量损失3.5 kW；煤磨冷风阀漏风每增加1%，电量损失3 kW；熟料带走热每提高10%，电量损失124.6 kW；C_1 本体及原有管道保温不规范或不保温，温度每降低1 ℃，电量损失40 kW。

防止余热浪费的措施都很简单，基本是保温问题和防止漏风问题，难点是点多、面广、量大，一时难以全面解决，但是只要重视节能，推广节能，鼓励节能，在节能上打歼灭战和持久战，余热浪费将逐渐减少，最终将完全消除，届时余热发电量将会得到进一步提高。

3.124 余热发电主蒸汽温度过高过低有何危害

(1) 主蒸汽温度过高的危害

如果运行温度高于设计值很多，势必造成金属机械性能的恶化，强度降低，脆性增加，导致汽缸蠕胀变形，叶轮在轴上的套装松弛，汽轮机运行中发生振动或动静摩擦，严重时使设备损坏，故汽轮机在运行中不允许超温运行。其主要危害如下：

① 调节级叶片可能过负荷。

② 金属材料的机械强度降低，蠕变速度加快。

③ 机组可能发生振动。汽温过高，会引起各受热金属部件的热变形和热膨胀加大，若膨胀受阻，则机组可能发生振动。

(2) 主蒸汽温度过低的危害

当主蒸汽压力及其他条件不变时，主蒸汽温度降低，循环热效率下降，如果保持负荷不变，则蒸汽流量增加，且增大了汽轮机的湿气损失，降低了机内效率。主蒸汽温度降低还会使末级以外各级的焓降都减少，反动度都增加，转子的轴向推力增加，对汽轮机安全不利。其主要危害如下：

① 末级叶片可能过负荷。

② 几个末级叶片的蒸汽湿度增大。

③ 高温部件将产生很大的热应力和热变形。

④ 有产生水击的可能。

3.125 SP余热锅炉有几种清灰方式

3.125.1 吹灰器

吹灰是余热锅炉常用的一种机械清灰方式，往往一台锅炉装设几十台甚至上百台吹灰器。吹灰介质有过热蒸汽、压缩空气或氮气等，它的优点是吹灰介质压力高，喷射速度大，能清除黏附性较强的积灰；安装位置可自由选择；还可以按设计程序自动吹灰；吹灰介质也容易获得。它的缺点是一次性投资较大；吹扫有死角，清灰不完全；运行费用高。如果采用压缩空气或蒸汽作吹灰介质，还会增加烟气中含氧量或水分并增加锅炉的排烟量，从而对生产工艺带来一定的不良影响。

3.125.2 声波清灰

声波吹灰的原理是近壁面的气流边界层在声振动作用下断续存在形成声波，且伴有烟气逆向流动，这种不稳定的流动使灰粒难以在管壁表面沉积，进而被逆向流动的烟气携带出锅炉，从而达到清灰目的。

声波除灰装置具有以下特点：

(1) 在声波有效范围内彻底除灰。由于声波具有反射、衍射、绕射的特性，无论受热面管排如何布置，只要在声波有效作用范围内，声波总可以清除管排间及管排背后的积灰，除灰彻底，不留死角。

(2) 短间隔断续运行，连续保持受热面清洁。一般声波吹灰装置1次工作时间为15～30 s，停运20～120 min，如此循环往复，可连续保持受热面清洁，有效提高锅炉换热效率，降低排烟温度。

(3) 无受热面机械损伤。声波依托高温烟气为介质来传播，使烟气中的灰粒在声波能量作用下发生质点位移，从而使灰粒难于附着在管壁上，达到除灰的目的。但声波吹灰器振动膜片制造难度大，造价高，需不断更换，维护工作量大，成本高，且持续的140 dB以上的噪声对人体有害。

3.125.3 可燃气体爆燃吹灰

可燃气体爆燃吹灰原理是利用可燃气体（煤气、乙炔、天然气、石油液化气等）与空气按一定比例混合产生特性气体，通过燃烧混合气体产生冲击波和高速热气流，以低频脉冲冲击波作用于积灰面，对积灰产生一种先压后拉的作用，使积灰面上的灰垢因冲击而破碎，达到彻底清灰的效果。其传播效果全方位，有效范围大，不留死角，但吹灰系统复杂，安全性差，设备造价高，投资大。

3.125.4 机械振打

机械振打装置是利用小容量电动机作为动力，通过变速器带动一长轴做低速转动，在轴上按等分的相位挂上许多振打锤，按顺序对锅炉受热面进行锤击，在锤击的一瞬间使受热面产生强烈的振动，使黏附的积灰受到反复作用的应力而产生微小的裂痕，直到积灰的附着力遭到破坏而使积灰脱落。

机械振打的优点是消耗动力少，而且不会对烟气增加额外的介质。但缺点是对锅炉管子和焊口焊缝的使用寿命和强度有一定程度的不良影响，但只要设计中加以防范，是可以延长使用寿命的。

以上几种主要的烟气清灰方式都在实践中使用，而且都有一定的效果，但具体针对SP锅炉而言，机械振打的清灰效果最为理想，这已经在实践中被证明。其主要原因是SP锅炉的烟气特性，由于烟气中含灰量很高，管子表面积灰速度很快，就需要将清灰周期缩短。不管是哪种清灰方式，它们都是周期性的，间隔周期越长，受热面上的平均积灰厚度越大，而机械振打的清灰周期最短，因而它的清灰效果是最好的。当然，其他的清灰方式也可以缩短周期，但其花费的成本较高。清灰方式都是为了建立一种平衡，哪一种更为经济、更为方便是我们首先要考虑的。

3.126 纯余热回收电站锅炉给水有何要求

由于电站锅炉给水的质量比同类工业锅炉要求更高，因此对补充水处理的要求也较高。锅炉用水的水源一般来自地面水和地下水。地面水中的悬浮物和腐殖酸较多，要经过沉淀、凝聚和过滤处理，兼作生活饮用水时还应做灭菌处理。地下水经过地层的过滤，通常悬浮物含量较低，而溶解固形物的浓度较高。个别地方还会出现盐极高的水，因此要经过初步脱盐后再作为锅炉水处理的原水。对于沿海地区可能还要进行初级降盐（电渗析或反渗析等）。当水质混浊，不能满足水处理要求时，可先通过机械过滤器等进行解决。

目前锅炉水源主要考虑的溶解杂质有 Ca^{2+}、Mg^{2+}、Na^{+}、K^{+}、HCO_3^{-}、SO_4^{2-}、Cl^{-} 和溶解气体。发电用的锅炉还需考虑 Fe^{2+} 和 SiO_3^{2-} 的含量。水的硬度（即 Ca^{2+} 和 Mg^{2+}）对锅炉的结垢有直接影响，而其余离子则影响锅炉的排污率，特别是 HCO_3^{-}、CO_3^{2-} 和 OH^{-}（锅炉水碱度）的影响。在中等矿化度（干残渣 100.1～500 mL/L）及以上的水中，钠离子含量和强酸根离子（SO_4^{2-}、Cl^{-} 及 NO_3^{-}）含量较高，它不仅会增加锅炉的排污率，还是造成锅炉腐蚀的重要原因。水中溶解气体（O_2 和 CO_2 等）则是造成锅炉严重腐蚀的主要原因。SiO_2、Fe 和 Cu 的氧化物可以造成汽机叶片结垢并发生腐蚀，降低了汽机的效率和缩短使用寿命；钠盐还可以沉积在锅炉的过热器中，造成管壁的过热甚至爆管事故。

原水中碳酸盐硬度很高时，可采用石灰石预处理方法，此法运行费用低，很经济。但补充水率很高时，石灰用量的增加会导致石灰沉渣处理的困难。也可采用弱酸、弱碱离子交换树脂处理原水，此法交换容量大，再生剂消耗少，容易达到环保的排放要求，缺点是一次性投资高，在技术经济比较中往往取决于弱酸树脂的价格。

目前在水质标准中，是以锅炉的蒸汽压力 2.45 MPa 为分界的。当压力≤2.45 MPa 时用《工业锅炉水质》(GB/T 1576—2018)，压力＞2.45 MPa 时用《火力发电机组及蒸汽动力设备水汽质量》(GB/T 12145—2016)。

3.127 冬季余热发电系统管道的防冻措施

某公司位于辽宁省北部，冬季平均气温达到零下 20 ℃，因设计原因 4 台余热锅炉为露天安置，冬季运行时加药管道和排污管道经常被冻结，给锅炉安全运行带来极大的隐患。后经过几次技术改造，解决了冬季锅炉管道冻结的问题。

3.127.1 加药管道的防冻措施

锅炉原先采用的是一机四炉的加药方式，加药装置设在化水车间，加药管道较长，管道被冻结时，锅炉中断加药，造成炉水水质恶化，运行中还发现加药泵出力不够无法给 4 台锅炉同时加药。为此，另购进 3 台加药装置，分别放置在锅炉下部 0 m 平面取样装置附近，使加药管道与汽包处于垂直状态，这样既缩短了加药管道又有利于冬季停产时放水。加药管道的保温，首先用 6 mm 石棉绳进行缠绕，然后中间加电伴热带，最后用岩棉管壳进行包裹。由于新加药装置是从锅炉省煤器上取水，因水温较高，还需另购进取样冷却器将水冷却后使用。

3.127.2 锅炉排污和疏水管道的防冻措施

锅炉排污和疏水管道较长，长的超过 30 m，短的也有 10 m 多。最初技术人员也采用同加药管道一样的防冻措施，因为管道较长同时又因管道中是“死水”，管道依然被冻结。后来，把管道放水阀门上提，将阀门与联箱之间的距离缩短至 0.5 m，依然采取石棉绳＋伴热带＋岩棉管壳的保温措施。结果发现因为锅炉排污管上端所处位置较高，管道依旧被冻结，只能微开放水阀使管道中始终有水流动，结果证明这种办法是可行的。但由于微开阀门时看不见排放的水流量，所以阀门基本上都开得较大，这样造成锅炉排污和疏水管道排水量大，有时化水车间 24 h 不停运行，制水量都赶不上锅炉排水量。因为锅炉上下水频繁，热损失较大，使发电量降低。最后决定在锅炉 0 m 处紧靠排污阀上方管道上钻一个 6 mm 或 8 mm 的小孔，在小孔上焊接上一个针型阀，在冬季气温变冷时微开针型阀，管道中汽水混合物从针型阀中流出，使管道中始终有水流出，针型阀的开度只要能保证管道中有水流动不冻结即可，这样因为能看见汽水的流出量，既保证了最少的汽水损失又防止了管道结冻。同时加强巡检，每班都要对针型阀检查几次，并随着天气温度变化对阀门开度进行调整。

通过上述保温改造，使车间锅炉冬季运行时加药管道和排污管道不再冻结，保障了锅炉的安全运行。

［摘自：刘勇．冬季余热发电系统管道的防冻措施［J］．水泥，2015(2)：63.］

3.128 余热发电系统用水为何要除氧，有几种除氧方式

水中往往溶解有氧、氮、二氧化碳等气体，其中二氧化碳及氧的存在使锅炉设备容易发生腐蚀，特别是有氧存在，腐蚀更严重，危及设备的安全，因此必须除去水中的溶解氧。

除氧方法分为热力除氧、化学除氧、解析除氧及电化学除氧四类。在纯低温余热发电中常用大气式热力除氧和化学除氧。

化学除氧常用的反应剂有亚硫酸钠（Na_2SO_3）、亚硫酸氢钠（$NaHSO_3$）、氢氧化亚铁［$Fe(OH)_2$］以及联氨（$N_2H_4 \cdot H_2O$）等，药剂费用较贵。

大气式热力除氧，除氧器工作压力为 0.02 MPa，饱和水温为 104 ℃，除氧效果良好，但是需要汽轮机抽汽，增加了汽轮机汽耗，相应减少了发电量。

扩容除氧方式属于热力除氧方法。汽轮机的冷凝水(41 ℃)经轴封加热器升温到 50 ℃左右，直接进入窑头 AQC 余热锅炉的冷凝水加热段，吸收蒸发段后的废气余热，进一步降低废气排放温度，同时将水加热到相应的温度。高温冷凝水进入特殊设计的扩容除氧器中，降压扩容使一部分水汽化，产生蒸汽，对进入除氧器的化学补给水及各类回收的疏水进行加热除氧，在扩容过程中冷凝水中的溶解氧被析出除掉。不需汽轮机抽汽，同时扩容除氧能更多地有效利用废气余热。

3.129 余热发电一定能降低熟料热耗吗

低温余热发电本是降低熟料热耗的重要途径，但是由于我国目前电价较高，如果为了追求企业效益，不是纯低温、纯余热发电，可能经济效果更好。因此，20 世纪 80 年代余热发电的中空窑型曾蓬勃发展，以补燃方式发电，正是变相的小火力发电，虽然能源利用极不合理，但水泥企业却可利用这种方法降低生产成本，现在已被国家明令禁止。但在推行低温余热发电的过程中，以下两种情况会普遍发生。

① 指导思想上使水泥生产用热让位于发电能力。设法提高余热温度，以提高发电能力，如提倡四级预热器，提倡煤磨烘干用风让位于发电能力等。

② 让窑的各项操作参数服务于发电指标，比如一级预热器出口温度提高，发电系统影响窑内通风而减产等现象发生，尤其是在水泥市场销售不够理想时，可能更会服从于发电量。

总之，上述趋势在当前电价不符合市场规律时，很难避免。

［摘自：谢克平．新型干法水泥生产问答千例(管理篇)［M］．北京：化学工业出版社，2009.］

3.130 如何区分余热发电的第一代和第二代技术

火力发电厂将汽轮机主蒸汽压力区分为：低压、次中压、中压、高压、亚临界、临界、超临界、超超临界。目前对水泥窑纯低温余热发电技术，可分为“第一代技术”和“第二代技术”。

第一代技术：无论是单压循环系统还是双压循环系统或复合闪蒸系统，凡是汽轮机主进汽压力小于或者等于 1.27 MPa、主进汽温度小于或者等于 330 ℃的水泥窑纯低温余热发电技术，均称为第一代技术。第一代技术的发电能力实际设计计算指标：当窑尾预热器废气温度为 320～330 ℃时，吨熟料发电量为 28～35 kW・h/t。

第二代技术：无论是单压循环系统还是双压循环系统或复合闪蒸系统，凡是汽轮机主进汽压力大于 1.57 MPa、主进汽温度大于 340 ℃的水泥窑纯低温余热发电技术，均称为第二代技术。第二代技术的发电能力实际设计计算指标：当窑尾预热器废气温度为 320～330 ℃时，吨熟料发电量为 38～42 kW・h/t。

3.131 什么是卡林纳循环低湿余热发电系统

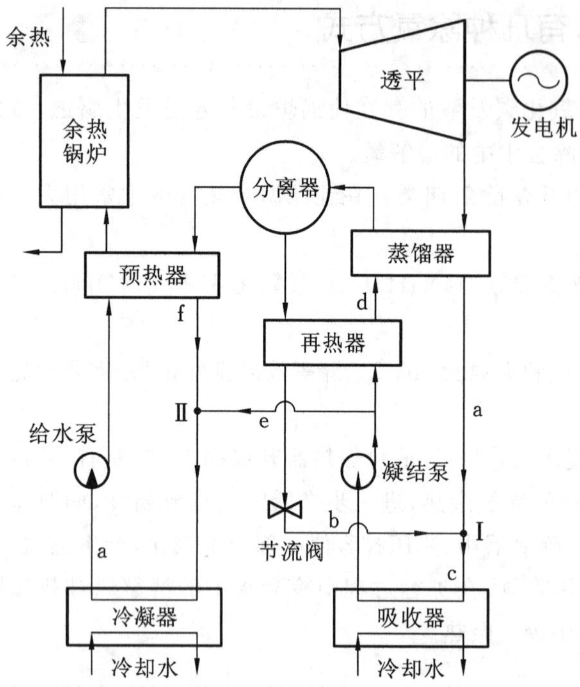

图 3.63 卡林纳循环低湿余热发电系统简图

卡林纳循环低湿余热发电系统是以 NH_3-H_2O 混合物为工质的余热发电系统，可以更好地回收中低温余热，如图 3.63 所示。

70％的氨水溶液经过给水泵加压、预热器升温之后，进入余热锅炉中加热，产生浓度为 70％的过热氨水蒸气，进入汽轮机做功，汽轮机排汽经过蒸馏器冷却，然后被浓度为 34.59％的贫氨溶液（b 股）稀释为 44.81％的基本溶液（c 股），进入吸收器中凝结；离开吸收器的饱和液体经凝结泵加压，一部分（d 股）经过再热器和蒸馏器升温后，进入分离器，在分离器中分离出 96.85％富氨蒸气（f 股）和 34.59％的贫氨溶液；34.59％的贫氨溶液经再热器冷却和节流阀降压，与 70％的工作溶液混合形成 44.81％的基本溶液；96.85％的富氨蒸气经预热器冷却后，和另一部分基本溶液（e 股）混合为 70％的工作溶液，然后凝结为饱和液体，再经给水泵送到余热锅炉，完成一个循环过程。

混合工质的蒸发过程是变温过程，相对于单一工质循环的定温蒸发而言，其吸热蒸发过程更接近热源的放热过程线，这样可以减小换热过程的平均换热温差，降低不可逆损失，提高循环的效率。对于不同的余热热源，可以根据其放热特性，选择不同组分、不同浓度的混合物，使工质的吸热过程与热源的放热过程达到最佳换热匹配。

采用朗肯循环（水为工质）和卡林纳循环分别对 5000 t/d 级预分解窑熟料生产过程中排放出来的余热进行回收利用，在相同的余热条件下对卡林纳循环进行了优化分析，并与双压进汽补汽式朗肯循环进行了比较，分析计算结果如表 3.20 所示。

表 3.20 卡林纳循环和朗肯循环在水泥窑余热利用中的效果对比

项目	朗肯循环	卡林纳循环
水泥窑熟料产量（t/d）	5000	5000
水泥窑年生产小时数（h）	7200	7200
电站年运行小时数（h）	6840	6840
发电（kW）	6660	9259
年发电量（kW・h）	4555×10^4	6333×10^4
单位熟料发电量（kW・h/t）	32	44.4

结果表明，在相同的余热条件和电站年运行时间下，卡林纳循环的单位熟料发电量为 44.4 kW・h/t，相对于双压进汽补汽式朗肯循环的 32 kW・h/t 来说，增加了 39％，可以降低单位熟料热耗 44.64 kJ/kg，节能效果明显。因此，基于卡林纳循环的中低温余热利用系统在提高余热利用效率方面具有重要的价值。

3.132 什么是有机朗肯循环余热发电

当余热温度低于 370 ℃时，以水为工质的朗肯循环不能有效地回收余热，可以考虑有机朗肯循环(Organic Rankine Cycle，简称 ORC)余热发电技术。

有机朗肯循环以低沸点的有机物为工质来吸收废气余热，产生一定压力和温度的有机物蒸气，进入汽轮机膨胀做功，汽轮机的排汽在凝汽器中凝结成液态的有机物。

相对于常规朗肯循环，有机朗肯循环具有以下优点：

(1) 有机工质沸点低，对较低温度的热源，能源利用效率更高；其比容小于水蒸气，所需汽轮机的尺寸、排气管道的尺寸以及冷凝器的换热面积都较小。

(2) 它的凝固点低，在较低温度下仍能释放出能量，这样，寒冷天气可以增加出力，冷凝器也不需要防冻设施。

(3) 在膨胀做功的过程中，从高压到低压始终保持在干蒸气状态，可以消除湿蒸气对汽轮机所造成的腐蚀破坏，更有效地适应部分负荷运行及大的功率变动。

(4) 在缺水地区，ORC 电厂优先使用空冷凝汽器，比水蒸气电厂使用的空冷凝汽器体积小得多，价格也低得多。

(5) 有机工质冷凝压力高，系统在接近和稍高于大气压力下工作，不需要真空抽汽系统。

(6) 有机工质的声速低，在叶片轮周速度很低时就能获得有利的空气动力特性，在常规转速下就具有较高的轮机效率。

3.133 水泥厂实际余热发电功率为何常常达不到设计发电功率

在项目招标或各设计单位为水泥生产厂提供技术方案时，提供给水泥生产厂的发电功率一般都比较高，但电站投入运行后，实际发电能力远达不到报出的发电功率。唐金泉认为主要有以下几个原因：

(1) 水泥生产厂没有明确给出统一的窑尾预热器、熟料冷却机废气量和废气温度条件，也没有给出物料烘干所需的废气量和废气温度条件，或者水泥生产厂已明确给出了这些条件，但设计单位在计算发电功率时不采用水泥生产厂提供的条件。当设计单位采用的废气条件，如窑尾预热器、熟料冷却机废气量和废气温度高于给定的或实际的废气量和废气温度，物料烘干所需的废气量和废气温度低于给定的或实际的废气量和废气温度时，其报出的设计计算发电功率自然会偏高，反之则会偏低。因此，水泥生产厂应明确给出统一的窑尾预热器、熟料冷却机废气量和废气温度条件及物料烘干所需的废气量和废气温度条件，并应要求设计单位提供发电能力的计算过程，以检查设计单位是否按规定的废气条件进行设计计算。

(2) 由于汽轮机主蒸汽内效率 F_1、补汽内效率 F_2 及汽轮机机械、散热、自用动力损失效率 F_3 和发电机效率 F_4 越高，发电能力越高。因此如果电站设计单位计算发电功率时，上述四个效率采用制造厂提供的设备设计效率，如汽轮机主蒸汽内效率 F_1 取 85%或更高，汽轮机补汽内效率 F_2 取 83%或更高，汽轮机机械、散热、自用动力损失效率 F_3 取 97.5%或根本不考虑这个效率，发电机效率 F_4 取 97.5%，则其设计计算发电功率会很高。电站在投入运行后，其实际效率将低于制造厂提供的设计效率，也即实际发电功率不可能达到各设计单位报出的设计计算发电功率。上述四个效率一般应在如下范围内选取：汽轮机主蒸汽内效率 F_1=80%～82%、汽轮机补汽内效率 F_2=78%～80%，汽轮机机械、散热、自用动力损失效率 F_3=95.5%～96.5%，发电机效率 F_4=95.5%～96.5%。

(3) 大多数电站设计单位在计算发电功率时不考虑水泥窑废气管道散热、旁通废气管道内漏废气、汽水管道漏汽及散热损失效率 F_5，或计算时 F_5 取值很高。但实际上，由于余热锅炉旁通废气管道阀门不可能 100%关闭严密，入余热锅炉的水泥窑废气管道及电站蒸汽、热水管道不可能不散热也不可能没有漏气(汽),因此,F_5 不可能达到 100%或很高的数值。根据实际投入运行的电站统计:对于 2500 t/d 级的水泥窑,F_5 一般为 90%~91%;5000 t/d 级的水泥窑,F_5 一般为 92%~94%。如果电站设计单位在计算发电功率时不考虑 F_5 或 F_5 取值很高,其报出的设计计算发电功率就会很高,而电站实际投入运行后,发电功率也将远远达不到各设计单位报出的设计计算发电功率。

(4) 汽轮机排汽压力越低,计算发电能力越高,如果电站设计单位计算发电功率时,汽轮机排汽压力采用汽轮机厂提供的汽轮机允许的最低排汽压力(一般为 0.0053 MPa),则其报出的发电能力也会很高。当汽轮机排汽压力为 0.0053 MPa 时,其排汽温度仅为 33.9 ℃,此时要求冷却水温度不超过 20 ℃,即大气日平均温度一般应不超过 18 ℃。实际上,由于大气温度的限制,冷却水温度很难低于 20 ℃,或者每年低于 20 ℃的时间很短,也即能够达到设计计算发电功率的时间很短(尤其是黄河以南地区)。通常来讲,设计计算电站发电能力时,汽轮机排汽压力一般选择为 0.007 MPa,其排汽温度为 39.2 ℃,要求冷却水的温度为 25 ℃,即需大气日平均温度不超过 23 ℃。采用 0.007 MPa 排汽压力,全国大部分地区每年都可有 8 个月以上的保证时间,也就是说电站实际发电功率绝大部分时间能够达到设计计算发电功率。

(5) 锅炉换热面积即锅炉重量不够。对于余热电站确定了汽轮机主蒸汽压力和温度就相当于确定了设计计算发电能力,而是否能够实现这个发电能力,主要取决于余热锅炉。余热锅炉必须有足够的换热面积也即要有足够的换热管子或者说锅炉重量,而且锅炉总重量中,锅炉内换热管子等换热受压件应大于 53%,其他梁、柱、楼梯、平台等非换热受压件应不大于 47%。如果锅炉重量配置不够,电站实际发电能力是不可能达到设计计算发电能力的。对于实际熟料产量为 5000 t/d 的水泥窑余热电站:当采用第二代技术方案,汽轮机进汽参数为 2.29 MPa 与 370 ℃时,实际设计计算发电功率为 8480 kW,电站全套锅炉重量需在 1291 t 以上;当采用第一代技术方案,汽轮机进汽参数为 0.689~1.27 MPa、312~315 ℃时,实际设计计算发电功率为 6980~7280 kW,电站全套锅炉重量需 886~921 t 以上。

以实际熟料产量为 5000 t/d、窑头熟料冷却机用于发电的废气参数为 200000 Nm^3/h 与 360 ℃、窑尾预热器废气参数为 360000 Nm^3/h 与 330 ℃、生料烘干废气温度为 210 ℃的余热电站为例,如果汽轮机内效率 F_1 取为 85%,汽轮机补汽内效率 F_2 取为 83%,汽轮机机械、散热、自用动力损失效率 F_3 取为 97.5%,发电机效率 F_4 取为 97.5%,废气管道散热、旁通废气管道漏废气、汽水管道漏汽及散热损失效率 F_5 取为 98.7%,汽轮机排汽压力取 0.006 MPa。

当采用第一代技术方案,汽轮机进汽参数为 0.689~1.27 MPa 与 312~315 ℃时,电站设计计算发电功率为 8140~8640 kW(吨熟料发电量为 39~41.5 kW·h/t,远高于第一代技术实际设计计算发电指标 28~35 kW·h/t,更高于目前第一代技术实际达到的 22~33 kW·h/t),这个设计计算发电功率就是各设计单位或工程总承包单位在一般情况下为水泥生产厂报出的发电功率。

当采用第二代技术方案,汽轮机进汽参数为 1.57~2.29 MPa 与 370 ℃时,电站设计计算发电功率将达到 9880 kW 以上(其吨熟料发电量为 47.5 kW·h/t 以上,远高于第二代技术实际设计计算发电指标 38~42 kW·h/t,也高于吨熟料余热最大发电能力 46 kW·h/t)。这样的发电功率,在前述废气条件下,无论是第一代技术方案还是第二代技术方案,实际上都是不可能达到的。

如果该电站计算设计发电功率时,各效率及汽轮机排汽压力按如下参数:汽轮机内效率 $F_1=82\%$、$F_2=80\%$,汽轮机机械、散热、自用动力损失效率 $F_3=96.5\%$,发电机效率 $F_4=96.5\%$,废气管道散热、旁通废气管道漏废气、汽水管道漏汽散热损失效率 $F_5=91\%$,汽轮机排汽压力为 0.007 MPa 进行发电功率计算,则当采用第一代技术方案,汽轮机进汽参数为 0.689~1.27 MPa 与 312~315 ℃时,设计计算发电功率为 6980~7280 kW(吨熟料发电量为 33.5~34.9 kW·h/t);当采用第二代技术方案,汽轮机进汽参数为 2.29 MPa 与 370 ℃时,设计计算发电功率为 8480 kW(吨熟料发电量为 40.7 kW·h/t)。这样的发电功率是与理论分析相一致的,如果电站锅炉受热面配置(锅炉重量)、管道配置、保温结构及选材等具体技术措施得当,电站投入运行后是能够达到的。

3.134 汽轮机振动是何原因，有何危害

汽轮机在运行中，机组发生振动的原因复杂，有多方面，归纳如下：

(1) 润滑油压下降、油量不足。

(2) 润滑油温度过高或过低，油膜振荡。

(3) 油中进水，油质乳化。

(4) 油中含有杂质，使轴瓦钨金磨损，或轴瓦间隙不合格。

(5) 主蒸汽温度过高或过低。

(6) 启动时转子弯曲值较大，超过了原始数值。

(7) 运行中凝汽器满水，使轴端受冷弯曲。

(8) 热态启动时，汽缸金属温差大，致使汽缸变形。

(9) 汽轮机叶轮或隔板变形。

(10) 汽轮机滑销系统卡涩，致使汽缸膨胀不出来。

(11) 汽轮机中，汽封处动静摩擦并伴有火花。

(12) 汽轮发电机组中心不正。

(13) 汽轮发电机组各轴瓦地脚螺丝松动。

(14) 运行中叶片损坏或断落。

(15) 励磁机工作失常。

(16) 汽流引起激振。

由于汽轮机组是高速回转设备，因而在正常运行时，通常有一定程度的振动，但是当机组发生过大的振动时存在以下危害：

① 直接造成机组事故，如机组振动过大发生在机头部位，有可能引起危急保安器动作，而发生事故。

② 损坏机组零部件，如机组的轴瓦、轴承座的紧固螺钉及与机组连接的管道损坏。

③ 动静部分摩擦，汽轮机过大的振动造成轴封及隔板汽封磨损，严重时磨损造成转子弯曲，振动过大发生在发电机部位，则使滑环与电刷受到磨损，造成发电机励磁机事故。

④ 损坏机组转子零部件：机组转子零部件松动或造成基础松动及周围建筑物的损坏。

由于振动过大的危害性很大，所以必须保证振动值在规定范围以内。

3.135 立式锅炉堵灰和爆管原因及对策

某厂的余热发电回转窑生产线主要技术参数见表 3.21，窑尾系统工艺示意图如图 3.64 所示。自 2000 年 11 月投产以来，锅炉频繁发生故障，过热器、凝渣管部位严重堵灰，过热器部位爆管。粗略统计，2001 年 2～6 月累计发生严重堵灰 9 次，爆管事故 5 次，严重影响了正常生产。为此，王信宗等进行了分析研究并采取了一些措施，所取得的经验可供大家参考。

表 3.21 回转窑系统主要设备规格及参数

设备名称	规格型号	技术参数
回转窑	ϕ3.6 m×74 m	20.5 t/h
余热锅炉	HG-F2950-1	3.82 MPa、450 ℃、22.4 t/h
汽轮发电机	QF-4.5-2	4500 kW
窑尾通风机	Y4-73№18D	201400 m^3/h

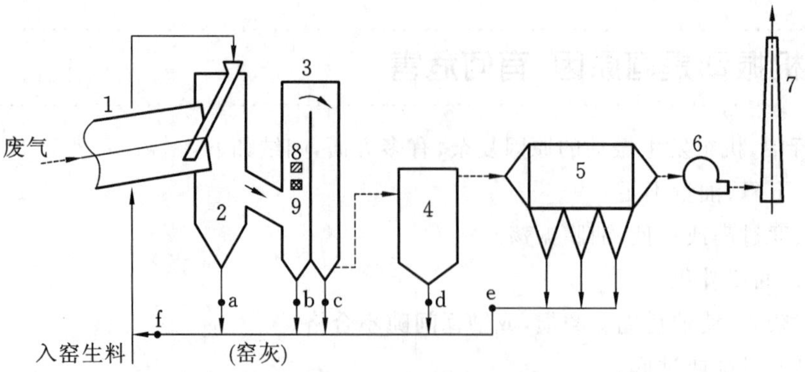

图 3.64 窑尾系统工艺简图

1—回转窑;2—大烟室;3—立式余热锅炉;4—沉降室;5—电除尘器;
6—窑尾通风机;7—烟囱;8—过热器;9—凝渣管;a～f—化验取样点

3.135.1 生料的化学成分

通过对原料成分及配料方案分析后认为,黏土中 Al_2O_3、R_2O 含量较高,掺加量较大,导致入窑生料中 Al_2O_3、R_2O 含量偏高,是造成窑煅烧不稳、锅炉堵灰及管壁腐蚀、爆管的重要因素。实际操作中会发现锅炉内黏结物黏性大,黏附速度快,不易清理,管壁表面结有大量的白色碱金属硫酸盐,里层是黑色的腐蚀终产物——Fe_3O_4。针对此情况,对原配料方案进行调整,见表 3.22 和表 3.23。调整后的方案中 Fe_2O_3、Al_2O_3 及 R_2O 含量降低,有效改善了窑的煅烧条件及锅炉内部环境。观察锅炉内部飞灰的黏附情况会发现,管壁上结渣物松散易清理。

表 3.22 原料的化学成分及调整前/后配料方案(%)

名称	损失	SiO_2	Al_2O_3	Fe_2O_3	CaO	MgO	R_2O	总计	配合比
石灰石	41.67	3.80	1.06	0.67	49.26	2.26	0.45	99.17	84.5/88.0
黏土	8.56	62.69	13.34	5.22	4.71	1.35	2.41	98.28	7.9/4.7
铁粉	2.44	14.64	4.66	67.93	4.06	1.75	0.54	96.02	3.8/2.1
石英砂	1.64	86.36	3.13	1.88	3.24	0.68	0.69	97.62	2.9/5.2

表 3.23 生料和 f 处窑灰的化学成分及率值(%)

项目	损失	SiO_2	Al_2O_3	Fe_2O_3	CaO	MgO	SO_3	R_2O	*KH*	*SM*	*IM*
调整前	36.25	12.17	2.79	2.03	42.89	2.35		0.89	1.10	2.53	1.38
调整后	36.60	11.44	2.41	1.90	43.77	2.27		0.44	1.22	2.66	1.26
窑灰	9.75	13.88	6.61	1.99	30.68	3.22	15.54	10.07	0.49	1.61	3.22

3.135.2 窑灰、生料的预均化

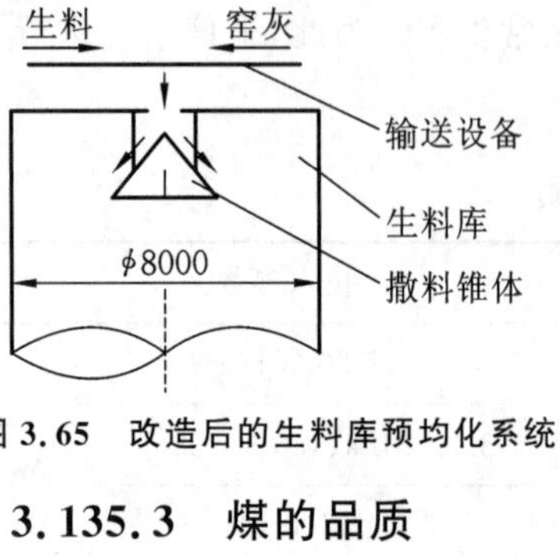

图 3.65 改造后的生料库预均化系统

从表 3.23 可看出,窑灰与生料成分差异较大且难煅烧。生产初期,将窑灰收集后提入生料库重新利用,由于两种物料混合不均匀,生料成分波动较大。为此,在生料库顶增加输送设备,对入料方式进行改进,并在库中心入料口处设置撒料锥体,使窑灰、生料粉由库两侧下料改为中心下料,先混合后再一同入库。实践证明,改造后入窑生料的均匀性大为提高,稳定了窑的热工制度。改造后的生料库预均化系统示意图见图 3.65。

3.135.3 煤的品质

由于用煤矿点较多,尽管对各项指标严格控制,但仍会出现部分指标超标,如灰分高、硫含量高和发

热量低等，煤灰中 Al_2O_3 含量高。煤灰的化学分析见表 3.24，其间接影响生料的化学成分，同时由于发热量低，势必导致喷煤量、排风量增加，甚至出现部分煤粉在锅炉内二次燃烧，煤灰及飞灰中的低熔点物质极易呈熔融状黏结在锅炉过热器部位，同时由于硫含量高，加剧了对炉管的腐蚀，最终导致了炉管的堵灰、腐蚀及爆管。

表 3.24 煤灰的化学分析(%)

SiO_2	Al_2O_3	Fe_2O_3	CaO	MgO	S
52.4	31.15	5.09	4.90	1.49	2.71

为此，加强对原燃材料的控制力度，选用高发热量、低灰分和低硫煤种，另外对入窑煤粉细度、水分等严格控制，调整前/后煤的工业分析见表 3.25。

表 3.25 调整前/后煤的工业分析

M_{ad}(%)	A_{ad}(%)	V_{ad}(%)	FC_{ad}(%)	$Q_{net,ad}$(kJ/kg)
1.19/1.00	28.29/25.71	25.37/28.36	45.15/44.93	21520.27/23499.96

注：M_{ad}—空气干燥基分析水；A_{ad}—空气干燥基灰分；V_{ad}—空气干燥基挥发分；FC_{ad}—固定碳；$Q_{net,ad}$—收到基低位发热量。

3.135.4 碱、硫富集

原料中带入的碱、硫等有害成分，除少量随废气排出，一部分残存于熟料中外，大部分在锅炉、沉降室、电除尘器等处沉降下来，收集后重新入窑，反复后形成富集，见图 3.66，最终导致系统中有害成分逐步增多。对图 3.64 中 f 处窑灰取样分析对比后发现，3 周后窑灰中碱、硫富集倍数分别达 1.58 和 1.47 倍，见表 3.26。据有关资料介绍，飞灰中 K_2SO_4、Na_2SO_4 和 KCl 等多组分共存时，最低共熔点可降至 650～700 ℃，而余热锅炉过热器部位实际运行温度正处于此温度范围，容易形成结渣堵灰。对结渣物进行取样分析见表 3.27，可发现其中 R_2O、SO_3 含量较高，由此可推断，R_2O、SO_3 含量偏高也是造成结渣堵灰、炉管腐蚀的主要原因之一。

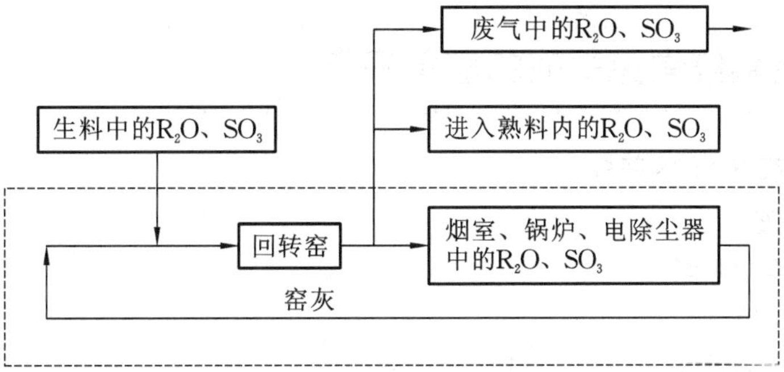

图 3.66 碱、硫富集示意图

表 3.26 f 处窑灰中 SO_3 富集情况(%)

时间	R_2O	SO_3
2001-03-21	4.53	8.68
2001-04-11	7.1	12.8

表 3.27 受热面结渣物化学分析(%)

样品	损失	SiO_2	Al_2O_3	Fe_2O_3	CaO	MgO	SO_3	R_2O
1号	4.16	16.2	6.9	2.83	35.2	1.91	26.18	6.75
2号	4.65	14.24	8.43	2.58	29.23	2.46	22.12	7.79

同时，从窑尾各处取样化验，可发现系统中 R_2O、SO_3 含量呈顺烟气走向由小到大的规律，电除尘器处富集现象最为严重，鉴于此情况，当系统中 R_2O、SO_3 较高时，将电除尘器集灰斗下灰粉输送设备与系统断开(即在图 3.64 中 e 处)，将该部位窑灰外放，减少系统中 R_2O、SO_3 总量，缓解富集速度。24h 后对各点取样分析对比后发现 R_2O、SO_3 含量较放灰前有了明显下降(表 3.28)，炉内飞灰的黏附程度明显变弱，锅炉出口负压由放灰前的 800 Pa 降为 300 Pa，随后系统恢复正常。将外放的窑灰收集后运至生料车间黏土堆场搭配后重新利用，解决了高碱窑灰对环境的污染。

表 3.28 窑尾系统中放灰前/后各部位 R_2O、SO_3 含量(%)

取样点	SO_3	R_2O
a	12.02/1.04	2.96/0.79
b	15.75/8.59	3.27/1.70
c	16.70/9.00	4.01/2.86
e	18.70/12.82	11.30/6.52

3.135.5 吹灰器

锅炉原设计中凝渣管下部无吹灰器，造成该部位积灰不能及时得到清理；过热器部位采用长伸缩式吹灰器，气源为 1.5 MPa 饱和蒸汽，湿度较大，且吹扫轨迹固定，尤其在蒸汽管道疏水不彻底时会导致受热面管子局部冲刷严重，极易引起爆管。为此，在凝渣管下部安装 1 台长伸缩吹灰器，在过热器处增设 2 台声波吹灰器，强化清灰效果。同时适当减少过热器区域的吹灰次数；将吹灰压力降至 1.2 MPa；加强管道疏水；在受热面下部加装保护瓦片等。

3.135.6 其他措施

(1) 制定合理运行参数，规范操作，稳定窑的热工制度；保持料、风、煤和窑速相对稳定；加强操作人员责任心，谨防灰斗堵塞、跑煤等；坚持人工清灰与机械吹灰相结合。

(2) 合理控制窑内过剩空气系数，减少系统漏风，减缓受热面金属氧化、腐蚀。

3.136 余热发电系统常见事故的应急操作

3.136.1 锅炉发生汽水共腾

(1) 汽水共腾的现象

① 蒸汽和炉水的含盐量增大；

② 过热蒸汽温度下降；

③ 汽包水位发生剧烈波动，汽包水位计模糊不清；

④ 严重时，蒸汽管道内发生水冲击；

⑤ 汽轮机热效率下降。

(2) 汽水共腾的原因

① 炉水水质电导率不合格；

② 锅炉入口风温和风量波动较大，造成波动剧烈；

③ 锅炉汽包内的汽水分离装置有缺陷或水位过高。

(3) 汽水共腾的处理方法

① 适当降低锅炉蒸发量，并保持锅炉稳定运行；

② 全开锅炉连续排污阀，必要时开启事故放水阀或其他排污阀，同时增加给水量；

③ 停止向锅炉汽包内加药；

④ 尽量维持汽包低水位；

⑤ 开启过热器和蒸汽管道上的所有疏水阀；

⑥ 通知现场人员对排污水进行检测，并采取一定措施改善水质；

⑦ 锅炉炉水质量未改善之前，不允许增加锅炉负荷；

⑧ 待故障消除后应冲洗水位计。

3.136.2 锅炉缺水时的操作

锅炉缺水分为轻微缺水和严重缺水两种。

轻微缺水：锅炉水位降至最低允许水位以下或水位计不能直接看到水位，但用“叫水”操作能使水位出现（“叫水”操作：先开启水位计底部排泄阀，再关闭汽连管旋塞，保持水连管旋塞开度，然后缓慢关闭排泄阀，观察水位计内是否有水位出现。有水位出现后，打开汽连管旋塞）。

严重缺水：当锅炉水位计看不见水位，而且用“叫水”法也无法看到水位时，表明已出现严重缺水。

(1) 锅炉缺水事故现象

① 现场水位低于最低安全水位，或看不见水位；

② 现场水位计内虽有水位，但水位不波动，其实是虚假水位；

③ 中控水位显示为低水位，过热蒸汽温度明显上升；

④ 蒸汽流量与给水流量之差明显增大，但因爆管而造成缺水时，则出现相反现象。

(2) 锅炉缺水事故原因

① 工作人员疏忽大意，对水位监视不够，或不能识别虚假水位，造成误判断及误操作。

② 锅炉给水管道污垢堵塞或破裂或阀门损坏，造成给水流量下降；锅炉给水泵故障造成压力突然降低，流量下降。

③ 水位变送器由于管路冷凝水中混有气泡或管路杂质堵塞造成中控水位显示失真。

④ 锅炉自动给水调节系统失灵，蒸汽流量或给水流量显示不正确或偏差，造成缺水事故。

⑤ 锅炉排污阀泄露或忘记关闭。

⑥ 锅炉管道发生爆管事故。

⑦ 省煤器段给水因高温形成“汽塞”，造成给水流量减小或中断。

(3) 锅炉缺水事故处理

① 通知现场巡检人员与中控核对水位，当看不见水位时，关闭汽路阀，打开水路阀和排污阀，无水流出，则可判断是缺水事故。

② 进行“叫水”操作，判断是轻微缺水还是严重缺水。

③ 锅炉轻微缺水时，应打开旁路挡板，减少入炉风量，降低锅炉蒸发量，降低锅炉负荷，中控手动向汽包补水。同时要迅速查明缺水原因。

a. 若水位变送器故障，则进行相应排汽排污操作。

b. 若给水自动调节系统失灵，则进行相应处理。

c. 若给水管路堵塞或阀门损坏，则检查管路；若锅炉给水泵故障造成水压低，则检查水泵，同时启动备用泵投入运行。

d. 若排污阀泄露或忘记关闭，则进行相应处理。

e. 若确认是爆管事故或“汽塞”事故，则按相关操作进行。待水位逐渐恢复正常后，再关闭旁路挡板，恢复正常运行。

(4) 锅炉严重缺水时，应紧急停炉，小流量补水，千万不能盲目大流量补水，否则会造成高温金属急剧冷却产生巨大热应力，损坏部件。

3.136.3 锅炉满水时的操作

(1) 锅炉满水事故现象

① 水位高于最高安全水位，或看不见水位；

② 中控发出报警信号；

③ 过热蒸汽温度急剧下降；

④ 给水流量不正常，大于蒸汽流量；

⑤ 严重时蒸汽大量带水，蒸汽管道内发生水冲击，法兰连接处向外冒汽、滴水。

(2) 锅炉满水事故原因

① 给水调节系统（如汽包补水阀）发生故障或失灵；

② 汽包水位变送器故障，虚假水位造成满水；

③ 锅炉负荷增加过快；

④ 运行人员疏忽大意，对锅炉水位监视不够，调整不及时或操作不当。

(3) 满水事故处理

① 核对现场实际水位与中控水位，正确判断是否属于满水事故，当看不见水位时，打开现场水位计排污阀，若有水流出表明是满水事故，否则是缺水事故；

② 判断是满水事故后，判断是否是中控虚假水位造成的自动给水满水，若是，则现场处理水位变送器（排汽、排污操作），恢复其正常工作，中控自动给水操作，打开事故放水阀或排污阀放水；

③ 判断是否是给水调节系统（如汽包补水阀）发生故障或失灵，造成给水过大，处理措施同样是打开事故放水阀或排污阀放水，手动小流量给水或走旁路给水；

④ 判断锅炉已严重满水，过热蒸汽温度急剧下降造成汽轮机主蒸汽温度明显下降，进行放水处理后仍未恢复，则需立即甩炉，截断锅炉蒸汽通道，打开锅炉气动阀，停止汽包给水，打开事故放水阀或排污阀放水，待水位恢复正常后，重新按锅炉投入运行程序操作，注意暖管时间要充分，观察锅炉投入运行后的汽轮机主蒸汽温度的变化情况；

⑤ 锅炉负荷增加过快造成的满水事故，应暂缓加负荷，水位恢复正常后缓慢加负荷。

3.136.4 锅炉承压部件损坏时的操作

(1) 锅炉受热面损坏的现象

① 汽包水位下降较快；

② 纯水消耗量明显增大；

③ 蒸汽压力和给水压力下降；

④ 给水量不正常，大于蒸汽流量；

⑤ 排烟温度升高；

⑥ 轻微泄露时，有蒸汽喷出的响声，爆破时有明显的响声。

(2) 锅炉受热面损坏的原因

① 锅炉质量不良，水处理方式不正确，化学监督不严，未按规定排污，致使管内结垢腐蚀；

② 制造、检修或安装时管子或管口被杂物堵塞，致使水循环不良引起管壁过热，产生鼓包或裂纹；

③ 管子安装不当，制造有缺陷，材质不合格，焊接质量不良；

④ 锅炉负荷过低，热负荷偏斜或排污量过大，造成水循环破坏；

⑤ 升温升压时受热面联箱或受热面受热不均，出现过高热应力，造成焊口出现裂纹；

⑥ 锅炉高速含尘废气使受热面冲刷磨损严重，致使受热面管壁变薄。

(3) 受热面损坏的处理方法

① 立即停炉，关闭锅炉入口挡板，打开锅炉旁路挡板，关闭锅炉主蒸汽截止阀；

② 提高给水压力增加锅炉给水；

③ 如损坏严重致使锅炉气压迅速降低，给水消耗太多，经增加给水仍不能保持汽包水位时应停止给水；

④ 处理故障时应密切注意运行锅炉的给水情况；

⑤ 停炉过程中，严禁开启冷风挡板对锅炉进行强制降温；

⑥ 锅炉入口风温降至 100 ℃以下时锅炉放水进行处理；

⑦ 锅炉故障处理完毕后，必须经水压试验合格后方可投入运行。

3.136.5　发电系统全线失电时应急操作

(1) 发电系统全线失电时操作

① 现场操作

a. 打开真空破坏阀，以防高压蒸汽冲破汽轮机安全阀；

b. 确认直流油泵是否已经自动启动供油，若没有自动启动，将控制模式打至手动启动，并确定汽轮机轴承润滑正常；

c. 投入事故照明电源，确认事故照明灯亮；

d. 关闭汽轮机轴封供气阀；

e. 通知调度，要求尽快恢复供电；

f. 待汽轮机停止后，手动对汽轮机进行盘车，最低要求汽轮机转子间隔 5 min 旋转 180°。

② 中控室操作

a. 确认主蒸汽旁路阀、混汽旁路阀处于关闭状态，若没有关闭，通知现场关闭旁路阀前手动阀；

b. 联系调度和电气人员，确认失电原因，要求尽快恢复送电。

(2) 低压联络电源恢复送电后操作

① 现场操作

a. 通知中控启动(或现场启动)交流润滑油泵，停止直流油泵，确认汽轮机各轴承润滑正常；

b. 现场启动盘车装置，要求盘车连续运转；

c. 协助中控操作员开、关系统内各挡板，确认挡板开度正确。

② 中控室操作

a. 启动交流润滑油泵，停直流油泵；

b. 在窑操作员和原料磨操作员的允许下，打开 AQC 锅炉和 PH 锅炉旁路挡板，关闭路口挡板；

c. 严禁启动冷却水泵等大功率用电设备；

d. 监控汽轮发电机组各轴承温度变化，发现异常时及时汇报分厂调度安排处理。

(3) 恢复市电供电后操作

① 现场操作

a. 根据操作规程按照程序正常启动各系统；

b. 对应急操作中的设备恢复其正常运行状态。

② 中控室操作

a. 关闭主蒸汽及混汽截止阀；

b. 逐步打开 AQC 锅炉启动阀、PH 锅炉启动阀、主蒸汽排污阀泄压；

c. 冷凝器排汽室温度小于 80 ℃时，方可启动冷却水泵，水泵出口阀开度小于 10%时以小流量送水，以防止急剧冷却造成冷凝管胀口松漏，依照规程将辅机按顺序启动；

d. 对锅炉缓慢补水，由于汽包因长时间干烧处于低水位状态，将补水阀打至手动小流量补水，其流量以控制在 5～10 t/h 为宜；

e. 在投入锅炉和汽轮机冲转前，检查系统各保护的状态如 ETS、油泵联锁等是否处于正常位置；

f. 按操作规程，进行锅炉升温升压带负荷操作。

3.137　余热发电启停机流程

3.137.1　余热发电的启机

1. 启机所需条件

首先是设备准备情况，其次是软化水的制配以及冷却水的储存。在上述工作准备好后，余热发电系统本身已准备就绪。其中，制配软化水、储存冷却水的步骤非常重要。余热发电对水的需求非常大，并且从不间断。

2. 启动锅炉

启动锅炉需要在回转窑已经正常投料，窑况比较稳定的时候进行。启动两台锅炉的排料拉链机，适当开启进出锅炉的风阀，缓慢地进行暖炉。

3. 送气暖管

使大量的蒸汽通过蒸汽管，并打开在末端的疏水阀门，把蒸汽管加热到足够温度。加热的程度关系到蒸汽的质量。可通过观察喷出的蒸汽含有水分的多少来判断蒸汽管是否加热到足够的温度。暖好蒸汽管时，喷出的蒸汽是透明无色的。

4. 汽轮机暖机

汽轮机是全金属铸件，受热后会膨胀，如果上下膨胀系数偏差很大，在高速运转时会产生剧烈振动，对设备本身乃至整个机房都是一个不小的安全隐患。

汽轮机暖机约需要 2 h。在这段时间里，使用蒸汽的量很少，为了使蒸汽保持良好的流动性，疏水阀门还不能关闭。

5. 并网发电

完成上述工作后，致电总降，并网发电。工作人员在检视所有设备正常运行后，才去关闭各蒸汽管上的疏水阀门。

总结以上步骤，启机需要 2 h 左右的时间。

3.137.2 余热发电的停机

1. 降低发电机负荷，断开电网。

发电机输出的负荷功率必须要降到 0 左右，才可以进行断网，否则带大负荷断开电网会有拉弧，甚至发生电网连接设备爆炸的可能。

2. 汽轮机减速，打开疏水阀门。

断网后，工作人员将进入汽轮机的蒸汽切断，由于惯性，转子还会继续转动一段时间。虽然已经不需要蒸汽来推动汽轮机，但是在转子完全停下之前，需要保持运行时的工况，依然要使用一些辅助设备，且不能切断锅炉输送来的蒸汽。这时蒸汽用量大大减少，为了能让蒸汽流动顺畅，工作人员会打开蒸汽管的疏水阀门，就像启机时一样。

从中断汽轮机工作到汽轮机的转子停止，需要 35 min 左右。转子停止后，挂上盘车，方可关闭蒸汽管的疏水阀门。

在停机过程中，视锅炉情况，适当调节进风阀门，到切换盘车时，锅炉关闭进出汽风门，停机操作告一段落。

3.138 水泥窑余热发电不达标的原因及措施

3.138.1 常见不达标原因

不达标是指水泥窑余热发电量未达到设计值，此时需分析关键运行参数：发电量、锅炉进出口烟气温度、负压、锅炉出口蒸汽参数（流量、压力、温度）、汽轮机进汽参数等。

发电量的多少不仅与窑本身余热条件、工艺、设备、燃料有关，同时也与水泥、发电两专业的配合程度、窑操的操作水平及操作特点有很大关系。

(1) 水泥窑实际可利用余热烟气量偏低

国内 5000 t/d 水泥窑余热发电窑头余热锅炉（AQC 炉）和窑尾余热锅炉（SP 炉）设计平均烟气量分别为 240000 Nm^3/h 和 340000 Nm^3/h，实际可利用余热烟气量未达到设计参数，具体表现如下：

① SP 炉进口烟气量偏小

SP 炉出口废气要用作原料磨烘干用风，其温度需要满足生料烘干所需。在余热电站的实际运行中，如果锅炉出口排烟温度低于设计值或者锅炉进出口压差明显偏小，说明进入锅炉烟气量可能过小。

SP 炉进口烟气量未达到设计值的主要原因是锅炉旁路阀未完全关闭。在运行中，旁路阀可以随时调节进入原料磨烟气的温度，锅炉旁路阀打开，部分烟气直接进入水泥窑原工艺系统，将不再经过锅炉换热，实际进入锅炉的烟气量减少。

旁路阀的开度与水泥窑原料磨的种类、自然条件及操作水平有关。水泥窑原料磨分为管磨、立磨和辊压机三类，其中管磨运行所需温度最高，为 230 ℃以上，立磨需要 200～220 ℃，辊压机所需温度最低，为 160～170 ℃。不同地区由于自然条件的不同，旁路阀的开度不同，特别是雨季，原料水分含量高，原料磨需要更高的烘干温度。

② AQC 炉进口烟气量偏小

窑头 AQC 炉出口废气在生产中没有利用，其排出的废气经收尘后排放。在余热锅炉设计中，其排烟温度一般为 100 ℃左右，如果锅炉排烟温度较低，则说明废气量偏小；同时因为 AQC 炉受热面不能被充分利用而导致 SP 炉给水温度较低，影响 AQC 炉及 SP 炉产汽量。

另外，设计锅炉进出口烟气压差为 600800 Pa，如果余热发电中控显示的锅炉进出口压差明显偏小，表明进入锅炉烟气量过小。

(2) 水泥窑实际余热烟气温度偏低

5000 t/d 水泥窑余热发电采用双压技术，窑头 AQC 炉和窑尾 SP 炉设计平均烟气进口温度分别为 380 ℃和 320 ℃，进口温度过低将导致锅炉解列。水泥窑余热发电锅炉进口烟气温度偏低的主要表现如下。

① 进入 SP 炉烟气温度较低

SP 炉入口烟温主要由水泥窑预热器 C_1 级出口温度决定，根据设计规范，采用五级预热器时不应高于 320 ℃，余热发电设计 SP 炉入口烟温为 320 ℃，实际运行时，有些水泥窑在 310 ℃以下，造成余热利用温度偏低。

② 进入 AQC 炉温度较低

水泥窑窑头箅冷机余风温度为 250～300 ℃，余热发电设计时，从箅冷机中前部引出管道，抽出 380 ℃左右的废气滤去大颗粒粉尘后引至 AQC 炉，进入 AQC 炉烟气温度较低的可能原因如下：

a. 取风点位置靠后。余热发电可利用热量主要集中在箅冷机Ⅰ段、Ⅱ段，为了不影响二、三次风的温度及风量，保证水泥窑正常生产，余热发电取风口设在箅冷机Ⅱ段前部，如果取风口位置过于靠后，可能导致锅炉入口烟气温度偏低。

b. 箅冷机料层厚度不够。原水泥窑一般要求"薄料快烧"，如果箅冷机料层厚度不够，冷却风穿透料层来不及充分蓄热升温，将导致窑头废气温度较低。

(3) 余热电站设计和安装存在缺陷

① 管道设计缺陷

a. 烟气管道。烟气管道设计不合理，例如角度不够将导致管道内部产生积灰，影响通风量，造成锅炉蒸发量不足。

b. 蒸汽管道。蒸汽管道设计不合理将影响疏水、并汽、解列、单线考核等。另外管道内径太大，蒸汽流速低，将引起蒸汽温降较大。

② 保温设计及安装缺陷

热量散失是影响余热电站项目达标的主要因素之一，因此保温效果也决定着余热电站系统发电量是否达标。发电量高低主要是由风量和废气温度决定的，在保证风量足够大、温度足够高的情况下，系统余热热量是否能够尽可能多地用来发电，取决于保温措施的好坏。

a. 烟气管道

余热发电发展时间较短,早期水泥窑保温仅考虑了防烫伤及结露要求,标准过低。配套余热发电后,原有设备及烟道热量损失较大,另外新增烟气管道及设备保温不当,例如阀门未进行保温等,都影响余热利用。

烟气管道及设备的主要保温部分为:窑尾预热器 C_1 级出口至 SP 炉入口管道;高温风机出口到原料磨进口管道;箅冷机抽气口至 AQC 炉入口管道;烟气管道阀门;烟气管道支座。

b. 蒸汽管道

蒸汽管道、阀门保温不佳,将导致锅炉蒸汽出口到汽机进口温降过大。

(4) 水泥窑工艺及设备制约

水泥生产线的超产能力、风机性能以及箅冷机结构都会影响余热发电量。

余热发电系统稳定的前提是水泥工艺系统的稳定,水泥窑的较大波动将迫使余热锅炉的解列,余热电站无法正常发电,更无法达标。此外,早期投建的一些水泥生产线选用的设备比较陈旧,且未考虑配套余热发电项目的预留空地。

箅冷机的窑头罩、箅冷机风室、箅板液压缸推力、箅速、鼓风机及箅床跑偏影响料层厚度控制等因素均会直接影响窑头 AQC 炉烟气量和烟气温度。窑头风机能力不足将导致进入 AQC 炉烟气量不足。

3.138.2 解决措施

(1) 做好前期设计、安装工作

余热电站依附于水泥窑,熟悉水泥窑运行特点对于水泥窑与余热发电系统的有机衔接极为重要,是整个余热电站工艺设计及车间布置的主要依据。

热工标定是余热电站参数设计的依据,余热发电项目遵循"以热定电"原则,水泥窑可利用余热量决定余热电站装机规模、设备选取及工艺设计。

国内外即使是相同生产规模的水泥窑,由于设计、地域、业主的不同,在工艺流程、设备结构形式、收尘方式、烟气冷却方式以及运行水平等方面会存在差异。余热发电需要针对各个水泥窑的特点,选择最佳工艺系统、参数和设备型号,避免设计和安装缺陷。

好的保温防冻措施对于高寒地区尤为重要。设计中需要针对工程自然条件做好保温设计,为汽包、给水操作平台、取样及加药装置等增加保温小室,对仪表及导管采用保温箱、电伴热或蒸汽伴热,同时考虑设备、汽水管道、烟气管道等部位的保温设计。后期查找管道阀门等容易疏漏的位置,重新进行保温或者更换保温材料。同时对重要点控进行监测控制。

(2) 借鉴改造经验

① 箅冷机鼓风改造

更换箅冷机Ⅰ段箅下鼓风机:Ⅰ段箅下鼓风压力由 10 kPa 提高到 15 kPa;Ⅰ段箅下鼓风风量增大 50%;更换箅下鼓风机为调频风机,在保证熟料冷却前提下,调整鼓风量;Ⅰ段、Ⅱ段风室全部改造为充气梁形式。改造液压缸推力,满足厚料层运行需要。

② 煤磨取风改造

水泥窑煤磨在窑头时,将箅冷机中前部抽取的高温风和窑头 AQC 炉旁路阀前的余风混合作为煤磨用风,可减少煤磨启停对余热发电的影响,提高系统余热利用效率,减少系统电耗。

③ 循环风改造

在东北地区,冬季进入窑头鼓风机的空气温度达到−30～−20 ℃,如果将锅炉排放的烟气混合适量冷风,使其温度降到 20 ℃后进行循环利用,仍能保证熟料的正常冷却,将使进入箅冷机的冷却风温度提高 50 ℃左右,从而提高锅炉进口烟气温度。

④ 头排风机改造

增加余热发电系统后，窑头头排风机进口阻力相应增加1200 Pa左右，造成风机能力不足，因此，对头排风机的改造有利于增加AQC炉进口烟气量。

(3) 提高窑操水平

操作人员影响余热发电项目不达标的主要原因在于操作人员经验不足或与余热电站运行人员缺乏交流合作。水泥生产线增加余热发电以后，窑操难度有所增加，例如，为了提高AQC炉烟气温度而减少箅冷机的鼓风量，将很难保证熟料的冷却温度；为了提高AQC炉的烟气量而拉大窑头风机，结果导致烟气温度降低，且不能保证箅冷机的负压；箅床下风机压力、液压缸推力无法满足；箅速难调整，料层厚易压死箅床。

因此，应采取相关措施，激励窑操作人员提高认识，尽快积累经验，在不影响水泥质量、产量的同时，摸索最佳运行方式，尽可能把余热多送到锅炉，多发电。操作要求如下：水泥窑喂料量要保持稳定，产量忽大忽小将导致AQC炉无法运行，一般而言，熟料产量越高，发电量也越高；探测进原料磨的最低风温，窑尾SP炉的旁路阀尽量全部关闭，使窑尾烟气余热能得到充分利用；求得箅冷机最佳料层厚度及鼓风量，按照配套余热发电后的窑头操作要求进行窑头操作；控制进煤磨的最低温度和风量，确保多发电；为保证系统设备的安全运行，操作上尽量避免大幅调整，保证废气温度稳定；加强窑操和余热发电运行人员的沟通配合，尽可能把余热调到余热发电，在水泥和发电两个系统都稳定的前提下，逐步提高发电量。

[摘自：贺慧宁，彭岩，魏永杰，等. 水泥窑余热发电不达标原因分析及解决措施[J]. 华北水利水电大学学报(自然科学版)，2011(1)：42-45.]

3.139 高温烟气阀门对水泥余热发电有何影响

高温烟气阀门作为连接熟料线与余热发电的纽带，关系到熟料线与余热发电的正常运行。杨有用认为如果高温烟气阀门出现问题，将直接影响余热发电系统的运行，出现发电效率降低等问题。

3.139.1 AQC锅炉进口阀门阀板磨损的影响

AQC锅炉进口阀门阀板出现严重磨损后，往AQC锅炉烟气量增大，引起蒸发量增加，影响锅炉的正常运行，箅冷机出风口抢风，影响水泥窑二次风、三次风调节，严重影响了熟料窑的正常生产。由于窑出现不正常的情况，沉降室温度会超过600 ℃，有时甚至超过800 ℃，且要把沉降室温度降下来基本上要2 h左右，严重时会造成沉降室管道的耐火混凝土烧脱，锅炉进口温度过高，容易造成锅炉烧坏。

AQC锅炉进口阀门一般设置在箅冷机中部靠前，此地方温度不正常的时候都超过600 ℃，甚至超过800 ℃。水泥窑运行经常要根据三次风温度或熟料产量来调节燃煤，调整箅床的走料厚度，在操作过程中极易造成料层太薄，使料层阻力变小、冷却风量增加，出现飞砂现象，由于飞砂都是熟料颗粒和粉尘。高温、高硬度的颗粒直接冲刷在阀门阀板上，同时在高温情况下，碳钢阀板或不锈钢阀板的机械强度下降一半以上(426 ℃时碳钢阀板的机械强度和其他机械性能下降一半)，阀板出现变形磨损。

3.139.2 沉降室掺冷风阀开启时间和泄漏的影响

电站运行时，由于水泥窑出熟料量有一定的波动，导致窑头AQC炉进口废气温度波动很大，产生的蒸汽压力、温度变化也很大，造成汽轮机汽缸膨胀不均匀，会引起汽机振动，特别在三次风管塌料、冷却机风温急升时，采用窑头冷风阀进行掺冷风，降低废气温度，能起到明显降低AQC蒸汽温度的效果，从而保持汽机汽缸膨胀量在允许范围内，不会引起汽机振动。在调节AQC入口阀门开度的同时，打开掺冷风阀也是降低进AQC锅炉烟气温度的一个有效途径，因此该阀的开启时间长短就显得特别重要，可选型时往往忽视了阀门的全行程的时间，如果沉降室温度超过设计范围时阀板开启时间长，不能迅速地往沉降室加冷风降低烟气温度，给锅炉造成隐患。同时阀门的严密性也会影响烟气的温度。如果阀板的间隙大，沉降室压力与外界常温空气压力不一致，就必然存在漏风。一种是热烟气漏出系统，一种是常温空气顺着间隙进入。这两种漏风都会降低余热回收效率，由于沉降室烟气温度远高于常温空气温度，所以常温空气通过阀板间隙进入，降低烟气温度。因此设计时应该着重考虑电动执行器的功率和转速，缩短阀门的全行程时间，以及提高阀门密封性能。

3.139.3 窑头旁路阀门磨损泄漏的影响

窑头旁路阀往往没有受到足够重视，它是造成窑头锅炉出力不足的一个重要因素。运行中旁路风门开度太小，会造成锅炉烟气温度降低；反之，箅冷机旁路风门开度大，会造成窑头锅炉的风量小，可见此阀的重要性。

箅冷机余风风量变化大，箅冷机的余风量随进入箅冷机内熟料量的增加而增大，尤其是当窑内出现结圈、窑中生料大量堆积的恶劣工况时，一旦窑圈崩塌使窑内黄料在极短时间内进入箅冷机，导致余风量增大到正常余风量的 1.5 倍；温度变化大，正常情况下，出箅冷机余风温度为 200～250 ℃，随着箅冷机内熟料量的增加余风温度相应升高，一旦窑内出现上述恶劣工况，余风温度就可能会高达 400 ℃以上；含尘浓度变化大，正常情况下，出箅冷机余风含尘浓度为 2～30 g/Nm^3，含尘浓度随箅冷机内细粉料的多少做相应的波动，一旦窑内出现上述恶劣工况，余风含尘浓度可能会增加到 50 g/Nm^3 以上。由于箅冷机余风的特点决定窑头旁路阀要做频繁的调节，因此必须保证该阀门调节的可靠性。

由于箅冷机余风具有温度变化大、含尘浓度高的特点，阀板容易出现严重磨损。阀门处于不是全开与全关状态，对阀板磨损比较厉害，而且具有一定的腐蚀性，阀板受到冲刷产生严重磨损，泄漏率增大，有时还出现阀板脱落，造成系统漏风严重。因此，建议对阀板做防磨处理，阀板双面焊龟甲网衬耐磨浇注料，确保阀门的正常运行。

3.139.4 SP 炉旁路阀漏风的影响

锅炉旁路阀设置在高温风机与预热器之间，一般使用温度为 330～450 ℃，该烟气使用温度波动较小，烟气含尘浓度在 60～120 g/Nm^3，含尘量大，粒径小，平均粉尘粒径 1～30 μm，容易积灰，造成阀门打不开或关不上的问题，因此把该阀设计为倾斜式的结构。阀轴应能长期使用不生锈，阀体阀板在该使用温度下应有足够的机械性能。该阀一般情况下是在关闭状态，当 SP 锅炉检修时，才把阀门开启，因此它的主要性能是切断性能，关闭时的密封性能要好。漏风对发电量影响很大，据有关专家测算每多漏风 1%，发电量下降 0.6%，因此必须严格控制，设计要求该阀漏风率越小越好。

SP 炉阀门虽然磨损小，温度比较稳定，但 SP 炉的启停和入炉烟气量的调节涉及窑系统工况的波动和窑尾高温风机电流的波动。SP 炉启停操作和风量调节时，原则上只要保持 C_1 出口负压和温度不变，就不会影响窑系统的稳定。实现这一原则的重要手段是 SP 炉进出口挡板、旁路挡板及窑尾高温风机液力偶合器三者的协调操作。因此，SP 炉阀门要确保阀体阀板在该使用温度情况下有足够的机械性能，加大阀体和阀板的厚度，叶片之间采用密封条搭接，以降低阀门的泄漏率。

3.140 水泥厂余热如何用于采暖

传统的采暖模式主要为：热源→一次管网→热力站（换热站）→二次管网→热用户。热源一般为采暖锅炉，采暖锅炉种类繁多，从使用燃料上可分为燃气锅炉、燃油锅炉、燃煤锅炉。从生产介质上可分为热水锅炉和蒸汽锅炉。由于我国能源结构以煤炭为主，因此采暖锅炉绝大部分是燃煤锅炉。采暖锅炉生产的热水或蒸汽经一次管网输送到热力站。当热源供热的热媒性质与参数和热用户所需不一致时，则通过热力站(热交换站)转换获得。根据具体工程位置,换热站可以布置在锅炉房侧,也可以布置在热用户侧,还可以布置在中间位置。采暖锅炉至换热站的管网称一次管网,换热站到热用户之间的管网为二次管网,目前热用户热媒一般采用 95 ℃或 70 ℃低温水。

燃煤供热具有使用灵活、系统稳定可靠的优点,而且供热技术成熟、安全,热用户用热清洁、可靠,并且供热设备生产厂家多。一直以来,烧煤等采暖模式是我国北方地区传统的供暖方式,一到冬季采暖期,燃煤锅炉和小煤炉排放出的烟尘和二氧化硫就成了大气的主要污染物。面对日益严峻的空气污染,烧煤取暖的限制将越来越大。随着煤炭等一次能源的日渐匮乏,煤炭等燃料的价格将越来越高,因此在传统采暖方式下,在消耗一次能源的基础上,采暖的费用也将越来越高。

水泥窑窑头冷却机冷却熟料后冷空气被加热产生热风,经窑头收尘器收尘后排到大气。燃料在水泥窑内煅烧水泥生料并在窑尾预热器预热生料后,产生的中温废气经窑尾高温风机、增湿塔及窑尾收尘器后排大气。余热采暖的热源就取自窑头冷却机出风口废气或(和)窑尾出旋风筒后的废气。

根据水泥窑生产线余热资源情况,在水泥窑的窑头、窑尾设置可适应水泥窑窑头熟料冷却机、窑尾预热器废气温度波动的窑头余热锅炉和窑尾余热锅炉,热空气或者热烟气进入余热锅炉与锅炉汽水受热面换热,从而加热给水或者使给水产生蒸汽。余热锅炉生产的热水及蒸汽通过一次管网输送到换热站。在换热站中把二次管网 70 ℃的回水加热到 95 ℃,热水再经过二次管网输送到热用户。

根据水泥窑生产线余热资源情况,在水泥窑的窑头和窑尾各设置或者都设置余热锅炉。对于纯余热采暖系统,余热锅炉可采用传统水管锅炉,也可采用新型无机工质热管式余热锅炉,锅炉参数为:

(1) 窑尾余热锅炉

废气进口温度(℃)	320～400
废气出口温度(℃)	100～260
锅炉入口含尘浓度[g/m^3(标况)]	<100
供水/回水温度(℃)	95/70
蒸汽参数(或产生蒸汽)(MPa)	0.6～1.0(饱和蒸汽)

(2) 窑头余热锅炉

废气进口温度(℃)	180～300
废气出口温度(℃)	90～120
锅炉入口含尘浓度[g/m^3(标况)]	<30
供水/回水温度(℃)	95/70
蒸汽参数(或产生蒸汽)(MPa)	0.6～1.0(饱和蒸汽)

水泥厂余热采暖系统的改造通常是在原有供热系统的基础上进行的。水泥窑余热锅炉产生热水或者蒸汽后,通过一次管网输送到原有供热换热站内,取代原有锅炉房生产的热水或蒸汽。必要时可保留现有锅炉房内 1～2 台燃煤采暖锅炉作为停窑检修时的备用热源。原则上应充分利用现有锅炉房内已有的辅助设施,如水处理设施、水箱、定压装置、循环水泵等,减少投资。仍继续使用原有二次管网把 95 ℃热水送到用户。

在非采暖期,将余热锅炉解列或者利用余热锅炉产生的一定的热水供浴室、食堂等使用。

在非采暖期余热锅炉停用时,水泥窑废气经旁通废气管道直接排入现有废气处理系统。

4 燃烧器与火焰

Burner and flame

4.1 预分解窑的燃烧器应满足哪些要求

（1）能保证煤粉充分燃烧，**CO** 含量低。对燃料具有较强的适应性，尤其是在燃烧无烟煤和劣质煤时，也能保证煤粉在合理的时间内完全燃烧。

（2）一次风量低于 6%，同时一次风压低于 36 **kPa**，在使用中产生的 $\mathbf{NO_x}$ 量低。

（3）能够在窑内过剩空气系数较低的工况下稳定地煅烧，稳定和提高熟料的质量的同时减少 NO_x 的生成量。

（4）能够方便地调节出要求的燃烧器火焰形状。特别要能使整个烧成带具有强而均匀的热辐射，形成有利于熟料结粒、矿物晶相正常发育，防止烧成带扬尘，形成稳定窑皮，延长耐火砖使用寿命的工况。

（5）外风采用环形间断喷射的结构，保证热态不变形，射流均匀稳定，形成良好的火焰形状。

（6）设置长径比合理的拢焰罩，煤粉的燃尽率较高。同时能够避免产生峰值温度，减少有害气体 NO_x 的排放，使窑内温度分布合理，提高预烧能力。

（7）采用火焰稳定器，受喂煤量、煤质和窑情波动的影响小，火焰更加稳定。

（8）内、外净风和煤风通道的截面面积可灵敏、方便地调节，能够在正常运行中控制不同窑况的变化，满足烧不同煤质和形成不同火焰的要求。

（9）能够定位在回转窑口中心线零点位置以上使用，能够容易地将窑尾烟室的温度控制在（1050±50）℃的正常状态。

（10）能够在三次风管阀门开度比较大的工况下正常稳定地煅烧出高质量的熟料。

4.2 燃烧器的结构可以分为几种

（1）内、外净风通道的布置的结构可以分为两种（图 4.1、图 4.2）：

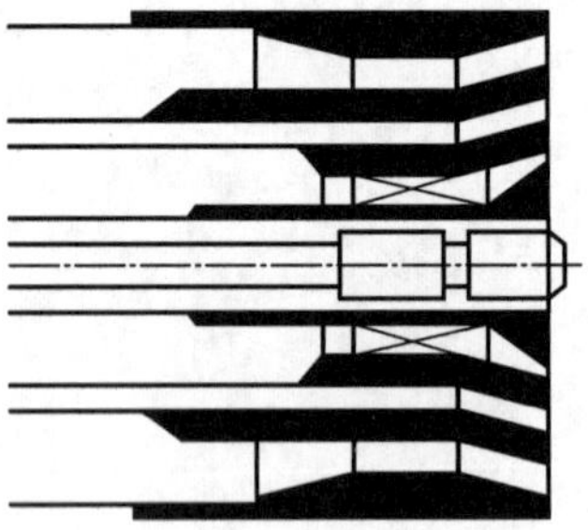

图 4.1　结构 1

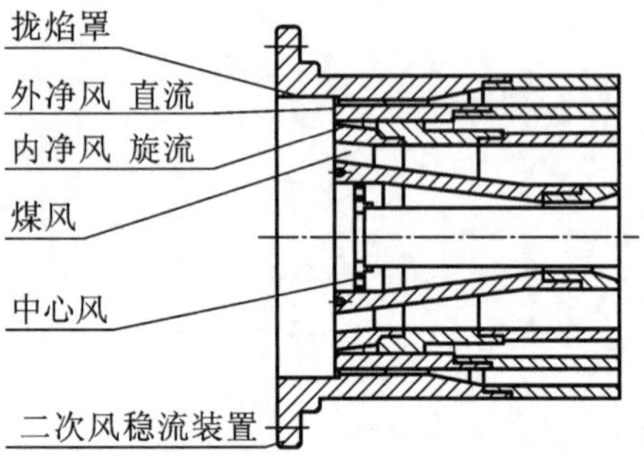

图 4.2　结构 2（**新型低氮燃烧器**）

结构 1：外净风、煤风、内净风、中心风；

结构 2：外净风、内净风、煤风、中心风。

这两种喷煤管的主要差别在于煤风通道的位置。结构 1 的煤风通道在内、外净风通道之间；结构 2 的煤风通道在内净风通道之内。这种看似简单的变化，其实是一种燃烧理论的发展和煅烧工艺的发展的结果。

（2）按照内、外净风风道结构，外净风的出风结构可以分为网环形出风、圆环形间断出风（出风孔有圆孔、方孔、扁方孔、长方孔），见图 4.3；内净风的出风结构一般都是旋流风，可以分为圆环形间断出风、方柱形出风，见图 4.4。

（3）按照内、外净风风道的调节方式，可以分为通道截面面积可调节和不可调节，以及只有单个通道可调节，见图 4.5。

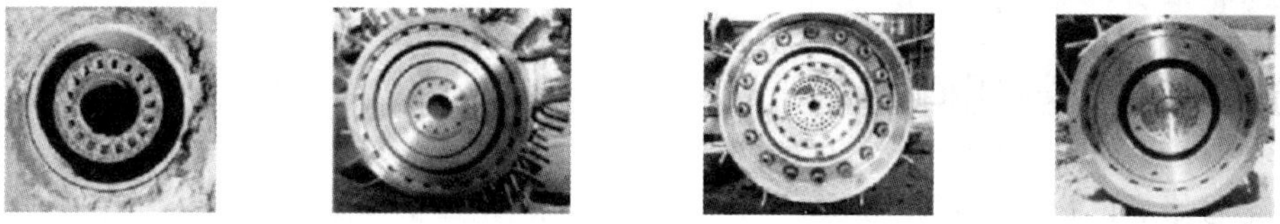

(a) (b) (c) (d)

图 4.3 外净风的出风结构

(a)网环形出风;(b)圆环形间断出风;(c)圆孔;(d)方孔

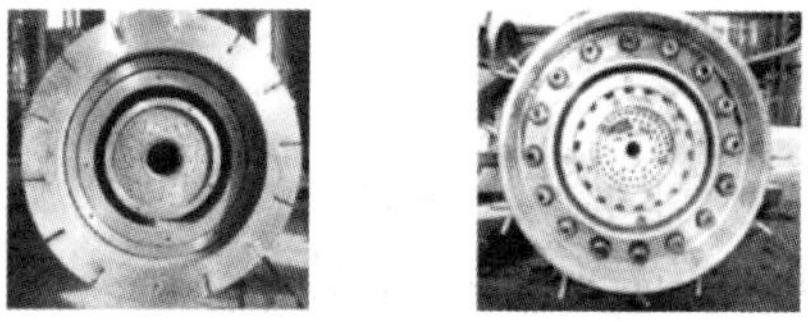

(a) (b)

图 4.4 内净风的出风结构

(a)圆环形间断出风;(b)方柱形出风

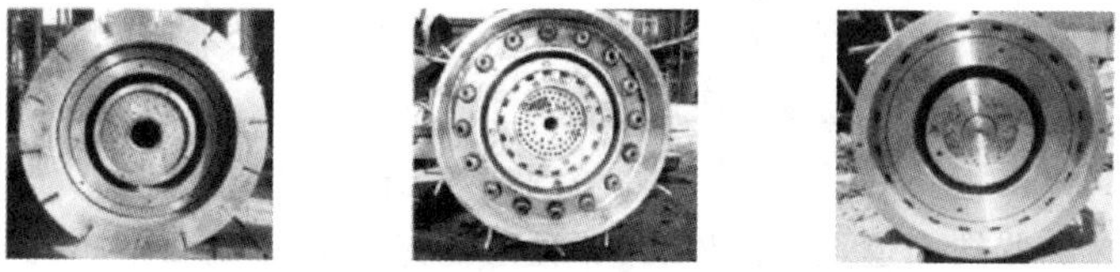

(a) (b) (c)

图 4.5 按照内、外净风风道的调节方式分类

(a)截面面积可调节;(b)内净风截面面积可调节;(c)外净风截面面积不可调节

(4) 按照有无拢焰罩的结构还可以分为有拢焰罩和没有拢焰罩两种。同时有拢焰罩的还可以分为拢焰罩长度可调与不可调两种。

[摘自:郭红军,沈卫泉,万彬,等.浅谈喷煤管的结构性能和操作使用技术[J].新世纪水泥导报,2016(6):53-62.]

4.3 优异燃烧器应该具备什么功能

燃烧器是决定能否形成优良火焰的必要装备之一。现在其种类开发得越来越多,而且各自强调自己的优势,那么,优异的燃烧器应该具备什么功能呢?

①具有调节火焰的能力。根据生料成分的高低及窑皮情况,可以变化火焰的长短、粗细及位置。这种能力具体表现在对窑尾温度及对窑筒体温度的控制上,窑尾温度过高说明燃料燃烧不够充分,窑筒体温度均匀且不高可以说明对窑皮的保护程度高。

②具有适应不同煤质煅烧的能力。当煤质变化时,通过调节出口风速,改变空气与燃煤的混合力度,使火焰仍能满足煅烧需要。当然,这里煤质变化指的是均化稳定后的煤质变化,而不是瞬间不断改变的煤质,否则,没有一种燃烧器可以适应或调节。

③满足环保要求,少生成 NO_x 及不完全燃烧而出现的 CO。

[摘自:谢克平.新型干法水泥生产问答千例(操作篇)[M].北京:化学工业出版社,2009.]

4.4 选用回转窑燃烧器有何要求

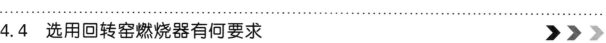

(1) 大中型厂回转窑的燃烧器应采用带有喷油点火装置的多通道燃烧器,开设有一套供燃烧器点火用的供油系统。燃烧器的伸入长度和角度应可进行调整,宜采用悬挂式或支撑式固定。

(2) 回转窑的燃烧器应根据窑型和煤质确定。多通道燃烧器是目前世界上较为先进并广泛用于回转窑的煤粉燃烧器。它的特点是:一次风量小,可灵活调节火焰的形状和长度,对不同灰分的煤质、不同的煤粉细度适应性强,特别是在煤粉灰分较高的情况下,能使其达到完全燃烧,从而不仅较好地适应复杂多变的燃烧工况,提高了燃烧效率,而且对降低能耗也有较为明显的效果。

(3) 多通道煤粉燃烧器的一次风量占理论空气需要量的比例应不大于15%;一次风的送煤风和冷风的比例按不同型式的燃烧器确定。

(4) 一次风机宜配备事故风机或备用风机。

4.5 预分解窑燃烧器如何定位

(1) 回转窑检修后的燃烧器定位方法

燃烧器中心在窑头罩上的坐标位置是它的基础位置。在确定燃烧器与窑的相对位置前，应先确定燃烧器端面在窑口的坐标位置，然后通过打“光点”确定燃烧器中心与窑的交点及其与窑中心的坐标。理论和实践均证明，燃烧器中心在窑横截面上的位置是位于面对窑口的右下方，即第四象限(窑逆时针旋转)稍偏窑中心下方和稍靠近物料层。此外还可以采用回转定位法。

(2) 临停检修更换燃烧器定位方法

由于高温，人不能进入窑内，只能采用铅锤定位法。方法为：先将燃烧器上风管全部拆离开；然后将燃烧器端面退至窑门外，用铅锤线通过燃烧器端面中心孔至地面，铅锤同地面的接触点要做好标识，测量数据要记录好；再沿铅锤线测量燃烧器末端中心孔至地面的距离；燃烧器换好后，按照记录的铅锤线与地面的接触点和距离，调整好新燃烧器的位置；最后将风管安装好，燃烧器推入正常位置即可。

4.6 预分解窑燃烧器位置如何确定

预分解窑燃烧器位置对煅烧影响极大，在正常情况下，燃烧器伸入部分超过下料口 0.5～1.0 m 较理想，在这个范围内风、煤混合最理想，火焰完整，窑内清晰易看，操作易控制，结的前圈位置也易烧。燃烧器的正常位置如图 4.6 所示，应注意以下事项：

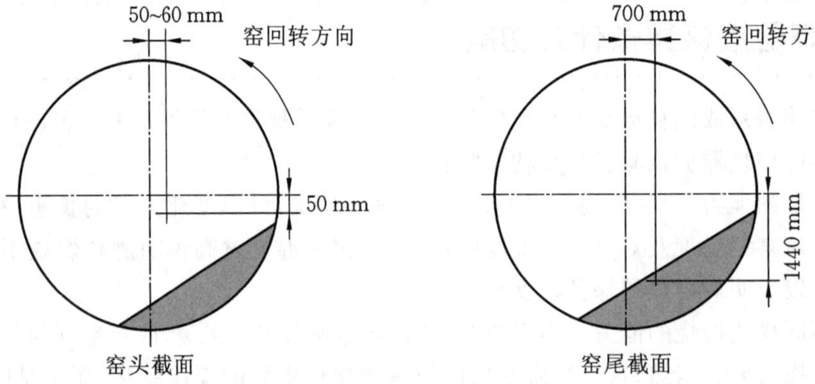

图 4.6 燃烧器的正常位置

(1) 烧后圈时偏高些，烧前圈时偏低些。

(2) 烧成带窑皮厚时偏高些，窑皮薄时偏低些。

(3) 料层厚、产量高时偏高些，料层薄、产量低时偏低些。

(4) 新开窑时偏低些。

(5) 燃烧器位置过高：火焰长，烧得远，易烧坏窑皮。来料少时，烧不起来；来料多时，黑影又易冲过火点。不易提温，一旦烧起来，很易过烧，往往是前边温度刚好，后边已过烧，被迫开快窑速，大减煤，热工制度不稳，操作被动，影响产质量。

(6) 燃烧器位置过低：料少时尚能满足要求，料多时，火焰下扎，直接与物料接触，煤粉被卷在料内，发生不完全燃烧，料层表面冒蓝火，火点发浑，黄心料多，影响水泥颜色。

(7) 燃烧器在外边，火焰一般粗散不稳，火点前移，黑影近，操作难控制，易出现慢车，且易烧坏前边窑皮。

(8) 燃烧器送料过多，开始时火焰伸缩力差，料层增厚时不顶料，窑内发浑，不易观察，不便操作和控制；火焰伸长时，易烧坏后边窑皮。

实践证明，燃烧器位置调整到理想的位置后会有以下明显效果：

① 燃烧器火焰可以在不同的煤质、不同的煤粉细度、不同的煤粉水分的情况下形成正常煅烧制度要求的火焰形状。

② 熟料质量会变好。调整运行 3～5 h，熟料的结粒状况会变好。在箅冷机没有改动的情况下，会提高熟料的冷却效果，降低熟料温度，同时提高熟料强度。

③ 可以形成长度为 5D，厚度在 200～230 mm 的平整坚固的窑皮，回转窑烧成带筒体温度降低。

④ 窑尾烟室的 NO_x 浓度会降低。

⑤ 燃烧器用煤量会减少。

⑥ 三次风管的阀门可以进一步开大，分解炉的性能将会更好地发挥。

⑦ 分解炉的出口和一级旋风筒出口的压力会降低。

⑧ 高温风机的电流会降低。

4.7 燃烧器安装应符合哪些要求

1. 燃烧器行走小车导轨应符合下列要求：

(1) 两导轨的中心线与回转窑纵向中心线应重合，其偏差不应大于±3 mm。

(2) 两轨距偏差不得大于±5 mm。

(3) 导轨的纵向水平度为 1 mm/m，全长上不得大于 10 mm。

2. 行走小车车轮的凸缘内侧与导轨侧面间的间隙 c 应为 3～5 mm(图 4.7)。

3. 安装调整后，燃烧器中心线与回转窑纵向中心线的偏差不得大于 2 mm，中心标高不得大于±2 mm。

4. 燃烧器与风管、煤粉管等连接处应密封严密，不得泄漏。

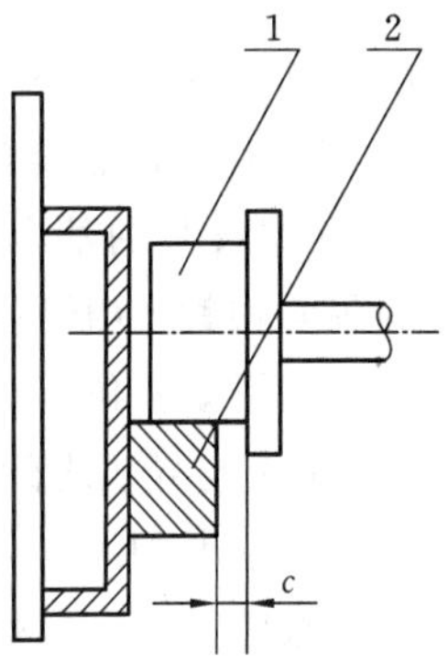

图 4.7 车轮凸缘内侧与导轨侧面间隙

1—车轮；2—导轨

4.8 对燃烧器位置进行调整控制的简单测量方法

燃烧器位置的调整和控制是保证回转窑内正常燃烧和窑衬料有效使用的重要因素。通常燃烧器的定位只能在停窑冷态下，人工站在窑口测量定位。而一旦位置定好后，在生产过程中，调整燃烧器的位置就只能靠经验估计，没有精确的测量数据指导调整，给窑的操作带来不便。观察燃烧器的结构和调整变化规律，可以发现，采用简单的仪表对调整过程中的变量进行测量，就可以达到控制和调整燃烧器位置的目的。

(1) 燃烧器的结构和调整原理

现对燃烧器的结构和调整原理进行简单的分析，燃烧器的结构见图 4.8。

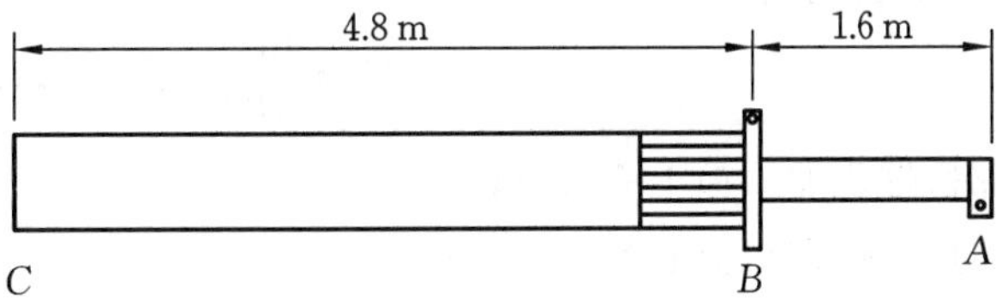

图 4.8 燃烧器结构

由图 4.8 可知，C 点为燃烧器口，B 点为固定支点，A 点为调整活动支点。其调整的原理是，当 A 点调整时，C 点以 B 点为支点进行移动，C 点移动方向与 A 点调整的方向相反，移动规律见图 4.9。

由图 4.9 可看出，当 A 点向下调到 A' 点时，C 点必然上升到 C' 点，在整个调整过程中，A 点和 C 点均

以 B 点为中心做球面相对移动，由于燃烧器调整的角度较小，一般只有 1.5°左右，因此将 A 点和 C 点移动的位置当作平面处理，有利于进行简单的计算。

根据相似三角形的原理可以计算出 A 点向下调整的幅度与 C 点上升的幅度比例关系为：

$$\because \frac{AA'}{CC'}=\frac{AB}{BC} \quad \therefore CC'=\frac{BC}{AB}AA'$$

当以 A 点为固定支点，以 B 点为活动支点，对燃烧器位置进行调整时，其调整变化规律见图 4.10。

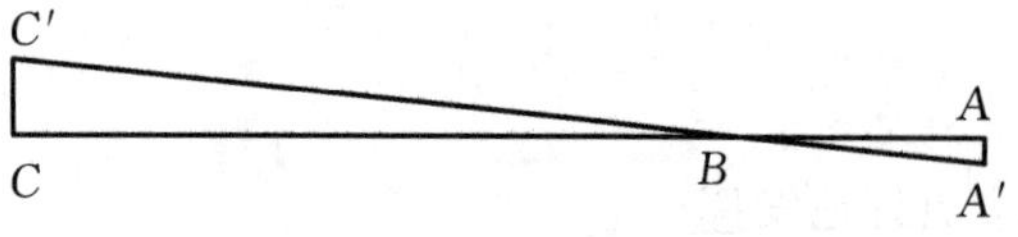

图 4.9　以 B 点为固定点时燃烧器移动示意

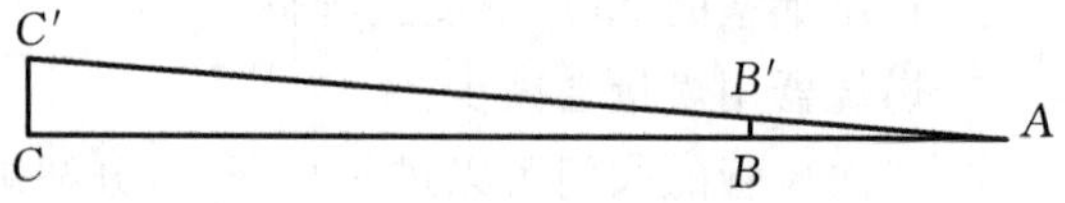

图 4.10　以 A 点为固定点时燃烧器移动示意

从图 4.10 可知，当 B 点位置调到 B' 点，变动量为 BB' 时，C 点位置必然会调到 C' 点，变动量为 CC'。

根据相似三角形的原理，可求出 B 点变动量与 C 点变动量之间的关系。

$$\because \frac{BB'}{CC'}=\frac{AB}{AC} \quad \therefore CC'=\frac{AC}{AB}\times BB'$$

利用 A 点或 B 点调整控制 C 点的原理，可以在 A 点或 B 点处安装一对简单刻度尺，根据刻度尺的变化尺寸，即可计算出燃烧器口调整达到的相对位置。

(2) 安装刻度尺的基本要求和方法

① 购买 4 根钢尺(长约 300 mm)，如果 B 点固定不做调整，2 根钢尺即可。

② 调整好燃烧器位置，燃烧器安装应满足各项技术要求，行走小车导轨要求平直，与燃烧器中心线保持平行。小车与导轨之间的间隙要符合要求，保证小车运行平稳无偏移。燃烧器口处于窑口位置，燃烧器中心线与窑纵向中心线一致。

③ 将 1 根钢尺固定在燃烧器支架上，支架与行走小车连为整体，并保持相对稳定位置，且不随燃烧器的调整而变动；另 1 根钢尺固定在燃烧器上，随燃烧器的调整而移动。2 根钢尺处于垂直交叉状态，但不应贴紧，要留 10 mm 间隙，防止位移时卡住。

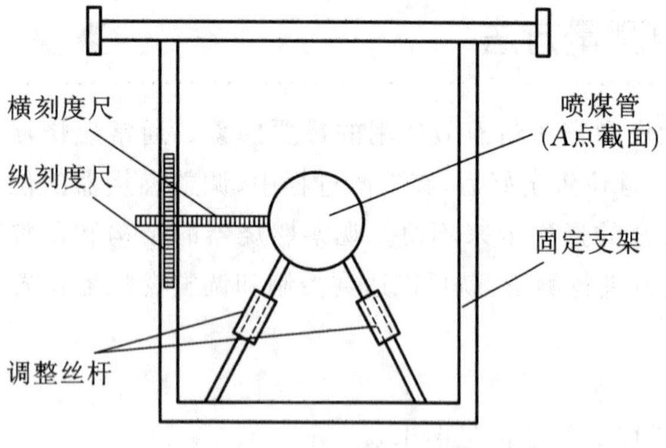

图 4.11　A 点刻度尺安装示意

(3) 应用实例

某厂燃烧器是以 B 点为固定支点，A 点为活动调节支点，A 点刻度尺安装方法见图 4.11。

当刻度尺安装好后，在窑口处测量燃烧器的位置，然后记录刻度尺上横刻度尺和纵刻度尺的数据。再通过多次调整燃烧器位置，看刻度尺的变化与燃烧器位置变化，并做好记录，找出 2 点之间的变化关系，计算出调整系数，指导以后燃烧器位置的调整工作。

从图 4.8 可见，AB 为 1.6 m，BC 为 4.8 m。

$$\because CC'=\frac{BC}{AB}\times AA' \quad \therefore CC'=\frac{4.8}{1.6}\times AA'=3\times AA'$$

当 A 点向下移动 1 cm 时，燃烧器口向上升 3 cm；

当 A 点向左移动 1 cm 时，燃烧器口向右移动 3 cm。

当燃烧器安装好后，燃烧器出口处于窑口的中心位置，从图 4.11 刻度尺上可读出，横刻度尺为 15 cm，纵刻度尺为 15 cm，作为燃烧器口调整的基准点。

以窑口中心点为坐标，见图 4.12，如将燃烧器口调到 A 点(40 mm，−50 mm)位置，根据图 4.9 的原理可知，燃烧器尾需要向左上方位置进行调整，调整的幅度可以通过上述公式进行计算。

燃烧器口移动的幅度：

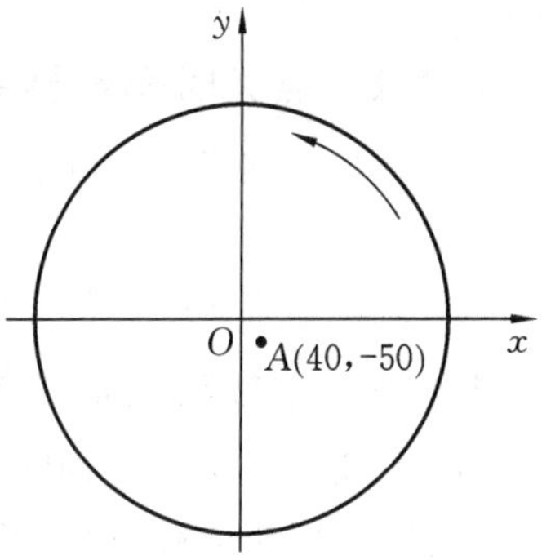

图 4.12 燃烧器口调整示意

∵$CC'=3AA'$ ∴$AA'=CC'/3$

向左：40/3≈13.3 mm≈1.3 cm

横刻度尺新的数值为 15.0－1.3＝13.7 cm。

向上：50/3≈16.7 mm≈1.7 cm

纵刻度尺新的数值为 15.0－1.7＝13.3 cm。

按照横刻度尺为 13.7 cm，纵刻度尺为 13.3 cm 调整燃烧器，即可控制燃烧器口处于 A 点(40 mm，－50 mm)的位置。

以上计算的数据，在窑的实际应用中比较准确。当窑在生产过程中，窑口处于高温状态，可以根据以上 A、B 两支点的数量变化关系，调整燃烧器尾部的支杆，观察刻度尺的变化数据，精确地控制燃烧器的位置，指导窑岗位工的操作，有利于控制燃烧器火焰的位置，达到控制窑皮厚度、加强燃烧操作、保护窑衬的目的。

(4) 存在的问题

① 在日常的使用中，发现有时数据会产生一定的误差。经检查发现主要是燃烧器的行走小车在移动中整体有偏移所造成的，这就需要在安装燃烧器时注意行走小车的轨道要平齐，间隙要符合要求，防止小车在运动过程中产生偏移，导致燃烧器位置的变化。

② 刻度尺的安装位置很重要，如选择不好会影响燃烧器的调整操作。

(5) 刻度尺安装位置的调整

由于燃烧器的结构和现场情况是不相同的，因此刻度尺的安装位置可以根据实际情况进行适当调整，最好选在有利于调整控制和便于计算和观察的位置，但必须要符合刻度尺安装的基本要求和控制原理。

如果燃烧器的 2 个支点均可调整，可以安装刻度尺，通过刻度尺的数据控制，可以达到调整燃烧器位置的目的，具体的计算方法可以根据图 4.9、图 4.10 的调整变化规律，采用分步计算方法，即可求出调整变化后燃烧器的具体位置。

[摘自：刘仁顺. 对喷煤管位置进行调整控制的简单测量方法[J]. 水泥，2002(11)：40-41.]

4.9 燃烧器在水泥回转窑空间内的定位

在正常生产过程中，燃烧器的位置对窑皮的保护、耐火材料的使用周期、筒体温度、熟料质量均有影响。

从窑头人工看火，正常的火焰的形状应该是完整有力，不冲刷窑皮，也不顶住物料，火焰的外焰与窑内带起的物料相接触。燃烧器出口有介于 0.2～0.5 m 的黑火头。

从筒体扫描仪看火，正常的火焰对应的筒体温度应该是：烧成带的窑皮长度在 20～25 m 之间(无烟煤应长 2 m，万吨线略长 5 m)，筒体温度分布均匀，没有高温点，温度在 300～350 ℃，过渡带筒体温度在 360 ℃左右(夏天环境温度较高时可加上外界环境温度变化)。

一般燃烧器前支点为定心点，后支点为可控点，随着后支点上下左右调整，改变燃烧器与窑筒体中心线的夹角；燃烧器小车的前进与后退改变燃烧器伸入窑内距离。

4.9.1 新线燃烧器(或旧线更换新燃烧器)基准点定位

(1) 将燃烧器推至窑内，保证燃烧器端口与窑口平齐。调整燃烧器后支点，保证燃烧器端口中心与窑口中心点重合。

(2) 用水平仪或用直尺测量燃烧器的水平度，如果不水平，则要改变前支点的高度，通过测量计算出前支点应该改变的高度，对前支点支架高度进行修正，直至满足第 1 条，且燃烧器水平。

(3) 用光柱法验证光柱在窑内的距离，其距离 L 应等于根据窑筒体的斜度及窑内径计算出的长度

（斜度＝窑内径/2L）。

4.9.2　点火时燃烧器的位置

(1) 燃烧器端面与窑口平齐。根据黑火头的长短可略调整伸入距离，黑火头长的火焰可适当离开窑口少许。

(2) 燃烧器端面中心与窑口中心基本重合，可偏向物料方向少许。

4.9.3　窑投料后燃烧器的位置

(1) 从窑口人工看火，根据火焰位置略调整燃烧器的位置，确保略偏料。如果燃烧器的位置离料太近，火焰会顶住物料，在料子中冲击，造成顶火逼烧，未完全燃烧的煤粉被翻滚的物料包裹在内，烧成带还原气氛严重，物料中的三价铁还原成二价铁，形成黄心料，降低熟料的质量，还原气氛严重的窑内气体被带入预热器系统，入预热器的物料与还原气体混合，降低物料出现液相的温度，使预热器系统结皮，甚至堵塞，影响窑的正常煅烧。如果燃烧器的位置太偏上，火焰会冲刷到窑皮，筒体局部温度偏高，降低窑衬的使用寿命，且烧成带的窑皮会向后延伸，窑内的热工制度紊乱，严重时，投料煅烧不久就会红窑。

(2) 窑运行 48 h 后，窑皮基本成形，此时应根据窑筒体温度分布再次对燃烧器位置进行微调。（在火焰形状正常条件下）如果烧成带前段温度较高，而烧成带后段温度正常，说明燃烧器的位置离物料远了；如果烧成带后段温度较低，出窑熟料大小不一，结粒不均匀，说明燃烧器头部位置太低；如果烧成带后段温度偏高，固相反应带筒体温度也较高，甚至在 380 ℃以上，说明燃烧器头部位置太高；如果烧成带的温度较低，过渡带的温度也不高，烧成带的窑皮较厚，说明燃烧器离物料太近。

4.10　按风道划分燃烧器有几种形式

按风道划分，燃烧器（喷煤管）可分为单风道、双风道、三风道和多风道等形式。

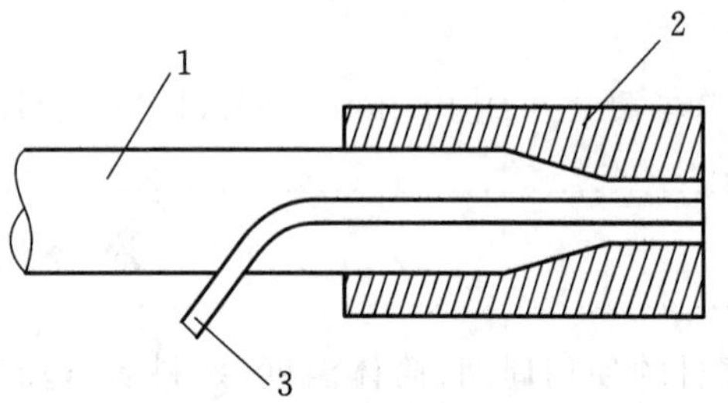

图 4.13　双风道燃烧器示意图

1—煤管；2—保护层；3—内风管

单风道燃烧器（喷煤管）就是一个风道的普通型煤管；双风道燃烧器（喷煤管）是从单风道燃烧器（喷煤管）发展而来的（图 4.13），它的优点是直接增加火焰中心的供氧量，使风煤混合均匀，燃烧速度快而完全，提高火焰温度，减少结圈，可以提高窑的产质量，尤其当一次风不足时（热风全部入窑的风扫磨停磨时），还可补充一次风的不足。但要注意，内风管伸入部分一定与喷煤嘴平齐，不可伸入太少，否则内风管的风吹不进去，严重时有回风现象产生。

三风道燃烧器（图 4.14）是利用风煤之间的方向差、速度差，加快风煤混合，又利用内外净风的高速度，加强中心吹氧，加快煤粉的燃烧速度，以期得到理想的火焰形状、较高的烧成温度。调节风机蝶阀大小，就可调节三风道风量的比例，在总风量不变的情况下，调节风道管上的手动阀门就可调节内外净风比例及煤风道上风的大小。当需要提高烧成带温度时，可调大内净风；要使火焰集中顺畅，可调大外净风。

三风道中的煤风道是由一台罗茨高压风机单独供风；内外净风是由另一台罗茨高压风机供风。煤风道作用是吹送煤粉入窑；外净风道的作用是使风被高速喷射入窑，控制火焰收拢、集中、顺畅，防止烧坏窑皮；内净风道出口装有风翅（煤质差，黑火头长，则风翅角度大；煤质好，黑火头短，甚至煤粉喷出煤嘴就燃烧，可酌情减小风翅叶片角度），风翅的作用是和单风道煤管一样，加强风煤混合，增快煤粉燃烧速度。

加大内净风，旋流作用大，风煤混合好，则火焰短、火色亮，否则相反；加大外净风，火焰收拢，火焰变长，火焰形状好，燃烧速度较慢，温度较低，否则相反。外净风主要起到中心吹氧的作用，克服煤粉燃烧过程中供氧量不足的缺陷。

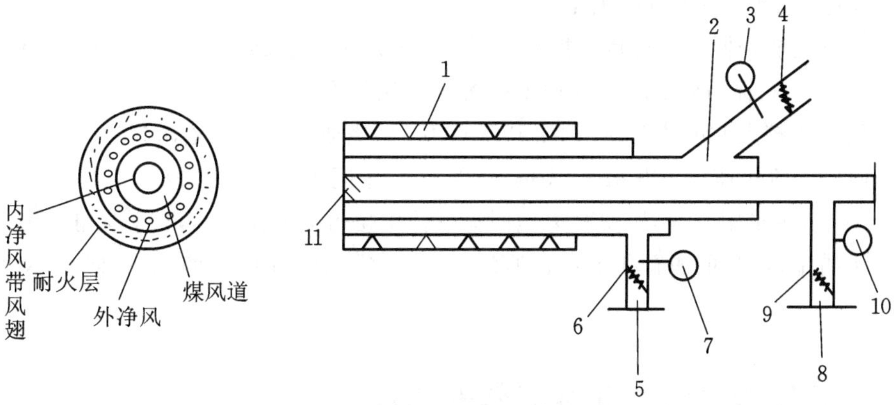

图 4.14　三风道燃烧器示意图

1—煤管浇筑耐热混凝土；2—煤风道；3—煤风道压力表；4—煤风道手动阀门；5—外净风道；6—外净风道手动阀门；7—外净风道压力表；8—内净风道；9—内净风道手动阀门；10—内净风道压力表；11—风翅

燃烧器由单风道演变成双风道、三风道和多风道，或由直筒式演变成拔梢式、三风道式，无非是为了增大煤粉燃烧速度，提高烧成带温度，及改变火焰形状，以达到顺畅集中、不冲刷窑皮、优质高产、长期安全运转的目的。

日产 700 t 以上的窑型和新型干法窑，大都采用三风道燃烧器，以求得火焰完整和煤粉快速燃烧的效果。采用三风道燃烧器，即使煤质较差，通过煤风、净风的调整，照样也能正常生产。例如，煤热值大于 20064 kJ/kg，水分在 1.5%以下，灰分小于 35%，细度(0.08 mm 筛)为 20%左右的劣质煤，某厂生产中仍可正常煅烧。再如，某厂煤的灰分为 28%～32%，使用单风道燃烧器黑火头长一般都在 300～500 mm，长厚窑皮、结后圈是无法克服的问题。使用三风道燃烧器后，仍是灰分 28%～32%的劣质煤，煤粉水分控制在 1%以下，煤粉细度为 6%～7%，仍能正常煅烧，长厚窑皮、结后圈发生的次数大大减少。把一次风温由 20 ℃常温提高到 100～130 ℃后(抽箅冷机热风)，效果更为理想，杜绝了结后圈，这是单风道燃烧器不能做到的。

使用三风道燃烧器的最大特点是火焰形状完整，煤粉燃烧完全，烧成带升温快，物料化学反应完全，f-CaO 含量低，能适应煤质变化，熟料质量好，产量高，消耗低。

4.11　多风道煤粉燃烧器有何功能

早期的回转窑内燃烧器系采用单风道结构，一次风量约占燃烧总风量的 20%～30%，一次风速为 40～70 m/s，其功能主要在于输送煤粉，对煤风混合、二次风抽吸作用甚小，火焰亦不便调节，难以满足生产要求。随着预分解技术的发展以及对利用低活性燃料和保护环境日益苛刻的要求，燃烧器技术也有了新的进展。各厂家均纷纷采用多风道燃烧器，多风道燃烧器具有如下几个功能：

(1) 降低一次风用量，增加对高温二次风的利用，提高系统热效率。

(2) 增强煤粉与燃烧空气的混合，提高燃烧速率。

(3) 增强燃烧器推力，加强对二次风的携卷，提高火焰温度。

(4) 增加对各风道风量、风速的调节手段，使火焰形状和温度场易于按需要灵活控制。

(5) 有利于低挥发分、低活性燃料的利用。

(6) 提高窑系统生产效率，实现优质、高产、低耗和减少 NO_x 生成量的目标。

4.12　多风道燃烧器有何特点

20 世纪 80 年代后期出现的多风道(主要指四风道)燃烧器在机理及主要作用上与三风道燃烧器并

没有大的区别，其主要特点在于以下几点：

(1) 在保证三风道燃烧器各项优良性能的同时，进一步将一次风量由 12%～14%降低到 4%～7%；一次风速由 120 m/s 左右提高到 300 m/s 以增强燃烧器端部推力。

(2) 各风道间存在较大的风速差异，例如 PYRO-Jet 燃烧器外流轴向风速高达 350 m/s(风量占一次风量的 1.6%)，内层旋流风速为 160 m/s(风量占 2.4%)，中间煤风风速为 28 m/s，以加强混合作用。同时，燃烧器中心还吹出少量中心风，以便对火焰回流气体中携带的粉尘进行清扫，防止沉积。

(3) 基于以上措施，使其更加有利于对石油焦、无烟煤等低活性燃料的利用，降低 NO_x 等有害气体的生成量。

4.13 为什么多风道燃烧器可降低熟料热耗

多风道煤粉燃烧器节能，最主要的原因是常温的一次风减少，而采用高温二次风来补充煤粉燃烧所需要的空气量。高温的二次风有大量的热量，空气的比热 C_p＝1.34 kJ/(m³·℃)，也就是 1 m³ 空气温度每升高 1 ℃时就必须耗用 1.34 kJ 的热量。所以，少用一次风多用冷却机二次风就可节能。

一次风量的大小是燃烧器的重要参数之一，一次风量小，不仅使燃烧器的体形小、重量轻，更重要的是使节能幅度大，产生的污染物 NO_x 的含量减少，对环境保护有利。新型三风道煤粉燃烧器的一次风量为 12%～16%，新型四风道煤粉燃烧器的一次风量为 6%～10%，比单风道下降 80%左右。由于一次风量减少，煤粉与空气混合充分且均匀，燃料的燃尽率高，也即燃烧效率高，可更好地满足烧成带所需要的温度。所以单从热耗方面考虑，一般可使熟料单位热耗降低 125 kJ/kg。

4.14 为什么多风道煤粉燃烧器可提高回转窑产量

多风道煤粉燃烧器所烧的煤粉与空气是在喷燃管外混合，煤粉受轴向和径向风的作用。轴向风、径向风和煤风从三个风道喷出，其速度、方向和压力各不相同，因此，空气与煤粉之间便产生了速度差、方向差和压力差，使煤风混合充分而均匀。而单风道煤粉燃烧器是煤粉与空气在喷燃管内混合，煤粉颗粒靠输送气体的一定流速而携带运动，二者不存在速度差、方向差、压力差。

多风道煤粉燃烧器由于风煤混合均匀充分，燃尽率高，火焰形状适宜且温度高，窑内温度分布合理，在烧成带火焰集中有力，物料在窑内的升温速度快，能利用的新生态氧化物的活化能大，烧成熟料所需的能量低，因而熟料的产量高。由于火焰温度高，烧成时间短，即物料在高温烧成带停留的时间短，烧成熟料质量也高。

多风道煤粉燃烧器点火容易，升温快，缩短了无效时间，从而提高了窑的产量；工艺故障明显减少，尤其是红窑和堵塞结皮(煤粉不完全燃烧造成)事故基本能杜绝发生。根据有关资料介绍，在其他条件相同的情况下，采用四风道煤粉燃烧器比单风道产量可提高 10%左右，熟料强度提高 10 MPa；比三风道产量可提高 3%～5%，熟料强度提高 3%～8%。

4.15 单风道燃烧器主要有哪些缺点

(1) 一次风量大

由于煤粉靠一次风输送并吹散，所以必须有足够的风量，一般占总燃烧空气的 20%～40%，才能达到要求的风速。一次风量过大，不但煤粉温度降低，燃烧困难，而且减少了二次风量吸入，容易造成燃料的不完全燃烧。这不仅对熟料的产质量产生不利影响，浪费能源，而且还容易发生工艺故障。

(2) 烧成温度不易提高

燃煤和空气在喷煤管内混合，由直径较小的喷嘴喷入窑内燃烧，这时煤粉的燃烧主要是靠一次风、来自冷却机的二次风和窑头罩漏风供氧。常温和稍高温度的一次风中的氧，一般在煤粉挥发分燃烧阶段已消耗殆尽，剩余的少量氧很难到达火焰的中心区，燃烧所用的氧主要靠二次风提供，可是它必须以扩散形式穿过很厚的火焰层或煤粉层，需克服很大的阻力才能到达火焰的中心区，所以一般此区都严重缺氧。大量的碳粒，即固定碳和 CO 不能在燃烧带燃烧，造成烧成带温度不易提高，影响熟料的产质量，使熟料热耗增加，浪费能源。

(3) 容易发生结圈、结皮、结块或结蛋等工艺事故

由于煤粉在烧成带燃烧不完全，存有大量的 CO，使 Fe_2O_3 还原成 FeO，极易与其他氧化物形成低熔点的化合物，导致烧成带液相提前出现和液相量增多，所以很容易造成结皮、结圈、结块或结蛋，小型窑就更为严重。

(4) 火焰形状不易控制

窑况不同，需要的火焰形状也不同，由于煤粉与一次风在喷燃管不易混合均匀，煤粉燃烧不完全，往往黑火头很长，又无调节机构来改变这种情况，所以火焰形状不容易控制和调节。只能借助窑尾排风机拉风进行微量调节，根本不能适应窑况变化的需要，因而造成操作困难，热工制度很难稳定，常有扫窑皮现象出现，导致砖耗增大，成本提高。

(5) 煤粉的品质要求高

如果煤质较差，粉磨细度较粗，水分较大或波动大，则燃烧更加困难，极易在窑后或窑尾燃烧，使烧成带火力难以集中，对操作和有关设备安全运行极端不利，对熟料的产质量也有较大影响，所以一般要求煤质较优，不能使用无烟煤或其他低质燃料。

(6) NO_x 有害气体产生多

由于单风道煤粉燃烧器的煤粉燃烧速度慢，黑火头长，氮和氧分子在火焰高温区停留的时间较长，形成 NO_x 机会多，所以生成量大，一般要比多风道煤粉燃烧的生成量高一倍以上。尽管我国近年来所改进的几种新式单风道煤粉燃烧器比传统的单风道煤粉燃烧器在性能上有所改善，但总体上燃料燃烧质量仍然不高。

4.16 多风道燃烧器的拢焰罩有何作用

如图 4.15 所示，多风道燃烧器通常都有拢焰罩，其主要作用有如下几点：

(1) 随着拢焰罩长度的增加，主射流区域旋流强度亦不断增大，这对于加强气流混合、促进煤粉分散、保证煤粉的充分燃烧十分有利。

(2) 比较有拢焰罩和无拢焰罩的情况可以看出，在拢焰罩存在的情况下，火焰长度明显增加。这一现象将会使窑的高温带变长，避免了局部高温，有利于保护窑皮。火焰被拉长这一现象主要是由于拢焰罩的作用使得喷出燃烧器的气流受到一定的约束，使夹带于其中的煤粉颗粒不能任意发散。如果能充分利用这一特点，对于加强窑内煅烧、指导操作以及优化设计是有利的。

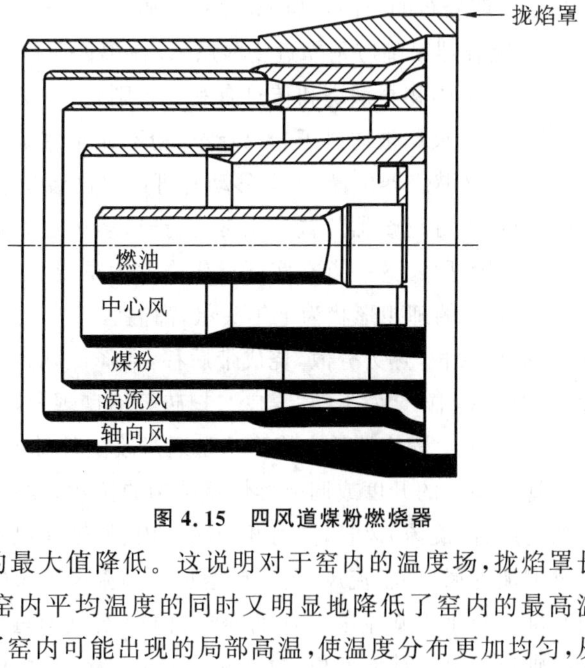

图 4.15 四风道煤粉燃烧器

(3) 随着拢焰罩的增加，窑内沿轴线方向的平均温度的最大值增加，并且最高平均温度向窑头方向移动。当拢焰罩长度增大到一定值时，平均温度的最大值降低。这说明对于窑内的温度场，拢焰罩长度也存在一个最佳值。由于拢焰罩的使用，在提高窑内平均温度的同时又明显地降低了窑内的最高温度。这样不仅有利于熟料的煅烧，而且有效地避免了窑内可能出现的局部高温，使温度分布更加均匀，从

而很好地起到了加强煅烧和保护窑皮的双重作用。

(4) 增加拢焰罩之后,煤粉燃尽率提高。对于不同的燃烧器和不同的窑而言,存在一个最佳的拢焰罩长度,通过综合分析比较,拢焰罩的最佳长度为 100 mm。

4.17 多风道燃烧器操作时应注意哪些问题

1. 预分解窑燃烧器燃烧时的正常火焰,形似一支完整的毛笔头,而当燃烧器变形时,风管磨穿,风翅被磨坏,或煤粉在喷嘴处结焦,使风煤混合不均而出现不正常的火焰形状,如图 4.16 所示。这时就应及时更换燃烧器,以免造成不必要的损失。

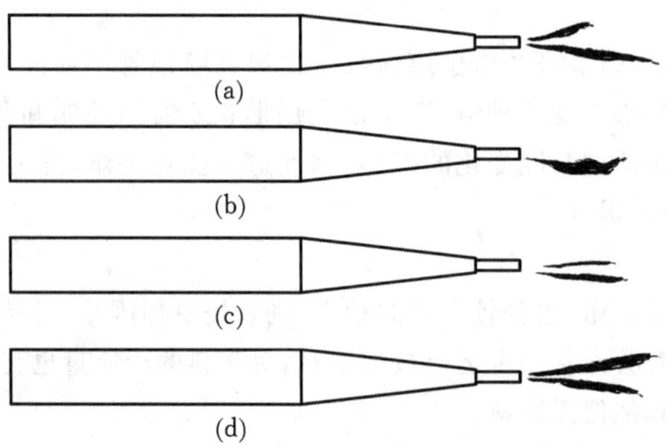

图 4.16 几种不正常的火焰形状

(a)半边长半边短火焰;(b)弯曲形火焰;(c)半边浓半边淡火焰;(d)两半形火焰

2. 燃烧器外部要有良好的浇注耐火衬,一旦发现脱落或剥落严重,要停止使用,更换燃烧器。

3. 燃烧器在使用过程中,严禁无外轴流风操作,若净风机出现故障,燃烧器停止使用。

4. 当燃烧器停止使用时,供煤风机应将其内部的煤粉吹净方可停止供风,将燃烧器冷却后,净风机才可停止供风。

5. 燃烧器在操作调整中,应保持火焰形状的稳定,站在系统的高度,前后兼顾,综合分析,通过调整影响火焰的因素,做到"风、煤、料、窑速、温度"五个稳定,达到控制火焰长度,保持必要热力强度,并使窑内温度合理分布的目的,以提高熟料产质量,延长窑衬使用周期。

6. 燃烧器喷嘴应稍靠近物料层,以在第四象限为宜。调整时火焰应不扫"窑皮",不被物料翻滚时压住,这样对窑内物料煅烧和传热有利。否则,一方面火焰冲刷窑皮,影响窑衬使用周期,另一方面,若过于偏向物料侧,火焰被物料压卷,导致煤粉不完全燃烧,影响熟料产量和质量。

7. 调整燃烧器位置,上下移动时可调整吊装丝杠;左右移动时可调整两端的固定丝杠。每次检修点火前,应调整好燃烧器位置。正常运行时,多风道燃烧器大幅度拉出或伸进时,也要调整吊装丝杠,以确保火焰位置适中,这一点在实际操作中尤为重要。

8. 火焰的理想形状为毛笔头状,高温区域为火焰的最粗部分,火焰稳定,活泼有力,不散乱,不扫"窑皮"。火焰太长,热力分散,烧成带后移,会降低熟料产量和质量;火焰太短,缩短冷却带,火焰的热力强度大,高温带集中,会发生扫"窑皮"、扫砖等不良现象,给设备运行带来很大危害。

9. 多风道燃烧器的火焰形状是通过改变外轴流风、内轴流风及内旋流风的比率来实现,主要是调节各风管上阀门的开度或调节燃烧器结构的拉丝,改变喷口截面面积来实现。粗而短或发散的火焰是通过增加内风(内旋流)风量,同时相应减少内、外轴流风量,即在较高的旋流风速下实现的。细而长的火焰是通过增加外风(外轴流风)流量或增加内轴流风速来实现,即在较高的轴流风速下实现。增大内旋流风阀门开度或减小内旋流喷口截面面积,内旋流风速增大,反之则降低。增加内(外)轴流风开度或减小内(外)轴流风喷口截面面积,内外轴流风速增大,反之则降低。

10. 总之，多风道燃烧器的操作，要根据煅烧工艺状况及原燃材料情况进行，它的使用与煤质，燃烧器，窑型，冷却机型式，煤粉制备，生料成分，一、二次风温，窑速快慢及产量高低有关。只要对多风道燃烧器性能及窑系统有充分的了解，操作时随时掌握煤质及生料的易烧性变化情况，并借助有关仪表及时掌握窑内煅烧温度和系统匹配情况，就能充分发挥其优点，提高熟料的产质量，延长窑衬的使用周期，为企业创造最大的经济效益。

4.18 回转窑燃烧器常见故障及其处理方法

多风道煤粉燃烧器由于风道增多，设备质量增加，尤其在新型干法窑中使用，基本上没有冷却，工作环境更为恶劣。但从目前国内使用多风道煤粉燃烧器来看至今没有发生过重大的事故，只是由于操作缺乏经验和结构自身的问题，其优越性能没有得到充分的发挥，没有达到预期的效果。在使用中经常发生下面一些故障。

(1) 燃烧器弯曲变形

多风道燃烧器，由于质量较大，其伸入窑内和窑头罩内的长度较长。为延长燃烧器的使用寿命，外管须打上50～100 mm 厚的耐火浇注料，保护其不被烧损，由于窑内有熟料粉尘存在，尤其遇到飞砂料，它们很容易堆积在燃烧器伸入窑内部分的前端，如图 4.17 所示。

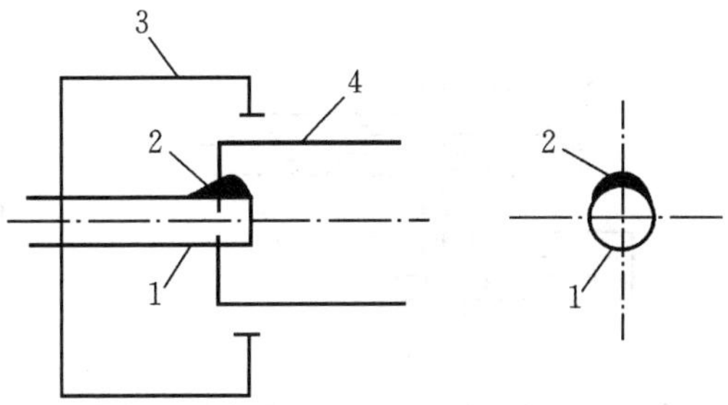

图 4.17 堆积在燃烧器前端的粉尘

1—喷煤管；2—堆积料；3—窑头罩；4—回转窑

燃烧器由多层套管组成，具有一定刚度，粉料堆积较少时影响还不大。但当堆积较多时，再加上高温的作用，燃烧器钢材的刚度降低，于是整个燃烧器被压弯。被压弯的燃烧器，射流方向发生变化而失控。一旦发生弯曲，就无法恢复平直。这时必须报废换新，造成了较大的损失。

为了解决这一问题，最简单的办法就是利用一根较长的管子，内通压缩空气，将堆积的尘粒定期吹掉；或利用一根长钢管从窑头罩侧面的观察孔门或点火孔门伸入，以观察孔门框为支点，轻轻拨动或振捣，将堆积的尘粒清除。这种操作必须熟练、小心，否则会伤及燃烧器外的耐火浇注料，这时的浇注料因受高温作用已经软化，稍不小心或不熟练就有损坏的可能，一经发现浇注料损坏就必须立即抽出更换，绝不可存在侥幸心理。因为烧注料损坏后，燃烧器在很短时间内就会被烧坏。

(2) 耐火浇注料损坏

不少厂家多风道燃烧器所打的耐火浇注料使用不久就发生脱落的现象，这时，燃烧器就暴露在高温气体中，会很快烧损、变形，严重时烧坏。

耐火浇注料损坏的原因有多种，有的是因为浇注料性能不适应，有的是因为施工不合理，有的是因为操作欠妥，有的是因为二次风温过高，有的是因为养护期控制不正确等。尤其是前面叙述的清扫燃烧器头部堆积料不当时，可能很快会损坏浇注料。

耐火浇注料的损坏有下列几种情形：

① 炸裂。燃烧器外部的耐火浇注料保护层最易出现的损坏形式是炸裂，多是由于浇注料的质量不好，施工时没有考虑扒钉和燃烧器外管的热膨胀，浇注料表面抹得太光。

② 脱落。因为二次风温过高，入窑后分布不均，从燃烧器下部进入的二次风过多，使燃烧器外部的浇注料保护层受热不均，造成脱落。初期出现的炸裂裂纹，受高温气体的侵入，裂纹两侧的温度更高，由于温差应力的作用，加上有的扒钉焊得不牢靠，导致浇注料一块块脱落。在浇注料施工前，扒钉和外管外表没有很好地除锈，浇注料与金属固结不牢靠，当受温度作用时锈皮与金属脱离，最后脱落。由于缺乏经验，在打浇注料时，扒钉和外管表面没有采取涂一层沥青或缠一层胶带等防热胀措施，当扒钉和外管受热

膨胀后，耐火浇注料胀裂后脱落。

③ 烧蚀。耐火浇注料受高温、化学作用和风速的冲刷，从表面一点一点掉落，逐渐减薄烧损，最后失效。这种失效是慢性的，在露出扒钉时就应更换浇注料。只要更换及时，不会造成任何损失，换下后重新打好浇注料，以便备用。

(3) 燃烧器端部浇注料的损坏

浇注料最容易损坏的部位是燃烧器前端下部，主要是受二次风温度、速度和流向的影响，它与冷却机和回转窑的形式有关，如图 4.18 所示。

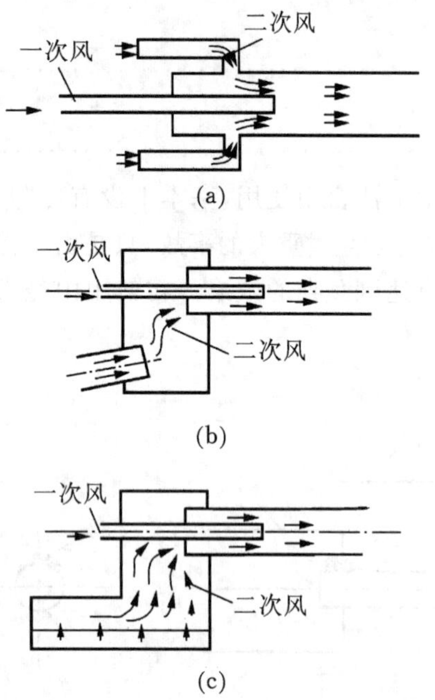

图 4.18　不同冷却机二次风及流向示意图

(a)多筒冷却机；(b)单筒冷却机；(c)箅冷机

多筒冷却机沿回转窑中心均布，二次风借助窑内的抽力从每个卸料口向中心入窑，然后沿窑的轴向向后比较均匀地流动，如图 4.18(a)所示。这样，对于燃烧器头部的耐火浇注料来说，一是温度较低，一般约为 500 ℃，风速不高；二是受热比较均匀，燃烧器头部的耐火浇注料一般不会出现偏损现象，使用寿命也比较长。

单筒冷却机无论顺流布置还是逆流布置，其二次风都是从下部通过窑头罩入窑，虽然二次风对燃烧器头部浇注料的作用是不均匀的，如图 4.18(b)所示。但因二次风温较低，一般为 300～800 ℃，大多在 500～650 ℃，风速也不高，虽然存在偏损现象，但并不十分严重。

箅式冷却机均在窑下，二次风自下而上流动，借助于窑内的抽力入窑，如图 4.18(c)所示。由于箅冷机的热效率高，二次风温高，一般在 800～1200 ℃，对于使用多风道燃烧器的新型干法窑，二次风用量更多，入窑风速更大，又因箅冷机与窑中心线偏置，入窑的二次风还伴有涡旋运动，因此对喷头浇注料磨损就十分严重。多风道燃烧器最先损坏的就是头部下面的浇注料，在打浇注料时，加强对燃烧器头部的施工，上下吊装时或平常操作中发现扒钉露出后应马上更换，以免烧坏喷管，缩短其使用寿命。

(4) 外风喷出口环形间隙的变形

对于具有外风喷出口环形间隙的煤粉燃烧器，外风喷出口在最外层，也就是说处在半径最大处，外风的出口风速又要求比较高，在风量一定的条件下，一般环形间隙设计得都比较小，稍有误差，对外风的射流规整性就有较大影响。由于在最外层，外风喷出口距窑的高温气体最近，受高温二次风的影响大，受中心风或内流风的冷却作用又最小，所以最容易变形。变形后，外风的射流规整性就更差，破坏了火焰的良好形状。采用小喷嘴喷射不但方便灵活，而且能延长燃烧器的使用寿命，尤其在烧无烟煤时，外风风速一般达350 m/s，只要更换一套带有较小直径的小喷嘴即可，其余设置基本不变或不需要改变，简单灵活。喷射外风的小圆孔是间断的，而不是连续的环形间隙，所以不容易变形，从而保证了外风射流的规整性，进而保证了火焰的良好形状。所以，外风喷出口环形间隙的变形与结构是否合理密切相关。

(5) 煤风吹入处套管磨穿

三风道或四风道燃烧器的煤风进口管都是以 10°～35°的倾斜角设置，主要是为减小阻力，同时也利于减轻冲蚀磨损。由于输送空气中含有煤粉颗粒，所以对冲击处的管壁产生比较严重的磨损，经常将管壁磨穿，造成窜风窜煤，破坏火焰，导致许多工艺事故发生，如窑结圈、结蛋、出黄心料、产量降低、热耗增高等。

为解决这个问题，德国洪堡公司(KHD)生产的煤粉燃烧器在煤风冲刷处喷涂有陶瓷粉耐磨层，效果很好，能使用 5 年以上。天津博纳建材高科技研究所开发研制 TTB 四风道煤粉燃烧器，在煤风冲刷处采用堆焊耐磨层的措施，效果也十分理想，保证使用寿命为 3 年，不会被磨穿。合肥水泥研究设计院研发的

HB 四风道煤粉燃烧器，在煤风冲刷部位贴陶瓷片，使用效果很好，使用 4 年未发生异常。

煤风管的磨穿时间与煤的性质和煤粉细度相关。煤粉越粗，即代表煤粉的颗粒较大，磨蚀更强，其磨穿的时间就越短；煤质越差，即代表煤粉颗粒的硬度越高，越容易磨坏。这就是不同的厂家使用的燃烧器相同，但磨穿的时间不相同的主要原因。

(6) 内外净风的调节蝶阀不灵

内外净风用一台风机供给，通过两个支管上安装的蝶阀控制调节满足需要。但有的煤粉燃烧器所用的调节蝶阀，由于设计和制造的原因，操作时不太好用或风量刻度不准。

(7) 喷出口堵塞

多风道煤粉燃烧器在喷出口中心处形成一个负压区，也称为第一回流区。这个区域是煤粉浓度集中的部位，同时也有熟料粉尘存在，很容易造成回流倒灌，将喷燃管的出口堵塞，尤其是当窑内发生呛风时，回流压力较大，风中夹有粉尘，就更容易堵塞喷出口。当喷出口堵塞后，射流紊乱，破坏火焰的规整性，从而导致许多事故发生，不能使窑正常运转。带有中心风的四风道煤粉燃烧器要比无中心风的三风道优越得多，设计中心风的主要目的就是解决这个弊病。

(8) 喷出口表面的磨损

无论环形间隙是小圆孔和小喷嘴的出口形式，还是螺旋叶片的出口形式，使用时间长了都要发生磨损。这种磨损往往是不均匀的，使喷出口的内外表面出现不规则的形状，特别是冲蚀出沟壑，就会严重破坏射流的形状，进而破坏火焰的规整性，导致工艺事故频繁发生。这时，燃烧器喷燃管就应迅速更换，不宜勉强再用。德国洪堡公司和法国的旋流式三、四风道燃烧器的喷头部分与后管部分都是用螺纹连接固定的，将喷头部分拧下更换即可，其设计方便且省时。

(9) 内风管前端内支架磨损严重

内风管距前端出口 1 m 处上下左右各有一个支点，确保煤风出口上下左右间隙相等。但当支架磨损后，内风管头部下沉使煤风出口间隙下小上大，如图 4.19 所示，火焰上飘且不稳定，冲刷窑皮，出现此种情况要及时修复支架，确保火焰出口顺畅。

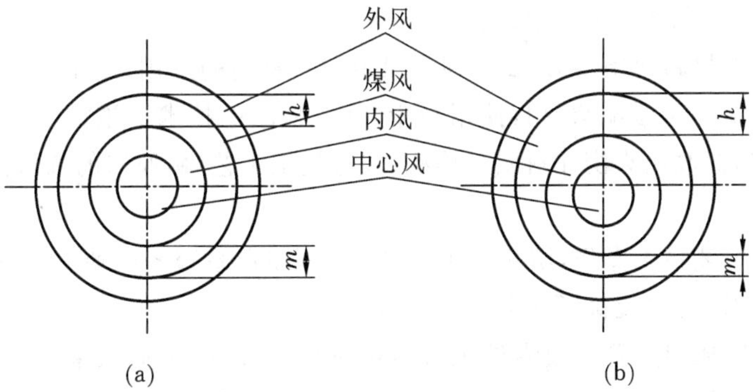

图 4.19 煤风出口上下间隙

(a)支架未磨损；(b)支架磨损后

(10) 煤风管道内异物堵塞

煤风管道内异物堵塞通常发生在喂煤系统中。由于清扫卫生不注意，将棉纱等异物喂进煤风管道内，造成一股一股的出煤现象，影响燃烧器效能的正常发挥。

4.19 预分解窑三风道燃烧器烧损的原因与对策

某厂 2000 t/d 的预分解窑采用轴流型涡流式三风道煤粉燃烧器，出现一次严重的烧毁变形事故，造成了巨大的经济损失。姜宝海等结合这次事故进行了分析，所取得的经验和教训可供大家参考。

4.19.1 该燃烧器主要特点

该三风道燃烧器系 FCO-3B 轴流型三风道，外风道为轴流向内收缩，内风道为旋流向外扩展，煤风道轴流不扩展，各风道出口面积可以调节，通过尾部螺栓调节轴流风管和径向风管的管壁，以改变内外风出口的面积，因而在内外风流量不变的前提下，可调整出口风速。轴流风在环形通道 16 小孔的控制下高速喷出，提高了喷嘴出口处的扰动强度，有利于稳定火焰形状，使火焰不发散。

4.19.2 烧损情况

在燃烧器烧损事故发生后，发现外风管道严重变形，喷煤管道严重烧损。

4.19.3 原因分析

(1) 净风风机皮带变松，风量不够，风机皮带使用时间长，易磨损，易疲劳老化，长度增加，电机转数与风机转数的转数比发生变化。

(2) 螺旋输送泵风压不足，沉积煤粉，在喷煤管道内产生燃烧。

(3) 喷煤管道磨漏后煤粉在正压作用下由漏处进入外风管道，外风管道工作温度高，因而增大了煤粉在管道内燃烧的机会。

(4) 在不正常的情况下窑系统有时会出现正压，生产越不正常，正压的产生机会就越多。窑系统有正压时，对三风道燃烧器的冲击就严重，对三风道的变形影响加剧。产量低时通风和下料匹配不当，以及当预热器管道严重积料以及预热器系统漏风过多时，容易出现正压现象。

(5) 保护三风道燃烧器的耐火混凝土寿命短，与生产周期不配套，混凝土破损严重时，本体失去耐火材料保护，直接暴露在高温下，加大了三风道变形概率。

4.19.4 解决办法

(1) 定期分解三风道燃烧器，检查内部情况，每隔 1 年三风道要分解检查一次，并做详细的记录。装配工艺尺寸严格要求。

(2) 将 2 个三风道分别编号，并将每次检查情况、分解情况以及耐火混凝土的使用情况、三风道端面烧损情况、更换维护维修情况做详细的记录。

(3) 提高三风道耐火材料使用寿命，要重视三风道耐火材料的选用、施工和技术管理，尤其是施工技术管理更为重要。在提高三风道耐火材料使用寿命方面，采取的技术措施如下：采用刚玉质耐火浇注料代替普通低水泥浇注料，提高耐火浇注料质量档次；改进施工工艺，由原来的圆形浇注法改为六角形浇注法，分六次浇注完成。

(4) 加强预分解窑工艺技术操作，防止窑前正压出现，加强系统密闭堵漏工作，减少系统漏风，改善系统通风条件。减少系统阻力，提高预热器系统热效率。

(5) 经常对三风道净风风机管道及内外风管道进行标定，随时掌握风量的变化及风机的工作状况，并加强风机的机械维护，选用质量好的国产皮带，控制好送煤用螺旋输送泵的风压。各连接法兰处要确保密封，内外风比例要按照操作规程要求调整，技术人员现场指导确认。

(6) 每次有停车机会都要检查三风道端部情况及耐火混凝土损坏情况，需要更换的要及时更换，更换下来的三风道燃烧器要及早浇注耐火材料，保证有足够的养护时间。延长三风道混凝土使用寿命，延长使用周期，使之与窑内耐火材料使用寿命配套。

(7) 三风道空间定位要引起足够重视，在生产中要严格执行规范，正常生产中禁止调整空间位置，包括上下左右前后的调整，以防止三风道空间位置变化。

通过以上措施改进后，再也没有发生过三风道燃烧器烧损变形事故。三风道燃烧器在整个窑系统中占着举足轻重的作用，维护得好就能保证正常的工作性能，生产出优质的水泥熟料，否则会影响生产，甚至造成不必要的经济损失。

4.20 三风道燃烧器外风管头部宜用何材质

某水泥厂购进的两台三风道燃烧器，使用4个月左右，外风管头部均出现以下情况：头部耐热混凝土疏松脱落；由于工况条件恶劣及高温气化、硫化腐蚀，扒钉熔化成尖状；钢板1和钢板2(图4.20)均出现热塑变形，尤其钢板1的方形孔棱角腐蚀，熔化成圆角，从而使外风作用减弱，火焰形状无法控制，影响窑的正常运转，只得停窑检修。

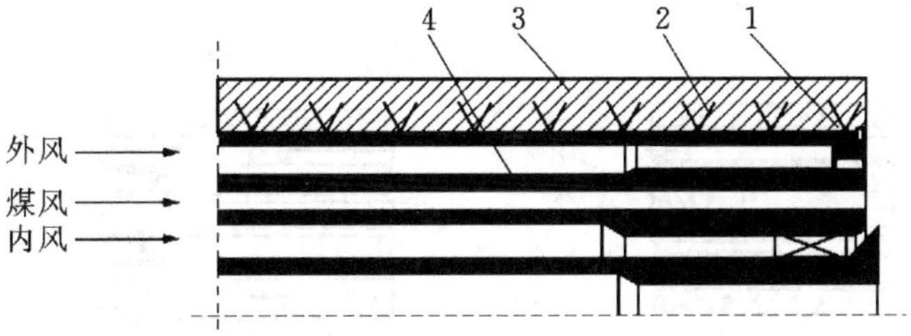

图4.20 三风道燃烧器外风管头部结构

1—钢板1；2—扒钉；3—耐热混凝土；4—钢板2

由于三风道燃烧器外风管头部直接与窑内高温气体接触，极易烧损。过分加大外风虽可降低头部温度，起一定的冷却作用，但火焰形状又难以保证。一旦发现火焰异常，再加大外风，此时外风管头部已烧损。更换三风道燃烧器费工费力，必将影响窑的正常运转。为此该厂将原外风管头部材质做了化验，其成分如表4.1所示。

表4.1 外风管头部材质成分分析

钢板	C	Si	Mn	S	P	Cr	Ni	Mo
钢板1	0.057	1.54	0.40	0.004	0.010	21.64	10.48	0.12
钢板2	0.043	1.74	0.67	0.004	0.011	21.04	10.68	0.26
OCr19Ni9	≤0.08	≤1.00	≤2.00	≤0.030	≤0.035	18~20	8~10.5	
OCr25Ni20	≤0.08	≤1.50	≤2.00	≤0.030	≤0.035	24~26	19~20	

通过比较，钢板1与钢板2的材质基本相同，与OCr19Ni9的化学成分相近。OCr19Ni9为奥氏体耐热钢，为通用耐氧化钢，可承受870 ℃以下反复加热(该厂三风道燃烧器工作温度为900 ℃左右，热工不稳定时则更高)。为了提高外风管头部材质的耐热能力，通过比较分析选择了奥氏体耐热钢OCr25Ni20作为外风管头部材质，它的使用温度可达1000 ℃以上，比OCr19Ni19具有更强的抗氧化性，适应窑头热工不稳定所造成的窑温过高。

采用OCr25Ni20为外风管头部材质的三风道燃烧器正常生产使用已超过4个月，仍能继续使用，达到了设计要求。

4.21 三风道煤粉燃烧器

将煤粉制备系统提供的煤粉空气混合物(一次风)和燃烧所需的二次风分别以一定的浓度和速度射入回转窑，在悬浮状态下实现稳定着火与燃烧的装置，称为燃烧器。燃烧器的种类很多，图4.21为南京水泥工业设计研究院设计的三风道煤粉燃烧器示意图。三风道煤粉燃烧器有短火焰型和标准火焰型两种，短火焰型使用一次风量占总燃烧空气的5%~6%，标准火焰型使用一次风量占总燃烧空气的8%~12%。图4.22至图4.24为几种常见的三风道煤粉燃烧器喷嘴示意图。

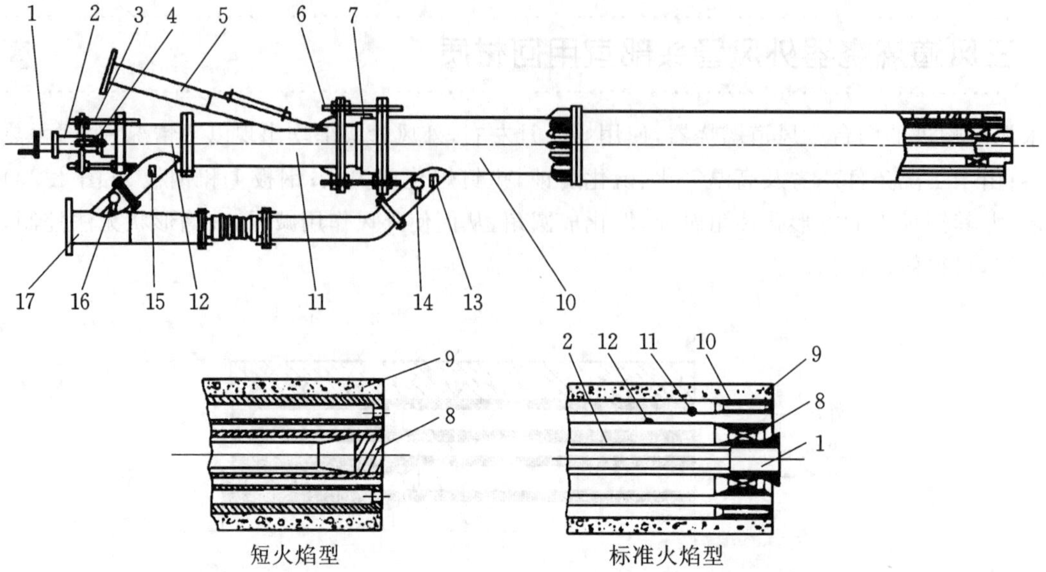

图 4.21 南京水泥工业设计研究院设计三风道煤粉燃烧器

1—点火油管；2—中心管；3—内风调节杆；4，7—指示针；5—煤粉风管；6—外风调节杆；8—内螺旋风翅；9—隔热浇注料；10—外风管；11—煤风管；12—内风管；13，15—压力表；14—外风阀门；16—内风阀门；17—内外净气进气管

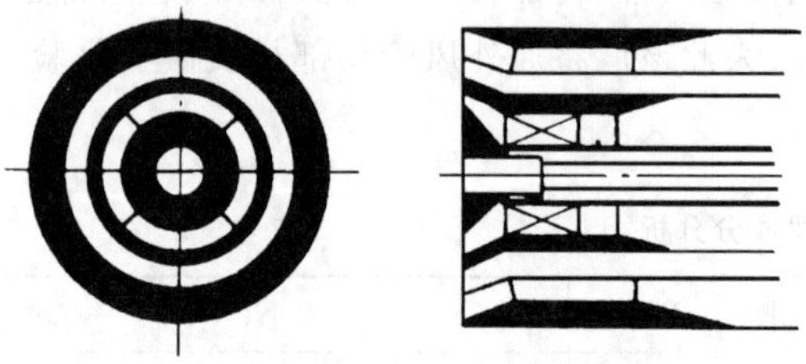

图 4.22 KHD **公司三风道煤粉燃烧器喷嘴**

KHD 公司三风道煤粉燃烧器喷嘴，如图 4.22 所示。其外风道由均匀分布的小圆孔组成，超音速风速，内风道为旋流向外扩展，煤风道为轴流向外扩展，各通道出口截面可以调节。

Pillard 公司开发的三风道煤粉燃烧器喷嘴，如图 4.23 所示。其外风道为轴流并向外扩展，内风道为旋流亦向外扩散，煤风道轴流也向外扩散，中间通道为油管通道，各风道出口截面均可调节。

FLS 公司三风道煤粉燃烧器喷嘴，如图 4.24 所示。其外风道为轴流向内收缩，内风道为旋流向外扩展，煤风道轴流不扩展，各风道出口截面可以调节。

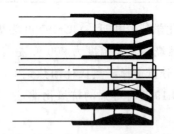

图 4.23 Pillard **公司三风道煤粉燃烧器喷嘴**

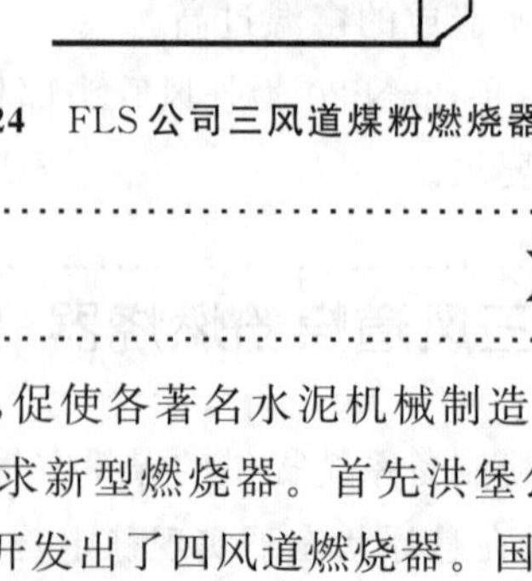

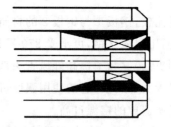

图 4.24 FLS **公司三风道煤粉燃烧器喷嘴**

4.22 四风道煤粉燃烧器

世界水泥机械市场的激烈竞争，特别是世界石油危机频繁发生，促使各著名水泥机械制造商开发出更节能的燃烧器。同时为满足环境保护严格要求，各制造商开始寻求新型燃烧器。首先洪堡公司在 20 世纪 80 年代初开发出了四风道燃烧器，接着 Pillard 及 FLS 公司也开发出了四风道燃烧器。国内的各个设计院也相继开发出了四风道煤粉燃烧器。由于设计者不同，燃烧器结构略有不同。图 4.25 为洪堡公司 PYROJET 四风道煤粉燃烧器喷嘴(以下简称 PYROJET 喷嘴)示意图。

PYROJET 燃烧器可烧劣质褐煤，如图 4.25 所示，中心装有点火用液体或气体燃料喷嘴，从中心开

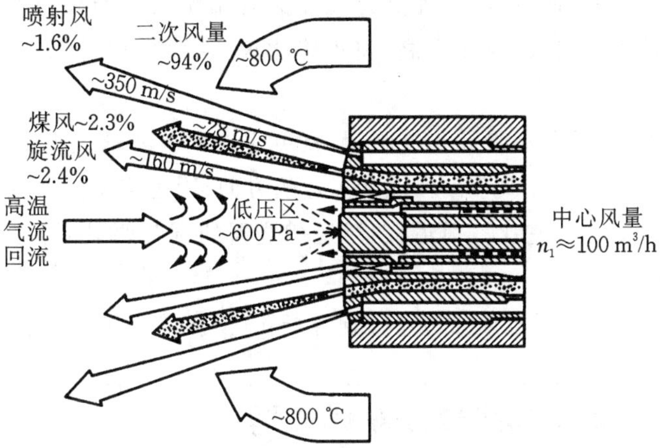

图 4.25 PYROJET 四风道煤粉燃烧器喷嘴示意图

始第一环形风道鼓入低压风顶住回流风，风量为 100 m^3/h。而第二层环形风道出口装有螺旋风翅，相当于三风道喷嘴内旋涡风，风量为 2.4%，风速为 160 m/s。第三层环形风道是送煤粉风道，其风量为 2.3%，风速为 24 m/s；最外环不是环形风道，而是一圈环状布置的 8～18 个独立喷嘴。由一台旋转活塞风机供以 0.1 MPa 左右的高压风，通过这些喷嘴，喷出风速高达 440 m/s，风量为 1.6%。喷出高速射流，可将高温二次风卷吸到喷嘴中心，可加速煤粉燃烧。

一般三风道燃烧器，设计一次风量是燃烧空气总量的 10%～15%，而 PYROJET 喷嘴设计一次风量是 6%～9%，大大降低了一次风量，可以提高高温二次风量和热回收率，有利于提高窑系统热效率和窑产量。由于 PYROJET 燃烧器喷嘴外风高速喷射卷吸高温二次风进喷嘴中心，使煤粉着火速度加快，使氮和氧来不及化合，可以减少 NO_x 形成。实验证明可使窑尾废气 NO_x 含量降低 30%。在环境保护方面日益严格限制 NO_x 排放量的要求下，PYROJET 喷嘴是低排放 NO_x 的最好燃烧器，因而获得广泛应用。

4.23 四风道燃烧器中心风有何作用

(1) 防止煤粉回流堵塞燃烧器喷出口。中心风的风量不宜过大，否则，不仅会增大一次风量，而且会对煤粉的混合和燃烧都产生不利影响。

(2) 冷却燃烧器端部，保护喷头。燃烧器喷头的周围布满了热气体，其端面没有耐火材料保护，完全裸露在高温气体中，再加上负压的回流，往往使喷头端面的温度很高，使用寿命显著缩短。中心风将喷头端周围的高温气体吹散顶回，不仅冷却了喷头内部，而且也冷却了端面，从而达到保护喷头的目的。

(3) 使火焰更加稳定。

(4) 减少 NO_x 有害气体的生成。

4.24 新型双风道燃烧器与三风道、四风道燃烧器的差异

所谓新型双风道燃烧器实际是将原三风道、四风道燃烧器中的旋流风与轴流风合并在一个风道内，将旋流风与轴流风的调节改为通过旋流器进行，其净风也要分流一小股为中心风，加上煤风管道实际也是三个风道。旋流风与轴流风合并后可以带来如下优点：

① 管径断面面积变大，风道的阻力变小。随之带来的好处有：风对管道的磨损减少，管道的寿命可以延长；一次风压可以变小，甚至一次风量也变小；节约了能耗；节约了一次风量，为进一步提高台产提供了可能；少用一次风，增加了二次风的用量。要求原用的一次风机及向窑头送煤的风机都应改

用变频调速技术，代替用阀门的调节方式，尤其是在点火升温阶段。如果是罗茨风机采用向外排风的办法，风压降低过多，煤粉送不出来；风压过高，将火焰吹灭，从而造成升温时风压难以控制，升温速度过慢。

② 火焰的调节比较方便，只需要调节一个阀门，就可完成调节要求。火焰调节幅度大，有助于调节出最有利的火焰，提高熟料强度。在调节断面改变风速的方面，因为旋流与轴流共为一个风道，风道的总断面变大，可调节范围变宽，所以，它比三风道、四风道燃烧器的调节要灵活，并容易控制得多，其适应不同煤种燃烧特性的能力显著提高。

［摘自：谢克平. 新型干法水泥生产问答千例(操作篇)[M]. 北京：化学工业出版社，2009.］

4.25 如何操作预分解窑四风道煤粉燃烧器

4.25.1 燃烧器的点燃

点火后，先将喷油量适当开大，同时开启煤风机，以保护喷煤管，开启窑尾部排风机，以保持窑头有微负压。等到窑尾温度升到 300 ℃时可以加煤，油煤混烧，同时开启净风机，保持火焰顺畅，在燃烧过程中逐渐减少用油量，等到窑尾温度达到 500 ℃时，撤油并将净风量加大，点燃燃烧器。

4.25.2 火焰的优化调节

(1) 增加火焰长度——减少径向风；

(2) 增加火焰宽度——减少轴向风；

(3) 得到软火焰——减少径向风和轴向风。

4.25.3 火焰的标准调节

(1) 对正常火焰。5.5%～6%的一次风总量在轴向和径向回路之间平分。

(2) 在所有情况下，要保证一次风轴向回路中有空气流动以保证燃烧器冷却，与燃烧空气理论需要量相比，所需要的空气量为一次空气的 1.5%。

(3) 如果轴向空气回路中的一次空气量不够，将损坏燃烧器端部的强度，并损坏外套管。

以上的火焰调节，最好是在使用煤粉时进行操作。在使用燃油操作时，这些调节可以保持不变，液体燃烧喷射器端部部件的喷射扩散，使火焰的形状得以改进。

4.25.4 燃烧器位置的调整

回转窑要保持长期运转，且达到优质高产，燃烧器合适的位置是重要的一环，因此，定时检修时都必须停窑检查和调整。在窑头截面调整为中心偏斜 50～60 mm，向下偏 50 mm；在窑尾截面偏斜为 700 mm，偏下至砖面。两点连成一线，即为燃烧器的原始位置。这样既避免了冲刷窑皮又能压着料层煅烧。在生产中，还要根据窑况对燃烧器做适当调整，保证火焰顺畅，既不冲刷窑皮又能将料煅烧好。

4.25.5 火焰调节与窑皮控制

回转窑生产过程中，火焰必须保持稳定，避免出现陡峭的峰值温度，使火焰拉长才能形成稳定的窑皮，从而延长烧成带耐火砖的使用寿命。对火焰的调节，主要依据窑内的温度及其分布、窑皮的情况、窑负荷曲线、物料结粒及带起情况和窑尾温度、负压等因素的变化而进行。当烧成带温度偏高时物料黏性增大，结粒增大，多数超过 50 mm 以上，带起很高，负荷曲线上升，伴随着筒体温度升高，此时，应减少窑头用煤，适当减小中心风、径向风回路上的手动阀门的开度来调节火焰，降低窑头温度。

而在烧成带温度偏低时，则应适当加大中心风、径向风、轴向风回路上的手动阀门开度，强化火焰，调整到稳定的火焰，提高窑尾温度。

当烧成带掉窑皮甚至出现了温度峰值，要及时拉长火焰，减少喂煤量，稳定窑温，并及时补挂窑皮。

4.26 Rotaflam 型燃烧器的结构及特点

Rotaflam 燃烧器由 Pillard 公司于 20 世纪 80 年代末期在原有三风道燃烧器基础上研制，与传统三风道燃烧器相比(图 4.26)，其特点如下：

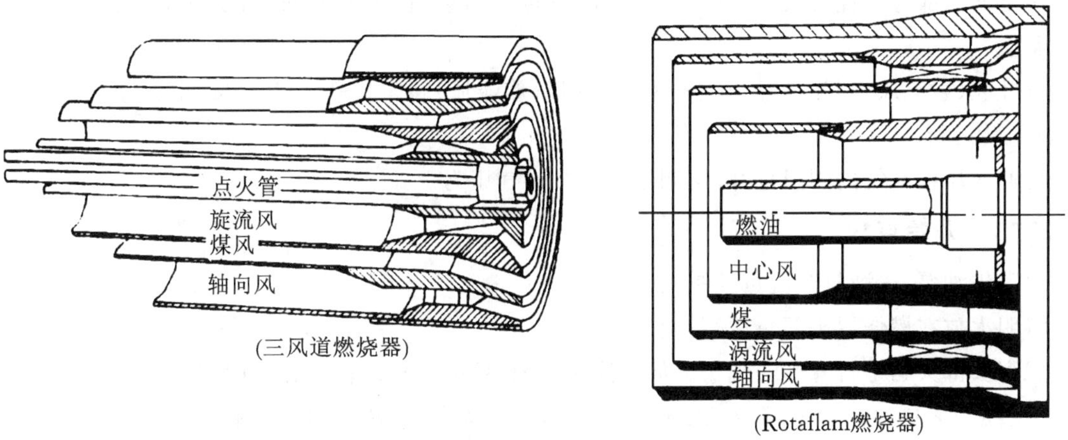

图 4.26 Rotaflam 燃烧器与三风道燃烧器对比图

(1) 油或气枪中心套管配有火焰稳定器，可使火焰根部形成一个回流区，以确保火焰燃烧稳定。

(2) 原来三风道燃烧器的旋流风设置在煤风之内，Rotaflam 燃烧器旋流风设置在轴流风与煤风之间，以延缓煤粉与空气的混合，从而适当降低火焰温度。

(3) 外套管向外延伸超过燃烧器喷嘴，避免空气过早扩散，由于"碗状效应"，火焰形状更佳。

(4) 轴流风不像原来三风道燃烧器那样从环缝喷出，而是通过分散开的小型圆孔喷出，这样它与外伸的套管相结合，使火焰集中有力，同时使 CO_2 含量高的燃烧气体在火焰根部回流，可降低废气中的 O_2 含量。

(5) 可以在操作状态下通过调整各个风道间的相对位置，改变出口端部截面面积，以调整火焰。因此，原来用在三风道燃烧器调整内、外风量的阀门，只在开窑点火初期用来调节风量，正常生产时则全部开放，从而减少了阀门压损。

(6) 火焰根部前一部分具有良好的形状，可使火焰最高温度峰值降低，使火焰温度更趋于均匀，有利于保护窑皮，防止结圈。

(7) 一次风量由原来三风道燃烧器的 10%下降到 6%，4%的一次风被等量的高温二次风替代，热耗可降低 1.5%。

(8) 火焰峰值温度的降低和燃烧气体在火焰根部的回流可有效降低 NO_x 排放量。

4.27 史密斯燃烧器的调试

4.27.1 点火准备

(1) 检查项目

① 检查油枪头部是否有堵塞。

② 检查燃烧器头部一次风道内是否有铁屑等残留物。转动燃烧器上的手柄，将内管向后退到 80～100 mm 位置检查，然后再退回。

③ 检查油箱内是否干净。

④ 检查供应压缩空气压力是否正常。

⑤ 油枪的喷嘴与中心风管头部平齐，并位于中心位置。

(2) 煤管的初始设定

① 内管与燃烧器头部端面平齐(即最小截面面积处)。

② 仅烧油时，中心风上的阀门可以全关(在最细的金属软管上)。

③ 油枪的头部与燃烧器头部端面必须平齐，不可推出去，也不可退回来；煤管推入窑内前应做好油枪位置标记。

④ 将外风(射流风)阀门打开 20%～30%，内风(旋流风)阀门打开 40%～50%，一次风总量尽量小，罗茨风机低转运行。

⑤ 将通入压缩空气的阀门打开，用调压器调节供气压力。

4.27.2 开始点火

① 启动供油泵，逐渐打开流量控制阀。

② 将明火放在燃烧器头部，点燃柴油。

③ 观察头部火焰是否有滴油现象。如有滴油现象，用内六角调稳压器(在气路调压器右侧)，使供油盘右上端的压力表压力在 0.3～0.4 MPa 即可(出现滴油现象，意味着油压不够)。

④ 此时窑系统无须启动风机拉风，打开预热器点火烟囱或人孔门通风即可。

⑤ 冷却机的人孔门应打开，为窑内供氧。

4.27.3 投料时燃烧器调试要点

① 建议燃烧器的初始位置可以放在窑口处，坐标在窑中心处或略偏向料。

② 燃烧器内套管回缩 20～40 mm，见标尺。任何情况不应将内套管推出端面，以免烧坏。

③ 内外风阀门调整，内风阀门：30%～50%；外风阀门：100%；中心风阀门：100%。

④ 一次风总风量一般加到 23～25 kPa(看燃烧器上压力表)即可，有时为加大火力强度也可适当加大到 28 kPa。

⑤ 投料拉风时，最重要是控制好窑头负压，使其为－50～－30 Pa，过大的负压会把火焰拉灭，使窑头温度急剧下降，此时调整燃烧器没有任何作用。

满足上述条件后，燃烧器形成的火焰应该是火焰集中，温度高，火力强。如果燃烧状态仍然不好，不是由于燃烧器调整不当，而可能是窑头负压过大、窑头温度过低或煤粉特性所致。

4.27.4 注意事项

① 供油量视升温曲线要求逐渐增加。如果不能增加油量，可能是管路上过滤器堵塞所致。

② 定期检查油管路上过滤器及油枪喷嘴是否堵塞，若堵塞则须清理。

③ 如果出现灭火，可能是一次风过大或窑头负压太大或断油所致。

④ 开送煤粉风机前，应将火焰风适当调大一些，以免被煤风吹灭。

⑤ 第一次油煤混烧时，尽量少加煤粉，以 0.5～1 t/h 为宜，逐渐增加。

⑥ 窑前温度低时，煤粉会因燃烧不充分出现爆燃现象，不要在窑前长久停留。

⑦ 把油枪插入喷煤管中，油枪头部与喷煤管头部必须平齐，到位后可在油枪后端做标记。不可退回油枪使其在保护管中燃烧，否则会烧毁燃烧器头部中心多孔板，使其严重变形。

⑧ 当停止烧油时，应将油枪回抽 0.5 m，防止投产后将头部喷嘴烧坏及堵塞喷嘴。

⑨ 生产中喷煤管浇注料脱落要及时更换备管，防止喷煤管被烧损坏变形。

⑩ 喷煤管浇注料应按史密斯公司提供的浇筑料施工图做，头部浇注料应有导角。

⑪ 喷煤管上部积料要定期清理，防止喷煤管负荷过大产生变形及干扰火焰形状。

⑫ 投料后要注意窑筒体温度的变化，如果发现扫窑皮，应及时调整燃烧器的坐标位置。

⑬ 燃烧器按上述调整后，一般情况下不需要再调整。经常调整也不会有大的变化。

⑭ 要想提高窑的产量及质量，整个烧成系统的风、煤、料及窑速也要控制得当。

⑮ 正常生产时，燃烧器的一次风通道不能设在最小截面面积处，即燃烧器内管与头部端面平齐的位置。

⑯ 如果燃烧器头部端面出现结焦，火焰可能会分叉，如果对窑的生产未产生大的影响，可以不做处理，因为其经常变化，也可以定期清理端面结焦。

⑰ 如果仅反复调整燃烧器，仍出现煤粉燃烧状态不好，可能是窑头负压过大、窑头温度过低或煤粉特性所致，应结合烧成工艺系统进行调整。

⑱ 停止喷煤时，一次风机要延时 4 h 停机（或开启事故风机），冷却喷煤管。

4.28 如何根据筒体扫描温度判断燃烧器的位置

4.28.1 燃烧器位置适中

从筒体扫描上看，从窑头到烧成带筒体的温度均匀分布在 250～300 ℃。过渡带筒体温度在 350～370 ℃，且烧成带的坚固窑皮长度占窑长的 40%，过渡带没有较低的筒体温度（即没有冷圈），表明燃烧器位置合适。此时的火焰形状顺畅有力，分解窑处在最佳的煅烧状态，烧成带窑皮形状平整，厚度适中，熟料颗粒均匀，质量佳。

4.28.2 燃烧器位置离物料远且偏下

当筒体扫描反映出窑头筒体温度高，烧成带筒体温度慢慢降低，形似“牛角”状，说明燃烧器位置离窑内物料远，并且偏下，使窑头窑皮薄，烧成带窑皮越来越厚。此时的熟料颗粒细小，没有大块。但是熟料中 f-CaO 含量容易偏高，窑内生烧料多。应将燃烧器稍向料靠近，并适当抬高。也存在另外一种情况，即此时燃烧器的位置合适，但风、煤、料发生了变化，这时也应该把燃烧器先移到适当的位置，待风、煤、料调整过来后，再把燃烧器调回到原来的位置。

4.28.3 燃烧器位置离物料远且偏上

如果窑头温度过高，接近或超过 400 ℃，而烧成带筒体温度低，过渡带筒体温度也较高，形状类似“哑铃”，说明火焰扫窑头窑皮，使其窑皮太薄，耐火砖磨损大，烧成带的窑皮厚，火焰不顺畅，易形成短焰急烧，可以断定燃烧器位置离窑内物料远，且偏上。此时应将燃烧器往窑内料靠近，并稍降低一点儿，以使火焰顺畅，避免短焰急烧。

4.28.4 燃烧器位置离物料太近且偏低

从窑头到烧成带的筒体温度均很低，而且过渡带筒体温度也不高时，说明窑内窑皮太厚，这种状态下火焰往料里扎，熟料易结大块，f-CaO 含量高。因此可判断燃烧器位置离料太近，并且偏低，火焰不能顺利进入窑内。此时应将燃烧器稍微抬高，并离窑内物料远一点，这样才能使火焰顺畅，烧出熟料质量好。

上述几种情况不是绝对不变的，当入窑生料或煤粉的化学成分突然发生变化，上述几种情况中不合适的燃烧器位置就可能变成合适的位置。但是，当生料或煤粉的成分正常后，不合适的燃烧器位置仍然不合适。因此，应随时掌握风、煤、料的变化情况以及来自箅冷机的二次风的情况，根据筒体扫描温度随时调整燃烧器的位置。

总之，从筒体扫描来判断燃烧器的位置，是一个经验积累的过程，合适的燃烧器位置指的是煤粉喷出后燃烧形成的亮火点的位置，调整燃烧器的原则是以亮火点的位置偏上偏料为基准，而不是以燃烧器自身或黑火头的位置为基准。

4.29 PYROJET 型燃烧器的结构及特点

PYROJET 燃烧器的原理如图 4.27 所示。由喷嘴中央剖视，其通道结构是：

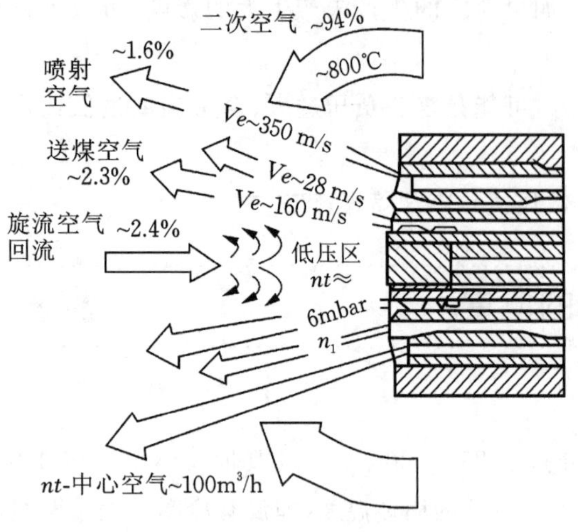

图 4.27 PYROJET 燃烧器原理图

① 液体或气体燃料通道(点火喷嘴)；

② 出口有螺旋风翅的旋流空气通道(相当于一般三风道喷嘴的内流风)；

③ 出口为喷煤口的燃料通道；

④ 出口为环形嘴的喷射空气通道(相当于一般三风道喷嘴的外流风)。

PYROJET 燃烧器的旋流风及送煤风是用与一般三风道喷嘴相同的方式排出的。只是喷射空气 PYROJET 喷嘴不是像一般低压三风道喷嘴那样从环形缝隙喷出，而是从沿喷嘴外圆排成环状的 8～18 个独立风嘴喷出，其压力为 1 bar 左右，由一个旋转活塞风机供风。喷射嘴的作用是将高温二次风卷向喷嘴，以加快煤粉燃烧。

一般三风道喷嘴的一次风量为 12%～16%，PYROJET 喷嘴的一次风量仅为 6%～9%。减少一次风量可以增加二次风的热回收量，并且可以减小设备规格。因此，安装 PYROJET 喷嘴的投资一年即可回收。

PYROJET 喷嘴的空气喷射速度很高，氮和氧的分子在火焰高温区滞留时间很短，所以形成 NO_x 的机会较少。采用稍低的烧成带温度并使用 PYROJET 喷嘴，就有可能降低 NO_x 的排放。对不同的窑 NO_x 产生量的降低幅度为 15%～30%。

PYROJET 喷嘴问世 20 多年来，已获得了以下效果：

① 通过采用低一次空气比，可节约 6%～8%热量；

② 能很好地燃烧固体、气体和液体燃料及石油焦等多种燃料；

③ 利用喷射空气，减少 NO_x 生成；

④ 在产量和质量提高的情况下使窑稳定操作；

⑤ 采用陶瓷抗磨损涂层，延长喷嘴使用寿命。

目前，中国许多大中型生产线也都用 PYROJET 燃烧器。

4.30 天然气燃烧器应具备哪些热工特性

天然气可燃成分主要为烃类 C_mH_n，还有少量的 H_2、CO、H_2S 等，其中还含有不可燃成分 CO_2、N_2、O_2 和微量惰性气体。CH_4 是天然气的主要成分，一般天然气中 CH_4 含量达 90%以上。天然气燃烧器必须具有以下热工特性：

① 天然气与空气混合充分，燃烧完全，化学不完全燃烧值低。

② 过剩空气系数 α 低，$\alpha=1.05\sim1.1$。较低的过剩空气系数有助于提高火焰温度。

③ 发热量大，火焰温度高，低热值达 35573 kJ/Nm³ 左右，理论燃烧温度达 2000 ℃以上。

④ 火焰形状和温度易于调节，窑内升温快。

⑤ 火焰清亮明朗，窑内“黑影”与结圈清楚可见，操作预见性好。

⑥ 一次空气量小，较小的一次空气有利于提高火焰温度。

⑦ 易于点火，天然气的最低着火温度为 530 ℃，与之相比，烟煤粉着火温度为 400～500 ℃；重油着火温度为 500～700 ℃。虽然天然气的着火温度不低于烟煤和重油，但由于与空气混合速度快，故点火十分容易。

图 4.28 为 DD53-1 型天然气燃烧器的外形图。

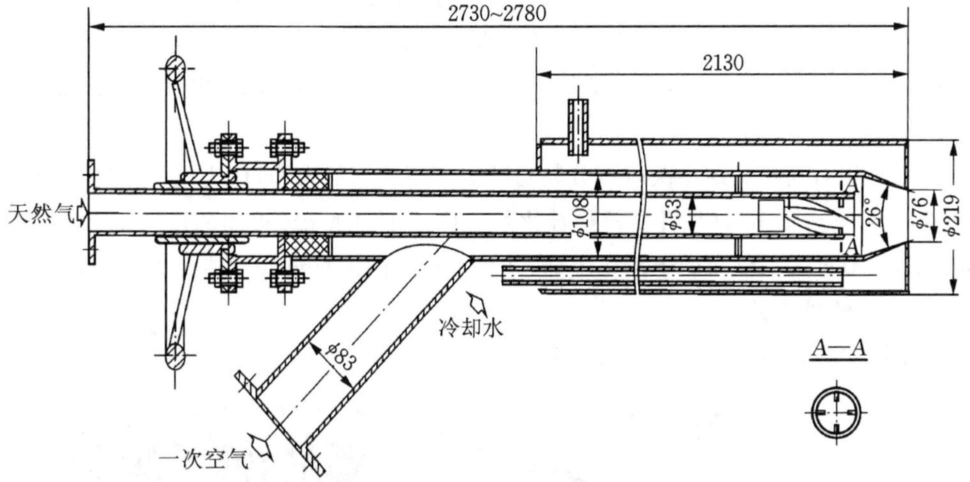

图 4.28 DD53-1 型气体燃料燃烧器

4.31 分解炉用煤粉燃烧器

由于分解炉内燃料是无焰燃烧，要求分解炉内温度在 850～950 ℃之间，以满足生料分解要求，由窑头抽取的 750～850 ℃三次风作燃烧用风，因此对燃烧器性能要求不像对窑用燃烧器那样苛刻。除 RSP 炉的 SB 燃烧室是从顶部喷入煤粉，形成火焰（1200～1600 ℃）之外，其他分解炉都是无焰燃烧，因此分解炉用煤粉燃烧器都是采用单风道型式，有些在喷嘴内设置螺旋风翅。Pillard 公司开发了一种简单结构的三风道煤粉燃烧器（图 4.29），具有煤粉着火速度快、改善燃烧、提高燃尽率的优点。

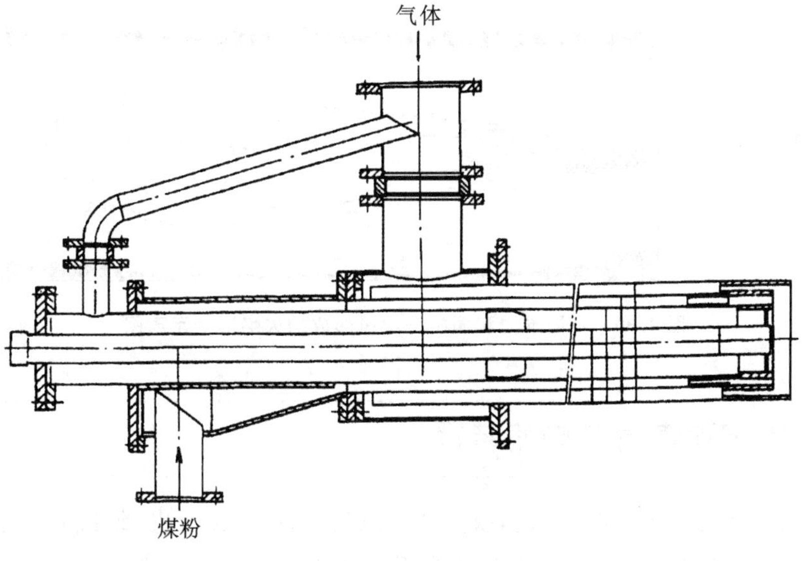

图 4.29 分解炉用三风道煤粉燃烧器

各种型式的分解炉的生料喂入点以及三次风吹入位置都不相同，而且这些位置随着炉型的改进都在不断变换。应使位置配置达到最佳化,实现燃烧、换热、分解等过程的有效控制。另外要注意,燃烧器喷入的角度不能使火焰冲刷耐火砖,以免烧坏炉体。

4.32 何谓燃烧器推力及相对动量

所谓燃烧器的推力,是指燃烧器单位时间一次风量与一次风出口风速之积。即:

燃烧器推力 M(N) = 单位时间一次风量 m(kg/s)×一次风出口风速 V(m/s)

当燃烧器推力增大时,火焰缩短,反之则延长。同时,燃烧器的推力也决定着火焰内部燃烧产物的再循环程度。

FLS 公司采用“相对动量”,即一次风百分数与喷出气流速度的乘积,作为设计燃烧器的参数,认为相对动量在 1200～1300(%·m/s)时可获得最佳火焰。CEMEFLAME 集团的研究也认为燃烧器推力应控制在合理范围,推力过大不仅无助于强化燃烧,并会因火焰撞击物料或衬砖而生成还原性熟料,缩短衬料寿命,并增大 NO_x 的排放量。

图 4.30 为不同推力及涡旋状况下的火焰形状。

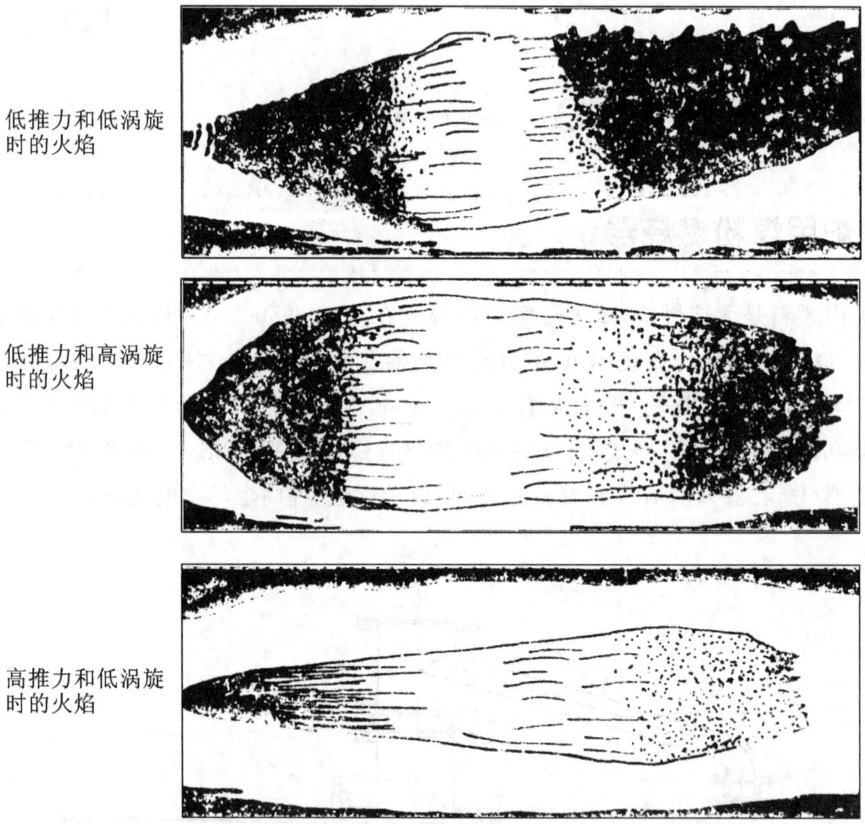

图 4.30　不同推力和涡旋一次风形成的火焰形状示意图

4.33 一种回转窑喷煤管的伸缩装置

喷煤管伸长、缩短可改善窑内煅烧状况,改变高温点的位置,补挂窑皮,延长窑衬寿命。某厂原来要改变喷煤管的位置,全靠看火工用手拉葫芦来实现,几经改进也难以解决问题。最后,该厂采用了电动推杆(安装方式见图 4.31,规格:1.5 t;行程:150 cm),效果良好,喷煤管伸缩自如。看火工只要按动倒、顺开关,喷煤管进退自如,基本上不用人工维护。

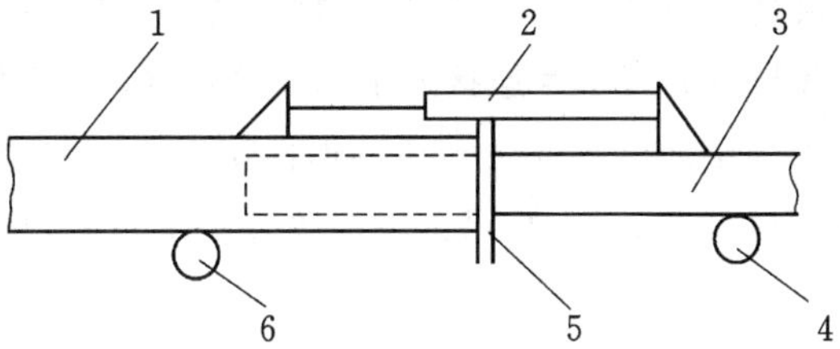

图 4.31　电动推杆安装示意图

1—喷煤管外套；2—电动推杆；3—喷煤管内套；4，6—托滚筒；5—密封法兰

4.34　怎样做到轻巧自如地调节喷煤管位置

通常喷煤管调整角度只有四个方向，使调整受到局限。而且喷煤管伸缩为一套管，外管可前后移动，其密封为法兰压石棉绳密封，密封效果不佳，漏灰严重。而且煤管进退非常困难，维修量大。

针对上述情况，新疆某水泥厂设计制作了喷煤管球形调节仪及伸缩装置，图 4.32 所示为喷煤管总图，球形调节仪由外球、空心内球及螺纹管组成，内球装在外球内，外球与带喷嘴的一段煤管连接在一起，内球与风机连接的一段煤管连接在一起，如图 4.33 所示。当有外力作用在与外球连接的煤管上时，这段煤管就会以球心为支点，沿受力方向转动，可沿圆周方向任意调整煤嘴角度。

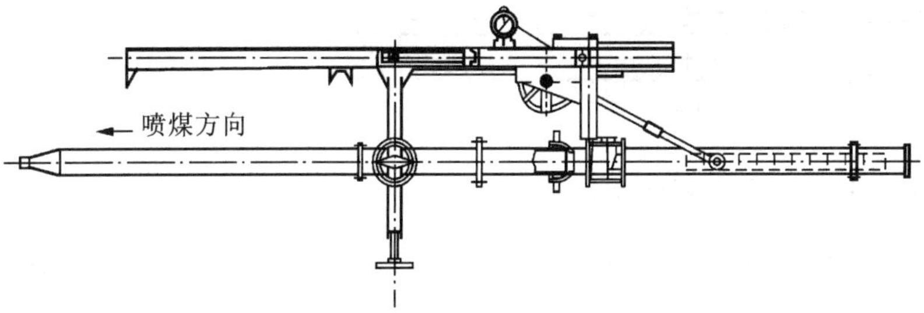

图 4.32　喷煤管总图

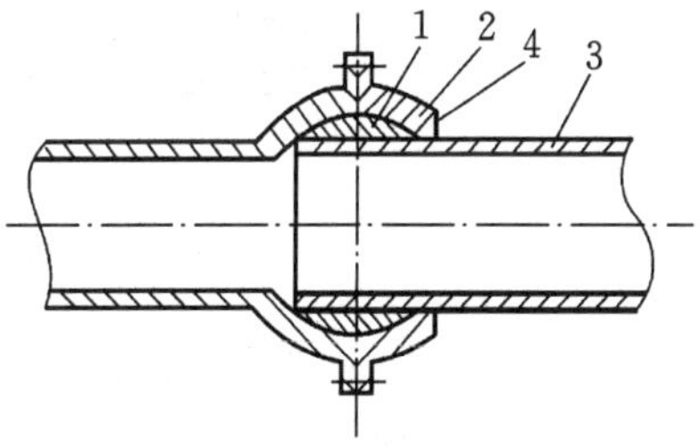

图 4.33　球形调节仪

1—空心内球；2—外球；3—螺纹管；4—红铜密封

伸缩装置由橡胶伸缩管、钢环、支架组成。橡胶伸缩管两头与喷煤管套接固定，通过套在橡胶伸缩管上的钢环钢筋支架支撑。此装置利用橡胶较软的特性，无摩擦部位。喷煤管伸缩进退轻巧自如。

此装置能较好地应用在看火操作中，喷煤管角度调整范围广，且调整灵活，进退轻便自如，密封性好，使用寿命长，在解决煅烧中烧圈防偏火问题、提高产质量及改善环境方面均取得了很好的效果。

4.35　分解炉喷煤嘴磨损失效的原因及处理

日本三菱流化床——密集悬浮型预分解炉主要有 MFC 及其改进型、N-MFC 三种型式。分解炉燃料经喷嘴喷(加)入到炉内，使物料分解。喷嘴一般布置在同一水平位置，距流态化床面高度约为 400 mm。煤粉吹入角度同二次风相同，均为 60°。喷煤嘴采用不锈钢无缝钢管制作，材质为日本 JIS-SUS304。

4.35.1　原因分析

造成分解炉喷煤嘴磨损失效的原因主要有以下几方面：

① 煤粉在流经喷煤嘴时，由于喷嘴形状是变径管，煤粉流速会发生变化，产生局部损失，这主要是由于局部边壁磨耗，而分解炉喷煤嘴内气体流动处于紊流状态，则加剧了这种损耗。

② 在高应力、大颗料磨料频繁的强烈冲击下，喷煤嘴材质疲劳，出现早期磨损失效。

③ 直圆内壁喷管、头部喷管与后部管法兰连接处采用角缝焊接(一般为 5 mm)。在法兰连接处附近区域，形成紊流掺混，紊流切应力为黏滞性切应力与掺混惯性切应力之和，瞬时增大，冲击角度随之变化，冲蚀率随之增大，磨损加剧，从此区域开始失效，沿内壁向喷管头部发展，直到完全失效，即磨通。

4.35.2 处理办法

① 从喷煤嘴制作材料考虑，应选用国产的 ZG4Cr25Ni5 高铬中碳耐热铸钢。这种钢材的奥氏体高度均匀地分布在贝氏铁素体作基体的骨架中，组成的奥-贝组织在高应力、高冲击磨料磨损工况下，抗磨蚀性非常好，可大大减小喷嘴磨蚀率。

② 重新设计喷煤嘴，改善冲蚀角度。某水泥厂将喷煤管改成三段，将后部直管内径由 ϕ66 mm 增至 ϕ104 mm，使流体在此段流速减小。锥管内表面做精加工处理，粗糙度控制在 6.3 μm 以内。前部喷嘴壁厚由 5 mm 增至 12 mm，法兰与各管焊接由一侧改为另一侧，消除形成涡体的区域，使冲击角度趋向合理。经重新设计后，喷煤管一旦磨损失效，不必更换全套，只需将磨损的一段更换即可，如图 4.34 所示。

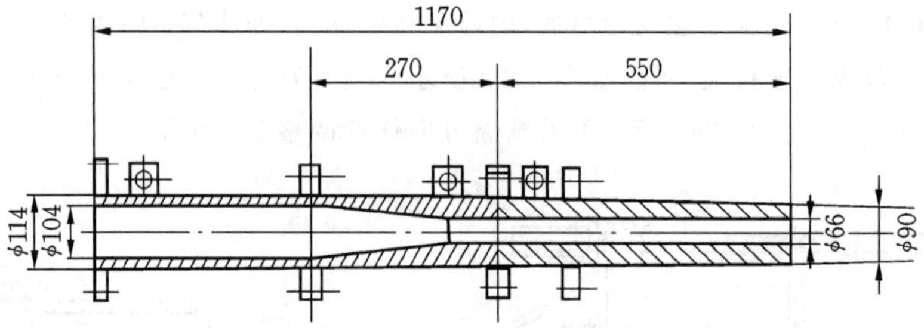

图 4.34 某水泥厂重新设计的分解炉喷煤嘴

据该厂介绍，重新设计后的分解炉喷煤嘴，使用寿命明显延长，经多次检查，内壁光滑无明显磨损迹象，每套喷煤嘴保守估计可连续使用 3～5 年。

③ 在喷煤嘴头部增加螺旋体风翅(一般可增加 4 翅)，可使紊流态煤流喷入 MFC 分解炉后，分布更为均匀，达到更好效果。

4.36 燃烧器堵塞、烧红、火嘴结焦、爆燃是何原因

回转窑燃烧器堵塞、烧红、火嘴结焦、爆燃等现象，都与煤粉在回转窑内着火距离燃烧器喷口太近甚至在燃烧器内就着火有关。发生上述现象的具体原因主要有以下几点：

(1) 煤质变化。煤的挥发分增大时，煤粉着火点提前，如果煤的焦结性也强，煤粉就容易在燃烧器出口处燃烧烧结，便会引起燃烧器出口局部堵塞，引起燃烧器内部分煤粉积聚着火。

(2) 燃烧器位置偏离回转窑圆心太多。如果燃烧器位置偏离回转窑圆心太多，燃烧器与回转窑筒体的距离不均匀，会使燃烧器某一侧温度偏高，从而加大该处燃烧器内煤粉着火的可能性。

(3) 送煤风速太低，使部分煤粉在燃烧器内沉积下来，受热后着火。

(4) 煤粉燃烧速度太快。煤的挥发分大，煤粉燃烧速度过快，如果此时送煤粉的风速不够大，煤粉就会在燃烧器内燃烧，造成燃烧器烧红、火嘴结焦、爆燃等现象。

(5) 当煤粉在燃烧器内燃烧，燃烧器被烧红，具备了发生爆燃的热源时，如继续送煤粉就有可能发生爆燃。

(6) 燃烧器投入前或停用后，未用空气吹扫煤粉管，使煤粉管内沉积的煤粉着火。

4.37 燃烧器浇注料如何进行浇注施工

燃烧器浇注料如何施工，姜振玉提出了两种方法：二次支模整体浇注法和多次支模分次浇注法。这两种方法的主要区别在于支模方法的不同，各有利弊，现分述如下。

4.37.1 浇注前的准备工作

(1) 锚固件的制作：采用 ϕ8 mm 耐热钢(主要成分 1Cr18Ni9Ti)弯制成“V”形扒钉，如图 4.35 所示。

(2) 锚固件的焊接：锚固件排列如图 4.36 所示，轴向间距为 150～180 mm，周向间距在 120 mm 左右。注意相邻两排锚固件成 90°垂直排列，交错焊接。要求焊接牢固，防止混凝土整体脱落。

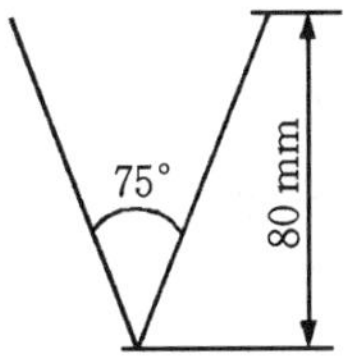

图 4.35 “V”形扒钉

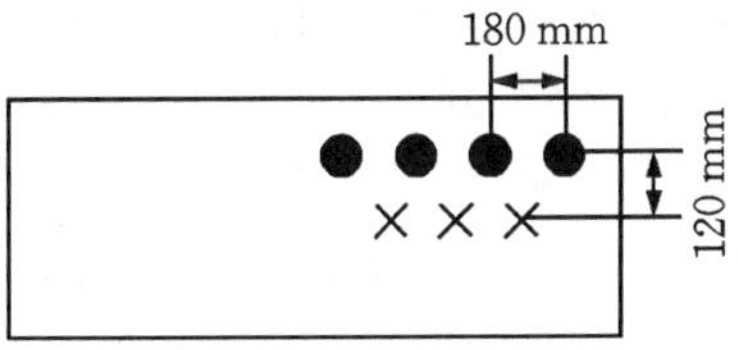

图 4.36 锚固件排列示意图

(3) 锚固件表面缠绕一层或二层电工黑胶带或者刷 2 mm 厚沥青漆用作膨胀间隙。

(4) 燃烧器外壳上缠绕一层 8 mm 厚硅酸铝纤维毡用作隔热层，注意使用细铁丝捆绑牢固，紧贴燃烧器外壳。

(5) 模板表面用适量机油涂抹均匀。

4.37.2 支模板

(1) 整体浇注采用圆模，分为上下半周进行浇注，首先支撑下半周模板，如图 4.37 所示，混凝土厚度为 120 mm 左右，上下两半模板用螺栓紧固，模板上半周每米预留 250～600 mm 浇注孔(可视燃烧器直径大小具体确定浇注孔的尺寸)。

(2) 分次浇注分为六次支模，浇注完成后端面呈六角形，如图 4.38 所示。第一次支模时，使用两片宽 140 mm 左右、厚 3 mm 铁板，如图 4.39 所示，形成槽形模框，视燃烧器直径大小包含 2～3 行锚固件，进行浇注。脱模时，拆下一片模板，将燃烧器整体旋转 60°后，将拆下的模板焊接于燃烧器外壳上，与上次成型的混凝土形成新的模框，进行第二次浇注，依此类推，分六次完成整个燃烧器的浇注工作。

图 4.37 整体浇注

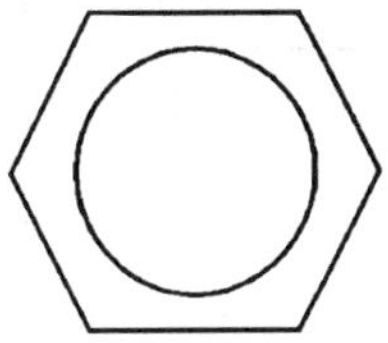

图4.38 分次浇注端面图

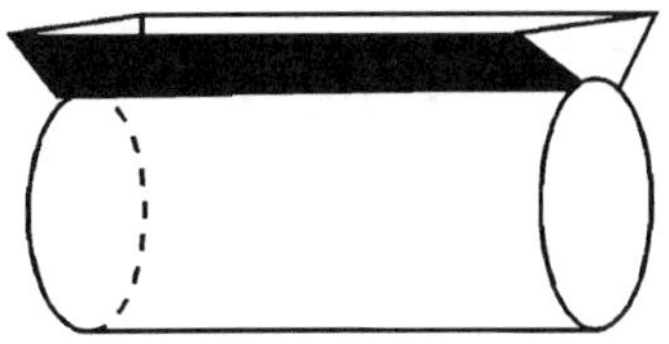

图 4.39 槽形模框

4.37.3 浇注料的施工

(1) 搅拌：各种浇注料在出厂时，其成分都已经按一定的比例配好，只需将每袋料中所有物料倒入搅拌器中(注意，必须使用搅拌器，否则水分难以控制)。先进行干搅 2～3 min，待物料混合均匀后，加入干净的水搅拌 3～4 min，注意控制加水量，具体水量一定要按照浇注料生产厂家提供的施工说明书中所规定的加水量控制。在北方气温低时，以加入 50 ℃左右的温水为宜。搅拌后不得有干料夹带和结团现象，特别是使用带有钢纤维的浇注料时，钢纤维加入时一定要分散均匀。搅拌好的料应该及时使用，不要在搅拌器中长时间搅拌。

(2) 振捣：由于燃烧器混凝土较薄，应使用平板振捣器或 ϕ30 mm 的振捣棒进行振捣。在使用振捣棒进行振实的过程中，注意棒尽量不要与锚固件接触，避免使锚固件松脱，影响混凝土的使用寿命。振捣棒应该直插、快插慢拔，每次振捣时间以材料表面返浆为宜(一般 20～40 s)。

4.37.4 混凝土的养护

浇注料浇注完成后，要进行必要的养护。夏季施工时，严禁将混凝土置于露天曝晒，应该放在阴凉处，适当加水进行湿养护，然后通风自然养护；冬季施工后应该采取保温措施，保持养护温度在 5 ℃以上，适当延长脱模时间。

4.37.5 两种施工方案的对比

(1) 分次浇注，支模简单，振捣方便。由于分次浇注始终在一个敞口的槽中进行倒料、振捣，倒料方便，振捣充分，形成的混凝土结构致密、均匀；而整体浇注，由于混凝土的厚度小，模框与壳体之间的间隙小，料不易流动，若使用振捣棒则易与锚固件接触，造成锚固件松动。

(2) 整体浇注，由于倒料不方便，不易振捣，容易造成混凝土结构疏松；或者为了方便倒料、振捣而在物料搅拌过程中加大水量，造成混凝土中粗、细骨料离析，混凝土的结构不合理，影响其强度。

(3) 一般情况下采用整体浇注，一次完成，都是因为急于开车进行生产，这样生产的浇注料施工后的养护达不到要求，也是造成混凝土强度降低的一个主要原因。

4.38 燃烧器浇注料损毁是何原因，如何解决

新型干法窑用的燃烧器浇注料寿命一般仅为 1～3 个月，有时使用几天就要因为浇注料掉块剥落，而必须修补或更换，严重影响生产线的正常运转。浇注料损坏，还会造成燃烧器钢结构损坏。如果增加浇注料的厚度，可以在一定程度上延长其使用时间，但会使燃烧器钢结构在高温下负载过重而弯曲变形。为此，白宏光等分析了燃烧器浇注料损毁的原因，并提出了解决措施。

4.38.1 燃烧器浇注料损毁的原因

(1) 耐热钢扒钉材质与焊接质量问题

① 燃烧器的工作环境温度高，衬体表面温度可以达到 1500 ℃以上，耐热钢扒钉如果耐高温性不好，会很快氧化，并造成其强度降低，导致浇注料脱落。扒钉膨胀产生的应力也会破坏浇注料的结构。另外，扒钉表面无防氧化和防膨胀处理，加剧了上述不利影响。几种耐热钢的熔点和临界氧化温度见表 4.2。

表 4.2 几种耐热钢的熔点和临界氧化温度

钢号	熔点范围(℃)	870 ℃时抗拉强度(MPa)	临界氧化温度(℃)
1Cr18Ni9Ti	1400～1445	127	1040
1Cr25Ni20Si2	1400～1445	155	1100
1Cr5Ni36W3Ti	1340～1430	197	1235
1Cr18Si2	1482～1533	48	820
1Cr25Si2	1430～1510	54	1200

② 施工前未对燃烧器表面进行清理和除锈，影响扒钉的焊接质量，在使用过程中扒钉开焊导致耐火浇注料脱落。焊接不认真，或扒钉与燃烧器钢结构表面接触面积太小也会使扒钉焊接不牢。

③ 扒钉的直径、尺寸以及排列方式不合理时，也影响浇注料的施工质量和使用效果。

(2) 耐火浇注料施工的影响

① 施工时浇注空间小，施工人员往往在拌料时加入较多的水，以使浇注料具有较好的流动性，但增大了耐火材料衬体中的气孔率，降低衬体的密实性，从而降低其强度(如果耐火浇注料为化学结合，加入

过多的液体结合剂，会产生同样不利的影响）。反之，衬体振捣不密实，亦会缩短浇注料的使用寿命。

② 衬体厚度薄，浇注空间小，模具与燃烧器之间密布了许多扒钉，浇注振捣时，振动棒的操作极为困难，操作不熟练或不认真，浇注料也会振捣不实。

③ 浇注后，如果未经充分养护，由于衬体早期强度低，结构疏松，往往来不及烧结就已经损坏；衬体骤然升温，有时还会炸裂。

④ 冬季施工时，环境温度低使结合剂（水合性）水化不完全或不水化，或者浇注体受冻，都会严重降低浇注料的强度或破坏其结构，从而影响使用效果。

（3）化学侵蚀

来自原燃料中的钾、钠、硫、氯等有害成分在高温下形成含碱的硫酸盐和氯化物，渗入到浇注料中与之发生化学反应生成钾霞石（KAS_2）、白榴石（KAS_4）和正长石等矿物，产生膨胀，导致浇注料开裂和剥落。熟料中的含钙化合物渗入到浇注料中生成低熔点的钙长石（CAS_2）或钙铝黄长石（C_2AS），导致其高温强度和抗侵蚀性下降。

（4）磨损

使用多风道燃烧器的新型干法窑，由于二次风量多，入窑风速大，加之箅冷机与窑中心线偏置，入窑的二次风还伴有涡流运动，因此对燃烧器浇注料磨损十分严重。经过观察，燃烧器头部下端浇注料最先损坏，说明携带 0～2 mm 砂尘的二次风进入回转窑后将直接冲刷燃烧器浇注料头部下端。另外，燃烧器设计不合理或有损伤，也会在其端部产生涡流，导致头部浇注料损坏。

（5）热震

窑系统在连续稳定的工作状态下，燃烧器浇注料内部产生的热应力破坏作用很小。但是，紧急停窑导致的急冷会产生剧烈的热震作用，使浇注料严重损伤。此时，浇注料的损坏严重且迅速，经常会有 10 mm 左右的剥落，而燃烧器头部下端的浇注料会出现更大的毁坏，严重时甚至会露出燃烧器钢体。

（6）其他（堆料、挂胡须、材料自身）

燃烧器上部堆积的高温熟料，会对浇注料产生侵蚀。高温熟料、碱性化合物与浇注料反应产生低熔物，将会在燃烧器头部形成“挂胡须”现象，影响煤粉燃烧和火焰形状，生产单位往往用钢钎去处理，此时会对浇注料造成不同程度的伤害。另外，如果浇注料自身材质不佳，配合比不科学或生产时混入杂质，都会导致快速损毁。

4.38.2 解决措施

（1）研制燃烧器用新型浇注料

为提高原料档次，须保证浇注料的耐高温性和较高的体积密度（一般要求达到 3.1～3.2 g/cm^3），使其具备良好的耐磨性。根据这种原则，白宏光等研发了超低水泥结合的 Al_2O_3-SiC 质耐火浇注料。材料临界粒度为 5～8 mm，碳化硅粒度为 0～1 mm，加入量为 10%～15%，其原料指标见表 4.3，浇注料技术指标见表 4.4。

表 4.3 原材料化学成分和物理性能

原材料	化学成分（%）						体积密度（g/cm^3）	比表面积（cm^2/g）	<0.5 μm（%）
	Al_2O_3	SiO_2	Fe_2O_3	TiO_2	CuO	SiC			
棕刚玉	95.03	1.64	0.30	2.43			≥3.0		
超细 SiO_2 微粉	0.65	92.90	0.20		0.25				>60
纯铝酸钙水泥	69.04				29.6			3999	
碳化硅			0.61			95.32			

表 4.4 新型浇注料的性能指标

项目	110 ℃×24 h	300 ℃×24 h	650 ℃×24 h	900 ℃×2 h	1100 ℃×2 h	1350 ℃×2 h
抗折强度(MPa)	11.5	>12.5	11.8	>12.5	12.4	>12.5
体积密度(g/cm³)	3.11		3.03	2.98	3.04	3.10
施工加水量(%)	5～5.2					

(2) 采用优质合格的耐热钢制作扒钉

一般采用1Cr18Ni9Ti耐热钢制作扒钉，扒钉尺寸、形状要设计合理。根据经验，其直径为6～8 mm，形状为“V”形，“V”形底部要加工出20 mm左右的焊接面，高度为浇注料衬体厚度的80%左右。扒钉必须做防氧化和防膨胀处理，可以套塑料管，缠胶布。但较好的方法是在扒钉表面涂上一层2～3 mm的沥青。耐热钢轴向膨胀量明显大于其径向膨胀量，因此不管采用什么方法，必须将扒钉头部包住，包裹物厚度应超过其他部位。扒钉焊接必须牢固可靠，成十字排列，间距根据燃烧器大小设计，一般为50 mm左右。

(3) 做好施工前准备工作，确保施工连续进行

必须采用铁制、安装方便、尺寸准确的模具。浇注料要先用搅拌机(事先要清理干净)干搅2～3 min，保证物料均匀，然后加水(或液体结合剂)搅拌2～3 min，要按照浇注料使用要求严格控制加水量，并要根据环境温度合理调整，以保证有良好的施工性并且不会影响其使用性能。拌好的浇注料要在其初凝之前用完，否则必须废弃，浇注时要依次进行振捣，全面细致，不能漏振，以浇注料达到密实、返浆为止。施工结束后必须要有充足的养护时间，待其完全硬化后方可脱模使用。

(4) 注意升降温速度

投入使用后，在条件允许的情况下，应缓慢升温或降温，注意维护。

4.39 如何延长燃烧器浇注料的寿命

回转窑燃烧器的工作环境比较恶劣，高温和风砂料大，使外管浇注料易剥落；另外，当窑内结“大蛋”碰到燃烧器头部时，也易使头部浇注料受伤脱落。浇注料脱落后，如果不及时撤出燃烧器，则剥落的浇注料在巨大的风尘及高温下进一步延伸扩大至露出金属外管，使金属外管在高温下被烧毁、报废。因此，延长燃烧器浇注料使用寿命是延长燃烧器整体寿命的关键。以下是某厂延长燃烧器浇注料使用寿命所采取的一些技术措施，可供参考。

4.39.1 燃烧器扒钉的焊接及排列方式的改进

改进前扒钉是用ϕ6 mm耐热钢(1Cr18Ni9Ti)制成“V”形，直接焊接在外管上。由于“V”形扒钉底部是圆弧，与燃烧器金属的接触是点接触，焊接不牢靠，扒钉易脱落。另外扒钉按照120 mm×120 mm点阵排列，“V”形开口方向一致，没有旋转90°互相错开，从而减弱了扒钉对浇注料的束缚强度。对此，在扒钉的焊接和排列上做了改进：先用耐热钢M8螺母(型号：THE-A2-70)按照120 mm×120 mm点阵焊接在外管壁上，螺母的内孔方向互相垂直。然后将扒钉穿过螺母的内孔，用电焊焊牢。

该焊接方式可有效防止“V”形扒钉脱落，增强扒钉的焊接强度。扒钉排列方式的改变，大大增强了对浇注料的束缚强度，使浇注料不易产生裂纹及脱落。

4.39.2 燃烧器浇注料浇注方法的改进

在浇注时，要严格按照技术要求，按5%的加水量，用搅拌机进行搅拌。浇注前在扒钉上涂上一层沥青漆。浇注料的传统浇注方法是平浇注，即将焊好扒钉的燃烧器平放在地面上，扒钉表面涂上沥青漆后，用模具包好。模具共分4组，在每组的上部中间都开有小口，然后把搅拌好的浇注料由小口处倒入，用棒形振实器振实。这种方法存在三点不足：一是模具开口多，浇注料浇注密实性差；二是模具的上部浇注料

填充不实，浇注料凝固后，在燃烧器上部产生一个宽 70～100 mm 的平面；三是浇注料分 4 次浇注，接茬多，整体性能差，接茬处在受高温后容易产生裂纹。为避免平浇注方法的缺点，采用了燃烧器立浇注的方法，即把用模具包好的燃烧器用吊车立放在地面上，燃烧器的出口向上。地点最好选在窑头平台的吊装口处，燃烧器的高度正好和窑头平台的高度大致相同（如平台高出燃烧器，可以在燃烧器的底部加垫）。把 4 组模具原来的开口封好，在最上面的模具上开一圈浇注口，用来浇注浇注料，然后用棒形振实器振实，最后把开口处的浇注料磨平。

4.40 回转窑对火焰有何要求

适宜的火焰及窑内温度的合理分布，对提高熟料产质量，增大窑皮厚度和长度，延长窑衬寿命，降低燃料消耗、筒体温度，减少污染和保护环境都具有十分重要的作用。因此，水泥回转窑对火焰有严格的要求，尤其是在新型干法回转窑中要求火焰的形状、温度和强度与回转窑煅烧熟料相适应，保证在整个火焰长度上都能进行高效率的热交换，同时又不能使窑皮产生局部过热，出现峰值温度，应能适应窑情的变化。要满足这些要求，应具备下列条件：

（1）安排尽量少的一次风的送风量，并能使煤风混合充分均匀，尽可能充分利用高温的二次风，达到增产节能的目的。

（2）燃烧效率和煤粉的燃尽率高，避免因不完全燃烧而导致熟料质量下降和工艺事故的发生。

（3）火焰形状良好稳定，适应窑况的变化需要，窑内温度场分布合理，避免峰值温度出现，火焰无脉冲现象。

（4）火焰形状根据需要进行调节，方便灵活。

（5）煤粉燃烧器安全可靠，使用寿命长，不回火，并能适应高温和耐磨。

（6）对煤质的适应性要强，可适应煤质波动变化的需要。

（7）点火容易，升温快，以缩短无效时间，减轻劳动强度。

（8）火焰射流中应有热烟气返混，提高煤粉燃烧的环境温度，降低氧浓度，既可增加燃烧速率，降低燃尽时间，又可减少 NO_x 的产生，有利于环境保护。

4.41 造成火焰长或短的原因

煅烧熟料过程中，窑内情况变化较大，因此影响火焰长短的因素也较多。假设其他条件不变，造成火焰长的原因有如下几点：

（1）排风大；

（2）料少；

（3）煅烧温度低；

（4）慢车；

（5）煤粉湿粗，灰分大，挥发分低，固定碳多；

（6）煤管位置高，伸入窑里部分多；

（7）煤多一次风小，一、二次风温度低；

（8）煤管口径大，拔梢角度小，平梢长；

（9）停窑止烧。

假设其他条件不变，造成火焰短的原因有如下几点：

（1）排风小；

（2）料层厚；

(3) 窑速快;
(4) 一次风大,二次风小,煤适当;
(5) 火点温度高;
(6) 煤粉挥发分高,一、二次风温高;
(7) 煤管位置过低,偏料,偏外;
(8) 煤管口径小,角度大,平梢短,装风翅;
(9) 结圈。

4.42 影响回转窑火焰形状的因素有哪些

影响回转窑火焰形状的因素主要有煤粉燃烧速度和窑内气流运动的速度。其具体内容如下:

4.42.1 煤粉质量及其用量的影响

煤粉的挥发分:挥发分低(<15%)的煤粉,容易形成黑火头长、高温部分短、局部火焰温度高的火焰。挥发分高(>30%)的煤粉,虽发火快,但因挥发分分馏与燃烧需要一定的时间,且焦炭粒表面气体层厚,所以焦炭开始燃烧时周围的氧气已不多,故形成距窑头近、温度稍低、高温部分较长的火焰。

煤粉的灰分:煤粉灰分增大时,发热量降低,燃烧速度减慢,使火焰伸长而且温度降低。

煤粉的水分:水分增加时,火焰温度降低,黑火头拉长。

煤的用量:一次风中煤的浓度越大,煤粉与一、二次风混合的时间越长,则燃烧所持续的时间也越长。因此,当一次风不变,增加用煤量时,火焰将伸长。

4.42.2 喷煤嘴位置及形状的影响

喷煤嘴位置:喷煤嘴位置在二次风入窑位置里面时,一、二次风混合较弱,延长燃烧时间,使火焰伸长。如在二次风入窑位置之前,会加强一、二次风之间的混合,使火焰缩短。

喷煤嘴形状:直筒式喷嘴的风煤出口速度较小,故煤粉射程近,火焰粗。拔梢式喷嘴的风煤出口速度大,煤粉射程远,火焰集中。喷煤管装风翅后喷出的火焰,要比不装风翅时短而集中。

4.42.3 一次风的影响

风量:对挥发分高的煤,应多用一次风,否则,挥发分不能迅速燃烧,火焰将被拉长,温度也要降低。对挥发分低的煤,应少用一次风,否则煤粉着火就要延迟,并且易造成局部高温。

风速:对挥发分高、同时灰分低的煤,一次风速可大些,这样能加快燃烧速度,提高火焰温度。挥发分低的煤,一次风的速度应低些,以免黑火头伸长和高温部分距窑头远。

风温:一次风温度高,煤粉预热好,火焰黑火头短。煤粉中煤挥发分低时,控制一次风温使其较高,以加快煤粉的发火,缩短黑火头。

4.42.4 窑尾排风及二次风的影响

窑尾排风不变时,一次风增加,则二次风减少。一次风量不变时,窑尾排风增大,则入窑的二次风增加。一次风和用煤量不变时,若增大排风,则过剩空气量增加,使火焰温度降低。当一次风不变,增大排风及用煤量,同时保持相同的过剩空气量时,一次风中煤粉浓度增大,火焰变长,但温度降低。提高二次风预热温度,火焰温度能提高,黑火头就能缩短。

4.42.5 窑内温度、生料和空气量对火焰的影响

窑内温度低,即使有足够的空气,煤粉也不能完全燃烧,生料层厚或生料逼近窑头时,火焰要缩短,窑内过剩空气量过多,火焰温度要降低,过少则易引起不完全燃烧。

4.42.6 物料成分的影响

窑内物料成分合理时,熟料结粒细小,均齐。翻滚灵活,火焰形状良好,温度较高。成分不合理如液

相量过多时，则烧成范围窄，易结大块，限制火焰温度提高，或易结圈，火焰缩短。

4.43 火焰形状对煅烧有什么影响

实践证明，火焰与煅烧的关系密不可分，唇齿相依。火焰的形状合适与否是煅烧的关键，它与煤质、煤嘴、窑型、熟料冷却机型式、煤粉制备、配料成分、风煤配合、一次风和二次风温度、窑速快慢、操作控制、产量高低等因素有关。

煅烧需要的火焰形状是：有适当长度的高温部分，顺畅，完整，不散，不乱，不冲刷窑皮，无局部高温，便于控制，有利于稳定窑速，产量高，质量好，安全运转周期长。否则，将直接影响煅烧，使其不正常，窑速不稳定，产质低，窑皮没保证，看火工操作被动。

4.44 何谓白火焰

回转窑内燃料由喷嘴喷出后，从着火燃烧至燃烧基本结束的一段流股，为燃料与空气中氧气激烈化合的阶段，此时产生强烈的光和热辐射，形成一定长度的白色发亮的高温火焰，称作白火焰。根据普通煤和少量过剩空气燃烧的理论，回转窑内的最高燃烧温度可达 2000 ℃以上。实际最高火焰温度取决于燃烧速度和其他因素，一般在 1700 ℃左右。火焰的最高温度及其长度对熟料的形成有很大影响。它应使物料在烧成带停留 15～20 min，并使物料温度最高达 1450 ℃左右，以保证熟料顺利形成。各种不同条件的煅烧，如正常火焰煅烧、低温长带煅烧、短焰急烧以及强化煅烧等，所形成的最高火焰温度和长度各不相同。

4.45 如何改变回转窑的火焰长度

（1）利用气体在窑内流速对火焰长度的影响

流速越快则火焰越长，而气体流速又受到一次风速和窑尾排风的影响。一次风速增加，一方面能提高煤粉的有效射程，使火焰拉长；另一方面又使风煤混合均匀，使燃烧速度快，火焰短，这是两个相反的作用。同时为防止“回火”，喷出速度应比火焰扩散速度大。喷出速度与窑的直径有关，大直径的窑要求较高的喷出速度，较小直径的窑喷速取小值，这样可为火焰与物料之间的热交换创造良好条件。窑尾排风增加使窑尾负压增加，二次空气增加，使火焰外气体流速增加，从而将火焰拉长，在正常生产中通常采取改变窑尾排风或增大窑尾负压的办法来改变火焰长度。

（2）利用煤粉燃烧速度对火焰长度的影响

煤粉燃烧速度加快使火焰长度缩短，而影响燃烧速度的因素又有以下几方面：

① 煤粉细度：煤粉细度越细，燃烧速度越快，煤粉越细，煤粉表面积越大，煤与空气中氧的接触面积增加，故燃烧速度加快。

② 二次空气温度：温度提高，燃烧速度快，火焰短。

③ 喷煤嘴的形式：喷煤嘴的形式影响风和煤的混合，风煤混合越均匀其燃烧速度越快。

（3）煤的挥发分对火焰长度的影响

挥发分含量高的烟煤在距喷嘴较近的地方就能着火，并且火焰较长，挥发分含量低的煤则相反（由于着火温度随挥发分增加而降低，所以挥发分含量不同，着火点距喷嘴的远近就不同，挥发分含量高着火早，而且使煤的发热过程持续较长的距离，因此火焰长。挥发分低的煤，绝大部分的热能在很短的距离内就能被释放出来，这样使火焰集中火焰短，有时会出现局部高温现象）。为使回转窑内火焰长而均匀，一般要求煤的挥发分为 18%～30%或 25%左右。

4.46 回转窑为何要控制火焰的粗细

回转窑内的火焰粗细应与其截面面积大小相适应。一般来说，火焰应均匀地充满整个窑截面，外廓与窑皮之间保持 100～200 mm 的空隙，即近料而不触料，近窑皮而不触窑皮。这样有利于热量的交换、熟料的煅烧，又不致损伤窑皮和火砖。一般的燃烧器都可以在一定的范围内调整火焰的粗细，但是有一定的限度。因此，必须根据窑型，选择与其适应的燃烧器，否则将会出现窑皮挂不牢、耐火砖剥落、筒体温度高、红窑、熟料的烧失量大、易出黄心料等不正常现象，进而使热耗高、熟料质量差、产量低、砖耗高，严重地影响生产。

4.47 何谓回转窑火焰的完整性

回转窑火焰的完整性表示火焰在其任何一个横断面上均呈现圆形，通过中心线的纵断面呈柳叶形，最好是棒槌形。任何一种燃烧器，如果没有外界因素的影响，都可以形成这样的规整性火焰。但实际上在窑内的情况则大不相同，影响因素甚多，诸如燃烧器与窑的相对位置，燃烧器本身的性能，窑的工况，窑尾排风机的吸力，二次风的强度和分布，窑内结圈与否等因素，对火焰的规整性均有影响。

4.48 何谓回转窑火焰的根部

火焰开始着火部分离燃烧器喷出口的距离称为火焰根部。火焰根部太短，即燃料从喷出口喷出后立刻燃烧，很容易烧坏喷头，不利于窑的安全运转。火焰根部太长，即黑火头太长则影响火焰的有效长度，同时意味着燃烧器对所用燃料不适应，或者燃料的质量不能满足要求。通常火焰根部称为黑火头，一般窑型黑火头在 300～1000 mm，在新型干法窑、多风道燃烧器中，黑火头可以大大缩短，有的基本没黑火头，因此窑体也可缩短。

4.49 何谓回转窑良好的火焰形状

在回转窑内，为了达到煅烧熟料所需要的温度和使物料在高温下停留一定时间，要求燃烧带有一定的长度、位置和温度，并使火焰形状完整，活泼有力，分布均匀。所谓良好的火焰形状应达到以下要求：

① 火焰温度比较高，高温部分比较长，有利于熟料的烧成。

② 局部温度不过高，少损坏并易于维护窑皮，延长运转周期。

③ 两端低温部分不拖长，前后不易结圈，来料稳定，有利于观察窑内物料情况，便于操作。

④ 高温部分的位置适当，使热能在窑内合理分布，实现合理的强化生产。

最理想的火焰形状是在任何断面上保持圆形，纵向剖面应为棒槌形，如图 4.40 所示。这种火焰形状既可以保护窑口，使火焰长度在整个烧成带进行高效的热交换，提高窑的产质量，降低热耗，保护窑皮和火砖，延长使用寿命，同时能保护燃烧器喷头不会过早烧坏，保证筒体温度均衡。

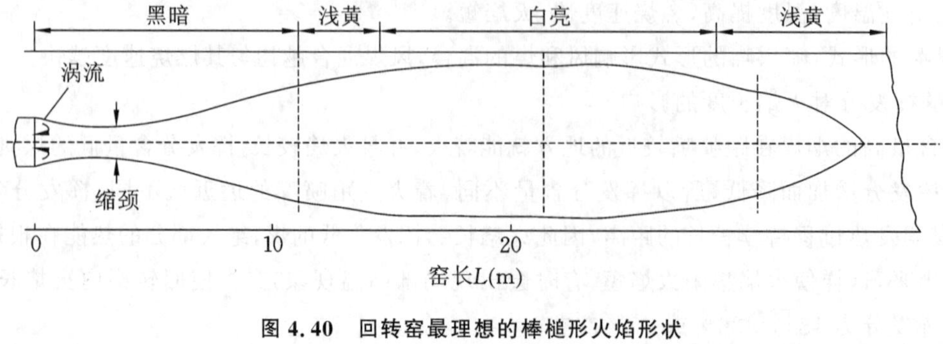

图 4.40 回转窑最理想的棒槌形火焰形状

如果火焰过短、过肥，无黑火头，这种火焰会使窑前部温度过高，对烧成和窑皮、火砖等不利。

如果火焰过长、过细，根部过长，即黑火头过长，此种火焰不能满足熟料煅烧的要求，会导致尾温过高，极易造成煤粉后燃，煤灰沉积，产生结皮、结圈等不正常现象。

如果火焰不规整，即出现偏火现象，这是由于多风道燃烧器层间钢板磨漏，造成煤风混窜，喷头圆形间隙误差过大、失圆或内管支架磨损，失圆的喷嘴喷出的风煤不均，喷头各层钢管烧损变形，燃烧器与窑的相对位置不当。

如果火焰尖端返回成蘑菇状的不规整火焰形状，这通常是由于结后圈气流阻力增大、窑尾排风不足、抽力过小，也就是窑尾负压减小、窑内结“大球”等因素。

4.50 回转窑常见的火焰形状有几种

(1) 活泼型火焰

如图 4.41 所示，这种火焰形状、长短以及黑火头长短均较适宜，对熟料煅烧质量、煤粉的燃烧效率最为有利，满足烧成带的温度要求，热耗较低，整个火焰活泼有力。它是操作者所希望得到的火焰形状，也是正常煅烧生产时应该具备的火焰形状。

(2) 长黑火头火焰

如图 4.42 所示，这种火焰的黑火头较长，燃烧效率下降。形成原因主要有以下几方面：

图 4.41 活泼型火焰

图 4.42 长黑火头火焰

① 煤质差，发热量低，灰分大，煤粒粗，水分大等；

② 燃烧器有故障，造成煤粉与风混合效果不好，燃烧速度缓慢；

③ 燃烧器使用不当，外风偏大，内风偏小，风煤配比不当，风量不足。

出现这种火焰形状时，应及时分析查找原因，检查煤质和细度是否合适，三风道燃烧器螺旋叶片是否损坏，风量是否足够。另外操作不当也容易出现该种火焰，例如箅床速度太快，出现薄料造成二次风温低，窑口有煤粉圈等都能导致黑火头过长。

(3) 缓慢型火焰(长火焰)

如图 4.43 所示，这种火焰在烧成带火力不集中，产生的主要原因是内风过小，旋转不力不能扩散；外风过大，抑制扩散能力过强，拉长火焰。但在操作中遇到前温过高或火砖有烧流的情况时，采取此种火焰能及时有效缓解该种情况；另外在点火、投料前或挂窑皮时也可使用此种火焰形式，待正常运行时再进行改变。

(4) 扩散型火焰

如图 4.44 所示，这种火焰形状短粗，属不正常火焰形状，其形成主要原因有以下 4 种：

图 4.43 缓慢型火焰

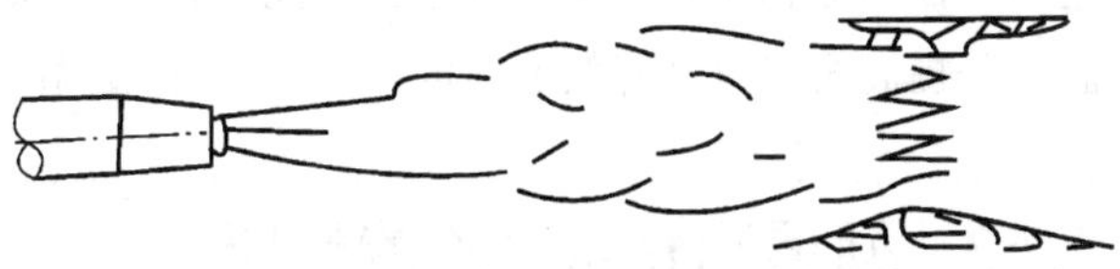

图 4.44 扩散型火焰

① 烧成带窑皮有结圈和大料球，促使火焰前逼，往往造成前温过高，窑内发浑，来料不均，主机电流

波动较大，窑尾负压增大。若不及时处理将会导致烧坏窑衬或熟料质量不合格，产量下降。

② 多风道喷煤管使用不当，内风过大，外风过小，二次风温高造成前温过高，容易烧坏窑衬。

③ 内风道端部旋流角度过大，外风控制不住，扩散严重。

④ 多风道喷燃管的拢焰罩烧坏，造成火焰扩散。

发现此形状火焰，应及时检查窑是否结圈，内外风的比例、二次风温是否过高，窑尾负压是否过小，螺旋叶片倾斜角度是否恰当。

(5) 碰窑皮火焰

如图 4.45 所示，这种火焰偏离物料向上，极易冲刷窑皮，缩短火砖的寿命，使筒体温度升高，火焰形状很不正常，不利于传热和提高熟料质量。产生的原因如下：

① 燃烧器在窑体截面上的位置不正确，偏向中心线上方，在窑体 6 m 处极易发生红窑。

② 喷煤管过分靠外，二次风过大造成冲击，使火焰上浮，主要是冷却机操作不当或窑头罩漏风严重造成。

发现此形状火焰，应及时检查燃烧器在窑筒体横断面上的位置是否正确，窑头漏入冷风量是否过大、二次风量是否过大等，针对原因及时处理。

(6) 舔料型火焰

如图 4.46 所示，这种逼近物料的火焰也不正常，极易造成煤粉圈长得过快，不利于火焰传热，影响熟料质量，增加煤耗，产生的原因如下：

① 燃烧器在窑截面位置不当，过多偏向中心线下方。

② 内风道管的支撑点磨损下沉，造成煤风出口失圆。

出现此种火焰形状，应及时检查燃烧器在窑筒体横断面上的位置是否正确，中心线偏移角度是否合适等，针对原因及时处理。

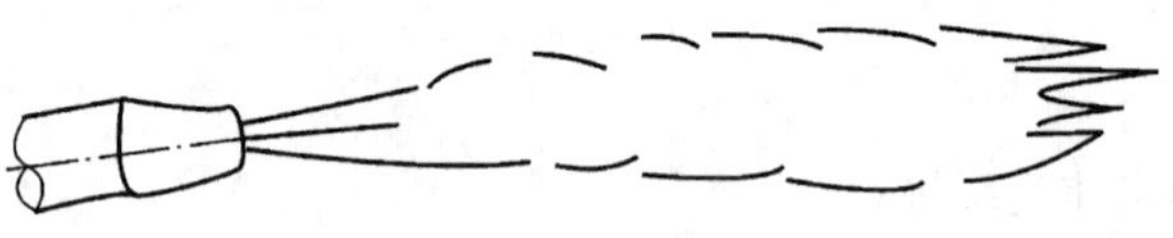

图 4.45 碰窑皮火焰

图 4.46 舔料型火焰

4.51 回转窑对火焰的温度有何要求

回转窑水泥熟料的烧成温度为 1300～1450 ℃，要求火焰温度即气体温度应达到 1540～1700 ℃，火焰温度应比烧成温度高出 350～500 ℃。火焰温度过低时，熟料烧成难，f-CaO 含量高，烧失量大；火焰温度过高时，容易产生熟料过烧现象，烧坏窑衬，经常发生红窑现象，不但浪费能源，而且熟料质量下降。

新型干法预分解窑与其他窑型不同，生产上要求“薄料快烧”。物料在窑内升温速度越快，由于料层薄，传热和反应速度加快，熟料烧成所需的能量就越低，窑产量高。要提高物料的升温速度，就必须提高火焰温度，在保证熟料质量的前提下，物料在高温烧成带停留时间越短，烧成的熟料质量越好，28 d 的强度越高。欲缩短物料在高温带的停留时间，则必须提高火焰温度并加快窑速，即“薄料快烧”。因此，提高火焰温度是提高窑产量和降低消耗的基本前提，火焰温度不高，窑速也不能加快，甚至会“跑生”或“欠烧”。

4.52 何谓回转窑火焰的性质

按火焰的性质划分，火焰可分为氧化焰与还原焰。回转窑煅烧时应保证火焰为氧化焰，因为还原焰会影响熟料质量并对设备(收尘)产生损害，产生还原焰的主要原因是煤粉过多，相对燃烧空气量供应不足，造成缺氧。为了保证能够形成氧化焰，必须供给足够的空气量，即保证过剩空气系数控制在适合的范围。一、二次风总量与燃烧所需空气量之比，称为“过剩空气系数”。过剩空气系数过大，不但浪费能源，而且降低火焰温度。对于新型干法窑，过剩空气系数一般控制为 $a=1.05\sim1.10$。

4.53 何谓回转窑火焰的强度

火焰强度包括火焰的软硬、方向及发光性等。理想的火焰，必须保证在整个火焰长度上都能进行高度的热交换，同时又不允许产生局部过热。回转窑要求具有方向性的硬焰，即从窑头观察窑内的火焰硬而有力，火焰尖端向窑尾方向有力地延伸，而不是在窑内呈软弱无力、飘忽不定或发散的状态。火焰的颜色，即发光性，火焰的颜色发红，窑的产质量就会降低。

在实际操作时，可根据火焰的颜色来判断火焰的温度，根据观察窑皮的颜色来判断烧成带物料的温度。当火焰颜色和窑皮颜色层次不分明时，说明烧成带温度正常。

4.54 何谓火焰的传播

煤粉自喷煤嘴喷出，经过一段距离后才燃烧，煤粉燃烧后形成燃烧的焰面，并产生热量，使温度升高。热量总是从高温向低温传递，由于焰面后面未燃烧的煤粉比焰面温度低，因此焰面不断向焰面后面未燃烧的煤粉传热，使其达到着火温度而燃烧，形成新的焰面，这种焰面不断向未燃物方向移动的现象叫火焰的传播，传播的速度称火焰传播速度。但煤粉是以一定速度不停喷入窑内的，所以火焰既有一个向窑尾方向运动的速度，又有向后传播的速度，当喷出速度过大，火焰来不及向后传播时，燃烧即将中断，火焰熄灭；当喷出速度过小，火焰将不断向后传播，直至传入喷煤管内，这种现象称为“回火”，若发生“回火”将有引起爆炸的危险，所以煤粉喷出速度与火焰传播速度要配合好。火焰传播速度与煤粉的挥发分、水分、细度、风煤混合程度等因素有关。当煤粉挥发分大，水分少，颗粒细，风煤混合均匀时，火焰传播速度就快，否则相反。

4.55 如何调节回转窑的火焰

目前国内预分解窑大多采用三风道或四风道燃烧器，而火焰形状则是通过内流风和外流风的合理匹配来进行调整的。由于预分解窑入窑生料 $CaCO_3$ 分解率已高达 90%左右，所以一般外流风风速应适当提高，这样可以控制烧成带稍长一点，以利于高硅酸率料子的预烧和细小均齐熟料颗粒的形成。如须缩短火焰使高温带集中一些，或煤质较差，燃烧速度较慢时，则可以适当加大内流风，减少外流风；如果煤质较好或窑皮太薄，窑筒体表面温度偏高，需要拉长火焰，则应加大外流风，减少内流风。但是外流风风量过大容易造成火焰太长，产生过长的副窑皮，容易结后圈，窑尾温度也会超高。内流风风量过大，容易造成火焰粗短、发散，不仅窑皮易被烧蚀，顶火逼烧还容易造成熟料结粒粗大并出现黄心熟料的现象。

目前国内大中型预分解窑生产线大多设有中央控制室。操作员在中控室操作时主要观察彩色的 CRT 上显示带有当前生产工况数据的模拟流程图。但火焰颜色、实际烧成温度、窑内结圈和窑皮等情况在电视屏幕上一般看不清楚，所以还应该经常到窑头进行现场观察。

在实际操作中，假如发现烧成带物料发黏，带起高度比较高，物料翻滚不灵活，有时出现饼状物料，这说明窑内温度太高了。这时应适当减少窑头用煤量，同时适当减少内流风、加大外流风使火焰伸长，缓解窑内太高的温度。

若发现窑内物料带起高度很低并顺着耐火砖表面滑落，物料发散没有黏性，颗粒细小，熟料 f-CaO 含量高，则说明烧成带温度过低，应加大窑头用煤量，同时加大内流风，相应减少外流风，使火焰缩短，烧成带相对集中，提高烧成带温度，使熟料结粒趋于正常。

假如发现烧成带窑筒体局部温度过高或窑皮大量脱落，则说明烧成温度不稳定，火焰形状不好，火焰发散冲刷窑皮及火砖。这时应减少甚至关闭内流风，减少窑头用煤量，加大外流风，使火焰伸长或者移动喷煤管，改变火点位置，重新补挂窑皮，使烧成状况恢复正常。

总之，窑内火焰温度、火焰形状要勤观察勤调整，以满足实际生产的需要。

4.56 为什么说回转窑火焰形状不合理容易导致红窑

回转窑在实际生产中，由于燃烧器在窑筒体横断面上的位置不合理，火焰偏离物料而偏向上窑皮，或者窑头漏入冷风量过大，冷风流冲击使火焰上浮，或者二次风量过大造成火焰上浮，或者燃烧器内风过大，外风过小，二次风温高，窑尾负压减小，造成火焰过度集中，或者燃烧器内风旋流器角度过大，扩散严重等，都会使火焰的形状变得很不规矩，极易烧坏窑皮，缩短窑衬的使用寿命，使筒体温度升高，出现红窑。如某厂的三风道燃烧器的位置调整不当，经常出现火焰扫窑皮现象，使火砖寿命严重缩短。在距窑头 6～8 m 处经常红窑。经正确调整后，红窑情况大大好转。

4.57 一次风大为何火焰反而短

在实际操作中，一次风大但火焰短，与理论上的一次风大火焰长恰恰相反，这是因为理论所说的一次风大，吹力大，射程远，火焰应长，是发生于单一情况下，不包括其他因素，而窑内火焰长度不仅取决于一次风大小，还有许多其他因素，例如煤粉燃烧速度对火焰的影响就很大。当一次风大时，不仅射程远，燃烧速度也快，一次风小时，不仅射程近，燃烧速度也慢。射程远近和燃烧速度快慢，皆与一次风大小成正比，但一个使火焰伸长，另一个则使火焰缩短，共同作用在火焰上，方向相反，相互抵消后，火焰的变化则决定于哪个因素占主导地位。通常燃烧速度快慢对火焰的影响要大于射程远近对火焰的影响。因而在实际操作中出现一次风大火焰短，一次风小火焰长，是合乎逻辑的。

这种现象是针对一般情况而言。如风大煤小，风小煤大等特殊情况，则不适用。

4.58 回转窑停烧后为什么火焰有时进不去

回转窑停烧后，开始连续转窑前，有时会发生火焰伸不进去，被压缩回来，从窑头和冷却机喷火的现象，这种情况如果持续下去，就无法煅烧，造成生料二次冲过火点，再次停烧。

这种情况主要是由于未完全分解的物料进入烧成带，吸收大量的热，进行激烈的分解，在分解过程中产生大量的二氧化碳；此外，在停烧过程中，为控制火焰为一定长度，尾温不过高，排风减得过多，煤粉燃烧不完全，废气又不能顺畅地及时排出，转窑时排风又偏小，因而使火焰伸不进去，被压缩回来，出现窑头喷火现象。因此，在停烧后到连续运转前应适当加大排风。

4.59 回转窑火焰的着火及其影响因素

如图 4.47 所示，由喷嘴出来的空气和燃料形成短的黑火头(卷流)，在黑火头的末端燃料被点着并形成火焰，要使燃料着火燃烧必须要有足够的着火温度和热空气量。

在窑启动点火期间，窑操作人员在把燃料点着和继续维持燃烧时都会感觉较为困难，这可理解为在开始点火初期，窑内温度偏低不利于燃料着火燃烧。要在燃烧器出口放辅助喷嘴(辅助火炬)帮助点火。经验说明，直至窑内已获得足以继续着火燃烧的热量时，才能撤去辅助喷嘴。

关于着火温度，不同煤质是不同的。对于烟煤，因挥发分含量较多，挥发物在较低温下(250 ℃)就能析出着火，随后固体碳也开始着火，称之为均相点燃。对于无烟煤，其挥发分很少，要求固体碳达到着火温度(>600 ℃)才着火，称之为非均相点燃。而半无烟煤着火点在其中间，称之为联合点燃。

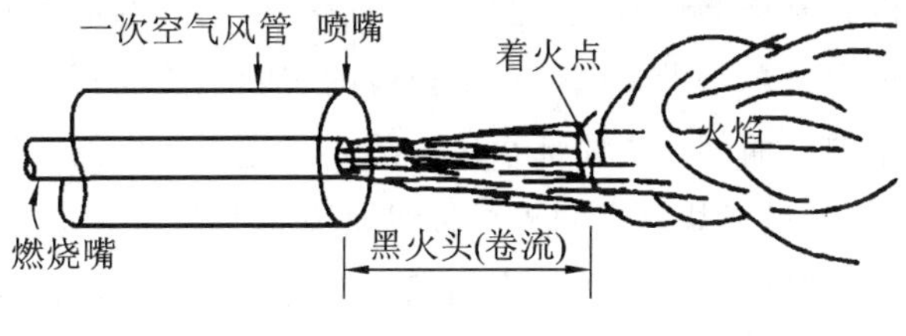

图 4.47 回转窑的火焰

我国多用无烟煤，要求使着火温度降低，只有将煤粉磨得更细(0.08 mm 方孔筛筛余为 3%～5%甚至更低)，才能保证煤粉着火温度在 550 ℃左右。着火温度还与环境温度、氧含量、煤粉与空气的质量比和速度差等有关。

一旦窑达到操作温度，也就可以使燃料的燃烧持续不断。火焰的着火点可任意变化或随操作状态变化而变化。

一次空气或二次空气温度之一降低，都会导致着火点向窑内移动得更远。窑头罩和燃烧器的设计也对燃料着火点造成一定的影响。例如，进入窑内的二次空气流不可能同燃料迅速接触。这时燃料更易深入燃烧带着火燃烧，或者燃烧器能促使空气和燃料迅速混合，将使燃料一进入窑内就容易燃烧。

各种燃料着火点处于回转窑的位置，取决于燃料种类及其整个状态，进而才能决定形成火焰的结构。燃料离开燃烧器时容易着火，在很多情况下会使窑口区、窑头罩和进入冷却机产生过热状态。一般来说，希望燃料尽可能容易着火，但不应给窑设备带来不利影响。

图 4.47 所示黑火头部分就是指燃烧器喷嘴至燃料着火点间距离。无论是烧何种煤的窑，使煤粉碎具有更大表面积(使煤粉碎得更细)能得到短的黑火头(即易于着火)，窑内部的温度、一次空气和二次空气温度均是影响黑火头长度的重要因素，在窑运转时经常发生变化。操作员总是力求把这些温度控制在很狭窄的范围内，因为其中任何一个因素发生变化都会导致窑进入扰乱状态，使整个火焰特性处于不良状态。

4.60 如何判断火焰燃烧的效果

通过现场仪表提供的数据，可以判断火焰的控制效果。

① 用光电比色高温计观察火焰的最高温度。

② 用窑头摄像头观察火焰形状及熟料的结粒。但由于二次风温度过高，如果安装位置不好，很难看到火焰形状，但可以看到烧成带的亮度。

③ 用窑尾的高温气体分析仪了解火焰燃烧的效果。好的火焰在含有 1%～2% O_2 时，CO 含量应当小于 200 cm^3/m^3，而不稳定的火焰，在 3% O_2 条件下，CO 含量都会超过 1000 cm^3/m^3。当然，窑尾的取样较难，分析仪的价格较高，维护较复杂。在一级预热器出口设置低温气体分析仪虽可作参考分析，但它受中间环节漏风等因素影响较多，而且也综合分析了分解炉燃料燃烧的情况。

④ 窑筒体温度红外扫描仪除可以通过观察筒体温度的变化，发现窑衬及窑皮的变化外，还可发现窑内火焰形状与位置的变化。

在生产线及喷煤管已经确定之后，工厂的技术人员应当设计试验方案，确定一次风量最少、废气中 CO 含量最低的合理参数，最后达到最低热耗的目的。如果实践证明燃烧器参数不合理，如风压过高或过低，出口风速偏低等，就应及时更换适宜的燃烧器，该操作参数事关熟料产质量与消耗水平。

[摘自：谢克平.新型干法水泥生产问答千例(操作篇)[M].北京：化学工业出版社，2009.]

4.61 如何确定回转窑的火焰方向

操作窑最重要的工作之一，是保证火焰的轨迹不能直接对着窑衬，且火焰不能长期维持不变。因此在设置燃烧器喷嘴位置和送燃料及一次空气的混合物时，要朝向烧成带的某一目标，但实际上很难保证火焰本身总是沿着火焰整个长度的实际轨迹而行进。由于二次空气不均匀地进入窑内并向上浮动，火焰趋于向上而朝向窑顶部烘砖。从底部进入窑内的二次热空气流，在窑内同燃料的一次空气混合物开始混合，使通过燃烧喷嘴的火焰轴线轨迹向上弯曲 1 m 以上(图 4.48，E 火焰)。

当二次空气发生很大的温度变化时，很容易观察到二次空气流引起的飘浮作用。在窑启动点火期间，二次空气温度非常低，火焰有升高朝上趋向。然后随着时间延长以及温度升高，火焰开始向窑中心线方向移动。

影响火焰方向的另一因素是一次空气风管喷嘴的几何尺寸。在正常操作情况下，在窑头罩区域高温占优势，很容易使燃烧器的风管喷嘴损坏或产生弯曲变形，结果使包在燃料射流外面的一次空气层不均匀，产生不稳定的火焰形态和方向。

大多数窑具有调整燃烧器喷嘴和燃烧器位置的附属装置，操作员可以在一定角度范围内改变火焰方向和火焰形态。每调整一次燃烧器喷嘴或燃烧器位置，都会带来火焰特性变化，因此影响烧成带的燃烧状态。为了抵消火焰飘浮影响，燃烧器喷嘴稍微倾斜向下，使得火焰主要部分在烧成带很长一段距离内集中在中心。由于火焰方向有多种影响因素，因此必须根据特定窑的实际火焰情况，来确定燃烧器喷嘴位置。操作者需要做的是观察窑内火焰，特别要注意图 4.48 中火焰主体的 *X—X* 处，图 4.49 是窑在 *X—X* 处横断面。当使燃烧喷嘴稍微倾斜向下时，火焰的位置如图 4.48 中 F 火焰所示。

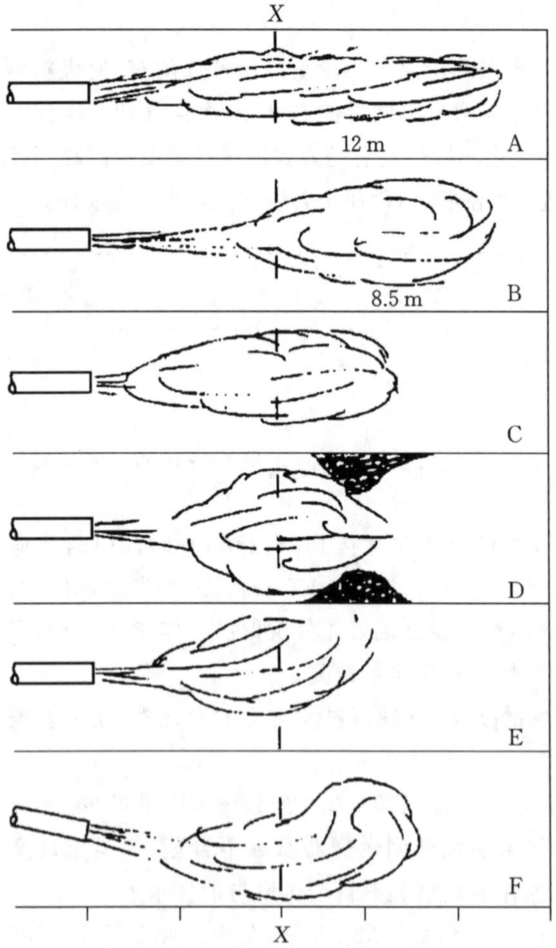

图 4.48　各种火焰特性间不同点

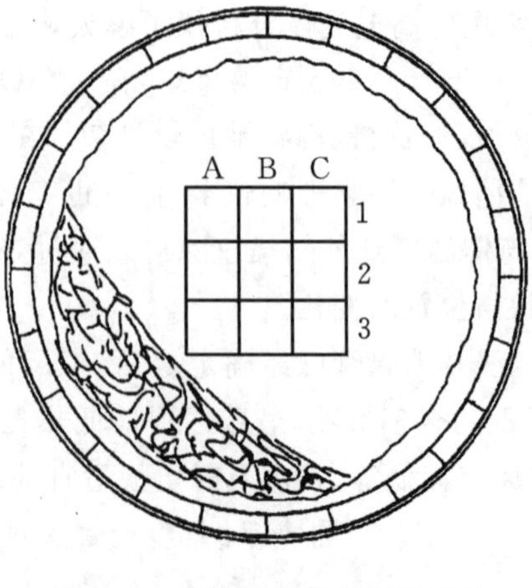

图 4.49　用窑内想象的靶子表示火焰指向的正确和错误的区域

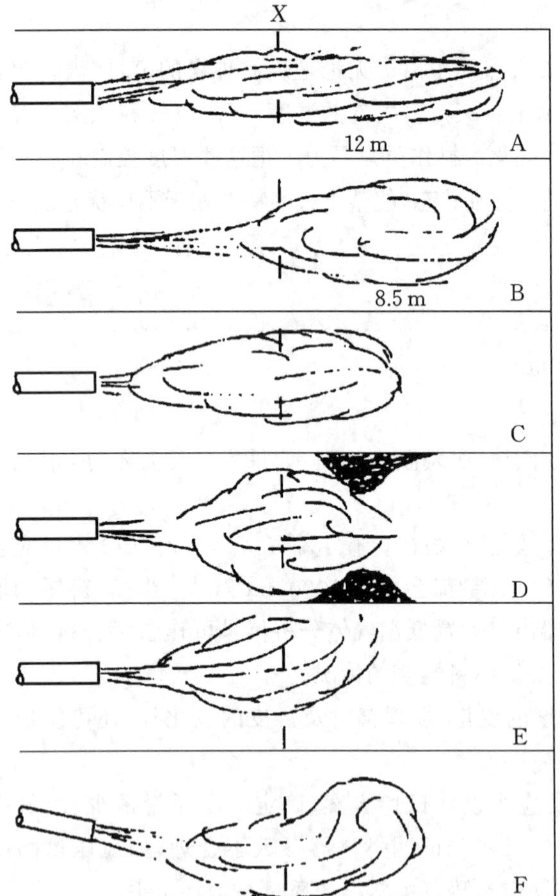

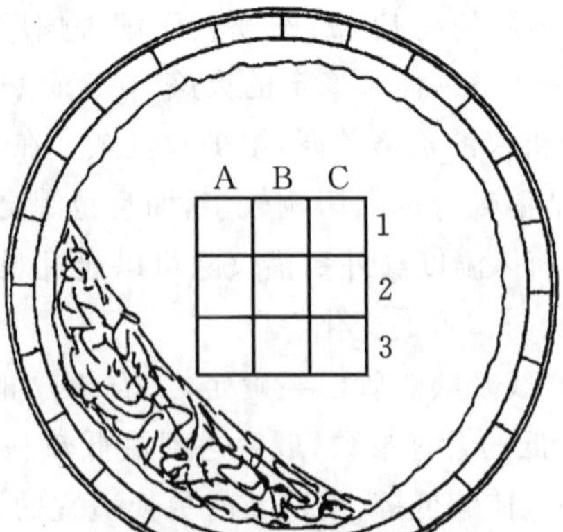

火焰中心点可以处于图 4.49 方格中任何一格，这取决于如何调整火焰的方向。火焰位置应稍微朝向物料层，目的是使火焰与物料间发生最佳热交换，因此最为有利的目标是使火焰处在图 4.49 的 2A 的位置或处于窑中心 2B 的位置。另外，如果火焰方向太靠近物料层 3A，则会使一部分没有燃烧的燃料煤粉颗粒冲向物料，有冲进物料层的危险。如果火焰吹向目标太靠近窑衬壁 1C、2C 或 1B，则会引起火焰侵蚀窑皮，众所周知这种侵蚀作用会缩短耐火砖使用寿命。

各类窑型尽管不能给出明确的火焰方向的标准，但也可根据每台窑设计时的特殊要求和具体情况，尝试性地确定其位置。无论是何种窑型，其火焰调整必须遵循以下原则。

① 当燃烧器的喷嘴偶然发生弯曲时，会引起火焰形状及方向不稳，应立即采取措施对其状态进行修理。

② 绝不允许火焰在很长时间内对窑皮或耐火砖产生侵蚀。

③ 绝不允许火焰直接对准和太接近物料。

④ 使火焰尽量接近窑中部，使二次空气流能够均匀包围燃料流。

⑤ 只有当窑处于稳定操作状态，温度、燃料压力和空气流量都处于正常水平时，才能调整火焰方向。在异常操作情况下会引起火焰方向改变，此时如果试图调整火焰方向，很可能产生不良火焰，应立即要求窑重新返回到正常操作状态。

⑥ 最好的做法是在调节火焰方向时，用几个小步骤代替大步骤，这样能保持窑运转稳定而无害处。

⑦ 一旦获得理想火焰方向，除非有明确原因（如防止结圈或红窑状态），一般不应改变燃烧器喷嘴的位置，以求获得良好状态。

⑧ 在停窑时，为防止可能损坏燃烧器喷嘴，必须维持一定量的一次空气量，直至窑内温度降至足够低（大约 315 ℃），使风管不会损坏。当断电使一次风机停止时，燃烧器喷管必须立即从窑头罩中抽出。

4.62 窑内火焰与分解炉火焰各有什么特点

因为窑内火焰与分解炉火焰两种火焰都是在动态气流中燃烧，所以都需要在有限的时间内在规定的位置燃烧完全。由于它们都要使用来自箅冷机的热风，所以两种燃烧还会互相有联系。但它们之间也存在差异，主要表现在以下几方面：

①窑内火焰是明焰燃烧，火焰中没有生料，待燃烧后将热量传给物料；而分解炉火焰是无焰燃烧，生料以悬浮状态混在燃烧过程中受热，传热效率很高。

②窑内火焰的燃烧气流速度较慢，可以有相对较长的燃烧时间；而分解炉内燃烧的时间相对较短。所以，为促进分解炉内煤粉燃烧完全，对煤粉细度的要求会更高。

③分解炉初始点火条件优于窑头，利用窑的余热可使煤粉燃烧。对在线式分解炉，它的助燃空气含氧量比纯净空气要低，燃烧条件会差些。

［摘自：谢克平. 新型干法水泥生产问答千例（操作篇）[M]. 北京：化学工业出版社，2009.］

4.63 选择一次风量及风压的依据是什么

形成优质火焰是衡量一次风量、风压使用是否正确的唯一标准。火焰不仅提供煅烧熟料所用热能，而且对窑皮的稳定、避免结圈以及熟料质量及耐火砖寿命都有重大影响。优质火焰正是表明燃料燃烧完全，并能有良好的传热效果。

过去有经验的看火工就是凭着对火焰的判断能力与控制能力掌握着熟料的产质量与热耗。对预分解窑，虽然已经不需要这种凭经验操作的工种，但很多中控操作员确实都缺少对火焰的感性认识。为了弥补这种缺陷，就要依靠足够先进准确的仪表，以判断一次风量与风压的调节是否正确。这些仪表及所测参数包括：由热电偶测试的窑尾温度，由光电比色高温计测试的火焰温度，由红外温度扫描仪测试的筒体温度分布，由高温气体分析仪测试的窑尾废气含量等。优秀操作员应当善于通过这些参数进行综合判断，了解窑内火焰是否理想、合理，及时通过对一次风量、风压以及燃烧器内外风等的调节，实现对火焰变化趋势的控制。因此，熟悉火焰特性应该是窑操作员的必修课。

[摘自：谢克平. 新型干法水泥生产问答千例(操作篇)[M]. 北京：化学工业出版社，2009.]

4.64 一次风量过大为何不好

当一次风量过大时，会有如下消极影响：

① 会降低窑的热效率。热平衡计算提出，低温的一次风量的增加会降低窑的热效率，因为它会迫使来自箅冷机的高温二次空气进窑困难，这就意味着削弱了窑内对熟料热的回收。当一次风的比例从10%升至20%时，将从每千克熟料中少回收62.7 kJ(15 kcal)的热。

② 对挥发分含量低的煤粉无用。一次风在煅烧工艺中有两大任务：一是以一定风速将煤粉送入窑内；二是为煤粉中的挥发分提供燃烧用的氧气。在风机确定后，前一任务还很大程度上取决于煤管口径，口径合理时用风无需太大；后一任务则根据原煤的挥发分含量确定，高挥发分的煤的一次风量只需要占窑内总用风量的8%即可，无烟煤的挥发分较低，只要占总风量的2%即可。

③ 不利于降低 NO_x 排放量。过大的一次风量形成的氧化气氛将有利于 NO_x 的生成。

[摘自：谢克平. 新型干法水泥生产问答千例(操作篇)[M]. 北京：化学工业出版社，2009.]

4.65 一次风量过小有何不利

一次风用量过小会造成以下不利影响：

① 火焰难以稳定形成循环火焰。一次风量过低，不仅不能将二次风挟带进一次风内，提高火焰的燃烧速度，更没有多余的动量，形成循环火焰，不利于火焰稳定。

② 对燃烧器的制作要求过高。一次风量过低的燃烧器，相应的风压必须很高，否则会造成动量不足，燃料与二次风的混合很难有效。而过高的风压势必对燃烧器及风机的制作提出更高的要求。

③ 不利于煤粉中挥发分燃烧。尤其是烟煤，挥发分含量较高的煤粉本是燃烧快的优势，当一次风量过少时，就不利于使挥发分在一次风中得到氧气而充分燃烧，反而降低火焰燃烧速度。

一次风量与一次风速确实是影响火焰燃烧的重要参数，它对二次风的挟带作用，是加快燃烧速度的关键，形成适度的再循环火焰是保持火焰稳定的必需。关键是要在一次风量不过高的条件下，使用优异的燃烧器产生足够的一次风速，并在箅冷机、窑门罩处的空气动力配合下，实现上述控制火焰的目标。

现在流行使用的各种多风道燃烧器，都强调要有充足的一次风压，以保证一次风有较高的出口风速，有利于煤粉与一次空气的混合，更有利于二次风的吸入，并形成再循环火焰。因此，风压过小时，再好的燃烧器也不会发挥出优势，甚至无法克服这类新型燃烧器的阻力形成有力的火焰。

但一次风压越大，风机所需要克服的阻力越大，将会对风机的性能提出更高的要求，甚至难以承受。同时，所消耗的电能越大。因此，合理的一次风压选择是操作员应当掌握的。

[摘自：谢克平. 新型干法水泥生产问答千例(操作篇)[M]. 北京：化学工业出版社，2009.]

4.66 一次风机如何调整风量风压是最合理的

无论是使用离心风机，还是罗茨风机，改变风量就会有风压的改变，如何能使两者都达到要求的效果，不仅在开始选择风机型号上需要认真慎重，充分考虑所用原煤的种类及煤源的稳定程度、窑的产量规模等因素，而且在具体操作调整中，对一次风量与风压的关系需要有明确认识。

一次风总的调节原则是希望一次风量不要过多，且一次风压不要变动太大。使用变频技术控制电机，通过变频对风机转速进行调节最为合理，该方法不仅节能，更重要的是对风机特性曲线改变较少。

目前更多调节风量的办法是，离心风机用进口风门控制，罗茨风机则用出口放风控制。这种控制的结果是，在风量变动的同时，风压的变动更大。有些操作者总强调一次风压表上的数值可以保持不变，但该数值只是反映静压未变，而气体的动压却随着风量的减少大幅下降，即给火焰带来动力的一次风速度降低，煤粉的燃烧速度变慢。所以，虽然用变频器会增加一定的投资，但会带来更高的效益。

[摘自：谢克平. 新型干法水泥生产问答千例(操作篇)[M]. 北京：化学工业出版社，2009.]

4.67 水泥窑窑头送煤风机压力波动大的原因及解决措施

某公司于 2015 年 4 月份更换窑头史密斯燃烧器，在使用过程中，出现了窑头送煤风机压力波动大的现象，波动范围在 2000～3000 Pa(正常波动范围应该在 100 Pa 以下)，送煤风机的电流也随着压力的变化而变化，但是窑头喂煤申克秤的设定与反馈却没有出现相应的波动。

4.67.1 出现的问题

窑头送煤风机压力出现了较大波动，对窑的正常煅烧造成了严重的影响。

① 窑尾烟室温度偏高，烧成带温度偏低，严重影响窑系统热工制度稳定。

② 窑产量受到较大的影响，只能维持在 340 t/h 左右(正常生产时窑产量为 390 t/h)。

③ 熟料质量波动较大，f-CaO 含量不稳定，升重偏低(在 1200g/L 以下)。

④ 窑头负压不稳定，波动值在 160 Pa 左右，造成窑头经常出现正压现象，窑头罩内的飞砂料从窑口鱼鳞密封处漏出，增加岗位劳动强度。

⑤ 窑尾负压不稳定，在岗位清理烟室结皮时，经常出现压力较大波动，增大了清理难度和危险性。

⑥ 窑门损坏。因窑头喷煤系统的不稳定，窑头负压波动较大，造成窑门损坏，重新制作窑门，加大维修人力、物力。

⑦ 增加熟料标煤耗与电耗。因熟料产量的降低和热工制度的波动，熟料的电耗与煤耗均增加。

4.67.2 查找原因

窑头送煤风机压力波动大的现象是在更换完窑头史密斯燃烧器以后才出现的，故从燃烧器上查找原因。

① 怀疑燃烧器内部的送煤管道有障碍物，造成送煤风机压力波动。停窑检查燃烧器头部喷煤口与软连接的进风口，未发现安装时内部有遗落的杂物，经过燃烧器厂家全面检查后，也未发现影响送煤风机压力波动大的因素。

② 计算是否因燃烧器送煤管道出口的截面面积增大而降低了送煤管道出口的风速。更换前，旧燃烧器送煤管道截面面积为 52180 mm^2，送煤出口风速为 25 m/s 左右。更换后，送煤管道截面面积为 62000 mm^2，出口风速为 22 m/s 左右，远远小于旧燃烧器出口风速，所以造成窑头送煤风机压力波动大。

4.67.3 解决措施

在无法改变燃烧器本身送煤管道出口截面面积的情况下，只能增加送煤风机的风量，提高送煤管道出口的风速，才能保证窑头送煤风机压力不出现波动。

罗茨风机房内共有 3 台风机，都不是变频控制的，其中 75.06 风机供窑头使用，75.07 风机备用（窑头与窑尾均可以使用），75.08 风机供窑尾使用。将 75.07 风机电动机改造为变频器控制，开启管道阀门，运行 75.07 风机给窑头送煤管道内补充风量，根据窑头送煤风机压力的变化趋势来增加 75.07 风机的转速，随着 75.07 风机转速的增加，送煤管道内的压力逐渐上涨，压力的波动值也慢慢减小，最终 75.07 风机电动机转速增加到 510 r/min 时，送煤管道内压力达 38.8 kPa，窑头送煤管道内压力波动值变为平稳，波动范围在 100 Pa 以内。

采取以上解决措施后，窑头送煤风机再没有出现压力波动大的现象。送煤风机压力的稳定使窑产量有所提高，喂料量在 400 t/h 左右，降低了岗位的劳动强度，使窑系统安全、稳定运行。

［摘自：张中国，张娜. 水泥窑窑头送煤风机压力波动大的原因及解决措施[J]. 水泥，2016(10)：70.］

4.68 理论燃烧温度和实际燃烧温度及其影响因素

理论燃烧温度是假定燃料在燃烧过程中没有任何热损失时烟气所能达到的温度。实际上燃料在燃烧过程中必有各种热损失，如化学不完全燃烧和散热损失等。按照实际情况考虑各种热损失以后，燃料燃烧生成的烟气可能达到的温度，称为实际燃烧温度。由此可见，实际燃烧温度必低于理论燃烧温度。

影响实际燃烧温度的因素主要有以下几个方面：

① 燃料的发热量：燃料的发热量越高，则燃烧温度越高。因此，燃料的质量好坏对燃烧温度的高低有很大的影响。

② 燃料和空气温度：如在进入燃烧室前预热燃料和空气，对于提高燃烧温度有很好的效果。如在水泥回转窑中，使二次空气通过冷却机中炽热的熟料，一方面使熟料得到冷却，另一方面使二次空气得到预热，二次空气的温度升高，这样不仅能提高窑内的燃烧温度而且也提高了回转窑的热效率。

③ 过剩空气系数：适当的过剩空气系数能保证较高的燃烧温度。如过剩空气系数过小，空气不足，就会造成燃料不完全燃烧。这不仅会降低燃烧温度，造成燃料的损失，有时还会给工艺操作带来不良的影响。如过剩空气系数过大，使得烟气量增加很多，也会降低燃烧温度。

④ 在操作时应注意减少燃料的化学不完全燃烧和机械不完全燃烧。在热工设备上，应加强燃烧室或窑炉的保温以减少散热损失。也可增加小时燃料燃烧量（燃烧速度），以减少燃料的散热损失，从而提高燃烧温度。

煤粉及制备过程 5

Pulverized coal and preparation process

5.1 水泥厂煤粉制备有何意义

由于水泥生产在较高的温度下进行，要求煤能快速燃烧并给系统供应热量，而块状原煤的燃烧反应的速度很慢，不能直接用于烘干和煅烧。一般的煤磨应将含有一定水分的原煤磨至一定的细度和水分后方能用于水泥生产。煤的细度对煤粉的燃烧进程有重要影响，细度的增加可以提高煤粉燃烧的活性，有利于煤粉的充分燃烧，这也是无烟煤的细度须高于烟煤的原因所在。

从另一个意义上来说，反应活性越差的煤出磨细度就要求越细。一般地，对于烟煤，入窑煤粉控制的细度为 80 μm 筛筛余 10%～14%，水分<1%，烟煤的挥发分越低，要求的煤粉细度就越细(低挥发分烟煤的细度控制在 6%以下)；对于挥发分含量在 3%～8%的无烟煤，工艺上应将煤粉细度控制在 80 μm 筛筛余 3%～5%以下，前者用于分解炉燃烧，后者用于回转窑燃烧。因为分解炉内的燃烧环境较之窑头要恶劣，影响燃烧的因素也较复杂，因此对煤粉的细度要求也更高。同时应将出磨煤粉的水分控制在 1%以下，因为水分在蒸发时要吸收热量，会降低煤粉周围助燃空气的温度，影响无烟煤粉的着火和燃烧。但是，当无烟煤粉磨过细时会增加粉磨电耗，而且煤磨的产量也会大大降低。因此在设计和生产中，应通过对无烟煤燃烧性能和易磨性的试验来确定煤粉的着火温度和适宜的细度。

作为水泥生产过程中的重要组成部分，煤粉制备应能在保证产品质量和烧成系统的长期均衡稳定生产的前提下保证水泥生产取得最佳经济效益。具体地讲，煤粉制备系统应能达到以下要求：

(1) 与烧成系统的能力合理匹配，生产稳定；

(2) 实现自动化操作，以同烧成系统的自动化相适应；

(3) 具备有效的安全保障措施和环境保护措施；

(4) 在保证煤粉的充分燃烧和系统高的热利用率的前提下尽可能地降低能耗。

5.2 如何解决出磨煤粉水分大的问题

5.2.1 煤粉水分大的危害

(1) 煤粉流动性不好，增加工人劳动强度，影响煤粉秤喂煤精度

煤粉水分过大，会造成煤粉仓内部煤粉经常结拱，煤粉流动性较差，导致煤粉秤下煤不稳，影响喂煤精度；当煤粉仓不下煤时，煤磨巡检工必须敲打煤粉仓下料管，额外增加工人的劳动强度。

(2) 影响窑的热工稳定和熟料质量

煤粉秤喂煤不稳，必然严重影响回转窑的热工制度和熟料的质量。

(3) 影响煤粉的燃烧，增加熟料热耗

煤粉燃烧时，要先蒸发水分，吸收大量的热量，煤粉水分大，必然增加熟料的热耗。另外，水分大的煤粉容易黏结，造成粒度较大，会造成煤粉不完全燃烧，致使窑尾烟室结皮严重。由于煤粉水分大，煤粉燃烧速度较慢，火焰不集中，较难煅烧出高质量的熟料，还容易长窑口圈，影响窑内通风。

5.2.2 造成出磨煤粉水分大的主要原因

(1) 煤磨系统锁风不严、漏风较多。尽管冷却机废气温度足够高，煤磨系统通风量足够大，但由于煤磨系统漏入冷风太多，煤磨出磨废气温度并不高。

(2) 磨内传热效率低。由于磨内研磨体填充率太低、风速太快、煤粉在磨内停留时间太短、磨机循环负荷率太低等原因，煤粉在磨内停留时间不足，磨内传热效率不高，水分蒸发时间过短。

(3) 入磨原煤水分太大。由于煤磨系统的通风量有限，入磨空气的温度也有限(担心煤粉燃烧)，所以煤磨系统的烘干能力也是有一定限度的，如果入磨原煤水分过大，超出了煤磨系统的烘干能力，往往会

造成出磨煤粉水分偏大。

(4) 煤粉细度控制过粗,煤磨循环负荷率太低。由于使用挥发分很高的优质烟煤,所以煤粉细度不需要像无烟煤一样控制得很细,煤粉的细度磨得比较粗。由于煤粉细度粗,煤磨选粉机的回粗量就比较少,造成煤磨循环负荷率太低,也就导致煤粉在煤磨系统内的停留时间缩短,水分得不到充分烘干。

5.2.3 煤粉水分大的解决方法

某 2500 **t/d** 熟料生产线,煤粉制备系统配备 ϕ2.8 m×(5+3) m 风扫煤磨,设计台时为 16 t/h。有段时间煤磨出磨水分合格率逐渐降低,最低为 20%,煤粉水分平均为 3.08%,而且持续时间较长,严重影响煤磨系统运行和水泥窑热工的稳定。为此,曾廷祥等进行专题研究,认真分析造成出磨煤粉水分偏高的原因,并制定相应措施,取得了理想的效果,可供大家参考。

(1) 系统检查结果与分析

① 煤磨热风管道变形严重。该煤磨系统烘干热风是从箅冷机热端抽取。热风管道距离煤磨厂房较远,设计管壁厚度为 4 mm、内径为 600 mm 的管道,管道水平部分处支撑只有一个。运行几年后,由于热风管道受熟料粉冲刷磨损和管道自重影响变形严重。利用检修机会进管内检查,发现在水平段支撑处管道变形严重,长约 10.0m 的管壁磨损严重,有的地方壁厚不到 2 mm;截面积减小了近 1/3,使热风管道内进入的热风量减小,热风风速变大,入磨温度由原来的 350 ℃下降至约 300 ℃。

② 出磨管道、壳体破损严重。出磨管道在拐角和竖直部位的破损有 4 处,高效选粉机入袋收尘管道破损有两处,袋收尘灰斗间有一处破损十分严重。

③ 入磨电动双翻板阀锁风效果不好。入磨下料溜子锁风装置采用 600 mm×400 mm 电动双翻板阀,通过物料量为 50 m^3/h。投产后运行一直不太正常,经常出现双翻板阀不能正常运行的情况,严重时将双翻板阀现场吊起,从入磨溜子处漏入的冷风增多。

④ 粗粉回粉锥形锁风阀锁风效果不佳。粗粉回粉管原设计管壁为 4 mm、内径为 250 mm 的回料管,下部设有锥形锁风阀,规格为 ϕ250 mm,通过物料量为 30 t/h。使用过程中经常出现锁风阀处积料,锁风阀动作不灵活,回粉管易出现下料不畅的状况,造成系统压力波动,现场经常将锁风阀吊起,使回风煤粉处锁风不严,系统漏风严重。

⑤ 磨内钢球、钢锻装载量偏少,级配不合理。ϕ2.8 m×(5+3) m 风扫煤磨为三仓。Ⅰ仓为烘干仓,有效长度为 2.70 m;Ⅱ仓为球仓,有效长度为 2.0 m;Ⅲ仓为锻仓,有效长度为 2.7 m。原设计Ⅱ仓球仓使用 ϕ60 mm、ϕ50 mm、ϕ40 mm 的普通钢球,Ⅲ仓锻仓设计为 ϕ25 mm×30 mm、ϕ16 mm×16 mm 的普通钢锻。检查发现,磨内Ⅱ仓钢球装载量合适,在 13 t 左右,Ⅲ仓钢锻装载量偏少,仅约 14 t,磨机的填充率仅为 0.21,造成球料比过低。同时,磨内 ϕ16 mm×16 mm 钢锻较多,加上磨机运行中钢球、钢锻磨损、破损,使小球、小锻数量增多。磨内钢球、钢锻装载量偏少,级配不合理,造成磨内传热效率不高。

⑥ 烘干仓内扬料斗变形严重。在烘干仓内检查发现一大块金属配件,由于未能及时捡出,在扬料斗间碰撞,造成扬料斗冲击变形严重,影响进入烘干仓原煤的高度,烘干仓内煤粉传热面积减小,严重影响煤粉在烘干仓内的传热效率。

⑦ Ⅲ仓钢锻仓衬板、隔仓箅板磨损严重。检查发现,Ⅱ仓、Ⅲ仓隔仓箅板磨损严重,部分箅缝大于 30 mm,平均在 16 mm,细粉仓小波纹衬板磨损掉近 3/4。这一方面造成煤粉在细粉仓内钢锻提升高度不够,系统阻力减小;另一方面物料撒开面积不足,煤粉传热速率减慢。

(2) 采取的措施

① 更换煤磨入磨热风管道。将原来一段长约 10 m、内径 600 mm、管壁厚 4 mm 的热风管道,用新制管道更换。在更换过程中,将原设计壁厚 4 mm 改为 6 mm,内径 600 mm 保持不变。将支撑座接触面面积改为原来的支撑座接触面面积的 3 倍,同时管道支撑座由原来的一个改为均布的两个,使其受熟料粉冲刷磨损和管道自重这两个造成管道变形的因素的影响大大减轻,保证了热风的供给,提高了供热能力。

② 系统漏风处理。焊补所有出磨管道在拐角和竖直部位的破损;焊补高效选粉机入袋收尘管道破损部位;焊补袋收尘灰斗间破损部位。在此基础上,利用定检机会每次都对系统管道进行仔细检查,发现有破损部位及时安排进行补焊,利用中修机会对系统管道磨损较为严重的进行整体更换,最大限度地杜绝外界冷风的漏入,减少磨机热损失,提高了系统供热能力。

③ 改进入磨电动双翻板阀的结构。将入磨电动双翻板阀结构进行改进,并将受力面进行加固,改造后大大改善了电动双翻板阀运行不正常、锁风效果不好的状况。

④ 锥形锁风阀的改造。将回粉管道直径由原来的 250 mm 改造为 300 mm,并将回粉管道与锁风阀板结合面由原来 90°全接触改为 85°部分接触。这一改造,解决了煤磨回粉管道易积料和锁风阀因煤粉积存在锁风阀周围而造成锁风阀易卡的故障,保证了锁风效果。

⑤ 提高研磨体装载量,改变钢锻级配。重新计算研磨仓内研磨体的装载量和级配,球仓内的装载量和级配保持不变,将Ⅲ仓内钢锻装载量由检查时的 14 t 提高到 20.8 t,研磨体填充率由原来的 0.21 提高到 0.26。结合钢球、钢锻磨损严重,小锻、小球偏多的实际,一方面将锻仓内的 ϕ16 mm×16 mm 钢锻用 ϕ25 mm×30 mm 钢锻代替,另一方面将研磨体材质由普通材质改为低铬材质。实施改造后,不但保证了煤粉的细度等质量指标,而且钢球、钢锻的磨损明显减少,同时提高了磨内的通风阻力,延长了煤粉在磨内停留的时间,提高了换热效率。

⑥ 更换烘干仓内扬料斗。鉴于煤磨烘干仓内扬料斗变形严重,利用检修机会更换烘干仓内所有的扬料斗,并加强日常的设备检修和巡检质量,及时发现并检出进入烘干仓内的铁块等异物,改善扬料斗受损的状况,充分提高了烘干仓内的传热效率。

⑦ 更换Ⅱ仓、Ⅲ仓隔仓箅板和Ⅲ仓衬板。利用中修机会对煤磨内的Ⅱ仓、Ⅲ仓隔仓箅板和小波纹衬板全部进行更换,更换后大大提高了细粉仓的传热能力。

(3) 取得的效果

通过以上措施,煤粉平均水分由措施实施前的 3.08%降到 2.3%,煤粉水分平均合格率由措施实施前的 42.04%提高到了 92.6%,整改效果十分理想。

5.3 入窑煤粉水分对窑系统压力的影响

某公司 3200 t/d 生产线于 2003 年 6 月投产运行后,熟料产量维持在 3400 t/d,熟料热耗为 3135 kJ/kg,各项指标均在设计范围内且年运转率在 90%以上。进入 2007 年后由于燃煤紧张,由山西大同煤更换为内蒙古煤,原煤的成分发生了变化,特别是内水含量变高,给窑煅烧带来不小的影响。

5.3.1 燃料情况

煤的工业分析见表 5.1。

表 5.1 煤的工业分析

产地	M_{ar}(%)	$S_{t,ad}$(%)	M_{ad}(%)	A_{ad}(%)	V_{ad}(%)	FC_{ad}(%)	$Q_{net,ad}$(kJ/kg)
内蒙古	17.0	0.71	9.83	16.22	29.96	43.99	20506
山西	6.75	0.38	3.40	16.48	32.19	47.55	23568

注:M_{ar}—应用煤水分;$S_{t,ad}$—空气干燥基全硫;M_{ad}—空气干燥基分析水;A_{ad}—空气干燥基灰分;V_{ad}—空气干燥基挥发分;FC_{ad}—固定碳;$Q_{net,ad}$—空气干燥基低位发热量。

5.3.2 出现的问题

2007 年 7 月 2 日夜班窑操作员发现,分解炉出口负压突然增大 600 Pa,最高达到−1800 Pa,并且来回波动,窑电流随之下降,大约 5 min 后分解炉出口压力最高达−2000 Pa,最后达到压力表的最高量程。

从分解炉到高温风机进口所有压力均有不同程度升高，期间操作员减料运行并马上通知现场巡检工，检查分解炉缩口部位和窑尾烟室部位是否有结皮垮塌堵塞，经检查未发现异常，烟室生料也不黏。从窑头观察窑内通风效果很差，浑浊不清，返火严重并流向三次风管，窑头微正压，窑煅烧困难，系统压力持续偏高。系统正常操作参数与故障参数对比见表5.2。

表5.2　正常运行和故障时操作参数

测量点或控制点名称	压力(Pa)		温度(℃)	
	正常参数	故障参数	正常参数	故障参数
预热器出口	−5500	−6000		
C_1 出口	−5300	−5800	325	330
C_2 出口	−4200	−4800	520	525
C_3 出口	−3500	−3800	670	680
C_4 出口	−2800	−3200	790	810
C_5 出口	−2100	−2600	870	880
TSD炉出口	−1200	−2000	890	880
入炉三次风	−450	−650	880	870
窑尾烟室	−300	−100	1050	1100
SC出口			960	935
C_5 出料温度			850	855

5.3.3　处理经过

当班操作员认为窑内结圈起蛋，于是第一次止料停窑从窑头往窑内观察，但并未发现异常现象，然后升温投料，开始压力并不高，10 min后问题依然出现，随后窑内开始跑黄料，故决定停窑。白天对预热器、分解炉、预燃室、三次风管和烟室进行检查，没有发现异形物，系统通风面积没有发生突然性变化。待窑冷却后进窑检查发现，窑内30 m后仅有一道50 mm的圈，窑内没有发现结蛋现象。由于系统并未检查出异常情况，且处于水泥销售高峰期，于是点火升温。再次投料后问题比停窑前更严重，窑尾密封处开始冒料，C_5 温度倒挂严重，系统负压比正常时高出1000 Pa，分解炉温度难以稳定控制，窑内煅烧效果非常差，直接跑黄料，只得又止料停窑。根据以往经验，初步怀疑是喂煤量波动导致煤粉不完全燃烧，使系统阻力升高所致。但检查煤粉计量系统和煤粉燃烧器后并没有发现异常。于是围绕影响煤质的外部因素查找，最后确认是原煤粉磨过程出了问题，加上原煤水分高，导致煤粉水分太高，细度跑粗。

5.3.4　问题分析

由于当时雨量增多，煤磨隔仓板通风面积有30%被煤粉糊死，煤磨通风差，研磨能力下降，台时产量低，一度供不上窑用。7月2日夜班接班后，煤磨操作员为赶仓放宽了细度和水分，加大煤磨台时产量。化验室每班定点取两次样对煤粉细度和水分进行化验。当班煤粉水分高达9%，细度达到8%(正常生产控制在3%)，并且事后对煤粉转子秤取瞬时样分析，水分高达12%。对比数据见表5.3。

表5.3　煤粉水分有关指标(%)

质量控制	正常控制	事故时	进厂原煤
5	3	12	17

煤粉水分对煤的低位热值的影响很严重，且水分含量高，煤粉燃烧不稳定，导致温度时高时低。理论上，水分每增加1%，其燃烧热值降低1%。煤粉中的水分可以从燃烧过程中吸收很多的热量，使燃烧温

度迅速下降。水在受热汽化时，体积增大1700多倍，且大量的水蒸气笼罩于煤的周围时，会阻止空气进入燃烧区。煤粉水分每增加1%，火焰温度降低10～20 ℃，煤粉水分对火焰温度的影响比灰分约大一倍。水分高还会造成煤粉不完全燃烧，烧成温度较低。

水分高的煤粉不但难于粉磨，而且在输送、储存过程中容易引起堵塞，影响煤粉的均匀喂料，最终导致窑温的波动；含水分高的煤粉入窑时，导致煤粉燃烧滞后，火焰拉长。煤粉的外在水分可以通过提高出磨气体温度来降低，而内在水分需要在110 ℃左右才能蒸发，在磨内降低内在水分含量是很困难的。更换原煤后煤粉质量发生了较大的变化，给操作造成了很大的困难。

煤粉水分加大，窑内水蒸气含量增大，导致压差增大；同时窑内烧成温度偏低，熟料质量差，箅冷机内料层阻力增大，窑内飞砂增大也是加大系统阻力的一个原因。上述原因最终导致系统压力升高800 Pa左右。

5.3.5 结论

由于煤粉粗，水分超大，并且煤质较差，发热量低，窑内煤粉难以燃烧，促使窑内烧成温度降低，且使用的内蒙古煤本身煤内水分很高，造成煤的燃烧不稳定性增强，煤粉在窑内的浓度也变化不定，整个窑系统平均温度偏低，使得系统压力增大。尤其是分解炉内煤粉的燃烧效果同样很差，煤粉浓度增大，不完全燃烧加剧，这也是最终导致系统压力增大的原因。

5.3.6 解决方法

由于停窑时间较长，窑完全冷却，于是将窑点火升温时间延长，保证在投料前将煤粉仓内煤粉用尽后再投料。同时加大燃烧器一次风压，调整旋流风比例，延长油煤混燃时间，严格控制出磨煤粉细度和水分。最终本次投料后上述现象完全消失，窑的各项指标均在正常范围。

5.4 无烟煤在预分解窑内燃烧速度是受什么因素控制

众所周知，煤燃烧速度随温度升高而迅速增加，普遍认为温度每提高30～40 ℃，燃烧速度可以提高一倍，因此认为煤在窑头的燃烧速度极快，实际燃烧速度主要取决于煤的扩散速度。无烟煤完全燃尽时间在30 s左右，按温度每提高40 ℃，燃烧速度可以提高一倍计算，如果煤在1450 ℃以上的温度下燃烧，煤的燃尽时间要缩短数万倍。所以从理论上讲，煤在窑头的燃烧根本没有问题，仍然取决于扩散速度。

而对燃无烟煤的工厂，燃烧器的配置比燃烟煤的工厂要求高，一次风机的风量、风压也都要大，扩散速度肯定更大。因此用煤在窑头燃烧取决于扩散的理论不能完全解释燃无烟煤和烟煤的区别，因为实际燃烧环境与理论不完全一样，首先煤粉要迅速从常温加热到着火温度，如果煤粉在“落地”前不能被加热到燃烧温度并燃尽，落到窑筒体上后，它的燃烧将因为缺氧而难以完成。俞为民等认为，回转窑内的煤粉燃烧速度，主要取决于煤粉被加热至燃烧所需的时间，这样才可以解释无烟煤在窑内燃烧时与烟煤的不同。显然烟煤着火温度低，所需加热时间短，所以燃烧容易，黑火头短。而无烟煤的着火温度比烟煤高，煤粉被加热到着火燃烧的时间长，所以正常燃烧时黑火头明显比烟煤长，容易灭火。而无烟煤加热的速度主要取决于窑内环境温度和助燃空气温度，所以要使无烟煤燃烧好，窑内（包括熟料和窑衬）和二次风必须有较高的温度，而煤粉的燃烧又是维持这些温度的前提，它们之间是相辅相成的。

5.5 影响煤易磨性的因素有哪些

5.5.1 水分

煤的水分对煤磨的生产能力有较大的影响，一般地，原煤水分的增加会导致磨机生产能力的下降和能耗的上升。原煤水分上升1%～3%，磨机的生产能力下降4.5%～5.0%，而煤粉磨至相同细度时的能量消耗约上升10%。

5.5.2 灰分

灰分对煤的易磨性的影响具有不一致性，随着灰分的增加，一些初始易磨性指数相差很大的煤的易磨性指数值都趋向一致，接近于75。那些易磨性较好的煤，随灰分的增加，易磨性指数会逐步降低；而易磨性较差的则与之相反，其易磨性会得到一定的改善。

5.5.3 入料粒度

入料粒度对煤的易磨性的影响可以从简单的粉磨动力学公式中得出，一般地对于原煤性质相同的煤来说，入料粒度较大的煤显然比入料粒度较小的煤难于粉磨。

5.5.4 含矸率

原煤的含矸率是指煤中所含的其他矿物质的比率。含矸率会对煤的哈氏易磨性指数产生重要影响，其影响程度的深浅由煤和其所含的矿物质的性质决定。在煤所含的矿物质中，黄铁矿是煤易磨性指数的一个重要影响因素。黄铁矿在煤中所含比率的增加会导致易磨性指数的下降，当其含量大于7%时将严重影响磨机的产量，此时的煤已不适于使用磨机粉磨。

煤中的矿物质还会对粉磨设备的磨蚀性产生重要影响，一般的煤对粉磨设备的磨蚀性不大，而其中如含有其他的硬质矿物则可能会使粉磨设备发生严重的磨损。

5.6 何为煤粉的燃尽时间和燃尽度

为降低生产成本，获得最佳经济效益，水泥厂往往选用进厂煤价最低的煤种作为回转窑用燃料。然而由于成煤地质过程极为复杂，不同的煤种其物理化学特性差异很大，煤的燃烧特性难以简单地根据常规工业分析数据进行判别。通常衡量煤粉燃烧效果主要采用两个指标，即燃尽时间和燃尽度。

煤粉的燃尽时间是指：煤粉开始燃烧至焦炭粒子全部燃尽所需的时间。

煤粉燃尽度是指：煤粉中已烧掉的可燃物占总可燃组分的质量分数。

煤完全燃烧所需时间较长，且与下列因素有关：

(1) 煤的种类、品质与碳的活性；

(2) 环境与反应温度；

(3) 燃烧介质中氧气的分压；

(4) 煤粉的分散度；

(5) 挥发分析出与裂变的速度，炭黑形成的多少；

(6) 焦炭粒子孔隙率(密实度或者实际反应面积)；

(7) 气固混合、扩散中的湍流强度。

5.7 煤粉在白水泥回转窑内燃烧应满足哪些要求

煅烧白水泥熟料时，煤粉在回转窑内燃烧应该满足一定的要求，才能使生料烧成熟料并获得较高的产质量。

(1) 煤粉燃烧的火焰温度要达到1700 ℃以上，才能保证白水泥熟料在1500～1600 ℃范围内烧成。由于白水泥回转窑内煤粉燃烧的二次风全部靠窑头罩部位漏进的冷风来提供，所以煤粉在回转窑内燃烧速度比较慢并在较低的火焰温度下起始燃烧。

(2) 煤粉在回转窑内燃烧要有一个完整有力、适当缩短并易于调节控制的火焰，即要求火焰高温部分较集中，黑火头较短，火焰平稳。

(3) 煤粉在回转窑内应尽可能完全燃烧，以减少不完全燃烧所产生的热损失。但窑内不能出现过分的氧化气氛。

5.8 预分解窑煤粉细度的控制原则是什么

关于煤粉细度,各水泥厂都有自己的控制指标。它主要取决于燃煤的种类和质量。煤种不同,煤粉质量不同,煤粉的燃烧温度、燃烧所产生的废气量也是不同的。对正常运行中的回转窑来说,在燃烧温度和系统通风量基本稳定的情况下,煤粉的燃烧速度与煤粉的细度、灰分、挥发分和水分含量有关。

绝大多数水泥厂,水分一般都控制在 1.0%左右。所以挥发分含量越高,细度越细,煤粉越容易燃烧。当水泥厂选定某矿点的原煤作为烧成用煤后,挥发分、灰分基本固定的情况下,只有改变煤粉细度才能满足特定的燃烧工艺要求。然而煤粉磨得过细,不仅增加能耗,还容易引起煤粉的自燃和爆炸。因此选定符合本厂需要的煤粉细度,对稳定烧成系统的热工制度,提高熟料产质量和降低热耗都是非常重要的。下面介绍几个根据煤粉挥发分和灰分含量来确定煤粉细度的经验公式。

(1) 用烟煤

对预分解窑来说,目前国内外水泥厂都采用三风道或四风道燃烧器。由于它们的特殊性能,煤粉细度可以适当放宽。简单地说,当煤粉灰分小于 20%时,煤粉细度应为挥发分含量的 0.5～1.0 倍,当灰分高达 40%左右时,细度应为挥发分含量的 0.5 倍以下。

国内某水泥厂用过优质煤也用过劣质煤。根据该厂多年的生产实践,总结出经验公式如下:

$$R=\frac{0.15(V+C)}{(A+W)V}\times 100\%$$

式中 R——0.08 mm 筛筛余,%;

V,C,A,W——入窑和分解炉煤粉的挥发分、固定碳含量、灰分和水分,%。

(2) 用无烟煤

① 伯力休斯公司介绍烧无烟煤时煤粉细度经验公式:

$$R\leqslant 27\ V/C$$

② 国外某公司的研究成果经验公式:

$$R\leqslant(0.5\sim0.6)V$$

③ 天津水泥工业设计研究院烧无烟煤煤粉细度经验公式:

$$R=\frac{V}{2}-(0.5\sim1.0)$$

必须指出,许多水泥厂对煤粉水分控制不够重视,认为煤粉中的水分能增加火焰的亮度,有利于烧成带的辐射传热。但是煤粉水分高了,煤粉松散度差,煤粉颗粒易黏结使其细度变粗,影响煤粉的燃烧速度和燃尽率,煤粉仓也容易起拱,影响喂煤的均匀性。生产实践证明,入窑煤粉水分控制在不大于 1.0%的水平对熟料生产和窑的操作都是有利的。

5.9 煤的细度对燃烧的影响及控制范围

煤粉细度粗,燃烧速度慢,容易出现机械不完全燃烧;但煤粉磨得太细时,粉磨能耗增高,燃烧时易发生化学不完全燃烧,粉磨和储存过程中易发生自燃和爆炸。在旋窑中,合适的煤粉细度可提高火焰温度,并保持一定的火焰长度,有利于熟料的煅烧;在立窑中,可保持合理的燃烧速度,使高温带有适当的高温和长度(指在配煤量合适的条件下),对底火层的稳定有重要作用。

我国旋窑水泥厂的煤粉细度多控制在 0.080 mm 方孔筛筛余 8%～16%。挥发分高或灰分低的煤磨得粗些;反之,则磨得细些。对立窑厂而言,采用全黑生料法生产时,为防止煤粉过细时的不完全燃烧热损失,可采用煤、料分别粉磨法,把煤粉适当磨粗些(可取小于 1 mm 或稍粗),入窑前再把煤料均匀混合;采用半黑生料法生产时,外加煤的细度可选小于 2 mm(煤的挥发分较高、灰分较低时,或外加煤量在用煤总量中的比例小于 20%时,可放宽为小于 3 mm),其中 85%以上应小于 1 mm;采用白生料法时,外加煤的粒度可控制在 1 mm 以下，若煤的挥发分较高、灰分较低，煤的粒度可放宽为<2 mm，但 1 mm 以下应达 85%以上。

5.10 预分解窑煅烧劣质煤应采用什么技术措施

我国南方有些预分解窑企业由于优质烟煤价格较高，并且难以保证供应，因而转向探索利用当地附近价格相对较低的中高灰分劣质煤来生产水泥熟料，从而大幅度降低成本，提高企业经济效益，这对于缓解全国能源紧张和综合利用资源以及实施可持续发展战略等都具有重要的现实意义，蔡世斌认为其关键问题是要从工艺技术上采取相应措施，以确保煅烧劣质煤能生产出质量合格的水泥熟料来。

5.10.1 煤质量控制和煤预均化要求

预分解窑煅烧高灰分劣质煤，为确保熟料质量，必须要求控制煤的质量指标不能太低，一般要求其低位热值控制在 4000～5000 kcal/kg，挥发分要求大于 10%，其灰分值应控制在 32%～40%。灰分热值对燃烧的影响不可忽视，灰分过高，会使煤的燃烧特性变差，对于可燃基挥发分相近的两种煤，灰分过高的不易着火，燃烧稳定性较差，燃尽性能也不好。煤的灰分过高不利于挥发分的析出，其初析温度升高，并相应提高了着火温度，降低了最高燃烧温度和火焰传播速度，对于大部分回转窑来讲，煤的灰分还将直接进入熟料成分，影响熟料的配比。

由于劣质煤进货渠道较复杂和多变，煤矿产煤质量经常发生波动，因此一方面应将其灰分、热值等质量指标列入供货合同中控制，另一方面应在厂内设置煤预均化堆场，强化预均化作用，确保高灰分煤热值和灰分成分均匀稳定，煤灰掺入熟料中成为熟料矿物成分的一部分。分解炉利用劣质煤燃烧时，由于炉内温度要求 900～1000 ℃，比窑内温度低，且煤粉与生料混合较均匀，因此比较有利于高灰分劣质煤的燃烧，其缺点是高灰分煤燃烧速度慢，燃烧温度相对较低，供热能力低，因此必须在煤粉制备系统中控制煤粉细度较细，以 80 μm 方孔筛筛余不超过 8%较好，若其挥发分含量也较低时，则其筛余甚至要控制在 2%～3%的较低范围内，才能确保提高炉内燃煤燃烧速度和燃烧温度。

5.10.2 煤粉制备系统的技术要求

高灰分劣质煤一般易磨性较差，故要选用粉磨能力强的风扫球磨生产。由于煤的热值低，灰分高，为确保窑内火焰温度达到要求，以及火焰传播速度和着火温度达到要求，必须控制煤粉细度较细。80 μm 方孔筛筛余应控制在 2%～8%以内，其煤的挥发分含量越低，则细度要控制越小。这样相应地会相对降低煤磨产量，因此在选用风扫煤磨时，磨机的能力要足够大。这个问题对于新设计厂而言较好解决，只要将煤磨规格选择大一些即可；对于老线技术改造烧劣质煤，则应采取如下措施：

① 改造煤磨内部衬板隔仓板，选用新型衬板和隔仓板，优化磨机钢球级配，从而提高产量；

② 将粗粉分离器改造成高效动态选粉机，提高选粉效率；

③ 将收尘器改造为高效袋式收尘器装置，这样就可使老煤磨系统的能力提高 30%～40%，基本可满足烧劣质煤由于灰分高、热值低而需要增加熟料实物耗煤量和用煤量的要求。

5.10.3 对分解炉系统的选择和要求

预分解窑的主要特点是在窑尾预热器和回转窑之间增设一分解炉，在分解炉内加入 55%～60%的煤粉，使燃料燃烧放热过程与生料的吸热分解过程同时进行，这样极大地提高了全窑的热效率和入窑生料碳酸钙分解率。由于分解炉内反应温度要求较低，且煤灰分可在炉内与生料混合均匀，因此，在分解炉内是可以使用总量达 50%～60%的劣质煤进行燃烧的。为充分发挥分解炉对烧高灰分劣质煤的特殊作用，应尽量增大分解炉喂煤量，其比例应达到窑炉总煤量的 60%以上，以减轻窑上的热负荷。由于高灰分煤热值低，燃烧火焰温度也较低，为保证分解炉的高分解率，一方面要控制煤粉细度较细，另一方面要增大分解炉容积，从而延长物料在分解炉内的停留时间，这样才能有利于煤粉的燃烧和生料的及时分解。另外，要强化分解炉的喷腾和旋流效应，强化混合使用，使入炉煤粉燃烧后灰分与生料粉混合均匀，从而有利于熟料质量的提高。还要控制好较高的三次风温，达 700～800 ℃，这样就为生料的预热分解和劣质煤的燃烧创造了有利的条件。

适应高灰分劣质煤燃烧的分解炉型大致有如下几种：

(1) SF 炉改进型，如 C-SF 炉，可适应劣质煤煅烧要求。C-SF 炉是在 SF 炉和 N-SF 炉基础上进行改进和提高的，它在 SF 炉顶部增设了涡室并增大了炉容，解决了 N-SF 炉内存在的气固流偏流短路和物料特稀浓度区问题。另外 C-SF 炉与最下一级旋风筒之间采用延长型鹅颈管道连接，延长了炉内气固滞留时间，从而有利于低质燃料在炉内的充分燃烧和生料分解。

(2) RSP 炉改进型。当使用低质燃料时，可选用 MC 室出口与最下一级旋风筒间的鹅颈管道连接的 RSP 炉，其固体粉料在炉内滞留时间可达 15 s 以上，气体滞留时间可达 3～4.5 s。

(3) MFC 炉改进型第二代、第三代炉型。在使用中低质高灰分煤时优越性十分突出。MFC 炉及改进型第二代、第三代炉均由日本三菱公司研制而成，其主要原理是将化学工业的流化床生产原理应用于水泥工业，使入炉燃料首先在炉下流化床区裂解预燃。燃料在流化床区沸腾流化，滞留时间长，因此，特别适合使用颗粒较粗或高灰分低热值煤。第二代 MFC 炉加高了炉的高度，延长了炉内气流滞留时间。第三代 MFC 炉又缩小了流化床面积，增加了炉的悬浮区高度，从而使流化风量大为减少。

(4) DD 炉改进型。DD 炉原炉型难以适应劣质煤生产，其改进型经改造扩大炉容后，有的增设了预燃室或预分解室，在其上开烟道作为新炉型一个组成部分，方能适应劣质煤的生产。

5.10.4 煤粉燃烧器的选择和要求

为适应烧劣质煤，预分解窑在窑头燃烧器的选择上要尽量选用性能好的旋流式四风道燃烧器，以便在窑内能够将灰分吹浮，使其与生料能很好地混合均化，防止熟料游离氧化钙含量偏高，提高熟料质量。另一方面，提高窑头火焰温度，确保熟料煅烧温度达到 1450 ℃以上，因为熟料烧结温度一般在 1300～1450～1300 ℃，为此火焰温度应达到 1650～1800 ℃，才能确保熟料烧结。为控制高灰分劣质煤在窑头燃烧的火焰温度达到熟料煅烧要求，一是要降低煤粉细度；二是要提高箅冷机热回收效率，尽量提高二次风温度；三是可以适当在窑头所用燃煤中掺入部分高热量的优质烟煤，按 1∶1配合比例掺入劣质煤中，从而提高煤粉燃烧的火焰温度，确保熟料烧结。

烧劣质煤时，有如下几种的燃烧器可供选择使用：

(1) 法国皮拉德公司的 Rotaflam 型产品；

(2) 德国洪堡公司的 PYROJET 型产品；

(3) 丹麦史密斯公司的 Duoflex 型产品；

(4) 中国天津博纳公司的 TJB-K 型产品；

(5) 天津水泥工业设计研究院开发的 TC 型系列产品；

(6) 南京水泥工业设计研究院开发的 NC 型系列产品。

5.10.5 对原燃材料配料方案的适应与调整

高灰分煤的灰分作为生料的组分之一，从分解炉和窑头喷入后与生料混合成为熟料的组成部分，因此，在配料方案的设计时，应根据煤灰的化学成分和掺入量相应调整原材料中的硅铝质组分掺量。煤粉的喷入量应首先满足熟料煅烧热耗的要求，熟料标准煤耗应控制在 110～120 kg/t·熟料，当燃煤灰分波动在 32%～40%之间时，其熟料煤灰掺入量通常波动在 5%～8%。因此，原材料配比设计通常要减少砂岩或湿粉煤灰的配比量的 3%～5%，其白生料饱和系数要比正常情况偏高，应控制 *LSF* 在 110～120，相应熟料 *KH* 值控制在 0.88～0.92，*SM* 值控制在 2.5～2.8，有利于熟料质量的提高。

5.11 原煤含水量过高有何危害

① 严重降低磨机产量。煤磨的正常生产条件之一是原煤水分小于 10%，高于此值，磨机会降低生产

能力，而且即使减产10%，出磨机的煤粉水分也容易超标。对于辊盘与风叶分别驱动的立磨，虽可通过提高辊盘速度补偿部分产量，但对于选定规格的煤磨，产量仍将比给定标准少10%。对于共用驱动辊盘与风机的立磨，则要改为分别驱动。

② 严重影响窑的煅烧。原煤水分过大而导致煤粉水分大时，不仅使煤粉的燃烧速度慢，火焰长而无力，甚至出现较长黑火头，而且使煤粉中的水分在窑内无端吸收大量热量成为上千摄氏度的过热水蒸气，提高了窑的热耗，降低了熟料台产。据有关资料介绍，煤粉中存在的水蒸气所造成的热损失大约为20.9 kJ/kg熟料，尽管存在火焰中的水蒸气能提高碳的氧化速率的说法，但绝不是强调煤粉中的水分不需要烘干。更何况，煤粉中的含水量远超过2%时的危害是无法弥补的。

煤粉水分的控制范围以小于1.5%为宜。当原煤水分高达20%以上时，设计时必须考虑烘干工序。

[摘自：谢克平.新型干法水泥生产问答千例(操作篇)[M].北京：化学工业出版社，2009.]

5.12 影响回转窑煤粉火焰传播速度的因素有哪些

对一个固定的多风道燃烧器来说，风量和风速的调节、气流的速度、煤粉的质量和喂煤方式等因素对火焰的传播速度影响很大。

(1) 调节方面的影响

在回转窑操作过程中，必须保持热工制度的稳定，而前提是火焰必须稳定。通过调节内流的径向风和外流的轴向风之比，就可改变火焰的形状。适宜的火焰形状，其本身就表明火焰传播速度合理，轴向、径向速度匹配恰当。一般多风道燃烧器由两台风机供风。内外净风由一台风机供给，通过供风管道上的阀门来调节内外净风的比例，通过风机进口上的阀门或放风阀门来调节内外净风的总量。当总量调定之后，增大外风时相应内风减少，这时便会产生细而长的火焰，气流的轴向速度增大，径向速度减小。这时的火焰黑火头加长，射流速度衰减较慢，射流与周围介质掺混的能力差，不能形成很好的动量交换，影响熟料的煅烧效果。当内风增大时外风就会减少，即轴向速度减小，径向速度和切向速度增大，因为内风的出口均设置螺旋叶片，所以射流的扩散角增大，形成的回流区也大。射流速度衰减快而旋转加剧，使射程减小，火焰变得短而粗，黑火头也随之缩短，热力释放比较集中。实践表明，旋流强度越大，旋转射流与周围介质的混合能力越强，卷吸的二次风越多，进行动量交换的效果就越好，对熟料的煅烧有利。因此，调节内流风的大小，可以改变火焰的热力强度和火焰的传播速度。由此可见，内外流净风是用来调节火焰形状和强度的两股射流，煤流风一般不需要调节，只要能把所用煤粉输送出去，保持煤粉在管道中不沉积，其射流不产生脉冲现象即可。

(2) 可燃气流速度的影响

将净风和煤风所形成的气流，称为可燃气流。当射流从喷嘴喷出后射流速度逐步衰减到与火焰传播速度相等，着火后就会保持稳定的燃烧过程。根据不同的窑型、生产能力进行热工计算，按物料平衡和热量平衡，求出烧成每1 kg熟料所需的燃料量和空气量。然后根据入窑总空气量和一次风量的比例，确定燃烧器内流风、煤风和外流风的风量、风速的合理匹配关系，才能达到合理而稳定的燃烧。

(3) 煤粉物理化学性质的影响

燃料的物理化学性质对燃烧现象和燃烧过程均有重要影响。如煤的品种质量、煤粉细度和水分、灰分和挥发分等，对着火温度和火焰的传播速度都有影响。煤粉越细，着火温度越低；水分和灰分越大，火焰的传播速度越低。

(4) 喂煤量稳定对火焰的影响

供煤系统设置定量检测，用微机控制煤粉的喂给，使其均匀稳定，对火焰传播的稳定具有十分重要的意义。因为只有控制准确的喂煤量，才能控制燃料燃烧时所需要的空气量，使燃烧量与风量匹配合理，从而保证稳定的燃烧，进而保证火焰传播的稳定。

5.13 煤粉过细有何不利

在强调煤粉燃烧速度时，人们习惯将煤粉细度压得较低，但过细的煤粉并不一定合理。

① 未充分考虑煤粉中挥发分对燃烧速度的影响因素。煤粉的燃烧速度虽然与煤粉的细度有着密不可分的关系，但更与煤的挥发分含量有关。一般讲，煤中的挥发分高，煤粉的细度可以放粗，这将极大有利于提高产量，降低消耗。

② 过细的煤粉输送与储存中，防爆的安全难度更大。煤粉爆炸的倾向是随着挥发分的含量及煤粉的细度增加而增加，随水分及惰性粉尘(生料粉等)的增加而减小。另外，随着煤粉尘的厚度增加和易氧化杂质诸如二硫化铁(大于 2%)的存在，煤粉自燃的风险也在增加。如果搅拌，还会引起爆炸。

[摘自：谢克平. 新型干法水泥生产问答千例(管理篇)[M]. 北京：化学工业出版社，2009.]

5.14 如何保证开始点火时的煤粉水分合格

对于烧煤的预分解窑，点火时几乎都用燃油，在窑尾喂生料前，再由燃油转换成煤粉。但如果最初生产时，窑未运行，煤磨也无法利用窑的余热生产合格的煤粉。为了解决此问题，在干燥地区，可以先用保存的干煤；对于老厂，可利用附近其他生产线的煤粉；但对于不具备这些条件的地区，只好为煤磨配置热风炉，以满足窑点火用煤所需。

热风炉有两种类型，使用燃油的热风炉成本较高，使用安装拆运都很方便；使用原煤的热风炉较为便宜，但占地较大。热风炉的使用率也不高，在使用烟煤时，若停窑时间较长，为保证安全，应该将煤粉仓放空。选用无烟煤，可以利用煤粉仓存储一定量的煤粉为下次点火升温做好准备。

[摘自：谢克平. 新型干法水泥生产问答千例(操作篇)[M]. 北京：化学工业出版社，2009.]

5.15 生产中控制煤粉细度的必要条件是什么

若想生产细度合格的煤粉，必须满足如下条件。

① 确保进厂原煤质量符合磨机性能的要求。喂入立磨的原煤粒度应全部在 25 mm 以下，并有 30% 为 10 mm 以上，水分小于 10%。如果是球磨机，原煤的粒度及水分可适当放宽。目前由于原煤供应紧张，不少企业又要降低进厂原煤价格，所以很少能稳定地使用同时满足这些条件的原煤，从而为煤粉质量的稳定埋下了隐患。

② 根据不同原煤质量制定煤粉细度的控制标准，并及时通知窑系统根据煤的质量调整喂煤量。原煤质量不稳定本身就给生产带来了不利影响，如果还不能及时调整操作指标与控制参数，这种不利影响只会更加放大。

③ 合理控制磨机内的通风量。同时，对于球磨，注重配球；对于立磨，注重控制辊子与磨盘间隙。

④ 对于球磨，动态选粉机可以调整转子速度控制细度；对于立磨，属于静态选粉机的整体设计可以调整风叶角度。选用 LV 技术改造选粉机，可以实现节能、增产，并使煤粉细度范围变窄。

[摘自：谢克平. 新型干法水泥生产问答千例(操作篇)[M]. 北京：化学工业出版社，2009.]

5.16 实现煤粉水分严格控制的障碍是什么

经常可以看到一些生产线的煤粉水分控制都在 1.5%以上，甚至会高达 3%以上，不仅出现热耗高的结果，而且还会造成煤粉燃烧速度慢、黑火头变长、产生前结圈等一系列不良后果。之所以会存在这种操作，除了是因为工厂对煤粉中水分的危害没有清醒的认识，更多的是因为这些厂都有着煤粉燃爆的经历。

管理者与操作者没有正确地总结煤磨"放炮"的原因，而是被迫消极地降低入磨机的热风温度，放开对煤粉水分的控制。

实际上，只要掌握"放炮"原因，采取正确预防措施，控制出磨废气温度在 70 ℃以下(如果是无烟煤还可以提高此温度)，这种危险完全可以避免，并获得理想的操作结果。当然，如果原煤水分含量过高，则应该控制进厂原煤水分。有的企业通过增大进风口断面改善了煤粉水分的控制，值得借鉴。

［摘自：谢克平.新型干法水泥生产问答千例(操作篇)[M].北京：化学工业出版社，2009.］

5.17 烟煤与无烟煤使用中的区别是什么

从工业分析角度看，烟煤具有较高的挥发分，大约为 30%，在水分与灰分含量不超过 25%时，固定碳的含量在 45%左右。无烟煤的挥发分较低，不到 10%，甚至只有 3%～4%，相比之下，固定碳含量较高，有的可达 70%左右。固定碳的发热量一般高于挥发分，所以，同等灰分的情况下，无烟煤的热值要比烟煤高。但随着水分与灰分增加，无论是何种煤种，热值都会大幅度下降。

从燃烧速度角度看，因为挥发分燃点低，有助于着火，因此烟煤的易燃性要比无烟煤好，在传统回转窑中，因为没有足够的燃烧时间，无法使用无烟煤。在预分解窑中，要成功使用无烟煤，一方面要提高煤粉细度以加速燃烧，并使用多风道煤管；另一方面要设法延长煤粉在窑炉内的停留时间。

从物理性能角度看，一般无烟煤的易磨性差，磨蚀性强，所以在确定燃料种类后，就要充分考虑设备的耐磨性，不仅是煤磨主机，就连风机的风叶、煤粉输送管道及喷煤管都要慎重考虑材质。

从安全生产角度看，无烟煤要比烟煤安全得多。烟煤的燃点低有利于燃烧，但生产与储存上就需要有严格的监测与管理制度。

［摘自：谢克平.新型干法水泥生产问答千例(操作篇)[M].北京：化学工业出版社，2009.］

5.18 风扫式煤磨系统工艺流程及其特点

风扫式煤磨系统的一般工艺流程示于图 5.1。风扫式煤磨的特点是磨体短而粗，长径比(L/D)一般小于 2；进出料空心轴直径大，烘干仓和粉磨仓之间隔仓板的通风面积大，磨尾没有出料箅板，故通风阻力较小；可烘干水分含量小于 8%的原料，若另设热风炉供应高温热风，则可烘干含水分 12%的原料，如再设预破碎烘干机则可烘干 15%的水分。风扫式煤磨是借气力提升料粉，用粗粉分离器分选，故循环负荷及选粉效率均较低，影响粉磨效率。同时，粉磨水分含量较大的物料时，磨内风速大，使钢球磨不到物料的机会增多，也影响粉磨效率。因此，这种磨机系统比提升循环磨系统的单位理论功率产量低，能耗也高 10%～12%。当采用这种磨机系统烘干粉磨含水量较大的物料时，亦可在磨外增设预烘干管道，物料首先进入预烘干管道初步烘干，再进入磨内烘干粉磨。同时，要控制喂料粒度不大于 15 mm，以利分选和提高烘干、粉磨效率，其工艺流程如图 5.2 所示。

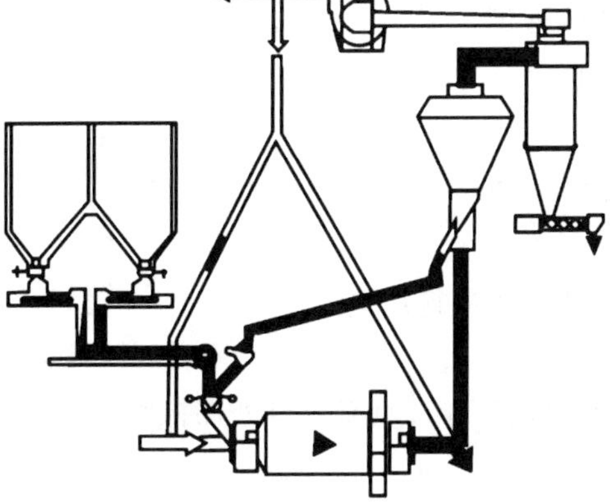

图 5.1 风扫式煤磨系统工艺流程

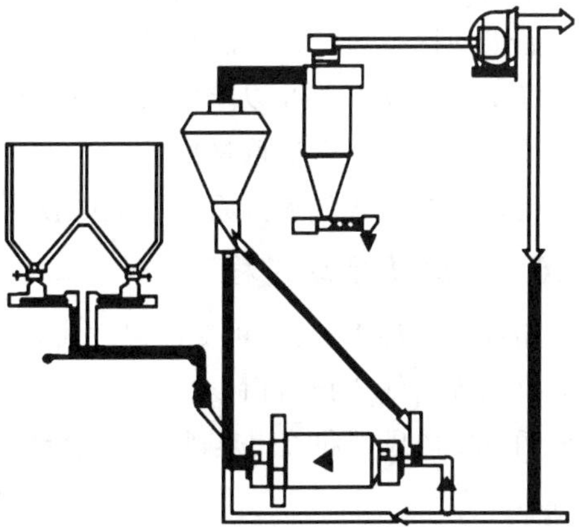

图 5.2 带预烘干管道的风扫式煤磨工艺流程

风扫式煤磨内风速一般为 3～4 m/s，预烘干管道内风速为 25～35 m/s，磨内气体含尘量为 250～350 g/m^3，系统排风机静压为 5.5～5.6 kPa。

选用风扫式煤磨，需要考虑物料烘干和提升所需风量之间的平衡，以提高粉磨效率和节约能耗。对于小型磨机来讲，如果利用高温气体，并且粉磨的物料含水较少时，由于烘干所需的风量较磨内风扫和提升物料所需的风量小，因此须设置循环风管使一部分气体循环入磨，以满足风扫和提升的要求，则排风电耗比提升循环磨排风、提升、选粉三者合计的电耗高，一般约为 10.8MJ/$t_{生料}$。但是，对于大型磨机，利用低温废气作为烘干热源时，由于烘干物料所需热风量较多，无论选用哪种磨机效果都大致相同，这时磨内风速较大，已超过了物料风扫和提升的需要，则不再设置循环风管，无须使一部分出磨气体再循环入磨了。这时，选用风扫式煤磨反而降低了提升循环磨机械提升物料和选粉设备的电耗，因此风扫式煤磨系统的单位产品电耗反而比循环提升磨降低。

德国伯力休斯公司生产的风扫式煤磨规格已达 ϕ5.8 m×14.75 m，电机功率 5200 kW，台时产量 320 t/h，可处理含水分高达 15%的物料。这种磨机结构简单，容易管理和维护，对管理人员的技术水平要求也不高。其缺点是动力消耗较大，尤其当用于处理含水较少而又易磨的物料时，由于风扫和提升物料所需的气体量大于烘干物料所需的热风量，则更不经济。中国的水泥工厂目前利用风扫式煤磨作为生料粉磨系统的不多，风扫式煤磨一般广泛应用于煤粉制备系统。

5.19 煤磨的基本功能是什么

煤磨的基本功能是同时完成对原煤烘干、粉磨两大任务，生产出合格的煤粉。所谓合格就是同时满足煤粉水分与细度两项指标要求。这两项指标完成得好与不好直接关系到熟料热耗的高低。

在生产中，操作人员经常忽视对煤粉水分的要求。这是因为主观上，操作人员担心热风温度过高会威胁安全生产，因此，宁可使煤粉含水量过高，也不愿意提高热风温度。这实际是一种误解，高于 350 ℃的热风温度绝不是造成煤磨“放炮”的原因，其真正原因是原煤供应商为谋求更大利益，有意增加原煤所含水分，甚至超过了煤磨的烘干能力。而工厂的采购部门及化验部门不作为，最后只能处以罚款，但给生产造成的损失已远远超过罚款数额。

［摘自：谢克平．新型干法水泥生产问答千例（操作篇）［M］．北京：化学工业出版社，2009.］

5.20 煤磨系统的操作

5.20.1 运行前的准备工作

（1）停运 1 d 以上，运行前 1 h 通知巡检工即将开磨，停运 1 d 以内，则运行前 30 min 通知。

（2）检查各设备是否备妥，如有未备妥者，联系相关部门解决。

（3）如果使用热风炉，通知现场确认柴油储备情况并清洗油枪。

（4）确认原煤仓有 2/3 以上储量，煤粉仓空 2/3 以上仓位。

（5）通知化验人员做好取样准备。

（6）通知巡检工确认灭火系统可随时投入运行。

5.20.2 磨机启动过程

（1）如各油站温度较低，可提前启动磨机辅助设备组设备对油进行加热。

（2）启动煤磨输送设备组。

（3）调节冷风风门和关闭热风风门，启动袋收尘、风机组，调节风门，使磨入口处保持微负压（－150～－100 Pa）。

（4）如热风炉作为烘干热源，通知现场关闭热风炉二次风机风门、冷风风门、油阀，打开送油压缩空气阀门，进行油枪清吹。

(5) 启动热风炉设备组(混合风机及二次风机),调节混合风机风门,启动点火油泵,调节油压,现场点火,调节二次风风门、冷风风门、油阀开度。

(6) 当利用箅冷机废气作为烘干热源时,若窑在运行中,应开启箅冷机热风风门,并根据磨内负压逐渐开启煤磨主排风机风门。如窑刚点火,应待熟料进箅冷机形成热风后方能运行煤磨,采用此方式的条件是煤粉仓已有足够的煤粉。

(7) 磨机缓慢升温,磨机升温时间控制在 30~60 min;当磨机出口气体温度达到 70 ℃左右时,通知窑操作员、巡检工准备开磨。

(8) 启动磨机喂料机组,进行布料操作。

(9) 20 s 后启动煤磨主电机组,并随时调整喂煤量及用风量。

5.20.3 正常操作要求

(1) 根据原煤水分含量及易磨性,正确调整喂煤量及热风风门,控制喂料量与系统用风量的平衡;如加大喂煤量,其调整幅度可根据磨机振动、出口温度、磨机差压及吐渣量等因素决定,在增加喂料量的同时,调节各风门开度,保证磨机出口温度。

(2) 减少磨机振动:振动是影响立磨产量和运转率的主要因素,操作中力求振动量小且平稳,磨机的振动与许多因素有关,其中操作应注意以下几点:

① 喂料要平稳,每次加减料幅度要小。

② 通风要平稳,每次风机挡板动作幅度要小。

③ 防止煤磨断料或来料不均,断料主要原因有:

a. 料仓堵料。

b. 给煤机故障。

(3) 重视控制磨机差压:差压的变化主要取决于磨机的喂料量、通风量、磨机的出口温度,在差压变化时,先看喂料是否稳定,再看磨入口温度的变化。

(4) 磨机出入口温度:磨机的出口温度对保证煤粉水分合格和磨机稳定具有重要作用,出口温度通过调整喂料量、热风风门和冷风风门来控制(出口温度控制在 70~80 ℃范围内)。磨机入口温度主要通过调整热风风门和冷风风门来控制。

(5) 出磨煤粉水分和细度:为保证出磨水分达标,根据喂料量、差压、出入口温度和磨机振动等因素的变化情况,通过调整各风门开度,保证磨机出口温度控制在合适范围内;为保证细度达标,可通过调整选粉机的转速、喂料量和系统通风来加以控制,若出现物料过粗的情况,可通过增大选粉机转速、降低系统通风量、减少喂料量等方法控制。

(6) 注意煤渣吐料量,如过多应首先减料并迅速采取对策改善。

(7) 控制袋收尘进口风温:袋收尘进口风温太高时,要适当降低磨出口风温;进口风温太低时,有结露和糊袋危险,适当提高磨出口风温。

(8) 操作过程中,密切关注袋收尘灰斗锥部温度的变化,温度大于 65 ℃或过低时,通知现场检查灰斗下料情况,温度超过 85 ℃且有上升趋势时,表示煤粉已经自燃,要采取喷入 CO_2 的紧急措施,如无效,应关闭主排风机,停止喂煤。

(9) 正常控制参数为:

① 入磨正常/最大热风温度:220/260 ℃;

② 出磨正常/最大热风温度:75/85 ℃;

③ 正常工况下磨盘上料层厚度:30~50 mm;

④ 磨内进出口差压:7400 Pa;

⑤ 袋收尘器入口温度:<80 ℃;

⑥ 煤磨主排风机进口负压最大值:10500 Pa;

⑦ 煤磨主排风机进口风温:70 ℃(最大值:100 ℃);

⑧ 磨机振动：<5 mm/s。

(10) 煤磨系统自动控制回路

① 磨机负荷控制回路用差压变速器检测磨机出入口的差压，并与目标值相比较，用其差值调节皮带秤的喂料量。

② 煤磨出口气体温度控制回路：当出口温度超过 80 ℃时，热风风门自动关闭，冷风风门自动全开。

③ 操作者应时刻注意两条自控回路的有效性，如有异常，应尽快报告 DCS 系统工作人员。

5.20.4 停机操作

(1) 确认原煤仓料位，如果长时间停机，根据煤粉仓内煤粉量预计停机时间，确保届时将仓放空。

(2) 通知窑操作员，做好停机准备。

(3) 关小热风风门开度，开大冷风风门开度，将给料机调到最小给煤量，同时降低磨出口温度，当磨出口温度下降到 60 ℃时，且物料排空后，停止喂料组及磨主电机组设备(如短时间停机应保证磨盘料层和袋收尘及煤粉输送组不用停)。

(4) 停磨 20 min 后，通知现场检查袋收尘灰斗及煤粉输送设备内有无煤粉，拉空后可停止袋收尘及排风机和煤粉输送设备，并将各死角积存的煤粉吹干净，或将 CO_2 气吹入。

(5) 主排风机停 1 h 后方可停密封风机。

(6) 如停机后 1 h 无法启动磨机，则要清除磨机内的物料；且人工清理磨机和打开磨机检修门，必须在磨机出口温度低于 40 ℃才可进行。

(7) 磨机停机 12 h 后方可关闭稀油站冷却水。

5.20.5 紧急停机

当系统发生如下情况时，采取紧急停机措施：

(1) 当系统发生重大人身、设备事故时；

(2) 当磨机吐渣口发生严重堵料时；

(3) 当袋收尘灰斗发生严重堵料时；

(4) 当煤磨、袋收尘及煤粉仓着火时；

(5) 当系统出现燃爆时，进行紧急停机之前，应即刻关闭入磨热风风门并全开冷风风门。

5.21 煤粉生产的质量控制指标如何确定

在生产中对煤粉的质量控制指标主要是煤粉细度及水分。

煤粉细度的确定主要依据其挥发分含量，如果按国内工厂通用的 80 μm 筛筛余量控制指标，也不应大于挥发分的 40%。比如挥发分含量 30%的煤，细度指标的筛余量完全可以定为小于 12%；挥发分 20%的煤，筛余量定为 8%。但目前很多企业的筛余量一律要求磨至 8%。挥发分不足 10%的无烟煤，细度可按 4%控制。另外，可以按对生料的细度控制，对细粉中的粗粒进行规定，细粉中的粗粒会影响其燃尽时间。300 μm 筛筛余量应小于 0.2%，而 150 μm 筛余量应小于 0.5%。

煤粉水分要求在 1.0%～1.5%以内。过高水分不利于煤粉燃烧速度，而且还会吸收窑内过多的热量，增加热耗。水分高的煤粉流动性变差，在向窑内喂煤时容易产生波动，不利于煤粉计量秤稳定，不利于窑的热工制度稳定。煤粉水分过低，则不利于安全，而且这些极少量水分在高温下可以裂解为水煤气，易于燃烧。

[摘自：谢克平. 新型干法水泥生产问答千例(操作篇)[M]. 北京：化学工业出版社，2009.]

5.22 预分解窑煤粉制备系统的操作方法

煤磨磨煤时，需要一定温度的热风通过磨机来烘干原煤中的水分。通常热风来自窑头篦冷机废气。

在系统调试初期，因箅冷机无法提供热源，可以使用原料磨车间的热风炉作为热源，此时磨机产量约为磨额定产量的50%，生产的煤粉可供烧成系统进行烘窑，烘窑后期生料磨系统利用窑尾废气进行生料烘干；当烧成系统开始生产后，可利用窑头废气进行原煤烘干，磨头温度及系统操作应稳定，操作员需时时注意，控制入磨风温不超过规定。此时原煤水分可适当放宽，系统产量提高，进入正常生产。

5.22.1 粉磨系统启动操作

为防止系统内部，尤其是袋收尘器内部结露，在环境温度较低的季节，每次系统开车前，应进行预热，预热时间一般视季节、环境温度而定，一般控制在10～30 min，通热风即可，必要时可同时启动袋收尘的电加热装置。

依次启动煤粉入仓输送组、煤磨排风组、袋收尘组，调整风机入口阀门、热风阀门、冷风阀门的开度到适当位置，控制入磨风温不超过150 ℃，入磨负压约200 Pa，出磨风温≤70 ℃，对系统进行预热。预热过程中磨机须现场慢转或翻转。

在预热过程中，启动油站组，预热结束后，启动煤磨组、喂煤组，给定并不断根据系统状态调整给料机的喂煤量，喂入一定量的原煤，开始粉磨操作。随着喂煤量的增大，应加大热风阀门的开度，逐渐减小冷风阀门的开度，增大入磨热风量。

当原煤水分≤10%，煤粉细度为3%～5%，煤粉水分为1%～1.5%，磨机达到额定产量时，应控制入磨风温为200～280 ℃，入磨负压为200～700 Pa，出磨风温为65～70 ℃，出磨负压为1500～2500 Pa。

5.22.2 粉磨系统运行中的调整

(1) 喂煤量过多。磨音低沉、发闷，磨头、磨尾差压升高，降低喂煤量，以消除磨内积料，再逐步增加喂煤至正常。

(2) 磨烘干仓堵塞。磨音高，声脆，磨尾负压高，排风机电流下降。可适当减小喂煤量，提高入磨风温，无效果时停磨检查。

(3) 磨排气温度过高。喂煤过少，通过热风量大，应增大磨头冷风阀开度。

(4) 磨出口负压过高。喂煤过多，箅孔堵塞或排风过大。

(5) 袋收尘器进出口差压大，可能是脉冲阀、电磁阀等或压缩空气气源故障，造成清灰困难糊袋子，应现场处理。

(6) 袋收尘器进出口差压小，排风机排出废气煤粉含量高，可能是破袋或掉袋，应现场及时处理。

(7) 煤粉水分偏高，应减少喂煤，或提高入磨风温。

(8) 煤粉细度过粗，增加动态选粉机转速，或减少磨机通风量。

(9) 磨机轴瓦温度高，应停机检查稀油站。

(10) 磨机减速机油温高，应停机检查稀油站。

5.22.3 粉磨系统正常停车操作

逐步减小喂煤量，增大磨冷风阀开度，控制磨出口风温为65 ℃左右，逐步关小热风阀门。停喂煤组3～5 min后，停磨组，现场间隔慢转磨机。关热风阀门，减小系统排风机入口阀门开度，控制磨头负压50～100 Pa。依次停袋收尘组和煤磨排风组。关闭各电动、气动阀，煤粉入仓输送组停车。当磨筒体温度接近环境温度后，慢转停止，过一段时间，停油站组。

5.22.4 设备紧急停车操作

在生产中，当巡检人员发现设备有不正常的运转状况或危害人身安全时，可用机旁按钮进行紧急停车。当中控操作员遇到系统内特殊故障，并可能发展为更大事故时，可在屏幕上进行紧急系统停车，使所有设备同时立刻停车。某单体设备因负荷过大，温度超高，压力不正常时，中控操作员均可跳停设备，这是保护设备的需要。

当发生以上紧急停车时，屏幕上会报警，指示故障设备，操作员可根据停车范围迅速判断故障原因，完成后续操作。

(1) 喂煤故障

喂煤故障的原因有:定量给料机电机过负荷跳停;电动双翻板阀因大料跳停;磨机下料管因物料过湿、粒度过大而堵塞;原煤仓堵塞或仓空。按正常操作停车,然后派人现场检查。

(2) 磨机故障

当磨机事故停车时,喂煤组联锁停。原因有油站故障、主轴瓦超温、主电机跳停等。迅速打开磨头冷风阀,关小热风阀门,控制磨尾风温不超过 65 ℃,然后按正常停车操作。当磨机不能慢转时,高压油泵不能停,以防损伤主轴瓦。

(3) 风机故障

系统排风机跳停时,磨机、喂煤组联锁停。迅速关闭热风阀门,加大磨头冷风阀开度,控制磨尾风温不超过 65 ℃,然后按正常停车操作。

(4) 输送煤粉设备故障

当某一输送设备跳停时,有联锁关系的设备随之停车,由于收尘器灰斗有一定的储存能力,可以降低产量运转。如果故障设备不能较快修复,按正常停车操作。

(5) 各泄压阀开启

泄压阀开启时,系统压力急剧升高,然后又下降,此时系统漏气、冒灰。应迅速停止喂煤、停磨、停热风,进行紧急停车。如果系统内部气体温度上升较快,迅速关闭所有阀门,袋收尘要喷入 CO_2。现场检查着火部位,着火部位煤粉可外排时,开启输送设备外排(但要注意外排煤粉遇空气自燃),不能外排时,应灌水灭火。

泄压阀开启处理后,要检查袋收尘滤袋是否烧毁,工艺管道是否有裂缝,风机叶轮是否振动等。

(6) 袋收尘器灰斗温度超高

袋收尘器灰斗温度超过 65 ℃时报警,超过 80 ℃时停车。应系统停车,关闭袋收尘进出口阀门,喷入 CO_2,排出灰斗内煤粉,检查滤袋。

(7) 煤粉仓内温度超高

煤粉仓内温度超高,一般是在窑系统停车,仓内存有煤粉时发生。此时应尽可能减少仓内煤粉与空气接触的机会,应间隔喷入 CO_2。

最好的预防是窑计划停车,排空煤粉仓,或者降低煤磨装球量、压产,达到与窑同步运转。在窑正常生产期间,一般要求煤磨工作时间不小于每班 6 h。

5.23 风扫式煤磨的操作要点及不正常情况的处理方法

5.23.1 操作要点

(1) 控制入磨总风量。在磨机正常运行时,通过测量,确定合理的入磨风量,确定该风量下排风机风门的调节位置。在设备和生产正常的情况下,确定的风门位置一般不变动。在正常情况下,磨内风速宜控制在 3~4 m/s,磨尾管道内的风速宜控制在 25~30 m/s。

(2) 控制入磨和出磨气体温度。入磨气体温度太低,煤烘不干,粉磨效率低;温度太高,不能保证安全生产。入磨煤的水分过高时,应适当提高入磨热风的温度或风量,风量的提高通过调大热风门或调小冷风门实现。

(3) 根据入磨煤的粒度、水分、性能,以及温度计、压力计的显示值和出磨煤粉的细度,及时调节入磨煤量。若磨机出入口的负压差值增大,磨音降低,说明磨内存料量偏多;若粗分离器的上下负压差值显著增大,可能是因为回粉量过大,或粗粉分离器发生堵塞;若此负压差值显著下降,同时总风量和循环风机的电流增大,可能是粗粉分离器或其防爆阀破裂。

(4) 控制出磨煤粉的细度的一般做法:

① 变更筛分室调节罩的位置。

② 改变折风叶的角度：角度大则煤粉粗，反之则细。

③ 调节弹簧压力：压力小时煤粉粗，压力大时煤粉细。

④ 调整辊轮横销轴承的位置，改变磨轴与磨圈间的间隙。

⑤ 如入磨风量不当则调整风量，风量调大则煤粉变粗，反之则变细。

(5) 防止爆炸，必须严格遵守安全操作规程，应特别注意：

① 严格控制入磨气体温度：粗粉返回磨头时，入磨风温应小于 250 ℃；粗粉返回磨尾时，入磨风温应小于 500 ℃。

② 严格控制出磨气体温度：煤的收到基挥发分 V_{ar} 值为小于 20%、20%～24%、25%～28%和大于 28%时，出磨气体温度应相应控制为：≤85 ℃、≤80 ℃、≤75 ℃、≤65 ℃。

③ 磨机断煤和少煤时须及时关小热风阀，防止煤磨在高温下运转。

④ 启动和停止煤磨时，不可让热风经过磨机。

⑤ 临时故障的处理时间较长时应停磨。

⑥ 停磨检修时，须待磨机冷却后方能启动磨机。

⑦ 定时清除入口水平管道内的积煤，防其自燃。

⑧ 经常检查管路接口法兰及伸缩节，发现漏风口，立即用石棉绳等塞死。

⑨ 交接班时，检查闭路蝶阀是否灵活，拉杆和柄轴是否灵活，并妥善处理。

⑩ 定期(每月一次，雨季每周一次)检查各防爆阀的铝皮是否完好，并清除沉积物。

⑪ 磨机系统发生爆炸时，须立即停磨。未查明原因并采取有效措施前，不得开磨。

(6) 发生“堵磨”时，应减少喂煤量，或停止喂煤数分钟，同时关小热风门。

“堵磨”程度轻时，磨机进出口压差增大，磨音变低；程度重时，磨机进料口有返料现象。

5.23.2 不正常情况的处理

(1) 出磨煤粉细度过粗时，应检查通过磨机的总风量是否过大，或磨内料量是否偏多(据磨音判断)，并加以处理。若上述两点正常，则调节粗粉分离器。

(2) 若磨机堵塞，出现返料，应适当减少喂料量；若堵塞严重，须停止喂料数分钟，但停止喂料前，须先关小热风闸门，以防磨内温度过高。与此同时，可打开出口溜斗小门，尽量掏出堵塞的煤粉。

(3) 若粗粉回料管堵塞，粗粉分离器的上下负压差值即增大。应敲打回料管，消除堵塞，并找出堵塞原因。回料管堵塞的原因一般是磨内研磨能力不足。

5.24 防止风扫式煤磨堵塞的一种措施

风扫式煤磨(以下简称风扫磨)入磨原煤的水分含量过高(如大于 9%)时，一般须加大磨内钢球的平均球径和提高循环负荷率。采取这种措施后，在入磨风温不变(一般为 150 ℃左右)的情况下，出磨煤水分可由 2.5%～3%降为 1.7%～2.2%，从而保证煅烧用煤的质量，有利于煅烧操作。而煅烧正常又有利于稳定入磨风温，对风扫磨的产质量有利。

但是，循环负荷率提高后，容易发生堵塞问题。为防止堵塞，可在风扫磨粗粉分离器下方至风扫磨进口的管道上增加一个小仓。仓的容积为 3～4 m^3(视煤磨规格而定)，仓下装一闸板。正常生产时，闸板打开，仓内无煤粉，出现堵磨时，停止喂入原煤，并插上小仓的闸板，使煤粉暂时存于小仓中。2～4 min 后，磨内的物料抽空，各点的负压恢复正常时，即逐步打开闸板。待小仓内的粗煤粉下尽后，恢复正常操作。此法可迅速消除堵磨现象。

5.25 风扫式煤磨的热平衡计算包括什么

风扫式煤磨的热平衡计算如表 5.4 所示[基准：0 ℃、1 kg_r。平衡范围：煤磨进出口(以 1 kg 原煤计)]。

表 5.4 风扫式煤磨的热平衡计算

计算项目		计算公式(kJ/kg$_r$)	符号说明
热收入	热风显热	$q_1 = g_1 c_1 T_1$	g_1——煤磨进口风量，kg/kg； c_1——热风在 T_1 温度下的比热容，kJ/(kg$_r$·℃)； T_1——热风温度，℃
	粉磨产生热量	$q_2 = 3.559 k_m e$	k_m——粉磨能转换成热量的系数，钢球磨取 0.7； e——单位煤粉电耗，kW·h/t
	漏风带入显热	$q_3 = k_1 g_1 c_a T_a$	k_1——漏风系数； c_a——漏风在 T_a 温度下的比热容，kJ/(kg$_r$·℃)； T_a——环境温度，℃
	原煤带入显热	$q_4 = G_r c_r T_a$	G_r——煤磨小时产量(原煤计)，kg/kg； c_r——原煤在 T_a 温度下的比热容，kJ/(kg$_r$·℃)
	热风中粉尘带入热量	$q_5 = 0.018 g_1 c_f T_1$	c_f——热风中飞灰在 T_1 温度下的比热容，kJ/(kg$_r$·℃)； T_1——热风温度，℃
热支出	原煤水分蒸发耗热	$q'_1 = \frac{W_1 - W_2}{100 - W_2} \times (2490 + 1.883 T_2 - 4.185 T_m)$	W_1，W_2——原煤和煤粉水分，%； T_2——离开系统的烟气温度，℃； T_m——原煤入磨温度，℃
	出系统热风带走热量	$q'_2 = (1 + k_s) g_1 c_2 T_2$	c_2——热风在 T_2 温度下的比热容，kJ/(kg$_r$·℃)； k_s——系统漏风系数
	加热煤耗热	$q'_3 = \frac{100 - W_2}{100}\left(c_r + \frac{4.185 W_2}{100 - W_2}\right) \times (t_{s_2} - t_{s_1})$	t_{s_1}，t_{s_2}——入磨和出磨物料温度，℃； c_r——干煤的比热容，kJ/(kg$_r$·℃)
	系统散热损失	$q'_4 = \alpha F (T_b - T_a) / G_r$	α——系统散热损失系数，kJ/(m^2·℃)； F——锅炉外表面积，m^2； G_r——煤磨小时产量，kg$_r$/h
	其他损失	$q'_5 = 0.056 q_1$	q_1——废气或热空气带入热量，kJ/kg$_r$

注：1. 用平衡法时，其他损失 $q'_5 = \sum$ 热收入 $- \sum$ 除其他外的热支出 $= (q_1 + q_2 + q_3 + q_4 + q_5) - (q'_1 + q'_2 + q'_3 + q'_4)$。

2. 系统漏风系数，可从烟气分析计算的过剩空气系数计算，也可采用经验数据。

5.26 风扫式煤磨的钢球配比应注意什么

配球前首先要了解原煤的质地、易磨性及它对钢球的磨蚀性。无烟煤一般比烟煤的磨蚀性大，易磨性也差。

一般而言，原煤的易磨性要比熟料等水泥配料成分好得多，因此，它的配球最大直径只需 40 mm。

为磨内补充钢球时，应打开磨门，而不应贪图方便将球从磨尾直接加入，因为添加的新球一般是大球，磨尾往往又不是阶梯衬板，造成大球较长时间在磨尾运行，不利于煤磨粉磨效率的提高。

另外，煤磨一般要配有烘干仓，该仓内只有导流板，而无钢球。但运行中会发现有钢球窜入烘干仓，这说明磨体内的导向板被砸变形，甚至在导向板方向的安装上就有错误。

［摘自：谢克平. 新型干法水泥生产问答千例(操作篇)[M]. 北京：化学工业出版社，2009.］

5.27 风扫式煤磨系统常见问题及解决方法

5.27.1 常见问题

(1) 系统内漏风严重

系统内漏风是指进入系统的热烟气不经过煤磨内部，而从煤磨头部直接经粗粉分离器回料管进入粗粉分离器，再经风管进入细粉分离器、收尘器后排入大气，如图5.3所示。内漏风严重会造成磨内通风不足，截面风速小，从而使煤磨产量降低，出现过粉磨现象。另外还会造成大量热能浪费和电耗增加。

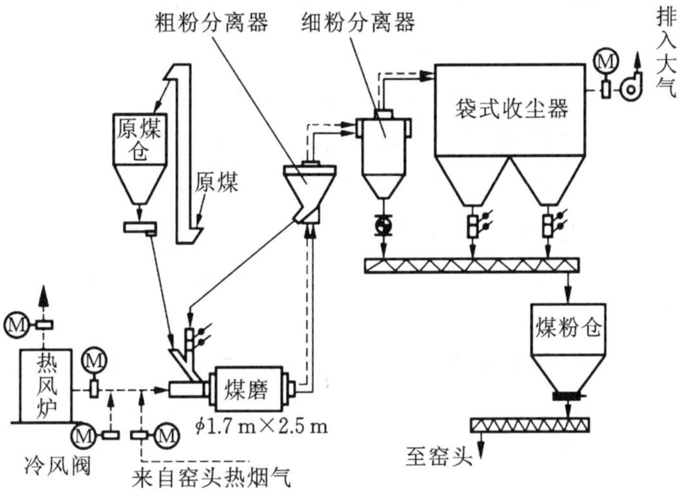

图5.3 ϕ1.7 m×2.5 m风扫式煤磨工艺流程图

造成内漏风的原因主要是在粗粉回料管下端未加装锁风装置，或加了锁风装置，但使用维护不当，起不到作用。

(2) 入磨风温偏低

入磨风温偏低不仅影响粉磨效率，而且造成煤粉水分超过控制指标，甚至高达6%，使喂煤系统给煤不畅，经常堵塞，严重影响回转窑的煅烧操作。造成入磨热风温度低的原因主要有以下几个方面：

① 入磨热风管道漏入冷风过多。

② 从窑头罩抽取的热风，在窑不正常时风温偏低。

③ 从窑头到煤磨的热风管道偏长，并且没有保温措施，造成热量散失过多。

④ 没有设热风炉或所设热风炉发热能力不够，均不能保证正常供热风。

⑤ 使用热风炉时操作不当，造成偏火、炼渣等，影响炉内温度提高。

(3) 系统风量风压不平衡

对于风扫式煤磨系统，各种选粉、分级及收尘设备的处理风量，应当适合磨内正常工况时通过的风量，风机的压头应当克服整个系统的阻力损失。若各种辅机的处理风量以及风机的风量和压头选用不当，会造成系统运转偏离正常状态，影响正常生产。

(4) 研磨体材质和级配不合理

磨内研磨体级配不合理，使煤粉细度变粗，产量下降。造成研磨体级配不合理的原因有：

① 装球时，研磨体级配设定不当。

② 球锻混装。

③ 研磨体材质差，磨蚀快，钢球易碎裂。

④ 清仓换球不及时。

(5) 煤粉中出现杂物

煤粉中常出现一些杂物,如木块、泡沫塑料、塑料薄膜等,这些杂物是由原煤带入的,若不分离出去,这些杂物就会随煤粉一起进入三风道喷煤管,造成堵塞,清堵非常麻烦,严重影响回转窑的正常煅烧。

5.27.2 解决问题的措施

(1) 改善锁风状况,杜绝漏风

在粗粉分离器的粗粉回料管下端安装锁风装置。建议选用电动双层翻板阀在此处锁风,实践证明,该类锁风阀使用效果比较理想,对于新建厂,阀上面溜管可以不设计垂直段,降低布置高度,节约土建费用。

采用重锤式翻板阀时,应及时调整配重,加强维护,使其运转动作灵活。

(2) 提高热风温度

煤磨的热风一是来自窑头,二是来自热风炉。从窑头向煤磨供热风时,主要解决以下三个问题。

① 在没有备用热风炉的情况下,煤磨生产初期,若窑头热风温度低,原煤水分大,则煤磨产量低,易饱磨。为了解决此问题,应设煤堆棚储存部分较干燥的原煤,供投产初期使用。

② 从窑头至煤磨的热风管道必须采取保温措施。

③ 窑头热风会使煤粉质量贫化,因此有时不能使用窑头热风。采取加大抽风口面积、设置沉降仓等措施,基本解决煤粉质量贫化的问题。

用热风炉向煤磨供风时,热风炉的发热能力须满足要求,要求勤加煤,不炼渣,增强操作员岗位责任心,可以解决入磨热风温度低的问题。

(3) 系统设计合理,确保风量、风压平衡

对于煤粉制备系统,须考虑风机的风量、风压以及其他设备的处理风量、压力损失等,设计选型要合理,并保证一定的富余能力。

根据调试经验,如 $\phi1.7$ m×2.5 m 风扫式煤磨,出磨风管的风速为 18～20 m/s,通过磨内的风量保证为 8500～9500 m^3/h 时,生产比较正常。

(4) 采用合理的研磨体级配和优质材料

通常,在钢球装载量相同的情况下,研磨体级配合理,产量就高,质量就好,级配不合理则反之。对于研磨体材质,建议选用锰合金铸钢(ZG65Mn)、高铬铸铁、高碳奥氏体锰钢(GTMn)的钢球,使用效果较好,磨蚀速度较慢,且不易碎裂,价格也比较合适。实际生产中要注意定期补球、清仓。

(5) 安装筛网,清除杂物

为了防止煤粉中的塑料薄膜、木屑等杂物堵塞三风道喷煤管,采用了以下措施:在出煤磨风管对接法兰处(图 5.4),安装筛网,并在其下方风管上(*A* 处)设检查门;另外,在煤粉仓进料口法兰之间加装筛网(图 5.5)。这两处筛网可清除煤粉中杂物。定期打开 *A* 处检查门和 *B* 处检查门,清理杂物并检查筛网是否需更换。安装筛网以后,煤粉中出现杂物的问题彻底解决,再也没有发生杂物堵塞三风道喷煤管的现象。

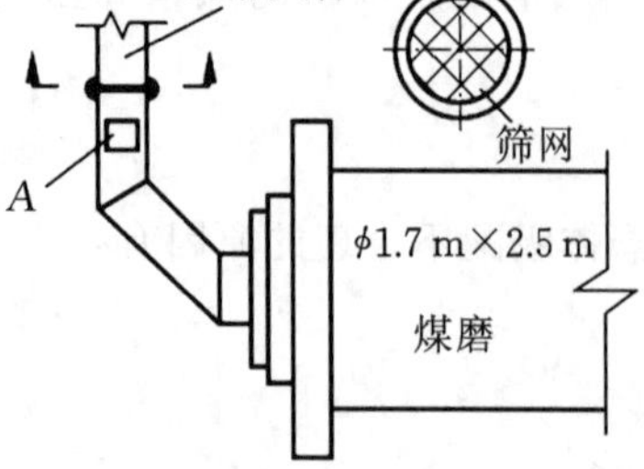

图 5.4 出煤磨风管筛网安装示意图

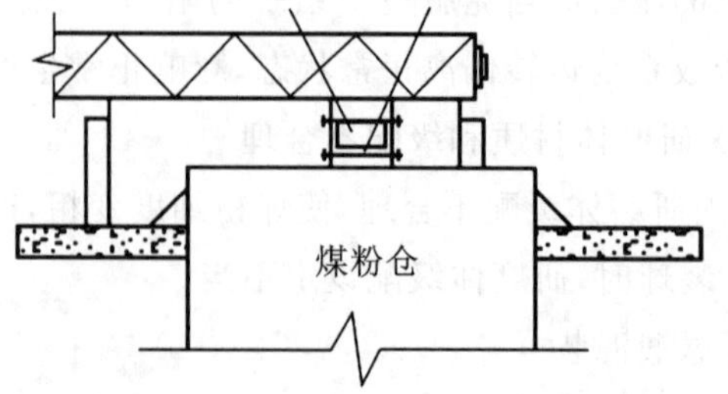

图 5.5 煤粉仓顶筛网安装示意图

5.28 煤磨使用的热风温度最好控制在多少

大多数煤磨所使用的热风都是来自窑的余热，或从箅冷机抽取，或从窑尾抽取，只有点火时的少数时间是取自烧燃料的热风炉。不论是利用箅冷机废气还是窑尾废气的余热，都应该有如下要求：

① 合理控制热风进磨机的温度。磨制烟煤时，该温度可在 300 ℃左右，磨制无烟煤时，则可在 350 ℃以上。具体设定该温度取决于原煤的含水量，含水量偏低时应当降低热风温度，反之，就要提高热风温度，以使煤粉水分符合要求。有些厂对该温度只控制在 200 ℃左右，即使煤粉水分已高达 4%，仍强调温度过高会造成煤磨“放炮”，结果严重影响煤粉在窑内的正常燃烧。

② 为了准确控制入煤磨的热风温度，对测量此温度的热电偶位置要认真确认。

③ 严格控制热风中生料(用窑尾废气时)或热料(用箅冷机废气时)的含量，尤其要防止熟料细粉进入煤粉中。熟料细粉进入煤粉的害处很大，所以，要求设计中对此要设置旋风收尘。但任何设置不会一劳永逸，经过一段时间的运行，要检查其磨损情况，并及时修补，千万不可不闻不问。

［摘自：谢克平. 新型干法水泥生产问答千例(操作篇)[M]. 北京：化学工业出版社，2009.］

5.29 碗式磨煤机的操作

5.29.1 初次启动

(1) 磨煤机电动机接通电源，在其运行之前，必须满足所有启动条件。

(2) 在启动磨煤机之前，应检查下列各项：

① 磨煤机电动机联轴器正确地对中和连接；

② 把分离器叶片调整固定在正确的位置上；

③ 每只磨辊装置油位要恰当；

④ 所有检修门要盖紧，所有检修人员撤出磨煤机区域；

⑤ 石子煤排出口截止阀要打开；

⑥ 通过磨煤机的气流通道必须已经完成，打开所有煤阀和(或)闸门以及冷风截止闸门；

⑦ 上、下齿轮箱轴承应有润滑油通过，在上油池内也应贮有适量的润滑油(应用直观指示器进行观察)；

⑧ 润滑油冷却器要有冷却水流过，供给温度应保持在 113～130°F(45～55 ℃)之间；

⑨ 各处间隙调整到规定的要求。

(3) 启动磨煤机。

(4) 磨辊装置和齿轮箱与磨碗毂气封装置接通密封空气。

(5) 打开热风截止闸门，控制系统调节冷、热风挡板，提供恰当的通风量和进口风温。

(6) 给煤之前，应在规定的出口温度下暖磨 15 min 以上。根据燃用煤的操作经验，控制系统应调节热风和冷风控制挡板，提供正确的通风量并使磨煤机达到正常的操作温度(65～82 ℃)。磨煤机必须暖磨以使煤一进入磨煤机立即开始干燥。暖磨可降低煤粉管堵塞的可能性，并促使煤的稳定引燃。

(7) 完成了暖磨以及做好点火的准备工作之后，煤即可入磨煤机。用手工控制给煤机，此时给煤率为磨煤机额定出力的 25%，在磨煤机出口温度恢复到调定值之前不应增加给煤量。

(8) 达到正确的出口温度之后，在机组负荷增加时给煤量可达到要求。当已运行的磨煤机的负荷达到 80%时，第二台及以后顺序的磨煤机应投入运行。

(9) 在达到所要求的给煤量之后，给煤机应投入自动控制。

5.29.2 正常停机

正常停机时，磨煤机应冷却至低于正常运行温度，然后出清存煤。在停磨之前推荐的冷却温度为 50 ℃。

(1) 逐渐降低负荷到最小给煤机速度。要达到最小给煤机速度应用手动方式操作，给煤机每次降低10%给煤量。进一步减少给煤量之前，在每一次减少给煤量运行时，磨煤机出口温度应恢复到调定值，不允许出口温度超过调定值 11 ℃，磨煤机通风量应维持自动控制。为确保煤流引燃的稳定性，务必备有辅助引燃能源。

(2) 达到最低给煤速度时，关闭热风截止闸门以降低磨煤机出口温度。而冷风挡板应自动完全打开。

(3) 磨煤机冷却到 50 ℃左右，停止给煤机，磨煤机继续运转 10 min 以上，出清磨碗的存煤。从低的电动机电流可看出碾磨已经停止。

(4) 一旦磨煤机存煤出清，关闭磨煤机电动机。

(5) 使排出阀处于打开状态，让小风量流经磨煤机，起到吹净和冷却磨煤机的作用。把冷风挡板关闭到大约 5%开度。自始至终磨煤机内必须保持有最小冷风通过。在最初的机组启动时，这一位置是自动限位的。

(6) 磨煤机不使用时，如果在冷风时关闭润滑系统，应该排出冷油器中的冷却水。如果由于种种原因在冷却管内结水，启动前应仔细检查，要保证管子没有裂开，润滑油是否被冷却水玷污。

5.29.3 紧急停机

当炉膛熄火或需要紧急停止供应燃料的情况出现时，磨煤机电动机应立即停止。停止磨煤机电动机的同时切断给煤机，并关闭热风截止闸门。

紧急切断使留在磨煤机里的剩煤可能自燃，推荐使用自动的惰性系统使磨煤机在负荷下切断时获得惰性保护。推荐的惰性介质是蒸汽。待磨煤机冷却到环境温度，然后用手工清理。

热煤会从剩留的煤中逸出可燃气体，所以在打开磨煤机清理时要小心谨慎。作用在磨碗中的煤上的磨辊压力会使磨碗产生意外的转动，为了防止这种情况的产生，可在磨煤机驱动联轴器上装设制止器。如果安装了惰性系统，在打开检修门之前必须证实惰性阀门是关闭的。在打开检修门时一定要十分小心，因为磨煤机可能有压力，眼睛一定要采取防护措施。紧急停机应注意以下几点：

(1) 检查热风和冷风截止闸门、排出阀以及磨煤机和给煤机的密封空气阀门是否已经关闭。

(2) 执行电厂制定的安全措施，确保磨煤机电动机和给煤机电动机切断电源，挂上警告示意牌。

(3) 小心地揭开石子煤收集斗门，然后再完全打开。

(4) 从检修门上拆除了四角螺栓之外的所有螺栓，四角螺栓旋松三四牙，然后敲打法兰使密封脱开。煤灰和煤屑会从煤的四周排出，所以眼睛要采取防护措施。拆去螺栓和检修门。

(5) 在采取必要的防护措施后，人工清理磨煤机。

5.29.4 紧急停机后启动

磨煤机停机之后必须冷却到环境温度，打开磨煤机并用人工出清剩煤。然后应用正常启动步骤重新启动磨煤机。

(1) 作为一个防护措施，在紧急停机后启动，要关闭没有投运的磨煤机的排出阀。这样能防止最初引燃煤所产生的高于正常压力的炉膛热烟气从煤粉管道冲入闲置着的磨煤机。

(2) 重新启动磨煤机，每次一台，越快越好。每台磨煤机至少运转 10 min，保证人工没有清出的剩煤被完全吹出磨煤机。

(3) 在所有磨煤机重新启动完毕，磨煤机重新投入运行，机组负荷稳定后，任一闲置的磨煤机的排出阀都应打开，让要求的最小风量通入。

5.29.5 磨煤机着火

(1) 通常磨煤机着火的原因是:

① 磨煤机温度太高。不允许磨煤机的出口温度超过规定的出口温度 11 ℃。

② 外来杂物,诸如纸片、破布、稻草、木块和木屑之类堆积在内锥体内和磨煤机的其他部位。这些东西不易磨碎,所以不得混杂在所供的原煤中间。这类杂物进行系统后,它们堆积起来可能会着火,无论磨煤机在何时停机打开,每次打开都应从进风口、内锥体、磨碗等处清除所有外来杂物。

③ 在磨煤机底部或进风口沉积了过多的石子煤或煤块。石子煤排出口上的阀门通常应打开使外来杂物能畅快地排到石子煤收集系统。在收集到应出清的石子煤时,阀门可短期关闭。此外,刮板及其防护装置不允许磨损过量。

④ 在磨碗上面的区域内积煤过多。这种情况通常是由缺少维修所造成的。煤粉可能在磨损衬板上气流不能达到的区域里堆积起来。煤也会被外来杂物阻挡而堆积起来。

⑤ 不正确或异常的操作。在正常的操作情况下,磨煤机自身不会着火或爆炸,通常是由某些附加的不正确工况触发,示例如下:

a. 如果磨煤机在低通风量下运行,为了维持规定的出口温度必须要求较高的磨煤机进口温度,通风量可能低到煤从气流中沉淀出来的程度。这些情况导致温度上升,煤粉移动缓慢,产生潜在麻烦。

b. 当工况可能会发生着火时没有关紧热风门。这种情况可能是因为挡板驱动机构或挡板控制系统不灵敏。

c. 将煤仓里的已经着火的煤输入磨。在这种情况下,必须特别谨慎。

(2) 磨煤机系统两种最普通的着火迹象:

① 磨煤机出口温度无故迅速升高。

② 磨煤机或煤粉管道油漆剥落。

(3) 磨煤机着火后的处理

① 如果磨煤机系统出现着火迹象,不管在什么部位着火,磨煤机不能停车,在所有着火迹象清除和磨煤机冷却到环境温度之前绝不能打开磨煤机的检修门。

② 在采取任何灭火措施时,不参与积极灭火的检修人员应离开磨煤机、通风管和给煤机层面。

③ 磨煤机着火情况不是十分危险的,只要磨煤机工况稳定,爆炸的危险性是极小的,一旦发现磨煤机着火,应谨慎地采取灭火措施。

(4) 磨煤机着火的灭火步骤

当磨煤机出口温度达到设定值时,磨煤机出口温度检测装置进行监控并发出警报,使操作人员警觉到着火的隐患。

① 一旦发现着火迹象,关闭热风截止闸门,完全打开冷风挡板,继续以等于或高于正好着火时的给煤率向磨煤机给煤,但小心不能使磨煤机超载。此时,关闭热风截止闸门通常可熄灭着火,如果磨煤机温度继续升高,就需要注水冷磨。

② 关闭石子煤收集装置的隔离阀。

③ 通过给煤管、侧机体或进风管引水入磨。在分离器体顶盖、侧机体和进风管上也装有喷嘴孔。建议安装水注射喷嘴并用适当的阀门把它们接到永久性的水源。

④ 在磨煤机出口温度降低以及所有着火迹象消失之前,继续给煤和注水。

⑤ 停止供水。

⑥ 停止给煤。

⑦ 磨煤机运转数分钟以清除积煤和积水的系统。

⑧ 停止磨煤机,关闭所有闸板和阀门,包括冷风截止阀、密封空气阀、煤管截止阀等,使磨煤机隔绝。

⑨ 应用电厂制定的安全措施，切断磨煤机和给煤机的电动机电源，打开开关并挂上标牌。

⑩ 在打开磨煤机检修门时，检查热、冷风门，磨煤机和给煤机密封空气阀门以及磨煤机排出阀是否已经关闭。然后打开磨煤机，检查和清理它的内部。在揭开检修门时应戴上防护眼镜，磨煤机可能有压力，有排出高压气体和煤灰的可能性。通过分离器体的检修门和侧机体门可进入磨煤机。在打开任一制粉系统的检修门时，要遵照下述的步骤。

a. 确保磨煤机电动机开关已经断开，并挂出了警告标牌。

b. 确保所有止退突缘或螺母完好无缺并朝下拧紧。

c. 所有止退突缘旋出一半。

d. 小心地打开石子煤收集斗门，然后全部打开。用撬棒揭开门或用锤子把门击松。在密封破坏时，有些煤尘会从煤的四周逸出。

e. 完全拆去所有止退突缘，位于四角的止退突缘最后拆除。

f. 拆去或打开门。

在进入磨煤机之前，查核有毒气体已经全部消除。

工人清理磨煤机时要谨慎小心。作用在成堆煤上的磨辊压力会使磨碗产生意外的转动。为了防止磨碗转动，可在磨煤机驱动联轴器上安装限制器。

⑪ 全部检查下列区域的着火迹象和煤或焦灰的燃烧产物并予以清理。

a. 煤粉管道。

b. 侧机体。

c. 分离器体。

d. 内锥体和分离器顶盖。

清除磨碗上的剩煤，磨煤机不能在磨碗上有煤的情况下重新启动。

⑫ 在着火或磨煤机冒烟之后，整个磨煤系统应从给煤机到燃烧喷嘴(给煤机，磨煤机进风管道、煤粉管道、格条分配器，内部的煤粉喷嘴，翻出机构等)检查其可能存在的损坏。如果需要的话应予以修理和清理。一定要清除煤和焦炭的沉积物。

⑬ 检查润滑油，如出现碳化现象应该更换。

⑭ 在磨碗和侧机体清除煤屑，彻底清理和修理磨煤机后，磨煤机即可重新启动。

5.29.6 磨煤机故障处理方法

磨煤机故障处理方法见表 5.5。

表 5.5 磨煤机故障处理方法

问题	可能的原因	纠正方法
润滑油压力降低	润滑系统泄漏	检查漏油并修理
	油泵磨损	一有机会修理或更换
	滤油器已脏	清理或更换主副滤油器
	油黏度低	油温高或用错润滑油
磨煤机出口温度高	磨煤机着火	见灭火步骤
	热风挡板失灵	关闭热风门、磨煤机停车，按要求修理
	冷风挡板失灵	手工开冷风挡板关闭磨煤机，按要求修理
	给煤机失灵，给煤管堵塞	磨煤机停车，按要求修理
	出口 T-C 失灵	核验读数，按要求修理或更换

续表 5.5

问题	可能的原因	纠正方法
磨煤机出口温度低	磨煤机里的煤特别湿	降低给煤率保持出口温度
	热风门没有打开	检查风门位置，按要求进行修理
	热风挡板或冷风挡板失灵	磨煤机停车，按要求进行修理
	一次风温低	降低给煤率
	低风量	重新检验通风控制系统
磨煤机电动机电流高	磨煤机过载或煤湿	降低给煤率，检验给煤机标定，检验煤的硬度
	煤粉过细	调节分离器叶片(开)
	碾磨力过大	检查弹簧压缩量，如有要求重新调整
	电动机失灵	试验电动机
磨煤机电动机电流低	无煤进入磨煤机	检查给煤机和给煤管是否堵塞
	一个或更多磨辊装置卡住	磨煤机停车，如有需要进行修理
	磨煤量减少	检查给煤机工作情况或堵塞
	电动机联轴器或轴断裂	磨煤机停车，如有需要进行修理
磨碗压差高	磨煤机过载	降低给煤率，检查给煤机的标定，检查煤硬度
	煤粉过细	调整分离器叶片(开)
	磨煤机压力接头堵塞	检查清扫空气，清理压力接头
	磨煤机通风量过大	检查通风量控制系统
	磨碗周围通道面积不够	拆除一块叶轮空气节流环
磨碗压差低	磨煤量减少	检查给煤机工作和堵塞
	压力接头堵塞，漏损	检查清扫空气，如有需要清洗压力接头
	低通风量	检查通风量控制系统
无煤粉至煤粉喷嘴	煤粉管道堵塞(堵塞时间延长会导致着火)	关闭给煤器，检查磨煤机通风量。轻敲管道，如果仍然不畅通就要拆除清理
	给煤机堵塞，中心给煤管或低通风量堵塞节流孔或格条分配器(如系统中装有这类装置)	检查和清理给煤机或中心给煤管。检查一次风控制系统挡板的工作，磨煤机停车，并把它隔离。检查、清理和修理或更换格条或孔板
煤粉细度不正确	分离器叶片调整错误	如有需要可打开或关闭
	分离器叶片与标定不一致	标定折向叶片
	折向叶片磨损或损坏	检查、修理和(或)更换
	倒锥体位置不正确	减少间隙 0.5 in 或调到最小间隙 3 in(1 in=2.54 cm)
	内锥体或衬板磨穿成孔	检查，如有需要可修补或更换
噪声：来自磨碗之上	在磨碗上有异物	停止磨煤机，检查并清除异物
	碾磨辊发生故障	停止磨煤机，修理或更换磨辊装置
	弹簧压力不均匀	如有需要，检查弹簧压力和改变弹簧压力
	大块异物	停止磨煤机，清除异物，检查损坏
噪声：来自磨碗之下	括板装置断裂	停止磨煤机，如有需要，可以修理或更换
	空气叶片断裂	停止磨煤机，如有需要，可以修理或更换

续表 5.5

问题	可能的原因	纠正方法
噪声:来自齿轮箱	轴承和齿轮损坏	停止磨煤机,检查零件
	磨煤机齿轮或轴承磨损	如有需要,修理或更换磨损件,试验并更换润滑油
水平驱动轴漏油	迷宫密封有垃圾	磨煤机停车,清理密封槽
齿轮箱油温高	冷油器的水流量低	增加水流量并检查冷油器
	冷油器堵塞	尽快检查和清理冷油器
	低油位	如有需要,检查油位并添加润滑油。检查是否渗漏
磨煤机运行不平稳	煤床厚度不适宜	增加煤量,检查磨煤机标定,检查管路是否堵塞
	碾磨力过大	减少弹簧压缩量
	磨环与磨辊的间隙不正确	重新调整磨环与磨辊的间隙
	煤粉过细	调节分离叶片(打开)
	原煤粒度过大	控制原煤粒度
轴承温度高	轴承故障	测听噪声并立即检查
	低油位	检查油位并按要求添加润滑油
	冷油器失灵	检查冷却水温度和流量
油流指示器无油通过	集管或供油道堵塞	磨煤机启动后允许润滑油有升温时间,停止磨煤机,脱开管道并予以清理
	油泵故障	停止磨煤机,排尽齿轮箱润滑油,更换油泵
煤从石子煤排出口溢出	磨煤机过载 1. 给煤量过大 2. 煤粉细度过细	1. 降低给煤率 a. 检查给煤机标定;b. 检查煤硬度 2. 调节分离器叶片(打开)
	磨辊或磨环磨损	重新调整磨环与磨辊间隙,更换磨辊和(或)磨环,调节弹簧压力
	碾磨力不够大	检查,增加弹簧压缩量
	磨辊不转动(在启动时)	1. 停止并打开磨煤机,检查磨辊的转动,消除外来杂物和(或)修理更换磨辊装置 2. 时间较长地暖磨 3. 检查磨辊装置润滑油黏度是否正确 4. 增大原煤粒度
	通过磨碗的气流速度低	检查通风量控制使操作正确
	磨碗周围的通道面积太大	添加附加的叶轮空气节流环

5.30 立式煤磨吐渣口漏风对生产有何影响

立式煤磨的吐渣口处本配置有锁风阀,用以在立磨出现较硬异物需要排出时,防止冷风进入磨内。但很多立式煤磨对此锁风阀的管理并不到位,任其随意漏风,甚至是有意漏风,维持生产进行。

此处漏风所造成的不利影响是显著的，有以下几个方面：

① 减少了风机对物料的正常抽力，或使煤磨产量降低，或使电耗增高。

② 漏入冷风，降低磨机内的热风温度，如果再加上存在潮湿空气，更不利于烘干煤粉水分。

③ 如果说降低温度有利于煤磨运行安全，但漏入的空气是新鲜空气，并不利于防爆。

［摘自：谢克平.新型干法水泥生产问答千例（操作篇）[M].北京：化学工业出版社，2009.］

5.31　回转窑煤粉计量中锁风应注意哪些问题

回转窑所用的煤粉通常是采用气力输送，由于气力输送过程中风压的波动往往对煤粉计量产生影响，因此，必须采用锁风的办法，即采用一定的工艺设备或一定的工艺环节，隔离输送环节与计量环节的风压影响，以保持粉状物料流量计量的稳定。若设备或工艺不合理，造成锁风的失败，将会导致煤粉计量的失败。

5.31.1　煤粉的计量输送过程

图5.6所示为比较典型的煤粉计量输送系统的流程图。

在煤粉输送过程中，管道的阻力、竖直管道上物料势能的提高、管道弯头的压力损失、喷煤管的压力损失以及煤粉分送几个用煤点时，人为增加了阻力，以保持几个供煤点的阻力平衡，使得罗茨风机的出口阻力往往达到30～50 kPa；而煤粉出料口入风道处风压为0.5～10 kPa（取决于煤粉管道的长度、高度、弯头个数和转弯半径等参数，也取决于管道中是否设置了旨在降低锁风设备出口风压的喷射管）。锁风设备锁风能力如不过关，往往造成大量的一定压力的空气作用在计量系统的出口，影响计量设备的稳定。为此，通常在工艺线计量系统的进出口设置排风管。通过泄压，使计量系统的上下料口处于基本平衡的风压条件下，从而保持了计量系统的正常工作状态。相当数量的系统因锁风状态并不十分完好，需要排除的风量很大，又往往因为除尘器工作状态的变化（正常的收尘状态和反吹风的状态等）而造成计量系统的波动。即使锁风设备的功能良好，有效地隔离了漏风的影响，但因锁风设备传动轴密封作用失效可能性较大，或因风的泄漏带来煤粉对环境的严重污染，或因携带煤粉的风泄漏进锁风设备的轴承腔，而导致轴承早期损坏。锁风装置密封状况的恶化，往往破坏了计量系统的正常工作状况，因此必须对煤粉计量和输送系统在设备和工艺上考虑更为完善的方案。

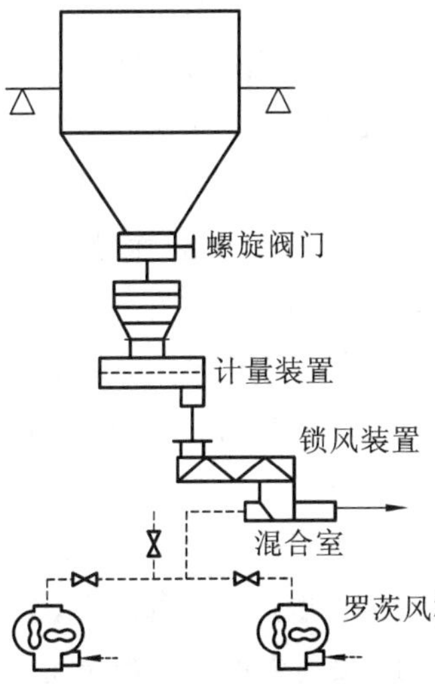

图5.6　煤粉计量输送系统的流程

5.31.2　几种机械锁风设备

煤粉计量系统采用锁风的设备通常有刚性（弹性）叶轮给料机、螺旋泵和溢流螺旋输送机。

(1) 叶轮给料机

叶轮给料机是连续给料装置中最简单的设备。有的刚性叶轮给料机，在设计和制造加工时，轴承的游隙、壳体与叶片之间的间隙超出0.5～1 mm，往往造成不可容忍的空气泄漏，导致计量系统正常状态的破坏。为了加强密封而采用的刚性叶轮给料机，除非采用特殊的密封材料（可以随着磨损而得到补偿），否则随着叶片和壳体的磨损，叶片与壳体之间的间隙将日渐变大，最终导致空气的大量泄漏，造成计量系统状态的恶化。20世纪80年代初期进口的水泥成套设备配置的刚性叶轮给料机，在设备现场总是放置1台备用，对于任何一次短暂的停窑，就会以抢修的速度更换刚性叶轮给料机，然后进行维修，减小间隙，再将备用设备运至生产设备旁边，准备第二次抢修。因此只有在锁风装置进出料口的压差比较小的条件下，也就是锁风装置的出料口的压力不超过 500 Pa 时，才能考虑叶轮给料机的使用。在叶轮给料机的应用上，要保证在连续运转过程中，有较小的叶片与壳体的间隙，要适当增加叶片数量和采用端面封闭的叶轮，以及在不影响煤粉的进入和卸出时，加大叶片端部的宽度。对于采用密封材料的叶轮给料机，应采用调整装置，使密封材料磨损后，得到及时的补偿。

(2) 螺旋泵

螺旋泵和引进技术生产的富勒泵均属于依靠在出料口处增加阻尼，减缓粉体物料的流速，从而在输送机的叶片中形成一段料封的方式，实现螺旋泵进出料口空气的隔离。从原理上讲，螺旋泵应该有很强的锁风能力，但在煤粉计量系统实际使用中并不理想，常常存在以下问题：

① 螺旋泵出口阀板的密封状况并不理想，而且随着阀板和阀板座的磨损，密封状况进一步恶化，对于煤粉这种流动性极好的物料，在料封没有形成之前，已经形成气流的“短路”，而且“短路”一旦形成，料封也就很难再形成了。

② 工艺设计选型不当，螺旋泵的能力远远大于计量系统的流量，使料封难以形成。由于以上原因，在出料口处风压过大的条件下，在螺旋泵内很难形成有效的料封，使锁风失败。在煤粉计量系统中，采用这种设备有成功的，但也有一定数量的设备因没有形成有效的锁风，而使煤粉计量系统在较高风压的影响下，出现了振荡，甚至因风压过大，而造成煤粉仓供煤的中断。

(3) 溢流螺旋输送机

溢流螺旋输送机是粉状物料气力输送系统中的锁风、输送专用设备。由于在溢流螺旋输送机中粉状物料是从端部上翻后卸出的，物料的输出总是要依靠后续物料的挤压和推动而完成。为此，料柱的形成发生在煤粉进入管道，而导致管道和锁风设备出口压力上升之前。因此输送机内总是保持着一个稳定的料柱，形成有效的料封。这一料封的稳定性不因设备的输送能力和实际流量是否匹配而改变，也不会因螺旋叶片的磨损而降低，因而锁风的可靠性比较高。早期设计中为了提高其锁风的可靠性，在上方出料口上设置了阀板，但从多年使用的情况看，可对其进行简化削减。这种溢流螺旋输送机，现在已经广泛地应用于增湿塔下部、气力提升泵和回转窑煤粉计量系统的锁风。但在早期的设备中，对于轴端的密封设计不够完善，导致了粉体的溢出和轴端轴承的污染。在以后的设计中，这种溢流螺旋输送机的出料端的轴承密封将做进一步的改进，会使锁风和设备的可靠性进一步提高。

(4) 喷射泵的研制和应用

中国建筑材料科学研究总院从文丘里管的原理入手，经过试验和测试，优选参数，研制出系列喷射泵和与之相关的设计软件。采用喷射泵时由于设置喷口加大了送煤系统阻力，根据输送管道的阻力和风机压力的情况，缩口阻力损失通常可设计为 10～15 kPa，但它的应用大大降低了锁风设备出料口的压力，从而降低了设备对锁风能力的要求，从另一个角度反映了入窑煤粉计量的成功。喷射泵缩口的断面应保证其风速为 3～6 倍的管道输送风速，其轴向应能进行必要的调节，以使锁风装置出料口的负压值可在一定范围内进行优选。

5.31.3 输送管道系统对于锁风的影响

由于现在所采用的锁风装置还不能完全解决风压对于计量系统的计量和正常输送的干扰问题，因此管道系统的设计是否合理，是否在锁风装置的出料口有超出锁风装置能力的风压作用，对于计量系统的锁风有着重要的影响。但这个重要的问题，又往往被人们所忽略。一旦由于过高的风压影响了计量和正常的输送，人们往往归咎于计量或锁风系统，而没有从输送管道系统中找原因，使管道系统趋向合理。

(1) 气力输送的几种状态

与粉状物料的垂直气力输送不同，煤粉输送管道中，由于有相当长度的水平管道，水平管道内粉状物料的浓度在垂直方向上的差异，使煤粉管道的气力输送有所不同。水平气力输送依照煤粉的浓度大致可以分为：稀相输送（又称为稳流输送）和双相输送。随着煤粉浓度的进一步加大（或风速的降低），水平煤粉输送管道底部的煤粉浓度将超出稀相输送的范围，形成上部为稀相，下部为浓相的双相输送。随着风速的进一步降低（或煤粉浓度的进一步加大），水平输送管道下部将出现断续的煤粉沉积，气体的阻力出现一定程度的振荡，输送将进而演变成脉冲输送和塞流输送。在这两种状态下，气体阻力将大幅度增加，并出现较大幅度的振荡（图5.7）。

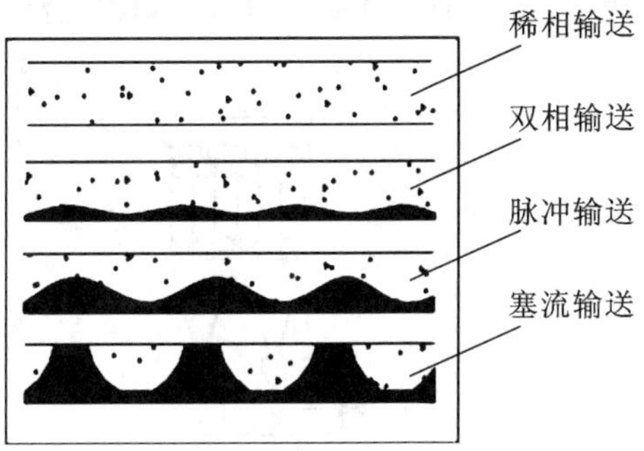

图5.7　气力输送的几种状态

由于后两种状态下气体阻力的振荡之大，已经超出了煤粉输送对于稳定性的工艺要求，在具体实施中应避免这两种状态出现。为保证正常输送状态，各个公司依据试验，在设置的参数上略有出入，但基本确定煤粉质量与输送空气质量的比应不大于2.5∶1，管道的风速应为25～30 m/s。在输送系统的设计过程中，应考虑海拔等对空气密度的影响。在稀相输送阶段，煤粉管道的压降比较低，输送系统也比较稳定，但风料比较高，输送不经济。双相输送较稀相输送经济，风料比较低。因而在生产中，总是在稀相和双相输送的范围内，追求较低的风料比。但对于较长的水平输送的煤粉管道而言，在阻力增加或在部分管道工况风速降低的状况下，会产生煤粉的沉积。此时一旦煤粉计量系统在瞬时间有较多的煤粉注入输送系统，系统将转变为脉冲输送，在脉冲输送状态下，管道系统阻力将快速上升，并呈现一定幅度的振荡状态，如果风机的风压不足以克服阻力，输送能力将直线下降，甚至造成输送管道一定程度的堵塞。而且这种加大并振荡的气体阻力，将使锁风设备的出口出现较高的正压，加大锁风设备的压力，甚至导致系统计量的紊乱，严重时造成输送管道堵塞，干扰了计量系统正常的下料。从控制的稳定性和可靠性出发，煤粉的输送应该介于稀相和双相输送之间，以兼顾输送的可靠性和经济性。

（2）管道系统对于输送浓度状态的影响

管道系统对于输送状态的影响并不仅仅是取决于管道公称直径。某一段管道里煤粉的输送状态取决于这一段管道内的工况风速（不是标态风速）。工况风速较高时，煤粉浓度较稀。由于管道各处的静压不同，从整个煤粉的输送管道看，各处的工况风速是有差别的。在气力输送管道的出口，工况风速最高；而在煤粉入口处，管道工况风速最低。要有效地控制煤粉的输送状态，应该优选工况风速值，使煤粉入口处保持必要的工况风速，使输送维持在稀相与双相输送状态之间的临界状态。当然在实际操作时，为了保持控制的稳定性和抗干扰能力，应将实际浓度控制在稍低于临界状态的程度。在生产线的实际操作中，虽不必顾及每个状态的细微变化，但在输送水平管道距离长、弯道多的条件下，应注意静压变化给工况风速带来的影响，并注意以下几点：

① 选择合适的输送管道的管径，在保证输送前提下，尽量降低管道风速和减少弯头个数，应尽量加大管道的曲率半径，最大限度地降低管道阻力。

② 煤粉输送的风料比不应一成不变。在管道输送阻力较大的前提下，由于煤粉入口处工况风速下降，浓度提高，同时罗茨风机机内泄露也有所提大。因此当输送管道阻力较大时，除须提高罗茨风机风压外，应适当提高罗茨风机的输出风量（其修正系数应该为1.1左右），从而降低输送的风料比。

③ 对于高海拔地区，根据空气密度的变化，应对在低海拔地区通常采用的每立方米空气输送多少千克煤粉的概念做出修正。

（3）分风问题的影响

随着分解炉的大型化，分解炉多点进煤的要求给气力输送系统的管道带来了新问题。为了平衡各个分管道之间不同的管道阻力，各个分管道上设置的阀门应精心调整。在各个分风道阻力尽可能平衡的前提下，应努力使管道系统的总阻力为最低。但要使各分管道处于基本相同的输送状态，并非易事。实际操作中结果往往是有的分管道处于双相甚至脉冲输送状态，而另一分管道则处于高于必要风速的稀相输送状态，而整个管道系统的阻力则大大高于理想的、状态单一的计算值，所需风量也将有所提高，在锁风装置的出口造成了很高的风压，从而给煤粉的锁风装置和计量系统的稳定运转造成了很大的压力。因此，对于两个以上的供煤点，为了保证各个管道基本相似的畅通输送状态，除需提高罗茨风机的风压，使其超出计算值10%～20%外，风量也需适当加大，不均匀修正系数应为1.2～1.3。

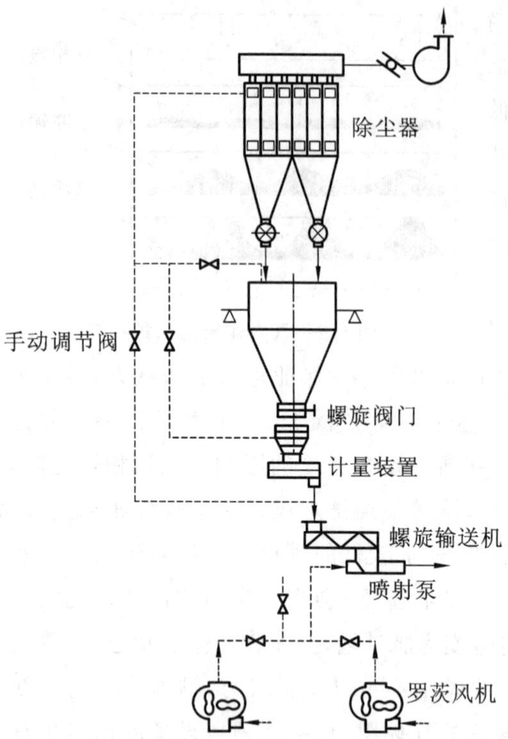

图 5.8　一种煤粉计量系统配置

不考虑管道条件的不同，照搬其他生产线现成的风量风压配置(使用效果很好)，也有可能造成锁风设备和计量系统的问题。而由此将问题归因于计量系统和锁风装置，不但不能解决问题，显然也有失公允。

5.31.4　优选的煤粉计量系统的锁风系统

如图 5.8 所示，采用溢流螺旋输送机和喷射泵组成锁风系统，同时在溢流螺旋输送机的入口处(设备的出口处)和计量设备的进口处分别设置通风管道，并以阀门与收尘设备相连。这样既将计量设备的出口风压降低至零压或微正压，又平衡了计量设备的进出料口风压，从而确保了计量设备工作状态的稳定，使煤粉计量控制系统的工作状态保持稳定。

5.32　如何选用输送煤粉的风机

目前国内使用最多的输送煤粉风机有三种：罗茨风机、回转式滑片压缩机和离心风机。一般的离心风机压力都较低，在新建的生产线喂煤系统中已极少使用。回转式滑片压缩机性能优良，但滑片的寿命很短，专用油昂贵，气流油污多，运转成本高。罗茨风机出口压力高，风量调节方便，出口空气洁净，使用维护简单，生产中应优先考虑使用。

选用罗茨风机的风量主要按以下两点确定：一是窑头燃烧器煤风道理论喷出风速为 25～32 m/s，考虑漏风和管道动量损失以及煤粉浓度对输送过程的加速作用后，工况风速大约为 24～26 m/s；二是煤粉输送气固混合比应为 0.3～0.5，或输送浓度应为 6～10 kg/m³。风机的风量不能选得过小，应在选型计算的基础上按 1.1 的富余系数考虑，以防止煤粉沉积在管道内，避免造成股流状输送，在风机能力相对较大的情况下可以采取放风的方式。入窑煤风压力以控制在 2.0～2.5 kPa 为宜。

5.33　一则用立磨粉磨无烟煤的经验

某水泥厂 2500 t/d 生产线，磨煤采用的是 ZGM113N 型中速辊式磨煤机，能力为 20 t/h。准备采用无烟煤煅烧，由于无烟煤着火温度较高，燃尽时间较长，为提高无烟煤在烧成系统的燃烧速度，确保无烟煤粉的充分燃尽，要求入窑煤粉细度控制在 0.08 mm 筛筛余 3%左右，因此对煤磨系统提出了特殊要求。

辊式磨煤机的主要结构和工作原理：该磨煤机是中速辊盘式，其碾磨部分由转动的磨盘和 3 个沿磨盘滚动的固定且可自转的磨辊组成。需粉磨的原煤由中央喂煤管落入磨盘中央，旋转磨盘借助离心力将原煤运动至研磨辊道上，通过磨辊进行碾磨，碾磨力则由液压加载系统产生。原煤的粉碎与烘干可同时进行，一次风通过喷嘴环均匀进入磨盘周围，将经过碾磨从磨盘上切向甩出的物料进行烘干并送至磨煤机上部的分离器，粗粉被分离出来返回磨盘，合格的细粉则被风带出磨机。

由于无烟煤与烟煤性质相差很大，赵向东和陶从喜等用该形式磨机粉磨纯无烟煤，在调试过程中遇到了一些问题并取得了一些经验，可供大家参考。

通常在辊式磨的操作上，磨辊与磨盘之间留有一定的间隙，这主要是防止磨机在非正常状态下，磨辊与磨盘直接接触，而间隙的大小所反映出的只是粉磨效率的高低。但是辊式磨在粉磨烟煤和无烟煤的操作上反映出了明显的不同，粉磨烟煤时，磨辊与磨盘的间隙为 10 mm，无论是产品的细度、产量以及磨机的稳定性都比较正常。但换成无烟煤时，磨机对原煤却没有粉磨作用，这一点从磨机的运行电流可以看出，其状况与电动机的空负荷运行状况基本相同，在磨盘上难以形成料层。无论是改变喂料量、调整粉磨压力还是调整磨辊与磨盘之间的间隙(10～2.7 mm)，都改变不了磨机的运行状态。

分析水泥厂所用的无烟煤，不但硬度高，而且无烟煤的内摩擦系数也小于烟煤的，这应是在磨盘上难以形成料层的主要原因之一。为此考虑了在磨辊下增设强制喂料装置方法，即物料在进入磨辊下面之前进行预压。在试验立磨上试验，此方法基本上可行。但从现场的实际应用看，虽然现场状态比原来运行状态有所改观(此时磨辊与磨盘之间保持有间隙)，但由于个别进料粒度过大，经常造成强制喂料装置堵料，该装置不但没有起到应有的作用，反而造成了磨辊下没有料。之后在制造厂的建议下，将磨辊与磨盘之间的间隙调整为零，通过调整烟煤与无烟煤喂料比例(30%、50%、70%)的反复试验，该装置才成功运行。这说明内摩擦系数小的物料，只有在磨盘有效地带动磨辊转动之后，才能使物料被正常地啮入磨辊下。

通过观察调整后，煤磨运行比较平稳，但是料层相对而言比较薄，这也进一步验证了无烟煤的内摩擦系数小是料层难以形成的原因。

5.34 单风机循环如何减少窑内煤粉沉落

所谓单风机循环，就是煤磨排风和窑头鼓风共用一台风机。它的特点是热风全部入窑，防止含有煤粉的热风放入大气，既能节煤，又消除环境污染，但是，新投产和检修后的窑在点火前，一般是先开煤磨，由于磨制煤粉供应点火及原料热风炉用煤的需要，开磨后热风因不能外放，势必排入窑内，热风中煤粉在窑系统中沉降，如窑内煤粉沉降过多，点火时轻则发生爆炸性燃烧，重则发生爆炸放炮，把耐火砖震落，出现严重事故。要想把沉落窑内的煤粉量减少到最低，应采取以下措施：

(1) 停窑时间不长，尽量不要把煤粉仓烧空，而存有一定量的煤粉，以供点火之用，避免点火前开煤磨。如点火前必须开煤磨，则开磨时间应尽量缩短，以减少热风入窑和煤粉的沉落量。

(2) 采用部分热风入磨循环的措施，以减少热风入窑量。

(3) 立筒设有烟帽时，应开启烟帽，把热风排出。

(4) 为减少入窑煤粉沉落量，应在热风中的煤粉还未沉落前，就将其排到窑外，所以在开磨的同时，应开窑的排风机，通过大烟囱把部分热风排到大气中去。

5.35 如何解决 M 型富勒泵返风返煤的问题

(1) 返风返煤现象及其原因分析

某回转窑厂从窑头向分解炉供煤的 M 型富勒泵(M150 型)一直存在返风返煤问题。富勒泵运行时，其前后轴承座内的密封装置须有压缩空气进行清吹，以防煤粉窜入轴承内部。有时由于压缩空气不稳定，时大时小，而且富勒泵的传动电机不能调速，泵内不能形成料封，所以泵的返风返煤现象特别严重，制约生产，污染环境。

(2) 解决办法

① 尽量减小密封清吹空气的压力

减小清吹空气压力，可缓解富勒泵的返风现象，但由于压缩空气不稳定，当压力小于 0.2 MPa 时，很容易造成煤粉向轴承内的流窜，从而造成轴承的损伤。

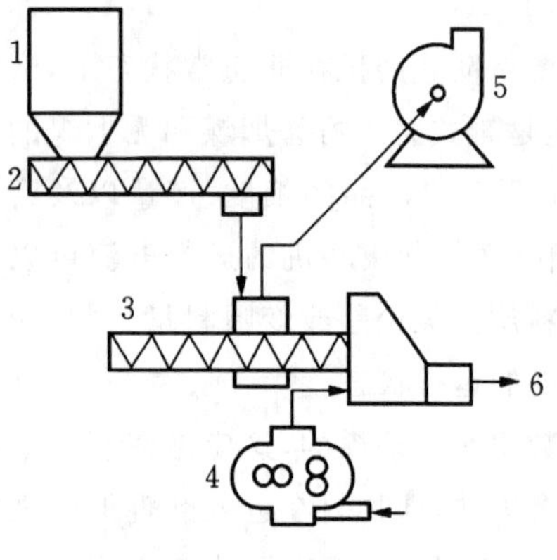

图 5.9　富勒泵疏气工艺流程

1—煤粉库；2—螺旋输送机；3—富勒泵；4—罗茨风机；5—风机；6—分解炉

② 用料封解决返风返煤问题

该厂曾用料封办法解决泵内返风问题，即保持富勒泵小仓内煤粉满仓，以此来阻止清吹空气的返吹。但由于压缩空气不稳定，最终也没有很好地解决小仓上部下煤溜子、送煤双管螺旋输送机及煤粉库顶返风的问题，致使分解炉内供煤不足，窑头环境污染严重，无法进行正常的设备维护与保养。

③ 用疏气法解决

为疏导返风，在富勒泵料仓的防爆阀和上部下料溜子上开孔并安装收尘袋，但由于收尘袋正压工作，短时间内煤粉就会塞满滤袋网眼，清灰工作不易处理，使分解炉供煤不足，窑头环境污染严重的问题仍得不到解决。最后该厂决定将返风引入窑头鼓风机（窑内喷煤用）吸风口，最终取得了较为满意的效果。环境污染彻底解决，富勒泵供煤量也完全满足了分解炉的需求，工艺流程见图 5.9。

（3）解决返风返煤问题应注意的事项

① 对富勒泵的返风问题只能采取疏导的方法，料封法不一定能见效。

② 疏气管道最好是选择胶管，或者钢管，管道直径应大一点，不能选细管，否则阻力太大。该厂选用直径为 ϕ150 mm 的胶管。

③ 吸风口应选择在富勒泵的料仓上，最好不要选择在与料仓相连的下料管上。

④ 清吹空气压力为 0.2～0.3 MPa，不能太小，也不能太大，且泵的进料端轴承座空气压力要比出料端小一点。

⑤ 疏气管道上应设置截流闸门，以便调节窑头鼓风机吸力的大小，吸力大小以泵上料仓不返风为准，越小越好。

⑥ 管道布置应有一定角度，以防水平管道沉积煤粉而发生堵塞。该方法投资极小，只需购置 10 m ϕ150 mm 胶管，没有动力消耗，且效果佳。

5.36　煤粉制备系统布置在窑头和窑尾各有何优缺点

对预分解窑来说，窑尾的分解炉也需要煤粉，因此形成窑头窑尾均要用煤粉的局面。分解炉所需的煤粉量比窑头的大（一般分解炉用煤占 60%，窑头占 40%），以往常将煤粉制备系统布置在窑尾靠近预热器系统的位置，利用出预热器的废气作为煤粉制备的热源。煤粉制备系统布置在窑尾的优点很明显，一是靠近用煤较多的分解炉；二是充分利用出预热器的温度较高的废气（一般都在 320 ℃以上）。但缺点也很明显，出预热器的废气含尘量很高，在煤粉制备过程中，废气中的生料粉进入煤粉中，相当于增加了煤粉的灰分含量，使煤粉的质量大大下降，会使煅烧温度下降，熟料质量和产量均降低。

还有一种布置方式是将煤粉制备系统布置在窑头附近，其缺点是窑尾分解炉煤粉用量大，将煤粉从窑头输送至窑尾分解炉的运输距离长，设备选型大，电耗大。另一缺点是箅式冷却机余风温度稍低，对煤的烘干稍有不利。这种布置的最大优点是箅式冷却机余风中含尘量很低，将其用作热源时，对煤粉的污染少，其煤粉质量比窑尾煤粉制备系统的煤粉质量高，对提高回转窑内煅烧温度和分解炉的煤粉的着火燃烧均有利。特别是对煤质较差、热值较低的劣质煤以及短窑，煤粉制备系统布置在窑头更为有利。对于短窑，特别是生料易烧性较差时，由于物料在窑内停留时间短，为保证熟料的烧成，必须提高窑内的煅烧温度，此时优质的煤粉是十分必要的。随着国民经济的发展，优质能源的不断消耗，水泥厂用劣质煤的机会越来越多，届时仍将煤粉制备系统置于窑尾，对煤粉质量的影响无疑是雪上加霜。从可持续发展战略来看，煤粉制备系统以布置在窑头为好。

5.37 煤粉制备系统试生产及生产中应注意哪些事项

新的煤粉制备系统投运前，为了使轴承、齿轮等设备运转部件满足运转的需要，同时为了避免投料试车时出现故障，必须进行煤磨的试生产。

为检查设备的运转情况，必须进行磨机30%、50%负荷试车，经过这一阶段的试车，能使轴承、齿轮磨合，增大齿轮表面硬度，检查计量仪表的工作性能，同时可让操作人员学会实际的操作、调整，为满负荷试车做好准备。进行80%和100%负荷试车时，通过控制各个参数，选择最佳的设定值，从而找出最好的运行条件和效果。因此，所有设备安装完毕，经过单机试车和无负荷联动试车，经全面检查确认设备没有问题后，方可进行煤磨系统的投料试生产。

表5.6给出了试生产的日程安排和煤磨在各个不同阶段的试车时间、装球量及喂料量。

表5.6 试生产的运转时间与负荷

试车阶段	试车时间(h)	装球量(%)	喂煤量(t)
无负荷试车	12		
30%负荷试车	48	30	30
60%负荷试车	96	60	60
80%负荷试车	240	80	80
100%负荷试车	长期	100	100

5.37.1 煤磨慢转

启动煤磨稀油站，当煤磨中空轴被高压顶升装置顶起，磨机减速机的润滑装置也进入运转状态之后，用慢速驱动电机驱动煤磨。在使用慢速驱动电机使筒体旋转时，高压顶升装置不准停车。磨机启动时若发生故障，则应停磨再次检查和处理，特别是检查磨机的主轴承部位。

当磨机慢转时，要特别注意润滑系统，检查润滑效果。确认无故障后，可将慢速驱动电机转换成磨机主电机驱动，这时各个润滑装置应处于正常运转状态。为加速边缘传动齿轮的啮合，在磨机慢转前向润滑油中加入适量的金刚砂磨合，一定时间后将其清洗并更换新油。

5.37.2 单机试车

单机试车是对单机设备由DCS进行调试检查。将现场转换开关打到集中位置，由DCS启停设备，并试验在机旁停车。在检查中要核对以下几点：

(1) 备妥信号；

(2) 驱动信号；

(3) 运行反馈；

(4) 故障报警；

(5) DCS画面电机同实际电机指示的对应。

5.37.3 联动试车

当单机试车完成后，即可进行联动试车。由中控室进行遥控操作，并进行必要的试验。试车时，可直接带设备，也可不带设备运行。

(1) 对每台设备都要进行模拟试验，检查程序联锁是否正确无误。

(2) 模拟压力、温度、仓满等设备保护接点的联锁试验。

(3) 检查正常开车、停车的顺序及延时设定。

(4) 检查紧急停车的操作。

5.37.4 磨机无负荷试车

用磨机慢速驱动电机或主电机驱动使磨机筒体旋转，在无钢球情况下运转约 12 h，检查各润滑系统运行是否正常。特别应注意轴承的淋油圈能否有效地将润滑油带到中空轴颈。把主轴承上的观察门打开进行检查，当给油位置不当时，应做适当的调整。

若无异常，无负荷试车结束；若有异常情况，则进行检查调整，然后再进行运转确认异常情况消除。在无负荷试车阶段期间要检查、测定磨机各部位的声音、振动，润滑油的状态、温度及轴承温度，检查中空轴颈表面有无损伤现象，有无局部高温。当产生局部高温时，很可能烧坏轴瓦造成抱瓦事故。

磨机启动，一定要等磨机筒体完全静止后再进行。这一点在投料试车时也应注意。在磨机停车时，由于磨机自重及钢球等的作用，磨机筒体短时间内在正反方向摆动。

在无负荷试车阶段结束后，要检查磨机衬板及隔仓板等紧固螺栓，发现松动应随时紧固。

5.37.5 带负荷试车

带负荷试车，必须是在设备单机试车、系统联动试车之后进行。

各阶段带负荷试车时，为防止磨机衬板损坏必须按规定加入适量的原煤。具体实施时必须注意以下几点：

(1) 在任何情况下，都不允许磨机无原煤空转，以免钢球碰坏衬板，在启动时，如果 5 h 内供不上料，应立即停磨。在磨机运行中，如停止喂煤 10 h 应自行停车。

(2) 首次添加钢球时，应先将原料装入，在磨内约形成 20 mm 的垫层，然后再加钢球。

(3) 煤磨刚开始运行时，喂煤量应略小于该生产阶段额定喂煤量，一般为 60%～80%。根据进出压差等慢慢调整喂料量，使煤磨在相应额定产量下运转。

(4) 煤磨带负荷试车的日期应考虑烧成带负荷的日期，尽量减少煤粉在煤粉仓中的存储时间。

5.37.6 生产中的注意事项

(1) 物料的供应

在煤磨的运转过程中，要保持物料供应的连续性，须定时检测仓内的料位变化，及时进料。新设计的原煤仓都带有料位计或荷重传感器，可以随时检测仓内料位的变化。

(2) 轴承温度

在所有运转部件中，最重要的是轴承，而最易损坏的部件之一也是轴承。为了避免重大事故的发生，必须认真检查轴承温度、润滑油的温度、油量和油压等。主要轴承有磨机主轴承及驱动装置轴承、风机轴承等。

值得注意的是，当磨机负荷加到 60%以后，要加倍注意磨机轴瓦的温度变化情况。

(3) 磨机慢转

在磨机主传动停车后，为防止磨机筒体变形，要进行磨机慢转，本台磨机无辅助慢转电机，因此需人工现场驱动停磨装置进行慢转直至筒体完全冷却，长时间停磨，须将磨内研磨体倒出，防止筒体变形。

(4) 磨机衬板螺栓的紧固

一般情况下若磨机衬板螺栓松动而不采取紧固措施，继续运行有可能将螺栓打断，致使衬板跌落而造成事故，因此在试车之后，必须进行紧固衬板螺栓的工作，其余试车阶段，若发现有松动的螺栓，应随时停车重新紧固。

5.38 煤磨出口热电阻故障分析及处理措施

5.38.1 存在的问题

为防止出煤磨煤粉温度过高引起自燃甚至爆炸，某公司在煤磨出口的管道上安装了一根热电阻来监测出磨煤粉的温度。当温度超过控制值时，PLC 控制系统发出安全联锁停机指令使煤磨跳停。但是当热电阻发生断路故障时，PLC控制系统会判断热电阻达到温度最大值，也会使煤磨安全联锁跳停。根据电气设备维护记录和工艺故障停机记录，得知该热电阻的故障次数达到平均5次/月，频繁的故障停机损害了生产设备，增加了电耗，而且严重影响生产。

5.38.2 原因分析

为了找到造成热电阻故障的主要原因，该公司对总共30次的故障进行分析总结，其中：护管磨穿为21次，接线松脱为5次，延长线断开为2次，护管脱落为1次，其他原因为1次。护管磨穿故障占所有故障的70%，是造成热电阻故障次数高的主要原因。

经过现场查看发现：煤磨出口管是水平的，温度测点处管道是垂直的，两者间由一段90°的圆弧弯管连接，出磨煤粉在空气的带动下在管内沿着圆弧做曲线运动，这时，煤粉受到离心力的作用，其中大颗粒物料（主要为矸石）主要在远离圆弧圆心方向的半管内通过管道，而温度测点正好选在该方向的管壁上。凑近热电阻可听到颗粒物料冲击热电阻发出的噼噼啪啪声，握住热电阻，手上能感觉到颗粒物料冲击热电阻产生的振动，由此可以判断测点处有大量颗粒物料快速冲刷热电阻。在选粉机粗料出口处取一些煤粉观察，发现其中含有未磨碎的矸石颗粒。这两点说明，温度测点安装位置不合理，导致物料冲刷磨损热电阻。

5.38.3 处理措施

煤磨入口在东面，出口在西面，在离心力作用下，煤粉中的大颗粒物料主要沿着出口管内西面空间通过管道，那么管内东面空间通过的大颗粒物料就应该很少，因此可以确定新的温度测点应设置在原来测点的正对面，即管的东面管壁上（图5.10）。

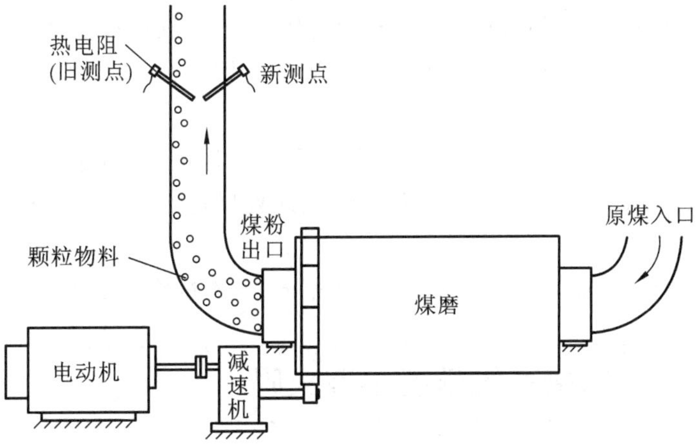

图5.10 煤磨系统示意

测点高度应选择在煤粉刚出弯道的末端至直道的3 m高范围内。高度过低，煤粉还没有完全聚集到管的一边；高度过高，煤粉在管内紊流的作用下又会布满在整个管道内。为此，将新测点位置设置在离磨口中心线约2 m高的地方，这样既避免了热电阻被物料磨蚀又便于平时进行维护。

在停磨检修时，把旧的测点焊补好，用氧气焊在管壁上割一个新的测点，重新安装新的热电阻并进行了调试校准。

5.38.4 效果

在煤磨正常运行一周后，该公司对新测点的热电阻护管的磨蚀情况进行了检查，凑近热电阻，基本上听不到颗粒物料冲击热电阻发出的噼噼啪啪声，用手握住热电阻只是偶尔感觉到有颗粒物料冲击热电阻，把热电阻从管内抽出来查看护管，只发现护管表面有轻微的磨痕，由此可以判断新测点位置选择正确，减少了颗粒物料磨蚀热电阻。2013年9月上旬改造后，截至2014年2月，6个月内热电阻只发生过3次故障，而且都是隔月发生，说明热电阻寿命可达2个月。

［摘自：余永富.煤磨出口热电阻故障分析及处理措施[J].水泥，2015(4)：61.］

5.39 煤磨为什么会“放炮”

所谓“放炮”就是指煤粉在瞬间燃烧，产生的燃烧气体体积急速膨胀而爆炸。但绝不是烘干煤粉的温度高时就会发生。煤粉的燃爆条件为遇到明火，且同时满足如下三个条件：

① 气流温度高于煤的着火温度。具体温度与煤的种类有关，范围可在 200～750 ℃波动。煤的挥发分越高，着火温度越低。同时，煤粉中的含水量较高，不但使煤粉容易挂在仓壁，导致其存放时间延长，而且使煤灰较容易发热并储存热量，导致其温度升高。

② 气体浓度大于燃料在空气中的最小燃爆浓度，此值大约为 40 g/m^3。该值一定要考虑粉尘悬浮的不均匀性，只要局部浓度高于此值，就会具备这种燃爆条件。

③ 气流中的氧含量大于 12%。空气中的氧浓度在 20%左右，因此一般情况下此条件容易满足，如果是燃烧后的废气则另当别论。

［摘自：谢克平. 新型干法水泥生产问答千例(操作篇)[M]. 北京：化学工业出版社，2009.］

5.40 为什么立式煤磨吐渣口不漏风，就会在吐渣口出现细粉

有的操作者发现，当立式煤磨吐渣口不漏风时，锁风阀在开启时会流出煤粉。这种现象成为有意漏风操作的理由。

这种现象的产生多发生在规格偏小的立磨上，此时磨盘下方只设一个热风道进口，因而造成磨盘下的风力分布不均，靠近进风口处的风环风速较高，远离进风口，即离锁风阀近的风环风速较低。在煤磨系统风机风量已经基本饱和、平衡的条件下，该处的煤粉很难被热风吹至选粉风叶处成为成品，而从锁风阀处漏出。

针对这个原因，应当对磨盘四周的风环阻力进行重新设计，使靠近进风口处的风环口分布宽一些，降低其风速，而使在锁风阀附近的风环口窄一些，让此处风速大一些，从锁风阀流出细粉的现象就会消失。

［摘自：谢克平. 新型干法水泥生产问答千例(操作篇)[M]. 北京：化学工业出版社，2009.］

5.41 压低出磨温度，煤磨系统就能不着火吗

煤粉自燃在多数水泥厂，不论是管磨还是立磨都发生过，挥发分高的烟煤，甚至在原煤堆场、煤预均化堆棚就会自燃，不但对生产运行影响大，事故损失较大，而且威胁到人身安全，必须给予高度的重视。

一些水泥厂在自燃几次后，就变得过于谨慎，不去认真分析自燃的原因，而是一味地强调煤磨的出磨温度，武断地将出磨温度控制到很低，有的甚至要求出磨温度“不得超过 50 ℃”，由此严重影响了煤磨的粉磨能力和烘干能力，影响了窑的正常生产，但煤粉自燃甚至爆炸还是不断地发生。

燃烧的三大要素：可燃物、氧化剂、温度。煤磨系统的自燃条件是足够浓度的煤粉、氧指数以上的氧含量、着火点以上的温度，三个要素缺一不可。这既是防止着火的理论基础，也是灭火措施的理论基础。三个要素的具体分析如下：

① 足够浓度的煤粉。对于现有煤粉制备系统，设计单位已充分考虑了安全问题，在正常生产中，只要系统的通风没有问题，气体中的煤粉浓度远远达不到着火条件。

② 氧指数以上的氧含量。氧指数是指着火后刚够支持持续燃烧时氧气含量的最小值。现有的煤粉制备系统都能满足这个要求，包括从窑尾取热源的煤粉制备系统。

③ 着火点以上的温度。几种煤炭的着火点大致如下：无烟煤 550～700 ℃；烟煤 400～550 ℃；褐煤 300～400 ℃。连着火点最低的褐煤的着火点也在 300 ℃以上。煤粉制备系统的设计运行温度为：入磨

风温≤300 ℃，出磨风温在 70 ℃左右，不大于 80 ℃。这也是有安全保障的。

根据以上分析，自燃的原因有以下两个方面：

① 虽然气体中的煤粉浓度没有达到着火要求，但是在整个煤粉制备系统中，难免存在积存煤粉的死角，死角的煤粉浓度对着火来讲是富余的，这也正是在投产初期强调要先磨一些石灰石的原因，其目的就是填充这些死角；而且在系统自燃一次后，系统难免发生局部变形，产生新的死角，而且自燃的次数越多产生的死角就越多，这也正是自燃反复发生的原因。

② 水泥厂将出磨温度控制在了 80 ℃以下，远远没有达到煤粉的着火点，但无论是着火还是燃烧，都是煤粉的氧化反应，80 ℃虽然不能着火，但是可以氧化，同时会产生热量，堆积在死角的煤粉不能及时地将产生的热量散发出去，就会使煤粉内的热量越积越多，温度就会越来越高，直至达到着火点以上，最终着火自燃。

防止煤粉制备系统着火自燃的措施，并非是过分地控制出磨温度，而是努力避免和消灭系统中的死角。

5.42 煤粉仓自燃的扑救措施

某公司一期熟料线煤磨为球磨机，设计生产能力：18～20 t/h(进料粒度<25 mm，80 μm 方孔筛筛余 6%，原煤水分<8.5%，煤粉水分<1%，中等硬度)。煤粉仓为单筒双锥体形式，荷载量 80 t。使用原煤为烟煤，收到基月平均 $M_{ar}=12\%\pm1.5\%$，$V_{ar}=28\%\pm2\%$。在日常生产过程中控制磨机入口温度不大于 220 ℃，出磨温度 57～58 ℃，煤粉细度控制指标为 0.08 mm 方孔筛筛余量小于 5.0%，水分小于 3.5%，生产中煤粉合格率能达到 95%。

5.42.1 险情出现

2014 年 5 月初的一天，技术人员巡视煤粉制备现场设备时，在煤粉仓锥体附近发现有轻微烧煳的气味，用测温枪仔细检查，发现在煤粉仓锥体最上层仓助流气管附近有一处 10 cm 高温点，外保温镀锌板显示为 76 ℃，中控室操作画面各温度检测点最高显示为 56 ℃，该测点距离 76 ℃高温点约 2.5 m，煤粉仓顶 CO 浓度检测数据没有超过报警值，判断为仓助流用压缩空气长期摩擦沉积在仓壁上的结拱煤粉，引起的局部煤粉自燃，遂决定在正常生产中处理这起煤粉自燃事故。

5.42.2 采取措施

(1) 通知煤磨中控操作员降低出磨温度至 52～53 ℃，勤观察 CO 检测值，超过报警值立刻通知。

(2) 检查确认 CO_2 灭火系统状态是否完好，应急备用。

(3) 保持煤粉仓满仓状态，用煤粉填充煤粉仓储存空间，避免可燃气体富集，并用厚煤层覆盖着火点，减少和氧气接触。

(4) 通知中控室窑操作员停止煤粉仓压缩空气环吹助流，杜绝该部分空气进入。

(5) 拆除高温点处外保温层，暴露出煤粉仓锥体钢板，已经是可见红色，红外测温枪测量显示其温度为 582 ℃，进行仓壁喷水降温，在已自燃煤粉流走后避免仓壁铁板蓄热引燃后续煤粉。

(6) 每 30 min 测量一次自燃处仓壁温度并记录，观察其是否呈下降趋势。

5.42.3 处理效果

处理该事故过程中，回转窑处于满负荷运行状态，在压缩空气仓环吹助流停止以后，煤粉转子秤负荷率忽大忽小，下煤不好，恢复了下面的 2 层仓压缩空气环吹助流后，下煤情况有好转。经过 70 h 的持续观察，仓壁温度恢复正常。

5.42.4 事故反思

这次煤粉仓自燃事故虽然没有造成大的损失，但是也敲响了警钟。经过对检修记录和运行数据的分析，发现煤粉仓自燃主要有以下几方面的原因：

(1) 转子秤的转子和上下密封板间隙过大，正常的间隙值在 0.3～0.5 mm，而该厂转子秤密封间隙小于 0.6 mm 时转子秤运行电流超过额定值经常跳停，所以为了保证转子秤正常运转，间隙值在 0.8 mm 左右，送煤风上窜到转子秤进煤口形成气囊，造成下煤不畅，引发自燃。加大煤粉仓内压力破坏气囊后下煤好转，所以仓助流环吹设置供气压力 0.5 MPa，间隔时间 30 s，喷吹时间 3 s。

(2) 使用的压缩空气含水量偏大，导致煤粉在环吹口部结拱，结拱煤粉在压缩空气流的长期冲刷下温度逐渐升高，形成自燃。

(3) 仓壁由于有保温层的保护，热量不容易散失，热量聚集引起煤粉氧化反应加剧，烧热的仓壁又引燃经过的煤粉，导致该处仓壁温度越来越高，最终仓壁烧红。

在生产过程中，设备、电气、工艺都要严格按照相关标准执行，系统才能安全高效稳定运行。

5.43 煤粉仓下料不畅的原因及防范

煤粉仓下料不畅是常见故障，但若处理不当，就会给生产造成影响。

5.43.1 煤粉仓下料不畅的原因

煤粉仓由本体、进出料口、防爆阀、排气口、活化装置及外保温等组成。为了防爆，仓内装有温度检测及灭火喷嘴。下料不畅的原因一般有以下几个方面。

(1) 煤粉太湿

当原煤过湿或热风温度不足及操作不当时，往往煤粉水分较大，此时若煤粉水分大于 3%，流动性较差，黏结、棚仓容易出现，下料也难以顺畅。

(2) 异物堵塞

检修或打扫卫生时，由于不慎，一些异物或遗失或误入输送系统，最终将卡在出料口或进入秤中，造成堵塞或卡秤，使煤粉流动受限。

(3) 煤粉仓下部活化气失效

一般煤粉仓锥体上装有煤粉活化装置，介质为高压气或罗茨风机内的气体，这些气体通过裹有透气层的多孔棒，将气体分散到煤粉之中，起到助流的作用，使物料流动顺畅。若多孔棒透气层破损，助流作用会大打折扣；若采用高压气，其中的水分析出在透气层上，并与煤粉凝结，就会使透气性变差或失效，此时活化装置的性能变差，造成下料不顺。

(4) 下部气体上窜形成气顶

经煤粉秤计量后的煤粉，一般用罗茨风机进行输送，有时下部气体会通过秤体窜入煤粉仓，形成气顶，造成下料不顺。

(5) 仓顶收尘失效

当仓顶收尘因种种原因，不能及时排出仓内气体时，有时形成气顶造成下料不顺，有时气料混下，造成不稳定下料。若气体窜到输送设备还可能造成环境污染。

(6) 仓底阀门故障

仓底阀门故障时，或打不开，或开不全，下料受阻，自然下料。

(7) 仓体保温失效

当仓体保温失效时，煤粉及气体中的水分会在仓壁上析出凝结，造成煤粉结壁，一旦塌下，容易形成冲击料流，造成喂料不稳。

5.43.2 煤粉下料不畅的防治

根据以上原因，可以分析制定如下措施，防止下料不畅。

(1) 加强系统设备巡检维护

系统设备的巡检与维护必不可少，针对煤粉仓下料不畅，应做好以下几个方面的工作：

① 检查仓顶收尘运行是否正常，有无糊袋情况，风机是否运行良好，保证仓内气体及时排出，避免仓

内形成气顶,同时也起到排湿的作用。

② 检查活化装置气路是否畅通,阀门开度是否合适。

③ 仓体保温是否破损,若有,应及时修补,避免内部水分凝结仓壁,造成煤粉挂壁,避免因此造成的不稳定料流。

④ 检查下料口处的各个阀门是否全开或存在其他不正常情况,避免阀门阻流。

⑤ 检查煤粉输送管道是否正常,若有,应分析原因并及时处理,避免气体窜入仓体,形成气顶或气拱。

⑥ 检查各部软连接、接口是否密封良好,防止煤粉外漏。

(2) 严防气中的分离水进入仓内

平时应关注高压气的湿度,对于气包要定期放水,严防高压气中的水分进入仓内,造成煤粉结壁,必要时可改用罗茨风机中的气体进行活化。

(3) 做好秤的检修维护

秤的检修维护很重要,除了关乎秤自身的问题外,也影响着系统,若窜风严重,必然影响下料的稳定,所以秤体各间隙要严格按要求控制。

(4) 合理控制煤粉水分

水分过大必然影响煤粉的流动性,建议煤粉水分要控制在1%以内。

(5) 其他注意事项

在检修系统任何设备时,最后必须认真检查是否有工具或其他异物失落在机腔之内,必须清理干净。平时打扫卫生时也不能将一些杂物置于机腔之内,不然会造成不必要的麻烦。

综上所述,煤粉仓下料不畅的原因很多,故障时,应根据特征分析处理,但关键还是要把设备管好用好,保证各部件、装置的功能得到保障,杜绝或减少故障。

5.44 中速磨煤机运行中常见故障的现象、原因及处理

5.44.1 中速磨煤机的工作原理

目前国内采用的中速磨煤机有以下四种:辊-盘式中速磨煤机,又称平盘磨;辊-碗式中速磨煤机,又称碗式磨或RP型磨;球-环式中速磨煤机,又称中速球磨或E型磨;辊-环式中速磨煤机,又称MPS磨。以辊-环式中速磨煤机为例,简述其工作原理。辊-环式中速磨煤机属于外加力型辊盘式磨煤机。电动机通过主减速机驱动磨盘旋转,磨盘的转动带动三个磨辊(120°均布)自转。原煤通过落煤管落入磨盘,在离心力的作用下沿径向向磨盘周边运动,均匀进入磨盘辊道,在磨辊与磨盘瓦之间进行碾磨。整个碾磨系统封闭在中架体内。碾磨压力通过磨辊上部的加载架及三个拉杆传至磨煤机基础,磨煤机壳体不承受碾磨力作用。碾磨压力由液压系统提供,可根据煤种进行调整。碾磨压力及碾磨件的自重全部作用于减速机上,由减速机传至基础。三个磨辊均匀分布于磨盘辊道上,并铰固在加载架上。加载架与磨辊支架通过滚柱可沿径向做倾斜12°~15°的摆动,以适应物料层厚度的变化及磨辊与磨盘瓦磨损时所带来的角度变化。

用于输送煤粉和干燥原煤的热风由热风口进入磨煤机,通过磨盘外侧的喷嘴环将静压转化为动压,并以75~90 m/s的速度将磨好的煤粉吹向磨煤机上部的分离器,同时通过强烈的搅拌运动完成对原煤的干燥,煤粉进入磨煤机上部的分离器后,满足细度要求的合格煤粉被选出,并由分离器出口管道输送到煤粉仓。较粗的煤粉通过分离器下部重新返回磨盘碾磨。原煤中铁块、矸石等不可破碎物落入磨盘下部的热风室内,借助于固定在磨盘支座上的刮板机构把异物刮至废料口处落入废料箱中,排出磨外。

5.44.2 中速磨煤机运行过程中的常见故障的现象、原因及处理

(1) 磨煤机内煤粉着火或爆炸

现象:

① 磨煤机分离器出口温度急剧升高，磨煤机入口风压变化幅度增大；

② 严重时从分离器顶部及磨煤机本体上不严密处向外喷火星或煤粉；

③ 分离器壳体温度升高，有较明显的热辐射感，磨煤机和煤粉管道变色，油漆脱落；

④ 渣箱排渣口有自燃的煤炭或燃烧的焦块；

⑤ 自燃严重引起磨内粉尘爆燃或磨煤机内部爆炸，出口分离器连接法兰喷开向外喷火星或浓烟；

⑥ 磨煤机内部发生爆燃或爆炸引起炉膛负压大幅度波动，严重时引起锅炉负压 MFT 动作。

原因：

① 磨煤机温度调节失灵或磨煤机冷、热风挡板故障使磨煤机进出口温度过高；

② 供煤质量差，原煤三块（铁块、木块、石块）进入磨煤机内，引起出口分离器顶部局部阻力大，产生积粉，发生自燃，导致磨煤机粉尘着火或爆炸；

③ 原煤中有雷管或炸药，未能及时发现和清除而使其进入磨煤机内，在高温条件下发生爆炸，引起磨内粉尘爆炸，原煤斗内存煤自燃进入磨内引起磨煤机内粉尘着火或爆炸；

④ 石子煤排渣系统发生故障，石子煤斗入口堵塞或一次风量过小使石子煤斗堵满，未能按规定定期排渣，使渣箱内落煤引起自燃，导致磨煤机入口发生着火或爆炸；

⑤ 停磨后，磨煤机通风吹扫未按规定时间进行，磨煤机内存煤较多，停磨时间较长，局部发生自燃，引起磨煤机粉尘着火或爆炸；

⑥ 磨煤机检修，检修人员将磨盘上煤清扫到磨煤机入口风道内，入口风道内原煤发生自燃，在启动初期磨煤机内粉尘浓度达到爆炸下限引起粉尘爆炸；

⑦ 磨煤机运行过程中发生断煤，运行人员未能及时发现和处理，引起磨内粉尘浓度达到爆炸极限，因磨盘煤少，磨辊与磨盘摩擦产生火化引起磨内粉尘爆炸；

⑧ 煤粉过细，挥发分过高、水分过低。

处理：

① 若发生轻微自燃或着火，磨煤机不能停运，应采取灭火步骤。

② 立即关闭热风截止门，100%打开冷风挡板。继续以等于或高于着火时的给煤量向磨煤机给煤，但不能使磨煤机超载。关闭热风截止门后，通常可熄灭火源，如果磨煤机温度继续升高，就需要投入消防蒸汽冷磨。

③ 在磨煤机出口温度降低以及所有着火迹象消失之前，连续投入消防蒸汽。

④ 停止投入消防蒸汽。

⑤ 停止给煤。

⑥ 磨煤机运转数分钟以清除积煤和积水。

⑦ 停止磨煤机，关闭所有冷热风阀门、截止阀、密封风门、出口煤阀、给煤机密封风门等，使磨煤机隔绝。

⑧ 磨煤机着火严重，随时有爆炸危险或已经发生爆炸时，应立即停止磨煤机运行，磨煤机停止后应隔绝磨煤机的空气。关闭冷热风隔绝挡板及调节挡板，关闭一次风调节挡板，关闭磨煤机密封风门，关闭给煤机入口挡板，关闭给煤机密封风门，关闭石子煤斗入口闸板，检查磨煤机出口关断门是否关闭。

⑨ 通入消防蒸汽进行灭火，确认磨内无火时，待磨煤机温度下降到 50 ℃以下时，打开磨煤机本体人孔对磨煤机进行检查（包括分离器），彻底消除着火隐患。

⑩ 及时检查恢复磨煤机石子煤排渣系统，将渣箱清理干净。

(2) 磨煤机断煤

现象：

① 磨煤机电流大幅度下降；

② 磨煤机自动状态下热风调节挡板关小，冷风调节挡板开大；

③ 机组负荷可能短时下降；

④ 磨煤机出口温度升高；

⑤ 磨煤机振动大。

原因：

① 原煤斗走空或下煤管堵塞煤矸石、铁块、木块、石块以及其他杂物；

② 给煤机皮带断裂；

③ 给煤机皮带松弛打滑；

④ 给煤机主电机联轴器打齿或脱开；

⑤ 给煤机电机发生故障而停止；

⑥ 原煤潮湿堵塞煤斗或落煤管；

⑦ 给煤机进口或出口闸板误关。

处理：

① 根据实际情况，必要时解除磨组自动或手动控制煤量，稳定负荷及汽温汽压。立即联系输煤值班员检查原煤斗煤位，确定是否是原煤斗走空；

② 就地检查给煤机是否因煤潮湿而造成下煤管堵塞，如果是，立即敲打给煤机上闸门处煤斗或下煤管疏通堵塞部位；

③ 如果确定煤矸石、铁块、木块、石块堵塞，经敲打无效，给煤机及其设备有故障，应停止给煤机运行，待磨煤机内积煤吹空冷却后停止磨煤机运行，并立即联系检修人员处理；

④ 磨煤机未跳闸，原煤断续进入磨煤机时，一定要及时将磨煤机切换到手动调整模式，严格控制出口温度不超过 80 ℃，必要时投入消防蒸汽，避免因断煤造成风粉比失调而导致磨煤机内粉尘爆炸；

⑤ 加强燃烧调整，燃烧不稳及时投油，根据负荷需要及时启动备用磨煤机，注意锅炉主汽压力和主汽温变化。

(3) 磨煤机满煤堵塞

现象：

① 磨煤机电流增大，出力降低；

② 磨煤机出口温度降低，一次风量下降；

③ 磨煤机进出口压差增大，一次粉管压力下降；

④ 磨煤机石子煤量增多且伴有细煤粉。

原因：

① 煤质变化大，原煤水分大；

② 风、煤量调整不当，风煤比失调，一次风量过小；

③ 磨煤机入口风温太低；

④ 石子煤斗入口堵塞或没有及时排渣；

⑤ 给煤机控制装置故障。

处理：

① 减小给煤量，增大一次风量，提高磨出口温度，在处理时要做好防范措施，防止磨内大量积存的煤粉突然吹入炉膛引起锅炉负荷和汽压的突升；

② 增加石子煤的排放次数；

③ 经处理后逐步恢复磨煤机至正常运行工况；

④ 若堵塞严重经处理无效后，应紧急停磨处理。

(4) 磨煤机振动

现象：

① 磨煤机本体、磨盘有振动异常声音；

② 磨辊拉杆晃动增大；

③ 严重时磨煤机本体晃动，主控室 DCS 画面上发现磨煤机电流有明显摆动。

原因：

① 磨内进石块、木块、铁块或其他异物；

② 磨煤机风量偏高，煤量小，磨盘上煤层厚度未达到规定要求；

③ 磨煤机自动加载液压系统故障，加载力不够或磨辊不转；

④ 煤质发生变化，石子煤较多，自动排渣系统故障渣箱满；

⑤ 磨煤机喷嘴环磨损严重，磨内运行工况不稳定或磨内温度较低；

⑥ 磨盘内无煤或煤量少；

⑦ 原煤水分过大，板结成块；

⑧ 磨煤机内有零部件脱落。

处理：

① 若磨煤机内进入铁块、木块、石块引起大震动且无法在运行时排除，将振动磨煤机停止，待磨煤机内温度小于 50 ℃时，联系维护人员打开磨煤机本体人孔对磨煤机进行检查和清理；

② 在保证磨煤机出口温度的前提下，调整磨煤机入口一次风量，以符合磨煤机风煤比曲线；

③ 若磨煤机磨辊磨损严重，应安排故障磨煤机大修，更换磨损严重磨辊；

④ 加强燃料管理，严防铁块、木块、石块进入磨煤机内；

⑤ 定期检查运行磨煤机渣箱排渣系统工作情况，发现渣箱自动排渣系统故障时及时处理；

⑥ 定期检查液压自动加载装置工作情况，发现加载力不够时及时联系点检人员处理；

⑦ 合理调整磨煤机负荷，保证磨煤机给煤量不低于 40％的磨煤机额定出力。

(5) 磨辊抱死

现象：

① 磨煤机振动增大，电流摆动大；

② 不转的磨辊拉杆上下晃动振幅大；

③ 排渣量增加；

④ 磨入口风压升高，出口风压降低，出力降低。

原因：

① 磨辊轴承漏油、缺油，损坏轴承；

② 磨辊密封风压低于磨内一次风压，使煤粉窜入；

③ 磨辊密封风道堵塞不通或套管漏风；

④ 密封风温度高，将油烤干；

⑤ 密封风不洁净，风中带杂质较多，直接破坏磨辊轴承；

⑥ 轴承质量不好。

处理：

① 停运磨煤机，联系维护人员打开磨煤机检查；

② 检查密封风系统管道、滤网等；

③ 更换轴承并加油。

参考文献

[1] 林宗寿.水泥十万个为什么:1～10卷[M].武汉:武汉理工大学出版社,2010.

[2] 林宗寿.水泥工艺学[M].2版.武汉:武汉理工大学出版社,2017.

[3] 林宗寿.无机非金属材料工学[M].5版.武汉:武汉理工大学出版社,2019.

[4] 林宗寿.胶凝材料学[M].2版.武汉:武汉理工大学出版社,2018.

[5] 林宗寿.矿渣基生态水泥[M].北京:中国建材工业出版社,2018.

[6] 林宗寿.水泥起砂成因与对策[M].北京:中国建材工业出版社,2016.

[7] 林宗寿.过硫磷石膏矿渣水泥与混凝土[M].武汉:武汉理工大学出版社,2015.

[8] 周正立,周君玉.水泥矿山开采问答[M].北京:化学工业出版社,2009.

[9] 周正立,周君玉.水泥粉磨工艺与设备问答[M].北京:化学工业出版社,2009.

[10] 王燕谋,刘作毅,孙钤.中国水泥发展史[M].2版.北京:中国建材工业出版社,2017.

[11] 陆秉权,曾志明.新型干法水泥生产线耐火材料砌筑实用手册[M].北京:中国建材工业出版社,2005.

[12] 王新民,薛国龙,何俊高.干粉砂浆百问[M].北京:中国建筑工业出版社,2006.

[13] 王君伟.水泥生产问答[M].北京:化学工业出版社,2010.

[14] 贾华平.水泥生产技术与实践[M].北京:中国建材工业出版社,2018.

[15] 黄荣辉.预拌混凝土生产、施工800问[M].北京:机械工业出版社,2017.

[16] 张小颖.混凝土结构工程300问[M].北京:中国电力工程出版社,2014.

[17] 夏寿荣.混凝土外加剂生产与应用技术问题[M].北京:化学工业出版社,2012.

[18] 徐利华,延吉生.热工基础与工业窑炉[M].北京:冶金工业出版社,2006.

[19] 谢克平.新型干法水泥生产问答千例(操作篇)[M].北京:化学工业出版社,2009.

[20] 谢克平.新型干法水泥生产问答千例(管理篇)[M].北京:化学工业出版社,2009.

[21] 文梓芸,钱春香,杨长辉.混凝土工程与技术[M].武汉:武汉理工大学出版社,2004.

[22] 周国治,彭宝利.水泥生产工艺概论[M].武汉:武汉理工大学出版社,2005.

[23] 于兴敏.新型干法水泥实用技术全书[M].北京:中国建材工业出版社,2006.

[24] 诸培南,翁臻培,王天顿.无机非金属材料显微结构图谱[M].武汉:武汉工业大学出版社,1994.

[25] 丁奇生,王亚丽,崔素萍.水泥预分解窑煅烧技术及装备[M].北京:化学工业出版社,2014.

[26] 彭宝利,朱晓丽,王仲军,等.现代水泥制造技术[M].北京:中国建材工业出版社,2015.

[27] 宋少民,王林.混凝土学[M].武汉:武汉理工大学出版社,2013.

[28] 戴克思.水泥制造工艺技术[M].崔源声,等译.北京:中国建材工业出版社,2007.

[29] 陈全德.新型干法水泥技术原理与应用[M].北京:中国建材工业出版社,2004.

[30] 李楠,顾华志,赵惠忠.耐火材料学[M].北京:冶金工业出版社,2010.

[31] 陈肇友.化学热力学与耐火材料[M].北京:冶金工业出版社,2005.

[32] 高振昕,平增福,张战营,等.耐火材料显微结构[M].北京:冶金工业出版社,2002.

[33] 李红霞.耐火材料手册[M].北京:冶金工业出版社,2007.

[34] 郭海珠,余森.实用耐火原料手册[M].北京:中国建材工业出版社,2000.

[35] 顾立德.特种耐火材料[M].3版.北京:冶金工业出版社,2006.

[36] 韩行禄.不定形耐火材料[M].2版.北京:冶金工业出版社,2003.

[37] 明德斯·弗朗西斯·达尔文.混凝土[M].2版.吴科如,张雄,等译.北京:化学工业出版社,2005.

[38] 梅塔.混凝土微观结构、性能和材料[M].覃维祖,王栋民,丁建彤,译.北京:中国电力出版社,2008.

[39] 冯乃谦.高性能混凝土结构[M].北京:机械工业出版社,2004.

[40] 蒋亚清.混凝土外加剂应用基础[M].北京:化学工业出版社,2004.

[41] 金伟良,赵羽习.混凝土结构耐久性[M].北京:科学出版社,2002.

[42] 张誉.混凝土结构耐久性概论[M].上海:上海科学技术出版社,2003.

[43] 水中和,魏小胜,王栋民.现代混凝土科学技术[M].北京:科学出版社,2014.

[44] 王俊.降低预分解窑窑衬消耗的措施[J].水泥工程,2001(2):14-18.

参考文献

参考文献

[1] 林宗寿.水泥十万个为什么:1～10卷[M].武汉:武汉理工大学出版社,2010.

[2] 林宗寿.水泥工艺学[M].2版.武汉:武汉理工大学出版社,2017.

[3] 林宗寿.无机非金属材料工学[M].5版.武汉:武汉理工大学出版社,2019.

[4] 林宗寿.胶凝材料学[M].2版.武汉:武汉理工大学出版社,2018.

[5] 林宗寿.矿渣基生态水泥[M].北京:中国建材工业出版社,2018.

[6] 林宗寿.水泥起砂成因与对策[M].北京:中国建材工业出版社,2016.

[7] 林宗寿.过硫磷石膏矿渣水泥与混凝土[M].武汉:武汉理工大学出版社,2015.

[8] 周正立,周君玉.水泥矿山开采问答[M].北京:化学工业出版社,2009.

[9] 周正立,周君玉.水泥粉磨工艺与设备问答[M].北京:化学工业出版社,2009.

[10] 王燕谋,刘作毅,孙钤.中国水泥发展史[M].2版.北京:中国建材工业出版社,2017.

[11] 陆秉权,曾志明.新型干法水泥生产线耐火材料砌筑实用手册[M].北京:中国建材工业出版社,2005.

[12] 王新民,薛国龙,何俊高.干粉砂浆百问[M].北京:中国建筑工业出版社,2006.

[13] 王君伟.水泥生产问答[M].北京:化学工业出版社,2010.

[14] 贾华平.水泥生产技术与实践[M].北京:中国建材工业出版社,2018.

[15] 黄荣辉.预拌混凝土生产、施工800问[M].北京:机械工业出版社,2017.

[16] 张小颖.混凝土结构工程300问[M].北京:中国电力工程出版社,2014.

[17] 夏寿荣.混凝土外加剂生产与应用技术问题[M].北京:化学工业出版社,2012.

[18] 徐利华,延吉生.热工基础与工业窑炉[M].北京:冶金工业出版社,2006.

[19] 谢克平.新型干法水泥生产问答千例(操作篇)[M].北京:化学工业出版社,2009.

[20] 谢克平.新型干法水泥生产问答千例(管理篇)[M].北京:化学工业出版社,2009.

[21] 文梓芸,钱春香,杨长辉.混凝土工程与技术[M].武汉:武汉理工大学出版社,2004.

[22] 周国治,彭宝利.水泥生产工艺概论[M].武汉:武汉理工大学出版社,2005.

[23] 于兴敏.新型干法水泥实用技术全书[M].北京:中国建材工业出版社,2006.

[24] 诸培南,翁臻培,王天顿.无机非金属材料显微结构图谱[M].武汉:武汉工业大学出版社,1994.

[25] 丁奇生,王亚丽,崔素萍.水泥预分解窑煅烧技术及装备[M].北京:化学工业出版社,2014.

[26] 彭宝利,朱晓丽,王仲军,等.现代水泥制造技术[M].北京:中国建材工业出版社,2015.

[27] 宋少民,王林.混凝土学[M].武汉:武汉理工大学出版社,2013.

[28] 戴克思.水泥制造工艺技术[M].崔源声,等译.北京:中国建材工业出版社,2007.

[29] 陈全德.新型干法水泥技术原理与应用[M].北京:中国建材工业出版社,2004.

[30] 李楠,顾华志,赵惠忠.耐火材料学[M].北京:冶金工业出版社,2010.

[31] 陈肇友.化学热力学与耐火材料[M].北京:冶金工业出版社,2005.

[32] 高振昕,平增福,张战营,等.耐火材料显微结构[M].北京: 冶金工业出版社,2002.

[33] 李红霞.耐火材料手册[M].北京:冶金工业出版社,2007.

[34] 郭海珠,余森.实用耐火原料手册[M].北京:中国建材工业出版社,2000.

[35] 顾立德.特种耐火材料[M].3版.北京: 冶金工业出版社, 2006.

[36] 韩行禄.不定形耐火材料[M].2版.北京:冶金工业出版社,2003.

[37] 明德斯·弗朗西斯·达尔文.混凝土[M].2版.吴科如,张雄,等译.北京:化学工业出版社,2005.

[38] 梅塔.混凝土微观结构、性能和材料[M].覃维祖,王栋民,丁建彤,译.北京:中国电力出版社,2008.

[39] 冯乃谦.高性能混凝土结构[M].北京:机械工业出版社,2004.

[40] 蒋亚清.混凝土外加剂应用基础[M].北京:化学工业出版社,2004.

[41] 金伟良,赵羽习.混凝土结构耐久性[M].北京:科学出版社,2002.

[42] 张誉.混凝土结构耐久性概论[M].上海:上海科学技术出版社,2003.

[43] 水中和,魏小胜,王栋民.现代混凝土科学技术[M].北京:科学出版社,2014.

[44] 王俊.降低预分解窑窑衬消耗的措施[J].水泥工程,2001(2):14-18.